El *agua* según la ciencia

Enzo Levi

INSTITUTO DE INGENIERÍA UNAM
MAPorrúa librero-editor • México

MÉXICO 2016

Esta investigación, arbitrada por pares académicos, se privilegia con el aval de la institución coeditora.

627 Enzo Levi
L664a El agua según la ciencia / Enzo Levi -- 3ª ed. -- Ciudad de México : UNAM, Instituto de Ingeniería : Miguel Ángel Porrúa, 2016
782 p. : il. ; 21.5 × 28 cm
Incluye bibliografía: p. 747-[754]
ISBN 978-607-02-8002-3 (UNAM). -- ISBN 978-607-524-044-2 (MAP)

1. Hidráulica. 2. Historia

1ª. Edición, Conacyt-Ediciones Castell Mexicana, 1989
1ª. Edición en inglés, *The Science of Water: The Foundation of Modern Hydraulics* (trad. Daniel Medina) American Society of Civil Engineers ASCE, 1995
2ª. Edición, Instituto Mexicano de Tecnología del Agua, 2001
3ª. Edición, Instituto de Ingeniería UNAM-Grupo Editorial Miguel Ángel Porrúa, 2016.

La primera versión de esta obra fue publicada a manera de fascículos en la Serie Azul del Instituto de Ingeniería, en distintas fechas, entre 1976 y 1985.

Edición conmemorativa por el 60 aniversario del Instituto de Ingeniería 1956-2016.
Universidad Nacional Autónoma de México

Editor: Dr. Roger Díaz de Cossío Carbajal
Cuidó la edición: Sol K. Levin Rojo
Revisor científico: Mtro. Víctor Franco
Diseño: Verónica Santos Monter
Portada: Sandra Lozano Bolaños.
Formación: Omar Ponce del Bosque

Sobre el grabado que ilustra la portada: Obra para control de inundaciones, publicado en *Novo teatro di machine et edificii per varie et sicure operationi*, de Vittorio Zonca, 1656. Marcado como A se encuentra el río que está controlado por dos compuertas, una a la entrada y otra a la salida. El punto B corresponde la primera, que permite regular las entradas del agua a la zona donde está asentada la población. El punto C señala la salida del río, regulada por otra compuerta.

IMPRESO EN MÉXICO *PRINTED IN MEXICO*

LIBRO IMPRESO SOBRE PAPEL DE FABRICACIÓN ECOLÓGICA CON BULK A 80 GRAMOS
www.maporrua.com.mx
Amargura 4, San Ángel, Álvaro Obregón, 01000, CDMX

GALILEO GALILEI

Esta edición conmemorativa por el 60°
Aniversario del Instituto de Ingeniería no
hubiera sido posible sin la colaboración de Víctor
Franco, Edgar Méndez Sánchez, Gabriel Castillo
y la intervención de los equipos del Laboratorio
de Geoinformática, así como la entusiasta
anuencia de Silvana y Fiorella Levi Levi.

NOTA: La primera edición de esta obra reunió como capítulos los textos aparecidos previamente en las Series del Instituto de Ingeniería a lo largo de varios años. El autor, la biblioteconomista Nadia Levi —su correctora y esposa— y los editores de entonces evitaron la repetición de las menciones bibliográficas recurrentes en los distintos textos; por tal motivo y según la usanza editorial de la época, en todas las referencias se citó exclusivamente al autor y el número de página correspondiente, dejando un solo apartado de Bibliografía general al final de la obra.

Por tratarse de un conjunto de ensayos históricos y para ayudar a la fluidez de la lectura, en la edición actual se han puesto dichas referencias al pie de página, respetando el criterio original de llevar una numeración sucesiva en cada capítulo. Cabe señalar que, en ciertos casos, cuando la referencia se hizo a una obra y página citadas con anterioridad, el autor remite al número de llamada correspondiente —aunque ésta no sea continua—, siempre en el cuerpo del mismo capítulo.

En la bibliografía mencionada se encuentran todas las obras citadas en orden alfabético, conforme al criterio editorial original descrito.

Contenido

Liminar

La nueva edición de este libro, una obra maestra en el campo de la hidráulica, forma parte de las conmemoraciones para celebrar los 60 años del Instituto de Ingeniería.

De esta manera, hemos querido recuperar y dejar nuevamente a disposición de estudiantes y profesionales, una de las obras clásicas que durante la vida de nuestro instituto ha acompañado a las nuevas generaciones de egresados de nuestra alma mater.

Luis Álvarez Icaza
Director del Instituto de Ingeniería UNAM

¿Qué es lo que admiró Bloom, amante del agua, chupador de agua, aguatero, volviendo al fogón? Su universalidad; su democrática igualdad y su naturaleza fiel a sí misma que la lleva a buscar su propio nivel; su vastedad oceánica sobre la proyección de Mercator; su insondable profundidad en la fosa de Sundam, en el Pacífico, que excede de las 8 000 brazas; el incansable movimiento de sus olas y partículas de su superficie, que visitan por turno todos los puntos de sus orillas; la independencia de sus unidades componentes, la variabilidad de los estados del mar; su hidrostática calma en tiempo de bonanza; su dilatación hidrocinética en las aguas muertas y en las grandes mareas; su subsistencia siguiendo a sus furias; su esterilidad en los congelados casquetes circumpolares: ártico y antártico; su importancia climática y comercial; su preponderancia de 3 a 1 sobre la tierra del globo; su indiscutible hegemonía que se extiende por leguas cuadradas sobre toda la región por debajo del trópico subecuatorial de Capricornio; la milenaria estabilidad de su fosa primitiva; su lecho fangosoleonado; su capacidad para disolver y mantener en suspensión todas las sustancias solubles incluyendo millones de toneladas de los más preciosos metales; sus lentas erosiones de penínsulas y promontorios tendientes al descenso; sus depósitos de aluvión; su peso, su volumen y densidad; su imperturbabilidad en las lagunas y lagos de altitud; sus gradaciones de color en las zonas tórridas, templadas y frías; su vehicular sistema de ramificaciones continentales; cursos de agua que atraviesan lagos, y ríos cuyos cauces crecen por los afluentes en su camino hacia el océano, y corrientes transoceánicas; el Gulfstream, corrientes al norte y al sur del ecuador, su violencia en los maremotos, tifones, pozos artesianos, erupciones, torrentes, turbiones, crecientes, trombas, corrientes subterráneas, líneas de división de las aguas, bajantes de las aguas, géiseres, cataratas, vorágines, maelstroms, inundaciones, diluvios, lluvias torrenciales; su vasta curva circunterrestre a horizontal; el misterio de sus saltos, su humedad latente revelada por instrumentos rabdomantes e higrométricos, evidenciada por la cavidad en el muro de

la puerta de Ashton, la saturación del aire, la destilación del rocío, la simplicidad de su composición: dos partes constitutivas de hidrógeno por una parte constitutiva de oxígeno; sus virtudes curativas, la flotabilidad en las aguas del Mar Muerto; su perseverante infiltración en arroyuelos, canales, presas deficientes, vías de aguas en los navíos; sus propiedades para limpiar, apagar la sed y el fuego, nutrir la vegetación; su infabilidad de paradigma y parangón; sus metamorfosis en vapor, bruma, nube, lluvia, cellisca, nieve, granizo; su fuerza en los rígidos diques; su variedad de forma en los lagos y las bahías y los golfos y las caletas y los estrechos y las lagunas y los atolones y los archipiélagos y las profundidades y los fiordos y los estuarios y los brazos del mar; su dureza en los glaciares, icebergs y témpanos flotantes; su docilidad para el trabajo en las máquinas hidráulicas, las ruedas de molino, las turbinas, las dínamos, las usinas de energía eléctrica, los lavaderos, las curtidurías, los establecimientos textiles; su utilidad en los canales, ríos navegables, diques secos y flotantes, su potencialidad comprobable considerando las mareas o los cursos de agua cayendo de nivel en nivel; su fauna y flora submarinas (anacústica y fotófoba), verdaderos habitantes del globo si no por la importancia por el número; su ubicuidad ya que ella constituye el 90% del cuerpo humano; lo nocivo de sus flujos lacustres, los pantanos pestilentes, el agua descompuesta de los floreros, los charcos estancados en la luna menguante.

James Joyce, *Ulises*
(Dublin, 1922)

Presentación

Este es un libro maravilloso, es decir: admirable, extraordinario. Para mayor virtud, no es libro espléndido: no es abundante, magnificente u ostentoso. Es un libro lleno de valor literario, científico, histórico, moral. Es también un libro humanista. Es la historia de la hidráulica como motivo para contar, guardando justa proporción entre lo conceptual y lo anecdótico, una historia del intelecto y sus logros. Es una historia relatada, además, con elocuencia, esa capacidad de comunicación que así se muestra no sólo compatible, como lo es, con la ciencia y la ingeniería, sino eficaz instrumento de ellas. Una historia con el toque de gozo y maravilla que es tan infrecuente en las obras académicas.

Es, pues, una hermosa obra, escrita para el placer y el provecho, por un maestro (mexicano por decisión) de la ciencia y la ingeniería.

En ella se relatan vívidamente casi 2 300 años de pensamiento científico sobre el comportamiento físico del agua, desde Arquímedes hasta estos días. Matizada por la historia de grandes avances y pequeños, gratuitos retrocesos, esta es también una lección sobre lo efímero de muchas teorías y lo duradero de otras.

Todo el relato está guiado por un hilo conductor: el mérito de la racionalidad y la experimentación, dos valores renacentistas... en cierto sentido. En efecto, apenas durante el Renacimiento la racionalidad y la experimentación se desarrollaron y reconocieron socialmente como medios de conocimiento superiores a la escolástica y el pensamiento mágico; sin embargo, racionalidad y experimentación siempre han sido actitudes y valores intrínsecos de los seres humanos. Por otro lado ¡qué duda cabe de la pervivencia de la escolástica y la magia como actitudes también muy humanas, sea en nuestros días o en los días de Saint-Venant, en los que "por cierto sucede que donde no está la razón su lugar lo toma el griterío!". Pero esto no importa tanto. Después de todo, racionalidad y experimentación han dado coherencia a la historia de la humanidad, como la dan a los relatos de este libro.

Ahí está, para mostrarlo, la aventura de Galileo, primer científico en el sentido actual; primer ingeniero. Mírese lo nuevo del método de Galileo y cómo éste lo sostiene a pesar de las objeciones de Descartes, menos moderno. Nótese la modernidad del Galileo viejo frente a los prejuicios del Descartes joven.

Ahí está, como otra prueba, la derrota de las ideas puras (Aristóteles) por el experimento (Torricelli).

Y está también la falibilidad humana, y el retroceso: la noción del cambio de energía potencial a energía cinética, noción que fue menos certera en el joven genio (Newton) que en el maduro experimentador (otra vez Torricelli).

Pero no todo se inclina en favor de las vivencias inmediatas y de los pies sobre la tierra, aunque sí, siempre, en pro de la racionalidad. Ahí está la historia de la recomendación de Tadini, hidráulico viejo y aislado, a los habitantes de un valle del otro lado del Atlántico: para evitar las inundaciones del México virreinal, no desagües, sino bordos de protección y conservación del agua dentro del valle (juicio basado en una elegante estimación de ciertos órdenes de magnitud; es decir, el viejo arte del ingeniero).

El agua según la ciencia es una obra de arte sobre la ciencia; placentera y útil desde la poética cita inicial de Joyce hasta la reflexión final sobre Leonardo. Una obra para ser leída por cualquiera que se considere educado y sensible.

He aquí, pues, una obra de amor por la ciencia, por quienes la hacen y por quienes la usan. "Porque en verdad el gran amor nace del conocimiento profundo del objeto que se ama; y si tú no lo conoces, poco o nada podrás quererlo".

DANIEL RESÉNDIZ NÚÑEZ

Introducción

No existe tal vez rama de la ingeniería que posea una historia tan rica como la hidráulica. Precisión de disponer de agua para satisfacer necesidades básicas corporales y domésticas; utilización de vías marítimas o fluviales para el transporte, y cruce de ellas; irrigación de cultivos; defensa contra las inundaciones; aprovechamiento de la energía de corrientes; todo esto ha forzado al hombre, desde los tiempos más antiguos, a vérselas con el agua. No ha sido un trato fácil. El habitante urbano que la observa a diario, dócil a sus necesidades, bajar mansa de la llave, no tiene idea de su idiosincrasia. No imagina con cuánta paciencia y astucia hay que manejar a esta nuestra gran amiga-enemiga; cuán a fondo hay que entender su índole altiva para poder someterla y doblegarla; cómo hay que "dorarle la píldora" para reducirla a nuestra voluntad, respetando —sin embargo— la suya. Por eso, el hidráulico ha de ser, ante todo, algo así como un psicólogo del agua, conocedor profundo de su naturaleza.

En efecto, no es con violencia como se pueden hurtar sus secretos, sino con amor; con esa comprensión que se deriva de una larga convivencia con ella, tan larga que ni la vida de un individuo, ni la de muchas generaciones, es suficiente. Hay que atesorar todo lo que la humanidad ha venido aprendiendo, a veces a costa suya, dejándose sorprender; otras, al intentar precaverse, realizando observaciones, ensayos, cálculos. Esto es lo que tratan de hacer los libros de texto, en lo que se refiere a esos aspectos de la hidráulica que se considera puedan requerirse en su práctica actual. Sin embargo, dichos libros, con todos sus méritos, adolecen por lo general de un defecto: crear la ilusión de una ciencia demasiado madura y segura de sí misma; que, algo alejada —a veces— de los fenómenos que pretende dominar, olvida las limitaciones de sus principios y adquisiciones, y hace que parezcan duraderos muchos de los que algún día, tal vez muy cercano, podrían ser puestos en duda o refutados.

De aquí el interés de someter la hidráulica a un examen retrospectivo, para descubrir cómo su evolución paulatina pasó a través de perplejidades y tropiezos, errores y aciertos, disputas; propuesta, aceptación y rechazo de hipótesis; transitoriedad y permanencia de teorías; para verla crecer, desarrollarse hasta adquirir casi las características de ciencia exacta, y llegar a ser lo que es hoy en día; sin perder la noción de la distancia que media entre lo que son realmente los fenómenos que pretendemos dominar y la interpretación que los modelos de que disponemos —ya sean matemáticos o físicos— permiten darles.

Una reseña de este tipo revela, en las teorías existentes actualmente, el resultado de un largo y cansado proceso de desarrollo, con repetidos intentos de explicar racionalmente lo que la naturaleza sugiere, corregidos y perfeccionados a través de observaciones y mediciones más o menos precisas. Descubre los retrasos que puede ocasionar un sesgo mental, como la preeminencia que los griegos atribuían al pensamiento sobre la experimentación; o bien un mal entendimiento metodológico, como aquel que surgió entre cartesianos y leibnizianos acerca de la esencia de fuerza y energía. Manifiesta el hecho de que fenómenos que, a pesar de ser relativamente secundarios, han alcanzado popularidad —como el desagüe por un orificio— pueden acaparar, durante siglos, dedicación y esfuerzo de los mejores investigadores; mientras que otros muchos más importantes —por ejemplo, el efecto de la rugosidad del conducto sobre el escurrimiento— se dejan a un lado, pues se carece de una técnica de ataque adecuada. Delata casos donde se aceptan con toda buena fe principios que contradicen al sentido común más elemental —por ejemplo, la distribución parabólica invertida de las velocidades en un canal—, tan sólo por una interpretación discutible de lo expuesto en un tratado famoso; y cómo conceptos erróneos así originados pueden trasmitirse de un autor a otro, durante largo tiempo. Por encima de todo, entender la hidráulica a través de su evolución ayuda a apreciar debidamente lo que hoy tenemos, y vislumbrar cuánto falta por hacer todavía.

El mayor enemigo del hombre actual parece ser no la bomba atómica, sino la ignorancia. No me refiero a la de los analfabetos, quienes más bien, por no saber leer, quedan inmunes a cierto tipo de propaganda y, por consiguiente, mejor capacitados para pensar y sentir en forma autónoma; aludo a la ignorancia de quienes hemos estudiado y creemos saber. Se trata de una ignorancia curiosa, fruto quizás de un exceso de información. Nunca hemos tenido a nuestro alcance tantos conocimientos como hoy en día; pero son conocimientos prefabricados, que se ofrecen reunidos y sintetizados en enciclopedias, audiovisuales, programas de cómputo; que se tragan como píldoras, sin valuar cuánto de cierto o dudoso, efímero o permanente, hay en ellos. Mirar al presente olvidando el pasado nos vuelve demasiado seguros de nosotros mismos y, por tanto, inermes frente a un posible fracaso.

Un vistazo hacia atrás es refrescante y provechoso. Resulta cautivador seguir la actividad de la mente de un investigador genial cuando se enfrenta con los desafíos del mundo que lo rodea. Descubrimientos e invenciones se manifiestan más vivos e inteligibles en boca de su creador que en cien libros de texto. A los grandes, hay que escucharlos: "Llegada la noche —confesaba Maquiavelo a Francesco Vettori— regreso a casa y entro en mi estudio; y en la puerta me despojo de ese traje cotidiano, lleno de cieno y lodo, y me pongo paños reales y curiales; y, vestido convenientemente, ingreso en las antiguas cortes de los hombres antiguos, donde, recibido amorosamente por ellos, pazco ese alimento que sólo es mío, y yo nací para él; donde no me avergüenzo de hablar con ellos y preguntarles la razón de sus acciones; y aquéllos, por su humanidad, me contestan; y, en cuatro horas de tiempo, no siento aburrimiento, olvido todo afán, no me asusta la muerte: todo me transfiero en ellos".

Por eso me he propuesto seguir la evolución de la hidráulica en sus vicisitudes, interrogando a quienes, fascinados por ella, se hicieron sus esclavos: filósofos y matemáticos, médicos e ingenieros; algunos atraídos por mero interés científico, otros para servir a sus semejantes. Sus hallazgos estuvieron ligados con la herencia recibida y las condiciones de su tiempo, medio ambiente y preparación, que he intentado —en lo posible— reconstruir. No pretendo haber agotado el tema, ni he sido del todo imparcial: los tópicos escogidos son aquéllos que la experiencia y la afición me han sugerido; los autores, aquéllos a los cuales he tenido acceso. El lector descubrirá fácilmente mi predilección por ciertos personajes, en primer lugar Galileo, de cuyo pensamiento y escuela nació lo que puede considerarse una hidráulica racional, digna del nombre de ciencia; y me perdonará cuando, al encontrarme con uno de mis héroes, me detengo, callo, e invito a que se le escuche.

Quisiera que quien lee vuelva a vivir conmigo esa empresa ciclópea que ha sido llevar la hidráulica al estado en que hoy se encuentra, aprecie sus logros y —al mismo tiempo— reconozca el camino que falta por andar. Me agradaría que el estudiante note lo que jóvenes de poco más de veinte años —Newton, Bernoulli, Lagrange— fueron capaces de realizar, a veces en condiciones más adversas que las que lo rodean; que el ingeniero valore mayormente la ciencia de que dispone; que el investigador penetre el pensamiento de los colegas que lo precedieron, sus dudas y certezas, éxitos, y —sobre todo— esos fracasos que hoy se prefiere callar, pero de los cuales tanto se aprende; que el lector que no es ni estudiante, ni ingeniero, ni investigador, sino que tiene alguna afición por lo que el agua representa para la humanidad y los problemas que le plantea, se dé cuenta de lo que la hidráulica es y nos ha costado. En general, he evitado expresar mi juicio acerca de las posibles causas de resultados dudosos o falsos, ya sean teóricos o experimentales, obtenidos por ciertos investigadores; pero he presentado toda la información que he podido hallar acerca de las hipótesis en que se han apoyado los primeros, y de las condiciones en que los segundos fueron realizados. Invito a los jóvenes a que intenten explicar ellos mismos las razones de las dificultades encontradas y dirimir las controversias, repitiendo —si es necesario— los experimentos descritos.

En la bibliografía, al final del libro, no aparece citada una obra, la cual, aún no correspondiéndole referencias explícitas, merece una mención muy especial: la **History of hydraulics**, *de Hunter Rouse y Simon Ince, obra sumamente valiosa, cuya ayuda ha facilitado mucho mi trabajo.*

Agradezco al Instituto de Ingeniería de la UNAM el patrocinio,· al Instituto de Hidráulica del Politécnico de Milán —en particular, a su director, Duilio Citrini— las facilidades que se me otorgaron para la consulta y reproducción de valiosas pertenencias de su biblioteca; a Patricia Peña la obtención de copias de otros documentos antiguos y, finalmente, a Alfonso Gutiérrez, Pedro Saucedo y René Olvera su ayuda en la preparación de las figuras, a Margarita López Herranz la revisión de estilo, ya Rosario Enciso y Yolanda Rivera la transcripción mecanográfica —labores realizadas por todos ellos con interés, dedicación y cariño.

[*México, D.F., diciembre 1985*]

ENZO LEVI

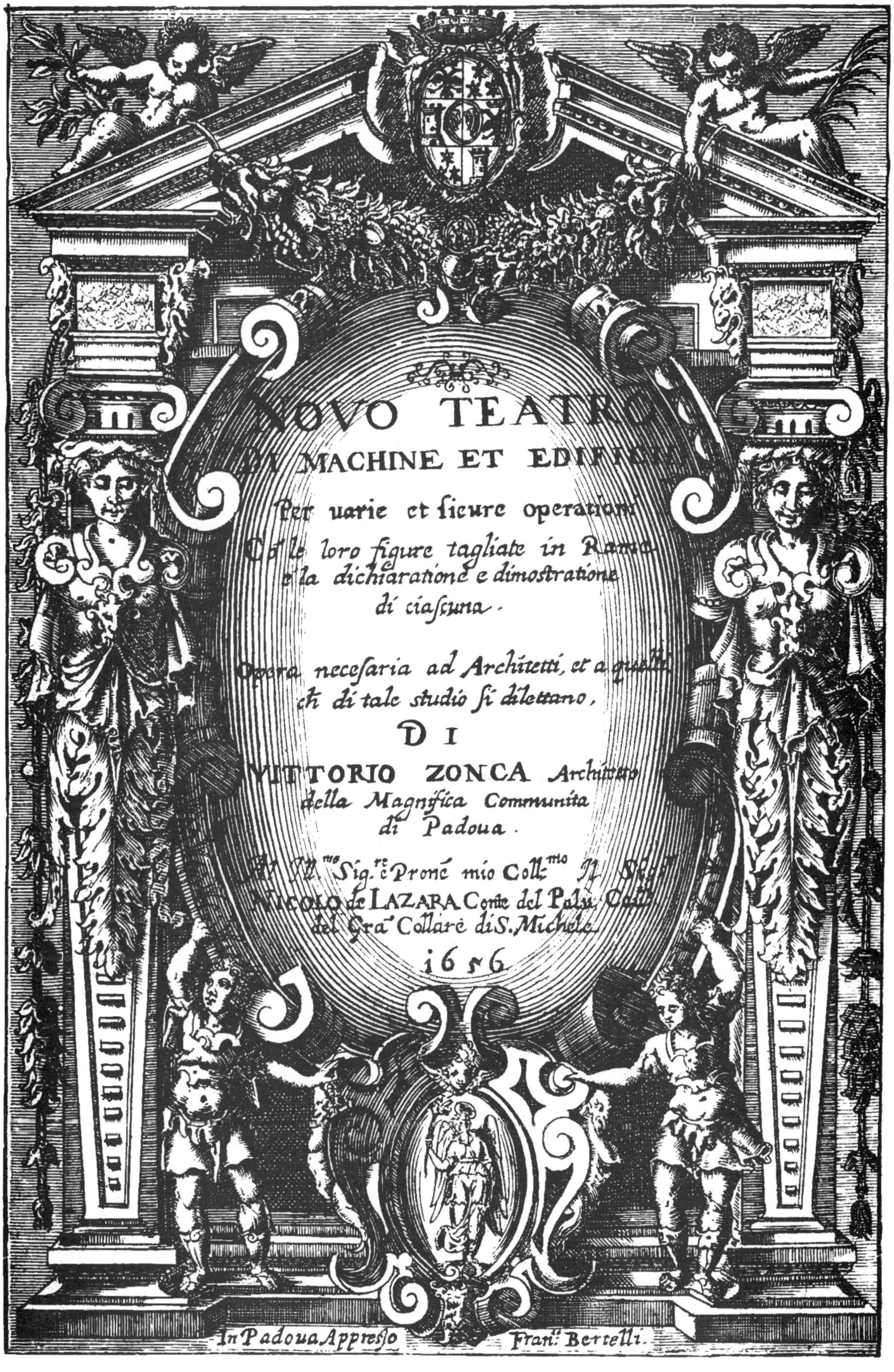
NOVO TEATRO
DI MACHINE ET EDIFICII
Per uarie et sicure operationi
Co' le loro figure tagliate in Rame
e la dichiaratione e dimostratione
di ciascuna.
Opera necessaria ad Architetti, et a quelli
ch' di tale studio si dilettano,
DI
VITTORIO ZONCA Architetto
della Magnifica Communita
di Padoua.
Al Ill.mo Sig.re e Prone mio Coll.mo Il Sig.r
NICOLO de LAZARA Conte del Palu Cau.
del Gra Collare di S. Michele
1656
In Padoua Appresso Fran.i Bertelli.

1

Hidrostática

El matemático

Siracusa, perla de Sicilia. Si, cruzada la espléndida bahía toda luz y azul y desembarcados en el puerto, penetramos por las calles angostas y tortuosas a la ciudad vieja, nos encontramos con el templo de Atenea, que todavía asoma sus poderosas columnas dóricas entre las paredes externas de la catedral; y si subimos un poco más llegamos a la plaza principal, irregular y toda en pendiente, encerrada por antiguas casas altas, con una fuente en medio. Es el corazón del centro histórico, allí donde los ancianos se reúnen a comentar los sucesos del día; su nombre, Plaza Arquímedes, recuerda al hijo más ilustre de la ciudad.

Porque Arquímedes nació en Siracusa, en el año 287 a.C. Ésta era entonces una ciudad libre, a cuatro siglos y medio de haber sido fundada por conquistadores llegados de Corinto, en la angosta isla de Ortigia que cierra al norte la bahía, bahía que los aborígenes poco apreciaban, mientras que para los corintios, navegantes expertos, resultaba de inestimable valor como abrigo de sus barcos y base para su comercio. Es interesante notar que el tiempo que había transcurrido entonces desde la conquista corintia equivale al que media entre nosotros y el desembarco de Hernán Cortés; y como a nosotros nos separa algo así como siglo y medio de la independencia, un lapso de tiempo equiparable era el que había pasado desde la sonada derrota que Siracusa había infligido a Atenas, acabando con sus pretensiones coloniales. Como a México de España, a Siracusa le quedaban de Grecia religión e idioma; pero afirmar, como muchos hacen, que Arquímedes era griego sería igual que pretender que un mexicano sea español.

Lo mismo que a Leonardo da Vinci, otro inventor extraordinario, a Arquímedes se le recuerda como hombre anciano: Leonardo, por el célebre autorretrato que así lo representa; Arquímedes, por haber dirigido a los 75 años de edad la defensa de su ciudad en contra de los romanos. Ninguna noticia nos ha llegado acerca de su juventud. Sin embargo, considerando la costumbre griega de expresar en el nombre del recién nacido lo que se desea de o para él, intentaremos sacar alguna información del nombre que este personaje recibió: Arquímedes (o mejor Arquimédes, con el acento sobre la e, como se pronuncia en griego) parece provenir del verbo épico "médomai", que significa meditar, combinado con el prefijo "arqui" (archi en castellano), que denota preeminencia o superioridad; por tanto, expresaría el anhelo de ver en el hijo a un gran hombre de ciencia, lo cual resulta plausible si se considera que Fidias, su padre, era astrónomo. Es, pues, factible creer que Fidias debió concentrar todos sus esfuerzos en la educación de un hijo con un nombre así, haciéndole presenciar sus observaciones del cielo, enseñándole las matemáticas que conocía y llevándolo a debates con colegas y discípulos.

Me agrada imaginar a Arquímedes joven, cerca de la fuente de Aretusa que, entonces como hoy, brotaba entre papiros con incesante murmullo, dando la espalda al templo de Atenea, a la sazón abierto a la vista de los marineros que se acercaban a la ciudad, y contemplando pensativo el movimiento incesante del mar. Lo concibo observando los barcos allí atracados que, con sus velas recogidas, se mecían por el suave oleaje, y preguntándose acerca del maravilloso fenómeno de la flotación. Debía de haber navíos cartagineses, haciendo escala en su periplo comercial alrededor del Mediterráneo, y leños multicolores llegados del puerto de Alejandría, frente al cual, en la isla de Faro, se había concluido recientemente la construcción de la célebre torre, guía de la navegación, tan elevada y resplandeciente que en las noches su luz se alcanzaba a ver desde veintiocho millas de distancia.

¡Cuánto debía desear el joven Arquímedes subir a uno de esos barcos para ir a dicha gran ciudad, a reunirse con los discípulos de Euclides!

En efecto, en ese entonces Alejandría era el más grande centro científico del mundo; poseía una biblioteca, con más de trescientos mil volúmenes, y un "Museo" —centro llamado así por estar dedicado a las Musas— donde sabios de todas partes, contratados por el gobierno egipcio, se dedicaban a la investigación y a la enseñanza. Allí estaba justamente Euclides, el maestro de maestros, cuyos célebres *Elementos* reunían en orden lógico todo el saber de los griegos acerca de las figuras y demostraciones que se efectúan con regla y compás.

Arquímedes consiguió realizar su sueño. A su llegada, el viejo Euclides había fallecido; pero su escuela continuaba activa con Cánon de Samos, que murió prematuramente y a quien Arquímedes estimó sobremanera, y luego con Dositeo y Eratóstenes. Con estos dos compañeros suyos trabó una estrecha amistad y, ya de regreso en Siracusa, mantuvo correspondencia, comunicándoles los resultados de sus investigaciones matemáticas. A Dositeo dedicó los libros en que determinaba el área del segmento parabólico y los volúmenes de la esfera, el elipsoide y el segmento de paraboloide de revolución; también aquel en que analizaba las propiedades de esa espiral que lleva su nombre. A Eratóstenes ofreció el pequeño tratado *Del método*, en el cual revela un artificio mecánico que utilizaba para un primer acercamiento a la resolución de problemas de áreas y volúmenes de nuevas figuras geométricas y para determinar sus centros de gravedad. El artificio consistía en equilibrar en una báscula imaginaria la figura de características desconocidas con una conocida, pero dividiendo la primera en tajadas infinitesimales y sobreponiéndolas todas, a modo de no tener dudas acerca de la posición del centro de gravedad correspondiente. Esto, que podría parecernos perfectamente válido hoy en día, Arquímedes lo consideraba un ardid: "Algunas cosas" —reconocía—, "primero se me aclararon gracias a un método mecánico, aunque luego tuve que comprobarlas geométricamente, en cuanto su investigación por dicho método no proveyó ninguna demostración efectiva".[1]

Durante más de mil años, se sospechó la existencia de estos procedimientos heurísticos, sin poderlo comprobar, porque aun sabiendo que el *Método* había sido escrito, se creía, como otras obras, irremediablemente perdido. En 1906 Heiberg, filólogo danés, fue a Estambul para estudiar un pergamino del cual había leído una breve descripción en una relación sobre libros provenientes de la biblioteca del monasterio del Santo Sepulcro de Jerusalén, descripción que lo inducía a suponer que ese pergamino contendría obras de Arquímedes. De hecho se trataba de un palimpsesto, o sea, un manuscrito antiguo que había sido borrado, sobre el cual se había escrito luego un devocionario. Felizmente, sólo se había conseguido una obliteración perfecta en una decena de hojas. Con cierto esfuerzo y con el auxilio de una buena lupa, se descubrió allí el *Método*, así como el original griego de buena parte de la obra *De los cuerpos flotantes*, de la que únicamente se conocía una traducción latina; escritos que a los buenos monjes no les interesaban, pero que son fundamentales para nosotros.

A veces, Arquímedes comunicaba sus teoremas a sus amigos omitiendo la demostración, para proporcionarles el placer de descubrirla, porque la demostración correcta y rigurosa era, y es todavía, el orgullo del matemático. Al respecto, Arquímedes no consideraba a nadie más reprobable que a aquel que "pretende haber descubierto todo, pero no ofrece demostraciones".[2] Intransigente en esto hasta el punto de gastar la broma

[1] Heath, *Method*, 13.

[2] Heath, *Works*, 151.

de comunicar proposiciones falsas para ver quién caía en la trampa de aceptarlas como válidas, Arquímedes era por otro lado sencillo y modesto, siempre dispuesto a enseñar a los demás, descubriéndoles sus técnicas y métodos; sus escritos, en el dialecto dórico de los conquistadores, eran llanos y sin pretensiones.

Sin embargo, sus investigaciones matemáticas constituyeron por lo general una novedad absoluta: Arquímedes cerraba la época de la regla y el compás, que Pitágoras había señalado como pautas de la geometría, y abría, él solo, la era de la computación digital, el álgebra y el cálculo integral. Determinó, con excelente aproximación, que π está entre $3^1/_7$ y $3^{10}/_{71}$ y, con objeto de demostrar que el número de granos de arena no es infinito, calculó cuántos podrían caber en todo el universo, considerado como la esfera en la cual Aristarco supone que están engastadas las estrellas; halló que, para llenarlo, bastarían menos de 10^{63} granos.

Sin precursores, las obras matemáticas de Arquímedes tampoco tuvieron sucesores, hasta Torricelli y Fermat. Su estilo es insuperable."La revelación gradual del plano de ataque —escribió Heath—,[3] la ordenación magistral de las proposiciones, la eliminación sistemática de todo lo que no es de utilidad inmediata para el objetivo, el acabado de todo el conjunto, son tan impresionantes en su perfección que crean una sensación como de reverencia en la mente del lector".

La corona adulterada

Vitruvio, arquitecto romano de la época de Augusto, dejó escrito el relato de la corona de Hierón II, rey de Siracusa. Habiéndose este príncipe propuesto, para agradecer a los dioses, ofrecerles una corona, la encargó a cierto artesano, proveyéndole del oro necesario. Éste, en la fecha convenida, entregó la corona perfectamente ejecutada. Llegaron, sin embargo, al rey unos chismes de que el artífice se había quedado con parte del oro, reemplazándolo, en el interior de la pieza, por un peso igual de plata. Como no sabía la manera de comprobar el fraude sin dañar la obra, el rey llamó al archi-meditador y le pidió que resolviera el problema; éste se fue pensativo y durante varios días estuvo dando vueltas al asunto en su cabeza.

La gente del pueblo, fascinada por la personalidad de los matemáticos, cuyo raciocinio no puede entender, suele trasmitir de generación en generación anécdotas acerca de sus distracciones. Así, de Newton se cuenta que al querer cocer un huevo controlando

[3] Van der Waerden, 212.

el tiempo, echó al agua hirviente su reloj y esperó con el huevo en la mano. En otra ocasión, se dice, había invitado a un amigo a comer, pero se olvidó del asunto; el amigo, que halló la mesa preparada, luego de una larga espera comió su porción y se fue; al llegar Newton más tarde, viendo el almuerzo parcialmente consumido, comentó: "qué raro, no recordaba haber ya almorzado", y regresó a su trabajo.[4]

En nuestro caso, la tradición sostiene que Arquímedes, estando en un baño público, encontró la solución al problema del rey y que luego, igualmente distraído, se lanzó desnudo a la calle y corrió hacia su casa, gritando "éureka, éureka", o sea "lo he hallado, lo he hallado".

Vitruvio afirma que la inspiración le vino al considerar cómo, a medida que él se sumergía en la pila, un volumen igual de agua se desbordaba; de lo cual infiere que Arquímedes habría utilizado el agua desalojada para medir volúmenes, y que, medidos así los de la corona y de dos masas de oro y de plata respectivamente, del mismo peso que la primera, habría determinado por proporciones volumétricas cuánto oro y plata contenía la joya.[5] Pero eso de medir el agua desbordada no es ni fácil ni elegante; por ello, es muy probable que una mente tan aguda haya llegado mucho más allá. Su descubrimiento de entonces podría ser el mismísimo principio que todos conocen bajo su nombre, o sea, que el peso de un cuerpo metido dentro de un fluido disminuye en una cantidad igual al peso del fluido desplazado.

En efecto, existe un poema titulado *De ponderibus et mensuribus (De los pesos y las medidas)*, escrito por allá del año 500 de nuestra era, que sugiere la solución siguiente.[6] Sea P el peso de la corona, P_o el de su parte en oro, P_P el de su parte en plata, si la hay. Entonces

$$P = P_O + P_P \tag{1}$$

Tómese ahora una masa de oro y otra de plata, cuyos pesos sean iguales a P, y pésense manteniéndolas sumergidas en agua. Se obtendrán los pesos reducidos $P\text{-}F_O$, $P\text{-}F_P$ respectivamente; de donde se desprende que el peso de agua desplazado por la porción de oro de la corona será $(P_O/P)F_O$, el desplazado por la de plata será $(P_P/P)\ F_P$, siendo la suma de ellos el peso F del agua desplazada por toda la corona. Teniendo en cuenta la ecuación 1, resulta que

[4] Enriques, 175.
[5] Heath, 260.
[6] *Id.*, 259.

$$P_O F_O + P_P F_P = (P_O + P_P)F$$

y dividiendo todo entre P_P y despejando,

$$\frac{P_O}{P_P} = \frac{F - F_P}{F_O - F} \qquad (2)$$

Por lo tanto bastaría con haber pesado las masas de oro y plata y la corona dentro del agua y determinar por diferencia con P las respectivas variaciones de peso F, F_O, F_P, para poder deducir por medio de la ecuación 2 qué proporción de oro hay en la corona.

Nace la hidrostática

¿Por qué ciertos cuerpos flotan y otros se hunden? Para contestar esta pregunta, Arquímedes creó la hidrostática. Se trata de un invento exclusivamente suyo, que salió de su cerebro hecho y derecho, como Palas Atenea de la cabeza de Zeus, y que está expuesta en el pequeño tratado περί δχουμένων *(De los cuerpos flotantes)*, conjunto de dos libros en los que la materia se presenta con lógica impecable, como si fuese geometría.[7]

Dándose cuenta de que la característica física fundamental de los fluidos, por lo que a su estática se refiere, es la presión, empieza el primer libro *postulando*, o sea admitiendo sin demostrar, dos propiedades de ella: siempre que el fluido sea continuo y uniforme, *a)* si hay diferencia de presiones entre dos partes contiguas, la de mayor presión empuja hacia adelante a la de menor, y *b)* cada una de sus partes está sujeta a la presión del fluido que está encima (en dirección vertical). Luego establece como base de toda su teoría una proposición genial: que *la superficie libre de todo fluido en reposo es una esfera cuyo centro es el centro de la Tierra*.

Para demostrarlo, después de haber comprobado que la superficie que todo plano que pasa por un punto dado corta en una circunferencia con centro en dicho punto es necesariamente *una esfera*, acepta, por reducción al absurdo, que haya un plano que pasa por el centro O de la Tierra que corta la superficie libre del fluido según una curva *ABCD* que no sea una circunferencia, es decir que tenga puntos que disten más que otros del punto *O* (figura 1). Por tanto, una circunferencia *EBCF* cuyo radio *OB* sea de una longitud intermedia dejará parte del fluido adentro y parte afuera. Trácese el

[7] *Id.*, 265-300.

radio OG de modo tal que el ángulo $B\hat{O}G$ sea igual al $E\hat{O}B$, y sea H su intersección con la superficie fluida. Descrito un arco PQR con centro en O, que quede todo dentro del fluido, siendo que sobre PQ hay más altura de fluido que sobre QR (con lo cual por la parte *b)* del postulado, PQ recibe más presión que QR), según la parte *a)*, PQ debe poner en movimiento a QR. Luego no puede haber reposo, contrariamente a lo supuesto. Esta demostración, válida para todo plano que, pasando por O, corte la superficie libre, comprueba que todas las intersecciones resultantes han de ser circunferencias; por tanto, dicha superficie es esférica y tiene el mismo centro que la Tierra.

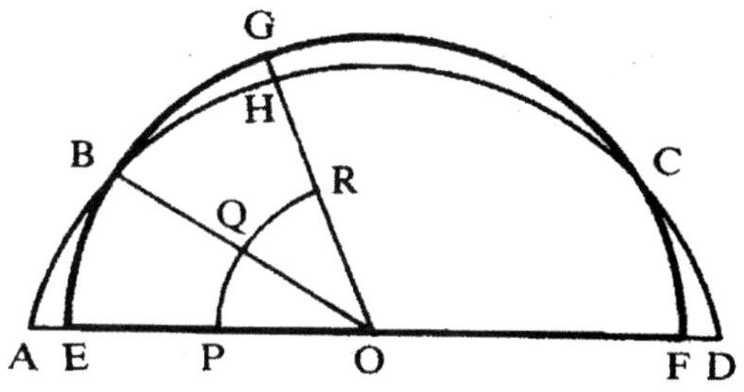

Figura 1

Arquímedes pasa luego a demostrar que *un sólido cuya densidad sea la misma que la de cierto fluido en reposo, si se coloca dentro de éste, queda inmóvil.* Primero comprueba que el sólido no va a sobresalir de la superficie del fluido. Con referencia a la figura 2, supóngase en efecto, por reducción al absurdo, que el cuerpo $EFHG$ se eleve hasta sobresalir con su parte $EFCB$ por encima de la superficie libre esférica $ABCD$. Sea LOM un cono que encierra al sólido, y MON otro contiguo igual. Delimitaremos dentro de este último el volumen $STVU$, igual e igualmente ubicado que la parte sumergida $BCHG$ del sólido, siendo las mismas por hipótesis también sus densidades. Trazada más abajo una superficie esférica PQR con centro en O, PQ recibirá una presión mayor que la que recibe QR, y tendrá por tanto que poner en movimiento a QR, contrariamente a la hipótesis de que el fluido está en reposo. Con esto se comprueba que el sólido no va a emerger. De hecho *tampoco podrá hundirse más* porque, al no cambiar su presencia la distribución estática de presiones, no puede crearse movimiento en el fluido.

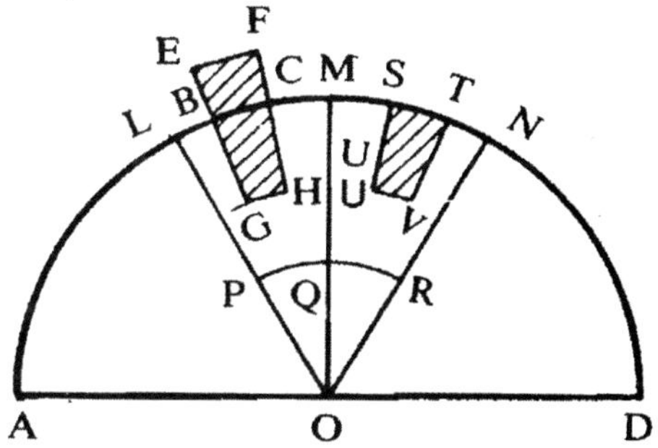

Figura 2

Considerando después *un sólido más ligero que el fluido*, Arquímedes demuestra que no puede sumergirse completamente, pues debe sobresalir de tal forma que *el peso del fluido que resulte desplazado sea igual al peso de todo el sólido*. La emersión resulta del hecho de que (figura 3) si S es el sólido sumergido y K un volumen igual y simétricamente colocado de fluido, la presión sobre PQ sería menor que la que se ejerce sobre QR, con la consiguiente inestabilidad. Considerando luego nuevamente la figura 2, si $STVU$ es un volumen de fluido igual y simétrico a la parte sumergida $BCHG$ del sólido,

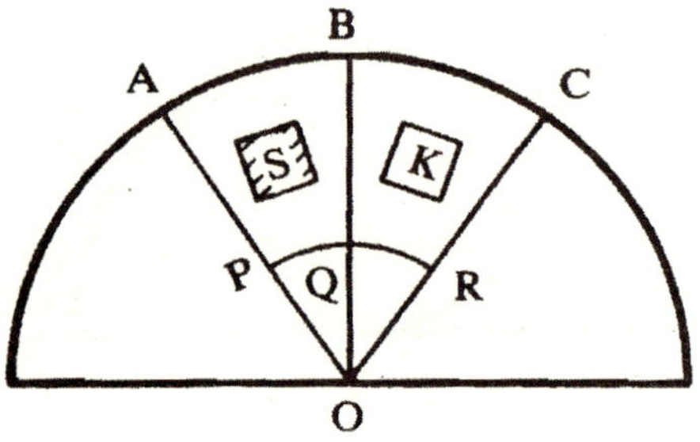

Figura 3

debiendo ser iguales las presiones sobre *PQ* y *QR*, el peso de STVU tiene que ser igual al de *EFHG*, o sea al que corresponde a todo el sólido.

El siguiente paso consiste en comprobar que *si un sólido más ligero que el fluido se sujeta manteniéndolo sumergido, resulta un empuje hacia arriba igual a la diferencia entre el peso del fluido desplazado y el del sólido mismo*. En efecto, sean (figura 4) *A* el sólido, *BC* la superficie del fluido y *D* otro cuerpo que, sobrepuesto a *A*, lo mantiene sumergido. Sean *G* y *H*, respectivamente, los pesos de *A* y *D*. Por la proposición anterior, el peso del fluido desplazado por *A* debe ser *G* + *H*, mientras que el empuje hacia arriba experimentado por A es igual al peso *H* de *D*, o sea a (*G* + *H*) -*G*, es decir, al peso del fluido desplazado menos el de *A*.

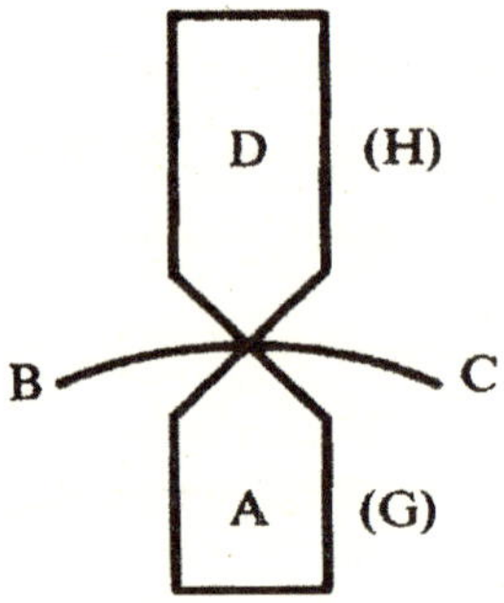

Figura 4

Finalmente, *un sólido más pesado que el fluido se sumerge en él hasta alcanzar el fondo*, mientras el fluido que se halla por abajo está sujeto a una presión mayor que el resto; por tanto, tiene que ir desplazando las partes laterales y abrir así paso al sólido hasta que descanse en el fondo. Por otro lado, si dicho sólido se pesa manteniéndolo sumergido, *su peso resultará reducido en una cantidad igual al peso del fluido desplazado*. Esta última proposición, que es justamente lo que llamamos *principio de Arquímedes*, se demuestra con base en la idea siguiente. Sean *A* y *B* dos cuerpos, el primero más pesado y el segundo menos pesado que el fluido, tales que el peso total de *A* sea igual al del fluido desplazado por *B*, y viceversa. Si los unimos y así unidos los sumergimos, el cuerpo resultante quedará estacionario, lo que implica que la fuerza que tiende a sumergir *A* será igual a la que tiende a elevar *B*. Ahora sea *G* el peso de *A*, así como del fluido desplazado por *B*, y *H* el peso de *B* y también del fluido desplazado por *A*. La fuerza que tiende a levantar *B* será; por la proposición anterior, *G-H*; por tanto, también la fuerza que tiende a sumergir *A* será *G-H*, o sea el peso del cuerpo *A* menos el del fluido desplazado por él.

El barco de Arquímedes

Plutarco había comentado, hablando de los escritos de Arquímedes, que no es posible hallar en geometría cuestiones más difíciles y enredadas, ni explicaciones más sencillas y claras. Lo que acabamos de sintetizar ofrece una muestra de ello, sobre todo si lo comparamos con la presentación de los mismos temas, conceptualmente bastante más complicada, que suelen ofrecer nuestros textos de física.

Pero Arquímedes no sólo era el más grande matemático de la antigüedad; era también un ingeniero extraordinario, aunque, con mentalidad típicamente griega, no creía decoroso escribir acerca de inventos mecánicos. Éstos, sin embargo, fueron los que más fama le dieron en su tiempo y, gracias a las narraciones de los historiadores, también ante la posteridad. En ocasión del sitio que los romanos establecieron alrededor de Siracusa, Arquímedes, ya anciano, idearía tantos y tan espantosos artefactos que, según recuerda Plutarco al relatar la vida de Marcelo (el general enemigo), los soldados romanos habían llegado a tal grado de nerviosismo que "si tan sólo veían un pedazo de cuerda o de madera salir por encima de la muralla (de la ciudad), comenzaban a gritar: ¡helo de nuevo aquí!, y creyendo que Arquímedes estaba poniendo en movimiento algún nuevo mecanismo bélico, daban media vuelta y huían; así que Marcelo desistió de todo asalto o combate, confiando toda su esperanza en un sitio prolongado".

Mucho antes de estos acontecimientos, se le ocurrió al rey Hierón construirse un barco de recreo que debía poseer todos los últimos adelantos de la ciencia náutica. Tenía medio estadio (o sea 122 metros) de eslora, pesaba mil toneladas y podía cargar cerca de cuatro mil. Iba tripulado por seiscientos remeros, divididos en veinte grupos, y podía llevar otras trescientas personas más. Poseía gimnasio, alberca, jardín y sesenta camarotes, todo decorado con mármol, mosaicos, marfil y maderas preciosas. Además, el navío tenía que protegerse de ataques enemigos, por lo que debía contar con artefactos capaces de arrojar grandes piedras;[8] para esto, el rey acudió como siempre a Arquímedes, quien no sólo afrontó la dificultad de diseñarlos, sino también de asegurarse que, siendo muy pesados y debiendo colocarse sobre cubierta, no fueran a desequilibrar el barco.

Ya al final del primer libro *De los cuerpos flotantes*, Arquímedes se preocupa por un problema de equilibrio naval. Una esfera flotante está en equilibrio cualquiera que sea su posición; pero no será lo mismo para un segmento esférico (es decir, una esfera de la cual se haya cortado B una rebanada). Sea pues (figura 5) *ABD* el segmento de esfera flotante. Teniendo en cuenta que su centro de gravedad *C* —siendo el cuerpo homogéneo— ha de estar sobre el eje de simetría *DE*, Arquímedes demuestra que, para alcanzar el equilibrio, el segmento de esfera tiene que girar hasta que *DE* se disponga según la dirección vertical *OF*. Comprueba que este resultado vale, ya sea que la base *AB* del segmento esté afuera o adentro del fluido.

[8] Durant, 316.

En el segundo libro, Arquímedes escoge una figura geométrica cuya forma se parezca más a la del barco: un segmento recto de paraboloide de revolución (figura 6). Si una parábola tiene por ecuación $x^2 = py$, p se llama parámetro de la parábola misma y mide el cuádruple de la distancia del vértice al foco. Arquímedes halla que la relación entre la longitud h del eje ED del segmento de paraboloide y el parámetro p es esencial para establecer la condición de equilibrio. Con una serie de diez proposiciones cuyas demostraciones, sumamente elegantes, no son difíciles de seguir para quien tenga familiaridad con las propiedades elementales de la parábola, sus subtangentes y subnormales y de sus diámetros, Arquímedes analiza catorce casos distintos. El primero, representado en la figura 6, supone la base AB fuera del agua y $h/p \leq 3/4$; lo cual, siendo que el centro de gravedad del segmento de paraboloide está ubicado sobre el eje DE en el punto C tal que $DC = 2h/3$, implica que $DC \leq p/2$. A partir de allí y realizando varias construcciones geométricas, Arquímedes deduce finalmente que es condición para el equilibrio que el eje se ponga vertical. Lo mismo resulta para el caso donde el mencionado paraboloide tenga la base sumergida. La mayoría de los otros casos, correspondientes a otras limitaciones para h/p, se complica porque hay que tener en cuenta también la razón entre las densidades del sólido y del fluido. Aquí aparecen también otras condiciones de equilibrio, como que el eje tenga cierta inclinación, o condiciones de desequilibrio, por ejemplo: que la base tenga contacto en un punto con la superficie libre del fluido. Discusión minuciosa y exhaustiva, verdadera obra de arte de análisis geométrico.

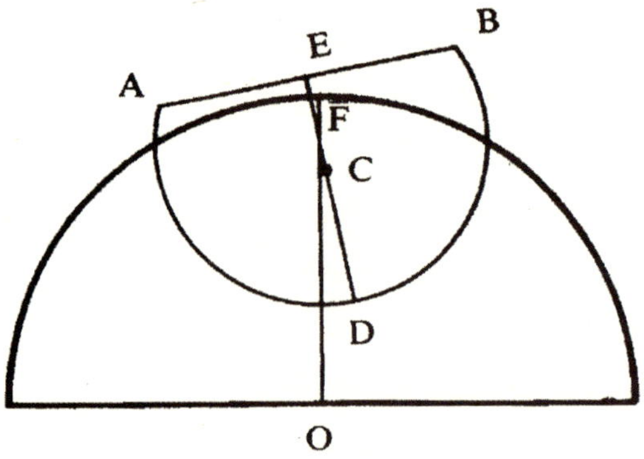

Figura 5

La intención de Hierón al construir el barco había sido dedicarlo a realizar un servicio regular entre Siracusa y Alejandría. Pero, como resultó demasiado grande para los muelles siracusanos y su costo de manutención era exagerado, finalmente lo llenó de trigo y pescado, y lo envió como regalo a Ptolomeo Filadelfo, rey de Egipto, en un momento en que dicho país, afligido por una de sus periódicas sequías, tenía escasez de alimentos.[9]

Cerca de 1850 años median entre Arquímedes y la época de Galileo. En el transcurso de éstos, las matemáticas sólo tuvieron alguna evolución con el álgebra y, si exceptuamos las observaciones y experimentos de otro genio solitario, Leonardo da Vinci, se puede decir que la hidráulica no avanzó nada. Curiosamente el primer progreso en esta

[9] *Id.*, 317.

ciencia lo realizó Evangelista Torricelli, considerado en su tiempo como matemático sobresaliente por haber conseguido continuar y perfeccionar la obra geométrica de Arquímedes; pero cuya fama también sobrevive esencialmente gracias a su interpretación genial del movimiento de los chorros líquidos, misma que en la edición completa de sus obras publicadas en Faenza —su ciudad natal— en 1919 ocupa apenas 13 páginas,[10] contra las 821 que llenan sus trabajos de geometría.

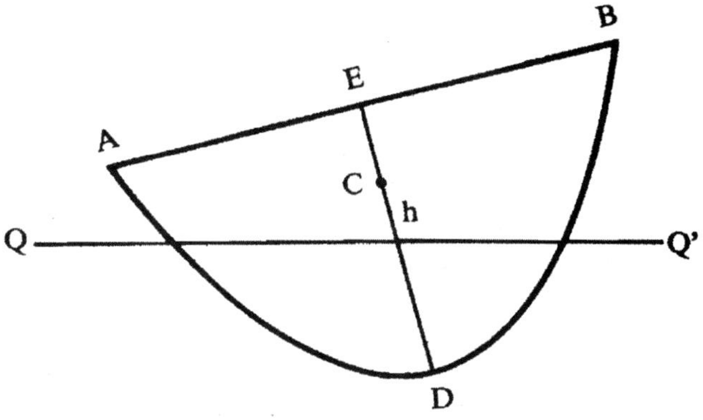

Figura 6

La paradoja de las láminas flotantes

En 1609 moría Ferdinando de Médici, gran duque de Toscana, y le sucedía a los 19 años de edad su apuesto hijo Cósimo II. Era esa una época de intensa actividad científica y Cósimo, acostumbrado a reunirse con filósofos y matemáticos y participar en sus discusiones, decidió que su primer logro sería conseguir que Galileo, a la sazón profesor en la Universidad de Padua, donde Cósimo había sido su alumno, regresase a su patria. Con cuánto orgullo había dicho allá a sus compañeros provenientes de toda Europa: ¡El Maestro es tambiés toscano, como yo!

Galileo podría hacer de Florencia, que había sido reino de las artes, la soberana de las ciencias. El 5 de junio Belisario Vinta, secretario particular del gran duque, escribía a Galileo, comunicándole que Cósimo había resuelto designarlo "Matemático primario del Estudio de Pisa y Filósofo del Serenísimo Gran Duque, sin obligación de dar clases ni de residir en el Estudio o la ciudad de Pisa, y con el sueldo de mil escudos, moneda florentina, por año".[11] Para entender estas cláusulas conviene saber que, así como en Venecia no había Universidad, tampoco Florencia —también ciudad de comerciantes—la tenía; en la república véneta la universidad era el "Estudio" de Padua; en Toscana, el de Pisa. En esta última institución Galileo, pisano por nacimiento, había estudiado medicina, cumpliendo con el deseo de su padre, pero con poco entusiasmo. Durante unas vacaciones un amigo de la familia, Ostilio Ricci, que había sido discípulo de Tartaglia, famoso algebrista y traductor de Arquímedes, comenzó a enseñarle estas

[10] Torricelli, vol. II, 185-197.

[11] Geymonat, 78.

doctrinas; y Galileo se apasionó tanto que se entregó definitivamente a tales estudios, renunciando al título de médico. Luego, durante tres años enseñó matemáticas en Pisa; fue adorado por los alumnos pero se creó muchos enemigos entre los maestros peripatéticos (o sea aristotélicos), de cuyo engreimiento se burlaba a menudo; finalmente tuvo que mudarse a Padua. Así que regresar a Pisa no era deseo de Galileo, ni interés del gran duque, que lo quería a su lado.

Los salarios de los maestros universitarios no eran uniformes: un profesor de matemáticas como Galileo percibía sólo una pequeña fracción de lo que ganaba uno de medicina. A pesar de un sustancial aumento de sueldo conseguido en ocasión de su descubrimiento de las manchas solares, Galileo, que además de su familia tenía que mantener también a muchos hermanos menores, siempre enfrentaba dificultades económicas. Esta fue la razón principal que le hizo aceptar el generoso ofrecimiento de Cósimo II; así que en septiembre de 1610, a los 46 años de edad, se mudó a Florencia. A principios de 1611 realizó un triunfal viaje a Roma, donde fue recibido por varios cardenales y luego por el mismo papa Paulo V, quien con suma benevolencia no le permitió quedar arrodillado durante la visita, como exigía el ceremonial. Allí el príncipe Federico Cesi, uno de los personajes más influyentes del mundo científico romano, fundador en 1603 de la Academia de los Linceos, quiso inscribirlo enseguida como miembro distinguido de la misma; y los padres jesuitas, que habían repetido con éxito sus observaciones sobre los satélites de Júpiter (que él llamaba "Medíceos" para gloria de la familia de los Médicis), lo acogieron muy cordialmente.

De regreso a Florencia, en septiembre del mismo año, Galileo participó en una reunión de filósofos y científicos en el suntuoso palacio del gran duque, quien siempre deseaba ser informado de los avances de la ciencia y proponía a veces nuevos temas de discusión. En la plática se discutió sobre la flotación: Galileo defendió la teoría de Arquímedes y otros la de Aristóteles; teorías que, como enseguida explicaremos, difieren notablemente. Dos cardenales, Maffeo Barberini y Ferdinando Gonzaga, de viaje hacia Roma, se hallaban de paso por Florencia en esos días. El gran duque, que creía poder honrar mayormente a los huéspedes ilustres de su ciudad haciéndoles presenciar reuniones de sus sabios, los invitó a una comida cuya máxima atracción fue la asistencia de Galileo, quien expuso la controversia mencionada. Los prelados discrepaban entre sí: Barberini se declaró en favor de Galileo, Gonzaga apoyó a los contrarios. Fue entonces cuando Cósimo ordenó a su Matemático redactar una relación al respecto, misma que apareció en 1612 bajo el título *Discorso intorno alle cose che stanno in su l'acqua o che in quella si muovono (Discurso acerca de los cuerpos que se sostienen sobre el agua o se mueven dentro de ella)*.[12] Esta obra nos ofrece una información detallada sobre el origen de la controversia.

Todo había empezado con una discusión acerca de la condensación y rarefacción, comentándose que la primera resulta del frío y la segunda del calor. No faltó quien sacara como ejemplo el hielo, a lo cual contestó Galileo explicando que el hielo, a pesar de su baja temperatura, tiene que ser más bien agua enrarecida que agua condensada, ya que el hielo flota sobre el agua y, por tanto, debe tener un peso específico menor. Se le replicó que esa flotación no se debe a liviandad, sino a la configuración ancha y llana del hielo; afirmación explicable, tratándose de gente que sólo conocía al hielo en las costras que en invierno se forman sobre charcos y riachuelos, costras que luego se despedazan y van flotando.[13]

La objeción provenía del grupo de los seguidores de Aristóteles, que recordaban cómo éste, refiriéndose en su tratado *Del cielo* al hecho de que "un pedazo de hierro o plomo que sea plano flota sobre el agua, mientras que objetos más pequeños, pero redondos y alargados, como por ejemplo una aguja, se hunden",[14] había intentado justificar el fenómeno sosteniendo que un cuerpo para sumirse tiene que hender la superficie del agua y que una superficie grande es más difícil de abrir que una pequeña. "Hay dos factores —escribía él—:[15] la fuerza responsable del movimiento hacia abajo del cuerpo pesado y la fuerza que se opone al hundimiento de la superficie continua, y por tanto debe de haber una relación entre las dos. Porque cuanto más la fuerza que ejerce el objeto pesado para hender y dividir excede a la que reside en el medio continuo, tanto más el primero logrará hundirse; si por el contrario la fuerza del objeto pesado es menor, éste flotará sobre la superficie". Teoría que contrasta claramente, como no dejó de observar Galileo, con lo que un siglo más tarde sostendría Arquímedes.

Galileo no soportaba a los peripatéticos, sus *adversarios* tradicionales, no tanto por las doctrinas de Aristóteles, una de las inteligencias más universales que haya producido la humanidad, autor de obras enciclopédicas que contienen planteamientos profundos y originales, sino por la fe ciega que ellos le tenían. Aristóteles había sido el oráculo de filósofos y teólogos escolásticos durante la Edad Media: "dixit" —él lo dijo— sentenciaban ellos, y con esto se cerraba la puerta a toda opinión. Muchos maestros del Estudio de Pisa eran todavía así: Galileo menciona por ejemplo a cierto Buonamico, autor de

[12] Galilei, *Le ópere*, vol. IV, 61-140.
[13] *Id.*, 64-66.
[14] Aristóteles, 404.
[15] *Id.*, 405.

DISCORSO
AL SERENISSIMO
DON COSIMO II.
GRAN DVCA DI TOSCANA

Intorno alle cose, che Stanno in sù l'acqua, ò che in quella si muouono,

DI GALILEO GALILEI
Filosofo, e Matematico della Medesima
ALTEZZA SERENISSIMA

SECONDA EDITIONE.

IN FIRENZE.
Apresso Cosimo Giunti. MDCXII.
Con licenzia de' Superiori.

un voluminoso tratado sobre el movimiento, que sostenía precisamente que la teoría de la flotación de Arquímedes debía abandonarse por no concordar con la de Aristóteles, y como prueba aducía el hecho de ser —según él— la doctrina arquimediana incapaz de explicar por qué un cubo o un barco que flotan vacíos se hunden al llenarse de agua.[16]

En su disputa con Galileo, los adversarios fueron a traer una tablita de ébano y una pelota de la misma madera. La tablita, apoyada suavemente sobre la superficie del agua, quedaba flotando, mientras que la pelota bajaba inmediatamente hasta el fondo; de lo que se infería, de acuerdo con Aristóteles, que la diferente forma que el sólido posee, independientemente de su peso específico, hace que éste flote o bien se suma.[17] Galileo, quien señala, de acuerdo con Arquímedes, que la figura no determina que el cuerpo flote o se hunda sino sólo la velocidad con que se hunde, siempre que el material con que está hecho sea por su peso específico apto "para vencer la resistencia de la viscosidad del agua",[18] se veía obligado a hallar una razón para justificar la flotación de las láminas y no sólo de ébano, sino hasta de oro, que supera al agua "en gravedad casi 20 veces... y sin embargo una delgada hojita de oro flota sin hundirse".[19]

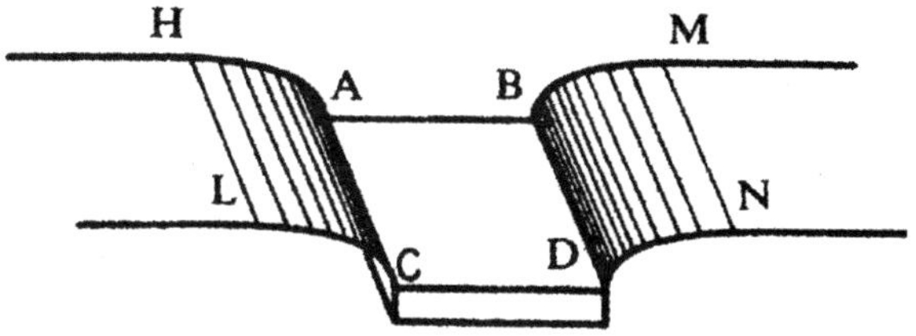

Figura 7

Este es su razonamiento: "Así como causa del hundirse de la tablita de ébano y de la hojita de oro, cuando se sumen, es su gravedad, mayor que la del agua, así es necesario que causa de su flotación, cuando ellas se sostienen, sea su liviandad; la que en tal caso, por algún accidente tal vez no observado hasta ahora, se asocie con la tablita misma, haciéndola ya no como era antes mientras se sumía, es decir más pesada que el agua, sino menos pesada. Pero esa nueva liviandad no puede provenir de la figura, sea porque la configuración no añade ni quita peso, sea porque la tablita, cuando se hunde, conserva la misma figura que cuando flota".[20]

Luego vuelve a considerar una lámina flotante *ABCD*; observándola descubre que, si bien es cierto que se mantiene sobre el agua, de hecho ella se sume, quedando a un nivel más bajo que la superficie libre, rodeada por un pequeño borde *HACL*, *MBDN* (figura 7).

Es cierto pues, concluye Galileo, que de acuerdo con Aristóteles la lámina no se hunde por ser de forma impropia para hender la masa de agua; pero tampoco queda al

[16] Galilei, *Le ópere*, vol. IV, 80.
[17] *Id.*, 87.
[18] *Id.*, 89.
[19] *Id.*, 96.
[20] *Id.*, 97.

nivel de la superficie libre. Y con su estilo característico prosigue: "Si se considerara cuidadosamente cuál y cuánto sea el cuerpo que en esta experiencia entra al agua y contrasta con la gravedad de ella, se notará que es todo lo que se encuentra por debajo (del nivel) de la superficie del agua; lo que consiste en el conjunto de una tablita de ébano y un volumen casi igual de aire, o bien de una lámina de plomo y diez o doce veces más de aire. Pero, señores adversarios, en nuestro asunto se trata de conservar la materia y alterar tan sólo la figura; por tanto removed ese aire que, agregado a la tablita, la vuelve un cuerpo menos pesado que el agua, y colocad en el agua el simple ébano: así sin duda veréis la tablita bajar hasta el fondo, y si esto no sucede, habréis ganado el pleito".[21] Pero, ¿cómo quitar el aire? Muy simple, dice Galileo: basta con mojar ligeramente la superficie superior de la tablita e inmediatamente el agua que se detiene en el borde escurrirá, cubrirá todo el ébano y éste se hundirá.

El *Discurso*, que contiene muchas cosas más y al cual tendremos que referirnos luego por otras razones, apareció a fines de mayo de 1612, y tuvo tanto éxito y tanto fue el alboroto que levantó, que antes de que terminara el año salió una segunda edición, en la cual el autor agregó aclaraciones y complementos. Muchos fueron los que impugnaron por escrito las ideas galilianas. En Pisa, Arturo d'Elci y Giorgio Coresio salieron a defender las opiniones peripatéticas; en favor de Galileo apareció Tolomeo Nozzolini, quien, con referencia al pequeño borde de agua, hizo reflexiones que parecen abrir camino a la consideración de la tensión superficial. Luego, Ludovico delle Colombe y Vincenzio di Grazia publicaron nuevos opúsculos atacando violentamente a Galileo. Éste, buen peleador por naturaleza, se dispuso a contestar; pero sus amigos le convencieron de que no les diera tanta importancia y dejara que uno de sus discípulos se ocupase del asunto. Fue así como Galileo encargó la respuesta al predilecto, Benedetto Castelli, fraile benedictino de unos 35 años de edad. Castelli replicó, pero para hacerlo debió acercarse más y más a la hidráulica; tanto que luego, como veremos, se volvió el experto número uno en la materia.

La hidrostática de Galileo

Uno de los aspectos más interesantes del *Discurso* mencionado anteriormente es el tratamiento novedoso que Galileo le da a la teoría de la flotación. Su idea básica es considerar que el cuerpo, sea más ligero o más pesado que el agua, se encuentra en

[21] *Id.*, 98-99.

movimiento real o virtual, hacia arriba o bien hacia abajo. O sea, analizar el estado de reposo a través del de movimiento. Para ello, Galileo empieza por definir la cantidad de movimiento, para la cual utiliza el término "momento". Es muy curioso el hecho de que este término persiste en el idioma inglés como *momentum*, mientras que la expresión "cantidad de movimiento" que utilizan las lenguas neolatinas nació justamente en inglés, en la *quantity of motion* usada por Andrew Motte en su traducción inglesa (1729) de los *Philosophiae naturalis principia mathematica* (*Principios matemáticos de la filosofía natural*) de Newton.

La definición que Galileo da es la siguiente: "Para los mecánicos 'momento' significa esa virtud, esa fuerza, esa eficacia con la cual el motor se mueve y el móvil resiste; la cual virtud depende no sólo de la simple gravedad, sino también de la velocidad del movimiento".[22] He querido reproducir tal cual esta definición para que se note cuán difícil era expresarse cuando no se disponía todavía de una terminología mecánica aceptada universalmente, como la tenemos hoy en día. La definición se aclara un poco más abajo, donde leemos: "pesos desiguales se equilibran y sus momentos se igualan cada vez que sus gravedades responden con proporción contraria a las velocidades de su movimientos";[23] de donde se deduce que, siendo "gravedad" el peso del cuerpo o algo proporcional a él, el "momento" resulta proporcional al producto de la masa por la velocidad.

El problema de saber cuáles sólidos se hunden y cuáles flotan conduce así a buscar un equilibrio entre la cantidad de movimiento del cuerpo, empujado a la fuerza debajo del agua, y la del agua levantada por el cuerpo mismo, "a cuyo levantamiento también ella, como cuerpo pesado, resiste por su naturaleza". "Hay que comparar —dice Galileo— los momentos de la resistencia del agua a ser levantada con los de la gravedad que hunde al sólido; en cuanto los momentos de la resistencia del agua lleguen a igualar los momentos del sólido antes de su inmersión total, se hará equilibrio y el sólido no se sumirá mayormente; pero si el momento del sólido superara siempre los momentos con los cuales el agua desalojada resiste, ese no sólo se sumirá del todo, sino que se hundirá hasta el fondo; y si finalmente en el punto de inmersión total se igualaran los momentos del sólido impelente y del agua resistente, entonces se hará el reposo, y el sólido podrá descansar indiferentemente en cualquier punto del agua".[24]

Galileo supone algo así como un principio de conservación de la cantidad de movimiento, principio que, aceptado por Descartes y sus seguidores, influirá —como

[22] *Id.*, 68.
[23] *Id.*, 69.
[24] *Id.*, 70.

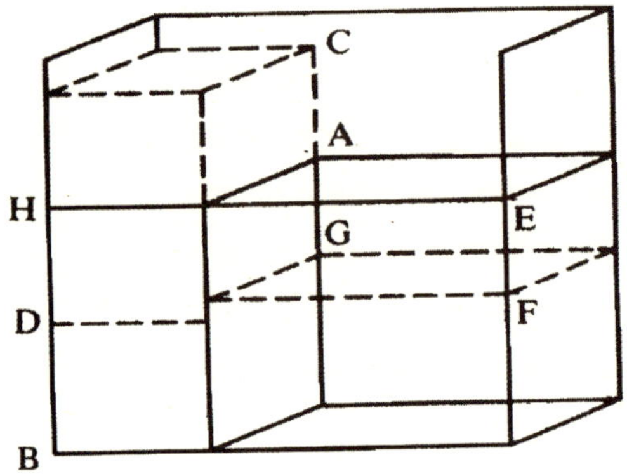

Figura 8

veremos más adelante— en los primeros intentos de analizar teóricamente el movimiento de los fluidos. A continuación examina los posibles movimientos de sólidos colocados en agua quieta. Primero comprueba que *si levantamos un prisma sólido parcialmente sumergido, la bajada del agua tendrá [con respecto] al levantamiento del prisma la misma proporción que la base del prisma a la superficie libre del agua que lo rodea.*[25]

La demostración puede sintetizarse así: sean *AB* la primera posición del prisma, ***CD*** la segunda; ***AE*** la primera posición de la superficie libre del agua, ***GF*** la segunda (figura 8). Evidentemente, debe realizarse la igualdad de volúmenes

$$CH = AF \tag{1}$$

(seguimos aquí la funcional costumbre de la época de indicar volúmenes y áreas por los vértices de una diagonal). La igualdad 1 puede escribirse

$$HA \times C = AE \times AG,$$

de donde resulta que

$$\text{bajada agua: subida prisma} = AG : AC = HA : AE \tag{2}$$

que es lo que se quería demostrar.

De, lo anterior, y teniendo en cuenta el principio de conservación de la cantidad de movimiento, se puede comprobar que un prisma de materia más ligera que el agua, rodeado por agua en toda su altura, tendrá que levantarse.[26]

En efecto, sean *AF* el prisma, *CE* el agua (figura 9). Se tiene que

peso *CE*: peso *AF* > volumen *CE*: volumen *AF* = *AC* : *AB*,
y por el teorema anterior,

peso *CE*: peso *AF* > elevación prisma: bajada agua

[25]*Id.*, 72.
[26]*Id.*, 73.

Dividiendo el segundo miembro entre el tiempo que tarda la elevación, resulta peso agua:

peso prisma > velocidad prisma: velocidad agua,

y por tanto,

"momento" agua > "momento" prisma,

de lo que se concluye que el prisma deberá levantarse.

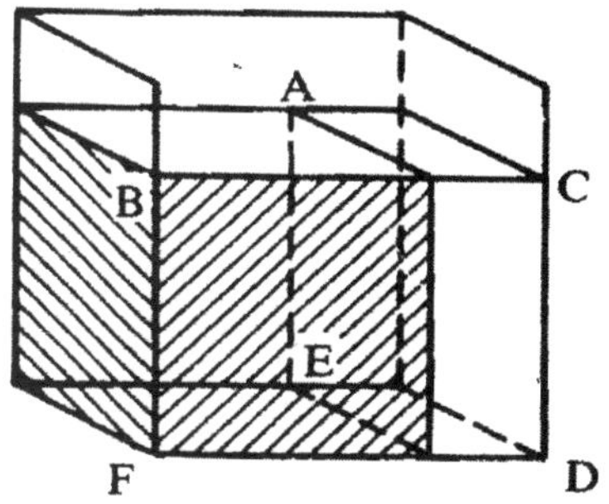

Figura 9

Cuando Arquímedes hablaba de cuerpos más pesados o más ligeros que el fluido, se refería evidentemente a su peso específico; pero no tenía un vocablo para definirlo. El término lo introduciría Giambattista Benedetti, en su obra *Diversarum speculationum mathematicarum et physicarum liber (Libro acerca de varias especulaciones matemáticas y físicas)*, publicada en Turín en 1585, al hablar de "gravedad absoluta" o peso y de "gravedad en especie" o peso específico. Esta diferenciación la adopta Galileo —quien conocía muy bien el tratado de Benedetti— en la proposición siguiente: *Un prisma de materia más ligera que el agua, que descanse en un recipiente en el cual se vaya echando 'agua, se levantará sólo en cuanto el agua sobrepase una elevación tal que su proporción a la altura del prisma sea igual a la que subsiste entre los dos pesos específicos, del sólido y del agua.*[27]

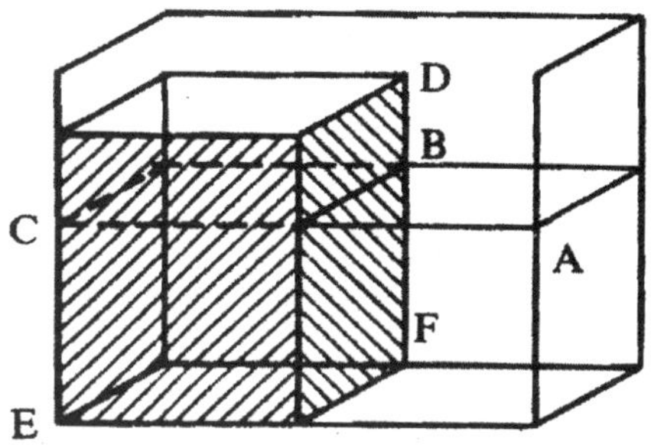

Figura 10

Para comprobarlo, llamemos γ_0 al peso específico del agua, γ al del prisma. Supongamos que sea (figura 10)

$$\gamma : \gamma_0 = FB : FD = EB : ED \tag{3}$$

Pero

$$\frac{EB}{AF} = \frac{EB}{ED}\frac{ED}{AF} = \frac{\gamma}{\gamma_0}\frac{ED}{AF} = \frac{\text{peso prisma}}{\text{peso agua}}$$

Supongamos ahora que el prisma *ED* intente levantarse. Por la proporción 2 tendríamos que

[27] *Id.*, 75.

$$\frac{EB}{AF} = \frac{CB}{AD} = \frac{\text{bajada agua}}{\text{subida prisma}} = \frac{\text{velocidad bajada agua}}{\text{velocidad subida de prisma}}$$

Igualando con la proporción 4, resulta finalmente que

"momento" agua = "momento" prisma

Siendo iguales dichos momentos, hay equilibrio entre agua y sólido. Bastaría agregar un poco más de agua para que el peso (y luego el momento) del agua aumente; de modo que el prisma se levantará hasta que sólo su parte *EB* quede sumergida.

De lo anterior, Galileo infiere que *sólidos de peso específico menor que el del agua se sumergen hasta tanto que un volumen de agua igual al de la parte sumergida pese igual que todo el sólido.*[28] En efecto, de la proporción 3 resulta la igualdad de pesos

$$\gamma_0 EB = \gamma ED$$

Insiste luego en el hecho de que el volumen de sólido que quede sumergido nada tiene que ver con el volumen mayor o menor de agua que lo rodea, y concluye: "Acábase por tanto la falsa opinión de aquellos que estimaban que un navío podría sostenerse mejor y más fácilmente en grandísima abundancia de agua que en cantidad pequeña (lo que creyó Aristóteles en los Problemas, Sección 23, Problema 2), siendo por lo contrario verdad que un barco flota igualmente bien en diez barriles de agua que en el océano".[29]

"Con esto —concluye Galileo— me parece haber suficientemente aclarado y abierto el camino a la contemplación de la verdadera, intrínseca y adecuada causa de los diferentes movimientos y del reposo de distintos cuerpos sólidos en diversos medios fluidos, en particular en el agua, mostrando cómo de hecho todo depende de los intercambiables excesos de peso de los móviles y de los medios".[30]

Paradojas hidrostáticas

Casi un siglo después de Arquímedes, vivía en Alejandría un ingeniero llamado Herón, cuyo gran interés en la mecánica de los fluidos lo llevó a recopilar en un tratado, la

[28] *Id.*, 76.
[29] *Id.*, 78.
[30] *Id.*, 79.

Neumática, varios dispositivos que utilizan la energía del agua o del vapor. ¿Les gustaría poseer un vaso que quede siempre lleno, no importa lo que ustedes tomen, u otro del cual no se pueda beber sin haber introducido una moneda? ¿O bien un par de vasos del cual, al echar agua en uno, del otro salga vino? En el libro de Herón hallarán las instrucciones necesarias para fabricarlos. Allí encontrarán también entre otras curiosidades cómo, abriendo la llave del agua, se puede hacer que una trompeta suene, un pájaro cante continua o intermitentemente, o que varios pájaros canten uno después de otro. Hallarán un autómata que toma cualquier cantidad de líquido que se le ofrezca, y otro que a veces toma y otras no; una rueda que al girar hace que salga agua bendita; un fuego que al prenderse hace que se abran las puertas del templo, o bien que se viertan libaciones sobre el altar. Verán cómo, con sólo levantar una manzana, se puede hacer que Hércules dispare contra un dragón y éste, herido, se queje gimiendo.

En la introducción, donde menciona los principios utilizados en sus mecanismos, Herón se refiere a la presión hidrostática. ¿Existe o no tal presión? ¿Por qué será, se pregunta, que los nadadores que bucean muy hondo, soportando en sus espaldas un peso enorme de agua, no resultan aplastados? Hay quien afirma que se debe a que el agua es de peso uniforme; pero esto no explica nada, dice Herón; he aquí la verdadera causa: supongamos que la columna líquida que se halla directamente encima del objeto sumergido se transforme en un cuerpo sólido (*A* en la figura 11) de la misma densidad del agua, que alcanza la superficie libre por el lado superior, y por el inferior está en contacto inmediato con el objeto mismo. Este cuerpo equivalente ni sobresale del líquido en que está, ni se hunde en él, según lo demostrado por Arquímedes; por tanto, no teniendo ninguna tendencia hacia abajo, *no ejercerá ninguna presión* sobre el objeto subyacente.[31]

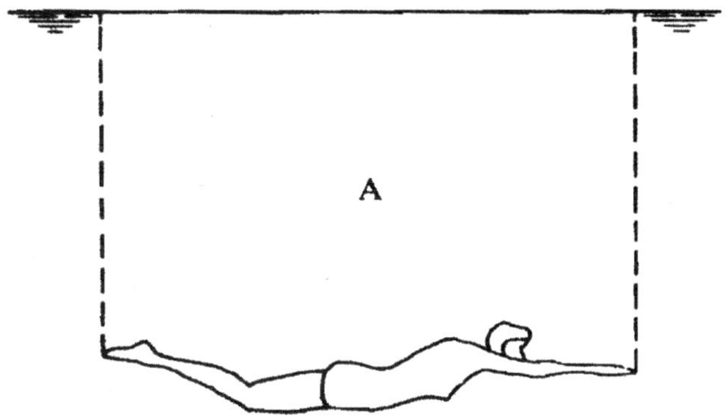

Figura 11

Este razonamiento llevaría a concluir que no hay presión hidrostática en el seno de un fluido; pero si el objeto sobre el cual éste se apoya es el fondo o la pared de un depósito, dicha presión sí se nota. Bien lo saben quienes deben contener el empuje del agua con terraplenes o compuertas; y lo sabían los holandeses cuando, en la segunda mitad del siglo XVI, confiaron a un renombrado matemático, Simon Stevin, la defensa de sus tierras bajas contra las inundaciones marinas, capaces, por su

[31] Herón, 8.

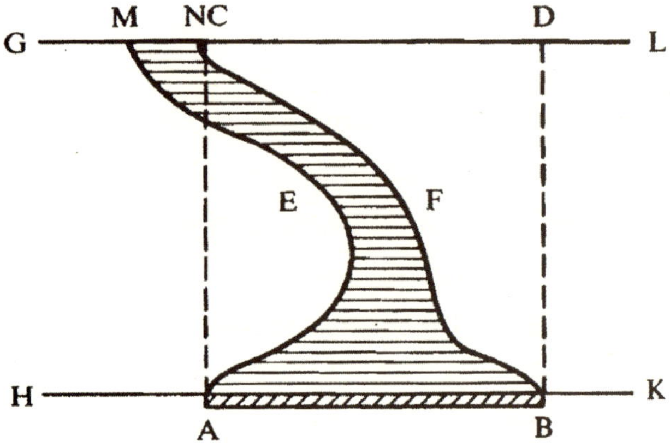

Figura 12

salinidad, de volver estériles las mejores tierras de cultivo.

Se sabía que cuanto más profunda queda una compuerta, tanto más se debe reforzar y más difícil resulta maniobrarla. ¿No se podría abaratar su construcción —preguntaban algunos— reduciendo la cantidad de agua que la compuerta tiene encima? Supongamos por sencillez, como muestra la figura 12, que la compuerta *AB* sea horizontal, ubicada en el fondo *HK* de un depósito, y que sea *GL* la superficie libre. Si angostamos el acceso del agua dejando para su paso sólo la sección *MEABFN* y rellenamos todo lo demás, ¿no quedaría la compuerta menos cargada? ¿Y no podría ser —decían otros— que inclinando, como en la figura, el conducto, la pared *ME* soporte la carga de la porción superior del agua, descansando sobre la compuerta sólo la porción inferior? Stevin, como buen matemático, meditó acerca del problema y sacó conclusiones muy distintas.

Primero consideró que si el agua queda limitada por el vaso *CABD*, o sea, se reduce a la columna vertical que está encima de la compuerta, evidentemente esta última debe soportar todo su peso. Ahora, si sumergimos en el agua un sólido de forma cualquiera, pero de la misma densidad de aquella, la presión no podrá alterarse. Además, si se le da al sólido sumergido una figura tal que no deje libre sino un canal de forma arbitraria, tampoco cambiará la presión total sobre la compuerta. Finalmente, supongamos que se fije el sólido al fondo, formando el conjunto rígido *GMEAH-LNFBK*: la situación no cambiará, cualquiera que sea ahora el peso específico del sólido mismo. Concluyendo, la presión sobre la compuerta, o en general sobre el fondo, será siempre igual al peso de la columna vertical de agua sobrepuesta, sea cual fuere la geometría del vaso.[32]

Esto publicó Stevin en su librito sobre hidrostática aparecido en 1586. Pero, por estar escrito en idioma flamenco, muy pocos lo leyeron; y sus resultados no se difundieron hasta que, en 1608, el trabajo se tradujo al latín, idioma científico universal de la época.

Naturalmente, el contenido de la obra no se limita a lo anterior. La carga del agua sobre fondos horizontales rara vez crea problemas al ingeniero. Éstos aparecen cuando el agua descansa en paredes verticales o inclinadas, empujándolas y amenazando su estabilidad. Para analizar este caso, Stevin utilizó el método ideado por Arquímedes

[32] Lagrange, *Méc. An.*, vol. 1, 168.

para la rectificación de curvas y la cuadratura de áreas. Por medio de líneas horizontales, como *AC*, *BD* (figura 13), subdividió la superficie *MN* de la pared en pequeñas secciones (como *AB*) y comprobó que la presión que cada sección soporta es mayor que la que soportaría si fuese horizontal al nivel superior (*AC*) y menor que si lo fuese al nivel inferior (*BD*). De donde, disminuyendo siempre más las anchuras *AB* hasta aumentar al infinito su número, llegó a la conclusión de que el empuje sobre la pared es igual al peso del volumen de agua que se constituirá aplicando perpendicularmente a la superficie en cada uno de sus puntos una columna elemental infinitamente delgada (*HABK*) de altura igual a la profundidad de ese punto con respecto a la superficie libre.

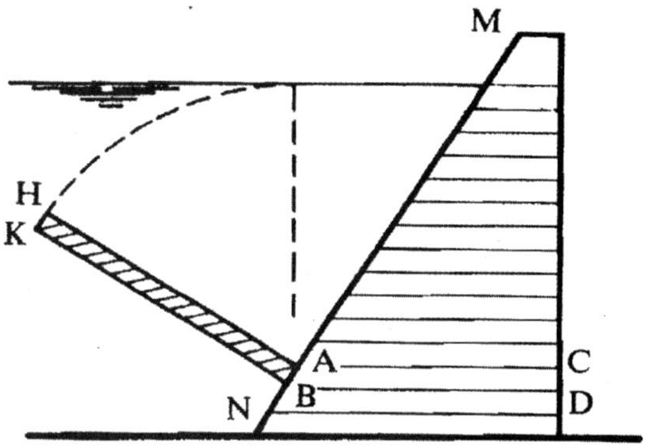

Figura 13

Este resultado, válido para cualquier pared curva, implica que, en el caso de un talud vertical o inclinado rectilíneo, el empuje es igual al peso de la columna de agua que tiene la superficie mojada por base y como altura la mitad de la del tirante de agua sobre el pie de la pared.[32]

El problema de la presión en el seno del fluido, que vimos planteado por Herón, lo vuelve a analizar Galileo "para abrir los ojos a ciertos mecánicos prácticos que sobre un fundamento falso intentan a veces empresas imposibles". Considera el vaso ancho *GIDH*, conectado con el caño angosto *ICAB*, donde el agua alcanza el nivel *LMGH* (figura 14). No faltará quien se asombre, dice Galileo, del hecho de que la grave carga de toda la masa *GHDI* no levante y expulse la pequeña cantidad de agua contenida en el caño *CL* que, aun siendo tan reducida, le impide bajar. Sin embargo todo se explica, según él, considerando que si el nivel G bajara poquito, hasta *OQ*, el nivel *LM* subiría mucho, hasta *AB*, estando la subida LA con respecto a la bajada *GO* en proporción inversa a las secciones *LM* y *GH* de los dos conductos y, por tanto, en proporción directa a las velocidades con que se desplazan las columnas respectivas. Los "momentos" de ambos brazos (masas desplazadas por velocidades relativas) resultarán luego iguales, cumpliéndose la ley de igualdad de cantidades de movimiento. "Siendo que el

Figura 14

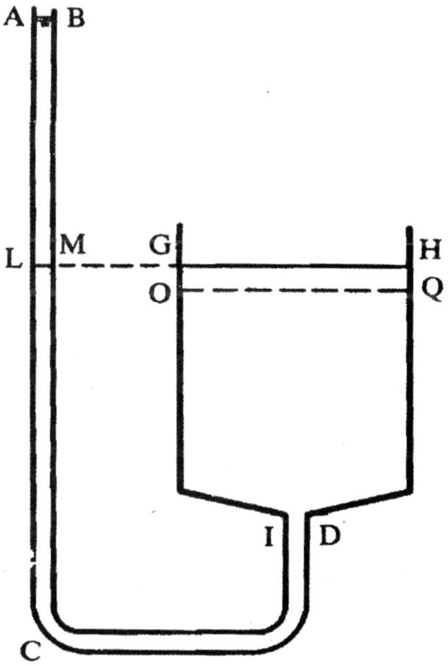

momento de la velocidad del movimiento de un móvil compensa el de la gravedad de otro, ¿por qué habrá que admirarse de que la velocísima subida de la poca agua *BL* equilibre la tardadísima bajada de la mucha agua *GD*?".[33]

Una máquina para multiplicar fuerzas

El efecto señalado por Galileo puede también interpretarse de otro modo. Sean dos columnas líquidas *AGHB* y *CKLD* (figura 15), interconectadas por un conducto inferior. Si los pesos de las columnas, en vez de multiplicarse por las velocidades de sus desplazamientos virtuales, se dividen entre las áreas de las bases *GH* y *KL* relativas, también se encuentran iguales resultados. Ahora, este cociente, que es una fuerza por unidad de superficie, es justamente lo que nosotros llamamos "presión"; y el equilibrio implica la igualdad de las presiones ejercidas por las dos columnas sobre el líquido a nivel *GL*.

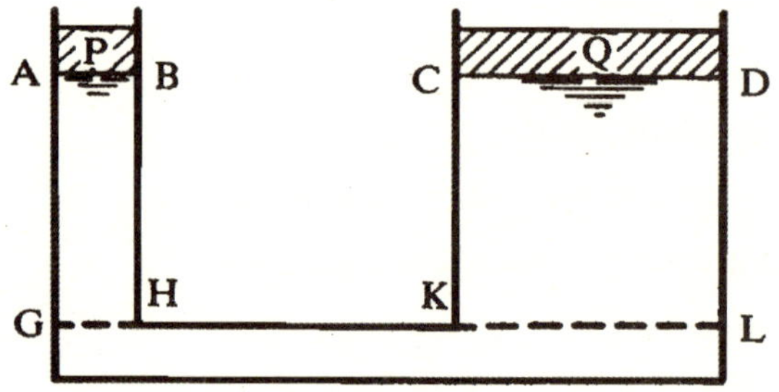

Figura 15

Blaise Pascal era un inventor. En 1642, a los diecinueve años de edad, decidió ayudar a su padre, Etienne, comisario delegado por el rey en Normandía para la recolección y repartición de impuestos, obligado a dedicarse todo el día a hacer sumas y restas, multiplicaciones y divisiones, localizar errores en las cuentas y volverlas a repetir. Padre e hijo aborrecían semejante ocupación; así que a éste se le ocurrió construir, con base en "los conocimientos de la geometría, la física y la mecánica" que como niño prodigio antes y luego como adolescente genial, había adquirido, una máquina calculadora, la "Pascaline", que permitía realizar con seguridad infalible, y sin pluma ni fichas, todo tipo de operaciones aritméticas.

Blaise no había nacido con simpatía por el agua. Dos eran las cosas que no podía soportar a la edad de un año: ver agua y descubrir a su padre y a su madre uno cerca de la otra. En ambos casos el bebé empezaba a menearse y chillar desesperadamente y no había modo de apaciguarlo. Se enfermó y durante más de un año su padecimiento fue agravándose, hasta llegar el momento en que todos le creían a punto de morir. Una hechicera, a la cual la joven mamá, a pesar de las advertencias de sus amigas, había seguido regalando, como a muchas otras mujeres pobres, una suma mensual, le preparó una cataplasma con nueve hojas, tres de cada uno de tres tipos de hierbas, recogidas

[33] Galilei, *Le ópere*, vol. IV, 78.

por una niña de siete años. El papá hizo colocar la cataplasma sobre el vientre de Blaise y salió para cumplir con sus funciones oficiales. Al regresar a mediodía, halla a la mamá llorando: el pequeño parece muerto; sin pulso ni voz ni sentidos, se va poniendo cada vez más frío. Sale el padre, se encuentra con la hechicera y le da una bofetada que la hace volar del escalón. La buena mujer se levanta y le pide mil disculpas: había olvidado avisarle que el pequeño parecería muerto hasta la media noche y luego se pondría bien. Y he aquí a los padres sentados al lado de la cuna, oyendo sonar el reloj de la torre: las dos, las tres, las cuatro... las horas se hacen eternas; el tiempo pasa y el niño no da señas de vida. Medianoche, y nada. Pero poco antes de la una el niño bosteza; lo levantan, lo calientan, le dan vino con azúcar que él bebe con fruición. Aparece la nodriza y él, siempre sin abrir los ojos, mama hasta las seis de la mañana; entonces los abre y chilla: papá y mamá están sentados juntos. Pasan los días; a la semana, cuando el padre regresa solo de la misa, porque la madre ha quedado cuidando al pequeño, lo encuentra en los brazos maternos, con un vaso en cada mano, divirtiéndose en traspasar agua del uno al otro.[34]

Es así como el niño y el agua se hacen amigos. Blaise empieza a observarla y realiza experimentos; un día lleva a cabo el de la figura 15. En lo que otros habían visto simplemente una manifestación de equilibrio, él descubre un sistema para multiplicar fuerzas: "si un recipiente lleno de agua y cerrado por todas partes tiene dos aberturas, una céntupla de la otra, colocando en cada una un pistón que se le ajuste (P y Q, en la figura), un hombre, empujando el pistoncito pequeño, igualará la fuerza de cien hombres que empujen aquél que es cien veces más grande... De donde parece que un recipiente lleno de agua es... una nueva máquina para multiplicar las fuerzas tanto como se quiera, porque un hombre por este medio podrá levantar cualquier carga que se ofrezca". Esto hallamos escrito en *Traité de l'équilibre des liqueurs (Tratado acerca del equilibrio de los líquidos)* publicado en 1663, un año después de haber muerto Pascal a la edad de 39. Y más adelante dice: "Es claro que, cuando el pistón se ha desplazado una pulgada, el agua impulsada por él, al empujar el otro pistón, hallando un abertura cien veces mayor, no ocupará sino la centésima parte de la altura: de modo que los desplazamientos están entre sí como las fuerzas. Lo que puede tomarse como la verdadera causa de este efecto; por ser evidente que es lo mismo hacer que cien libras de agua recorran el camino de una pulgada que hacer que una libra recorra cien pulgadas".[35] He aquí pues una nueva interpretación del fenómeno: ya no igualdad de cantidades de movimiento,

[34] Pascal, 35-37.
[35] *Id.*, 414.

ni de presiones, sino de trabajo. La aportación del genio es frecuentemente descubrir algo nuevo y diferente en aquello que los demás ven durante toda su vida sólo de cierta manera: la que les fue enseñada por sus maestros y que aceptan por inercia.

Un sifón malogrado

El discurso de Galileo acerca de las cosas que están sobre el agua y su secuencia de debates y polémicas habían conmovido a los círculos cultos de Italia y Europa. A fines de diciembre de 1613 Filippo Salviati, devoto amigo de Galileo, al que solía ofrecer en su "Villa delle Selve" cerca de Florencia la tranquilidad necesaria para redactar sus escritos, hallándose de paso por Génova, se encontró con Giovanni Battista Baliani, patricio de esa ciudad. La plática recayó naturalmente sobre el Maestro, a quien Baliani recordaba pues había viajado hasta Venecia a propósito para poderlo escuchar. "Hallé aquí un filósofo a nuestra manera, muy amable y gentil hombre —escribe Salviati a Galileo—. El filosofa sobre la naturaleza y se burla de Aristóteles y de todos los peripatéticos... Se ríe de quienes han escrito en contra del opúsculo de Ud., aunque me dijo haber notado en él algunas cosas que no le gustan. Le rogué que me las muestre, lo que prometió hacer, pues dice que el libro lo tiene en su villa... Es el mejor hombre que nunca me haya encontrado, aunque un poco aferrado a su opinión; por lo demás amabilísimo, y (un tipo) que le gustaría a Ud".[36]

Salviati se dirigía a España. Miembro de una ilustre familia florentina, se había molestado por haber tenido que ceder en una cuestión de precedencia ante Bernardetto de Médici, sobrino del papa León XI; y así había decidido salir de viaje. Pero en mayo del año siguiente, a la edad de 32 años, moriría en Barcelona. Por lo contrario Baliani, coetáneo suyo, alcanzó los 84 años, luego de haber sido elegido como uno de los doce Padres del Senado Genovés, máxima autoridad civil de esa república.

Ocupado toda su vida en la administración pública, Baliani empezó a comunicarse con Galileo para consultarle acerca de dudas que se le presentaban e ideas que se le ocurrían. Galileo, siempre solícito en mantener la correspondencia, le contestaba de inmediato. Varias cartas celosamente conservadas por ambos han llegado hasta nosotros. En la Biblioteca Nacional de Florencia hallamos una de Baliani a Galileo, de julio de 1630, donde se expone un grave problema hidráulico. "Necesitamos lograr que una corriente de cerca de dos onzas (6.9 cm) de diámetro cruce un cerro, y para eso

[36] Galilei, *Le ópere*, vol. XI, 610.

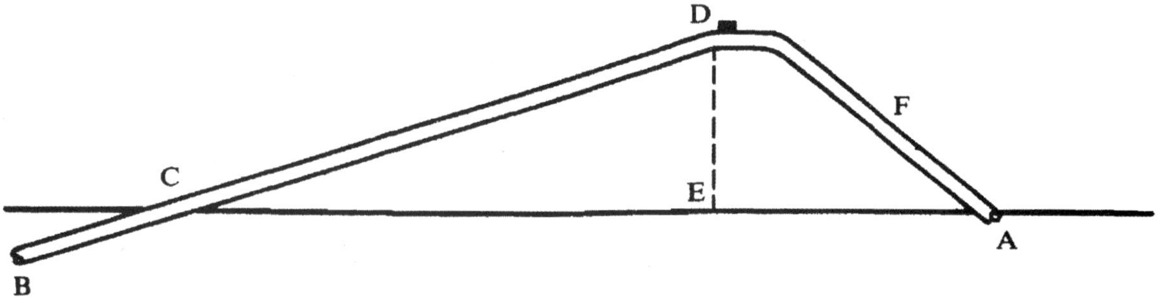

conviene que el agua suba verticalmente... cerca de 70 pies geométricos. Con tal objeto construimos un sifón de cobre de acuerdo con el dibujo anexo (figura 16), donde *CA* es la horizontal por (el punto) en que se toma el agua, *B* es (el punto) donde ésta tiene que salir, *D* el embudo a través del cual se llena el sifón y *DE* la altura vertical que el agua tiene que subir. Pero este sifón no produce el efecto deseado. Más bien si, luego de obturarlo por arriba, se abre, el agua sale por ambas partes; y si se mantiene cerrado por un lado y se abre el otro, de este último sale agua de todos modos. No puedo admitir que en esta ocasión el agua haya querido apartarse de sus propiedades naturales; por tanto es forzoso que, al salir agua, se meta aire en la parte superior; pero no veo por dónde. Ocurre además otra cosa que me deja pasmado; a saber que, si se abre la boca *A*, el agua sale hasta que haya bajado desde *D* hasta aproximadamente la mitad, o sea hasta *F*, y luego se para... Quiero relatarle todo, para que Ud. con más facilidad pueda descubrir en qué consiste mi error y haga el favor de avisarme".[37] Figura 16

El 6 de agosto Galileo contesta: "Siento de veras que Ud. no haya solicitado mi parecer acerca del resultado del sifón antes de que se hiciese el gasto, porque habría podido ahorrárselo con señalar —salvo errores— la imposibilidad del asunto; la que resulta de un problema mío, analizado hace tiempo y que de veras tiene mucho de admirable. Puede hacerse subir agua por un caño o sifón, por succión o bien por impulso. Por succión entiendo cuando el mecanismo que trabaja —cualquiera que sea— se coloca en la parte superior *A* del caño *AB*; por impulso, si se hace que el agua suba, siempre que el mecanismo impelente se acomode por abajo en *B* (figura 17). Cuando el agua se tenga que sacar por impulso, se podrá levantar y empujar a una altura cualquiera, hasta de 1000 codos; con tal que el caño sea firme y robusto, para que no reviente; pero si se levanta por succión, existe una determinada altura y longitud de caño más allá de la cual es imposible hacer subir el agua ni un dedo; más bien ni un pelo; y tal altura me parece sea poco más o menos 40 pies, y tal vez hasta menos. La causa de dicho efecto

[37] Galilei, *Le ópere*, vol. XIV, 124.

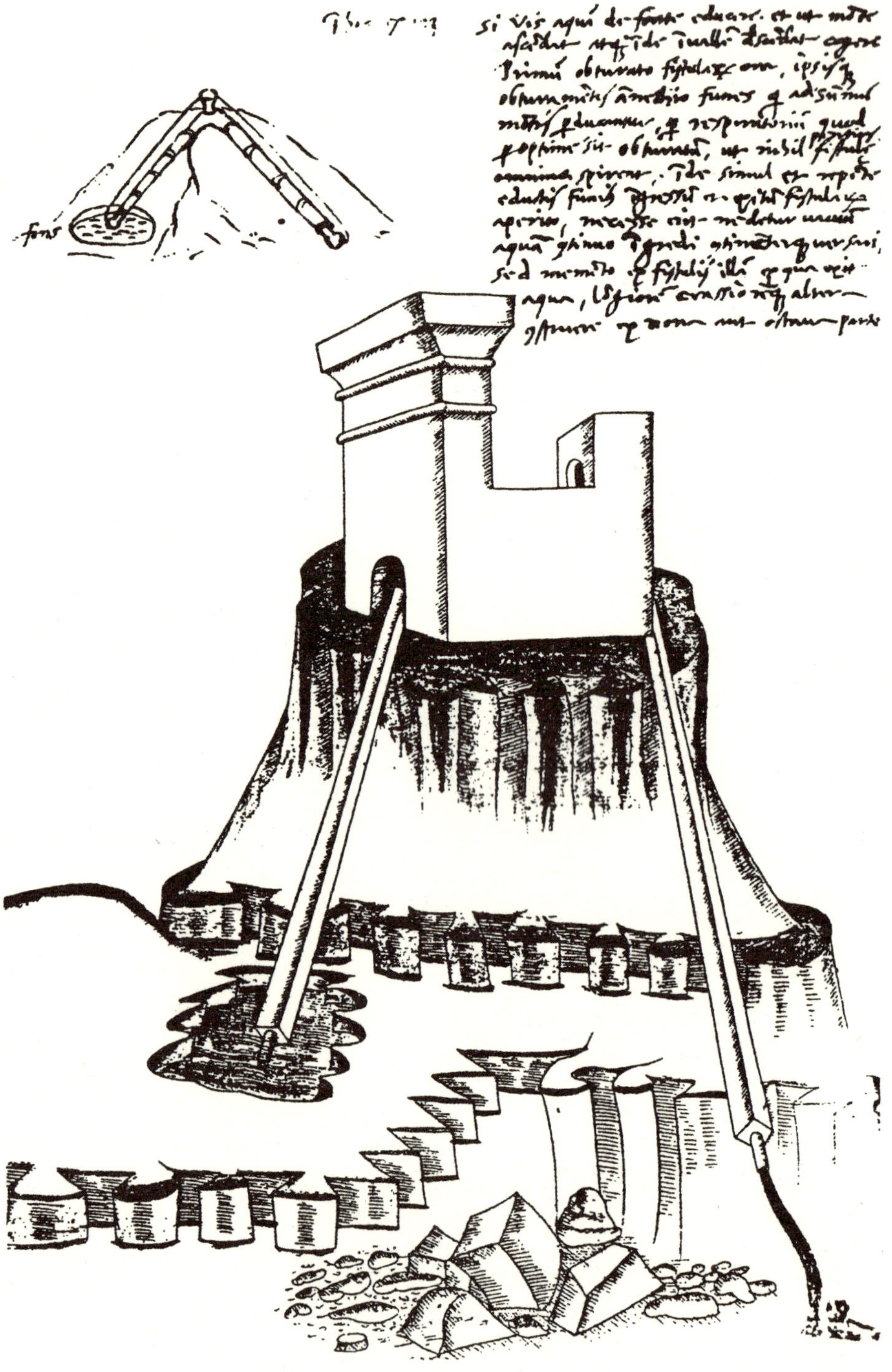

Esta ilustración, tomada de un ejemplar de un tratado sobre máquinas de Mariano Taccola (1381-1458), que se encuentra en la Biblioteca Marciana de Venecia, muestra cómo en ese entonces se creía posible elevar el agua a cualquier altura por medio de un sifón.

me atormentó mucho antes de investigarla; pero finalmente me di cuenta de que no debía de ser tan recóndita, más bien muy manifiesta; ya que así acontece con las causas verdaderas, una vez descubiertas".

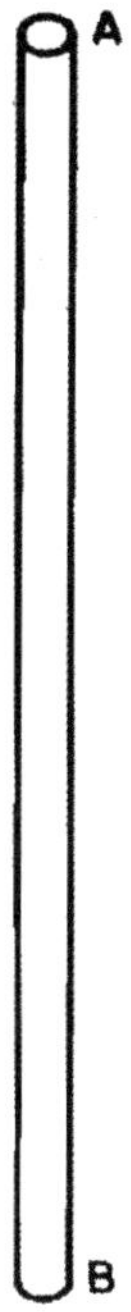

Figura 17

"Yo sé bien que Ud. no duda que, de ser *AB* un cable de navío fijado en *A*, es posible colgarle en *B* una carga tan pesada que logre finalmente reventarlo... Entonces, si se rompen cuerdas de cáñamo y [hasta] de acero cuando tienen que aguantar un peso excesivo, ¿qué duda debe quedarnos de que también una cuerda [hecha] de agua tenga que reventarse? Más bien, ésta se romperá con tanta más facilidad en cuanto las partes del agua, para separarse la una de la otra, no tienen que vencer otra fuerza sino la del vacío que resulta luego de la partición".[38]

La fuerza del vacío

Al hablar de fuerza del vacío, Galileo había tocado un tema candente. Para Aristóteles, y por tanto para todos los peripatéticos, un vacío aislado y continuo no puede existir, y esto por razones meramente lógicas. "Si el vacío es algo así como un lugar sin cuerpo —escribe Aristóteles— ¿si hubiera vacío, a dónde iría un cuerpo colocado en su interior?... ningún objeto puede moverse si hay vacío;... en el vacío los objetos tienen que quedar en reposo porque no hay ningún lugar al cual ellos puedan ir mejor que a otro, en cuanto el vacío no admite diferencias... Porque... lo arriba no difiere de lo abajo; porque no habiendo diferencias en lo que no es nada, no hay ninguna en el vacío que es algo que no existe, una privación de existencia".[39]

En el vacío, según Aristóteles, no habría movimiento. En efecto, se consideraba entonces que el movimiento implica el reemplazo de un medio, el aire, por otro, el cuerpo, y que, luego que éste ha sido arrojado, el aire desplazado lo retroimpulsa, lo cual no podría ocurrir en el vacío. Además, el cuerpo avanza venciendo la resistencia del medio ambiente, con movimiento tanto más rápido cuanto más enrarecido está aquél; por ello, en el vacío la velocidad debiera de ser enormemente grande. Finalmente, un sólido introducido en agua desplaza un volumen de agua igual al suyo; colocado en el vacío, ¿qué desplazará? ¿A dónde irá a dar el vacío desplazado? ¿Penetrará en el cuerpo? Todo esto es imposible.[40]

[38] *Id.*, 128-129.
[39] Aristóteles, 294.
[40] *Id.*, 295-296.

Nótese que lo que Aristóteles excluía era un vacío aislado y continuo, mientras que sí admitía la presencia de pequeñísimos vacíos distribuidos en medios rarefactos. Consideraba que ésta es la razón por la cual entre más rarefacta esté una sustancia, más rápidamente se mueve hacia arriba; por eso se dirigirían siempre hacia arriba el aire, medio rarefacto, y el fuego, más rarefacto todavía. Por eso mismo, de existir un volumen vacío, éste se elevaría inmediatamente con máxima velocidad. "Pero —concluía Aristóteles— tal vez es absolutamente imposible que el vacío se mueva: en efecto, el mismo razonamiento que mostró que ningún objeto es capaz de moverse en el vacío comprueba que tampoco el vacío puede hacerlo".[41]

El argumento más común acerca del horror al vacío lo expresa Galileo mismo en su libro *Discorsi e dimostrazioni matematiche intorno a due nuuve scienze attenenti alla meccanica e i movimenti continui (Discursos y demostraciones matemáticas acerca de dos nuevas ciencias referentes a la mecánica y los movimientos continuos)* por boca de Salviati, uno de los imaginarios interlocutores: "Sean dos placas de mármol, metal o vidrio perfectamente planas, pulidas y bruñidas. Si las colocamos horizontalmente una sobre la otra, conseguiremos con toda facilidad que la superior resbale... Pero intentemos separarlas manteniéndolas paralelas: hallaremos tal repugnancia a la separación que la superior se levantará y arrastrará consigo la otra, por grave y pesada que sea, manteniéndola levantada indefinidamente. Esto comprueba de modo evidente el horror de la naturaleza a tener que admitir, aun por un brevísimo tiempo, el espacio vacío que quedaría entre ambas láminas antes de que la afluencia del aire lo ocupe".[42]

La carta de Galileo del 6 de agosto no llegó a Baliani sino hasta el 23 de octubre: en esos meses hubo una epidemia de peste que pudo ocasionar la demora en el correo. Al día siguiente, Baliani contestó con una larga misiva en la que explicaba que, si bien no le convencía del todo la idea de que la columna de agua llegue a romperse por efecto de su propio peso como un cable, de todos modos compartía la idea de que pudiera crearse un vacío, aun dudando de que "pueda producirse en tanta cantidad y tan fácilmente"; pues su sentir era que el vacío "no puede crearse sin gran violencia, y que debe de poderse hallar qué tan grande tiene que ser esta violencia que se requiere para que el vacío se produzca".[43]

Ahora bien, razona Baliani, olvidemos por un momento el vacío y pensemos en la fuerza que se requeriría para partir una columna de agua sujeta a gran presión, con objeto

[41] *Id.*, 296.

[42] Galilei, *Le ópere*, vol. VIII, 59.

[43] Galilei, *Le ópere*, vol. XIV, 158.

DISCORSI
E
DIMOSTRAZIONI
MATEMATICHE,

intorno à due nuoue ſcienze

Attenenti alla

MECANICA & i MOVIMENTI LOCALI;

del Signor

GALILEO GALILEI LINCEO,

Filoſofo e Matematico primario del Sereniſſimo
Grand Duca di Toſcana.

Con vna Appendice del centro di grauità d'alcuni Solidi.

IN LEIDA,
Appreſſo gli Elſevirii. M. D. C. XXXVIII.

de permitir la entrada de aire. "Yo imagino hallarme en el fondo del mar, donde el agua tenga diez mil pies de profundidad; y, de no ser por la necesidad de respirar, creo que podría sostenerme, aun sintiéndome más comprimido y apretado por todos los lados de lo que estoy ahora... ; pero, prescindiendo de dicha compresión, no sentiría otra molestia, ni experimentaría el peso del agua mayormente que cuando, sumergiéndome en verano por debajo del agua para bañarme en el mar, tengo diez pies de agua sobre mi cabeza sin que note su peso. Pero si yo no estuviese dentro del agua, que me presiona de todos lados, si no me hallase no digo en el vacío sino en el aire, y que hubiese agua de mi cabeza hacia arriba, entonces sí acusaría su peso, y no podría aguantarlo a menos que tuviera una fuerza adecuada. De modo que, aunque al separar violentamente las partes superiores del agua de las inferiores no quedara vacío, sino que penetrara aire, de todos modos se requeriría para la separación una fuerza no infinita, sino determinada, y siempre más grande a medida que aumente la profundidad del agua que tengo encima. Así no hay duda que quien se hallara, como se dijo antes, debajo de diez mil pies de agua, estimaría imposible realizar esa separación con cualquier fuerza, de modo que nunca intentaría hacerlo; sin embargo se ve que no es cierto que sea imposible, sino que el impedimento resulta de que él no dispone de fuerza suficiente".[44] Y luego de otro razonamiento muy interesante que aquí no viene al caso, pero que referiremos más adelante, regresa a su sifón concluyendo: "Sea como sea,... yo creía que para crear el vacío se requiriese más violencia que la que puede producir el agua en un canal no más largo de 80 pies".

En efecto, el concepto de Galileo de que una columna de agua pueda romperse en condiciones tan ordinarias era difícilmente admisible por parte de sus contemporáneos. Galileo había repetido en sus *Nuevas ciencias* el razonamiento, poniéndolo en boca del veneciano Giovanfrancesco Sagredo, otro queridísimo amigo ya difunto que en el diálogo representa al filósofo sensato, a propósito de la máxima altura de succión de una bomba aspirante. Un ejemplar del libro, publicado en 1638, fue enviado desde París por Marin Mersenne a René Descartes, que se hallaba en Flandes; y Descartes contestó con una extensa carta, criticando una serie de puntos que no le convencían. Una de sus objeciones era la siguiente: "La observación de que las bombas no aspiran el agua a más de dieciocho codos de altura no debe atribuirse al vacío, sino al material de las bombas, o bien al agua misma que escurre entre la bomba y la tubería en vez de elevarse más arriba".[45] Si ésa era la opinión de uno de los más grandes científicos de la época, ¿que podría esperarse de los demás?

[44] *Id.*, 159.

[45] Descartes, 1026.

Un detalle interesante de la carta de Baliani es el que se refiere a la presión del agua sobre el nadador. Comparando su opinión con la de Herón, vemos claramente la ventaja del científico que sabía bucear sobre uno que no sabía. Herón tomaba en cuenta tan sólo la carga de agua que está encima (figura 11), olvidando la de abajo y de los costados; mientras que Baliani considera todo.

La cuestión la resolvió definitivamente Pascal en su *Traité de l'équilibre des liqueurs (Tratado sobre el equilibrio de los líquidos)*, publicado póstumamente en 1663; y lo hizo con esa sencillez y claridad que le eran típicas, y que le permitieron volver diáfana incluso la teología. "El agua empuja hacia arriba a los cuerpos que toca por debajo, hacia abajo a los que toca por arriba y hacia un lado a los que toca del lado opuesto; de donde se concluye fácilmente que, cuando un cuerpo está todo sumergido, como el agua lo toca por debajo, por arriba y por todos los lados, ella se esfuerza para empujarlo hacia arriba, hacia abajo y hacia todos lados. Pero como su altura es la medida de la fuerza que ella posee en todas estas impulsiones, es muy fácil ver cuál tiene que prevalecer. Porque primero se nota que, teniendo el agua los mismos niveles sobre las caras laterales, las empuja por igual, y por tanto el cuerpo no recibe impulsos hacia ningún lado, como una veleta entre dos vientos iguales. Pero como el agua tiene más altura sobre la cara inferior que sobre la superior, claro está que lo empujará más hacia arriba que hacia abajo; y como la diferencia entre dichas alturas de agua es el alto del cuerpo mismo, es fácil entender que ella lo empuja hacia arriba con una fuerza igual al peso de un volumen de agua equivalente".[46]

La famosa "ley de Pascal" que aparece en los tratados de física, ley que afirma la isotropía del estado de presiones engendrado en todo punto de un líquido en reposo por efecto de la gravedad, no es otra cosa sino un corolario de la proposición anterior, cuando se suponga encoger al cuerpo sumergido siempre más, hasta reducirlo a un punto.

La condena de Galileo

En los cánones promulgados a fines de 1563 por el Concilio de Trento, luego de haber sido expuestos todos los decretos aprobados por el sínodo, se declaraba: "y los que cuidan las universidades y los 'estudios' generales, hagan de modo que éstos acepten los decretos mismos, y que los doctores enseñen la fe católica de acuerdo con ellos; y que de esto hagan juramento solemne a principio de cada año".[47] Ahora resulta que el

[46] Pascal, 421.
[47] Sarpi, 1247.

24 de febrero de 1616, los teólogos del Santo Oficio habían condenado la hipótesis de Copérnico de que la Tierra gira, juntamente con los demás planetas, alrededor del Sol. De acuerdo con las normas mencionadas Galileo, que apoyaba en la teoría copernicana la interpretación de sus descubrimientos astronómicos, se veía impedido para seguirla aceptando en su enseñanza y en sus escritos.

Galileo, hombre sencillo pero apasionado y batallador, profundamente convencido por sus observaciones acerca de la validez de dicha teoría, no quiso rendirse y siguió aferrado a sus ideas. De haber quedado en Padua, con toda probabilidad se habría salvado gracias a la protección de la República de Venecia, interesada en eludir entre otros el problema de la profesión de fe que el candidato al doctorado tenía que pronunciar, con el objeto de no excluir a estudiantes protestantes. En efecto, otro catedrático de esa Universidad, César Cremonini, —buen amigo de Galileo, aun siendo aristotélico— acusado de ateísmo y herejía, logrará quedar libre y proseguir con sus clases e investigaciones.

En 1632 Galileo había publicado su *Dialogo sopra i due massimi sistemi del mondo, tolemaico e copernicano (Diálogo acerca de los dos máximos sistemas del mundo, tolemaico y copernicano)* en el cual, con el artificio de introducir tres interlocutores —además de Salviati y Sagredo, también a Simplicio, personificación del peripatético— planteaba todos los puntos de vista posibles, esperando así no aparecer comprometido. Pero, a pesar de eso y de ser papa Urbano VIII, ese mismo Maffeo Barberini que había demostrado simpatía hacia sus ideas, la situación se precipitó. Como conclusión de un proceso en Roma, en junio de 1633 el Santo Oficio condenó a Galileo a la cárcel, condena que luego cambió el sumo pontífice por el encierro en su Villa de Arcetri, cerca de Florencia.

La noticia, propalada como reguero de pólvora en toda Europa, sembró la consternación en los círculos científicos. Descartes escribía en abril de 1634 al amigo Mersenne, comunicándole haber decidido no mostrar ni a él ni a nadie su *Traité du monde (Tratado acerca del mundo)*: "Ud sabe sin duda que Galileo ha sido reprendido hace poco por los Inquisidores de la Fe y que su opinión acerca del movimiento de la Tierra ha sido condenada como herética. Ahora le diré que todas las cosas que yo explicaba en mi tratado, entre las cuales se hallaba también esta opinión acerca del movimiento de la Tierra, dependían la una de la otra de tal forma que basta saber que una de ellas sea falsa para conocer que todas las razones de las cuales me servía carecen de fuerza; y aunque yo pensara que ellas se apoyasen sobre demostraciones muy ciertas y evidentes, no quisiera sin embargo por ningún motivo sostenerlas en contra de la autoridad de la Iglesia. Sé muy bien que podría argumentar que todo lo que los inquisidores de Roma hayan decidido no es sin más por eso artículo de fe, haciendo falta primero que lo haya examinado el Concilio. Pero no tengo tanto amor hacia mis elucubraciones como para quererme servir de tales excepciones para tener un medio para conservarlas; y el deseo que tengo de vivir en paz y de continuar la vida que inicié tomando como lema *Bene vixit qui bene latuit* (Vivió bien quien se ocultó bien), hace que me encuentre más contento de hallarme libre del miedo que tenía de adquirir, por medio de mi escrito, más conocidos de lo que yo desee, que molesto por haber perdido el tiempo y la fatiga empleados en redactarlo". ¡Curioso el lema, por venir de un ex militar profesional!

Interesante también la opinión expresada más de un siglo después por otro hombre pacífico por excelencia, el gran matemático Lagrange, acerca de la actitud de Galileo. Lamentando en una carta de julio de 1778 el destierro y la privación de la cátedra universitaria de su conciudadano el abad Denina, autor de una historia en nueve tomos de las revoluciones en Italia, por haberse atrevido a publicar un libro subversivo: *Dell'-impiego delle persone (Del empleo de los individuos)*, agregaba: "creo que en general una de las primeras máximas de un hombre sabio es conformarse estrictamente a las leyes del país donde vive, aun cuando hubiera unas que no sean razonables... Nuestro gran Galileo no debe su verdadera gloria sino a sus descubrimientos sobre el movimiento de los satélites de Júpiter. Sus famosos diálogos, a los cuales él debió todas sus desdichas, son las menos buenas de todas sus obras, y ya no se puede soportar su lectura. Sin ellos habría vivido más feliz, y tal vez se habría vuelto más grande todavía por sus descubrimientos... En otros tiempos yo fui más que nadie intolerante con respecto a estas mezquindades e irritado por las persecuciones a las cuales veía a menudo expuestos a los autores; pero le aseguro que ahora me encuentro muy enmendado".[48] ¡Pobre querido y amable Lagrange! No imaginaba que, exactamente once años después, la Revolución Francesa con todos sus horrores lo sorprendería viviendo en París; que dieciséis años después correría el riesgo de ser encarcelado por ser súbdito de una potencia enemiga, ya que el Art. 73 del decreto pertinente de la Convención Nacional había excluido de la disposición tan sólo a artistas y obreros, olvidando a los científicos; y que su amigo el químico Lavoisier, quien en secreto —para que Lagrange no supiera nada— había reclamado a su nombre y conseguido la modificación del decreto, habría de ser guillotinado ocho meses más tarde.[49]

[48] Lagrange, Oeuvres, 274.
[49] *Id.*, 314.

Además, no creo que hoy en día compartiríamos la opinión de Lagrange acerca de Galileo. Mientras que sus trabajos astronómicos, sobrepasados por siglos de investigación, son leídos por muy pocos, sus diálogos han vuelto a interesar, especialmente aquel que trata de las dos nuevas ciencias, cinemática y resistencia de materiales, los cuales, aun siendo tediosos en sus desarrollos matemáticos —y de aquí la animadversión de Lagrange— nada han perdido de la genialidad de sus juicios y de la gracia y amenidad de su estilo.

El último amigo

"Cuento con dejar Roma alrededor del 20 de los corrientes y viajar directo hacia Pisa —escribía Benedetto Castelli a Galileo el 2 de marzo de 1641—. Festejaré la Pascua, Dios mediante, en Pisa, y vendré luego a Florencia a reverenciar a Vuestra Excelencia; quedaré en esa cinco o seis días a lo sumo, para luego trasladarme a Venecia para nuestro Capítulo General; luego iré a Brescia a informarme de las últimas desdichas de mi familia, y a la vuelta me propongo quedar algunos días en Florencia... Deseo llevarle un (primer) libro, y tal vez también el segundo escrito por un discípulo mío quien, habiendo aprendido hace diez años en mi escuela los principios de geometría, luego ha progresado tanto que ha demostrado muchas de las proposiciones *de motu* (sobre el movimiento) ya demostradas por Ud., pero de otro modo; y ha continuado sobredificando maravillosamente acerca del mismo tema, hasta el punto de provocar la admiración de nuestro Sr. Raffaello Magiotti y otros de buen gusto".[50] El discípulo en cuestión era Torricelli y el libro, su pequeño tratado *De motu gravium naturaliter descendentium et proiectorum (Del movimiento de los graves en caída natural y de los proyectiles)*.

Efectivamente, Torricelli alcanzó a terminar la segunda parte; y faltándole el tiempo para volverla a copiar, la entregó así como estaba al Padre Reverendísimo, que la llevó al Maestro. Pero el propósito de Castelli iba más lejos. Galileo, a pesar de contar ya con 77 años de edad, lleno de achaques y ciego, seguía encerrado en la casa de Arcetri elaborando en su mente ideas viejas y nuevas; y necesitaba alguien con quien debatirlas y que fuera tomando nota de los argumentos y conclusiones. Desde hacia dos años vivía con él Vincenzio Viviani, un joven que lo cuidaba como si fuese su hijo, pero que a sus 20 años no tenía la madurez necesaria para la tarea. Lo que Castelli propuso al Maestro fue enviarle a Torricelli, a la sazón de 32 años; y el anciano aceptó con entusiasmo.

[50] Torricelli, vol. 11, 46.

Torricelli no podía viajar en seguida. Castelli estaba dando clase de geometría y fortificaciones al hijo del Conde de Castel Villano, y había pasado a Torricelli el compromiso de reemplazarlo durante su ausencia. A una carta de Galileo, donde le invitaba formalmente a alcanzarlo, Torricelli contestó: "Suplico humildemente a Vuestra Excelencia quererme dispensar estas pocas semanas hasta que el Padre Abad esté de vuelta, pues no tardará mucho; y luego esté seguro que yo entiendo perfectamente qué beneficio e interés tan grande implique para mí este acuerdo de servir en este momento a Galileo. Ruego a Dios que me apresure esta gracia y que vuelen para mí estos días de retraso, pues no veo la hora de hallarme lo más pronto posible enriqueciéndome a mí mismo con recoger las migajas de aquellos tesoros que se manejan en esa vuestra casa, donde la presencia de Vuestra Excelencia constituye el gobierno de la verdad y el tesoro de la sabiduría".[51]

Pero la espera había de ser mucho más que de semanas. Torricelli, con sus dos amigos, Raffaello Magiotti y Antonio Nardi, toscanos residentes en Roma, discute sus planes; y mientras tanto prosigue la correspondencia epistolar con el Gran Anciano. Le remite seis teoremas que extienden la doctrina de Arquímedes sobre la esfera y el cilindro; o bien le comunica las últimas novedades culturales: acababa de salir el tan esperado libro del padre jesuita Atanasio Kircher acerca del imán, en el cual el autor hace gala de su polifacética erudición. "Oirá Ud. —escribía Torricelli— de astrolabios, relojes y anemoscopios, con la escolta de un conjunto de vocablos sobremanera extravagantes. Entre otras cosas hay muchísimas garrafas y garrafones, epigramas, dísticos, epitafios, epígrafes, en latín, griego, arábico, hebreo y otros idiomas. Entre los detalles graciosos, está la partitura de esa música que dicen ser antídoto del veneno de la tarántula. Basta; el Sr. Nardi, Magiotti y yo nos reímos largo rato".[52]

Una carta de Galileo en respuesta a una de Torricelli de fines de junio no llega, y éste se desespera. "Yo pensaba que se hubiese extraviado la mía, de la cual poco cuidaba; pero entiendo que ésa se salvó y que la que se extravió es la respuesta de Vuestra Excelencia que yo valoraba como un tesoro que la posteridad me envidiaría. Aquí las cartas de Toscana llegan o al correo de Florencia o al de Génova: en éste está un déspota que a menudo, con tal de no buscar, niega las cartas aunque se encuentren; en el otro hay un maestro de memoria, que pretende contestar enseguida a quien quiera se presente si tiene cartas, y justamente cuántas, y de dónde. En varias vueltas no he con-

[51] *Id.*, 49.
[52] *Id.*, 51.

seguido que ni el uno ni el otro de estos señores se haya dignado tomar en su mano las cartas y mirarlas".[53] Galileo contesta resumiendo el contenido de la misiva extraviada, y agrega: "Pero de todo me reservaba tratar con Ud. verbalmente, así como confiarle algunas reliquias de pensamientos matemáticos y físicos míos, a fin de poderlos pulir con su ayuda, de modo que menos desaliñados pudiesen aparecer juntamente con mis demás cositas".

La última carta de Torricelli es del 28 de septiembre. En ella reitera su impaciencia por "estar al servicio" de Galileo y lamenta su fracaso como preceptor: "Encuentro que aquí en Roma la he estado haciendo por siete meses no de maestro, sino de cochero; y si no procedo con mucha prudencia, o bien si no regresa el que me metió en esto, me temo que echaré a perder todo".[54] De hecho, parece que Torricelli no tuvo que esperar la vuelta del que le había metido en líos, o sea del padre Castelli, sino que en octubre le dio alcance en Arcetri. En efecto, se ha conservado una carta del padre Micanzio, amigo veneciano de Galileo, a éste, de fecha 2 de noviembre, en que le comenta: "No puedo ocultar algo de envidia por las conversaciones que debe estar realizando ese triunvirato que estimo más que el antiguo romano —formado por vuestra muy ilustre y Excelentísima Señoría, el padre Castelli y ese otro espíritu tan elevado acerca del cual Ud. me escribe de tal modo queme hace sufrir por el deseo de conocerlo. ¿Dónde se podrían encontrar tres personalidades semejantes? El refrán bien dice que Dios hace los hombres, y ellos se unen".[55]

Galileo, ciego, había finalmente encontrado a quien comunicar lo que quedaba de sus meditaciones, con lo que pretendía agregar dos "jornadas" más a las cuatro del libro sobre las *Nuevas ciencias*. Así, los dos se la pasaban platicando todo el día y parte de la noche. Pero pronto Galileo se enfermó gravemente, y el 8 de enero de 1642 fallecía cuando Torricelli apenas había empezado a redactar la quinta jornada.

El experimento de Torricelli

Viviani había reordenado la correspondencia de Galileo, y éste, durante los tres meses de convivencia, sin duda había pedido a Torricelli leer las cartas más importantes bajo el punto de vista científico, y en particular la de Baliani de octubre de 1630, que concluía con un párrafo por demás interesante. Luego de haber escrito lo que él imaginaba

[53] *Id.*, 58.
[54] *Id.*, 61.
[55] *Id.*, 63.

se sentiría estando en el fondo del mar, agregaba: "Lo mismo opino que nos ocurra en el aire, en el fondo de cuya inmensidad nos encontramos sin sentir ni su peso ni la compresión a que nos sujeta por todos lados; porque Dios ha hecho nuestro cuerpo tal que pueda muy bien aguantar esta compresión sin sentir daño; no sólo, sino que a lo mejor la necesitamos y no podríamos vivir sin ella. Por lo que creo que, aunque no tuviésemos que respirar, no podríamos permanecer en el vacío; pero si estuviésemos en el vacío, de inmediato se advertiría el peso del aire que tendríamos sobre la cabeza, que creo sea grandísimo. Porque, aun estimando que a medida que el aire es más alto ha de ser más liviano, creo que su inmensidad sea tanta que, por pequeño que sea su peso, conviene que quien sintiera el de todo el aire que tiene encima lo notaría muy grande, aunque no infinito, y por tanto determinado; y que con una fuerza en proporción con dicho peso se le pueda vencer y así producir el vacío. Si alguien quisiese calcular esta proporción tendría que conocer la altura del aire y su peso a cualquier nivel".[56]

Torricelli, que había permanecido en Florencia por haber sido nombrado sucesor de Galileo como Matemático por el gran duque Ferdinando II (Cósimo había muerto a los 30 años en 1621), debió seguir meditando en la posibilidad, sugerida por Baliani, de crear vacío venciendo la presión atmosférica, convencido de que "la gravedad del aire sea causa de la repulsión que se nota al producir el vacío".[57] Como por otro lado, de acuerdo con Galileo, también el peso de una columna de agua de dieciocho codos de altura causaría la misma repulsión, esta columna debería de equilibrar la atmósfera y, por tanto, señalar "las variaciones del aire, a veces más grave y grueso, otras más ligero y delgado".[58] Lo mismo, en fin, debiera de poderse lograr con una columna de mercurio de altura trece veces menor que la del agua, es decir, menos de codo y medio, altura perfectamente manejable en laboratorio.

Confiada esta idea a Viviani, Torricelli le encargó la construcción de aparatos para el experimento con mercurio, o sea, de tubos de vidrio de dos codos de longitud, cerrados en un lado y abiertos en otro, y le dio instrucciones que Viviani siguió con cuidado.[59] Informado del éxito del experimento, Torricelli lo comunicó por carta el 11 de junio de 1644 a Michelángelo Ricci, en Roma. Refiriéndose a la figura 18 anexa a la misiva, Torricelli escribía: "Hemos construido muchos tubos de vidrio como los designados con *A*, *B*, gruesos y con cuello de dos codos de largo. Llenados éstos de

[56] Galilei, *Le ópere*, vol. XIV, 159.
[57] Torricelli, vol. 11, 187.
[58] *Id.*, 186.
[59] Torricelli, vol. IV, 49.

mercurio, cerrada con un dedo su boca y volteados en una cubeta *C* que contenía mercurio, se veían vaciar sin que en los tubos pasara nada; porque el cuello *AD* quedaba siempre lleno hasta la altura de un codo y cuarto, y un dedo más. Para comprobar que el tubo (en su parte superior) fuese perfectamente vacío, se llenaba la cubierta inferior con agua hasta *D*; y levantado poco a poco el tubo, en cuanto su boca alcanzaba el agua se veía el mercurio bajar del cuello y ésta llenarse con horrible ímpetu totalmente de agua hasta *E*".

Y proseguía: "Hasta ahora se ha creído que, estando el espacio *EA* vacío, y sosteniéndose el mercurio, aun siendo pesadísimo, en el tramo *AC*, la fuerza que sostiene al mercurio en contra de su tendencia natural a caer haya sido interior al espacio *AE*, o sea de vacío... Pero yo pretendo que ella sea externa, que la fuerza venga de afuera. Sobre la superficie del líquido que está en la cubeta gravita la altura de cincuenta millas de aire. ¿Qué hay pues de raro si en el vidrio *CE*, en el cual por no haber nada el mercurio no tiene ni propensión ni repugnancia, éste entre y se levante hasta equilibrar el peso del aire exterior que lo empuja? Por su parte el agua en un tubo semejante, pero mucho más largo, subiría casi hasta dieciocho codos, o sea tanto más de lo que sube el mercurio cuanto éste es más pesado que el agua, para equilibrarse con la misma causa que los empuja a ambos".[60]

Figura 18

Como comprobación, señalaba el hecho de que el nivel alcanzado por el mercurio es el mismo en los tubos *A* y *B*, aunque en el primero haya más vacío, que según los peripatéticos sería el elemento atrayente. Concluía que, a pesar de todo, su principal propósito, que era lograr conocer cuándo el aire es más pesado y cuándo más ligero, había fracasado, porque el calor y el frío por sí solos hacían variar el nivel, exactamente como si el tramo *AE* estuviese lleno de aire.

A la semana Ricci contestó, adelantando tres objeciones que Torricelli refutó el 28 de junio. La primera era la siguiente: si la fuerza que detiene el mercurio en el tubo es externa, con sólo tapar bien la cubeta inferior para quitarle la presión del aire el mercurio tendría que bajar; a lo que Torricelli contestó que si la tapa se mantiene en contacto con el mercurio de la cubeta, no lo dejaría subir y, por tanto, no permitiría que el del tubo bajase; y que si hay algo de aire entre la tapa y el mercurio, este aire debe de tener el mismo "grado de condensación" del que está afuera y, como consecuencia, sostendrá igualmente la columna.

[60] Torricelli, vol. II, 187-188.

La segunda objeción era que, si bien está claro que el aire puede por su peso ejercer una presión hacia abajo, no se ve cómo pueda ejercerla hacia arriba. Torricelli, adelantándose a la ley de Pascal, replica con el cuento de un filósofo que viendo a su servidor que introducía un sifón en el barril, le desafiaba diciendo que el vino nunca saldría porque los graves sólo presionan hacia abajo; pero el siervo probó prácticamente que un líquido empuja y se lanza hacia todos los lados, hasta arriba, con tal de hallar a dónde ir; es decir, si encuentra medios que le resisten con una fuerza menor que la que él posee.

Finalmente, Ricci oponía que un cuerpo sumergido no contrasta con todo el fluido sobrepuesto, sino sólo con una masa de fluido de volumen igual al suyo; por lo que el mercurio del tubo debería contrastar con un volumen igual de aire. Objeción bastante boba, a la cual con facilidad Torricelli contestó que la columna de mercurio no se halla "ni sumergida en agua, ni en aire, ni en el vidrio, ni en el vacío; sólo puede decirse que se trata de un cuerpo fluido y pesado, del cual una cara colinda con el vacío —o casi vacío— que no gravita en lo absoluto, y la otra colinda con aire comprimido por tantas millas de aire apiñado; de modo que la superficie no comprimida sube empujada por la otra, y se eleva hasta que el peso del metal levantado logre igualar el del aire que empuja al extremo opuesto".[61]

La derrota de Aristóteles

Aunque Torricelli hubiese claramente advertido la utilidad de su dispositivo para detectar variaciones en la atmósfera y, por tanto, en el clima, la importancia inmediata de su hallazgo no fue el invento del barómetro, sino la producción efectiva de ese vacío aislado y continuo cuya existencia Aristóteles juzgaba absurda.

Ricci, un joven de 25 años, había sido alumno de Torricelli en Roma. Experto en matemáticas por un lado, y por el otro, al inicio de una brillante carrera eclesiástica que le llevaría al cardenalato, estaba conquistando la amistad de los grandes científicos de la época que frecuentemente acudían a su juicio en sus disputas. Totalmente convencido, luego de la respuesta de Torricelli, de que el experimento de aquél iba a ser el mazo que aplastaría a los peripatéticos, hizo una copia de la primera carta y la remitió a Mersenne.

Mersenne era el corresponsal científico por excelencia. A la sazón de 56 años, fraile de la congregación de los Mínimos, había sido en su juventud condiscípulo de Descar-

[61] Torricelli, vol. III, 193-195, 199, 200.

tes en el colegio de La Fleche, estrechando con él lazos de amistad que duraron toda la vida. Con Descartes, que prudentemente prefería vivir más bien en los Países Bajos que en Francia, Mersenne mantenía desde París una correspondencia continua, teniéndolo informado de las últimas novedades; y al mismo tiempo, daba a conocer los resultados de éste a los demás hombres de ciencia. Fecundo escritor de teología, filosofía, matemáticas, física y música, Mersenne había traducido al francés las *Nuevas ciencias* de Galileo, que, por estar escritas en italiano, eran poco accesibles a sus compatriotas.

Curiosamente, este corresponsal profesional poseía una letra horrible. En 1638 Galileo escribía a Elia Diodati, residente en París, quien le había remitido una carta del padre Mersenne: "Con la carta... sucedió lo que Ud. preveía, ya que, habiéndola puesto en manos de amigos y luego de toda la Academia, no ha sido posible descifrar un número de palabras suficiente para deducir —aunque sea de manera confusa— el sentido del escrito". Y continuaba: "Que los que no quieren se les entienda, para fatigar menos pueden callar; y si más bien quieren ser entendidos, que manden escribir en caracteres inteligibles".[62] Torricelli en 1643 se queja con el mismo Mersenne: "Nunca recuerdo haber quedado tanto tiempo perplejo para demostrar recónditos teoremas cuanto en la interpretación de tus cartas, Ilustrísimo Señor". El tuteo naturalmente se debe a que la carta estaba escrita en latín. Y prosigue, con la ceremoniosidad de la época barroca: "Eso se debe a que al escudriñar con mis ojos tu escrito dudo si veo oscuridad en tu letra o bien luz en tu ingenio. De hecho, he experimentado de cierta forma las penas de Tántalo, porque luego de haber leído el celebérrimo nombre de Mersenne, no he podido sacar provecho de tu carta y gozar de tu valiosa conversación". Felizmente, sigue diciendo, llegó luego en su ayuda el amigo Doni, "verdadero Edipo de tus letras", que le permitió entender algo.[63]

Cerrado el paréntesis, regresamos a la copia de la carta de Torricelli remitida por Ricci a Mersenne. Apenas éste la hubo leído, se percató de la importancia del descubrimiento y determinó repetir la prueba; pero fracasó. Resolvió luego ir personalmente a Italia a presenciar su realización. En noviembre de 1644 llegó a Roma, donde se encontró con Ricci, y de regreso pasó por Florencia, donde se quedó para fin de año; allí, remplazada la palabra escrita por la hablada, los dos se entendieron perfectamente y Torricelli le mostró el experimento. Convencido, Mersenne regresó a Francia; pero como su viaje incluyó una larga vuelta por el sur del país, sólo a fines de 1645 propaló entre los sabios la noticia.

[62] Galilei, *Le ópere*, vol. XVII, 370.
[63] Torricelli, vol. III, 140.

Pascal que, como sabemos, se encontraba en esos años con su padre en Normandía, al año siguiente logró realizar el ensayo siguiendo las notas de Mersenne, y tanto se entusiasmó que lo repitió, agregándole pruebas suplementarias, varias veces, en presencia de más de quinientas personas de toda condición, entre las cuales había cinco o seis jesuitas del Colegio de Ruán. En 1647 hizo imprimir un folleto, titulado *Expériences nouvelles touchant le vide (Nuevas experiencias acerca del vacío)*, que tuvo gran difusión en Francia y que Mersenne remitió a Suecia, Holanda, Polonia, Alemania e Italia. En la introducción, sin dar el nombre de Torricelli, Pascal mencionaba explícitamente que la primera experiencia se había realizado en Italia; pero muchos comenzaron a atribuirle a él el invento. Otros, como el capuchino polaco Valeriano Magni, se lo apropiaron.[64]

El mejor amigo que Descartes tenía en Holanda era Constantijn Hygens, señor de Zuylichem y secretario del Príncipe de Orange, cuya casa él, solterón empedernido, amaba frecuentar, especialmente por el cariño al hijito Christian que había nacido el mismo año de su llegada de Francia, un niño extraordinariamente dotado para la mecánica y las matemáticas. Fue el señor de Zuylichem a quien Pascal remitió copia de su impreso para que lo entregara a Descartes. Sumamente interesado, este último decidió entrevistarse con el joven Blaise que, delicado de salud, había dejado en mayo de 1647 Normandía para vivir en París, en casa de su hermana Jacqueline. Allí lo visitó Descartes en septiembre, aprovechando una de sus cortas visitas a Francia. El día 23 Pascal lo recibió en presencia de su hermana y del amigo matemático Roberval; al día siguiente volvieron a verse sin testigos, y parece que fue en esa ocasión cuando Descartes le propuso experimentar si el mercurio sube a la misma altura en la cumbre de una montaña que a sus pies.[65]

Pascal nunca reconoció en sus escritos haber recibido tal sugerencia; sin embargo, el 15 de noviembre de ese mismo año 1647 escribió a su cuñado Florin Périer que vivía en Clermont, ciudad natal de Pascal, para que, escalando el cercano cerro Puy de *D*ôme con un tubo de Torricelli, comparara las alturas de la columna de mercurio al pie de la montaña y en la cumbre. El experimento, varias veces postergado, se realizó finalmente el 19 de septiembre de 1648, hallándose una diferencia de poco más de tres pulgadas. Los detalles fueron expuestos por Pascal en su folleto *Récit de la grande expérience de l'équilibre des liqueurs (Relación de la gran experiencia del equilibrio de los líquidos)*, en cuya conclusión el autor vuelve a referirse al concepto de horror al vacío. "No es en

[64] Pascal, 403-407.

[65] Descartes, 1289.

esta sola ocasión —escribe— que, cuando la debilidad de los hombres no ha podido determinar las causas verdaderas, su ingenio les ha reemplazado otras imaginarias, expresadas por ellos con nombres especiales que llenan los oídos mas no el espíritu... Sin embargo, no es sin pesar que abandono estas opiniones tan generalmente aceptadas: no lo hago sino doblegándome ante la fuerza de la verdad, que me constriñe. Resistí a estas nuevas concepciones hasta que tuve algún pretexto para seguir a los antiguos... Pero finalmente la evidencia de mis experimentos me fuerza a abandonar las opiniones en que me había mantenido el respeto para la antigüedad. Con todo, no he renunciado a ellas sino gradualmente: porque del primero de estos principios, que la naturaleza posee por el vacío un horror invencible, pasé al segundo, que le tiene horror, pero no invencible; y finalmente llegué a creer en el tercero, que la naturaleza no experimenta ningún horror por el vacío".[66]

La época de Aristóteles se había cerrado definitivamente y se había abierto la de Galileo.

[66] Pascal, 396-401.

2

Chorros

La caída de los graves

La hipótesis genial sobre la cual Galileo apoya su teoría de la caída de los cuerpos es que dicha caída tiende a producirse con aceleración constante. "Un cuerpo grave —dice Salviati en la tercera jornada de las *Nuevas Ciencias*— posee por naturaleza la propiedad intrínseca de dirigirse hacia el centro común de gravedad, o sea, hacia el centro de nuestro globo terrestre, con movimiento constante y uniformemente acelerado; es decir, que en tiempos iguales se hacen adiciones iguales de nuevos incrementos de velocidad". Es cierto que esta aceleración uniforme —agrega— puede modificarse por la resistencia del medio, que el cuerpo tiene que hender y desplazar hacia los lados para abrirse paso en su caída. Sin embargo, "el ver que la resistencia del aire al poco peso de un globo es enorme, mientras que al gran peso del plomo es pequeñísima, me hace tener por seguro que, si el aire desapareciese del todo, ofreciendo así inmensas facilidades al avance del globo y muy pocas al del plomo, las velocidades respectivas llegarían a igualarse".[1] Con base en lo anterior, Galileo empieza a estudiar el movimiento naturalmente acelerado, como ocurriría en el vacío. Para eso establece una serie de teoremas, de los cuales recordamos los que más nos interesan.[2]

Teorema l. El tiempo en que un móvil partiendo del reposo recorre cierto espacio con movimiento uniformemente acelerado es igual al tiempo que requeriría para recorrer el mismo espacio con movimiento uniforme, pero con velocidad mitad de la que adquiere al final de dicho movimicnto acelerado. En síntesis, la demostración que Galileo da a este teorema es la siguiente. Sea *AB* el tiempo de recorrido, *A* el instante inicial, *B* el final

[1] Galilei, *Le ópere*, vol. VIII, 119.
[2] *Id.*, 208-223.

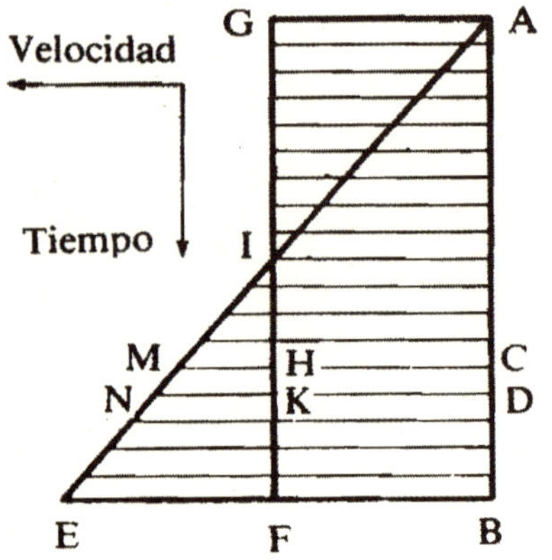

Figura 19

y *BE* la velocidad final (figura 19). Como la velocidad crece linealmente con el tiempo, las velocidades en los diferentes instantes se medirán por los segmentos llevados paralelamente la *EB*, empezando en la recta *AB* y terminando en la recta *AE*. Siendo la velocidad el espacio recorrido en la unidad de tiempo, el área del pequeño trapecio *CMND* medirá el espacio recorrido por el móvil en el tempúsculo *CD*; y el área del triángulo *AEB* medirá el espacio total recorrido. Tomemos ahora el punto medio *F* del segmento *EB*, y tracemos el rectángulo *ABFG*. Los segmentos *AG, CH, DK* paralelos a *FB* representan velocidades instantáneas de un movimiento uniforme con velocidad *FB*, mitad de la velocidad final *EB* alcanzada con movimiento acelerado; por tanto, el área del rectángulo *ABFG* representará el espacio total recorrido con movimiento uniforme. Pero por la igualdad de los triángulos *AIG* y *EIF*, las áreas del triángulo *ABE* y del rectángulo *ABFG* son iguales, resultando también iguales los espacios recorridos en el tiempo *AB* en los dos movimientos, acelerado y uniforme.

Teorema II. Si un móvil partiendo del reposo avanza con movimiento uniformemente acelerado, los espacios recorridos por él en tiempos cualesquiera son pro-proporcionales a los cuadrados de dichos tiempos. En efecto, sea *CH* la velocidad final alcanzada en el tiempo *AC*; *BE*, la alcanzada en el tiempo *AB* (figura 20). Los espacios recorridos en los tiempos mencionados se medirán por las áreas de los triángulos *ACH*, *ABE*, respectivamente. Pero, siendo dichos triángulos semejantes, sus áreas serán entre sí como los cuadrados de las alturas *AC*, *AB*; o sea, que los espacios serán entre sí como los cuadrados de los tiempos, según se quería demostrar.

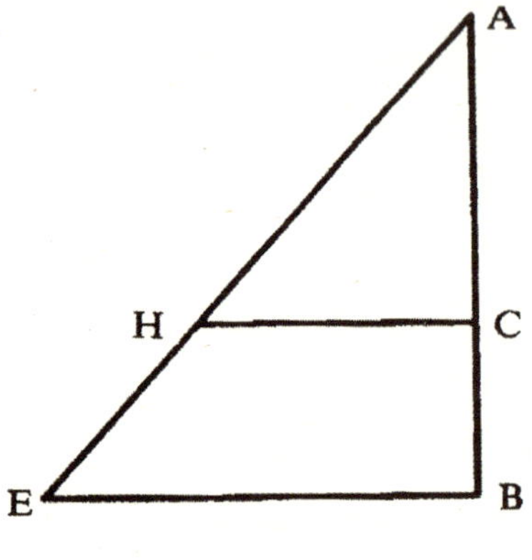

Figura 20

Puesto que las diferencias de los cuadrados sucesivos son iguales a los subsiguientes números nones: 1 - 0 = 1, 4 - 1 = 3, 9 - 4 = 5, etc., del teorema II se infiere como corolario que *los espacios recorridos en tiempos iguales, tomados sucesivamente desde el comienzo del movimiento uniformemente acelerado, serán entre sí como los números nones 1,3,5,7, ...*[3]

Refiriéndose ahora a la caída natural de los graves (movimiento *naturalmente* acelerado), Galileo pasa a considerar la caída sobre planos inclinados. Comienza con el:

[3] *Id.*, 210.

Teorema III. Si un mismo móvil, a partir del reposo, baja sobre un plano inclinado y sobre otro vertical que cubran el mismo desnivel, los tiempos totales de descenso son proporcionales a las longitudes de los planos respectivos. En efecto, sean (figura 21) *AB* el plano vertical, *AC* el inclinado. Siendo la misma la aceleración del móvil en dos puntos que estén al mismo nivel, como *E* y *F*, la velocidad alcanzada en dichos puntos será la misma; y en particular serán iguales las velocidades finales en *B* y *C*. Ahora, por el teorema I, los espacios *AB*, *AC* son los mismos que se cubrirían si el móvil avanzara durante el tiempo total de descenso con una velocidad uniforme que sea mitad de la velocidad final. Pero, en movimiento uniforme, el tiempo es proporcional al espacio recorrido, de donde se deriva lo enunciado.

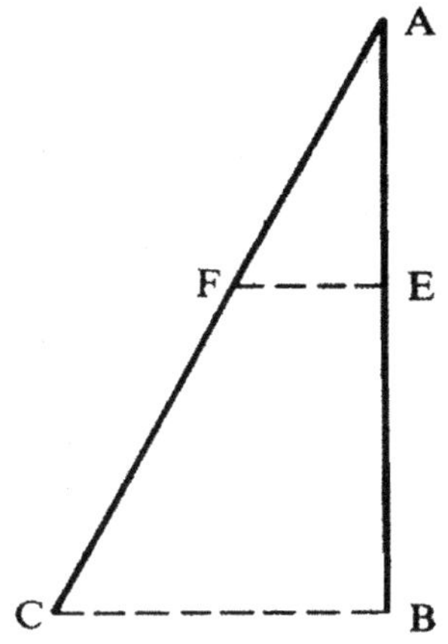

Figura 21

Teorema IV. Los tiempos de descenso sobre planos de igual longitud, pero de diferente inclinación, están en proporción inversa a las raíces cuadradas de los desniveles cubiertos por dichos planos. En efecto (figura 22), sean *BA* y *BC* las longitudes, iguales entre sí, de los dos planos inclinados. Por el teorema III, los tiempos de descenso sobre *BA* y *BE* (proyección vertical de *BA*) están entre sí como *BA* : *BE*; los tiempos de descenso sobre *BC* y *BD* están entre sí como *BC* : *BD* = *BA* : *BD*. Indicando con $t(BA)$ el tiempo requerido para recorrer *BA* y análogamente los demás, lo anterior puede escribirse

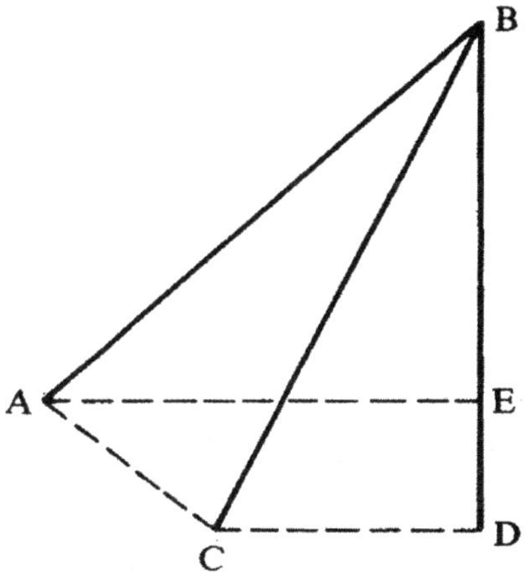

$$\frac{t(BA)}{t(BE)} = \frac{BA}{BE}\,, \quad \frac{t(BC)}{t(BD)} = \frac{BA}{BD}$$

y, dividiendo miembro a miembro,

$$\frac{t(BA)}{t(BC)} = \frac{BD}{BE} \quad \frac{t(BE)}{t(BD)}$$

Pero, por el teorema II, $t(BE) : t(BD) = \sqrt{BE} : \sqrt{BD}$ y esto, remplazado en la igualdad anterior, da $t(BA) : t(BC) = \sqrt{BD} : \sqrt{BE}$.

Teorema V. Los tiempos de descenso sobre planos de diferente inclinación y longitud son directamente proporcionales a las longitudes de los planos e inversamente a las raíces cuadradas de sus desniveles. Este teorema es consecuencia inmediata de los dos teoremas anteriores.

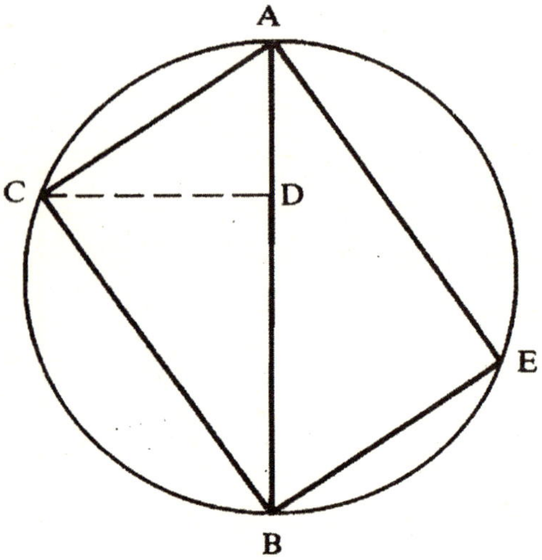

Figura 23

Teorema VI. Si en una circunferencia vertical se trazan cuerdas con extremo en el punto más alto (o *el más bajo*) *de la circunferencia misma, los tiempos de descenso por dichas cuerdas son todos iguales entre sí.* En efecto, sean AB el diámetro y AC una cuerda trazados por el punto más alto A de la circunferencia vertical ACB (figura 23). Trazada por C la perpendicular CD al diámetro AB, resulta por la semejanza, de los triángulos ABC y CAD que $AB : AC = AC : AD$, de donde se obtiene que

$$AC = \sqrt{AB \cdot AD}$$

y luego

$$\frac{AC}{AD} = \frac{AB}{AC} = \frac{\sqrt{AB}}{\sqrt{AD}}$$

Por el teorema III y la igualdad anterior, se tiene

$$\frac{t(AC)}{t(AD)} = \frac{AC}{AD} = \frac{\sqrt{AB}}{\sqrt{AD}} \qquad (1)$$

y por el teorema II,

$$\frac{t(AB)}{t(AD)} = \frac{\sqrt{AB}}{\sqrt{AD}}$$

relación que, comparada con la fórmula 1, permite concluir que $t(AC) = t(AB)$. En otros términos, el tiempo de descenso por la cuerda AC es igual al tiempo de caída vertical de A a B; y el mismo será el tiempo de descenso por otra cuerda AE cualquiera. De donde resulta que $t(AC) = t(AE)$, como afirma el teorema. Un razonamiento análogo llevaría a comprobar que también $t(CB) = t(EB)$.

Todo lo anterior parece fuera de discusión; pero no era así para los contemporáneos de Galileo, quienes lo veían como una novedad absoluta. Dejemos a los peripatéticos, adversarios empedernidos, y veamos las objeciones de Descartes que, en esa carta a Mersenne de octubre de 1638, a la cual ya hicimos referencia, acusa a Galileo de haber construido sin fundamento por no proceder con orden: "Sin haber considerado las causas primeras de la naturaleza, sólo ha buscado las razones de algunos efectos particulares".[4] Concretamente, según Descartes, Galileo hubiera tenido que determinar primero lo que es la pesantez. Esto revela una actitud diametralmente opuesta en los dos investigadores. Galileo escribe: "No me parece ésta la ocasión para entrar ahora a investigar la causa de la aceleración del movimiento natural, en torno a la cual los filósofos han emitido diversas opiniones... Sería interesante, aunque de poca utilidad, ir examinando todas estas fantasías. A nuestro autor le basta con que comprendamos que él quiere investigar y demostrar algunas propiedades de un movimiento acelerado, cualquiera que sea su causa... ; y si nos encontramos con que las propiedades que serán demostradas luego se verifican en el movimiento de los graves naturalmente descendientes", podremos concluir que tal movimiento es un caso particular de movimiento acelerado.[5] Actitud que nos parece absolutamente "moderna", por el sencillo motivo de que nosotros seguimos considerando como método científico el de Galileo. Descartes, por el contrario, con su actitud racionalista, se habría detenido en descubrir qué es la pesantez; y allí se hubiera quedado, porque esta cuestión, supuesto que tenga sentido, no ha sido aún resuelta.

La frase completa de Descartes es la siguiente: "Todo lo que él [Galileo] dice acerca de la velocidad de los cuerpos que descienden en el vacío, etc., está edificado sin cimientos, porque él habría tenido que determinar antes lo que es pesantez, y si él supiese la verdad, sabría que en el vacío aquélla es nula". Y más adelante le reprocha que no demuestre, "y no es exactamente verdadero", que las velocidades alcanzadas a un mismo nivel —como en los puntos E y F de la figura 21— por un móvil que baja sobre los planos diferentemente inclinados sean las mismas. "Y como todo lo que sigue no depende sino de estas dos suposiciones —concluye Descartes— se puede afirmar que él ha construido totalmente en el aire". Aun siendo Descartes 32 años más joven que Galileo, su perspectiva es más anticuada. Mientras que en Galileo brilla con toda gallardía la claridad del Renacimiento, en el pensamiento cartesiano se manifiesta todavía una indeterminación entre lo que es ciencia y lo que es metafísica, clara herencia de la Edad Media.

El problema del artillero

Menos de ocho años antes de que Cortés pusiera pie en México, en octubre de 1511, el papa Julio II —un anciano de largas barbas que se complacía en cabalgar a la cabeza

[4] Descartes, 1024.

[5] Galilei, *Le ópere*, vol. VIII, 202.

de sus huestes— construyó, aliándose con Fernando el Católico y la república de Venecia, la Santa Liga con el objeto de expulsar de Italia a los franceses, momentáneamente dueños del ducado de Milán. Esta coalición efímera (si pensamos que en 1508 Francia y España luchaban juntas en contra de Venecia y que en 1513 franceses y venecianos serían cordiales aliados) llevó, sin embargo, a una *blitzkrieg*, cuya principal víctima fue naturalmente la población civil.

Penetradas en territorio véneto, el 19 de febrero de 1512 las tropas francesas al mando de Gastón de Foix irrumpieron en la tranquila ciudad de Brescia —la misma que 65 años después vería nacer al Padre Castelli— lanzándose a un saqueo desenfrenado. La gente corrió a encerrarse en la catedral; pero la soldadesca, tumbadas las puertas, penetró en ella. Entre las atrocidades que siguieron, se vio a un soldado agarrar a un vivaz niño de doce años golpeándolo bárbaramente en la cabeza.[6] Curado tiernamente por su madre, el niño Niccoló Fontana pudo sobrevivir; sin embargo, quedó un marcado defecto en su habla, por lo que fue apodado "il Tartaglia", el Tartamudo. Se le conoció como Niccoló Tartaglia, y con ese nombre firmó sus numerosas publicaciones.

Porque el muchacho, dotado de una inteligencia extraordinaria, se dedicó con todo éxito al estudio de las matemáticas; y lo hizo por su cuenta, porque la familia era pobre y no podía costear sus estudios. Puesto que entonces, como ahora, las universidades no aceptaban entre sus académicos a quienes no hubiesen sido adoctrinados en escuelas superiores, Tartaglia se contentó con abrir su despacho de matemático, primero en Verona y luego en Venecia, donde consiguió una numerosa clientela. Primer algebrista del siglo, poseedor de enorme habilidad para realizar cálculos y resolver problemas difíciles y enredados cuya solución frecuentemente expresaba en versos, Tartaglia alcanzó una enorme celebridad, tanta que, para el pueblo, el Tartaglia llegó a personificar al matemático por excelencia, al Arquímedes, al Einstein de la época. Sus agradables facciones, su cara redonda, tranquila y afable, nos han sido conservadas en un retrato que aparece en la portada de su *General trattato di numeri e misure*.

En otra, la del libro *Nova scienzia* de 1537, dentro de un recinto cuya puerta está vigilada por Euclides, se ve a Tartaglia encabezando un numeroso grupo de figuras femeninas que representan todas las disciplinas de las matemáticas de entonces, ya sean puras o aplicadas, especificadas por sendos letreros.

Ahora bien, en 1531 llegó a consultar a Tartaglia un artillero, quien sabía por experiencia que los proyectiles no siguen una trayectoria rectilínea, como se acostumbraba

[6] Mieli, 16.

suponer entonces al apuntar el cañón, y le preguntó cómo debía inclinarse la pieza si se quería que la bala alcanzara la máxima distancia posible. Tartaglia estudió largamente el problema y publicó los resultados en *Nova scienzia*, cuya portada, además del autor y las damas antes mencionadas, muestra un cañón disparando y dos trayectorias, una horizontal rectilínea y otra oblicua y curva, de la bala. Como haría Galileo un siglo después, el autor empieza por tratar la caída natural de los graves, estableciendo que "en el movimiento natural todo cuerpo —a paridad de peso— va tanto más de prisa cuanto más se aleja del punto de partida, o cuanto más se acerca al de llegada de su movimiento".[7] Pasa luego al estudio del "movimiento violento" o forzado, que según él sería, contrariamente al anterior, desacelerado: "un cuerpo —a paridad de peso— va tanto más lentamente cuando más se aleja del principio, o cuanto más se acerca al final del movimiento violento". Pero, como todos los cuerpos "igualmente graves, semejantes e iguales" deberían alcanzar al final de su trayecto la misma velocidad, cualquiera que haya sido la que se les imprimió inicialmente, resultaría que "cuanto mayor es el espacio que el proyectil tiene que recorrer, tanto más de prisa irá al principio de su movimiento".[8]

Tartaglia estudia luego las trayectorias, que considera constituidas por un tramo recto inicial, orientado como el eje del cañón, seguido por un tramo cóncavo y finalmente por un tramo rectilíneo vertical; y con un razonamiento algo tosco obtiene un resultado correcto: que la inclinación sobre el horizonte de la pieza que produce el máximo alcance es de 45°. Sin embargo, para determinar la forma real de las trayectorias utiliza una concepción falsa, o sea, que "ningún cuerpo... puede durante ningún espacio de tiempo o de lugar avanzar con un movimiento compuesto de uno violento y uno natural", porque si así lo hiciera, debería por ser el movimiento natural aumentar continuamente su velocidad, y por ser violento disminuirla incesantemente, posturas mutuamente incompatibles.[9]

En la cuarta jornada de las *Dos nuevas ciencias*, Galileo, que conocía bien las obras de Tartaglia, vuelve a plantear el mismo problema, pero aceptando la hipótesis que éste había descartado con demasiada prisa, o sea, que el movimiento del proyectil se componga de uno uniforme y otro acelerado. Semejante composición, "suponiendo —dice Sagredo— que el movimiento trasversal se mantenga siempre uniforme y que análogamente el natural hacia abajo permanezca con su característica de ir siempre

[7] Koiré, 105.
[8] *Id.*, 107.
[9] *Id.*, 108.

La Noua Scientia de Nicolo Tartaglia con vna gionta al terzo Libro.

Disciplinae Mathematicae loquuntur
Qui cupitis Rerum varias cognoscere causas
Discite nos: cunctis hac patet una via

acelerándose en proporción con los cuadrados de los tiempos, y que tales movimientos y sus respectivas velocidades, al mezclarse, no se alteren, perturben o impidan",[10] era por lo visto una novedad absoluta y fue la clave del éxito de Galileo allí donde sus predecesores habían fracasado. Ahora bien, la hipótesis de que en el movimiento horizontal los espacios recorridos son proporcionales a los tiempos y en el vertical, proporcionales a los cuadrados de los tiempos mismos, lleva inmediatamente a concluir que la trayectoria resultante es parabólica. En efecto, utilizando notación algebraica y coordenadas cartesianas (figura 24) —todo esto desconocido para Galileo—, si llamamos v_0 la velocidad impresa inicialmente al proyectil en dirección horizontal, x la "amplitud" del tiro, medida al nivel BH del horizonte, y y la "altura" de la pieza, tenemos

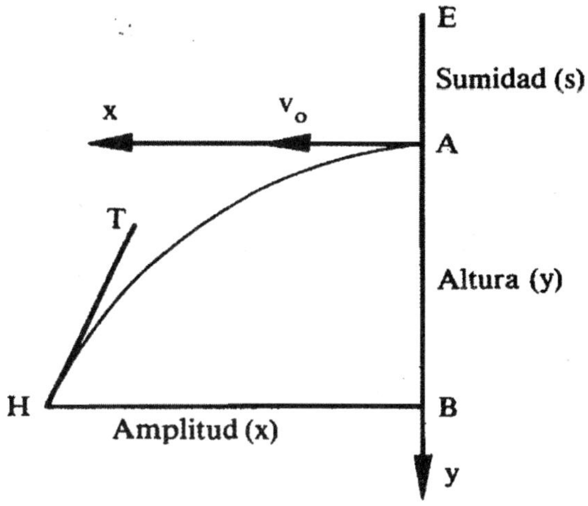

Figura 24

$$x = v_0 t,\ y = gt^2/2$$

donde g es la aceleración de gravedad.

Eliminando t, resulta la ecuación

$$y = gx^2 / 2v_0^2 \qquad (1)$$

que es justamente la de una parábola con eje vertical y vértice en A.

Prosigue Galileo demostrando una serie de propiedades de tales trayectorias e indicando cómo resolver varios problemas relativos. En particular, tabula en función de la "elevación" (o sea, del ángulo que la tangente HT a la curva forma con la horizontal HB) las alturas y "sumidades" de las diferentes parábolas (entendiéndose por *sumidad* el desnivel $s = EA$ tal que el móvil, cayendo desde E con movimiento naturalmente acelerado, adquiriría en A una velocidad igual a la velocidad inicial v_0). La sumidad representaría pues una energía de posición virtual, en cuanto que

$$s = v_0^2 / 2g \qquad (2)$$

[10] Galilei, *Le ópere*, vol. VIII, 273.

Una propiedad importante de la trayectoria parabólica es que *la mitad de la amplitud es media proporcional entre la altura y la sumidad.*[11] En efecto, remplazando la ecuación 2 en la 1, resulta $y = x2/4s$, de donde

$$(x/2)^2 = ys, \text{ o sea, } y{:}x/2 = x/2{:}s \tag{3}$$

Proyectiles y chorros

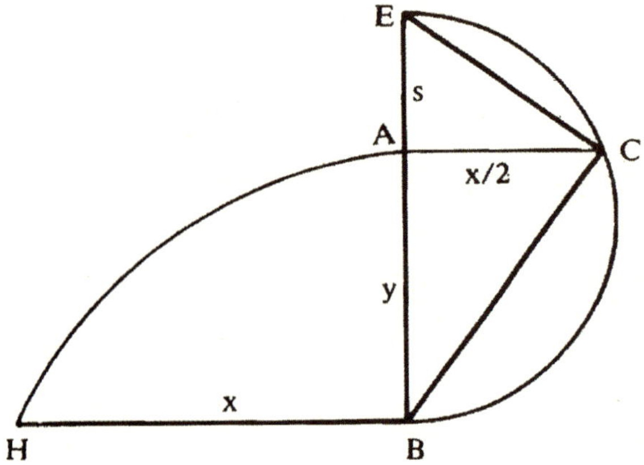

Figura 25

Ustedes recordarán los dos libritos que con ansiedad y emoción el joven Torricelli había confiado al padre Castelli para que los sometiese al juicio del Gran Anciano. Estaban escritos en latín. El primero, titulado *De motu gravium naturaliter descendentium* (*Del movimiento de los graves que descienden naturalmente*), contiene adiciones a la tercera jornada de las *Dos nuevas ciencias;* el segundo, titulado *De motu proiectorum* (*Del movimiento de los proyectiles*), complementa la cuarta jornada. Entre otras cosas allí se encuentran interesantes construcciones gráficas. Por ejemplo, el problema de hallar la sumidad, dadas la amplitud y la altura de la trayectoria, se resuelve como sigue (figura 25). Dispuestas la amplitud HB y la altura BA en ángulo recto, llévese $AC = HB/2$ perpendicularmente a AB y únase B con C. CE, perpendicular al segmento BC, corta la recta AB en el punto E tal que AE es la sumidad. Esto resulta de la semejanza de los triángulos ABC y ACE, que garantiza la proporcionalidad de los catetos:

$$AB{:}AC = AC{:}AE$$

que es la relación 3 mencionada. Si se quiere por lo contrario resolver el problema, mucho más interesante para el artillero, de hallar la amplitud del tiro, dadas la altura AB y la energía del disparo (y luego la sumidad AE), basta con trazar el semicírculo BCE de diámetro BE, que cortará, sobre la normal a BE que parte del punto A, el segmento

[11] *Id.*, 294.

AC, igual a la mitad de la amplitud; esto con base en la propiedad del semicírculo, de inscribir ángulos rectos.

Lo más interesante para nosotros es que Torricelli agrega a *De motu proiectorum* una última parte de carácter hidráulico: *De motu aquarum* (*Del movimiento de las aguas*). "Ahora no estará mal —escribe el autor— introducir algunas consideraciones acerca del agua. En efecto se ve que, a diferencia de los otros cuerpos sublunares, a las aguas se asocia un movimiento peculiar, de modo que casi nunca se quedan quietas. Dejo a un lado el gran movimiento fluctuante del mar; tampoco considero mediciones y usos de ríos y corrientes, de los cuales toda la doctrina fue hallada primero por mi maestro, el abad Benedetto Castelli. Él dejó escrita su ciencia, que confirmó no sólo teóricamente sino también por experimentos, de grandísima utilidad para príncipes y pueblos y mayor admiración de los filósofos. Queda su libro, verdaderamente excelente. En cuanto a nosotros, trataremos acerca de este tema tan sólo unos detalles diminutos y por lo general sin utilidad, pero no del todo carentes de interés".[12]

Para introducir tales "diminutos y casi inútiles detalles", Torricelli propone una hipótesis básica, a saber, que *las aguas que desembocan violentamente de un pequeño orificio posean el mismo "ímpetu" que tendría un cuerpo pesado al caer naturalmente desde el nivel de la superficie libre del agua hasta el del orificio*. Justifica esta hipótesis al considerar el fenómeno de los vasos comunicantes: si un caño vertical posee un orificio cerca de su base y éste se conecta con otro tubo análogo pero vacío, el agua que baja del primer tubo tiene energía suficiente para subir en el segundo hasta alcanzar el mismo nivel. Luego describe un experimento realizado en un tubo *AB*, haciendo que el orificio *B* lance el agua hacia arriba (figura 26). Si el caño está lleno hasta A, el chorro alcanza "casi" el mismo nivel, *D*. Resulta una pequeña diferencia, *CD*, que Torricelli atribuye "en parte al impedimento del aire, que se opone a cualquier cuerpo móvil, y en parte también a la misma agua que, cuando desde la cumbre *C* emprende el camino de regreso, se obstaculiza y retarda a su parte ascendente, no permitiendo que las gotas que suben puedan elevarse hasta ese nivel que alcanzaron por su propio ímpetu".[13] Como comprobación, sugiere que se tape por un instante el orificio con el dedo, retirándolo luego lo más rápido posible: se verá que las primeras gotas emitidas subirán más arriba del nivel *C*. Finalmente, agrega que un buen observador notaría que el aire que rodea el chorro se agita y tiende a levantarse,

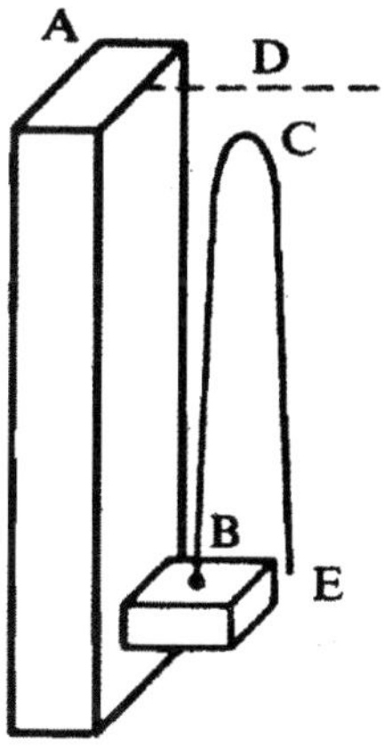

Figura 26

[12] Torricelli, vol. II, 185.

[13] *Id.*, 186.

"transporte que no se realiza sin fuerza y, por tanto, estorbando el movimiento de subida del agua"; o sea, dicho en términos actuales, el chorro debe de perder algo de energía cinética, en cuanto que la gasta para arrastrar el aire circundante. Luego de algunas otras consideraciones, Torricelli concluye: "por lo demás, si alguien no está de acuerdo con los argumentos anteriores, que vea si puede comprobar algunas de las proposiciones que siguen; porque si fuera así, resultará fácil demostrar nuestra hipótesis básica a partir de la proposición comprobada. En caso contrario, que omita todo este apéndice sobre el movimiento de las aguas, o bien que de plano lo arranque del libro; se lo concedo con gusto, a pesar de que un experimento realizado con toda diligencia haya confirmado con gran exactitud buena parte de las proposiciones siguientes".[14]

Volviendo a la figura 26, Torricelli empieza a observar que el chorro, al bajar, caerá en E con el mismo "ímpetu" que poseía en B al salir del orificio, o sea, con el de un grave que caiga desde A hasta B. En seguida, pasa a considerar orificios hechos en la pared de un caño vertical, afirmando que los chorros que salen de ellos deben de tener forma parabólica. En efecto, las primeras gotas que salen tienen que comportarse como los proyectiles estudiados por Galileo, y las que siguen, siendo emitidas con el mismo "ímpetu", ya que el caño se supone siempre lleno, recorrerán el mismo camino.

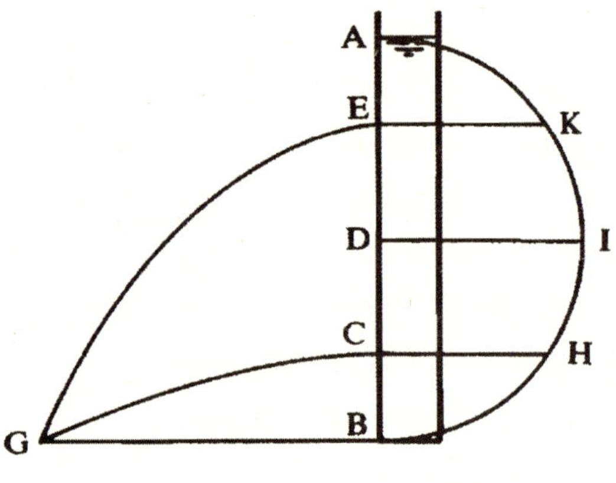

Figura 27

Esto lo lleva a resolver una serie de problemas. Por ejemplo (figura 27), si el caño AB está lleno hasta A, el trazo de la semicircunferencia AIB permite, gracias a la construcción de la figura 25, determinar la amplitud BG del chorro emitido por un orificio ubicado en un punto C cualquiera: en efecto, $BG = 2CH$. Además, resulta evidente que el chorro proveniente del punto E tal que $EA = CB$ tendrá la misma amplitud BG, por ser $EK = CH = GB/2$. Finalmente, el chorro que llegará más lejos será el que sale del punto D, medio entre A y B, por ser allí la semiamplitud máxima.[15]

Otro resultado interesante es que si un tubo AB (figura 28) se perfora en un punto C cualquiera, el chorro emitido tocará la superficie de un cono rectángulo (o sea, de 90° de abertura) con generatriz AE, eje AB y vértice A. En efecto, tómese un punto D tal que $CD = CA$, y por el punto D trácese la horizontal DE. Siendo AC la "sumidad", y luego

[14] *Id.*, 187.
[15] *Id.*, 188.

$$CD:DE/2 = DE/2:AC$$

o sea, por ser $CD = AC$,

$$AC:DE/2 = DE/2:AC$$

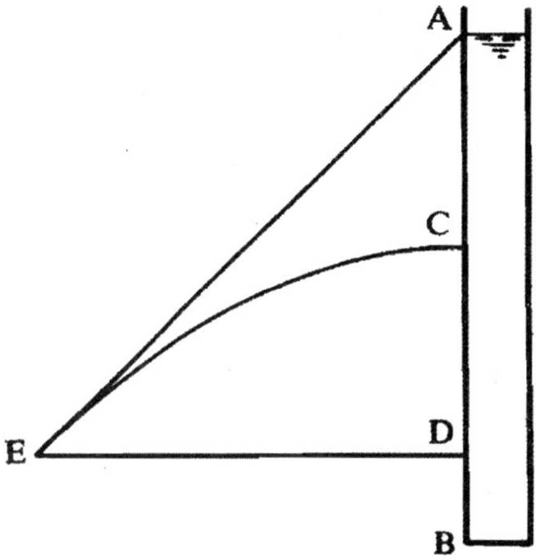

Figura 28

resulta que $DE = 2AC = AD$. Ahora, es propiedad de la parábola que si E es uno de sus puntos y EA la tangente relativa, y bajamos desde E la perpendicular ED al eje de la parábola, la "subtangente" AD es igual al segmento ED. Por tanto, la conclusión de que $DE = AD$ garantiza la tangencia en E de la parábola con el cono.[16] Es evidente la utilidad de los resultados anteriores cuando se quiere trazar el perfil del chorro.

Finalmente, se llega al que conocemos como *principio de Torricelli*, a saber, que *las velocidades del agua que sale de un tanque perforado son proporcionales a la raíz cuadrada de las profundidades por abajo de la superficie libre de los orificios correspondientes*.[17] Torricelli deduce este resultado de los teoremas de Galileo. En efecto, como en un movimiento naturalmente acelerado, la velocidad es proporcional al tiempo transcurrido desde el inicio del movimiento, y el espacio recorrido es proporcional al cuadrado del mismo tiempo, la velocidad de salida será proporcional a la raíz cuadrada del espacio recorrido por una partícula en su bajada, o sea, a la raíz del desnivel entre la superficie libre y el orificio. Por otro lado, el gasto (cantidad de fluido que pasa en un tiempo determinado) descargado por un orificio, o por orificios iguales, es proporcional a la velocidad de salida, como Castelli ya había puesto en claro; por tanto, también los gastos serán proporcionales a las raíces cuadradas de los tirantes de agua que el orificio tiene encima. Medir el gasto no es difícil: basta con determinar el tiempo en que el chorro llena un recipiente de capacidad conocida, y dividir esta última entre el tiempo mismo; así fue como Torricelli, con la ayuda de Magiotti, logró comprobar experimentalmente la validez de su principio.

Una vez abandonado el orificio, el chorro sigue acelerándose; por tanto, debe irse angostando a medida que baja. Una pregunta interesante que Torricelli se plantea es la siguiente: ¿qué forma adquirirá el contorno del chorro? Sean *AB* el depósito, *CD* el orificio, *CDPO* el chorro (figura 29). Siendo que el gasto a través de *CD* y de otra sección

[16] *Id.*, 189.
[17] *Id.*, 190.

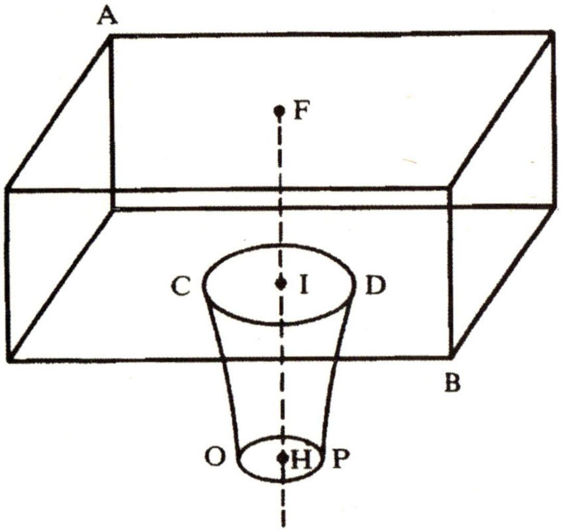

Figura 29

OP cualquiera del chorro es el mismo, las áreas de dichas secciones tienen que ser inversamente proporcionales a las velocidades respectivas. Pero la velocidad en *OP* es a la velocidad en *CO* como $\sqrt{HF}$ es a $\sqrt{IF}$, mientras que las áreas están entre sí como $OP^2:CD^2$. Luego se tiene

$$OP^4:CD^4 = IF:HF$$

La superficie *CDPO* es, por tanto, una superficie de revolución cuya generatriz es una curva de abscisas proporcionales a las raíces cuartas de las ordenadas (hipérbola de 4° orden).

Ciencia y salchichas

Evangelista Torricelli falleció prematuramente el 25 de octubre de 1647, a los 39 años (la misma edad a la que moriría Pascal), llevando consigo el secreto de los fabulosos lentes para catalejos y microscopios que sólo él sabía fabricar. Pero, además, dejó la mayor parte de sus obras sin imprimir. En momentos de lucidez que su repentina enfermedad le había consentido, había pedido a su entrañable amigo, el abogado Lodovico Serenai, que remitiera todos sus manuscritos a fray Bonaventura Cavalieri (también ex alumno de Castelli), quien ahora enseñaba en Bolonia: que Cavalieri publicase lo que quisiera y enviase lo demás a Michelángelo Ricci, en Roma, para que éste se responsabilizara de su impresión. El gran duque Ferdinando prometió costear la publicación.

Cuando Serenai escribió a Cavalieri, otro fraile le contestó, comunicándole que el gran matemático, inventor de la entonces célebre teoría de los indivisibles, que anticipaba el cálculo diferencial, se hallaba gravemente enfermo; de hecho, Cavalieri pereció un mes más tarde. Luego Serenai se dirigió a Ricci, pero éste rehusó el encargo: había disminuido su interés por las matemáticas, su tío había muerto, su padre era muy anciano y Ricci tenía que atender todos los asuntos de la casa; además, desde principio de año andaba delicado de salud.[18] ¿Qué hacer? A Serenai se le presentaba un problema grave: le habían confiado manuscritos desordenados, a veces dejados a medias, que

[18] Torricelli, vol. I, parte 1, XVIII.

contenían abreviaciones y simbolismos; tan sólo un buen matemático podría prepararlos para la edición. Se acordó de Viviani, el compañero de Torricelli en Arcetri, y fue a verlo, "rogándole que se sirviera ocupar de las obras geométricas dejadas en confusión e inacabadas por el amigo común"; sin embargo, también Viviani se excusaba, diciendo que sus obligaciones públicas y privadas no le dejaban tiempo para nada más.

Serenai, desesperado, siguió insistiendo y haciendo que otros también intercedieran. Por fin Viviani asintió, pero con una condición: que no le entregasen los manuscritos mismos, sino copias de ellos, declarando "nunca querer manipular ni una mínima hojita de los originales de Torricelli, aunque estuvieran numeradas, y tampoco servirse de ellas ni mucho ni poco por ningún tiempo: que tan sólo quería copias exactas con las figuras hoja por hoja".[19] Hoy en día esto no crearía problemas: se sacan fotocopias y ya; pero en ese entonces todo se debía transcribir a mano. Tratándose de miles de páginas de escritos matemáticos, la exigencia de Viviani da la impresión de que, para quitarse el fastidio, pedía algo imposible. Mas he aquí que el bueno de Serenai lo toma en serio y empieza la tarea él mismo. Durante cuatro años estuvo dedicando sus ratos libres a copiar esa caterva de proposiciones, escolios, lemas, teoremas y corolarios, de los cuales, como buen jurisconsulto, no entendía ni pizca. Feliz, terminada la tarea, entregó todo a Viviani, convencido de que, antes de cerrar los ojos para siempre, tendría en sus manos las obras del amigo, publicadas a costa del serenísimo gran duque.

Pero al fallecer Serenai, a principios de 1685, casi nada se había hecho. Sólo se supo que los originales, después de algunos años, habían llegado por último a manos de Viviani, quien al fin los aceptó. Viviani murió en 1703, y desde entonces se les perdió la pista; los escritos de Torricelli se volvieron leyenda; todos hablaban de los inventos maravillosos, extraordinarios, que debían estar contenidos en ellos; mas nadie los había visto. Pasa otro medio siglo. Un buen día Clemente Nelli, vecino de Florencia no del todo ayuno en matemáticas, va de compras a la salchichonería, donde le envuelven la mortadela en una hoja escrita; llegando a su casa, reconoce que es de puño y letra de Galileo. Regresa corriendo a la tienda; allí el dueño le muestra más hojas, éstas escritas por Torricelli. Nelli compra todo; luego le pregunta quién se las había vendido: los hermanos Panzanini. Otra carrera a la casa de éstos: ¿dónde está lo demás?, ¿les queda algo? Sí, felizmente les queda casi todo. Carlo y Angelo cuentan la historia: que todos esos papeles los habían recibido en herencia del tío Jácopo, abad y profesor de matemáticas, quien a su vez los había obtenido de su propio tío Vincenzio Viviani; que cada

[19] *Id.*, XIX.

uno había guardado su parte en el armario de la casa, allí donde se tiene la ropa blanca; pero que los armarios estaban llenos a reventar, y que las señoras se habían aliado en contra de ellos: ¿cómo, allí donde estaba esa linda lencería que ellas habían traído como dote, dejar esos papeles sucios cubiertos de garabatos que nadie entendería? Que los hicieran desaparecer inmediatamente. Felizmente, el amigo salchichonero, a quien habían confiado sus penas, había prometido comprárselos poco a poco; pero si el señor Nelli quería todo el lote, ellos estaban más que felices de vendérselo.

Poseedor del invaluable tesoro que la suerte le había deparado, Nelli decidió realizar él mismo la tan deseada edición de las obras inéditas de Torricelli; pero tampoco a él le bastó lo que le quedaba de vida para hacerlo. Sus herederos, por necesitar dinero, vendieron en 1818 todos los manuscritos al gran duque de entonces, Ferdinando III. Al desaparecer el gran ducado, en 1861, éstos pasaron a la Biblioteca Nacional de Florencia, donde entraron a formar parte de una importante colección que reúne los escritos de los discípulos de Galileo.[20]

Y entre tantas vicisitudes, ¿qué pasó con *De motu aquarum?* Felizmente parece que la pequeña obra, conservada por la escuela de Castelli, había logrado circular en copias manuscritas entre los hidráulicos de la época. Como vimos, sus pocas páginas contenían el principio fundamental de transformación de una carga de altura en velocidad, principio que inspiró y sobre el cual se construyó toda la ciencia del movimiento del agua.

Demostraciones del Teorema de Torricelli

Entre Torricelli y los franceses habían surgido algunos malentendidos. No sólo porque con el barómetro Pascal había adquirido mucha más fama que Torricelli mismo; sino también por el célebre pleito de la cicloide. Se llama cicloide la curva que representa la trayectoria descrita por un punto de una circunferencia cuando ésta rueda sobre una línea recta, sin perder contacto con ella y sin deslizarse. Según los italianos, dicha curva había sido inventada en 1599 por Galileo, que hubiera deseado utilizarla para trazar el perfil del arco único de un nuevo puente que debía cruzar el río Arno en Pisa; para los franceses la cicloide, que ellos llamaban trocoide, la había concebido Mersenne en 1615. Galileo sospechaba, pero ni él ni Cavalieri habían podido comprobar, que el área comprendida entre la cicloide y su recta base es el triple del área del círculo generador.

[20] *Id.*, XX-XXIV.

Torricelli, sin disponer todavía de la comodidad del cálculo integral tal como hoy lo conocemos, había logrado demostrar teóricamente esta propiedad de una manera sumamente sencilla; sin embargo, en Francia se aseguraba que dicha cuadratura la había obtenido primero Roberval. Los italianos sospechaban de Mersenne, que conocía los resultados de Torricelli; decían que debía de ser él quien había comunicado, sin ninguna precaución, a sus colegas lo que Torricelli le había participado confidencialmente, facilitando la apropiación. La sospecha había indignado a Roberval; y de hecho hubo un violento intercambio de acusaciones mutuas al respecto entre Torricelli y Roberval.[21]

A residuos de esa tensión se debe tal vez la rudeza con que, allá por 1695, Pierre Varignon criticaba a Torricelli frente a la Academia de Ciencias de París, acusándolo de falta de rigor en la comprobación de su teorema hidráulico fundamental. "La demostración que dio Torricelli —escribía Varignon— depende de la experiencia, que ha permitido observar que los chorros de agua alcanzan poco más o menos la misma altura de la cual han bajado. Pero no siendo ésta sino una experiencia, que por tanto no habla sino a los sentidos y no basta para una demostración geométrica, el mismo Torricelli le hace tan poco caso a la comprobación obtenida, que la abandona de buena fe a la discreción del lector... Esta falta de confianza de Torricelli en su propia demostración nos ofrece la oportunidad de observar de paso que los experimentos, en cuanto hacen depender demasiado fácilmente los hechos de los sentidos, en la física auténtica no tienen que servir sino para hacer presumir una verdad; no para remplazar una demostración exacta y geométrica".[22]

Luego Varignon expone su propia demostración del hecho de que las velocidades del agua que sale de un orificio están entre sí como las raíces cuadradas de las alturas (o tirantes) de agua sobre el orificio mismo. La demostración consiste esencialmente en lo siguiente (figura 30). Se sabe que los "esfuerzos" (presiones) producidos por las dos masas de agua *AF* y *CF* están entre sí como las alturas *AK*, *CH*. Llamados f_1, f_2 dichos esfuerzos, será

$$f_1 : f_2 = AK:CH \tag{1}$$

Por otra parte, las "masas" m_1, m_2 correspondientes que salen del orificio G en un tiempo determinado están entre sí como las velocidades v_1, v_2 de salida relativas, $m_1 : m_2 = v_1 : v_2$; de donde $m_1 v_2 = m_2 v_1$, y multiplicando por $v_1\ v_2$,

[21] Torricelli, vol. I, parte 2, 443-465.
[22] Varignon, 53, 54.

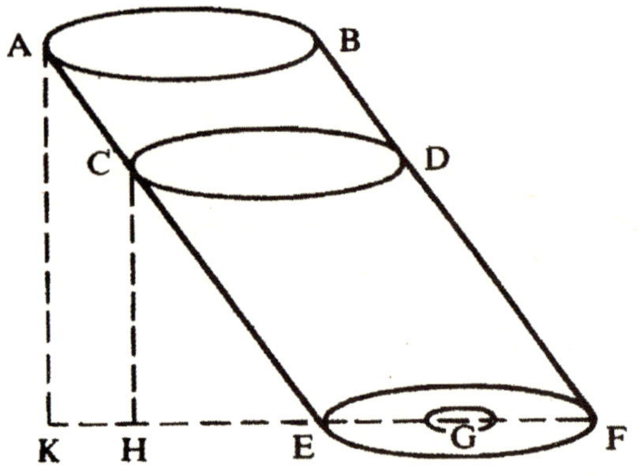

Figura 30

$$m_1 v_1 v_2^2 = m_2 v_2 v_1^2$$

expresado en función de proporciones se tiene que

$$m_1 v_1 : m_2 v_2 = v_1^2 : v_2^2 \qquad (2)$$

Asimismo, el principio de cantidad de movimiento expresa que

$$m_1 v_1 : m_2 v_2 = f_1 : f_2$$

De aquí, utilizando las proporciones 1 y 2, resulta que

$$v_1^2 : v_2^2 = AK:CH$$

que es lo que se quería demostrar.[23] Naturalmente, el argumento lleva implícito admitir que el movimiento que la presencia de desagüe provoca en el agua contenida en el depósito es sumamente pequeño y sensiblemente uniforme para todas sus partículas, no produciéndose ninguna aceleración; hipótesis prácticamente válida si se supone la sección del depósito muy grande en comparación con la del orificio.

Varignon no era un investigador muy notable, pero sí un maestro de primera. La gran novedad de sus clases de mecánica era la utilización de fórmulas algebraicas en las demostraciones. Vale la pena reproducir aquí unas consideraciones del abad Pujol, el alumno que reunió los apuntes de clase de Varignon y los publicó en 1725, tres años después de la muerte del autor, bajo el título *Traité du mouvement et de la mesure des eaux coulantes et jaillissantes* (*Tratado del movimiento y de la medición de las aguas que escurren y brotan*): "Sabios persuadidos de la utilidad de esta materia se dedicaron a explicarla. Pero algunos se contentaban con relatar las experiencias sin dar demostraciones; otros, queriendo comprobar principios tan necesarios, lo hacían por pura geometría; y habiéndose dificultado y complicado enormemente sus demostraciones por el gran número de líneas requeridas por la imaginación, se distraía demasiado la atención, exponiéndola a perder de vista el objeto esencial de la investigación. Además, como la geometría no suministra comprobaciones totalmente generales, se veían en

[23] *Id.*, 51, 52.

consecuencia forzados a buscar casi tantas nuevas demostraciones cuantos eran los casos particulares considerados. Es para evitar tales inconvenientes que en casi todas las demostraciones del presente tratado se ha utilizado el cálculo algebraico; lo cual se ha hecho porque este procedimiento saca grandes ventajas con respecto al otro. En efecto, las demostraciones algebraicas son incomparablemente más fáciles, no requieren gran concentración y a veces no se necesitan sino dos o tres rasgos de pluma para volverlas a obtener. Además el álgebra proporciona comprobaciones generales, de las cuales se deducen fácilmente por medio de corolarios todos los casos particulares que, de utilizarse la geometría, requerirían a su vez nuevas demostraciones, por tanto nuevas líneas y figuras. Esta ventaja del álgebra sobre la geometría es tan considerable que, como se verá, todo el contenido de este tratado se ha deducido de una o dos proposiciones solamente".[24] Y ¿cuáles son estas proposiciones básicas? Son que, si el cuerpo se halla en movimiento uniforme, los productos vt/l, ft/ml y mv/f se mantienen constantes durante todo el trayecto, siendo f la fuerza aplicada al cuerpo, m su masa, v su velocidad, l el espacio recorrido y t el tiempo empleado en recorrerlo. Cómo Varignon utiliza la última proposición lo hemos visto en la demostración anterior.

Efectivamente, el tratado de Varignon tuvo un gran éxito y debió ser adoptado como texto de enseñanza durante muchas décadas. "El libro —escribía en 1739 Ludovico Riva, profesor de astronomía en el Estudio de Padua, refiriéndose a la traducción italiana de 1736—... gracias a su presentación elemental lo buscan y estudian muchos jóvenes, atraídos por la importancia de la materia y la celebridad del autor".[25] Pero, ¿era inobjetable la demostración del principio de Torricelli que Varignon había dado?

Alrededor del año 1780, al redactar su *Mecánique analytique* que se publicó luego en 1788, Lagrange opinaba que tal demostración "contiene todavía algo vago, porque supone tácitamente que la pequeña masa que sale a cada instante del vaso adquiere bruscamente su velocidad total por la presión de la columna de agua que está encima. Ahora, se sabe que una presión no puede crear de repente una velocidad finita. Pero suponiendo, como es natural, que el peso de la columna actúe sobre la partícula durante todo el tiempo que ella invierte en salir del vaso, resulta claro que la partícula adquirirá un movimiento acelerado, siendo la correspondiente cantidad de movimiento, al final de cualquier intervalo de tiempo, proporcional al producto de la presión por el tiempo. Por tanto, el producto del peso de la columna por el tiempo de salida de la partícula

[24] *Id.*, III, IV.

[25] Riva, "Prefacio".

TRATTATO
DEL MOTO
E DELLA
MISURA DELLE ACQUE CORRENTI
E DEI GETTI DELLE MEDESIME

CON UN TRATTATO PRELIMINARE

Del Moto in generale

Tratto dalle Opere Manuſcritte del fu Signor VARIGNON
dal Signor' Abate PUJOI

IN BOLOGNA

Nella Stamperìa di LELIO DALLA VOLPE.

MDCCXXXVI.

CON LICENZA DE' SUPERIORI.

será igual al producto de la masa de dicha partícula por la velocidad que ella habrá adquirido; y como la masa es el producto del área del orificio por el pequeño espacio que la partícula recorre al salir del depósito (espacio que, por característica de los movimientos uniformemente acelerados, es proporcional al producto de la velocidad por el tiempo), se sigue que la altura de la columna volverá a resultar proporcional al cuadrado de la velocidad adquirida. Esta conclusión es ahora rigurosa, siempre que se admita que cada partícula, al dejar el depósito, sea empujada por todo el peso de la columna fluida que tiene como base a dicha partícula, lo que se verificaría efectivamente si el fluido contenido en el depósito estuviera estancado".[26] De hecho, la fórmula mv/f = constante, adoptada por Varignon era incorrecta, y con toda razón Lagrange proponía cambiarla por la otra, mv/ft = constante.

La catarata

En el segundo libro de sus célebres *Principia*, editados en Londres en 1686, Isaac Newton anota: "Está comprobado experimentalmente que la cantidad de agua que sale en un tiempo determinado por un orificio circular practicado en el fondo de un tanque es igual a la cantidad que, escurriendo libremente con la misma velocidad, pasaría en el mismo tiempo a través de otro orificio circular, cuyo diámetro esté en la razón de 21 a 25 con el diámetro del anterior. Por tanto el agua corriente, al cruzar el primer orificio, tiene una velocidad hacia abajo poco más o menos igual a la que adquiriría un cuerpo pesado al caer de una altura equivalente a la mitad de la del agua estancada en el tanque".[27] O sea, al parecer Newton, u otra persona, había medido el gasto por el orificio circular practicado en el fondo de un tanque bajo cierto tirante de agua, y luego había medido el diámetro de otro orificio por el cual pasaba el mismo gasto de agua, pero cayendo libremente desde la misma altura; evidentemente, con el objeto de comprobar la hipótesis de Torricelli de que la velocidad adquirida en las dos condiciones es la misma. Mas si eso hubiese sido cierto, los dos diámetros hubieran tenido que ser iguales, mientras que por lo contrario resultaron en proporción de 25 a 21. Por supuesto, el segundo experimento es sumamente difícil de ejecutar con precisión; pero no hay motivo para dudar de la afirmación de Newton: de alguna manera lo habrá realizado. Ahora, si los diámetros de los dos orificios están en la razón 25:21, las secciones están

[26] Lagrange, *Méc. An.*, vol. II, 245, 246.
[27] Newton, 339.

PHILOSOPHIÆ *NATURALIS* PRINCIPIA MATHEMATICA.

AUCTORE

ISAACO NEWTONO,

EQUITE AURATO.

EDITIO ULTIMA

Cui accedit ANALYSIS *per Quantitatum* SERIES, FLUXIONES *ac* DIFFERENTIAS *cum enumeratione* LINEARUM TERTII ORDINIS.

AMSTÆLODAMI,

SUMPTIBUS SOCIETATIS.

M. D. CCXXIII.

en la razón $25^2:21^2 = 1.41 = \sqrt{2}$. Siendo los gastos iguales, las velocidades al cruzar los orificios estarían luego en la razón $1:\sqrt{2}$. Por tanto, para obtener la segunda velocidad en el orificio del tanque simplemente subiendo el nivel de agua en éste, se hubiera necesitado duplicar el tirante; que es exactamente lo que Newton afirma al decir que la misma velocidad que resulta en el desagüe del tanque se obtendría con una caída libre de altura equivalente a la mitad de la carga en el tanque mismo.

Buen matemático, Newton quiso naturalmente comprobar el resultado, como decía Varignon, "con una demostración exacta y geométrica". En la demostración, Newton se proponía comparar las cantidades de movimiento del agua al salir del tanque y al caer en el vacío (en ese entonces ya nadie tenía escrúpulo al imaginar la existencia de espacios totalmente vacíos), pero cometió un error. No he podido consultar la primera edición de los *Principia;* mas parece que, mientras la velocidad acelerada de salida del chorro de desagüe la transformó en uniforme asociándola, por el primer teorema de Galileo, con un recorrido doble del tirante, no hizo lo mismo para la velocidad, igualmente acelerada, del chorro en caída libre;[28] y así es natural que le volviera a salir la razón $1:\sqrt{2}$. Que más tarde se haya dado cuenta de la equivocación, resulta del hecho de que en la segunda edición, de 1713, la demostración fue suprimida. Además, allí Newton aceptó como válida la hipótesis de Torricelli, materializándola con la introducción de la que llamó "catarata".

"Catarata" sería una columna de agua en caída libre, cuya forma el mismo Torricelli había determinado al considerar la variación de los diámetros de sus secciones horizontales con la profundidad, en el chorro de desagüe *CDPO* (figura 29). Ahora bien, a Newton se le ocurrió imaginar a la catarata prolongada por arriba del orificio, dentro del agua contenida en el tanque. Siendo que, como había demostrado Torricelli, los diámetros de sus secciones horizontales varían en razón inversa de la raíz cuarta de sus profundidades con respecto a la superficie libre, en correspondencia a esta superficie, siendo la profundidad cero, el diámetro resultaría infinitamente grande. Esto origina una dificultad que Newton intentó salvar con el artificio del hielo.

Sea —decía Newton— *ACDB* un tanque cilíndrico (figura 31) en cuyo fondo horizontal *CD* esté un orificio circular *EF*. Sea *G* el centro del orificio, *GH* el eje del tanque. Supóngase el tanque lleno de agua hasta *AB*, y que encima tenga un cilindro *APQB* de hielo, con los mismos diámetro y eje, que baje continuamente por su propio peso con movimiento uniforme, disolviéndose el hielo en agua en cuanto esté en contacto con la

[28] Zendrini, 27.

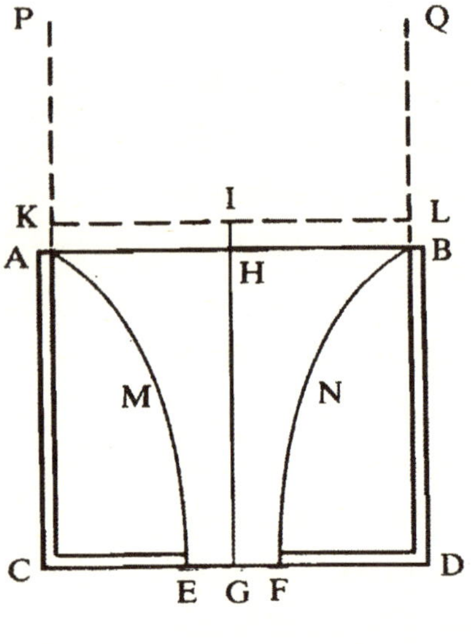

Figura 31

superficie *AB*. En *AB* no se tendrá por tanto una velocidad nula, sino la velocidad de descenso del cilindro de hielo, misma que se supondrá tal que el diámetro de la catarata *ABNFEM* sea allí precisamente igual al ancho *AB*. Por debajo, la catarata se irá cerrando, hasta alcanzar en el fondo el ancho *EF* del orificio, y esto lo hará, como sabemos, reduciendo sus diámetros en proporción inversa de las raíces cuartas de sus profundidades con respecto al nivel *KL* del plano virtual donde la velocidad de bajada sería nula y el diámetro infinito.[29] Un detalle que Newton no señala, pero que conviene destacar, es que, al fijarse el ancho de la catarata en la superficie y en el fondo, queda implícitamente definida también la altura *AC*.

Newton cree que se produce una bajada del agua en el tanque, y que su movimiento, si bien no es precisamente el de la catarata, en algo se le parece. "Imagínese —dice— que toda la cavidad del tanque que rodea al agua *ABNFEM* que cae (o sea la región *AMEC, BNFD*) esté llena de hielo, de tal modo que el agua pueda avanzar a través del hielo como por un embudo. Entonces, ya sea que el agua pase muy cerca del hielo sin tocarlo, ya sea que, por la perfecta lisura de la superficie helada, el agua, aun tocándola, deslice sobre ella con toda libertad y sin encontrar la mínima resistencia, de todos modos el agua pasará a través del orificio *EF* con la misma velocidad de antes, y el peso total de la columna *ABNFEM* podrá como antes, considerarse causa de la expulsión del agua... Supongamos ahora que el hielo contenido en el tanque se disuelva en agua: la descarga, en cuanto a velocidad, quedará la misma que antes. No será menor, porque el hielo ahora disuelto se esforzará en bajar; y tampoco será mayor, porque el hielo trasformado en agua no puede descender sin impedir la bajada de una cantidad igual de agua".[30] Esta última frase pone en claro la renuencia de Newton a suponer una ley de variación de las velocidades de bajada diferente de la de la catarata; efectivamente, hielo derretido y agua podrían muy bien bajar juntos, con tal de que aumenten convenientemente su velocidad de descenso.

Si, por ejemplo, Newton hubiese visualizado el movimiento del agua contenida en el tanque, echando algo de colorante sobre la superficie del agua, y hubiese seguido el recorrido de éste, se habría percatado de que su llegada a la salida es extremadamente lenta, y en nada comparable con la velocidad del chorro. Una caída real de las partícu-

[29] Newton, 337.
[30] *Id.*, 338.

las fluidas desde la superficie hasta el orificio no se produce. Torricelli había evitado esta consideración, con un planteamiento energético de gran porvenir: el chorro posee, al salir, el mismo ímpetu (o sea la misma energía) que tendría un cuerpo pesado luego de caer de una altura igual al tirante de agua en el tanque. Es decir, que cerca del orificio se produce una transformación brusca de energía: la energía de posición del agua quieta se transforma en el chorro en energía cinética; pero el chorro, al concluir su subida y perder así su velocidad, puede recuperar energía de posición y alcanzar el nivel original del agua quieta. Newton evidentemente no aprovechó la idea, y prefirió interpretar el movimiento del chorro como prosecución de uno existente dentro del tanque.

No hay que creer que Newton fue el único en suponer una caída efectiva del agua desde la superficie hasta el orificio. También así pensaba su contemporáneo Doménico Guglielmini: para interpretar la observación del colega francés Edme Mariotte de que, al destaparse el orificio de repente, las primeras gotas salen con una velocidad muy inferior a la que adquirirá luego el chorro una vez conformado, consideraba que el chorro alcanza su régimen normal sólo en el momento en que el agua que inicialmente estaba en la superficie llega al fondo.[31] Además, la autoridad de Newton era tanta que muchos siguieron creyendo en la existencia real de esa catarata que para él había sido sólo una hipótesis de trabajo. Así, como veremos más adelante, hacía Jurin en 1722. Todavía allá por 1755 Antonio Lorgna, apreciado hidráulico italiano, coronel del cuerpo militar de ingenieros y miembro de las Academias de Berlín y San Petersburgo, pretendía, con gran escándalo de Venturi, que la contracción que el chorro sufre a poca distancia del orificio no sea otra cosa sino la continuación de la catarata newtoniana.[32]

Tal vez define bien el punto de vista de estos partidarios de la catarata el comentario escrito en 1741 por Bernardino Zendrini, matemático de la serenísima república de Venecia: "Siendo que no veo que dicha catarata implique en su naturaleza ningún absurdo, y que más bien por el contrario observo que suponiéndola se explican muchos fenómenos que se producen en la bajada del agua en depósitos abiertos por un orificio; y que el ojo y la razón la hacen también, por así decir, palpar con la mano [aun no reconociéndola efectivamente dentro del depósito] al observarla en su salida en el estrecharse manifiesto de la vena de agua al descender, ... no puedo entender cómo no se pueda o deba aceptar que la vena misma continúe también dentro del depósito así como aparece afuera, formando el embudo, o sea la catarata en disputa".[33]

[31] Guglielmini, *Fiumi*, 31, 32.

[32] Venturi, 71.

[33] Zendrini, 33.

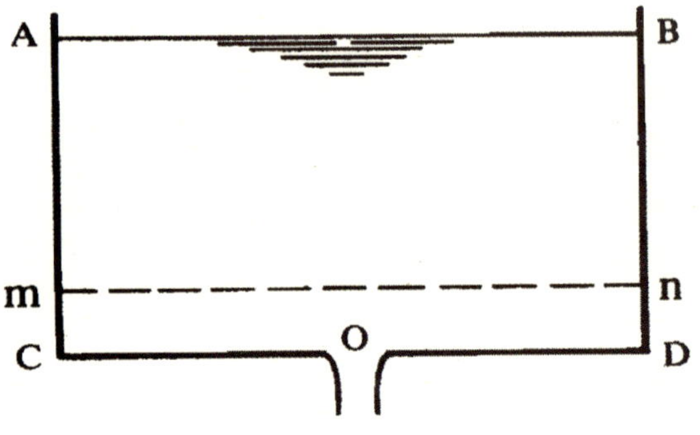

Tampoco faltaron oposiciones francas a la catarata. El médico Pietro Antonio Michelotti, en su libro *De separatione fluidorum in corpore animali* (*De la separación de los fluidos en el cuerpo animal*), insistía en que no hay ninguna necesidad de acudir a una explicación tan complicada cuando bastaría con pensar en un efecto de pistón. Considérese, decía él, el depósito *ABCD*, con orificio en *O*, que descargue con la velocidad inducida por el tirante de agua *AC* (figura 32). Supóngase luego que el volumen de agua *ABnm* se reemplace por un sólido que tenga la misma densidad del agua, dejando de ésta tan sólo la capita muy delgada *mnDC*; y que el sólido mencionado esté en condiciones de bajar deslizándose, sin experimentar fricción con la pared. ¿No seguiría el orificio descargando el mismo gasto que antes?[34]

Figura 32

Pero la objeción más demoledora en contra de la catarata la propuso en 1716 una mente aguda, el principal matemático del momento: Johann Bernoulli. Su argumento era el siguiente: aceptemos con Newton que dentro de la catarata toda pequeña tajada horizontal de agua baje por su propio peso. Entonces, las tajadas que al bajar quedan en contacto mutuo no tienen que ejercer ninguna fuerza la una sobre la otra, y por consiguiente en todo el interior de la catarata no habrá ninguna presión interna. Supongamos ahora que la pared de la catarata, *AME-BNF* (figura 31), sea rígida; si la perforamos y le conectamos por el lado exterior un tubo vertical (piezómetro), nada del agua de la catarata podría entrar en él, debido justamente a la mencionada ausencia de presión. Pero externamente a la pared hay agua estancada, que ejerce una presión estática proporcional a su desnivel con respecto a la superficie libre. La pared ficticia representaría pues la frontera que separa una zona sin presión de otra que sí la tiene; por tanto, el agua exterior, empujada por ella, debería precipitarse al interior de la catarata y mezclarse con el agua que en ella escurre. La catarata no podría así conservar su forma ni un instante.[35]

La contracción del chorro

Newton había hallado que el gasto evacuado por un orificio bajo cierta altura de agua es igual al que pasaría por un orificio de diámetro 21/25 del anterior si se tratara de agua

[34] *Id.*, 33, 34.

[35] Bernoulli, 441, 442.

que cae libremente de la misma altura. Su primera suposición había sido que la hipótesis de Torricelli era falsa, pero luego se dio cuenta de que no lo era. ¿De dónde, pues, provenía esa diferencia de diámetros? Intrigado, Newton se puso a observar más detenidamente el chorro, y vio que éste no conserva el ancho del orificio del cual proviene, sino que la poca distancia sufre una contracción, cuyo diámetro estimó que estaba al del orificio en la razón de 5:6 o de 5½:6½, aproximadamente (figura 33). ¿Podría ese hecho ofrecer la explicación buscada, en el sentido de que en la contracción estuviese el "diámetro verdadero" del chorro? Para explicarnos mejor, podría ser —y esto pensó Newton— que el agua cerca de las orillas del orificio salga en dirección oblicua, convergiendo hacia el eje de la vena fluida. En tales condiciones, el gasto a través del orificio resultaría menor que si el escurrimiento fuese paralelo al eje, como en la sección contraída, en la cual el diámetro mínimo asegura una velocidad media máxima que podría ser la verdadera velocidad de desagüe.

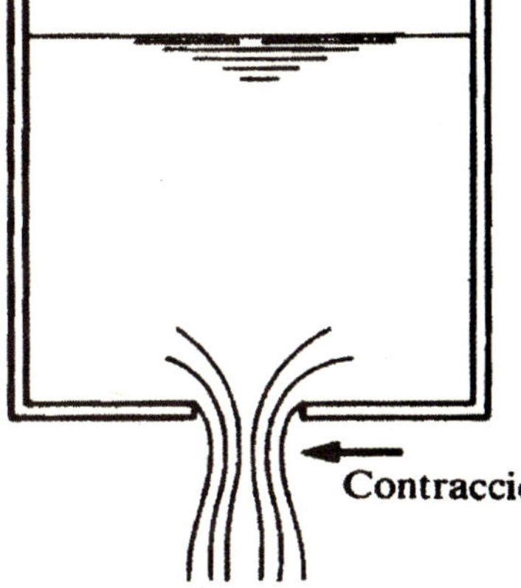

Figura 33

Pero había otra posibilidad: como la sección contraída se encuentra ligeramente por debajo del orificio, para que ésta aparezca el agua tiene que descender un poco; a este descenso puede asociarse una aceleración, la que a su vez podría ser la causa de la contracción. "Conseguí —explica entonces Newton— una placa delgada en la que se había hecho un agujero circular en el centro, siendo su diámetro 5/8 de pulgada. Y para que la corriente de agua no se acelerase al caer y se angostase por la aceleración, fijé la placa no en el fondo, sino a un lado del tanque, forzando así al agua a salir en dirección horizontal. Luego, cuando el depósito estuvo lleno de agua, abrí el orificio para dejarla salir; y el diámetro del chorro, medido con gran esmero a la distancia de media pulgada, aproximadamente, del agujero, era 21/40 de pulgada. Por tanto, el diámetro del orificio era al diámetro del chorro, con buena aproximación, como 25:21".[36] He aquí que aparece de nuevo la razón de antes, aunque ahora sea de excluir todo efecto de aceleración; se puede pues concluir, y así lo hizo Newton, que, para que la hipótesis de Torricelli se cumpla, hay que tomar como diámetro real del chorro no el del orificio, sino el de la vena contraída.

La velocidad del agua al dejar el orificio es el espacio que ella recorre perpendicularmente al orificio mismo en un segundo; el gasto es el volumen que sale en un

[36] Newton, 338, 339.

segundo, es decir, el de un cilindrito que tiene por base el orificio y por altura el espacio recorrido en un segundo; así, el gasto debería ser el producto de la velocidad por el área del orificio, siempre que éste fuese cruzado por el agua en dirección normal. Como esto no sucede en el orificio mismo, sino en la sección contraída, será el área de esta última la que habrá que utilizar. Por tanto, se puede asumir como regla para determinar el gasto descargado la siguiente: calcular la velocidad que adquirirá un grave cayendo desde una altura igual a la del agua quieta sobre el orificio; luego, multiplicarla por el área del orificio y finalmente multiplicar el producto así obtenido por el "coeficiente de contracción" $21^2:25^2 = 0.706$, que permite pasar del área del orificio a la de la sección contraída. Este coeficiente, cuyo valor numérico ha sido perfeccionado, como veremos, efectuando mediciones más precisas, ha quedado hasta el día de hoy como una de las "constantes" importantes de la hidráulica práctica.

El laboratorio de marqués

Si tienen la feliz oportunidad de visitar la ciudad de Padua, luego de haber visto el Santo (o sea, la basílica de San Antonio), los frescos de Giotto, al Bo' (la antigua universidad) y el "Palazzo della Ragione", no dejen de visitar también el "Prato della Valle". Se trata de una amplísima plaza cuya forma se acerca a la de un cuarto de círculo, en cuya esquina sur están la iglesia y el monasterio benedictino de Santa Justina, en el cual se alojaba, allá por 1604, el padre Castelli cuando asistía a las lecciones y frecuentaba la casa de Galileo. En el centro de la plaza, en otros tiempos utilizada como hipódromo, se halla un pequeño parque rodeado por un canal de forma elíptica y cruzado por dos umbrosas avenidas. A lo largo de todo el canal están dispuestas setenta y ocho estatuas, principalmente de maestros ilustres y de alumnos, a veces más ilustres todavía, que frecuentaron el Estudio. Allí encontrarán a Galileo y Guglielmini. Una de las estatuas, precisamente la número 52, es una copia; y esto, porque el original, obra del gran escultor Antonio Canova, demasiado valioso para dejarlo a la intemperie, se halla custodiado en el museo de la ciudad.

El personaje que la escultura representa como una especie de Júpiter, la mano derecha apoyada en un báculo de forma curiosa, que bien podría ser un instrumento de medición, y sosteniendo con la izquierda un gran cartapacio, es el marqués Giovanni Poleni, matemático, astrónomo, meteorólogo, ingeniero, arquitecto e hidráulico veneciano. Nacido en 1683, Poleni fue desde los 25 años profesor en la universidad de Padua. En 1731 ganó un premio en un concurso acerca del comportamiento de la aguja magnética, convocado por la Academia Real de Ciencias de París; y otro dos años después, proponiendo un método para medir la velocidad de un navío con base en la resistencia del agua. Analizó la estabilidad de la cúpula de la basílica de San Pedro en Roma, que se estaba agrietando: construyó un modelo de ella para estudiar su ruptura y diseñó los cercos de hierro forjado que luego se le colocaron para asegurarla. Descubrió que una baja en la presión atmosférica se asocia con un empeoramiento del estado del tiempo; lo cual, como sabemos, Torricelli había vislumbrado, pero no había podido detectar con su barómetro. Construyó, después de Pascal y Leibniz pero sin conocer las características de lo hecho por ellos, una máquina calculadora, automatizada por medio de un peso que al bajar accionaba sus mecanismos.

Poleni alcanzó su mayor renombre "secundando mi genio de experimentador", como él decía. Diseñaba y construía él mismo (porque consideraba esencial la habilidad manual en quien se dedique a tales faenas) aparatos medidores de suma precisión. Nos quedan algunos, montados en preciosos armazones de exquisito estilo rococó. Tal vez el mayor mérito de Poleni está en la experimentación hidráulica, en la cual fue el primero que realizó ensayos verdaderamente sistemáticos. Sus logros en este campo se debieron a su paciencia y esmero enormes, atestiguados por las claras y minuciosas descripciones que dejó acerca de la preparación del equipo y la ejecución de las pruebas.

Perfectamente informado de todo lo realizado hasta la fecha, Poleni se dispone a analizar aspectos nuevos: "habiendo resuelto dedicar mi estudio y pensamiento en mis horas de ocio a alguna parte de la misma doctrina en que no hubiese todavía metido mano ningún otro, ni logrado explicarla". Estas palabras aparecen al principio del tratado, de 1718, *De castellis per quae derivantur fluviorum aquae habentibus latera convergentia* (*De las estructuras de lados convergentes por las cuales se derivan las aguas de los ríos*), cuya parte más interesante se refiere a la medición de gastos por medio de orificios.

Su instalación experimental consistía en dos tanques sobrepuestos, *A* y *B*, y un depósito inferior, *C* (figura 34). El tanque *A* poseía un orificio de descarga inferior, cuyo gasto podía regularse introduciendo más o menos en él la válvula de aguja *P*. Así el agua caía en el recipiente intermedio *B*, donde se habían colocado manojos de varitas para tranquilizarla. El recipiente estaba provisto de una ventana *V*, que actuaba como evacuador de demasías, descargando hacia afuera el agua que sobrepasara el nivel *MN* de su base. De tal manera, se conservaba una carga constante sobre la boca *O* abierta lateralmente. Esta boca podía actuar como orificio en pared delgada (1), o bien guiando el desagüe con una boquilla tronco-cónica (2), o con la misma boquilla aumentada por un tubo cilíndrico (3). El ensayo se realizaba, en cada caso, destapando la boca *O* y echando a andar al mismo tiempo un reloj de péndulo que se paraba en el instante en que el depósito e quedaba totalmente lleno. Naturalmente, durante todo el ensayo había que controlar que el agua en el recipiente *B* se mantuviese en el nivel *MN*; o sea, que dicho recipiente trabajara todo el tiempo como "tanque de carga constante".

En el caso del orificio en pared delgada, Poleni, trabajando con tres cargas diferentes, mejora la determinación del coeficiente de contracción obtenida por Newton; en vez de la proporción de diámetro 21:25, o sea 42:50, que daba el coeficiente 0.706, el marqués obtiene 41:52, resultando para el coeficiente el valor 0.62. Como todo buen experimentador, Poleni aprecia el margen de error posible en las mediciones efectuadas: menos de 1/3 de línea en las medidas mayores y menos de 1/5 en las menores.[37] Considerando que la línea a que se refiere es 1/12 de pulgada parisiense, o sea 2.26 mm, vemos que Poleni estaba en condiciones de estimar fracciones de milímetro en medidas, como la del diámetro de la sección contraída, nada fáciles de realizar. En

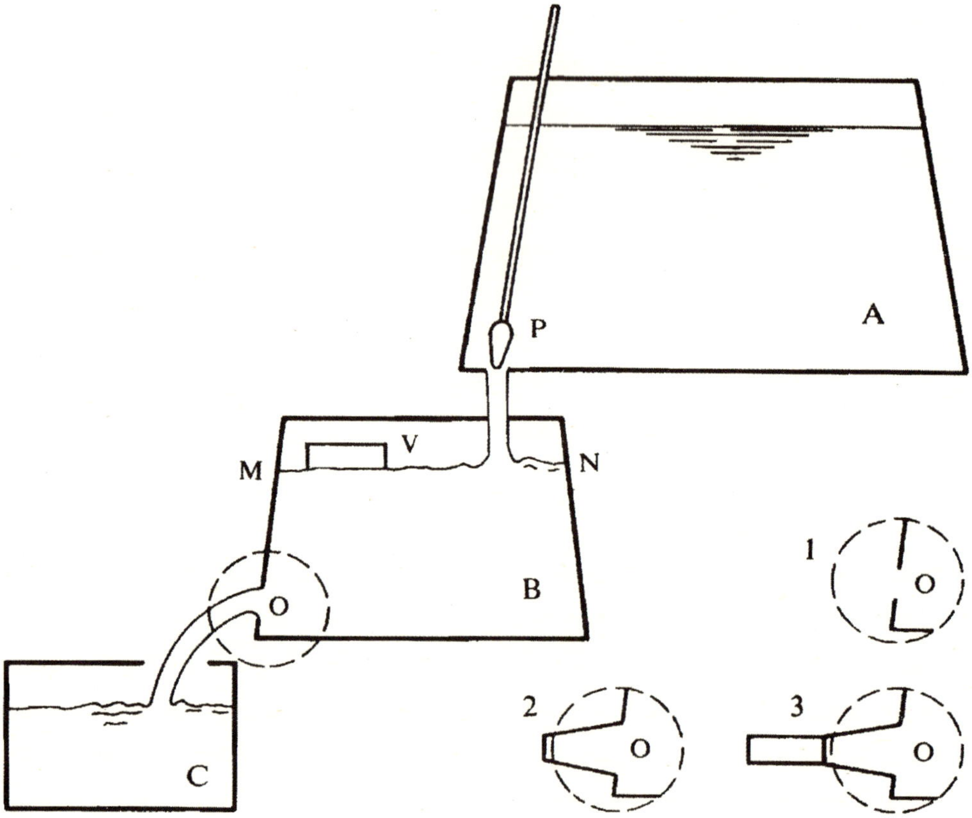

Figura 34

[37] Poleni, De Castellis, § 77.

efecto, el valor de 0.62 que dio para el coeficiente de contracción es prácticamente el que se acepta hoy en día. Es importante observar que Poleni no dejó de examinar, también con cuidado, los efectos sobre la contracción producidos por el espesor de la pared donde el orificio está cortado, así como el de un eventual biselado hacia adentro o bien hacia afuera.

El diámetro del orificio utilizado en el ensayo anterior era de 26 líneas; asimismo, las boquillas empleadas en la segunda serie de pruebas terminaban con ese diámetro; eran cuatro, con entradas de 33, 42, 60 y 118 líneas, siendo la longitud de todas ellas 92 líneas. La carga de agua también era siempre la misma: 256 líneas. En cada caso, se determinaban el gasto y la contracción del chorro: al aumentar el diámetro de entrada de la boquilla, y por tanto la convergencia de ésta, iba creciendo la contracción y reduciéndose el gasto. Finalmente, utilizando como prolongación de la boquilla un tubo adicional cilíndrico de 26 líneas de diámetro y 91 de longitud, se consiguió un incremento como de un 30 por ciento con respecto al gasto descargado por el orificio simple, sin que cambiaran las velocidades de salida. De esto Poleni deducía que el tubo adicional reduce la contracción del chorro; "además tiene mucho de asombroso el hecho de que esa vena de agua, que salida de un orificio simple se contraería, si encuentra un caño aplicado a dicho orificio... se hincha hasta llenarlo, como si fuese atraída por sus paredes".[38] Para entender mejor el fenómeno, el marqués adaptó a un orificio de forma cuadrada un canal de igual sección pero abierto por arriba, a fin de poder ver qué sucedía realmente con la vena. Vio que ésta se contraía efectivamente al salir del orificio; sin embargo, un poco más adelante volvía a expandirse hasta pegarse a las paredes del canal, al mismo tiempo que elevaba su nivel.[39]

Un año antes de que apareciera el *De castellis*, o sea en 1717, Poleni había publicado otro tratado, bajo el título *De motu aquae mixto* (*Del movimiento mixto del agua*). Poleni consideraba "movimiento simple" el de un chorro libre, o sea, aquel donde el nivel del agua al pie del chorro es más bajo que el del orificio del cual el chorro proviene; "movimiento mixto" era más bien aquel donde el chorro resulta parcial o totalmente ahogado. El tratado, como decía su subtítulo, contenía muchas novedades referentes al estudio de estuarios, puertos y ríos; y el objeto de analizar el movimiento mixto era que el autor creía que toda corriente de torrente o río puede considerarse constituida por una sucesión continua de caídas ahogadas; y esperaba, de un estudio cabal de tales caídas, deducir leyes acerca de las características del escurrimiento fluvial y la evolución de los cauces.

[38] *Id.*, §75.
[39] *Id.*, § 61.

IOANNIS POLENI

In Gymnasio Patavino Phil. Ord. Prof.; et Scient. Societatum Regalium, quæ Londini et Berolini sunt, Sodalis

DE CASTELLIS

PER QVAE DERIVANTVR

FLVVIORVM AQVAE

HABENTIBVS LATERA CONVERGENTIA

LIBER.

Quo etiam continentur nova Experimenta ad Aquas Fluentes, & ad Percussionis Vires pertinentia.

PATAVII. CIƆIƆCCXVIII.
Typis Iosephi Comini.
Superiorum Permissu.

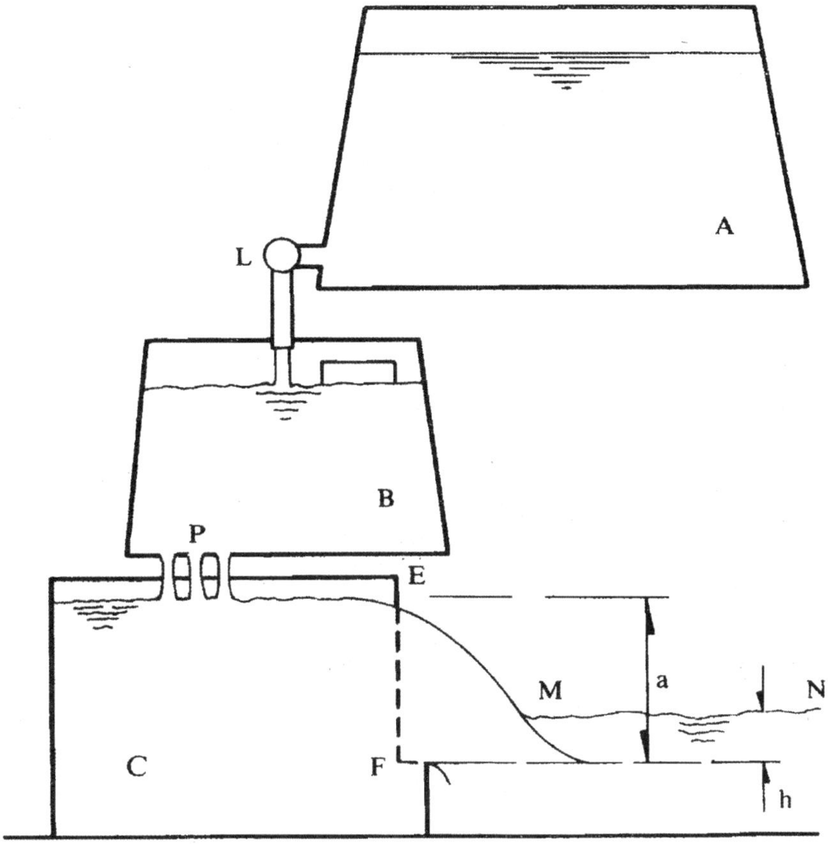

Figura 35

El dispositivo experimental utilizado era prácticamente el mismo ya esquematizado en la figura 34, pero con las variantes que se ven en la figura 35.

El desagüe del tanque *A* en *B* se realizaba a través de un caño, controlando el gasto por medio de la llave *L*. El tanque *B* descargaba en *C* a través de 16 perforaciones *P* de unas 8 líneas de diámetro. En el tanque C se había abierto una fisura rectangular vertical *EF*, a través de la cual el agua se vertía en un estanque donde el nivel *MN* de la superficie podía controlarse. Poleni realizó 36 experimentos sistemáticos, modificando en cada caso, como es debido, una de las variables y dejando fijas las demás. El gasto lo varió tapando y destapando perforaciones P: trabajó con 3, 6, 9, 12 y 15 de ellas abiertas; el ancho de la fisura vertedora podía modificarse, disponiendo de varios tanques *C* con diferentes aberturas, con anchos desde 15.5 hasta 88 líneas; la profundidad de sumersión de la base de la fisura se cambiaba, variando el nivel *MN* entre 55 y 108 líneas. También se estudió el "movimiento simple" manteniendo el nivel *MN* por debajo de la fisura.

Por otro lado, Poleni determinó fórmulas teóricas con las cuales comparar los resultados de sus mediciones. En el caso del chorro libre, considerando que su velocidad v

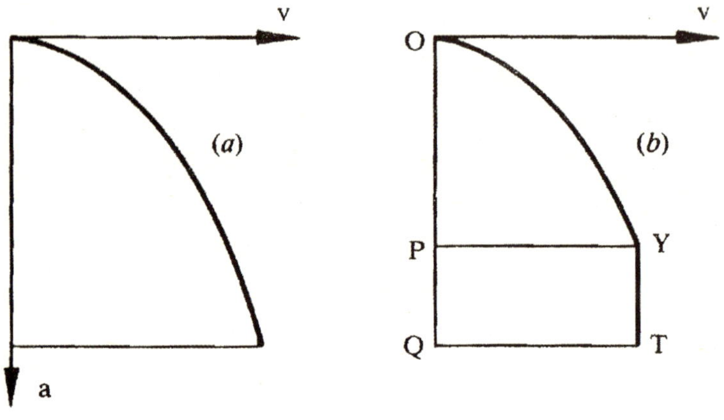

Figura 36

varía, como en el caso del orificio, con la raíz cuadrada de la carga a sobre la base de la fisura ($v = \sqrt{pa}$, siendo p una constante, figura 36*a*), obtuvo que, si q representa el gasto por unidad de ancho de la fisura misma (gasto unitario), resulta

$$dq = \sqrt{pa}\ da$$

e integrando,

$$q = \frac{2}{3} a\sqrt{pa} \qquad (1)$$

relación que todavía se conoce como "fórmula de Poleni". En el caso de descarga ahogada, si PQ (figura 36*b*) es la altura del agua muerta retenida en el estanque, OP la del agua viva (o sea de la parte libre del chorro), Poleni considera que en OP la velocidad está dada por la misma parábola de la figura 36*a*, mientras que en PQ la velocidad debería mantenerse constante", siendo perfectamente creíble que el agua que escurre por toda la porción PQ reciba de toda el agua viva la misma presión que recibe el agua que escurre por el punto más bajo P de la vertical OP".[40] En fórmula, habría que remplazar la 1 por

$$q = \left(\frac{2}{3} a + h\right)\sqrt{pa} \qquad (2)$$

siendo h la profundidad de sumersión (figura 35). De hecho, esta suposición luego no resultó comprobada por el experimento, que dio en PQ una velocidad menor que la esperada; entonces, Poleni buscó una fórmula empírica para determinarla.

Un buen experimentador nunca acepta ciegamente los resultados de sus ensayos. Poleni advierte que es posible que de pruebas realizadas en circunstancias aparentemente idénticas resulten pequeñas diferencias. A veces la causa se escapa a todo control: "puede ocurrir —escribe— que a veces la cantidad de agua resulte mayor de lo debido y otras veces menor, aunque se procure no cambiar en lo más mínimo

[40] Poleni, Motu, § 57.

la manera de realizar el experimento; y tampoco se tiene que dejar de considerar no sólo la variedad de las posibles ubicaciones de los tanques portátiles, sino también la dificultad de determinar con toda precisión los tirantes".[41] Otra posibilidad es que no se logre tranquilizar completamente el agua que entra al tanque: "puede ser que cierta experiencia se efectúe con un arreglo tal que el agua se precipite con gran ímpetu en ese tanque del cual debe luego salir. Este ímpetu puede con su fuerza inducir al agua a escurrir con mayor velocidad, siendo el ímpetu, y por tanto la aceleración, tanto mayor cuanto más grande es la cantidad de agua".[42] Finalmente, no hay que olvidar la viscosidad del fluido y su adhesión a las paredes: "hay que tomar en cuenta también cierto efecto de coherencia [que puede llamarse frotamiento o fricción] de las partículas del agua con los labios de las aperturas por las cuales ésta fluye; porque algunas partículas al salir se retrasan en los intersticios entre los bordes inmóviles que ellas van rodeando; y como a tales partículas se les pegan de cierto modo otras, también el movimiento del agua resulta por algún tiempo impedido y trastornado".[43]

Poleni se había propuesto descubrir nuevos aspectos de los fenómenos hidráulicos, y lo consiguió. "Todas estas cosas —concluye con cierta satisfacción— estaban fuera, o casi fuera de toda creencia; porque no habiendo sido esto nunca dicho por nadie de aquellos cuyos escritos yo vi, no habiendo sido señalado por ninguno de ellos, no pareciendo que nadie entre ellos lo supusiera ni tampoco lo sospechara, yo nunca hubiera imaginado que ellas estuviesen así como están".[38]

El enigma de la columna doble

La proposición 36 del segundo libro de los *Principia* newtonianos plantea el siguiente problema: hallar el movimiento del agua que sale de un tanque cilíndrico por un orificio practicado en el fondo; y es justamente el análisis de esta cuestión lo que llevó a Newton a introducir la hipótesis de la catarata. A esta proposición sigue una serie de diez corolarios, el segundo de los cuales reza así: *la fuerza con la cual puede producirse todo el movimiento del agua saliente es igual al peso de una columna cilíndrica de agua cuya base sea el orificio EF y cuya altura sea 2GI* (figura 31). A lo cual sigue la escueta explicación: "porque el agua descargada, en el tiempo que se hace igual a dicha columna, al caer por su propio peso por la altura GI puede adquirir una velocidad igual a aquella

[41] *Id.*, § 96.
[42] *Id.*, § 94.
[43] *Id.*, § 92.

con que está saliendo".[44] Evidentemente Sir Isaac, apoyándose en el primer teorema de Galileo, aceptaba que, en el tiempo requerido por un grave que cae libremente para recorrer la altura del agua en el tanque, el chorro que sale del orificio sin acelerarse adquiere una longitud que es dos veces dicha altura, formando así la doble columna cilíndrica mencionada; y, por otro lado, consideraba que la fuerza aplicada es igual al cambio de cantidad de movimiento producido por ella (segundo axioma de los *Principia),* cambio que, al destaparse el orificio, resulta ser igual al producto de la velocidad de salida por la masa de la doble columna.

Sin embargo, quienes leían el segundo corolario quedaban perplejos: ¿de dónde podía provenir tanta fuerza si sobre el orificio sólo gravita una columna de altura *GI*? Además, las mediciones producían resultados en desacuerdo con el corolario mencionado. Guglielmini, ensayando con un tirante de 3.9 pies sobre el orificio cuadrado de un cuarto de onza de lado (siendo la onza la doceava parte del pie), halló que el agua salida en un minuto, conformada en un prisma con el orificio como base, alcanzaría 427.7 pies de altura (lo que nosotros expresaríamos diciendo que la velocidad de salida era 427.7 pies por minuto); mientras que la velocidad calculada según el principio de Torricelli resultaba de 815.3 pies por minuto. Esto se interpretaba en el sentido de que, si esta velocidad teórica se debe a la presencia de una fuerza igual al peso de una columna doble, la velocidad real apuntaría más bien al de la columna simple.[45] Tampoco faltó quien interpretase mal lo escrito por Newton, afirmando que la velocidad con que el agua abandona el tanque es igual a la que adquiriría un grave al caer de una altura doble de la del tirante, y no de una igual a la del tirante como Torricelli había afirmado,[46] lo cual aumentó la confusión.

En defensa de Newton acudió Jacob Jurin, publicando en las *Transactions* de la Sociedad Real de Londres (1722) un trabajo donde demostraba que el volumen de la doble columna cilíndrica es exactamente igual al de la catarata. Con notación moderna, su demostración es esencialmente la que sigue. Sean a (figura 37) el radio del orificio *EF*, b el tirante de agua sobre él. El área de una sección *CD* cualquiera de la catarata es πx^2; la velocidad en ella, proporcional a $\sqrt{y}$. Por tanto, la condición de que el gasto se mantenga igual a través de todas las secciones implica que en la catarata sea

$$\pi^2 x^4 y = \text{const}$$

[44] Newton, 342.

[45] Guglielmini, *Misura*, 333.

[46] Zendrini, 33.

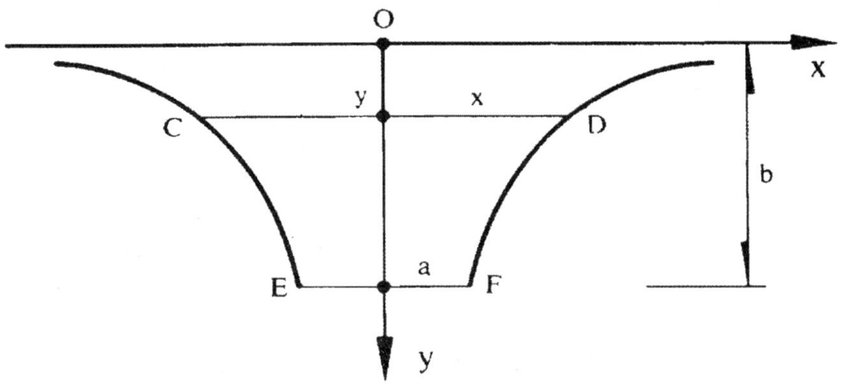

Figura 37

Diferenciando y dividiendo entre πx^2, queda

$$\pi x^2 dy = -4\pi xydx$$

por lo que el volumen de la catarata resulta

$$\int_b^0 \pi x^2\, dy = 4\pi \left[\frac{x^2}{2} y \right]_0^b = 2\pi a^2 b$$

que es el volumen de la doble columna. De aquí se concluía que el corolario newtoniano implica que la fuerza que produce el desagüe es el peso de toda la catarata.[47]

Jurin creía haber aclarado definitivamente el asunto; de hecho, lo había enredado más. Michelotti, quien desde antes había iniciado una discusión con él acerca de esa cuestión, no tardó en formular una serie de objeciones. Primero —decía— si lo que empuja al chorro es la catarata, al destaparse el orificio, aquél debería adquirir instantáneamente toda su velocidad, lo que no concuerda con la experiencia. Además, se ve que de un depósito ancho en el fondo y angosto arriba, en el cual no cabría toda la catarata, el agua sale igual que de uno cilíndrico; luego la catarata no es indispensable para producir el movimiento. Y continuaba con argumentos análogos.[48] Por cierto, vale la pena notar que el dibujo de Newton reproducido en la figura 31 hace olvidar que, en su parte superior, la catarata se expande hasta el infinito; así que de hecho ningún depósito podría contenerla en su totalidad.

Las opiniones de Michelotti no satisficieron al conde Jácopo Riccati, ese mismo que había integrado una célebre ecuación diferencial que todos los estudiantes de cálculo

[47] *Id.*, 35.
[48] *Id.*, 36-38.

conocen, de nombre por lo menos. ¿Para qué tanto escándalo con que si existe o no la catarata? —decía él. Si es útil para explicar el fenómeno, aceptémosla simplemente como modelo matemático. El argumento newtoniano se apoya en la hipótesis de que el chorro mantenga la misma velocidad que posee la catarata al salir del orificio; que se compruebe si este hecho se verifica o no en la naturaleza, y luego se discuta. De hecho, la única manera de medir la fuerza que expulsa al chorro es determinando la cantidad de movimiento engendrada por la caída del fluido desde la superficie hasta el orificio; y experiencias como la de Guglielmini arriba mencionada sugieren que el cilindro de agua que sale durante el tiempo que tarda dicha caída, si bien no tiene la altura de dos veces el tirante, por lo menos es seguramente más alto. Por tanto, según Riccati, habría que concluir que, además de la acción vertical de la presión del agua, debe de existir otra oblicua que de alguna manera se le suma.[49]

Se encontraba entonces en Venecia un hijo de Johann Bernoulli, de nombre Daniel, proveniente de Basilea, quien había aprendido de su belicoso padre que en cuestiones científicas el que está seguro de su propia opinión debe manifestarla sin temor de nadie, aunque éste sea el propio conde Riccati. Así que, a pesar de no tener más de 24 años, dicho joven se lanzó de cabeza en la lucha.

Daniel no era de esos que esperan a que las cosas se las cuenten los demás. El construyó su tanque, lo llenó de agua, colocó en ella partículas de cera de España, destapó el orificio y, observando la bajada de las partículas, vio —o creyó ver— que seguían trayectorias similares a las trazadas en la figura 38, sin asomo de catarata. "Me parece —escribió más tarde— que el movimiento interno del agua debe considerarse tal como sería si ella fuese arrastrada por tubos infinitamente pequeños colocados uno cerca del otro, de los cuales los centrales bajan casi directamente desde la superficie hacia el orificio, mientras que los demás se encorvan gradualmente cerca del orificio mismo, como muestra la figura; de donde aparece que las partículas individuales bajan con movimiento muy aproximadamente vertical hasta acercarse mucho a la base, para luego dirigir gradualmente su trayectoria hacia el orificio; de tal modo, las partículas próximas a la base escurren con movimiento casi horizontal".[50] Por tanto, no habrían en el depósito movimientos oblicuos, como parecía creer Riccati.

Figura 38

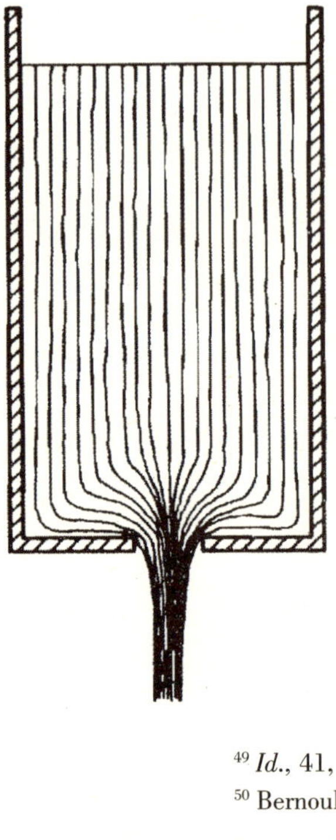

[49] *Id.*, 41, 42.
[50] Bernoulli, 72.

Además —argumenta Daniel— si se produjera un movimiento oblicuo, el gasto descargado tendería más bien a disminuir que a crecer. Por otro lado, supongamos primero que el depósito no tenga fondo, es decir, que el orificio tenga un diámetro igual al del recipiente: entonces cada partícula caería verticalmente sin afectar al movimiento de sus vecinas. Si por el contrario el orificio fuese sumamente pequeño, resultaría el efecto opuesto: cada gota tendría que comunicar a la que tiene debajo "toda la fuerza de gravedad", mientras que la inferior no le cedería nada a la superior. Si, finalmente, nos hallásemos en el caso intermedio de un orificio cuya sección sea mitad de la del recipiente, el agua bajaría en éste con la mitad de la velocidad con que sale del orificio; por tanto, al principio de su movimiento cada gota sólo emplearía la mitad de su gravedad natural, comunicando la otra mitad a la gota que tiene encima. Es decir, que el agua saldría con la velocidad que adquiriría cayendo no de la altura AB, sino de la altura $AB/2$; por tanto, esta velocidad sería a la del segundo caso como $(1/\sqrt{2}):1$. Concluía Daniel proponiendo calcular la fuerza que empuja al agua que sale del orificio por medio de la fórmula $\frac{m-n}{m}P$, donde P es el peso de la columna de agua que está sobre el orificio, n la sección de este último y m la del tanque,[51] fórmula verificada en los tres casos arriba mencionados.

La polémica continuó por algún tiempo. Sabemos que Riccati pidió a Daniel Bernoulli comprobar sus ideas con base en los experimentos de Guglielmini; lo que Daniel hizo, pero con resultados no decisivos.[52] Cómo la controversia entre los dos haya concluido por entonces, no lo sabemos. Lo más probable es que, como la mayor parte de semejantes disputas, no haya alcanzado ninguna conclusión; porque con el pasar del tiempo los fenómenos revelan nuevos aspectos y ciertos detalles pobremente entendidos se explican. Cada uno de los contendientes se da cuenta que ha incurrido en algún desacierto, mientras que el adversario un poco de razón tenía; y ambos resuelven que no vale la pena seguir discutiendo.

Daniel en San Petersburgo

Un día de mayo de 1717, la Real Academia de Ciencias de París se puso de gala: esperaba la visita de Pedro el Grande, zar de todas las Rusias. Llegó Pedro, elegante en su casaca bermeja con listones de oro, destacándose por su estatura descomunal y sus

[51] Zendrini, 45-47.
[52] *Id.*, 47.

bigotes y largo pelo rojos, entre académicos y cortesanos ataviados con las pelucas de moda en esa época. Se trataba de un soberano excepcional, interesado en ciencias y técnicas, diestro en las artes manuales; y con orgullo le mostraron sus telescopios, instrumentos de medida, colecciones raras. Franco, jovial y entusiasta, Pedro de todo entendía y de todo se informaba. Le presumieron de unos bellos mapas del territorio ruso; pero él descubrió cantidad de errores y prometió enviar, en cuanto lo concluyera, un mapa del Caspio, el mar del Volga. Habían decidido hacerlo miembro de la Academia; sin embargo, para un personaje como él, que con férrea voluntad estaba transformado su inmenso país, el más atrasado de Europa, en una gran potencia, se requería un título especial: así, lo proclamaron *académicien hors de tout rang*, académico fuera de toda categoría. Otro monarca hubiera archivado éste como un título más; Pedro lo tomó en serio y, de regreso en Rusia, encontró el tiempo para mantener correspondencia con sus nuevos colegas.[53]

La secreta ambición del zar era crear su propia Academia, como la tenían los reyes de Francia e Inglaterra y el elector de Sajonia. Un lujo en un país donde había muy pocas escuelas primarias; no obstante, así era él. En 1701, con la ayuda de un experto naval inglés, había fundado una Escuela de Ciencias, Matemáticas y Navegación, a la cual no faltaron aspirantes; pero casi todos resultaron analfabetos, y hubo que remediar esto creando escuelas de menor grado y enviando jóvenes a prepararse en el extranjero. En febrero de 1724, en San Petersburgo, la bella, flamante capital edificada en la desembocadura del Neva, nació la Academia de Ciencias. Había que traer de fuera a los académicos; debían ser científicos brillantes, pero jóvenes, dispuestos a residir en esas tierras del Báltico: ¿por qué no intentarlo con los Bernoulli de la nueva generación, Nikolaus y Daniel, de los cuales se decían maravillas?

Nikolaus, el primogénito de Johann, y Daniel, cinco años menor, habían pasado su infancia en Flandes, en Groninga, donde el padre, con el apoyo del amigo marqués de L'Hôpital, había encontrado trabajo como profesor. Tal vez éste había sido para él un romántico regreso a la tierra de la cual sus antepasados habían huido en 1576, cuando los españoles arrasaban la ciudad de Amberes. En 1705 los Bernoulli vuelven al alto Rin, a Basilea: el tío Jakob, ilustre matemático también y catedrático en la universidad, acababa de fallecer, y Johann había sido llamado para remplazarlo. El siguiente matemático de la familia será Nikolaus; pero nadie más. Sobran matemáticos en la familia, y por eso las finanzas domésticas están como están: Danielito será comerciante, decreta

[53] Voltaire, 535.

papá. Pero Danielito sólo tiene ojos para el hermano mayor, su héroe y campeón; y cuando éste, a los 16 años, ataviado con toga y birrete, recibe la borla de doctor, el pequeño le suplica que le enseñe geometría. Tal enseñanza se lleva a cabo en total secreto, cuando papá Johann se halla ausente.

Con la ciencia en la cabeza, Daniel resulta la negación de los negocios; además, quiere entrar en la universidad como Nikolaus. Se logra ablandar al progenitor, quien da su consentimiento siempre que la carrera elegida sea la de medicina, la más remunerativa. Así, Daniel estudia para ser médico y obtiene el título; pero, como sabemos, lo que realmente lo cautiva es la hidrodinámica, y en Venecia redacta unas *Ejercitaciones* al respecto. A pesar de su juventud, Daniel se vuelve rápidamente famoso; un día se presenta a un señor desconocido, diciéndole: "yo soy Daniel Bernoulli", a lo que el otro replica en son de burla: "y yo, Isaac Newton".[54]

Llega la invitación de Pedro el Grande, y en 1725 los dos hermanos viajan felices a San Petersburgo. El zar acaba de morir, pero la emperatriz Catalina sigue llevando adelante con firmeza sus proyectos. Los miembros de la nueva Academia se encuentran aislados: no entienden la lengua del país, donde por lo demás no hay quien se interese en sus lucubraciones; así que deciden seguir investigando y se entretienen presentando cada uno a sus colegas disertaciones sobre temas útiles y en lo posible novedosos. Naturalmente, Daniel elige los movimientos de los fluidos y las fuerzas que los provocan. El año siguiente es de gran tristeza: Nikolaus, el hermano y amigo incomparable, muere de fiebre lenta. Daniel, que ha seguido con creciente angustia la enfermedad, sin poder con todos sus conocimientos de medicina detener su progreso y desenlace fatal, queda desolado y terriblemente solo.

¿Qué hacer? ¿Dónde encontrar, tan lejos de su tierra, con quién compartir sus problemas científicos y humanos? Se acuerda de Leonhard Euler, inteligentísimo vástago de un pastor luterano que él había dejado estudiando con su padre, que ahora acababa de doctorarse; con grandes dotes para la investigación, asociadas a una memoria y una facilidad para la computación mental prodigiosas, prometía una carrera fuera de lo común. Decide proponerlo a la zarina para cubrir la plaza que Nikolaus ha dejado vacante. Catalina extiende la invitación, y en 1727 este joven de 20 años llega a San Petersburgo lleno de esperanzas. Euler es esencialmente y ante todo un matemático, pero también le interesa cualquier campo donde las matemáticas tengan aplicación; uno de ellos es la hidrodinámica, hacia la cual lo atrae Daniel con facilidad. En 1733

[54] Newman, 771.

DANIELIS BERNOULLI JOH. FIL.

MED. PROF. BASIL.

ACAD. SCIENT. IMPER. PETROPOLITANÆ, PRIUS MATHESEOS SUBLIMIORIS PROF. ORD. NUNC MEMBRI ET PROF. HONOR.

HYDRODYNAMICA,

SIVE

DE VIRIBUS ET MOTIBUS FLUIDORUM COMMENTARII.

OPUS ACADEMICUM

AB AUCTORE, DUM PETROPOLI AGERET, CONGESTUM.

ARGENTORATI,

Sumptibus JOHANNIS REINHOLDI DULSECKERI.

Anno M D CC XXXVIII.

Typis JOH. HENR. DECKERI, Typographi Basiliensis.

queda vacante en Basilea una cátedra de anatomía, para la que Johann propone al hijo médico; y Daniel regresa, dejando la suya de matemáticas a Euler, que quedará en San Petersburgo ocho años más, irá luego a Berlín, donde permanecerá 25 años, y finalmente regresará a San Petersburgo para que trascurran allí los últimos 17 años de su vida.

El propósito de Daniel al volver a Basilea no fue seguramente dedicarse a la medicina: efectivamente, apenas pudo trocó su cátedra de anatomía por otra de botánica, y luego esta última por una de "filosofía experimental y especulativa", o sea de física. En 1729, en San Petersburgo, había comenzado a escribir un tratado de mecánica de fluidos, de cuyo manuscrito dejó copia en esa Academia. Luego, en Basilea, se dedicó a revisarlo y completarlo, hasta que en 1738 la obra pudo publicarse en Estrasburgo, con el título *Hydrodynamica, sive de viribus et motibus fluidorum commentarii* (*Hidrodinámica, o sea, comentarios acerca de las fuerzas y de los movimientos de los fluidos*). "Por fin —escribía satisfecho en el prólogo— se publica nuestra *Hidrodinámica*, luego de haberse superado todos los obstáculos que detuvieron su impresión durante casi ocho años".[55] Efectivamente, Daniel podía sentirse orgulloso: con ese tratado, la mecánica de los fluidos nacía como ciencia.

El enigma se explica

En el capítulo 13 del libro, Daniel ataca teóricamente el problema del orificio.[56] Sus cálculos no son fáciles de seguir, porque él llama v a la energía cinética específica (por unidad de masa) y supone iguales a uno, tanto la densidad del fluido, que nosotros acostumbramos llamar e, como la aceleración de gravedad, que solemos denotar con $g = \gamma/\rho$ (si γ es el peso específico del fluido mismo). Vamos a reconstruirlos con notación moderna. Sea *ACDB* (figura 39) un tanque provisto de un tubo de descarga *EH* de sección unitaria y longitud m. Sea h la carga de agua sobre el orificio. La fuerza actuante sobre el fluido contenido en el tubo, por ser unitaria la sección de éste, es una presión, que indicaremos con p. La masa de agua contenida en el tubo es ρm; por tanto, si V es la velocidad con que sale, $\rho m V$ será su cantidad de movimiento. Igualando el impulso durante un tiempo infinitesimal, dt, a la correspondiente variación infinitesimal de cantidad de movimiento, resulta que

$$pdt = \rho d\,(mV) - \rho\,(mdV + Vdm) \qquad (1)$$

[55] Bernoulli, XX.
[56] *Id.*, 317-320.

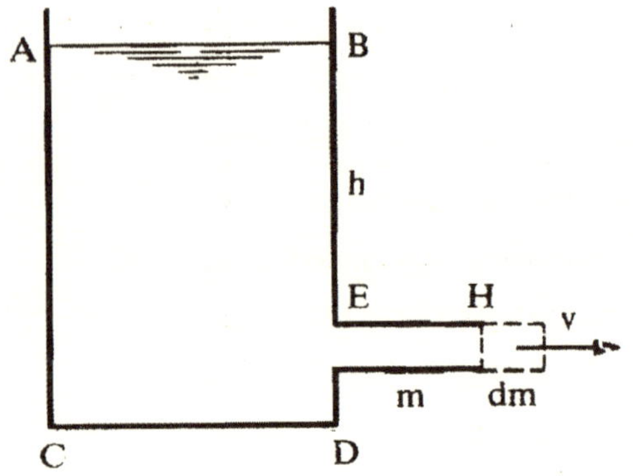

Figura 39

Aquí dm representa la longitud del cilindro infinitesimal de agua que abandona el tubo en el tiempo dt, por lo que resulta $dt = dm/V$; expresión que, remplazada en la ecuación 1, la trasforma en

$$\frac{p}{\rho} = mV\frac{dV}{dm} + V^2 \qquad (2)$$

Apliquemos ahora el teorema de las fuerzas vivas, expresando que la variación del trabajo realizado durante el tiempo dt en la expulsión del fluido es igual a la correspondiente variación de las fuerzas vivas en el tubo. La variación del trabajo es el peso γh de una columna de fluido de sección unitaria multiplicado por el desplazamiento elemental dm, y la fuerza viva en el tubo es $\rho m\, V^2/2$; por lo que resulta

$$\gamma hdm = \rho d\left(m\frac{V^2}{2}\right) = \rho\left(\frac{V^2}{2}dm + mVdV\right)$$

de donde se obtiene

$$mV\frac{dV}{dm} = gh - \frac{V^2}{2}$$

que, remplazada en la ecuación 2, da finalmente

$$\frac{p}{\rho} = gh + \frac{V^2}{2} \qquad (3)$$

De aquí Daniel obtiene las conclusiones siguientes:

a) El hecho de que el parámetro *m* haya desaparecido de la ecuación final 3 sugiere que la longitud del tubo "no contribuye en nada a la fuerza repelente sostenida por el recipiente". Sin embargo, dicha longitud afecta a los incrementos de velocidad, porque entre más largo sea el tubo, más lentamente se acelera el agua. Si el tubo fuese de longitud infinita, se requeriría un tiempo infinito para que el fluido adquiriese una velocidad apreciable.

b) La fórmula 3 es válida siempre que se suponga el paso de un "flujo libre" por el tubo. Si el escurrimiento se retrasa por obstáculos externos, como prolongar el tubo mismo o cerrar frecuentemente su orificio, también la fuerza repelente se reduce.

c) La fórmula 3 permite explicar el famoso corolario 2 de la proposición 36 de Newton.

Con referencia a este último punto, Daniel confiesa que a la idea de la doble columna "yo y algunos otros nos habíamos opuesto, mientras que otros la confirmaban. Pero ahora, luego de haber pensado en esta teoría del movimiento del agua, me parece que la disputa debe conciliarse como sigue: cuando el agua ha alcanzado un movimiento uniforme, lo que seguramente es la suposición de Newton, entonces esa fuerza se define correctamente por la altura 2*GI* (figura 31); pero al principio del escurrimiento, cuando la velocidad es todavía cero, la fuerza corresponde a la altura simple *GI*. A medida que la velocidad crece, la fuerza que induce al agua a salir crece simultáneamente, para alcanzar finalmente la magnitud asignada por Newton... También el célebre Riccati, con el cual tuve una discusión acerca de este argumento, cuando se le preguntó *de dónde podía provenir esa fuerza correspondiente al doble de la altura del agua, mientras que es manifiesto que, con orificio cerrado, el elemento de volumen adyacente a ésta recibe la presión de la fuerza correspondiente a la altura simple*, contestó que *hay que hacer distinción entre el estado de reposo y el de movimiento*".[57]

Actualmente, este resultado lo expresamos como sigue. La energía específica p/ρ relacionada con la presión que actúa sobre el orificio se compone de dos partes: una potencial, correspondiente al tirante de agua, y otra de carácter cinético, que depende de la velocidad de salida. Una vez establecido el régimen de desagüe, disponemos, de acuerdo con la ecuación 3, de ambas: la gh, proveniente de la columna líquida sobre el orificio, y la $V^2/2$ que puede, transformándose en potencial, volver a crear otra columna equivalente.

Padre e hijo

El padre de Daniel también llegó a interesarse en la cuestión del orificio, en ese entonces problema número uno de la hidrodinámica. Su solución, por razones que veremos más adelante, es diferente, y vale la pena recordarla aquí. Johann no llega a explicar la doble columna, pero por primera vez introduce conceptos importantes: los de transición y de separación del flujo en cambios de sección.

Considera un conducto *ABCFDE* de ancho unitario (figura 40), compuesto por dos tubos de sección diferente, dentro del cual escurre un líquido. En el paso del fluido del

[57] *Id.*, 319, 320.

tubo mayor al menor, hay un cambio de velocidades en proporción inversa a las áreas de las secciones; pero —argumenta Johann— el cambio debe de ser gradual, formándose

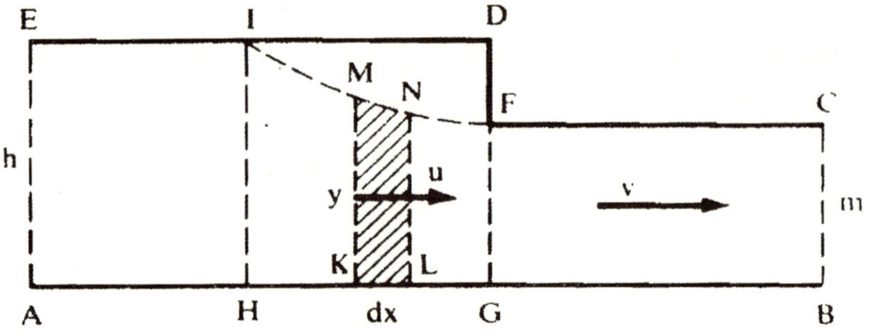

Figura 40

una "garganta" *IHGF* donde se encauza la corriente, mientras queda quieto el fluido alojado en la zona separada *IMFD*. La aceleración que se asocia con el paso por la garganta requiere la presencia de una fuerza motriz, que no puede provenir sino de la presión aplicada al fluido en la sección *EA*, que se trasmitiría instantáneamente hasta la *FG*.

Los cálculos de Johann se siguen más fácilmente que los de Daniel, porque la manera como están escritos nos resulta familiar: por ejemplo, Johann llama v a la velocidad, p a la presión, g a la aceleración de gravedad, e indica con x la coordenada horizontal y con y la vertical. Se podría decir que sus notaciones se parecen a las nuestras; pero lo cierto es que son las nuestras las que se parecen a las de él, lo cual seguramente se debe a Euler, quien utilizó el simbolismo de su maestro al establecer las ecuaciones fundamentales de la hidrodinámica bajo la forma en que hoy las empleamos. En las fórmulas de Johann, como en las de Daniel, se omite la densidad ρ; pero este defecto lo comparten también obras actuales, como el conocido libro del Dr. Townsend sobre la estructura del flujo turbulento.[58]

El razonamiento de Johann es esencialmente el siguiente. Si v es la velocidad en el tramo FB, donde la sección es m, la velocidad u es un punto de la garganta donde la sección sea y será

$$u = mv/y \tag{1}$$

Luego considera la "fuerza aceleradora", que es la que nosotros llamamos "fuerza másica", o sea por unidad de masa; fuerza que, a final de cuentas, no es sino la aceleración

[58] Townsend, XI.

$$a = \frac{du}{dt} = u\frac{du}{dx}$$

por ser $u = dx/dt$, de donde se deduce que

$$a\,dx = u\,du \qquad (2)$$

Siendo dx el ancho de una tajada fluida infinitesimal *MKLN* de la garganta, ρdx representaría la masa por unidad de sección de dicha tajada y ρadx la fuerza por unidad de sección, o sea, la presión diferencial aplicada para mover a la tajada misma. La presión requerida para mover todo el fluido de la garganta se obtendrá integrando ρadx a lo largo de la garganta, lo que por la expresión 2 equivale a integrar ρudu. Según la ecuación 1, tenemos que

$$udu = \frac{mv}{y}d\left(\frac{mv}{y}\right) = -m^2v^2\frac{dy}{y^3}$$

y entonces la presión total p será

$$-\rho m^2v^2\int_{\mathrm{HB}}^{\mathrm{GF}}\frac{dy}{y^3} = \rho\frac{m^2v^2}{2}\left[\frac{1}{y^2}\right]_{\mathrm{HB}}^{\mathrm{GF}} = \rho\left(1-\frac{m^2}{h^2}\right)\frac{v^2}{2}$$

donde h representa el ancho HI. Concluyendo,

$$\frac{p}{\rho} = \left(1-\frac{m^2}{h^2}\right)\frac{v^2}{2} \qquad (3)$$

será la presión requerida para crear la aceleración necesaria en la garganta con el objeto de cambiar la velocidad del agua del tubo mayor en la del tubo menor. Johann infiere, con base en la fórmula 3, que para determinar dicha presión, no es necesario conocer ni la forma ni el largo de la garganta.

Como corolario, considera el caso de remplazar el conducto mayor por un tanque *AEDG* (figura 41). Si $EF = d$ es el tirante de agua sobre el tubo FB,

$$p = \rho gd \qquad (4)$$

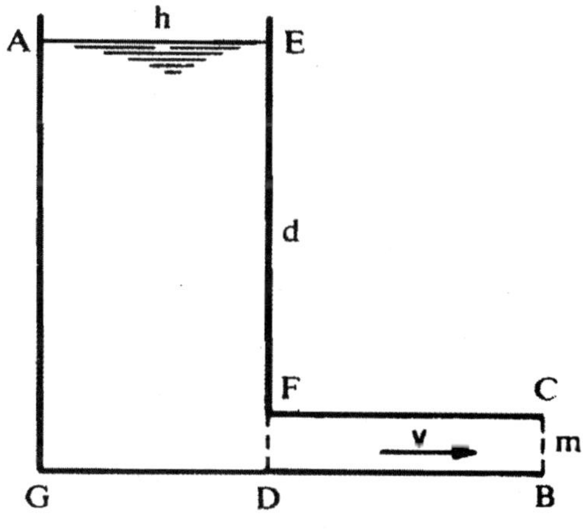

Figura 41

será la presión ejercida sobre la entrada de dicho tubo. Por otro lado, la altura z de la cual tiene que caer libremente un cuerpo para alcanzar la velocidad v de salida resulta de la ecuación, análoga a la expresión 2,

$$gdz = vdv$$

de la cual, integrando, se obtiene

$$gz = \frac{v^2}{2} \tag{5}$$

Remplazando la ecuación 5 en la 3, despejando z y aplicando la fórmula 4, resulta finalmente

$$z = \frac{h^2}{h^2 - m^2} d \tag{6}$$

de donde se concluye que *la velocidad del agua que sale del orificio BC al destaparse éste, converge muy rápidamente a la que adquiere un cuerpo que caiga libremente desde la altura expresada por la fórmula 6.*[59] Finalmente, si el orificio es muy pequeño con respecto a la sección del tanque, de modo que m^2 pueda despreciarse frente a h^2, la fórmula 6 se reduce a $z = d$. "Este es un teorema muy conocido —concluye Johann—, pero hasta ahora no había sido deducido de principios dinámicos, especialmente cuando está presente el tubo adicional *BF*, porque antes el teorema se consideraba correcto sólo para un pequeño orificio ubicado en *F*".[60]

Johann insiste sobre la importancia de considerar la fuerza que empuja al fluido a través de la garganta: "El dejar de considerar esta fuerza motriz, como si fuera de poca importancia, ha sido la razón por la cual nadie hasta hoy ha podido obtener las leyes del escurrimiento de los líquidos por conductos no uniformes, a partir de principios estáticos y puramente mecánicos. Pero quienes emprendieron la determinación exacta de esas leyes regresaron —siguiendo mi ejemplo, por cierto— al principio de las fuerzas vivas, cuya aplicación a éste y otros problemas, ya sea en sólidos como en fluidos, ellos tal vez no habrían considerado nunca si no me hubiesen seguido a mí, que fui el primero en mostrar cómo estas leyes pueden deducirse de la conservación de las fuerzas vivas. Pero yo mismo, insatisfecho en cuanto el método era indirecto y fundado sobre una teoría

[59] Bernoulli, 358-360.
[60] *Id.*, 361.

de esas fuerzas que no se acepta todavía universalmente, no dudé en buscar un método directo que se apoyara solamente en principios dinámicos que nadie objete. Finalmente, luego de una meditación bastante prolongada, conseguí mi propósito en el año 1729, cuando advertí que el punto crucial de todo el asunto está en considerar la garganta, que antes nadie había tomado en cuenta. Así, ahora empiezo a compartir mis descubrimientos, ya explicados privadamente a ciertos amigos, también con el público".[61]

Todo lo anterior se lee en el pequeño tratado *Hydraulica, nunc primum detecta ac demonstrata directe ex fundamentis pure mechanicis* (*Hidráulica, ahora descubierta por primera vez y demostrada directamente a partir de fundamentos puramente mecánicos*), donde lo de "fundamentos mecánicos" parece referirse a que allí no se utiliza el principio de cantidad de movimiento. Esta obra, a pesar de estar fechada en el año de 1732, fue remitida a Euler en dos partidas, la primera en 1739 y la segunda en 1746, para su publicación en las *Memorias de la Academia de San Petersburgo;* y como allí tardaron, respectivamente, cuatro y siete años en aparecer, acabaron por editarse primero en la colección de las *Opera omnia* (Obras completas) de Johann Bernoulli, que vio la luz en Suiza en 1743, para celebrar los 75 años del renombrado científico.[62]

Ahora, en lo que hemos leído llama la atención el énfasis puesto por el autor sobre su prioridad no sólo en la idea de garganta, sino también en la utilización del principio de conservación de las fuerzas vivas, hecha por "otros" en el análisis del fenómeno en cuestión. Pero, ¿quiénes podrían ser estos otros? ¿No se trataría, en primer lugar, del mismo Daniel que, como sabemos, así había procedido? Porque entre el padre, cuyo carácter receloso y pendenciero se trasluce en el escrito, y el hijo, más bien sencillo y franco, no era la primera vez que surgían conflictos. Una vez Daniel y su padre habían enviado, cada uno ocultándolo al otro, soluciones a una cuestión propuesta por la Academia de Ciencias de París. Resultado: el premio lo gana Daniel; y el padre se enfurece tanto que lo echa de la casa.[63]

En las cuestiones relativas a hidrodinámica o hidráulica, Daniel parece haber precedido al padre. Salvo la refutación que conocemos de la catarata de Newton, Johann parece haber empezado a trabajar en el tema sólo cuando el hijo ya se hallaba recopilando sus resultados. Pero en la *Hidrodinámica* de este último se encuentra una enorme cantidad de material cuya presentación es poco metódica, especialmente en lo que se refiere al tratamiento teórico; lo que debió desagradar a la mentalidad matemática del

[61] *Id.*, 358.
[62] *Id.*, IX.
[63] Newman, 771.

padre, quien con razón se habría sentido impulsado a proponer otra, más sintética y rigurosa. Pero, ¿por qué ocultarlo a Daniel? ¿Por qué dejar que este sólo se enterara cuando las *Opera omnia* vieron la luz? Y más que todo, ¿a qué venía la impostura de anteponer a la *Hidráulica* la fecha 1732, con el objeto aparente de demostrar que los resultados del padre precedían a los del hijo?[64]

Además, Johann había hecho imprimir al principio de esta obra, como presentación, una carta dirigida a él por el "sagacísimo matemático Leonhard Euler," a la sazón ya más célebre que su maestro. "Con anterioridad —escribía Euler— yo he alabado grandemente la teoría de Ud. acerca del agua corriente, debido al positivo y genuino método que Ud. solamente, Excelentísimo Señor, reveló primero, para tratar exhaustivamente problemas de este tipo. Pero ahora, luego de haber examinado otra porción de sus estudios, he quedado totalmente asombrado por la sencillísima aplicación que Ud. hace de sus principios a la solución de los problemas más intrincados, invento sumamente útil y profundo, gracias al cual su ilustrísimo nombre se reverenciará para siempre entre las futuras generaciones... Es cierto que ningún otro ha acometido este tema salvo su muy renombrado hijo que, sin embargo, definió la presión de una manera bastante indirecta, sólo en cuanto todo el movimiento ya haya adquirido el estado permanente; con todo, luego que el método genuino fue traído a la luz, Ud. determinó sin más con toda precisión la presión en todo estado del agua".[65]

Y Daniel, ¿qué dice? Examinando el último volumen de las *Opera omnia* recién publicadas, descubre la *Hidráulica,* la hojea, se adentra en los detalles buscando en vano una mención a sus propios trabajos. Estremecido, con la sangre que le sube a la cabeza, se esfuerza por hallar el sosiego necesario para leer con calma. Además, esa fecha ... y Euler, su íntimo amigo, el muchacho siete años más joven, que él tanto había querido y ayudado, helo aquí también arremetiendo en contra suya. ¿Qué hacer? ¿Enfrentarse al padre? ¿Y con qué provecho? Bien conoce su mal genio. Agarra papel, pluma y tinta y escribe a ese farsante de Euler: "Suplico a Vuestra Excelencia —curiosamente así de ceremoniosos eran en sus cartas— que me comunique con sincera amistad y confianza su opinión acerca de las *Opera* de mi padre, especialmente el último volumen. Por mi parte, yo tengo una razón del máximo peso para quejarme de ellas: los nuevos problemas mecánicos provienen de mí en su mayor parte; y mi padre incluso había visto mis soluciones antes de resolverlos a su manera; sin embargo, ni una palabra para darme crédito, lo que encuentro más enojoso en cuanto

[64] Bernoulli, IX.

[65] *Id.*, 347.

mi solución no se ha publicado todavía... Me hallo hurtado de repente de mi entera *Hidrodinámica,* por la cual por cierto no soy acreedor ni de una tilde a mi padre, y así pierdo en una hora los frutos de diez años de labor. Todas las proposiciones las toma de mi *Hidrodinámica;* y, sin embargo, mi padre intitula sus escritos *Hidráulica, ahora descubierta por primera vez, año 1732*, siendo que mi *Hidrodinámica* se imprimió sólo en 1738. Mientras tanto mi padre ha sacado de mí todo, salvo que él pensó en un método general diferente para determinar el incremento de velocidad, invento que consiste en unas pocas hojas. Lo que mi padre no reclama totalmente para sí, eso lo desprecia; y finalmente, colmo de mis males, anexa la carta de Vuestra Excelencia en la cual también Ud. rebaja mis inventos en un campo en el cual yo soy totalmente el primer, por no decir único, autor, y que pretendo haber agotado por completo. Todo esto es todavía lo menos de que me puedo quejar. En un principio esto me parecía casi imposible de aguantar; pero finalmente he tomado todo con resignación; aunque me haya también nacido un disgusto y desprecio hacia mis estudios anteriores, tanto que preferiría haber aprendido el oficio del zapatero y no el del matemático. Además, desde entonces ya no me he podido decidir a trabajar en nada que sea de matemáticas. El único gusto que me queda es elaborar de vez en cuando algún proyecto sobre el pizarrón, para poderlo luego olvidar".[66]

Por esa fecha Euler residía en Berlín, donde había ido dos años antes por invitación de Federico el Grande, que estaba congregando sabios en su Academia; y Euler había preguntado a Daniel si estaría dispuesto a ingresar en ella. Pero Daniel ya no quiere oír nada de eso: "No podría aceptar en sincera conciencia la invitación a Berlín, tampoco si el mismo Rey me hiciera el honor de enviármela; así que le ruego no pensar ya en mí para este asunto". Finalmente concluye: "No he podido evitar quejarme con Vuestra Excelencia, como mi mejor amigo, viendo que podría bien surgir una ocasión para que Ud. me defendiera de esa injusta sospecha de plagio, sin hacer daño a mi padre; y hacer de modo que, por lo que concierne a los puntos en controversia entre mi padre y yo, la verdad no sufra daño. No me parece conveniente defenderme a mí mismo".[67]

De hecho, las sospechas de Daniel en contra de Euler eran injustas. El padre había publicado sólo la primera parte del comentario que Leonhard le había remitido, caracterizada por expresiones de deferencia del alumno a su anciano maestro. Pero la carta continuaba con una crítica precisa, que Johann se cuidó de divulgar, crítica que hace justicia a Daniel: "Cuando, para tuberías conectadas horizontalmente a un

[66] *Id.*, XI-XII.
[67] *Id.*, XII.

depósito, Ud. halla que la presión que impulsa al recipiente hacia atrás difiere de aquella que concuerda con la hipótesis de su hijo, esa fuerza así como la determina su ilustre hijo me parece sin duda más acorde con la verdad que la de Ud.; sea esto dicho sin ofensa para Ud.";[68] y Euler continúa explicando cómo la teoría de Johann podría corregirse para conciliarla con la de Daniel. Además, hay una razón de fondo que le impide a Euler asumir una actitud definida en favor del uno o del otro: ve lo bueno que hay en ambas teorías; sin embargo, ninguna lo deja totalmente satisfecho. Daniel se precia de haber "agotado por completo" el campo de la hidrodinámica, pero Euler no lo ve así. Matemático más sutil que los Bernoulli, de hecho uno de los matemáticos más grandes de todos los tiempos, Euler se halla insatisfecho, nota la ausencia de algo sustancial. Johann y Daniel están visualizando el movimiento del fluido y las fuerzas que lo producen, en una sola dimensión: la corriente avanza tajada tras tajada; tajadas de ancho infinitesimal, rígidas e indeformables. Pero la realidad no es así: el viento no agita a dos hojas de la misma manera; cada partícula de la masa fluida se caracteriza por sus propias velocidad y presión, que además varían de un instante a otro. ¿Serán las matemáticas incapaces de elaborar un modelo que tome todo esto en cuenta? Euler percibe que no es así; algo en su pensamiento lo eleva muy por encima del universo de los Bernoulli. Necesitará diez años más de meditación; pero entonces sacará a luz una teoría completa e inmejorable, y al mismo tiempo increíblemente sencilla, capaz de considerar punto por punto lo que acontece dentro del fluido y deducir los efectos resultantes.

La comunicación lateral

La Casa de Este había tenido bajo su señorío a Ferrara durante más de tres siglos, cuando en 1598 se vio despojada de dicha ciudad por el Papa, pues la familia carecía de un heredero directo. Entonces, el que no lo era se mudó con toda su corte a Módena. Allí los Este construyeron un palacio inmenso, más grande que el que habían dejado en Ferrara, y fundaron una universidad que se distinguió por dar a los estudios científicos precedencia sobre los humanísticos. En 1774, un sacerdote de 28 años, Giambattista Venturi, fue llamado para enseñar en dicha universidad geometría e "institución filosófica". Su carácter se transparenta en esta sincera confesión: "Dedicado como estaba enteramente al estudio, calculé que mujer, hijos y negocios de familia me arrebatarían

[68] *Id.*, X.

buena parte del tiempo que yo destinaba con más gusto a las ciencias; de modo que resolví adquirir el estado eclesiástico, libre por lo demás, de acuerdo con el uso o abuso de la época, de cualquier servicio específico de iglesia".[69]

El ducado de Módena se extendía desde los Apeninos hasta el Po. Comarca agrícola, producía —y produce todavía— cereales, vegetales, cáñamo, uvas y otros frutales, forraje, leche, capullos de seda, y elaboraba harina, vino, quesos y salazones; todo gracias a la fertilidad de sus tierras y a las aguas de que disponía para regarlas y mover molinos. Porque surcaban el ducado dos ríos, Secchia y Panaro, y cantidad de canales trazados en todos los sentidos; lo cual explica que los modenenses, gente práctica, en nada se interesasen tanto como en la hidráulica. Es natural, entonces, que un hombre como Venturi, abierto a los problemas técnicos, se orientara hacia el estudio experimental de aquélla". Los físicos más razonables desconfían de toda teoría abstracta del movimiento de los fluidos —escribía— y los grandes geómetras hasta confiesan que los métodos que les han procurado progresos tan sorprendentes en lo referente a la mecánica de los cuerpos sólidos, en el campo hidráulico no llevan sino a conclusiones demasiado generales, e inciertas en la mayoría de los casos particulares. Compenetrado con esta verdad, me he ocupado de la teoría sólo en cuanto se combina con los hechos y se requiere para reunirlos bajo un solo punto de vista".[70]

Venturi instala en el "teatro físico" de la universidad un dispositivo para el estudio de los chorros, muy parecido al de Poleni (figura 34), y ejecuta en él experiencias, con la puerta de la sala abierta a todo público interesado o curioso. La maniobra se realiza con toda precisión con el auxilio de tres operadores: el primero cuenta en voz alta los segundos del péndulo, otro abre el orificio en el instante de los 60 segundos, y el tercero se dedica a regular la salida de agua del tanque superior, controlando que la ventana del intermedio deje salir constantemente una lámina de agua muy delgada. Todo ensayo se repite muchas veces seguidas, hasta que la concordancia de los resultados elimine todo temor de equivocación.[71]

Sin embargo, Venturi no se contenta con repetir los ensayos de Poleni: perfecciona detalles y concibe nuevas aplicaciones. Por ejemplo, se sabía que la contracción del chorro se produce también cuando al orificio *GH* se le aplica un tubo adicional cilíndrico *GK* (figura 42). No se disponía entonces, como hoy disponemos, de conductos transparentes de grandes dimensiones; ¿cómo pues comprobar su presencia y medir

[69] Gentilini.
[70] Venturi, 5.
[71] *Id.*, 4, 5.

la depresión que nace en su interior? Al tubo adicional, Venturi le agrega una cánula de vidrio *QRS*, quedando su entrada *Q* dentro de la zona *GMNQ* donde la corriente se separa de la pared. La cánula, que termina con su extremo inferior sumergido en el agua coloreada contenida en el vaso *T*, funciona como barómetro, equilibrando la presión atmosférica con la interior, que se puede así determinar con base en la altura de la columna *US*.

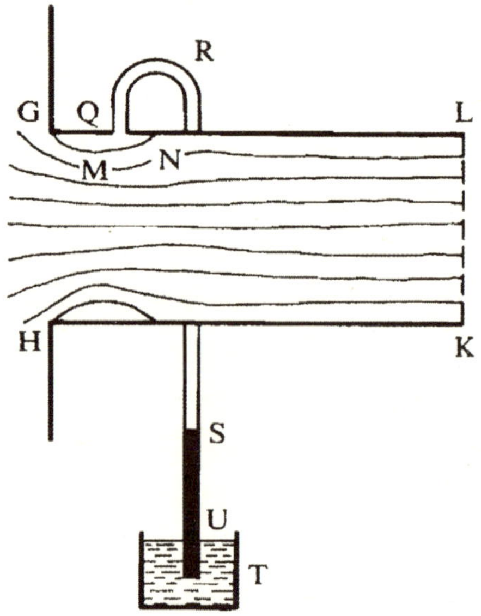

Figura 42

Otra investigación interesante se dedica a mejorar la forma del tubo adicional con el fin de conseguir que el gasto que, bajo una carga dada, puede sacarse del orificio, sea el más grande posible. Venturi descubre que, si al orificio se le aplica un tramo cónico *AB* convergente (figura 43) a fin de seguir la forma de la vena contraída, el gasto aumenta de 10 a 12.1; si además en el extremo *C* del tubo cilíndrico *BC*, de diámetro igual al de la contracción, se adapta un tramo cónico divergente *CD*, el gasto crece todavía de 12.1 a 24. Así, utilizando los dos aditamentos, se logra incrementar el gasto de 10 a 24, o sea, el 140 por ciento. ¡Con razón —comenta Venturi— en la antigua Roma, donde los particulares más adinerados podían adquirir el derecho de derivar a sus casas aguas provenientes de los depósitos públicos, no se les permitía ensanchar su cañería a un diámetro mayor de aquel que se había concedido para el orificio de toma! Realmente la cláusula prohibía que la expansión se efectuara a una distancia menor de 50 pies desde la toma; y el legislador —agrega Venturi—- "no se había dado cuenta de que era posible estafar la ley de todos modos, aplicando el aditamento *CD* más allá de los 50 pies".[72]

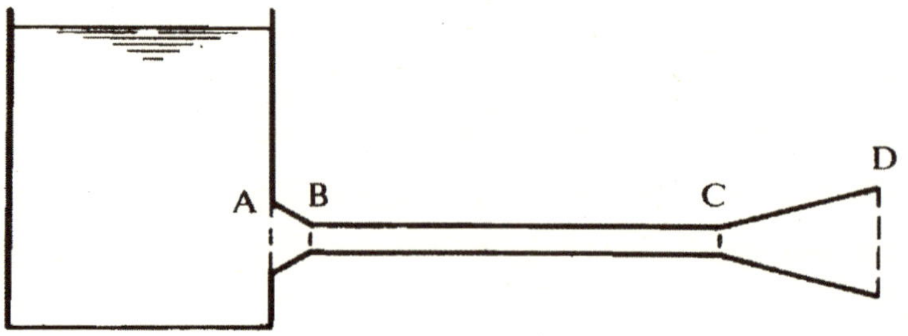

Figura 43

[72] *Id.*, 39.

Otros ensayos de Venturi se dedicaban, por ejemplo, a estudiar cómo se reducía el gasto del orificio y cómo se acercaba a él la sección contraída del chorro al introducir en el orificio mismo una punta cónica, con su eje perpendicular al plano del orificio y pasando por el centro de este último.[73] Pero lo que Venturi consideraba la novedad más interesante de sus investigaciones en Módena era lo que él llama "principio de la comunicación lateral".

Entre las lecturas de Venturi estaba el clásico de los clásicos, los *Principia* de Newton, tratado de inspiración permanente para quien sienta la sugestión del pensamiento de aquella gloria del género humano: "gloria tal y tan grande que —como se lee en Westminster— los mortales tendrán que felicitarse de que haya aparecido":

> *gratulentur mortales talem tantumque exstitisse*
> *humani generi decus.*

Ahora, en cierta parte Newton supone que un movimiento cualquiera nacido en un punto A dentro de un medio fluido se propaga a través del orificio *BC* (figura 44). "Entonces —escribe— como la causa de esta propagación es que las partículas del medio que están cerca del centro *A* perturban y agitan a aquellas que se encuentran más lejos; y como las partículas que se impelen son fluidas y, por tanto, se dirigen indistintamente hacia sitios en que sean menos empujadas, se retirarán por consecuencia hacia las partes donde el medio está quieto, tanto las laterales, como *KL* y *NO*, como las que están enfrente, como *PQ*. De tal modo, todo el movimiento, una vez cruzado el orificio *BC*, comenzará a dilatarse, y desde allí, como si éste fuese su principio y centro, se propagará directamente en todas las direcciones".[74]

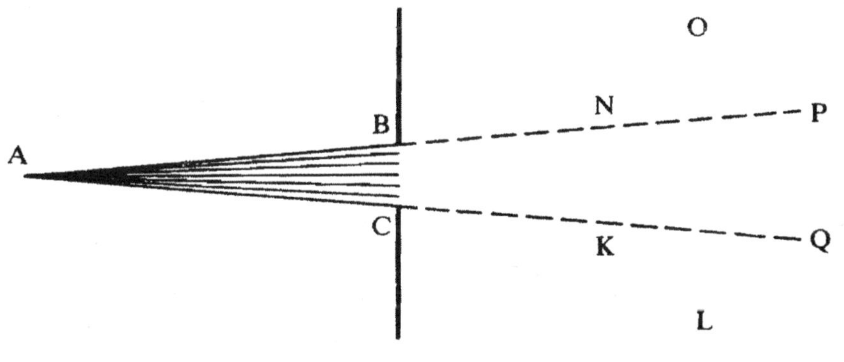

Figura 44

[73] *Id.*, 78, 79.
[74] Newton, 371.

Newton pensaba evidentemente en la propagación del sonido, que entra por una fisura y lo oímos en todos lados: pero Venturi se pregunta si algo así ocurriría con un chorro que, saliendo de *BC*, se expande sobre la superficie de un depósito de agua estancada. Realiza el ensayo donde, hecho imprevisto, no se nota ninguna expansión súbita; más bien, en los costados del chorro aparecen agitaciones y remolinos: "entran en este caso —anota— circunstancias que transforman el resultado del principio de Newton en movimientos particulares. Sin embargo, es cierto que el chorro *BC* imprime su movimiento a las partes laterales *N*, *K*; pero no es que las empuje hacia *O*, *L* sino más bien las arrastra consigo hacia *PQ*".[75] Este transporte lo puede realizar un chorro de agua sobre partículas de aire, como ya había señalado Torricelli, o bien de agua, según el medio en el cual penetra. Un cuerpo pequeño y ligero, soltado en proximidad inmediata de un chorro que cae en la atmósfera, sigue al chorro en su movimiento; y cuando el chorro se hunde finalmente en un depósito, vemos aparecer en el agua estancada buena cantidad de aire, arrastrada por el chorro mismo.[76]

Para comprobar este efecto cuando un chorro de agua descarga en agua, Venturi concibe el ensayo siguiente. Introduce el tubo cilíndrico horizontal *AC* que sale del orificio *A* en la caja *DEFB*, llena de agua hasta el nivel *DB* (figura 45). A poca distancia del extremo *C* coloca el canalito inclinado *SMBR*, abierto en su parte superior *SR*, apoyándolo en *B*. Cuando el orificio descarga, el chorro sube por *MB* y sale por *BV*. Ahora, mientras esto sucede, en el interior de la caja *DEFB* nace una corriente que penetra al canal inclinado y se une al chorro, de modo que en pocos segundos el nivel del agua en la caja baja de *DB* a *MH*.[77]

Figura 45

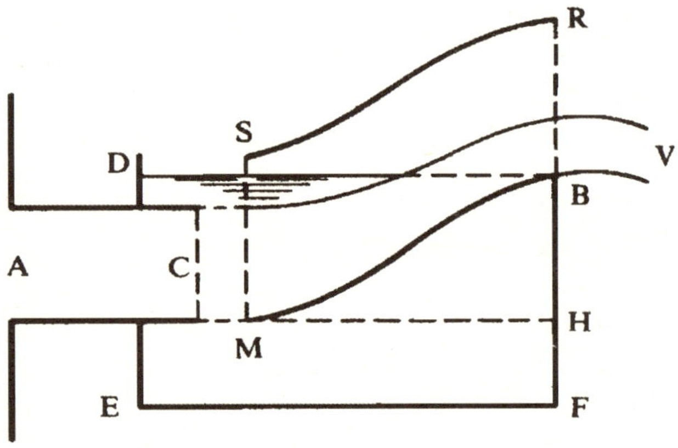

Estas son consecuencias de lo que Venturi llama la *comunicación lateral del movimiento en los fluidos*. "Newton —escribe— ha conocido esta comunicación y de ella ha deducido cómo, en un remolino, la rotación se propaga desde las capas internas a las externas. ¿Serán la viscosidad y la adherencia mutua de las partículas del fluido, o bien su acoplamiento y enlazamiento recíproco, o la desviación de las que están

[75] Venturi, 7, 8.
[76] *Id.*, 8, 9.
[77] *Id.*, 8.

escurriendo, causa de esta comunicación lateral del movimiento?" Sin decidir cuál sea tal causa, Venturi toma el hecho según está, lo acepta como principio y lo aplica al análisis de efectos específicos, como sería el incremento de gasto que se produce cuando el orificio está provisto de un tubo adicional.[78]

Misión en París

Venturi se había granjeado la simpatía y confianza de los modenenses. Además de su cátedra, a la cual se agregó luego la de física experimental, recibió los nombramientos de asesor de la Casa de Moneda e ingeniero estatal, y esto lo llevó a realizaciones de hidráulica práctica. Como físico, se ocupó de óptica, acústica y electricidad natural. En la introducción a sus apuntes sobre esta última materia, hallamos explicada la diferencia entre la concepción de investigación científica de su tiempo, que era la de la Ilustración y que él compartía, y la anterior: "Ahora se piensa que el estudio de la naturaleza no se parece a canales que, saliendo de una toma común, se ramifican para regar los campos, sino más bien a arroyos que, recolectando en cada esquina diminutas gotas de lluvia, se hinchan poco a poco y se vuelven río. Se piensa que antes de razonar con base en los principios hay que afanarse en deducirlos, y esto no volando en tres brincos de unos pocos elementos a los axiomas más generales, sino elevándose con paciencia indecible sobre la pista de la observación y de la experiencia, doblando donde ella dobla, deteniéndose donde ella calla; hasta que poco a poco se vaya construyendo un edificio que la naturaleza no desdeñaría reconocer como suyo propio".[69]

En su tranquila vida de enseñanza, estudio e investigación, Venturi alcanza la edad de cincuenta años, cuando en 1796 el ejército francés, al mando de Napoleón, entra en el valle del Po. A mediados de abril los piemonteses son derrotados; a mediados de mayo los franceses están en Milán; en junio, sus casacas azules remplazan en Módena las blancas de los austriacos que abandonan la ciudad. ¿Quiere el duque Ercole Rinaldo un armisticio? Que se comprometa en desligarse totalmente de Austria y además desembolse diez millones de francos. El duque se desespera: ¿de dónde un estado minúsculo y necesitado como el suyo puede sacar esa suma astronómica? Que vea por favor el general Bonaparte si puede reducirla un poco, digamos a la mitad. Pero el susodicho general contesta que la cosa no depende de él; que él sólo recibe órdenes del Directorio, y que si rebaja se quiere hay que gestionarla en París con esos señores.

[78] *Id.*, 9.

Ercole Rinaldo llama al conde de San Romano, su hermano natural, y le encarga ir como plenipotenciario a tratar el asunto; pero el conde necesita un buen secretario: un hombre inteligente, capaz y que domine perfectamente el francés. "¿Qué tal si te llevas al abad Venturi?". Venturi está encantado con la propuesta: por fin poder ir a París, el sueño de su vida. Allí podrá ver al astrónomo Lalande, a quien había escrito hacía muchos años para conseguir un ejemplar de *toesa* —la unidad de medida de longitud de entonces— verificada con el patrón de la Academia, y que se lo había remitido en 1783 con tanta atención. Seguramente Lalande lo presentaría a sus colegas y, ante todo, al abad Bossut, decano de los hidráulicos franceses, con quien discutiría los resultados de sus investigaciones.

Embajador y secretario llegan a París luego de un largo y pesado viaje en carroza, y se presentan al Directorio; pero las cosas se ponen difíciles desde el principio: ese Bonaparte no cumple con las instrucciones y no informa de lo que hace; hay que consultarlo. Pasan meses y nada se concluye; mientras tanto el buen Venturi recorre la ciudad, ve, observa, se informa. París, 1796, ciudad asombrosa donde todo sabe a nuevo. Pasó el huracán y barrió con todo: costumbres, instituciones, mitos, modos de pensar y actuar que el hábito hacía parecer normales, pero que ahora se ve cuán estúpidos e injustos eran. Es el momento donde todo se puede corregir y hasta rehacer; la gran oportunidad, que puede tardar mil años en presentarse de nuevo, para los que son y los que se sienten jóvenes. Todos quieren aprender, y los que saben, enseñar a los demás. A diario se ofrecen lecciones públicas gratuitas de física, historia natural, matemáticas, arquitectura; incluso se ven pegados en las paredes avisos que brindan a todo el que se interese, y también gratis, clases particulares sobre ciencias, filosofía, artesanías, música.[79] Los profesores universitarios escriben y publican apuntes de sus clases. Lagrange ya no lamenta haberse mudado de Berlín a París, como cuando en los años malos se reprochaba golpeándose la cabeza: "*tu l'as voulu*" (tú lo quisiste); llamado a enseñar en la flamante Escuela Normal destinada a formar los miles de maestros que el país necesita, ofrece sus admirables clases de álgebra avanzada y cálculo, que los jóvenes siguen embelesados, aun cuando las encuentran demasiado abstrusas.[80] El anciano Lalande comenta conmovido: "Nuestros jóvenes empiezan estudiando preferentemente las ciencias abstractas. En los cincuenta años que he estado enseñando aquí y observando el estado de la educación, nunca he visto a tantos estudiantes de matemáticas como hoy en día".[81]

[79] Bugge, 11.
[80] *Id.*, 39.
[81] *Id.*, 10.

En Italia la situación se precipita: se descubre que el duque de Módena, en cuyas venas corre sangre habsbúrgica, ha faltado a su palabra, ayudando en secreto a los austriacos. El armisticio queda roto y el 8 de octubre el ducado se anexa a la República Transpadana, cuyo gobierno se apresura a suprimir cargos y suspender emolumentos a ese novel diplomático —criatura del duque— que se encuentra en París. Pero a Venturi ¿qué le importa?; él está feliz: libre y totalmente dueño de su tiempo, como un escolar en vacaciones, frecuenta a científicos, escribe memorias, asiste a cursos. Napoleón ha despojado la Biblioteca Ambrosiana de Milán de toda su colección de escritos de Leonardo da Vinci, incluyendo el célebre Códice Atlántico, y los ha enviado a París. Un enorme interés se despierta en la capital francesa; pero ¿quién los entiende, con ese italiano anticuado, abreviado y escrito al revés en que están redactados? Para Venturi es una oportunidad fabulosa poder hojear esas páginas invaluables: ofrece estudiar lo que en ellas haya de interés para las ciencias físicas y matemáticas; se encierra con los códices, trabaja día y noche, y publica un ensayo donde aparecen la traducción de los trozos interesantes y su análisis.

Logra, como era su anhelo, conocer al antes abad, ahora "ciudadano", Charles Bossut, hombre alegre y afable de 66 años de edad, renombrado autor del más conocido manual de hidráulica de la época, *Traité élémentaire d' hydrodynamique* (*Tratado elemental de hidrodinámica*), manual que se había publicado en 1771, con tanto éxito que ya habían salido dos ediciones más. El subtítulo del libro es el siguiente: "Obra en la cual la teoría y la experiencia se esclarecen y suplen mutuamente"; y, en efecto, su segundo tomo contiene una descripción detallada de muchos experimentos realizados por el autor en la escuela de ingenieros militares que antes de la revolución se hallaba en Mézières, cerca de la frontera de Francia con lo que hoy es Bélgica, entonces parte del imperio austriaco. Se trata de experimentos con orificios, tuberías de diferentes diámetros y longitudes, y canales de laboratorio; experimentos de los cuales se ofrece una descripción ordenada y cuidadosa, seguida por "reflexiones" donde el autor intenta justificar de manera razonada los resultados.

Sin embargo, a diferencia de Venturi, cuya actitud hacia la teoría bien conocemos, Bossut, que se precia de ser ante todo matemático, pregona que primero viene la teoría y luego el experimento, nunca viceversa; y esto lo lleva a veces a explicaciones complicadas y controvertidas. Por ejemplo, luego de haber descrito sus ensayos sobre el desagüe de un orificio de fondo, utilizando un dibujo muy semejante al de Daniel Bernoulli (figura 38) que muestra en el tanque trayectorias verticales a partir de la superficie, comenta: "La tendencia universal de las partículas fluidas hacia el orificio es conse-

TRAITÉ
ÉLÉMENTAIRE
D'HYDRODYNAMIQUE:

OUVRAGE

DANS LEQUEL LA THÉORIE ET L'EXPÉRIENCE s'éclairent ou se suppléent mutuellement ; avec des Notes sur plusieurs endroits qui ont paru mériter d'être approfondis.

Par M. l'Abbé BOSSUT, *de l'Académie Royale des Sciences, Examinateur des Ingénieurs, &c.*

TOME SECOND.

A PARIS,
DE L'IMPRIMERIE DE CHARDON,
rue Galande, à la Croix d'or.

M. DCC. LXXI.

Avec Approbation & Privilége du Roi.

cuencia necesaria de su perfecta movilidad... A las partículas que salen les siguen otras que las remplazan paso a paso. Pero se concibe que tal remplazo no puede realizarse en un instante indivisible. Así, hablando con rigor geométrico, a partir del primer instante del escurrimiento, debe de formarse en alguna parte de la superficie un pequeño hundimiento hacia el cual las partículas circundantes tienen una tendencia algo parecida a aquella que un cuerpo colocado sobre un plano inclinado posee para bajar, por pequeña que sea la inclinación de dicho plano... En los escurrimientos a través de orificios horizontales, la presión del aire tiende a ensanchar el hundimiento. En efecto, la atmósfera oprime con su peso la superficie del agua. La columna vertical de aire que corresponde al orificio se introduce en el pequeño hundimiento o embudo que se forma en el mismo lugar. Esta columna sería equilibrada por el esfuerzo contrario de la columna de aire ubicada por debajo del orificio si ésta desarrollara libremente toda su acción; pero como el agua al caer rechaza el aire y destruye una pequeña parte de su reacción, la primera columna debe aventajar un poco a la segunda. De donde se desprende que, si las partículas que acuden de todos lados hacia el orificio para alimentar el escurrimiento no poseen velocidad suficiente para impedir el efecto de esa desigualdad de presión sobre las dos columnas de las cuales se acaba de hablar, el embudo se ensanchará...".[82] Mucho enredo para no aclarar nada: embudo, plano inclinado, diferencia de presión. De hecho, Bossut mezcla dos fenómenos distintos porque, como todos comprobamos al vaciar el lavamanos, el desagüe puede producirse bajo dos circunstancias mutuamente excluyentes: ya sea avanzando las partículas fluidas directamente hacia el orificio, o bien, especialmente cuando los tirantes son bajos, con la formación de un vórtice por encima del orificio mismo; y sólo en este último caso aparece, por efecto centrífugo, el hundimiento en forma de embudo a que Bossut hace referencia, y puede crearse una depresión central importante.

La revolución ha suprimido buena parte de las instituciones monárquicas; entre ellas, la Real Academia de Ciencias, que ha remplazado por el Instituto Nacional, dividido en tres clases. La primera, físico-matemática, se divide en diez secciones, cada una con seis miembros. Bossut, que pertenece, con Lagrange, Laplace, Borda, Legendre y Delambre, a la de los matemáticos, lleva a Venturi a presenciar algunas asambleas. Éstas llamaban la atención de los visitantes extranjeros por su animación: "la sesión no posee la calma que caracteriza nuestras reuniones académicas al otro lado del Rin —comentaba un alemán—, en las cuales un miembro generalmente lee una disertación

[82] Bossut, 5, 6.

mientras sus colegas hojean libros, leen trabajos o chismean entre sí".[83] "En su manera de debatir —observaba un danés— el Instituto se parece a las sociedades inglesas: todo individuo que quiera hablar pide la venia del presidente, al cual dirige su discurso, y todo individuo habla siguiendo el orden que su inclinación le sugiere. Así esos debates se llevan con orden, decoro y respeto mutuo". Sin embargo, en determinadas ocasiones, agregaba el alemán, "se hacen comentarios agudos, vivaces y hasta mordaces".[84]

Con los académicos, Venturi habla de sus experimentos y de su principio; lo instan para que presente una memoria al respecto, y él redacta el trabajo *Recherches expérimentales sur le principe de la communication latérale du mouvement dans les fluides* (*Investigaciones experimentales sobre el principio de la comunicación lateral del movimiento en los fluidos*). Según las normas del Instituto, hay que nombrar un comité revisor; y se designan, además de Bossut, a Coulomb y Prony. Charles Augustin Coulomb (60 años), que había trabajado mucho tiempo como ingeniero hidráulico, era un acreditado miembro de la sección de física experimental; Gaspard Riche de Prony (41 años), miembro de la de mecánica, era la sensación del momento. Thomas Bugge, astrónomo danés enviado en 1798 a París para participar como representante de su país en la comisión encargada de establecer el sistema métrico decimal, fue a la Escuela Politécnica para oírlo y nos dejó esta nota: "Escuché las clases de Prony sobre hidráulica, particularmente acerca del movimiento de fluidos por tuberías y de las ondas. Este hombre extraordinario ofrece la presentación más impresionante y cautivadora que se pueda imaginar. En el curso del año pasado imprimió sus clases en un libro, con teoremas y problemas relacionados con los temas tratados y un esquema o bosquejo de las clases mismas. En el año VII, Prony inició un curso en el cual se proponía demostrar las teorías hidráulicas en general. Yo oí algunas de esas clases, que eran excelentes; aunque me temo que pocos de sus oyentes (cerca de veinte en total) serán capaces de seguirlo".[85]

Bossut, Coulomb y Prony se reúnen, consideran la memoria de Venturi y redactan un informe que concluye: "Pensamos... que la clase (físico-matemática), encomiando los trabajos del ciudadano Venturi, debe comprometerlo a publicarlos, en cuanto pueden servir al progreso de la hidráulica. Redactado en el Instituto Nacional el 21 de fructidor, año V de la República": Y efectivamente en el año VI, es decir 1797, la memoria se imprime en París.[86]

[83] Bugge, 75.
[84] *Id.*, 82.
[85] *Id.*, 40.
[86] Venturi, 81.

RECHERCHES
EXPÉRIMENTALES
SUR LE PRINCIPE
DE LA COMMUNICATION LATÉRALE
DU MOUVEMENT DANS LES FLUIDES,

Appliqué à l'explication de différens Phénomènes hydrauliques.

Par le Citoyen J. B. Venturi,

Professeur de Physique expérimentale à Modène, Membre de la Société Italienne, de l'Institut de Bologne, de la Société agraire de Turin, etc.

A PARIS,

Chez { Houel et Ducros, rue du Bacq, N°. 940.
Théophile Barrois, rue Haute-feuille, n°. 22.

AN VI. — (1797).

Las victorias francesas en Italia han aplastado a los austriacos, y éstos piden la paz, que se sanciona en octubre del mismo año de 1796, con el tratado de Campoformio. Venturi pide a Lalande y al químico Fourcroy, miembros en ese momento de una comisión que estudia la reorganización de la enseñanza en Francia, sendas cartas de recomendación para Bonaparte". Luego de un año transcurrido entre nosotros —escribe Fourcroy— [Venturi] ha dejado el más alto concepto de sus talentos y de su celo para el progreso de la cultura". Confiado en poder así recuperar su buena y pacífica cátedra en Módena, nuestro hombre viaja a Milán.

Diplomacia y sabiduría

"El hombre propone y Dios dispone", comenta filosóficamente Venturi. Mejor hubiera dicho: Napoleón dispone; porque, llegado a Milán y conseguida la audiencia con el general, éste lee las cartas de sus colegas —ya que también él era miembro del Instituto, sección de mecánica— y, sin dejarle la mínima oportunidad de manifestar sus deseos, lo nombra sin más trámites miembro del Cuerpo Legislativo de la recién constituida República Cisalpina. El 5 de diciembre Bonaparte regresa a París. La Cisalpina, comprometida en proporcionar soldados para su ejército, decide abrir una escuela militar; y ¿cuál edificio podría ser mejor que el inmenso palacio de Módena abandonado por el duque prófugo? Se buscan maestros, y Venturi se ofrece; de modo que en verano de 1798 deja el Cuerpo Legislativo y regresa a esa ciudad, como profesor de física y química. ¿Tranquilo, por fin? Ustedes juzgarán. Mientras Bonaparte está en Egipto, en Italia la lucha recomienza, ya principios de 1799 los austriacos vuelven a ocupar Módena; allí encuentran a ese traidor de Venturi sumido en sus estudios y lo encierran en la torre de Carpi. En junio regresan los franceses y abren la puerta: Venturi sale, pero se cuida de no volver a Módena; va a Parma, que está algo lejos de la frontera, y de allí remite a la regencia austriaca documentos que comprueban su "conducta moral y moderada". La regencia lo indulta, lo que le permite regresar a Módena. Pero en mayo de 1800 Bonaparte está de vuelta; 14 de julio, batalla de Marengo: con los austriacos en plena derrota, Napoleón entra triunfante a Milán y otorga a Venturi una cátedra en la universidad de Pavia.

Sin embargo, la carrera del profesor se ha acabado: el puesto resulta puramente nominal, ya que a un mismo tiempo lo envían en misión diplomática a Turín. Venturi ya se ha vuelto un experto: "Para descubrir mejor los secretos del gobierno empecé cortejando a madame Rosina Vinay, en cuya casa se reunían varios de los gobernantes", escribe.[135] Pero seguramente aprovecha también su estadía para entrar en contacto con los miembros de la Academia de Ciencias local, heredera de la Sociedad Científica fundada allá en 1757 por Lagrange y sus amigos, y para ofrecer pláticas que debieron de tener influencia en la vocación de un estudiante de 19 años, Giorgio Bidone, quien será luego profesor en la universidad.

Curiosamente, para conocer la personalidad de Bidone, debemos acudir a los escritos de uno que fue pintor, literato, político distinguido, todo menos hombre de ciencia: Mássimo d'Azeglio. De familia noble piemontesa, Mássimo había pasado su adolescencia en Florencia, donde los suyos habían emigrado cuando el rey tuvo que abandonar Turín por la ocupación francesa. Al regresar éste en 1814, también regresan los d'Azeglio y consiguen que el hijo, aun siendo poco idóneo para los estudios, ingrese en la Universidad. Pero en aritmética, álgebra y geometría, así como en física, Mássimo es un desastre; y al padre se le ocurre confiarlo justamente a los cuidados de Bidone. Mássimo tiene 15 años; Bidone, de 32, se empeña en enseñarle los más elementales rudimentos de la ciencia, sin ningún resultado: "El cielo no me había dado facultad para los números", confiesa cándidamente el alumno. Mas Bidone sí logra plasmar algo en él. "A pesar de esta inercia de mi cerebro y del escaso fruto que mi maestro obtenía de sus cuidados, él me había sin embargo dispensado muchísimo cariño. El mayor provecho yo lo sacaba de su conversación, más que de las enseñanzas científicas;... aprendía poco a poco a pensar, reflexionar, desechar ideas falsas y elaborar otras exactas... Desde entonces empecé a acostumbrarme a valorar a los hombres con base en su honradez e instrucción, y a las cosas en la medida de su verdadera utilidad".[87]

Pasan dos años. Mássimo, que definitivamente no sirve para los estudios, se destina a la carrera de oficial de caballería. Entra al cuartel, pero se vuelve un calavera; y he allí a su mamá, la pobre marquesa Cristina, que va sola, cubierta por un velo para que la gente no la reconozca, "a golpear a la puerta del amigo profesor Bidone para desahogarse acerca de mí, buscar consuelo y consejos, y a veces para devolverle alguna pequeña suma que él me venía prestando en alguna necesidad que yo tenía... El excelente Bidone intentaba serenar a mi madre, le hablaba bien de mí, la esperanzaba, así que ella salía de su casa más animada. Por otro lado, él me había rodeado de un verdadero sitio, no a fuerza de prédicas y porfías, sino con el talento y la experiencia del mundo que él tenía... Por un lado, yo lo rehuía...; por otro, me sentía a pesar mío dominado por su bella y serena inteligencia, por esa cordial honradez que transparentaba de sus ojos

[87] D'Azeglio, 99.

y que excluía toda duda acerca de la sinceridad de sus opiniones y de sus atenciones... A veces, arrastrado por malos compañeros, yo desaparecía y durante algún tiempo el pobre Bidone me esperaba en vano. Luego, atraído por una fascinación que combatía inútilmente, volvía a golpear a pesar mío a la puerta del amigo. Entraba en esa pequeña morada aseada y al mismo tiempo sencilla y severa; y además exacta y ordenada justamente como una página de cálculo. Nunca he visto una casa que fuese un retrato más fiel de quien en ella vivía...".

"Recuerdo ahora con verdadera y tierna gratitud los apuros de ese amigo excelente por hacer de mí alguien. Estudioso por naturaleza, y además ocupado en los empeños de la cátedra, hallaba el tiempo de buscarme, acecharme, encontrarme, acompañarme en largos paseos, para tener la oportunidad de hablar difusamente y de meter en mi cabeza ideas buenas y rectas, bajo cien formas distintas...[88] De ciencias exactas, era inútil platicar: lo sabía el pobre Bidone que, al enseñarme matemáticas, no había logrado hacerme diestro ni en las cuatro operaciones de la aritmética. Quedaba sin embargo todo el resto de los conocimientos; y cuando yo le preguntaba: '¿Qué debo hacer?', él me contestaba sonriendo: 'Actúe'".[89]

Fuertes eran, por cierto, los "empeños de cátedra" de Bidone: al suceder a Francesco Michelotti en la de hidráulica, había heredado también la dirección del laboratorio de la Parella, instalado en la granja de ese nombre, a unos 3 km de Turín. Creado en 1763, dicho laboratorio utilizaba el agua de un canal de irrigación, que dos ductos de 2×2 pies de sección introducían desde arriba en una torre cuadrada de más de 7 m de alto, 8 pies de lado por fuera y 3 interiormente. La torre estaba provista de tres tomas laterales ubicadas a distintas alturas, maniobrables desde sendos balcones. La descarga se efectuaba a través de dos depósitos: uno al pie de la torre y otro —unos 5 m más bajo— a 25 m de distancia poco más o menos. Los dos se comunicaban por cuatro canales de un pie de ancho, longitudes diferentes y trazados distintos: rectos, curvilíneos y con codos. Artefacto único en la Europa de entonces, que Hachette, en su *Traité élémentaire des machines*, proponía como modelo: "Sería deseable —escribía— que se aprovecharan las aguas del río Ourc para crear cerca de París un laboratorio semejante a la Parella de Turín. Tal edificio, bajo la dirección de la Sociedad Real de Agricultura, contribuiría poderosamente al progreso de una ciencia, la hidráulica, cuyas aplicaciones —en un país agrícola como es Francia— implicaría una nueva fuente de riqueza".

[88] *Id.*, 137, 138.
[89] *Id.*, 140.

En la Parella, Bidone realizó muchos experimentos minuciosos: los más célebres fueron aquellos relacionados con el remanso que se produce en un canal fuertemente inclinado, debido a la presencia de un obstáculo o a la reducción brusca de la pendiente. Hablaremos de ellos en el capítulo siguiente; por el momento, nos limitaremos a recordar los estudios de chorros verticales que Bidone efectuó.

La deformación del chorro

Al tratar en sus *Recherches expérimentales* el tema del chorro, Venturi concluye, con base en los resultados Bossut, Michelotti y Poleni, que "ya no se puede poner en duda que: 1°, la contracción de la vena es poco más o menos 0.64 del orificio; y 2°, la velocidad de la vena contraída es casi la misma que la de un cuerpo grave que caiga de una altura equivalente a la carga". Todo esto naturalmente vale "siempre que el orificio sea muy pequeño en comparación con la sección del tanque, que esté practicado en una pared delgada y que los filamentos fluidos afluyan de todas partes hacia el orificio mismo". ¿Y si el orificio por su forma no permitiera esa afluencia uniforme? Con el objeto de contestar esta pregunta, se había utilizado en el laboratorio de Módena una fisura *ACBD* (figura 46), practicada en una pared delgada vertical. Sus lados —*A, B*— eran horizontales y las extremidades —*C, D*— redondeadas; la razón de la altura a la longitud del orificio era aproximadamente 1:20. Se descubrió que en tales condiciones el chorro se deforma de manera insospechada: a poca distancia de la fisura, la sección se encoge adquiriendo la forma *EF*, sin perder su figura alargada; algo más lejos, se contrae en la roseta simétrica *GH*, y finalmente se expande en el gran abanico *KMLN*, orientado en dirección perpendicular al orificio. El experimento se había repetido con

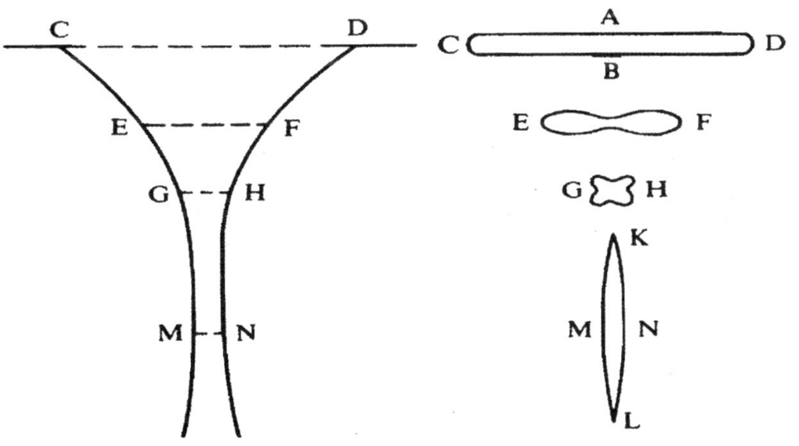

Figura 46

una fisura colocada normalmente a su orientación anterior, o sea con lados largos verticales, y se había vuelto a encontrar la misma configuración, sólo que ahora *EF* era vertical, y *KMNL* horizontal.

Comenta Venturi: "los filamentos fluidos que, saliendo del orificio, rozan los dos bordes opuestos *A, B*, son muy cercanos entre sí; siendo convergentes, tienden a reunirse a muy poca distancia del orificio mismo. Los filamentos *C, D*, están más separados y tal vez converjan menos; tienen, por tanto, que reunirse a una distancia mayor que los anteriores. Tenemos aquí que vérnosla con dos contracciones, una más próxima y la otra más alejada del orificio. Estas dos contracciones se equilibran parcialmente, y su oposición mutua hace que el efecto *GH* se aleje a una distancia cinco veces mayor que la de la vena contraída de un orificio circular que tenga diámetro igual al largo de la fisura. En esta experiencia vemos la causa de un fenómeno que había sido observado, en casos particulares, por Poleni y otros, sin ofrecer su explicación: en todo orificio de figura rectilínea en pared delgada, los ángulos de la vena contraída corresponden a los lados del orificio, y recíprocamente". En efecto, la roseta *GH* presenta sus cantos allí donde la fisura *ACBD* tiene sus lados; sus concavidades, donde aquélla tiene sus esquinas.[90]

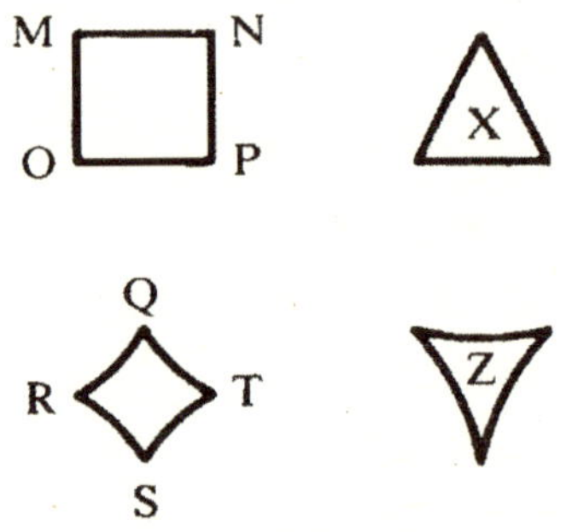

Figura 47

Como comprobación, Venturi agrega dos experimentos (figura 47). Primero utiliza el orificio cuadrado *MNPO*. En tal caso observa que la máxima contracción de la vena, que se produce más lejos de la abertura que cuando el orificio es redondo, tiene la forma *QTSR*, verificándose aquí también la sustitución de lados por ángulos. La causa de esta mutación sería, según Venturi, que los ángulos opuestos *M, P*, están más separados entre sí que los lados *MN, OP*, repitiéndose el fenómeno que ocurrió con el chorro de la figura 46. Igualmente, si el orificio tiene la forma del triángulo equilátero *X*, la sección contraída del chorro será como *Z*. Finalmente, para la fisura de la figura 46, se comprueba que la sección *GH* se aleja tanto más de la fisura cuanto mayor es la carga sobre la fisura misma.

Bidone se interesa en el mismo problema de la deformación del chorro unas tres décadas después de Venturi, y realiza observaciones más precisas. Por ejemplo, la figura 48 muestra cómo en el caso de un orificio *A* de sección elíptica, con el eje mayor horizontal de 24 líneas y el menor vertical de 17 líneas, los rasgos del orificio se van exagerando en el chorro, pero invirtiéndose. La carga de agua es 6 pies de París

[90] Venturi, 76-78

(1 pie = 0.348 m). La sección *B*, donde el chorro se deforma en un círculo de unas 17 líneas de diámetro, está a 30 líneas de distancia del orificio. Más allá de ese punto, el eje vertical de la sección crece y el horizontal decrece, como dan fe las secciones *C*, a 6 pulgadas de distancia, y *D*, a 24 pulgadas. La figura 49 corresponde al chorro que sale de un orificio A en triángulo equilátero, como el *X* de la figura 47. El orificio *A* tiene lados de dos pulgadas y trabaja bajo una carga de agua de 6 pies; las secciones *B, C, D* y *E* están tomadas a distancias del orificio mismo de 1, 6, 12 y 24 pulgadas, respectivamente. La sección *C* corresponde a la *Z* de Venturi; pero revela la forma real, que los lados curvos de *Z* apenas sugieren. Bidone descubre que el chorro se abre en estrella, con tres brazos normales a los lados del orificio, brazos formados por láminas de agua sumamente delgadas, que en el ensayo conservan su transparencia y continuidad hasta una distancia de 42 pulgadas del orificio mismo. Repite luego el ensayo con orificios en forma de cuadrado, pentágono, hexágono, comprobando en cada caso la formación de una estrella análoga, con sus lados también dispuestos perpendicularmente a los del orificio.[91]

Figura 48

La explicación que Bidone sugiere para el fenómeno se parece a la de Venturi. Supongamos, dice él, que se tienen dos chorros de igual velocidad, dirigidos según una misma recta, pero en sentido opuesto: chocan y se aplastan en un disco ubicado en un plano perpendicular a la recta misma. Supóngase ahora que los ejes de los chorros se corten oblicuamente: también en este caso se formará una lámina, ubicada en el plano perpendicular al de los ejes y orientada según la bisectriz del ángulo que ellos forman. Ahora bien, el orificio triangular da lugar a la formación de tres chorros, provenientes de los tres ángulos, y las láminas producidas por un choque tendrán justamente las posiciones y orientaciones que muestra la figura 49.[92]

En muchos casos, especialmente cuando el orificio es pequeño y la carga de agua baja, la extensión creciente de

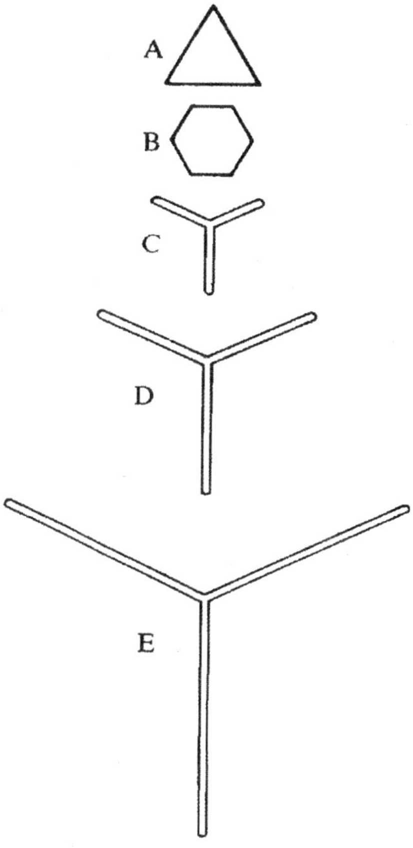

Figura 49

[91] Rayleigh, vol. I, 377, 378.
[92] *Id.*, 378.

los brazos de la estrella alcanza un límite (sección *C* de la figura 50*a*); luego, la estrella vuelve a cerrarse (tramo *cd*) hasta que reaparece una sección compacta (tramo *de*) semejante al tramo *ab* que sigue a la primera contracción en *a*. Pasado el punto *e*, si el chorro mantiene su coherencia, vuelve a formarse una estrella en el tramo *ef*, pero ahora sus brazos estarán orientados según las bisectrices de los del tramo *bd*, o sea paralelamente a los lados del orificio. Esta estrella a su vez puede alcanzar un ancho máximo, volver a contraerse, y así sucesivamente. El efecto es estacionario y se repite periódicamente en tramos (como *bd* y *eg* de la figura 50*a*) de igual "longitud de onda".

Mediciones con orificios de diferentes formas, llevadas a cabo medio siglo después por Lord Rayleigh, revelaron que esta longitud varía en proporción directa con la raíz cuadrada de la altura de agua sobre el orificio y, por tanto, también en proporción directa con la velocidad de salida.[93]

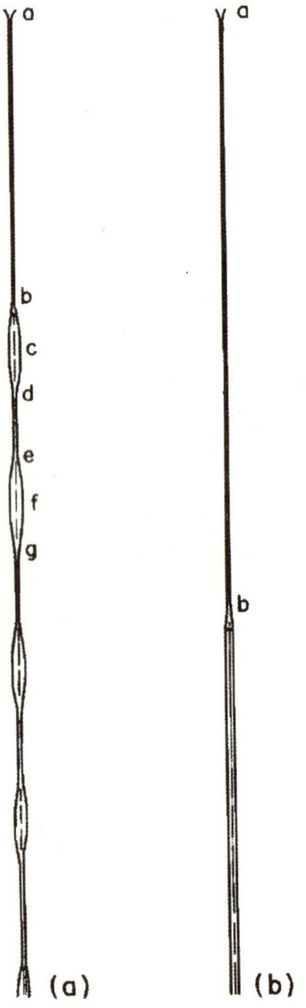

Figura 50

Quedaba una pregunta interesante: ¿a qué se deben las sucesivas pulsaciones del chorro? Un profesor francés, Félix Savart, logró contestarla. Experimentador sumamente hábil, a pesar de tener su laboratorio en París donde los movimientos y ruidos de la ciudad crean en el aire perturbaciones incesantes, fue capaz de aislar perfectamente un chorro circular en caída vertical. Resultó una vena, como muestra la figura 50*b*, donde el tramo cilíndrico *ab* se prolonga notablemente y luego da lugar a una expansión continua. Esto permitió concluir que las pulsaciones se deben a excitaciones sónicas externas, hecho que Savart comunicó en un trabajo de 1833. Pero halló algo más. Observó que en los dos casos ilustrados en la figura 50 siempre el tramo *ab* aparece transparente y quieto, como si fuese una varilla de vidrio; por el contrario, la parte que sigue se ve turbia y perturbada. Intentando explicar este hecho, se le ocurrió cruzar rápidamente con el dedo la vena en su parte inferior, y he aquí la sorpresa: a veces el dedo no se mojaba; luego el chorro era discontinuo. Si después de haber elevado la vista al tramo *ab*, uno la baja bruscamente, recorriendo la vena con la velocidad de caída del agua, súbitamente ve a esta descomponerse, como lo muestra la figura 51, en una sucesión de gotas aisladas. La aparente continuidad de la vena resulta de la retención en la retina de la imagen de estas gotas que van cayendo: si las gotas se

[93] *Id.*, 380-383.

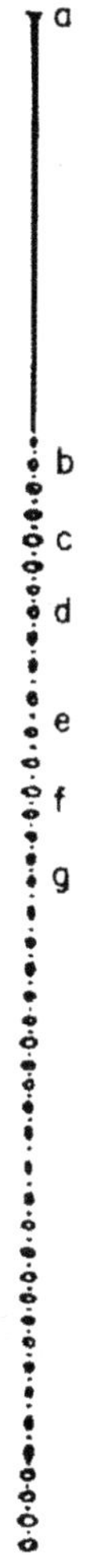

Figura 51

suceden a intervalos de un décimo de segundo o menos, antes que la imagen dejada por una de ellas se desvanezca, la renueva la gota siguiente, y todo se ve continuo. Hoy basta con sacar una foto instantánea del chorro para revelar su discontinuidad.

El descubrimiento de Savart le permitió también explicar la naturaleza de las pulsaciones del chorro. Se dio cuenta de que la gota, a medida que baja, cambia continuamente su forma: cuando se separa del extremo de la porción cristalina, punto *b*, la gota se conforma por su peso en esferoide con eje mayor vertical. Pero una gota no puede conservar esa figura, debido a la tensión superficial, que tiende a darle forma esférica. El esferoide encoge pues su eje vertical y ensancha el horizontal para volverse una esfera; mas como un péndulo que no puede detenerse en su posición de reposo, la contracción del eje vertical se excede y la gota se hace nuevamente esferoidal, pero ahora más ancha que alta. Las que vemos como contracciones son esas partes donde el eje mayor de la gota es vertical; las expansiones son aquellas donde es horizontal. Finalmente, entre cada par de gotas sucesivas aparece una gotita mucho más menuda; y esto porque, luego de separarse una gota grande de la columna superior, por una especie de contragolpe de la vena que se retira, se forma tras ella, como un pequeño satélite, la gotita intermedia.[94]

Dejemos el estudio de los chorros, a reserva de volver a considerarlos más adelante, en estos hallazgos, particularmente notables si se piensa en los pobres medios de visualización de que se disponía hace siglo y medio; lo cual nos infunde una sincera admiración hacia individuos como Bidone y Savart, quienes en tales condiciones lograron observar todos los detalles que hemos descrito. Además, son de lo poco nuevo que se pudo agregar a esta materia; caso de los más singulares en la historia de la investigación científica, ya que, a pesar de disponer desde el comienzo del resultado más importante: el principio de Torricelli, se continuó durante más de un siglo con hipótesis, análisis, verificaciones, discusiones y controversias que poco pudieron perfeccionar dicha materia, aun habiéndole dedicado mucho tiempo y esfuerzos la mayoría de los hidromecánicos de la época, incluyendo a los más grandes y de mayor renombre.

[94] Tyndall, 388.

3

Ríos y canales

El río que se buscó un nuevo cauce

La ciudad de Ferrara estaba fundada a orillas del Po, en posición estratégica: allí donde el río se parte en dos brazos, el de Volano y el de Primaro (figura 52). A esta ubicación debía su prosperidad, porque le permitía dominar, a través de su puerto, un activo comercio con el territorio incluido entre ambos ramales, así como el tráfico que bajaba hacia el Adriático, procedente de Pavia, Plasencia y Cremona, y el otro que, llegando de Venecia, remontaba el curso del río.

En el año 1152, debido a una creciente excepcional, el Po se desbordó por su orilla izquierda unas 12 millas arriba de Ferrara, entre Stellata y Bondeno; se abrió camino por una zona baja y socavando y arrastrando la tierra removida, llegó al mar. La gente de los alrededores acudió al sitio del derrame y, como solía hacer en tales circunstancias, levantó un bordo, cerrando la brecha. Sin embargo, ese nuevo cauce disponible constituía una tentación para los hidráulicos de entonces, pues la posibilidad de desviar por él parte de las aguas en caso de avenida permitiría proteger de inundaciones a las tierras de Ferrara; así que, unos cincuenta años después, un tal Sicardo de Ficarolo, otro pueblo ribereño de por allí, volvió a abrir esa salida por medio de un tajo. Es cierto que en un mapa de principios del siglo XIV el nuevo brazo del Po no aparece; pero, según las noticias dejadas en 1431 por Ambrogio de Camáldoli acerca de su viaje fluvial hasta Venecia, resulta que ese ramal ya era navegable puesto que Ambrogio lo utilizó. Su existencia se legitimó dándole el nombre de "Po de Venecia", y se denominó "Po de Ferrara" al tramo antiguo, desde Stellata hasta esa ciudad.[1]

[1] Lombardini, 26.

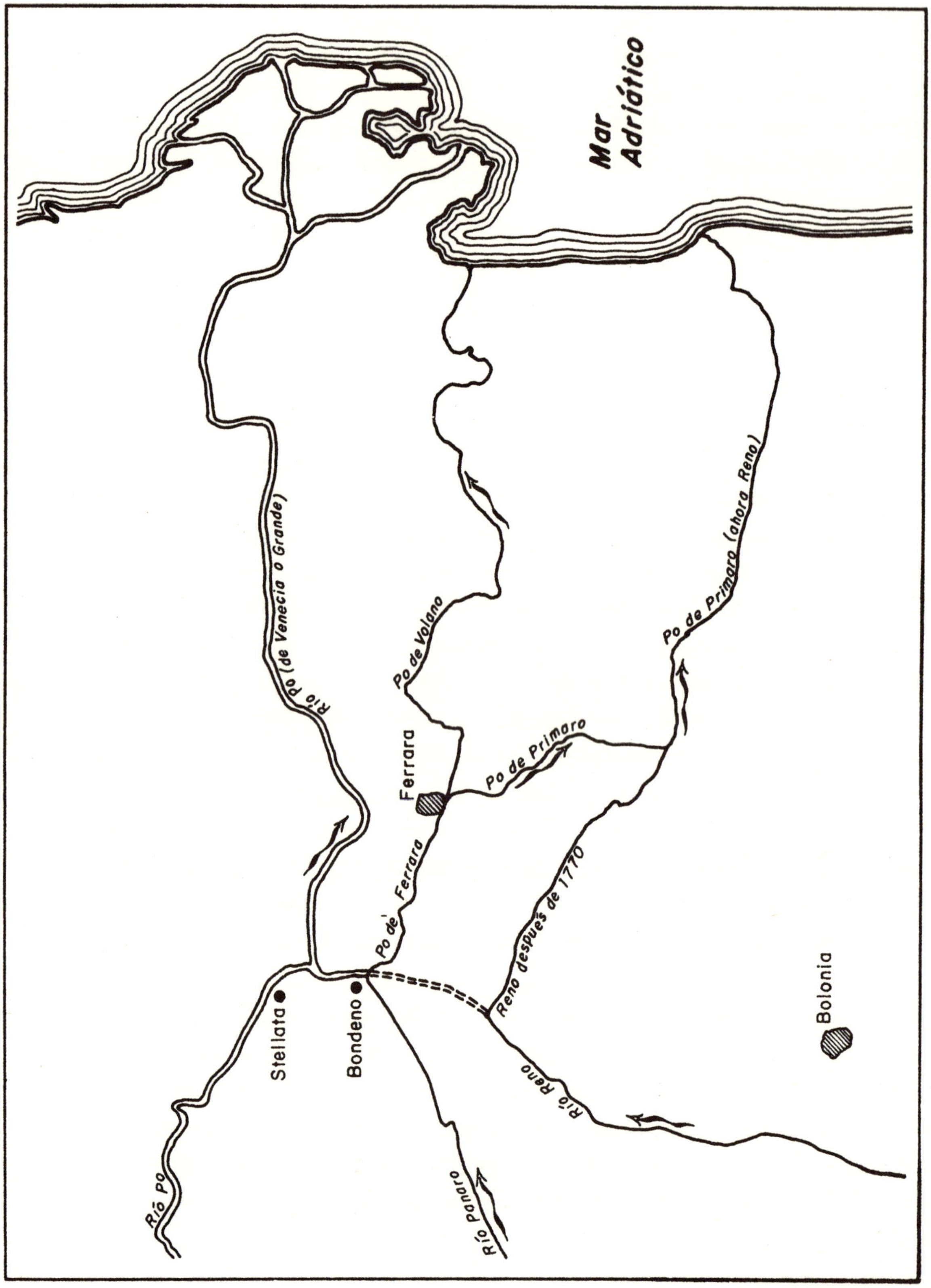
Mar Adriático
Río Po (de Venecia o Grande)
Po de Volano
Ferrara
Po de Primaro
Po de Primaro (ahora Reno)
Reno después de 1770
Po de' Ferrara
Stellata
Bondeno
Bolonia
Río Reno
Río Panaro
Río Po

Figura 52

Ahora, cerca de Bondeno desembocaban en dicho tramo dos afluentes considerables: el Panaro y el Reno (figura 52), los cuales en sus crecientes arrastraban gran cantidad de tierra y piedras, que luego el Po acarreaba hacia su estuario. Al reducirse progresivamente al caudal del Po de Ferrara a medida que el de Venecia iba ensanchándose y adquiriendo por erosión más capacidad (tanto que acabaron por llamarlo Po Grande), el primero perdía más y más su poder de arrastre; los acarreos se asentaban en la desembocadura de los afluentes, con la consecuencia de que los lechos de éstos y del mismo Po de Ferrara fueron elevándose y refrenando las corrientes respectivas. Así en 1460 el Reno rompió su bordo derecho y se fue a inundar la campiña de Bolonia. ¿De quién sería la culpa? De los de Ferrara, evidentemente; y contra ellos se descargó la cólera de los boloñeses. Era entonces amo de Ferrara Borso de Este, señor apuesto y espléndido, que gustaba de recorrer las calles de la ciudad a caballo, ataviado con trajes suntuosos y cubierto de oro y joyas; hombre cuyo sueño —que logró efectivamente realizar— era conseguir para sí y sus sucesores el título de duque. Un individuo así no se echa para atrás; con señorial largueza Borso firmó un acuerdo con el Papa, de quien dependía Bolonia, comprometiéndose a limpiar el lecho del Reno y así devolver todas sus aguas al Po; y lo hizo.

Naturalmente, la limpia constituía un remedio momentáneo, ya que con el tiempo los cauces se volverían a azolvar; en efecto, en 1522 el Reno se desbordó nuevamente. El problema tenía que arreglarse entre el Papa Adriano VI y el duque Alfonso I de Este. Adriano, a pesar de haber sido creado Papa a principios del año, por hallarse entonces en España como gobernador general de ese reino en ausencia de Carlos V, llegó a Roma tan sólo a fines de agosto. Nunca había estado en Roma antes, y allí encontró el Estado Pontificio en guerra con Alfonso, lo cual no le gustó nada. Holandés de origen, Adriano era un hombre pacífico y no entendía estos pleitos entre príncipes italianos. Además, Alfonso no era un adversario que se pudiera menospreciar: dejando la vida de corte a su hermano, el célebre cardenal Ippólito, y a su esposa, la todavía más célebre doña Lucrecia Borgia, se dedicaba a su pasión, la artillería, y fabricaba excelentes cañones, que vendía luego a los ejércitos en pugna. Así, el problema del Reno sirvió a Adriano para llegar a un acuerdo con Alfonso, quien devolvió otra vez ese río al Po.[2]

Al finalizar el siglo XVI, el Estado Pontificio había logrado, como sabemos, realizar el antiguo anhelo de entrar en posesión de Ferrara; de modo que los pleitos acerca del Reno se hicieron problemas internos que el Papa procuraba resolver con sus propios

[2] *Id.*, 27.

medios. Así, en 1623 Urbano VIII llamó a su matemático, el padre Benedetto Castelli, y lo envió como inspector a Ferrara, al séquito de Monseñor Ottavio Corsini. Lo que Castelli observó lo relató como sigue: "Siendo que el lecho del Po de Ferrara ya está levantado, resulta que éste queda del todo carente de aguas del Po Grande, salvo en los tiempos de sus mayores crecidas; aunque en tales ocasiones, por estar este Po de Ferrara cerrado por una barrera de fondo cerca de Bondeno, también quedaría falto de agua. Pero los señores ferrarenses acostumbran cortar la barrera cuando el Po amenaza romper; y del tajo mana tanta furia de agua, que se ha observado que el Po Grande, en espacio de pocas horas, baja su nivel cerca de un pie".[3]

Que un río del ancho del Po baje un pie no parece nada despreciable; y Castelli encuentra a todos muy satisfechos y convencidos de "que sea sumamente provechoso y útil mantener este desfogue, y valerse de él en tiempo de avenidas". Sin embargo, él tiene sus dudas, porque sabe muy bien que para apreciar el gasto descargado no basta con estimar el volumen de agua en movimiento, sino también la velocidad con que ésta se mueve. Es un error el de los que "miden la masa de agua que escurre... por el lecho del Po de Ferrara, y consideran que la masa del Po Grande haya disminuido tanto cuanto es la que escurre por el Po de Ferrara".[3]

En efecto —dice Castelli— admítase que, con las aguas del Po Grande en sus máximos niveles, se corta la barrera que se forma naturalmente en el fondo; entonces, con el cauce de Ferrara vacío, dichas aguas caen desde muy arriba, precipitándose con gran velocidad. Tal vez en un principio mantengan esa misma velocidad, o poco menos, al correr hacia el mar. "Sin embargo, luego de pocas horas, una vez lleno el Po de Ferrara y no hallando en él las aguas superiores tanta pendiente como al principio, ya no desembocan con la misma velocidad de antes, sino con una mucho menor; por tanto, empieza a salir del Po Grande un caudal mucho más reducido; y si con esmero comparáramos la velocidad del agua al realizarse el tajo con la adquirida después, cuando el Po de Ferrara ya está lleno de agua, hallaríamos que la primera era como quince o veinte veces mayor. Por tanto, el agua que abandonará al Po Grande, pasado el primer ímpetu, será tan sólo la quinceava o veinteava parte de la que salía en un principio; con lo que las aguas del Po Grande en poco tiempo recuperarán su altura original". Que los que no se convenzan con este razonamiento —sigue diciendo fray Benedetto—, se molesten en observar, cuando se realice un tajo en la barrera de Bondeno, si esa bajada inicial de nivel en el Po Grande se conserva, o si más bien uno o dos días después se regresa casi al nivel de antes.[4]

[3] Castelli, 109.

[4] *Id.*, 110.

Sigue Castelli analizando ventajas y desventajas de realizar el tajo: "Aun aceptando que las aguas del Po Grande bajen de altura al principio del desfogue, este beneficio resulta temporáneo, de unas cuantas horas. Si las crecientes del Po y los peligros de ruptura fuesen de poca duración, como ocurre generalmente en las crecidas de los torrentes, entonces el desfogue sería de alguna consideración; pero como las del Po duran treinta y a veces hasta cuarenta días, la ganancia que resulta del desfogue acaba por ser de poca monta". Y frente a este tan modesto beneficio, ¿cuáles son los inconvenientes? Castelli señala cuatro. Primero, que llenándose los cauces vacíos del Po de Ferrara —Primaro y Volano— nace el peligro de desbordes en todo su curso, desde Bondeno hasta el mar. Segundo, que existe el riesgo de que el Po de Primaro ahogue los desagües naturales de los campos adyacentes, creando un serio problema de saneamiento en la zona. Tercero, que al bajar las aguas del Po Grande, las del Po de Ferrara se van refrenando progresivamente hasta estancarse y luego invierten su curso dirigiéndose hacia Stellata; y en la fase de estancamiento depositan sus acarreos en el lecho del río, elevándolo siempre más. Cuarto y último, que al encauzarse parte de las aguas del Po Grande hacia el de Ferrara, en el lecho del primero, aguas abajo de la derivación, se formaría naturalmente un levantamiento del fondo en forma de lomo transversal que luego estorbaría el escurrimiento y podría causar inundaciones aguas arriba.[5]

Concluye Castelli que "el provecho de este desfogue es muy inferior a lo que generalmente se supone; y además hallaremos, si no me equivoco, que de él resultan tantos perjuicios, que yo propendería grandemente a creer más conveniente cerrarlo del todo que conservarlo. Sin embargo, no me hallo tan encariñado con mi opinión que no esté listo a cambiar mi juicio frente a razones mejores", siempre que se tome en cuenta "la importancia de la variedad de las velocidades del agua misma y lo necesario que es el conocimiento de aquéllas para concluir la verdadera cantidad del agua corriente". La recomendación surtió su efecto: los ferrarenses dejaron de cortar la barrera de Bondeno y el cauce del Po de Ferrara quedó definitivamente seco.

La gente che solcar soleva l'onda
or solea il letto del gran fiume estinto,[6]

la gente que solía surcar la ola ahora "surca" el lecho del gran río difunto, escribiría luego Alessandro Tassoni en su poema jocoso "La secchia rapita" ("El balde robado"),

[5] *Id.*, 110, 111.
[6] Tassoni, canto 3, 19.

poema que cuenta la heroica guerra de los de Bolonia en contra de los modenenses, para recuperar un balde de madera que estos últimos les habían quitado. Guerra inútil, por cierto, porque ese balde cualquiera puede contemplarlo todavía en la Ghirlandina, la gran torre de la linda catedral de la ciudad de Módena.

Los boloñeses, ahora que ya no había duque a quién reclamar, tuvieron que aguantar varias inundaciones del Reno. Sin embargo, allá por el año 1770, Giovanni Lecchi tuvo una gran idea: disponiéndose del cauce vacío del Po de Primaro, ¿por qué no echarle el del Reno, que así saldría directamente al mar Adriático sin pasar por el Po Grande? Despertóse la burocracia pontificia, la obra se realizó, siguiendo el trazo que se ve en la figura 52, y se acabaron los problemas. Hoy en día la mayor parte de las aguas del Reno se desvía al canal de irrigación llamado Emilianoromañolo; y el tramo abandonado de dicho río, que aparece entrecortado en la figura, ha sido revestido, y se utiliza en doble sentido: de sur a norte para aliviar al Reno, echando al Po Grande sus aguas sobrantes, cuando el gasto del río sobrepasa la capacidad del canal mencionado; de norte a sur para llevar al canal aguas del Po, levantadas por bombeo, cuando las del Reno son insuficientes para alimentarlo.

Opinión corriente entre los hidráulicos italianos del siglo XVIII era que fue justamente en la controversia del Reno, y en las discusiones técnicas a que ella dio lugar, donde tuvo su nacimiento la moderna "doctrina de las aguas".

Criterios de fontaneros

Todavía en el siglo XVIII, los fontaneros usaban como unidad de medida la "onza de agua". La onza, unidad de longitud, representaba como sabemos al doceavo de pie; onza de agua era la cantidad que sale de un orificio circular de una onza de diámetro. No se daban cuenta los mencionados artífices de que esa medida, al no considerar la carga de agua sobre el orificio, no era única: la onza de agua se vuelve doble si el tirante se cuadruplica. Es cierto que los fontaneros más competentes no caían en ese error; sin embargo, había otro más encubierto, en el cual solían incurrir al realizar particiones. Lo señala al padre Castelli en su libro *Della misura dell'acque correnli* (*De la medición de las aguas corrientes*), de 1628; libro que es casi imposible encontrar en su edición original, pero que felizmente fue reproducido en una célebre publicación aparecida primero en 1722 y luego varias veces reimpresa y aumentada: la *Raccolta d'autori che tráttano del moto dell'acque* (*Colección de autores que tratan del movimiento de las aguas*), testigo de la afición por la hidráulica que existía entonces en Italia.

Refiere Castelli que en Roma, ciudad de las fuentes, se acostumbra medir las aguas "de dos maneras, la primera de las cuales se realiza por figuras semejantes, como serían círculos o cuadrados; o sea, se calibran los orificios destinados a entregar las aguas con una placa de metal, en la que se perforaron varios círculos, o bien cuadrados, uno de media onza, otro de una, otros de dos, tres, cuatro onzas, etc. La otra manera de medir las aguas de fuentes es con rectángulos de la misma altura pero con bases distintas, de modo que análogamente un rectángulo sea de media onza, otros de una, dos, tres, etc. Midiendo y subdividiendo así el agua pareció que si los orificios se colocan en un mismo plano equidistante de la superficie libre del agua en el depósito y se realizan dichas medidas con toda exactitud, también el agua tiene que resultar partida en proporción a ellos". A primera vista esto parecería correcto; pero no para Castelli, que prosigue: "si consideramos bien el asunto, hallaremos que los orificios, a medida que aumentan en tamaño, descargan siempre más agua de lo debido en comparación con los menores; o sea, para hablar con más propiedad, el agua que pasa por el orificio mayor está a la que pasa por el menor en una razón siempre mayor que la de las áreas relativas".

Esta variación, explica Castelli, resulta del hecho de que la velocidad del chorro se reduce debido a la fricción del agua con los bordes del orificio, en proporción con la longitud de éstos. Consideremos dos orificios cuadrados, uno cuádruple del otro en sección: "si quisiéramos que el agua que pasa por el orificio mayor fuese tan sólo cuatro veces la que pasa por el menor en tiempos iguales, se necesitaría que no sólo la abertura del orificio mayor sea cuádruple de la menor sino que también se cuadruplique la obstrucción. Ahora, en nuestro caso es cierto que se ha cuadruplicado la abertura, pero no ha sucedido lo mismo con la obstrucción, la cual únicamente se ha duplicado, por ser el perímetro del cuadrado mayor tan sólo el doble del perímetro del menor".[7]

"La misma consideración —añade Castelli— revela el error de esos arquitectos que, debiendo construir sobre un río puentes de muchos arcos, conservan para el claro total el mismo ancho que tiene el río, sin discurrir que en el cauce ordinario del río el agua tiene sólo dos reductores de velocidad, o sea, el roce con las dos orillas"; mientras que en el puente se tienen dos orillas por cada una de las pilas. "Y a este descuido siguen a veces gravísimos trastornos, como nos muestra la práctica diaria". Finalmente, destaca como otro ejemplo la enorme ventaja que representa para los campesinos el desherbar zanjas y canales; "porque esa multitud de plantas, o hierbas, o cañitas, distribuidas por la acequia, acaba por retardar notablemente el curso del agua, y la medida

[7] Castelli, 115.

RACCOLTA D' AUTORI
CHE TRATTANO
DEL MOTO
DELL' ACQUE

EDIZIONE SECONDA

CORRETTA, ED ILLUSTRATA CON ANNOTAZIONI,

AUMENTATA DI MOLTE SCRITTURE, E RELAZIONI, ANCO INEDITE,
E DISPOSTA IN UN ORDINE PIU' COMODO
PER GLI STUDIOSI DI QUESTA SCIENZA.

TOMO PRIMO

IN FIRENZE MDCCLXV.
NELLA STAMPERIA DI SUA ALTEZZA REALE
CON LICENZA DE' SUPERIORI.

del agua crece; mientras que, quitados esos impedimentos, la misma agua adquiere velocidad, y luego baja en medida, y, por consiguiente, en altura".[8]

Cómo medir las aguas corrientes

En el año 1598 Roma sufrió una grave inundación a causa del Tíber; como tales inundaciones se habían venido presentando con cierta frecuencia, se consideró conveniente aumentar la capacidad del cauce del río. Había que determinar con ese objeto cuánta era el agua que realmente había escurrido; y esto no podía medirse en el cauce mismo, que había resultado insuficiente. El arquitecto Giovanni Fontana, encargado del reconocimiento, decidió que lo mejor era calcular los aportes del tramo superior del río y de todos los afluentes, y sumarlos. Con la ayuda de un sobrino, midió las áreas de las secciones mojadas de esos ríos y riachuelos; esto es factible localizando en cada cauce las huellas de aguas máximas, o sea, hierbas dobladas, sedimento depositado, erosiones, lo más pronto posible antes de que desaparezcan. Luego las sumó, y así obtuvo el resultado aparente de que el aporte extraordinario al Tíber había sido de quinientas "cañas" más de lo normal. La caña era una medida de algo más de 2 metros de largo; aquí debía tratarse evidentemente de "cañas cuadradas". Como esto era aproximadamente el triple de la sección útil del lecho en el interior de la ciudad, Fontana infirió que, para salvar a Roma de todo peligro, habría que abrir otros dos cauces iguales al que existía. Alguien le hizo notar, sin embargo, que había un puente, llamado Quattro Capi, que no había sido rebasado, ya que toda la avenida había cabido bajo de él, en una sección de ciento cincuenta y una cañas apenas. ¿Qué decir? Fontana se vio obligado a concluir que la que había pasado por allí debía de haber sido "agua comprimida".[9]

Esta conclusión no le gustó nada al padre Castelli porque, decía él, "no entiendo que el agua sea como el algodón o la lana, materiales que pueden comprimirse y apretarse, como también ocurre con el aire".[10] Además, don Benedetto levanta toda una serie de otras objeciones: las medidas realizadas en los afluentes no pueden utilizarse para el Tíber, porque en éste las aguas no mantienen la misma velocidad que en aquéllos, y donde la velocidad aumenta, el área de la sección se reduce; tampoco son comparables entre sí, por el mismo motivo, las medidas realizadas en afluentes distintos, porque "mientras Fontana suma las cañas y palmos de las medidas de esas

[8] *Id.*, 116, 117.
[9] *Id.*, 105.
[10] *Id.*, 107.

acequias y ríos, incurre en el mismo error en que caería aquél que reuniera en una misma suma monedas de valores y países distintos, pero que tuviesen el mismo nombre, como sería pretender que diez escudos romanos, más cuatro escudos de oro, más trece florentinos, más cinco venecianos, más ocho mantuanos sumasen cuarenta escudos de oro"; además, es muy posible que un afluente que no llevó más aguas de lo normal haya parecido llevar más, por el sencillo motivo de que, al elevarse las aguas en el Tíber, las del afluente deben nivelarse con aquéllas y subir ellas también, simulando una crecida inexistente; finalmente, "Fontana se equivoca al concluir que para librar a Roma de inundaciones se necesitaría abrir otros dos cauces fluviales anchos como el que existe actualmente" porque, "habiendo cabido toda la avenida debajo del puente Quattro Capi,... sería suficiente un solo cauce con la misma capacidad de dicho puente, siempre que el agua escurriera con la misma velocidad que alcanzó debajo de él en ocasión de la inundación".[11]

El gasto de un río no puede pues depender de la sección mojada solamente, sino que también hay que tener en cuenta la velocidad. Era éste un asunto que desde hacía tiempo había intrigado a Castelli: "Habiendo yo —escribía— en otros tiempos oído hablar en varias ocasiones de las medidas de las aguas de ríos y fuentes, diciendo: ese río es de dos o tres mil pies de agua, esa agua de fuente es de veinte, treinta o cuarenta onzas, etc., aunque de ese modo yo oyese que todos por igual, hasta los mismos peritos e ingenieros, se expresaban... como si fuese cosa fuera de toda duda, sin embargo, yo quedaba siempre envuelto en una calígine tal que me daba cuenta perfectamente de no entender nada en lo absoluto de lo que otros pretendían comprender plena y abiertamente. Y mi duda provenía de haber frecuentemente observado muchas acequias y canales que llevan aguas para mover molinos, en cuyos conductos, si se mide el agua, se halla muy abundante; pero si luego la misma agua se medía en la cascada que se forma para girar la rueda del molino, resultaba mucho más reducida, no alcanzando a menudo su décima ni tampoco a veces su veinteava parte; de tal modo que la misma agua corriente resultaba de medida a veces mayor, a veces menor, en distintas partes de su cauce. Por tanto, esta manera vulgar de medir las corrientes, por ser indeterminada e imprecisa, empezó con razón a parecerme sospechosa, ya que la medida debe de ser bien determinada y única".[12]

La solución al problema salió de la observación de un fenómeno que no parecía tener nada que ver con la hidráulica. Era costumbre del buen Padre detenerse a con-

[11] *Id.*, 105-107.
[12] *Id.*, 98.

templar las actividades de obreros cuyos talleres se abrían sobre la vía pública; y en especial le atraía el fino trabajo de los joyeros, quienes desplegaban en él todo su sentido artístico. Estos artesanos utilizaban para la orfebrería hilo tirado de oro y plata, que producían ellos mismos partiendo de un alambre grueso y tirándolo luego para irlo adelgazando progresivamente. Con tal objeto, envolvían el alambre en un carrete giratorio sujeto a un perno fijo en la mesa, forzaban un cabo del alambre mismo a pasar por una perforación de menor diámetro practicada en una placa de acero vertical, y aseguraban dicho cabo en un carrete igual al otro lado de la placa: en este último iban envolviendo el hilo y lo jalaban, forzándolo así a adelgazarse. Ahora, se sabía por experiencia que el segundo carrete tenía siempre que girar más rápido que el primero. Castelli comprobó con mediciones que cuanto más grueso es el hilo antes del agujero que el que ya lo ha atravesado, tanto más rápido avanza, en proporción inversa, este último con respecto al primero, "y así el grosor compensa la velocidad y, viceversa, la velocidad compensa el grosor". Para entender la razón de esto, "lo que hay que considerar atentamente es que las partes del hilo antes del agujero tienen cierto grosor y las que salen del agujero son más finas, pero de todos modos el volumen y el peso del hilo que se desenrrolla son siempre iguales al volumen y peso del que se enrolla". Resulta, pues, que "ocurre lo mismo a los solidísimos metales de oro, plata, hierro, etc., que al elemento fluido del agua y a los demás líquidos, a saber, que esa misma proporción que tienen entre sí los grosores del metal o del agua la tienen inversamente las velocidades relativas".[13]

Por lo que concierne a los ríos, el principio anterior permitía a Castelli afirmar que "donde el río tendrá menor velocidad, allí será de mayor medida, y en esas partes en las cuales tendrá mayor velocidad será de menor medida; en suma, las velocidades de distintas partes del mismo río tendrán eternamente recíproca y mutua proporción con sus medidas".[14] Con razón —apuntaba— un viejo refrán recomienda: "cuidaos de las aguas quedas"; porque quien decida cruzar la corriente allá donde sus aguas se ven más tranquilas la hallará más profunda y, por tanto, probablemente más peligrosa.[15]

"Muchísimas consecuencias —concluía— pueden deducirse de esta misma doctrina; pero las omito porque cada quien puede entenderlas fácilmente por sí mismo, siempre que mantenga bien fija esta máxima: que no es posible concluir nada seguro acerca de la cantidad del agua corriente, si se considera tan sólo la medida vulgar del agua sin

[13] *Id.*, 100.
[14] *Id.*, 101.
[15] *Id.*, 103.

su velocidad; así como, por el contrario, quien tuviese cuenta solamente de la velocidad sin medida cometería grandísimos errores. Porque al tratarse de la medición de las corrientes es necesario, por ser el agua un cuerpo, si se quiere formar un concepto de su cantidad, tener cuenta de todas sus tres dimensiones, a saber, ancho, profundidad y largo. Las dos primeras todos las consideran en la manera común y ordinaria de medir las aguas corrientes, pero se olvida la tercera dimensión, la del largo, y tal vez esa omisión se debe a que la longitud de una corriente se presume de cierto modo infinita, ya que nunca acaba de escurrir... Pero, si con más atención reflexionásemos sobre nuestra consideración de la velocidad del agua, hallaremos que, al tomarla en cuenta, también se toma en cuenta el largo, ya que cuando se dice que cierta agua de fuente corre con la velocidad de 1000 o 2000 cañas por hora, esto en sustancia no es sino afirmar que dicha fuente descarga en una hora un agua de 1000 o 2000 cañas de largo. De modo que, aun siendo incomprensible la longitud total del agua corriente, como si fuese infinita, ella se vuelve comprensible parte por parte en su velocidad".[16]

La ley de Castelli

El 12 de noviembre de 1625 Castelli, entonces profesor en Pisa, escribía a Galileo: "En estos días he demostrado geométricamente con mucha facilidad la siguiente proposición: la proporción entre la cantidad de agua que escurre por un río cuando éste tiene cierta altura de agua y la que escurre en el mismo río cuando tiene otra altura está en razón compuesta de la velocidad con la velocidad y de la altura con la altura".[17] A lo que Galileo contestaba el 21 del mismo mes, diciendo que esa proposición le parecía "muy clara, siendo que, al mantenerse la misma altura, el agua que escurre es como la velocidad y, manteniéndose la misma velocidad, ella es como la altura; por tanto, combinando alturas y velocidades, las aguas que escurren tienen la proporción compuesta entre las dos".[18] Este resultado, que se refiere evidentemente a ríos de sección rectangular, aparece en el libro *Della misura...*, expresado en forma más general en la Proposición 11, al remplazarse la palabra "altura", o sea tirante de agua, por la palabra "sección". Si indicamos con Q el gasto (volumen de agua que escurre en un tiempo determinado), con A el área de la sección, con V la velocidad y con subíndices 1 y 2 las dos secciones, lo enunciado puede escribirse

[16] *Id.*, 130.

[17] Galilei, *Le ópere*, vol. XIII, 285.

[18] *Id.*, 289.

$$Q_1/Q_2 = (V_1/V_2)\,(A_1/A_2) \qquad (1)$$

Si, como hacemos actualmente, se uniforman las unidades de medida, expresando por ejemplo las áreas en m^2, las velocidades en H m/s y los gastos en m^3/s, la fórmula 1 se simplifica en

$$Q = VA \qquad (2)$$

y significa que el gasto, en cualquier sección, es igual al producto de la velocidad por el área de la sección misma.

La demostración de lo anterior se apoya sobre la siguiente Proposición I: *las secciones de un mismo río descargan, en tiempos iguales, iguales cantidades de agua, aunque las secciones mismas sean desiguales;* proposición cuya demostración vale la pena recordar, porque ofrece una idea del método "geométrico" empleado por el autor. "Sean *A* y *B* dos secciones del río *C*, que corre de *A* hacia *B* (figura 53). Digo que descargarán iguales cantidades de agua en tiempos iguales. En efecto, si por *A* pasara una cantidad mayor de la que pasa por *B*, seguiría que en el espacio intermedio del río, *C*, el agua crecería continuamente, lo que es manifiestamente falso; si, por el contrario, de la sección *B* saliera más de lo que entre por *A*, el agua en el espacio intermedio C iría menguando continuamente y seguiría bajando, lo que también es falso. Por tanto. la cantidad de agua que pasa por la sección *B* es igual a la cantidad que pasa por la sección *A*".[19]

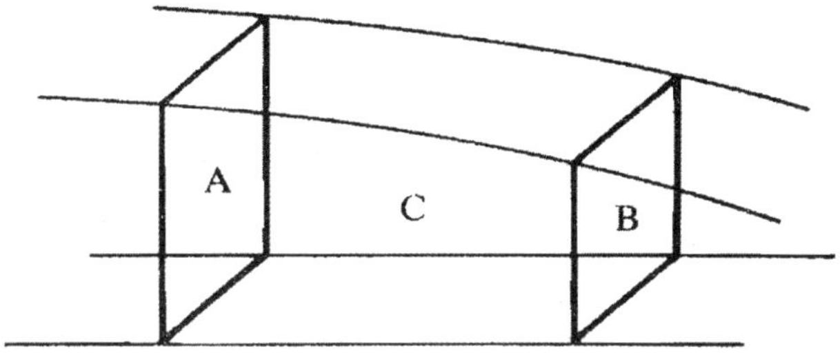

Figura 53

A la Proposición II le siguen otras cuatro, que podemos expresar brevemente así:[20]

Proposición III. Para dos secciones de un mismo río, de áreas A_1, A_2 y velocidades V_1, V_2, resulta que

$$A_1{:}A_2 = V_2{:}V_1$$

[19] Castelli, 131, 132.
[20] *Id.*, 133-136.

Proposición IV. Un río de ancho b_1, tirante h_1 y velocidad V_1 al penetrar en otro de ancho b_2 adquiriendo la velocidad V_2, alcanzará un tirante h_2 tal que

$$h_2:h_1 = b_1 V_1:b_2 V_2$$

Proposición V. Si un río descarga un gasto Q_1 con tirante h_1 y velocidad V_1, y luego sobreviene una crecida que, con velocidad V_2, eleva el tirante a h_2, el nuevo gasto Q_2 será tal que

$$Q_2:Q_1 = h_2 V_2:h_1 V_1$$

Proposición VI. Si dos avenidas de un mismo afluente penetran en un mismo río, y éste corre con velocidades V_1, V_2, respectivamente, los incrementos de tirante Δh_1, Δh_2 serán tales que

$$\Delta h_1:\Delta h_2 = V_2:V_1$$

Benedetto Castelli ha sido considerado en Italia como "padre de la hidráulica" y la fórmula 2 se ha conocido como "ley de Castelli". Esta atribución ha sido posteriormente controvertida, porque otros antes que él habían tenido un conocimiento por lo menos parcial de ella; por ejemplo, Leonardo ya había enunciado claramente la Proposición I y la había demostrado de manera muy parecida; sin embargo, la atribución parece merecida porque Castelli, como hemos visto, fue buscando este principio con tesón, perfeccionándolo poco a poco y, una vez establecido, lo fue aplicando sistemáticamente para resolver cantidad de problemas hidráulicos. No querérselo acreditar sería un poco como negar a Colón el descubrimiento de América, por el simple motivo de que hubo antes uno o dos europeos que, por mera casualidad, arrojados por la borrasca, arribaron a las playas del nuevo mundo. Y como prueba de lo dicho, vale la pena recordar algunas consideraciones con las que Castelli concluye su tratado: "De las cosas declaradas, si se entienden bien, se sacarán muchos [criterios] cómodos y útiles, no sólo para subdividir las aguas corrientes en relación con los infinitos usos que les corresponden al mover piedras de molino, fábricas de papel y de polvo para arcabuces, talleres, machacadoras de arroz, herrerías, moledoras de aceite y de arrayán, sierras para madera, curtidurías de pieles, batanes, hilanderías y semejantes instalaciones, sino también para el provecho de canales navegables, la derivación de ríos y canales, y para definir los tamaños de los conductos para fuentes; aprovechamientos en los cuales suelen cometerse grandes errores, que luego ocasionan fuertes pérdidas, por resultar a veces los canales y tuberías incapaces de llevar los gastos requeridos, y otras veces más grandes de lo necesario. Complicaciones éstas que se evitarán en cuanto el ingeniero se entere de lo antes mencionado".[21]

El nivel del lago Trasimeno

¡Qué bueno, Padre Decano, que venís a nuestro capítulo general! —exclamaba el padre guardián del monasterio de San Pedro en Perusa, abrazando a Castelli. ¡Quiera Dios que traigáis también un poco de agua del cielo, vos que de las aguas sois tan amigo! Efectivamente, la comarca sufría una sequía terrible. Desde la pequeña ventana de su celda, que permitía a la vista espaciar, entre bosques y colinas, desde la huerta del convento hasta el lago Trasimeno, ahora don Benedetto sólo divisaba tierras áridas, quemadas por el sol. Observe vuestra señoría —comentaba el fraile— cómo el lago se ha encogido. Ya no sale agua; las veintidós muelas que su emisario movía están paradas, y para nuestra harina tenemos que andar con los burritos cargados todo un largo día, hasta los molinos del Tíber más cercanos.

Los benedictinos se acuestan temprano, pero se levantan mucho antes del alba. Todavía era obscuro cuando Castelli montó a caballo para bajar al Trasimeno. En la toma se apeó para medir el nivel del lago: cinco palmos romanos era lo que había descendido desde su elevación normal, de modo que se encontraba bastante por debajo del umbral del emisario. Después de un frugal almuerzo con el hermano que lo acompañaba, ambos emprendieron en silencio, bajo el sol candente, el camino del regreso. Pero he aquí que surge el viento, aparecen unos nubarrones que rápidamente se juntan y ennegrecen el cielo. ¿Será la lluvia por fin? Aceleran el paso y llegan al monasterio cuando ésta ya ha empezado a caer. Los monjes, que los han avistado desde lejos, bajan felices a recibirlos, celebrando el milagro de don Benedetto; pero éste no quiere perder tiempo: que le traigan un vaso de vidrio, el más grande que tengan. Encuentran un tarro de mermelada como de un palmo de alto y medio de ancho. Su fondo es algo irregular: Castelli lo cubre con un tantito de agua, de la cual marca el nivel con una raya, lleva el vaso hasta el centro del patio y allá lo deja, bien vertical. La lluvia no es muy fuerte, pero sigue cayendo continua y uniforme ante el regocijo de todos. Una hora después, Castelli recoge el vaso

[21] *Id.*, 149.

y marca el nivel alcanzado por el agua. Pero la lluvia no cesa; ocho horas persiste, más o menos con la misma intensidad. ¿Cuánto habrá subido el lago? Elemental, piensa Castelli; si además de un vaso yo hubiese expuesto muchos a la misma lluvia, en todos ellos el agua habría subido a la misma altura; así que también para el lago, que equivale a una enorme cantidad de vasos, ésta debiera de haber sido la elevación del nivel en una hora. Por ocho horas, la subida del agua será ocho veces más.

En la mañana siguiente vuelve a llover; Castelli se apresura a colocar nuevamente su vaso en el patio y regresa a la celda. En ese momento, llega el ingeniero encargado de los trabajos del convento: como Castelli sabe de construcciones, los monjes aprovechan su visita para que el ingeniero discuta con él lo que se propone hacer. Estoy intentando pronosticar la elevación de las aguas del Trasimeno —dice el padre al ingeniero, mostrándole por la ventana el vaso— ¿qué le parece mi idea? Pero el otro lo mira incrédulo. "Entonces percibí —escribirá más tarde Castelli a Galileo— que ese buen hombre se había formado el concepto de que yo tenía muy poco seso; porque me dijo sonriendo maliciosamente: Padre mío, os engañáis; para mí, con esta lluvia el lago no debe de haber crecido ni el grueso de un julio [la moneda que el papa Julio II había mandado acuñar]. Oyendo que soltaba esta sentencia con gran sinceridad y resolución, le rogué que me mencionara alguna razón de lo que había dicho, asegurándole que estaba dispuesto a cambiar de opinión según la fuerza de sus razones. Me contestó que tenía una grandísima experiencia en el lago, porque lo visitaba cada día, y que estaba absolutamente seguro de que no había crecido nada. Como yo seguía insistiéndole que sostuviera con alguna razón su parecer, me hizo considerar la gran sequía ocurrida, y que esa lluvia no había sido sino una nada por la excesiva sequedad. A eso contesté: Señor, yo pensaba que la superficie del lago sobre la cual la lluvia había caído estuviese mojada; por lo que no veía cómo su sequedad inexistente pudiese haber absorbido, por así decir, algo de la lluvia. De todos modos, persistiendo él en su opinión sin que mi discurso lo impresionase en lo absoluto, por fin me concedió —creo para hacerme un favor— que mi razón era preciosa, pero que en la práctica no resultaría. Entonces, para poner todo en claro, hice llamar a un hombre y lo envié desde luego a la bocatoma del emisario del lago con el encargo de traerme el informe exacto de cómo estaba el agua del lago con respecto al umbral de la boca. Ahora aquí no quisiera, señor Galileo, que Ud. pensara que yo haya arreglado el asunto para sostener mi palabra; pero créame —y hay testigos todavía— que mi enviado, llegando en la noche a Perusa, trajo la noticia de que el agua ya empezaba a escurrir por el túnel, hallándose casi un dedo por encima del umbral. De modo que, agregando esta medida al desnivel de la superficie del lago por debajo del umbral antes de la lluvia, se veía que la elevación del lago debida a la lluvia había sido exactamente de esos cuatro dedos que yo había pronosticado".[22]

Ingrato negocio es meterse con las aguas —lamenta don Benedetto— porque no sólo se pueden afectar "los intereses públicos, sino también los privados; de donde se sigue que tratar acerca de ellas corresponde no solamente a los peritos, sino que muy a menudo quienquiera del vulgo pretende expresar su parecer; así que con frecuencia he tenido que tratar no sólo con gente que por práctica o estudios especiales entendía algo de tales asuntos, sino también con personas carentes del todo de los conocimientos indispensables para poder hablar con fundamento acerca del tema. Así, muchas veces he encontrado más dificultades en la testarudez de los hombres que en los precipitosos torrentes y vastos pantanos".[23] Y para darnos un ejemplo, menciona otra experiencia suya en relación con el lago Trasimeno.

La obra de toma a la cual nos referimos consistía en un túnel controlado por compuertas. El túnel, construido por Braccio Fortebraccio unos dos siglos antes, se derrumbó luego y quedó inutilizado durante muchísimos años. Cuando el lago ya pertenecía al Estado Pontificio, Maffeo Barberini, quien antes de ser creado Papa había sido Prefecto de los Caminos (algo así como Secretario de Obras Públicas) del Estado mismo, había resuelto reconstruir la obra; lo que se había realizado con buen éxito. Luego de algún tiempo de operación, el padre Castelli fue enviado a inspeccionar las condiciones del túnel, por lo que ordenó que cerraran las compuertas para dejarlo seco. La llegada del abad había sido notada; y los curiosos que oyeron la orden se lanzaron rápidamente a avisar a los vecinos, de modo que, apenas cerradas las compuertas, ya estaba allí una multitud de los poblados y tierras de alrededor para protestar. Padre —decían— no cierre, porque las aguas del lago subirán e inundarán nuestros campos, y se echarán a perder las cosechas. Castelli intentó explicarles que el cierre era sólo por dos días, y que el lago era tan grande que su subida de nivel, que iba a ser realmente mínima, no se notaría en lo absoluto. La gente no quería convencerse; cada quien enumeraba los enormes perjuicios que él y su familia sufrirían, y el pobre abad, acostumbrado como buen alumno de Galileo a dialogar, hablando y dejando hablar, se encontró en una situación difícil. Mi trabajo —pensaba él— se hace no con azadones o palas, sino con la pluma y el raciocinio: ¿cómo entenderme con éstos que no saben ni de la una ni del otro? "Por tanto, me convino valerme de esa autoridad que yo tenía, y así proseguí haciendo mi negocio como convenía, sin ninguna consideración para aquella plebe allí tumultuariamente reunida".[24]

[22] *Id.*, 125, 126.
[23] *Id.*, 121.
[24] *Id.*, 121, 122.

La rectificación del Bisenzio

Hay en Toscana un pequeño pero caprichudo río llamado Bisenzio, el cual en otros tiempos amenazaba con crecidas súbitas e inopinadas, que resultaban en roturas de bordos en los meandros, y las consiguientes inundaciones. Para acabar con el peligro, en verano de 1630 el ingeniero Alessandro Bartolotti había propuesto al gran duque Cósimo II enderezar la parte baja del río, remplazando el tramo de meandros por uno rectilíneo. Cósimo había pasado el escrito de Bartolotti a la consideración de otro ingeniero, Stéfano Fantoni, quien lo había desaprobado, exponiendo sus buenas razones para dejar el río como estaba y tan sólo ir arreglando los bordos. Bartolotti había replicado a las objeciones, insistiendo con nuevos argumentos. La noche del 8 de diciembre de ese mismo año, Niccoló Arrighetti, que recibía a un grupo de amigos en su villa en Montedómini, donde estaba pasando el invierno, comenzó a platicar acerca del problema, del cual ya en agosto le había hablado el gran duque, y en el que había seguido meditando. Su primo Andrea, seis años más joven que él y ex discípulo de Castelli, que se hallaba entre los presentes, se interesó grandemente en el asunto. Pero como mantenía una opinión opuesta a la de Niccoló, se suscitó entre los dos un interesante debate, que empezó verbalmente y prosiguió por carta.

Niccoló sostenía que nada se podía ganar enderezando el río, en cuanto que los tirantes en el cauce rectificado seguirían siendo los mismos que en el tortuoso. En efecto —decía él— sean (figura 54) *AB* el horizonte, *CA* al canal recto, *CGEIA* el sinuoso. El agua que baja desde *C* hasta *A* se comportará como un grave que va acelerándose y, por tanto, de acuerdo con el Teorema III de Galileo, deberá adquirir la misma velocidad en puntos que, como *D* y *G*, o bien *F* e *I*, se hallan a la misma elevación sobre el horizonte. Luego, siendo la velocidad la misma y los anchos de ambos canales iguales, también tendrán que serlo los tirantes.[25] Andrea en principio no podía negar esta teoría, por respeto a Galileo; sin embargo, por haber tenido que lidiar él mismo con un río así, estaba convencido de que en la práctica el agua corre más despacio en un canal torcido que en uno recto. Su razonamiento era el siguiente: las partículas de agua, al salir de la curva *G*, tendrán que chocar contra la orilla *GE* y regresar, formando un ángulo de reflexión igual al de incidencia, "y si en su regreso toparán y tropezarán con otras partículas de agua que a su vez estén yendo a chocar con la misma orilla, se verán forzadas a regresar una segunda vez, y quizás más veces,

[25] Galilei, *Le ópere*, vol. XIV, 176.

hacia esa orilla, con velocidades y ángulos diferentes; y las segundas partículas, en su choque con las primeras, también se retrasarán, y con su demora refrenarán la velocidad de las terceras, y así sucesivamente, recibiendo siempre menos impedimento a medida que se encuentren más alejadas. Por tanto, será necesario que, en el recodo y por alguna distancia tras él, el agua crezca en medida, reduciendo en proporción su velocidad". Como comprobación, basta con observar que "en todos los recodos de ríos y acequias..., en ocasión de crecidas se produce siempre un notable levantamiento, con roturas y desbordes".[26]

Niccoló contestaba estar dispuesto a aceptar los rebotes supuestos por Andrea; pero sostenía que, sin embargo, "mientas esas partículas que chocan hacen fuerza hacia atrás,... las que siguen la hacen hacia adelante y, equilibrándose así tales impulsos, estas partículas quedarán paradas; y quedando paradas... no creo que Ud. me niegue que el agua al topar con ellas se las lleve por delante con su misma velocidad, de igual manera que, colocando a través de una corriente un madero,... esa corriente lo arrastraría con su velocidad".[27] Andrea en su respuesta ratificaba no poner en duda la demostración de Galileo, mas recordaba que éste consideraba la caída de los graves, "siendo removidos todos los impedimentos. Pero si no me enseña Ud. la manera de remover los infinitos obstáculos que pueden impedir y refrenar el fluir de esas corrientes por dichos canales, no me siento forzado a tener que cambiar de opinión. Más bien, ahora se me ocurre que habría que aceptar necesariamente que los ríos y canales, al alejarse de su origen, vayan incrementando la velocidad en la proporción de las diferencias de los números cuadrados, lo que no pienso que Ud. crea en lo absoluto... Y si se me concediera... que esos recodos ocasionen un mínimo impedimento, resultaría imposible que desde el primero en adelante la velocidad del río por el [cauce] torcido pueda igualar nunca la velocidad por el [cauce] recto; y mucho menos la igualará si luego de ese hubiesen otros recodos, como acontece en el caso del Bisenzio, donde hay algunos con ángulos tan agudos y extravagantes que regresan nada menos que de mediodía a tramontana".[28]

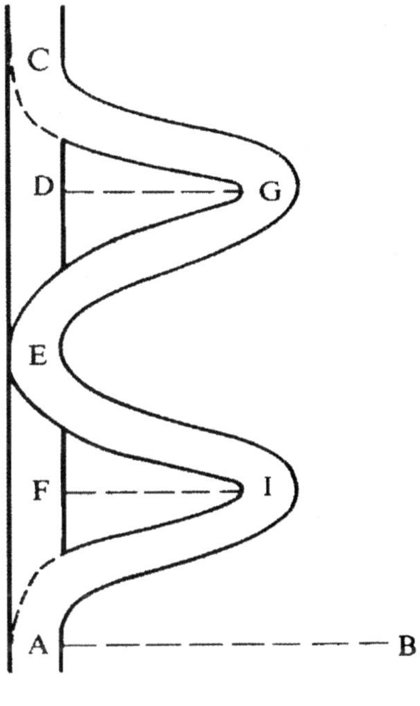

Figura 54

[26] *Id.*, 180.
[27] *Id.*, 181, 182.
[28] *Id.*, 185, 186.

Otro argumento de Niccoló —no muy transparente por cierto, pero que él consideraba una "demostración geométrica"— era el siguiente: acéptese, como Andrea pretende, que en el recodo se eleva el tirante y baja la velocidad, y remplácese el río tortuoso por otro recto que tenga el tirante aumentado y la velocidad reducida que resultan en el recodo. Luego desvíese este cauce recto, creándole un recodo igual al anterior: la velocidad, ya reducida, bajará todavía y el tirante, ya aumentado, crecerá. Si procedemos de la misma manera a lo infinito, llegamos a un absurdo.[29] "Esta demostración —replica, sin embargo, Andrea— se echa por tierra con sólo negar que sea posible rectificar un río y conservar allí las mismas sección y velocidad... ; y yo opino que, en cuanto se le quiten las vueltas y se enderece, la sección se reducirá y la velocidad aumentará".[30]

Así, quedando cada uno aferrado a su parecer, a Andrea se le ocurre una idea, que comunica a su primo: "Le ruego pues mostrarme más claramente la falacia de esta opinión mía, que me parece tan clara que no podría decir más; y si Ud. estuviera de acuerdo,... creo que se duplicaría el gusto en cada uno de nosotros si apostáramos alguna galantería, como sería una cena antes de carnaval en el centro del pueblo, la que servirá para alegrarnos un poco en estos tiempos tan calamitosos y para tener la ocasión de examinar alguna fantasía de nuestro señor Galileo, al cual sin mayores réplicas o escritos me contento con remitir toda la decisión de esta disputa".[31] En efecto el 17 de ese mes de diciembre Andrea y el 18 Niccoló escriben a Galileo, detallando cada uno su punto de vista y pidiéndole su opinión. Más tarde, Andrea comunica a Galileo que ha realizado observaciones en el campo, las cuales parecen darle la razón: "Seleccioné dos recodos de nuestro río de la Marina y otros dos de otro riachuelo, distantes pocos centenares de codos entre sí y, habiendo localizado con cuidado hasta dónde subió en dichos recodos la última creciente, y nivelado de un punto a otro, hallo en efecto que en las partes intermedias, por debajo del primer recodo, el agua no alcanzó ni con mucho el plano que pasa por los puntos observados".[32] Luego, declarando que "el gusto que siento tratando [esta materia] sobre papel con triángulos es mucho mayor de lo que ha sido el disgusto cuando tuve que practicarla, a pesar mío, por la perjudicial proximidad de algunos ríos",[33] le remite una demostración convincente del hecho de que, si dos canales que cubren el mismo desnivel llevan el mismo gasto pero son de longitud dis-

[29] *Id.*, 182, 183.
[30] *Id.*, 188.
[31] *Id.*, 189.
[32] *Id.*, 196, 197.
[33] *Id.*, 199, 200.

tinta, independientemente de que posean o no recodos, la hipótesis de que el tirante sea igual en ambos es incompatible con la de que el movimiento del agua sea naturalmente acelerado. Finalmente, en una carta a un amigo que se encuentra cerca de Galileo, menciona que dispone de un pequeño laboratorio, y que luego "si Ud. pensara que al Señor Galileo le gustaría ver estas experiencias, podría hacerle entender que hay caños y canales de varios tipos y que en mi casa, mañana por la mañana o cuando ordenara, tendremos comodidad para realizarlas".[34]

Interviene Galileo

No sabemos quién pagó la cena en Montedómini, aunque nos inclinamos a creer que le haya tocado a Niccoló. Lo cierto es que Galileo se vio en esos mismos días metido también directamente en el pleito. En efecto, el 22 le había llegado una comunicación por parte de Raffaello Staccoli, diciendo que el gran duque encomendaba a él, Galileo, y a Giulio Parigi, inspeccionar el río Bisenzio; y, en vista de la discrepancia entre las opiniones de Bartolotti y Fantoni, considerar lo más útil y adecuado por hacerse para la protección de esa llanura y de los pueblos que en ella estaban.

Aunque la carta de Staccoli agregaba que ambos asesores serían llevados y traídos de vuelta con toda comodidad por las partes interesadas, o sea por Fantoni y Bartolotti,[35] Galileo, que prefería su tranquilo estudio en Bellosguardo al trajín de la inspección en el campo, resolvió que mejor sería empezar examinando las propuestas y contrapropuestas de los dos ingenieros. Esencialmente, a la sugerencia de Fantoni de dejar todo como estaba, sólo reforzando y perfeccionando los bordes destruidos, Bartolotti replicaba que ese remedio ya se había adoptado 44 años antes y que, a pesar de eso, se había vuelto a lo mismo: según él, era necesario cortar de una vez los meandros, porque cualquier otra curación no habría sido sino como "aplicar paños calientes". La rectificación tendría doble ventaja: evitar el remanso en los recodos y aumentar la pendiente del cauce; así, se incrementaría la velocidad de la corriente.

Galileo no oculta su preferencia hacia la posición de Fantoni. Sí los arreglos sirvieron durante 44 años —razona él— es porque eran efectivos; si luego el río volvió a desbordar, fue porque el cauce se azolvó, "y como es imposible evitar el arrastre de materiales por parte de la corriente y su depósito, hay que contentarse, y resignarse a

[34] *Id.*, 206.
[35] *Id.*, 198, 199.

tener que remover de vez en cuando el azolve".[36] En una carta a Staccoli del 16 de enero de 1631, Galileo plantea sus puntos de vista, pidiendo de antemano disculpa por su originalidad: "Sé que en este mi escrito hay proposiciones que, por tener a primera vista el aspecto de paradójicas e imposibles, mantendrán, y tal vez acrecentarán en el concepto de muchos, el atributo que se me da de cerebro extravagante y deseoso de contradecir hasta las opiniones y doctrinas que suelen provenir de los mismos maestros en Artes; y por esto no se me oculta que mejor sería... callar ese *ver che ha faccia di menzogna* (verdad que tiene semblante de mentira) que, expresándolo, exponerlo a las réplicas, impugnaciones y a veces hasta a los escarnios de muchos. Sin embargo, mi parecer es distinto del usual también en esto, pues estimo más útil proponer y exponer a refutaciones ideas nuevas que —para salvaguardarme de los contradictores— llenar hojas con conceptos ya repetidos en mil volúmenes".[37]

Galileo considera, como había hecho Niccoló Arrighetti, que el movimiento de la corriente en un canal es naturalmente acelerado, y le aplica sus teoremas sobre la caída de los graves; así concluye, por el Teorema III, que la corriente recorrerá dos tramos de canal que cubran el mismo desnivel en tiempos proporcionales a las longitudes de los mismos. Alguien podrá concluir —sigue diciendo— que el más corto descarga un gasto mayor que el más largo, pero no es así. Supongamos, por ejemplo, que haya dos conductos en tales condiciones, uno de longitud doble del otro, y que tengamos que descargar por ellos diez mil balas de cañón: si introducimos una bala en el momento en que la anterior sale del conducto, como la bala en su recorrido tarda el doble de tiempo en el conducto largo que en el corto, claro está que el segundo descargará el doble de balas que el primero. Pero la descarga del agua no es así, sino que se produce como si se tuviese una sucesión continua de balas, una en contacto con la otra; y en tal caso, "supuesto, por ejemplo, que en la longitud del canal corto quepa una hilera de cien balas solamente y en la del canal largo doscientas, es cierto que el primero ya habrá descargado cien balas cuando el segundo empieza a descargar la primera, pero al continuar la descarga... se hallará que el canal corto no gana en toda la descarga sino la ventaja de cien sobre las diez mil balas, porque solamente cien quedarán por descargarse en el canal largo una vez terminada la descarga del corto;... y menos sería la ventaja cuando fuese mayor el número de balas por introducirse y descargarse".[38]

[36] Galilei, *Léttera*. 216.
[37] *Id.*, 227.
[38] *Id.*, 220.

Bartolotti afirmaba que la velocidad de las aguas de un río depende esencialmente de la pendiente de su cauce; Galileo cree más bien que dicha pendiente no tenga sino una importancia mínima. En primer lugar, porque la conclusión de que, de acuerdo con el Teorema III, el tiempo requerido para recorrer un cauce cuyo largo sea la mitad se reduce a la mitad, vale siempre que se suponga que el móvil —en nuestro caso el agua— empiece su movimiento naturalmente acelerado partiendo del reposo. Pero, en la realidad, el agua ya llega con una velocidad considerable al inicio de la rectificación; y es fácil demostrar que "el espacio que se recorrerá en el canal largo, en el tiempo que se recorre todo el corto, no será sólo la mitad de la longitud del corto, sino más y más, a medida que haya sido mayor la velocidad".[39] En segundo lugar, Galileo disiente de Bartolotti en cuanto que está convencido de que la pendiente que puede afectar la velocidad de la corriente no es la del fondo del cauce, sino la de la superficie del agua.

Supongamos en efecto —dice él— que se apoya una esfera metálica sobre el piso de un canal horizontal: la esfera quedará inmóvil; pero, si la esfera es de agua, se aplanará, corriendo hacia los lados, "y si los extremos del canal están abiertos, se saldrá toda, salvo esa mínima capita que queda mojando el fondo del canal. He aquí pues que hasta en un canal sin pendiente, donde los sólidos quedan parados y quietos, los fluidos se mueven. Además la causa del movimiento es muy manifiesta, en cuanto que el agua aplanándose adquiere declive... y ella misma se crea de cierto modo pendiente. sirviendo sus capas inferiores como lecho inclinado para las superiores... y aquí empieza a evidenciarse cómo no es la pendiente del lecho o fondo del canal la que regula el movimiento del agua".[40] Asimismo, puede resultar "una grandísima variación de velocidad. no solamente por un pequeño aumento de pendiente que se le dé al lecho del canal, sino también cuando ésta no se incremente por nada y la de la superficie del agua se incremente sumamente poco. Así, si considerásemos qué aumento de pendiente puede causar para nuestro río Arno una elevación en nuestra ciudad de ocho o diez codos, que hay que distribuir sobre un largo de 60 millas, que es lo que se extiende su cauce desde aquí hasta la desembocadura, no cabe duda que el aumento de velocidad, en comparación con la que tienen sus aguas cuando están bajas, debería de ser pequeño". Y aquí Galileo hace un cálculo: supongamos que la caída total de nivel de aquí a la desembocadura sea en estiaje de 100 codos y de 108 durante una avenida; tomando el medio proporcional entre 100 y 108, que es menos de 104, se obtendría para la avenida un incremento de velocidad de menos del 4 por ciento, o sea que si en estiaje el río llega

[39] *Id.*, 221.
[40] *Id.*, 223.

al mar en 50 horas, en crecida debiera tardar más de 48; pero de hecho resulta que tarda menos de ocho. "Luego —continúa Galileo— para descubrir la causa de este gran aumento de velocidad, hay que acudir a otra cosa que no sea el incremento en la caída de nivel, y reconocer que una de las razones poderosas es que, al crecer así el desnivel, aumenta enormemente la masa y el cúmulo del agua que, gravitando y comprimiendo las partes que van adelante con el peso de las subsiguientes, las empuja impetuosamente; cosa que no sucede con los cuerpos sólidos... Ahora, como en la aceleración del flujo de las aguas crecidas poco tiene que ver la mayor pendiente y mucho la gran copia del agua que sobreviene, hay que considerar que, aunque en el canal corto la pendiente sea mayor que en el largo, las aguas inferiores del largo se encuentran tan cargadas por la mayor abundancia de las aguas superiores que las comprimen y empujan, que este impulso puede compensar abundantemente el beneficio que podría resultar de la mayor pendiente [del canal corto]".[41]

Pasando luego a considerar el comportamiento de la corriente en los recodos, Galileo anota: "Tal vez podría resultar que el agua remansándose se hinchara un tanto sobre la curva; pero esto no disminuirá en lo absoluto su velocidad, porque ese levantamiento le servirá para hacer que su pendiente se haga mayor en el tramo de canal siguiente, donde, con aumentar su velocidad, compensará el retraso sufrido en el inicio de la curva; resultará así un efecto semejante al que diariamente vemos acontecer en los ríos muy crecidos, a saber, que cuando, al pasar por los arcos de los puentes, tienen que contraer sus aguas por chocar con las pilas o impostas de dichos arcos, aquéllas, elevándose por el lado de atrás, adquieren debajo de los arcos una pendiente tal que, escurriendo con suma velocidad sin ninguna pérdida y continuando su curso, no gastan en su viaje ni un instante más que si hubiesen hallado el canal totalmente despejado".[42]

Entre otras interesantes consideraciones contenidas en la carta a Staccoli, leemos y la siguiente: supongamos que un móvil tenga que bajar por su propio peso desde el punto E hasta el punto C (figura 55), deslizándose sobre un carril conveniente; ¿cuál forma debería de tener este carril para que el recorrido se realice en el menor tiempo posible? "Afirmo —escribe Galileo— que el camino más expedito y que se recorre en menos tiempo no es el recto, aun siendo el más corto, sino que hay curvas, y también combinaciones de líneas rectas, que se recorren con mayor velocidad y en tiempo más breve".[37] Comparando, por ejemplo, el carril rectilíneo *EC* con el quebrado *EFC*, señala que *EF* tiene mayor pendiente que *EC*; por tanto, el móvil, llegando a *F*, tiene

[41] *Id.*, 224, 225.
[42] *Id.*, 226, 227.

una velocidad mayor que la alcanzada en el carril *EC*; y como la conserva en el tramo *FC*, aunque éste sea menos inclinado, acaba por llegar más rápidamente al extremo *C* si sigue el camino quebrado. Un razonamiento análogo lo lleva a concluir que el camino curvo *EGFC* es todavía más conveniente, y finaliza: "De lo que acabo de decir, quisiera que los señores ingenieros y peritos saquen una advertencia... acerca del repartimiento de la pendiente en los canales y lechos de los ríos; y es ésta: que no hay que distribuirla igualmente en todas partes, sino que conviene irla siempre reduciendo al acercarse al final del curso".[43]

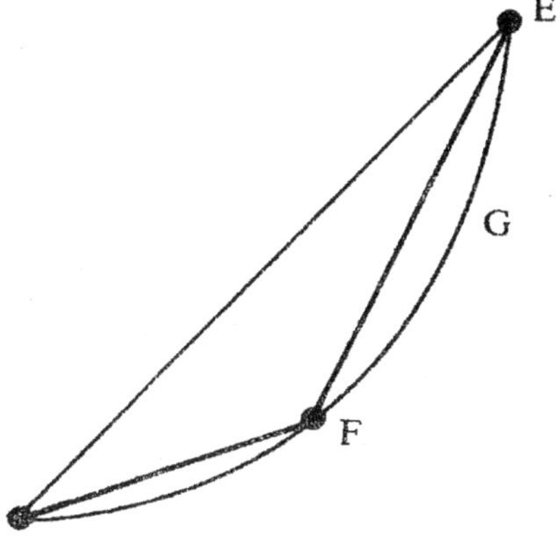

Figura 55

El problema arriba mencionado no es otro sino el que en matemáticas se llama de la "braquistocrona", cuestión cuyo planteamiento, olvidando a Galileo, se suele atribuir a Johann Bernoulli, que lo propuso en las *Acta eruditorum* de junio de 1696, o sea 65 años después. Constituyó éste el primer problema del "cálculo de variaciones"; y de él, determinando (lo que Galileo no había hecho) cuál es efectivamente la forma de carril que permite al móvil llegar en tiempo mínimo, ofrecieron simultáneamente la solución, por caminos distintos, Johann y su hermano Jakob el año siguiente.

Galileo termina su informe recomendando a propósito del Bisenzio: "Yo propendería a no removerlo de su lecho antiguo, sino tan sólo a limpiarlo, ensancharlo y, para decirlo de una vez, levantar los bordes donde rebosa y reforzarlos donde azolva. En cuanto a la tortuosidad, si hay alguna demasiado brusca y que se pueda quitar con un corte breve y de poca molestia para los predios adyacentes, yo la quitaría, aunque la ventaja que podría resultar no sea de mucha consideración".[44] De hecho, varios cortes, aunque no una rectificación total, se realizarán más tarde en ese río, y esto por obra de Vicenzio Viviani, que al parecer consideró conveniente no seguir demasiado al pie de la letra las recomendaciones de su maestro.

Hay quien reprocha a Galileo que haya tratado el escurrimiento en ríos y canales pasando totalmente por alto el efecto de la fricción del agua con las paredes del cauce. Pero no es cierto que esto lo desconociese. En apuntes que nos quedan de él, redactados pensando en el problema del Bisenzio, leemos: "Con respecto a las desigualdades del fondo y la velocidad mayor en una parte que en otra, considerarlas cuando el agua está baja importa poco; pero cuando el lecho está lleno —y ése es el tiempo peligroso—

[43] *Id.*, 228, 229.
[44] *Id.*, 230.

dichas desigualdades en buena parte se emparejan y la superficie del agua se vuelve nivelada y uniforme; y la experiencia muestra que hasta los grandes escalones de las represas casi se ocultan".[45] "Las malezas, irregularidades y otros estorbos de los márgenes retardarían el curso de materias sólidas que chocasen con ellos; pero, siendo el agua fluida y constituida por partes no coherentes, ella misma, llenando los huecos de las irregularidades de los márgenes y del fondo, se forja un cauce tan terso y pulido como si fuese de láminas de plata bien alisada y más que bruñida".[46] Y finalmente: "Como es manifiesto, los impedimentos reducen el movimiento en mayor proporción en cuanto éste sea más veloz; porque si yo quiero desplazar por el agua un sólido rugoso con gran velocidad, la resistencia ocasionada por el agua será tanto mayor cuanto más veloz sea el movimiento. Y noto que las mismas resistencias encuentran una trabe rugosa por efecto de la corriente, que el agua del canal por las rugosidades de la superficie del cauce; por tanto, en el canal más inclinado, el movimiento, debiendo ser más veloz, resulta más refrenado por los márgenes rugosos".[47]

El río que corrió al revés

Es el año 15 de nuestra era. En Italia llueve y llueve sin cesar; los ríos desbordan; el Tíber inunda los barrios más bajos de Roma y, al retirarse, arrastra escombros y cadáveres que los ciudadanos contemplan impotentes y consternados. Al senado, convocado con urgencia, Asinio Galo propone consultar los libros sibilinos: tal vez sugieran cómo calmar la ira de los dioses; pero el emperador Tiberio, allí presente, interpone su veto. Ese hombre, "tan misterioso en religión como en política", tiene buenos motivos para temer que Asinio, casado con una ex esposa suya, se vuelva demasiado influyente. Entonces, los padres de la patria optan por una solución más terrenal: que el estimado y pragmático Lucio Arruncio busque, de acuerdo con Ateio Capitón, los medios más adecuados para contener el río;[48] y Arruncio y Ateio proponen un plan radical: si el Tíber desborda, esto no se debe a sus propias aguas, que en resumidas cuentas no son tantas, sino a las que recibe inopinadamente de sus locos y atropellados afluentes, especialmente Chiana y Nera. Basta pues con hacerlos desaparecer o bien descargarlos en otra parte. Al senado la idea le parece bien; pero de acuerdo con las todavía vigentes normas

[45] Galilei, *Le ópere*, vol. VI, 619.
[46] *Id.*, 620.
[47] *Id.*, 624.
[48] Tacite, 43, 44, 49.

republicanas, hay que oír primero la opinión de los municipios y colonias interesados. Llegan las delegaciones de Florencia, Terni y Rieti. El Chiana nace muy al norte, cerca de la gran curva del Arno; habría que invertir su curso y echarlo en este último. Pero los florentinos se oponen resueltamente: entonces el que desborde será el Arno, y arruinará nuestras ciudades y nuestros cultivos. El río Nera no tiene otra salida que el valle del Tíber; pero podría subdividirse en tantos pequeños riachuelos, para que así sus aguas se vayan dispersando y el suelo las absorba, proponen los cándidos senadores. ¡Ilusos! gritan los de Terni, que de esto sí entienden: sólo se forrnarían charcos y pantanos, y se echarían a perder los campos más fértiles de Italia. Queda una última opción: el Nera recibe parte de sus aguas de un afluente propio, el Velino que, antes de la conjunción, se ensancha en un lago: ¿Por qué no cerrarle la salida a este último? Pero Rieti está cerca del lago y son los reatinos quienes ahora levantan su categórica protesta: las aguas rebosarían para sumergir nuestras planicies; que se deseche la solución.

De entre los delegados se levanta entonces un anciano, baja las gradas, se planta en el centro del recinto y con voz firme arenga a los presentes: "Ciudadanos senadores, la naturaleza ha provisto muy sagazmente a los intereses de los mortales, fijando a los ríos sus orillas y cauces, así como el principio y fin de sus cursos. Dejadlos como están, y no faltad a la religión de nuestros antepasados, que ofrecían culto, bosques sagrados y altares a los ríos patrios. ¡Cuidado! ¡El mismo Tíber, despojado del tributo de las ondas vecinas, se indignaría por escurrir con menos gloria!" Un estremecimiento recorre la asamblea; Pisón se pone de pie y propone dejar todo como está; lo que se aprueba por considerable mayoría de votos.[49]

De todos los proyectos ventilados por el senado, hubo uno que, sin embargo, colaborando la naturaleza y el hombre, efectivamente llegó con el tiempo a realizarse; y fue —¿quién lo creería?— justamente el que parece más descabellado: hacer que el río Chiana invirtiera su curso, para desembocar en el Arno.

Resulta que a fines del siglo VI toda Italia fue azotada por lluvias terribles, "tales como no se cree hayan caído desde los tiempos de Noé", escribía Paolo Diácono. Siguieron enormes inundaciones y un trastorno permanente en el equilibrio hidráulico, con el empantanamiento de extensas regiones. Las invasiones bárbaras asociadas a ese fenómeno histórico que se suele llamar la "caída del imperio romano", con sus depredaciones y estragos, habían de por sí fomentado la miseria en el campo y reducido la población aldeana; así que no es extraño que las zonas sujetas a encharcamiento fueran

[49] *Id.*, 80, 81.

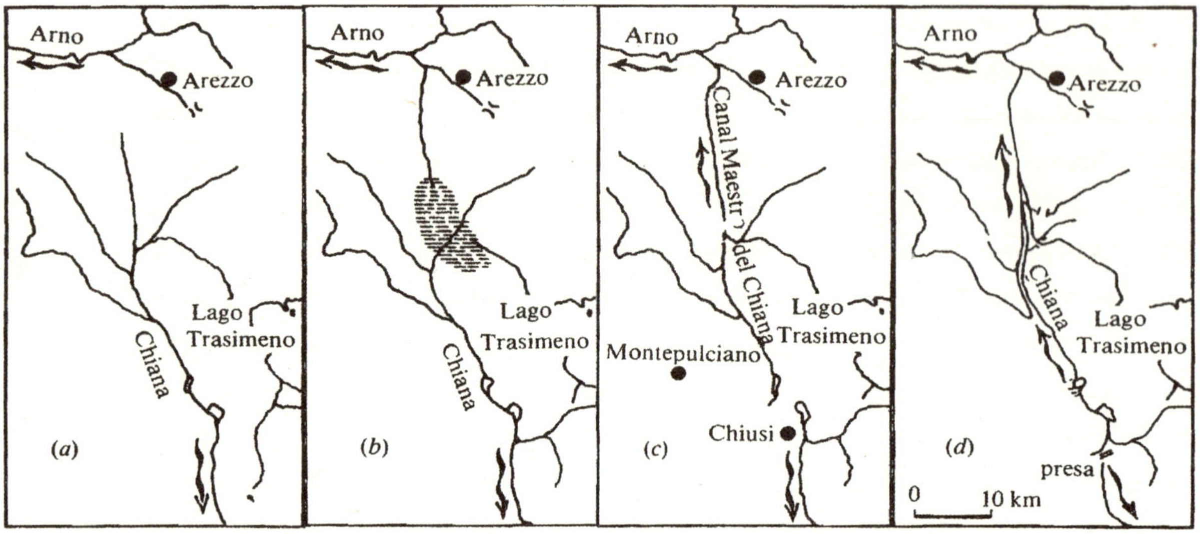

Figura 56 completamente abandonadas. Eso le ocurrió al valle superior del Chiana, una extensa llanura otrora corazón de la admirable agricultura que había producido la civilización etrusca.

La figura 56*a* muestra cómo era, en el tiempo de los romanos, la zona de que estamos hablando. El valle superior del Chiana, o "las Chianas" como se llamó más tarde, aparece en el centro. Arriba se divisa parte de la gran curva del Arno, que poco a la izquierda cruzará Florencia; abajo, una porción del lago Trasimeno. El Chiana, pasando por los pequeños lagos de Montepulciano y Chiusi, dirigía todas sus aguas hacia el sur, para echarlas al Tíber. Las tierras sujetas a encharcamiento durante la edad media aparecen en el centro de la figura 56*b*. Allí se distingue también el emisario, conocido como "canal de los puentes de Arezzo", que se fue abriendo para facilitar un drenaje parcial de esos terrenos en el río Arno.

El saneamiento de las Chianas había constituido una preocupación constante para los florentinos. Leonardo da Vinci, hombre que razonaba con su cabeza, y al cual, por tanto, se le ocurrirían a veces ideas opuestas a las de los demás, había pensado más bien en inundarlas, creando un enorme embalse regulador de avenidas que incorporaría al mismo lago Trasimeno, introduciendo en él al Tíber por medio de un túnel y regulando los desagües en el Arno con una presa levantada cerca del Arezzo. Una magistral perspectiva aérea, conservada en la colección de Windsor, muestra cómo Leonardo imaginaba el embalse una vez realizado. Pero las Chianas eran un centro potencial de producción agrícola demasiado importante para hacerlo desaparecer. Lo que más bien se hizo fue prolongar el canal de los puentes de Arezzo hacia el sur, hasta el lago de

Montepulciano, formando el "canal maestro" que se ve en la figura 56*c;* y esto con el objeto de descargar en el Arno lo más rápidamente posible las aguas que, después de una lluvia, quedaban cubriendo las Chianas. El canal maestro tenía unas 20 millas de longitud, y el tirante de agua en él llegaba a subir dos codos en ocasión de las máximas crecidas; de los cuales un codo bajaba en tres días y el segundo en doce, al menguar la avenida.

Por el año 1635, se empieza a pensar en la conveniencia de profundizar el canal maestro para acelerar el drenaje; entonces, aprovechar las tierras más altas que, gracias a un desagüe inmediato, podrían con confianza dedicarse al cultivo del trigo, destinar las partes intermedias a praderas y las más bajas al pastoreo. Famiano Michelini insiste con el gran duque Ferdinando II acerca de la urgencia de realizar la obra; en 1643, se realiza un levantamiento topográfico muy preciso del cauce del canal, los ingenieros se reúnen para discutir el proyecto, y el marqués del Borro y Andrea Arrighetti, ya todo un personaje y senador, formulan sus recomendaciones.

La obra se prevé muy costosa, ya que, por haber inclinado los lados del canal de acuerdo con el talud de reposo del terreno para evitar derrumbes, la excavación, angosta en el fondo, debe ensancharse más y más en su parte superior, y los volúmenes de tierra por remover resultan enormes. Por tanto, el príncipe Leopoldo, hermano del gran duque, se dirige a Torricelli para pedirle su opinión. Torricelli duda de las ventajas de la obra. Como Galileo que, durante una misa en la catedral de Pisa, había estado meditando acerca de la oscilación de una lámpara, Torricelli, en la de Florencia, considera el problema de las Chianas. Imaginemos —dice— que todo el piso de Santa María del Fiore se haya inundado, "y que tenga encima digamos cuatro dedos de agua; supongamos, además, que en el centro de dicho piso se abra un canalito de un dedo, que llegue hasta el umbral de la puerta mayor, y que en ésta se haya practicado tan sólo un corte, también de un dedo, por el cual el agua debe salir. Se pretende que, al excavar ese canalito cuatro veces más hondo, el agua tenga que salir cuatro veces más rápido; pero yo digo que de ningún modo es así. Es cierto que el agua saldrá algo más rápido que antes, pero la diferencia será poca, y la ganancia inapreciable. Para conseguir el objeto que se desea, haría falta quitar todo el umbral de dicha puerta o mejor toda la fachada [de la iglesia]; pero mucho más se ganaría aumentándole un tanto la pendiente a todo el piso del templo".[50]

Con base en tales consideraciones, el 12 de abril presenta a Leopoldo un informe que opugna el proyecto; a éste se opone, la semana siguiente, Famiano Michelini, lo que

[50] Torricelli, vol. II, 302.

lleva a Torricelli a replicar, detallando mayormente sus argumentos. Esencialmente, helos aquí: "Los padecimientos que atormentan al Chiana son estos tres, cada uno de los cuales, a mi juicio, no tiene remedio: la extensión del llano, su escasa pendiente y la gran cantidad de ríos y acequias que concurren en él. Otro había antes; pero, como se reconoció que tenía remedio, se le obvió al realizar una obra realmente heroica, la máxima adquisición que nunca hubiera podido esperarse del saneamiento de estas comarcas: la abertura de las Chianas por los canales que se ven en los puentes de Arezzo. Entonces las Chianas eran un pantano totalmente cerrado; de modo que no hay que extrañarse si con abrirlo se conquistaron tantas tierras que hoy se aprovechan y cultivan. Ahora las Chianas están completamente abiertas, y su boca es suficientemente baja como para escurrir las aguas de todas las praderas y pastos, y también de gran parte de las [zonas más bajas, recubiertas de] cañas; y de hecho las escurre. En el tiempo que yo las vi, los prados y pastos estaban secos, y sin embargo, el emisario seguía escurriendo reciamente. El problema no está en que la apertura actual sea insuficiente, o por estar demasiado elevada o por ser demasiado angosta: ambas cosas son falsas; el mal consiste en que el agua, distribuida por las sumamente vastas y remotas praderas y pastos, no puede alcanzar la boca mencionada sino en un tiempo largo, en cuanto que toda la campiña y el fondo del valle del Chiana carecen de una pendiente adecuada hacia 'el emisario".[51] Ahora, se podría aumentar la pendiente del fondo del canal; pero, como observó Galileo, no es ésta la que regula el escurrimiento del agua, sino la de la superficie; y "esa gran acequia que se pretende abrir, salvo en los pocos meses más áridos del verano, se mantendrá siempre totalmente llena de agua, cuya superficie continuará la de las aguas al lado del río, justamente como ocurre ahora que la gran acequia no existe".[52]

Por otro lado, ya desde hacía tres años, o sea, cuando había oído hablar por primera vez del proyecto, Torricelli se había preocupado por su aspecto negativo: el peligro de que, al desaguar rápidamente las Chianas en el Arno, pudiesen favorecerse desbordes de este río. "Ahora que he visto ese lugar, aunque sea en tiempo de aguas bajas —escribe— he notado sin embargo en él una verdadera semejanza con el mar, porque me encontré un llano cuya extensión llega, por así decir, a cansar la vista... Al sanear las Chianas,... en tiempo de crecidas una gran cantidad de agua, en vez de dirigirse por su acostumbrado camino hacia el Tíber, enderezará todo su curso hacia el Arno, siempre que las aguas resulten bajas en este lado, y no sé si una presa reguladora podrá a un

[51] *Id.*, 285.
[52] *Id.*, 287.

mismo tiempo procurar ambos beneficios, o sea evitar que el Arno invada sus riberas y que el Chiana ahogue sus cultivos". Y concluye: "si en las anteriores argumentaciones acerca del negocio de las Chianas todos los matemáticos e ingenieros del mundo hubiesen decidido que la obra es factible, y de hecho ella no lo fuera, yo creo que nunca resultará. No basta con conseguir la resolución y el consenso de los peritos, sino que se requiere también la conformidad de la misma naturaleza",[53] porque "esa naturaleza que obra con inmensa facilidad y suma sabiduría, nunca dejará de recurrir a todos los obstáculos que pueden invalidar nuestro propósito si dejásemos de investigarlos y pensar en ellos. Por tanto, se requiere que antes procuremos prever todos los estorbos y que les preparemos todos los remedios posibles; y si esto no es factible, es mejor que decidamos abandonar la empresa".[54]

Siguiendo, a despecho de don Famiano, el consejo de Torricelli, se optó por no hacer nada y esperar una sugerencia de la naturaleza; ésta efectivamente llegó, porque se notó que, durante las inundaciones, ríos y arroyos dejaban sedimentos, y éstos elevaban los terrenos y los hacían siempre menos propensos a anegarse. Ayudando el proceso con colmataje artificial, o sea, deteniendo con represas las aguas en los sitios más bajos y forzándolas así a azolvar, se logró con paciencia, en poco más de un siglo, elevar el nivel de las Chianas lo suficiente para evitar las inundaciones, y rehabilitarlas como tierras de cultivo. Pero entonces el canal maestro ya era el Chiana. Construyendo a fines del siglo XVIII una presa al sur del lago de Chiusi, se consiguió invertir definitivamente el curso del río (figura 56*d*). Casi toda la cuenca del Chiana se volvió así tributaria del Arno, quedando al sur sólo un pequeño residuo de río dirigido hacia el Tíber.

Sin embargo, no hay remedio válido para siempre. Una vez nivelados y dedicados al cultivo, ya no se puede seguir depositando azolve en los terrenos. Por otro lado, echar aguas turbias en un canal de poca pendiente crea problemas permanentes de limpieza y conservación. Mientras que a fines del siglo XVIII el conde Fossombro ni, entonces superintendente de las obras, seguía limitándose a perfeccionar los rellenos, su sucesor Alessandro Manetti decidió rebajar tres codos una represa existente cerca de la desembocadura del Chiana para acelerar el curso del río y facilitar así el alejamiento de los materiales transportados. Además, se comprobó que no existía el peligro tan temido de que los aportes del Chiana agravasen en Florencia las inundaciones del Arno, ya que éstos, debido a la gran extensión y escasa pendiente de su cuenca, alcanzan la ciudad unos tres días después del pico de las peores avenidas. A pesar de ello, el control del

[53] *Id.*, 278, 279.
[54] *Id.*, 269.

equilibrio hidrológico de las Chianas —sobre todo ahora que se van a incrementar sus aguas con fines de riego— no dejará de seguir dando quehaceres a los hidráulicos.

Castelli se equivoca

La ley de Castelli, que permitía determinar el gasto de un conducto al considerarlo como el prisma de agua que, avanzando *en bloque*, cruza cierta sección durante un tiempo determinado, no podía aplicarse a los ríos. "Quisiera —escribía Castelli a Galileo el 10 de diciembre de 1625— comunicarle un garbullo que tengo en la cabeza,... que es éste: que nunca he podido darme cuenta, y no hallo cómo aclarar, si el agua corre con igual velocidad en las partes superiores y en las inferiores. Por tanto, para evitar este punto, o mejor, para no requerirlo, he eludido el concepto de esos prismas de agua que pasan por las secciones, etc.; porque si estas corrientes no son las mismas en las partes superiores que en las inferiores, no hallo tales prismas. Sé muy bien que la duda proviene de mi flaqueza; así que discúlpeme Ud. y ábrame el entendimiento, porque este asunto me está volviendo loco".[55] La dificultad parecía formidable: para medir la velocidad en la superficie de la corriente, basta con echar un flotador y seguir su camino, determinando cuánto avanza en cierto tiempo, o bien, cuánto tarda en recorrer cierta distancia. Pero, ¿quién se mete en el fondo del río para hacer la medición allí abajo?

Además, tampoco es siempre fácil medir el área de la sección de la corriente; porque no sólo los lechos de los ríos son sumamente irregulares, pues también —aunque esto Castelli tal vez no lo sabía— frecuentemente se socavan cuando la avenida se hace más violenta y vuelven a rellenarse cuando ésta se reduce, dando así la impresión de que el volumen de agua escurrido no creció tanto como de hecho lo hizo. La situación está mejor en las ciudades, donde los ríos se han canalizado, normalmente enderezando y revistiendo sus taludes. Allí el hombre de la calle aprecia, en marcas pintadas en la pared, si el río está a nivel alto o bajo; y, cuando ocurre la riada, permanece durante horas observando con aprensión su elevarse paulatino, con esperanza su estabilización, con alivio su bajada.

Revestir también el fondo del cauce es un lujo que, por lo general, no se justifica; pero a veces suele hacerse —y se hacía en tiempos de Galileo— a lo largo de un corto tramo, con el objeto de disponer allí de una sección de control rectangular invariable, sección que entonces se llamaba "regulador". Lógicamente, para que una sección de

[55] Galilei, *Le ópere*, vol. XIII, 291.

control sea legítima, se requiere —y don Benedetto subraya esto— que la corriente la llene por completo, lo cual se comprueba cerciorándose que, al desaguarse el cauce, no quede en el fondo de la sección nada de agua estancada. También recomendaba ubicar el regulador en el tramo recto del río, para que la superficie del agua se mantenga horizontal a través de él, ya que en los recodos el nivel sube en el lado exterior de la curva y baja en el interior.

Disponiendo de una sección de control, se suele pintar en una de sus paredes una escala donde se pueda "leer" la altura del río viendo hasta qué nivel el agua moja; y si se conoce la "ley de gastos" (o sea, si se está en condiciones de saber qué gasto corresponde a cada tirante) es factible conocer en cada momento el caudal que escurre. Así, para Castelli, el problema fundamental se reducía a determinar teóricamente la mencionada ley de gastos; porque, una vez construido (con madera o mampostería) el regulador, deducir el caudal sería cosa de niños.

Pero dicha ley no es simple, y Castelli se equivoca. Su "intuición" le dice que el gasto varía proporcionalmente al cuadrado del tirante —o "altura viva", como él lo llama— del agua en el río; ya que, según él, si por ejemplo dicha altura sube al doble, también la velocidad se duplica, y el gasto, producto de la velocidad por la sección, se cuadruplica. Demostrada esta proposición, la aplica al aforo del río, para lo cual sugiere el método siguiente. Cuando el regulador se ha adaptado al cauce, obsérvese en él la altura viva h; luego derívese algo del agua del río, antes de que éste cruce el regulador, a una canaleta lateral, y mídase el gasto Q_0 que escurre por ella. Para esta medición Castelli recomienda colocar un número conveniente de sifones con una boca en la canaleta y la otra afuera, cebarlos y cerrar la salida de la canaleta. Cuando se vea que el nivel en la canaleta se estabiliza, lo que garantiza que todo el caudal en ella sale por los sifones, hay que medir el gasto que cada uno de ellos descarga (por ejemplo, viendo cuánto tarda cada uno en llenar un recipiente de volumen conocido) y sumar tales gastos. A un mismo tiempo, hay que leer la nueva altura viva h' del agua en la sección de control. Si Q y Q' son los gastos que cruzaban a ésta antes y después de la derivación, por la ley de gastos antes mencionada, se tiene que

$$Q{:}Q' = h^2{:}h'^2 \qquad (1)$$

y luego

$$(Q - Q){:}Q = (h^2 - h'^2){:}h_2$$

Pero $Q - Q' = Q_0$; por tanto,

$$Q{:}Q_0 = h^2{:}(h^2 - h'^2) \qquad (2)$$

Conociendo Q_0, h y h', se puede así calcular el gasto Q.[56]

Todo esto es bueno y bonito; pero un día don Benedetto —matemático al fin— se da cuenta de que la demostración de su ley de gastos, o sea de la fórmula 1, no se sostiene. Sin embargo, siempre confiado en su intuición —¡cuán peligrosa es ésta a veces!— no duda de la ley misma, sino de la comprobación, y dedica el resto de su vida a buscar otra correcta, que naturalmente no puede encontrar. Así que, en las nuevas ediciones del tratado *Della misura*, la proposición correspondiente se publica sin demostrar. Pero se requiere una demostración para poder aplicar con confianza las normas prácticas que el tratado aconseja; y así vemos que otros intentan lograrla: Giovanni Cassini, Giovanni Battista Barattieri y hasta Geminiano Montanari, célebre profesor de matemáticas en el "arquigimnasio" de Bolonia (así se llamaba esa universidad) desde 1664 hasta 1678.

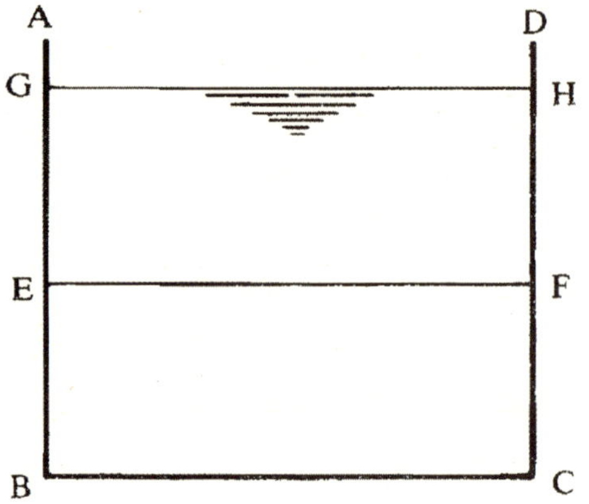

Figura 57

Barattieri, en su libro *Architettura d'acque*, publicado en 1656, dedica muchas páginas a la ley en cuestión; incluso menciona haberla encontrado en un manuscrito de Alessandro Betinzoli "al cual, en mi opinión, se debe mucha alabanza porque fue el primero —que yo sepa— en descubrir esta bella sutileza. Y digo el primero, porque pasó de esta vida a otra mejor antes de que Castelli iniciase sus estudios no sólo de estas materias, sino también de las demás". Y de dicho manuscrito transcribe las siguientes líneas: "Queriéndose saber cuánto crece una corriente al elevarse de onza en onza, hay que considerar que una onza de alto hace una onza, dos onzas de alto hacen cuatro veces más de agua, porque harán un doble por el volumen y otro doble por la cantidad de pesantez, que crece con la altura; y elevándose tres onzas hará nueve veces más, y cuatro de alto serán dieciséis veces más". A lo que Barattieri agrega: "Así, por ejemplo, suponiendo que la presente figura [57] nos muestre un regulador con fondo *BC* y paredes *AB* y *DC*, y que el agua corra en su interior con la altura viva *EB*, que supondremos de un palmo, si a ese río se añade agua suficiente para

[56] Castelli, 140-142.

hacer que se levante otro palmo, hasta *GH*, la nueva agua agregada será triple de aquella que antes llenaba *EBCF*, y ambas juntas serán cuatro veces tanto, aunque la altura se haga tan sólo doble; siendo que lo que antes era un palmo sobre el fondo *BC*[ahora] se transforma en dos".[57] Ley equivocada, pero que Barattieri, en el segundo volumen de su obra, aparecido en 1663, afirmará haber comprobado experimentalmente.

En cuanto a Galileo, en principio prefería dejarle la hidráulica a Castelli. Pero el problema anterior era tan vital y fascinante a un mismo tiempo, que no pudo renunciar a analizarlo. Su conclusión fue distinta de la de su discípulo: según él, las velocidades variarían en proporción del tirante, no de su cuadrado. "Afirmo —escribía— que las aguas fluviales, cuando crecen por lluvias o derretimiento de nieves, no suben igualmente en todas partes; en efecto, si 20 o 30 millas antes de su descarga en el mar se levantan 10 o 12 codos, cerca de la desembocadura no se levantan ni uno solo, como quienquiera puede haber notado. Y si la cosa es así, ¿quién no entenderá que esto implica aumentar mucho el declive? Y si éste crece tanto, ¿no será necesario que también el movimiento crezca? Cierto que sí. Por tanto, si alguien quiere mostrar por experimento que al elevarse las aguas, aun escurriendo éstas sobre el mismo declive, su velocidad debe crecer, tendrá que acudir a un ejemplo que no sea de ríos, en los cuales no es posible elevar las aguas en todas partes por igual, como debería de hacerse al querer mantener la misma caída, y comprobar que el tirante del agua hace que, sobre el mismo declive, la velocidad crezca. Tal vez una experiencia conveniente para este objeto sería la siguiente. Sean (figura 58) *AB*, *CD* dos canales cerrados de igual ancho, pero *CD* sea lo doble de alto que *AB*; tengan ambos la misma pendiente y escurra continuamente agua por ellos, desde *B*, *D* hacia *A*, *C*. Está claro que si, sobre un mismo declive, el mayor tirante de agua aumentara la velocidad del movimiento, el canal *CD* debería entregar cuatro barriles de agua en el tiempo en que el otro, *AB*, entrega uno". Y luego de esta referencia explícita al resultado de Castelli, Galileo concluye: "Pero esto no se hallará que es así, ni se verá que el canal *DC* entregue una gota más del doble de *BA*, signo indudable de que las aguas de ambos avanzan con igual velocidad".[58]

Figura 58

[57] Barattieri, vol. I, 183, 184.

[58] Galilei, *Le ópere*, vol. VI, 657, 658.

En esto Galileo tiene mucha razón; pero el problema ya no es el de antes: *AB* y *CD* son ahora tuberías llenas; y en una tubería la corriente no se comporta como en un canal abierto. En éste —supuesto de sección rectangular, como la consideran Castelli y Galileo— al duplicar el tirante, la velocidad ni queda la misma ni se duplica, sino que aumenta en algo menos que un 60 por ciento. Pero tendrá que pasar mucho tiempo todavía antes de que se logre entender cómo calcularla.

Nacen las academias

En la investigación científica, la actividad individual se enmarca siempre dentro de una empresa colectiva: el investigador no puede ignorar lo que otros están haciendo y necesita lograr que ellos conozcan lo que él descubre. Además, puede tener que consultar a colegas lejanos, o bien, comunicarles sus críticas y participar en debates, en los cuales, para que no lo entiendan mal o tergiversen sus juicios, o simplemente para darse tiempo de meditar su respuesta, prefiere exponer su opinión por escrito. Esto explica el activísimo intercambio epistolar entre científicos que caracteriza los siglos del XVI al XVII y, muy en particular, ese principio del siglo XVII al cual nos hemos referido en las páginas anteriores: así Castelli consulta a Galileo, Torricelli comunica su descubrimiento a Ricci, los Arrighetti polemizan entre sí. Es una malla que cubre no sólo a Italia, sino a toda Europa: confiadas a zagales, las cartas van de una ciudad a otra a veces más rápidamente que hoy en día; y, como es costumbre contestar de inmediato, el intercambio resulta de gran eficiencia. La malla no es regular, porque posee centros hacia los cuales se dirige de preferencia la correspondencia: por ejemplo, Galileo, maestro con quien todos se asesoran.

Cuando el destinatario recibe una comunicación que considera de importancia, se apresura a ponerla en conocimiento de amigos y colaboradores; pero ésta se escapa de otros, que podrían aprovecharla. Nacen entonces los "corresponsales científicos", como el padre Mersenne en París y el alemán Heinrich Oldenburg en Londres, que recolectan noticias de todas partes y las transmiten a quienes consideran interesados en ellas. Sin embargo, algo falta todavía, y muy importante: un sistema que permita reunir, clasificar y someter al análisis de expertos la información recibida, y ponerla luego a disposición de todos los que puedan sacar provecho de ella. Es así como nacen las academias científicas.

La primera fue la *Accademia dei Lincei,* fundada en Roma por un joven de 18 años: Federico Cesi, marqués de Monticelli y más tarde duque de Acquasparta. Interesado en ciencias naturales, Federico se junta con tres amigos, no de mucha más edad: Francisco Stelluti, Anastasio de Fillis y Jan Eck; entre ellos surge la idea de la asociación, de la cual suscriben el acta de fundación el 17 de agosto de 1603. El nombre de la academia lo toman del lince, animal de vista tan aguda que los antiguos la creían capaz de atravesar paredes; su emblema es el can Cerbero lacerado por el lince, y su lema *sagacius ista*, o sea "este [el lince] es más sagaz". En el convenio de fundación, Cesi como "príncipe" de la academia, se compromete a suministrar los medios necesarios para promover sus actividades.

Cuatro años después, se reciben dos nuevos miembros: quinto, el polígrafo Gian Battista Porta, y sexto, Galileo. No se aceptan religiosos, por lo que ni Castelli ni Cavalieri pueden ingresar. Siempre se procede con pies de plomo: en 1612, Cesi escribe a Galileo: "Ud. conoce quiénes son linceos, y nunca se admitirá a nadie sin que Ud. lo sepa; y los que se admitan no serán esclavos de Aristóteles ni de otro filósofo, sino de intelecto noble y libre en los asuntos físicos".[59] Sin embargo, la lentitud con que crece la asociación tiene otra causa más poderosa: Federico Cesi padre, pésimo gestor de su hacienda, no quiere que el hijo gaste en la academia; y como éste no le hace caso, intenta acabar con ella. Una intervención solapada del Santo Oficio obliga a Stelluti, De Fillis y Eck a abandonar Roma con toda prisa y dispersarse; Stelluti se refugia en Parma, De Fillis en Nápoles, donde fallecerá en 1608, y Eck, que es holandés, va peregrinando por varias partes del norte de Europa; no sin provecho, porque recolecta una riquísima mies de observaciones en varias ramas de las ciencias naturales. Felizmente en marzo de 1610 el padre, ahogado en deudas, se ve obligado a traspasar al hijo la administración de sus bienes; y con esto naturalmente la academia renace. Stelluti regresa, se encarga del "linceógrafo", o sea el registro de constituciones y leyes de la misma, y luego se vuelve su procurador general. Cesi encuentra fondos suficientes para patrocinar la publicación de obras propias y ajenas, entre las cuales están el opúsculo sobre las manchas solares y el *Saggiatore* (*Ensayador*) de Galileo, y el *Tesoro messicano,* traducción resumida de lo publicado en 1616 en México por Francisco Hernández, con comentarios a cargo de distintos académicos.

Todo va bien hasta que, el 2 de agosto de 1630, Galileo recibe una carta desolada de Stelluti: "Señor Galileo mío, con mano temblante y ojos llenos de lágrimas vengo a comunicarle a Ud. ésta lamentable nueva: la pérdida de nuestro Señor Príncipe, el duque de Acquasparta, por una fiebre aguda que lo agarró y ayer nos lo quitó, con

[59] Galilei, *Le ópere*, vol. XI, 284.

daño inestimable para la república literaria, por tantas bellas composiciones que todas dejó incumplidas; por lo que sufro un dolor inimaginable, y más me duele que no haya arreglado los negocios de la Academia, a la cual se proponía dejar toda su biblioteca, museo, manuscritos y otras cosas bellas, los que no sé en qué manos irán a parar...[60] Y, en efecto, eso fue por aquel entonces el fin de la academia, que no sólo perdió el apoyo y la herencia de su príncipe, sino que vio todos sus papeles, muebles e instrumentos dispersados miserablemente. Mucho más tarde renació como *Pontificia Nuova Accademia dei Lincei,* y en 1870 se volvió Academia Nacional.

Ferdinando II, gran duque de Toscana, y su hermano Leopoldo se interesaban en la ciencia y les gustaba experimentar. En 1651, el segundo instaló un gabinete en el cual se reunía con los científicos florentinos para realizar ensayos y discutir los resultados. De aquí nació, en 1657, la *Accademia del Cimento,* significando "cimento" la prueba de fuego a la que toda teoría científica tendría que sujetarse, para ser aceptada o desechada; academia que tuvo como miembro también a Vincenzio Viviani. Una característica de esa asociación, cuyo lema era *provando e riprovando,* o sea "comprobando y rechazando", fue que en los trabajos que publicaba nunca aparecía el nombre del autor o de los autores: sólo el de la academia misma. Pero en 1667 Leopoldo fue creado cardenal, y —curiosamente— la Academia del Cimento se disolvió poco después.

De discusiones semanales de un grupo de científicos londinenses, realizadas desde 1645 bajo el nombre de *The Invisible College,* nació otra academia, la *Royal Society of London for improving natural knowledge.* Se fundó en 1660, y se decidió dedicarla al estudio de la "filosofia experimental"; el rey Carlos II la legalizó dos años después. Su lema era *nullius in verba,* o sea "[confiados] en las palabras de nadie". De acuerdo con sus estatutos, la Royal Society podría encomendar investigaciones específicas a alguno de sus miembros, o a grupos de ellos, así como crear comisiones permanentes en relación con campos determinados de la ciencia. En 1665, bajo la dirección de Oldenburg, primer secretario de la academia, aparecieron las *Philosophical Transactions of the Royal Society,* la más antigua entre las revistas científicas que existen hoy en día.

Un poco antes, en el comienzo de ese mismo año de 1665, había salido otro periódico científico, el francés *Journal des Savants* (*Periódico de los sabios*), que existió hasta 1792. Informaba acerca de nuevas teorías científicas, así como descubrimientos prácticos; su primer director fue Denis de Sallo. El año siguiente nació en París la *Académie Royale des Sciences,* auspiciada, como el *Journal des Savants,* por Jean Baptiste

[60] Galilei, *Le ópere*, vol. VI, 126.

Colbert, ministro de Luis XIV; academia a la cual el rey asignó un sustancial subsidio anual, y a sus miembros también se les fijó un buen sueldo, para que pudieran dedicarse exclusivamente a la investigación. Así se consiguió atraer también a científicos extranjeros; el primero de ellos fue Christian Huygens, a quien hemos conocido como pequeño amigo de Descartes, y considerado el matemático más grande de la época. Huygens, aceptando la invitación del rey, residió en París desde 1666 hasta 1681, año en que prefirió abandonar Francia donde, por la supresión progresiva de los derechos otorgados por Enrique IV con el edicto de Nantes, la vida se hacía siempre más difícil para los protestantes.

El perfil de velocidades

Señores Académicos, *illustres confréres:* "hace mucho tiempo, la curiosidad por saber si la visión era más o menos fuerte en el sitio del nervio óptico me llevó a hacer una observación curiosa e inesperada... Pegué sobre un fondo obscuro, poco más o menos a nivel de mis ojos, un circuito de papel blanco, que me serviría como punto de mira fijo, y al mismo tiempo fijé otro a un lado, hacia mi derecha, a dos pies de distancia del primero pero algo más bajo... Manteniendo cerrado el ojo izquierdo, me coloqué frente al primer papel y, manteniendo siempre el derecho clavado en él, me fui alejando poco a poco; cuando estuve a nueve pies de distancia aproximadamente, el segundo papel, que tenía como cuatro pulgadas de tamaño, desapareció completamente".[61] Quien así se expresaba en una de las primeras reuniones de la *Académie des Sciences* era el flamante académico Edme Mariotte, de 46 años, que explicaba a los colegas cómo había logrado descubrir la presencia de la mancha ciega en la retina. Un experimento tan elemental que cualquiera hubiera podido realizar; pero ¿a quién se le habría ocurrido sino a él, el modesto pero sagaz prior de SaintMartin-sous-Beaune? Hombre tranquilo, metódico y minucioso, curioso como ningún otro de los secretos de la naturaleza, ese incansable genio de la experimentación empieza a investigar en el laboratorio de la Academia, con igual perspicacia, los fenómenos que más interesan en su época, y a publicar trabajos y más trabajos. Luego de un tratado sobre nivelación, de 1672, produce en 1676 nada menos que cuatro escritos fundamentales: el tratado sobre el choque de los cuerpos, donde desarrolla y completa con pruebas experimentales la investigación de Galileo al respecto y presenta un aparato de percusión con bolas de marfil colgantes; el discurso

[61] Mariotte, *Discours*, 115, 116.

sobre la naturaleza del aire, donde establece la ley fundamental que afirma que la condensación del aire se produce en proporción de los pesos que lo cargan; la memoria sobre la vegetación de las plantas, en la cual, combatiendo las entelequias y las "causas finales" de los aristotélicos, así como la creencia, común en su tiempo, de que existe un "alma vegetativa" en las plantas (concepto con el que —decía él— los filósofos "no nos vuelven más doctos, porque no nos explican qué es esta alma ni de dónde viene"[62]), investiga los procesos asociados con su alimentación, crecimiento y reproducción; y finalmente, el discurso sobre el calor y el frío, donde intenta comprobar que el frío no es, como se pensaba entonces, una sustancia o calidad independiente, sino simplemente una privación o disminución de calor. En 1681 aparece el tratado sobre la naturaleza de los colores, en el que Mariotte estudia fenómenos relativos a los rayos solares; allí, entre otras, hallamos la interesante observación de que una lámina de vidrio, mientras se deja atravesar por el calor del sol sin atenuarlo, intercepta casi totalmente el del fuego.

Una de sus investigaciones más consistentes y sistemáticas fue la que Mariotte realizó en el campo de la mecánica de los fluidos, investigación cuyos detalles y resultados se publicaron sólo en 1686, dos años después de su muerte, en el *Traité du mouvement des eaux et des autres corps fluides* (*Tratado del movimiento de las aguas y de los demás cuerpos fluidos*). Los primeros pasos de Mariotte se habían dedicado a repetir los experimentos descritos por Pascal en su *Traité de réquilibre des liqueurs,* con el propósito de ver si no se hubiese descuidado algún detalle que valiera la pena volver a examinar: empresa muy propia de esa meticulosidad que lo distinguía. Los ensayos de Pascal eran todos de hidrostática: la "máquina para multiplicar fuerzas", la presión sobre el fondo de vasos de diferentes formas, el equilibrio de una columna de mercurio con un extremo libre y el otro sumido bajo el agua, el empuje que recibe un disco de cuero en contacto con la extremidad sumergida de un tubo, y el principio de Arquímedes; sin contar otros experimentos con el aire, para estudiar efectos de la presión atmosférica. Una vez repetidos estos experimentos y obtenidos algunos resultados nuevos, Mariotte empezó a estudiar el agua corriente.

Llegó a plantearse el problema que Castelli no había podido resolver: cómo medir velocidades en el seno de un río. "Hay que considerar —escribía— que el agua de un río no avanza con igual velocidad en su superficie y en otras partes, porque cerca del fondo se atrasa mucho al encontrarse con piedras, malezas y otras irregularidades. Esta diferencia de velocidades la comprobé como sigue. Coloqué dos bolas de cera,

[62] *Id.*, 95.

The Motion of WATER, *and other* FLUIDS.

BEING A

TREATISE OF HYDROSTATICKS.

Written originally in *French*, by the late Monsieur MARRIOTTE, Member of the *Royal Academy of Sciences* at *Paris*.

Divided into FIVE PARTS, and Translated into ENGLISH.

Together with

A Little TREATISE of the same Author, giving PRACTICAL RULES for Fountains, or *Jets d' Eau*.

By J. T. DESAGULIERS, M. A. F. R. S. Chaplain to the Right Honourable JAMES Earl of CAERNARVON.

By whom are added, Several ANNOTATIONS for Explaining the doubtful Places.

LONDON: Printed for J. SENEX at the *Globe* in *Salisbury-Court*, *Fleetstreet*, and W. TAYLOR at the *Ship* in *Pater-Noster-Row*. MDCCXVIII.

atadas a un cordel de un pie de largo, en un riachuelo de flujo uniforme. Una de ellas estaba lastrada en su interior con piedrecitas, para que su peso específico resultara algo mayor que el del agua; de modo que, cuando ambas bolas estaban en el agua, la más pesada estiraba el cordel, y hacía que la más liviana se hundiese más bajo de lo que se habría hundido estando sola. De tal suerte, su parte superior quedaba casi a nivel con la superficie libre del agua, así que el viento no podía afectarla. Siempre he notado que la bola inferior quedaba atrás, especialmente allá donde en el fondo del agua había alguna maleza, cerca de la cual pasaba dicha bola; porque ese riachuelo tenía aproximadamente tres pies de profundidad. Pero, si las mismas bolas se colocaban en un sitio donde el agua, encontrándose con algún obstáculo, subía un poco y luego aceleraba su curso, como vemos acontecer bajo los puentes, la bola inferior se adelantaba a la superior; lo que comprobaba que entonces el agua corría más rápido en el centro que en la superficie. Causa de esto es que el agua, al subir un tanto por razón del obstáculo y luego bajar por un declive más inclinado, adquiere más velocidad; el cual movimiento la obliga a sumergirse, hundiéndose más que el declive de la superficie... Por tanto, resulta que en ríos regulares hay siempre grandes cavidades algo abajo de los puentes,... porque el agua que se eleva, al encontrar las pilas del puente se acelera, y pasa violentamente por debajo de la que tiene encima, [dirigiéndose] hacia el fondo de donde saca arena, la arrastra a un lugar algo más abajo del puente, y allí la amontona...".[63]

"Además he observado a menudo malezas arrastradas por el agua; y vi claramente que a las que estaban dentro del agua, más cerca del fondo, y que habían avanzado más que las [que están] cerca de la superficie, las superiores las sobrepasaban pronto y las dejaban atrás; y si echaba al mismo río un puñado de recortes de madera pesada, que llegaban al fondo unos antes que otros, siempre he hallado que los más próximos a la superficie se adelantaban a los demás en un orden proporcional, según estaban más o menos lejos del fondo. De los cuales experimentos aparece que, en ríos que escurren libremente, la parte superior del agua corre más rápido que la que está en el centro, y ésta más que la próxima al fondo; pero que en los ríos forzados a encauzarse en un canal angosto, confinado por ambos lados, en que no haya más que dos o tres pies de agua, el centro avanza más rápido que la superficie".[64] Estas aserciones pueden interpretarse en el sentido de que, si indicamos con flechas las velocidades correspondientes a varios puntos de una sección vertical *AB* de un río y trazamos por sus extremos la curva *CD*,

[63] *Id.*, 136-138.
[64] *Id.*, 138, 139.

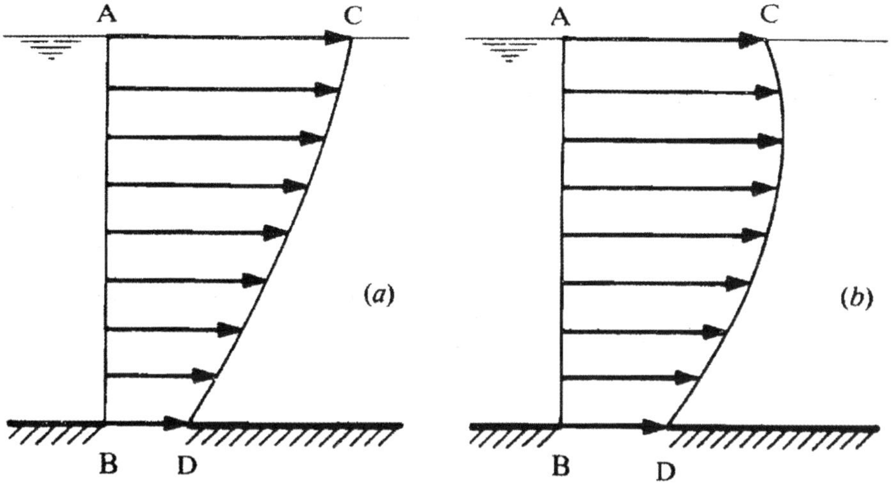

Figura 59

que es lo que se suele llamar el "perfil de velocidades" vertical, dicho perfil tendría el aspecto que muestra la figura 59*a;* mientras que en la sección del canal angosto, se parecería al que se ve en la 59*b*.

Cuatro años después del tratado de Mariotte, vio la luz en Italia un nuevo libro dedicado a la medición de las corrientes; estaba escrito en latín y se titulaba *Aquarum fluentium mensura nova methodo inquisita* (*Medición de las aguas corrientes investigada por un método nuevo*). Su autor es un médico de 35 años que había sido alumno de Montanari en Bolonia, ciudad de la cual era originario y en cuyo arquigimnasio enseñaba matemáticas: Doménico Guglielmini. ¿Cuáles eran esas novedades que ofrecía esta obra con respecto a la de Castelli, ya vieja de 62 años? "Dos dudas se me presentaron en su tratado —escribía Guglielmini—: una fue que, siendo notorio que la velocidad no es la misma ni semejante a sí misma en todas las partes de la corriente, yo no sabía a cuál entre todas tenía que aplicar las demostraciones que él proponía; y aunque fuese fácil darse cuenta de que... se podía sacar un promedio de todas las velocidades, sin embargo quedaba siempre la dificultad mayor, a saber, la de determinar justamente cuál era la velocidad media, lo que me parecía imposible poder deducir de las demostraciones de Castelli. Agregábase, además, la errónea atribución de la velocidad superficial también a las partículas [que estaban] entre el fondo y la superficie, así como la manera dudosa de determinarla; por lo que me parecía que de eso no se pudiera sacar nada verdadero ni seguro". Y luego de haber mencionado que su segunda duda se refería a la famosa proposición de la velocidad doble con tirante doble, anotaba: "Es por eso que empecé realizando experiencias en depósitos, conductos, canales, etc., para averiguar si las velocidades crecen en razón de las alturas, o bien de las raíces de éstas. En los tanques, por cierto, hallé que se realiza esta última proporción, pero la razón de las velocidades en las secciones de los canales la encontré muy distinta de las dos mencionadas. Esto me llevó a creer que sin duda la velocidad depende muchísimas veces de toda otra causa que no sea la altura del agua en las secciones".[65]

Si las velocidades fueran creciendo en razón de las alturas (o sea, de las profundidades por debajo de la superficie), el perfil sería rectilíneo, del tipo de la figura 60*a;* si en razón de sus raíces, el perfil sería parabólico, como el de la figura 60*b*; Guglielmini había pues llegado a convencerse de que la distribución de velocidades real no se parece a ninguna de estas dos. Por tanto, se proponía determinar teóricamente el perfil "verdadero".

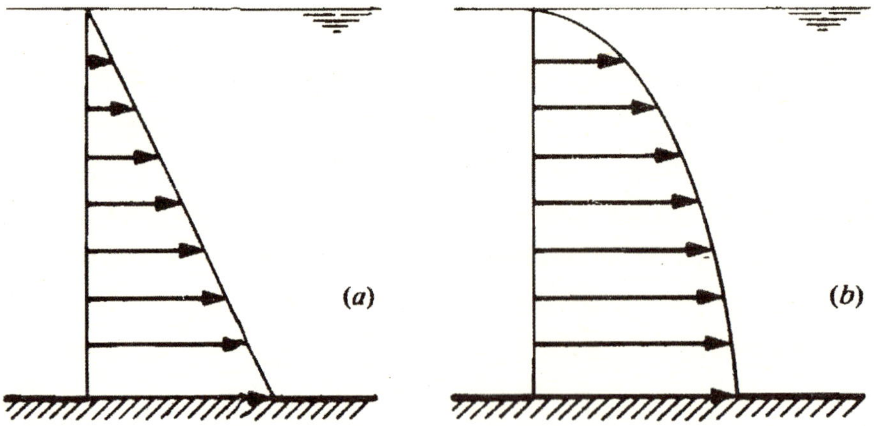

Figura 60

El tratado se divide en cinco libros: el primero presenta la "doctrina general" de las velocidades, el segundo considera la medición del agua corriente en canales inclinados aislados, el tercero se refiere a canales horizontales aislados o bien juntos con otros, el cuarto corresponde a canales inclinados simples o múltiples, y el quinto examina modificaciones de los sistemas antes mencionados. El primer libro es más elemental y detallado que los demás; lo cual se hizo, según dice el autor, "para mayor facilidad, y para adaptarme a la capacidad de los 'hidrómetros vulgares', quienes a lo sumo no conocen de geometría sino los *Elementos* de Euclides; para que ellos, si no entienden los últimos libros, puedan por lo menos servirse útilmente de este primero. En los siguientes, sabiendo que la materia está por encima de sus conocimientos, he querido ser más sucinto y preciso, en cuanto consideraba dirigirme a los matemáticos más eruditos".[66]

[65] Guglielmini, *Misura*, 315, 316.
[66] *Id.*, 317.

AQVARVM FLVENTIVM
MENSVRA
NOVA METHODO INQVISITA

AVCTORE

DOMINICO GVLIELMINO
M. D. Bononienſi
In Patrio Archigymnaſio Scientiarum Mathematicarum
Primario Profeſſore,
Et Aquarum Bononienſium Superintendente

AD

Illuſtriſsimum, atq; Ampliſsimum

SENATVM
BONONIÆ.

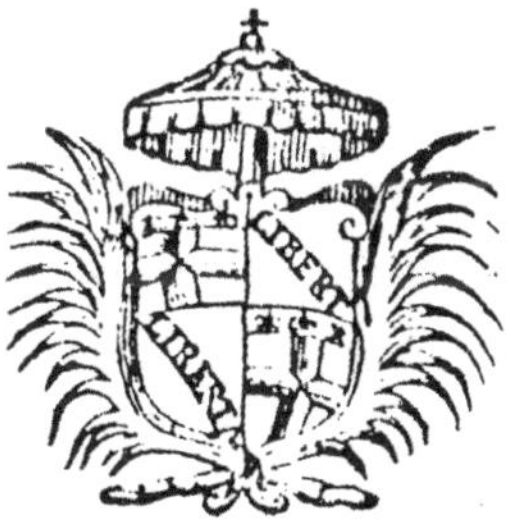

BONONIÆ, ex Typographia Piſariana. M.DC.XC. Superiorum permiſſu.

Luego de haber definido la "velocidad media" en una sección como aquella tal que, si todas las partículas en la sección misma escurriesen con esa velocidad, el gasto no variaría, Guglielmini afirma que *el agua que pasa por una sección de un canal inclinado escurre con la misma velocidad que tendría saliendo de un vaso por un orificio igual a la sección trazada por el principio del canal.*[67] O sea, si *AB* representa el canal (figura 61) y *AC* la horizontal por su principio *A*, la velocidad media V_1 en la sección *B* (que se imagina concentrada en un punto) sería aquella con la que saldría el agua por el orificio *B* abierto en el depósito *ADBC*, lleno hasta *AC*. Igual cosa se dirá para la velocidad V_2 en *F*, considerando el depósito *AEFG*, perforado en *F*. Esta conclusión procede obviamente de considerar al agua como cuerpo grave, que —en ausencia de resistencias— avanza por el canal con movimiento naturalmente acelerado. El cálculo de las velocidades se realizaría simplemente aplicando el teorema de Torricelli.

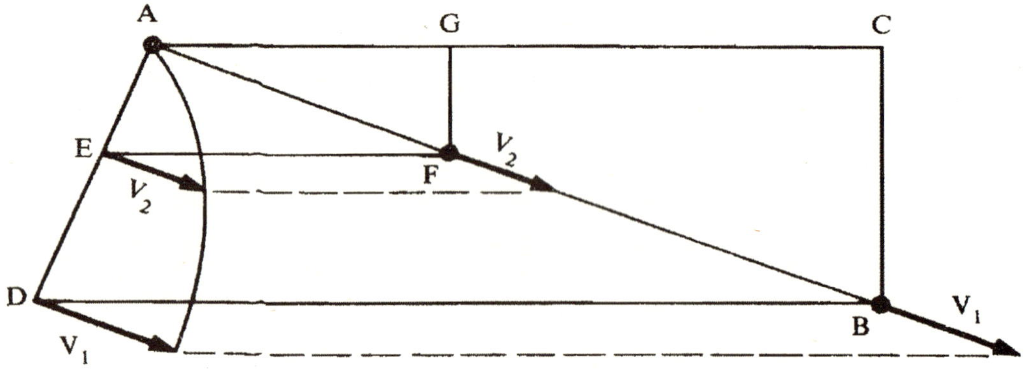

Figura 61

Hasta aquí, todo bien; pero, si el canal fuese horizontal, ¿de dónde saldría la velocidad? En este caso, Guglielmini se ve forzado a tomar en cuenta el tirante de agua, que antes había despreciado. Sean (figura 62) *AB* el canal, *CE* la superficie libre. Coloquemos en *D* la pantalla *DE* que detenga el agua, y luego perforémosla, haciendo a un mismo tiempo que por *AC* siga entrando un gasto igual al que sale. Si las perforaciones son tantas que la pantalla *DE* se hace toda un agujero, la velocidad con que saldría el agua por *DE* sería la velocidad media con que el agua abandonaría el vaso *CADE* a través de dicho orificio. De donde se concluye que *la velocidad con la cual el agua escurre por un canal horizontal es igual a aquella con la que saldría de un vaso que esté lleno hasta una altura igual al tirante en el canal.*[68]

[67] *Id.*, 337.
[68] *Id.*, 350.

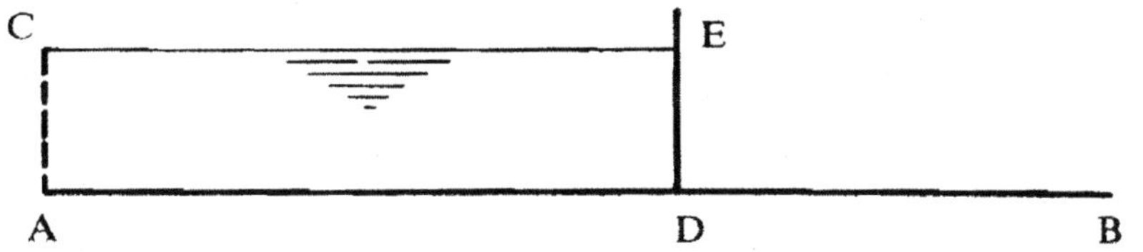

Figura 62

Finalmente, para determinar perfiles de velocidades en diferentes secciones, Guglielmini traza la parábola de Torricelli, *BQ*, en la sección inicial *AB* del canal *AE*, y de ella obtiene las velocidades en las secciones sucesivas *CD*, *EF*, etc., tomándolas como iguales a las velocidades de caída en los tramos *MN*, *OP*, etc., correspondientes a puntos del mismo nivel en la normal al piso del canal, *BP* (figura 63). De aquí infiere que, *si se desprecia la resistencia del fondo,* la velocidad debe ser mayor en el fondo que en la superficie, con una razón entre ambas tanto mayor cuanto más cerca del comienzo del canal esté la sección. Como en secciones muy alejadas de éste las velocidades de superficie y de fondo se irán aproximando mucho la una a la otra, el autor concluye que prácticamente se podrá suponerlas iguales entre sí.[69]

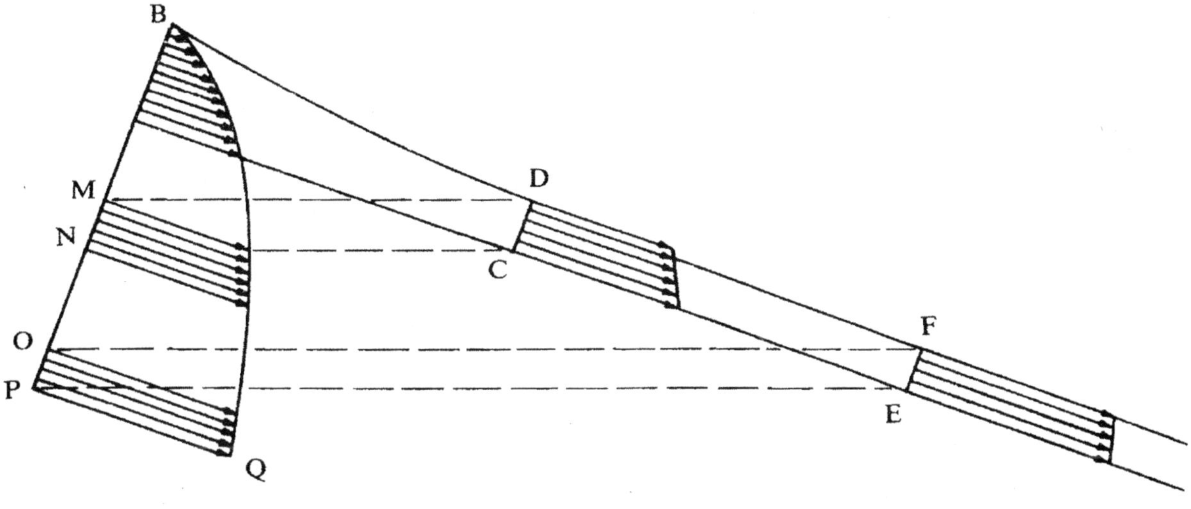

Figura 63

Nace la hidráulica fluvial

La publicación de *Aquarum fluentium mensura* le valió a Guglielmini que se creara en la universidad de Bolonia, justo para él, una cátedra de hidrometría, y además se le otorgara un nombramiento de superintendente de las aguas de esa provincia, que implicaba el control de las del Reno y de sus múltiples aprovechamientos agrícolas e indus-

[69] *Id.*, 338, 339.

triales. Maestro por vocación, quiso compartir con los demás la experiencia adquirida, y en 1697 publicó una nueva obra: *Della natura de'fiumi* (*La naturaleza de los ríos)*, primer tratado dedicado exclusivamente a la hidráulica fluvial, prácticamente el único en su género durante más de dos siglos. La aparición (en 1955) de *An introduction to fluvial hydraulics* de Serge Leliavsky[70] renovó el interés en textos de ese tipo, por supuesto ahora con contenido más amplio que el de Guglielmini; y la hidráulica fluvial ha entrado a formar parte, como asignatura específica, de muchas carreras universitarias de ingeniería civil.

En los ocho años tanscurridos desde *Aquarum fluentium mensura* hasta *Della natura de'fiumi*, Guglielmini debió seguramente meditar acerca de la falacia del perfil de velocidades teórico, que se ensancha cerca del fondo, puesto que el real procede al revés; y no debió tardar en darse cuenta de que la diferencia se debe a que el primero considera el fluido como "perfecto" (o sea, supone que no ofrecerá ninguna resistencia cuando se fuerce a una de sus partes a deslizarse sobre otra) mientras que de hecho es "viscoso", y por esto el fondo del canal, aun siendo liso, lo refrena; efecto que se propaga a distancia, pero con intensidad siempre menor, a medida que nos alejamos del fondo mismo. Hay entre las partículas del agua un vínculo —escribe Guglielmini— que hace que "no se pueda mover una partícula de agua sin que se arrastren con ella juntamente las vecinas y, por lo contrario, si se impide el movimiento de una partícula, se refrena también la inmediatamente contigua. Por tanto, si el agua fuese un fluido perfectísimo (es decir, si sus partículas estuviesen totalmente separadas la una de la otra, como conviene considerarla cuando se habla abstractamente para proceder a las demostraciones), escurriendo ella sobre un plano, o fondo, desigual y rugoso cuanto se quiera, podrían detenerse las partículas que chocasen directamente con los obstáculos, pero no las otras, que tendrían que continuar, ya sea en su aceleración, ya sea con la velocidad adquirida al alcanzar el movimiento uniforme; sin embargo, considerando al agua objetivamente con su viscosidad, resulta que no son sólo las partículas próximas al fondo o a los lados o, dicho en otras palabras, próximas a los impedimentos, las que se retrasan, sino también aquellas que quedan más alejadas de ellos. Por tanto, así como en los sólidos, cuyas partículas están perfectamente unidas, el retraso de una de ellas lleva consigo el de todas las demás, en los fluidos, cuyas partículas están desligadas, pero no perfectamente, estorbar el movimiento de una de ellas contribuye a reducir la velocidad de sus vecinas, aunque no uniformemente; porque la pérdida de las partículas

[70] Leliavsky, *Introduction*.

más próximas a las refrenadas es mayor, las de las lejanas menor, hasta volverse insensibles y reducirse a nada... De lo que se desprende que... la mayor velocidad del canal o río está en la superficie del agua, la menor en el fondo, y en las partes intermedias es tanto mayor cuanto más el agua se halla lejos del fondo.[71] O sea, Guglielmini reconoce que el perfil real de velocidades es del tipo de la figura 59*a*.

Según Guglielmini, el comportamiento de las corrientes obedece a ocho "reglas" generales, que enuncia y justifica. Dichas reglas son esencialmente las siguientes: 1, que el agua, al iniciar su recorrido en el cauce de un río, va acelerándose, "pero pronto se reduce al movimiento uniforme por las grandes resistencias que encuentra en su avance, como son la poca declividad de los cauces mismos, las grandes desigualdades de los fondos muy a menudo llenos de cantos o grava, los obstáculos laterales en las riberas, las tortuosidades de los ríos, etc.; 2, la velocidad uniforme así adquirida es normalmente tanto mayor cuanto mayor es la pendiente del cauce; 3, cuando el río lleva más agua, corre con más velocidad; 4, un angostamiento del cauce que fuerce a la corriente a elevarse acelera la corriente; 5, un ensanchamiento del cauce que provoque una caída de nivel también la acelera; 6, la corriente, si bien puede refrenarse y elevarse por la presencia de un obstáculo o de un cambio de pendiente, luego volverá a adquirir su velocidad y nivel anteriores; pero si los obstáculos continúan, como en un río de fondo pedregoso, casi nunca alcanzará un movimiento perfectamente uniforme; 7, la velocidad depende de la pendiente del cauce y del tirante, más de la primera, si ésta es fuerte, y más del segundo, si ésta es reducida; a veces, la pendiente de fondo controla la velocidad de la parte superior de la corriente, y el tirante la velocidad de la parte inferior; 8, en una sección transversal del río las velocidades varían de un punto a otro, resultando mayores en los sitios más alejados del fondo y de las paredes, y menores en los más cercanos.

Guglielmini pasa luego a estudiar los cauces. La gente suele considerar —afirma— que para que el agua escurra se requiere una pendiente mínima de fondo: Vitruvio pide una caída de medio pie por cada cien de longitud, o sea una pendiente de 1:200, Cardano 1:7200, Leon Battista Alberti y Scamozzi 1:5000, Barattieri 1:1800; y sigue diciendo: "No deja de asombrarme que las opiniones de los autores hayan sido tan acordes en querer que las aguas corrientes requieran una pendiente de fondo, y al mismo tiempo tan discordes en determinar su magnitud". De hecho hay ríos que, cerca de la desembocadura, tienen fondo horizontal, y de todos modos escurren por la caída que se

[71] Guglielmini, *Fiumi*, 76, 77, 86.

DELLA

NATURA DE' FIUMI

TRATTATO FISICO-MATEMATICO

DEL DOTT. DOMENICO GUGLIELMINI

NUOVA EDIZIONE

CON LE ANNOTAZIONI

DI EUSTACHIO MANFREDI

All' Eminentissimo, e Reverendissimo Principe

IL SIG. CARDINALE

NERIO CORSINI

Nepote del regnante sommo Pontefice

CLEMENTE XII.

In Bologna nella Stamperia di Lelio dalla Volpe. MDCCXXXIX.

Con licenza de' Superiori.

produce en la superficie. Por lo general, la pendiente del fondo es tanto menor cuanto más el río, en régimen de crecida, se hincha, "de lo que aparece evidentemente que la caída no es tanto la causa de la velocidad de los ríos cuanto efecto de la misma, siendo de común observación que los ríos muy veloces profundizan su lecho y así reducen las caídas, mientras que los lentos, si corren turbios, aumentan los declives de sus fondos con azolvar su lecho... Por tanto, la única finalidad por la cual he creído tener que averiguar la caída necesaria para un río, ha sido la de asegurarme de que el mismo no azolve el lecho con depósitos, por ser ésta insuficiente, y no lo socave demasiado, con notable daño para las orillas, si ésta es mayor de lo necesario".[72]

Para que haya erosión, "se requiere que la fuerza que desgasta supere la resistencia de la tierra u otro material que forma el lecho del río; ...además, es evidente que un río no irá profundizando su cauce al infinito...; por tanto, hay que reconocer que, en cuanto el río se socava, o bien la fuerza del agua va debilitándose poco a poco, o bien la resistencia del terreno va creciendo, o bien aquélla disminuye y ésta crece a un mismo tiempo, hasta que se alcanza una especie de equilibrio... Luego tanto los fondos como los anchos de los lechos resultan determinados por la naturaleza, a saber, por la combinación de las causas actuantes con las resistentes..., y, por tanto, si los unos o los otros se alteran artificialmente, dichas causas actuantes nunca dejarán de devolverlos a su estado inicial".[73] Sin embargo, "hay que considerar que la resistencia del fondo es la que iguala más pronto la potencia que se le opone, por ser dos las causas del igualamiento: el decrecer la pendiente del lecho y el reducirse la velocidad; mientras que la resistencia de los lados tarda mucho más en equilibrarse con la potencia contrapuesta, porque allí lo que se reduce es tan sólo la fuerza del agua, y esto muy lentamente... Esta es la razón por la cual, en los ríos que escurren en cauces formados por material homogéneo, que el agua corroe fácilmente, el ancho es mayor que la profundidad".[74]

El tratado considera también muchos otros asuntos: defensas y sus efectos, conveniencia de conservar los pantanos, causa de los meandros, confluencia de ríos, formación de remolinos, etc. Uno de los grandes atractivos de la obra son sus figuras, que testifican el amor para el detalle con que el dibujante las elaboró. En esos tiempos la imagen no se podía estampar directamente en el libro, sino que había que acudir a un grabador que la reprodujera primero en una plancha de cobre; y de la habilidad de éste dependía la calidad de la ilustración definitiva. Frecuentemente, al sacar una nueva

[72] *Id.*, 105, 108.
[73] *Id.*, 109, 110.
[74] *Id.*, 111.

Tav 12:
Pelo d'acqua
del Fiume
Pelo d'acqua
della Chiavica
Soglia
della Chiavica
Scala di piedi trenta Bolognesi
A
B
C
D
E
F

Tabla 12

edición, las láminas de la anterior ya se habían perdido, y había que encargarlas a un nuevo grabador, que a veces se esforzaba en perfeccionarlas. Esto es lo que les sucedió a las ilustraciones del tratado de Guglielmini, que resultaron mejores en la segunda edición, publicada por Eustachio Manfredi en Bolonia en 1739, y más todavía en la tercera, publicada por Filippo Carmignani en Parma en 1766. En las páginas siguientes se han reproducido las tablas 12, 13 y 14 de la segunda edición y la 15 de la tercera.

La tabla 12 muestra la obra de control, ubicada en Bondeno, para regular los intercambios de agua entre Reno y Po: *A* muestra su aspecto exterior, *B* su planta y *C* su corte vertical. En éste se ven los dos arcos que comunican el canal con el río, y las compuertas de agujas que sirven para cerrarlos. Las agujas E se levantan y bajan una a una por medio de las ruedas dibujadas a los lados de la letra *C*, ruedas que, como indica el detalle *D*, envuelven los cables que agarran con su gancho las agujas. El detalle *F* muestra —girada en 90°— la ranura en la cual corren las agujas mismas.

La tabla 13 contiene varias opciones de cruce de corrientes. A la izquierda se ve el puente por el cual un canal salva un río, que en la figura de abajo escurre libremente, mientras que en la de arriba se ahoga por la insuficiencia de los claros del puente mismo para dar paso a las aguas crecidas. Abajo el dibujante ha agregado una casa de campo y un castillo, un ingeniero que con escuadras y compás traza círculos para ilustración del sobrestante, y un peón que come la sopa que su esposa le ha traído en portaviandas; arriba el cazador descansa mientras la mujer está pescando. A la derecha, en la parte superior se ve la alcantarilla que permite el paso de un canal pequeño por debajo de uno mayor más elevado; y en el cuadro inferior, un sifón invertido que realiza el mismo cruce cuando los dos canales están al mismo nivel. La figura de arriba se adorna con la presencia de un topógrafo que lleva a cabo, por medio de un nivel de agua y con la ayuda de dos estadaleros, la medición del desnivel entre la corona del bordo del canal superior y el fondo del inferior.

La tabla 14, que proviene de la misma edición, representa la obra de derivación de Casalecchio sobre el Reno, a tres millas de Bolonia. La presa *AB* obliga a parte del agua del río *C* a entrar por la bocatoma *G* al canal *LM*. *F* y *K* son obras de descarga del canal al río, provistas de sendas compuertas; mientras que *H*, *I* son vertedores laterales de cresta libre, que controlan el nivel del agua en el canal. Sobre estas obras corre un camino, continuado en *M* con la corona de la pared izquierda del canal, que facilita la inspección del canal mismo y la maniobra de sus elementos móviles; tres individuos andan sobre él. En primer plano, una escena idílica: el cazador, ahora despierto, se encamina con su perro hacia el acecho; un artista dibuja el paisaje, y cuatro mujeres, sentadas en el pasto, platican en compañía de un muchacho.

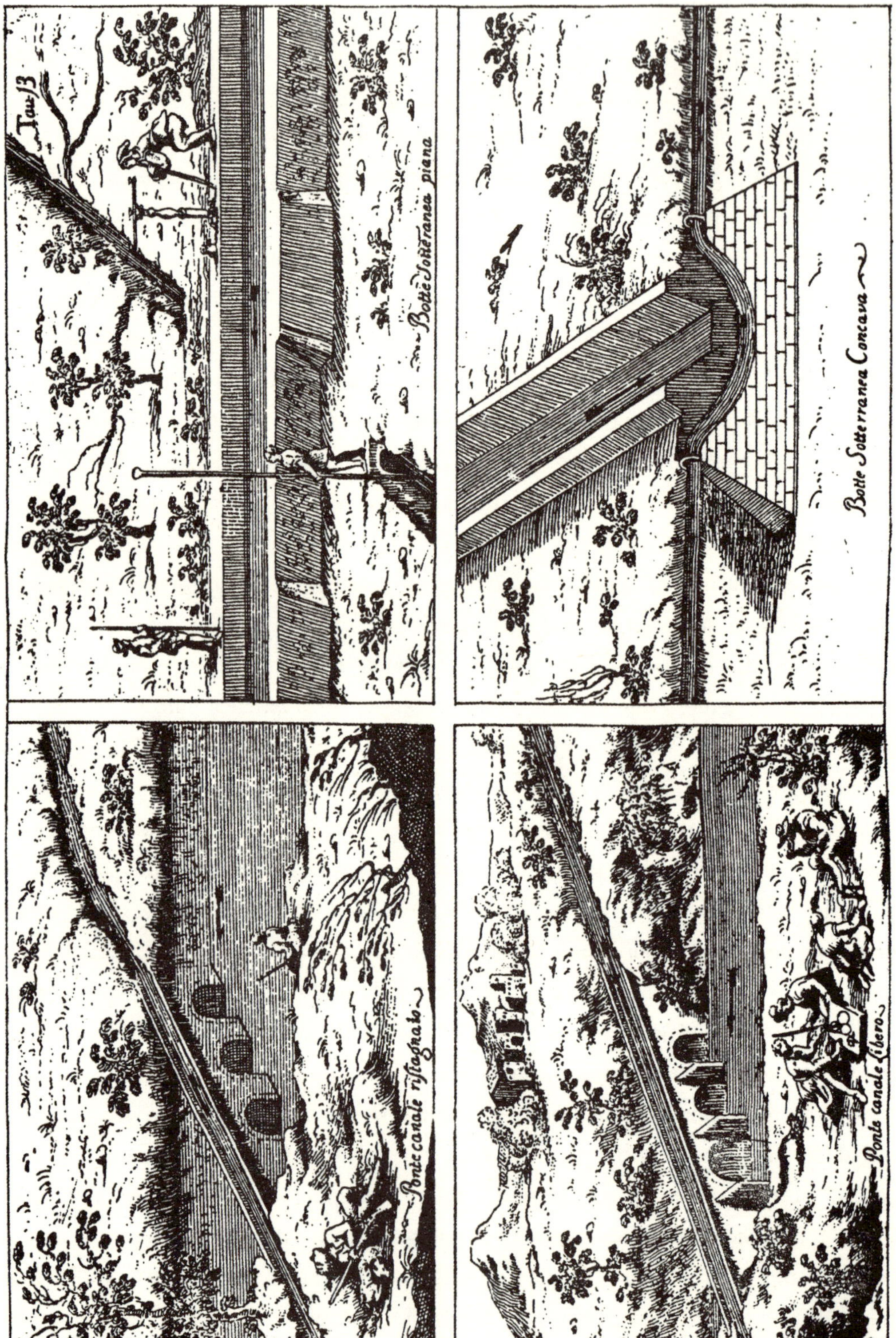
Tav. 13
Botte Sotteranea piana
Botte Sotterranea Concava
Ponte canale ristagnato
Ponte canale libero

Tabla 13

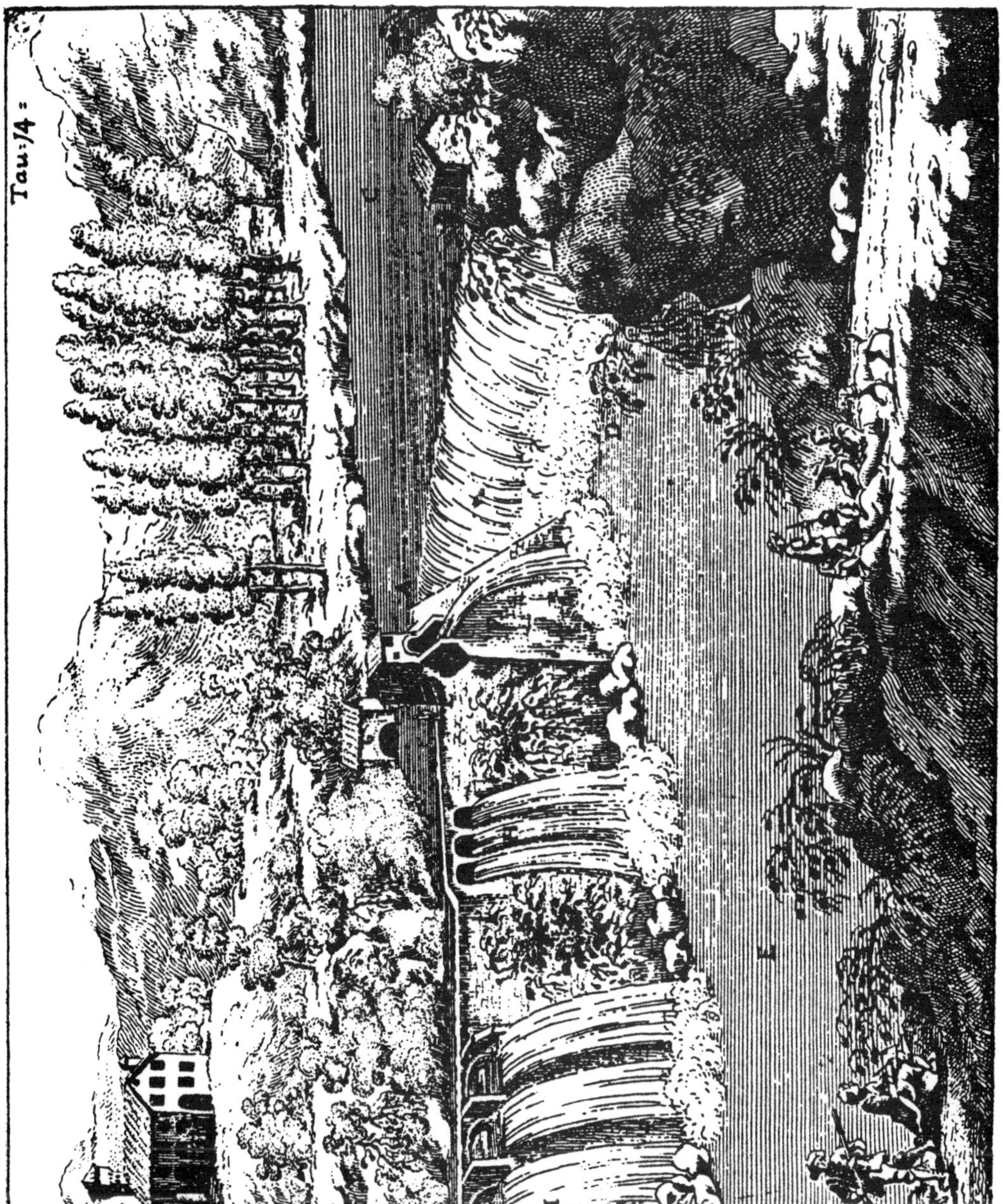

Tabla 14

La parte de arriba de la tabla 15 representa la esclusa de Battiferro, a una milla de Bolonia, cuyo objeto era permitir que las embarcaciones salvasen el desnivel entre el tramo superior *A* y el inferior *I* del canal. La esclusa *H* se controla por medio de las compuertas *BC* y *DE* que, cerradas, tienen que formar un ángulo para que la presión del agua no las abra. El bote en *H* está remontando el río, y espera que la compuerta BC se abra para que el agua lo levante al nivel *A*. Entonces saldrá y dejará que el bote de la izquierda, que está bajando, entre a la esclusa, para descender al nivel 1 en cuanto, cerrada la compuerta *BC*, se abra la *DE*. El bote en *H* se detiene con un cable para que la corriente que entrará por *BC* no lo arroje contra la otra compuerta. En *K* se ve la corona de un vertedor, que controla el nivel del agua del canal y desvía las demasías hacia la boca *L* cuando la compuerta *BC* está cerrada.

La figura inferior de la tabla 15 muestra el río *ABCD* v el canal *AD* derivado de él en *A*, que se reúnen en *D*. En el caso de que el largo de ambos sea el mismo, el canal derivado, que lleva un gasto mucho menor que el del río, requiere —según Guglielmini— una caída total mayor; pero siendo la caída igual, el río tenderá a elevarse, con peligro para las tierras aledañas, o bien a azolvar la entrada del canal, por lo que será necesaria una limpieza permanente. Compensan la aridez del paisaje varios personajes, que el último grabador "modernizó" vistiéndolos a la Luis XV: los dos clérigos que conversan a la derecha, y a la izquierda el joven caballero que acude a la cita con la señorita, bajo la celosa vigilancia de su acompañadora.

Nadie es profeta en su patria. Cansado por las continuas disputas con sus colegas, Guglielmini decidió en 1701 abandonar Bolonia y aceptar una cátedra de matemáticas en Padua, trabajando al mismo tiempo en el aprovechamiento hidráulico de la campiña paduana y el control de torrentes en Friul y Dalmacia, todos territorios de la república véneta. Pero surgió el problema de siempre: el sueldo no alcanzaba; sin embargo, sí alcanzaría el de un profesor de medicina: Guglielmini se acordó que era médico y regresó a su profesión. De hecho, no debía ser su intención abandonar la mecánica de fluidos, porque su sueño de siempre había sido "extender estas consideraciones al movimiento, ya sea natural, ya sea violento, de todos los fluidos, más alla de las fronteras de las matemáticas, o sea hasta los estudios más ocultos del arte médico, si el tiempo y las fuerzas me lo permiten; en cuanto—los descubrimientos y argumentos de los anatomistas modernos me han convencido de que las funciones del cuerpo animal, sus enfermedades, remedios y la vida misma dependen en gran parte del movimiento continuo de sus fluidos".[66] Empresa soberbia, pero demasiado difícil; y no le alcanzó la vida para llevarla a cabo.

Tabla 12

Ruido, péndulos y molinetes

Parece curioso el nombre de Galileo, tan parecido al apellido Galilei; nombre que repetía el de un antiguo pariente: ese *magister Galilaeus de Galilaeis,* quien había sido médico y gonfalonero de justicia en la república florentina dos siglos antes, cuyo nombre aparece en una tumba situada debajo del piso, cerca de la puerta principal de la iglesia de Santa Croce. Sin embargo, un condiscípulo de Galileo poseía un nombre todavía más raro, porque era idéntico al apellido: se llamaba Santorio Santorio. Santorio, a diferencia de Galileo, sí logró titularse, en Padua, doctor en medicina; emigró a Polonia donde vivió 25 años, y regresó a Padua en 1611 para ocupar una cátedra en la universidad. Hombre de gran talento y entusiasta del método experimental, inventó el termómetro clínico, construyó un péndulo sincronizable con las pulsaciones del paciente y, con una "balanza clínica" que podía sostenerlo a él, su mesa y su cama, fue registrando durante más de treinta años sus propias variaciones de peso, en condiciones de movimiento y reposo, asimilación y desasimilación, dormido y despierto, con el objeto de investigar la función del metabolismo en la vida del hombre.

Viajero incansable. y curioso como él solo de los secretos de la naturaleza, Santorio se entera de que cerca de Trieste, en Croacia, hay un río, llamado Ecca, que se precipita en las entrañas de la Tierra y allí desaparece; y se propone ir a ver la maravilla. Llegando a la capilla de San Canciano, baja a contemplar el desmedido tragadero, donde la corriente se abisma, precipitándose a los pies de una pared vertical de 164 metros de altura; hórrida escena subrayada por el estruendo de las aguas engullidas. Pasa el día visitando grutas y cuevas; luego se aloja en una casa de campo allí cerca, pero el ruido infernal de la catarata no le permite dormir en toda la noche. Sin embargo, la gente del lugar descansa tranquila. Pregunta si siempre es así, y le dicen que no, que a veces el estruendo los despierta, pero otras parece más bien que los arrulla. Probablemente, piensa Santorio, cambia el "ímpetu" del agua; pero, ¿cómo medirlo? Se le ocurre fijar el brazo corto de una romana, en ángulo recto, una placa *A* (figura 64). Al sumergirse en la corriente, la placa se inclina por su empuje y hay que regresarla a la vertical, corriendo el pilón tanto más cuanto mayor es el empuje mismo. Este instrumento —escribe— "permite pesar la magnitud del impacto producido por el agua corriente. Su principal utilidad podría ser mejorar la eficiencia de molinos, pero tendría también muchas otras aplicaciones. Gracias a él estaríamos en condición de determinar qué cantidad de impacto tiene propiedades benéficas y qué cantidades tendrían propiedades nocivas. De hecho, si ciertas medidas de ímpetu o ruido son saludables y otras insalubres, ¿por qué otro método podríamos graduar la fuerza de las medicinas que debemos tomar?".[75]

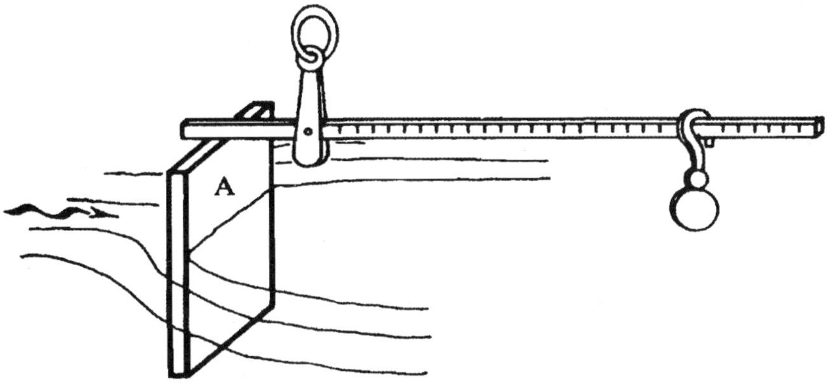

Figura 64

Esta "balanza hidrométrica", ideada allá por 1610, podría en principio utilizarse para medir la velocidad de la corriente, o por lo menos una velocidad media en la sección obstruida por la placa, en cuanto que el empuje del agua sobre esta última crece en proporción con el cuadrado de dicha velocidad. Sin embargo, además de la limitación de que sólo puede emplearse cerca de la superficie, el aparato de Santorio no puede ser preciso, porque bastan pequeñas variaciones, difíciles de controlar, en su grado de sumersión, para alterar sensiblemente la medida. Es por esto que Francesco Michelotti, siglo y medio después, lo modificó —o reinventó, porque no estamos seguros de que lo conociese— evitando estos inconvenientes. Su libro *Sperimenti idráullci, principalmente diretti a confermare la teórica e facilitare la prática del misurare le acque correnti* (*Experimentos hidráulicos dirigidos principalmente a comprobar la teoría y facilitar la práctica de la medición de las corrientes de agua*), publicado en 1767, describe tres aparatos ensayados en Turín, bajo el patrocinio del rey de Cerdeña Víctor Amadeo III, uno de los cuales era precisamente una placa equilibrada por una romana. En este caso, la placa *A* estaba fija en el extremo inferior de un brazo rígido vertical, cuyo extremo superior se sujetaba a la balanza (figura 65). De este modo, la placa quedaba totalmente sumergida, obstruyendo un área siempre igual; y además podía trabajar a cualquier profundidad. Defecto en su utilización era el no tener en cuenta el empuje de la corriente sobre el brazo de suspensión *MN* que, aun siendo relativamente delgado, dc todos modos impedía su avance; con lo que se acababa por sobrevaluar la velocidad, tanto más cuanto mayor era la profundidad de sumersión.

[75] Frazier, 250, 251.

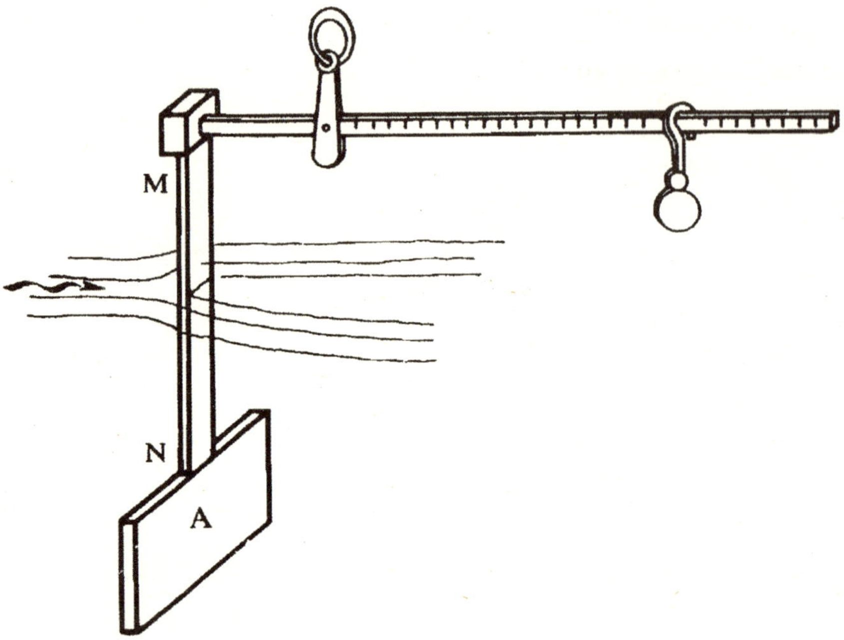

Figura 65

Una variante del aparato de Santorio fue el "dinamómetro hidráulico" que remplazaba la romana por un resorte. Lo ideó el jesuita siciliano Leonardo Ximenes en 1752, suspendiendo una bola en un resorte y sumergiéndola en la corriente. La velocidad se apreciaba con base en el estiramiento del resorte. En 1780, Ximenes construyó dos instrumentos con los cuales se medía la deflexión de una placa vertical equilibrada por una contrapesa: el primero, llamado *a véntola,* de abanico, se sostenía en goznes verticales, el segundo, denominado *a válvola,* de válvula, en goznes horizontales.[76]

Otro de los aparatos ensayados por Michelotti fue el "péndulo hidrométrico". Tampoco éste era invento suyo, porque ya en 1624 lo había propuesto Castelli, y Guglielmini lo estuvo utilizando. Se trataba de una bola suspendida en un cordel (figura 66). El agua arrastraba la bola, de modo que el péndulo se desviaba más de la vertical cuanto más rápida era la corriente. Una graduación grabada en el travesaño inferior *AB* del marco de sostenimiento permitía medir el ángulo de inclinación, del cual, gracias a una calibración previa, se deducía la velocidad. Naturalmente aquí también existía, como en la balanza, el peligro de exagerar las velocidades de capas profundas, porque el cordel era flexible y tendía a encorvarse hacia atrás en su parte sumergida, tanto más cuanto mayor era su longitud. Vale la pena notar que se trataba de un error que los hidráu-

[76] Kolupaila, *Bibliography*, 280.

licos del siglo XVIII, como Zendrini, Lecchi, Michelotti y Lorgna, eran poco propensos a descubrir, porque, influenciados por el perfil de velocidades teórico de Guglielmini, ese error les "convenía", pues tendía a ensanchar el perfil real en su parte inferior. Todavía en 1762 Frisi, en su tratado *Del modo di regolare fiumi e torrenti* (*Manera de regular ríos y torrentes*), seguía insistiendo: "parece suficientemente comprobado que las velocidades del agua, aun resultando de diferentes causas, ya sea caída libre o bien presión de las aguas superiores, tienen una sola ley, a saber, que son proporcionales a las raíces cuadradas de las alturas, ya sean éstas reales o virtuales; es decir, que están en proporción con las raíces cuadradas en las alturas reales y absolutas de las secciones cuando la superficie del agua no acusa movimiento perceptible, y proporcionales a la suma de las raíces cuadradas de las alturas más la altura debida a la velocidad de la superficie cuando el movimiento de ésta es apreciable".[77]

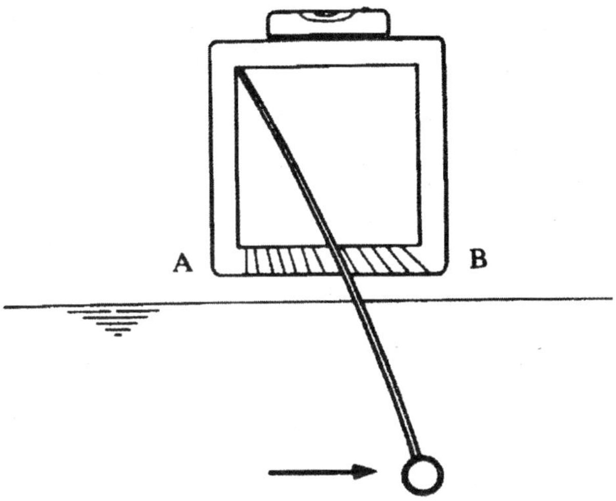

Figura 66

Otro medidor antiguo, pero que ha perdurado hasta el día de hoy, es el "asta hidrométrica", inventada en 1646 por Niccoló Cabeo, jesuita de Ferrara, hombre de múltiples intereses, que al parecer fue el primero en darse cuenta de que los cuerpos electrizados pueden no sólo atraerse, sino también repelerse. Su idea fue sin duda original. Con el objeto de determinar el gasto de un canal, había que medir la velocidad a diferentes profundidades para trazar su perfil y de él sacar la velocidad media, que luego se multiplicaría por el área de la sección. ¿Por qué no medir directamente la velocidad media? Tomó una varilla de madera, larga como la profundidad de la corriente, y le colgó una pesa conveniente en un extremo. Colocada en el agua, la pesa se hundía y la vara se erguía, atravesando toda la corriente en sentido vertical. Si la pesa era suficientemente liviana como para que la varilla la sostuviera sin dejarla tocar fondo, varilla y pesa caminaban por la corriente, pero con una velocidad que era el promedio de las velocidades en la vertical, o sea, prácticamente con la velocidad media. Con los debidos cuidados, el asta hidrométrica puede dar resultados correctos si se utiliza en un canal regular, con régimen tranquilo.[78]

[77] Biswas, 270.
[78] Kolupaila, *Bibliography*, 262.

El tercer aparato entre los ensayados por Michelotti fue la rueda de paletas, reproducción en pequeño de las que movían los molinos a orillas del río (figura 67). Se admitía que la rueda giraba con la velocidad superficial de la corriente, o sea que cada vuelta de ella implicaba que el agua había recorrido una distancia igual a su circunferencia. De hecho, este aparato tampoco era invento de Michelotti, porque se halla descrito anteriormente en el *Theatrum machinarum generale* (*Exposición general de máquinas*) de Jacob Leupold, de 1724. Su empleo se limitaba a mediciones de velocidad superficial. Para medidas profundas la solución era —como ya en 1683 había propuesto Robert Hooke, primer jefe de experimentación de la *Royal Society,* con el objeto de medir la velocidad de los barcos— una hélice que el agua pone en movimiento, con velocidad tanto más grande cuanto más rápida es la corriente; pero, cómo contar el número de revoluciones, si quedaba sumergida y uno no la podía ver? Hooke pensó en colocar sobre el eje de la hélice un tornillo sin fin que, engranando en una rueda dentada, la hacía girar. El número de revoluciones de la hélice se podía deducir del desplazamiento angular sufrido por la rueda. La velocidad se obtendría en función de este último mediante una "curva de calibración", curva trazada asociando las lecturas realizadas al bajar el aparato en el agua de un pozo con las velocidades correspondientes.[79]

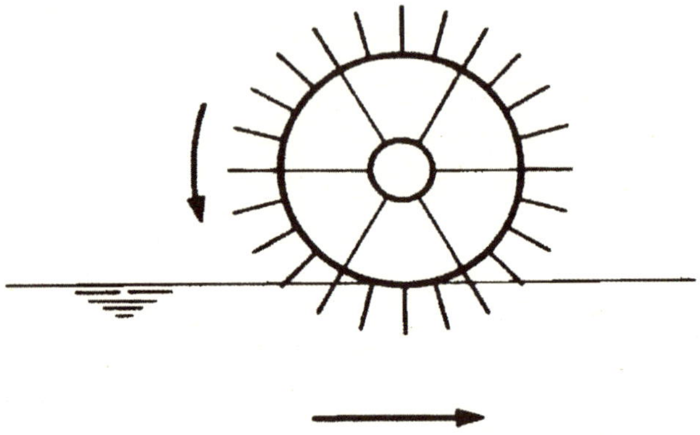

Figura 67

La utilización práctica de "molinetes hidrométricos" de este tipo presentaba, sin embargo, un serio inconveniente, ya que comenzaban a girar apenas entraban en contacto con la corriente; de modo que no podía efectuarse una medición a cierta profundidad, so pena de agregar al número de revoluciones útiles las que el aparato había realizado al sumergirlo y extraerlo del agua. A este problema le dio solución en 1790 Reinhard Woltman, en Hannover. En su aparato, el tornillo sin fin *T* ubicado sobre el eje rodete *AB* (figura 68) no engrana permanentemente en la rueda contadora *R*, de cien dientes, sino que sólo se conecta al estirar el cordel *mn*. Soltándolo, el resorte vuelve a separar los engranes. El desplazamiento total de la rueda se lee en correspondencia con el índice *I*. De este modo, se hace que el contador funcione sólo cuando el molinete se encuentra colocado en la posición deseada, y por el tiempo asignado a la medición.

[79] *Id.*, 326.

El rodete de Woltman era muy sencillo: de 33.6 cm de diámetro, con dos paletas planas inclinadas 45° con respecto a la dirección del flujo. Con el fin de aumentar su eficiencia, se le fueron luego agregando más paletas, hasta elaborar en 1847 el tipo más perfeccionado, con álabes helicoidales diseñados siguiendo los más avanzados cánones de la hidrodinámica, y en cantidad tal que, viendo al rodete de frente, no dejaban divisar ninguna rendija. Este rodete perfecto lo había diseñado —a solicitud de André Baumgarten que quería utilizarlo en una campaña de aforos del río Garona— Jean Victor Poncelet, un profesor de mecánica en la Sorbona que había logrado perfeccionar el diseño de las turbinas, idealizando por filetes paralelos el movimiento del agua en su interior.

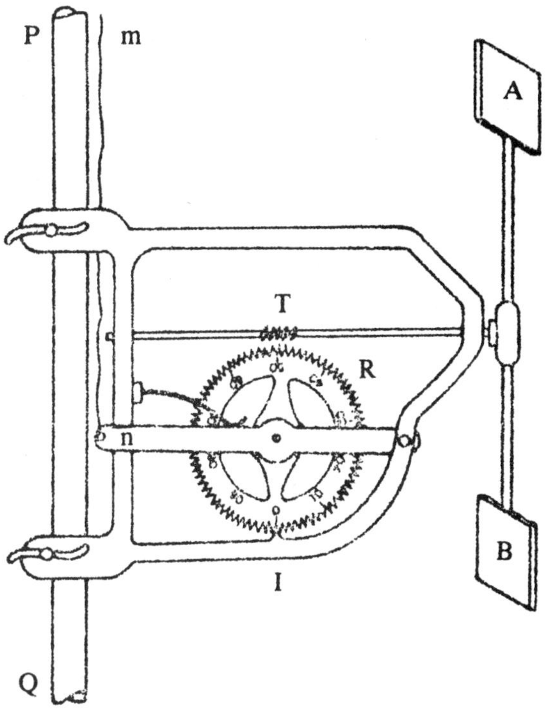

Figura 68

Hombre bifacético, Poncelet fue gran matemático e hidráulico célebre en su época; pero los matemáticos olvidan que fue hidráulico y los hidráulicos no saben que fue matemático. Apenas egresado de la Ecole Polytechnique como oficial del cuerpo de Ingenieros, había seguido a Napoleón en la campaña de Rusia y, al construir el puente que permitiría a los restos de la *grande armée* cruzar el río Dnieper, los cosacos lo habían apresado e internado en Saratov. Durante los dos años de cautiverio, desde los 24 hasta los 26 de su vida, se había dedicado a meditar en cuestiones geométricas inspiradas por las enseñanzas de su gran maestro, Gaspard Monge; y, buscando estructurar una nueva geometría donde todas las cónicas se redujeran a una sola curva, estableció los principios de la proyectiva, ciencia que estudia esas propiedades de las figuras que quedan inalteradas al someter la figura misma a un proceso de proyecciones y secciones sucesivas. Sin embargo, cuando, ya devuelto a Francia, presentó en 1817 su *Essai des proprietés projectives des figures* a la Academia de Ciencias, ésta no lo apreció, como haría años más tarde con los descubrimientos geniales pero demasiado novedosos de otros dos jóvenes matemáticos, Niels Heinrich Abel y Evariste Galois. Decepcionado, decidió cambiar su área de trabajo, y diseñó una rueda hidráulica de tal forma que el agua saliera de ella casi sin velocidad, con lo que logró aumentar su eficiencia; en 1824, esto hizo que obtuviera, siendo capitán, la cátedra de mecánica en la Escuela de Aplicación de Artillería e Ingeniería Militar de Metz, y un mayor aprecio de la Academia, que diez años después lo recibió entre sus miembros.[80]

A los molinetes tipo Woltman había que sacarlos del agua para realizar la lectura, inconveniente particularmente molesto cuando se quería reiterar la medición sin cambiar la posición del aparato. Focacci fue el primero en obviarlo en 1807, al remplazar su rotor por uno de eje vertical y alargar este último sacando su extremo del agua. Solución ideal hubiera sido un contacto eléctrico que enviara una señal para cada revolución o cada cierto número de revoluciones del rotor; pero Alessandro Volta había apenas inventado la pila, y la corriente eléctrica no salía todavía de los laboratorios de física. Después de que Morse inventó el telégrafo, se produjo la primera aplicación de la corriente al registro a distancia de las revoluciones del rodete: el "molinete telegráfico", construido por Daniel Henry en 1867 para aforar las descargas de los grandes lagos americanos. Las velocidades y sus variaciones se apreciaban por las rayas de diferente longitud que iban apareciendo en la cinta de un receptor de telégrafo. Posteriormente se utilizaron otros receptores, principalmente aquellos que transforman las señales eléctricas en acústicas, mismas que el aforador recibe en un audífono.

Hoy los molinetes ya no son de rueda, sino de hélice; y éstos comparten su popularidad con los de copas. A mediados del siglo pasado, se le ocurrió a Thomas Robinson, en Irlanda, utilizar en corrientes de agua el anemómetro de copas de Richard Edgeworth, aparato que aprovecha el hecho de que una cáscara hemisférica recibe de la corriente fluida un empuje cuatro veces mayor, aproximadamente, si dirige hacia ella su hueco (posición *A* en la figura 69) en vez de su dorso (posición *B*). Entonces, el par de copas *A*, *B* gira alrededor del eje *C* de modo tal que *A* avanza y *B* retrocede. Las copas han de ser tres por lo menos, porque, siendo dos, el rodete podría pararse al alcanzar una orientación paralela a la corriente. En 1878, Theodore Ellis remplazó las cuatro copas del molinete de Robinson por otros tantos conos; y más tarde William Price aumentó la eficiencia del de Ellis elevando el número de conos a cinco y luego a seis. El contacto eléctrico tiene el defecto de frenar un tanto el rodete, y hasta detenerlo para velocidades sumamente

Figura 69

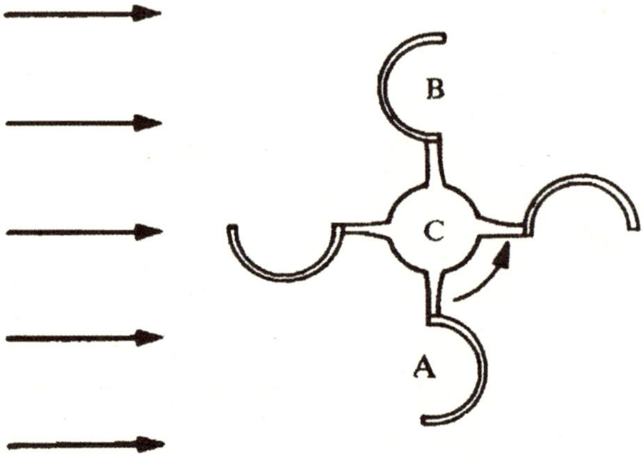

[80] Enriques, 115, 262, 263.

bajas; André Hillairet, en 1883, logró evitar esto por primera vez al encerrar el rodete en un marco magnético, y detectar el paso de las copas por inducción magnética sobre un galvanómetro.

Todos estos dispositivos ingeniosos y rebuscados transforman el movimiento del agua en el de un mecanismo, péndulo o rodete que sea, y éste a su vez en una señal eléctrica que, previa tara, permite apreciar la velocidad del agua. Cabe preguntarse si no sería posible obtener la información directamente de la corriente, sin la complicación mecánico-eléctrica intermedia. Hoy en día ha despertado gran interés una tecnología que se llama "fluídica", cuya filosofía es justamente utilizar directamente los efectos mecánicos del fluido sobre el fluido mismo, para eliminar las partes sólidas móviles y todo lo demás. Hay interruptores, conmutadores y otros dispositivos de control, empujadores y sensores fluídicos, que aventajan los análogos mecánicos y eléctricos por su sencillez y capacidad de hacer frente a peculiaridades del medio ambiente, como altas temperaturas, contaminaciones y radiación, que podrían dañar a aquéllos; y se utilizan en máquinas herramientas, reactores nucleares, equipos marinos, misiles y corazones artificiales. ¿Qué tan dificil sería inventar un reómetro fluídico? Bueno, no hace falta, porque ese aparato ya lo tenemos desde hace 250 años; es cierto que sólo hace un siglo se le hizo caso, pero ahora es de uso corriente en el campo y en el laboratorio, en aviones y submarinos: se trata del tubo de Pitot.

Bajo los puentes del Sena

Los holgazanes que, el 19 de agosto de 1732, se asomaban a los antepechos del *Pont Royal,* Puente Real, de París, observando indolentemente el ir y venir de barcazas por el río Sena y los pescadores atentos a su presa, se fijaron en un pequeño bote que dejó la orilla, vino hasta el puente y, amarrándose a las pilas, se estacionó en un claro. Esta embarcación la conocían, porque era la que acostumbraba venir día tras día a tomar medidas, y sabían de antemano lo que sus tres ocupantes iban a hacer. Luego de que el remero la había asegurado, el joven sentado en popa sacaba su cuaderno y anotaba el nivel del agua, que leía en las divisiones marcadas en las aristas traseras de las pilas extremas del puente; a continuación él y el remero, en los dos extremos del bote, colocaban sendas varillas, perpendicularmente al eje del mismo, en dos marcas a quince pies de distancia entre sí. Entonces, el tercer ocupante con todo cuidado sacaba de su caja un péndulo que daba el medio segundo, lo instalaba en el centro de la embarcación y desplazaba el globo, sosteniéndolo con la mano. Lo soltaba luego, y daba una voz para que en ese mismo instante el remero dejara caer de la varilla de proa, a dos pies de distancia del bote, un pedacito de madera, que la corriente arrastraba río abajo. Cuando el flotador cruzaba por la varilla de popa, el joven allí sentado avisaba, y el otro paraba el péndulo y dictaba el tiempo transcurrido; enseguida, el primero, abriendo nuevamente el cuaderno, lo anotaba. La operación se repetía varias veces, bajo la mirada extática del público que contemplaba desde arriba en silencio, asombrado como si la viese por primera vez. Los entendidos explicaban a los inexpertos que el bote pertenecía a la Real Academia de Ciencias, y que el objeto de todo el proceso era determinar de una manera algo misteriosa la velocidad de la corriente.

Pero ese 19 de agosto el joven del péndulo no estaba, y el péndulo tampoco. En lugar del joven había un caballero de rasgos finos y peluca, de unos 35 a 40 años de edad, que sostenía en sus manos una barra de madera de sección triangular. Ese ha de ser un académico, comentó uno de los curiosos. El remero detuvo el bote, sin amarrarlo, debajo del arco grande y, mientras el joven de popa realizaba su acostumbrada anotación, el caballero ajustó algo en la barra y luego sumergió cautelosamente su extremo en el agua, manteniéndola vertical y con una arista en dirección de la corriente. Lo vieron observarla detenidamente largo rato, dictar algo, repetir la operación allí y en sitios próximos; luego, el bote regresó a la orilla. Los espectadores del puente, defraudados, se preguntaban qué había sucedido; los sabiondos callaban, y todos con un murmullo desaprobatorio volvieron a contemplar los lanchones y comentar acerca de sus cargamentos, proveniencias y destinos. Felizmente, algo más tarde el bote de la Academia regresó con el joven del péndulo, y se repitió, con satisfacción general, la ceremonia de siempre.

Decepcionante para el espectador —como son hoy esas minúsculas, misteriosas celdas electrónicas que remplazan a las soberbias y ruidosas máquinas de antaño, todas engranes, volantes, bielas, émbolos en movimiento continuo, frente a las cuales los niños se detenían embelesados y el tiempo para ellos se paraba, y el pobre papá tenía que sacarlos a rastras— el aparato del incógnito caballero era, sin embargo, un invento extraordinario. Como el termómetro del doctor Santorio (tubo terminado en un extremo con un bulbo que se metía en la boca, mientras que el otro, abierto, se sumergía en el agua de un vaso, de modo que una columna de agua subía por él tanto más arriba cuanto más alta era la temperatura del enfermo), bastaba con introducir este nuevo dispositivo en el agua para que ésta se elevase en él y marcarse directamente la velocidad de la corriente. Además, mientras que el paciente —paciente al fin— tenía que mantener el termómetro una hora en la boca antes de que el médico pudiese realizar su lectura, el novel taquímetro daba su indicación de inmediato.

Su inventor, ese académico desconocido por el gran público, pero que nosotros sabemos que se llamaba Henri de Pitot, necesitaba comprobar su "máquina" —como él la denominaba— con distintas velocidades. El agua era baja y la corriente lenta en ocasión de la primera medición; y por mala suerte el estiaje persistió más de un mes, tiempo que Pitot empleó para aforar debajo del *Pont Neuf,* en la punta de la isla de la *Cité,* y luego, remontando la corriente entre lentas ruedas de molino, repetir sus mediciones bajo el *Pont au Change* y el *Pont Notre Dame.* Las velocidades variaban, pero pudo notar que casi siempre decrecían desde la superficie hasta el fondo. Finalmente entre el 25 y el 30 de septiembre llovió fuerte y el Sena creció. De regreso en *Pont Royal,* Pitot halló que el nivel había subido 12 pulgadas y la velocidad había crecido de pie y medio a dos pies por segundo.[81]

¿Cómo era ese increíble aparato de Pitot? Muy sencillo, por cierto: en la barra triangular se apoyaban dos tubos de vidrio, uno recto *DE* y otro doblado *ABC*, como aparecen —separados— en la figura 70. El agua sube por vasos comunicantes en *DE* hasta el nivel *MN* de la superficie libre; pero en el tubo *ABC*, si éste se dirige hacia la corriente, tendrá que subir por encima de dicho nivel una altura *MF* igual a la carga de velocidad $V^2/2g$. Por tanto, si se utiliza, como hacía Pitot, una regla corrediza graduada en velocidades $V = \sqrt{2gh}$ y se coloca su cero al nivel *M*, en *F* podrá leerse directamente la velocidad de la corriente. Naturalmente, como prevenía Pitot, hay que asegurarse de que *AB* esté orientado correctamente en la dirección del filete fluido; por lo que recomendaba girar suavemente la barra hasta que el extremo *F* de la columna *MF* subiera lo más alto posible.

Figura 70

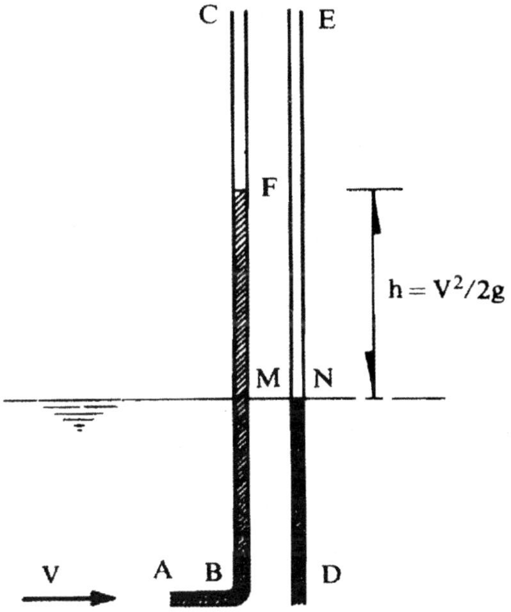

Pitot se sentía justamente complacido con su invento: "La idea de esta máquina es tan sencilla y natural que, desde que se me ocurrió, corrí casi de inmediato al río para realizar un primer ensayo con un simple tubo de vidrio, y el efecto respondió perfectamente a mi previsión. Hecha esta primera prueba, no podía creer que algo tan elemental y útil a un mismo tiempo hubiese podido escapar a tantos expertos que han escrito e investigado acerca del movimiento de las aguas. Realicé luego todas las búsquedas posi-

[81] Pitot, 368, 369.

bles en los tratados que he podido hallar sobre hidráulica... para ver si absolutamente nadie había hablado de él y si mi idea era nueva". Lo era, en efecto; y el flamante aparato abría nuevas perspectivas. "Por medio de esta máquina se podrá efectuar un gran número de observaciones útiles y curiosas sobre las corrientes: con el objeto, por ejemplo, de conocer la velocidad media de todas las aguas de un río, saber si los incrementos de velocidad son proporcionales al incremento de las aguas o en qué otra relación están, ver cuál es la razón entre los volúmenes de agua y la cuantía de los roces, etc".[82]

Uno de los grandes intereses de Pitot eran los barcos, sobre los cuales había publicado un libro: *La théorie de la manoeuvre des vaisseaux* (*Teoría de la maniobra de los bajeles*); y enseguida se le ocurrió que su aparato era ideal para determinar la velocidad de éstos, la cual, por ser ellos de velas, variaba con el capricho de los vientos. "Antes de presentar mi máquina a la Academia —escribía— yo había meditado a menudo acerca de cómo hacer para que sus aplicaciones fueran convenientes para el mar y capaces de salvar todas las dificultades que pudieran sobrevenir, ya sea debido a los diferentes movimientos del barco, ya sea debido a las olas". Decidió tomar dos tubos metálicos, uno recto y otro doblado, hacerlos pasar a través de la quilla al interior del barco, orientando el segundo hacia la proa, subirlos hasta un pie por debajo de la línea de flotación, y allí acoplarles sendos tubos de vidrio de cinco a seis pies de altura, para observar en ellos el desnivel alcanzado. Quiso asegurarse de la factibilidad de este arreglo: "Hice que me remontaran por el Sena, entre Poissy y la confluencia del Oise, en un pequeño barco de vela. El viento era muy fuerte y las olas muy altas para el Sena. En el tubo doblado de la máquina, el agua subió desde 18 hasta 24 pulgadas, de modo que la velocidad correspondiente, igual a la suma de la del barco en subida y la del río en bajada, resultó entre 9 pies y 2 pulgadas y 10 pies 7 pulgadas por segundo".[83]

Teniendo en cuenta las evidentes ventajas de este aparato, que luego se denominó incorrectamente (refiriéndose sólo al tubo *ABC*) "tubo de Pitot", cabe preguntarse por qué fue a mediados del siglo XIX cuando se empezó a utilizarlo sistemáticamente. Una de las razones es que, por más "sencillo y natural" que Pitot lo viese, pocos entre sus contemporáneos lo entendieron. En 1741 Bernardino Zendrini, matemático de la Serenísima República de Venecia, anotaba: "Por cierto parece difícil concebir cómo, introducida la máquina, en el instante en que se inicia el experimento la corriente tenga que elevarse, por el orificio horizontal, justamente a la altura que se debe a su escurrimiento; cuando parece absolutamente indudable que el prisma triangular, detenido con

[82] *Id.*, 368, 371.
[83] *Id.*, 371-373.

sus tubos orientados contra el curso del agua, tenga ante todo que aquietar y parar a todos los filamentos líquidos que llegan a topar con él, sin exceptuar tampoco a los que dan con el orificio; porque [estos últimos] encuentran, por lo menos en la curvatura del tubo, un impedimento capaz de alterar mucho el movimiento del agua y las consecuencias que podrían resultar de él cuando fuese libre".[84]

Henry Darcy escribió en 1856: "¿A qué se debe que el tubo de Pitot se haya considerado como pura especulación, de la cual la práctica no podía sacar ningún provecho? ¿Por qué motivo, para obtener la velocidad media de la corriente, se ha acudido siempre de preferencia, o bien a flotadores verticales de longitud igual a la capa de agua de la cual se quería determinar la velocidad media, o bien al molinete de Woltman, o a otros aparatos más o menos complicados, que además presentan el inconveniente de requerir un contador de segundos?". Es que el aparato adolece de algunos defectos prácticos, considera Darcy; principalmente dos: que la columna dentro del tubo doblado *ABC* oscila demasiado, y que el nivel *N* en el tubo *DE* es dificil de detectar porque la agitación de la superficie del agua exterior lo tapa. La primera dificultad se debía, según Darcy, a que la boca *A*, del mismo diámetro del tubo, era demasiado ancha; hasta había habido quienes, siguiendo a Bernard Bélidor, la habían abierto todavía más, con una entrada en embudo.

Había que reducirla más bien a un agujero muy pequeño: "hice que desaparecieran casi completamente las oscilaciones en los tubos —escribe Darcy— al dar a los orificios un diámetro de apenas un milímetro y medio cuando el de los tubos era de un centímetro". La segunda dificultad se supera conectando los extremos superiores *C*, *E* de los dos tubos con un tercer tubito y aplicando a éste un poco de succión, a fin de elevar uniformemente los niveles *N* y *F* hasta cierta altura, que además puede elegirse de tal forma que resulte cómoda para quien realiza la lectura.[85]

Figura 71

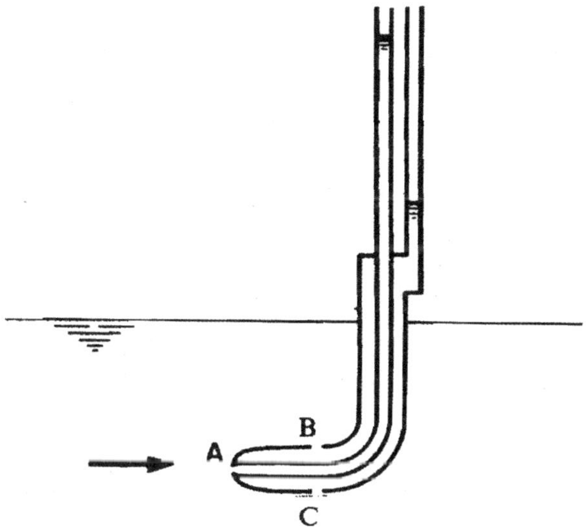

Con esas correcciones, el aparato de Pitot se ha vuelto hoy de uso general. Su disposición más práctica es la sugerida por Ludwig Prandtl que, de acuerdo con el esquema de la figura 71, engloba en una sola punta el orifi-

[84] Zendrini, 133.

[85] Darcy, 44-48.

cio dinámico A, colocado de frente, y los estáticos, como B y C, colocados de lado, todos sumamente pequeños.

Durante un reconocimiento en el campo, para quien quisiera evaluar los gastos de arroyos o riachuelos, lo ideal sería por supuesto llevar consigo un tubo de Prandtl. Pero, de no disponer de él, el mismo principio utilizado por Pitot sugiere cómo determinar aproximadamente velocidades superiores con una simple reglilla graduada de canto agudo, que elevaríamos así a la categoría de "regla hidrométrica". En efecto, basta con sumergir un extremo de la reglilla, manteniéndola vertical y con el canto hacia la corriente, y leer en la graduación la elevación del agua; luego, sin cambiar el nivel de la reglilla, girarla bruscamente para que presente a la corriente su cara ancha. La nueva elevación alcanzada por el agua, restada a la anterior, da poco más o menos la carga de velocidad.

Una hidráulica estancada

A fines de 1777, Lagrange escribía a Lorgna: "Poseo la colección de nuestros autores italianos, impresa en Parma, y la recorrí hace algún tiempo para ponerme al día en lo que se sabe o se cree saber acerca de la teoría de los ríos; pero debo confesarle que, exceptuando algunos principios generales cuya aplicación se realiza raras veces, no he encontrado sino razonamientos y experiencias todavía demasiado vagos para que puedan servir como fundamento de una teoría rigurosa y geométrica. Hasta hoy ocurre en esta ciencia como en la medicina práctica que, a pesar de su extrema importancia y de los bellos descubrimientos que se han hecho en anatomía, química, historia natural, etcétera, casi no está más adelantada que en los tiempos de Hipócrates; tal vez lo está menos".[86]

Pocos años después, Pierre du Buat, en el discurso preliminar a sus *Principes d'Hydraulique, vérifiés para un grand nombre d'expériences faites par ordre du gouvernement* (*Principios de hidráulica, comprobados con un gran número de experiencias realizadas por orden del gobierno*), puntualiza: "Razonamos siempre correctamente cuando aplicamos a un objeto tan sólo ideas extraídas de la naturaleza del mismo, pero por el contrario se cae en toda suerte de errores al empeñarse en querer concluir antes de conocer y conocer antes de haber examinado... Cuando el objeto es material y, desconociendo el tamaño y la forma de sus partes elementales, así como las leyes que el Autor de la naturaleza les ha prescrito, queremos sin embargo prever los efectos, calcular los esfuerzos, dirigir las acciones, entonces la naturaleza se muestra independiente con res-

[86] Lagrange, *Oeuvres*, vol. XIV, 260.

PRINCIPES D'HYDRAULIQUE,

VÉRIFIÉS

Par un grand nombre d'Expériences faites par ordre du Gouvernement

OUVRAGE dans lequel on traite du mouvement uniforme & varié de l'eau dans les Rivières, les Canaux, & les Tuyaux de conduite; de l'origine des Fleuves, & de l'établissement de leur lit; de l'effet des Eclufes, des Ponts & des Reverfoirs; des Jets-d'eau; de la Navigation tant fur les Rivières que dans des Canaux étroits; de la réfiftance des Fluides en général; & de celle de l'Air & de l'Eau en particulier.

Par M. le Chevalier DU BUAT, *ancien Chevalier de l'Ordre de Saint Jean de Jérufalem, Chevalier de l'Ordre Royal & Militaire de Saint Louis, Lieutenant-Colonel au Corps Royal du Génie.*

Ut tandem Philofophia & Scientiæ folidis experientiæ nitantur fundamentis. (BACON.)

NOUVELLE ÉDITION, revue, & confidérablement augmentée.

TOME PREMIER.

A PARIS,

DE L'IMPRIMERIE DE MONSIEUR.

M. DCC. LXXXVI.

pecto a nosotros y, siempre fiel a la ley que se le prescribe pero que nosotros ignoramos, se opone a nuestras concepciones, desconcierta nuestros proyectos, inutiliza nuestros esfuerzos... Interrogar a la naturaleza, estudiar las leyes que ella se ha dictado, cogerla en el hecho, robarle su secreto, es el solo medio de dominarla y el verdadero camino de todo espíritu razonable".

Y prosigue: "Todas las veces que el hombre ha podido desarrollar una ley de la naturaleza hasta entonces desconocida, siempre ha sentado la base de una ciencia nueva, que nos ha enseñado cómo emplear para nuestro provecho entes antes rebeldes y someter a nuestra voluntad los elementos más independientes. Si, por el contrario, quedan varios efectos naturales cuyo proceso nos parece raro y cuyos resultados escapan a nuestros cálculos, es porque ignoramos el principio general del cual dependen, la regla que los gobierna, la energía secreta que los produce. Tales son por lo general algunos fenómenos que los fluidos manifiestan, y en particular tal es el movimiento del agua en un lecho cualquiera... Todo lo que concierne al curso uniforme de las aguas que riegan la superficie de la Tierra lo desconocemos; y, para hacerse una idea de lo poco que sabemos, basta con echar una ojeada a lo que ignoramos. Apreciar la velocidad de un río del cual se conocen ancho, profundidad y pendiente; determinar a qué nivel elevará sus aguas al recibir otro río en su cauce; prever cuánto bajará si se le hace una sangría; fijar la pendiente que conviene a un acueducto para mantener sus aguas con una velocidad dada, o bien la capacidad de cauce que le conviene a fin de introducir en una ciudad, con una pendiente establecida, una cantidad de agua suficiente para sus necesidades; trazar los contornos de un río de tal modo que no se dedique a modificar el lecho donde se le ha encerrado; prever el efecto de un enderezamiento, un corte o un azud; calcular el gasto de un tubo de conducción del cual conozcamos longitud. diámetro y carga: determinar cuándo un puente, una represa o una compuerta harán elevar las aguas de un río; señalar hasta qué distancia será sensible este remanso y prever si no provocará inundaciones; calcular longitud y dimensiones de un canal destinado a secar pantanos perdidos desde hace tiempo para la agricultura; asignar la forma más adecuada a las entradas de los canales, a las confluencias o a los estuarios de los ríos; determinar la figura más ventajosa por darse a barcos o botes a fin de que hiendan el agua con mínimo esfuerzo; y en particular calcular la fuerza necesaria para mover un cuerpo que flota sobre el agua; todas estas cuestiones e infinidad de otras del mismo tipo —¿quién lo creería?— carecen todavía de solución".[87]

[87] Du Buat, VII-IX.

"Todo el mundo razona acerca de la hidráulica —lamenta Du Buat— pero pocos son los que la entienden. Sin embargo, no hay reino, provincia o ciudad que no tenga obligaciones de este tipo; la necesidad, la comodidad, el lujo no pueden eludir el auxilio del agua: hay que traerla al centro de nuestras habitaciones, evitar sus estragos, hacer que mueva máquinas que compensen nuestra debilidad, decore nuestras residencias, embellezca y limpie nuestras ciudades, aumente o conserve nuestro dominio, transporte de una provincia a otra, o de un extremo del mundo al otro, todo lo que la necesidad, refinación o lujo han hecho precioso para los hombres; hay que contener los grandes ríos, cambiar el cauce de las corrientes, excavar canales, construir acueductos. ¿Qué ocurre? Que, careciendo de fundamentos, se adoptan proyectos cuyo costo es bien real, pero cuyo éxito es quimérico, se realizan trabajos cuyo objeto resulta frustrado; se comprometen estado, provincias y comunidades en gastos considerables sin fruto, y a menudo en su menoscabo, o por lo menos no hay proporción entre el gasto y las ventajas que se obtienen. La causa de un mal tan grande, lo repito, está en la indeterminación de los principios, la falsedad de una teoría desmentida por las experiencias, el escaso número de observaciones realizadas hasta la fecha y lo difícil que es hacerlas bien".[88]

Así de mal estaba la hidráulica al cerrarse el siglo de Bernoulli, Euler y Bossut. Es cierto que tampoco hoy sabemos contestar varias de las preguntas de Du Buat a la perfección, y que, aunque ya no sean muchos, sino escasos y, por tanto, mejor preparados los que razonan acerca de la hidráulica, se siguen produciendo errores en criterios y proyectos; pero por lo menos el problema fundamental, o sea: determinar la velocidad de una corriente en movimiento uniforme conociendo de ella ancho, profundidad y pendiente, eso sí lo sabemos hacer, de acuerdo con una orientación inspirada por un obscuro, modesto y retraído burócrata, unos diez años antes de Buat publicase su tratado.

Algo de luz por fin

L'injustice est consommée, "a injusticia se ha consumado", es la nota de puño y letra de Lamblardie, director de la *École des Ponts el Chaussées*, que hallamos asentada en el margen de una carta donde se pedía, en 1795, un trabajo para el anciano ingeniero Antoine Chézy. En ella, luego de haberse aseverado que dicho ciudadano, a pesar de sus 77 años, estaba todavía en posesión de todas sus facultades físicas y mentales, se recalcaba "que ese hombre está por sucumbir en la desesperación más horrible y

[88] *Id.*, X, XI.

que, luego de largos y gloriosos servicios, ofrece a cada uno de nosotros la visión más desalentadora del abandono, o mejor dicho, de la miseria". La nota marginal comprobaba, sin embargo, que la plaza solicitada había sido otorgada a otra persona. De hecho Chézy, con un salario de jubilado tan reducido que no le alcanzaba para cubrir las necesidades mínimas de su familia, se había visto en la necesidad de vender hasta la crin que rellenaba su colchón. ¡Qué suerte la de ese Guérout, exinspector general como él, que había conseguido una plaza de dibujante en la jefatura que antes había sido suya! Pero Chézy había sido maestro, y muy querido por cierto, en la Escuela de Puentes y Calzadas. Hubo exalumnos que se movieron, y Prony, uno de ellos, consiguió hacerlo ingresar al catastro, donde compensaron su trabajo con alimentos y vestuario.[89]

Tenía Chézy 79 años cuando Lamblardie (todavía bastante joven) falleció, dejando vacante la dirección de la Escuela. Prony tenía un amigo miembro del Directorio, Letourneur, y fue a verlo de inmediato. ¿No sería posible darle por fin a ese pobre viejo tan estimado por todos una muestra de gratitud y aprecio, confiriéndole a él el cargo? Así se hizo, y allí lo encuentra Bugge en 1798, al visitar la escuela, que describe con detalle: "Está situada en Rue Grenelle, y era antes un palacio del Duque de la Châtel; dispuesta y embellecida con gusto y magnificiencia exquisitos, contiene cantidad de excelentes apartamentos. Por cierto, el estilo del edificio, especialmente de las dos salas al frente, no es muy adecuado a la modestia de una escuela pública... Trudaine fue, en el tiempo de la monarquía, el primer fundador de esta escuela; Perronet, autor de una obra excelente, *Description des projets et de la construction des ponts*, ha contribuido grandemente a su adelanto desde entonces... Dos de los apartamentos se han adaptado como museo, en el cual hay no sólo diseños, sino también modelos de edificios y máquinas relacionados con cada aspecto de la construcción de caminos y puentes, como todo tipo de martinetes para elevar pilas verticales e inclinadas, cinco modelos diferentes para recortar pilas bajo del agua,... varios modelos de máquinas para elevar el agua, bombas impelentes y compuertas para canales, y además maquetas de los puentes más notables de los grandes ríos de Europa... La escuela posee una hermosa biblioteca, de cerca de dos mil quinientos volúmenes, de buenos tratados matemáticos relacionados principalmente con hidrostática, hidráulica, obras hidráulicas, caminos y puentes. En las cuatro aulas de clase se enseña a los alumnos elementos de física y matemática, diseño, planos y bosquejos de caminos, puentes, canales, puertos y todo tipo de edificios relacionados. Ellos aprenden también a dirigir la construcción efectiva de edificios, administrar los

[89] Mouret, 171.

gastos y llevar la cuenta de las rentas anuales... Su carrera de estudios se cumple normalmente en dos años, y antes de dejar la escuela —y frecuentemente mientras residen en ella— se someten a exámenes y se les obliga a resolver problemas y contestar cuestionarios relativos al aspecto práctico de su profesión. Prony me mostró algunas de esas cuestiones, la mayor parte de las cuales eran difíciles... Los administradores actuales son los directores Chézy y Prony, y el inspector Le Sage, que se esfuerzan al máximo para mantener todo en condiciones de orden y actividad".[90] Si Bugge menciona a Chézy y Prony como directores es porque el primero murió y el segundo le sucedió en ese mismo año en que Bugge estaba en París. Poco más de un año duró pues la gestión de Chézy. Queda un retrato de él, que muestra su rostro, de perfil enjuto y narigudo, y mirada penetrante, con la leyenda: *Ars utinam mores animumque effingere possit: pulchria in terris nulla tabellaforet,* "¡Ojalá el arte pudiera representar conducta y alma: no existiría en el mundo un retrato más bello!".[91] Pero la memoria de Chézy permanece ligada más que todo a la fórmula que él estableció para determinar la velocidad en los canales.

A mediados del siglo XVIII, uno de los graves problemas de París era el abastecimiento de aguas: "Desearía —escribía Voltaire desde Inglaterra— que todas las casas de París recibieran agua como las de Londres; pero en todo somos los últimos". Efectivamente, la planta de bombeo urbana era vieja, en mal estado y a todas vistas deficiente. En 1747 Deparcieux, miembro de la Academia de Ciencias, había pensado en la posibilidad de llevar a la ciudad las aguas de un pequeño río, el Yvette, que escurre en el cercano valle de Chevreuse, en un nivel más elevado que la ciudad misma. Había insistido en su propuesta en 1760, pero nada se había hecho hasta que, luego de su deceso en 1768, por fin el Concejo decidió encargar a Perronet el proyecto relativo. Perronet, que había escogido a Chézy (egresado con las máximas calificaciones de la Escuela de Puentes y Calzadas) como colaborador, le encargó el cálculo de sección y gasto del canal de conducción.[92]

Se trataba de la parte más delicada del diseño; porque los enemigos de Perronet —y había muchos— se sentirían felices si a la hora del estreno el canal resultaba insuficiente o bien excesivamente grande para llevar el caudal requerido. "Para esto —escribiría Chézy en su informe— hay que conocer la velocidad que el agua podrá alcanzar al correr por este canal, que se supondrá de pendiente uniforme. No se trata de una velocidad inicial y momentánea, que puede ser muy grande si la produce una carga de

[90] Bugge, 45-47.
[91] Mouret, 229.
[92] *Id.*, 177.

agua, o muy pequeña si resulta tan sólo del peso o de la pendiente del canal. Sea cual sea, esta velocidad inicial disminuye o aumenta muy pronto, para transformarse en una velocidad uniforme y constante que sólo se debe a la pendiente del canal y al peso, cuyo efecto se atenúa por la resistencia de la fricción con las paredes del canal mismo. Esta es la velocidad que se trata de conocer aproximadamente, por lo menos".

"Planteada así la cuestión, la solución se presenta por sí misma, porque es evidente que la velocidad debida al peso... no es uniforme sino cuando deja de acelerarse, y deja de acelerarse cuando la acción del peso sobre el agua iguala la resistencia ofrecida por las paredes del canal; pero esta resistencia es proporcional al cuadrado de la velocidad, por el número y la fuerza de las partículas que chocan en un tiempo dado; y además es proporcional a la parte del perímetro de la sección de la corriente que toca las paredes del canal... Llamando *V* a la velocidad y *P* a esta parte de perímetro (figura 72), la resistencia de fricción será luego proporcional a V^2P. Por otro lado, el efecto del peso es proporcional al área de la sección de la corriente y a la pendiente del canal... Llamando pues *A* al área de la sección y *H* a la pendiente del canal, el efecto del peso será proporcional a *AH*".

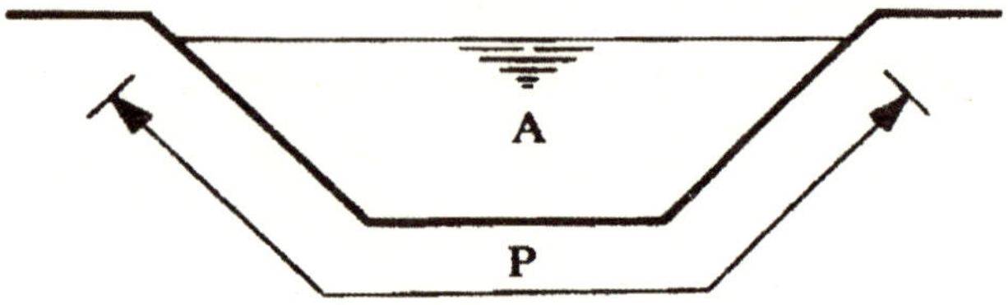

Figura 72

Entonces, sigue diciendo, sean dos canales, con características *V, P, A, H* y *v, p, a, h*, respectivamente. Tendremos la igualdad

$$\frac{V^2P}{AH} = \frac{v^2p}{ah}$$

y, por tanto, despejando

$$V = v\sqrt{\frac{AHp}{ah\ P}} \tag{1}$$

Luego, si se han medido las características del segundo canal, así como la pendiente H, el "área mojada" A y el "perímetro mojado" P del primero, y se escribe

$$C = v\sqrt{\frac{P}{ah}} \tag{2}$$

la fórmula 1 se hace

$$V = C\sqrt{RH} \tag{3}$$

donde se ha indicado con $R = A/P$ el "radio hidráulico", cociente de área mojada entre perímetro mojado.[93]

La 3 es la sencillísima y célebre *fórmula de Chézy*, que permite calcular la velocidad media de una corriente en flujo uniforme, conociendo pendiente y radio hidráulico, con lo que quedaría resuelto el primero de los problemas propuestos por Du Buat. De los principios utilizados para obtenerla, el de que la resistencia al avance del líquido es proporcional directamente al perímetro mojado e inversamente al área mojada —y, por tanto, inversamente proporcional al radio hidráulico— se debe a Euler; mientras que el otro, el de la proporcionalidad entre la resistencia y el cuadrado de la velocidad, es probablemente del propio Chézy.

Para completar la fórmula 3, es necesario determinar el valor del coeficiente C, midiendo las características de un canal similar al que se está proyectando y remplazándolas en la fórmula misma. Además, hay que definir de alguna forma la pendiente más conveniente. Ahora, como la pendiente afecta a la velocidad, y ésta, si es demasiado rápida, puede erosionar los taludes de un canal cortado en tierra (como sería el del Yvette), lo más razonable, según Chézy, será escoger la pendiente menor posible. Chézy se traslada pues al bosque de Orleans, donde sabe que hay un canal, el de Courpalette, que trabaja satisfactoriamente a pesar de su pendiente muy reducida. Repite dos veces con todo cuidado su nivelación, y encuentra que el canal cae apenas 3 pies, 5 pulgadas y dos líneas en su longitud total de 16 100 toesas; siendo la toesa de seis pies, se trata de una pendiente media del 0.0355 por mil. Para determinar C, va a la Gibonnière, donde el canal es más regular, pues está revestido de madera y rectilíneo. Mide la velocidad, por medio de una bola de cera soltada en el centro de la corriente, así como área y perímetro mojados. Obtiene para C un valor que, en medidas métricas, equivaldría a $C = 31$. Del canal revestido pasa luego al caso opuesto: un río. Escoge un tramo de 1330 toesas en el Sena, donde encuentra una caída de nivel total de 11 pulgadas entre inicio y fin del tramo, lo que da una pendiente de 0.144 por mil. Con base en las características geométricas de la sección mojada y la velocidad de la corriente obtiene para C el valor equivalente a 44 en medidas métricas. Calcula al fin el gasto que resultaría para el canal de Courpalette, dando al coeficiente este último valor, y concluye: "Las circunstancias de estas dos observaciones son tan diferentes, que no se creía deber sacar conclusiones de una para la otra; y hay que sorprenderse de que el resultado de la fórmula no se aleje más de lo observado".[94]

[93] *Id.*, 242, 243.
[94] *Id.*, 244-246.

"Nótese en la cita anterior la frase, en francés *qu'on ne croyait pas devoir conclure de l'une à l'autre*, que subraya la convicción de Chézy de que el valor de C varía con las características del cauce; porque hidráulicos posteriores pretendieron ver en C una constante única y universal, tal vez engañados por lo que acerca de ella escribió Prony: Las primeras determinaciones fidedignas que conozco sobre el movimiento del agua en los canales, teniendo en cuenta la resistencia, son las del difunto Chézy, mi predecesor en la dirección de la escuela de Puentes y Calzadas, uno de nuestros ingenieros más hábiles y que puede incluirse en el pequeño número de esos hombres que son superiores a su reputación... Obtuvo una fórmula muy simple... que puede, *por medio de una única experiencia, hacerse aplicable a todas las corrientes*".[95]

La memoria de Chézy, redactada en 1775 para Perronet, desapareció misteriosamente, y ya no se supo nada de ella a partir de 1803. Evidentemente, como el proyecto Yvette no había llegado a realizarse, alguien debió pensar que podía llevarse a su casa, sin problemas, un escrito tan interesante. Felizmente, un ingeniero americano, Clemens Herschel, gran admirador de Chézy, logró a fines del siglo pasado descubrir un borrador del mismo, que es aquel del cual provienen las citas que hemos transcrito.

Un problema de ultramar

"Quienquiera que tenga alguna práctica con los temas tratados por los escritores hidráulicos, se dará cuenta fácilmente de una diferencia esencial entre los italianos y los extranjeros; porque mientras los primeros ansiaban descubrir el magisterio de la naturaleza en sus vastas operaciones, como es el curso de los ríos, los segundos se limitan por lo general a considerar efectos menores, que se observan en las aguas que brotan de vasos o escurren en angostos canalitos artificiales, o bien en las resistencias que ellas suelen oponer a los sólidos que se mueven en su interior, y [fenómenos] semejantes... Por tanto, la ciencia de las aguas se hallaba dividida en dos grandes y muy distintos bandos, sin competencia entre sí, porque apenas si se conocían mutuamente, a saber, los hidráulicos italianos por un lado, y los "más célebres matemáticos por el otro. Los primeros, valientes, trataban los asuntos en grande, acometiendo a la naturaleza en el ancho campo de los ríos; pero, con excepción de pocas verdades, todo en sus tentativas es defectuoso, especialmente por el lado geométrico. Por el contrario, los segundos son toda exactitud, todo rigor; pero ellos consideran tan sólo lo extremadamente pequeño y

[95] *Id.*, 182.

menudo, sin poder de allí remontarse a lo grande, como haría falta".[96] Así escribía en 1815 el abad Antonio Tadini quien, luego de haber ocupado en sus mejores años altos cargos administrativos, se había retirado a su pueblo natal, Romano de Lombardía, para que transcurriera allí, en familia, lo que le quedaba de vida.

Pero Tadini no era hombre que se contentara con la diaria tertulia de los coetáneos en la plaza: la hidráulica era su gran amor, y a ella seguía dedicando su aguda y vivaz inteligencia, meditando, calculando, ensayando, aunque fuera allí entre gente rústica, lejos de todo centro de documentación y cultura. En 1815, la Sociedad de Ciencias de Verona abre un certamen preguntando cuál es entre las prácticas utilizadas en Italia la más conveniente para la correcta distribución de las aguas, y cuáles precauciones o artificios habría que agregarle para perfeccionarla totalmente. Tadini participa, declarando sin ambages a esos señores que mejor hubiesen preguntado cuál era la práctica menos mala, porque "más conveniente" no había ninguna; y propone un método nuevo: obligar a la corriente a que pase por una corta canaleta de fondo horizontal y paredes verticales, haciendo estas últimas algo convergentes, y cruzando en la salida un pequeño umbral para forzar a que también la superficie del agua se haga horizontal. En estas condiciones, la medida del tirante definiría unívocamente al gasto. Solución demasiado simple, aunque su autor la apoyara en una "ecuación universal del movimiento, que abarcaría en conjunto a todos los cuerpos de la naturaleza, sólidos, fluidos y semifluidos"; y naturalmente la Sociedad otorga el premio a otro concursante. Tadini se molesta: ¿preguntan por precauciones y artificios aptos para perfeccionar las prácticas existentes? Pero si son justamente "esas precauciones y esos artificios que la misma geometría ha especificado en mi *Memoria*; pero aquellos aplicados a cualquier práctica italiana o extranjera, la transforman de todos modos en la mía, que sola puede decirse absolutamente perfecta".[97] En 1824 se propone al Consejo Superior de Construcciones Públicas de Milán un proyecto para obras de riego; y Tadini escribe al Consejo exponiendo sus puntos de vista. Allí hace referencia a una fórmula planteada en 1801 por Johann Eytelwein para corrientes tranquilas, profundas y de pendiente suave, que es la de Chézy con coeficiente $C = 50.9$; y afirma que él, Tadini, con base en el examen de datos de sesenta canales y riachuelos, ha encontrado que basta con el valor $C = 50$, que propone como "canon general", por ser "suficiente, y tan seguro en su utilización como simple en su forma".[98]

[96] Tadini, *Esito*, 5, 6.
[97] *Id.*, 8-13.
[98] Mouret, 233.

En 1830, a los 76 años, sigue activo. ¿Ya no le consultan por considerarlo demasiado anciano? Pues bien: él mismo se buscará problemas por resolver, aunque tenga que sacarlos del otro lado del mundo. Desempolva el *Essai politique sur le royaume de la Nouvelle Espagne* de Alexander von Humboldt, que contiene un tesoro de observaciones, datos y mapas, reunidos por el autor durante su estadía en México, desde marzo de 1803 hasta marzo de 1804. Allí se discute el problema del desagüe del valle de México, con sus cinco lagos —Xochimilco, Chalco, Texcoco, San Cristóbal y Zumpango— que frecuentemente lo inundan. En 1607, Enrico Martínez había abierto "el Desagüe Real de Huehuetoca, obra conceptuada como la más gigantesca que la mano del hombre haya realizado en el campo hidráulico" –así la juzga Tadini—, para sacar del valle las aguas del río Cuautitlán, que "llevaba él solo más agua al lago Zumpango que lo que llevaban a los otros lagos todos los demás riachuelos juntos". Sin embargo, quedaba por controlar el de Texcoco, que en septiembre de 1628 había inundado la ciudad de México de tal modo que sólo se podía transitar en canoas; y esa inundación duró años, tanto que los habitantes empezaron a emigrar a Puebla, y de las veinte mil familias españolas que vivían en la capital sólo quedaron cuatrocientas. Y más recientemente, en 1795, ¿no había ocurrido otra seria inundación? Humboldt había afirmado que la solución estaría en desaguar el lago por un canal. La realización de este... canal —escribe Tadini— no sólo la decretó en 1804 el virrey Iturrigaray, mientras el señor Humboldt estaba allá, sino que éste supo, 'luego de su salida de América, que ya se había dado inicio a los trabajos". Sin embargo, a Tadini esta solución no le convence: "Veamos pues si con esto se habrá resuelto el gran problema de la seguridad de México, como cree nuestro Autor; y sirva nuestro discurso de luz a los mexicanos, verdaderos y celosos amigos del bien público, estrechamente vinculados a la ciencia de las aguas".[99]

Con base en la aserción de Humboldt de que es "enorme la rapidez de la evaporación que tiene lugar a nivel de México", y considerando que en Italia, a nivel del mar y en verano, la evaporación es aproximadamente un centímetro diario, Tadini supone que aquella del valle de México sea de dos. La superficie de los lagos allí existentes es de 21½ leguas cuadradas; por tanto —calcula Tadini— la evaporación total sería de 98 metros cúbicos de agua por segundo, cantidad que se aproxima al caudal del río Sena antes de confluir con el Marne, cerca de París: y prosigue: "Si tanta agua se evapora de los lagos, otra tanta los manantiales suministrarán a los lagos en tiempos normales y de secas... Pero la cantidad de agua de ríos, torrentes y desagües en tiempo de crecidas

[99] Tadini, *Cose*, 189-191.

suele generalmente hacerse diez, quince y más veces la que llevan en sus condiciones ordinarias; luego la cantidad que en tales condiciones entrará en los lagos equivaldría a diez, quince y más... Senas antes de entrar en el Marne". Como el canal proyectado para llevar las aguas de Texcoco al tajo de Huehuetoca se había previsto trapecial, de taludes 1:1 y pendiente de 0.2 por mil, Tadini aplica su fórmula y encuentra que, para que lleve un gasto de 98 m^3/s, haría falta darle 12.4 m de ancho de plantilla y 7.4 m de profundidad. Además, siendo de 32 km su longitud prevista, con esa pendiente llegaría al tajo de Huehuetoca 6.4 m por debajo del nivel del lago, mientras que el tajo mismo se encontraba 9 m arriba; por lo que había que bajar a este último más de quince metros. Y todo para sacar del valle el gasto de un río Sena; "lo que hace tanto más desesperada la idea de nunca poder dar salida con el desagüe a tanta cantidad de agua como sería la de... diez o quince Senas todos juntos". Con esto, Tadini concluye: "abandonen pues los mexicanos toda esperanza de preservar su metrópoli de inundaciones por medio de desagües; y, conociendo cuán funestas son éstas a veces,... sin prestar oído a las sugerencias del Autor..., oriéntense hacia el antiguo sistema de bordos que, construidos debidamente de pura tierra, y con una altura que supere en 80 cm la máxima elevación de los lagos, salvarán a la ciudad".[100]

Esos diablos de americanos

Esto pide el Congreso que se inicie y lleve adelante: levantar una sección del río con máximo esmero y exactitud, y determinar la velocidad media de sus corrientes en correspondencia con cada una de las diferentes fases: la duración de cada fase; la cantidad que escurre anualmente por el cauce del río, y la magnitud del gasto máximo que podría caber en el cauce sin desbordar. *Okay,* eso haremos. Pero, ¿se da cuenta, mi estimado capitán, de qué río le están hablando? Es el Misisipí, el padre de las aguas; con anchos entre kilómetro y kilómetro y medio, quince metros de diferencia entre tirantes máximos y mínimos, gastos máximos —Ud. lo verá— de treinta y tres mil metros cúbicos por segundo. No importa, lo haremos. ¿Qué día salgo para Nueva Orleans?

Así, el capitán Andrew Humphreys, del Cuerpo de Ingenieros Topógrafos del *Army,* empezó en 1851 el reconocimiento topográfico e hidrográfico del bajo Mississippi, que interesaba al gobierno de los Estados Unidos para controlar las inundaciones de las llanuras aluviales adyacentes y mejorar las condiciones de navegación. Humphreys

[100] *Id.*, 191-193.

disponía de un personal numeroso, pero la empresa era titánica. Infatigable, organizaba, explicaba, aconsejaba; todo quería controlar y revisar personalmente. Estaba en el campo desde la primera luz del día hasta tarde en la noche, y apenas comía su *sandwich* cuando no se le olvidaba. El resultado fue una peligrosa enfermedad, y la orden de volver inmediatamente a Washington para ser tratado. El reconocimiento del Mississippi fue suspendido. Al sentirse mejor el capitán, sus jefes no le dejaron regresar: a sabiendas de que nadie más habría podido realizar tamaña empresa, consideraban mejor esperar a que se restableciese por completo, aunque esto tardara años. Entonces, lo comisionaron a Europa, para que visitara los deltas de río en ese continente. En 1854, debe reintegrarse con urgencia: hay que coordinar los estudios para un ferrocarril que una el Mississippi con el Océano Pacífico, y lleve a esos puertos los productos que bajan por el río desde el centro del país.

El reconocimiento del Mississippi no se reanuda hasta 1857. Humphreys adquiere un ayudante: el teniente Henry Abbot, de 25 años. Es un hombre del mismo temple, y los dos se entienden de maravilla. Las investigaciones ahora sí van en serio, y en menos de cuatro años se cumple con el cometido. En 1860 Humphreys y Abbot entregan un voluminoso informe, 610 páginas y 20 tablas, el *Report upon the Physics and Hydraulics of the Mississippi River*, que incluye un estudio histórico de la hidráulica de ríos, consideraciones teórico-experimentales acerca del escurrimiento, descripción de los métodos utilizados y de los resultados obtenidos en la investigación del Mississippi, y sugerencias para proteger las tierras aledañas contra inundaciones.[101]

El cálculo del gasto de un gran río tiene que realizarse fijando una sección de él, subdividiéndola en pequeñas porciones, midiendo la velocidad en el centro de cada una, multiplicando ésta por el área de la porción misma y sumando todos estos productos. Para medir velocidades, Humphreys había utilizado exclusivamente "flotadores compuestos", se trataba (figura 73) de un pequeño tonel *A* de 10 pulgadas de diámetro y 15 de alto, convenientemente lastrado, conectado por medio de un cordel de longitud ajustable con un flotador superficial *B* de corcho, con base cuadrada de 10 pulgadas de lado y 3 pulgadas de espesor. Se habían fijado dos 'visuales, trasversales al río, a 200 pies de distancia una de otra, y la velocidad del flotador se determinaba controlando, por medio de teodolitos, su paso sucesivo por las visuales. De estas velocidades se trazaron perfiles; y, analizando los resultados de 222 levantamientos, Humphreys y Abbot concluyeron que se podían aproximar con parábolas *PQ* de eje *MN* horizontal,

[101] Kolupaila, *History*, 14, 15.

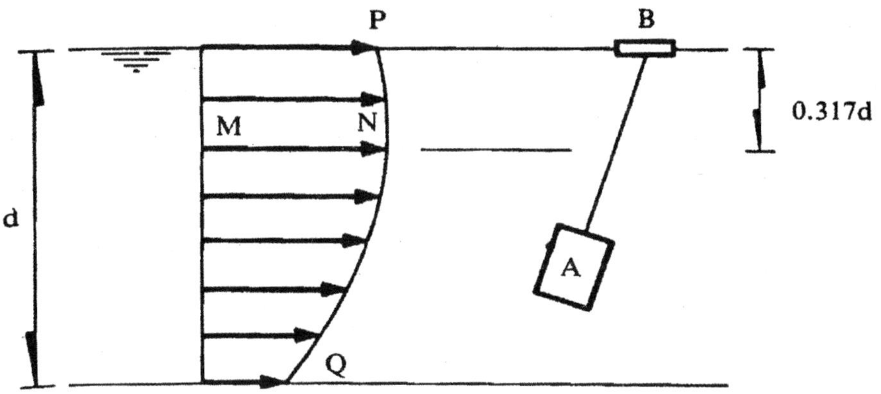

Figura 73

eje que en promedio, con aire tranquilo, estaba ubicado a una distancia de 0.317 veces el tirante por debajo de la superficie: a esa profundidad se localizaría pues la velocidad máxima.[102]

Este resultado evidenciaba la presencia de algo así como una resistencia de fricción, no sólo en el fondo, sino también en la superficie de la corriente; pero su origen no pudo aclararse, porque su magnitud era mucho mayor que lo que se hubiera esperado del simple frotamiento con el aire. Esto indujo a introducir, además del radio hidráulico normal $R = A/P$, el "radio principal" $R_0 = A/(P + b)$, donde b es el ancho de la superficie del agua en la sección. Por otro lado, se podía apreciar cierto efecto del viento, porque la profundidad del eje MN se reducía con viento en dirección de la corriente, y crecía con viento en contra. Se halló que la velocidad media y la máxima en una vertical se relacionaban entre sí por medio de una expresión que tomaba en cuenta también la mencionada profundidad del eje. Para la velocidad media V en la sección, se obtuvo una fórmula que puede escribirse

$$V = \left\{(m + 8.29\sqrt{R_0\sqrt{S}})^{1/2} - m^{1/2}\right\}^2 \qquad (1)$$

donde S la "pendiente hidráulica", o sea, la pendiente media de la superficie de la corriente, y

$$m = \frac{0.00233}{\sqrt{R + 0.457}}$$

Muy escasos fueron los ejemplares del informe de Humphreys y Abbot que llegaron a Europa, pero los hidráulicos europeos captaron de inmediato su importancia, no sólo

[102] *Enciclopedia*, 169, 220.

como documento de una investigación sumamente cuidadosa realizada en condiciones verdaderamente difíciles, sino porque aportaba al banco de datos disponibles los de un río enorme con respecto a los europeos; además, con la fórmula 1, que en nada se parecía a la de Chézy y similares, señalaba la necesidad de una revisión de estas últimas. En efecto, si en la expresión 1 despreciamos el parámetro *m*, que suele ser pequeño, resultaría para la velocidad la fórmula aproximada

$$V = 8.29\, R_0^{\;1/2}\, S^{1/4}$$

o sea, la proporcionalidad de *V* con la raíz cuarta —no la cuadrada— de la pendiente *S*. Naturalmente, no hay que olvidar que la fórmula que estamos considerando había sido obtenida para un río muy lento y con pendiente de fondo reducida, no mayor del 0.1 por mil; mientras que la de Chézy correspondía a canales con pendientes relativamente mayores.[103]

El canal de Dijón

Castelli había apuntado que piedras, malezas y otras excrecencias del fondo del cauce retardan el curso del agua. Pero se trataba de protuberancias grandes: de ser muy pequeñitas, ¿las notaría la corriente? Allá por el año 1800, se le ocurrió a Coulomb un experimento nuevo: tomó un péndulo, lo sumergió en agua quieta y lo hizo oscilar. El roce del disco del péndulo con el agua iba amortiguando poco a poco la amplitud de la oscilación; y la magnitud de esta reducción progresiva constituía un índice de la intensidad del esfuerzo cortante —o sea, del esfuerzo ejercido tangencialmente— entre agua y disco. Luego Coulomb untó con grasa el disco para hacerlo más liso, y repitió el experimento; pegó arena en la grasa para hacerlo más rugoso, y volvió a ensayar: en ningún caso halló diferencias apreciables en el refrenamiento del péndulo. El resultado era imprevisto; ¿cómo explicarlo? Coulomb sugirió que las partículas de agua en contacto con la superficie del disco se adhieran a ésta, y entonces se muevan con su misma velocidad; que las partículas algo más lejanas adquieran, por efecto viscoso, también una velocidad, pero menor; y así sucesivamente hasta que, a dos o tres milímetros de distancia de la pared, ya no hay desplazamiento. En otros términos, el agua en movimiento relativo sí siente el frotamiento, pero no tanto con la pared

[103] *Id.*, 181.

misma cuanto con una delgada capita líquida que se le pega y ahoga su rugosidad si ésta es fina.[104]

Este resultado hizo que durante varias décadas se supusiera que la naturaleza de la pared, mientras ésta fuera lisa o casi lisa, no debería de influir en el escurrimiento, porque la película fluida adherida taparía las pequeñas diferencias superficiales entre un material y otro. Entonces, en tales condiciones, sería correcta la idea de Chézy de que la velocidad media de una corriente depende de la pendiente y geometría de la sección del cauce y nada más. Pero se empezó a observar un hecho que contradecía la creencia mencionada: ciertas tuberías de fierro llevaban un gasto mayor cuando eran totalmente nuevas que poco tiempo después, al empezar a oxidarse; asimismo, a medida que la oxidación, y con ella su rugosidad interior, iba creciendo, la capacidad del conducto se reducía más y más.

Quien sintió la urgencia de aclarar de una vez el efecto de la calidad y edad del tubo sobre la velocidad de la corriente fue Henri Darcy, encargado de las obras hidráulicas de Dijón. Esta pintoresca población, antigua capital de Carlos el Temerario, puede llamarse una ciudad de aguas: edificada en la confluencia de dos ríos, el Suzón y el Ouché, se asoma al Canal de Borgoña, el cual permite a los barcos cruzar del valle del Ródano al del Sena, comunicando así por vía fluvial el Mediterráneo con el Atlántico. El nuevo sistema de distribución de aguas potables de Dijón, proyectado y construido por Darcy, no tardó en hacerse célebre entre los hidráulicos de mediados del siglo XIX; entre otras cosas, por haber requerido estudios de infiltración, que habían llevado a Darcy a descubrir que la pérdida de carga a través de un lecho filtrante es proporcional a la velocidad de la corriente y no a su raíz cuadrada, como pretendían los que querían aplicar ciegamente la ley de Torricelli a todo.

Era tiempo del segundo imperio en Francia, con Napoleón III quien, precisado a exhibir sus tendencias liberales, estaba fomentando ciencia y tecnología. Así, en 1852 no le fue difícil a Darcy conseguir un buen subsidio del gobierno para un análisis experimental exhaustivo, con toda una serie de tuberías de diferentes materiales, en varias fases de deterioro: hierro forjado, asfaltado y de fundición, plomo y vidrio, con diámetros que iban de 3 a 45 cm. Estos estudios lo llevaron a reconocer la necesidad de perfeccionar la fórmula de Chézy, trasformándola en

$$RS = \left(a + \frac{b}{R} \right) V^2 \qquad (1)$$

[104] Goldstein, 676.

donde R es el radio de la tubería; S, su "pendiente hidráulica" —o sea, la pérdida de carga (de nivel de presión) del líquido, dividida entre la distancia recorrida—; V, la velocidad media; a, b, dos coeficientes que hay que cambiar según el tipo de tubería —es decir, que dependen de las características de la superficie interior del conducto. Esta dependencia comprobaba por fin que la rugosidad de las paredes sí afecta al escurrimiento, por lo menos en el caso de tuberías. ¿Sería lo mismo para los canales?

Así como Humphreys hallará unos años más tarde un apoyo sustancial en el joven Abbot, Darcy cuenta con un joven, excelente colaborador: Henri Emile Bazin, quien en 1854 se había presentado suplicándole que le permitiese trabajar con él, y de inmediato se había revelado como investigador nato: perspicaz, ingenioso y cuidadoso hasta del mínimo detalle. Darcy y Bazin planean esmeradamente sus investigaciones: hacen que se excave, derivándolo del canal de Borgoña, un canal de ensayo de un metro de profundidad, dos metros de ancho y casi seiscientos de longitud; luego lo revisten sucesivamente de cemento pulido, cemento mezclado con una tercera parte de arena, tablones de madera cepillada y sin cepillar, mampostería de piedra y de ladrillo, y concreto rugoso, con grava fina y gruesa. Hasta llegan a clavar en las paredes tablitas transversales paralelas, a diferentes distancias entre sí; además cambian pendientes, y en todas las condiciones miden la velocidad media del flujo uniforme que, gracias a la longitud del canal, logra establecerse. Las modificaciones del cauce y el número de ensayos que hay que realizar en cada caso son tantos que se requieren años de trabajo. En 1858 Darcy fallece a los 55 años de edad, y Bazin se encarga de continuar el colosal programa de experimentos, que concluye al publicar en 1865 la clásica memoria *Recherches hydrauliques entreprises par H Darcy, continuées par H Bazin,* memoria dividida en dos partes: la primera dedicada al escurrimiento del agua en canales abiertos; la segunda, a remansos y propagación de ondas. Con referencia al cálculo de la velocidad media, Bazin reconoce que también para canales es válida una fórmula del tipo 1, en la cual ahora R representa el radio hidráulico; y sugiere para los coeficientes a y b valores que van creciendo con la rugosidad, desde $a = 0.00015$, $b = 0.03$a para paredes sumamente lisas, hasta $a = 0.00028$, $b = 1.25$a para paredes de tierra.[105]

Entre los muchos resultados valiosos contenidos en el informe de Bazin, hallamos levantamientos de velocidades en canales rectangulares, que explican la forma de perfiles de velocidad como el de la figura 73, con su saliente algo por debajo de la superficie libre. Uno de ellos se ha reproducido en la figura 74, en la cual AB representa dicha

[105] *Enciclopedia*, 184.

RECHERCHES

HYDRAULIQUES

ENTREPRISES

PAR M. H. DARCY

INSPECTEUR GÉNÉRAL DES PONTS ET CHAUSSÉES

CONTINUÉES

PAR M. H. BAZIN

INGÉNIEUR DES PONTS ET CHAUSSÉES

PREMIÈRE PARTIE

RECHERCHES EXPÉRIMENTALES SUR L'ÉCOULEMENT DE L'EAU
DANS LES CANAUX DÉCOUVERTS

PARIS

IMPRIMERIE IMPÉRIALE

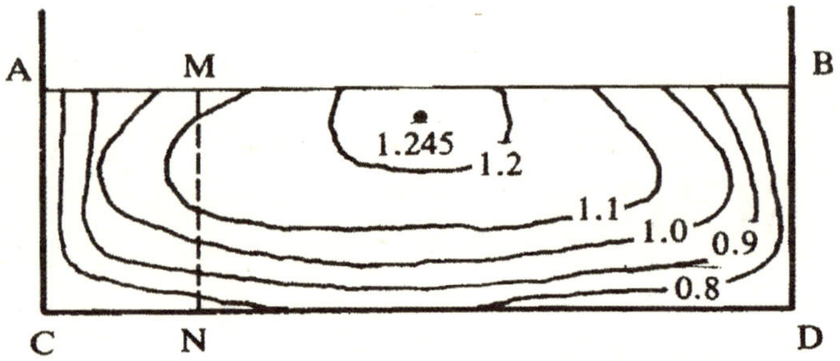

Figura 74

superficie, y *ACDB* el contorno del canal. En ella se ve que la velocidad máxima, de 1.245 m/s, si bien se ubica sobre el eje central del canal, queda bastante por debajo de la superficie libre. Las curvas isotacas, que van de 1.2 hasta 0.8 m/s, revelan una reducción gradual de la velocidad desde dicho centro hacia las paredes y el fondo; pero todas ellas se cierran por arriba, comprobándose que, no sólo sobre el eje central, sino sobre cualquier vertical *MN*, la velocidad máxima se aleja de la superficie, acercándose tanto más al fondo cuanto más cerca de la pared está la vertical.[106]

La fórmula que no le gustó a su autor

Uno de los estímulos más poderosos, aunque no precisamente de los más válidos, que tuvo la investigación hidráulica del siglo XIX fue perfeccionar viejas fórmulas de escurrimiento y buscar nuevas. Así, apenas apareció la fórmula de Bazin con sus dos coeficientes, no faltó quien se preguntara: ¿y por qué no condensarlos en uno solo? Además, esa fórmula mal se adaptaba a los resultados de Humphreys y Abbot: no era bastante "universal". A ver quién inventaba otra que lo fuera más. Así se fueron reuniendo todos los datos experimentales disponibles, a los que cada investigador agregaba otros de su propia cosecha; luego se reordenaban y se volvían a procesar con nuevos criterios, aplicándoles el método de Laplace, el de Cauchy o el de los mínimos cuadrados, para ajustarles con la máxima precisión coeficientes y exponentes.

Nacen entonces fórmulas y más fórmulas. En 1867, ante la Academia de Ciencias de París, Philippe Gauckler propone dos, complementarias. La primera es

$$V = KR^{2/3}\,S^{1/2} \qquad (1)$$

con su coeficiente K, función de la rugosidad, para pendiente S mayor del 0.7 por mil; la segunda, también monomia, pero en $R^{4/3}S$, servía para pendientes menores. El abandono, en este último caso, que por cierto es el más usual en canales de riego, de la tradicional proporcionalidad de V con $S^{1/2}$, seguramente le restó aceptación a la propuesta

[106] Darcy.

de Gauckler; y, además, ¿qué podría justificar el cambio brusco de una ley a otra, al cruzarse la pendiente crítica del 0.7 por mil? Gauckler imagina que para pendientes mayores el agua "rueda" y para menores "se arrastra"; pero, ¿será cierto este comportamiento? No hay muchas evidencias favorables.

En Suiza la situación es compleja, porque la mayoría de los ríos son de hecho torrentes, pedregosos y con pendiente de fondo muy irregular, en los cuales no alcanza a crearse un escurrimiento uniforme. Emile Ganguillet, jefe del Departamento de Obras Públicas en Berna, y su colaborador Wilhelm Kutter consiguen elaborar y publicar en 1869 una fórmula que abarca desde esos torrentes hasta el Misisipí, con un único coeficiente de rugosidad n, para el cual Kutter propone seis valores: desde 0.010 para canales revestidos de cemento perfectamente pulido, hasta 0.030 para arroyos con grava gruesa y plantas acuáticas. La fórmula aparenta la estructura tradicional $V = C\sqrt{RS}$; pero esta C es muy compleja: suma de una constante más dos términos dependientes de S, R y n, dividida entre otro trinomio de naturaleza parecida. Esto constituye un inconveniente serio en una época donde la única herramienta para acelerar la computación son los logaritmos, que, poderosos en manejar productos y cocientes, potencias y raíces, se paralizan frente a la más inocente de las sumas. Probablemente ésta es la razón por la cual, a pesar de la comprobada validez y amplia aceptación de la fórmula de Ganguillet y Kutter, no faltó quien volviera a ensayar otra del tipo 1, que se acomodaba particularmente bien a los resultados experimentales de Bazin.

Así, en 1881 Gotthilf Hagen descubre que esa fórmula, con $K = 43.7$, se amolda a las mediciones de Cunningham en el Canal del Ganges; y en 1887 Vallot propone la misma fórmula para tuberías ordinarias, recomendando tomar $K = 65$. En 1889 Robert Manning, profesor en el Real Colegio de Dublín, vuelve a proponer, aparentemente sin conocer los antecedentes mencionados, la expresión 1, pero ahora como fórmula absolutamente general, para calcular velocidades medias en tubos, canales y ríos, luego de haber comprobado su validez con base en los datos de 170 experimentos realizados por cinco autores distintos.[107]

Hecho curioso, los valores del coeficiente K de la fórmula 1 se aproximan a los del inverso del coeficiente n determinados por Kutter: Gauckler había sugerido para mampostería y cemento tomar K entre 72 y 100, o sea $1/K$ entre 0.010 y 0.014, mientras Kutter aconsejaba para n valores entre 0.010 y 0.013; para canales en tierra, Gauckler proponía K entre 32 y 38, o sea $1/K$ entre 0.026 y 0.031, Kutter n = 0.025; para cauces

[107] Williams, 194-195.

con vegetación, Gauckler recomendaba K entre 25 y 32, $1/K$ entre 0.031 y 0.040, Kutter $n = 0.030$. Cuando Manning presentó su propuesta a la Institución de Ingenieros Civiles de Irlanda, no faltó quien lo interpelara al respecto; pero Manning se mostró contrario a remplazar K por $1/n$, porque estudios recientes habían demostrado que a n no sólo le afectaba la rugosidad del contorno, sino que variaba "con las dimensiones grandes o pequeñas de un mismo canal, con el radio hidráulico, con corrientes que acarrean guijarros, con la velocidad en tales canales", y hasta con la pendiente de la superficie libre.[108] A pesar de esto, Flamant, en su *Hydraulique,* excelente libro de texto de fines del siglo XIX, proponía como "de Manning" la siguiente:[109]

$$v = (R^{2/3}\, S^{1/2})/n \qquad (2)$$

El tratado de Flamant tuvo una enorme difusión, y con él la fórmula de Manning. Adoptada desde luego por los americanos, es hoy en día la más popular (de hecho, la única) expresión que utiliza la hidráulica práctica para el cálculo de V. La razón es sencilla: es verdad que, como mencionaba Manning, a n no le afectaba exclusivamente la rugosidad, sino en algo también las características de la sección mojada (lo que, por cierto, le ocurre incluso a K); pero esto se remediaba escogiendo en cada caso el valor adecuado. En lugar de los seis valores propuestos por Kutter, disponemos hoy de centenares, clasificados no sólo según el material de las paredes, su acabado y estado de conservación, sino también de acuerdo con los diferentes tipos de conducto. Por lo que respecta a canales irregulares y cauces naturales, descripciones detalladas de sus condiciones y hasta fotografias típicas sugieren la selección de n, coeficiente que ya todos llaman "de Manning", y no "de Kutter".

De hecho, la fórmula de Manning ha sido considerada un éxito por todos, con excepción de su autor. Un buen día, Mr. Manning despierta lleno de aprensión: su fórmula cojea en lo dimensional, porque, mientras que a la izquierda tenemos una velocidad, o sea: metros por segundo, a la derecha sólo tenemos $(\text{metros})^{2/3}$, ya que la pendiente carece de dimensiones. Entonces K tiene que medirse en $(\text{metros})^{1/3}$ por segundo; por tanto, para un mismo ducto, su valor cambia al usarse unidades métricas o bien inglesas. Pero no es sólo éste el defecto que Manning le ve: "Como las fórmulas modernas —escribe— son casi sin excepción empíricas, no homogéneas o tan siquiera dimensionales, es obvio que la validez de cualquier ecuación así debe depender del todo de

[108] Manning, 205.

[109] Flamant, 191.

la de las observaciones mismas y no puede —en rigor aplicarse a ningún caso fuera de aquéllas".[110] En consecuencia, Manning cambia su simpática fórmula, tan sencilla y manuable, por otra terriblemente complicada, en la cual con ingenio hace desaparecer las dimensiones introduciendo como factores la raíz cuadrada de la aceleración de gravedad, la altura de la columna de mercurio barométrica y la raíz de esta última. Fórmula que deja tranquila su conciencia; pero que Flamant en su tratado sólo consigna por cortesía en una breve nota a pie de página, nota que nadie parece haber considerado.[111]

Persiguiendo la ola

Con el siglo XIX empezaba la era de los barcos de vapor. Un día de marzo de 1802 en que el viento en contra era tan fuerte que ninguno de los lanchones, entonces tirados por caballos, lograba moverse, el famoso remolcador *Charlotte Dundas*, con su rueda de palas encajada en la popa, había logrado arrastrar por el canal de Forth and Clyde, en el sur de Escocia, dos barcazas cargadas cada una con 70 toneladas, en un recorrido de 19 ½ millas realizado sólo en seis horas. Pero, a pesar de la hazaña, los dueños del canal, temerosos de los daños que la estela del barco produciría en las orillas, prefirieron seguir con sus caballos. Pasaron muchos años, los adelantos de la civilización se fueron difundiendo, y en 1834 los hijos de los antiguos dueños volvieron a pensar en la cuestión: ¿será de veras cierto que esos barcos modernos constituyen una amenaza para los canales? ¿Quién podría examinar el asunto? Enseñaba entonces en la universidad de Edimburgo un brillante ingeniero que, no obstante sus 26 años de edad, ya tenía cierta experiencia —se había graduado a los 16— y del cual se hablaban maravillas: John Scott Russel; y a él se dirigieron esos señores para que investigara hasta qué punto era practicable en los canales la navegación a vapor. Así Russel empezó con observaciones y experimentos, que continuaría por muchos años.

Un día se fijó en un fenómeno interesante, que luego describió así: "Estaba yo contemplando el movimiento de un lanchón que dos caballos jalaban rápidamente en un canal angosto, cuando el lanchón se paró de golpe. No sucedió lo mismo con la masa de agua que él había puesto en movimiento en el canal, la cual se acumuló alrededor de la proa en un estado de agitación violenta, y luego, abandonando al barco de repente, empezó a avanzar con gran velocidad, bajo la forma de una gran ondulación

[110] Manning.
[111] Flamant, 190.

única, de superficie redondeada, lisa y perfectamente definida. Esta ola continuó su avance en el canal sin que pareciera que ni su forma ni su velocidad se alteraran en lo más mínimo". Era una protuberancia toda por encima del nivel de la superficie, diferente de las olas normales en las que toda subida se acompaña por una bajada; además viajaba sola, mientras que de costumbre las olas van por grupos y se suceden a intervalos regulares. ¿Qué tan lejos llegaría esa "ola solitaria"? Russel monta a caballo, la alcanza al trote y luego, enfrenando la cabalgadura, agarra su mismo paso. Allí va la ola, con una velocidad de 8 a 9 millas por hora, conservando su figura inicial: unos 30 pies de largo y uno a uno y medio de altura. Pero poco a poco esta altura se va reduciendo. Russel sigue su ola por una milla o dos, hasta que la pierde de vista en las sinuosidades del canal.[112]

Russel comunicó lo anterior en 1844, o sea diez años después de haber iniciado el estudio de canales; y debía de ser una observación reciente. Un fenómeno raro, pues, y difícil de presenciar; pero ¿de veras se trataba de un descubrimiento? Parece que no, porque Bidone ya había notado la ola solitaria en el "establecimiento hidráulico" de la universidad de Turín. En efecto, en mayo de 1824 Bidone había informado a la Academia de Ciencias de esa ciudad: "Cuando en una sección del canal se impide totalmente el escurrimiento bajando una compuerta, y después de cierto tiempo se la levanta para permitir de nuevo el escurrimiento, mientras la compuerta queda baja se forma una intumescencia de longitud limitada. Esta intumescencia recorre el canal de modo tal que, adelante y atrás de ella, la superficie del agua permanece más baja. La marcha de esta intumescencia limitada y aislada es tal que la velocidad con que recorre el canal, así como su longitud y altura, disminuyen siempre, de modo que después de cierto tiempo acaba por desaparecer completamente; pero antes de desaparecer puede recorrer espacios más o menos largos, de acuerdo con su longitud primitiva y las condiciones de la corriente en el canal".[113]

Por la curiosidad que le era propia, Bidone no se había contentado con eso; había producido una segunda ola luego de que la primera se había alejado. ¿Conservarían su distancia? No, no fue así, porque "la segunda intumescencia posee mayor velocidad y mayor altura que la primera, de modo que la segunda alcanza a ésta. Las dos así reunidas caminan juntas, formando una sola intumescencia, de altura todavía mayor que la de la segunda; pero esta hinchazón única vuelve a desdoblarse después de algún tiempo".[113]

[112] *Id.*, 413, 414.
[113] Bidone.

Este efecto se debe a que, como vamos a ver, la velocidad de la ola se reduce en proporción con la raíz cuadrada de su altura sobre el fondo del canal: y entonces la ola más joven que es más alta, corre más rápido que la vieja (que ha ido decayendo), la alcanza y la rebasa. Sea c la velocidad o, mejor dicho, la celeridad de la ola. Este término "celeridad" lo sugirió Jean Claude Barré de Saint Venant con el fin de dejar el de "velocidad" a la corriente; porque no es necesario que el agua esté quieta en el canal para que una ola se desplace sobre ella, y hablar de "velocidad" para ambas, corriente y ola, podría ocasionar confusiones. Sea pues c la celeridad de la ola, d el tirante de agua en el canal, h la altura (o "elongación") de la ola sobre la superficie libre (figura 75*a*). Pongámonos en la situación de Russel, de correr tras la ola con su misma celeridad. Entonces el agua del canal, supuesta inmóvil, la veremos correr frente a nosotros con una velocidad c en sentido opuesto, igual que el viajero del tren ve correr árboles y postes frente a su ventanilla (figura 75*b*).

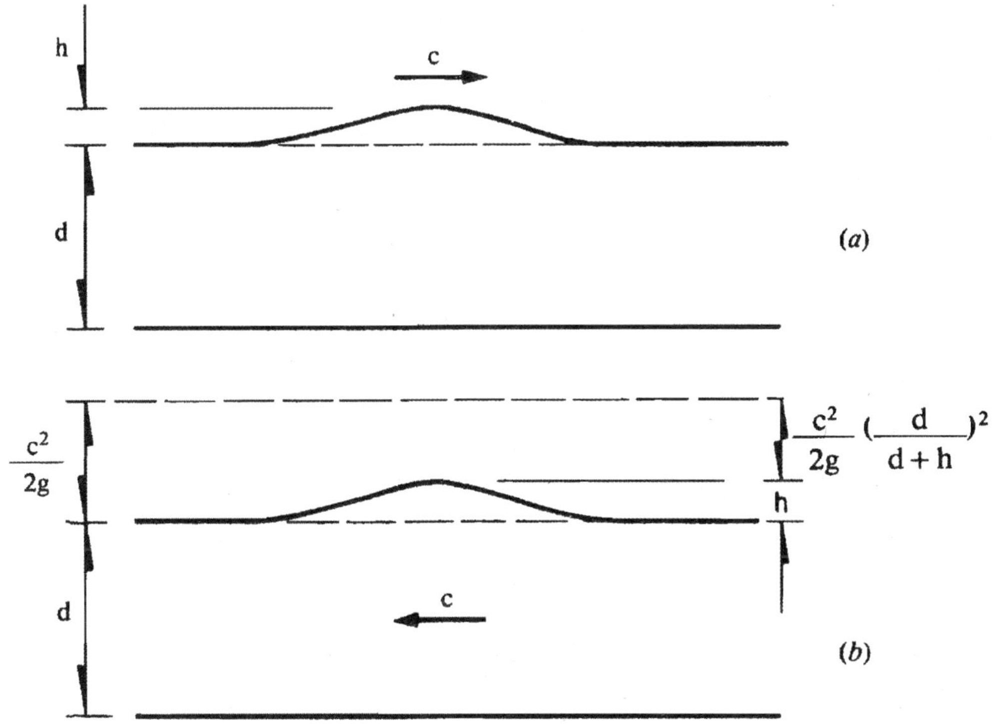

Figura 75

El remplazo de un sistema de referencia por otro, en movimiento uniforme con respecto al primero, no altera la interpretación matemática del fenómeno, pero sí puede —en casos como este— facilitarla. En efecto, ahora podemos razonar así. Si donde el tirante es la d la velocidad es c, en el centro de la ola —donde el tirante es $d + h$— tendremos por la ley de Castelli una velocidad media c' tal que

$$c'(d+h) = cd$$

y, por tanto,

$$c' = c\frac{d}{d+h}$$

Según el principio de Bernoulli, la carga total —o sea, la suma de la de altura más la de velocidad— tiene que ser igual en todas las secciones; por consiguiente,

$$d + \frac{c^2}{2g} = (d+h) + \frac{c^2}{2g}\left(\frac{d}{d+h}\right)^2$$

de donde, simplificando, reuniendo términos y despejando, se deduce que

$$c^2 = 2g\frac{(d+h)^2}{2d+h} \qquad (1)$$

Ahora, como la elongación h es siempre muy pequeña con respecto al tirante d, podemos permitirnos, sin afectar prácticamente al resultado, cambiar h por 2h en el denominador de la ecuación 1. Esto da lugar a simplificaciones, que lleven finalmente a la expresión de la celeridad

$$c = \sqrt{g(d+h)} \qquad (2)$$

que es la misma que Russel había obtenido tomándole el tiempo a su caballo, y que luego Bazin comprobó con experimentos muy cuidadosos en su laboratorio.

El salto de Bidone

Al oír a mi hermano, que estudiaba para ingeniero, hablar de "salto de Bidone", se me había formado una idea del tal Bidone como una especie de campeón olímpico. Pero luego, cuando me hallé yo mismo metido en la hidráulica, me di cuenta de que lo que entonces en Italia se denominaba salto de Bidone no es otra cosa que lo que hoy llamamos "salto hidráulico"; fenómeno que Bidone había descrito con su precisión acostumbrada: "Si, cuando una corriente se ha establecido en un canal rectangular,... se impide del todo el escurrimiento del agua bajando una compuerta en una sección cualquiera del canal mismo, las aguas así refrenadas se levantan de inmediato a cierta altura contra la compuerta y forman una intumescencia". Si el agua tiene modo de verterse sobre la compuerta (figura 76), la intumescencia *AB* alcanza pronto un nivel permanente y se propaga hacia aguas arriba hasta cierta sección *CD*; pero en dicha sección se crea "una diferencia de nivel entre la superficie de la hinchazón y la de la corriente, siendo esta última la más baja".[113] Es justamente este "salto" *BC* más o menos brusco lo que entendemos por "salto hidráulico".

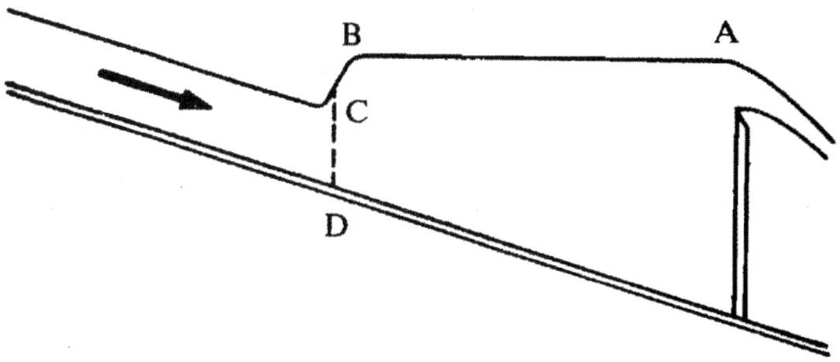

Figura 76

De hecho, Bidone no había sido el primero en notar el fenómeno. Se ve representado muy claramente, por ejemplo, en la tabla 9 del libro *Dalla natura de'fiumi* de Guglielmini (la cual reproducimos a continuación), que el autor acompaña con el siguiente comentario: "Supongamos... que el agua, saliendo de *B* y entrando al canal *BG* menos inclinado, pero más ancho, requiera para descargarse la altura *BC* menor que la *CH*: en tal caso se observa que el agua [que baja] por *AB* no lleva a su superficie *CD* a unirse con la de *DF*, sino que se hunde, como en *ED*, por debajo del nivel *EF*; y el agua en *ED* queda colgada, de modo que la superficie de la corriente se mantiene en *CDEF*".[114]

Venturi, por su parte, hasta le había hallado una utilización al salto hidráulico. Si la corriente del canal *CD* (figura 77) alcanza un nivel *GH* tan elevado que los campos vecinos no pueden drenarse y sufren por exceso de humedad, y la topografía hace posible crear una bajada *AB* que acelere la corriente y lleve su nivel a *EF*, en el tramo *BC* del canal habrá modo de descargar tubos de desagüe como *M*, y realizar así el avenamiento.[115]

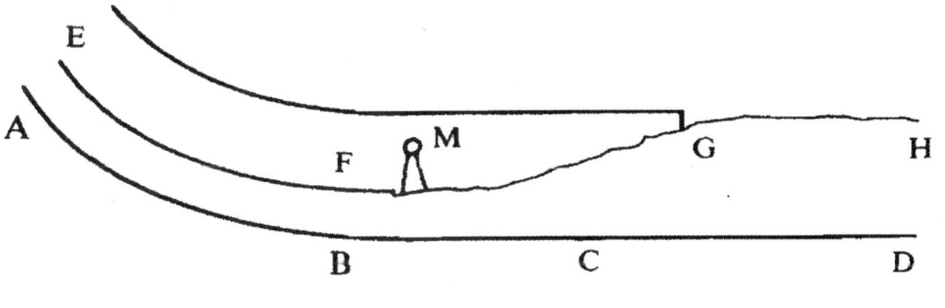

Figura 77

[114] Guglielmini, *Fiumi*.
[115] Venturi, 51.

Tabla 9

El salto implica un cambio brusco en el tirante, y un cambio de tirante supone, por el principio de Castelli, una variación opuesta en las velocidades: antes del salto, el tirante es bajo y la corriente rápida; después, el tirante es alto y la corriente lenta. Bidone había ensayado muchos gastos; en cada caso había modificado el tirante menor d_1 (figura 78), y medido el tirante mayor d_2 que así se originaba; y se había dado cuenta de que los dos estaban ligados entre sí: más bajaba d_1, más crecía d_2, y esto según cierta ley. Pero, ¿cuál era la ley? Parecía natural suponer que lo que se ganaba en nivel se perdiera en carga de velocidad, o sea que

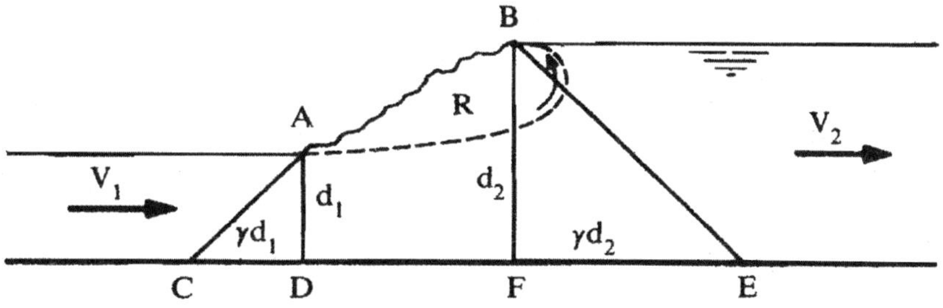

Figura 78

$$d_2 - d_1 = \frac{V_2^1 - V_2^2}{2g} \qquad (1)$$

Pero los resultados experimentales no concordaban con esta igualdad: el primer miembro era siempre sensiblemente menor que el segundo; anomalía que Bidone no supo explicar.[116]

Unos diez años después, Jean Baptiste Bélanger volvió a insistir en lo mismo, siempre con base en las medidas de Bidone. Encontró discrepancias, hasta del 14 por ciento, con respecto a la fórmula 1, e hizo lo que siempre hacen los teóricos en semejantes ocasiones, echarle la culpa al experimentador: debían de ser errores accidentales. Pero no era Bidone un tipo que cayera fácilmente en tales errores; y Bélanger siguió meditando en el asunto. La ecuación 1 implica que toda la energía que la corriente encierra antes del salto seguirá poseyéndola después. A lo mejor esto no es cierto: puede perderse energía en el choque de la corriente rápida con la lenta, por el frenado brusco que éste implica.

Así, Bélanger decide atacar el problema a partir del principio de conservación de la cantidad de movimiento de Newton, considerando que la variación de la cantidad de

[116] Bakhmeteff, 251.

movimiento con el tiempo, al pasar de la sección *AD* antes del salto a la sección *BF* después de él, debería de ser igual a la diferencia entre las fuerzas, de origen hidrostático, que se ejercen sobre las secciones mismas. Supongamos que el canal sea rectangular y que tenga ancho unitario (de 1 metro, si ésta es nuestra unidad de medida). Si llamamos $q = Vd$ al gasto correspondiente, la cantidad de movimiento por unidad de tiempo en una sección de área A, tirante d, velocidad media V, será

$$(\rho AV)V = \frac{\gamma}{g} qV = \frac{\gamma q^2}{gd}$$

La presión hidrostática, por su parte, varía linealmente del valor cero en la superficie al valor γd en el fondo; de modo que la fuerza actuante sobre AD, de izquierda derecha, se mide por el volumen del prisma triangular ACD (figura 78), volumen que es $\gamma d_1^2/2$; una fuerza análoga se ejercerá sobre BF. Aplicando entonces el mencionado principio de Newton y eliminando el factor y, resulta

$$\frac{2q^2}{g}\left(\frac{1}{d_2} - \frac{1}{d_1}\right) = d_1^2 - d_2^2 \qquad (2)$$

Bélanger llegó en 1828 a esta ecuación, la cual, al conocerse el gasto y el "tirante conjugado" menor d_1, permite calcular el mayor d_2, y viceversa.[117]

¿En qué fallaba pues la ecuación 1? En no tomar en cuenta que, al producirse el salto, se pierde algo de carga. Sin esa merma, el tirante mayor d_2 sería algo más grande, digamos $d_2 + \Delta d$; así que la fórmula 1 debería escribirse correctamente

$$\left(d_2 + \Delta d\right) - d_1 = \frac{V_1^2 - V_2^2}{2g} \qquad (3)$$

Por otro lado, de la ecuación 2 se obtiene, simplificando, que

$$\frac{2q^2}{g} = (d_1 + d_2)d_1 d_2$$

de donde resultan las expresiones

$$\frac{V_1^2}{2g} = (d_1 + d_2)\frac{d_2}{4d_1}, \qquad \frac{V_2^2}{2g} + (d_1 + d_2)\frac{d_1}{4d_2}$$

[117] Leliavsky, *Irrigation*, 278.

que, remplazadas en la ecuación 3, permiten concluir que

$$\Delta d = \frac{(d_2 - d_1)^3}{4 d_1 d_2} \tag{4}$$

Δd puede ser importante: la fórmula 4 muestra que con $d_1 = 1$ m, $d_2 = 2$ m, se tendría $\Delta d = 12.5$ cm; pero con $d_1 = 1$ m, $d_2 = 4$ m (variación perfectamente concebible en tanques amortiguadores), resultaría $\Delta d = 1.69$ m.

La ecuación de Bernoulli considera tres tipos de carga: de altura, velocidad y presión. Esta Δd no pertenece a ninguno de los tres, según se puede entender examinando con cuidado el mecanismo del salto hidráulico. En efecto, éste no es tan brusco como el escalón más o menos tendido *AB*, que se produce en la superficie libre (figura 78), parece sugerir. Si colocamos sobre dicha superficie un trocito de madera, observamos algo que siempre asombra a quien lo nota por primera vez: el flotador no avanza, sino que retrocede de *B* hacia *A*. Esto se debe a que la corriente rápida no se frena de golpe, sino que se expande poco a poco, y encima se le forma un rollo *R* que gira como señala la flecha en la figura. Además, en la frontera entre el chorro en expansión y el rollo, se van creando por fricción estructuras vorticosas menores que se dispersan en la corriente. Nace así una "agitación turbulenta" ; que engendra calor; y del calor ya no se puede recuperar ni altura, ni velocidad, ni presión: desde el punto de vista hidráulico, se trata de energía degradada, que Δd representa en forma de "pérdida de carga".

4

Tuberías

Un caño portentoso

Problema: Diséñese un aparato capaz de desaguar un depósito hasta un nivel prefijado con precisión milimétrica, sin afectar la estructura del depósito mismo. No tienen que utilizarse flotadores, válvulas, transmisiones mecánicas, celdas de presión, ojos eléctricos o rayos láser. Evítese en lo posible el uso de computadora. *Solución:* el sifón, dispositivo que ya empleaban los antiguos egipcios.

El sifón no es otra cosa que un caño curvo *ABC*, del cual un brazo, *AB*, se sumerge en el líquido de un depósito, y el otro, *BC*, queda fuera (figura 79*a*). Para funcionar, requiere estar lleno del líquido mismo, por lo que hay que "cebarlo", chupando por el extremo *C*. Si queremos vaciar el depósito hasta cierto nivel *MN*, podemos utilizar un sifón de brazos desiguales, como muestra la figura 79*a*, colocando la entrada *A* justamente en ese nivel. El líquido irá bajando a medida que el sifón descarga; en el nivel *MN* entrará aire y el sifón se descebará. Pero se puede alcanzar el mismo objetivo sin que el sifón se descebe: basta con colocar el brazo largo dentro del depósito y el corto afuera, de modo que la boca *C* quede en el nivel deseado *MN* (figura 79*b*). El líquido irá bajando y, en cuanto alcance dicho nivel, el flujo se cortará sin que el sifón se vacíe. Para lograr que se vacíe el depósito, habrá que colocar el brazo corto dentro de éste, pero con la entrada *A* muy cerca del fondo, dejando tan sólo una pequeña separación que permita el paso del agua (figura 79*c*).

Otra importante aplicación que se le puede dar al sifón es la de trasegar gastos constantes. Si el depósito recibe, por ejemplo: por la descarga de un tubo *T* (figura 79*d*), un gasto fijo, y éste mismo lo queremos pasar al canal *E*, basta con conectar depósito y canal por medio de uno o más sifones, de dimensiones adecuadas. Los niveles de agua en ambos se irán ajustando automáticamente, hasta hallar el desnivel que mantiene en el sifón el escurrimiento del gasto mencionado. El trasiego continuará indefinidamente en tales condiciones, mientras el gasto no cambie, ya que una modificación de este último daría lugar a un reajuste del desnivel. Es por esta característica que el sifón, además de emplearse para sacar de cántaros agua, aceite o vino, se ha venido utilizando, por ejemplo, en la distribución de aguas de riego, a fin de pasar, del canal principal a las regaderas, gastos perfectamente determinados por el desnivel correspondiente y el tamaño del sifón mismo.

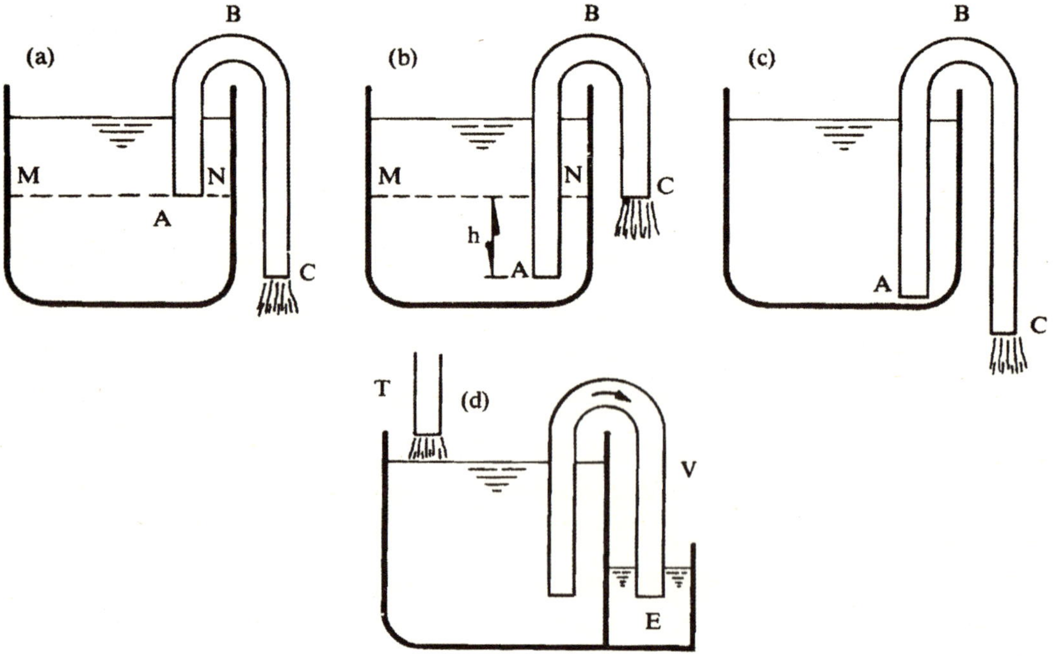

Figura 79

Todo esto les parecía portentoso a los antiguos. "Cuando la abertura C queda a nivel con la superficie del agua (figura 79*b*) —escribía Herón de Alejandría el sifón, aun estando lleno, no descargará, sino que permanecerá lleno. Así, no obstante sea contrario a la naturaleza que el agua suba, ésta lo ha hecho, hasta llenar el tubo *ABC*; entonces el agua quedará en equilibrio, como los brazos de una balanza: la porción *AB* elevada hacia arriba, la *CB* colgada". ¿Cuál será la causa de este fenómeno? "Hay autores —seguía Herón— que explicaron la acción del sifón diciendo que el brazo más largo, como contiene más [líquido], atrae al más corto. Pero vamos a comprobar que esta explicación no es correcta, ya que quien lo creyera se equivocaría grandemente si intentara subir así agua desde un nivel más bajo".

La prueba de Herón es ésta. Supongamos que construimos un sifón cuyos brazos tengan secciones diferentes: sea el brazo largo angosto; el corto, ancho. Si, luego de haber llenado el sifón con agua, se sume el brazo largo hasta el fondo y se deja el corto afuera, éste, por contener más agua, tendría que vaciar el depósito, aun quedando su boca muy por encima del nivel del fondo mismo; lo que no ocurre. Herón ofrece su propia explicación: por el principio arquimediano de que todo cuerpo líquido que esté en reposo tiene superficie esférica, y concéntrica con la Tierra (y, cuando no está en reposo, debe de moverse hasta alcanzar dicha conformación), si (figura 79*d*) el sifón está lleno, y sus brazos se sumergen en dos recipientes con diferentes niveles de agua, deberá producirse a través del sifón mismo un flujo que tienda a igualarlos; con lo que se alcanzaría el estado de reposo. Si no hay agua suficiente para realizar esta nivelación, el recipiente más alto se vaciará.

Herón concluye diciendo: "Ahora se presenta la cuestión de por qué, al levantarse el sifón, el agua no cae por su propio peso, ya que tiene por debajo aire, que es más ligero". Y acude al famoso argumento del horror al vacío, que bien conocemos: "Un vacío continuo no puede existir; ahora, para que el agua cayera, tendría que vaciarse la parte superior del sifón, en la cual no es posible que el aire penetre... Es por la misma causa que podemos, por medio de un sifón, chupar el vino y levantarlo en contra de la naturaleza del líquido; porque, una vez que hemos recibido en nuestro cuerpo el aire que estaba en el sifón quedamos más llenos que antes, y esto ejerce una presión sobre el aire contiguo a nosotros; éste a su vez comprime la atmósfera en conjunto, hasta producir un vacío en la superficie del vino. Entonces el vino, sujeto él mismo a presión, pasará por el espacio que se ha desocupado en el sifón; porque no hay otro sitio al cual pueda ir, huyendo de la presión. Esta es la razón por la cual se produce ese inusitado movimiento hacia arriba".[1]

Curiosa explicación que sirvió, sin embargo, para que Herón quedase —como buen griego— con la tranquilidad de haber demostrado lo indispensable para poder utilizar con pleno derecho el sifón en artificios y mecanismos de todo género.

Guglielmini enseñaba cómo determinar la velocidad del líquido en el sifón y, por consiguiente, el gasto que éste descarga: "En los sifones de brazos desiguales, el agua recorrerá el más largo con la misma velocidad con que saldría de un vaso que tuviera el agua tan alta cuanto es el desnivel entre los dos caños, siempre que el más largo no sea mayor de 33 pies", que es la altura de agua equivalente a la columna atmosférica. O sea, en el caso de la figura 79*b*, se tendrá que $v = \sqrt{2gh}$; por tanto, el gasto descargado sería

[1] Hero, 11-13.

$$Q = A\sqrt{2gh} \tag{1}$$

siendo A el área de la sección trasversal del sifón.[2] Un conocido ingeniero de esa época, Denis Papin, citando también a Mariotte, objetó que la fórmula 1 era demasiado optimista, porque no tomaba en cuenta ninguna pérdida, mientras que los codos del tubo debían ocasionar una. A lo que Guglielmini contestaba: "Convengo con Mariotte y Papin en que los codos de los sifones quitan alguna parte de la velocidad debida; pero insisto en que los mismos codos no producen siempre, ni de igual modo, el mismo efecto. Porque si los tubos fueran más grandes, el efecto sería menor, si angostos y delgados, mayor. También la diferencia entre curvas actuará y modificará la velocidad de manera distinta; y lo mismo puede decirse de la rugosidad interior del sifón. Pero yo tenía que prescindir de todas estas circunstancias, a fin de poder determinar por medio de una proposición general cuál era la velocidad del agua que sale, debido a la naturaleza misma del asunto. Que éste fuese mi sentir se muestra claramente en lo que dije al tratar acerca de la cantidad de agua que sale del sifón: 'Esta medida tiene que corregirse considerando los impedimentos, según la variedad de las circunstancias, etcétera'. Porque si queremos reducir a poco o nada los impedimentos que provienen de codos, contactos, rugosidades, basta con imaginar tubos de ancho grande con respecto a ambos orificios: de este modo el codo casi no produce ningún efecto y la rugosidad queda muy alejada. Yo me contento con haber hallado las leyes naturales o, para decirlo mejor, las fuerzas actuantes. Que otro investigue la teoría de las resistencias, para corregir y cuantificar el fenómeno con todo rigor".[3]

Problema importante éste del efecto de los codos sobre el escurrimiento, al cual Guglielmini vuelve más adelante: "No es... que yo niegue que los codos de los sifones, sobre todo los forjados en ángulo recto, retarden de algún modo el movimiento del fluido en el acto de pasar por ellos; pero este efecto deriva sólo por accidente del cambio de dirección. En parte resulta de las reflexiones sucesivas de las partículas del agua, que se oponen a la dirección original, como afirma el señor Papin... ; en parte, del mayor frotamiento, que se incrementa en los sifones rectángulos por ser más largos [que aquellos usuales con curva semicircular]". Papin mencionaba haber experimentado con dos sifones de igual altura y sección, uno rectangular y el otro circular: el primero había descargado diez libras de agua en 45 segundos, el segundo lo había hecho en 31. Gugliel-

[2] Guglielmini, *Léttera* III, 222, 223.

[3] *Id.*, 228.

mini no lo cree, por ser demasiada la diferencia: "En los experimentos pueden haber intervenido errores por muchas causas: primero, porque los caños no eran uniformes en toda su longitud, sino más angostos en el centro que en el orificio; diferencia que, aun siendo imperceptible, afecta mucho la erogación del agua, como he comprobado muchas veces; en segundo lugar, porque la sumersión del orificio que introduce el agua en el vaso inferior no permite que se pueda determinar bien a qué profundidad está por debajo de la superficie; en tercer lugar, por no haber sido esta sumersión siempre la misma; en cuarto lugar, la causa de tanta diferencia podría derivarse de la delgadez del sifón". Y, concluyendo, vuelve a insistir: "He pretendido hacer caso omiso de los impedimentos que derivan de la figura, por haberme puesto a investigar las leyes de las potencias, no [aquellas] de las resistencias".[4]

Las fuentes de Chantilly

Entre el umbroso bosque y el risueño valle del Nanette se asentaba la placentera aldea de Chantilly. El viejo *Grand Château*, el gran castillo de los Montmorency, recién devuelto a la casa de los Condé, aunque no luciera todavía los techos puntiagudos y las cúpulas con coquetas torrecillas que le vemos hoy en día era, sin embargo, una estructura imponente y llamativa. Se estaban remozando los jardines y las gárrulas fuentes que los engalanaban: chorros de agua que surgían de la boca de leones y delfines, saltaban hacia el cielo o se abrían como lirios. Un pequeño paraíso para Mariotte, que había conseguido permiso para realizar allí sus ensayos hidráulicos.

La primera vez que tan célebre hombre de ciencia había llegado a Chantilly, los fontaneros lo habían llevado a ver la fuente loca. Lanzaba un hermoso chorro de catorce pies de alto, que caía en una alberca; nada especialmente notable en él, a no ser que, cuando se cortaba bruscamente la entrada del agua en el conducto de alimentación, el chorro, en lugar de agotarse, bajaba hasta una altura de poco más de dos pies, y así se mantenía permanentemente. Además, si a este chorro reducido se le tapaba con la mano, deteniéndolo por 10 a 20 segundos, al quitar la mano no recuperaba de inmediato su altura, sino que se iba levantando poco a poco, y tardaba mucho tiempo en volver a adquirir sus dos pies de alto. ¿Cómo explicar estas anomalías, señor académico?

Mariotte revisa la tubería: está formada por maderos de roble perforados interiormente y encajados uno dentro del otro en cadena. En el parque, una parte va enterrada,

[4] *Id.*, 231, 232.

otra dentro de un pequeño estanque y otra más en el fondo de un canal: ¿no entraría en ella agua desde afuera? El chorro reducido —concluye Mariotte— "podría atribuirse al hecho de que, al vaciarse el agua con gran velocidad, el peso de la del estanque y del canal haga que los tubos encajados el uno en el otro se abran un poco... Además, cuando la tubería de conducción está vacía y se le echa de golpe el agua del depósito, se produce una apreciable expulsión de aire; y este aire, al apretarse, fuerza los tubos y se abre un pequeño paso entre los que están encajados el uno en el otro. Basta con la aspiración o succión de un poco de agua del estanque o del canal, para producir este chorro de dos pies". En cuanto al otro hecho, de que el chorro pequeño crece poco a poco al destaparse, Mariotte lo atribuye a que el escurrimiento en el conducto se restablece paulatinamente: "Yo vi el mismo efecto en agua que corría horizontalmente por un tubo de cobre: porque, luego que la detuve con la mano, imaginando que el agua retenida algún tiempo ganaría más esfuerzo y se lanzaría más lejos, me sorprendí al ver que en un principio no corría casi nada de ella; pero luego fue recobrando gradualmente su fuerza ordinaria".[5]

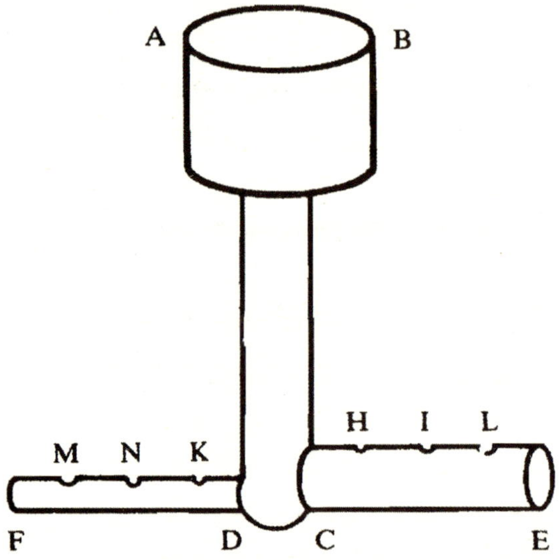

Figura 80

Al charlar con los fontaneros, Mariotte descubre que una de sus creencias inveteradas es la de que el agua sube más arriba si sale de boquillas angostas que de anchas, creencia sugerida tal vez por la experiencia de quien, al tapar parcialmente una boquilla con el dedo, ve que el chorro se acelera y llega más lejos. Pero esto no le parece razonable, y decide realizar un experimento. Utiliza una instalación como la que muestra esquemáticamente la figura 80. El conducto *ABCD*, de 6 pulgadas de diámetro en su caño inferior, tiene 6 pies de altura; abajo se conecta con dos tubos cerrados en sus extremos: *CE*, de tres pulgadas de diámetro, y *DF*, de una. En cada uno de estos últimos se han practicado tres orificios: *H* y *K*, de dos líneas (4.5 mm) de diámetro; *I* y *N*, de cuatro líneas; *L* y *M*, de ocho. He aquí la descripción del ensayo: "Estando llenos el tubo *AC*, hice que el agua saliera sucesivamente por las tres perforaciones *H*, *I*, *L*, dejando cerradas las demás. El chorro de *L* subió más alto que todos, el de *I* algo menos y el de *H* menos todavía; [por el contrario]

[5] Mariotte, *Motion*, 230, 231.

al otro lado, el agujero grande *M* dio la altura mínima, *N* la mediana y *K* la más elevada de las tres. No será dificil entender la razón de esos efectos, si se considera que de las perforaciones *M* y *L* mana mucha agua y que, para abastecerlas, ésta debe escurrir más rápido por el tubo delgado que por el ancho, lo cual causa una fricción considerable que reduce la velocidad del agua misma y le impide correr bastante rápido para alimentar la boquilla. Pero en las perforaciones *H* y *K*, por ser la velocidad del agua en los tubos dieciséis veces menor que cuando va por *L* y *M*, la fricción en el tubo más angosto es despreciable, y no retarda al chorro *K* sensiblemente menos que al *H*; de modo que ambos suben aproximadamente a la misma altura. Análogamente, si se les reduce a las perforaciones *I* y *N*, por ejemplo, una línea, el chorro por *I* no subirá tan alto como antes, pero aquel que sale por *N* subirá más; porque desminuirá la fricción en el tubo *DF*, lo cual compensa con creces la pérdida causada por la resistencia del aire. En el tubo *CE* esta reducción de fricción no será considerable, pero la resistencia del aire será algo mayor que en la [perforación] de cuatro líneas". El criterio de los fontaneros de que el agua sube más por las boquillas más angostas es pues "contrario a la razón y al experimento, siempre que el tubo de conducción no sea demasiado angosto".[6]

Entonces, si la fricción es causa de tanta pérdida de velocidad en los tubos angostos, ¿no será un error colocar boquillas largas en las fuentes? ¿No se reducirá así la fuerza del chorro? "El experimento se realizará fácilmente —escribe Mariotte— con un tubo de 6 o 7 pulgadas de diámetro, como *ABCD*, y el tubo *EF* de barreno suficientemente grande, en el cual se hayan practicado dos perforaciones iguales, *G* y *H*, de las cuales la primera tiene una boquilla *GI* y la segunda sólo el espesor del metal (figura 81). Porque se verá que el chorro por *H* subirá mucho más arriba que aquel por *GI*; y más se reducirá la altura *CI*, cuanto más su chorro se acerque a la altura del de *H*. De donde se desprende que las boquillas

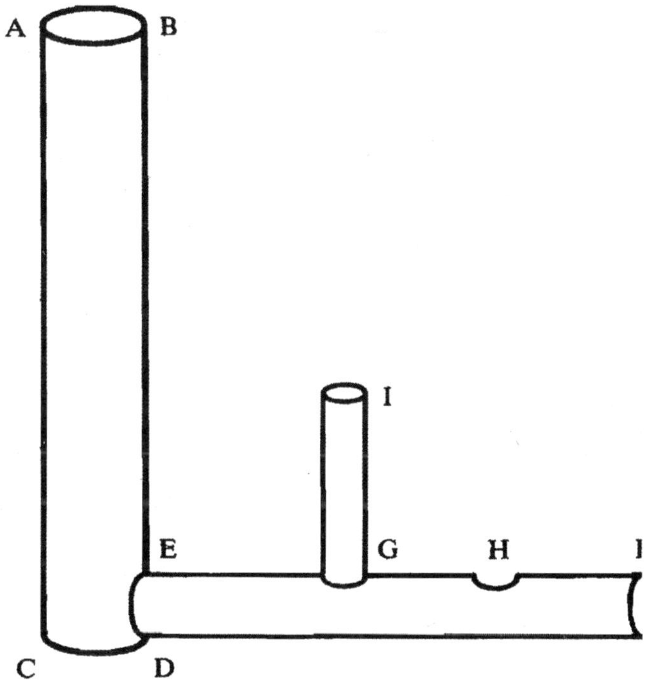

Figura 81

[6] *Id.*, 225 226.

largas, que normalmente se colocan en las bocas de los delfines de las fuentes, son muy malas; y si además la boquilla fuese algo cónica, el chorro se refrenaría todavía más".[7]

Otro aspecto que le interesaba investigar a Mariotte era cómo varía la altura de un chorro al desplazarse la perforación a lo largo de la tubería. "En Chantilly —anotó— hay un conducto hecho de piezas de roble perforadas, con barreno de 5 pulgadas de diámetro. La elevación del depósito es 18 pies, y la bajada del conducto hasta el canal horizontal es de 104 brazas, aproximadamente. Luego de haber hecho que se vaciara el canal, perforé una de las piezas de roble en su midad y le inserté una boquilla de 10 líneas; detenida el agua en el extremo inferior, el chorro se elevó 15 pies; luego longitud de tubería y boquilla causaban poca obstrucción, ya que, de acuerdo con las reglas, hubiera tenido que subir 17 pies poco más o menos. Coloqué otra boquilla 80 brazas más abajo en la misma tubería, y la hice funcionar sola; no alcanzó a subir ni 14 pies, lo que puede atribuirse a un defecto en la boquilla, que no estaba tan bien hecha como la otra. Luego dejé que funcionaran las dos boquillas al mismo tiempo; entonces, el chorro más cerca de la cumbre subió sólo 12 pies y el otro 11, lo que comprueba que un conducto de 5 pulgadas de diámetro con esa elevación del depósito es insuficiente para una boquilla de 14 o 15 líneas, o para dos, cada una de 10 líneas".[8]

Mariotte aprovechó también una tubería inclinada de 50 pies de longitud y 3 pulgadas de diámetro, que bajaba de un depósito de un pie de altura: la prolongó con un tramo horizontal del mismo diámetro y 40 pies de largo, y la terminó con una boquilla de 6 líneas. Pudo observar que "el chorro subió igualmente alto que cuando se encontraba sólo a un pie [de distancia] de la tubería descendente: además, produjo los mismos efectos, a saber: luego de haber alcanzado cierta altura en un principio, fue bajando poco a poco un pie, aproximadamente; y cuando el agua alcanzó el fondo del depósito, el chorro volvió a subir y se elevó algo más arriba que al comienzo. Por tanto, una tubería horizontal de 40 pies de largo y 3 pulgadas de diámetro no amengua el chorro que arroja una boquilla de 6 líneas".[9]

Tuberías contra orificios

Denis Papin, científico francés cinco años menor que Newton y ocho mayor que Guglielmini, en 1680 había inventado su célebre "marmita" , que es lo que hoy llamamos

[7] *Id.*, 226, 227.
[8] *Id.*, 227, 228.
[9] *Id.*, 228.

"olla express". Pero Papin era hugonote y, al revocar Luis XIV en 1685 el edicto de Nantes, resolvió abandonar su país e irse a trabajar a Inglaterra. Su sueño era realizar el motor de combustión interna. A los 16 años, investigando con Huygens, había intentado mover un pistón mediante la explosión de una carga de pólvora. Se salvó por milagro, y mejor decidió utilizar el vapor. Así, en 1687, construyó un cilindro vertical con un pistón móvil en su interior. Introducida agua en su base y prendido el fuego por debajo, el agua hervía, se producía vapor, y este empujaba el pistón hacia arriba; para hacerlo bajar, y así realizar un trabajo, bastaba con alejar el fuego. El primer modelo que Papin realizó tenía un cilindro de 6 cm de diámetro y podía subir una carga de cerca de 20 kilos en un minuto; así había modo de levantar pesas o bombear agua. Lo empleó en 1707 en Alemania, a donde se había mudado desde hacía varios años, para mover una rueda de palas, y con ella un bote. La demostración del funcionamiento, que hubiera debido realizarse en el río Weser, se frustró, porque al gremio de los barqueros no le gustó la idea: se subieron al bote y lo destruyeron.[10]

Ya hemos mencionado las objeciones que Papin había planteado a Guglielmini acerca de los sifones. Las controversias entre los dos habían empezado seis años antes, cuando habían aparecido los últimos tres libros de *Aquarum fluentium mensura*, esencialmente por un malentendido: Papin, interesado en el funcionamiento de tuberías, quería aplicar a ellas las reglas que Guglielmini aconsejaba para canales abiertos; y se encontró con dificultades. Como consecuencia, había publicado un artículo en las *Acta Eruditorum* (*Actas de los eruditos*) de la Academia de Leipzig, impugnando la conocida proposición de Guglielmini de que el gasto por cierta sección de un canal inclinado es igual al que saldría de un orificio de área equivalente, bajo una carga de agua igual al desnivel entre la sección mencionada y el principio del canal. Gottfried Wilhelm Leibniz, que mantenía correspondencia epistolar con Guglielmini, entonces en Bolonia, le señaló enseguida el artículo de Papin; a lo que Guglielmini contestaba: "Confieso que, conociendo ya desde hace mucho la fama de este hombre doctísimo [Papin], y sabiendo cuál es su pericia en las ciencias matemáticas, sospeché enseguida que en mis demostraciones pudiese habérseme escapado algún error; porque nunca he sido tan atrevido como para creer infalibles mis opiniones. De modo que, no teniendo, todavía en mis manos sus objeciones, me dediqué a considerar y a volver a examinar nuevamente con el máximo cuidado todas mis demostraciones; pero sin provecho, porque no les hallé ningún error. Luego fui buscando con impaciencia por todas partes, en la ciudad y

[10] Stein, 24, 25, 38.

afuera, las Actas de Leipzig; las que finalmente me entregó el Padre Maestro Gaudenzio Roberti, al llegar de Parma".[11]

Lo que Papin pretendía comprobar era que la velocidad con que se movería el agua por el tubo *EF*, luego de entrar en él desde el nivel *AD* (figura 82), es la mitad de aquella con que saldría del orificio *G*, de diámetro igual al del tubo, practicado en el fondo del vaso *ABCD*. La demostración se apoyaba en el principio de Galileo de que los graves, moviéndose con la velocidad adquirida en su caída, recorren en igual tiempo un espacio igual al doble de la altura de la caída misma; resultado que debiera de valer para el orificio *G*, al cual el agua llega acelerándose naturalmente. Por el contrario, el orificio *E* está ubicado en el extremo de un tubo en el cual el agua, por ser constante la sección del tubo, debe avanzar con velocidad uniforme; luego saldrá de *E* con la misma velocidad con que entra en *F*. Por consiguiente, la velocidad de salida en *G* sería el doble de aquella en *E*. La opinión de Guglielmini es diferente: según él, las velocidades en *G* y en *E* son iguales, y lo comprueba en su carta a Leibniz, luego de alguna crítica menor: como la de que es superfluo requerir en el orificio *G* la misma sección que en *E*, ya que la velocidad de salida del orificio no depende —por el teorema de Torricelli— de su sección; y la otra de que si *F* está exactamente al mismo nivel de la superficie libre *AD*, al tubo *FE* no le entrará agua, sino aire, y no podrá llenarse.

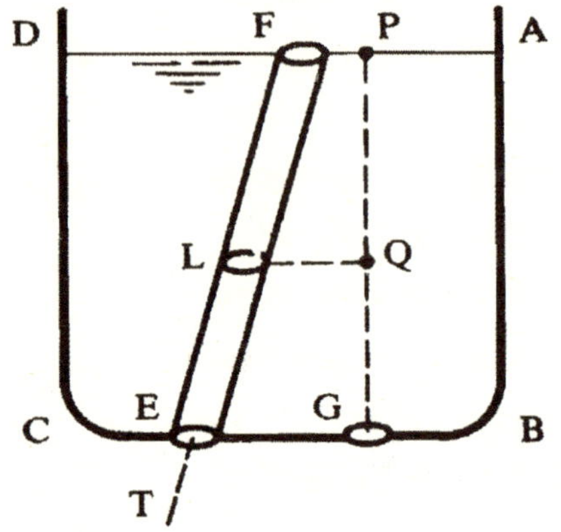

Figura 82

Para obviar este último inconveniente, Guglielmini imagina sumergir todo el sistema en el vacío, compensando la presión atmosférica —que se ejerce sobre ambos extremos del tubo *EF*— con columnas de agua equivalentes a dicha presión: por un lado, elevando las paredes del vaso *ABCD* hasta el nivel *RS*; por el otro, agregando el tubo vertical *HK*, que se conecta con *EF* mediante el tramo horizontal *IH* (figura 83). Habiendo conservado en *EHK* el mismo diámetro de *EF*, Guglielmini considera que la velocidad con que el agua sale de *K* será la misma que la que tendría en *E*, si el tubo descargara en la atmósfera.

Sea ahora *MN* la sección del vaso que se encuentra al mismo nivel que *K*: siendo $DR = HK$, será $MR = GP$, que es la carga de agua sobre el orificio; pero *MR* es la carga sobre *K*. Por tanto, el orificio *G* y la boca *K* descargarán con la misma velocidad; y como la velocidad por *K* es igual a aquella por *E* en condiciones normales, queda demostrado

[11] Guglielmini, *Léttera* I, 271.

que las velocidades de desagüe de E y G, en las condiciones de la figura 82, son las mismas.

Guglielmini también quiso comprobar experimentalmente este resultado teórico: "En los días pasados, para averiguar mejor la verdad y fuerza de la demostración propuesta, tomé un vaso de madera *ABCD* y adapté a un pequeño orificio, como sería E, un tubito uniforme de vidrio, inclinado como *FE*, sellando diligentemente cada fisura. Una vez lleno de agua el vaso, de modo que el extremo F del tubito estuviera en el mismo plano de la superficie del agua, y abierto enseguida el orificio E que antes yo había tapado con el dedo, y agregándole continuamente agua, para que su superficie quedara en la misma altura de la horizontal, el agua salió por el tubito *FE*; pero el aire se metía por F y el tubito no descargaba bien... Por tanto, corté un poco el tubo en su parte superior, para que la boca de entrada quedara sumergida aproximadamente un dedo grueso por debajo de la superficie del agua; sin embargo, penetró aire desde arriba y el tubito quedó en parte vacío. Finalmente, recortado el tubito cerca de dos dedos, descargó lleno; y recogida y pesada el agua que salió en cierto tiempo del orificio E, se halló que era igual a aquella que salió del tubo en un tiempo igual después de haber seguido recortando el tubo siempre más, hasta que quedó el puro orificio. Señal clara y evidente de que, con la mayor, menor, y aun nula longitud del tubo *EF*, la velocidad del agua que pasó por E fue siempre la misma".[12]

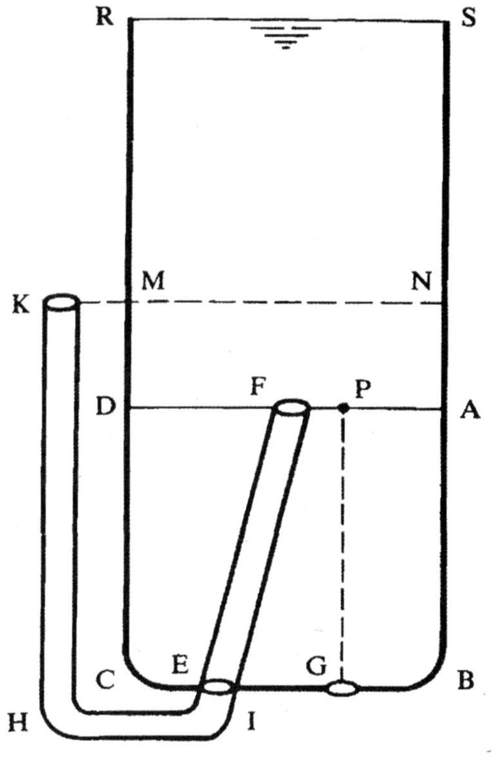

Figura 83

La paradoja de la tubería

A pesar del éxito de la comprobación experimental mencionada, hay todavía algo que inquieta a Guglielmini. "Ahora quiero entretenerme un poco en física —agrega en su carta— e investigar la causa de la velocidad en L (figura 82)...; porque a primera vista parece paradójico que la velocidad del orificio E, como por atracción o virtud magnética, gobierne las velocidades superiores". En otros términos, aquí parecen entrar en

[12] *Id.*, 278-281.

conflicto los dos principios básicos de la hidráulica: por un lado, por ser el conducto de sección constante, la ley de Castelli requeriría que la velocidad en la sección *L* sea igual a la de salida en *E*; por otro lado, por el principio de Torricelli, la velocidad en *E* debiera ser la que produce la carga de agua en todo el tubo, o sea la altura *PG*, y en *L*, aquella —menor— provocada por la altura reducida *PQ*. "Considero —prosigue Guglielmini— que el agua contenida en el caño *FE* resulta empujada por ambos lados por la presión atmosférica —y, por tanto, retenida continuamente—, de lo cual sigue que el caño se mantiene lleno; pero, como además el agua del caño *FE* gravita según su altura, o sea *PG*, resulta que la presión ejercida en *E*, siguiendo la dirección *FE*, se compone de la presión atmosférica… más dicha altura de agua... Por tanto, esta presión será mucho más poderosa que la ejercida en *E* siguiendo la dirección *TE*, que equivale a la presión atmosférica únicamente... ; de modo que, equilibrándose en *E* las fuerzas iguales y contrarias del aire, allí se tiene esa velocidad que corresponde tan sólo a la altura de agua *PG*".[13]

Con esta premisa, Guglielmini enfrenta la cuestión crítica de la menor velocidad que resultaría en la sección *L*, con la consecuencia de que "el agua en *E* debería de alejarse del agua en *L*, por descargarse por *E* más agua de la que la sección *L* pueda recibir"; y explica: "Como comprobamos más arriba que la velocidad en *E* no es sino [el resultado de] la mayor fuerza de una presión sobre la otra, queda manifiesto que la presión atmosférica superior impulsa al agua dentro del caño *FE* con la velocidad en *E*, propia de la presión *PO*, cesando por consiguiente toda atracción hacia la parte *E*: todo el asunto procede, pues, tan sólo de la presión del aire". Dicho de otro modo, si en *E* se ejerce —de abajo hacia arriba— la presión atmosférica, en *L* sólo actúa la diferencia entre ésta y la succión provocada por la tendencia de la columna inferior *LE* a separarse, haciendo que parte de la presión atmosférica en *F* se sume a la carga reducida *PQ* para igualarla a la carga total *PG*. Concluye Guglielmini: "Todo esto comprueba que el flujo del agua por el caño no es puramente natural, y dependiente tan sólo de la gravedad; sino que es violento, y parecido a aquél que se produce en las bombas por la fuerza del émbolo".[14]

La explicación es correcta, y hubiera podido aceptarse definitivamente. Pero, al parecer, la carta a Leibniz no se conoció hasta que fue publicada en la *Raccolta d'autori* muchos años después; de modo que, mientras tanto, hidráulicos que no poseían el talento de Guglielmini quedaban en las tinieblas. Varignon, en su *Traité du mouve-*

[13] *Id.*, 281.
[14] *Id.*, 282.

ment, considerando el tubo *ABCD* de la figura 84, abierto por ambos extremos, "continuamente lleno de agua de modo tal que ésta quede siempre en el mismo nivel", demuestra que la velocidad es igual en todas las secciones del tubo, con el razonamiento siguiente: "supóngase la columna líquida *ABCD* dividida en infinitas tajadas paralelas a la base; es evidente que ellas bajan hacia la boca *CD* y salen de ella todas con la misma velocidad, porque durante el tiempo que la columna escurre permanecen en contacto las unas con las otras. Por tanto, todas estas tajadas poseen siempre una velocidad igual y uniforme a lo largo del tubo, así como al salir de él; que es lo que se quería comprobar".[15]

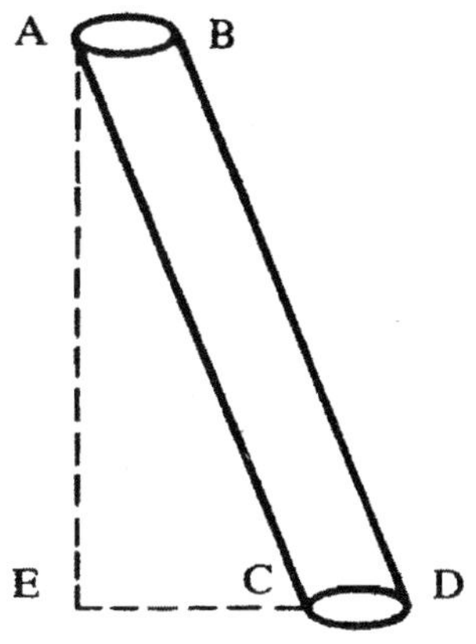

Figura 84

Cuando se pretende demostrar algo, nunca hay que aceptar nada como "obvio" o "evidente", ya que esto implica renunciar de antemano a una explicación racional; y puede llevar a admitir ciegamente premisas falsas como, en este caso, la de que todas las partículas de una sección posean la misma velocidad. Además, la demostración anterior es ilusoria, porque eso de avanzar manteniéndose en contacto y avanzar con la misma velocidad significan exactamente lo mismo, y deducir lo uno de lo otro no lleva a nada. Sea como fuere, al teorema anterior de que la velocidad es igual en todas las secciones, proposición que en el tratado lleva el número 11, Varignon asocia el siguiente Teorema 12: "Las velocidades de las aguas que salen del tubo están entre sí como las raíces de sus alturas"; donde por altura se entiende el desnivel *AE* entre la boca de entrada *AB* y la de salida *CD*.[16]

El profesor patavino Ludovico Riva, que ya tuvimos ocasión de mencionar, publica en 1739 unos comentarios, *Annotazioni,* al libro de Varignon, que ha adoptado como texto para sus alumnos. Al Teorema 11 dedica una larga nota, de la cual vale la pena reproducir algunas partes, para evidenciar la desorientación que existía en esa época acerca del mecanismo del escurrimiento. "Yo opinaría —escribe Riva— que este teorema es absolutamente falso; y de hecho no puede subsistir mientras valga el Teorema 12. Se pretende que en el interior del vaso, que se mantiene lleno, y al cual se le ha quitado el fondo, cada tajada se mueva con la misma velocidad que la más baja; [por otro lado] el Teorema 12 afirma que las velocidades de esta última están entre sí como las raíces de las alturas, en cuanto que las velocidades del agua que sale, por orificios horizontales, de vasos que se mantengan llenos, respetan siempre esta proporción. Ahora yo digo: supóngase que la altura del tubo sea 16: la velocidad será 4. Córtese un

[15] Varignon, 50, 51.
[16] *Id.*, 51.

ANNOTAZIONI

DI

LODOVICO RIVA

P. P. di Aſtronomia, e meteore nello Studio di Padova: Accademico della Regia Società di Londra; ed Onorario dell' Inſtituto delle Scienze di Bologna

AL TRATTATO DEL MOTO

E DELLA

MISURA DELLE ACQUE CORRENTI

E dei Getti delle medeſime

Con un Trattato Preliminare del Moto in generale

TRATTO DALLE OPERE MANUSCRITTE

DEL FU SIG. VARIGNONI DAL SIG. ABATE PUJOL

Ed in fine una Teorìa dell' Autore delle Annotazioni intorno alle Leggi della communicazione del moto.

In Bologna per Lelio dalla Volpe. MDCCXXXIX.

Con licenza de' Superiori.

trozo de tubo por abajo, de modo tal que lo que queda tenga altura 9: la velocidad será 3. Pero, por el Teorema 11 , la velocidad en la altura 9 es 4; luego esa velocidad es 3 y 4 a un mismo tiempo, lo que es absurdo... Tal vez no sería absurdo pensar que el agua se mueva con movimiento acelerado, y que la aceleración sea tal que haga que la capa inferior posea siempre la velocidad correspondiente a la raíz de la altura, si ésta es la ley de las velocidades. Ni tendría que decirse por esto que el agua se entrecortaría, cuando se reflexione que ella debe aparecer continua, siempre que las secciones disminuyan en la misma proporción con que las velocidades crecen. Que estas reducciones sean reales, no imaginarias, lo manifiesta la contracción de la vena en los líquidos que salen de orificios. Además, si este teorema fuese cierto, habría que especificar qué fuerza actuante podría producir una cantidad de movimiento tan grande. Mientras que el tubo quedara tapado en su parte inferior, el peso del agua que está encima cargaría sobre el fondo; y, una vez abierto éste,... quiero conceder por el momento que la lámina inferior, expulsada por la presión mencionada, salga con la velocidad que las experiencias señalan. Pero la superior, que no tiene carga encima, se halla animada simplemente por su gravedad natural. ¿Cómo pues puede ella adquirir una velocidad igual a la de la lámina inferior...?".[17]

Sin embargo, tampoco parece que el descenso del agua sea acelerado. En efecto, en tal caso la corriente tendría que separarse de la pared interior del tubo y contraerse más y más. Pero esta contracción, según Riva, requeriría un "impulso lateral" que no se entiende de dónde provenga: "No sé divisar la fuerza que haga que el agua al bajar se desvíe de la vertical y, angostando poco a poco la vena, le aplique un impulso lateral continuo y oblicuo, del cual no se ve la causa". A lo mejor —añade— el Teorema 12 no es válido en lo general, y su demostración es falsa. "Acepto que el fondo *CD* sustente todo el peso del fluido *AD*; y admito además que, abierto de improviso el orificio *CD*, el esfuerzo de presión continúe por un instante y nada más. En efecto, si la lámina más baja *CD*, la inmediatamente contigua y todas las de encima escurren —según Varignon— con velocidades iguales, resulta claro que la superior no actúa en lo más mínimo como la inferior inmediata, que se substrae a su acción con movimiento idéntico. Esto sucedería con mayor fuerza al bajar la lámina *CD* más rápidamente que su vecina, con lo que se apartarían una de otra. Por tanto, la presión perdura sólo un instante; y, siendo una fuerza muerta,... obrando durante un tiempo imperceptible, no puede sino añadir un incremento infinitesimal de velocidad al que la lámina *AB* adquiere naturalmente

[17] Riva, 16.

al empezar su descenso [a partir] del reposo, y acelerar el movimiento de acuerdo con las leyes de Galileo. Parece que los célebres señores Bernoulli y Hermann se dieron cuenta de esta dificultad y, para eludirla, supusieron que la acción del peso del fluido *AD* ejercida sobre la última capa *CD* (supuesta infinitamente delgada) sea infinita. Así no hay que sorprenderse de que una fuerza actuante, infinita con respecto a la masa mínima que pone en movimiento pueda, en un tiempo mínimo, comunicar a dicha masa una velocidad finita".[18]

El Bernoulli que Riva menciona no es Daniel sino su padre, Johann. La *Hidrodinámica* de Daniel se había publicado el año anterior, pero las *Annotazioni* no parecen conocerla. Guglielmini, cuando no entiende algo, vuelve a observar el fenómeno natural; Riva, por el contrario, parece asirse del modelo matemático: "Algunos no se dejarán persuadir de que los fluidos estén efectivamente subdivididos en partículas matemáticamente infinitesimales, aunque Galileo lo hubiese creído por otros motivos; por mi parte, afirmo que si las demostraciones de dichos escritores fuesen legítimas, y los fenómenos tales como ellos imaginaron, confesaría de buena gana que los átomos de los cuales los líquidos están compuestos son imperceptibles. En el momento en que se abre el orificio *CD*, el agua del estrato inferior se halla en reposo, y tiene que ganar cierta celeridad recorriendo un espacio infinitesimal igual al diámetro de las partículas. Pero la naturaleza nunca obra a saltos; luego, para pasar de la velocidad cero a la efectiva, habría que remontarse por todos los incrementos intermedios... Por tanto, al salir del tubo y recorrer un espacio mínimo igual a su espesor, la lámina *CD* no puede sino ganar una velocidad infinitesimal; y tiene que moverse como si cayera verticalmente por sí sola". Y aquí vemos asomarse el enigma de la columna doble: "Si no me engaño, la equivocación de los geómetras mencionados consiste en esto, que atribuyen a la gravedad del agua contenida en el cilindro *AD* un efecto doble y total: piensan que se emplea toda en cargar y comprimir, y a un mismo tiempo toda en mover no sólo la lámina inferior *CD*, sino además, y en proporción, también las de encima. Pero lo que se gasta en el movimiento no se gasta en presión, o viceversa, pues de otro modo la energía del efecto superaría con mucho la de su propia causa".[19]

De hecho, Riva sigue concibiendo la descarga del tubo como si fuera un desagüe de depósito: "Téngase por cierto que, siempre que el diámetro de la boca *CD* sea igual al del tubo, el agua contenida en el vaso bajará ni más ni menos que como si fuese un bloque de hielo; del mismo modo que si yo sostengo con la mano varios cuerpos uno

[18] *Id.*, 18, 19.
[19] *Id.*, 19, 20.

encima del otro, al quitar el apoyo se precipitan todos abajo sin separarse, y en tiempos iguales adquieren un igual incremento de celeridad". Ya que no vale siempre la ley de Torricelli, concluye Riva, se puede al menos forzar la situación para que ella se cumpla: "No es cierto, por lo general, que las velocidades de las aguas al salir de los tubos estén entre sí como las raíces de sus propias alturas; y tampoco lo es que, en todos los casos, la lámina de agua más baja salga del orificio abierto con la celeridad que habría alcanzado cayendo de una elevación igual a la altura vertical del fluido sobrepuesto. El señor Mariotte en su tratado del movimiento de las aguas nos entera de que es necesario, para que dicha ley se realice, que el diámetro del vaso —que él supone cilíndrico— mantenga una proporción determinada con el del orificio por el cual el agua descarga; de otro modo, el efecto no resulta".[20] En otras palabras, si el tubo terminase con una válvula, dándole a ésta un cierto grado de apertura, dispondríamos de una fórmula —la de Torricelli— que nos permitiría calcular el gasto descargado.

Perplejidades de un catedrático

Riva concluye su comentario así: "Innumerables son los equívocos en que se puede caer al distribuir las aguas, y otros tantos los fraudes con que es factible perjudicar el interés ajeno, mientras no se utilicen para medir las aguas reglas distintas de las que enseña el señor Varignon".[21] Conclusión negativa, particularmente desalentadora porque, con todas sus críticas, Riva no ha sido capaz de sugerir reglas más confiables. Hay que reconocer que su análisis ha sido bastante exhaustivo, pues ha sabido señalar prácticamente todas las opciones disponibles, según él, para atacar el problema; pero hay que confesar también que éstas sólo revelan la desorientación de quien no sabe a qué partido atenerse, simplemente porque ninguno de ellos le parece válido.

Años más tarde, Jean le Rond D'Alembert señalaba todavía en su *Exposition du traité de l'équilibre el du mouvement des fluides* "la poca solidez de un principio utilizado en otros tiempos por casi todos los autores de hidráulica, y del cual muchos se sirven aún el día de hoy, para determinar el movimiento de un fluido que sale de un vaso. Según tales autores, al fluido mencionado lo empuja en cada instante el peso de toda la columna fluida de la cual éste es la base. Dicha proposición es evidentemente falsa en el caso de un fluido que escurra por un tubo cilíndrico totalmente abierto y carente de

[20] *Id.*, 20-23.
[21] *Id.*, 23.

fondo; porque el líquido baja entonces como lo haría una masa sólida y pesada, sin que sus partes, que se mueven todas con la misma velocidad, ejerzan acción alguna unas sobre otras. Si el fluido deja el tubo por un orificio abierto en el fondo, entonces es cierto que la parte que sale en cada instante puede sufrir alguna presión por la acción oblicua y lateral de la columna que se apoya sobre el fondo mismo; pero, ¿cómo se comprobará que esta presión es justamente igual al peso de la columna de fluido que tendría a dicho orificio del fondo como base?".[22]

Estas perplejidades eran características de un momento crítico: hidráulicos como Riva advertían que las herramientas de que disponían resultaban incapaces de explicar un fenómeno fundamental, pero no querían aceptar tal hecho. Se había alcanzado una situación típica, que puede surgir en determinadas fases del desarrollo científico, situación que hemos aprendido a detectar gracias a las ideas de Thomas Kuhn. Una antigua, convencional, visión de la ciencia suele conceptuarla en progreso paulatino, pero firme y seguro, hacia una comprensión siempre más amplia de la realidad exterior, con la guía de la lógica y el apoyo en un fundamento empírico autónomo. Nos complace imaginarla como una pirámide, que crece y crece gracias a la aportación, por parte de los investigadores, de sendos "granos de arena". Kuhn, físico teórico de la Universidad de Harvard, cuestionó este punto de vista. Según él, una ciencia así puede existir, pero sólo durante cierto tiempo, para ser luego remplazada por otra. La mecánica galileana sucedió a la aristotélica no porque ésta fuese "equivocada" y la primera "correcta" , como pretendía Galileo, sino porque la de Galileo demostró ser capaz de explicar ciertos fenómenos que inquietaban a él y a sus contemporáneos, mientras que las teorías peripatéticas no estaban en condición de interpretarlos.

La mecánica de Aristóteles y la de Galileo constituyeron el fundamento de otras tantas *ciencias normales*. Todo científico trabaja dentro de una comunidad que reconoce como válida cierta ciencia normal. Ha sido preparado desde sus estudios universitarios para que participe en ella, con base en una tradición, sintetizada en la enseñanza recibida y en los libros de texto recomendados. Cuando, todavía a mediados del siglo XVIII, un estudiante de la Universidad de México,[23] llamada entonces Real y Pontificia, se doctoraba en Artes —que sería lo que más se aproxima a las carreras científicas y técnicas de hoy—, el decano lo llevaba de la mano, hacía que subiera a la cátedra y le recitaba en buen latín: "Asciende a la cátedra y toma asiento en ella, para que como doctor puedas exponer e interpretar a Aristóteles". El contenido de las obras de Aris-

[22] D'Alembert, *Oeuvres*, 411.

[23] *Manual*, 33.

tóteles era pues reconocido por la comunidad científica mexicana de entonces como fundamento para su práctica e, implícitamente, definía los temas y métodos de investigación aceptados como "legítimos" por la comunidad misma. Dichas obras señalaban al estudiante cuál era lo que Kuhn llama el *paradigma*, o sea, el molde disciplinario que orienta y rige la actividad de la comunidad con la cual, al salir de la universidad, él tendría que colaborar.[24]

El paradigma fija la estructura del campo de investigación, los métodos y técnicas utilizables en la investigación misma, y las teorías aceptadas por la ciencia normal que en él se apoya; y define a un mismo tiempo cuáles son los problemas dignos de estudio, y que pronto o tarde habrá que resolver, distinguiéndolos de aquellos que no vale la pena examinar por "no ser científicos", o bien porque se da por descontado que no tienen solución. Así, por ejemplo, la biología desconoce los fenómenos que interesan al ocultismo: para ella son irreales; pero de hecho lo que ocurre es que, existan ellos o no, las herramientas a disposición de los biólogos no les dan capacidad para tratarlos. *Los cuerpos flotantes* de Arquímedes ofrecieron —y siguen ofreciendo— un paradigma adecuado para la hidrostática. Con base en ellos, Arquímedes resolvió varios problemas y explicó la flotación; pero dejó más cuestiones para que las resolvieran científicos posteriores, como Stevin, Galileo, Torricelli, Pascal y Mariotte, quienes, utilizando los mismos métodos, les dieron solución. El *Paradigma de Arquímedes* resultó, sin embargo, insuficiente para la hidráulica, ciencia de fluidos en movimiento. Ésta halló —como sabemos— su orientación básica y herramientas adecuadas en la obra de Galileo, especialmente en su interpretación de la caída de los graves, de donde surgió el principio de Torricelli. La nueva ciencia normal que así nacía, dentro de la cual trabajaron Mariotte y Newton, Guglielmini y Poleni, podemos pues considerarla basada en el *paradigma de Galileo.*

Alguien podría objetar esta afirmación arguyendo: la hidráulica es parte de la mecánica de fluidos, y ésta a su vez lo es de la mecánica clásica, que se considera asentada en el *paradigma de Newton*. ¿Por qué la hidráulica no tiene entonces la misma base? La confusión se debe a un desacierto de Lagrange, quien en su *Mécanique analytique* (obra que fue durante más de un siglo el patrón reconocido para todos los tratados de mecánica racional) derivó la mecánica de los fluidos de la newtoniana. Sin embargo, existen buenas razones para considerar la mecánica de Newton —que es la de partículas y cuerpos rígidos— y la de fluidos como ciencias separadas; por ejemplo: en la primera, la "masa" constituye un parámetro fundamental, mientras que en la otra no lo es tanto.

[24] Kuhn, 23.

Por tal motivo, la "fuerza", concepto esencial para la mecánica newtoniana, en la de los medios continuos se remplaza por la "fuerza aceleradora", o "fuerza másica", que no es sino la aceleración (concepto típicamente galileano).

La imagen que Kuhn (en su pequeño manual *The structure of scientific revolutions*, publicado en 1962, el cual desconcertó a los filósofos de la ciencia y abrió nuevos caminos a la epistemología) ofrece de la ciencia normal, sugiere que dicha actividad no se propone en lo más mínimo modificar las teorías existentes para remplazarlas con otras mejores, sino que se dedica a resolver problemas (o —como dice Kuhn— *enigmas*) que su paradigma sugiere. La ciencia normal "parece un intento de meter a fuerza a la naturaleza dentro del cajón prefabricado y relativamente rígido que el paradigma ofrece. No entra en el objetivo de la ciencia normal suscitar nuevas suertes de fenómenos; más bien, los que no se adaptan al cajón, comúnmente ni siquiera se ven. Tampoco se proponen normalmente los científicos inventar teorías nuevas, y a menudo se muestran intolerantes hacia aquellas inventadas por otros. De hecho, la investigación científica normal se dirige hacia la articulación de esos fenómenos y teorías que su paradigma proporciona de antemano".[25] Ésta es justamente la postura que hemos descubierto en los comentarios de Riva. Por pertenecer a una comunidad que trabaja con fundamento en el principio de Torricelli, Riva carece de otra herramienta; y sus esfuerzos revelan el propósito de encajar, como sea, dentro de tal principio al enigma del flujo en tuberías. De hecho no lo logra, pero no se da cuenta de ello, y sigue convencido de que por ese camino se deberá encontrar de algún modo la solución.

Daniel arregla las cosas

El hecho de que un fenómeno no se pueda explicar a través de los medios con que cuenta cierta comunidad científica, es síntoma claro de que el paradigma adoptado por ella resulta insuficiente o inadecuado. En el primer caso se requiere un reajuste interno del paradigma; en el segundo, una *revolución científica* que lo abrogue y remplace por otro nuevo. El nuevo paradigma escogido deberá estar en condiciones de explicar todos los fenómenos que el antiguo interpretaba, más los que, por ser desacordes con él, habían motivado su caída: es el caso del paradigma einsteiniano, que triunfó en la mecánica después de que el newtoniano fracasó en todos sus intentos para interpretar el experimento de Michelson y Morley.

[25] *Id.*, 24.

La debilidad del paradigma de Galileo frente al enigma de la tubería no era tanta; esto lo comprueba el hecho de que Guglielmini haya podido ofrecer una solución adecuada de dicho enigma. Sin embargo, cierta deficiencia resultaba evidente; por ejemplo, si el tubo no tuviese una sección constante, sino que se fuera ensanchando y estrechando caprichosamente, y además su salida estuviera parcialmente cerrada, ¿cómo se podría determinar la velocidad en cada sección? Hacía falta ampliar el paradigma original, agregando herramientas nuevas; de esto se dio cuenta Daniel Bernoulli, y procedió a encontrarlas.

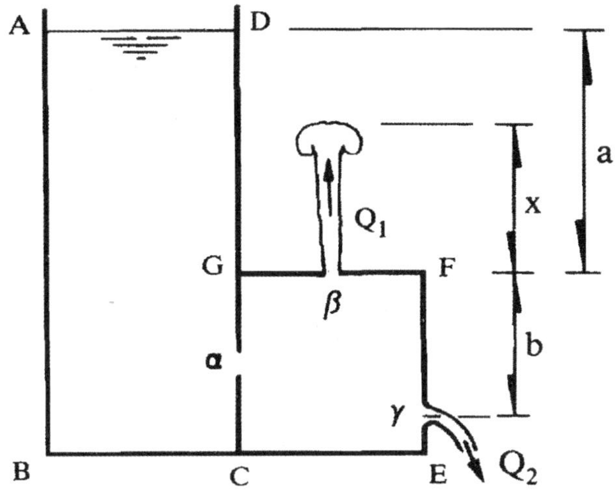

Figura 85

"Si el movimiento pudiera definirse en todas partes, sería fácil desarrollar la estática más general de los fluidos en movimiento" empieza afirmando Daniel, que entiende por *estática* la determinación, en cada punto de la pared del conducto, de la altura que subiría el agua por un tubito, o piezómetro, metido en una pequeña perforación realizada en ese punto. Y ofrece el siguiente ejemplo.[26] Sea *CEFG* un cajón provisto de tres orificios, ubicados como lo muestra la figura 85, alimentado por el depósito *ABCD* donde se mantiene un nivel constante. Sean ρ_1, ρ_2 los gastos descargados por los orificios exteriores, superior y lateral, de secciones respectivas β y γ, y x la carga de velocidad en el primero. Si *DG* a, la velocidad a través del orificio interior, de sección α, será $\sqrt{2g(a-x)}$; por tanto, igualando gastos, se tiene que

$$\alpha\sqrt{2g(a-x)} = Q_1 + Q_2 \qquad (1)$$

Por otro lado resulta que

$$Q_1 = \beta\sqrt{2gx} \qquad Q_2 = \gamma\sqrt{2g(x+b)}$$

(véase la figura). Entonces, remplazando en la expresión 1, simplificando y elevando al cuadrado, queda

[26] Bernoulli, 176-178.

$$\alpha^2(a-x)=\left(\beta\sqrt{x}+\gamma\sqrt{x+b}\right)^2$$

ecuación de la cual puede deducirse la altura piezométrica x. En particular, si el orificio superior fuese sumamente pequeño con respecto a los otros dos, podría hacerse $\beta = 0$, y resultaría

$$x=\frac{\alpha^2 a-\gamma^2 b}{\alpha^2+\gamma^2}$$

Hasta aquí —concluye Daniel— podemos llegar con los elementos de los cuales hemos dispuesto hasta ahora; "pero cuando el agua escurre por conductos, el asunto debe tratarse por un método especial, resultante de una doctrina que yo llamo específicamente *hidráulico-estática*".[27] "Lo singular en esta *hidráulico-estática* es que la presión del agua no puede definirse, a menos que se haya conocido exactamente el movimiento; y es por tal razón que esta doctrina pasó inadvertida durante tanto tiempo. De hecho, hasta ahora los autores no tenían mucho interés en investigar el escurrimiento; y casi en todas partes determinaban las velocidades tan sólo con base en la altura del agua. Ahora, aunque a menudo los movimientos tiendan hacia esta velocidad tan rápidamente que la observación no permite distinguir con claridad las aceleraciones, y parece que todo el movimiento se engendra instantáneamente, es importante, sin embargo, que tales aceleraciones se entiendan correctamente; porque de otro modo, por lo general, no sería posible determinar las presiones [dentro] de la corriente. Por eso me pareció de máximo interés examinar tales cambios —aunque sean *instantáneos*— con todo cuidado, desde la iniciación del movimiento hasta un límite determinado, y confirmarlos a través de experimentos".[28]

La teoría tradicional —explica en otra parte— permite relacionar la velocidad de un fluido en movimiento (el que sale del orificio) con la altura de un fluido estático (el que está en el depósito). Ahora, "la teoría de los movimientos se relaciona nuevamente con el equilibrio de los fluidos, pero de fluidos en movimiento, las leyes de los cuales no se han mostrado todavía. Lo asombroso —dado que el movimiento se define en cualquier otra parte con base en la presión— es que aquí se pretende inversamente obtener la presión con base en el movimiento, definido de antemano a partir de las condiciones externas".[29]

[27] *Id.*, 291.
[28] *Id.*, 289, 290.
[29] *Id.*, 10.

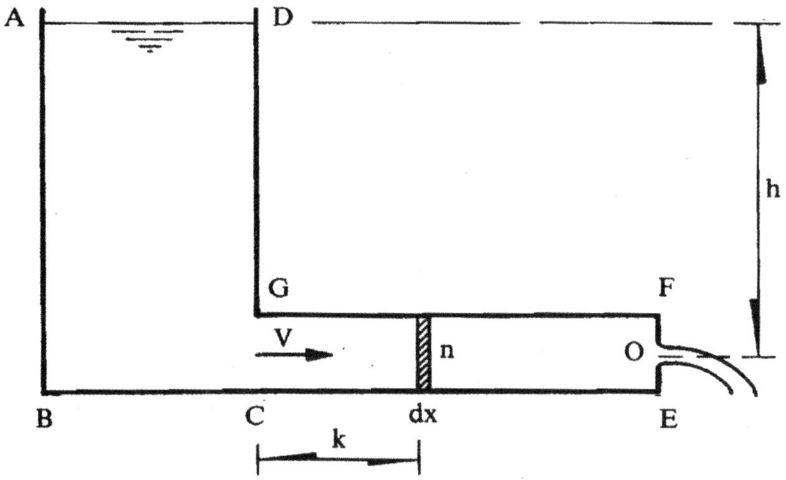

Figura 86

En otros términos: hasta entonces sólo se había considerado la "presión estática"; ahora Daniel iba a dar a conocer la "asombrosa" novedad de una "presión dinámica". Éste sería justamente el concepto que le permitirá ampliar el paradigma de Galileo.

El razonamiento de Daniel es esencialmente éste: consideremos (figura 86) una tubería *CEFG*, que sale de un depósito muy grande *ABCD*, bajo una carga constante h. Supongamos que al final de la tubería se haya colocado un tapón EF, provisto del orificio O. La velocidad con que el agua sale del orificio será $\sqrt{2gh}$. Luego, si ε es la razón, menor que la unidad, entre el diámetro del orificio y el de la tubería, la velocidad dentro de ésta será $\varepsilon \sqrt{2gh}$. Pero, si quitamos el tapón, esta última velocidad aumenta bruscamente para alcanzar el valor $\sqrt{2gh}$. Entonces el orificio provoca una reducción de velocidad, que tiene que compensarse con un aumento de presión en el conducto, aumento que necesariamente se transmitirá a las paredes del mismo. "Por tanto —concluye— se ve que la presión sobre las paredes es proporcional a la aceleración que el agua alcanzaría si el obstáculo al movimiento [o sea, el tapón] desapareciera de repente, dejándola descargar en la atmósfera".[30]

Ahora, consideremos una tajada fluida elemental de ancho dx, y sea $V = dx/dt$ su velocidad, la cual, al destaparse el conducto, crecería con el tiempo t con una aceleración

$$\frac{dV}{dt} = \frac{VdV}{dx} \tag{2}$$

La hipótesis de Daniel implica que la presión dinámica sea proporcional a esta aceleración. Por otro lado, si representamos con n el área de la sección transversal del tubo,

[30] *Id.*, 292.

la masa del elemento líquido de ancho dx será ρndx, y su energía cinética o fuerza viva será $E = (\rho ndx)\ V^2/2$. Si quitamos la tapa EF, en el recorrido —de longitud k— que el elemento ha realizado en el tubo para alcanzar su posición actual, su fuerza viva debe haber sufrido además un incremento

$$k\frac{dE}{dx} = k\rho nVdV$$

por lo que la fuerza viva acumulada total será

$$\rho n(V^2dx/2 + k\ V\ dV) \tag{3}$$

Según el teorema de las fuerzas vivas, ésta tendrá que ser igual al trabajo realizado por el peso γndx del elemento, al bajar del nivel AD al de la tubería, que es $h\gamma ndx$. Igualando con la ecuación 3 y simplificando, queda, por ser $\gamma = \rho g$,

$$V^2dx/2 + kVdV = hgdx$$

y despejando, resulta que

$$\frac{VdV}{dx} = \frac{hg}{k}\left(1 - \frac{V^2}{2gh}\right) \tag{4}$$

Si la comparamos con la ecuación 2, vemos en la 4 una nueva expresión de la aceleración dV/dt, a la cual la presión dinámica p sería proporcional.[31]

Hasta aquí prácticamente llega Daniel. Para dar a su fórmula un aspecto más moderno, basta con considerar que, si cerramos el orificio O, el flujo cesa y la presión se vuelve igual a la estática ρ_0; o sea que ésta ha de ser proporcional a la expresión 4 donde se haya hecho $V = 0$, es decir, a hg/k. Tenemos pues que

$$\frac{p}{p_0} = 1 - \frac{p_0}{2gh}$$

de donde, recordando que $\rho_0 = \gamma h$, se deduce, para la presión dinámica, la expresión

$$\rho = \gamma h - \rho V^2/2 = \rho_0 - \rho V^2/2 \tag{5}$$

[31] *Id.*, 291-293.

En otros términos, al destaparse una tubería horizontal inicialmente cerrada, y producirse así una corriente de velocidad *V*, la presión original en la tubería misma baja en $\rho V^2/2$.

Para pasar de este caso muy especial al de una tubería cualquiera, como la que se representa en la figura 87, Daniel procedió así: "Consideré que el conducto por el cual escurre el agua se corta en el lugar y en el instante que interesan; y luego, utilizando las reglas mencionadas, busqué la aceleración de una partícula de agua justo a punto de salir. De esa aceleración, me hallé en condición de deducir la presión sobre las partículas de agua, presión que por la naturaleza de los fluidos es igual a la que se ejerce sobre las paredes del conducto. Una vez determinada dicha presión, es evidente lo que ocurriría si el conducto se hubiese insertado en el orificio un pequeño tubo: el agua subiría en él hasta alcanzar cierto nivel de equilibrio, sostenida por la que fluye por debajo en el conducto, de modo que aquí se realizaría un equilibrio entre el agua corriente y la estática; por lo cual consideré conveniente llamar a esta teoría *hidráulico-estática*".[29]

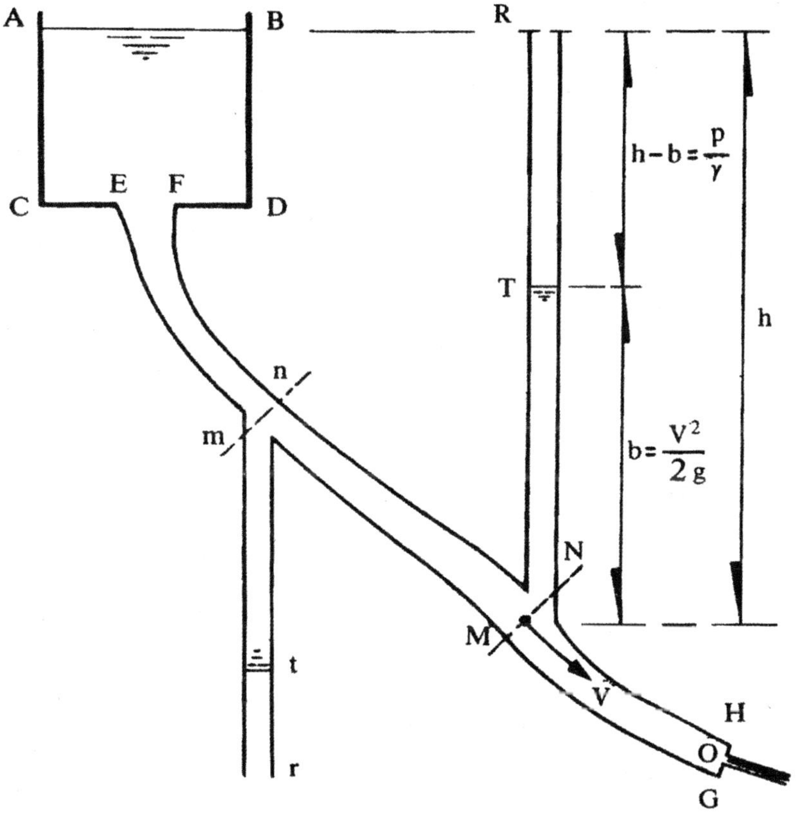

Figura 87

Para determinar la presión en cierta sección *MN*, Daniel comprueba que, cortando allí el conducto e igualando la carga de presión dinámica a la carga de velocidad que así se gana, se vuelve a encontrar una fórmula equivalente a la 5. Por tanto, "si se supone que la velocidad *V* se deba a la carga *b* [o sea, si se toma $b = V^2/2g$], se hallará que la presión del agua en *MN* es igual a la que tendría agua estática de altura h-b [es decir, que $p/\gamma = h\text{-}b$]". Como corolario final, Daniel observa que "cuando b es mayor que h, la cantidad h-b se hace negativa, y luego la presión se cambia en succión; es decir, que las paredes del tubo resultan empujadas hacia adentro". Éste sería el caso en la sección mn, en la cual "la situación debe considerarse como si, en lugar de la columna de agua NT que descansa encima de la corriente y queda en equilibrio con ella, se colgara la columna nt, cuya tendencia a descender resulta contrarrestada por la atracción de la corriente misma... Si el punto *t* quedara más arriba del punto [de salida] O, el agua subiría por sí sola y, luego de que ésta se haya metido al conducto, le entraría aire al tubo; aire que pronto alteraría la corriente que sale por O, afectando su transparencia y solidez".[32] Para concluir, cabe subrayar que Daniel no deja de advertir que todo lo anterior es válido siempre que no se presenten "estorbos extraños al movimiento".[33]

Regreso a Newton

Figura 88

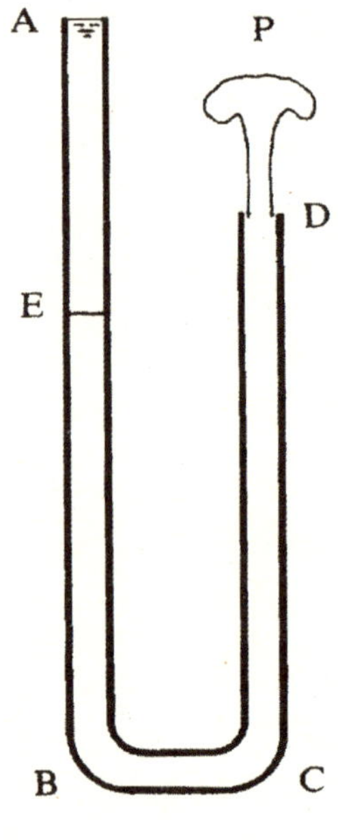

En San Petersburgo, Daniel había consagrado muchos días a realizar experimentos. Ensayar no le desagradaba; pero, como buen matemático que se preciaba de ser, no lo hacía nunca sin haber anticipado el resultado por medio de cálculos. A propósito de su *Hydrodynamica* decía: "Concebí toda la teoría en mi mente, escribí el tratado, hice conocer en privado, entre amigos, la mayor parte de él, hasta bosquejé algunas cosas en presencia de nuestra asociación, antes de emprender ningún experimento; y esto para evitar que mediciones preconcebidas me engañaran por una opinión falsa que, sin embargo, las satisficiera con buena aproximación... Luego de todo eso, por fin, se realizaron los experimentos frente a mis amigos; y concordaron con la teoría, tanto como yo mismo apenas había podido esperar".[34] Suprema satisfacción del teórico, la de haber podido predecir, con base únicamente en raciocinios lógicos, los efectos de la naturaleza.

[32] *Id.*, 296-299.
[33] *Id.*, 298.
[34] *Id.*, 4.

Sin embargo, no siempre las cosas marchaban así de bien. Un día tomó un tubito de vidrio, de unos 5 mm de diámetro y 28 pulgadas de largo, y lo dobló como se ve en la figura 88. Luego lo llenó de agua y, tapando con el dedo el extremo *A*, lo colocó con sus dos brazos *AB*, *CD* verticales. Quitado el dedo, el agua bajó por el primer brazo hasta el nivel *E* y subió por el segundo, lanzando el chorro *DP*. Al medir, resultó que

$$DP = 1.1. \text{ pulgadas}, AE = 2.8 \text{ pulgadas}$$

Pero Daniel antes había forjado el modelo matemático del fenómeno y calculado dichas longitudes, que habían resultado

$$DP = 2.5 \text{ pulgadas}, AE = 8.0 \text{ pulgadas}$$

¡valores más del doble de los observados! Era demasiado, mucho más de lo que pudieran justificar los más gruesos errores de medición. "Esas diferencias enormes —comentó Daniel— las atribuí esencialmente a la adhesión del agua a las paredes del tubo, adhesión que, en casos como éste, ejerce sin duda un efecto increíble. De hecho, yo había utilizado un tubo de poco más de dos líneas de diámetro; y sin duda con uno más ancho habría conseguido una concordancia mayor. Además, es posible que también la curvatura del tubo en su parte inferior le quite algo al movimiento".[35]

La idea de Daniel era correcta. Si el agua se adhiere a la pared del tubo —hecho que prácticamente damos por bueno también hoy en día— y si la viscosidad del fluido actúa como hemos visto explicar a Guglielmini —trasmitiendo las partículas refrenadas algo de su retraso a sus vecinas y éstas a las próximas, y así siguiendo hacia el eje del tubo— toda la corriente verá tanto más reducida su velocidad cuanto más angosto sea éste. Diez años antes que Guglielmini, Newton había cuantificado este efecto, con el objeto de modelar el movimiento de un vórtice; y lo había hecho postulando que *la resistencia que resulta de la falta de deslizamiento entre partículas de un fluido es, en igualdad de otras condiciones, proporcional a la velocidad con la cual las partículas mismas se separan una de otra.*[36] Esta hipótesis, que encabeza el último capítulo del segundo libro de los *Principia*, se suele complementar con la de que dicha resistencia es inversamente proporcional a la distancia entre partículas, ya que la acción viscosa se va debilitando al crecer la separación entre éstas; de modo que, consideradas dos partícu-

[35] *Id.*, 68, 69.
[36] Newton, 385.

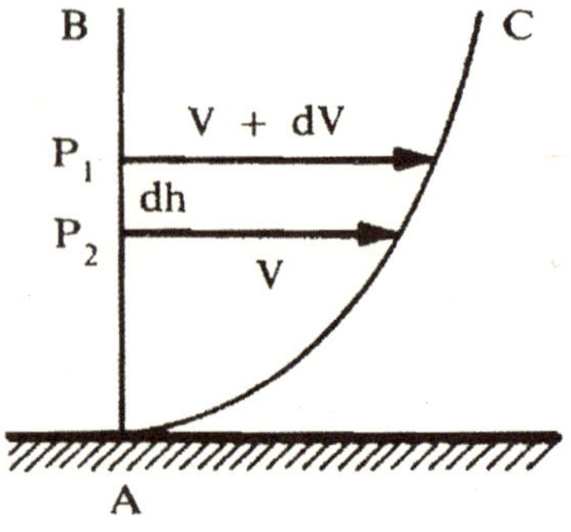

Figura 89

las, ρ_1 y ρ_2, que en cierto instante se encuentran en la sección AB (figura 89) a una distancia *dh* entre sí, y tienen velocidades *V* y $V + dV$, respectivamente (por tanto, se separan con velocidad *dV*), la resistencia τ que el medio ofrece a esta separación podrá escribirse

$$\tau = \mu \frac{dV}{dh} \qquad (1)$$

donde con μ se indica un conveniente "coeficiente de viscosidad" que depende de las características del fluido considerado.

Todo esto parece sencillo, aunque en el fondo no lo sea tanto. ¿Qué son esas "partículas" de las que tanto hablamos? ¿Moléculas? ¿Quién nunca ha logrado distinguirlas en el seno de un fluido en movimiento? Además, supuesto que tales partículas existan, si hay una resistencia a que se separen, debe de haber también una fuerza que tienda a juntarlas. ¿Cuál es y de dónde proviene tal fuerza? Newton pensaba en atracciones y repulsiones mutuas. Luego de haber mencionado las fuerzas gravitacionales actuantes entre cuerpos celestes, añadía: "Mi deseo es que podamos derivar el resto de los fenómenos naturales de principios mecánicos, utilizando el mismo tipo de razonamientos; porque varios motivos me inducen a sospechar que todos ellos pueden depender de ciertas fuerzas por las cuales las partículas de los cuerpos —debido a causas hasta hoy desconocidas— o bien se impulsan mutuamente las unas hacia las otras, y se reúnen en figuras regulares, o bien se repelen y se alejan una de otra. Como tales fuerzas no se conocen, los filósofos han fracasado hasta ahora en su tentativa de investigar a la naturaleza; pero yo espero que los principios aquí establecidos arrojen alguna luz sobre este método filosófico, o bien sobre otro más válido".[37]

La expectativa de Newton es un reto a los investigadores que vendrán después de él. ¿Quién se atreverá a aceptarlo? Debe trascurrir más de un siglo antes de que aparezca ese valiente: Louis Navier, nativo de esa misma ciudad de Dijón que, 18 años más tarde, verá nacer a Darcy. En 1821, Navier publica el trabajo *Sur les lois des mouvements des fluides, en ayant égard à l'adhésion des molécules* (*Leyes del movimiento de los fluidos, teniendo cuenta de la adhesión de las moléculas*) en el cual, partiendo justamente de la consideración de acciones moleculares como las que Newton sugería, establece para el movimiento de los fluidos ecuaciones generales que, por primera vez, toman en cuenta la viscosidad.

[37] *Id.*, XVIII.

La necesidad de este estudio resulta, según su autor, de la incapacidad de las ecuaciones de D'Alembert y Euler —establecidas considerando al fluido "como un conjunto de moléculas susceptibles de adquirir cualesquiera movimientos unas respecto a otras, sin oponer ninguna resistencia"— para interpretar correctamente los "efectos naturales". De hecho, afirma Navier, "cuando un fluido está animado por un movimiento tal que sus moléculas se desplazan continuamente unas con respecto a otras, entre estas moléculas, así como entre ellas y las moléculas fijas de las paredes sólidas, se ejercen acciones de las cuales hay que tener cuenta necesariamente, si se quieren conocer las verdaderas leyes del movimiento". Luego aclara: "al examinar las circunstancias del movimiento de un fluido homogéneo e incompresible, e intentar distinguir los elementos de los cuales dependen las fuerzas [que resultan de las acciones moleculares]..., se reconoce que tales fuerzas no pueden provenir sino de las variaciones que sufrirían, de un punto a otro del fluido, los valores de la presión y de la velocidad. En efecto, si dentro de una masa fluida la presión es uniforme, y si todas las moléculas se mueven con igual movimiento, no se concibe que puedan existir entre estas moléculas acciones capaces de alterar tal movimiento. Además parece: como resultado de un gran número de experiencias, que la intensidad de la presión no influye sensiblemente sobre las resistencias que resultan de las acciones moleculares que se ejercen entre las partes de un fluido en movimiento. La causa de estas resistencias debe luego buscarse en las diferencias que se presentan, en magnitud y en dirección, entre las velocidades de moléculas contiguas".[38]

El modelo que Navier propone para materializar las atracciones y repulsiones sugeridas por Newton es el de las moléculas separadas por resortes comprimidos, que les impiden acercarse demasiado; resortes que no actuarían en el caso de un movimiento uniforme. Pero, si ocurre que dos moléculas tiendan a acercarse o alejarse una de otra, el resorte entre ellas se contraerá más en el primer caso y menos en el segundo, de modo que a cada molécula "la empujan más las que se acercan y menos las que se alejan de ella. El aumento de presión, por parte de las primeras, y la disminución, por parte de las segundas, constituyen fuerzas que tienden a modificar el movimiento de la molécula, combinándose con las fuerzas aceleradoras que actúan sobre el fluido. La modificación del movimiento no depende de la intensidad de la presión, o bien de aquella de los esfuerzos que existen entre moléculas; depende del incremento o de la reducción que tales esfuerzos sufren cuando las moléculas tienden a acercarse o alejarse. Este incre-

[38] Navier.

mento o reducción —como enseña la experiencia— depende por su parte enteramente, o casi, de la velocidad relativa de las moléculas, no de la magnitud de la presión". Por tanto, Navier decide asumir como principio básico el de que entre moléculas fluidas exista "una repulsión o atracción, cuya intensidad depende de la velocidad con que dichas moléculas se acercan o bien separan una de otra". Considerando finalmente que las distancias mutuas son sumamente pequeñas, y lo mismo las diferencias entre velocidades, Navier concluye que la acción molecular puede suponerse proporcional a estas últimas diferencias; con lo cual regresa a la hipótesis sintetizada por la fórmula 1 de Newton.[38]

Sobre esta base, considera luego una molécula m, de coordenadas x, y, z, con velocidad V, y otra próxima m', de coordenadas $x + \alpha$, $y + \beta$, $z + \gamma$, cuya velocidad determina, por medio del teorema de Taylor, en función de la posición de m' con respecto a m, o sea de α, β, γ. Tomando la componente de la diferencia de velocidades en la dirección mm', saca luego, aplicando la hipótesis newtoniana, la fuerza que actúa entre ambas moléculas. Atribuyendo a α, β, γ todos los valores posibles, para así considerar a todas las moléculas que rodean a m, suma todas las fuerzas que actúan sobre esta última; α, β y γ desaparecen, y queda, para expresar la fuerza a la cual m está sujeta, una expresión que contiene sólo derivadas parciales de la velocidad, y además "una constante relativa a la intensidad de la adherencia de las moléculas del fluido", que a final de cuentas no es otra cosa que el coeficiente de viscosidad. Navier determina por fin las ecuaciones generales del movimiento, imponiendo que la "fuerza aceleradora" así obtenida, sumada con las que resultan de la presión y de las acciones externas (como serían las de gravedad y centrífuga) dé la aceleración sufrida por la molécula.

Para concluir, Navier aplica sus ecuaciones al cálculo de la velocidad de un fluido incompresible, que se mueve en una tubería rectilínea de diámetro muy pequeño y gran longitud. Pierre Girard, experimentando años antes con tubos capilares, de unos 0.2 a 0.3 mm de diámetro, había encontrado que las velocidades serían directamente proporcionales al diámetro mismo y a la carga que empuja al fluido, e inversamente a la longitud del tubo. Navier, considerando un conducto cuadrado, confirma las dos últimas proporcionalidades, pero descubre que "en cuanto a la manera como la velocidad varía con el grueso del tubo, el cálculo enseña que, para un tubo cuadrado, ésta crece con el cuadrado del lado. [Pero] las experiencias muestran que, para un tubo cilíndrico, la velocidad crece mucho más rápidamente que el diámetro. Habría pues que repetir sobre un tubo cilíndrico los cálculos hechos arriba para uno cuadrado, a fin de saber de acuerdo con cuál función del diámetro la velocidad debe variar, y asegurarse de que esto concuerde con las observaciones. En la espera de que dicho cálculo, más complicado que el anterior, haya sido realizado,... creo poder concluir que este análisis es conforme con los efectos naturales, y ofrece la explicación de una clase de fenómenos con los cuales las ideas aceptadas estaban en contradicción".[38]

Ensayos de un médico

Que la velocidad en tubos delgados de sección circular sea justamente proporcional al cuadrado del diámetro, análogamente a lo que Navier había encontrado para la sección cuadrada, pudo demostrarlo experimentalmente un médico, Jean Poiseuille, unos veinte años después.

El interés primordial de Poiseuille consistía en entender el movimiento de la sangre en el sistema vascular; viejo sueño de tantos investigadores, pero ¡cuán difícil de alcanzar! "No habría que imaginar, con algunos médicos modernos —había escrito D'Alembert un siglo antes— que la teoría del movimiento de los fluidos en tubos rígidos o flexibles pueda llevarnos a aquella de la mecánica del cuerpo humano, la velocidad de la sangre, y su acción sobre los vasos por los cuales circula. Para tener éxito en semejante investigación, sería necesario saber exactamente hasta qué punto los vasos pueden dilatarse, y de qué modo y de acuerdo con qué ley se dilatan; conocer perfectamente su figura, su mayor o menor elasticidad, sus diferentes anastomosis, el número, la fuerza y la disposición de sus válvulas, el grado de calor y de tenacidad de la sangre, las fuerzas motoras que la impulsan. Además, aun cuando cada una de estas cosas se conociera perfectamente, la gran multitud de los elementos que entrarían en una teoría semejante nos llevaría probablemente a cálculos irrealizables. En efecto, éste es uno de los casos más complicados de un problema del cual aun la manifestación más simple es de resolución sumamente difícil. Cuando los efectos de la naturaleza son demasiado complejos y muy poco conocidos para poderlos someter a nuestros cálculos, la experiencia es la única guía que nos queda: no podemos apoyarnos sino en inducciones inferidas de un gran número de hechos. Éste es el plan que tenemos que seguir en el examen de una máquina tan complicada como lo es el cuerpo humano. Sólo a médicos ociosos les corresponde imaginarse que, a fuerza de álgebra e hipótesis, acabarán por descubrir sus resortes".[39]

Médico ocioso seguramente el doctor Poiseuille no lo era; y bien sabía lo que quería y cómo podía alcanzarlo. En la introducción de su célebre trabajo *Recherches expéri-*

[39] D'Alembert, *Oeuvres*, 336.

mentales sur le mouvement des liquides dans les tubes de très petits diamètres, presentado en 1842 en la Academia de Ciencias —que había vuelto a ser "Real", porque los franceses tenían entonces un rey en la persona de Luis Felipe— y publicado por la misma en 1846, escribía: "Fisiólogos y patólogos han buscado diligentemente por qué razón ciertos órganos reciben más sangre que otros; a veces lo atribuyeron a efecto nervioso, otras a la acción de los mismos vasos capilares, otras a un movimiento espontáneo que se suponía debido a los corpúsculos de la sangre. En nuestra Memoria acerca de las causas del escurrimiento en vasos capilares, comprobamos que las dos últimas mencionadas eran totalmente imaginarias. Algunos autores han llegado a considerar, pero dentro de límites muy restringidos —a saber, sólo para los vasos más grandes—, condiciones relacionadas con las dimensiones de éstos. Sin embargo, si se examinan al microscopio los diferentes órganos del hombre y de las cuatro clases de animales vertebrados, se reconocen también las grandes diferencias en sus sistemas capilares, en lo que se refiere a extensión y diámetro de los pequeños vasos que los componen. Si además se considera que la presión de la sangre, determinada por la acción del corazón, varía con la intensidad de las contracciones de dicho órgano, y que las partes del cuerpo están sujetas a diferentes temperaturas como consecuencia de sus posiciones y de nuestros hábitos, al intentar explicar la cuestión mencionada, seremos llevados a estudiar el efecto posible de: *1*) la presión, *2*) la longitud del vaso capilar, *3*) su diámetro y *4*) la temperatura, sobre la cantidad de sangre que fluye por los capilares mismos.

"Primero, bajo estos cuatro puntos de vista, hemos examinado el flujo de agua destilada a través de tubos inertes, es decir, vasos de vidrio, de diámetros muy pequeños, comparables con aquellos de nuestros vasos capilares. Este estudio es el sujeto de la Memoria que tenemos la honra de someter al juicio de la Academia. Más tarde consideramos el flujo por tubos orgánicos e investigamos el efecto de la composición química de los líquidos sobre el gasto, utilizando siempre tubos de diámetro muy pequeño, ya sean inertes u orgánicos".[40]

Lo que Poiseuille llamaba "diámetro muy pequeño" lo era realmente: entre uno y sesenta y cinco centésimos de milímetro; y es natural preguntarse cómo hacía para determinarlo con exactitud. Una manera era observar el tubo al microscopio. Pero hay fenómenos de difracción, reflexión y refracción que pueden causar algún error en las estimaciones. "Esas fuentes de error —explica Poiseuille— desaparecen si se preparan discos del tubo, del espesor de 0.1 mm aproximadamente, de modo tal que las seccio-

[40] Poiseuille.

nes sean siempre perpendiculares al eje del tubo. Estos discos, alisados y pulidos, se colocan entre dos placas de vidrio, junto con algo de bálsamo de Canadá, y se calientan levemente; esto hace que el bálsamo penetre en la perforación del tubo. El disco, preparado así y colocado bajo el objetivo del microscopio, no exhibe los efectos luminosos arriba mencionados: se ve sólo una raya ligeramente opaca que indica el perfil de la perforación. También podría utilizarse otro método, si se supiera que el tubo es casi cilíndrico y circular: éste consiste en introducir dentro del tubo, por medio de una bomba de succión, cierta cantidad de mercurio que lo llene casi por completo. Para medir el largo de esta columna de mercurio y recolectarlo, se utiliza una bomba de impulsión. A continuación se introduce una nueva cantidad de mercurio, y se junta con la primera luego de haber determinado también su longitud; esta operación se repite un gran número de veces, y se suman las longitudes recabadas. Con ello se obtiene la altura de un cilindro, cuya base es la sección normal del tubo. Del peso del mercurio así reunido deducimos su volumen a temperatura ambiente, y luego, dividiendo este volumen entre la altura anterior, obtenemos la sección del tubo, $\pi D^2/4$... Finalmente, siempre suponiendo que el tubo es cilíndrico y circular, se calcula [su diámetro] D. De este modo determinamos el diámetro de cuatro tubos. Para uno de ellos, la altura del cilindro de mercurio era 11.037 m y su peso 0.1665 g; de donde hallamos para el diámetro del tubo un valor de 0.0376 mm a la temperatura de 10° a la cual estábamos trabajando. Pero este tubo, cuando se midió con la *cámara lúcida* como arriba explicamos, resultó ser ligeramente elíptico, siendo su máximo diámetro 0.045 y el mínimo 0.0316 mm. Si se le considera como una elipse perfecta, el círculo equivalente a ella tendría un diámetro de 0.0377 mm. Así vemos que el resultado obtenido con la *cámara lúcida* no difiere mucho de aquél deducido con el otro método".

"Añadiremos una observación acerca de un error que podría deslizarse sin que el observador se dé cuenta, y que no ha llamado la atención de los micrógrafos. Si, cuando se mide el poder amplificador de un microscopio, el micrómetro ocupa cierto lugar en el campo de visión, resulta evidente que todo objeto ubicado en el mismo punto se amplificará igualmente; de donde tenemos un medio muy sencillo para hallar, como ya se ha dicho, el tamaño real del objeto. Pero si el cuerpo que se quiere medir ocupa en el campo de visión un punto diferente de aquel que ocupaba el micrómetro..., podría ser amplificado más, como consecuencia de la aberración esférica...; y, cuando se le aplicara el poder amplificador del microscopio determinado por el micrómetro, obtendríamos valores mayores que las dimensiones verdaderas. Para evitar esta dificultad,... trazamos con un diamante en el ocular del microscopio dos pares de líneas paralelas, perpendiculares entre sí. Luego, los objetos por medir se colocan siempre en la parte central, que el micrómetro ocupaba antes, cuando se había determinado el poder amplificador del microscopio; así no hay posibilidad de error".[40]

Resultado de tan pacientes labores fue una representación de gasto Q en función del diámetro D y de la longitud L del tubo, así como de la presión p aplicada para establecer el escurrimiento, y de la temperatura T del agua. Poiseuille obtuvo expresiones del tipo

$$Q = k(T)\frac{pD^4}{L} \tag{1}$$

donde el coeficiente $k(T)$ resultó ser una función cuadrática de la temperatura misma. El comité nombrado por la Academia de Ciencias de París para revisar su trabajo recomendó complementar los experimentos utilizando como fluidos éter y mercurio. Con el primero, Poiseuille consiguió un resultado parecido al del agua; con el mercurio, por el contrario, no lo logró.[40]

La conclusión de Poiseuille de que el gasto varía en proporción directa con la presión aplicada y la cuarta potencia del diámetro, y en proporción inversa con la longitud del tubo, confirmaba para tubos cilíndricos la estimación teórica de Navier para conductos de sección cuadrada. Poiseuille, con su mentalidad de médico, se contentaba con sus resultados experimentales, que por cierto eran excelentes; pero no faltaron físicos que quisieran comprobarlos por vía teórica. Lo lograron, sin saberlo el uno del otro, Franz Neumann en Konigsberg y Eduard Hagenbach en Basilea, con un razonamiento que podemos exponer como sigue.

Si el flujo en un tramo de tubería circular (figura 90) de radio R y longitud L es permanente, e igual a través de todas las secciones del tubo mismo, entonces, por razones de simetría, la velocidad V será la misma en todos los puntos del tubo que se encuentran a

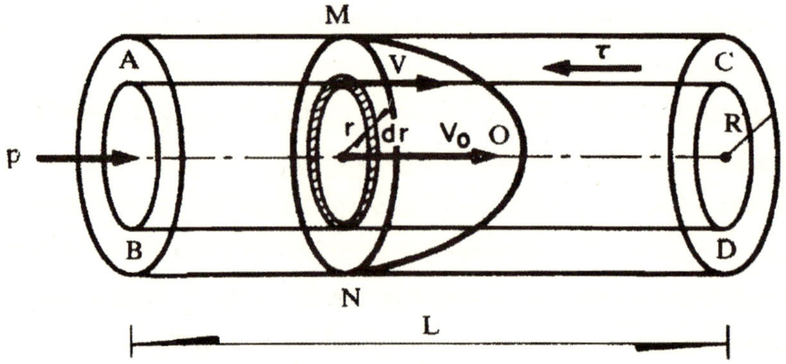

Figura 90

igual distancia r de su eje.; en otros términos, V ha de ser función de r solamente. Ahora, consideremos dentro del tubo el cilindro fluido coaxial $ABCD$, de radio r y de longitud igual a la del tubo mismo. Las fuerzas que actúan sobre dicho cilindro fluido, en condiciones de flujo permanente, tendrán que equilibrarse. Tales fuerzas resultan, por un lado, de la presión que lo empuja, la cual si es ρ sobre la sección AB, cero sobre la CD, actúa con la fuerza (π^2)p; y, por otro lado, del esfuerzo cortante viscoso τ que se opone a su avance, el cual, obrando sobre la superficie lateral del cilindro mismo, produce la fuerza contraria $(2\pi rL)\tau$. Recordando la fórmula 1 del artículo anterior, τ puede expresarse así:

$$\tau = -\mu \frac{dV}{dr} \tag{2}$$

donde el signo negativo se ha puesto en vista de que dV/dr es negativo, pues V decrece al crecer r del eje de la tubería ($r = 0$) hasta la pared de la misma ($r = R$).

Igualando fuerzas, obtenemos pues que

$$\pi r^2 p = -2\pi rL\ \mu \frac{dV}{dr}$$

o sea, que

$$\frac{dV}{dr} = -\frac{1}{2\mu} - \frac{P}{L} r \tag{3}$$

Integrando esta sencilla ecuación diferencial, desde la pared —donde por efecto de adhesión se tiene $V = 0$— hasta la distancia r —donde la velocidad es la V que se quiere calcular— resulta

$$V = -\frac{1}{2\mu} - \frac{p}{L}\int_{\mathrm{R}}^{\mathrm{r}} r\ dr = \frac{1}{4\mu} - \frac{p}{L}(R^2 - r^2) \tag{4}$$

Esta expresión muestra que V varía con *ley parabólica*, del valor $V = 0$ sobre la pared, hasta el valor máximo

$$V_0 = \frac{pR^2}{4\mu L}$$

que se alcanza sobre el eje de la tubería. A toda sección transversal del tubo se asocia, por tanto, una "superficie de velocidades" que es un paraboloide de revolución (*MON* en la figura 90).

Llegados a este punto, es muy fácil calcular el gasto ρ que pasa por el conducto. Basta con pensar que el que escurre entre dos superficies cilíndricas ideales contiguas, de radios r y $r + dr$, respectivamente, es $V.2\pi r dr$; luego el gasto total será, por la ecuación 4,

$$Q = \int_{\mathrm{r}}^{\mathrm{R}} 2\pi r V \, dr = \frac{\pi p}{2\mu L} \int_{\mathrm{r}}^{\mathrm{R}} (R^2 - r^2) r \, dr = \frac{\pi}{8\mu} \frac{pR^4}{L}$$

o sea, si reemplazamos el radio R por el diámetro D del tubo,

$$Q = \frac{\pi}{128\mu} + \frac{pD^4}{L} \tag{5}$$

¡Memorable triunfo de la especulación! No sólo se había logrado, con un razonamiento elemental, alcanzar un resultado que Navier no había podido deducir de sus fórmulas generales, sino que se había comprobado teóricamente la fórmula empírica de Poiseuille. La concordancia entre las ecuaciones 5 y 1 no es sólo cualitativa; la relación

$$k(T) = \frac{\pi}{128\mu}$$

que se obtiene al comparar ambas fórmulas, legítima porque también el coeficiente μ es función de la temperatura T (para el agua, $\mu = 182$ mg s/m^2 a 0°C, 102 a 20°C, 66.5 a 40°C), daba para $k(T)$ prácticamente los mismos valores encontrados antes por vía experimental.

Los físicos estaban de plácemes: se había determinado por un camino puramente racional la ley del escurrimiento en tuberías, comprobando al mismo tiempo la aceptabilidad de la ley de Newton y la hipótesis de adherencia del fluido de la pared. En recuerdo de su descubridor, Hagenbach quiso que la fórmula 5 se llamara "Ley de Poiseuille", y como tal la conocemos hasta el día de hoy.

Un dilema

La adhesión del fluido a la pared del conducto y la trasmisión del consiguiente refrenamiento, por efecto viscoso, al interior de la masa fluida en movimiento conforman lo que se ha denominado como "resistencia" del conducto mismo al avance de la corriente, o "resistencia de fricción". La determinación de esta resistencia, en el caso del flujo de Poiseuille, es fácil, si salimos de las fórmulas que acabamos de establecer. En efecto, si reemplazamos la expresión 3 en la 2, obtenemos que el esfuerzo cortante a distancia *r* del eje es

$$\tau = \frac{p}{L}\frac{r}{2}$$

y que luego sobre la pared ($r = D/2$) se tiene un cortante

$$\tau_0 = \frac{p}{L}\frac{D}{4}$$

Introduciendo la *velocidad media en una sección* U, definida como $U = Q/A$, donde A es el área de la sección misma, de la expresión 5 combinada con $A = \pi D^2/4$ resulta pues que

$$U = \frac{4Q}{\pi D^2} = \frac{pD^2}{32\mu L} = \frac{D}{8\mu}\tau_0$$

y, por consiguiente, que

$$\tau_0 = \frac{8\mu}{D}U \qquad (1)$$

Ésta sería la resistencia que la unidad de superficie de pared de la tubería ofrece al avance del fluido. La resistencia total, en un tramo de longitud L, es el producto de τ_0 por el área πDL de la pared, o sea $(8\pi\mu L)U$; por tanto, *la resistencia de fricción es proporcional a la velocidad media de la corriente.*

Este resultado parece contrastar con la creencia tradicional de que dicha resistencia sea *proporcional al cuadrado de la mencionada velocidad media;* opinión que, como el lector recordará, fue expresada por Chézy, quien la tomó como base para establecer su fórmula. Once años más tarde, el *chevalier* Du Buat lo explicaba, en sus clásicos *Principes d'hydraulique,* como sigue: "Las resistencias a la fricción serán proporcionales al cuadrado de las velocidades del agua, porque tales resistencias se pueden considerar producidas por el choque del agua contra las asperezas del fondo; y se sabe que el choque del agua es proporcional a la caída debida a la velocidad y, por tanto, al cuadrado de la velocidad".[41] La palabra "fondo" revela que Du Buat pensaba en canales; pero luego, al tratar tuberías, aceptaba el mismo principio, según se puede ver si se examina la parte de su obra que a ellas se refiere.

[41] Du Buat, vol. I, 16.

Pierre Louis George du Buat consideraba un tubo *AB*, de longitud *L*, que lleva agua con velocidad media *U*, bajo una “carga” *h*; donde h representa la diferencia de nivel entre la superficie del agua en el depósito *D* que alimenta al tubo y la salida de este último, si la corriente desemboca en el aire, o bien, entre la superficie libre en *D* y la del canal inferior *C*, si el tubo descarga ahogado en dicho canal (figura 91). Según Du Buat, “esta carga es una fuerza motriz, que puede considerarse dividida en dos partes: una empleada para imprimir la velocidad, la otra para vencer la resistencia que resulta del movimiento, en toda la longitud del conducto”.[42]

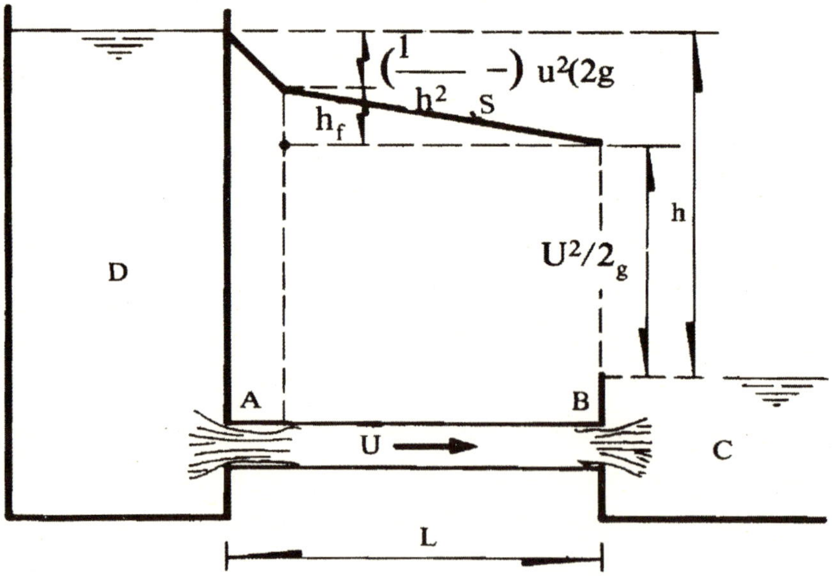

Figura 91

Si la entrada *A* del tubo de Du Buat hubiese tenido una conformación abocinada, que acompañara la corriente, la primera parte sería obviamente $U^2/2g$; es decir, la carga que produce la velocidad *U*. Pero Du Buat utilizaba una entrada en escuadra con la pared del depósito, y ésta provocaba una contracción de vena considerable; con lo cual la carga requerida resultaba mayor. Ensayos anteriores de Bossut habían sugerido que si se empleaban orificios con aditamentos cilíndricos, la velocidad de salida teórica, $\sqrt{2gh}$, debería reducirse multiplicándola por el factor 13/16. Escribiendo pues $\eta =$ 13/16, Du Buat consideró que, para vencer la inercia del fluido que está dentro del tubo, se requiere la carga $U^2/2g\eta^2$. Luego, como la carga. que induce la velocidad *U* es $U^2/2g$, la parte de carga sobrante, a saber

[42] *Id.*, Art. 22.

$$\left(\frac{1}{\eta^2}-1\right)\frac{U^2}{2g}$$

se habría gastado, según la creencia de ese entonces, en producir torbellinos, consecuencia inevitable de la expansión brusca de la vena después de su contracción.[43]

La segunda parte de la carga, a saber

$$h_f = h - \frac{U^2}{2g\eta^2}$$

sería la que se requiere para vencer la resistencia de la pared del tubo al avance de la corriente. El cociente

$$S = h_f/L \tag{2}$$

que du Buat escribía l/b y consideraba como "pendiente ficticia" —en cuanto que desempeña en los conductos cerrados el mismo papel que la pendiente de la superficie libre en los canales— es un factor que, multiplicado por el peso del fluido contenido en un tramo de tubo de longitud unitaria, da la fuerza que equilibra la resistencia de las paredes en ese tramo. Aceptando que la resistencia por fricción —y, por tanto, h_f— sea proporcional a U^2, la relación 2 sugiere que ha de existir una proporcionalidad directa entre U y $\sqrt{S}$, de donde, con un razonamiento análogo al de Chézy, se llegaría a concluir que su fórmula

$$U = C\sqrt{RS}$$

vale también para conductos cerrados. De hecho, poseemos todavía un manuscrito del mismo Chézy donde la utiliza justamente para calcular el gasto que lleva una tubería.[44]

También la fórmula de Manning, que puede muy bien emplearse para conductos cerrados, supone —como sabemos— la proporcionalidad mencionada de U con $\sqrt{S}$, comprobándose así indirectamente que es cierto que el esfuerzo de fricción puede suponerse proporcional al cuadrado de la velocidad. ¿Cómo es, pues, que Poiseuille había hallado una proporción simplemente con la velocidad, y la teoría le había dado la razón? La pista para aclarar el dilema la ofrece el hecho de que Poiseuille

[43] Saint-Venant, 53, 54.

[44] Mouret, 248.

trabajaba con tubos capilares; mientras que Du Buat y los hidráulicos en general lo hacían con tubos de dimensiones normales. El término "tubos capilares" significaría literalmente que la oquedad de éstos es del tamaño de un cabello; efectivamente, se ha encontrado que la ley de Poiseuille vale también si el tubo es más grande, hasta con diámetro de unos centímetros, pero siempre que la velocidad del líquido sea sumamente baja. Todo esto lleva a suponer que la proporcionalidad entre resistencia y velocidad media se asocie con la distribución parabólica de velocidades, la cual a su vez implica que el refrenamiento provocado por las paredes logre alcanzar, por efecto viscoso, el eje del conducto. Si esto no ocurre por ser el tubo demasiado grande, o bien por ser la corriente demasiado rápida, entonces la resistencia variaría con el cuadrado de la velocidad media.

Todo esto está bien, pero aquí se plantea el problema cuantitativo: ¿qué diámetro de tubo y qué velocidad de agua serán los límites entre un comportamiento y el otro? Y si, en lugar de agua, se tuviera otro fluido, ¿estos límites cambiarán? Durante años y años tales interrogantes quedaron pendientes, porque nadie las sabía contestar; y es que todos los hidráulicos pensaban del mismo modo. Tuvo que aparecer un mecánico, y un tipo muy raro por cierto, Osborne Reynolds, para darle al problema su solución; y lo hizo de una manera tan sencilla y elemental que uno se pregunta todavía: ¿cómo no se le había ocurrido a alguien antes?

Un profesor singular

"Cuando yo estaba cursando ingeniería, el maestro con el cual tuve más que ver en mis primeros tres años en el Owens [College] fue Osborne Reynolds, el profesor de ingeniería. Era uno de los hombres más originales e independientes, y nunca actuó o bien se expresó como algún otro. El resultado era que se hacía muy difícil tomar notas en sus clases, así que teníamos que basarnos esencialmente en los textos de Rankine. A veces, en los cursos avanzados, él se olvidaba completamente de que tenía que dar clase; por lo que, después de haber esperado unos diez minutos, enviábamos al bedel a avisarle que el grupo estaba esperando. Llegaba precipitadamente al salón, jalando su toga al cruzar la puerta; tomaba de la mesa un volumen de Rankine, lo abría al parecer al azar, encontraba una u otra fórmula, y declaraba que todo estaba mal. Subía al pizarrón para comprobarlo. Escribía sobre la pizarra dándonos la espalda, hablando consigo mismo, y de vez en cuando borraba todo y declaraba que estaba equivocado. Entonces empezaba otra vez un nuevo renglón, y así sucesivamente. Por lo general, hacia el final de la clase, remataba uno que no había borrado, y concluía que eso comprobaba que, a final de cuentas, Rankine tenía razón".[45]

Así escribía en 1936, a sus 80 años, Sir Joseph John Thomson, premio Nobel de física, recordando sus años de estudiante en Manchester; y agregaba: "Esto, aunque no aumentara nuestro conocimiento concreto, era interesante, porque revelaba la labor de una mente muy aguda, forcejeando con un problema nuevo. Esto era muy característico de su obra de investigación. A menudo empezaba con una idea que, luego de haberla elaborado por algún tiempo, resultaba equivocada. Entonces volvía a empezar con alguna otra idea que se le había ocurrido al trabajar con la anterior, y si ésta también se manifestaba errónea, empezaba con otra más, y así sucesivamente, hasta hallar una que lo satisficiera; y era casi seguro que ésta era correcta. A menudo arrancaba en dirección falsa, pero al final alcanzaba su objetivo. Poseía un sistema muy personal para hacer la mayoría de las cosas. Cuando entraba en un problema, no empezaba preparando una bibliografía y leyendo la literatura pertinente, sino que lo pensaba por su propia cuenta desde el principio, antes de leer lo que otros había escrito al respecto".[46]

Reynolds había llegado a Manchester, la ciudad de Dalton y Joule, en 1868, seleccionado entre varios candidatos para la nueva "cátedra de ingeniería civil y mecánica" que —imitando a las universidades de Glasgow, Londres y Belfast— también el Owens College había decidido ofrecer. Joven tímido y algo torpe, que incluso se veía a menudo en dificultades para comunicar sus ideas, Reynolds había ganado, sin embargo, el concurso por una doble preparación que debió impresionar al comité de selección: antes de entrar a estudiar matemáticas en Cambridge, donde se graduó con mención honorífica y ganó una beca de investigador, había ido a trabajar en el taller de Edward Hayes, ingeniero mecánico, para "aprender en el tiempo más corto posible —según Mr. Hayes explicó luego— cómo tiene que hacerse el trabajo y, hasta donde el tiempo lo permitiera, volverse un mecánico práctico". La ingeniería era su afición; en su solicitud al Owens College, Reynolds había escrito: "Desde que me acuerdo, he tenido una vocación irresistible para la mecánica; y los estudios a los cuales he dedicado especialmente mi tiempo han sido la mecánica y las leyes físicas en las que ésta, como ciencia, se apoya".[47]

La Mánchester victoriana en la que este joven de 26 años se avecindaba, y donde pasaría todo el resto de su vida, era una población curiosa y cautivante. *The second city of the Empire*, según la altiva apreciación de sus habitantes, de hecho había sido reco

[45] Thomson, 15.
[46] *Id.*, 15, 16.
[47] McDowel, 2.

nocida como "ciudad" únicamente quince años antes. Primer centro textil del mundo, poseía también fundidoras de acero y fábricas de maquinaria destinada no sólo a la industria de tejidos, sino también a la construcción de motores de vapor, componentes de ferrocarril y a otras necesidades de las ingenierías civil y mecánica. Además, Manchester era todo un hervidero de nuevas ideas: la *Manchester School,* guiada por Cobden y Bright, propugnaba la política del *laissez-faire*, la competencia sin restricciones, el libre comercio y la no intervención en política exterior; el periódico *Manchester Guardian* urgía reformas constitucionales y sostenía la causa del liberalismo; los obreros eran una nueva especie de gente, dispuesta a crear un tipo de sociedad distinta sobre la base de los sindicatos, cuyo primer congreso debía realizarse justamente en Manchester, en ese año en que Reynolds llegaba allí.

El colegio era una institución privada, fundada en 1851 gracias al legado que un hilador de algodón, John Owens, había dejado con ese objeto. Aparentemente un fracaso —cinco años después sólo tenía 33 estudiantes—, se había mejorado y ampliado luego gracias a una campaña sostenida esencialmente por industriales del lugar. Uno de ellos, en particular, había hecho posible la contratación de Reynolds, pagando de su bolsa la mitad del sueldo del nuevo maestro: Charles Beyer, un alemán que, llegado a Manchester a los 21 años en busca de fortuna, había prosperado y se había vuelto el principal sostén del colegio. Éste se hallaba entonces acomodado en una vieja casona, cuyo establo se había destinado al departamento de ingeniería: el establo mismo constituía el salón de clases, y el depósito de heno de arriba, al cual se subía por una escalera de madera a la intemperie, era la sala de dibujo; sin embargo, Thomson había escrito recordando esos años: "Aunque el Owens College estuviese mal alojado, no había en el país otra universidad con un profesorado más brillante".[48]

Enseñar ingeniería en la Inglaterra de entonces era todo un reto, porque no existían antecedentes ni programas. Reynolds, en su discurso inaugural, lo apunta: "La fuerza del carácter inglés no se apoya en una organización de estado. Nuestros ferrocarriles y otras grandes empresas han sido obra de energías individuales, surgidas por la fuerza de las circunstancias. Y así dejemos ahora que Inglaterra siga fiel a su carácter, y enfrente su necesidad presente como antes ha enfrentado otras. No son puentes sobre el mar o túneles por debajo de él lo que necesitamos, sino hombres capacitados para ocupar tanto las plazas inferiores como las superiores en nuestras oficinas, y valerse de la ciencia por la cual esta época será siempre ensalzada. Manchester ha sido nuevamente la primera en

[48] *Id.*, 3, 4.

pretender remediar un mal experimentado durante mucho tiempo, y sólo puedo reiterar cuán orgulloso me siento de tomar parte, aunque sea en pequeño grado, en un movimiento tan grande, en la ciudad que ha sido y sigue siendo la metrópoli de la ingeniería".[49]

Para Reynolds, la ingeniería está ligada estrechamente a la ciencia, aunque en la enseñanza sea necesario evitar excesivas abstracciones: "A pesar del peligro que parece acosar a todas las escuelas a medida que se hacen más viejas, de caer en lo académico o puro —no porque sea lo más deseable para aprender, sino porque es con mucho lo más sencillo para enseñar—, a pesar de este peligro, la presión desde afuera es tan grande en este caso, que se puede esperar que las escuelas de ingeniería y ciencias aplicadas puedan mantener su nivel... si, mientras que se las anima a ofrecer todo aliciente para alcanzar un firme conocimiento de los principios, no se les permite caer en los errores, fatalmente fáciles, de llevar las abstracciones de esta ciencia más allá de toda aplicación posible, o bien de cerrar el camino [al estudiante] por exigir conocimientos preliminares, en matemáticas y ciencia pura, imposibles de conseguir".[50]

Reynolds era un investigador genial. "Hay, en mi opinión —escribía Thomson— mucho que decir acerca de su método... La novedad de su método de acercamiento [a los problemas] hace que sus trabajos sean de muy difícil lectura: de hecho, creo que probablemente algunos de ellos nadie los ha leído de cabo a fin. Sin embargo, él podía resultar muy claro cuando se dirigía a un auditorio popular. Algunos de sus 'discursos del viernes por la tarde', ofrecidos a la *Royal Institution*, son modelos de exposición clara, expresada en un inglés conciso y vigoroso. Su investigación mejor conocida es la referente al escurrimiento del agua en tubos cilíndricos... En lubricación, hizo descubrimientos importantes; lo atraía lo que puede llamarse 'física al aire libre' , y escribió trabajos sobre cómo la lluvia aplaca las olas, cómo 'canta' la tetera, y por qué un sonido que viaja en contra del viento no se escucha tan bien como cuando viaja con él. Realizó bellos experimentos sobre el comportamiento de vórtices anulares en el agua. Debemos a él la teoría, generalmente aceptada, del radiómetro... Agotó con gran éxito las consecuencias que resultan del hecho de que conjuntos de esferas iguales se apilen de modos diferentes:... al tema que estudia efectos de este tipo lo llamó *dilatancy.* Resultó tan impresionado por él en relación con la estructura del universo que, en su última publicación,... desarrolló una teoría del universo bajo la hipótesis de que se trata de un conjunto de esferas en contacto mutuo, pretendiendo que éste fuese 'el solo, el único concebible, sistema mecánico capaz de dar razón de toda la evidencia física tal como

[49] *Id.*, 17.
[50] *Id.*, 19.

la conocemos'. Éste es el más obscuro de sus escritos, ya que en ese entonces su mente estaba comenzando a fallar... Mis relaciones personales con él, cuando yo era estudiante, constituyen un recuerdo muy agradable; era siempre muy cariñoso conmigo, poseía unos modales cautivadores y una sonrisa encantadora".[51]

He aquí, para concluir, el principio de uno de sus "discursos del viernes por la tarde": "En su preciosa historia *La carta robada,* Edgar Allan Poe cuenta cómo todos los esfuerzos y artificios de la policía de París para entrar en posesión de cierta carta, de la cual se sabía que estaba en cierto cuarto, se frustraron completamente durante meses, por el simple ardid de haberla dejado en sobre abierto en un portacartas, destruyendo así toda *curiosidad* acerca de su contenido... Muy parecida a ésta es la historia que tengo que presentarles esta noche; cómo ciertos misterios del movimiento fluido, que se han resistido a toda tentativa de interpretación, se explican por fin a través de los medios más sencillos y de la manera más obvia".[52] Introducción típica del estilo y carácter de ese hombre simpático e insólito, del cual Horance Lamb escribió: "algo reservado en asuntos serios o personales, y eventualmente combativo y tenaz en el debate, en las relaciones ordinarias de la vida era el más bondadoso y afable de los compañeros. Tenía un sutil sentido del humor y se deleitaba en sorprendentes paradojas, que sostenía, medio en serio y medio en broma, con ingenio y recursos admirables".[53]

El experimento de Reynolds

"Aunque las ecuaciones de la hidrodinámica sean aplicables al *movimiento directo,* o sea sin remolinos, mostrando que entonces la resistencia es proporcional a la velocidad, no han arrojado hasta ahora ninguna luz sobre las circunstancias de las cuales dicho movimiento depende. Y, con todo y que en años recientes estas ecuaciones se han aplicado a la teoría del torbellino, no se han aplicado en lo absoluto al movimiento del agua que es una masa de remolinos, a saber, al *movimiento sinuoso,* ni han ofrecido una pista para [descubrir] la causa de que la resistencia [a tal movimiento] varíe como el cuadrado de la velocidad". Así Osborne Reynolds presentaba en 1883 el dilema que antes mencionamos, en su extenso trabajo encabezado por el no menos extenso título: *An experimental investigation of the circumstances which determine whether the motion of water shall be direct or sinuous, and of the law of resistance in parallel channels;* y

[51] Thomson, 16-18.
[52] McDowel, 36.
[53] *Id.*, 6.

agregaba: "Mientras que, cuando se aplican a olas y al movimiento del agua en tubos capilares, los resultados teóricos concuerdan con los experimentales, la teoría de la hidrodinámica ha fracasado hasta la fecha en proporcionar la más leve sugerencia acerca del porqué no logra explicar las leyes de la resistencia encontrada por grandes cuerpos que se mueven a través del agua con velocidades sensiblemente grandes, o por el agua en tuberías bastante anchas".[54]

¿De qué tipo pueden ser las "circunstancias" que Reynolds está buscando? Con ágil imaginación nos lo aclara: "Las circunstancias que determinan si el movimiento de tropas será una marcha o una confusión se parecen mucho a aquellas que determinan si el movimiento del agua será directo o sinuoso. En ambos casos existe cierta influencia necesaria para el orden: con las tropas es la disciplina, con el agua su viscosidad o aglutinación. Cuanto mejor sea la disciplina de las tropas, o bien más glutinoso sea el fluido, menos probable es que el movimiento regular se altere en alguna ocasión. Por otro lado, velocidad y tamaño son, en ambos casos, favorables a la inestabilidad: tanto más grande es la armada, y más rápidas sus evoluciones, tanto mayor es la oportunidad de desorden; así con el fluido, cuanto más ancho sea el canal y más rápida la velocidad, tanto mayor es la probabilidad de remolinos". La condición natural del flujo, es para Reynolds, no el orden sino el desorden; y la viscosidad es el agente que se encarga de "destruir continuamente las perturbaciones". Una fuerte viscosidad puede contrarrestarse con una gran velocidad: "Si la naturaleza hubiese producido ríos de almíbar del tamaño del Támesis, por ejemplo, el almíbar habría escurrido como agua. Así, en los torrentes de lava de un volcán, aunque la lava, vista de cerca, tenga la consistencia de un budín, en las anchas y rápidas corrientes que bajan de las laderas del cerro, la lava escurre tan expedita como [si fuera] agua".[55]

Para quien esté realizando una investigación, parece recomendable que ésta no sea la única que tenga entre manos: concentrarse solamente en un problema puede hacer que uno se obstine en viejas rutas sin salida, mientras que la aparición de intereses distintos suele aportar refrescantes cambios en concepción o perspectiva. Osborne Reynolds no era ciertamente un monocultivador de la ciencia; demasiadas inquietudes se agitaban en su cabeza. Así, al mismo tiempo que estudiaba el flujo por tuberías, también meditaba —entre otras cosas— en la traspiración de los gases, o sea, en el mecanismo que gobierna el paso de aquéllos a través de una pared porosa; y esto le facilitó la primera investigación. "Es siempre difícil —dejó escrito— rastrear la dependencia

[54] Reynolds, *Circumstances*, 936.
[55] McDowel, 92, 93.

de una concepción de otra; pero puede advertirse que a mí no se me ocurrió ninguna idea de propiedades dimensionales, como las sugiere la dependencia del carácter del movimiento del tamaño del tubo y de la velocidad del fluido, hasta después de haber concluido mi investigación sobre traspiración de los gases, en la cual se establecía que la ley de traspiración depende de la relación entre el tamaño del conducto y el recorrido medio de las moléculas gaseosas".[56] Animado pues por el éxito del análisis de la traspiración realizado bajo el punto de vista dimensional, resolvió utilizar también dicho análisis en el estudio de los regímenes de flujo del agua.

Acudió a las ecuaciones fundamentales del movimiento. De hecho, éstas "habían sido escudriñadas con tanto rigor, especialmente por parte del profesor Stokes, que poca era la probabilidad de descubrir en ellas algo nuevo o incorrecto. Sin embargo, me pareció imposible —anotaba Reynolds— que contuvieran alguna evidencia, que no se hubiera notado, acerca de la dependencia del carácter del escurrimiento de una relación entre las propiedades dimensionales y las condiciones externas del movimiento mismo. Tal evidencia, no sólo de una conexión, sino de una relación bien definida, se pudo encontrar; y esto sin necesidad de realizar la integración".[56]

Una vez determinadas las ecuaciones diferenciales que interpretaban el fenómeno que nos interesa, lo usual es proceder, siempre que sea factible, a integrarlas. Pero ese hombre, que nunca había actuado ni se había expresado como algún otro —según decía Thomson—, buscó otro camino. A presión constante —pensó— las ecuaciones del movimiento de un fluido equilibran el efecto de inercia, representado por la energía cinética contenida en la unidad de volumen, digamos ρU^2, con el efecto viscoso, representado por el esfuerzo de Newton, $\mu U/c$, donde U es la velocidad media y c una longitud característica de la corriente en estudio (el diámetro del tubo, por ejemplo). Como energía específica y esfuerzo tienen las mismas dimensiones, su cociente

$$\frac{\rho U^2}{\mu U / c} = \frac{\rho}{\mu} Uc$$

resulta ser un parámetro sin dimensiones, capaz de cuantificar la importancia relativa de las acciones mencionadas: un valor pequeño indica que los efectos viscosos prevalecen, con lo que el escurrimiento será probablemente "directo"; un valor grande, seña de que predomina la inercia, sugiere un comportamiento "sinuoso". Debe pues existir un valor intermedio —concluía Reynolds— que separe los dos regímenes; y éste iden-

[56] Reynolds, *Circumstances*, 938.

tificará no sólo la velocidad crítica, conociéndose la viscosidad y la longitud característica, sino también la viscosidad y la longitud críticas, dados los valores de los otros dos parámetros. Había ahora que acudir al experimento, para confirmar esta previsión.

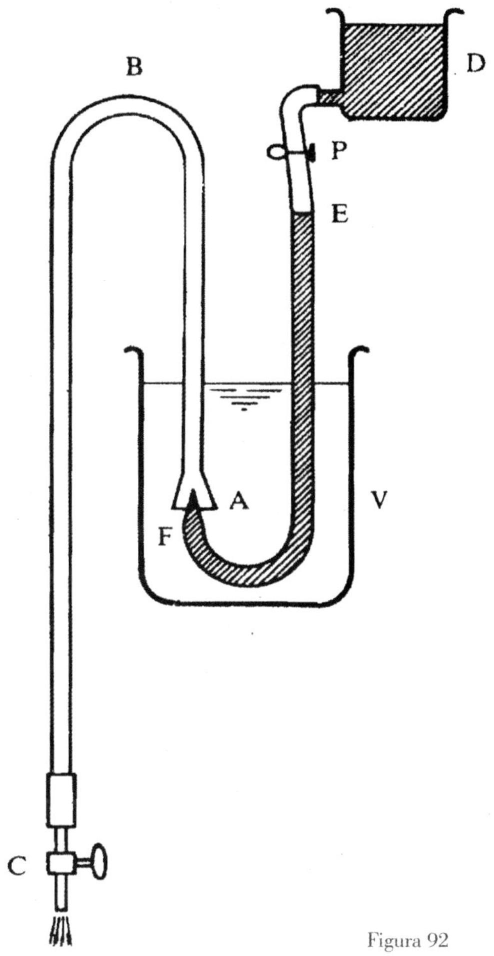

Figura 92

Un problema hidrodinámico que había cautivado a Reynolds desde que, a los 21 años, empezó sus estudios universitarios (algo tarde, por cierto, debido al tiempo que dedicó a su aprendizaje con Mr. Hayes) era el funcionamiento de las hélices de barco, tornillos que se enroscan en el agua; y en Owens continuó su estudio. Se había construido dos modelos de hélice, uno de dos pies y medio, movido por un resorte, y otro, más grande, de cinco pies y medio, que funcionaba con vapor. En 1873-74 había estudiado su eficacia impulsiva; en 1875, su acción en el gobierno del buque. Era práctica corriente, aceptada por todos, que para frenar rápidamente un barco de vapor, convenía hacer que su hélice girara al revés; Reynolds llegó a la conclusión de que "la inversión de la hélice de un navío que avanza a toda marcha reduce en mucho su poder de gobierno...; así que, cuando una colisión es inminente, invertir la hélice y utilizar el timón como si el buque respondiera a esa maniobra igual que siempre, es un modo seguro de provocar la colisión".[57]

Lo que más le intrigaba de la hélice era su acción sobre el agua: tenía ciertas ideas al respecto, pero el experimento revelaba todo lo contrario. Fue en esa ocasión cuando se le ocurrió inyectar tras la hélice agua coloreada, y descubrió al responsable: un vórtice que allí se había formado, y que "jugaba en el movimiento fluido un papel que nunca se hubiera soñado; ya que, de hecho, constituía la clave de casi todos los problemas de movimiento interno de los fluidos".[58] Así, cuando se propuso determinar bajo qué condiciones se producen el escurrimiento "directo" y el "sinuoso", siendo que éste se caracteriza por la presencia de remolinos y el otro no, la primera idea que se le ocurrió fue volver a visualizar con colorante. Construyó, con un tubo de vidrio de 6 mm de diá-

[57] McDowel, 66.

[58] Reynolds, *Vortex*, 275.

metro, un sifón *ABC* (figura 92) con entrada abocinada en *A* y válvula de control en *C*, que llenó de agua; e introdujo su brazo corto *AB* en el agua de un vaso *V*. Por otro lado, instaló un depósito de líquido coloreado *D*, provisto de un tubo *EF*, también de 6 mm, terminado en una angosta boquilla cónica que penetraba en el centro de la boca *A*. El suministro de este líquido se controlaba por medio de la pinza *P*.

Luego de dejar todo el sistema lleno de agua durante varias horas, para asegurarse de que todo movimiento interno cesara, se abría poco a poco la pinza. El líquido coloreado salía de la boquilla F, primero adquiriendo la forma de la llama de una vela, y luego alargándose, hasta volverse un filamento muy delgado que —al permitirse el desagüe por *C*— se extendía por todo el sifón. A la válvula *C* se le daban aperturas siempre mayores, para que aumentara la velocidad del agua en el sifón; y al mismo tiempo se incrementaba el suministro de colorante, a fin de que el filete se mantuviera visible. Contrariamente a lo previsto, con la máxima abertura de la válvula, este último se mantenía todavía perfectamente claro y estable a lo largo de todo el tubo, sin el menor asomo de perturbaciones en la corriente. Se prolongó el brazo *BC* hasta casi tocar el piso, para aumentar aún más la velocidad; pero nada: el filete no se alteraba en lo más mínimo.[59]

Evidentemente el diámetro, de un cuarto de pulgada, escogido para el sifón era demasiado reducido, y el flujo no pasaba de "directo". Entonces Reynolds decidió emplear un tubo de una pulgada. Pero hacer un sifón de vidrio de este diámetro no era fácil; y se le ocurrió una solución mucho más simple, esquematizada en la figura 93.

Aquí arriba se reproduce el dibujo que presentó de ella, donde el tanque *V*, de seis pies de largo, uno y medio de ancho y otro tanto de profundidad, se ve levantado siete

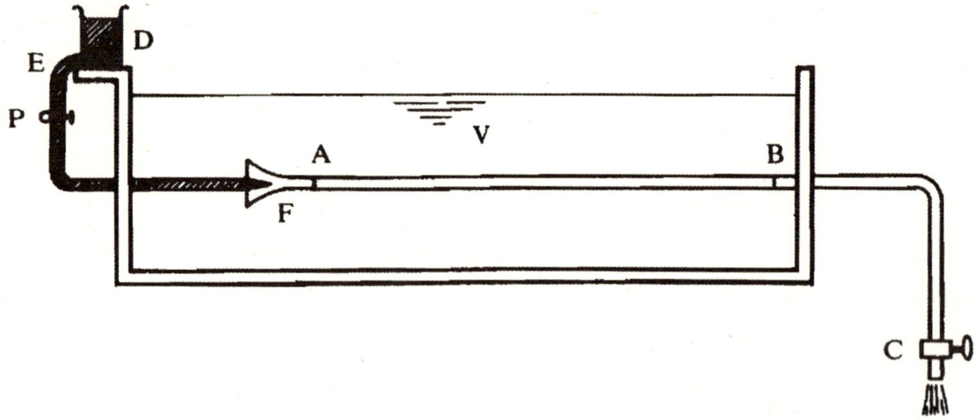

Figura 93

[59] Reynolds, *Circumstances*, 950.

pies por encima del piso, con el fin de alargar considerablemente el brazo vertical de la tubería de fierro que prolongaba, al otro lado de la pared del tanque, el tubo de vidrio *AB* donde el experimento se realizaba. En ese dibujo aparecen también un flotador, que permite controlar —al centésimo de pulgada— la bajada de nivel del agua en el tanque, y —de pie sobre la plataforma— el buen Mr. Foster, el ayudante, listo para regular, con una palanca gigantesca, el escurrimiento. El aparato existe todavía en los Simon Engineering Laboratories de Manchester, y no como pieza de museo; porque el tanque, de la madera con que fue construido originalmente, se llena aún de agua y se utiliza para demostraciones a los estudiantes; incluso quien escribe estas líneas lo usó para ciertos experimentos, de los cuales hablaremos a su debido tiempo.

El primer ensayo se pudo realizar el 22 de febrero de 1880. Reynolds y Foster llegaron temprano, llenaron el tanque con una manguera y, de las 10 de la mañana a las 2

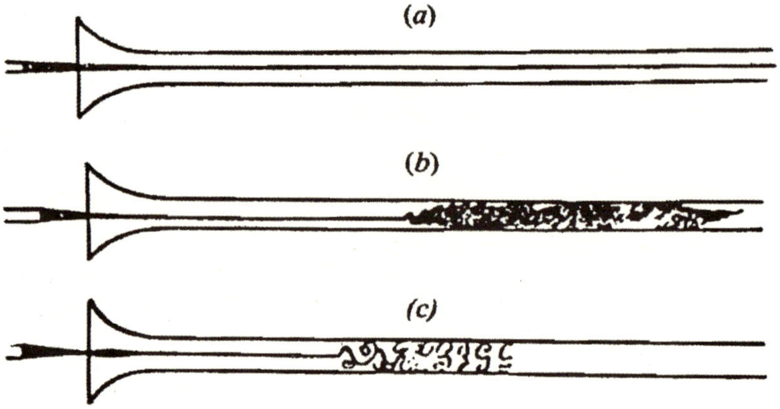

Figura 94

de la tarde, lo dejaron descansar para que el agua se tranquilizara. "Luego se empezó el experimento, del mismo modo que en las primeras tentativas. Se permitió al tinte fluir muy despacio, y se abrió un poco la válvula. El filamento coloreado se estableció como antes (figura 94*a*) y permaneció muy estable al crecer la velocidad; hasta que, de repente, con una leve apertura ulterior de la válvula, en un punto situado poco más o menos dos pies antes del tubo de hierro, el filamento se expandió y se mezcló con el agua, hasta llenar el resto del conducto con una nube coloreada, que a primera vista parecía como de tinte uniforme (figura 94*b*). Sin embargo, un examen más cuidadoso reveló la naturaleza de esa nube: moviendo el ojo a modo de seguir el avance de la corriente, la expansión del filete coloreado se deshizo en un movimiento ondulatorio del filamento bien definido, primero sin mayores disturbios; luego, después de dos o tres ondas, apareció una secuencia de remolinos aislados y perfectamente claros (figura 94*c*). Se les podía reconocer bastante bien al seguirlos con el ojo; pero se distinguían mejor con el destello de un chispazo... Cerrando un poquito la válvula, los remolinos desaparecieron, y el filete coloreado se reconstituyó".[60]

Así, se habían podido producir en un mismo tubo, con sólo variar la velocidad, los dos regímenes, "directo" y "sinuoso". Pero el mismo resultado debía de poderse conseguir al calentar el agua, y así reducir su viscosidad. El cuarto donde se realizaban los experimentos estaba a una temperatura de 8.3 °C, y ésta era también la temperatura del agua; con un chorro de vapor, Reynolds consiguió elevarla a 21 °C, reduciendo 1.39 veces la viscosidad. Aumentando poco a poco la velocidad, determinó en ambos casos el "valor crítico" con el cual empezaba a trastornarse el movimiento "directo", y encontró que en el segundo la velocidad crítica era 1.45 veces menor que en el primero.

[60] *Id.*, 951, 952.

Aunque esta concordancia fuese aceptable, considerando la naturaleza del ensayo, Reynolds quedó con la idea de que en el tanque calentado debían manifestarse algunas perturbaciones adicionales: unas podían resultar de la diferencia de temperatura entre el agua y el medio ambiente, por lo cual la superficie libre del agua y aquéllas en contacto con las paredes sufrirían un enfriamiento, que a su vez podía crear una circulación dentro del tanque. Otras perturbaciones se deberían al gradiente de temperatura en el tanque mismo, ya que ésta, en el fondo, llegaba a ser hasta 5 °C más alta que en la superficie. En esa época no se disponía de calefacción central. Así, "como era difícil alterar la temperatura del edificio, para realizar, a una temperatura más alta, experimentos bajo condiciones parecidas", Reynolds prefirió enfriar el agua hasta su máxima densidad, o sea, 4 °C, agregándole hielo. El experimento comprobó que en todos los casos sí existe una velocidad crítica, y que ésta varía en proporción directa con la viscosidad del flujo. Por otro lado, ensayos realizados, además del de una pulgada, con otros dos tubos, de media y un cuarto, permitieron concluir que la velocidad mencionada es inversamente proporcional al diámetro D del tubo, confirmando así que el flujo "directo" se empieza a alterar por un valor bien definido del parámetro $\rho UD/\mu$.

Pero Reynolds quería entender mejor el mecanismo de la perturbación: "Aun cuando a primera vista tales experimentos pueden parecer bastantes simples, sin embargo, cuando se empezaron a considerar modos y medios reales, se presentaron tantas incertidumbres y dificultades... que el ánimo necesario para acometerlas se adquirió sólo después de dos años de ulteriores estudios del aspecto hidrodinámico del asunto, por la luz que arrojó sobre él el experimento previo con filetes coloreados... Esos experimentos habían mostrado terminantemente la existencia de un valor crítico de la velocidad, con el cual empezaban a formarse remolinos, siempre que el agua fuese aproximadamente estable cuando se la introducía en el tubo; pero también había mostrado concluyentemente que, con esa velocidad crítica, el agua en el tubo se hallaba en una condición altamente inestable, tanto que toda perturbación apreciable del agua hacía que la mutación ocurriese con velocidades muy por debajo de la más alta que pudiera alcanzarse cuando el agua poseía la máxima estabilidad. Esto sugería que si existía una velocidad crítica con la cual, para cualquier perturbación, el agua se estabilizaba, esa velocidad era mucho menor que aquella con la cual se desestabilizaría para perturbaciones infinitamente pequeñas; o, en otros términos, sugería la existencia de dos valores críticos para la velocidad en el tubo: aquel con que el movimiento estable se cambia en remolinos, y aquel con que los remolinos se cambian en movimiento estable".[61]

[61] *Id.*, 957.

Supongamos pues —razonaba Reynolds— que se introduce una corriente muy perturbada en un tubo largo. Pueden presentarse dos casos: o bien, si la velocidad es inferior a la crítica, al avanzar el agua la perturbación va poco a poco desapareciendo y se alcanza la estabilidad; o bien, si la velocidad es superior, la perturbación persiste y se incrementa. Entonces, mediante ensayos, decidió comprobar que realmente esto era así, pero el experimento ya no resultaba tan fácil, porque la perturbación que había que dar inicialmente al agua excluía la posibilidad de visualizar con colorante. Lo único que se le ocurrió fue comprobar la ley de resistencia: o sea, si ésta era proporcional a la velocidad media, en cuyo caso el flujo era "directo", o bien a su cuadrado, evidencia de que el flujo era "sinuoso".

Estos ensayos, realizados con sumo cuidado en muchísimas condiciones distintas, le permitieron confirmar que su previsión era correcta; aun cuando llegó a la conclusión de que, para flujo "sinuoso", la resistencia que el conducto ofrece al avance de la corriente no es proporcional al cuadrado de la velocidad, sino a la potencia de exponente 1.722.

Los nombres "directo" y "sinuoso" no le gustaron a la posteridad, la cual los convirtió en "laminar" y "turbulento". El parámetro $\rho Uc/\mu$ se llamó "número de Reynolds"; y ha tenido tanta importancia y utilidad, que hoy en día no hay nadie que estudie mecánica de fluidos que no mencione, a la par, el nombre de Reynolds con el de Bernoulli, aunque no cite a ningún otro.

Esquinas

Cuando Bazin, estudiando el escurrimiento del agua en canales rectangulares, determinó la distribución de velocidades y obtuvo diagramas como el de la figura 74, quiso compararlos con los de conductos cerrados. Si el flujo se realizara en el vacío —razonaba él— un tubo rectangular del mismo ancho y altura doble de la del canal, por el cual pase un gasto doble, debería exhibir en sus dos mitades, inferior y superior, la misma distribución de velocidades que se ve en el canal. Las diferencias reales, y en particular el desplazamiento de la velocidad máxima por debajo de la superficie libre, revelarán el efecto de la presencia del aire. Realizado en tales condiciones, el ensayo obtuvo el resultado que se ve en la figura 95. Las líneas de igual velocidad, expresada en metros por segundo, siguen fielmente la figura rectangular del contorno, sólo redondeándose en las esquinas. Es notable la discrepancia con el caso correspondiente del canal abierto (figura 74), misma que Bazin sospechó no poder atribuir únicamente a la resistencia del aire. Si así fuera en efecto, razonaba él, la deformación desaparecería cuando el aire avanzara con la misma velocidad del agua, al soplar un viento igualmente veloz, paralelo a la corriente, y éste no es el caso porque, aun así, la velocidad máxima no sube a la superficie. Indicio de algún mecanismo desconocido, cuyos efectos se revelan en movimientos irregulares y vorticillos, que indudablemente son causa de pérdidas locales de energía. Pero, por lo que se refería al conducto cerrado, Bazin estaba tranquilo: resultaba muy natural que las isotacas conservasen esa regularidad que la figura 95 manifiesta.[62]

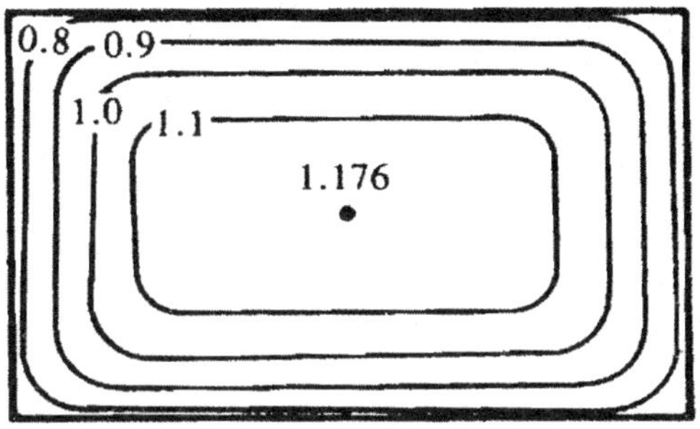

Figura 95

Sin embargo, si tal regularidad era cierta para el flujo laminar, no lo era para el turbulento. Sesenta años después de Bazin, Johann Nikuradse, esmerado investigador del *Kaiser-Wilhelm-Institut für Hydrodynamik* de Gotinga, repitió la misma operación en un pequeño conducto rectangular, con un lado mayor de 2.8 cm y el menor de 0.8, y encontró un resultado totalmente imprevisto: las isotacas ya no eran cóncavas, como las que Bazin había hallado; se habían deformado, estirándose hacia las esquinas, según muestra la figura 96. En otros términos, en las esquinas las velocidades eran mucho más altas de lo que pronosticaban los resultados previamente conocidos. Nada de eso ocurría en tubos circulares, donde las isotacas permanecían circulares con cualquier régimen; pero bastaba una esquina —y se estudió también el conducto triangular— para que en fase turbulenta se produjera esa sorprendente desfiguración. Corrió Nikuradse emocionado a ver al director del Instituto, Ludwig Prandtl, para anunciarle el descubrimiento. Prandtl, quien en un principio no le creía, tuvo que rendirse ante la evidencia, que le dejó desconcertado y pensativo. "Por mucho tiempo —confesó luego en un escrito de 1927— no pude hallar ninguna explicación razonable al respecto. Una noticia acerca de viejas observaciones concernientes a movimientos espirales del agua en un conducto rectilíneo, me trajo por fin la sugerencia de una explicación adecuada". Efectivamente, alguien había notado que, cerca de las esquinas, partículas en suspensión avanzaban girando, pero de una manera muy curiosa: como si la bisectriz del ángulo constituyera una pared; según se ve en la figura 97, donde se representa la mitad de la misma sección transversal ya mostrada en la figura 96. "En todos los canales rectilíneos de sección constante que no sea circular —agregaba Prandtl—, el agua realiza 'movimientos secundarios', y por cierto de modo tal que en una esquina la corriente se dirige hacia el vértice a lo largo de la

[62] Flamant, 194.

bisectriz, y luego se aleja de allí siguiendo los lados. Ahora, considerando tales corrientes juntamente con el mezclado turbulento general, las observaciones pueden explicarse bien; ya que, debido a las corrientes secundarias, el empuje se dirigirá siempre hacia el interior de las esquinas, de donde proceden las velocidades sumamente elevadas que allí existen".[63]

¿Podría ser esa la causa de la agitación de la superficie libre en los canales? Prandtl hizo que se repitiera el escurrimiento en un canal rectangular angosto y profundo, y efectivamente se encontró que tales corrientes secundarias se forman también en las esquinas entre pared y superficie libre. "Luego —concluía Prandtl— la superficie libre no es en lo absoluto la sección transversal de una corriente bidimensional, como hubiera podido esperarse del experimento".[64]

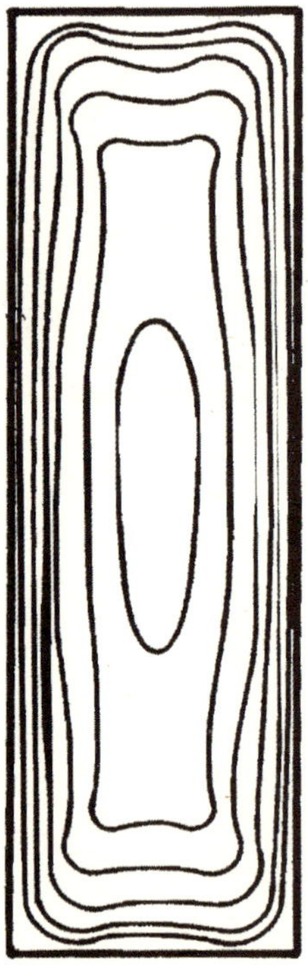

Figura 96

La deformación de las isotacas, revelada por la figura 74, se explicaba así como resultado de corrientes secundarias; quedaba por aclarar qué es lo que produce a estas últimas. "No me parece —escribió Prandtl— que haya otra explicación sino la siguiente: el mezclado [turbulento] es de naturaleza tal que, además del movimiento de vaivén en la dirección del máximo gradiente de velocidad, existe otro análogo, más fuerte todavía, en dirección normal a la anterior, que es la de la isotaca. Si esto es cierto, una sencilla consideración de empuje lleva al resultado de que, debido a esta clase de movimiento, nacen fuerzas, dirigidas hacia el lado convexo de la isotaca misma, que son tanto más fuertes cuanto mayor es su curvatura. En la figura 98 se muestra un corte entre dos isotacas; las flechas representan los empujes ejercidos por el movimiento de vaivén, que —como se sabe— se dirigen siempre hacia adentro, ya sea que la corriente se dirija hacia afuera o hacia adentro... Ahora, por qué de hecho el mezclado sea así, es una pregunta que atañe al... 'gran problema de la turbulencia', respecto al cual sensiblemente tengo que quedar con la deuda de una respuesta. En todo caso, este fenómeno nos muestra claramente que la turbulencia [totalmente] desarrollada constituye un movimiento esencialmente tridimensional. De hecho, esta circunstancia parece alejar mucho la solución del problema de la turbulencia, en cuanto que nuestros medios matemáticos actuales sensiblemente son del todo insuficientes frente a los flujos tridimensionales. Pero, para el manejo de los hechos experimentales, podría ser suficiente la mayoría de los caminos

Figura 97

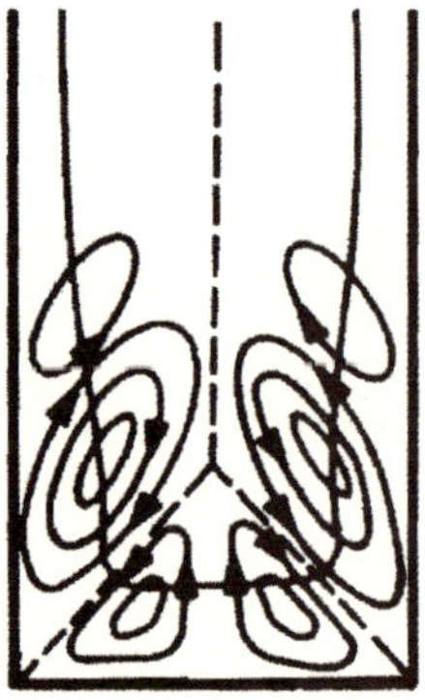

[63] Prandtl, 747.
[64] *Id.*, 749.

señalados en el presente trabajo, de modo que uno puede compensar [así] la renuncia a una explicación general".[65]

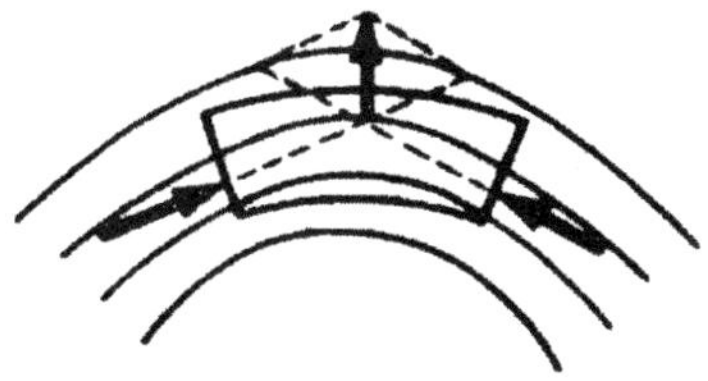

Figura 98

Cómo aumentar el gasto

Muchos materiales, viejos y nuevos, habían tenido que estudiarse en Inglaterra, en la febril actividad tecnológica subsidiaria de las operaciones bélicas, durante la Segunda Guerra Mundial. Los polímeros, sustancias de larguísimas moléculas, habían sido analizados en su comportamiento, ya sea como materia sólida, ya sea en solución; y, terminado el conflicto, el recién fundado *Courtaulds Fundamental Research Laboratory* de Maidenhead se propuso continuar la investigación acerca de materiales tan promisorios. El químico B. A. Toms, al incorporarse al Laboratorio, discutió con Mr. Hartley, su jefe inmediato, una observación curiosa que había hecho años atrás: que las soluciones poliméricas sufren una degradación en sus propiedades reológicas al circular por tuberías. Durante la guerra no había tiempo para realizar estudios de tipo fundamental, y el problema práctico de entregar un producto terminado de características constantes se había resuelto empíricamente; pero quedaba el interés de descubrir la causa. Toms y Hartley concordaron en que debía de haber alguna conexión entre degradación y turbulencia, aunque ninguno de los dos, simples químicos, entendiera el verdadero mecanismo de la segunda. Toms realizó una investigación documental, en la cual buscó inútilmente alguna información acerca del flujo turbulento en soluciones poliméricas; y en vista de ello, decidió estudiarlo experimentalmente.[66]

El aparato de Toms fue muy simple: dos vasijas de vidrio conectadas por un tubo, también de vidrio, que se llenaban hasta la mitad con dos litros de una solución de cierto polímero entonces disponible. Reduciendo la presión en una de las vasijas, mientras que en la otra se mantenía la atmosférica, se conseguía un escurrimiento por el tubo, con un gasto tanto mayor cuanto más grande era la depresión; gasto que se medía simplemente tomando el tiempo que tardaba un litro de líquido en pasar de un recipiente a otro. El ensayo se realizó con distintas concentraciones de polímero y con varias diferencias de presión. Los diagramas de gasto contra presión, para una misma solución, no revelaron algo especial, salvo un quiebre al concluirse el régimen laminar, que ocurría con un número de Reynolds entre 2 000 y 4 000, igual que con los líquidos ordinarios. Pero luego se le ocurrió a Toms trazar curvas de gasto en función de la concentración del aditivo,

[65] *Id.*, 750, 751.

para diferencias de presión constantes; y aquí apareció una notable anomalía: con flujo laminar el gasto bajaba, a medida que la concentración subía, como era de esperarse; pero, si el flujo era turbulento, sucedía lo contrario: entre más polímero se agregaba al solvente —dentro de ciertos límites y con concentraciones no excesivamente altas— más aumentaba el gasto. Lo más asombroso fue comprobar que existía una región de concentración en la cual, bajo condiciones turbulentas, la solución polimérica parecía encontrar en su escurrimiento menos resistencia que la que hallaba el puro solvente.[66]

En el verano de 1948 se reunió en Scheveningen, Holanda, el Primer Congreso Internacional de Reología: excelente oportunidad para que Toms diera a conocer sus resultados y recibiera nuevos pareceres al respecto. Presentó pues un breve trabajo (las reglas del congreso exigían no más de 1 500 palabras, incluyendo tablas y diagramas), que en verdad no pareció llamar particularmente la atención de los asistentes, ya que pocos se mostraron interesados, y varios pusieron en duda que el flujo observado hubiese realmente sido turbulento. "De todos modos —comentaba Toms años después— seguramente no hubo ninguna emoción loca, y se notó muy poca preocupación acerca de posibles aplicaciones del fenómeno que yo había descubierto. Luego de la publicación, en 1949, de las Memorias del congreso, hubo solicitudes de sobretiros; posteriormente, por un periodo de cerca de diez años, no pareció ocurrir absolutamente nada, hasta que, de repente, brotó un reguero de trabajos, en los que se extendían mis observaciones a otros polímeros y solventes, especialmente el agua".[66] El entusiasmo despertado no era para menos, ya que se veía realizado un antiguo sueño imposible de los hidráulicos: hacer que una tubería llevara más gasto que el máximo para el cual había sido diseñada; y esto con sólo agregarle al agua menos de una parte por mil de óxido de polietileno o poliacrilamida.

Ahora, ¿a qué. se debía el "fenómeno de Toms"? Un investigador de Cambridge, J. G. Oldroyd, fue invitado. a visitar el laboratorio de Maidenhead, asistir a los ensayos y expresar su opinión. Ésta fue que, al escurrir la solución polimérica, debía crearse una capita de pared, de viscosidad baja —menor que la que correspondería al solvente puro—, y que de este modo se reduciría la resistencia de la pared al avance del fluido. Dicha justificación, mencionada en el trabajo de Toms, dio lugar a que al fenómeno se le llamara "reducción de fricción" o "reducción de arrastre". Sin embargo, la teoría de Oldroyd implicaba un comportamiento no newtoniano de la solución (o sea que, dentro de ella, el esfuerzo cortante viscoso no variaría conforme la manera regular prevista por

[66] Toms.

la ley de Newton); y ensayos posteriores comprobaron que, mientras la solución sea suficientemente diluida, no acontece tal cosa. Además, el efecto viscoso es algo que tiene, como sabemos, mucha influencia sobre el flujo laminar, pero poca o ninguna sobre el turbulento, que es justamente el régimen en el cual el fenómeno de Toms se manifiesta.

Entonces, se pensó en la posibilidad de que la pared del conducto absorbiera moléculas de polímero, y así se formara sobre ella una capa que facilitaría el deslizamiento del fluido. Para comprobarlo, se utilizó un pequeño tubo donde primero se hizo correr una solución polimérica, y luego se cambió a solvente. Se vio que el efecto Toms persistía por algún tiempo aun en tales condiciones, y esto se interpretó como una prueba en favor de la hipótesis mencionada. Sin embargo, más tarde se cayó en la cuenta de que algo de solución, que había quedado atrapado en los piezómetros, estaba contaminando la corriente que se creía de solvente puro. Además, haciendo girar discos de diferentes materiales dentro de un recipiente con una solución polimérica, se pudo comprobar que la naturaleza de la superficie del disco no modifica la reducción de fricción característica de la solución misma; por lo que la hipótesis de la absorción fue finalmente desechada.[67]

Otros consideraron que, siendo las moléculas de los polímeros muy alargadas, su distribución dentro del solvente daría a la corriente un atiesamiento en sentido longitudinal, que iría facilitando la disipación de la turbulencia dentro del fluido. Sin embargo, en contra de esta interpretación están dos hechos: primero, que también puede conseguirse un efecto Toms con aditivos no poliméricos, por ejemplo: con materiales finos cualesquiera, en suspensión en una corriente de agua o de aire; de modo que, si un río está en crecida y lleva mucho sedimento, el gasto que puede escurrir por el cauce resulta mayor que si el agua fuese limpia. En segundo lugar, se ha comprobado que no es preciso que el aditivo esté distribuido en el interior de toda la masa fluida, sino que es suficiente inyectar la solución cerca de la pared del conducto, en una corriente de solvente, para que la reducción de arrastre se manifieste de inmediato; lo cual confirma que se trata de un efecto de frontera. ¿Acción de masa o acción de superficie? El embrollo sólo se empezó a aclarar cuando, a partir de 1960, aproximadamente, se fue entendiendo mejor el mecanismo de la turbulencia, y se vio que ella, al mismo tiempo que se va disipando —al reducirse en tamaño sus vorticillos hasta destruirse por fricción viscosa— va renaciendo continuamente y con mayor brío cerca de la pared, para de allí volverse a difundir por toda la masa fluida. Acerca de este fenómeno, y de la luz que ha podido arrojar sobre el efecto Toms, hablaremos más adelante.

[67] Hoyt, 274.

5

Hidrodinámica

Matemáticas y naturaleza

"No hay tema de controversia entre Platón y Aristóteles, abundante en bellas y nobilísimas especulaciones, que pueda compararse en lo más mínimo con este,... de que si es o no oportuno el uso de las matemáticas en la ciencia física, como instrumento de comprobación y término medio de las demostraciones; o sea, si (dicho uso) trae ventaja, o bien detrimento y daño. Platón creyó que las matemáticas eran particularmente apropiadas para las especulaciones físicas, por lo que las emplea aquí y allá para explicar misterios físicos. Pero Aristóteles parece opinar totalmente de otro modo, y adscribe los errores de Platón al amor por las matemáticas". Así escribía en un tratado, publicado en Venecia en 1597, Jácopo Mazzoni, profesor de la Universidad de Pisa, y concluía: "pero quien tal vez quisiera considerar este asunto diligentemente, y hallara la defensa de Platon, verá que Aristóteles tropezó con algunos escollos de error, porque en ciertos lugares o no entendió, o por lo menos no aplicó demostraciones matemáticas muy acordes con su propio objetivo".[1] Años después, Galileo, en su *Diálogo dei mássimi sistemi*, hace que el buen Simplicio recuerde la acusación de Aristóteles en contra de Platón "que, por excesivo estudio de la geometría, se alejaba de la sólida filosofía" , y agregue: "y yo he conocido y oído a grandísimos filósofos peripatéticos desaconsejar a sus discípulos el estudio de las matemáticas, en cuanto ellas vuelven al intelecto caviloso e incapaz de filosofar bien; afirmación diametralmente opuesta a la de Platón, que sólo permitía ingresar en la filosofía a aquel que hubiese antes dominado la geometría".[2]

[1] Koiré, 171, 172.

[2] Galilei, *Opere*, 761.

De hecho, el hombre tiende a suponer racionalidad en los procesos naturales, para volverlos inteligibles; y es lógico que, pronto o tarde, dicha hipótesis le lleve a querer utilizar herramientas matemáticas en la investigación del mundo que nos rodea. Entre los antiguos griegos, esta tendencia alcanzó la máxima perfección en el análisis de los cuerpos flotantes de Arquímedes, cuyo método —según sabemos consistía justamente en reducir los cuerpos reales a cuerpos geométricos que, como tales, se pueden tratar precisa y rigurosamente por medio de demostraciones matemáticas. Para lograrlo, era necesario despojar al fenómeno en estudio de todas sus características concretas, y ubicarlo dentro del ámbito de una proposición geométrica, trasformándolo así en un objeto abstracto, ligado por una relación muy general y mediata con los entes reales. De aquí surge la posición contraria de los peripatéticos, quienes a final de cuentas tenían buenas razones: para ellos, la física se ocupaba de características evidentemente cualitativas —materia, forma y color, calor, luz, sonido— que parecía imposible convertir en términos matemáticos. El prerrequisito de Platón podía haber sido un excelente entrenamiento mental, pero su utilidad práctica se consideraba muy discutible. La mayor acusación que se hacía entonces a las matemáticas era la incapacidad de números y figuras geométricas para interpretar el movimiento, una de las manifestaciones más llamativas del mundo que nos rodea: ni el gran Arquímedes había podido salir del reino de la estática. Sólo Galileo lograría, estudiando el movimiento de los proyectiles, destruir esa creencia.

El Renacimiento trajo nuevas ideas. "Ninguna investigación humana —había escrito Leonardo— puede ambicionar ser ciencia verdadera, si ella no pasa por demostraciones matemáticas"; "no hay certidumbre donde no se pueda aplicar una de las ciencias matemáticas"; "quien censura la suma certeza de las matemáticas, se nutre de confusión, y nunca acallará las contradicciones de las ciencias sofísticas, con las cuales se aprende un eterno griterío".[3] Más de un siglo después, Galileo sostiene una violenta controversia con el jesuita Orazio Grassi quien, bajo el seudónimo de Lotario Sarsi, había atacado sus teorías con el libelo *Libra astronómica y filosófica*. Como buen peripatético, Grassi se esforzaba por apoyar sus razonamientos en pareceres de autoridades conocidas y respetadas por todos; y Galileo no deja de reprochárselo: "Me parece discernir en Sarsi la creencia firme de que, al filosofar, sea preciso apoyarse en las opiniones de algún autor célebre, como si nuestra mente, al no desposarse con un discurso ajeno, tuviese que quedar del todo estéril e infecunda; y tal vez estima que la

[3] Descartes, 652.

filosofía sea un tratado y fantasía del hombre, como la *Ilíada* o el *Orlando furioso*; libros en los cuales lo que menos importa es que lo que está escrito sea verdadero. Señor Sarsi, la cosa no es así. La filosofía se encuentra escrita en este grandísimo libro que continuamente tenemos abierto ante nuestros ojos, a saber: el universo; pero no es posible entenderlo si antes no se aprende a comprender el idioma y conocer los caracteres con los que está escrito. Está escrito en lengua matemática, y sus caracteres son triángulos, círculos y otras figuras geométricas, herramientas sin las cuales resulta humanamente imposible entender ni una palabra de él".[3]

Al comparar el estudio de los fenómenos naturales con la lectura de un libro, Galileo implicaba que la interpretación de ellos está sujeta a las limitaciones de nuestro intelecto. Esta idea no era nueva: ya la había señalado en la Edad Media el cardenal Niccoló de Cusa, quien consideraba a la realidad como el infinito, al cual nunca se puede llegar. Según él, el hombre, sirviéndose correctamente de los instrumentos de conocimiento que posee —sensibilidad, intelecto, razón— puede acercarse siempre más a la verdad, pero nunca alcanzar el conocimiento absoluto. "Por tanto, el intelecto, que no es la verdad —escribía en su libro *De docta ignorantia*—, nunca entiende la verdad de modo tan preciso que no la pueda entender con más precisión todavía en el infinito; porque él está con respecto a la verdad como el polígono al círculo. Cuanto más ángulos tenga el polígono inscrito, tanto más se asemeja al círculo; sin embargo, nunca será igual, aunque hayamos multiplicado sus ángulos al infinito, siempre que no se resuelva en la identidad con el círculo".[4] Así Niccoló, aun refiriéndose esencialmente a verdades teológicas, recomendaba herramientas matemáticas: "Como todos los objetos matemáticos son finitos y no pueden imaginarse de otro modo, si queremos elevarnos al máximo simple, utilizando —como ejemplos— objetos finitos, necesitamos considerar primero las figuras matemáticas finitas, con todas sus propiedades y razones; luego, transferir correspondientemente estas razones a las figuras infinitas; y, en tercer lugar, trasladar más hondamente las razones de las figuras infinitas al infinito sencillo, desligado de toda referencia con las figuras mismas. Sólo entonces nuestra ignorancia hará entender, en forma incomprensible para nosotros que nos fatigamos tras de los enigmas, lo que debemos pensar, del modo más verdadero y preciso, acerca de lo Altísimo".[5]

En cierta parte de los *Mássimi sistemi*, Galileo hace que Sagredo mencione haber observado en los discursos de Aristóteles que, "para probar que el asunto está de ésta o esa manera, utiliza la expresión de que de esa manera se acomoda a nuestra inteligencia;

[4] Cusa, 6l.
[5] *Id.*, 74, 75.

ya que de otro modo no tendríamos acceso al conocimiento de éste o aquél pormenor, o bien porque se echaría a perder el criterio de la filosofía, como si la naturaleza les hiciera antes el cerebro a los hombres, y luego dispusiera las cosas de acuerdo con la capacidad de sus intelectos. Pero yo —opone Sagredo— estimaría más bien que la naturaleza antes haya hecho las cosas a su manera, y luego haya conferido a los discursos humanos la habilidad de poder entender, aunque sea a duras penas, algo de sus secretos".[6] Es decir, que estamos en alguna forma "sintonizados" con la naturaleza; y esto es lo que nos capacita para justificar con nuestro raciocinio, aunque sea muy toscamente, los fenómenos del mundo físico. La sintonización se efectuaría a través de las matemáticas, que parecen ofrecernos una base permanente para entender y atacar dichos problemas; mientras que éstos pertenecen a la naturaleza, las matemáticas —instrumento humano en cuanto característico de nuestro modo de pensar— resultan ser el medio más adecuado para reducir su extrema complicación a una medida en la que nuestro intelecto pueda prever sus desarrollos y aprovechar sus efectos.

Descartes, que compartía estas mismas ideas, escribiría más tarde: "confieso con toda franqueza que la única materia que conozco de las cosas corporales es la que puede dividirse, configurarse y moverse de toda manera, es decir, la que los geómetras llaman la cantidad y toman como objeto de sus demostraciones; que sólo considero, en esta materia, sus divisiones, figuras y movimientos; que, en fin, por lo que le concierne, no quiero aceptar como verdadero sino lo que se deducirá de ella con una evidencia tal que pueda remplazar una demostración matemática".[7]

D'Alembert, en el prefacio a la segunda edición, de 1758, de su célebre *Traité de dynamique*, anota: "Para tratar, de acuerdo con el método mejor posible, cualquier parte de las matemáticas —incluso podríamos decir: de cualquier ciencia— es preciso no solamente introducir y aplicarle, hasta donde se pueda, conocimientos sacados de las ciencias más abstractas, sino además enfocar el objeto particular de dicha ciencia del modo más abstracto y simple posible: no suponer nada, ni admitir —en este objeto— otras propiedades que no sean las que supone esta ciencia. De aquí resultan dos ventajas: los principios reciben toda la claridad de que son capaces y, por otro lado, se reducen al número mínimo posible; y por tal medio no pueden dejar de adquirir a un mismo tiempo mayor extensión porque, siendo por necesidad determinado el objeto de una ciencia, sus principios son tanto más fecundos cuanto menor es su cantidad".[8]

[6] Galilei, *Opere*, 626, 627.

[7] Desacartes, 652.

[8] D'Alembert, *Dynamique*, vol. I, XVI, XVII.

Esto implica naturalmente un riesgo: que el científico —¡y cuántos hay que así proceden!— preocupado por darle a su problema una solución sencilla y elegante, sesgue la interpretación del mismo, a fin de aplicarle ciertas ecuaciones con las que está familiarizado. Tales científicos —advierte D'Alembert— "deberían primero examinar los principios en sí mismos, sin pensar de antemano en someterlos a la fuerza del cálculo. La geometría, que sólo tiene que obedecer a la física cuando se junta con ella, a veces la domina. Si se da el caso de que la cuestión que se pretende examinar resulte ser demasiado complicada para que todos sus elementos puedan introducirse en la modelación analítica que se quiere hacer de ellos, se dejan a un lado los más incómodos, sustituyéndolos por otros menos molestos, pero también menos reales; y [luego] uno se admira de llegar —a pesar de una cansada labor— a un resultado que la naturaleza desmiente. Como si, después de haberla disfrazado, mutilado o alterado, una combinación puramente mecánica pudiera devolvérnosla".[9] Palabras muy acordes con el sentir de esa ciencia normal que, desarrollada en el siglo de la Ilustración, orienta todavía hoy nuestra investigación científica.

Cantidad de movimiento

"Para los mecánicos, *momento* significa aquella virtud, aquella fuerza, aquella eficacia, con la cual el motor mueve y el móvil resiste; virtud que depende no sólo de la simple gravedad, sino de la velocidad del movimiento, y de las distintas inclinaciones de los espacios sobre los cuales el movimiento se realiza; porque produce más ímpetu un grave que baja en un espacio con mucha pendiente que en otro con menos".[10] Esto anotaba Galileo en la segunda edición de su *Discorso intorno alle cose che stanno in su l'acqua*. Virtud, fuerza, eficacia: la mecánica no había establecido todavía su terminología, y era necesario darse a entender de algún modo. La palabra "ímpetu", hoy en desuso como vocablo técnico, había aparecido en el siglo XIV, probablemente introducida por Jean Buridan, quien pensaba que un cuerpo, una vez puesto en movimiento por una fuerza aplicada instantánea, continúa moviéndose gracias a cierta tendencia interna que posee: el "ímpetu" justamente; en contraste con la doctrina aristotélica de que continúe existiendo, por ejemplo en el aire que rodea el cuerpo, una fuerza externa que lo sigue impulsando. De todos modos, la idea que Galileo quería expresar es que en el "momento"

[9] D'Alembert, *Résistance*, X, XI.
[10] Galilei, *Le ópere*, vol. IV, 68.

se asocian la masa del cuerpo y su velocidad; lo cual sugiere que equivaldría a lo que hoy llamamos "cantidad de movimiento", producto de las dos.

En efecto, más adelante Galileo establecía como principio "que pesos iguales entre sí, pero asociados con velocidad desiguales, son de fuerza, momento y virtud desiguales; y más potente el más veloz, según la proporción de su velocidad con la del otro. Un ejemplo sumamente apropiado de esto lo tenemos en la libra o romana, de brazos desiguales, porque pesos absolutamente iguales colgados de ellos no cargan ni hacen fuerza por igual, sino que aquel que está más lejos del centro alrededor del cual la romana se mueve, baja, levantando al otro; y el movimiento del peso que sube es lento, el del otro veloz. La fuerza y virtud que la velocidad del movimiento confiere al móvil que la recibe son tales, que pueden compensar cabalmente otro tanto peso que se le agregara al móvil más lento; así que, si uno de los brazos de la romana fuese diez veces más largo que el otro,... un peso ubicado en la distancia mayor podrá sostener y equilibrar otro diez veces más pesado... De modo que podemos aceptar como certísima la suposición de que pesos desiguales se equilibran mutuamente, y se vuelven de iguales momentos, toda vez que sus gravedades responden con proporción contraria a las velocidades de sus movimientos; a saber, que cuanto menos pesa uno que el otro, tanto más velozmente debe estarse moviendo".[11]

En 1644, Elsevier publicaba en Amsterdam *Les principes de la philosophie* de René Descartes, libro dedicado a la princesa Isabel de Bohemia, su gran amiga y alumna elegida. En la segunda parte, titulada "Los principios de las cosas materiales", se trata el choque entre cuerpos, fenómeno cuyos efectos pueden explicarse, considerando que entre los cuerpos mismos tenga lugar un intercambio de cantidad de movimiento. Pero esto Descartes lo deduce de un asombroso principio general: que *Dios es la causa primera del movimiento, y que, en el universo, conserva siempre una misma cantidad de él.* (Aquí, como veremos, al decir "movimiento" se entiende "cantidad" del mismo). Y explica dicho principio así: "Luego de haber examinado la naturaleza del movimiento, hace falta considerar su causa, y como se la puede tomar de dos maneras, empezaremos por la primera y más universal, que produce generalmente todos los movimientos que hay en el mundo... Con respecto a la primera, me parece evidente que la única causa es Dios, quien por ser todopoderoso, ha creado la materia con movimiento y reposo, y ahora, por su intervención ordinaria, mantiene en el universo tanto movimiento y reposo cuanto le introdujo al crearlo. Porque, aunque el movimiento no sea sino una modalidad

[11] *Id.*, 68, 69.

de la materia que se mueve, ésta posee una cierta cantidad de él que nunca aumenta ni disminuye, pese a que algunas de sus partes contengan a veces más, otras menos. Es por esto que, cuando una parte de la materia se mueve dos veces más rápido que otra, mientras que esta última es dos veces mayor que la primera, tenemos que pensar que hay igual cantidad de movimiento en la menor que en la mayor; y que todas las veces que el movimiento de cierta parte disminuye, el de alguna otra parte crece en proporción. Conocemos además que es perfección de Dios no solamente [el hecho] de que es inconmovible en su naturaleza, sino también [el] de que actúa de una manera que nunca cambia... De donde sigue que, habiendo él movido de modos diferentes las partes de la materia cuando las creó, y manteniéndolas todas de la misma manera y con las mismas leyes que les hizo observar al crearlas, conserva permanentemente en dicha materia una igual cantidad de movimiento".[12]

Más de 40 años después, Isaac Newton daba comienzo a sus *Principia*, definiendo, una después de otra, "cantidad de materia" y "cantidad de movimiento". Con respecto a esta última, escribía:

> *Definición II: La cantidad de movimiento es la medida del mismo, que resulta de la velocidad y la cantidad de materia juntas.* El movimiento del conjunto es la suma de los movimientos de todas sus partes y, por tanto, en un cuerpo doble en cantidad, con igual velocidad, el movimiento es doble; con velocidad doble, es cuádruple.

Este concepto era esencial para Newton, pues le permitía establecer su famosa "*Ley II. El cambio de [cantidad de] movimiento es proporcional a la fuerza motriz aplicada*",[13] que ahora expresamos así: la fuerza es el producto de la masa por la aceleración. Pero la presencia de la definición de cantidad de movimiento en la primera página del tratado dio a este concepto una notoriedad tal, que indujo a mucha gente a utilizarlo en la resolución de problemas mecánicos y hasta hidráulicos. "Al estar estudiando el célebre Tratado de los Principios de Matemáticos de Newton —escribía en 1733 el "patricio de Luca" Tomaso Narducci— me quedó grabada la segunda definición, que él refiere a la cantidad de movimiento, donde dice que dicha cantidad es el producto de la masa por la velocidad. Luego comencé a pensar cuánta sería la utilidad de esta propiedad si se aplicara a las aguas, cuya fuerza, así como resulta espantosa en los destrozos que trae consigo en un curso rápido y persistente contra defensas o bordos de los ríos,

[12] Descartes, 632, 633.

[13] Newton, 3.

igualmente, cuando se la conoce con claridad y se maneja con sensata economía, se vuelve muy útil y necesaria para la vida y comercio de los hombres".[14]

¡Ay de mí! He aquí uno de esos señores —contra los cuales nos ponía en guardia D'Alembert— que, en vez de analizar el fenómeno y luego buscar las matemáticas necesarias, primero se prendan de una fórmula y después se empeñan —para bien o para mal— en aplicarla al problema que los inquieta. Pronto veremos qué éxito tienen tales procedimientos.

Péndulos y relojes

"Mil veces he observado las oscilaciones, en particular de las lámparas que en algunas iglesias penden de cuerdas larguísimas, cuando inadvertidamente alguien las mueve —menciona en cierta ocasión Sagredo en las *Nuevas Ciencias*—. Pero lo más que he podido sacar de tales observaciones ha sido la improbabilidad de la opinión de quienes pretenden que es el medio —o sea, el aire— el que mantiene y continúa semejantes movimientos; porque me parece que en este caso el aire debería tener un gran discernimiento, y al mismo tiempo muy poco que hacer, para gastar horas y horas de tiempo en empujar con tanta regularidad, hacia acá y hacia allá, un peso en suspensión".[15] Muchos, no sólo Galileo, habrán contemplado, desde la antigüedad más remota, objetos colgados de una cuerda balanceándose en el aire. Pero, ¿qué era lo que ellos "veían"? Como observa Kuhn, el aristotélico —para quien la tendencia de los cuerpos pesados es bajar hasta alcanzar su reposo natural— veía en la oscilación un modo de caer, difícil debido al vínculo con la cuerda; por tanto. las características esenciales de esa suerte de movimiento serían probablemente el peso y tamaño del objeto, la altura desde la cual caía y el tiempo de caída; eventualmente, también la resistencia del medio ambiente. Por el contrario, Galileo vio en la lámpara oscilante al péndulo: un cuerpo que seguía repitiendo indefinidamente el mismo vaivén, pero reduciendo siempre más su amplitud; así que, para él, las características esenciales eran la longitud del hilo de suspensión y la amplitud de la oscilación.

En un principio, debió considerar también el peso del cuerpo oscilante; sin embargo, lo descartó pronto, al descubrir el isocronismo de las oscilaciones, o sea que éstas, aun siendo de amplitud diferente, se realizan poco más o menos en el mismo tiempo.

[14] Narducci, 8.

[15] Galilei, *Le ópere*, vol. VIII, 140.

Halló una justificación de este hecho singular en las leyes de la caída de los graves; precisamente en el Teorema VI, que le aseguraba que las caídas por las cuerdas *CB* y *EB* de la figura 23 se llevaban a cabo en un mismo tiempo. Claro, las cuerdas no son los arcos; entonces, acudió al experimento, donde comprobó que también los arcos "se recorren todos en tiempos iguales, pero más breves que los tiempos de trayecto por las cuerdas; hecho que parece maravilloso, ya que a primera vista se siente que debería suceder lo contrario". Además, Galileo entendió el efecto del largo del hilo: "En cuanto a la proporción de los tiempos de las oscilaciones de móviles pendientes de hilos de longitudes diferentes, esos tiempos están en la misma proporción que las raíces cuadradas de las longitudes de los hilos o, si se prefiere, las longitudes están en proporción de la segunda potencia de los tiempos. De modo que, si se quiere, por ejemplo, que el tiempo de una oscilación de un péndulo sea doble del tiempo de oscilación de otro, es necesario que la longitud del hilo de aquél sea cuádruple de la longitud del hilo de éste".[16]

Pero el péndulo le permitió a Galileo llegar más allá. Hincado un clavo A en una pared vertical (figura 99), le amarró un hilo muy delgado, del cual colgó luego una bola de plomo *C*. Trazada sobre la pared la horizontal *CD*, comprobó que, al soltar la bola en *C*, ésta recorría el arco *CBD*, alcanzando casi el punto *D*. Después, fijado en la pared otro clavo *E*, sobre la vertical por *A*, al soltar nuevamente la bola en *C* pudo comprobar que, atorándose el hilo en *E*, aquélla subía por el arco *BG*, alcanzando casi el punto *G*. Igualmente, si el segundo clavo se fijaba en *F*, la bola llegaba casi a *I*. Si por fin este clavo quedaba tan bajo que la bola no podía elevarse hasta el nivel *DC*, el hilo daba vuelta alrededor del clavo y se enroscaba en él. Galileo comenta: "Siendo los dos arcos *CB*, *DB* iguales, y ubicados de modo semejante, el *momentum* adquirido en la caída a través del arco *CB* es el mismo que el que se produce durante el descenso por el arco *DB*; pero el *momentum* adquirido en *B* a través del arco *CB* es capaz de elevar el mismo móvil por el arco *BD*; por consiguiente, también el *momentum* adquirido en la caída *OB* es igual a aquel que eleva el mismo móvil por el mismo arco, de *B* hasta *D*. De manera que, en general, todo *momentum*

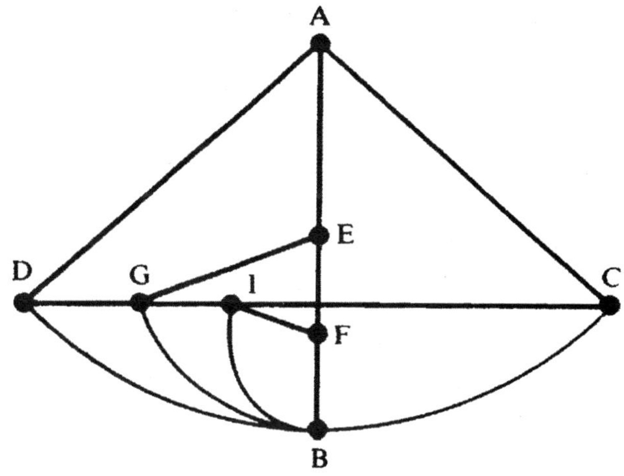

Figura 99

[16] *Id.*, 139.

adquirido por la caída a lo largo de un arco es igual a aquel que puede hacer que el mismo móvil vuelva a subir por el mismo arco. Aún más: todos los *momenta* que vuelven a elevar la bola por los arcos *BD, BG, BI* son iguales, porque resultan del mismo idéntico *momentum* adquirido por la caída en *CB*, como muestra el experimento; por consiguiente, todos los *momenta* adquiridos por las caídas siguiendo los arcos *DB*, *GB*, *IB* son iguales".[17]

Evidentemente, el *momentum* (plural: *momenta*) que aquí menciona Galileo nada tiene que ver con el momento que cita en el *Discorso intorno alle cose che stanno in su l'acqua*. A ese lo pudimos identificar con la actual cantidad de movimiento, producto de la masa por la velocidad; por el contrario, en el caso de la figura 99, como el tiempo requerido para recorrer cierto arco es proporcional a la raíz cuadrada de la longitud del hilo (o sea, de su radio) y la longitud del arco es proporcional al radio, la velocidad de la bola —razón entre el espacio y el tiempo— será también proporcional a la raíz del radio; por tanto, la bola, cuya masa no cambia, llegará con velocidades distintas, y luego con momentos distintos, a las posiciones *D, G, I*. Pero, afirma Galileo, sus *momenta* serán los mismos. ¿Qué representa entonces el *momentum*? Evidentemente, la energía que, adquirida en la bajada, se gasta en la subida, permitiendo que el móvil vuelva a su nivel original.

Galileo poseía una concepción muy clara de esto. En una nota manuscrita que nos queda de él, leemos: "Me refiero a ese individuo que es tan cándido que quiere levantar por bombeo una cantidad de agua suficiente para que, al caer, ponga en movimiento un molino que, cuando se le aplicó [directamente] la fuerza que se emplea para elevar el agua, no pudo funcionar: ¿es posible que tú creas que el agua pueda devolverte más fuerza de la que le entregaste? ¿Es posible que no entiendas que esa fuerza que fue suficiente para levantar el agua bastará para mover la muela?".[18]

Los relojes, que antes sólo se instalaban en las torres —complicados armatostes con mecanismo de acero, accionados por enormes pesas— en el siglo XVI ya habían ingresado en las casas más pudientes. Sostenidos o colgados de la pared (por eso se les llamaba "linternas de ménsula" o "jaulas de pájaro"), funcionaban también por pesas, o bien por resortes espirales. La carga, que consistía en levantar la pesa o apretar el resorte, había que dársela cada 12 o —en los más perfeccionados— cada 24 horas. Tenían una sola manecilla; de hecho, su precisión no importaba mucho (hasta dos horas diarias de avance o retardo eran aceptables), porque el reloj de pared era entonces una

[17] *Id.*, 206, 207.
[18] *Id.*, 632.

pieza de lujo, admirada sobre todo por su valor ornamental y el prestigio que su presencia confería a la morada.

El descubrimiento de la ley del isocronismo sugería la conveniencia de utilizar el péndulo para medir exactamente el tiempo; pero a Galileo poco le interesaban los mecanismos. No sucedió lo mismo con Christian Huygens, que nació cuando Galileo tenía 65 años. Su padre, el gran amigo de Descartes, le había enseñado música, aritmética, geografía, y muy pronto le había familiarizado con las máquinas, las cuales encantaban al muchacho. Encerrado en el taller con su hermano mayor —que se llamaba Constantijn como el padre— componía engranes y resortes para producir mecanismos dotados de los movimientos más curiosos. Con el paso del tiempo, llegó a construir una autómata planetario, que reproducía todos los movimientos de los planetas y sus satélites. A un joven así no se le podía escapar la construcción del reloj de péndola, y la realizó cuando aún no cumplía los 30 años, mucho antes de mudarse a París.

Pero la péndola de un reloj no puede consistir en un hilo y una bolita: para reducir la resistencia del aire, debe tener un disco bastante grande, colgado de una barra rígida. Esta sustitución del "péndulo simple" por un "péndulo compuesto" complicaba el cálculo de la frecuencia de su oscilación. Después de resolver matemáticamente el problema al seguir el movimiento del centro de gravedad del cuerpo, a Huygens le quedó la curiosidad de profundizarlo más: suponiendo que lo que oscila sea el conjunto de una gran cantidad de cuerpos que bajen de algún modo, por su propio peso, todos juntos, y luego vuelvan a subir por separado, cada uno impulsado hacia arriba con la velocidad adquirida en el descenso, ¿qué ocurrirá con el centro de gravedad del sistema? Huygens, excelente matemático, hacía un planteamiento muy general del problema, porque al decir "de algún modo", aceptaba la posibilidad de que los cuerpos al bajar chocaran unos con otros, o se empujaran, o actuaran mutuamente en cualquier otra forma.

Ahora se sabe que la distancia recorrida en cierta dirección por el centro de gravedad de un sistema de cuerpos como el mencionado, se determina sumando los productos de la masa de cada cuerpo por la distancia que él recorre en la dirección mencionada, y dividiendo este resultado entre la suma de las masas. Por otro lado, de acuerdo con los teoremas de Galileo, el recorrido de cada cuerpo pesado en su subida es proporcional al cuadrado de la velocidad adquirida por él al caer libremente (principio del cual, como sabemos, salió el teorema de Torricelli). Por tanto, Huygens concluyó que las velocidades de los diferentes cuerpos del sistema tienen que ser tales, que la suma de los productos de sus cuadrados por las masas respectivas resulte siempre la misma en cada instante, ya sea que el conjunto baje o suba.

Este importante principio parecía inicialmente un simple teorema de mecánica. Pero luego, Leibniz vio una especie de fuerza en el producto del cuadrado de la velocidad por la masa, y la llamó "fuerza viva" , ya que acompaña al cuerpo en su movimiento (se consideraban "fuerzas muertas" las presiones, que actúan sin que ningún movimiento se produzca); y Johann Bernoulli reinterpretó el resultado de Huygens como una ley general de la naturaleza, según la cual la suma de las fuerzas vivas de un conjunto de cuerpos se conserva siempre la misma, mientras dichos cuerpos actúen unos sobre otros por simples presiones; e igual a la que resulta de la acción de las fuerzas que mueven a los cuerpos mismos. Así nació el célebre *principio de conservación de las fuerzas vivas*.[19]

"Es increíble cuánta utilidad puede tener esta hipótesis en la filosofía mecánica",[20] escribía Daniel Bernoulli, quien, como hemos visto, empleó mucho este principio. El prefería la interpretación original de Huygens, que con símbolos modernos podemos explicar así: sean m_i ($i = 1, 2,\dots n$) las masas de los n cuerpos, y_i los recorridos respectivos, V_i sus velocidades. Por definición, el recorrido y_o del centro de gravedad G es

$$y_o = \frac{\sum m_i y_i}{\sum m_i} \tag{1}$$

extendiéndose la suma de $i = 1$ hasta $i = n$. Pero también se tiene que

$$\Delta h = \frac{(V_o - V)^2}{2g}$$

Luego, remplazando yi en la ecuación 1 y simplificando, se obtiene

$$gy_o \sum m_i = \sum(m_i V_i^2 / 2) \tag{2}$$

Llamando al primer término de la fórmula 2 "descenso actual" (del centro de gravedad del sistema) y al segundo "ascenso potencial", Daniel designaba el principio como *igualdad entre descenso potencial y ascenso actual*; y así lo aplicaba, calculando en cada caso, por un lado, el descenso potencial, por el otro, el ascenso actual, y luego igualándolos.

[19] Lagrange, *Méc. An.*, vol. I, 225.

[20] Bernoulli, 12.

La gran polémica

En las *Acta Eruditorum* de 1686 apareció un artículo de Leibniz destinado a provocar controversias. Su título era todo un desafío: *Demostratio erroris memorabilis Cartesii et aliorum circa legem Naturae, secundum quam volunt a Deo eandem semper quantitatem motus conservari, et in re mecanica abutuntur* (*Comprobación de un memorable error de Descartes y otros acerca de la ley de la Naturaleza, de acuerdo con la cual pretenden que Dios conserve siempre el movimiento*, y la aplican en la mecánica). "Error que creo que ese doctísimo hombre pensó decididamente que hay que eliminar con gran diligencia, porque no encuentro nunca que haya llamado 'memorable' ninguna cosa en el texto de sus demás obras matemáticas", comenta Poleni.[21]

Empieza Leibniz por admitir que la mencionada opinión cartesiana puede parecer muy plausible, "y en otro tiempo yo la tenía por irrefutable pero después he reconocido en qué consiste el error. Es que el señor Descartes y muchos otros hábiles matemáticos han creído que la cantidad de movimiento, es decir, la velocidad multiplicada por la magnitud del móvil, conviene enteramente con la fuerza motriz o, para hablar geométricamente, que las fuerzas están en razón compuesta de las velocidades y los cuerpos; y es razonable que se conserve siempre la misma fuerza en el universo. También, cuando se presta atención a los fenómenos, se ve bien que el movimiento continuo mecánico no existe, porque así la fuerza de una máquina, que siempre disminuye un poco por el roce y tiene que acabar pronto, se recuperaría y, por consiguiente, aumentaría por sí misma sin ninguna nueva impulsión externa; y se observa además que la fuerza de un cuerpo no disminuye sino a medida que éste la cede a cuerpos contiguos, o a sus propias partes, en cuanto tengan un movimiento independiente. Así han creído que lo que se puede decir de una fuerza se podría decir también de la cantidad de movimiento".[22] Es evidente que Leibniz, al hablar de "fuerza de un cuerpo", no usa la palabra "fuerza" en el sentido que le damos nosotros. Para entender a qué se refiere, basta con seguir leyendo. "Supongo —afirma aludiendo a la figura 100— que hace falta tanta fuerza para elevar el cuerpo A, de una libra, a la altura CD de cuatro toesas, como para elevar el cuerpo B, de cuatro libras, a la altura EF de una toesa, En esto están de acuerdo nuestros filósofos".[23] Entonces, la "fuerza" de Leibniz es lo que acostumbramos llamar "trabajo"; por tanto, resulta

[21] Poleni, *De castellis*, 49.
[22] Leibniz, 77, 78.
[23] *Id.*, 78.

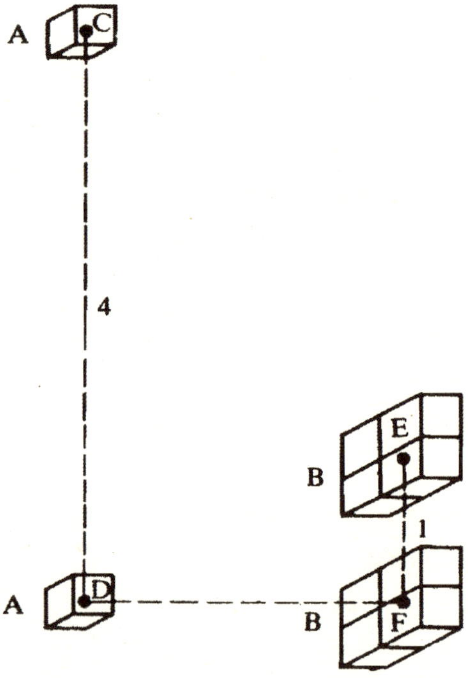

natural que la cantidad de movimiento no pueda "convenir enteramente" con ella. Sigamos de todos modos el razonamiento de nuestro filósofo.

El cuerpo *A*, al caer de *C* a *D*, debe de adquirir la misma "fuerza" que *B*, al caer de *E* a *F*. "Vemos ahora —continúa Leibniz— si la cantidad de movimiento es también la misma por una y otra partes; pero aquí es donde uno se sorprenderá al encontrar una grandísima diferencia".[23] Ya podemos imaginar cómo va el asunto: apoyándose en Galileo, Leibniz estima que la velocidad adquirida por *A*, al recorrer verticalmente una altura cuádruple, será doble de la adquirida por *B*; por tanto, el producto de la masa de *A* por su velocidad, que es 1×2, resulta ser la mitad del producto correspondiente a *B*, que es 4×1. La verdadera "fuerza" debe ser más bien la "fuerza viva", producto de la masa por el cuadrado de la velocidad, ya que entonces para A se tiene $1 \times 2^2 = 4$ y para B, $4 \times 1^2 = 4$, o sea el mismo valor para ambos. "Nada hay más sencillo que esta prueba —remata triunfalmente Leibniz en su *Discours de métaphysique*— y el señor Descartes sólo cayó aquí en error porque se fiaba demasiado de sus pensamientos, incluso cuando no estaban aún bastante maduros. Pero me extraña que sus continuadores no se hayan dado cuenta después de este error, y temo que empiecen poco a poco a imitar a algunos peripatéticos de quienes se burlan, y que se acostumbren como ellos a consultar más los libros de su maestro que la razón y la naturaleza".[24]

Figura 100

Esta conclusión es una declaración de guerra en contra de los cartesianos, quienes se defienden con celeridad. Cartesianos y leibnizianos sacan filo a sus espadas, y la gran batalla —basada en argumentos, argucias y las réplicas a ellos— da comienzo. ¡Esa famosa cuestión de las fuerzas vivas, que desde hace 30 años está desuniendo a los geómetras!, exclamará años después D'Alembert, en el discurso preliminar a la segunda edición de su *Traité de dynamique*, que había publicado a la edad de 26 años; "opinión con la cual Leibniz creyó honrarse como con un descubrimiento, que el gran Bernoulli profundizó luego con tanta sabiduría y éxito, que MacLaurin se esforzó en derribar, y acerca de la cual en fin los escritos de un gran número de matemáticos ilustres han

[24] *Id.*, 79, 80.

contribuido a interesar al público"; y cuestión, sin embargo, "de una perfecta inutilidad para la mecánica".[25] En efecto, todo está en entender qué se quiere expresar con la palabra "fuerza": si dos utilizan el mismo término, pero piensan en objetos diferentes, nunca podrán llegar a un acuerdo.

"Cuando se habla de la fuerza de los cuerpos en movimiento —agrega D'Alembert con su límpido estilo— o bien no se asocia una idea clara a la palabra que se pronuncia, o bien no se puede entender a través de ella, por lo general, sino la propiedad que poseen los cuerpos móviles de vencer los obstáculos que encuentran, o de resistirse a ellos. Luego la fuerza no debe estimularse *incontinenti* ni por el espacio que un cuerpo recorre en movimiento uniforme, ni por el tiempo que emplea en recorrerlo, ni tampoco por la consideración simple, única y abstracta de su masa y de su velocidad: solamente con base en los obstáculos que el cuerpo encuentra y en la resistencia que dichos obstáculos le oponen. Más notable es el obstáculo que un cuerpo puede vencer, o al cual puede resistir, mas puede decirse que su *fuerza* es grande, siempre que, sin querer representar con este término un ente imaginario que reside en el cuerpo, no se utilice sino como un modo abreviado de expresar un hecho; poco más o menos como decir que un cuerpo posee el doble de la *velocidad* de otro, en vez de decir que, en igual tiempo, recorre el doble del espacio que el otro, sin pretender con eso que esta palabra *velocidad* represente un ente inherente al cuerpo.[26]

"Todos están de acuerdo en que entre dos cuerpos hay equilibrio cuando los productos de sus masas por sus velocidades virtuales [es decir, las velocidades con las cuales tienden a moverse] son iguales en ambos lados. Luego, en el equilibrio, el producto de la masa por la velocidad, o —lo que es lo mismo— la cantidad de movimiento, puede representar la fuerza. Todos están también de acuerdo en que, en el movimiento retardado, el número de obstáculos vencidos es proporcional al cuadrado de la velocidad; por tanto, un cuerpo que, por ejemplo, ha aplastado un resorte con cierta velocidad, con velocidad doble podrá aplastar —en conjunto o uno después de otro— no dos, sino cuatro resortes semejantes al primero, nueve con velocidad triple, y así sucesivamente. De donde los partidarios de las fuerzas vivas confluyen que la fuerza de los cuerpos que se mueven efectivamente está por lo general como el producto de la masa por el cuadrado de la velocidad. En el fondo, ¿qué inconveniente podría oponerse a que la medición de las fuerzas fuera distinta en el equilibrio y en el movimiento retardado, en cuanto, si no se quiere razonar más que apoyándose en ideas claras, no

[25] D'Alembert, *Dynamique*, vol. I, XXVII, XXVIII.
[26] *Id.*, XXVIII.

se debe entender con la palabra *fuerza* sino el efecto producido al vencer el obstáculo o bien al resistirle?".[27]

Finalmente, hay un tercer modo de relacionar fuerza y velocidad, y es a través de la ley del impulso

$$\int_0^t F\,dt = mV - mV_0$$

donde aparece una diferencia de cantidades de movimiento; y esto también lo menciona D'Alembert: "Hay que confesar, sin embargo, que la opinión de quienes consideran la fuerza como el producto de la masa por la velocidad, puede verificarse no solamente en el caso del equilibrio, sino también en el del movimiento retardado, si en este último se mide la fuerza no por la cantidad absoluta de obstáculos, sino por la suma de sus resistencias. En efecto, no se podría dudar que esta suma de resistencias sea proporcional a la cantidad de movimiento, porque —como todos reconocen— la cantidad de movimiento que el cuerpo pierde en cada instante es proporcional al producto de la resistencia por la duración infinitamente pequeña del instante mismo; y la suma de tales productos es evidentemente la resistencia total. Toda la dificultad se reduce, pues, a saber si se debe medir la fuerza con base en la cantidad absoluta de los obstáculos, o bien en la suma de sus resistencias. Parecería más natural medir la fuerza según este último modo, porque un obstáculo sólo es tal en cuanto resiste, y —hablando propiamente— el obstáculo vencido es la suma de las resistencias; además, al estimar la fuerza así, se tiene la ventaja de disponer de una medida común para el equilibrio y para el movimiento retardado. Sin embargo, como sólo conseguimos una idea precisa y clara del término *fuerza* al limitarlo a expresar un efecto, creo que hay que dejar que cada quien sea dueño de decidir al respecto como quiera; y toda la cuestión ya no puede consistir sino en una discusión metafísica muy fútil, o en una disputa de palabras todavía más indigna de ocupar a los filósofos".[28]

Discurso prudente y sensato, propio de ese espíritu agudo que fue D'Alembert; de ese hombre que en 1739, a los 22 años, presentaba en la Academia de Ciencias una memoria sobre el movimiento de un cuerpo sólido a través de un fluido; que se ocuparía de matemáticas, astronomía, musicología y filosofía y que, en 1751, escribió el *Discours préliminaire* a la gran Enciclopedia. ¡Qué bueno hubiera sido que un planteamiento tan nítido de la cuestión de las fuerzas se hubiese propuesto años antes, para evitar tanta

[27] *Id.*, XXIX.
[28] *Id.*, XXX.

discusión y pleito! Pero también discusiones y pleitos pueden ser interesantes, y algo se aprende de ellos; así que vamos a retroceder de nuevo en el tiempo y a compenetrarnos un poco más con la gran polémica. Para empezar, nos servirá como guía el curioso folleto *La quantità del moto, o sia la forza dell'acque correnti*, publicado en Luca, en 1733, por Tomaso Narducci, en el cual éste menciona ciertos aspectos de la controversia tal como se los había relatado su "reverenciado maestro", el hidráulico Guido Grandi quien, en la contienda, estaba de parte de los cartesianos.

Dares y tomares

En junio de 1709, Hermann, entonces matemático en Padua, leibniziano apasionado, escribía a Grandi una carta en la que le comunicaba una prueba, según él definitiva e inobjetable, en favor de las fuerzas vivas. Sean *B* y *V* (figura 101) dos bolas elásticas iguales. Si *V* es inmóvil y *B* choca directamente con ella con velocidad 1, *B* queda inmóvil y toda su "fuerza" se transfiere a la bola V, la cual arranca con la velocidad 1. Supongamos ahora que una bola A, con velocidad 2, choca con la bola *C*, igual e inmóvil, pero oblicuamente; descompuesta la velocidad *AH* en dos componentes ortogonales *AG*, *GH*, de modo tal que la componente *GH*, dirigida hacia el centro de la bola *C*, sea igual a 1, se infiere que dicha bola arrancará en la dirección *GH* con velocidad 1. Luego la bola *A* prosigue su camino, chocando oblicuamente, una después de otra, con las bolas

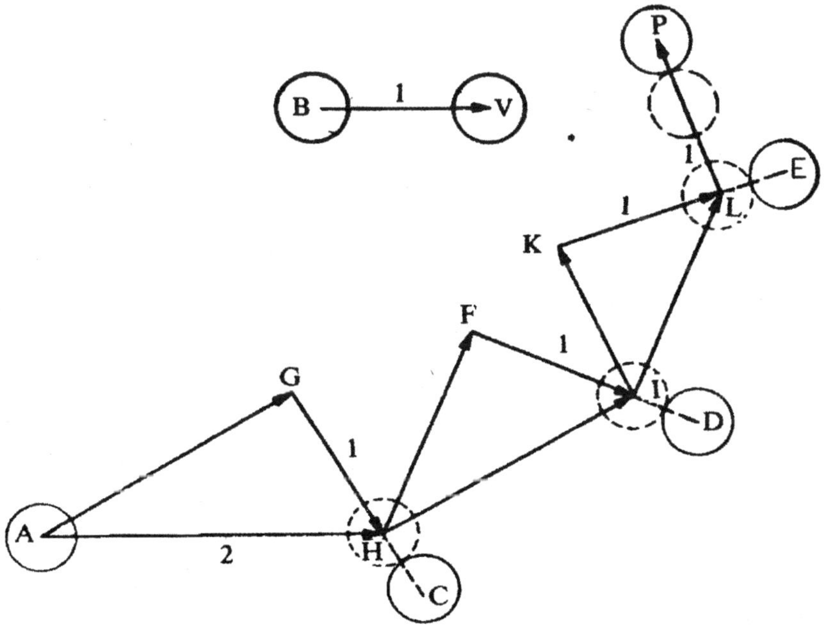

Figura 101

también iguales *D* y *E* (siendo iguales a 1 las componentes *FI*, *KL* de la velocidad); y termina su recorrido con un impacto directo, con velocidad 1, en la quinta bola igual, *P*. Entonces *A* queda finalmente inmóvil, transfiriendo a *P* dicha velocidad. Concluyendo, la bola *A* dotada inicialmente de la velocidad 2, antes de detenerse, consigue poner en movimiento *cuatro* bolas iguales, todas con velocidad 1. "He aquí pues —concluía Hermann— que el efecto de una velocidad doble se hace cuádruple, y no sólo doble de aquél que provocaría la velocidad simple; pero las causas son proporcionales a los efectos consiguientes; luego las fuerzas de dos masas iguales están entre sí como los cuadrados de sus velocidades".[29]

Grandi replicó que, en primer lugar, no le parecía que las fuerzas ejercidas por impactos normal y oblicuo se pudiesen considerar como equivalentes; en segundo lugar, si el mismo experimento se repetía, dando a la bola A una velocidad inicial 1, *C*, *D*, *E* y *P* se moverían cada una con velocidad 1/2, siendo la suma de sus velocidades igual a 2. Por tanto, si a velocidad 2 le corresponde "efecto" 4 y a velocidad 1 "efecto" 2, la proporción entre efectos es igual a la que existe entre velocidades, y no entre los cuadrados de éstas. Hermann contestó, diciendo que la primera objeción no era válida, porque las direcciones *GH*, *FI* y *KL* eran normales a las bolas respectivas, y la segunda tampoco, ya que se hacía trampa al cambiar la unidad de velocidades. Sin embargo, mientras tanto se le había ocurrido un argumento (el cual le parecía todavía más consistente que el anterior) que presuponía dos principios: que un cuerpo pierde tanta "fuerza" cuanta comunica a otro, y que las fuerzas de cuerpos dotados de la misma velocidad están entre sí como las masas correspondientes.[30]

Si la bola *A*, con velocidad 1, choca con la bola igual *B*, *A* se para y *B* arranca con dicha velocidad; pero si *A*, con velocidad 2, choca con el cuerpo *C* de masa triple (figura 102), *A* retrocederá con velocidad 1 y *C* avanzará con esa misma velocidad. "Luego, siendo efecto de la velocidad doble el movimiento de *A* y de su triple *C*, ambos con la misma velocidad 1 [dicho efecto] será cuádruple de aquél que le correspondía al movimiento de *A* con velocidad 1". Análogamente, si *A*, con velocidad 3, choca con la bola *D* de masa cinco veces mayor, *D* avanzará con velocidad 1 y *A* retrocederá con velocidad 2; "pero se ha visto que el efecto de

Figura 102

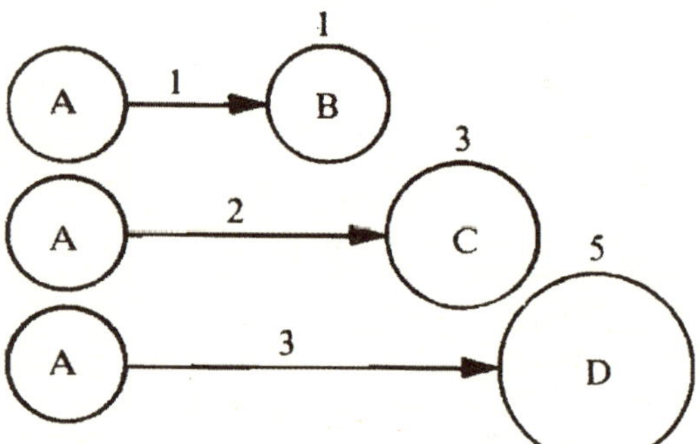

[29] Narducci, 12, 13.
[30] *Id.*, 13, 14.

LA QUANTITÀ DEL MOTO,

O SIA

LA FORZA DELL' ACQUE CORRENTI;

DIMOSTRATA NE' DIVERSI STATI, E SUPPOSTI DELLE MEDESIME

DA TOMASO NARDUCCI

PATRIZIO LUCCHESE,

Con alcune conſiderazioni ſopra la Superficie, e Preſſioni delle Acque, tanto nel Fondo, che ne' ripari de' Fiumi.

IN LUCCA, MDCCXXXIII.
Per Franceſco Mareſcandoli a Pozzotorelli.
Con Licenza de' Superiori.

A con velocidad doble es cuádruple de aquel de A con la simple velocidad AB; y además el efecto del movimiento de *D* con velocidad 1 es quíntuple del mismo movimiento de *A* con velocidad 1, por haberse supuesto *D* quíntuple de *A*; luego el efecto de *A* moviéndose con velocidad 3, resulta nueve veces mayor que el de *A* con velocidad 1. Por tanto, las fuerzas, proporcionales a tales efectos, están entre sí, en igualdad de masas, como los cuadrados de las velocidades".[31]

Grandi objetó que cuando los movimientos eran en dirección opuesta, no había que sumarlos, sino restar el menor del mayor: procediendo así resultó que el "efecto" es proporcional a la velocidad. Además señaló que había que hacer una distinción entre fuerzas de género diferente, cuyas relaciones con las velocidades también podían ser distintas. Este argumento puso feliz a Hermann, quien al contestar expresó su total aprobación "haciendo justamente diferencia entre fuerzas vivas y fuerzas muertas: aquéllas obran con un grado adulto de velocidad, y éstas simplemente gravitan, o comprimen, y [están] dispuestas a empezar a moverse con un grado de velocidad infinitamente pequeño. Concedía que estas últimas fuesen en razón de las masas y las velocidades simples; pero pretendía que las primeras asociaran a la proporción con las masas aquella con los cuadrados de las velocidades".[32]

Replicó Grandi que un peso colocado en un extremo de una balanza de brazos desiguales puede equilibrarse en el otro extremo, o bien con otro peso, "que es fuerza *muerta*", o bien jalando con la mano, "que es una fuerza *viva*", con fuerza igual a dicho peso; por tanto, entre los efectos de ambas no hay diferencia. Y Hermann rebatió que la fuerza aplicada por la mano podría considerarse como *viva* únicamente en el caso de que la mano imprimiera a la romana, de repente, un "grado adulto" de velocidad (o sea, que la acelerara); de otro modo, si simplemente la mano se posaba sobre la romana, la fuerza aplicada por ella sería *muerta*. Esta fue la última carta de Hermann; pero Grandi se quedó pensando en los argumentos de aquél, especialmente en el razonamiento apoyado por la figura 101, y se dio cuenta de que tras él había un sofisma oculto, ya que con un argumento similar, descomponiendo las velocidades de otro modo, se podía llegar a conclusiones diferentes. Además, si las fuerzas actuaban en el sentido de las velocidades, sólo podían sumarse aritméticamente en el caso de estar todas en la misma dirección, lo cual no ocurría con las direcciones *GH, FI, KL* y *LP* de la figura.[33]

[31] *Id.*, 14, 15.
[32] *Id.*, 15, 16.
[33] *Id.*, 17-20.

Ingleses y franceses estaban en contra de Leibniz. El hijo de un abogado del Parlamento de París y nieto del gran Corneille, Bernard Fontenelle, secretario permanente de la *Académie Royale des Sciences* durante más de cuarenta años, afirmó en el informe de actividades de 1721 que la aseveración de Leibniz constituía una "paradoja que ningún matemático acepta"; y dio a entender que, aun estando *A* siempre convencido de eso, había tardado en manifestarlo por consideración hacia Leibniz (quien murió en 1716). Y en el mismo informe comunicaba la siguiente demostración del *chevalier* de Liouville. Supóngase (figura 103) que las bolas *B* y *C* topan con la bola *D*, siendo de 60° los ángulos *BDA* y *CDA*; y que *BD*, *CD* son los vectores velocidad correspondientes. (En esa época no se hablaba todavía de "vectores"; utilizo el término para mayor claridad). Entonces la bola *D* tiende a moverse con la velocidad *DE*, igual a la resultante *AD* de las dos mencionadas; pero, si la bola E regresa hacia la *D* con velocidad igual y contraria, y choca con ella, *D* se para. En consecuencia —afirma Liouville— la "fuerza" de E será igual a la de *D*. Por otro lado, como los triángulos *ABD*, *ACD* son equiláteros y, por tanto, *AD* = *BD* = *CD*, la "fuerza" de *D* es, en magnitud (no en dirección), igual a las de *B* y *C*, cuerpos que entregan cada uno a *D*, por medio de la componente *GD*, mitad de la fuerza que *D* adquiere. Luego la "fuerza" del cuerpo *D* al moverse en dirección DE es doble de la que resultaría de la velocidad *GD*; de donde se infiere que "las fuerzas son proporcionales a las simples velocidades, no a sus cuadrados; porque de otro modo la fuerza del cuerpo *D* en la dirección DE sería cuádruple de la fuerza del solo cuerpo *B* en la dirección *GD*, por ser *DE*, o bien *AD*, doble de *GD*".[34]

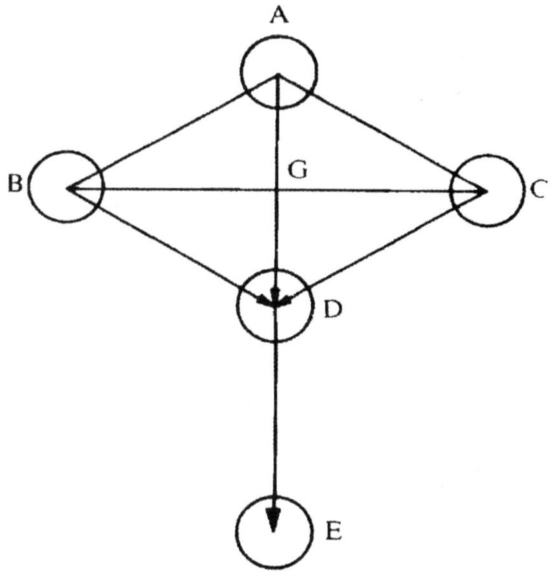

Figura 103

Para no cansar al lector, omito más demostraciones por el estilo, que aparecieron en favor de uno u otro bando hasta pasado 1730; asimismo, concluyo este subcapítulo con un lindo sofisma de Eustachio Manfredi: si las "fuerzas" de sólidos de igual masa crecieran como el cuadrado de la velocidad, las de los fluidos crecerían como el cubo, ya que su "masa" (entiéndase, el gasto) crece por su parte en proporción con la velocidad.[35]

[34] *Id.*, 21, 22.
[35] *Id.*, 23.

Un juicio sensato

Giovanni Poleni no pudo evitar interesarse en la cuestión. Como sabemos, no era un hombre que se comprometiera a *priori*, o se enfrascara en sutiles demostraciones; sólo daba fe a una bien planteada y exhaustiva comprobación experimental. Revisó lo que Gian Battista Riccioli había escrito en 1669 acerca de experimentos sobre la caída de los graves. Riccioli, profesor de filosofía en Bolonia y experimentador excelente —por eso lo apreciaba tanto Poleni— trabajó largo tiempo en la repetición cuidadosa de los experimentos de Galileo para comprobar el isocronismo del péndulo; y fue tal vez el primero en darse cuenta de la principal aplicación de esta propiedad, pues construyó un cronómetro preciso. Gracias a éste, luego realizó ensayos sobre la caída de los cuerpos. Le interesaba verificar si los cuerpos "pesados" y "ligeros" caen con la misma velocidad, o bien con velocidades distintas. Subió a la *torre degli Asinelli*, la más alta de Bolonia y que, además, está un poco inclinada, y desde allí arrojó dos esferas de iguales dimensiones, una de barro y otra de papel. Quince veces repitió el lanzamiento, midiendo con un péndulo el tiempo de caída; la conclusión fue determinante: sin lugar a dudas, la bola de barro llegaba primero al suelo.[36]

Galileo había afirmado que, *en el vacío*, dos bolas como las mencionadas deberían tardar el mismo tiempo en su recorrido vertical; pero reconocía la anomalía, y la atribuía a la resistencia del aire: "El experimento, hecho con móviles tan diferentes en peso como sea posible... admite cierta dificultad. Porque si la altura fuera grande, el medio —que el ímpetu del móvil en descenso debe abrir y desplazar lateralmente— ofrecerá mayor resistencia al pequeño momento del móvil más ligero que a la violencia del más grave, por lo cual, en un gran trecho, el ligero quedará atrás".[37] La explicación es incorrecta, pues la resistencia mencionada depende de la velocidad y, a igual velocidad, la resistencia debería ser la misma; más bien hay que buscar la causa en el hecho, también apuntado por Galileo, de que no hay "esfera tan grande ni de materia tan pesada que no sea frenada en su aceleración y reducida a un movimiento uniforme durante la prosecución de la caída".[38] En efecto, la esfera alcanza el movimiento uniforme cuando la resistencia del aire, que crece —como se ha dicho— con la aceleración de la esfera, llega a igualar el peso de ésta. Puesto que el peso de la bola de papel es mucho menor que el correspondiente a la de barro, este equilibrio, y la consiguiente desace-

[36] Koiré, 290-293.

[37] Galilei, *Le ópere*, vol. VIII, 128.

[38] *Id.*, 136.

leración, se produce a una altura mucho mayor para la primera bola, la cual empezará más arriba a descender con movimiento uniforme, y por consiguiente tocará el suelo después. Riccioli no sólo midió tiempos de caída: también se interesó en el impacto del grave con el suelo. Introdujo en un piso blando la punta de un punzón, provisto en el otro extremo de una pequeña escudilla, y dejó caer sobre ésta, desde diferentes alturas, esferas de distintos pesos, pero todas de diámetro igual al de la escudilla; en cada caso, comprobó cuánto había penetrado el punzón. El sistema era ingenioso; pero a Poleni le dejaba algo insatisfecho: "Son muchas las desventajas de este modo de proceder. De hecho, un gran inconveniente común a todos los experimentos así realizados es que se aplican efectos distintos para descubrir causas diferentes; por lo cual concluí que es mejor cuidar que los efectos sean iguales".[39]

Lo que Poleni hizo fue clavar, en el piso del laboratorio, una vasija llena de sebo congelado cuya superficie mantuvo horizontal. Justo encima de ella, colgó del techo, mediante un hilo alternativamente dos esferas, una de plomo y otra de latón: la primera pesaba dos libras, la segunda una; y colocó la más ligera a un altura doble de la que tenía la más pesada, respecto a la superficie del sebo. Cortado el hilo, pudo comprobar que ambas bolas al caer penetraban igualmente en el sebo, dejando idénticas huellas. Puesto que los espacios recorridos están entre sí como los cuadrados de las velocidades finales, Poleni concluyó correctamente que a iguales productos masa-velocidad se asociaban iguales efectos. Repitió el ensayo cambiando bolas, modificando distancias y remplazando el sebo por barro y cera blanda: siempre encontró el mismo efecto; entonces afirmó que la conservación de las fuerzas vivas es realmente una ley natural.[40]

Ese principio hallaba así su comprobación experimental. Sin embargo, Poleni no decidió entrar en el bando de los leibnizianos; espíritu tolerante y ecuánime, se daba cuenta de que el principio de las fuerzas vivas y el de la cantidad de movimiento son ambos válidos, y pueden perfectamente coexistir. Supongamos —escribía en *De castellis*— que un cuerpo de masa M y velocidad U choca con otro de masa m y velocidad u, y que después del choque estas velocidades se cambien, respectivamente, en V, v. Por el principio de Leibniz se tiene que

$$MU^2 + mu^2 = MV^2 + mv^2 \tag{1}$$

[39] Poleni, *De castellis*, 56.
[40] *Id.*, 56, 57.

y por el de Descartes, que

$$MU + mu = MV + mv \tag{2}$$

Las nuevas velocidades V, v se obtendrán resolviendo el sistema 1, 2, lo que da

$$V = \frac{U(M-m)+2mu}{M+m}, \qquad v = \frac{u(m-M)+2MU}{M+m}$$

fórmulas que concordaban con los resultados recién publicados por Wolf en su *Mechanica* y por Hermann en su *Phoronomia*. "En verdad —concluía Poleni— de estos [dos principios] se deducirán muy fácilmente todos los teoremas referentes al choque entre cuerpos elásticos y, cambiando de signo el uno o el otro —para que se mantenga siempre la misma diferencia de movimientos contrarios— se obtendrán por igual todos los teoremas relativos al movimiento de cuerpos que topan mutuamente. Es cierto que otros demuestran estas cosas con base en principios diferentes, y colocan esos [dos] que nosotros tomamos como principio —o por lo menos uno de ellos—... entre lo que hay que demostrar; sin embargo, creo que es preferible aceptar como principios sobre todo aquellos que se ve que la misma Naturaleza mantiene con suma constancia en cualquier impulsión".[41] O sea, no hay que contraponer los dos principios de conservación, sino aceptar ambos; y sobre esa base construir la mecánica.

Cartesianismo e hidráulica

La *Raccolta d'autori* conserva una *Léttera terza idrostática* (*Tercera carta hidrostática*) "escrita por el Señor Doménico Guglielmini al eruditísimo Señor Antonio Magliabechi, bibliotecario del serenísimo Gran Duque de Toscana", carta cuya fecha es 24 de julio de 1697. Individuo extraño, Magliabechi había sido aprendiz de joyero en su juventud; pero, apasionado por la lectura, desde los 40 años se dedicaba exclusivamente a los estudios. Deforme, desaliñado y huraño, se le podía encontrar, siempre solo y rodeado de montones de libros, en la Biblioteca Palatina que Cósimo III le había confiado. Su naturaleza singular, a la cual se agregaba una sutil malignidad, le procuró por cierto muchos enemigos; sin embargo, él supo también despertar la admiración más viva en todos los sabios de Europa, con los cuales mantenía una activísima correspondencia,

[41] *Id.*, 59-61.

y a cuyas demandas contestaba con prodigiosa riqueza de noticias, extraídas ya sea de libros, ya sea de su documentación epistolar. Un novel Mersenne, pero diferente del antiguo por ser Magliabechi más humanista que científico, y por tener a su alcance, en el valiosísimo acervo de su biblioteca y en lo que continuamente agregaba a ésta, el compendio de toda la sabiduría del mundo, presente y de antaño.

"Esta es la desgracia de las ciencias —dice Guglielmini al empezar su carta— que, no pudiendo los hombres pensar [todos] del mismo modo, se encuentren divididos entre sí por distintas opiniones; sin esto ¡con cuánta mayor felicidad aquéllas progresarían!". Pero, a continuación de este exordio poco democrático, agrega: "Sin embargo, no es raro que resulte que, entre las espinas de diferentes bandos y contrastes, crezcan lindas semillas de verdad; las cuales, luego de haber quedado por mucho tiempo ocultas, sepultadas entre tocones y cardos, vienen finalmente a producir flores de graciosa hermosura y maravillosa fragancia".[42] Después informa a Magliabechi que el objeto de esta misiva es impugnar objeciones expresadas por Papin, en una carta remitida a Huygens, a propósito de la vieja querella sobre sifones acerca de la cual Guglielmini había escrito en otra ocasión a Leibniz. A esa carta siguió una segunda, dirigida a Magliabechi; y ahora venía la tercera. Rogaba pues Guglielmini a Magliabechi "trasmitir copia de esta carta al Señor Papin, por medio de alguno de sus conciudadanos que llegan a ésa [o sea, Florencia] en multitud, para visitarle y consultarle, como si Ud. fuese el oráculo de Delfos".[43]

A fin de comprobar la afirmación que ya conocemos —hecha en la segunda carta— de que en sifones de brazos desiguales, el agua correrá a la misma velocidad con que saldría de una vasija en la cual dicha agua tuviese una altura igual a la diferencia de nivel entre los brazos, Guglielmini había considerado (figura 104) el sifón *ABCD*, que luego supuso metido en un medio vacío, compensando con las columnas de agua *AF* y *DE* la presión atmosférica sobre los extremos *A* y *D*; y había concluido que la velocidad de desagüe por E es la que resulta de la carga de la columna *FG*, de altura igual al desnivel *AH* entre los extremos *A* y *D* del sifón original. Papin, por su lado, negaba esta conclusión pues —decía— "aunque en una balanza cuyos platos se carguen con pesos desiguales, por ejemplo dos libras en uno y tan sólo una en el otro, la libra que constituye la diferencia de pesos provocaría el movimiento,... no por eso se conseguiría que el movimiento resultara de velocidad igual a aquélla que alcanzaría un peso de una libra bajando libremente en el aire".[44]

[42] Guglielmini, *Léttera III*, 221.
[43] *Id.*, 222.
[44] *Id.*, 223.

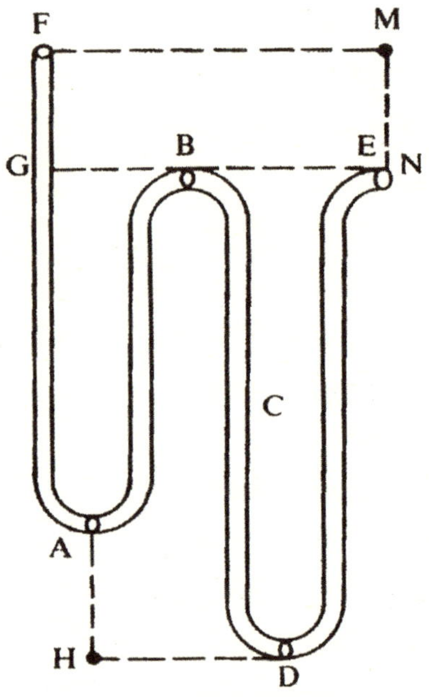

Figura 104

El razonamiento de Papin era el siguiente. Sean P_1, P_2 las dos pesas, colocadas en los platos de la balanza según muestra la figura 105 y, debido a su diferencia de peso, P_1 baje y P_2 suba, ambas con la velocidad U. Un tercer cuerpo, cuyo peso sea la diferencia $P_1 – P_2$, cayendo libremente, no lo haría con la velocidad U, sino con otra, V, tal que, por el principio de conservación de la cantidad de movimiento.

$$(P_1 - P_2)(V = (P_1 + P_2)U$$

es decir, que "las velocidades de las pesas en el aire están a la velocidad de los platos de la balanza como la suma de las pesas a su diferencia". Por ejemplo, si $P_1 = 3$ libras, $P_2 = 2$ libras, la velocidad U resultaría ser 1/5 de la velocidad V.[45] Con este argumento, aplicado al sifón *ABCD*, como balanza, y a la columna *FG*, como cuerpo libre, Papin, cartesiano incondicional, estaba convencido de haber echado abajo la proposición de Guglielmini.

¿Qué pasaba con el buen Papin? Lamentablemente, lo mismo que sucede con muchos colegas. Profesionales llenos de raciocinio, buen sentido, rápido control cuantitativo de los elementos de que disponen, ciertos ingenieros pierden la cabeza al presentárseles la grata oportunidad de utilizar un modelo matemático prestigioso. Entonces, dejadas de lado mesura y sensatez, no analizan a fondo la idoneidad del modelo mismo y, una vez que lo han empleado, ellos, que siempre verifican sus resultados, dejan de comprobar su credibilidad, temerosos de que el modelo se muestre inadecuado, y su hermosa construcción se venga abajo como un castillo de naipes.

Guglielmini se defiende: "Me parece que no muy a propósito se invoca aquí el ejemplo de la diferencia entre la velocidad de la pesa que baja en la balanza y aquella que alcanzaría cayendo libremente en el aire. Entre el movimiento de los fluidos y el de los sólidos hay una diferencia tal que, mientras los movimientos de estos últimos dependen de las diversas condiciones, ya sea de su gravitación como de su velocidad, y principalmente de la fuerza del movimiento y de la masa de materia que se pone en movimiento, por el contrario, los movimientos de los fluidos dependen tan sólo de su altura; lo que es cierto, ya sea que se considere la simple presión o bien los grados de

[45] *Id.*, 225.

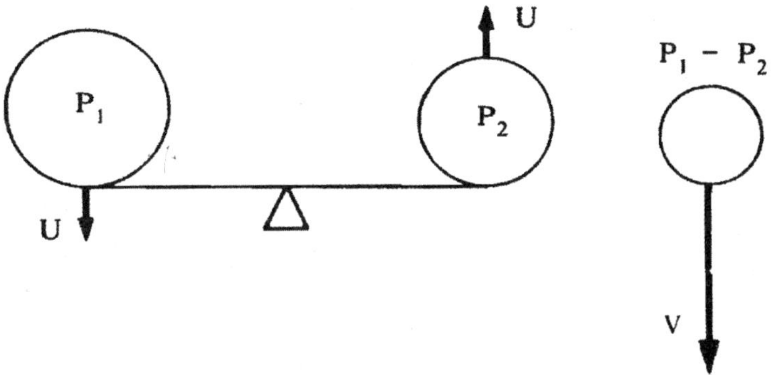

Figura 105

velocidad [es decir, las aceleraciones] que ella produce". Y ofrece un ejemplo simple. Sean (figura 106) el ancho depósito *ABCD* y, conectado con él, el caño vertical *EF*. Es cierto que la masa del fluido del depósito es mucho más grande que la del caño; pero no es la diferencia entre cantidades de movimiento la que podría forzar al fluido en *EF* a subir a un nivel más arriba de *AB*. "Por tanto, es falso que el movimiento de los fluidos tenga que inferirse —como el de los sólidos— del exceso de peso; sólo [hay que deducirlo] de la mayor altura, que es la única de la cual procede el predominio de un momento sobre otro. Además, resulta claro que el ancho del vaso no afecta en lo más mínimo a las velocidades del agua que sale de sus orificios. Porque tales velocidades están entre sí como las raíces de las alturas, sin ninguna consideración para la figura o capacidad del vaso mismo... Por tanto, la cantidad de materia puesta en movimiento no ofrece ningún fundamento para determinar la velocidad, mayor o menor, del fluido".

Figura 106

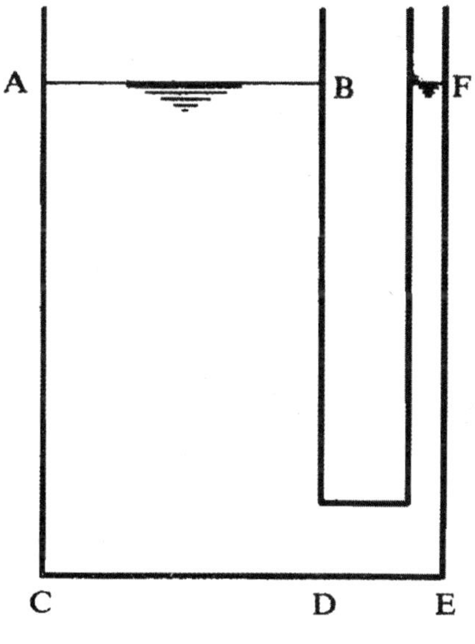

Además, acudiendo a un ejemplo más adecuado, Guglielmini regresa al sifón de la figura 104: supuesto que el tubo *DE* se doble horizontalmente en *EN*, la velocidad de salida en *N* —ya sea que el tubo se alargue o se acorte— será siempre la misma, igual a aquella con que el agua saldría del orificio *N* bajo la carga *MN*, que es a su vez igual a *AH*, diferencia de altura entre los dos brazos del sifón.[46]

Como conclusión de su carta a Magliabechi, después de haber analizado e impugnado estas y otras críticas, Guglielmini escribe: "Las cosas dichas hasta ahora en defensa de mis estudios hidrostáticos son tantas y tan ciertas, que el Señor Papin tendría que deponer toda duda acerca de mis

[46] *Id.*, 223, 224.

aseveraciones; agregaría más argumentos, si creyera necesitarlos. En cuanto a Ud., tengo razón en esperar que disculpará la extensión de esta carta con esa bondad con que acostumbra tratar conmigo; y sí, como deseo, tendrá Ud. la complacencia de favorecerme al enviar copia de esta misiva al clarísimo Señor Leibniz, le ruego saludarle en mi nombre y suplicarle que la comunique a los eruditos alemanes. Procure mantenerse sano, y conservarse para la honra de nuestra Italia y ventaja de la república de las letras".[47]

El golpe que la carta había suministrado al principio de la cantidad de movimiento abría el camino al de las fuerzas vivas para establecerse, con los Bernoulli, como fundamento de la primera teoría consistente de dinámica de fluidos.

El método de Bernoulli

Daniel Bernoulli asentaba su tratamiento de la hidrodinámica sobre dos principios: el de *continuidad* de Castelli, y el de *conservación de las fuerzas vivas* de Huygens. Acerca del segundo, escribía: "Recordaremos sin duda que el *ascenso potencial* de un sistema, cuyas porciones individuales se mueven con una velocidad cualquiera, representa la altura vertical que el centro de gravedad de dicho sistema alcanza, en cuanto sus partículas, moviéndose hacia arriba con la velocidad que les corresponde, suban lo más alto posible; y que el *descenso actual* denota la altura vertical que el centro de gravedad baja, al llegar cada una de las partículas al reposo. Luego tomaremos también en cuenta que, por necesidad, el ascenso potencial es igual al descenso actual, mientras todo el movimiento quede en el material distribuido, o sea que nada de él se transfiera a material no observable, o de otro tipo, que esté fuera del sistema".[48]

Ahora, para determinar el ascenso potencial en el caso del agua que escurre en un conducto *CD* de forma cualquiera (figura 107), Bernoulli razonaba así. Sean dos secciones, de áreas A y A_s, del conducto, y v, v_s las cargas de velocidad, o ascensos potenciales (por unidad de masa) respectivos. Siendo $v = V^2/2g$, si V es la velocidad, el principio de continuidad permite, conociendo A, A_s y v, calcular el ascenso potencial v_s con la igualdad

Figura 107

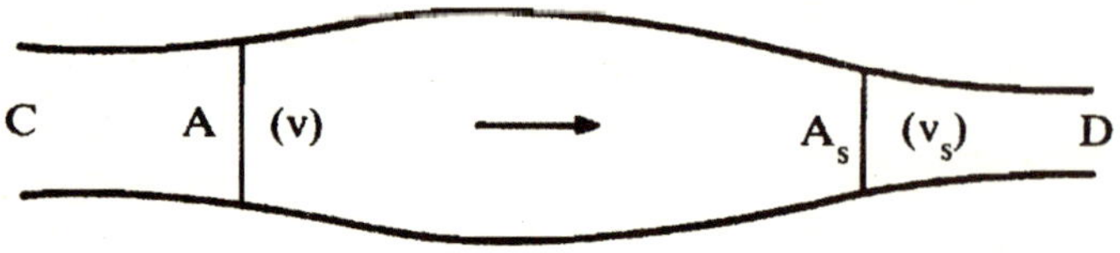

[47] *Id.*, 232.
[48] Bernoulli, 35.

$$V_s = V \frac{A^2}{A_s^2} \quad (1)$$

Análogamente, aplicando la fórmula que da la altura del centro de gravedad, comprobaba que la del centro que corresponde a todo el volumen de agua contenido en el conducto CD es

$$z = vN/M \quad (2)$$

donde

$$M = \int A dx, \qquad N = \int \frac{A^2}{A_s} dx \quad (3)$$

con las integrales extendidas a todo el conducto.

Veamos ahora con cierto detalle cómo hacía Daniel para resolver este problema: determinar la ecuación del *movimiento que resulta al descargarse un depósito por un orificio del fondo.*[49] Sean *ABKL* (figura 108) el depósito; *PQ*, el orificio; *HI*, cierta sección horizontal del depósito mismo, de área A y carga de velocidad v. Supongamos que, por el desagüe de un volumen elemental *PQRS*, la superficie libre baje del nivel *CD* (nivel donde el ascenso potencial del agua contenida en el recipiente está dado por la ecuación 2) al nivel *EF*, cuyo ascenso potencial es

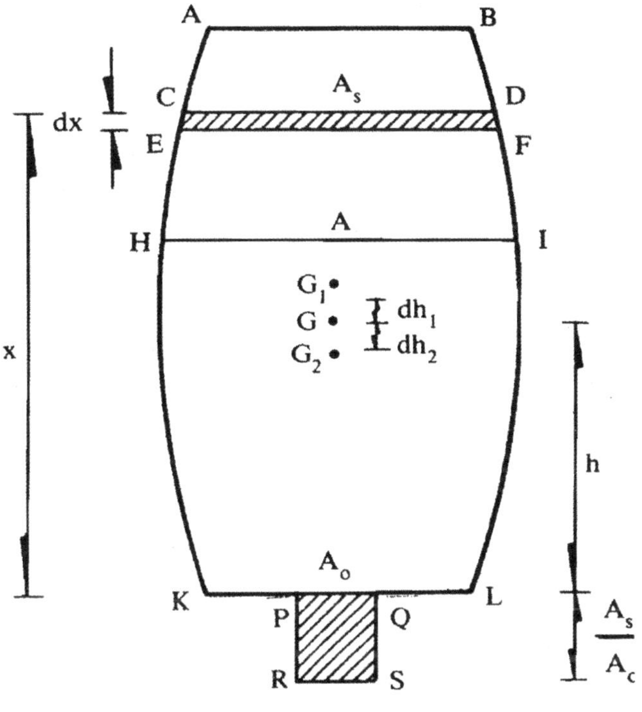

Figura 108

$$z + dz = (v + dv)(N + dN)/M \quad (4)$$

El *incremento en ascenso potencial* conseguido con la bajada será la diferencia entre las expresiones 4 y 2, o sea, despreciando productos de infinitesimales entre sí,

[49] *Id.*, 35-41.

$$dz = (Ndv + vdN)/M \tag{5}$$

Llamemos x al tirante inicial, dx al desnivel entre CD y EF, A, al área de la sección CD, A_o al área del orificio. Por ser iguales los volúmenes de agua $CDEF$ y $PQRS$, y siendo $CDEF = A_s dx$, resulta que $QS = (A_s / A_0)dx$. Ahora, con base en la definición 3, dN se obtiene restando (A^2/A_s)dx, en CD, de la expresión correspondiente $(A^2/A_o)(A_s/A_o)dx$, en PQ

$$dN = \frac{A^2}{A_o}\left(\frac{A_s}{A_o}dx\right) - \frac{A^2}{A_s}dx = \frac{A^2}{A_o^2} \quad \frac{A_s^2 - A_o^2}{A_s}dx$$

por tanto, remplazando en la ecuación 5, obtenemos

$$dz = \left(Ndv + v\frac{A^2}{A_o^2} \quad \frac{A_s^2 - A_o^2}{A_s}dx\right)/M \tag{6}$$

Por otro lado, hay que determinar el descenso actual del centro de gravedad al salir el volumen elemental $PQRS$. Sean G el centro de gravedad del volumen $EKLF$; h, su altura sobre el fondo. El centro de gravedad G_1 de $CKLD$ estará en la altura $h_1 + dh_2$, siendo

$$dh_1 = (x - h)\frac{A_s dx}{M}$$

La altura del centro G_2 de $EKPRSQLF$ será $h_1 + dh_2$, donde

$$dh_2 = h\frac{A_s dx}{M}$$

Por tanto, el descenso actual buscado es

$$dh_1 + dh_2 = x\frac{A_s dx}{M} \tag{7}$$

Sólo falta igualar las dos variaciones simultáneas de ascenso potencial (ecuación 6) y de descenso actual (ecuación 7); entonces, resulta

$$Nv' + \frac{A^2}{A_o^2} \quad \frac{A_s^2 - A_o^2}{A_s} v = A_s x \tag{8}$$

donde se ha escrito $v' = dv/dx$. Esta ecuación diferencial permite determinar la carga de velocidad v en cada sección A del depósito, por ser el volumen N y el área A_s funciones conocidas de x. Nótese que, siendo la carga de velocidad de desagüe $v_o = (A^2/A_o^2)v$, la ecuación 8 puede escribirse también

$$Nv' + \frac{A_s^2 - A_o^2}{A_s} v_o = A_s x$$

reduciéndose a

$$\left(A_s^2 - A_o^2\right) v_o = A_s^2 x \tag{9}$$

si el depósito es cilíndrico.

Como *corolario*, Bernoulli agrega que, si el orificio PQ es muy pequeño con respecto al ancho del depósito mismo, puede hacerse $A_o = 0$, con lo cual la ecuación 9 se reduce a $v_o = x$. "Por tanto —concluye— el agua sale constantemente a la velocidad con la cual podría elevarse hasta el nivel de la superficie libre, caso éste que es el único que, hasta hoy, los geómetras entienden correctamente; y esta proposición es válida para todo vaso, cualquiera que sea su forma. Pero, cuando el orificio no se supone infinitamente pequeño, no se puede de ningún modo despreciar la forma del depósito"; resultado que seguramente constituía una novedad en 1738 y —confesémoslo— también para muchos ingenieros de nuestra época.

Tubos de flujo

Luego de haber expuesto lo anterior, Bernoulli anota: "En primer lugar, por lo que se refiere al principio de *conservación de las fuerzas vivas...* , no veo aquí algo que pueda ser un impedimento apreciable para él, siempre que despreciemos fricción, viscosidad, resistencia del aire y obstáculos análogos. Pero, sin duda, ocurre a menudo que el principio no se puede aplicar sin restricciones, como veremos en lo que sigue; a saber, cuando cada una de las partículas de agua es transportada con un movimiento distinto, y resulta que, en cada instante, se pierde algo de movimiento o, si se prefiere, de *ascenso potencial*. Sin embargo, "en el caso presente no acontece nada semejante, porque de hecho casi todas las partículas se mueven juntas de manera similar y, especialmente cuando el orificio es muy pequeño, el movimiento [relativo] de las partículas internas es casi nulo y, por tanto, no pueden resultar pérdidas por su causa. Además, el otro principio, por el cual se supone que la velocidad de cualquier partícula es aquella que corresponde a la razón inversa del área, experimenta una doble desventaja: *primero*, por el hecho de que el movimiento cerca de las paredes del vaso es algo más lento que en el centro y, por consiguiente, no todas las partículas correspondientes a la misma sección del vaso avanzan con igual velocidad; *segundo*, porque el agua que se encuentra relativamente cerca de la base [del depósito] no puede poseer el movimiento que este principio postula. Sin embargo, ninguna [de tales desventajas] trae consigo un error apreciable, ya que en este caso sencillo la forma interna del recipiente prácticamente no afecta al movimiento del agua que sale".[50]

Bernoulli no veía objeciones sustanciales a su hipótesis de que todas las partículas pertenecientes a una misma sección horizontal bajen con igual velocidad; simplificación que adoptamos también nosotros cuando admitirnos que dentro del conducto se produzca un "movimiento unidimensional", al avanzar todas las partículas de una misma sección normal con la "velocidad media" que a dicha sección corresponde. Sin embargo, aunque —como Daniel mencionaba— en el caso en estudio el error resultante no tenía importancia, había algo forzado en el modelo, y era natural que con el tiempo se intentase mejorarlo, tomando en cuenta las características del escurrimiento natural. Así, antes de que trascurrieran tres décadas, el ingeniero militar Jean Charles Borda —el chevalier de Borda— presentó en la Academia de Ciencias de París su *Mémoire sur l'écoulement des fluides par les orifices des vases* (*Memoria acerca del escurrimiento de los fluidos por los orificios de los vasos*), en la cual sugería un planteamiento distinto, inspirado probablemente en el dibujo que aparece en la *Hidrodinámica* de Bernoulli, y que hemos reproducido en la figura 38.

Supongamos —decía Borda— que, en el depósito de la figura 109, la sección *AB* baje a la posición *CD* y, al mismo tiempo, la sección *EF*, en el orificio, descienda a *GH*. "Divido la línea *AB* en partes iguales infinitamente pequeñas ab, bl, lk, etcétera e imagino que la partícula fluida que estaba en a esté ahora en c, la que estaba en c esté en n, la que estaba en n, esté en o, etcétera. Sea ape la curva que pasa por todos estos puntos c, n, o, etcétera; y consideremos también otras curvas [anólogas] formadas por los desplazamientos de las partículas fluidas, b, l, k, etcétera. Está claro que todo el vaso resultará así subdividido en muchos pequeños canales, y que se podrá suponer que el fluido se mueve dentro de estos canales, por lo menos durante un instante. En consecuencia, intentemos primero investigar el movimiento del fluido en el canal abef".[51]

[50] *Id.*, 42.

[51] Borda, 581, 582.

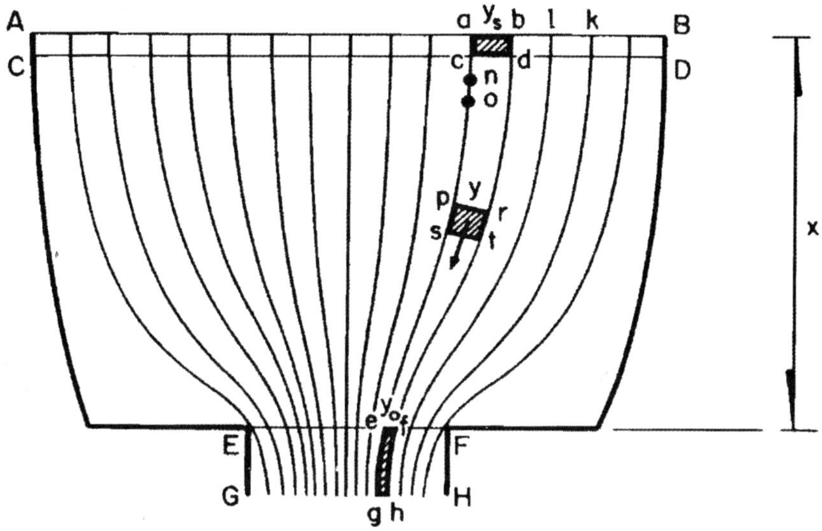

Figura 109

Aquí están introducidos —aparentemente por primera vez— dos conceptos de gran importancia para la mecánica de fluidos: el de *líneas de corriente* o *de flujo*, como ape, que contienen los desplazamientos, durante un intervalo infinitesimal de tiempo, de todas las partículas que en ese lapso se van remplazando unas a otras; y el de *tubo de flujo*, canal de ancho infinitesimal delimitado por dos líneas de corriente.

Ahora bien, Borda considera el tubo de flujo encerrado por *ape* y *brf*, y un volumen elemental de fluido que lo recorre, en sus tres posiciones *abcd*, *prst*, *efgh*, inicial, intermedia y de salida, respectivamente. Sean, como se anota en la figura, las áreas

$$ab = y_s, pr = y, ef = y_o$$

Si, con las notaciones bernoullianas, v es la carga de velocidad en pr, v_o aquélla en ef, Borda llama "fuerza viva total" del fluido en el tubo a la integral

$$\int yvds = \int y_o v_o \left(\frac{y_o}{y} ds \right) = y_o^2 v_o \int \frac{ds}{y}$$

donde ds representa un desplazamiento infinitesimal a lo largo del tubo, y la integral se calcula sobre toda la longitud del tubo mismo.

El incremento que experimenta la fuerza viva en el recorrido desde la superficie hasta el fondo será

$$d\left(y_o^2 v_o \int \frac{ds}{y} \right) = dv_o \left(y_o^2 v_o \int \frac{ds}{y} \right) + y_o^2 v_o \left(d \int \frac{ds}{y} \right) \qquad (1)$$

La última diferencial se calcula como sigue: sea *ds* el largo *ac* del elemento *abcd*, por tanto, $y_s ds$ su volumen; el largo *eg* de *efgh* será $y_s ds/y_o$, y luego

$$d\int\frac{ds}{y}=\frac{y_s ds\,/\,y_o}{y_o}-\frac{ds}{y_s}=\frac{y_s^2-y_o^2}{y_o^2 y_s}ds \tag{2}$$

Ahora, el incremento de la fuerza viva debe ser igual a lo que, en términos de Borda, es el "incremento del momento del fluido con respecto a la horizontal", $(y_s ds)\,x$, donde x es el tirante de agua. Si la expresión 1 (en la cual el último término se haya remplazado por la expresión 2) se iguala con el incremento mencionado, resulta por fin

$$\left(y_o^2\int\frac{ds}{y}\right)=\frac{dv_o}{ds}+\frac{y_s^2-y_o^2}{y_s}v_o=y_s x \tag{3}$$

ecuación que permite obtener la velocidad con que el agua sale del orificio.[52]

Comparemos esta ecuación con la que obtuvo Bernoulli (número 8 en el subcapítulo anterior) la cual, remplazando v por $v_o\,(A^2/A_o^2)v$, se escribe

$$\left(N\frac{A_o^2}{A^2}\right)\frac{dv_o}{dx}+\frac{A_s^2-A_o^2}{A_s}v_o=A_s x \tag{4}$$

Evidentemente, para pasar de la ecuación 3 a la 4, hay que remplazar *ds* por *dx*; y_s, y, y_o por A_s, A, A_o, respectivamente, y la $\int ds/y$ por N/A_2. Equivalencias bastante burdas, que hacen evidente la superioridad del resultado de Borda.

La utilización de la ecuación 3 encierra, sin embargo, una dificultad: el cálculo de la $\int ds/y$, "es decir —señala Borda— el movimiento de las moléculas contenidas en el vaso; y a esto los geómetras no han podido llegar todavía".[53] Es cierto que, como la integral resulta multiplicada por y_o^2, si el orificio es muy pequeño, el término correspondiente casi no influye en el cálculo de v_o. "Pero hay casos en que la determinación de la velocidad depende tan sólo de este término..., por ejemplo, cuando se quiere obtener la velocidad del fluido en los primeros instantes del movimiento.

"En efecto, esta ecuación muestra que, si el vaso es cilíndrico, la superficie libre del fluido debe moverse, en los primeros instantes, igual que los cuerpos libres abandonados a la acción de la gravedad, sea como fuere el orificio por el cual el fluido sale del vaso. Ahora esto es imposible; porque entonces resultaría que, al comienzo

[52] *Id.*, 580, 582.
[53] *Id.*, 585.

del movimiento, el fluido bajaría con la misma velocidad que [le correspondería] si el fondo no lo obstaculizara; resultado falso, que no proviene, como ya he dicho, sino del término $\int ds/y$, que es el único que determina la velocidad en los primeros instantes del movimiento. Es fácil ver, gracias a nuestra ecuación, que la parte del fluido que en un principio se mueve como cuerpo libre está muy cerca del orificio *EF* cuando éste es muy pequeño en comparación con *AB*".[54]

Cuando el agua entra

Y si el agua, en vez de salir por el orificio, entrara al depósito a través de él, ¿qué pasaría? Bernoulli plantea el problema así: sea el recipiente cilíndrico parcialmente sumergido *ABKL*, perforado en *OP* (figura 110). El agua entra por *OP* empujada por la carga externa h, que es mayor que la interna. En cierto instante, el nivel que está en *CD* (tirante x) sube a *EF* (tirante $x + dx$). Sea A el área de la sección *CD*; A_0, el área de *OP*; v, la carga de velocidad o *ascenso potencial* en *CD*.

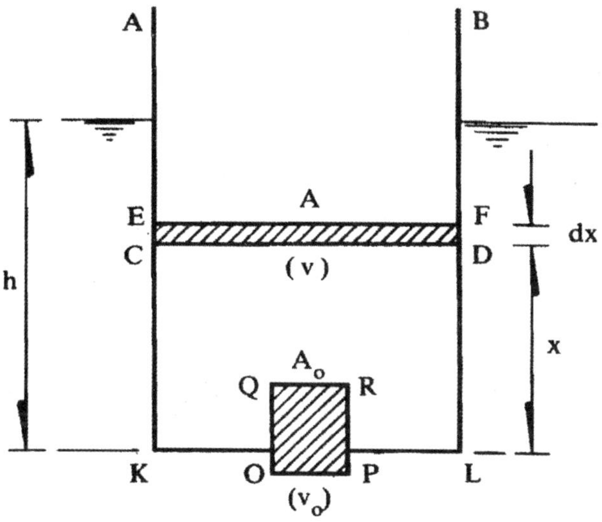

Figura 110

Este ascenso potencial, multiplicado por el peso y Ax del agua contenida en el cilindro, da la fuerza viva (γAx)v, cuya variación es

$$\gamma A\,(xdv + vdx) \qquad (1)$$

Pero esto no es todo, porque por el orificio entra un chorro con la carga de velocidad v_0, mucho más grande que v, si el orificio es pequeño con respecto al ancho del recipiente. Bernoulli señala que "este exceso produce, dentro [del recipiente mismo], un cierto movimiento interno, que agrega poco o nada a la [velocidad de] subida". Entonces, una partícula que entra con carga v_0, pero es forzada a bajarla a v, debe de perder el *ascenso potencial* $(v_0 - v)$, que "se trasfiere al movimiento interior de las partículas. Esta hipótesis, aun siendo física, y verdadera sólo con cierta aproximación,

[54] *Id.*, 582, 583.

resulta sin embargo muy útil para determinar, sin error sensible, los movimientos de los fluidos, toda vez que se interrumpa en un conducto la continuidad uniforme que hemos supuesto hasta ahora, como cuando se fuerza al agua a pasar por una serie de orificios".[55]

Siendo *Adx* el volumen de *EFCD* y, por tanto, el de la masa *OPQR* que está entrando, la consideración anterior señala la conveniencia de introducir la variación adicional de fuerza viva

$$\gamma Adx(v_0 - v) = \gamma Adx\left(\frac{A^2}{A_0^2} - 1\right)v \tag{2}$$

que, sumada a la variación 1, da la variación total

$$\gamma A\left(xdv + \frac{A^2}{A_0^2}vdx\right) \tag{3}$$

El *descenso actual* es el desnivel $(h - x)$; multiplicado por el peso γAdx que se está desplazando, da el trabajo $\gamma A(h - x)dx$. Igualando con la variación de energía cinética 3, se obtiene la ecuación diferencial

$$xv' + \frac{A^2}{A_0^2}v = h - x \tag{4}$$

que permite calcular *v* y, por tanto, la velocidad de ascenso.[56]

Una vez obtenida la ecuación que rige un movimiento, Bernoulli se muestra satisfecho y comenta acerca de sus aplicaciones. Sin embargo, ahora manifiesta algunas reservas: "En verdad, quienquiera que considere este asunto debidamente, verá sin dificultad que la mayor parte del ímpetu total [disponible dentro del agua] se gasta por completo en algún movimiento interno que no contribuye en nada a la subida. Pero yo digo claramente 'la mayor parte' —deseo que esto se note bien— porque, cuando el orificio es muy ancho, no es difícil ver de antemano que el ímpetu del agua que ingresa se aprovecha de manera tan favorable que, entonces, el movimiento dentro [del recipiente] crece bastante rápido; pero, cuando el orificio es más pequeño, está claro que la situación es distinta. Por tanto, nuestra hipótesis se aplica correctamente cuando, o bien la base está ausente... porque así el exceso de velocidad del agua que entra con respecto a la que está dentro es nulo o muy pequeño —y eso no le afecta en nada a

[55] Bernoulli, 140.

[56] *Id.*, 150, 151.

dicho ímpetu—, o también cuando el orificio es muy pequeño, porque todo el ímpetu se destruye. Pero, si el orificio tuviera una razón respecto al área del recipiente como de $\sqrt{2}$ a 1, o bien 2 a 1, o algo así, el movimiento será un poco más grande que lo que resulta de esa hipótesis; porque entonces el agua que entra produce un ímpetu notable, que no todo se pierde".[57]

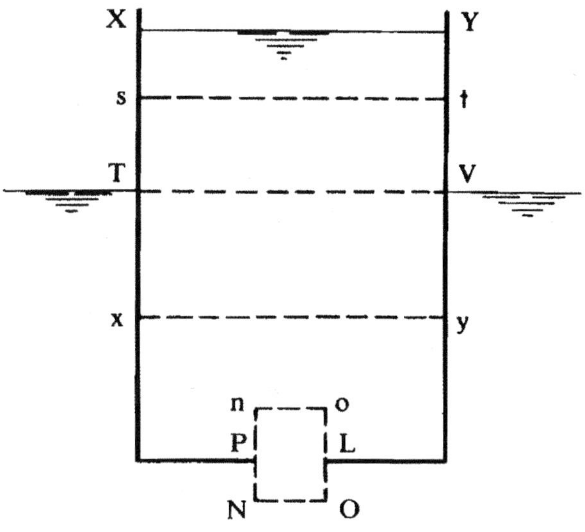

Figura 111

En efecto —razona Bernoulli— supongamos que el agua se encuentre en un primer momento elevada a la altura *XY* (figura 111). Se destapa el orificio, y el agua baja hasta xy; luego, impulsada por la carga *Vy*, vuelve a subir hasta st. Siempre resulta que la altura Vt es menor que *Vy*, tanto menor cuanto más angosto es el orificio. "Puede observarse —escribe— que la diferencia entre *Vy* y *Vt* se origina en el choque de los elementos del volumen LonP con la masa de agua que está encima, choque que de hecho no crea ascenso, pues se pierde en [crear] un movimiento interno improductivo".[58]

Bernoulli se queda en este punto, y deja para la posteridad el enigma: ¿cómo relacionar la pérdida de fuerza viva con el tamaño del orificio? Llega Borda, y acepta el reto. Su inspiración está en la idea del "choque", sugerida por Daniel. Si un cuerpo duro, de masa m y velocidad V, choca con otro, de masa m' y velocidad V', ¿cuál será la pérdida de fuerza viva que resulta del impacto? —se pregunta Borda. La solución es inmediata.[59] Antes del choque, la suma de las fuerzas vivas es $(mV^2 + m'V'^2)/2$; después, los cuerpos avanzarán juntos, con la velocidad adquirida por el centro de gravedad del sistema y, en consecuencia, con fuerza viva

$$(m+m')\left(\frac{mV+m'V'}{m+M'}\right)^2/2=\frac{(mV+m'V')^2}{2(m+m')}$$

Restando la segunda fuerza viva de la primera, se obtiene que la pérdida buscada es

$$\frac{mm'}{m+m'}\frac{(V-V')^2}{2} \qquad (5)$$

[57] *Id.*, 149.
[58] *Id.*, 152.
[59] Borda, 591.

Este resultado está bien; pero, ¿es correcto utilizarlo en el caso de los fluidos? D'Alembert, en una carta que escribe a Lagrange en febrero de 1772, le comenta acerca de las objeciones que Borda planteaba en su trabajo, en el cual criticaba los resultados de D'Alembert y los de Bernoulli; y agrega respecto al lema que acabamos de recordar: "Me parece... que su lema no puede aplicarse a los fluidos, que —en su equilibrio y, por consiguiente, en su choque— no deben seguir las mismas leyes que los cuerpos sólidos".[60] En efecto, ¿cuáles serán en este caso las masas m y m'? Borda decide —lo cual, por cierto es bastante discutible— que dichas masas sean las que corresponden a los volúmenes de agua Ah, en el recipiente, y Adx, en el cilindrito $OPQR$, cuyas velocidades de ascenso son respectivamente V y V_o (figura 110). Así, se tendría

$$\frac{mm'}{m+m'} = \frac{\gamma}{g}\frac{Ahdx}{h+dx}$$

Con mucha suerte, una vez suprimida la diferencial dx del denominador, las h se eliminan, y la expresión 5 se hace

$$\gamma Adx\ (V_o - V)^2/2g \tag{6}$$

Después, Borda razona así: el fluido externo se puede considerar prácticamente en reposo, luego su fuerza viva la suponemos nula; el fluido interno, por el contrario, tiene fuerza viva $\gamma AxV^2/2g$. Tomando su variación

$$\gamma A(2xVdV + V^2dx)/2g$$

añadiéndole la fuerza viva 6 e igualando la suma al trabajo efectuado por el peso del volumen Adx de agua, al bajar el desnivel $h - x$, se obtiene[61]

$$2xVV' + V^2 + (V_o - V)^2 = 2g(h - x) \tag{7}$$

Por otro lado, remplazando V por $V^2/2g$, la ecuación 4 de Bernoulli se escribe

$$2xVV' + V_o^2 = 2g(h - x)$$

[60] Lagrange, *Oeuvres*, vol. XIII, 226.

[61] Borda, 593.

Esta ecuación difiere pues de la 7 en $2V(V - V_0)$. Por eso, Borda anota: "La ecuación del Señor Bernoulli... discrepa mucho de la mía, en cuanto este hábil geómetra no hizo entrar en el cálculo la contracción de la vena, por estimar que la pérdida de fuerzas vivas era proporcional a $V_0^2 - V^2$, mientras que yo comprobé que lo era a $(V_0 - V)^2$".[62]

El resultado de Borda, de que una expansión súbita de la corriente se asocia con la pérdida de carga

$$\Delta h = \frac{(V_0 - V)^2}{2g} \tag{8}$$

se suele utilizar también en casos de ensanchamientos bruscos en tuberías, como el representado en la figura 112. Enzo Macagno descubre algo raro en la demostración de Borda, ya que "logró calcular una 'disipación de energía' sin entrar para nada en el análisis de las propiedades y mecanismos que la originan; le bastó utilizar principios generales de mecánica". Lo curioso es que, a pesar de esto y de las muy justificadas objeciones de D'Alembert, la fórmula 8 "se da todavía en libros recientes como uno de los pocos ejemplos de cálculo teórico de pérdidas de carga, de tipo elemental, que resisten la prueba de ser comparados con resultados experimentales".[63]

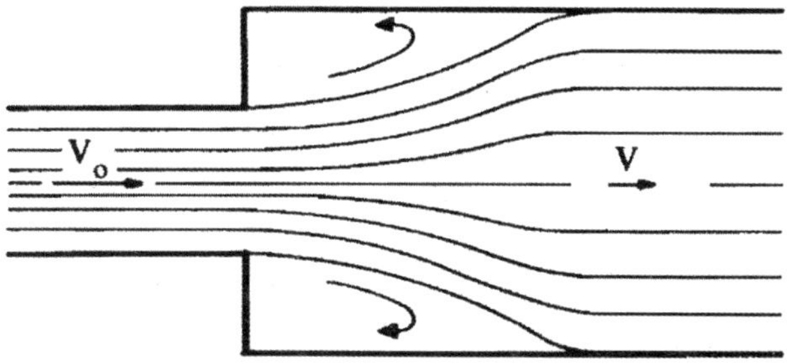

Figura 112

Cálculo de la contracción

A partir de la época de Newton, se había podido medir la contracción de un chorro; pero sin embargo, nadie había hallado cómo calcularla. Borda, científico *sui géneris*, se propuso lograrlo, por lo menos en el caso particular de una boquilla alejada de toda pared. Es el caso (figura 113) de la entrada a la boquilla muy angosta *EFGH*, dirigida hacia el interior de un amplio vaso *ABCD*, a la que llega agua de todas partes. Borda acepta, de acuerdo con

Figura 113

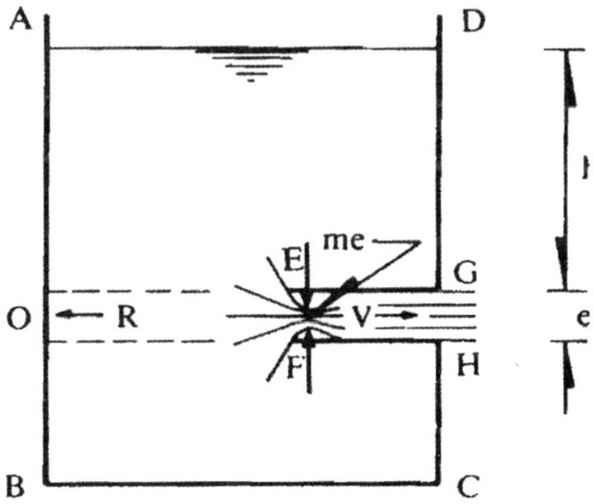

[62] *Id.*, 596.

[63] Macagno, 476.

Newton, que en la sección contraída de la vena, la velocidad sea $V = \sqrt{2gh}$, donde h es la carga estática sobre el tubo. Denomina e al diámetro de la boquilla, y me al de la sección contraída, siendo m (menor de 1) el "coeficiente de contracción" correspondiente.

Borda razona así: si se destapa la boquilla y el chorro sale de repente, nace una reacción R que empuja al vaso un poco hacia atrás, quedando inmóvil el centro de gravedad del sistema constituido por vaso y fluido. Durante un intervalo de tiempo T, el chorro que abandona el vaso adquiere una cantidad de movimiento

$$\rho(meVT)\, V = 2\, \gamma\, hmeT$$

porque $meVT$ es el volumen de fluido que sale en el tiempo mencionado. Pero esta cantidad de movimiento debe ser igual a RT, que corresponde a la reacción; de lo cual resulta

$$R = 2\gamma\, hme \tag{1}$$

De aquí, Borda infiere que "la reacción de un fluido contra el vaso del cual desemboca es igual a la acción del peso de una columna de agua, que tenga como base la sección de la vena contraída y altura doble de la necesaria para crear la velocidad que el fluido posee en la sección de contracción". Después, Borda se propone calcular la reacción R. R es la diferencia entre la fuerza ejercida por el fluido sobre la pared AB y aquella que actúa sobre la pared CD del vaso. En la proximidad de dichas paredes, si éstas se encuentran bastante lejos de la entrada a la boquilla, la velocidad del agua resulta inapreciable; por tanto, la carga es la estática. Luego la fuerza en O, sección opuesta al orificio, será igual a γhe; la fuerza en GH será nula; en consecuencia,

$$R = \gamma\, he$$

Comparando con la expresión 1, se obtiene que $m = 1/2$; o sea, que el ancho de la sección contraída es la mitad del de la boquilla.[64]

En el caso de un orificio desprovisto de boquilla, Newton había hallado experimentalmente que $m = 1/\sqrt{2}$. Borda repite el ensayo y encuentra un resultado parecido; pero no explica por qué la presencia de la boquilla entrante aumenta la contracción. La

[64] Borda, 586, 587.

razón es la siguiente: quitada la boquilla, las velocidades sobre la pared *CD*, alrededor del orificio *OH*, se harían apreciables: esto reduciría la presión en dicha zona a valores menores que los que resultan en la pared opuesta, cerca de O. La reacción *R* necesaria para el equilibrio tendría entonces que subir a un valor mayor que γhe; en consecuencia, también el coeficiente *m* tendría que aumentar. Esto es todo lo que podemos inferir, cualitativamente, con base en el razonamiento de Borda. El caso de la boquilla entrante es el único donde se obtiene teóricamente un resultado cuantitativo.

Un agua hecha de esferas

En el primer capítulo de su tratado *Della natura de'fiumi*, Guglielmini se proponía analizar la naturaleza de los fluidos en general y del agua en particular, así como establecer las leyes de la hidrostática y las del movimiento de chorros. Los filósofos de la época acostumbraban buscar la explicación de los fenómenos naturales a partir de lo que ellos consideraban como la esencia íntima de la materia y del movimiento. Por tanto, sus lucubraciones solían empezar con conjeturas acerca de figura, estructura, posibles desplazamientos y otras propiedades mecánicas de las partículas elementales que, supuestamente, componen los cuerpos. De hecho, esta búsqueda era, para la mayoría de ellos, el objetivo primordial de las ciencias físicas.

Así, Guglielmini se vio obligado a iniciar su estudio con una hipótesis acerca de la constitución íntima del agua: supuso que el fluido es esencialmente un material de tipo polvoriento, compuesto de partículas extremadamente finas. "Masas de mijo, arena, limadura de hierro, por ejemplo, tienen gran semejanza con los fluidos, de los cuales tal vez no difieren sino en el tamaño de las partículas que las componen, en el pulido distinto de las mismas y en su configuración más regular; por lo que vemos que semejantes cúmulos participan tanto más de las propiedades de los fluidos, cuanto más sus granitos son pequeños, lisos en superficie y desprovistos de aristas. Entonces, si... imaginamos que uno de tales cúmulos esté constituido por partículas menudísimas, y por consiguiente impalpables, de figura redondeada y superficie muy tersa, de modo tal que no puedan estorbar el deslizamiento de las demás partículas sobre ellas, obtenemos un verdadero fluido, o por lo menos un modelo exactísimo del mismo".[65]

Guglielmini acepta que las partículas del agua sean esféricas; pero, ¿cómo comprobarlo? Puesto que no lo podemos averiguar por medio de nuestros sentidos, habrá que

[65] Guglielmini, *Fiumi*, 8.

demostrar que, de la hipótesis de que el agua sea un agregado de este tipo, "tienen que resultar esos efectos, los cuales se observa diariamente que son propios de ella". Con tal objeto, Guglielmini empieza a examinar los posibles arreglos de un conjunto de esferas, todas iguales entre sí.

La disposición más compacta resultará en condiciones estáticas; porque, de no ser así, las partículas tenderían a un reacomodo, con el consiguiente movimiento. En agua quieta, las esferas se dispondrían en capas horizontales sobrepuestas, de modo tal que cada esfera se recargue sobre otras cuatro y cuatro se apoyen a su vez encima de ésta. De esa forma, toda esferita se hallaría rodeada por otras doce, que la empujarían, ya sea en sentido horizontal o vertical, con una fuerza igual al peso de una de ellas. Con base en estas premisas, Guglielmini logra comprobar también la ley fundamental de la hidrostática, pues la fuerza que empuja a una esferita hacia abajo resultaría necesariamente proporcional al número de capas sobrepuestas.[66] Demuestra, además, que dichas fuerzas no dependen de la forma del vaso que contiene el conjunto, y que, al conectarse dos depósitos, el cúmulo se pone en movimiento, y tiende a nivelarse de acuerdo con el principio de los vasos comunicantes. Incluso comprueba el mismo principio de Torricelli.[67]

Un escurrimiento implica el abandono del estado de quietud, o sea, del acomodo más compacto. Las esferitas pasan a posiciones menos estables, y se desplazan unas con respecto a otras. También la viscosidad halla su interpretación: en efecto, cuando el agua avanza en un canal, "se retrasan no sólo las partículas cercanas al fondo y a las orillas, sino también aquellas que quedan más lejos de los mismos", porque "en los fluidos, [sustancias] cuyas partículas están desunidas, pero no perfectamente, el estorbo al movimiento de una de ellas consigue aminorar la velocidad de sus vecinas, pero no [de todas] en igual medida; así que la pérdida de las partículas más próximas a las retenidas resulta mayor, y menor la de las lejanas, hasta hacerse inapreciable, reduciéndose a nada". El modelo permite demostrar también que, en un canal, el nivel del agua baja al acelerarse la corriente y sube cuando ésta se retarda; de modo que las variaciones de velocidad se asocian con variaciones contrarias de la presión local.[68]

No faltaron objeciones a esta concepción. Para Guglielmini, la materia primordial de las partículas constitutivas de todos los fluidos debía de ser la misma, y los intersticios entre ellas estarían llenos de éter. Por tanto, la diferencia entre distintas sustancias sólo

[66] *Id.*, 20.
[67] *Id.*, 24, 25, 31.
[68] *Id.*, 76, 77, 79.

podría explicarse por la forma de las partículas: simples esferas en el agua; en el aire también esferas, pero rodeadas por una espiral; en el mercurio, barritas ovoidales sumamente alargadas.[69] Sin embargo —argumentaba Riccati— cuando las esferas están muy apelmazadas, el volumen de los huecos intersticiales es menor que el volumen total de las esferas mismas. Entonces, ¿cómo explicar la existencia, no digamos del mercurio, sino tan sólo de un líquido que tenga peso específico doble de aquel del agua?[70]

Muchos años después, seguían existiendo partidarios de las bolitas, aun con modelos más toscos que el de Guglielmini. "Un autor moderno —escribía D'Alembert— ha pretendido explicar la igualdad de las presiones en todos los sentidos dentro de los fluidos, por medio de la figura esférica y el arreglo que supone en ellos. Toma tres bolas cuyos centros estén dispuestos en triángulo equilátero de base horizontal, y muestra fácilmente que la bola superior presiona hacia abajo con la misma fuerza que ejerce lateralmente sobre las bolas vecinas. Se entiende cuán pobre es esta prueba: [en efecto] supone que las partículas fluidas sean esféricas, lo cual puede ser probable, pero no está demostrado; acepta que las dos bolas inferiores están dispuestas de modo que sus centros se encuentren sobre una misma horizontal; finalmente, sólo comprueba la igualdad de la presión con la presión vertical para dos direcciones, que forman con la vertical un ángulo de 60°".[71]

El hecho verdadero es que un fluido no puede de ningún modo considerarse semejante a un material polvoriento; esto ya lo había entendido Leonardo, y también más tarde Galileo.

Otra crisis

"Cuando cojo un cuerpo duro, como piedra o metal —dice Salviati en la Primera Jornada de las *Nuevas Ciencias*— y con un martillo o una agudísima lima lo voy reduciendo cuanto puedo a un polvo diminuto e impalpable, es claro que sus mínimos, aun cuando sean, por su pequeñez, imperceptibles uno por uno a nuestra vista y tacto, son extensos, dotados de forma, y numerables. Sucede con ellos que, apilados, se sostienen en montón y, si excavamos un hoyo hasta cierta profundidad, la excavación permanecerá abierta, sin que las partículas de alrededor concurran a rellenarla... Mas si intentamos ver tales propiedades en el agua, no las descubriremos ya que, cuando se le eleva

[69] *Id.*, 9-11.
[70] *Id.*, 33.
[71] D'Alembert, *Oeuvres*, 334.

inmediatamente se aplana; cuando se la ahoya, afluye inmediatamente para llenar la cavidad; cuando se la agita, sigue fluctuando por largo tiempo, y extendiendo sus olas a grandes distancias. Paréceme que de esto podemos con toda razón deducir que los mínimos en los cuales el agua parecería estar resuelta —porque tiene menos consistencia que el polvo más fino, o tal vez no tiene consistencia alguna— son muy distintos de los mínimos extensos y divisibles; y yo creería que la única diferencia consiste en que los del agua son indivisibles. Me parece que la misma transparencia purísima del agua nos da pie para tal conjetura; porque si cogemos el cristal más transparente que exista, y comenzamos a quebrantarlo y triturarlo, una vez que se ha reducido a polvo, pierde su trasparencia, tanto más cuanto más se pulveriza; sin embargo, el agua, que está desmenuzada en grado sumo, es totalmente diáfana".[72]

Lo que Galileo expresa al decir que los "mínimos" de un fluido son indivisibles, nosotros lo manifestamos hoy en día —sin aclarar mucho más el asunto— al afirmar que el fluido puede considerarse como un *medio continuo*; con esto, queremos aseverar que aceptamos la opinión galileana de que el comportamiento del fluido es absolutamente disímil del de un material polvoriento y, por tanto, su mecánica se debe estudiar con base en otro modelo. Pero, ¿cuál? La dificultad a la que se enfrentaban los científicos de principios del siglo XVIII parecía desmesurada, tanto que les hacía preguntarse sinceramente si las matemáticas eran —o iban a ser alguna vez— capaces de ofrecer una interpretación adecuada del comportamiento de tales medios. "No es sorprendente —escribía D'Alembert— que en esta materia espinosa la solución de los problemas, o bien rehúye enteramente el análisis, o no puede deducirse sino de manera muy imperfecta; pero ya es un logro importante, en un tema tan difícil, asegurarse hasta dónde puede llegar la teoría, y fijar, por así decir, las fronteras en las cuales ella tiene que detenerse... La multitud de fuerzas, ya sean activas o pasivas, se complica aquí a tal grado, que parece casi imposible determinar por separado el efecto de cada una; diferenciar aquel que proviene de la fuerza de inercia del que resulta de la tenacidad, y ambos del efecto que deben producir el peso y el rozamiento de las partículas. Además, aun cuando se hubiesen individualizado, en un caso específico, los efectos de cada una de estas fuerzas y las leyes que ellas siguen, ¿sería razonable concluir que en otro caso, donde las partículas actúen absolutamente de otro modo —ya sea en cuanto al número, o por lo que respecta a su dirección, disposición y velocidad— la ley de los efectos no resultaría ser totalmente distinta?".[73]

[72] Galileo, *Le ópere*, vol. VIII, 85, 86.

[73] D'Alembert, *Oeuvres*, 335.

Y en otra parte asienta: "Si se conociesen la figura y disposición mutua de las partículas que componen los fluidos, para determinar las leyes de su equilibrio y movimiento no se requerirían más principios que los de la mecánica ordinaria. Porque hallar la acción recíproca de varios cuerpos unidos entre sí, de los cuales se conozcan la figura y el arreglo correspondiente, constituye siempre un problema bien definido. Pero, como ignoramos la forma y disposición de las partículas fluidas, la determinación de las leyes que rigen su equilibrio y movimiento es un problema que, planteado bajo un punto de vista puramente geométrico, no contiene datos suficientes; y para su solución nos vemos obligados a acudir a principios nuevos".[74] En efecto, empleando también aquí, con la debida reserva, el término "partícula", podemos afirmar que, en un medio fluido, cada partícula, por su posición, velocidad y aceleración, influye sobre la posición, velocidad y aceleración, de todas las demás; por tanto, el movimiento de cada una de ellas no puede predecirse sin que se conozca de antemano todo el campo de flujo, lo cual, por otro lado, implica conocer el movimiento de todas y cada una de las partículas que lo componen. Un círculo vicioso, difícil de desenredar.

El hecho de que la hidráulica nuevamente se enfrentara a una crisis no escapaba a una mente tan aguda como la de D'Alembert, quien sentía que la dificultad provenía de los fundamentos mismos de esa ciencia. Si es falso que el agua se componga de partículas sueltas, ¿cómo había podido Daniel Bernoulli construir su *Hidrodinámica* sobre el principio de conservación de las fuerzas vivas de Huygens, establecido justamente con referencia al movimiento de un conjunto de cuerpos no ligados entre sí? Esta debilidad de la teoría de Daniel era evidente para su padre, comenta D'Alembert: "La insuficiencia del principio de las fuerzas vivas para conducir a una teoría luminosa del movimiento de los fluidos, parece haber sido uno de los motivos principales que indujeron al célebre Johann Bernoulli a redactar su nueva *Hidráulica*". Sin embargo, tampoco Johann había mejorado mucho la situación: Yo —prosigue D'Alembert— dediqué un artículo a examinar el método de este gran geómetra y las dificultades que me parecía que se le podrían oponer. De mi exposición se verá, si no me engaño, que en la teoría de Bernoulli queda todavía algo de incierto y arbitrario. Por otro lado, su principio general se deduce tan fácilmente del de las fuerzas vivas, que no parece ser otra cosa que este último, presentado bajo otra forma".[75]

¿Estaba D'Alembert en condiciones de ofrecer algo mejor? Claro que sí. Inicialmente, averiguar cuál es el verdadero sentido del principio de conservación de las

[74] *Id.*, 408.
[75] *Id.*, 414.

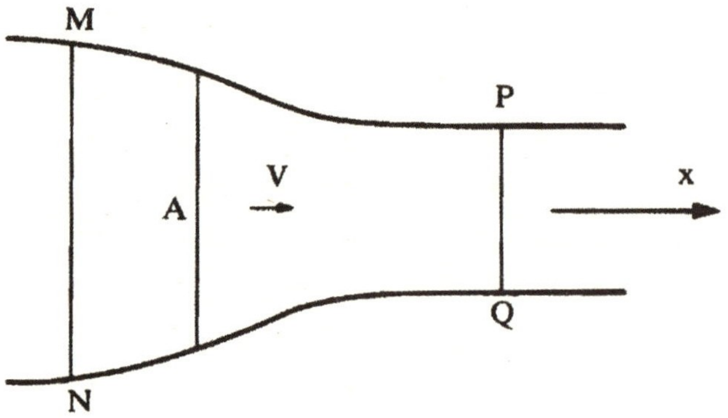

Figura 114

fuerzas vivas, aplicado al movimiento de una masa fluida. Su razonamiento, con notación moderna, puede presentarse como sigue. Supongamos que en un conducto se desplace —por ejemplo, debido al empuje de un pistón— una masa *MNPQ* de líquido, con velocidad *V* (figura 114). Su fuerza viva por cada unidad de volumen será $E = \rho V^2/2$; por tanto, $dE = \rho VdV$. El principio de conservación de las fuerzas vivas, aplicado a la masa *MNPO*, implicaría que la integral (extendida a toda la masa)

$$\int (\rho A dx)\, VdV = \text{const} \qquad (1)$$

donde A representa el área de una sección trasversal del conducto y x la abscisa, tomada a lo largo de él. Si Q es el gasto que escurre, se tiene que $AV = Q$, lo cual, remplazado en la ecuación 1, la trasforma en

$$\rho Q \int dxdV = \text{const}$$

Si esta última ecuación la derivamos con respecto al tiempo t, considerando ρ y Q constantes, obtenemos la ecuación

$$\int \frac{dV}{dt} dx = 0 \qquad (2)$$

que por lo visto resulta equivalente al principio de las fuerzas vivas. Como dV/dt no es otra cosa que la aceleración, D'Alembert concluía que la conservación de las fuerzas vivas en los fluidos implica que la integral de la aceleración, tomada en todo el volumen *MNPQ*, debe ser nula.[76] Resultado correcto, en ausencia de fuerzas externas que actúen sobre la masa fluida, siempre que la presión sea la misma dentro de toda la masa.

D'Alembert estableció también la que hoy llamamos "ecuación de continuidad". Se trataba de expresar el principio de conservación de la materia fluida, interpretado por Castelli mediante su célebre ley, pero ahora no considerando —como se había hecho

[76] D'Alembert, *Dynamique*, vol. II, 197-200.

desde Castelli hasta los Bernoulli— las masas que atraviesan diferentes secciones de un conducto, sino el balance de masas a través de un volumen de control cualquiera, fijo dentro del fluido en movimiento. Un análisis del problema llevó a D'Alembert a entender que la nueva ley implicaba restricciones para las variaciones que pueden sufrir las componentes (que él llamaba p y q) de la velocidad, en cada punto del volumen considerado; de modo que había que expresarla por medio de una ecuación diferencial en las derivadas parciales de dichas componentes. En su *Essai d'une nouvelle théorie de la résistance des fluides* (*Ensayo de una nueva teoría de la resistencia de los fluidos*), publicado en París en 1752, D'Alembert logró efectivamente obtener la ecuación de continuidad, en tres dimensiones, para el caso de un flujo con simetría axial.[77]

Después, integrando esta ecuación, se podía determinar, si no las dos componentes p, q (ya que sólo se disponía de una ecuación para dos incógnitas), por lo menos el cociente de ellas. Al extender la ley de Bernoulli a la consideración de velocidad y presión en cada punto del medio fluido, se podría contar con una segunda ecuación que, conocida la distribución de las presiones, permitiría calcular prácticamente las velocidades locales. Por el contrario, el conocimiento de las velocidades llevaría a la determinación de las presiones; esto interesaba especialmente a D'Alembert, pues se había propuesto estudiar la "resistencia" que los fluidos ofrecen a cuerpos que se mueven dentro de ellos.

Eso era justamente lo que la hidrodinámica requería para salir adelante. Sin embargo, cuando D'Alembert quiso aplicar su flamante teoría, surgieron graves dificultades. Leamos sus palabras: "La solución que aquí ofrecemos del problema de la presión de los fluidos se apoya, según mi parecer, sobre principios menos vagos y arbitrarios que los de todas aquellas que se han presentado hasta hoy. Aquí todo se demuestra rigurosamente; pero tal vez por este motivo es tan difícil aplicarle el cálculo, y poderla comparar con la experiencia. Porque, en primer lugar, los valores de p y q convenientes para cada caso los determinamos tan sólo por aproximación; y, en segundo, el análisis, por cuyo intermedio nos proponemos encontrarlos, resulta tan largo, que es capaz de desalentar al más intrépido calculador. Sin embargo, no creo que se pueda hallar un método directo y sencillo para determinar la resistencia y la presión de los fluidos; incluso me atrevo a asegurar que, si este método no concuerda con lo que se hallará experimentalmente, casi hay que perder la esperanza de encontrar la resistencia de los fluidos por medio de la teoría y el cálculo analítico. Digo *por medio del cálculo analítico*, porque todos los

[77] D'Alembert, *Résistance*, 43.

principios físicos sobre los cuales nuestro análisis se apoya han sido demostrados con todo rigor. Sólo hay una hipótesis *analítica* que se nos podría objetar categóricamente; y es aquella por la cual hemos supuesto que p y q sean funciones de [las coordenadas] x y z... Se nos podría cuestionar, en rigor, esta suposición; pero, en tal caso, habría que renunciar a toda esperanza de determinar, por medio del cálculo —y, por consiguiente, por vía teórica— la presión de los fluidos. Porque, desde el momento en que hemos comprobado que los valores de las cantidades p y q sólo dependen de la posición del punto al cual corresponden, no se sabría hacer ninguna hipótesis de cálculo más general que la de suponer que dichas cantidades son funciones de x y z".[78]

De hecho, no había nada incorrecto en considerar a la velocidad como función de las coordenadas del punto; ésta era justamente la idea novedosa y original sobre la cual se apoyaría toda la hidrodinámica. La dificultad no estaba en la sustancia, sino en la forma: el modelo matemático de D'Alembert era difícil de manejar, y casi nadie lo entendía. Un gran cerebro sí lo comprendió, el de Leonhard Euler. Recogiendo las ideas de D'Alembert, esa mente prodigiosa entró en actividad y, apenas tres años después de la publicación del *Essai*, produjo, una tras otra, las tres Memorias magistrales sobre las cuales se asienta toda la mecánica de los fluidos.

Carteo entre matemáticos

Euler, D'Alembert, Lagrange, he aquí los nombres de los tres más grandes matemáticos del siglo XVIII; los tres se interesaron en la hidrodinámica y le dieron su forma definitiva. Euler nació en 1707, D'Alembert en 1717, Lagrange, el más joven, en 1736; en Suiza el primero, en Francia el segundo, en Italia el tercero.

Luigi Lagrange tenía apenas 18 años cuando escribía a Euler: "desde que empecé a estudiar tus preclarísimas obras, y ante todo la *Mecánica*, te tomé tanto afecto que, por cierto, nada deseaba más que hallar ocasión de comunicarte por carta este mi sentimiento... Me harías un grandísimo favor al informarme si,... además de la *Mecánica*, la teoría de la música, la solución al problema isoperimétrico y la introducción al análisis de los infinitos, publicarás otras obras. Naturalmente, excluyo todo lo incluido en las Actas de las Academias de San Petersburgo y de Berlín, y en especial el incomparable cálculo acerca del reflujo y reflujo del mar, porque casi todas estas cosas las conozco

[78] *Id.*, 78, 79.

muy bien". A cambio de ello, le enviaría un estudio suyo sobre la gnomónica —arte de hacer relojes solares— y algunas observaciones sobre máximos y mínimos.[79] El tuteo, como sabemos, se debe a que la correspondencia está escrita en latín.

El tema de los máximos y mínimos estaba entonces de moda. Los hermanos Bernoulli habían hallado cómo resolver el problema de la braquistocrona (figura 55), así como el de los "isoperímetros": ¿qué forma debe tener la curva *MPN*, de longitud dada (figura 115), para que el área A resulte máxima? Generalizando el método de análisis sugerido por los Bernoulli, Euler había propuesto un algoritmo capaz de solucionar no sólo esos dos problemas, sino todos los del mismo estilo, o sea, los que requieren maximizar o minimizar cierta integral bajo determinadas condiciones de frontera. Sin embargo, Lagrange consideró que el camino seguido por Euler no resultaba muy sencillo y, utilizando los principios del cálculo diferencial, obtuvo directamente "no sólo todas esas fórmulas, sino también otras, mucho más abstrusas; haciendo caber en pocas líneas esas soluciones de dichos problemas para las cuales él [Euler] en su libro, había requerido tres o cuatro páginas de cálculo".[80] De hecho, Lagrange había inventado el "cálculo de variaciones".

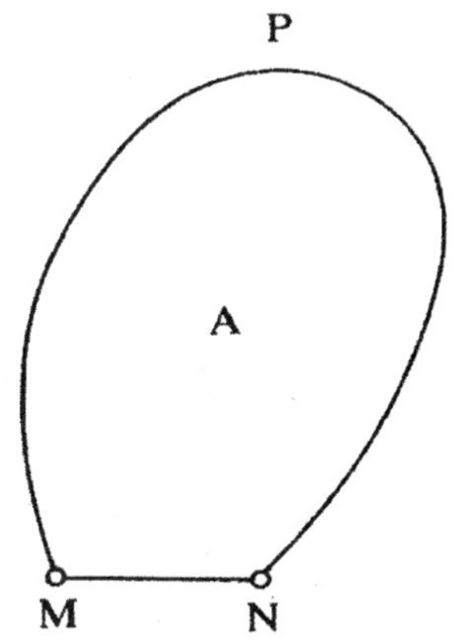

Figura 115

En una carta subsiguiente, Lagrange explica todo esto a Euler, quien le contesta: "Leída con toda atención tu última carta, con la cual pareces haber elevado a una suma cumbre de perfección la teoría de máximos y mínimos, no puedo admirar lo suficiente la eximia sagacidad de tu ingenio. Porque como, en mi tratado sobre el tema, yo deseaba no sólo [encontrar] un procedimiento puramente analítico, por el cual puedan obtenerse las reglas allí propuestas, sino que también invertí luego no poco esfuerzo en descubrir un método así, me trajiste de veras un gran gozo al querer amablemente hacerme partícipe de tus sumamente profundas y consistentes meditaciones acerca de esos asuntos".[81]

Lagrange es nombrado profesor de la Escuela de Artilleros de Turín, y el 20 de noviembre de 1755 escribe a Euler: "Resulta que me eligieron profesor en nuestra escuela matemática militar; empleo que, por cierto, ofrecido a mí, joven todavía de menos de veinte años que estaba pensando en otros asuntos, no pudo dejar de traerme cantidad

[79] Lagrange, *Oeuvres*, vol. XIV, 137, 138.
[80] *Id.*, 250.
[81] *Id.*, 144.

de quehaceres, que de ningún modo era posible aplazar".[82] Sin embargo, esto no lo aleja de la investigación: en la misma carta, aplica su método de variaciones para resolver —de modo nuevo— el problema de la braquistocrona.

Euler se encuentra entonces en Berlín, donde Federico el Grande lo había llamado, en 1741, sustrayéndolo a la emperatriz Isabel de Rusia. Allí muestra las cartas de Lagrange a Maupertuis, presidente de esa Academia, y ambos deciden proponerlo como nuevo miembro ante el rey. "Además —escribe Euler a Lagrange en abril de 1756— [Maupertuis] me pidió que te pregunte si acaso no quisieras permutar la sede de que gozas en Turín con otra en Alemania, bajo los auspicios de nuestro munificentísimo soberano, al cual te recomendaría". Lagrange, joven, hijo único de una familia acomodada, titubea: "Por lo que se refiere a transferir ahora mi sede a Alemania, cerca de ti, diré cándidamente lo que siento: que en verdad esto me será sumamente grato, siempre que se me ofrezca una situación bastante honorable y adecuada. Pero se trata de dejar casa y patria, donde paso mi vida exento de toda angustia y dificultad, especialmente ahora que he obtenido una ocupación matemática en la Escuela de Artilleros, con la esperanza de poder progresar fácilmente. Tú, varón clarísimo, vas vagando fuera de tu patria; y así sabes muy bien cuál sea allí la condición de los extranjeros".[83]

Nada se decide al respecto, y durante muchos años sigue la correspondencia entre Turín y Berlín, y el diálogo sobre matemáticas. En 1756, se acepta "con sumo aplauso" a Lagrange como miembro de la Academia de Berlín, y Euler le remite el "diploma acostumbrado".[84] Luego se produce un largo silencio de Euler, que dura tres años. ¿Qué había pasado? A fines del otoño de 1756, empezó la que después, considerando su duración, se llamaría "guerra de los siete años". Federico, a sabiendas de que tenía a Austria, Francia y Rusia en su contra, se adelanta —costumbre prusiana— e inicia el ataque. Naturalmente, gracias a la sorpresa, la guerra en un principio le resultó favorable. Pero su ejército fue derrotado por los austriacos en junio de 1757; luego en 1758 y en agosto de 1759. Todo parece perdido: los rusos invaden Brandenburgo, el corazón de Prusia, y Berlín, su capital. El apacible Euler se desespera. Sólo a principios de octubre se anima a escribir nuevamente a su joven amigo: "Entre tantos y tan atroces tumultos de guerra, que nos acosan por todos lados, de hecho son tantas las preocupaciones que me embargan, que me veo obligado a descuidar casi toda la correspondencia". Lagrange desea remitirle una obra donde presenta sus métodos variacionales, con aplicaciones

[82] *Id.*, 147.
[83] *Id.*, 154, 155.
[84] *Id.*, 157.

del "principio de mínima acción" ideado por Maupertuis, para que la Academia de Berlín la analice y luego trate de publicarla en Prusia, "a fin de evitar todas las molestias que resultan de editar libros en nuestro país". Sin embargo, Euler lo disuade de tal propósito: que entregue su obra a la imprenta lo más pronto posible, pero no en Prusia. "Porque aquí, en estos tiempos tan revueltos, es difícil que un editor esté dispuesto a ofrecer su servicio". Que vea más bien en Ginebra o Lausana, "donde gozan de tanta paz".[85] ¿Por qué —parece lamentar Euler entre líneas— habré dejado mi tranquila Suiza para venir a un país tan turbulento?

En Piamonte, esos años transcurrieron en calma, y Lagrange los había aprovechado. Incansable, constituyó con amigos y alumnos una sociedad científica; sociedad que, en 1758, logró publicar un primer volumen de Memorias, bajo el modesto título de *Miscellanea philosophico-matematica societatis privatae Taurinensis* (*Miscelánea filosófico-matemática de una sociedad privada de Turín*). Pero las Memorias tenían —gracias especialmente a las contribuciones de Lagrange— un nivel tan alto, que la publicación adquirió de inmediato un renombre mundial; y Euler no desdeñaría colaborar con ella. Pocos días después de haber despachado la carta arriba mencionada, Euler recibe un ejemplar de ese primer volumen; la Memoria de Lagrange, *Recherches sur la nature et la propagation du son* (*Investigaciones sobre la naturaleza y propagación del sonido*) lo entusiasma. Como si en ese momento se diera cuenta de que Lagrange domina el francés, deja el latín y le escribe por primera vez en ese idioma: "Habiendo recibido el excelente presente que usted tuvo la bondad de enviarme —comenta— empecé a hojearlo con la mayor avidez; y no puedo dejar de admirar mucho la habilidad con la cual usted maneja las ecuaciones más difíciles para determinar el movimiento de las cuerdas y la propagación del sonido". Muchos años antes, en su *Tentamen novae theoriae musicae* (*Intento de una nueva teoría musical*), Euler había aplicado la ecuación de la vibración, pero con resultados más limitados; lo que él admira del trabajo de Lagrange es la resolución general del problema de "la propagación del sonido, que yo nunca he podido llevar a cabo, por cuantos esfuerzos haya hecho, porque la que había dado en mi juventud se fundaba sobre ideas ilusorias".[86]

Efectivamente, Lagrange había planteado y resuelto por primera vez, "utilizando funciones irregulares y discontinuas", la ecuación diferencial del segundo orden de tipo hiperbólico. Mientras Euler se complacía en estudiar diversos problemas concretos —en particular, muchos de mecánica práctica— sin nunca perder de vista las aplica-

[85] *Id.*, 161, 162.
[86] *Id.*, 164-166.

ciones, Lagrange aspiraba siempre a la máxima abstracción y generalidad. La que ha prevalecido a través de los siglos —para bien o para mal— es la visión de Lagrange, no la de Euler; tal vez por eso, los programas actuales de enseñanza no nos autorizan mencionar al alumno el principio de Torricelli, si antes no le hemos explicado los campos de flujo, líneas de corriente, venas líquidas, y no hemos establecido los principios de conservación de materia y energía.

La correspondencia entre Euler y Lagrange continúa, con cartas poco frecuentes, pero de gran interés. El 3 de mayo de 1766, Euler escribe: "Para justificar mi largo silencio, tengo que informarle, señor, que desde hace mucho tiempo me encuentro en las mayores dificultades, las cuales han impedido casi totalmente que me dedique a cualquier investigación; y me daba vergüenza escribirle una carta toda carente de cuestiones geométricas. Tampoco en este momento estoy en condiciones de hacerlo, porque poderosas razones me han llevado a solicitar aquí mi permiso para regresar a San Petersburgo, donde me llama el más ventajoso ofrecimiento de la emperatriz. Sin duda usted sabrá que la Academia de Rusia ha decaído mucho desde hace algún tiempo. Pero ahora su Majestad Imperial se ha propuesto devolver a esa Academia su antiguo lustre, y aún darle más resplandor, ya que le ha destinado un fondo de sesenta mil rublos por año. Con esto en vista, su Majestad quiere honrarme con su magna confianza, llamándome a dirigir y realizar este gran diseño, en el cual se trata principalmente de comprometer a grandes hombres de todas las ciencias para que vengan a establecerse en San Petersburgo, y contribuir todos juntos al avance científico". Naturalmente, el primer nombre propuesto a su Majestad Imperial para la Academia debería ser el de Lagrange. "Entiendo bien que la gran distancia y el clima rudo, en un principio, le causarán horror; pero, como conozco perfectamente el lugar , por haber vivido allí catorce años, y regreso a todo correr, le puedo asegurar que la ciudad de San Petersburgo encierra juntos todos los deleites que no se hallan sino por separado en otros sitios, y que hay modo de defenderse del frío; así que allí uno se encuentra mucho menos incómodo que en los países más cálidos".[87]

En San Petersburgo, las cosas no resultan para Euler tan bien como las había pensado: los años pasan, y él se vuelve anciano y ciego. "La debilidad de mi vista y mi empleo actual, que me obliga a destinar todas las mañanas a la dirección de la Academia —le confiesa luego a Lagrange— me ponen totalmente fuera de condición para continuar mis investigaciones acerca de este tópico [la mecánica]; pero, con la ayuda de mi hijo

[87] *Id.*, 208, 209.

Albert, estaré siempre capacitado para aprovechar las aclaraciones que Ud. quiera comunicarme sobre el tema, así como sobre todos los demás a los que se dedique".[88] Tres años más tarde, comunica a Lagrange que ya no puede leer y, por tanto, tiene que pedir a otros que le lean la correspondencia. Euler fallece en San Petersburgo, en septiembre de 1783; curiosamente, D'Alembert muere a fines de octubre del mismo año.

La obra de un genio

"Los principios de la hidrostática pueden explicarse por simple geometría, con la ayuda de un análisis elemental; pero no pasa lo mismo con los de la hidráulica, en la cual se trata el verdadero movimiento del agua. Para descubrir tales principios es forzoso acudir al análisis de los infinitos... Pero con todo y que este análisis haya sido descubierto desde hace tiempo, ha sido necesario llevar, con su ayuda, los principios de la mecánica a un alto grado de claridad, antes de poderse hallar en condiciones de atacar la hidráulica con éxito. Fundamentalmente a Daniel Bernoulli debemos las primeras luces sobre este tema, que él desarrolló tan bien en su excelente tratado de hidrodinámica, en el cual utilizó con gran provecho la conservación de las fuerzas vivas. Luego, como este principio fue objetado por varios matemáticos que no entendieron su alcance, su difunto padre trató esta materia con igual éxito, utilizando tan sólo los primeros principios de la mecánica, los cuales nadie pone en duda; y luego D'Alembert ha producido un método muy especial para alcanzar el mismo objeto".[89]

Esto anotaba Euler en la introducción a su primer trabajo de hidráulica: *Sur le mouvement de l'eau par les tuyaux de conduite* (*Acerca del movimiento del agua en las tuberías*), de 1749. La hidráulica tiene pues que apoyarse en la mecánica, cuyos principios es factible "reducir a uno solo, que pueda considerarse como el fundamento único de toda la mecánica y demás ciencias que tratan acerca del movimiento de toda suerte de cuerpos. Y sobre este único principio podemos establecer [todos] los demás: no sólo aquellos aceptados en hidráulica y mecánica,... sino también los que todavía no se conocen".[90] Euler aclara luego que este principio fundamental es el que representan las ecuaciones

$$m\frac{d^2x}{dt^2} = X, \; m\frac{d^2y}{dt^2} = Y, \; m\frac{d^2z}{dt^2} = Z \qquad (1)$$

[88] *Id.*, 211.
[89] Euler, *Commentationes*, XLIV, XLV.
[90] *Id.*, XLII.

donde m es la masa y X, Y, Z las componentes de la fuerza aplicada. Tales ecuaciones aparecen aquí por primera vez.

Ahora bien, ¿qué traen de nuevo? ¿No se trata de esa célebre ley de Newton que iguala la fuerza al producto de la masa por la aceleración? Así dicen nuestros libros de texto; pero se pueden escudriñar todos los *Principia* y demás escritos del gran científico inglés y en ninguna parte se encontrará algo parecido a las ecuaciones 1. El axioma equivalente Newton lo expresa más bien como principio de la cantidad de movimiento: "El cambio de [cantidad de] movimiento es proporcional a la fuerza motriz aplicada; y se realiza en la dirección de la recta según la cual esa fuerza se aplica".[91] Además, utiliza este principio descomponiendo siempre la fuerza en las direcciones tangencial y normal a la trayectoria, no según los ejes cartesianos x, y, z; ejes que, por cierto, tampoco están en la *Géométrie* de Descartes, de quien toman su nombre.

Los tres ejes ortogonales parece que fueron sugeridos primero por Colin McLaurin, en su *Treatise of fluxions* de 1742; pero su adopción casi inmediata por parte de Euler representa, para la mecánica de fluidos, una innovación crucial. En efecto, hasta entonces el análisis del movimiento fluido se había realizado desde un punto de vista unidimensional, es decir, imaginando la corriente como un "tubo de flujo". Con la introducción de las coordenadas cartesianas, desaparecen direcciones privilegiadas; esto permite seguir el movimiento de toda partícula, en cualquier punto de la masa fluida donde se encuentre, sin necesidad de conocer previamente su trayectoria. De una "hidráulica" que estudia el escurrimiento dentro de un conducto de características determinadas, se pasa a la "hidrodinámica", la cual analiza el movimiento del fluido en el espacio, ya sea que le afecte la presencia de paredes o que éstas no existan.

Sin embargo, parece que Euler tardó bastante en valorar todo el alcance de su innovación; debió comprenderlo de repente, como lo comprueba el hecho de que en un solo año, 1755, publicó en las Memorias de la Academia de Berlín, uno a continuación del otro y con una extensión de 145 páginas, sus tres trabajos definitivos al respecto: *Principes généraux de rétat d'équilibre des fluides* (*Principios generales del estado de equilibrio de los fluidos*), *Principes généraux du mouvement des fluides* (*Principios generales del movimiento de los fluidos*) y *Continuation des recherches sur la théorie du mouvement des fluides* (*Continuación de las investigaciones sobre la teoría del movimiento de los fluidos*). Testigos de una actividad sistemática, entusiasta y febril, representan tal vez, dentro de las matemática aplicadas, una de las máximas creaciones de todos los tiempos.

[91] Newton, 13.

Dejando a un lado los problemas particulares que habían interesado a sus predecesores, Euler se esfuerza en dar a su teoría la máxima generalidad. "Convengo —escribe— en que una generalidad demasiado grande a menudo obscurece más de lo que aclara, y lleva a cálculos tan enredados que resulta sumamente difícil deducir de ellos consecuencias para los casos más sencillos". Esto era, recordamos, lo que le había pasado a D'Alembert. "Pero —agrega Euler— en el tema que me propongo explicar sucede justamente lo opuesto; la generalidad que abarco, en vez de ofuscar nuestra visión, nos descubrirá más bien las verdaderas leyes de la Naturaleza en todo su esplendor; y se hallarán en ello razones todavía más fuertes para admirar su belleza y sencillez. Será importante aprender qué principios que se había creído ligados a algún caso particular poseen una extensión mucho más grande. A continuación, estas investigaciones casi no requerirán ya cálculos más complicados, y será fácil aplicarlas a todos los casos particulares que se puedan proponer".[92]

La universalidad del planteamiento empieza con los tipos de fluidos considerados: líquido, incompresible, o bien gas, compresible; y, dentro del incompresible, el de masa homogénea y el heterogéneo. El fluido compresible lo había estudiado también Bernoulli, pero por separado; ahora Euler propone una teoría que abarque todos al mismo tiempo. "Hay que suponer —continúa— que se conozca, en cierto instante, el estado del fluido, que llamaré 'estado primitivo' del mismo. Siendo este estado casi arbitrario, hay que conocer primero la disposición de las partículas de las cuales el fluido se compone, y el movimiento que se les habrá impreso, siempre que el estado primitivo del fluido no haya sido el de reposo. Con todo, el estado primitivo no resulta completamente arbitrario, pues la continuidad y la impenetrabilidad del fluido introducen en él una cierta limitación... Pero a menudo no se conoce nada acerca de un estado primitivo; como cuando se trata de determinar el movimiento de un río; entonces, las investigaciones se limitan en general a encontrar el estado permanente, al cual el fluido llegará por último sin sufrir nuevos cambios. Ahora, ni esta circunstancia, ni el estado primitivo, cambian en nada las investigaciones que habrá que emprender, y el cálculo quedará siempre el mismo". Finalmente, "hay que contar entre los datos con las fuerzas externas a cuya solicitación se somete el fluido. A estas fuerzas las llamo aquí externas, para distinguirlas de las fuerzas internas —por medio de las cuales las partículas del fluido actúan unas sobre otras— que constituyen el principal objeto de las investigaciones que se harán a continuación... Ahora, para mayor generalidad, consideraré que el fluido esté

[92] Euler, *Principes*, 458.

solicitado por fuerzas cualesquiera... De estas fuerzas sólo se conocen de inmediato las acciones aceleradoras, sin tener en cuenta las masas sobre las cuales actúan. Por tanto, no introduciré en el cálculo más que las fuerzas aceleradoras", o sea las aceleraciones, consideradas como fuerzas por unidad de masa.[93]

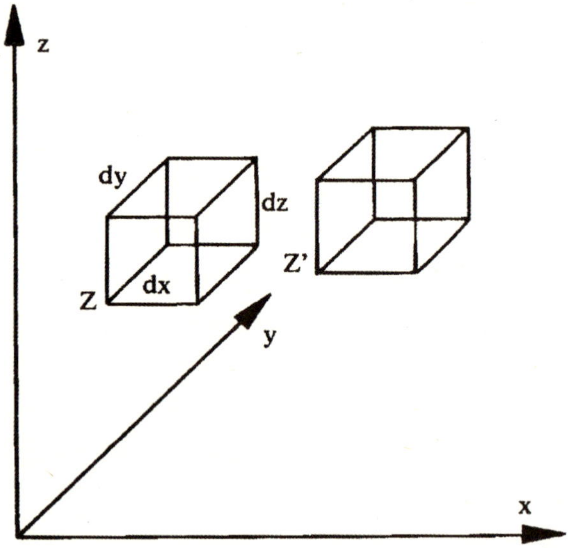

Figura 116

Veamos cómo Euler establece la ecuación de continuidad. Supone que un paralelepípedo fluido infinitesimal, de lados *dx, dy, dz,* se desplace de la posición *Z* a la *Z'* (figura 116) en el tempúsculo dt. Si *u, v, w,* son las componentes de la velocidad, los lados adquirirán las nuevas longitudes

$$dx\left(1+\frac{\partial u}{\partial x}dt\right), dy\left(1+\frac{\partial v}{\partial y}dt\right),$$

$$dz\left(1+\frac{\partial w}{\partial z}dt\right)$$

y el volumen *dx dy dz* del paralelepípedo cambiará a

$$dx\ dz\ dz\left(1+\frac{\partial u}{\partial x}dt\right)\left(1+\frac{\partial v}{\partial y}dt\right),$$

$$\left(1+\frac{\partial w}{\partial z}dt\right)$$

$$= dx\ dy\ dz\left[1+\left(\frac{\partial u}{\partial x}+\frac{\partial v}{\partial y}+\frac{\partial w}{\partial z}\right)dt\right] \qquad (2)$$

habiéndose despreciado los productos de dos o tres infinitesimales. Por otro lado, si el fluido es compresible, también la densidad variará. Del valor ρ que tiene en *Z* pasará en *Z'* al valor

$$\rho+\frac{d\rho}{dt}dt = \rho+\left(\frac{\partial\rho}{\partial t}+\frac{\partial\rho}{\partial x}u+\frac{\partial\rho}{\partial y}v+\frac{\partial\rho}{\partial z}w\right)dt \qquad (3)$$

[93] *Id.*, 461.

por ser

$$\frac{dx}{dt} = u, \frac{dy}{dt} = v, \frac{dz}{dt} = w \tag{4}$$

Pero como la masa del paralelepípedo no puede cambiar, la densidad en *Z'* estará a la densidad en *Z* como el volumen en *Z* al volumen en *Z'*; o sea, utilizando las expresiones 2 y 3, se tendrá que

$$1+\frac{\left(\frac{\partial\rho}{\partial t}+\frac{\partial\rho}{\partial x}u+\frac{\partial\rho}{\partial y}v+\frac{\partial\rho}{\partial z}w\right)dt}{\rho}=1-\frac{\left(\frac{\partial u}{\partial x}+\frac{\partial v}{\partial y}+\frac{\partial w}{\partial z}\right)dt}{1+\left(\frac{\partial u}{\partial x}+\frac{\partial v}{\partial y}+\frac{\partial w}{\partial z}\right)dt}$$

de donde, simplificando y despreciando el sumando, infinitesimal, del último denominador, se obtiene

$$\frac{\partial\rho}{\partial t}+\frac{\partial\rho}{\partial x}u+\frac{\partial\rho}{\partial y}v+\frac{\partial\rho}{\partial z}w+\rho\left(\frac{\partial u}{\partial x}+\frac{\partial v}{\partial y}+\frac{\partial w}{\partial z}\right)=0$$

o sea

$$\frac{\partial\rho}{\partial t}+\frac{\partial(\rho u)}{\partial x}+\frac{\partial(\rho v)}{\partial y}+\frac{\partial(\rho w)}{\partial z}=0 \tag{5}$$

En el caso del fluido incompresible, como sería el agua, ρ no varía; por tanto, la ecuación 5 se hace

$$\frac{\partial u}{\partial x}+\frac{\partial v}{\partial y}+\frac{\partial w}{\partial z}=0 \tag{6}$$

"Esta fórmula —dice Euler— proporcionada por la consideración de la continuidad del fluido, ya encierra cierta relación que debe subsistir entre las cantidades *u*, *v*, *w* y ρ. Las otras determinaciones tienen que obtenerse de la consideración de las fuerzas, a las cuales cada partícula está sujeta. Ahora, además de las fuerzas aceleradoras *P*, *Q*, *R*, que actúan sobre el fluido en *Z*, éste resulta también solicitado por la presión que actúa de todos lados sobre el elemento del fluido contenido en *Z*. De la combinación de estas dos [clases de] fuerzas se deducirán tres fuerzas aceleradoras, según la dirección de los tres ejes; y, como las mismas aceleraciones se pueden asignar considerando las velocidades *u*, *v*, *w*, obtendremos de allí tres ecuaciones que, unidas a la que acabamos de encontrar, encerrarán todo lo que concierne al movimiento de los fluidos; de modo que dispondremos entonces de los principios generales y completos de toda la ciencia del movimiento de los fluidos".[94]

Las fuerzas aceleradoras provenientes de la presión resultan del siguiente razonamiento. Sea *ZACB* (figura 117) el paralelepípedo fluido elemental ya considerado en la figura 116. Sobre la cara *ZA*, de área *dydz*, actúa la presión *p* con fuerza *pdydz*. Sobre la cara opuesta BC actúa la presión $p+(\partial p/\partial x)dx$, con fuerza

$$\left(p+\frac{\partial p}{\partial x}dx\right)dydz$$

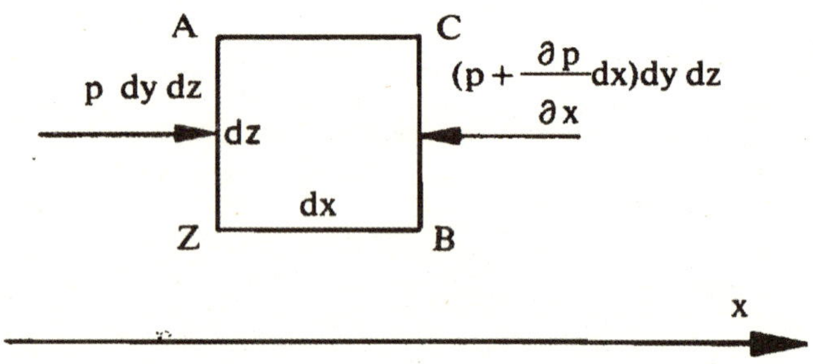

Figura 117

De aquí se desprende que el paralelepípedo resulta empujado (en la dirección de las x negativas, si $\partial p/\partial x>0$; en la otra, en el caso opuesto) por la fuerza que resulta de restar las dos anteriores

$$\frac{\partial p}{\partial x}dx\ dy\ dz$$

Pero la masa del paralelepípedo fluido es $\rho\ dxdydz$; por tanto, la fuerza aceleradora asociada con la presión, en la dirección x, resulta ser

$$\frac{-(\partial p/\partial x)dxdydz}{\rho\ dxdydz}=-\frac{1}{\rho}\frac{\partial p}{\partial z}$$

Análogamente, en las direcciones y, z se tendrán, respectivamente, las fuerzas aceleradoras

$$-\frac{1}{\rho}\frac{\partial p}{\partial y},\quad -\frac{1}{\rho}\frac{\partial p}{\partial z}$$

Sumándolas a las componentes *P, Q, R* y remplazando con dichas sumas las fuerzas aceleradoras *X/m, Y/m, Z/m* de las ecuaciones 1, en las cuales se haya escrito, considerando las expresiones 4,

$$\frac{\partial^2 x}{\partial t^2}+\frac{du}{dt},\quad \frac{\partial^2 y}{\partial t^2}=\frac{dv}{dt},\quad \frac{\partial^2 z}{\partial t^2}=\frac{dw}{dt}$$

[94] *Id.*, 464.

se obtiene finalmente el sistema

$$\frac{du}{dt} = P - \frac{1}{\rho}\frac{\partial p}{\partial x}, \quad \frac{dv}{dt} = Q - \frac{1}{\rho}\frac{\partial p}{\partial y}, \quad \frac{dw}{dt} = R - \frac{1}{\rho}\frac{\partial p}{\partial z} \tag{7}$$

Si consideramos que *du/dy* es una derivada total, y escribimos, recordando las relaciones 4,

$$\frac{du}{dt} = \frac{\partial u}{\partial t} + \frac{\partial u}{\partial x}u + \frac{\partial u}{\partial y}v + \frac{\partial u}{\partial z}w \tag{8}$$

y desarrollos análogos para *dv/dt y dw/dt*, y si remplazamos todo en las ecuaciones 7, obtenemos tres ecuaciones que, asociadas con la ecuación 6, permiten obtener por integración las cuatro incógnitas u, v, w y p, si el fluido es incompresible.[95]

En el caso del fluido compresible, Euler razona como sigue. Consideremos cierta masa fluida, y apliquémosle una presión por medio de un pistón. Si la presión es grande, el fluido comprime y el pistón avanza; si es pequeña, el fluido se expande y el pistón retrocede. Existirá una presión intermedia σ bajo la cual el fluido se encuentra en equilibrio. Llamemos "elasticidad" del fluido a esta presión σ. "De aquí se entiende que cuando un fluido compresible se encierra en un volumen menor, su elasticidad debe resultar más grande, porque hay que emplear una fuerza tanto mayor cuanto más se quiere comprimir el fluido. La elasticidad depende pues de la densidad del fluido, de modo tal que entre más se incrementa ésta, mayor se hace aquélla; aunque no sea necesario que la elasticidad varíe precisamente en proporción con la densidad... Por otro lado, puede ocurrir que, además de la densidad, haya otra propiedad, r, que interviene para determinar la elasticidad, como por ejemplo el calor que, a igual densidad, aumenta al resorte del aire".[96] Concluyendo, debe existir una relación entre densidad e, elasticidad σ y este último parámetro r:

$$\rho = \rho\,(\,\sigma, r) \tag{9}$$

Así, si el fluido es compresible, las variables por determinar serán cinco: p, u, v, w y ρ; se calcularán integrando el sistema constituido por las cinco ecuaciones 5, 7 y 9.

El tercer trabajo de Euler principia así: "Habiendo reducido, en mis dos Memorias precedentes, toda la teoría de los fluidos, tanto de su equilibrio como de su movimiento, a dos ecuaciones analíticas, la consideración de estas fórmulas parece de máxima

[95] *Id.*, 464, 465.
[96] *Id.*, 460.

importancia: porque ellas encierran no sólo todo lo que se ha descubierto por métodos muy diferentes, y en su mayoría poco convincentes,... sino también todo lo que todavía puede desearse de esta ciencia. Por sublimes que sean las investigaciones sobre los fluidos que debemos a Bernoulli, Clairaut y D'Alembert" ellas proceden tan naturalmente de mis fórmulas generales, que no podría admirarse lo suficiente esta concordancia de las profundas meditaciones de aquéllos con la sencillez de los principios de los cuales he deducido mis ecuaciones; principios a los cuales me han conducido directamente los primeros axiomas de la mecánica...

"Sea que la cuestión concierna al equilibrio o bien al movimiento de un fluido; y que se requiera determinar la velocidad y dirección de cada partícula, o bien las fuerzas que el fluido ejerce sobre las paredes del vaso que lo contiene, o la resistencia que encuentra un cuerpo sumergido, o la elasticidad y densidad del fluido cuando éste es compresible en todas sus partes; todas estas cuestiones, y otras parecidas, que se pueden imaginar acerca del equilibrio o del movimiento del fluido, se reducen a una investigación única: la del estado de presión en que el fluido se encuentra en cada punto... Es para esta presión, o más bien para la altura que la mide, que doy una ecuación diferencial, y todo se reduce a hallar su integral".[97]

Aquí se ofrece una observación curiosa. Las ecuaciones 7 relacionan las tres componentes de la aceleración con las tres de la fuerza externa, a través de la presión. Desde el punto de vista vectorial, representan por tanto una ecuación única. Así las considera justamente Euler, quien sí conoce el concepto de vector —aunque no utilice este término— pues habla de *una ecuación* diferencial; mientras que muchos contemporáneos nuestros siguen llamando impropiamente al sistema 7, *las ecuaciones* de Euler.

Euler continúa: "Pero como esta ecuación encierra distintas variables, no podría emprenderse su integración antes de haber descubierto la relación entre tales variables que es necesaria para hacerla integrable. De aquí se deducen las condiciones de todo el movimiento, respecto a la velocidad de cada partícula, así como a la densidad que se presenta en cada punto en todo instante; de modo que una sola ecuación diferencial encierra a un mismo tiempo varias determinaciones diferentes... Ahora, para obtener todas las determinaciones por las cuales en cada caso el movimiento resulta enteramente definido, hay que agregar a dicha ecuación la otra que encontré [la 5]. Ésta... se basa en la continuidad del fluido, y excluye el vacío que las partículas fluidas podrían dejar entre sí, así como su penetración mutua... Toda la teoría de los fluidos se asienta

[97] *Id.*, 465, 466.

pues únicamente en dos ecuaciones, una de las cuales contiene la presión, y la otra la continuidad del fluido en todas sus partes...

"Otros que han tratado este tema, con excepción de D'Alembert, no han dado al fluido sino una extensión de dos dimensiones a lo sumo, o por lo menos han supuesto que el movimiento de cada partícula se realice en un mismo plano; de modo que las fórmulas que encontraron sólo pueden considerarse como particulares. Por el contrario, las que acabo de ofrecer son absolutamente generales, y no se podría imaginar ningún caso, por complicado que pueda ser, que no quede incluido en ella".[98]

Para evidenciar la generalidad de sus fórmulas Euler se propone deducir de ellas la ecuación de Bernoulli. Supongamos —dice— que el flujo sea permanente, es decir, que no varíe con el tiempo. Entonces u, v, w no dependen de t, y se tiene

$$\frac{\partial u}{\partial t} = \frac{\partial v}{\partial t} = \frac{\partial w}{\partial t} = 0 \tag{10}$$

Imaginemos ahora que nos encontramos sobre una *línea de corriente*, o sea sobre la línea recorrida por una partícula fluida en su movimiento. La velocidad en cada punto estará dirigida tangencialmente a dicha línea; y esto se expresa escribiendo que

$$u:dx = v:dy = w:dz \tag{11}$$

Introduzcamos ahora las condiciones 10 y 11 en el desarrollo 8 y en los análogos para dv/dt y dw/dt; multipliquemos por dx, dy, dz, respectivamente, y sumemos los resultados. Obtendremos

$$\begin{aligned} \frac{du}{dt}dx + \frac{dv}{dt}dy + \frac{dw}{dt}dz &= udu + vdv + wdw \\ &= d\left(\frac{u^2}{2} + \frac{v^2}{2} + \frac{w^2}{2}\right) = d\frac{V^2}{2} \end{aligned} \tag{12}$$

donde

$$V = \sqrt{u^2 + v^2 + w^2}$$

representa la magnitud del vector velocidad.

[98] *Id.*, 466.

Finalmente, Euler supone que la suma $Pdx + Qdy + Rdz$ sea una diferencial exacta, o sea que existe un potencial de las fuerzas aceleradoras S, tal que

$$dS = Pdx + Qdy + Rdz \tag{13}$$

Volviendo entonces a las ecuaciones 7, multiplica la primera por dx, la segunda por dy y la tercera por dz, y suma. Tomando en cuenta la expresiones 12 y 13, la adición resulta

$$d\frac{V^2}{2} = dS - \frac{dp}{\rho}$$

de donde, integrando, se obtiene

$$\frac{V^2}{2} + \frac{p}{\rho} - S = \text{const}$$

Esta ecuación extiende la de Bernoulli —establecida con velocidades y presiones medias a lo largo de un conducto— a una línea de corriente cualquiera.

De hecho, para alcanzar la máxima generalidad, a las fórmulas 7 sólo les faltaba considerar la viscosidad del fluido. Esto requirió la adición de un término más, lo cual hicieron más tarde Navier, Poisson y Stokes.

El nombre de Euler, ahora en contraposición con el de Lagrange, suele asociarse también con la manera de describir el movimiento de un fluido. Hay dos modos muy distintos de presenciar un desfile: el de quien lo ve pasar, y el de quien participa en él. El espectador ve a todos los participantes, pero sólo observa su actuación en el momento en que pasan delante de él; el que desfila únicamente ve a sus vecinos, mas percibe lo que hacen durante todo el tiempo del acto. Ambos ven el desfile, pero desde puntos de vista diversos y —nótese bien— mutuamente exclusivos, porque es imposible que una misma persona lo presencie de los dos modos. Con el movimiento de un fluido ocurre lo mismo: el observador avanza con la partícula fluida, recorriendo su trayectoria, o bien fija su vista en un punto del espacio y mira todas las partículas fluidas que, una tras otra, pasan por allí.

Es natural que la descripción matemática resulte esencialmente diferente en los dos casos, aunque represente el mismo fenómeno; según el problema, convendrá utilizar una u otra. Ahora bien, se ha denominado *punto de vista lagrangiano* al primer modo de observación, y *euleriano* al segundo. Cabe preguntarse si esta atribución es correcta.

En verdad, no lo es, porque Euler y Lagrange se conocían y empleaban los dos criterios. La terminología mencionada la introdujo el matemático alemán Dirichlet en una Memoria póstuma, publicada en 1860, en la cual afirma que Lagrange había sido el primero en presentar su punto de vista, en la *Mécanique Analytique* de 1788. De hecho, Lagrange lo había utilizado desde 1762; pero Euler se le había adelantado. En una carta a Lagrange, del 23 de octubre de 1759, donde comenta con elogios los resultados de éste acerca de la propagación del sonido, Euler se propone resolver el mismo problema en el plano y, con tal motivo, toma un par de coordenadas fijas: —*x, y*— y otro par —*X, Y*— que sigue a la partícula en su movimiento. Las ecuaciones diferenciales que obtiene son justamente de tipo "lagrangiano", ya que allí x, y aparecen como funciones de *X, Y.* Meses más tarde, el 1 de enero de 1760, en otra carta a Lagrange, que éste hará publicar en las Memorias de Turín, Euler desarrolla por el mismo método toda la teoría, ahora en tres dimensiones. Una mala interpretación, que ha sobrevivido hasta el día de hoy, queda así señalada.

D'Alembert y Lagrange

Cuando, en 1768, el finlandés Lexell presentó ante la Academia de San Petersburgo un trabajo sobre un nuevo método de integración, el conde Orlov, presidente de la Academia, remitió el texto a Euler, entonces en Berlín, para que lo examinara. El juicio de Euler fue muy favorable; mas Orlov desconfiaba de ese matemático desconocido, e hizo notar a Euler que a lo mejor dicho trabajo no era obra del finlandés. "Señor —le contestó Euler— en tal caso sólo D'Alembert o yo habríamos podido escribirlo; pero ni él ni yo conocemos a Lexell".[99] Esta anécdota refleja el gran aprecio que Euler sentía por D'Alembert; sin embargo, las relaciones entre ellos siempre fueron tensas. "Este gran genio —se quejaba un día Euler con Lagrange—me parece demasiado propenso a destruir todo lo que no ha construido él mismo... Creo que, con objeciones parecidas a aquellas con las que D'Alembert combate nuestra solución, se podrían impugnar las verdades mejor comprobadas... El señor D'Alembert muestra siempre excesiva prisa en volver dudoso lo que otros han sostenido; pero nunca permitirá que se hagan críticas semejantes a sus propias investigaciones".[100]

Por esa misma causa, el trato entre Lagrange y D'Alembert no tuvo un buen comienzo. En el primer volumen de los *Miscellanea*, Lagrange había publicado, entre otras cosas,

[99] Lagrange, *Oeuvres*, vol. XIV, 97.
[100] *Id.*, 205, 206.

una pequeña nota en la que señalaba un resultado paradójico de D'Alembert. Éste no la vio, o no le hizo caso; por lo que Lagrange le escribió directamente, haciéndoselo notar. "Contestó el autor —comentó luego Lagrange a Euler— buscando más tergiversar que impugnar mis razones. Por tanto, consideré preferible hacer público este asunto, para evitar todo el fastidio de contiendas privadas".[101]

Pero el carácter de D'Alembert era distinto de los de Euler y Lagrange, gente de la montaña, recelosos e introvertidos; D'Alembert era brillante, sociable y cordial, y tomó a bien el incidente. En 1762, se propuso ir a Turín para conocer a Lagrange, mas no pudo hacerlo. Fue a Berlín y allí vio a Euler, "que tiene para usted —comunicaba luego a Lagrange— todo el aprecio que usted merece, y le considera con razón destinado a llevar muy lejos los límites de la alta geometría". Esto animó a Lagrange a viajar, en 1763, a París, donde permaneció unos seis meses. Allí, la amistad entre ambos se consolidó definitivamente: D'Alembert tenía entonces 46 años y Lagrange, de 27, queda cautivado por él. Ya en Turín, le escribe: "Querido y respetable amigo: pasé por Ginebra, como me había propuesto, y allí gracias a su recomendación, tuve el honor de almorzar en la casa de Voltaire, quien me atendió muy amablemente. Ese día él tenía ganas de reír, y sus chistes recaían siempre, como de costumbre, sobre la religión; lo que divirtió mucho a los presentes. Es de veras un hombre original que merece que lo vean. Aquí he sido muy bien recibido por el rey y sus ministros; me dieron esperanzas alentadoras, pero no confío mucho en ellos. Las cartas de usted han impresionado mucho a la corte y la ciudad; todos las comentan todavía, y bien puedo asegurarle que aquí le conocen no menos que en otras partes. No dejan de preguntarme acerca de usted. Sobre todo, quieren saber si vendrá a Italia algún día: arden en deseos de conocerle personalmente... Adiós, querido Señor; permanezca bien de salud y consérveme su preciosa amistad, que considero la mayor ventaja que mi viaje a Francia me ha procurado".[102]

¡Qué cambio notamos en Lagrange! Su estilo se ha hecho más vivaz; su francés, más rico. Seis meses en el París de la Ilustración, en contacto con la mente aguda y crítica de D'Alembert, incluso unas horas con ese descreído de Voltaire, le habían hecho otro hombre. Típico piamontés, individualista y callado, así será durante toda su vida; pero, cuando se dirige a su nuevo gran amigo, cambia el tono: se abre, como no lo había hecho con nadie, con una introspección antes desconocida, para comunicarle sus esperanzas, inquietudes, dudas, éxitos y fracasos. D'Alembert, a su vez, contesta a corazón abierto, confiándole chismes y desahogos, de manera franca y espontánea. A diferencia

[101] *Id.*, 160.

[102] Lagrange, *Oeuvres*, vol. XIII, 10, 11.

del frío carteo de Lagrange con Euler, quien escribía solamente cuando tenía cuestiones matemáticas para comentar, el carteo con D'Alembert entra en detalles íntimos que revelan los caracteres tan diferentes de los dos corresponsales.

D'Alembert era amigo de Federico II, con quien sostenía una profusa correspondencia: "He recibido del rey de Prusia una carta admirable, llena de sentido y filosofía. Debería de estar en la cabecera de todos los reyes",[103] escribía en octubre de 1764. Era pues natural que D'Alembert —como antes hizo Euler— propusiera a Lagrange dejar Turín para ir a Berlín. Esta vez, Lagrange tampoco se mostró muy convencido: "Os agradezco de todo corazón los ofrecimientos que me hacéis. Es cierto que no quedo ligado a mi patria sino por esperanzas, ¡y sabe Dios cuándo se realizarán! Pero me parece que Berlín no me conviene mientras Euler esté allí.[104] De hecho, en Turín las cosas no se mueven: "Quedo esperando el efecto de las promesas del rey, mas no pasa [con él] como con César, que era *ad poenas lentus, adpraemia velox* (lento en castigar, veloz en premiar)".[105]

En marzo de 1765, D'Alembert comunica al amigo la aparición de un libro suyo sobre los jesuitas. "Aquí no hay todavía sino un ejemplar, que sepa... —contesta Lagrange—. Pero nuestros libreros no quedarán mucho tiempo sin recibir copias; con tal que no caigan entre las garras de cierta bestia que acecha con sumo celo todos los libros nuevos, y en especial los que vienen del otro lado de la montañas".[106]

El 17 de mayo de ese mismo año muere Alexis Clairaut, autor de la *Théorie de la figure de la terre, tirée des principes de l'hydrodinamique* (*Teoría de la figura de la Tierra, deducida de los principios de la hidrodinámica*), importante trabajo en el cual, considerando la rotación de una masa fluida pesada alrededor de un eje fijo, se demuestra que ésta debe adquirir la forma de un elipsoide de revolución. Clairaut y D'Alembert nunca se habían llevado muy bien; además D'Alembert, cuatro años más joven, seguía como supernumerario en la Academia (sección Geometría), mientras que Clairaut tenía un nombramiento definitivo en la sección Mecánica y su sueldo era mucho más alto. D'Alembert solicita esa plaza, pero no se le hace caso: "Luego de un mes —se queja con Lagrange— el ministro no ha contestado; y lo que prueba su mala voluntad es que sí ha dado respuesta a la Academia acerca de otros asuntos, de los cuales se le hablaba en la misma carta en que se mencionaba el mío... Sólo sé que el ministro ha dicho que

[103] *Id.*, 20.
[104] *Id.*, 23.
[105] *Id.*, 14.
[106] *Id.*, 36.

yo acababa de recibir una pensión de la zarina, lo cual es falso; tampoco se ha hablado de esto; y además, aunque fuera cierto, ¡vea usted qué bonita razón! Agregó que el rey se encontraba muy a disgusto con mis escritos: no lo hubiera usted supuesto; yo tampoco. Además es mentira: el rey no conoce mis obras y, si las ha leído, especialmente la última sobre la destrucción de los jesuitas, no pudo ni debió estar descontento... Mire, querido e ilustre amigo, en qué punto estoy, después de veinticuatro años de trabajar en la Academia de Ciencias".[107] De hecho, D'Alembert obtuvo la plaza a fines de 1765.

En marzo de 1766, D'Alembert se lleva un susto: llega a París la noticia de que Lagrange ha muerto. Se trataba de una confusión: el difunto era Giovanni Bertrandi, cirujano, miembro de la Sociedad de Turín y, por cierto, viejo amigo de Lagrange. La cosa se aclara y D'Alembert escribe a Lagrange, comentando el suceso. Al mismo tiempo, le comunica que corre la voz de que Euler está por dejar Berlín. ¿No querrá Lagrange sucederle? Sería un placer para D'Alembert recomendarlo. Ahora sí Lagrange está dispuesto a aceptar. "Nada sería más adecuado que una invitación semejante para sacarme del olvido en que me dejan aquí y, con tal de que no parezca que yo haya maniobrado para conseguirla, no dudo que producirá un efecto muy bueno, ya sea que se me permita ir, o bien que se juzgue conveniente impedírmelo".[108] D'Alembert escribe inmediatamente al rey de Prusia, quien contesta ofreciendo para Lagrange una plaza en la Academia, con pensión de 1 500 escudos. "Vea —le escribe D'Alembert— si esta propuesta le conviene... Euler, descontento por razones que no conozco en detalle, pero por las cuales veo que todos le culpan, presenta su renuncia y quiere irse a San Petersburgo. El rey, que no tiene muchas ganas de aceptársela, lo hará sin duda si usted acepta el ofrecimiento que le hace. Además, aunque Euler decidiera quedarse, lo cual no creo por todo lo que me comunican, no dudo que el rey de Prusia mantenga el trato con usted y esté encantado de conseguir para su Academia una conquista tan brillante como la de usted".[109]

Lagrange, quien sólo percibe el "miserable sueldo" de 250 escudos, hace que la carta de D'Alembert llegue a manos de Carlos Manuel III, rey de Cerdeña (ése era el título del que gobernaba al Piamonte). "Les contrarió mucho —le comunica a D'Alembert el 10 de mayo— ver que el rey de Prusia me estima al punto de hacerme ofrecimientos tan ventajosos, porque aquí el interés es la medida común de todo; y se hizo lo que se pudo para disuadirme de aceptarlos... Sea lo que sea, estoy absolutamente

[107] *Id.*, 38, 39.
[108] *Id.*, 55.
[109] *Id.*, 61, 62.

determinado a aprovechar las bondades del rey de Prusia, aun sólo por la manera en que se me ha tratado [aquí] en esta ocasión. Por otra parte, conozco bastante este [mi] país, en teoría y experiencia, como para no hacerme ninguna ilusión con todo lo que podrían decir para retenerme; porque no tengo la menor duda de que volverían a la misma disposición hacia mí, una vez que esta especie de fermentación haya pasado. La razón es que la ciencia de la cual me ocupo la consideran muy inútil y hasta ridícula, y lamentarían su dinero si hicieran algo para un geómetra... Por este mismo correo, usted recibirá otra carta mía, que le he escrito como formalidad, de modo que yo no arriesgue nada aunque la intercepten. En cuanto a ésta, se la hago llegar por vía privada, para evitar todo inconveniente".[110]

Entonces D'Alembert le escribe a Federico II, quien se impacienta: "Si [Lagrange] no ha salido de Turín todavía, no es culpa suya, ni mía; es de los ministros del rey de Cerdeña que, sin atreverse a negarle del todo el permiso, intentan diferirlo, con la esperanza de que cambiará de opinión... Es muy curioso que Euler —lleno de beneficios por vuestra Majestad, tanto él como su familia— haya obtenido su licencia tan fácilmente, después de veintiséis años de residencia, y que Lagrange, cuya fortuna no juzgan apropiado asegurar en su propio país, se vea obligado a pedir como una gracia el permiso para ir a gozar, en otra parte, la justicia que un gran rey le rinde".[111] Al mismo tiempo, D'Alembert aconseja a Lagrange cómo escribir al rey de Prusia, una vez que consiga su licencia. Al final de una de sus cartas anota: "Se me ocurre una idea: el rey [de Francia] me encarga buscar a un presidente para su Academia. ¿Le convendría esta plaza? Vea usted; considere que, en este caso, su fortuna sería mucho más considerable. De todos modos, vaya decirle una palabra al rey. Esto no comprometerá ni a usted ni a él". Y Lagrange responde: "Con respecto a lo que usted me propone, o sea procurarme un cargo de presidente,... me conozco demasiado para poder responder [favorablemente]... Quiero poder vivir como filósofo y hacer geometría sin apuros".[112]

El 5 de julio, llega finalmente el permiso de Carlos Manuel y Lagrange lo comunica inmediatamente a D'Alembert y Federico II. El 26, este último comenta con D'Alembert: "Lagrange debe llegar a Berlín. Obtuvo la licencia que solicitaba; y yo debo a vuestros cuidados y a vuestra recomendación haber remplazado en mi Academia a un geómetra ciego por uno que posee ambos ojos". De hecho, Lagrange salió de Turín el 21 de agosto; se quedó unos quince días en París; de allí pasó a Londres —después

[110] *Id.*, 63.
[111] *Id.*, 69, 70.
[112] *Id.*, 71-73.

de una accidentada travesía de 14 horas por el Canal de la Mancha— como huésped del marqués Doménico Caráccioli; se embarco luego para Hamburgo y llegó a Berlín a principios de noviembre.[113] Permaneció allí durante 21 años, hasta mudarse a París, en junio de 1787, justamente dos años antes de que estallara la Revolución Francesa.

Lagrange es excelentemente recibido en Berlín. El rey lo acoge de la manera más cordial y lo nombra de inmediato director de la sección matemática de la Academia. De hecho, no es una sección muy numerosa: incluye, además de Lagrange, a Salvemini de Castillon, un tipo huraño que hace todo lo posible por evitar al nuevo director, y a Johann Bernoulli —sobrino de Daniel—, un joven de 22 años que había sido, como el tío Nikolaus, un niño prodigio. Lagrange según su costumbre, sigue trabajando solo. El rey, que conserva cierto resentimiento hacia Euler, sabiendo que éste va a participar en un concurso sobre la teoría del movimiento de la luna, propuesto por la Academia francesa, quiere que también Lagrange intervenga en él; pero el pacífico Lagrange se rehúsa a hacerlo. Sin embargo, se encierra en el trabajo, tanto que su padre se queja con D'Alembert y éste escribe a Lagrange: "Su señor padre me comunica que usted ha resuelto entregar cada mes un artículo a la Academia, y encuentra esto algo excesivo. Yo pienso como él, y le exhorto a cuidar su salud".[114]

D'Alembert, por su parte, a los 50 años de edad se siente cansado y decide abandonar toda actividad científica: "Mi cabeza se ha vuelto casi incapaz de trabajar, aunque el fondo de mi salud no sea malo. Deme, le ruego, noticias de sus trabajos y de lo que hace: yo soy como los viejos glotones que, ya incapaces de digerir, encuentran todavía placer en contemplar a los demás que comen. Toda esperanza de la geometría está actualmente en usted, si es cierto, como usted me señala, que el pobre Euler está ciego; es una desgracia que me conmueve realmente, ya sea por él, ya sea por lo que concierne a las ciencias. Querido amigo, cuide mucho su salud y sus ojos, y crea que, como yo bien he aprendido a mi costa, ciencia y gloria vienen después".[115] En efecto, alguien de Berlín le había comunicado que Lagrange no estaba bien de salud, tomaba té y café en exceso, y vivía demasiado solitario. D'Alembert aconseja a su amigo: "Lea el libro que acaba de publicar Tissot, médico de Lausana, *De morbis litteratorum* (*Acerca de las enfermedades de los literatos*), y confórmese, como yo hago, a lo que él prescribe".[116]

[113] *Id.*, 76.
[114] *Id.*, 92.
[115] *Id.*, 99.
[116] *Id.*, 100, 101.

Los Lagrange, en Turín, están preocupados por ese hijo lejano y solo, y deciden que se debe casar; pero, ¿con quién? El no tiene a nadie en mente, y le sugieren a una prima suya, que vive con ellos. Como Luis no dice que no, la envían en la primera diligencia. Ese solterón de D'Alembert comenta: "Querido e ilustre amigo, me escriben de Berlín que usted ha realizado lo que entre nosotros, filósofos, llamamos el *salto peligroso*, y se ha casado con una de sus parientes, a quien ha traído de Italia. Reciba mi felicitación, porque considero que un gran matemático debe ante todo saber calcular su dicha, y que usted; luego de hacer este cálculo, encontró como solución el matrimonio".[117] Lagrange siente la obligación de justificarse: "No sé si he calculado bien o mal; más bien creo no haber calculado en lo absoluto; porque tal vez me habría ocurrido lo mismo que a Leibniz, quien por reflexionar tanto jamás pudo decidirse. Sea lo que sea, le confesaré que nunca el matrimonio ha sido de mi gusto, ni me habría empeñado en él si las circunstancias no me hubieran obligado en cierto modo. Hallándome en un país extraño, sin amigos ni allegados, con una salud muy delicada, he tenido que pedir a una de mis parientes, a quien conocía desde hace mucho tiempo y con la cual había vivido algunos años en la casa de mi padre, que viniera a compartir mi suerte y atenderme tanto en mi persona como en todo lo que me concierne. He aquí la historia exacta de mi matrimonio. Si no se lo ha comunicado es porque me ha parecido que la cosa era de por sí tan indiferente, que no valía la pena entretenerlo con ella".[118] Y dos años después escribe a D'Alembert: "Es cierto que estoy casado, pero no tengo hijos y no deseo tenerlos; mi mujer, que es una de mis primas y también ha vivido mucho tiempo con mi familia, es muy buena ama de casa y, por lo demás, no tiene ninguna pretensión; de modo que, todo considerado, mi matrimonio no me resulta una carga".[119] ¿Quería Lagrange a su esposa? Creo que sí, y que sólo su carácter tan retraído hacía que mostrara frialdad respecto a ella. La modesta y reservada señora de Lagrange, cuyo nombre ni siquiera conocemos, falleció en 1783, año fatídico en el cual murieron también Euler y D'Alembert. Lagrange volvió a casarse; esta vez, con la hija del conocido académico francés, Lemonnier.

El carteo entre D'Alembert, el pensador racionalista, sutil, pragmático e impulsivo, y Lagrange, el *bugianén* (en piamontés, "el que no se mueve"; el hombre tranquilo que evita toda suerte de compromisos innecesarios), se mantuvo durante años y años. Nos quedan 172 de esas cartas; en ellas, los amigos discuten sobre matemática y mecánica, comentan publicaciones recién aparecidas, intercambian noticias del mundo científico,

[117] *Id.*, 100.
[118] *Id.*, 102.
[119] *Id.*, 142, 143.

chismorrean. "Se dice —escribe D'Alembert— que vuestro rey de Cerdeña hizo colocar sobre su mejilla una imagen de San Antonio de Padua para sanar de una fluxión y, lo que es peor, que sanó. Dudo mucho que un príncipe así vuelva a llamarle, y no sé si esto es malo para usted. Quédese en Berlín hasta que no tenga la certeza de estar mejor en su país".[120]

Fontaine des Bertins escribe una absurda Memoria contra el cálculo de variaciones de Lagrange. Y D'Alembert dice a su amigo: "Le exhorto encarecidamente a que no deje usted impune la impertinencia de Fontaine: es un hombre que merece que se le humille; no conozco a nadie más orgulloso y malo".[121] En tono conciliador, Lagrange contesta: "En cuanto a la Memoria de Fontaine, le confieso que, a pesar de mi indiferencia, o más bien de mi desprecio para las críticas, quedé algo indignado. No sé por qué desde hace algún tiempo él se ensaña conmigo y, sobre todo, por qué me trata de manera tan grosera, después de haberme dado en otros tiempos muestras de aprecio y amistad. El recuerdo de sus antiguas bondades para mí me ha hecho poco sensible al modo poco amable con que habló de mi trabajo sobre *maxima et minima*...".[122]

D'Alembert y Lagrange critican a Euler, pues se ha atrevido a escribir un texto de divulgación científica. "Las obras que Euler publica en San Petersburgo estaban terminadas desde hace tiempo —comenta Lagrange— y sólo habían quedado [pendientes] algunos manuscritos, por falta de un editor que quisiera encargarse de ellos; incluso hay una 'que no hubiera debido publicar por su honra: son su *Lettres à une princesse d'Allemagne* (*Cartas a una princesa alemana*). No sé si usted las conoce, pero, si tuviese curiosidad, yo podría enviarle un ejemplar en la primera ocasión que se presente".[123] "En cuanto a las *Lettres à une princesse d'Allemagne* —contesta D'Alembert— es inútil enviármelas, a menos que ya hayan salido; en cuyo caso cederla mi ejemplar a algún amigo... Tiene usted mucha razón en decir que él no hubiera debido imprimir esta obra por su honra. Es increíble que un genio tan grande en geometría y análisis sea, en metafísica, inferior al más pequeño escolar".[124]

El trabajo de Borda sobre el escurrimiento por orificios, del cual ya hemos hablado, no les convence: es poco ortodoxo. "Le quedaría muy obligado —escribe D'Alembert— si usted, cuando tenga oportunidad, leyera la Memoria del caballero de Borda...; me

[120] *Id.*, 280.
[121] *Id.*, 167.
[122] *Id.*, 190, 191.
[123] *Id.*, 132.
[124] *Id.*, 147, 148.

parece llena de malos razonamiento…”.[125] Lagrange la lee, y comenta: “Sus objeciones contra la teoría de usted no son sino *sofistickerie* (sofisterías), para no decir nada más. La respuesta que usted le da en el artículo 113 de la nueva edición de su *Traité des fluides* me parece muy justa; y le será fácil refutar igualmente todo el resto de esa Memoria. ¿Notó usted el paralogismo que hace en el artículo 7 para hallar la contracción de la vena? ¿No encuentra usted muy pobres los razonamientos por los cuales pretende comprobar que siempre hay una pérdida de fuerzas vivas, etcétera?”.[126] Transcurrido más de un año, D'Alembert comunica al amigo: “He presentado una nueva manera de considerar el movimiento de los fluidos en los conductos, que puede servir, si no me equivoco, para explicar los movimientos más irregulares, sin acudir a la teoría falsa y precaria del caballero de Borda sobre estos asuntos. Me propongo desarrollar este planteamiento, acerca del cual ya dispongo de mucho material; pero no empezaré enseguida, porque he resuelto, para descansar mi cabeza, abstenerme durante un mes de todo trabajo matemático”.[127] Por el contrario, tanto D'Alembert como Lagrange aprecian la *Hydrodynamique* de Bossut, que en el aspecto teórico se limita a lo más elemental. “Contiene experiencias bien hechas y algunas investigaciones útiles”, dice D'Alembert al remitirla a Lagrange; y éste contesta: “Le quedo muy agradecido por haberme dado a conocer esta excelente obra, que he leído con tanta satisfacción como provecho, y que ha aumentado mucho la estimación que tengo desde hace tiempo por el mérito del autor”.[128]

Para concluir, he aquí unas frases que D'Alembert escribió a Lagrange en 1773, en ocasión del deceso de Carlos Manuel III. “Quisiera saber, amigo querido, si la muerte del rey de Cerdeña y el advenimiento de su sucesor en el trono traerán algún cambio en el estado de usted. ¿Entenderá el nuevo rey los intereses de su gloria lo suficiente como para volverle a llamar a usted a su patria? Si le hace proposiciones, le aconsejo encarecidamente aceptarlas tan sólo en caso de que sean convenientes y ventajosas; porque veo que usted es feliz en Berlín, goza de bienes adecuados para [satisfacer] sus deseos, vive tranquilo y estimado por el rey y el público; que aquí no se le expone alojo vigilante de la superstición y de la intolerancia; y creo que sus principios de conducta se parecen mucho a los míos, a saber, que cuando uno se encuentra poco más o menos bien, debe quedar como está, ya que la condición humana no permite estar bien del todo”.[129]

[125] *Id.*, 202, 203.
[126] *Id.*, 230.
[127] *Id.*, 261.
[128] *Id.*, 193, 199.
[129] *Id.*, 262.

D'Alembert redactó su última carta diez años más tarde, luego de saber el fallecimiento de la primera esposa de Lagrange: "Querido e ilustre amigo, estoy tan débil que me falta la fuerza para escribir, y apenas [puedo] dictar algunas palabras. Tomo parte tiernamente en su desventura, y lo que me dice usted al respecto me ha penetrado hasta el fondo del alma. He recibido su linda Memoria, que apenas he podido hojear, en el triste estado en que me encuentro. En nombre de Dios, no renuncie al trabajo, para usted la más fuerte de todas las distracciones. Adiós quizá por última vez; conserve algún recuerdo del hombre que en el mundo le quiere y le honra más... *Tuus* [tuyo]...".[130] La carta era del 27 de septiembre de 1783; a D'Alembert le quedaba sólo un mes de vida.

El potencial de la velocidad

En 1781, Lagrange publica en las Memorias de la Academia de Berlín su *Mémoire sur la théorie du mouvement des fluides* (*Memoria sobre la teoría del movimiento de los fluidos*), en cuya introducción anota: "Desde que D'Alembert redujo a ecuaciones analíticas las verdaderas leyes del movimiento de los fluidos, el tema ha sido objeto de un gran número de investigaciones, que están dispersas en los *Opúsculos* de D'Alembert y las publicaciones de esta Academia y la de San Petersburgo. La teoría general se ha perfeccionado grandemente... , pero no sucede lo mismo con... la manera de aplicarla a problemas específicos. D'Alembert hasta parece inclinarse a creer que tal aplicación es imposible en la mayoría de los casos, especialmente en aquellos del escurrimiento de fluidos que se mueven en conductos".[131] Por tanto, Lagrange considera conveniente investigar si, en determinadas condiciones, las ecuaciones generales pueden simplificarse.

Partiendo del sistema de ecuaciones de Euler que hemos denotado con el número 7, supone que existe un potencial S de las fuerzas aceleradoras, hipótesis adelantada por Euler mismo en su ecuación 11. Esta suposición no es demasiado restrictiva: por ejemplo, la aceleración de gravedad, que es la más usual entre dichas fuerzas, admite potencial. Multiplicando las ecuaciones 7 por dx, dy y dz, respectivamente y sumando, obtiene

$$\frac{du}{dt}dx + \frac{dv}{dt}dy + \frac{dw}{dt}dz = dS - \frac{1}{\rho}\left(\frac{\partial p}{\partial x}dx + \frac{\partial p}{\partial y}dy + \frac{\partial p}{\partial z}dz\right)$$

[130] *Id.*, 377.

[131] Lagrange, *Oeuvres*, vol. IV, 695.

ecuación que, integrada, da

$$\int \left(\frac{du}{dt}dx + \frac{dv}{dt}dy + \frac{dw}{dt}dz \right) = S - \frac{p}{\rho} \tag{1}$$

Ahora, dice Lagrange, supongamos que también la velocidad admita un potencial ϕ, o sea que $udx + vdy + wdz$ sea la diferencial exacta

$$d\phi = udx + vdy + wdz \tag{2}$$

Entonces la integración que aparece en el primer miembro de la ecuación 1 se realiza fácilmente, y se obtiene

$$\frac{\partial \phi}{\partial t} + \frac{1}{2}\left(\frac{\partial \phi}{\partial x} \right)^2 + \frac{1}{2}\left(\frac{\partial \phi}{\partial y} \right)^2 + \frac{1}{2}\left(\frac{\partial \phi}{\partial z} \right)^2 = S - \frac{p}{\rho} \tag{3}$$

habiéndose englobado la "constante" de integración (que de hecho en este caso no sería constante, sino una función arbitraria del tiempo, ya que éste no es una de las variables con respecto a las cuales se integra) en la función ϕ.[132]

De la ecuación 2, se deduce que

$$u = \frac{\partial \phi}{\partial x}, \quad v = \frac{\partial \phi}{\partial y}, \quad w = \frac{\partial \phi}{\partial z} \tag{4}$$

de modo que, si se consigue integrar la ecuación diferencial 3, obteniendo ϕ, es posible calcular las componentes de la velocidad, y luego determinar en magnitud y dirección la velocidad misma, en cualquier punto del campo de flujo. Cuando el fluido es incompresible y, por tanto, vale la ecuación de continuidad 6 de Euler, remplazando en ella las expresiones 4, se obtiene la nueva ecuación diferencial

$$\frac{\partial^2 \phi}{\partial x^2} + \frac{\partial^2 \phi}{\partial y^2} + \frac{\partial^2 \phi}{\partial z^2} = 0 \tag{5}$$

que hay que asociar con la ecuación 3 para determinar ϕ.[133] La ecuación 5 se conoce como "ecuación de la Laplace".

[132] Lagrange, *Méc.An.*, vol. II, 274.
[133] *Id.*, 280.

Cuando el potencial no existe

Puesto que —como se sabe— para que la expresión $udx + vdy + wdz$ sea una diferencial exacta es necesario y suficiente que

$$\frac{\partial w}{\partial y}-\frac{\partial v}{\partial z}=0, \quad \frac{\partial u}{\partial z}-\frac{\partial w}{\partial z}=0, \quad \frac{\partial v}{\partial x}-\frac{\partial u}{\partial y}=0 \tag{1}$$

estas últimas condiciones implican la existencia del potencial de velocidad. Ahora, ¿no será que todos los flujos admitan potencial?, se pregunta Lagrange, y contesta negativamente, recordando el ejemplo del vórtice forzado.

Sea una masa fluida que gira en bloque alrededor de un eje 0 (figura 118); cada partícula recorrerá una circunferencia con centro en 0, con velocidad proporcional a la distancia $OP = r$; es decir,

$$V = \omega r$$

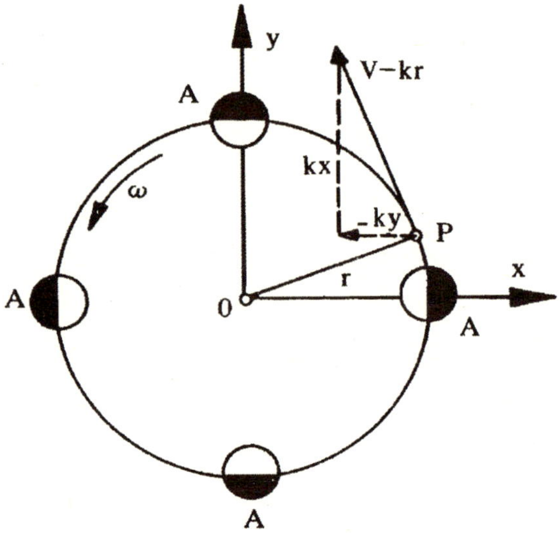

Figura 118

siendo ω la velocidad angular, constante. Las componentes de V son, como muestra la figura,

$$u = -ky, \ v = kx, \ w = 0 \tag{2}$$

Por tanto, resulta que $\partial u/\partial y = -k$, $\partial v/\partial x = k$, y la tercera ecuación 1 no vale: en este caso, el potencial de velocidad no existe.

Dicho ejemplo no es original de Lagrange: ya lo había propuesto Euler, con el mismo objeto de comprobar que pueden existir flujos no potenciales. Pero ¿cuáles son estos flujos?, ¿qué características mecánicas los distinguen de los potenciales? Ni Euler ni Lagrange, ni tampoco quienes los sucedieron a lo largo de casi 70 años, se formularon tales preguntas. Sólo en 1858 apareció un trabajo que trataba —y magistralmente, por cierto— el tema mencionado. Se publicó en una revista alemana, la de Crelle, y llevaba el título *Über Integrate der hydrodynamischen Gleichungen welche den Wirbelbewegungen entsprechen* (*Acerca de las integrales de las ecuaciones hidrodinámicas que corresponden a los movimientos vorticosos*). Su autor era Hermann von Helmholtz. Después de

Guglielmini, Daniel Bernoulli y Poiseuille, nuevamente un médico se ocupa de la hidrodinámica.

Hijo de un profesor de escuela secundaria, con pocos recursos económicos, Hermann quien deseaba estudiar física, tuvo que ingresar con beca en la escuela de cirujanos del ejército prusiano. Eran estudios severos y pesados, donde la física se perdía entre muchas otras materias, desde el latín y la lógica hasta la splancnología (que aclaramos, para quien no lo sepa, que es la ciencia que estudia los intestinos). La primera clase empezaba a las seis de la mañana; en la tarde se realizaban ejercicios teóricos y experimentales. Helmholtz se recibió a los 21 años, en 1842, y tuvo que permanecer en el ejército, como cirujano de los húsares, hasta 1848. En 1849 lo nombraron profesor de fisiología en la universidad de Konigsberg. Su vocación era investigar, y abarcó los temas más variados; tuvo una habilidad extraordinaria para descubrir problemas críticos y darles solución, siempre utilizando las mejores herramientas que ofrecían los conocimientos de su época y, si las existentes no le satisfacían, creando otras nuevas. Estudió contracción de músculos y transmisión de impulsos nerviosos, mecanismo del oído y percepción de tonos musicales, sentido de la vista y percepción de colores; además, inventó el oftalmoscopio, un "huevo de Colón" —como él decía— que sin embargo revolucionó la medicina ocular. Fuera del campo fisiológico, analizó los principios del equilibrio químico y físico, así como la repartición de energía en los mecanismos; indagó los orígenes del sistema solar y calculó la edad del Sol. Examinó la electricidad animal y la distribución de la corriente eléctrica en los conductores; como profesor de física en Berlín, encargó a su ayudante Heinrich Hertz la medición de la longitud de ondas eléctricas; investigación famosa que llevó a producir esas ondas electromagnéticas, previstas teóricamente por Maxwell, que permitieron la radiotelegrafía.[134]

El trabajo sobre movimientos vorticosos es típico del genio de Helmholtz. "Ya Euler —recuerda el autor— había señalado claramente que hay casos de movimiento fluido donde no existe potencial de velocidad: por ejemplo, la rotación de un fluido alrededor de un eje, cuando cada elemento posee la misma velocidad angular. Entre las fuerzas que pueden producir tales movimientos, es posible mencionar las atracciones magnéticas que actúan sobre un fluido que conduce corrientes eléctricas, y —en particular— la fricción, ya sea entre los elementos del fluido, o bien contra cuerpos fijos. El efecto de la fricción fluida no se ha definido matemáticamente hasta la fecha; sin embargo, es muy grande y, con excepción del caso de oscilaciones infinitamente pequeñas, es

[134] Newman, 642-644.

responsable de diferencias sumamente notables entre teoría y realidad. La dificultad de definir este efecto, y de hallar expresiones para su medición, proviene principalmente del hecho de que todavía no se tiene idea del tipo de movimiento que la fricción produce en los fluidos. Por tanto, me pareció importante investigar la especie de movimiento para el cual el potencial de velocidad no existe".[135]

Estas palabras revelan una inquietud común entre los investigadores de la época. A pesar de los éxitos obtenidos gracias a la teoría del potencial, la hidrodinámica se veía con cierto recelo, por la discordancia entre el comportamiento real del fluido y el que ella suponía. En efecto, para el hidráulico, utilizar la hidrodinámica implicaba despreciar ese factor de pérdida de energía tan importante que es el rozamiento con las paredes. La referencia de Helmholtz a fenómenos que hoy llamamos "magnetohidrodinámicos" se explica si pensamos que, ya en 1832, Richtie había logrado bombear agua por medio de electromagnetismo.

El razonamiento de Helmholtz es esencialmente el que sigue: si el flujo no admite potencial, las expresiones 1 no son nulas. Considerado esto es posible darles un nombre, escribiendo

$$\frac{1}{2}\left(\frac{\partial w}{\partial y}-\frac{\partial v}{\partial z}\right)=\xi,\quad \frac{1}{2}\left(\frac{\partial u}{\partial z}-\frac{\partial w}{\partial z}\right)=\eta,\quad \frac{1}{2}\frac{\partial v}{\partial x}-\frac{\partial u}{\partial y}=\xi \qquad (3)$$

considerarlas componentes de un vector, e intentar entender qué significa tal vector desde el punto de vista mecánico. Esto ya lo había hecho Gabriel Stokes, quien llegó a la conclusión de que dicho vector representa una rotación, alrededor de cierto eje, de un volumen fluido infinitamente pequeño, ubicado en el punto de aplicación del vector mismo. Tratemos de explicar lo anterior con un ejemplo sencillo. Consideremos, dentro de un elemento fluido en rotación alrededor del eje z, un punto P, de coordenadas x, y, cuya distancia a dicho eje sea r. Si ω es la velocidad angular del elemento, la velocidad de P tendrá las componentes que correspondan a las fórmulas 2, con $k = \omega$; componentes que, remplazadas en las expresiones 3, dan $\xi = 0$, $\eta = 0$, $\varsigma = \omega$; o sea que el vector de componentes ξ, η, ς está dirigido según el eje z, y tiene como magnitud la velocidad angular (figura 119). Se comprueba que esta propiedad subsiste en general; es decir, que el vector mencionado posee, en cada punto e instante, una magnitud igual a la velocidad angular instantánea

Figura 119

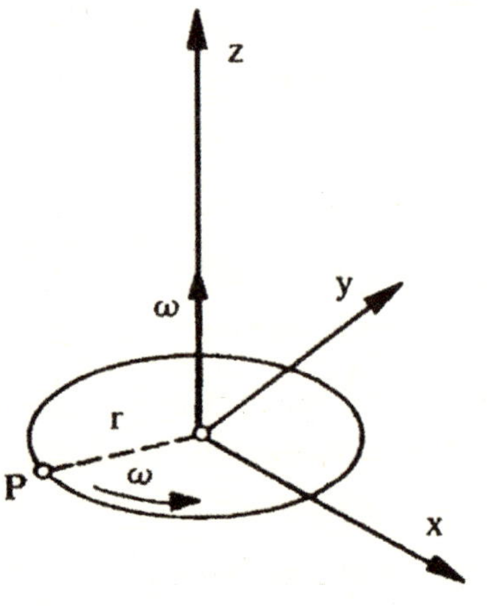

[135] Helmholtz, 485, 486.

del elemento fluido infinitamente pequeño centrado en ese punto, y está dirigido como su eje instantáneo de rotación.

Al vector de componentes 2ξ, 2η, $2\zeta\omega$ lo conocemos hoy con el nombre de *rotacional de la velocidad*. Helmholtz lo llamó *rotación*, y señaló: "la existencia de un potencial de velocidad es incompatible con la existencia de una rotación del elemento fluido... Así, algunos elementos fluidos pueden rotar, y otros girar a lo largo de una curva cerrada, sólo cuando no hay potencial de velocidad... Por tanto, a los movimientos que carecen de potencial de velocidad podemos llamarlos *Wirbelbewegungen* (movimientos de vértice)".[136]

La aseveración no era totalmente correcta, pues el hecho de que las partículas recorran órbitas cerradas no excluye la existencia de un potencial. No hay potencial en el vórtice forzado que ilustra la figura 118, porque allí, si colocamos en el fluido una bolita flotante A, ésta, al girar, dirigirá siempre la misma cara hacia el centro de rotación O, como la Luna hacia la Tierra. Pero, si la misma bolita se sumerge en un *vórtice libre*, movimiento rotatorio del cual hablaremos con detalle más adelante, tendrá la orientación que muestra la figura 120; por tanto, recorrerá su órbita sin girar sobre sí. Luego el vórtice libre admite potencial. Por esta ambigüedad, Helmholtz recibió el ataque de un matemático francés, Bertrand, quien exhibía el siguiente ejemplo: el flujo viscoso con velocidad de componentes $u = y$, $v = 0$, $w = 0$ está integrado por partículas que se mueven en línea recta, paralelamente al eje x, y por tanto "no giran". Sin embargo, aplicando el sistema de ecuaciones 3, obtenemos $\xi = 0$, $\eta = 0$, $\xi = -1$, o sea que sí hay "rotación", de modo que las partículas "sí giran". Esto dio lugar a una enconada controversia pública entre Helmholtz y Bertrand: éste insistía en que los resultados del primero eran incorrectos, mientras que Helmholtz acusaba a Bertrand de torcer sus conceptos. Lo cierto es que la existencia del rotacional de velocidad en un campo de flujo sólo implica que las partículas avanzan girando sobre sí mismas; efecto que la viscosidad provoca, por ejemplo, cuando el escurrimiento ocurre cerca de una pared. Horace Lamb, en su *Hydrodynamics*, creyó mejorar la situación sustituyendo el término "rotación", de

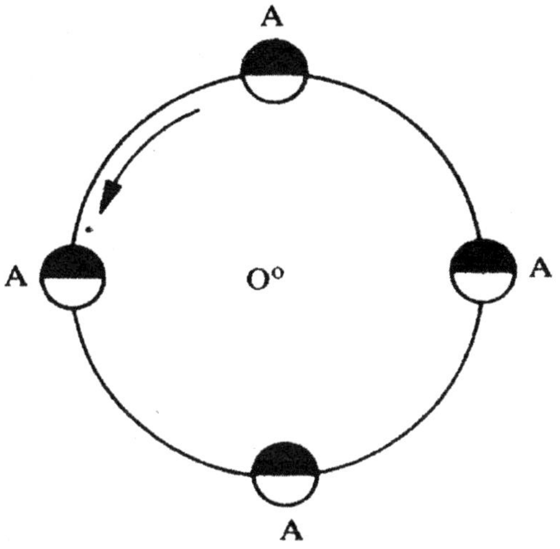

Figura 120

[136] *Id.*, 490, 491.

Helmholtz, por *vorticity*; cambio desafortunado, porque hace difícil que el estudiante, quien todavía no domina bien la mecánica de los fluidos, entienda que el vórtice libre (el cual representa con buena aproximación a los más comunes vórtices naturales) se caracteriza por carecer de "vorticidad".

En su Memoria, Helmholtz vuelve a encontrar un resultado de Lagrange, a saber: que los elementos fluidos que en cierto instante no poseen "rotación" quedarán sin ella durante todo el movimiento. Luego, con objeto de entender mejor las características físicas del flujo sin potencial, considera "líneas vorticosas" (*Wirbellinien*), o sea líneas trazadas a través del medio de modo tal que, en cada punto, coinciden con el eje instantáneo de rotación del elemento fluido correspondiente; y "filamentos vorticosos" (*Wirbelfäden*), "porciones de fluido limitadas por las líneas vorticosas trazadas en cada punto de una curva cerrada infinitamente pequeña".[137] Asimismo, demuestra varias propiedades interesantes de tales estructuras. La primera es que los elementos fluidos que en cualquier instante pertenecen a una línea vorticosa, seguirán perteneciéndole como quiera que ésta se desplace. En consecuencia, un movimiento vorticoso dentro de un fluido tendría que conservarse indefinidamente; siempre que se trate del caso ideal donde el fluido no sea viscoso, porque la viscosidad va frenando poco a poco el movimiento. Otra propiedad es que, en todas las secciones de un mismo filamento vorticoso, el producto de la velocidad angular por el área de la sección (*intensidad* del filamento) tiene el mismo valor. Dicha propiedad —que recuerda el principio de Castelli de que el producto de la velocidad por la sección de un tubo de flujo es constante a lo largo de todo el tubo— lleva a la conclusión interesante de que un filamento vorticoso nunca puede empezar o terminar en el seno del fluido; porque si así lo hiciera, en sus extremos el área de la sección se reduciría a cero, y lo mismo pasaría allí con el producto mencionado. En consecuencia, un filamento vorticoso se cierra sobre sí mismo en anillo, o bien empieza y termina en las fronteras del fluido, por ejemplo: en su superficie libre o en las paredes que lo delimitan.

Estos hallazgos despertaron mucho interés; incluso hubo quien creyó que ya se disponía de un modelo matemático capaz de representar los detalles del movimiento turbulento. Aunque en verdad había, y aún hay, largo trecho por recorrer para llegar a esto (supuesto que algún día se llegue), es indudable que, con la contribución de Helmholtz, la mecánica de los fluidos dió un gran paso.

[137] *Id.*, 486.

Cuando, en julio de 1830, una revolución depuso al rey Carlos X, hermano de Luis XVI, el nuevo monarca, Luis Felipe, aun siendo hijo de un revolucionario, exigió a los profesores universitarios franceses un juramento de fidelidad. Sin embargo, no todos estuvieron dispuestos a acatarlo; en particular, Augustin Cauchy, profesor de matemáticas en la facultad de Ciencias de la Sorbona. Cauchy nació el mismo año que estalló la revolución francesa; su familia, clerical y tradicionalista, vivió entonces momentos difíciles. Refugiados en el campo, comían arroz, frijoles, papas y, de vez en cuando, media libra de pan entre todos. No es extraño que Augustin creciera con ideas conservadoras. Así, en 1830 tuvo que huir a Suiza; de allí viajó a Turín y dio clases en la universidad; luego alcanzó al depuesto rey Carlos, exiliado en Praga, y fue preceptor de su hijo, el duque de Burdeos. En 1838, Cauchy regresa a París, con la esperanza de recuperar su cátedra, y cuando le dicen que esta vez sí tiene que jurar, responde porfiado: *Qu'on me coupe le cou* (que me corten el cuello). Por supuesto, a Luis Felipe no le hubiera servido un matemático sin cabeza, pero tampoco le interesaba con ella; y Cauchy se fue a dar clases en un colegio de jesuitas. Para volver a la Sorbona, tuvo que esperar la revolución de 1848, la cual, si bien restableció la república, por lo menos abolió el juramento. Pero mientras tanto Cauchy había publicado una gran cantidad de notas y Memorias matemáticas de valor extraordinario.[138]

Desde 1825, se propuso desarrollar la teoría de las funciones de variable compleja. Propiedad básica de las funciones de variable real es la existencia y unicidad —salvo singularidades excepcionales— de sus derivadas e integrales. Las funciones de la variable compleja $z = x + iy$ (siendo $i^2 = -1$) dependen evidentemente de dos variables reales, x y y; esto complica las cosas, porque, si no se imponen condiciones complementarias, a una sola función le correspondería una infinidad de derivadas e integrales diferentes. En efecto, representando el valor de $z = x_0 + iy_0$ por el punto x_0, y_0 del "plano complejo", resulta que la función tendría, en dicho punto, una derivada para cada dirección según la cual uno se acerca, sobre el plano, al punto mencionado. A su vez la integral, calculada entre límites complejos, o sea entre dos puntos del plano complejo, poseería un valor distinto sobre cada línea que, en el plano, los une. Fue Cauchy quien supo fijar las *condiciones de monogeneidad*, es decir, las condiciones que deben de satisfacer las partes real $g(x, y)$ e imaginaria $h(x,y)$ de una función de z

[138] Enriques, 217, 218.

$$F(z) = g(x, y) + ih(x, y)$$

para que derivada e integral de $F(z)$ sean únicas. Estas condiciones resultaron ser

$$\frac{\partial g}{\partial x} = \frac{\partial h}{\partial y}, \quad \frac{\partial g}{\partial y} = -\frac{\partial h}{\partial x} \tag{1}$$

de donde sigue de inmediato, por derivación y suma, que

$$\frac{\partial^2 g}{\partial x^2} + \frac{\partial^2 g}{\partial y^2} = 0, \quad \frac{\partial^2 h}{\partial x^2} + \frac{\partial^2 h}{\partial y^2} = 0$$

o sea que g y h deben satisfacer la ecuación de Laplace, o —como suele decirse— tienen que ser funciones armónicas, asociadas entre sí a través de las ecuaciones 1.

Ahora bien, consideremos un flujo permanente incompresible que se realice en un plano. Por supuesto, no pensamos en una lámina fluida infinitamente delgada: nos referimos a un corte plano de la masa fluida, representativo del escurrimiento. En este caso, la ecuación de continuidad de Euler se reduce a

$$\frac{\partial u}{\partial x} + \frac{\partial v}{\partial y} = 0$$

es una ecuación que se satisface de la manera más general suponiendo que las componentes u, v de la velocidad puedan obtenerse de cierta función $\psi\ (x,y)$, denominada *función de corriente*, por medio de las derivaciones

$$u = \frac{\partial \psi}{\partial y}, \quad v = -\frac{\partial \psi}{\partial x} \tag{2}$$

Además, a, el flujo se considera "irrotacional" (o sea que para él valen las ecuaciones 1 del subcapítulo anterior), existirá un *potencial* ϕ tal que

$$u = \frac{\partial \phi}{\partial x}, \quad v = \frac{\partial \phi}{\partial y} \tag{3}$$

Al relacionar las ecuaciones 2 y 3, eliminando en ellas u y v, resulta que

$$\frac{\partial \phi}{\partial x} = \frac{\partial \psi}{\partial y}, \quad \frac{\partial \phi}{\partial y} = -\frac{\partial \psi}{\partial x}$$

Si comparamos estas ecuaciones con las 1, concluimos que ϕ y ψ son funciones armónicas conjugadas (ya sabíamos que ϕ es armónica), y que por medio de ϕ y ψ, se puede construir la función de la variable compleja $z = x + iy$

$$f = \phi + i\psi$$

función que se acostumbra denominar *potencial complejo*. También la derivada df/dz del potencial complejo tiene un significado físico interesante. En efecto, considerando la unicidad de la derivada y las ecuaciones 2 y 3, se obtiene que

$$\frac{df}{dz} = \frac{\partial f}{\partial x} = \frac{\partial \phi}{\partial x} + 1\frac{\partial \psi}{\partial x} = u - iv \qquad (4)$$

o sea que las partes real e imaginaria de df/dz son —salvo un signo— las componentes mismas de la velocidad. Se denominó *velocidad compleja* a df/dz.

Las líneas sobre las cuales la función ϕ conserva un mismo valor se llaman *líneas equipotenciales:* aquellas sobre las cuales la función Ψ goza de esa misma propiedad, *líneas de flujo*, o de corriente. El motivo de esta última denominación es el siguiente: de la ecuación $\Psi =$ constante, sigue que

$$\frac{\partial \psi}{\partial w} dx + \frac{\partial \psi}{\partial y} dy = 0$$

o sea que, por las relaciones 2, vdx = udy, o bien

$$u/v = dx/dy$$

Esta igualdad comprueba que el vector velocidad es, en cada punto, tangente a la línea de flujo que pasa por ese punto. Dicha línea es pues aquella que la partícula recorre en su movimiento, si éste es permanente. Por otro lado, si se hace el mismo cálculo para una equipotencial, se obtiene que, sobre ella,

$$u/v = -dy/dx$$

o sea que el vector velocidad es normal a la equipotencial. De esto se concluye que líneas de corriente y equipotenciales se cortan en ángulo recto (figura 121), formando así lo que se llama una *red de flujo ortogonal*.

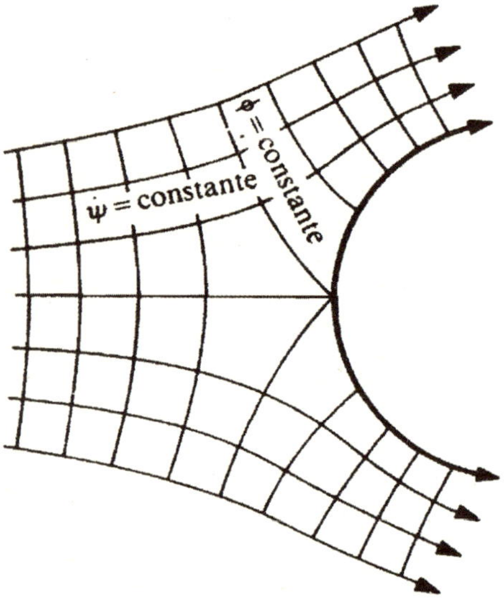

Figura 121

En las diestras manos de Cauchy, la teoría de las funciones de variable compleja se conformó y alcanzó un desarrollo completo y armonioso; así el manejo de estas funciones resultó más fácil que el de las más populares funciones de variable real. Entonces la hidrodinámica plana naturalmente prefirió utilizar en sus cálculos el potencial complejo; con la ventaja adicional de que, si el potencial real engloba en una sola función a las dos componentes u, v de la velocidad, el potencial complejo incluye además la función de corriente, proporcionando todos los elementos necesarios para construir la red de flujo.

La conveniencia de tratar la hidromecánica por medio de funciones de variables compleja se acrecentó al descubrir la relación de tales funciones con la *representación conforme* de un plano sobre otro. Se dice que un plano "representa" a otro cuando a todo punto del segundo le corresponde un punto "imagen" en el primero; y a toda línea, una línea. No importa que las figuras se deformen, como la naturaleza en un cuadro cubista; lo esencial es que la correspondencia punto a punto se mantenga. Entre todas las representaciones posibles, la "conforme" tiene una peculiaridad interesante: conserva los ángulos; o sea que si dos curvas del primer plano se cortan en cierto punto bajo cierto ángulo, las curvas imágenes de aquellas en el otro plano se cortarán, en el punto imagen, bajo un ángulo igual. Esto conserva en cierto modo la "forma" de las figuras; de ahí la "conformidad". Ahora bien, no es difícil cerciorarse de que, si en un plano llevamos sobre los ejes coordenados a las variables x, y —partes real e imaginaria de la variable compleja z— y en otro a $g(x, y)$, $h(x, y)$ —partes real e imaginaria de la función $F(z)$— haciendo corresponder, a todo punto x_o, y_o del primer plano, el punto de coordenadas $g(x_o, y_o)$, $h(x_o, y_o)$ del segundo, este último ofrecerá una representación conforme del primero. En este sentido, toda función de variable compleja $F(z)$ proporciona una representación conforme del "plano complejo" z. En consecuencia, si conocemos el potencial complejo $f(z)$ que corresponde al escurrimiento en un conducto bidimensional limitado por paredes *AB*, *CD* de forma simple, y conocemos la transformación conforme

$$\zeta = F(z)$$

que cambia esas paredes en otras *A'B'*, *C'D'* de geometría más complicada, basta con tomar la función $f(\zeta)$ (o sea la misma f donde la variable z se haya sustituido en $\zeta = \xi + i\eta$)

para obtener el potencial complejo del flujo guiado por las nuevas paredes; potencial que proporciona sin más todas las características del escurrimiento en el canal *A'B'*, *C'D'*. Así, problemas de escurrimiento irrotacional bastante complicados se pueden resolver sin dificultad al conocer la solución de un problema análogo, mucho más elemental.

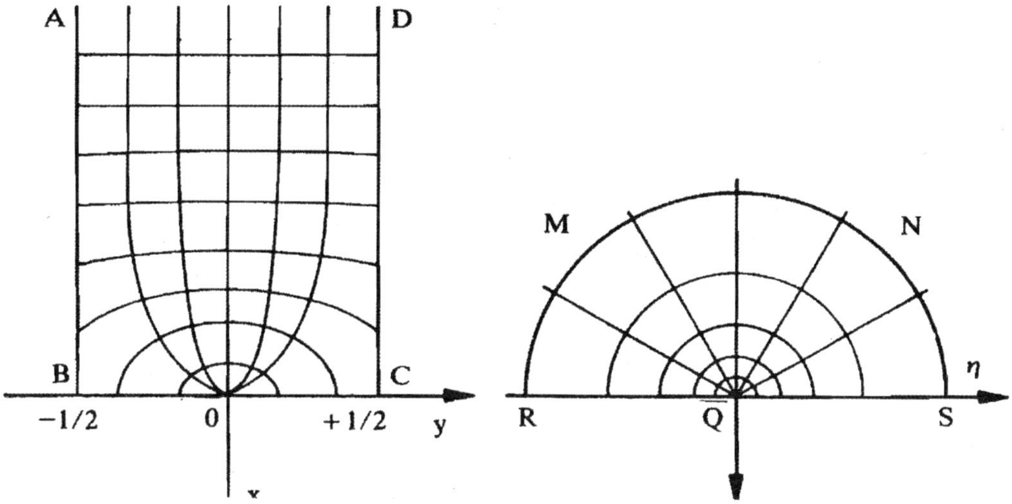

Figura 122

Supongamos, por ejemplo, que se quiere estudiar el desagüe del depósito *ABCD*, que descarga a través de un orificio ubicado en el punto *O* (figura 122). El potencial complejo del sumidero simple —o sea del movimiento del fluido que, proviniendo del semiplano *MNR*, descarga por el orificio *Q*— es

$$f = \ln\zeta \tag{5}$$

Ahora bien, la transformación conforme que permite representar al plano z en el plano ζ, llevando la frontera quebrada *ABCD* a la frontera rectilínea *RS*, es

$$\zeta = \text{senh}\ \pi z \tag{6}$$

En efecto, el tramo *BC*, donde $z + iy$, se transforma por la ecuación 6 en

$$\zeta = senh\ \pi iy - i\ sen\ \pi y$$

el cual, por ser imaginario, corresponde a parte del eje η; los tramos *AB*, *DC*, donde $z = x \pm i/2$, se transforman en los tramos

$$\zeta = \text{senh}\left(\pi x \pm i\frac{\pi}{2}\right) = \text{senh}\ \pi x\ \cos\frac{\pi}{2} \pm i = \cosh \pi x\ \text{sen}\frac{\pi}{2} \pm i\ \cosh \pi x$$

también imaginarios, que cubren la parte remanente del eje η. Por último, al remplazar la expresión 6 en la 5, resulta que

$$f = ln\ \text{senh}\ \pi z$$

es el potencial complejo buscado para el flujo en *ABCD*. Las componentes de la velocidad se obtienen, por la ecuación 4, de la relación

$$u - iv = \pi\ coth\ \pi z$$

El problema se complica cuando al orificio, aquí supuesto infinitamente angosto, se le adjudica cierta anchura. Sin embargo, también en este caso el método del potencial complejo ofrece solución. Así es como Gustav Kirchhoff consiguió obtener, para el coeficiente de contracción del chorro, el valor teórico $\pi/(\pi + 2)$, que coincide asombrosamente con el 0.61 hallado experimentalmente por Poleni.

El secreto de la almeja nadadora

Hay escurrimientos irrotacionales oblicuos, que no pueden reducirse a una red de flujo plana. Entonces, la consideración de que, en el espacio, las líneas de corriente tienen que cortar las superficies equipotenciales en ángulo recto, sugiere visualizar el movimiento por medio de una red de flujo tridimensional. Analicemos, por ejemplo, el escurrimiento sobre una superficie sólida curva *ABCD* (figura 123). Dicha superficie debe estar toda cubierta por líneas de corriente, siendo lo que se llama una "superficie de corriente". Las superficies equipotenciales —como *A'ACC'*, *P'PQQ'*, *B'BDD'*— son normales a ella. Además, se pueden imaginar superficies de corriente —como *A'B'C'D'*— paralelas a la

Figura 123

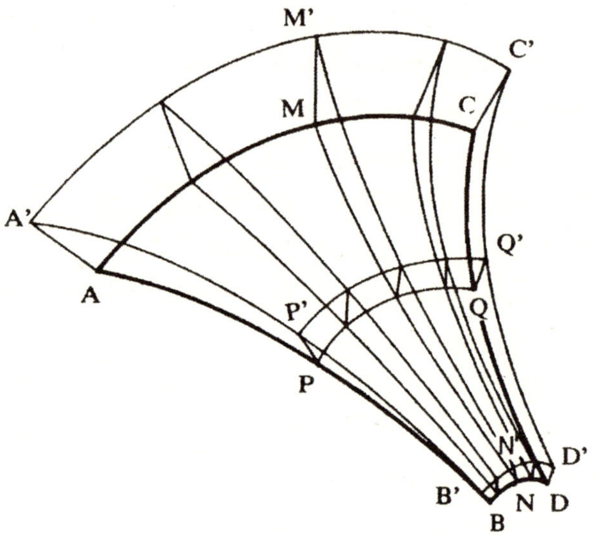

primera, y otras —como *A' ABB'*, *M'MNN'*— normales a éstas; todas ellas normales a las equipotenciales. Resulta así una cuadriculación del espacio, por medio de tres familias de superficies (dos de corriente y una de equipotenciales) donde dos cualesquiera se cortarán, en ángulo recto. Se trata de lo que comúnmente llamamos un "sistema triple ortogonal de superficies".

Si, dada una superficie curva, trazamos la recta normal a ella en uno de sus puntos, *P*, y cortamos la superficie misma con los planos que pasan por dicha normal, obtenemos una familia de curvas (secciones normales) que pasan por *P*. De estas curvas, una tendrá curvatura máxima y otra mínima; y se comprueba que las tangentes en *P* a estas dos curvas se cortan en ángulo recto. Se demuestra también que las tangentes que corresponden a curvatura máxima envuelven, sobre la superficie, una familia de líneas, y lo mismo ocurre con las de curvatura mínima. Estas dos familias de líneas, ortogonales entre sí, se llaman *líneas de curvatura* de la superficie. Ahora bien, Dupin pudo comprobar que, en un sistema triple ortogonal de superficies, dos superficies cualesquiera de familias distintas se cortan mutuamente a lo largo de sus líneas de curvatura. Por consiguiente, las líneas de corriente, intersección de las dos familias de superficies de corriente previamente construidas, tienen que ser líneas de curvatura para las superficies mismas.

Pensé en esto cuando, al poco tiempo de haber entrado a trabajar en la Secretaría de Recursos Hidráulicos de México, me propusieron el problema de las superficies vertedoras convergentes. Resulta que el vertedor de demasías de la presa del Palmito había sido diseñado inicialmente para trabajar con compuertas; pero, a causa de la guerra, éstas no llegaban, y se recurrió a un diseño de cresta libre. Esto implicaba alargar mucho la cresta y proporcionar al vertedor una configuración muy convergente, para encauzar las aguas hacia el relativamente angosto canal de descarga. Los investigadores del laboratorio hidráulico buscaron una solución a través de un modelo; sin embargo, el resultado no era satisfactorio: la corriente, cruzada la cresta, se concentraba en el centro de la estructura, y del agua allí amontonada nacían ondas, que perturbaban todo el desagüe. Con tino y suerte, se halló una alternativa conveniente: un cimacio, desarrollado a lo largo de un medio óvalo, descargaba en una plataforma central, donde la corriente se estancaba para de ahí salir tranquila hacia el desagüe. Este "vertedor de abanico" fue un éxito; y hoy se pueden admirar, en presas mexicanas, muchos del mismo tipo.

El problema de la superficie vertedora convergente, sobre la cual la corriente escurriera rápida, estrechándose gradualmente, había quedado sin resolver. Disponiendo de mucho tiempo, tal vez hubiera sido posible modificar poco a poco un modelo de laboratorio hasta conseguir un funcionamiento adecuado; pero se habría resuelto sólo un caso específico. Hacía falta una solución general, que debía poderse obtener combinando geometría con hidrodinámica. Imaginemos que la superficie *ABDC* de la figura 123 sea el paramento del vertedor, y las superficies de corriente ubicadas encima representen el escurrimiento. Tendríamos que aceptar la presencia de superficies equipotenciales y, por tanto, la existencia de un potencial de velocidad: ¿es esto lícito? La respuesta la había dado años antes Léopold Escande, joven ayudante de Charles Camichel en el laboratorio de Toulouse; ese laboratorio mágico donde se apagaban las luces y, con el destello de una lámpara de arco, la corriente se llenaba de estrellitas, que llevaba consigo:

Entrainées par les eaux, des milliers de paillettes
A qui des rayons d'arc donnaient des reflets d'or,
Révélaient a nos yeux ces merveilleux accords
Des flux et tourbillons dont tu fus l'interprete.

"Arrastradas por las aguas, miles de lentejuelas, a las cuales rayos de arco daban reflejos de oro, revelaban a nuestros ojos esos acordes maravillosos de flujos y remolinos, de los cuales tú fuiste el intérprete",[139] escribiría muchos años después Escande, hidráulico poeta, recordando a su amado maestro. Gracias a esta visualización, Escande había realizado mediciones muy precisas de las componentes de la velocidad en el seno de una lámina de agua que bajaba por un vertedor y, a través de ellas, había calculado las componentes del rotacional, que resultaron prácticamente nulas. Así pudo concluir que, para escurrimientos de este tipo, sí es lícito suponer, macroscópicamente, que el flujo sea potencial.

Aceptemos pues que la superficie *ABDC* represente el paramento; *AC* la cresta horizontal; *BD*, el umbral de salida. Sean *AB*, *MN* y otras similares sus líneas de curvatura en sentido longitudinal, que llamaremos "generatrices" de la superficie misma. Lo que se pide es que las trayectorias de las partículas fluidas que escurren al ras del paramento sigan tales generatrices. ¿Cómo lograrlo? Se requiere que las generatrices aseguren, a las partículas que las recorren, la máxima adhesión al paramento. Ahora, la máxima adhesión se obtendrá cuando sea máxima la componente de la aceleración de la partícula, tomada en sentido normal a la pared. El vector aceleración de una partícula que recorre una curva pertenece, en cada punto, al plano osculador a la curva misma en ese

[139] Escande, 48.

punto; por tanto, lo que hace falta es que las generatrices sean curvas tales que todos sus planos osculadores resulten normales a la superficie vertedora.

Se comprueba fácilmente que las curvas cuyos planos osculadores son normales a una superficie que las contiene, son geodésicas para la superficie misma; o sea, curvas que proporcionan los caminos más cortos entre todos los que —sin abandonar la superficie— unen entre sí a dos puntos cualesquiera de ellas. Entonces, para que las partículas fluidas no abandonen las generatrices, se requiere una superficie vertedora cuyas líneas de curvatura sean, a un mismo tiempo, geodésicas para ella. Estas superficies son muy especiales; las descubrió Gaspard Monge, un ilustres geómetra que había sido cadete en la escuela de Mézières, donde, entre otras actividades, tuvo la oportunidad de suplir a Bossut en sus clases de hidráulica. Es característica de dichas superficies que sus líneas de curvatura deben de ser planas e iguales entre sí; y que pueden ser generadas por una de ellas (el "perfil"), al hacer girar —sin resbalar— su plano, apoyándolo en las generatrices, rectilíneas, de una superficie "directriz" desarrollable. Por ello, a veces se denominan *superficies moldura*. Como conclusión, la superficie vertedora debe poderse engendrar de ese modo, o sea: escoger un perfil plano y una directriz fija convenientes, y trazarla moviendo el perfil de la manera indicada. Por tanto, toda superficie de corriente, como *MM'N'N*, será plana, y coincidirá con el plano del perfil, *MN*, correspondiente.[140]

Ensayos en laboratorio con vertedores de este tipo, que llamamos *vertedores de trayectorias planas*, comprobaron que, en efecto, las líneas de corriente se mantenían estables sin abandonar los planos de las generatrices; con lo cual la corriente quedaba distribuida uniformemente sobre el vertedor. Variaciones de gasto —y, por tanto, de tirantes de agua— no deformaban ni desplazaban las líneas de corriente, que se visualizaban con colorante.

Figura 124

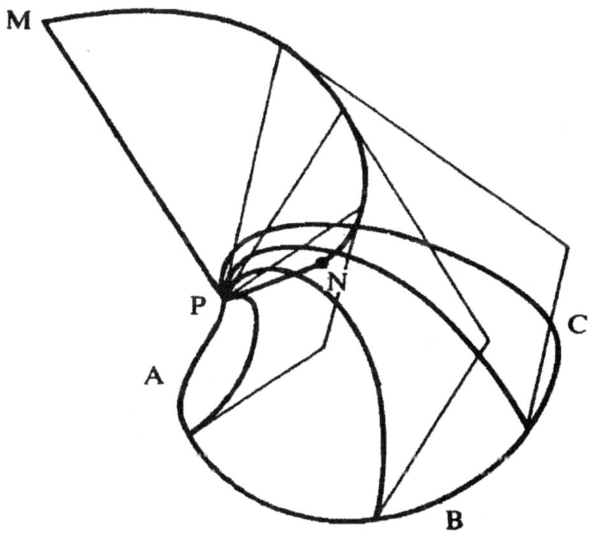

Existen unas almejas, llamadas coquinas, encerradas por un par de valvas —surcadas por costillas radiales— que se abren en abanico. En el pico P del abanico está el gozne que une las valvas; en el lado opuesto, las costillas terminan en un borde libre ovalado ABC, el "margen ventral" (figura 124). ¿No serían esas conchas superficies moldura? Al

[140] Levi, *Surfaces*.

cortar una de ellas a lo largo de sus costillas, pude comprobar que éstas, de forma espiral, son planas y todas iguales entre sí; se trata efectivamente de superficies moldura, engendradas, como sugiere la figura 124, por un perfil espiral cuyo plano gira apoyándose en la directriz cónica *MNP*.

¿Tendría esa forma un propósito hidrodinámico? Era natural pensar que, para nadar, esas almejas abrirían y luego cerrarían de golpe sus valvas, expulsando el agua, con el fin de conseguir una suerte de propulsión a chorro; pero eso daba pie para suponer que su movimiento sería con el pico hacia delante; en tal caso, no se veía la ventaja de la forma y las estrías. Más tarde, me enteré que el avance de la almeja es al revés. "El movimiento típico de nado —escribe el malacólogo Abbot— es en la dirección opuesta, con el borde libre de la concha yendo al frente, de modo que el animal parece sacarle al agua una serie de bocados. Esta acción singular la hacen posible los extremos verticales, como de cortina, del manto muscular. Cuando el poderoso músculo aductor cierra de golpe las valvas, el agua se expulsa, no tras las cortinas del manto, sino a través de las regiones alrededor del gozne de la concha. Manejando estas cortinas, que pueden extenderse o retirarse localmente, la almeja logra variar la cantidad y posición de salida del agua, y así puede dirigir su trayecto... La almeja nada siempre con sus valvas en un plano horizontal".[141] En conclusión, el movimiento relativo de la corriente, cuando las valvas se cierran, va del margen ventral *ABC* hacia los picos traseros y es, por tanto, convergente; además, se guía por las costillas, que son simultáneamente líneas de curvatura y geodésicas de la concha. Ésta funciona pues como vertedor de trayectorias planas, facilitando al máximo el escurrimiento del agua; con ello, la resistencia que la almeja encuentra en su carrera se reduce al mínimo.

Una ecuación con toda una historia

La ecuación de Euler idealiza al fluido, pues supone que sus partículas se mueven sin afectar a las vecinas; según suele decirse, lo considera como *fluido perfecto*. Pero esta perfección no existe en la naturaleza; así que Navier se propuso mejorar la ecuación, tomando en cuenta la viscosidad, y lo consiguió utilizando el modelo newtoniano de moléculas con resorte, del cual ya hablamos. Su conclusión había sido que los segundos miembros de las ecuaciones

[141] Abbot, 44.

$$\frac{du}{dt} - P = -\frac{1}{\rho}\frac{\partial p}{\partial x}, \quad \frac{dv}{dt} - Q = -\frac{1}{\rho}\frac{\partial p}{\partial y}, \quad \frac{dw}{dt} - R = -\frac{1}{\rho}\frac{\partial p}{\partial z} \tag{1}$$

hay que remplazarlos, respectivamente, por

$$-\frac{1}{\rho}\frac{\partial p}{\partial x} + \varepsilon\left(\overline{V}^2 u + 6\frac{\partial \delta}{\partial x}\right), \; -\frac{1}{\rho}\frac{\partial p}{\partial y} + \varepsilon\left(\overline{V}^2 v + 6\frac{\partial \delta}{\partial y}\right), -\frac{1}{\rho}\frac{\partial p}{\partial z} + \varepsilon\left(\overline{V}^2 w + 6\frac{\partial \delta}{\partial z}\right) \tag{2}$$

donde el símbolo $\overline{V}^2$ representa el "operador laplaciano"

$$\overline{V}^2 = \frac{\partial^2}{\partial x^2} + \frac{\partial^2}{\partial y^2} + \frac{\partial^2}{\partial z^2}$$

y

$$\delta = \frac{1}{3}\left(\frac{\partial u}{\partial x} + \frac{\partial v}{\partial y} + \frac{\partial w}{\partial z}\right) \tag{3}$$

El coeficiente ε es "una constante relativa a la intensidad de la adherencia de las moléculas del fluido". El factor 6 que afecta al gradiente de d es incorrecto (debe ser 3); pero, como Navier agrega la hipótesis de que el fluido sea incompresible, con lo cual se anula δ, los términos que lo contienen desaparecen.[142]

Varios investigadores volvieron a obtener la ecuación de Navier, utilizando otros modelos. Siméon Poisson, quien había establecido una teoría que permite encontrar las deformaciones de un sólido elástico, conociendo las fuerzas que actúan sobre él, pensó que se podría llegar, por ese mismo camino, a la ecuación del movimiento del fluido viscoso: en resumidas cuentas, ¿no es el escurrimiento una deformación que prosigue indefinidamente? Por supuesto —argumentaba Poisson— fluido y sólido no pueden comportarse de la misma manera por una razón muy sencilla: en el fluido, al desaparecer las fuerzas externas, las presiones en cada punto tendrían que cambiar de inmediato, haciéndose iguales en todas las direcciones, como exige la ley de Pascal; mientras que en el sólido esto no ocurre. Poisson tomó en cuenta esta propiedad, y representó al fluido como un medio que se deforma como sólido y se recobra como fluido, alternadamente, suponiendo que en un instante actúan las fuerzas externas y en el instante sucesivo desaparecen. En el segundo instante, tendrá lugar un rápido reacomodo de las moléculas para que se recupere la isotropía de las presiones internas. En el tercero, volverán a actuar las fuerzas externas; en el cuarto, desaparecerán, y así sucesivamente. Al

[142] Navier, 675.

reducir los instantes a tiempos infinitamente pequeños, Poisson llegó a la ecuación de Navier por un nuevo camino, considerando también la compresibilidad.[143]

Poisson publicó su Memoria en 1821, nueve años después de la de Navier. Barré de Saint-Venant presentó su trabajo en 1843. Saint-Venant opinaba que las hipótesis de comportamiento a nivel molecular de sus antecesores eran arbitrarias, y decidió seguir otro camino.

Imaginó, según la costumbre, trazar planos en diferentes direcciones por todo punto P del campo de flujo y considerar los esfuerzos que el escurrimiento crea en cada plano, ya sea en sentido normal al plano mismo (presiones normales), ya sea a lo largo del plano (presiones tangenciales). Introdujo luego el concepto de "resbalamiento" (*glissement*) sobre el plano; por ejemplo,

$$\frac{\partial w}{\partial \dot{y}}+\frac{\partial v}{\partial z}, \quad \frac{\partial u}{\partial z}+\frac{\partial w}{\partial x}$$

son los resbalamientos, en un plano normal al eje z, según las direcciones del eje x y del eje y, respectivamente. Estos dos resbalamientos se pueden combinar en uno solo, que representa, en magnitud y dirección, el "resbalamiento principal" a lo largo del plano considerado. Ahora bien, la hipótesis de Saint-Venant era que la presión tangencial T en el plano esté dirigida como el resbalamiento principal S y tenga una magnitud proporcional al mismo:

$$T = \varepsilon S \tag{4}$$

Combinando esta presión tangencial con una normal, igual en todas las direcciones. y suponiendo el fluido incompresible y ε constante, Saint-Venant estuvo en condiciones de obtener de nuevo la ecuación de Navier para $\delta = 0$.[144]

Un cuarto trabajo sobre el mismo tema fue el de George Stokes, *On the theories of the internal friction of fluids in motion, and of the equilibrium and motíon of elastic solids*, de 1845. A lo largo de su vida, Stokes se ocupó de muchas cosas, y la hidrodinámica había sido su primera pasión. Recordando sus tiempos de estudiante en el Pembroke College de Cambridge, escribió: "Pensé que debería ver cómo me iría en una investigación original y, siguiendo una sugerencia que Mr. Hopkins me hizo cuando estudiaba para mi licenciatura, escogí el tema de la hidrodinámica, entonces un poco en decadencia dentro

[143] Stokes, *Papers*, 183.
[144] *Id.*, 184.

de los estudios generales de ese lugar, a pesar de que George Green, quien había hecho un trabajo tan admirable en éste y otros campos, siguió residiendo en la Universidad hasta su muerte".[145] Con referencia al flujo viscoso, Stokes supuso inicialmente —como Saint-Venant— que el fundamento de su teoría estaba en la consideración de las presiones que, en el interior del fluido, se ejercen en direcciones diversas. Así, sin conocer la Memoria de Poisson —porque en aquella época eran escasos los contactos científicos de los ingleses con el continente— llegó a los mismos resultados. Alguien, viendo su trabajo, le dijo que Poisson se le había adelantado; Stokes, desconcertado en un principio, después se dio cuenta de que el camino seguido por Poisson había sido muy distinto del suyo, y decidió dar a conocer públicamente sus resultados. Esto fue bueno, porque el pensamiento que conforma sus conceptos y métodos es muy original; y se volvió luego cimiento y prototipo de la mecánica del medio continuo, tal como hoy la conocemos. Al igual que Saint-Venant, Stokes no considera partículas primarias. Asocia a todo punto material P un elemento fluido muy pequeño que lo incluye y analiza el "movimiento relativo" de dicho elemento; o sea, descuenta del movimiento de sus partículas el del punto P o, lo que es lo mismo, hace que el observador se mueva con P. El rasgo principal de su método —aclara Stokes— "consiste en eliminar, del movimiento relativo del fluido en torno a cualquier punto específico, aquel correspondiente a cierto movimiento de rotación, y examinar la naturaleza del movimiento relativo que queda".[146]

Al estudiar este movimiento relativo, obtiene que "el más general movimiento instantáneo de una porción elemental del fluido se compone de un movimiento de traslación, uno de rotación, uno de extensión uniforme y dos de distorsión (*shifting*)".[147] La extensión y la distorsión del medio se visualizan imaginando que se corta el elemento fluido por medio de un plano que pasa por P, y se considera la deformación que el elemento sufre a medida que P avanza, ya sea en sentido normal al plano (deformación longitudinal o extensión), ya sea dentro del plano mismo (deformación angular o distorsión). Se sabía que, girando el plano, se encuentran tres posiciones, perpendiculares entre sí, en las cuales la distorsión desaparece y sólo queda la extensión. Las coordenadas cartesianas ortogonales, que acostumbramos considerar una ficción geométrica, nos las sugiere aquí la naturaleza misma. Las intersecciones mutuas de estos tres "planos principales" son tres rectas, los "ejes de extensión"; ejes que se llaman así porque indican las direcciones de las extensiones (o contracciones) puras. En esas direcciones,

[145] *Id.*, IV J.
[146] Stokes, *Theories*, 772.
[147] *Id.*, 767.

los esfuerzos a los que el fluido está sujeto serán presiones puras; no habrá ningún esfuerzo de corte. Si p es la presión que se tendría en P en un estado de equilibro relativo —presión que, por el principio de Pascal, sabemos que es igual en todas las direcciones— Stokes postula que la diferencia entre la presión sobre cierto plano por P y p dependa sólo del movimiento relativo del fluido inmediatamente próximo a P, del cual se descuente el movimiento relativo debido a cualquier rotación, pues no afecta a dicha diferencia. En particular, en las direcciones de los ejes de extensión, se tendrán tres presiones puras, que Stokes llama $p + p'$, $p + p''$, $p + p'''$.

Para entender el modelo que Stokes utiliza, sigamos su razonamiento: "Tomemos el caso... en el cual no haya expansión, y sólo un movimiento de distorsión,... y examinemos qué ocurriría si el fluido consistiera en moléculas lisas, que actúan una sobre otra por contacto efectivo. Con esta hipótesis, si consideramos cuán grandes son las presiones que actúan sobre las moléculas en comparación con sus masas, resulta claro que las moléculas mismas se mantendrían sensiblemente en una posición de equilibrio relativo, excepto cuando la estabilidad de cualquiera de ellas se viera imposibilitada por el desplazamiento de las contiguas; en cuyo caso la molécula en cuestión brincaría a una nueva posición de equilibrio. Este brinco (*start*) provocaría un desplazamiento correspondiente en las moléculas inmediatamente próximas a la que brincó; la perturbación se propagaría en seguida en todas direcciones —siendo diferente la naturaleza del desplazamiento en direcciones distintas— y pronto se haría inapreciable. Mientras la perturbación dura, el esfuerzo sobre un pequeño plano, trazado a través del elemento que se considera, no sería el mismo en todas las direcciones, ni tampoco normal al plano; o sea que podemos suponer que actúe un esfuerzo normal uniforme p, juntamente con otro normal p_1 y uno tangencial t_1, de gran intensidad y corta duración, por ser ésta la naturaleza de las fuerzas impulsivas. Como se ha supuesto que el número de moléculas comprendidas en el elemento sea extremadamente grande, podemos considerar un tiempo tan breve, que todas las sumas con respecto a tales intervalos temporales puedan remplazarse, sin error sensible, por integraciones y, sin embargo, tan largo, que un número muy grande de brincos ocurre en él. Por consiguiente, sólo tenemos que tomar en cuenta el efecto medio de tales brincos; además, podemos remplazar —sin error sensible— las fuerzas impulsivas como p_1 y t_1, que se reducen con gran rapidez, por fuerzas continuas. Para planos perpendiculares a los ejes de extensión, esas fuerzas continuas serán las presiones normales p', p'', p'''.[148]

[148] *Id.*, 767, 768.

Aunque la argumentación anterior presuponga un contacto real entre moléculas, "tenemos toda la razón para suponer que éste no es el caso. Sin embargo, justamente el mismo razonamiento se aplicará si ellas están separadas por intervalos tan grandes como queramos, en comparación con sus magnitudes; sólo con tal que admitamos que la fuerza restitutiva creada por un pequeño desplazamiento de *cada* molécula sea muy grande".[149] Generalizando su planteamiento, Stokes llega finalmente a relacionar esfuerzos y rapideces de deformación. Si

$$e' = \left(\frac{\partial u}{\partial x}, \quad e'' = \frac{\partial v}{\partial y}, \quad e''' = \frac{\partial w}{\partial z} \right) \qquad (5)$$

son dichas rapideces en las direcciones de los ejes de extensión, siendo u, v, w las componentes de la velocidad con respecto a dichos ejes, y se considera que, si el fluido es incompresible, la ecuación de continuidad da

$$e' + e'' + e''' = 0$$

se obtiene que

$$p' = 2\mu e', p'' = 2\mu e'', \mathrm{p}''' = 2\mu \mathrm{e}''' \qquad (6)$$

donde es fácil reconocer en μ al *coeficiente de viscosidad* de la ley de Newton.

Con base en lo anterior, Stokes ya había establecido las ecuaciones generales del movimiento, cuando conoció la memoria de Poisson. Al leerla —escribe— "fui llevado a reflexionar que, aunque podamos suponer intensas las fuerzas moleculares y próximas a su posición de equilibrio relativo las moléculas no tenemos por eso el derecho de considerar que se encuentren en esas posiciones, y no somos por tanto libres de admitir que, en los intervalos de tiempo entre brincos, la presión sea igual en todas las direcciones. En efecto, aceptando que las fuerzas moleculares crezcan indefinidamente, manteniendo siempre las mismas relaciones entre sí, podemos suponer que los desplazamientos de las moléculas con respecto a sus posiciones de equilibrio relativo disminuyan indefinidamente; pero, por otro lado, la fuerza restitutiva excitada por un desplazamiento dado se acrecienta indefinidamente en la misma proporción. Pero, sean lo que fueren esos desplazamientos, sabemos que las fuerzas restitutivas se

[149] *Id.*, 768.

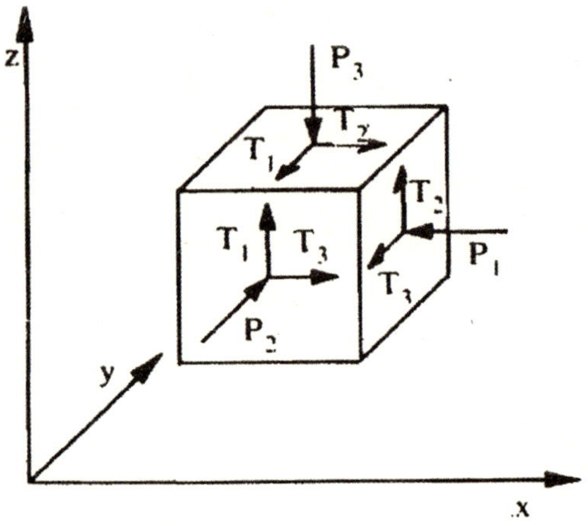

Figura 125

equilibran con fuerzas iguales y opuestas a las efectivas y, al calcular estas últimas, podemos despreciar los desplazamientos anteriores, o bien suponer que las moléculas se muevan en las trayectorias que seguirían si el movimiento de distorsión se realizase con una lentitud indefinida". Y concluye: "Si suponemos que la situación considerada en esta párrafo subsiste a la vez que los movimientos de brinco ya considerados, es fácil ver que las expresiones de p', p'' y p''' seguirán conservando la misma forma".[149]

Pasando ahora a ejes cartesianos x, y, z cualesquiera, e indicando con u, v, w las componentes de la velocidad según estos nuevos ejes, consideremos la rapidez de deformación media δ (fórmula 3). Si P_1, P_2, P_3 son las presiones sobre las caras de un tetraedro elemental con centro en el punto P (figura 125), se ve que sus valores se pueden obtener remplazando, en las ecuaciones 6, p', p'', p''' por $P_1 - p$, $P_2 - p$, $P_3 - p$ y e', e'', e''', que son las derivadas

$$\frac{\partial u}{\partial x} - \delta, \quad \frac{\partial v}{\partial y} - \delta, \quad \frac{\partial w}{\partial z} - \delta$$

Con esto, quedan las tres ecuaciones

$$P_1 = -p + 2\mu\left(\frac{\partial u}{\partial x} - \delta\right),$$
$$P_2 = -p + 2\mu\left(\frac{\partial v}{\partial y} - \delta\right), \qquad (7)$$
$$P_3 = -p + 2\mu\left(\frac{\partial w}{\partial z} - \delta\right)$$

En cuanto a los esfuerzos tangenciales T_1, T_2, T_3, es fácil ver que éstos se pueden escribir, de acuerdo con la expresión 4,

$$T_1 = \mu\left(\frac{\partial v}{\partial z} + \frac{\partial w}{\partial y}\right), \quad T_2 = \mu\left(\frac{\partial w}{\partial x} + \frac{\partial u}{\partial z}\right), \quad T_3 = \mu\left(\frac{\partial u}{\partial y} + \frac{\partial v}{\partial x}\right) \qquad (8)$$

Por otro lado, la fuerza por unidad de volumen resultante de los esfuerzos anteriores tiene componentes

$$\frac{\partial P_1}{\partial x}+\frac{\partial T_3}{\partial y}+\frac{\partial T_2}{\partial z}$$

$$\frac{\partial T_3}{\partial x}+\frac{\partial P_2}{\partial y}+\frac{\partial T_1}{\partial z}$$

$$\frac{\partial T_2}{\partial x}+\frac{\partial T_1}{\partial y}+\frac{\partial P_3}{\partial z}$$

de modo que las ecuaciones eulerianas se remplazarán por

$$\frac{du}{dt}=P+\frac{\partial P_1}{\partial x}+\frac{\partial T_3}{\partial y}+\frac{\partial T_2}{\partial z}$$

y análogas. Sustituyendo en estas últimas los esfuerzos por sus expresiones 7 y 8, se obtiene finalmente el sistema

$$\begin{aligned}\frac{du}{dt}&=P-\frac{1}{\rho}\frac{\partial p}{\partial x}+\mu\left(\overline{V}^2 u+\frac{\partial \delta}{\partial x}\right)\\ \frac{dv}{dt}&=Q-\frac{1}{\rho}\frac{\partial p}{\partial x}+\mu\left(\overline{V}^2 v+\frac{\partial \delta}{\partial z}\right)\\ \frac{dw}{dt}&=R-\frac{1}{\rho}\frac{\partial p}{\partial z}+\mu\left(\overline{V}^2 w+\frac{\partial \delta}{\partial z}\right)\end{aligned}\qquad (9)$$

que es esencialmente el que resulta de las ecuaciones 1 con las sustituciones 2; pero aquí se aclara que $\varepsilon=\mu$. Cuando el fluido es incompresible, $\delta=0$, y las ecuaciones 9 se trasforman en las de Navier.

Las ecuaciones anteriores son los componentes de la ecuación vectorial que hoy se llama "ecuación de Navier-Stokes". Ella expresa que la aceleración de toda partícula fluida es la resultante de tres aceleraciones: la fuerza aceleradora externa, la aceleración producida por el gradiente de presión, y una desaceleración que proviene del efecto retardador de la viscosidad del fluido, en presencia de paredes u otros obstáculos. Esta última, a su vez, se descompone en dos partes, la segunda de las cuales se asocia con el grado de compresibilidad del fluido. En la ecuación de Navier-Stokes hallamos el coronamiento de toda la hidrodinámica clásica.

6

Vórtices

Remolinos de río

Horas y horas pasaba Guglielmini sentado a orillas del Reno, siguiendo el lento fluir de las aguas. Sus ojos expertos acompañaban los movimientos flexuosos de la superficie, el mecerse de ramas y leñas flotantes, las ondulaciones, los remansos. Más que todo, llamaban su atención los vórtices, grandes y pequeños, tan familiares y, sin embargo, siempre sorprendentes y misteriosos. En *Della natura de'fiumi*, describe "los vórtices, que se producen en los ríos, y las gorgas, que se engendran en sus lechos. En cuanto a los primeros, hay que saber que son de dos especies. Algunos se derivan de las vorágines, que absorben el agua desde el fondo o los bordes de los ríos. La presión del aire desempeña también un gran papel en la generación de estos vórtices; por tanto, muchas veces están abiertos, y como perforados en el centro a modo de embudo; de donde resulta que el agua, cayendo con gran velocidad al vacío de dicho hueco, arrastra hacia abajo los cuerpos flotantes, que se precipitan adentro empujados por el aire que está encima, y se esfuerza en remplazar aquel aire que el vórtice mismo engulle continuamente; incidente que entraña un peligro grandísimo para los navíos que pasan sobre él...

"Los otros vórtices fluviales se llaman 'ciegos'; y no son otra cosa que circulaciones... provocadas por la diversidad de direcciones creadas, o por las desigualdades del fondo, o bien por la diferencia de nivel entre porciones del agua; y estos [vórtices] o cambian dc lugar, o no, según y conforme sus causas eficientes subsisten siempre en el mismo sitio del cauce, o bien mudan de lugar y cesan. Los primeros son sumamente frecuentes y, por lo general, la corriente se los lleva consigo; y acaban en nada en corto espacio de tiempo, por el empeño que tiene la dirección del curso primario del río en conformar como ella la de todos los demás movimientos; pero los segundos, si bien no son igual de frecuentes, resultan más importantes por los malos efectos que engendran al provocar socavaciones en el fondo y desgaste en las riberas...

"Así nacen vórtices en la cabeza de las erosiones, cerca de los malecones y en las alas de puente; y de la misma causa se derivan los que ocurren por debajo de las cataratas, porque, siendo que el cuerpo de agua se adelgaza y estrecha por la violencia de aquéllas, es necesario que, después de la caída, un ímpetu tan grande se refrene en el contraste que el fondo le presenta, y que, por tanto, el agua retardada aumente en grosor. Como esto sucede mayormente hacia el centro de la caída,... el agua levantada, que no halla apoyo lateral, comienza a escurrir a un lado y al otro, y luego atormenta los bordes, los cuales, cediendo, ensanchan más el lecho en este sitio que en las partes inferiores; donde las riberas, estrechándose en proporción con la masa de agua que debe escurrir entre ellas, vienen a oponerse, en parte, a la corriente, aún no toda dirigida según el cauce. Por tanto, parte del agua resulta forzada a rozar la ribera misma con movimiento contrario, es decir, a formar un vórtice...

"Es muy cierto que... la diversa situación de las orillas inferiores, medianas y superiores hace que las direcciones del agua en diferentes niveles se sesguen unas con respecto a otras, resultando así idóneas, aun solas, para engendrar vórtices estables; de aquí sigue, además, que los remolinos no siempre continúan de la superficie hasta el fondo del río; porque hay unos enteramente superficiales —como los que nacen del choque de la dirección del agua de superficie con las orillas más altas, etcétera— y otros cuya existencia sólo se debe a causas que actúan cerca del fondo, y se manifiestan poco o nada en la superficie. Por tanto, se da el caso de que en un río bajo o mediano se observe algún vórtice, o movimiento particular, que en agua alta no aparece en lo absoluto; y también puede ser que en agua baja se manifiesten movimientos accidentales que, de hecho, acaban cuando el río está crecido, a saber: cuando, acrecentada su velocidad por la gran masa de agua, éste crece en gran proporción con respecto a las resistencias, y así, venciéndolas casi del todo, no deja que ellas produzcan efectos sensibles, los cuales vuelven a existir una vez acabada la avenida.

"Por su parte, las secciones fluviales que presentan vórtices deben ser necesariamente más anchas, o más profundas, que aquellas en las cuales toda el agua avanza en dirección del cauce. La razón es manifiesta, porque las primeras tienen que ser capaces de descargar el agua que proviene de aguas arriba y, además, dar cabida a la que, con movimiento contrario, debe girar en los remolinos. Es por tal motivo que los vórtices resultan tan nocivos para las riberas y los fondos de los cauces, erosionando aquéllas y socavando éstos donde ocurren.

"A algunos les parece increíble la conservación de las gorgas, que por larga serie de años se mantienen en el mismo sitio y con la misma profundidad. La maravilla nace de la creencia de que, en las crecidas, el agua de aquellas tenga que quedar estancada, como se la ve en aguas bajas; a lo que, si fuera cierto, tendría que seguir necesariamente algún asentamiento de materiales y, por consiguiente, el relleno de la gorga; lo cual no se observa. Este argumento, que en sí no presenta ningún defecto, nos muestra muy bien que, siendo falso que las gorgas se rellenan si no cambian las circunstancias que concurren a su generación, tampoco es cierto que su agua se conserva durante las crecidas en esa plácida quietud que se observa durante el estiaje. Por tanto, hace falta descubrir cómo y de dónde nace la velocidad suficiente para mantener, en ese sitio, el fondo del río socavado siempre a la misma profundidad; lo cual no será difícil si seguimos la pista a las nociones dadas hasta ahora...

"La obstrucción, casi en ángulo recto, que los obstáculos oponen a la dirección del agua, es lo que la fuerza a revolverse: parte [se dirige] hacia la superficie y parte hacia el fondo del río; la primera ocasiona una mayor elevación del agua en ese sitio; la otra actúa contra el fondo y lo socava; he aquí el primer origen de la gorga. En efecto, no se puede concebir que una [corriente de] dirección paralela a la pendiente natural del fondo del río pueda realizar socavación alguna, siendo necesario para eso que la dirección forme un ángulo con la resistencia. Por tanto, es cierto que el agua, socavando, se mete por debajo del plano del río según una dirección oblicua o vertical; pero, topándose finalmente con la resistencia del terreno, y siendo empujada por la otra agua que viene detrás, es también menester que vuelva a subir del fondo de la gorga a la superficie, en un sitio en el cual la altura del agua que está encima sea menor y su dirección vertical no se oponga tanto a la salida. La determinación del largo y ancho de la gorga nace en parte de lo anterior, y en general del tipo y posición de los impedimentos; porque la profundidad resulta de la calidad del choque, la fuerza de la dirección, la altura del agua y la resistencia del fondo del río.

"El ingreso y salida del agua de los ríos de la cavidad de las gorgas puede producirse de modo que el agua ingrese en la parte superior y salga de la inferior, o al revés. Si [se da] el primer [caso], el agua volverá a subir desde el fondo de la gorga, por un plano inclinado;... por el contrario, si el agua sale de la parte superior de la gorga, se formará un remolino vertical; porque el agua salida [por el lado de] arriba se juntará con la corriente del río, que nuevamente debe resultar empujada, por los obstáculos, dentro de la gorga misma. De donde se sigue que los cuerpos transportados por el río, cuando se hallan en gorgas vorticosas, se ven rebotados muchas veces del fondo a la superficie, y rechazados de la superficie al fondo, antes de que salgan del sitio de la gorga. Estos tipos de vórtices verticales, que a menudo resultan inclinados con respecto al horizonte por otros impedimentos, son los que más dañan el fondo, socavando gorgas de profundidad increíble... También los vórtices horizontales, de los cuales hablamos más arriba, si llegan a tener contacto con el fondo, lo socavan en gorgas. En efecto, el agua, volteada en contra de la corriente, encuentra la pendiente del cauce; y, dando con ella, aunque sea bajo un ángulo muy oblicuo, comienza a arrancar partículas y forma una oquedad; y, debiendo luego salir de ésta, hace falta que el remolino adquiera alguna inclinación y, poco a poco, de horizontal se vuelva vertical, o bien inclinado en espiral; con lo que gana poder para socavar mayormente. Es muy cierto que las gorgas producidas por vórtices horizontales no resultan tan profundas como aquellas socavadas por vórtices verticales, porque los primeros raras veces dan lugar a direcciones verticales; pero si se combinan unos y otros, entonces —por así decir— se desgarran las entrañas del cauce, y se forman más bien abismos que gorgas.

"Cuando un obstáculo resulta abrazado por la corriente, como les acontece a las pilas de los puentes, se producen gorgas que ciñen el obstáculo por arriba, y por los lados acaban en nada: efecto que resulta del reflejarse del agua hacia el fondo en el lugar del choque, y del vórtice vertical que se produce, cuya salida es por ambos lados del obstáculo, después de lo cual degenera en dos vórtices horizontales y superficiales. Y aquí considero oportuno observar que, a veces, por debajo de los vórtices de las crecientes se forman gorgas, como antes se explicó; y otras veces, al bajar el agua, allí los aluviones se ven más elevados. La diferencia nace del hecho de que en el primer caso los vórtices prosiguen de la superficie hasta el fondo del río, mientras que en el segundo son del todo superficiales; y éstos, si tienen por debajo agua estancada, o de escaso movimiento, en lugar de socavar el río son causa de que se incrementen los depósitos. En efecto, como el agua se muda continuamente, allí, a medida que se trae más material arrastrado, se aumenta el depósito, contrariamente a otros sitios en los cuales no se encuentran semejantes vórtices; porque en éstos, quedando el agua siempre la misma, o cambiándose más despacio, no puede resultar sino un escaso asentamiento del material sólido. Por tanto, no hay que asombrarse de que, aunque tras las pilas de los puentes se forman vórtices horizontales, allí, sin embargo, se vean todavía lomos muy grandes.

"Estos movimientos vorticosos no se pueden observar —por lo general— con agua baja. La razón es que como ella, en tales condiciones, carece de velocidad y volumen suficientes, las gorgas sirven, igual que pequeñas lagunas, para recibir el agua del río que, hallando en ellas ancho y profundidad mayores que las que necesita la masa de la corriente, pierde velocidad y permite que en ese sitio la superficie del agua se disponga casi en un plano horizontal, pareciendo estancada. Esto es tanto más cierto cuanto menores son el volumen del agua y su velocidad, en proporción con la capacidad de la gorga; porque en tal caso es evidente que, como el agua no logra chocar violentamente con los obstáculos, tampoco pueden presentarse algunos de esos efectos que se derivan del cambio de dirección y del estorbo de la velocidad. Por otra parte, en los ríos que en todas condiciones mantienen una gran velocidad, y volumen de agua suficiente, en todo tiempo se ven movimientos vorticosos e irregulares; más bien, si ellos corren sobre fondos pedregosos y cascajosos, [éstos se observan] más en tiempo de escasez de aguas; lo que sucede porque, en tiempo de aguas abundantes, los efectos causados por los estorbos del fondo no se manifiestan en superficie, ya que, en tales condiciones, sólo se notan aquellos que se deben a la situación de las riberas".[1] No creo que en otra parte se encuentre una descripción tan amorosa y esmerada como ésta de Guglielmini, acerca de los varios tipos de vórtice que se manifiestan en una corriente fluvial. Sin embargo, sus explicaciones, convincentes en lo referente a remolinos de eje horizontal, dejan de serlo para vórtices verticales cuyo origen no se asocia directamente con irregularidades de las orillas. Arcano de la naturaleza que, como veremos, no ha dejado de intrigar a los hidráulicos hasta el día de hoy.

Los kolks

Algo falta en la reseña anterior: los *kolks*. Guglielmini —a quien sin duda le eran familiares los borbollones que aparecen de repente acá y allá en la superficie del río, en el momento y lugar más inesperados, e igual de rápido se deshacen— probablemente no sospechaba que son producto de vórtices. Especialmente enérgicos y frecuentes en las crecidas —cuando el río, alimentado por abundantes lluvias, va incrementando su fuerza—, rápidos torbellinos brotan del fondo, dirigiéndose hacia arriba, levantando materiales sueltos del cauce y transportando los más ligeros hasta la superficie. Gerard Matthes ha dejado, en 1947, una vívida descripción de ellos, fruto de quince años de observaciones en el Mississippi y ríos menores. "El bajo Mississippi —anota—, por la magnitud y abundancia de su macroturbulencia, revelaba rasgos que se reducían a

[1] Guglielmini, *Fiumi*, 213-218.

proporciones insignificantes en ríos de poca profundidad o modelos de laboratorio. Por otro lado, ríos pequeños de agua claras, con fondos de arenas limpias y blancas, que transportaban en sus lechos guijas brunas, ofrecían ventajas excepcionales para observar el fondo de cerca; lo que era imposible en el Misisipí. Además, los estudios del que escribe han incluido exámenes detallados de cauces secos en áridos estados del Oeste, particularmente en cañones que exhiben fondos desnudos con salientes rocosas, y lechos diseminados con cantos rodados. A veces un río, como el Feather en California, ofrecía la oportunidad insólita de estudiar un flujo altamente turbulento, y correlacionar sus fenómenos de turbulencia con las características de erosión del cauce, observadas en seco en periodos durante los cuales toda el agua se desviaba con el objeto de generar energía".[2]

Matthes define los *kolks* como "espasmódicos desplazamientos hacia arriba de grandes volúmenes de agua, que inducen una succión vorticosa capaz no sólo de levantar materiales del fondo, sino también de excavar hoyos y gorgas en cauces resistentes. Su acción es de corta duración, pero frecuente, típica de otros fenómenos de horadación hidráulica y succión menor. La velocidad de rotación en el extremo puntiagudo del vórtice es de gran magnitud, muchas veces mayor que la velocidad de la corriente que lo rodea... En aguas rápidas y profundas, durante fases de avenida creciente, el *kolk* adquiere grandes proporciones, horada, y se vuelve un factor importante en la erosión del lecho y formación de gorgas. [Véanse en la figura 126 las fases de su evolución.] Su fuerza "de levantamiento lleva con gran velocidad materiales del fondo hacia la superficie, arrastrando gravas y guijarros del sedimento grueso del cauce... Como fenómeno de mecánica de fluidos, se parece, en muchos aspectos, a la acción del tornado, siempre que se tomen en cuenta las diferencias de viscosidad de agua y aire. Igual que en el tornado, la acción remolinante del *kolk* pierde fuerzas en la subida, y mucho del

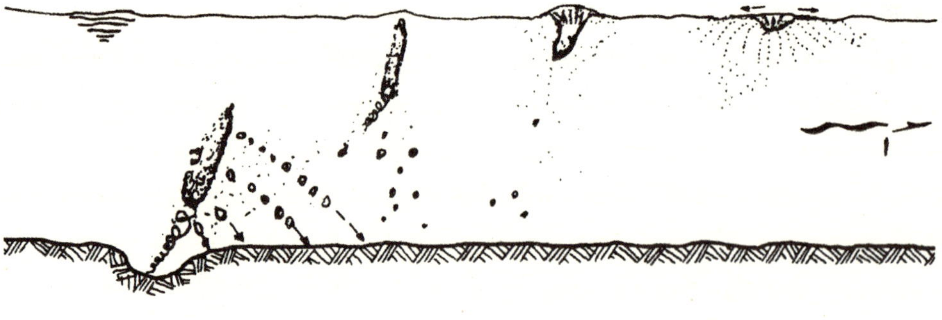

Figura 126

[2] Matthes, 255.

material arrastrado cae a medida que las fuerzas levantadoras se reducen en intensidad. Los *kolks* se disipan en la superficie en forma de borbollones, en los cuales el agua elevada hasta ella se descarga, radialmente, en la cumbre del prisma, y escurre llevando consigo los materiales de fondo más finos que alcanzaron la superficie. La altura a la que el centro activo del borbollón sobresale de la superficie sólo se puede determinar fácilmente calculando la carga de velocidad requerida para producir las velocidades del desagüe radial. En borbollones que se expanden hasta un diámetro de 15 a 20 pies, tales velocidades resultan ser del orden de dos a cuatro pies por segundo, correspondiendo a una carga de velocidad desde 0.06 a 0.25 pies. En ríos en los cuales la erosión del lecho progresa rápidamente, el que escribe ha presenciado en varias ocasiones la descarga súbita de un borbollón de más de medio pie sobre la superficie del agua. Los borbollones más grandes del río Misisipí, que alcanzan un diámetro de 100 a 300 pies, poseen un empuje hacia arriba que hace inclinar notablemente los grandes buques de vapor que pasan encima. Aunque la acción del *kolk* sea probable el fenómeno de macroturbulencia más importante en las corrientes naturales, las dificultades halladas al realizar observaciones en aguas turbias han hecho que su mecanismo por debajo de la superficie haya quedado envuelto en tinieblas. Sin embargo, sus efectos sobre el lecho del río revelan claramente la naturaleza de las fuerzas involucradas, y sugieren una comparación con el ahoyarse, por cavitación, de álabes de turbina, impulsores de bomba y hélices de barco". Concluyendo, "la acción vorticosa del flujo hacia arriba tipo *kolk* es la más poderosa manifestación concentrada de energía que actúa en los cauces fluviales; y es un factor mayor en la erosión, socavación de bancos, transporte de sedimentos y, en general, en la morfología del lecho. Las presiones negativas producidas por la succión de vórtices de este tipo parecen ser el principal mecanismo que provoca erosión por parte de la corriente, siendo factor auxiliar la abrasión producida por partículas de sedimento arrastradas".[3]

El parecer de Venturi

"Pocos autores han examinado causas y efectos de los remolinos de agua en los ríos; y los que emprendieron esta tarea no parecen haber sido afortunados en sus investigaciones", comenta Venturi en sus *Recherches expérimentales*. Venturi dispone del *principio de la comunicación lateral*, o sea, del arrastre por fricción de masas de agua quieta

[3] *Id.*, 258, 259, 261.

cuando una capa contigua se pone en movimiento; principio que, en el fondo, es el mismo al que acudía Guglielmini al hablar del "empeño de la dirección de la corriente principal en conformar como ella todos los demás movimientos"; pero Venturi perfecciona la descripción. Imaginemos —dice él— que el agua de un canal encuentre una pared oblicua *BA* (figura 127). "Allí formará un remanso; y descargará en *AC*, con una velocidad incrementada por la altura del remanso [aguas] arriba. [Supongamos] que el agua en *BDCA* esté quieta: la corriente *AC* comunica su movimiento a las partículas laterales *E*, las transporta hacia adelante; la superficie del agua en *E* baja, las partículas más alejadas hacia *O* resultan empujadas de acuerdo con las leyes del equilibrio de los fluidos, y vienen a llenar el hueco, la corriente *AC* las arrastra de nuevo; el espacio *BDCA* tiende a vaciarse. En virtud de las mismas leyes, el agua de la corriente *AC* experimenta una fuerza constante que la empuja hacia el hueco *E*, mientras que el movimiento de proyección la lleva según la dirección *AC*. Animada por estas dos fuerzas, la misma agua *AC* adquiere un movimiento curvilíneo en *CD*; baja como por un plano inclinado. Si retrocediera por *DE*, iría a chocar con el obstáculo *BA* y la corriente *AC*, y —luego de alguna oscilación— alcanzaría el equilibrio y el reposo. Sin embargo, la corriente *AC* persiste en su acción lateral; vuelve a arrastrar el agua que [pasando] por *CD* ha regresado a *E*, y la obliga a repetir su movimiento, siguiendo la curva *CDE*, y el giro continúa perpetuamente.

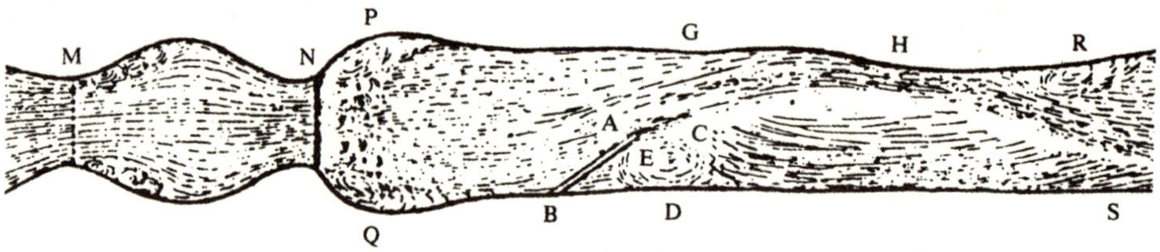

Figura 127

"Si el río pasa por un estrechamiento de su lecho en *N*, produce remolinos a uno y otro lado, en *P* y *Q*, como vimos ocurrir en *CD*. Si el filón de agua, luego de haber chocado con el borde *GH*, se aleja de él para tomar una nueva dirección *HS*, la comunicación lateral del movimiento excitará las rotaciones en el ángulo de reflexión *R*.

"Cuando dos corrientes de velocidades distintas topan oblicuamente en medio de un río, la corriente más rápida produce de igual manera rotaciones en la menos rápida.

"[Supongamos] que se excave un canal en un lecho de profundidad variable. Si los lados del perfil longitudinal de las desigualdades del fondo tienen pendiente suave, como *ABC* (figura 128), el agua superior imprime, por comunicación lateral, su movimiento al agua inferior que se encuentra cerca del fondo, por debajo de la línea *AC*; el curso se establece en toda la profundidad de la sección *MB*. Luego, la corriente que se ha formado en *B*, cerca del fondo, se desvía de su dirección siguiendo la pendiente *BC*, y vuelve a brotar sobre la superficie en *Q*, donde a veces forma... una especie de torbellino vertical. Si las extremidades de la oquedad salen bruscamente del fondo, como *DE*, *FG*, en él se forman remolinos, en sentido vertical, en *D* y a veces también en *G*. Estos fenómenos pueden observarse en un canal artificial provisto de paredes de vidrio.

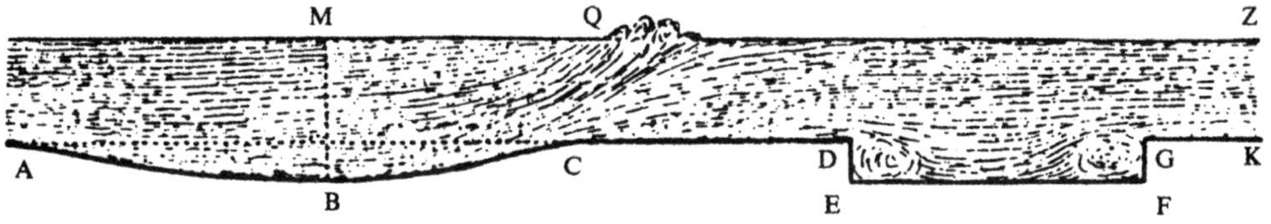

Figura 128

"*Cada remolino destruye parte de la fuerza viva de la corriente del río*, porque el agua que baja con movimiento retrógrado por el plano inclinado *CDE* (figura 127) no puede devolverse a la dirección del curso del río sino con un nuevo impulso. Es como una bola forzada a subir sobre un plano inclinado, del cual siempre vuelve a caer para recibir nuevos impulsos: la labor de Sísifo.

"Como primera consecuencia, deduzco de lo anterior que en un río de curso permanente, en el cual existan secciones desiguales, el agua se mantiene más alta de lo que estaría si todo el río se estrechara por parejo, a la medida de su sección menor.

"La causa de este fenómeno es la misma que aquella que retrasa la descarga en un tubo varicoso: el agua que baja del vertedor *N* al tanque *PQ* (figura 127) pierde en este último casi toda la velocidad que ha ganado al bajar de *N*, aunque el vertedor posea, en su lado aguas abajo, un perfil curvilíneo que dirige la velocidad del agua en sentido horizontal. Guglielmini advirtió muy bien que una caída no influye en la formación del cauce inferior: son las rotaciones del agua en el tanque *PQ* las que destruyen la velocidad producida por la caída; esta velocidad ha socavado el fondo y ensanchado el lecho del canal en *PQ*; los remolinos se forman en él a un lado y al otro, en el fondo y en la superficie, en sentido horizontal y vertical. Sería inútil quererse oponer a que el canal se socave y se ensanche, encerrándolo entre paredes: de todos modos, el estanque se formaría más allá de éstas.

"[Supongamos] que el canal posea varios estrechamientos y dilataciones sucesivos, *M*, *N*, sin caída ni vertedor (figura 127). Siempre, en cada dilatación, seguirán existiendo remolinos, y [ocurrirá] una pérdida de velocidad mayor que si el canal tuviera una sección uniforme, igual a la que hay en *M* o *N*. Hará falta entonces que la superficie del agua se levante después de cada ensanchamiento, para recuperar la velocidad que ha perdido a causa de los remolinos... En lo anterior, supongo que el fondo del río sea firme. Si el fondo es de naturaleza tal que la corriente pueda atacarlo, el cauce se socavará en los estrechamientos, y los materiales extraídos se depositarán en los ensanchamientos.

"La segunda consecuencia, que deduzco del principio que establecí acerca de la pérdida de fuerza viva causada por los remolinos, es muy importante en la teoría de los ríos, [pero] parece haber sido olvidada por los que han tratado este asunto. El frotamiento del agua a lo largo de las riberas mojadas y el fondo de los ríos no es, ni con mucho, la sola causa de que su curso se haga más lento, requiriendo —por consiguiente— una pendiente continua para conservarse. Una de las causas principales y más frecuentes de retardo en un río proviene también de los torbellinos que se forman incesantemente, y en todas partes, en él, por las desigualdades de la ribera, por los codos, por corrientes que se cruzan, y por filones de agua, de diferentes velocidades, que se topan. Así, buena parte de la velocidad de la corriente se emplea para restablecer un equilibrio de movimiento, que ella misma desbarata continuamente".[4]

Un ensayo de Mariotte

Vórtice: espira que rueda a velocidad vertiginosa en su centro, y siempre más lenta, a medida que nos separamos de éste. Gorga, tornado, ciclón, galaxia, nebulosa decenas de millones de veces más ancha que el Sol; el más llamativo e impresionante fenómeno natural; símbolo hidráulico, meteorológico, astronómico, acerca del cual, sin embargo, buscamos en vano información en muchos tratados de hidráulica y mecánica de fluidos. Remolino de río, como esos del Danubio que a mi amigo Kurt —cuando era joven y practicaba el salvamento— le habían enseñado a no tenerles miedo, sino a meterse en ellos de cabeza, con la seguridad de que el remolino, fiel a la regla de Helmholtz, lo escupiría sano y salvo a la superficie, por el otro extremo. Tromba marina —terror del navegante— como aquella que abisma al Ulises de Dante, a la vista del gigantesco cerro del nuevo mundo:

[4] Venturi, 52-57.

Noi ci allegrammo, e tosto tornó in pianto,
Ché dalla nuova terra un turbo nacque,
E percosse del legno il primo canto.
Tre volte il fé girar con tutte l'acque,
Alla quarta levar la poppa in suso,
E la prora ire in giú, com'altrui piacque
Infin che il mar fu sopra noi richiuso.

Nos regocijamos, y luego se hizo llanto: porque de la nueva tierra nació un torbellino, que golpeó el primer lado del barco. Tres veces lo hizo rodar [junto] con toda el agua; a la cuarta, levantar la popa hacia arriba y la proa hundirse, como a otro le agradó; hasta que el mar volvió a cerrarse sobre nosotros.

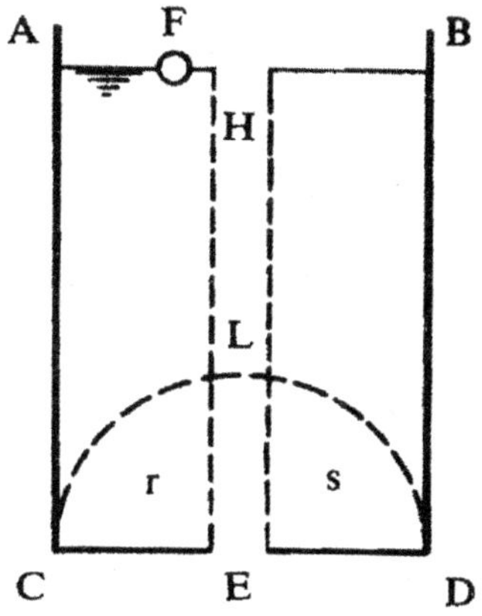

Figura 129

Vórtices molestos, que meten aire a bombas y turbinas; vórtices benéficos, que destapan sumideros. Familiar torbellino del lavamanos, del fregadero o de la tina, como aquel que el buen Mariotte producía en su laboratorio. "'A veces —leemos en su *Traité du mouvement des eaux*— cuerpos más ligeros que el agua se hunden hasta el fondo, por una razón que se explica muy fácilmente, y acerca de la cual tiene usted el experimento siguiente. Tome un vaso cilíndrico, de 7 u 8 pulgadas de alto, 3 o 4 de ancho, como *ABCD* (figura 129), que en el centro de su base posee un orificio, *E*, de cerca de 3 líneas (2/3 de cm) de diámetro; tape el orificio con su dedo y luego, una vez lleno el vaso con agua, coloque sobre ella una bola de cera, como *F*, suficientemente pequeña para que pueda pasar por el orificio *E*; y cuando el agua está todavía en reposo, quite su dedo y deje que el agua escurra. La cera bajará en medida que la superficie del agua baja, y saldrá por *E* con el agua misma. Pero si usted crea en el agua un movimiento circular, sacudiéndola contra la pared del vaso o de otro modo, cuando quite el dedo del agujero verá que la bola baja de inmediato, apenas empiece a salir el agua, y se formará un espacio vacío en medio, en el cual el aire penetra, como de *H* a *E*; vacío que no se llenará sino hasta que toda el agua haya salido y, durante todo ese tiempo, usted lo verá como si fuese una columna de aire enroscada, desde la superficie del agua hasta la abertura *E*.

"He aquí la explicación de este efecto. Cuando el agua está tranquila, aquella que se encuentra en el hemisferio *CLD* se ve empujada sin gran movimiento hacia *E*,... y viene tras el agua que sale, antes que la cercana a *H* pueda llegar tan bajo; pero cuando el agua posee un gran movimiento circular, las partículas laterales, cerca de... r y s no pueden alcanzar *E* sino después de dos o tres vueltas espirales, e incluso se ven llevadas hacia la pared del vaso, porque resultan empujadas en dirección de las tangentes de los círculos que ellas describen. De esto se sigue que toda la columna *HE* se precipita hasta el orificio de inmediato, y pasa a través de él juntamente con la bola de cera [que está] encima; y como el agua que rodea toda esta columna evacuada no puede tomar con suficiente rapidez el lugar de aquélla, debido a su movimiento rotatorio, cuya dirección es distinta, el aire exterior debe necesariamente introducirse, por su peso y tensión, y quedar allí hasta que toda el agua haya evacuado.

"A veces sucede que la bola de cera no queda directamente sobre la columna, y luego resulta llevada un poco a un lado dentro del agua. Entonces, si regresa hacia el centro, el aire con su tensión la rechaza hacia la pared del vaso; pero al fin alcanza la columna vacía y, girando con gran velocidad, pasa por el orificio antes que la mitad del agua haya salido.

"Por los mismos motivos, si —ya sea en un río o en el mar— hubiera un gran agujero, o pasaje por debajo del fondo, en agua profunda, a través del cual el agua puede escurrir hacia algún depósito más bajo y lejano —así como dicen que el Mar Caspio se vacía en el [Ponto] Euxino—, el agua atraerá los barcos que pasan arriba del tal remolino. Porque el agua que cae allí en dirección inclinada adquiere un movimiento circular, y produce, con respecto a los barcos que le pasan encima, el mismo efecto que aquella que gira en el vaso *ABCD* produce en la bola de cera. Así, se dice que en cierta mar cerca de Suecia hay un vórtice como el que he descrito, y que restos de embarcaciones desbaratadas han sido vistos en una mar menos profunda, no muy distante. Es fácil entender que el agua tardará más en salir por el orificio *E* cuando rueda que cuando no porque, en el primer caso, el aire ocupa parte del orificio".[5]

El vórtice planetario

"He aquí que unos consideran a la Tierra como rodeada por un torbellino, y la suponen fija en el centro del mundo", comenta Sócrates en el *Fedón*.[6] Este torbellino, que arrastraría a la Luna, el Sol y los planetas en su movimiento, tendría que transformarse —luego de que Copérnico remplazó la Tierra por el Sol, como centro del universo— en

[5] Mariotte, 93-95.

[6] Platón, 301.

un torbellino alrededor del Sol. Algo de esto se vislumbra en los escritos de Johannes Kepler, quien, en su *Epítome astronomiae copernicanae* (*Resumen de astronomía copernicana*) de 1617, pregunta: "¿Hace el Sol, por su rotación, girar los planetas? Y ¿cómo puede ser esto, siendo que el Sol no tiene manos con las que pueda asir el planeta, que se halla tan lejos, y [sin embargo], rotando, puede hacer que el planeta gire con él?". Y contesta: "En vez de manos, posee la virtud de su cuerpo, que se emite en líneas rectas por todo el ancho del mundo, y que, por ser una manifestación del cuerpo [mismo], gira juntamente con el cuerpo solar como un vórtice muy rápido,... y el Sol rueda en el espacio más angosto, en el centro". Más adelante, pregunta: "Qué ocurre por el hecho de que el Sol gire alrededor de su eje? Indudablemente —contesta— al girar el cuerpo solar, también gira su virtud, exactamente igual que, al girar el imán, la fuerza atractiva de una parte se transfiere a diferentes regiones del mundo. Y como, gracias a esa virtud de su cuerpo, el Sol ha cogido el planeta —ya sea atrayéndolo o repeliéndolo, o bien dudando entre los dos—, hace que también el planeta gire con él; y tal vez, [juntamente] con el planeta, todo el éter que lo rodea. De hecho, lo retiene por atracción y repulsión, y lo hace girar por retención".[7] Esto de "atracción y repulsión" se explica por lo siguiente. Kepler imaginaba que cada planeta poseía dos polos opuestos, positivo y negativo, de virtud similar a la magnética, y que el eje que junta ambos polos conservaba siempre la misma dirección en el espacio: perpendicular al máximo diámetro de la órbita. Por otro lado, también el Sol tendría sus dos polos, pero uno de ellos ubicado en su centro y el otro distribuido en la superficie, de modo que sólo este último ejercería una acción sobre los planetas; acción que podría ser mayor o menor, atractiva, repulsiva o nula, de acuerdo con la distancia y oblicuidad de los polos del planeta con respecto al del Sol.

Para Kepler, nacido en Alemania en 1571, con un padre borrachín que pronto dejó la familia para alistarse en el ejército, y con una madre casquivana que, en su vejez, sería acusada de brujería, la niñez no fue nada fácil. La madre poseía una taberna en la que él servía de mozo; por tanto, sus estudios fueron irregulares. Sin embargo, logró entrar al seminario luterano de Tubinga, donde Michael Mästlin, su maestro, le transfirió su entusiasmo por las doctrinas de Copérnico. El Sol, centro del mundo: toda la cosmología de Ptolomeo, con sus complicaciones, se venía abajo, y quizás se podría descubrir una ley sencilla que explicara el movimiento de los planetas; el joven Johannes queda cautivado. La ciudad de Graz ofrece el empleo de "matemático del país", cuya obliga-

[7] Kepler, 897, 899.

ción, además de la de enseñar, es publicar cada año un almanaque con acontecimientos astronómicos y predicciones meteorológicas, astrológicas y de sucesos políticos. Kepler, de 23 años, acepta y, con suerte, anuncia en el almanaque de 1595 eventos que realmente se realizaron: éxito y fama momentáneos. Pero a lo que más se dedica es a sus elucubraciones cosmológicas.

De repente, se le ocurre una idea fantástica. "Dios hace geometría", había sentenciado Platón. Ahora bien, los planetas son (o eran, los entonces conocidos) seis; los poliedros regulares, cinco. Cada uno de estos últimos se puede inscribir en una esfera y circunscribir a otra. ¿Podrían las esferas tolemaicas, cada una sostén de un planeta, hallar su disposición correcta de esta manera? Dicho y hecho: después de muchos tanteos, Kepler encuentra que si a la esfera más pequeña, la de Mercurio, le circunscribimos un octaedro, éste resulta inscrito en otra esfera que contiene la órbita de Venus; circunscribiendo un icosaedro a ésta, dicho poliedro queda inserto en la esfera de la Tierra; el dodecaedro circunscrito a ella está inscrito en la esfera de Marte; a la cual se circunscribe un tetraedro, inscrito en la esfera de Júpiter y, por fin, un cubo circunscrito a esta última resulta inscrito en la esfera de Saturno. El misterio del mundo está develado. Kepler, entusiasmado con el hallazgo, escribe un trabajo, *Mysterium cosmographicum*, y lo remite a Galileo —quien de hecho no se muestra demasiado conmovido— y al máximo astrónomo de la época, el danés Tycho Brahe, que en respuesta le aconseja "abandonar las abstractas deducciones a *priori*, y dirigir su mente al estudio y cálculo de las observaciones realizadas para que, una vez alcanzado un fundamento sólido, ascienda luego a las causas".[8]

Lejos de desanimarse, Kepler decide ir a trabajar con Tycho —que se halla en Praga— para aprovechar sus mediciones, ya que es un observador extraordinario, aunque su carácter no sea de los mejores. "En Praga —no tarda en escribir Kepler a sus amigos— todo es incierto; Tycho es un hombre con el cual no se puede vivir sin estar expuesto continuamente a crueles insultos".[9] Durante veinte años, Tycho ha estado observando con toda meticulosidad el movimiento de Marte, el planeta más anómalo por poseer la orbita más excéntrica de todas; y naturalmente le encarga a Kepler analizar sus mediciones, y ver si de ellas puede sacar alguna conclusión teórica importante. La divina providencia lo está ayudando, porque "para penetrar los arcanos de la astronomía, es absolutamente necesario pasar por los movimientos de Marte; de otro

[8] Mieli, 48-51.

[9] *Id.*, 47.

modo, aquéllos nos quedarían encubiertos para siempre".[10] Como le pasaría a Galileo al asociarse con Torricelli cuarenta años más tarde, Tycho muere al año de la llegada de Kepler, en 1601; pero deja en sus manos un tesoro inapreciable de mediciones y cálculos, con base en los cuales Kepler logra reconocer que la órbita de Marte es elíptica, y que el Sol ocupa uno de sus focos. Además, establece su segunda ley: que los radios vectores del planeta barren, en tiempos iguales, áreas iguales. Ésta puede interpretarse en el sentido de que la velocidad del planeta varía en proporción inversa con su distancia al Sol: ley que es justamente la misma que rige el movimiento de las partículas dentro de un vórtice libre.

En cuanto a los demás planetas, Kepler halla que la ley sigue siendo válida, pero la constante de proporcionalidad cambia de un planeta a otro porque, de no ser así, los tiempos requeridos por una revolución total —el año planetario— tendrían que ser proporcionales al cuadrado de las distancias medias al Sol; lo cual no es cierto. Tarda nueve años más en descubrir su tercera ley; finalmente, en 1619, logra anunciarla en su *Harmonices mundi* (*Las armonías del mundo*): el cuadrado del tiempo periódico de cada planeta es proporcional al cubo de la distancia media al Sol. Kepler considera este resultado como su triunfo más grande: "Hace dieciocho meses vi el primer rayo de luz; hace tres, al alba; por último, hace pocos días, el Sol, más radiante que nunca, se mostró sin velo ante mis ojos. Me entrego a mi entusiasmo; quiero desafiar a los mortales con la confesión de que he robado el vaso de oro de los egipcios, para erigir un tabernáculo a mi Dios".[11]

Una cosmología original

La teoría vorticosa del movimiento planetario alcanza su perfección con Descartes. En la tercera parte de *Les principes de la philosophie*, publicados en 1644, él escribe: "Supongamos que la materia del cielo donde están los planetas, así como el vórtice en cuyo centro está el Sol, rueden sin cesar; y que sus partes que están más cerca del Sol se muevan más rápido que aquellas que están más lejos, hasta cierta distancia, y que todos los planetas —en cuyo número, de aquí en adelante, incluimos a la Tierra— queden siempre suspendidos entre las mismas partículas de materia celeste: con esto sólo, y sin introducir más mecanismos, entenderemos fácilmente todas las cosas que notamos en

[10] *Id.*, 53.
[11] *Id.*, 61.

ellos. Porque, como en las vueltas de los ríos, donde el agua se enrolla sobre sí misma girando en círculos, si hay pajas u otros cuerpos muy ligeros que flotan en el agua, podemos ver que ésta los arrastra y los hace girar consigo y hasta se puede notar que, entre la pajas, haya menudo algunas que giran también alrededor de su centro; y que las que están más cerca del vórtice que las contiene realizan su revolución más rápido que las que están más lejos; y finalmente que aunque dichos vórtices de agua quieren rotar siempre en círculo, casi nunca describen círculos completamente perfectos, extendiéndose a veces más en longitud, otras más en ancho, de modo que no todas las partes de la circunferencia que describen están a igual distancia del centro; así se puede imaginar que las mismas cosas se apliquen a los planetas. Tan sólo esto se requiere para explicar todos sus fenómenos".[12]

¿Cómo nació el universo? Descartes supone que, en un principio, Dios dividió toda la materia en partes de igual tamaño; hizo que cada una de ellas rodase alrededor de su centro, y luego, en grupo, las hizo girar como vórtice alrededor de centros que hoy son los del Sol, los planetas y las estrellas. Con el tiempo, la sustancia primitiva se fue modificando para dar lugar a tres tipos de elementos: el tercero lo constituyen trozos informes de materia; el segundo, bolas esféricas, resultado del redondeamiento de las partes primitivas al rozar entre sí; el primero, desperdicios, "tan menudos, y de velocidad tan grande, que el ímpetu de su movimiento puede dividirlos en innumerables partículas que, no teniendo tamaño o figura determinados, llenan fácilmente todos los pequeños intersticios, a los cuales las demás— partes de materia no tienen acceso". El primer tipo de sustancia [o "materia sutil"] es el más rápido en su movimiento; el tercero, el más lento. El Sol y las estrellas están constituidos únicamente por el primer elemento; Tierra y planetas, por el tercero; los vórtices, por su parte, contienen esencialmente bolas, y materia sutil en cantidad suficiente para rellenar los espacios entre ellas.[13]

Existe, pues, el gran vórtice solar; pero dentro de él hay otros más pequeños, uno para cada planeta, análogos a los que a veces se ven en los ríos, que siguen, todos juntos, "el curso del más grande, que los contiene"; estos vórtices menores arrastran en su rotación a los eventuales satélites: así es como la Luna gira alrededor de la Tierra. Dos vórtices contiguos no pueden tocarse en los polos porque, si giraran en el mismo sentido, se combinarían en un solo vórtice: si giraran en sentido opuesto, los vórtices se frenarían mutuamente. Por tal motivo, el polo de un vórtice se encuentra más cerca

[12] Aiton, 43, 44.
[13] *Id.*, 45, 46.

del ecuador del vórtice contiguo que de sus polos. La movilísima materia del primer elemento entra dentro del vórtice por los polos, se dirige hacia el centro, y de allí sale, dirigiéndose hacia el ecuador; si encuentra allí cerca un polo de otro vórtice, pasa a éste.[14]

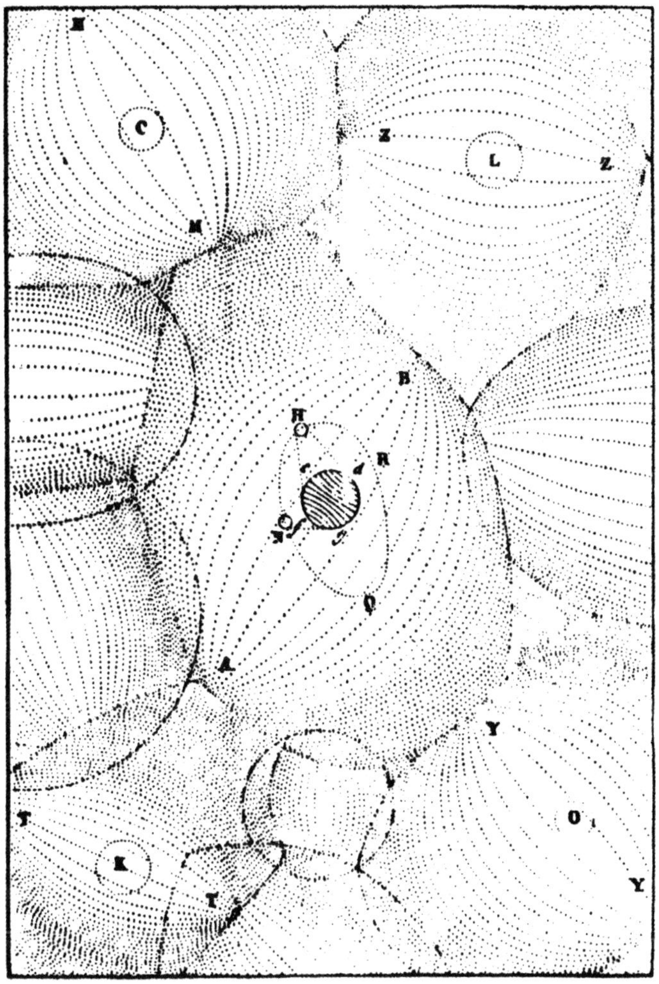

Así Descartes veía los vórtices planetarios.

Dentro del vórtice, las partículas de materia sutil, que son de forma irregular, se juntan fácilmente, transfiriendo buena parte de su movimiento a las más pequeñas. El movimiento de estos grupos es preferentemente rectilíneo, de los polos al centro del vórtice, formando pequeñas columnas cuyas secciones transversales son triángulos

[14] *Id.*, 44, 46.

curvilíneos con lados cóncavos: la configuración más adecuada para introducirse en los huecos que quedan entre bolas en contacto. Como estas columnas, que Descartes llama "partículas acanaladas", deben abrirse paso entre las bolas que están girando, su movimiento será en espiral, en sentido opuesto si provienen del polo norte o del sur; lo que permite explicar el magnetismo terrestre. En cuanto a las bolas, quedan siempre dentro del mismo vórtice, y se mueven bajo el influjo combinado de la fuerza centrífuga —que tiende a alejarlas del eje del vórtice— y del empuje que reciben de la corriente de partículas de materia sutil. En el centro del gran vórtice del Sol existe un depósito permanente de dicha materia, que constituye el cuerpo del Sol mismo.[15]

Galileo había descubierto las manchas solares, que evidenciaban que el Sol es corruptible y, con el movimiento de éstas, que rueda. Descartes suponía al Sol formado de líquido hirviente; por tanto, para él, las manchas solares eran como la espuma que sube con la ebullición. Se trataba de partículas acanaladas, expulsadas del interior del Sol, que flotaban en su superficie; allí, aglutinándose, adquirían las características del tercer elemento. Así, podía acontecer que una estrella se cubriera totalmente de manchas; entonces, las bolas ya no podían alcanzar la superficie, el vórtice interno se desbarataba y la estrella se convertía en un planeta o, eventualmente, en un cometa errante. El planeta se establecería en un vórtice, cuyas bolas lo empujarían hacia el centro del vórtice mismo, hasta que hallara una posición de equilibrio; porque, cuando el planeta haya encontrado una capa donde las partículas poseen la misma fuerza que él tiene para perseverar en su movimiento, allí tiene que quedar; ya que, si penetra más adentro, se hallará rodeado por partículas más pequeñas y rápidas que lo harán regresar.[16]

Para Descartes, no existe una atracción que haga que el planeta tienda hacia el Sol. Los planetas encuentran su posición de equilibrio, tanto más cerca del Sol cuanto más densos sean; allí adquieren la misma velocidad de la materia que los rodea, y siguen circulando con ella por inercia. El Sol, girando, aumenta la velocidad de las capas vorticosas más próximas a él; y esto explicaría por qué los planetas cercanos al Sol circulan en sus órbitas más rápidamente que los lejanos. Alguien objetó que esto no podía ser, porque las manchas solares —y, por tanto, la superficie del Sol— se mueven más despacio que cualquier planeta. Entonces Descartes imaginó la existencia de una atmósfera solar, que frenaría las manchas.[17]

[15] *Id.*, 46, 48.
[16] *Id.*, 48-50.
[17] *Id.*, 51.

Sin duda Descartes, 25 años más joven que Kepler, conocía los resultados de éste; pero no los tomaba en cuenta, al menos en su aspecto cuantitativo. Si bien es cierto —convenía— que las órbitas de los planetas no son circulares, esto ha de ser porque el vórtice solar resulta algo deformado, pues los vórtices adyacentes no ejercen sobre él presiones iguales: en las zonas más anchas del vórtice solar, las bolas se mueven más despacio, y esto obliga al planeta a alejarse más del Sol.[17]

Una fuerte objeción a la teoría cartesiana era la siguiente: si el vórtice de la Tierra comunica su rotación a la materia contigua, ¿por qué los graves caen verticalmente? Descartes tuvo que pensarlo un poco; luego decidió que, de algún modo, la Tierra debía crear cierta reacción, capaz de cambiar la fuerza centrífuga —que actúa sobre las bolas— en fuerza radial, dirigida hacia el centro de la Tierra misma: "Con todo y que las partículas del cielo se mueven simultáneamente en varias maneras diferentes, sin embargo, concuerdan en equilibrarse y oponerse mutuamente, a modo de extender su acción igualmente hacia todos los lados que logran alcanzar; y tan sólo por el hecho de que la masa de la Tierra, por su rigidez, se opone a su movimiento, ellas tienden a retirarse de su cercanía, igualmente por todos los lados, a lo largo de líneas rectas que salen del centro de ésta; siempre que no existan causas particulares que creen en esto alguna diversidad. Por cierto, puedo imaginar dos o tres de dichas causas; pero no he descubierto todavía un experimento que asegure si tales efectos son apreciables o no". La explicación no es muy clara y, con razón, Huygens señaló que el hecho de que la Tierra estorbe el movimiento contradice la hipótesis de que la materia sutil, que arrastra las bolas, penetra libremente en todos los espacios que quedan entre las partes sólidas de la Tierra.[18]

Figura 130

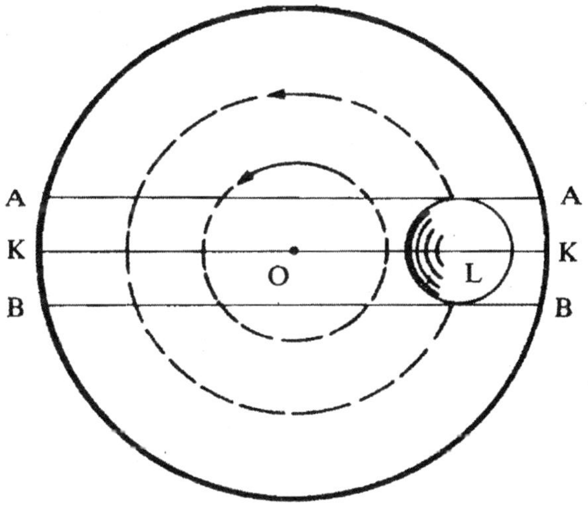

Sin embargo, Huygens creía en la cosmología cartesiana, y quiso buscar una explicación de la caída de los cuerpos más válida. Para ello, realizó el experimento que se ilustra en la figura 130. El pequeño globo L, sumido en un recipiente cilíndrico lleno de agua, se veía restringido en su movimiento por tres cordones horizontales muy estirados: *AA* y *BB*, a los lados, y *KK*, por encima. Se hacía girar el recipiente, y luego se paraba de golpe. Entonces el agua seguía girando; pero el globo, hasta ese

[18] *Id.*, 56, 63.

momento inmóvil, empezaba a moverse hacia el centro *O*. Ya que según Huygnes, el experimento resultaba aun mejor cuando el globo L poseía la misma densidad del agua, esto podía interpretarse como una prueba de que la velocidad de la materia sutil era la que provocaba la caída hacia el centro de la Tierra.[19]

Sin embargo, en realidad no hay cordones; además, el argumento de Huygens justificaría una caída de los graves hacia el eje de la Tierra, no hacia su centro. Huygens explica que su experimento sólo muestra una analogía: su idea no es que la bola se vea arrastrada sobre un plano horizontal, sino sobre una superficie esférica: "Supongo que, en el espacio esférico que incluye a la Tierra y los cuerpos que la rodean, hasta gran distancia, exista una materia fluida compuesta de partículas muy pequeñas, agitada en varias formas y con gran rapidez, en todos los sentidos. Como dicha materia no puede abandonar este espacio, que está rodeado por otros cuerpos, afirmo que su movimiento debe volverse, en parte, circular alrededor del centro; no tanto que llegue a girar toda en el mismo sentido, pero de modo que la mayor parte de sus varios movimientos se realice en superficies esféricas alrededor del centro de dicho espacio, el cual, por ello, se vuelve el centro de la Tierra". Los cuerpos pesados no siguen el movimiento de la materia sutil, porque reciben, de todas direcciones, impulsos que se suceden tan rápidamente que no les dan tiempo de adquirir un movimiento horizontal sensible, y la materia sutil tiende a hundirlos hacia el centro mencionado. Este mismo argumento permite justificar la aceleración constante en la caída, considerando que los cuerpos reciben el empuje de partículas que intentan subir para ocupar su lugar y actúan siempre con la misma fuerza. Todo esto lo presentó Huygens en la Academia de Ciencias de París, en una Memoria que, muchos años después, fue ampliada y publicada en Leyden con el título de *Discours sur la cause de la pesanteur* (*Discurso sobre la causa del peso*). La semana siguiente a la presentación, Roberval y Mariotte lanzaron una crítica, objetando esencialmente que, si se considera como única causa de un movimiento a otro movimiento, es necesario hallar un primer movimiento; exigencia de una justificación metafísica, muy curiosa en boca de un hombre pragmático como Mariotte. Huygens naturalmente replicó —como haría cualquiera de nosotros— que sabemos muy bien que los cuerpos en movimiento pueden mover a otros, y que esto era todo lo que él se permitía suponer, sin necesidad de saber de dónde podía provenir el primer movimiento.[20]

Descartes era un escritor excelente. Sabía expresar sus ideas de manera sumamente clara, y con estilo sencillo y agradable. Además, su doctrina poseía elementos adecua-

[19] *Id.*, 76, 77.
[20] *Id.*, 77, 78.

dos para volverse popular; no había que ser matemático para entenderla: todos habían visto astillas circulando en órbitas, atrapadas en un remolino fluvial, o bien cómo efímeros torbellinos de viento levantan el polvo en los caminos del campo. Era fácil imaginar a los planetas rodando de ese modo, inmersos en un vórtice. Por eso, la teoría cartesiana —abrazada con entusiasmo por filósofos y físicos de su tiempo, y perfeccionada por las interpretaciones matemáticas de Huygens— se divulgó rápidamente en Francia y toda Europa.

Newton propone su teoría

"*10 de agosto [de 1665].* Me trasladé a la oficina, donde me quedé toda la mañana. Gran preocupación, al ver que la lista de los muertos de esta semana subió tanto: más de cuatro mil en total; y, de ellos, tres mil de peste. [Regresé] a casa, para volver a redactar mi testamento, que me había comprometido, bajo juramento, a despachar mañana por la noche. El estado de salud de la ciudad es tan malo, que no se puede contar con vivir dos días".[21] Esto anotaba en su diario Samuel Pepys, funcionario de la marina británica y miembro de la Royal Society; diario escrito en una taquigrafía especial, para que el público —y muy especialmente su mujer— no pudiese leerlo. Mucha gente ya había huido de Londres, así que el morbo no tardó en propagarse a otras partes del país.

Por ese motivo, justamente dos días antes, las autoridades del *Trinity College* de Cambridge habían decidido cerrar el colegio. En enero de ese mismo año, veintiséis jóvenes se habían graduado de bachilleres y algunos de ellos, entre los cuales se encontraba Isaac Newton, quedaban allí, esperando obtener una beca que les permitiera emprender una carrera de investigación y enseñanza. Había varias vacantes en el profesorado: un poeta había muerto, otros dos *fellows* se habían caído de las escaleras; en suma, existían ciertas oportunidades para los aspirantes. Sin embargo, el terror a la "muerte negra" desbarató todos los planes: estudiantes, bachilleres y maestros regresaron a sus casas.[22]

Es curioso cómo la rutina de todos los días logra hacernos áridos. Persistentes en actividades que suponemos de interés, creemos que, sustrayéndoles nuestra atención un día o tan sólo una hora, arriesgamos sus frutos mejores. Sobreviene un suceso

[21] Pepys, 142.
[22] More, 41, 45.

inesperado —accidente personal o colectivo— que de repente nos sume en la inacción, y nos sentimos perdidos. Sin embargo, ¡cuán provechoso es, a veces, un paro que nos deja solos con nosotros mismos! Son justamente esos descansos forzados los que en ocasiones nos llevan a meditar, aclarar nuestras ideas e incluso producir algo que vale más que todo lo que hemos hecho y vamos a hacer en nuestra actividad normal. Alejado de la política y desterrado, Dante escribe la *Divina comedia*; *El Príncipe* de Maquiavelo nace en su confinamiento forzado del Albergaccio; Galileo redacta las *Nuevas ciencias* recluido en Arcetri. Cervantes, preso, empieza a escribir *El Quijote*. La pestilencia que infesta Florencia en 1348, e induce a diez jóvenes a refugiarse en el campo, es motivo del *Decamerón*; la que brota en Londres en 1665, hace que Newton, a los 22 años, regrese a la casa materna en la aldea de Woolsthorpe. Allí, tranquilo en su retiro, alejado de la universidad y sin poder discutir con maestros y compañeros, permanecerá casi dos años. Callado y solitario, medita, hace experimentos, adelanta hipótesis, lucubra teorías. Sus concepciones físicas requieren nuevas herramientas matemáticas; Isaac las inventa; hay que rebasar prestigiadas y respetadas doctrinas: ese joven sacrílego las borra, para elevar a ciencia formal sus propias fantasías.

"No hay otro ejemplo de hazañas, en la historia de la ciencia —escribe Louis Trenchard More—, que pueda compararse con la de Newton durante esos dos áureos años. Que un joven, que en su niñez no había mostrado una patente precocidad de intelecto y había cursado su colegio sin mayor distinción o nota que la de miles de otros estudiantes, pudiera retirarse, inmediatamente después de su graduación, a un pueblecito solitario y allí —sin ayuda— hacer tres descubrimientos científicos capitales, es algo milagroso. El primero de esos inventos era el método matemático de las fluxiones, fundamento de toda la matemática moderna e instrumento por medio del cual se resuelven ahora todos los problemas físicos que implican fuerza y movimiento. El segundo era la ley de la composición de la luz, sobre la cual construyó más tarde una verdadera ciencia óptica. El tercero era la ley de la gravitación universal... De niño, [Newton] había empleado sus días en la granja, reflexionando acerca de los problemas infantiles que le interesaban; ahora regresa, hombre, y reanuda su vida de antes. Pero su mente está llena de ideas profundas, y sus meditaciones van a cambiar el curso de todo el pensamiento futuro. En las largas tardes veraniegas, se sienta en la huerta —que existe todavía— cerca de la vieja casa de piedra gris. En un día memorable, una manzana cae con un leve ruido a sus pies. Es un incidente insignificante, que ha sido observado inútilmente millares de veces; pero ahora, como el clic de un pequeño interruptor que echa a andar una gran máquina, resulta ser el estímulo que despierta su mente a la acción".[23] De esa experiencia nacerá la obra maestra, los *Principia*, cuyo objeto primordial será demostrar que es matemáticamente posible que un planeta gire alrededor del Sol, porque existe una atracción mutua entre el Sol y el planeta, y que esta hipótesis es suficiente para satisfacer las tres leyes de Kepler.

La brillante doctrina cartesiana reinaba casi sin controversia, no sólo en el continente europeo sino en Inglaterra. En Oxford y Cambridge, dos de los maestros más prestigiosos, miembros de la Royal Society, Joseph Glanvill y Henry More, profesaban gran aprecio por ella; conocerla era obligación del hombre culto; el hecho de utilizarla y perfeccionarla confería prestigio al científico. Newton no podía esperar que se aceptara su nueva y revolucionaria teoría, si antes no se señalaba la insuficiencia de la doctrina dominante. Así, al redactar los *Principia*, antepuso a la exposición del "sistema del mundo" una demoledora crítica de las cosmología vorticosa. A fin de que fuera más aceptable, Newton redactó su tratado sin utilizar símbolos ni fórmulas matemáticas; curiosamente, para nosotros, acostumbrados a fórmulas y cálculos, esto lo hace bastante difícil de entender. Intentemos explicar sus razonamientos en un idioma más accesible.

La idea básica de Newton es interpretar la cosmología cartesiana con un modelo, que consiste en representar al Sol por medio de una esfera rotante, sumida en un fluido viscoso; luego, determinar el movimiento que la esfera transmite al fluido circundante, y el que éste comunicaría a cuerpos sólidos suspendidos en su seno. El primer paso que Newton tiene que dar es postular las características mecánicas de un fluido viscoso, y lo lleva a cabo mediante la *hipótesis fundamental* —la cual mencionamos en otra ocasión, ilustrándola con la figura 89— de que el esfuerzo tangencial que la viscosidad crea entre capas fluidas contiguas es directamente proporcional a la diferencia de velocidad entre las capas e inversamente a la distancia que las separa. Empieza por considerar no una esfera, sino un cilindro rotante S (figura 131), y demuestra el siguiente teorema: *Si un cilindro sólido infinitamente largo, dentro de un fluido uniforme e infinito, rueda con movimiento uniforme alrededor de un eje fijo, y el fluido está forzado a girar tan sólo por el impulso del cilindro, y todas las partículas continúan uniformemente en su movimiento, afirmo que los tiempos de revolución de dichas partículas fluidas están [entre sí] como sus distancias al eje del cilindro.*[24]

Figura 131

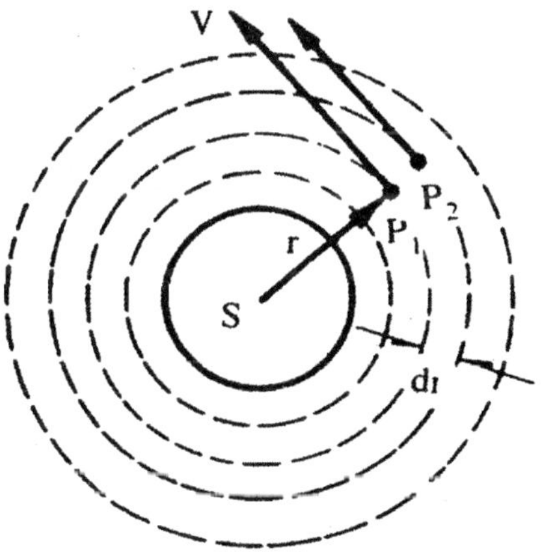

[23] *Id.*, 288.

[24] Newton, 385.

La demostración se puede sinterizar así. Consideremos dos órbitas cilíndricas fluidas concéntricas, situadas a distancias r y $r + dr$ del eje de rotación del cilindro impulsor. Sean

$$V = \omega r$$

la velocidad de rotación de un punto P_1, de la órbita interior; ω, su velocidad angular. La de P_2, de la órbita exterior, será $\omega - d\omega$, y su velocidad absoluta resultará, aproximadamente,

$$(\omega - d\omega)\, r = \omega r - r d\omega$$

Por tanto, la diferencia de velocidad entre las dos capas es

$$-rd\omega = -rd\left(\frac{V}{r}\right)$$

El esfuerzo tangencial aplicado será luego, por la hipótesis fundamental, proporcional directamente a $[-rd(V/r)]$ e inversamente a la separación dr. La fuerza aplicada a la órbita se obtiene multiplicando el esfuerzo mencionado por la longitud de la órbita (que es proporcional al radio r); y resultará, por consiguiente, proporcional a $[-r^2d(V/r)/dr]$. Cuando llega a este punto, Newton razona así: "Si la fuerza [*impression*] aplicada a una órbita fuera mayor o menor sobre su cara cóncava que sobre la convexa, la fuerza mayor prevalecerá, y acelerará o retardará el movimiento de la órbita según si dicha fuerza concuerda o discuerda con él. Por tanto, para que cada órbita pueda continuar uniformemente en su movimiento, las fuerzas aplicadas sobre sus dos caras deben ser iguales, y en direcciones opuestas".[24] Pero la fuerza interna para una órbita resulta externa para la contigua; entonces, la fuerza aplicada será igual para todas ellas, y tendremos que, en todas partes,

$$-r^2\frac{d(V/r)}{dr} = \text{constante} \qquad (1)$$

Ya que esta ecuación diferencial admite la integral V = constante, Newton concluye que los tiempos de revolución de las partículas fluidas $T = 2\pi r/V$ serán proporcionales a los radios r, como se quería demostrar.

Vale la pena observar que otra integral de la ecuación 1 sería $V = cr$ con c constante; pero Newton debió descartarla porque representa un vórtice forzado —o sea que el fluido se mueve en bloque juntamente con el cilindro central— y esto implicaría que todos los planetas conservaran siempre la misma posición relativa dentro del sistema solar, lo cual es evidentemente falso. El vórtice cilíndrico que Newton ha obtenido, en el que todas las partículas giran alrededor del eje con la misma velocidad, es un vórtice viscoso, rotacional, de tipo intermedio entre el forzado (del cuerpo rígido) y el libre (irrotacional). El siguiente paso de Newton es considerar el mismo problema, pero remplazando el cilindro por una esfera que representaría al Sol: S (figura 131) sería un globo que rueda alrededor de un eje central fijo. La demostración anterior se repite de manera parecida, teniendo en cuenta que las órbitas son ahora esferas concéntricas. Mientras que la superficie de un cilindro es proporcional al radio, la de la esfera lo es al cuadrado del radio. Por tanto, si representamos con r al radio de la esfera, en lugar de la ecuación 1 obtendremos

$$-r^3 \frac{d(V/r)}{dr} = \text{constante}$$

Una integral de esta última ecuación es $V = c/r$, con c constante; o sea que la velocidad de revolución de una partícula es inversamente proporcional a su distancia al centro del globo; entonces, el periodo de revolución resulta directamente proporcional al cuadrado de dicha distancia.

"En esta proposición —concluye Newton— intenté investigar las propiedades de los vórtices, para hallar si los fenómenos celestes pueden explicarse a través de ellos; porque el fenómeno es tal que los tiempos de revolución de los planetas que giran alrededor de Júpiter están [entre sí] en la proporción de la potencia 2/3 de sus distancias al centro de Júpiter mismo; regla que vale también para los planetas que circulan alrededor del Sol... Sin embargo, aquí hemos hallado que los periodos de las partículas del vórtice están [entre sí] como los cuadrados de sus distancias al centro de rotación; razón que no puede disminuirse, y reducirse a la potencia 2/3, a menos que, o bien la materia del vórtice se haga más fluida a medida que se encuentra más lejos del centro, o bien la resistencia que resulta de la viscosidad entre partículas fluidas aumente con la velocidad con la cual las partículas mismas se separan [una de otra], en una proporción mayor que aquella con que dicha velocidad crece. Sin embargo, ninguna de estas hipótesis parece razonable... De hecho es probable que las resistencias estén [entre sí] en una razón menor que las velocidades; y si esto se admite, los periodos de revolución de las partículas estarán [entre sí] en una proporción mayor que los cuadrados de sus distancias al centro... Si, como algunos piensan, los vórtices se mueven más rápido cerca del centro, luego se retardan hasta cierto límite, y finalmente se aceleran de nuevo cerca de la circunferencia, ciertamente en ellos no se hallará ni la potencia 2/3, ni ninguna otra bien determinada. ¡Qué averigüen los filósofos como se pueda, por medio de vórtices, justificar la potencia 2/3!".[25]

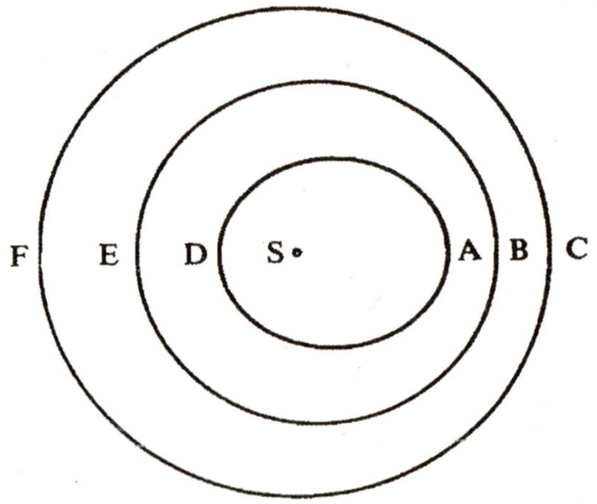

Figura 132

Tampoco la segunda ley de Kepler es compatible con la hipótesis de un vórtice fluido que arrastre los planetas. En efecto, dice Newton, sean (figura 132) *AD, BE* dos órbitas planetarias, elipses con el Sol *S* en un foco; *CF* una órbita externa circular, con centro en el Sol. Un cuerpo que dé vuelta sobre esta última órbita avanzará con velocidad constante, mientras que los que recorren órbitas elípticas se desplazarán, por la segunda ley de Kepler, con velocidad tanto más grande cuanto más cerca están del Sol: más rápido en los perihelios *D, E* que en los afelios *A, B.* Por otro lado, entre las órbitas *AD* y *BE* correrá un gasto constante de fluido, cuya velocidad tiene que ser más grande en el espacio angosto entre afelios que en el ancho entre perihelios. Como al planeta le ocurre lo contrario, no puede ser que comparta la velocidad del vórtice.[26]

Newton concluye: "La hipótesis de los vórtices se encara con muchas dificultades. Para que cada planeta describa, por medio del radio que lo une al Sol, áreas proporcionales a los tiempos de [su] descripción, los periodos de las partículas del vórtice deberían de variar con el cuadrado de sus distancias al Sol... Para que los vórtices más pequeños mantengan sus revoluciones menores alrededor de Saturno, Júpiter y otros planetas, y naden quietamente y sin perturbaciones en el gran vórtice del Sol, los periodos de las partículas de este último tendrían que ser iguales [a los de los planetas]; sin embargo, la rotación del Sol y los planetas alrededor de sus ejes, que debería de corresponder con el movimiento de sus vórtices, se aleja mucho de todas esas proporciones. Los movimientos de los cometas son sumamente regulares, y obedecen a las mismas leyes que [los de] los planetas: Sin embargo, no pueden explicarse por la hipótesis de vórtices, porque los cometas son transportados, en órbitas muy excéntricas, por todas partes de los cielos sin distinción, con una libertad incompatible con la noción de vórtice".[27]

[25] *Id.*, 393, 394.
[26] *Id.*, 395, 396.
[27] *Id.*, 543.

Luego de haber expuesto su "sistema del mundo", Newton termina diciendo: "Hasta aquí hemos explicado los fenómenos de los cielos y el mar por el poder de la gravedad; pero no hemos señalado la causa de este poder. Es cierto que debe de proceder de una causa que penetra hasta el mismo centro del Sol y los planetas, sin sufrir la mínima reducción en su fuerza; que opera no de acuerdo con la extensión de las superficies de las partículas sobre las cuales actúa (como acostumbran hacer las causas mecánicas), sino de acuerdo con la cantidad de materia sólida que ellas contienen; y propaga su virtud por todos lados hasta distancias inmensas... Sin embargo, hasta ahora no hemos sido capaces de deducir de los fenómenos la causa de estas propiedades de gravedad; y no invento hipótesis (*hypotheses non fingo*), porque todo lo que no se deduce de los fenómenos debe llamarse hipótesis; e hipótesis, ya sean metafísicas o físicas, de calidades ocultas o bien mecánicas, no encuentran lugar en la filosofía experimental. En esta filosofía se deducen de los fenómenos proposiciones particulares, que luego se generalizan por inducción. Así fue como se descubrieron la impenetrabilidad, la movilidad y la fuerza impulsiva de los cuerpos, y también las leyes de la gravitación. Para nosotros, es suficiente que la gravedad exista realmente, actué de acuerdo con las leyes que he explicado, y sirva holgadamente para dar cuenta de todos los movimientos de los cuerpos celestes y el mar".[28]

A pesar de sus éxitos, la dinámica newtoniana no fue debidamente apreciada durante muchos años, por varias razones. No se lograba entender cómo una fuerza de atracción podía "impulsar" a los planetas: resultaba raro que actuara a distancia desde el cuerpo del cual mana sobre aquel al cual se aplica, sin que existiera intermediario entre ellos; que el movimiento no siguiera su sentido, sino que se desviara y, además, que su naturaleza fuera tan misteriosa e inexplicable. Newton mismo no veía muy claro el asunto, y prefería no comprometerse. En una carta suya, de 1693, dirigida a Richard Bentley, leemos: "Es inconcebible que materia bruta inanimada, sin la mediación de algo más que no sea material, pueda actuar y afectar otra materia, sin [que haya] contacto mutuo; como debería de ser si la gravitación es —en el sentido de Epicuro— esencial e inherente a ella. Y ésta es una razón por la cual yo desearía que usted no me atribuya la gravedad innata. Para mí, [el hecho de] que dicha gravedad tenga que ser innata, inherente y esencial a la materia, de modo tal que un cuerpo pueda actuar sobre otro a distancia, a través de un vacío, sin la mediación de ningún otro factor por el cual y a través del cual su acción y fuerza puedan ser llevadas

[28] *Id.*, 546, 547.

de uno a otro lado, es un absurdo tan grande, que creo que ningún hombre que tenga facultad idónea para meditar en temas filosóficos podrá nunca caer en él. La gravedad debe ser producida por un agente que actúa constantemente de acuerdo con ciertas leyes; pero que este agente sea material o no lo he dejado a la consideración de mis lectores".[29]

De hecho, cuando en 1687 los *Principia* aparecieron, no se les hizo mucho caso: el "sistema del mundo" que proponían se consideró un modelo ingenioso, pero totalmente alejado de la realidad. El *Journal des Savants* reseñó el libro, alabándolo: "La obra de Newton es la mecánica más perfecta que se pueda imaginar"; sin embargo —seguía diciendo— "se basa en hipótesis que, por lo general, son arbitrarias y, por consiguiente, no sirven sino como fundamentos para un tratado de mecánica pura... Newton nos ofrece solamente una física tan exacta como la mecánica".[30]

Además, los *Principia* no eran —ni son— de fácil lectura y pocos podían entenderlos bien. En 1717, año de la muerte de Newton, Voltaire visitó Inglaterra; se entusiasmó con las teorías newtonianas y, al observar que en ese momento quienes las seguían no eran más de veinte, quiso divulgarlas mediante una obra, *Eléments de la philosophie de Newton*, que publicó al año siguiente en Amsterdam. Allí leemos: "Un francés que llegue a Londres encuentra un gran cambio en la filosofía, así como en otras cosas. Ha dejado un mundo lleno, y lo halla vacío. En París se ve un universo compuesto de vórtices de material sutil; en Londres, nada por el estilo".[31]

Con el paso de las años, Newton triunfó: su victoria fue arrasadora. Una prueba de ellos la hallamos en la introducción al *Traité de l'équilibre et du mouvement des fluides*, escrito por D'Alembert en 1744, donde se lee: "El último capítulo de esta obra contiene investigaciones acerca de los fluidos que se mueven en torbellino y del movimiento de los cuerpos sumergidos en ellos. Mi designio, en este capítulo, no ha sido ni sostener una causa tan desesperada como la de los vórtices de Descartes, ni tampoco inferirle nuevos golpes... Si me he metido en algunos detalles acerca de los vórtices cartesianos ha sido para aclarar unos tópicos singulares e importantes que hasta ahora se han analizado poco, y a cuya discusión me ha llevado la naturaleza del tema. Un examen más detallado del sistema de Descartes no habría traído nada nuevo. Además, hoy en día este sistema ya casi no encuentra adeptos entre los físicos; es cierto que, en circunstancias especiales, geómetras muy hábiles se declararon partidarios

[29] More, 379.
[30] Aiton, 114.
[31] Newton, 632.

de la hipótesis de Descartes; pero nos han dejado motivos para creer, por las razones con que la apoyaron, que no era en serio como tomaban su defensa. En cuanto a aquellos que, ya sea por prevención o falta de visión, quedan todavía ligados a los vórtices, sería vano intentar convencerlos. No es con demostraciones como se pueden desarraigar prejuicios tan inveterados, y destruir una opinión, con la cual incluso hay quienes creen falsamente que está comprometido el honor de la nación. Por suerte, estas personas hoy son pocas, y el sistema de los vórtices está proscrito casi del todo, hasta en nuestras escuelas".[32]

Ensayos, cálculos y falacias

Como secretario permanente de la *Académie Royale des Sciences*, Fontenelle podía eternizar a sus colegas a través de "elogios" póstumos, pronunciados por un consocio sobreviviente, con los cuales se ensalzaban obras y méritos del difunto. Los elogios se publicaban luego, para ilustrar a los contemporáneos y a la posteridad. Esto no sucedió con Saulmon, miembro de la Academia desde 1707, cuyas investigaciones no parecen haber impresionado mucho a los demás; y resulta raro, porque la afición de Saulmon era el movimiento vorticoso, y muchos académicos, empezando por Fontenelle, eran adeptos fervientes de la cosmología cartesiana. Sin embargo, este obscuro *Monsieur* Saulmon fue tal vez el primero en proponer y llevar a cabo un análisis sistemático, teórico-experimental, del torbellino.

Igual que Huygens, Saulmon provocaba el vórtice dentro de un recipiente cilíndrico pero, en vez de hacer girar al recipiente, lo mantenía inmóvil e, inspirado en el efecto de mezclar con la cucharita al azúcar en la taza de café, revolvía el líquido con una varita, que luego extraía. Para visualizar el movimiento, utilizaba en superficie, cuerpos flotantes; a media altura, sumergidos, y hundidos en el fondo. Al colocar allí una mezcla de bolitas de plomo de diferentes tamaños, notó con asombro que mientras las más grandes se alejaban del eje de rotación —evidentemente, por efecto centrífugo— las más pequeñas se acercaban a él.

Lo más llamativo del remolino es el embudo que se forma en la superficie libre; Saulmon lo representaba con un perfil parecido al *MPN* de la figura 133, y se preguntaba cuál podía ser su causa. Luego, razonaba así: en la superficie libre deben sumarse la fuerza centrífuga F_c y la de gravedad F_g, para producir una resultante normal a la

[32] D'Alembert, Oeuvres, 419.

superficie misma. Esto implica que, considerando el rectangulito elemental drdy ubicado como muestra la figura, sea, por semejanza de triángulos,

$$dr : dy = F_g : F_c$$

Pero F_g y F_c están entre sí como las aceleraciones relativas, g y V^2/r; de modo que resulta

$$gdy = \frac{V^2}{r}dr \qquad (1)$$

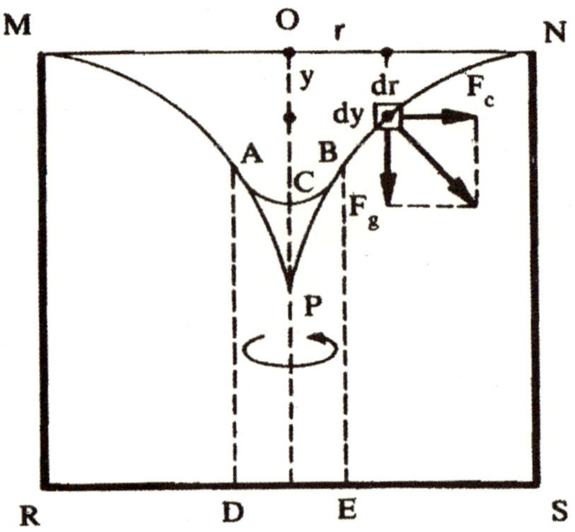

Figura 133

Integrando, se obtiene la ecuación de la superficie libre[33]

$$y = \frac{1}{g}\int\frac{V^2}{r}dr \qquad (2)$$

Si no hay movimiento, V se anula, y la ecuación 2 da y = constante; o sea que la superficie libre se vuelve horizontal. Si hay rotación, se puede llevar a cabo la integración, siempre que se conozca la ley con que la velocidad V varía al cambiar la distancia axial r.

Saulmon no parece haber intentado determinar dicha ley mediante experimentos. De aceptarse la ley del vórtice, es decir $V = k/r$, la ecuación 2 daría

$$y = -k^2/2gr^2$$

curva hiperbólica del tercer orden. Si en la ecuación anterior hacemos $r = 0$, hallamos $y = -\infty$, o sea que el punto P baja a profundidad infinita; lo cual naturalmente no puede ser real. De hecho, la experiencia muestra que, en remolinos naturales que —lejos del eje— se comportan con buena aproximación como vórtices libres, el fondo del embudo *MPN* suele rellenarse hasta cierto nivel, representado con *ABC* en la figura. Evidentemente, al hacerse las velocidades demasiado grandes, entra en juego la viscosidad, y refrena la rotación. William Rankine sugirió un modelo de vórtice cilíndrico compuesto: libre por afuera, y forzado en el "núcleo" constituido por el cilindrito *ACBDE*.

[33] Aiton, 166. I

Si ω es la velocidad angular de este último, allí la velocidad tangencial será $V = \omega r$. Como en la frontera *AD, BE* del núcleo dicha velocidad tiene que ser igual a la $V = k/r$ externa, el radio r^* del núcleo mismo tendrá que ser

$$r^* = \sqrt{k / \omega}$$

variando en proporción inversa a la raíz cuadrada de la velocidad angular.

Al colocar un globo hueco en el centro del remolino, Saulmon halló que "deja muy rápidamente [esa posición], y se ve arrastrado en círculo alrededor del eje del vórtice; inmediatamente empieza a dirigir hacia el eje la misma cara, como la Luna a la Tierra". Este es el comportamiento que ilustra la figura 118; sin embargo, no debe interpretarse en el sentido de que el movimiento, lejos de la pared del cilindro, sea necesariamente rotacional. El circulito A de la figura 118 representa una partícula sumamente pequeña. Una esfera de cierto tamaño, aunque se encuentre sumergida en un vórtice libre (figura 120), resulta inducida a girar sobre su eje por ser mayores las velocidades —y, como consecuencia, las fuerzas tangenciales— en su lado interior que en el exterior. Después de haber comprobado que cuerpos de varias formas —globos, discos, cilindros y conos— arrastrados por el vórtice, giran sobre sí mismos, Saulmon decidió fijar dentro del recipiente —lejos de su eje— una varilla vertical y ensartó en ella una esfera de madera libre de girar. Notó con sorpresa que nunca lo hacía. No intentó explicar este hecho; pero Fontenelle concluyó que, si la esfera fija no gira sobre sí misma y la móvil sí lo hace, el origen de la rotación diurna de los planetas podría muy bien hallarse en la revolución del vórtice solar.[34]

Es curioso que, entre tantos cartesianos que había en el primer cuarto del siglo XVIII, Saulmon haya sido el único interesado en aplicar las matemáticas al estudio de un torbellino. Además de obtener la ecuación de la superficie libre, se planteó otros problemas: por ejemplo, determinar el movimiento inicial de un cilindrito sólido colocado dentro del vórtice a cierta distancia del eje de rotación. Calculó el empuje del fluido sobre el cilindrito, y luego separó sus componentes acimutal, que impulsa al cilindrito en su revolución, y radial, que tiende a acercarlo o alejarlo del eje. También en este caso obtuvo fórmulas, expresadas, como la ecuación 1, por medio de integrales, que —con base en la ley del vórtice— permitían determinar la dirección inicial del movimiento del cilindro.[35]

[34] *Id.*, 168.
[35] *Id.*, 167.

Daniel Bernoulli conoció los trabajos de Saulmon. En su *Hidrodinámica*, después de volver a establecer la ecuación 1, se propone deducir de ella alguna información referente a la variación de la velocidad V con el radio r. Supongamos —dice— que sea

$$\frac{V^2}{g} = kr^{m} \tag{3}$$

Remplazando en la ecuación 1, se obtiene que $dy/dr = kr^{m-1}$, y derivando,

$$\frac{V^2}{g} = kr^{m}$$

Por tanto, esta derivada segunda será positiva —y la curva dirigirá su concavidad hacia arriba— si m > 1, o negativa —y la concavidad se dirigirá hacia abajo, como en la figura 133— si m < 1. Añade: "Yo creo que, en un fluido homogéneo, un vórtice no puede quedar en estado conveniente durante un tiempo largo si las fuerzas centrífugas [que actúan] sobre partículas iguales crecen desde el eje hacia la periferia; porque, si así fuera, como nada contrarrestaría bastante la fuerza centrífuga de las partículas más próximas al eje, ocurriría que esas partículas se alejarían continuamente del eje [mismo] y las más distantes se verían empujadas hacia él; de modo que nunca se podría alcanzar un equilibrio, o estado de permanencia, en esta condición". De aquí deduce que la aceleración centrífuga V^2/r tiene que crecer —o, por lo menos, no decrecer— con r; pero siendo, por la ecuación 3,

$$\frac{V^2}{r} = kgr^{m-1}$$

resulta finalmente que debe ser m ≥ 1. Por tanto, "en todos los vórtices discutidos aquí, que se han reducido a un estado de permanencia, la superficie no será nunca convexa, como en la figura 133, sino siempre o bien cóncava, como en la figura 134, o bien cónica. Y como m es mayor que la unidad o igual a ella, no puede ocurrir sino que las velocidades crezcan en proporción igual o mayor que las raíces de las distancias al eje. Cuando considero las cosas así, no puedo entender de qué modo Newton pudo suponer que se reduzcan a un estado de permanencia perpetua dos vórtices, en uno de los cuales los periodos de revolución de las partículas están [entre sí] como sus distancias al eje del cilindro, en el otro, como los cuadrados de sus distancias al centro de la esfera. Porque en el primer vórtice las velocidades serían iguales en todas partes, y en el segundo decrecerían evidentemente del eje a la periferia". Bernoulli concluye: "En la mayoría de los vórtices que ya han alcanzado el estado de permanencia absoluta, es más probable que los periodos de revolución de las partículas del fluido —ya sea éste homogéneo o heterogéneo— sean los mismos que si todo el cilindro fuese sólido; además, las partículas de peso específico mayor estarán más cerca de la circunferencia. En este caso, V se hace proporcional a *r*,... y la curva *MPN* será una parábola de Apolonio, con vértice en *P* y eje *OP*. En especial, supongo que las cosas serán aproximadamente así si el vórtice se engendra por la rotación de un vaso cilíndrico alrededor del eje *OP*, o hasta por revolvimiento uniforme con una varita cerca de la pared del vaso; tipo de vórtice cuyas características el señor Saulmon examinó en los Comentarios de la Real Academia de Ciencias de París, del año 1716".[36]

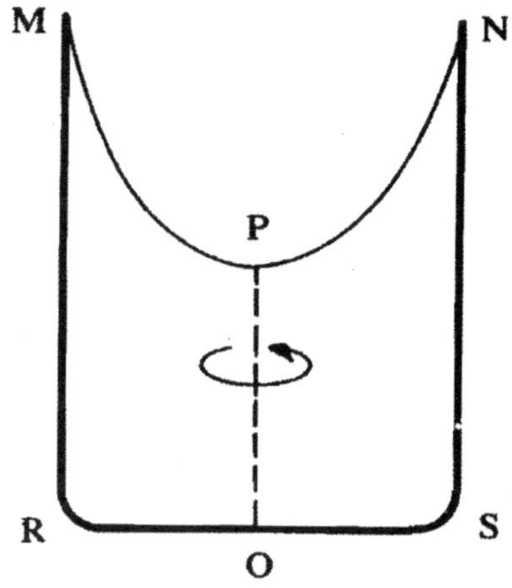

Figura 134

¿Qué pasa, Daniel? Confiábamos tanto en ti, ¡y ahora nos decepcionas de este modo! ¿Nunca te has detenido a observar un vórtice de desagüe, ni se te ha ocurrido repetir, con la cucharita" el sencillo experimento que mencionas? De hacerlo, te habrías dado cuenta de que la curvatura de la superficie del embudo se parece mucho más a la figura 133 de Saulmon que a la 134 tuya. Sin embargo, ¡tu razonamiento parece tan lógico y sin arrugas! ¿Sabrá el lector descubrir dónde está el sofisma?

Un hoyo en el agua

En el segundo tomo de su *Traité élémentaire d'hydrodynamique*, Bossut describe este experimento: "Luego de haber llenado con agua el vaso *ADCB* (figura 135) hasta la altura de 16 pulgadas, se permitió el desagüe por un orificio horizontal de 4 líneas de diámetro, sin introducir más liquido. Al bajar, la superficie del fluido se mantuvo horizontal hasta la distancia de 6 líneas (1.35 cm) del orificio. A esta altura (*EF*), en la superficie se formó un hoyuelo en embudo (*petit entonnoir creux*), con la punta en correspondencia con el centro del orificio. La cavidad de este embudo se ensanchó más y más y, al terminar el escurrimiento, el agua resbalaba en forma de lámina sobre el bordo del orificio".[37] Más adelante, anota: "No se puede predecir, en general, el nivel por encima del orificio horizontal, en el cual el hoyuelo debe empezar a presentarse: eso depende de varias circunstancias físicas

[36] Bernoulli, 277, 278.

[37] Bossut, 3, 4.

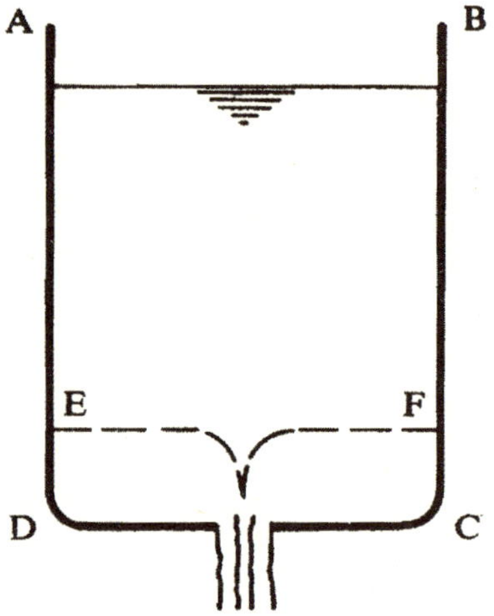

Figura 135

que no son las mismas en todos los casos... Parece que la formación del hoyuelo resulta ser menos rápida o sensible a medida que el orificio es más grande, en comparación con la extensión del fondo. También la aspereza más o menos grande de fondo y paredes del vaso contribuye a agrandar más o menos el hoyuelo.

"Experiencias de este tipo, aun siendo sencillas, es necesario realizarlas con cuidado, si se desea advertir exactamente la generación natural del hoyuelo. Para ello, hay que evitar que movimientos extraños a aquel que el escurrimiento produce espontáneamente agiten el fluido. Porque si la masa fluida posee algún movimiento inicial de oscilación o remolino, por ligero que sea, el aire se insinúa entre los pequeños vacíos que las partículas dejan entre sí por la irregularidad y disparidad de sus movimientos, y el hoyuelo comienza a veces a aparecer desde el primer instante del escurrimiento, aunque la profundidad del agua sea considerable. Esto lo comprobé en el depósito que he mencionado. Cuando, después de haberlo llenado, no se dejaba al agua tiempo [suficiente] para que se tranquilizara completamente antes de destapar el orificio horizontal, el hoyuelo aparecía de inmediato: su punta se dirigía hacia la abertura, pero su base seguía el movimiento de la superficie del agua. Adquiría una forma tortuosa e irregular. Se entiende que, en esos casos, el aire llena la cavidad del hoyuelo y forma allí una especie de núcleo, alrededor del cual las partículas fluidas circulan por sus fuerzas centrífugas. Aun cuando estas pequeñas fuerzas llegaran a anularse del todo, el hoyo seguiría subsistiendo. En efecto, la dificultad que el aire encontraría al salir de él —ya sea por causa de fricción, ya sea por trabazón de sus partículas con aquellas del agua— sería más que suficiente para destruir a cada instante la pequeña fuerza que tiende a restablecer el perfecto nivel de la superficie".[38]

Ya al tratar de la descarga de orificios tuvimos la ocasión de recordar esta experiencia, y mencionar como Bossut —"hablando con rigor geométrico"— descartaba la posibilidad de la formación repentina del hoyuelo al alcanzar la superficie del agua cierto nivel, sino que suponía que un pequeño hundimiento central, hacia el cual las partículas líquidas pudiesen "descender", existiese desde el comienzo del movimiento. En un principio éste sería tan inapreciable que entonces "la horizontalidad de la superficie sería la misma que si el fluido estuviera en reposo; pero, a medida que la superficie del agua baja, las partículas se suceden unas a otras con menos viveza, y el hoyo se hace

[38] *Id.*, 6-8.

sensible".[39] Recordaremos además la manera curiosa con que Bossut intentaba explicar la formación del hoyuelo: como efecto de una diferencia entre la presión atmosférica sobre la superficie del agua y aquella que existe debajo del orificio, ya que "el agua al caer rechaza el aire y destruye una pequeña parte de su reacción".[40] No se daba cuenta pues de que el hoyuelo se asocia con la presencia de un vórtice, el cual nace —por un proceso de tipo catastrófico— sólo con tirantes pequeños.

Bossut concluye, recordando vórtices que ha visto en obras hidráulicas: "A menudo se forman, aguas arriba del dique de un embalse, grandes embudos muy parecidos a aquellos que se observan en los escurrimientos por orificios horizontales. Estos embudos los producen comúnmente las desigualdades del fondo, que paran o desvían el agua inferior, y así ocasionan diversos movimientos de rotación en el fluido. A veces su causa está también en agitaciones anteriores, que perturban el fluido cuando empieza el movimiento. Como la tendencia natural de las partículas hacia el orificio se estorba de una manera u otra, en el fluido deben de resultar rotaciones, vacíos que el aire llena, y siguen aumentando a medida que el fluido baja, como acabamos de explicar. Ocurre poco más o menos lo mismo con los remolinos que se observan en los ríos, allí donde el agua es muy profunda y poco veloz".[41]

El remolino del desagüe

Veintiséis años después, Venturi volvería a atacar, en sus *Recherches expérimentales*, el espinoso problema del remolino de desagüe. A semejanza de Newton, le gusta enunciar primero sus resultados, sintetizándolos en una proposición, para demostrarlos luego. La proposición es: *Si el agua de un depósito, al salir de un orificio horizontal, resulta animada por algún movimiento extraño, forma un vórtice hueco por encima del orificio mismo*; y la demuestra, en su estilo típico, ágil y conciso, como sigue: "Sea el plano horizontal *DQ* (figura 136) bastante próximo al orificio EF por el cual escurre el fluido

Figura 136

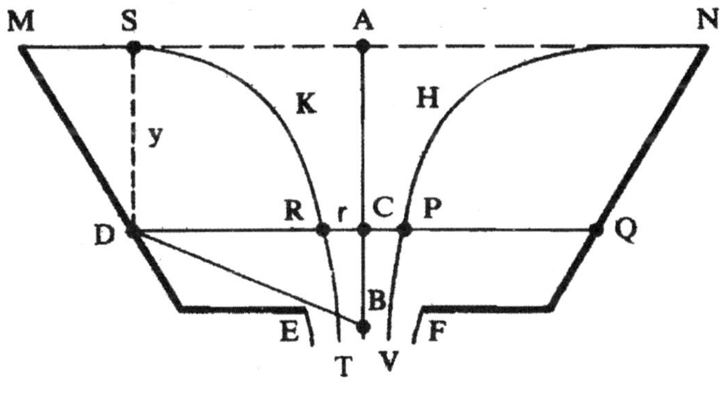

[39] *Id.*, 5.
[40] *Id.*, 5, 6.
[41] *Id.*, 8, 9.

del depósito *MN*. Una partícula fluida *D*, situada en este plano, posee un movimiento *DB*, inclinado con respecto al eje *AB*; este movimiento puede descomponerse en dos: *DC*, *CB*. Supongamos que el plano *DQ* baje a lo largo del eje —paralelamente a sí mismo— con el movimiento *CB*; vamos a examinar el movimiento *DC* de la partícula *D* sobre el plano *DQ*. Este movimiento imprime, a todas las partículas situadas en el plano *DQ*, una fuerza centrípeta para acercarlas al centro *C*. Proporciónese a las mismas partículas un movimiento horizontal cualquiera, en una dirección distinta de *DC*. Animadas por dos fuerzas, estas partículas describirán, alrededor del centro *C*, áreas proporcionales a los tiempos y, equilibrando sus movimientos, podrán adquirir una rotación circular horizontal.

"Imaginemos que, durante esta revolución horizontal, la partícula *D*, acercándose —como por una espiral— al centro *C*, describa órbitas circulares de diámetro más y más reducido. Llamemos *V* a la velocidad de rotación de la partícula *D*; *r*, a su distancia al centro; *T*, al tiempo que dura una revolución. Puesto que las áreas tienen que estar entre sí como los tiempos, se tendrá que, aproximadamente, $V = 1/r$, $T = r^2$, y la fuerza centrífuga de la partícula *D* será igual a $1/r^3$. Siguiendo atentamente con los ojos a las partículas que ruedan en la superficie del embudo *MN*, se comprueba en efecto que lo que se realiza aproximadamente en la naturaleza es $T = r^2$. Ya que —al acercarse al centro *C*— la fuerza centrífuga crece como $1/r^3$, ella logrará equilibrar a la presión superior *SD*, que produce la fuerza centrípeta *DC*. Entonces se forma un hueco *KRTHPV*, alrededor del cual el torbellino se sostendrá por la fuerza centrífuga de su rotación".[42]

Después de llegar a este punto, Venturi se propone determinar la ecuación del perfil del embudo. Vamos a exponer su cálculo con notación moderna. Llamemos

$$CR = r,\ RD = a$$

y supongamos que la velocidad del vórtice se exprese como $V = k/r$, con k constante; por tanto, la velocidad V_o de la partícula *D* resulta ser $V_o = k/(a + r)$. La fuerza centrífuga buscada será igual a

$$\rho\int_{\mathrm{r}}^{\mathrm{a+r}} \frac{\mathrm{V}^2}{\mathrm{r}} dr = \rho k^2 \int_{\mathrm{r}}^{\mathrm{a+r}} \frac{dr}{r^3} = \rho a V_0^2 \frac{2r+a}{2r^3}$$

[42] Venturi, 58-60.

Si escribimos SD = y, el punto R del perfil del embudo tendrá (con respecto a los ejes MN, AB) coordenadas r, y. La ecuación del perfil se obtiene igualando la fuerza centrífuga arriba calculada con la presión γy

$$\rho a V_0^2 \frac{2r + a}{2r^2} = \gamma y$$

o sea,

$$2g\ r^2 y - 2aV_0^2 r - a^2 V_0^2 = 0$$

curva q-ue resulta ser —según Venturi— "de la sexagésima cuarta especie entre las líneas del tercer orden de Newton. Ella dirige su convexidad hacia el eje y posee dos asíntotas, de las cuales una es AB, la otra MN, suponiendo los dos puntos M, N alejados al infinito". Y concluye, "si las suposiciones de esta teoría no coinciden del todo con la naturaleza, le quedan muy cercanas. No solamente es posible, sino que existe en la naturaleza un vórtice, cuyo hueco dirige su convexidad hacia el eje, y para el cual, aproximadamente, $T = r^2$".[43]

Al empezar su descripción de los vórtices de desagüe, Venturi anota: "El ciudadano Bossut ha descrito muy bien este tipo de torbellinos".[44] Si recordamos que Bossut era uno de los comisionados para juzgar si las *Recherches expérimentales* merecían publicarse, esta premisa se justifica; ya que, más adelante, Venturi describirá un experimento que contradice las conjeturas de aquél: "Coloque usted en la superficie del líquido un cuerpo flotante bastante ancho, para impedir que se forme el embudo. Si el fluido se agita mucho, el embudo nace en la parte inferior, y el aire se introduce en él por la abertura *EF*. Por tanto, la presión de la atmósfera sobre la superficie del fluido no es la causa ni del hueco, ni del embudo. El aire entra en él sólo porque halla el hueco, creado [de antemano] por la fuerza centrífuga".[45]

Sin duda, Venturi tenía un verdadero talento para idear y realizar ensayos capaces de forzar a la naturaleza a revelarnos sus secretos, y una notable habilidad para interpretarlos: "Destápese el orificio *EF* —escribe— e imprímase al fluido del depósito un movimiento cualquiera...: la rotación empieza siempre, y se revela más rápida en esas partes del fluido que están más cerca del fondo. La razón es que el movimiento *DB*

[43] *Id.*, 60-62.
[44] *Id.*, 58.
[45] *Id.*, 63.

converge más, y es más apreciable en las partículas que se acercan mayormente al orificio *EF*. Es pues allí, más que en las partes superiores, donde la fuerza centrípeta *DC* produce sus efectos. Estas [partículas] caen luego al embudo, que empieza a formarse abajo, y por eso mismo adquieren también una fuerza centrípeta; y el embudo se abre a una altura mucho mayor que aquella en la cual se observa —en agua muy tranquila— la convergencia de los filamentos fluidos hacia el orificio *EF*".[46] Conviene no olvidar la observación importante de que el embudo "empieza a formarse abajo"; volveremos sobre este detalle más adelante.

Venturi proporciona mediciones que comprueban los señalado por Mariotte: que el depósito tarda menos en vaciarse cuando no se produce el vórtice; e infiere: "Luego no se puede decir sin más que el torbellino absorbe, y arrastra materiales a través de la abertura *EF*, con más fuerza que si la rotación no existiera". Antes de destapar el orificio, echa una capa de aceite sobre la superficie del agua: "En cuanto se forma el embudo el aceite se precipita en él, y sale antes que la mayor parte del agua inferior que lo sostenía. Las partículas de aceite participan menos en la rotación que el agua de abajo; además, como su densidad es menor, se alejan del eje menos que el agua y, por consiguiente, son las primeras en salir porque, una vez que se hallan· en el embudo, ya nada las sostiene".[45]

A Venturi le llama la atención el otro fenómeno curioso, que Mariotte atribuye a la "tensión" del aire: el de ese cuerpo flotante que, como si fuera atraído por el vórtice, gira en espiral, acercándose siempre más al embudo; pero, cuando va a precipitarse en él, como arrepentido, retrocede y repite —por tiempo indefinido— el mismo vaivén. Venturi lo explica: "Todo cuerpo que flote sobre el agua del vaso, si es muy pequeño, actúa como el aceite. Si el volumen del cuerpo es algo más grande, mientras se acerca al hueco para caer en él, su extremo más próximo al eje del embudo se encuentra en un lugar donde la circulación es más rápida. Esta rapidez de movimiento, comunicada a una extremidad del flotador, se transporta, por las leyes mecánicas, a su centro de gravedad, que está más alejado del eje y se halla en un sitio donde la circulación resulta más lenta. Como consecuencia, el cuerpo se aleja del borde del hueco en que iba a caer. Regresa después de algún tiempo, nuevamente es rechazado, y así sucesivamente, con movimientos alternativos. Finalmente, si el cuerpo que flota sobre el líquido del vaso después de que el embudo se ha formado, es tan grande que ocupa todo el ancho del embudo, lo destruye en su parte superior, y a veces también en la de abajo. La razón es

[46] *Id.*, 62, 63.

que el cuerpo puede girar alrededor de su centro tan sólo siguiendo la ley V = r; por tanto, destruye por fricción la ley $V = 1/r$ en las partículas fluidas con quienes tiene contacto. Así, deshace el embudo".[47]

Colocar un tablón flotante encima de la entrada del tubo de succión de una bomba es todavía el más sencillo y tal vez mejor remedio para evitar que se forme un remolino y meta aire en la máquina, reduciendo su eficiencia.

Cómo nace el vórtice

"El vórtice de desagüe —escribía Biésel en 1955— es sin duda uno de los fenómenos [que le resultan] más familiares al ingeniero hidráulico, quien puede observarlo con frecuencia cuando, a un escurrimiento de superficie libre, se sobrepone localmente otro en sentido vertical, controlado por un orificio relativamente angosto, dispuesto a cierta profundidad. La superficie libre forma una suerte de embudo, cuyo hueco es más o menos evidente, animado por una velocidad de rotación que crece con rapidez al acercarse al centro. Si en la superficie de la corriente, muy lejos aguas arriba, se coloca un cuerpo flotante, al principio se le ve desplazarse muy lentamente en dirección de la zona de remolino; luego, poco a poco, queda detenido en la rotación, gira más y más rápido a medida que se acerca al centro y, de repente, es de hecho aspirado hacia el fondo. El fenómeno no es siempre del todo permanente: el vórtice nace, se amplifica; luego parece disminuir, casi desaparece para volverse a formar, y así sucesivamente. La experiencia señala, de todos modos, que se trata de un fenómeno eminentemente caprichoso; constituye también un fenómeno particularmente tenaz, al cual es muy dificil oponerse".[48]

Luego de haber descrito ciertos cálculos, realizados con el fin de aclarar el mecanismo del vórtice, Biésel comenta: "Estos estudios preliminares han mostrado en definitiva que bastaban causas apenas perceptibles para provocar encima del pozo un vórtice apreciable. Por consiguiente, no es necesario acudir a fuerzas ocultas, o bien imaginar que la energía de caída a través del orificio sirva para mantener el movimiento de rotación. Sin embargo, aquí se requiere una observación esencial: los cálculos evidencian que una rotación muy débil, difundida inicialmente en la masa del fluido, es suficiente, al concentrarse encima del pozo, para crear un movimiento de rotación

[47] *Id.*, 64.
[48] Biésel, 497.

intenso; pero también muestran que, si dicha rotación no existe antes bajo forma dispersa o de otro modo, no puede crearse por sí sola... Es cierto que las zonas muy alejadas del eje siempre poseen una velocidad de rotación que es aquella de la Tierra; pero, ¿por qué entonces se ven vórtices nacer y reforzarse igualmente bien en un sentido y en el otro?".[49]

La creación del vórtice encierra un misterio que no ha dejado de intrigar a los investigadores. Es fácil explicarla cuando la corriente se ve desviada por escalones, salientes u otras asimetrías de las paredes que la guían. Pero, ¿qué se puede decir cuando tenemos un flujo simétrico, dentro de un recipiente también simétrico? Aquí no se ve una causa aparente para que se produzca una rotación; por eso surgen la hipótesis de Bossut —un hoyuelo que existe siempre (pero, su rotación, ¿desde cuando?)— y la de Venturi, que se requiere la intervención de un "movimiento extraño" para excitarla. De todo modos, el mecanismo no está nada claro, ya que, como señala Bossut, en el caso del desagüe de un recipiente cilíndrico, el remolino aparece de repente, pero siempre que el agua haya bajado hasta cierto nivel; no antes. ¿Por qué debe el "movimiento extraño" aparecer sólo entonces?

La cosa se complica si recordamos que hay dos sentidos posibles de giro: el "horario", o sea —visto desde arriba— el sentido de las manecillas del reloj, y el opuesto, "antihorario". El vórtice, al nacer, tiene forzosamente que decidirse por uno de ellos; pero, ¿cómo lo hace? Es un hecho muy conocido que torbellinos atmosféricos de dimensiones gigantescas —los ciclones— se ven inducidos, por la rotación de la Tierra, a girar en sentido antihorario en el hemisferio septentrional, y en horario en el meridional. Sin embargo, esta preferencia no suele notarse en los vórtices pequeños, del tamaño que interesa a la hidráulica. Por tanto, llamó mucho la atención la noticia de que Ascher Shapiro, en 1961, había logrado comprobar la influencia terrestre en un pequeño remolino de desagüe. El experimento no fue fácil: se tuvo que dejar descansar el agua del depósito durante 24 horas, con el objeto de conseguir que toda la perturbación posible desapareciera, o —por lo menos— se redujera a magnitudes menores que aquellas que puede inducir la rotación de la Tierra. Luego se abrió un orificio muy pequeño en el fondo, y el agua comenzó abajar. Por mucho tiempo no se notó nada en la superficie libre; pero finalmente apareció el hoyuelo, y la rotación resultó antihoraria. Shapiro filmó el experimento y la película le dio renombre. Años después, el ensayo pudo repetirse en Australia, donde se obtuvo un movimiento horario.

[49] *Id.*, 499.

El aparato de Shapiro era de lo más sencillo: un tanque circular de seis pies de diámetro y seis pulgadas de profundidad, provisto de un sumidero, en el centro del fondo, con diámetro de 3/8 de pulgada. El tiempo total de desagüe fue de unos 20 minutos, y la primera rotación apareció entre los 12 y 15 minutos. Por supuesto, la rotación era sumamente débil y lenta; iba reforzándose al bajar el tirante, y alcanzaba un máximo aproximado de 20 revoluciones por minuto al concluir el desagüe. En unos de los experimentos, el agua no estuvo del todo tranquila, sino que presentó —al principio— un pequeño giro en sentido horario. Esta rotación se mantuvo aproximadamente durante las dos terceras partes del vaciado. Primero se fue reforzando, hasta alcanzar una fuerte velocidad angular horaria; luego se debilitó paulatinamente, y por último se invirtió, resultando antihorario el movimiento final. La explicación de Shapiro fue que el efecto de la rotación terrestre debe de producir "vorticidad" en una delgada "capa límite" que está en contacto con el fondo del tanque, la cual acaba por adquirir un giro antihorario. Con el tiempo, esta capa crecerá en espesor, conservando este giro, mientras que, por el contrario, la capa afectada por el movimiento horario inicial adelgazará más y más, hasta que el movimiento antihorario inferior se manifeste.[50]

En esos años, Merwin Sibulkin se interesó en estudiar el cambio espontáneo del sentido de rotación del vórtice. También utilizó un tanque cilíndrico con orificio central; pero éste se llenaba por medio de un tubo inclinado, para poder inducir en el agua una rotación inicial, horaria o antihoraria, a voluntad. El contenido del tanque se dejaba descansar durante un tiempo más o menos largo. Sibulkin comprobó que, después de unas cuantas horas de reposo, la dirección de rotación seguía coincidiendo con aquella inducida al llenar el tanque; sin embargo, la intensidad del vórtice decrecía al aumentar el tiempo de descanso. En los ensayos, se observaron frecuentemente cambios del sentido de rotación del vórtice cerca de la conclusión del desagüe, cuando el tirante de agua se había reducido a menos de un centímetro. Lo más curioso era que esta inversión se producía —contrariamente a lo supuesto por Shapiro— con cualquier sentido de giro inicial.[51]

Sibulkin propuso para este fenómeno la explicación siguiente. Supongamos que exista en el tanque una "circulación" $\Gamma_0 = 2n\pi V$, en el sentido indicado en la figura 137*b*. Las velocidades circunferenciales V cerca del fondo del tanque deben de ir creciendo hacia arriba, como sugiere la figura 137*a*. Esto implica la existencia de una $\partial V/\partial z$ positiva y, por tanto, de una componente radial, negativa, del rotacional de la

[50] Shapiro.

[51] Sibulkin, 21-23.

velocidad ξ (figura 137b). "Para un flujo no viscoso —sigue diciendo Sibulkin un bien conocido teorema de Helmholtz afirma que una línea vorticosa está formada siempre por las mismas partículas, y que, por tanto, se mueve con el fluido; resultado que puede aplicarse útilmente a fluidos de viscosidad reducida, como el agua. Cuando el fluido en la capa límite se acerca a la salida, adquiere una componente de velocidad vertical y, como consecuencia del teorema de Helmholtz, también el vector de vorticidad ξ adquiere una componente vertical, según indica la figura 137*c*. Asociada con esta componente vertical de ξ, habrá una circulación inducida Γ_i, que está en dirección opuesta Γ_o". En efecto, recordemos que, como muestra la figura 119, a un rotacional vertical hacia abajo le corresponde una circulación horaria. "La intensidad de Γ_i, crecerá a medida que crece, dentro de la corriente de desagüe, la porción de fluido proveniente de la capa límite. Como dicho incremento en la porción de fluido de capa límite de la corriente que sale ocurre justamente cuando la superficie del agua se acerca al fondo del tanque, se sugiere que entonces la circulación Γ_i se hará suficientemente fuerte para responder por la inversión observada en la dirección de giro".[52]

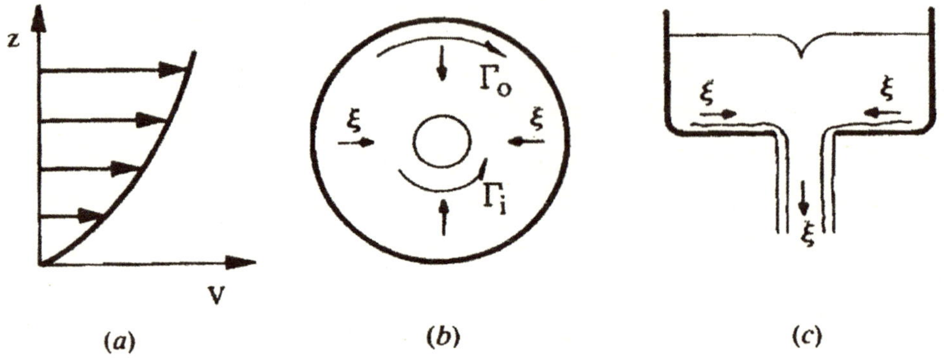

Figura 137

Shapiro había realizado su experimento en Cambridge, Massachussetts. En Cambridge, Inglaterra, *AM* Binnie quiso repetirlo, utilizando un depósito cilíndrico que, en vez de desaguar por un orificio de fondo, lo hacía por la entrada de un tubo vertical que penetraba unas 13 pulgadas dentro del tanque. Después de muchos intentos infructuosos de producir el vórtice con un tubo de 1¼ pulgadas de diámetro, cambió éste por uno de 3/8. Nuevos fracasos le llevaron a extremar los cuidados: "Para excluir polvo y corrientes de aire —explica Binnie— el tanque se cubrió con hojas de polietileno apoyadas sobre tiras de madera. Cuando se requerían observaciones, se abría una angosta

[52] *Id.*, 23, 24.

ranura entre hojas contiguas, y se ajustaba la línea de visión a modo de ver una ventana [situada] al norte en el techo del laboratorio, reflejada en la superficie del agua; las barras de vidrio resultaron útiles líneas de referencia. No se usaba el alumbrado principal por el calor que lo acompañaba. No se necesitó flotador para señalar la rotación, pues casi siempre una o dos partículas de polvo que por casualidad se hallaban presentes cerca del centro del tanque constituían un indicador satisfactorio; aunque eventualmente, al final del ensayo, se echaba por la ranura algo de polvo de licopodio para proporcionar una evidencia corroborativa. El polvo no se acumulaba en la superficie, porque en la fase final de la prueba se desarrollaba un zumbido, causado por el rápido abrir y cerrar de la garganta del núcleo de aire en el centro. En esta fase, se veía que la descarga se extraía de un área notablemente extensa de la superficie. Con este arreglo se alcanzó el éxito, ya que de las 15 pruebas realizadas, todas dieron una rotación positiva".[53] Shapiro había visto en la capa límite de fondo al elemento receptor del giro, y transmisor del mismo a la masa líquida sobrepuesta; el experimento de Binnie, con el orificio de desagüe tan alejado del fondo, invalidaba dicha conjetura, y volvía a proponer la pregunta acerca de cómo y cuándo el fluido empezaría a responder a la influencia de la rotación terrestre.

Las dudas mencionadas sobre la formación del vórtice han imposibilitado la concepción y desarrollo de su modelo teórico completo. La hidrodinámica intenta esencialmente predecir con buena aproximación los movimientos reales de un líquido, integrando convenientes ecuaciones diferenciales, una vez fijadas las "condiciones de frontera"; condiciones que pueden especificar las posiciones de paredes u obstáculos, el estado inicial del movimiento y otros detalles conocidos. Una preocupación constante, aunque no siempre se exprese en forma explícita es que, por la definición de los valores de frontera, el problema resulte "bien planteado"; o sea, que admita una y tan sólo una solución analítica, capaz de variar con continuidad al modificarse de la misma manera dichos valores. Además, según observa Birkhoff,[54] para facilitar la solución de estos problemas, se acostumbra introducir tácitamente —al lado de principios matemáticos rigurosos— varias "hipótesis intuitivas plausibles", como las siguientes:

a) causas pequeñas producen efectos pequeños
b) causas simétricas producen efectos dotados de la misma simetría
c) problemas matemáticos sugeridos por ideas físicas intuitivas son "bien planteados".

[53] Binnie, *Experiments*, 257.
[54] Birkhoff, *Hydrodynamics*, 4.

Ahora bien, si estas hipótesis oportunas y aparentemente razonables son empleadas inadecuadamente, pueden llevar a resultados increíbles (las célebres "paradojas hidrodinámicas"), o paralizar el desarrollo de una investigación.

En el caso del desagüe de un recipiente cilíndrico por un orificio central, el modelo matemático tendría que reproducir primero la bajada de la masa líquida sin vórtice; luego, la aparición repentina de éste y su intensificación progresiva. Es lógico pensar que dicha interpretación dependerá de las características del líquido (densidad y viscosidad), de las ecuaciones de continuidad y de Navier-Stokes, y de las condiciones de frontera, que tendrían que ser: forma y dimensiones del depósito, diámetro del orificio, y tirante de agua inicial. El modelo matemático así constituido representaría un problema "bien planteado", cuya resolución en términos finitos permitiría reconstruir el proceso físico mencionado por medio de fórmulas que expresen la posición y velocidad de toda partícula líquida dentro del recipiente, en todo instante.

Sin embargo, dicho modelo no se ha encontrado; probablemente porque, de existir, resultaría contradictorio a las hipótesis intuitivas de Birkhoff. En efecto, las condiciones de frontera que se tienen que introducir serían a un mismo tiempo compatibles con dos movimientos distintos: aquel donde hay vórtice, y aquel —igualmente posible— donde el agua converge hacia el orificio con un movimiento laminar (figura 38) en el cual nunca, por pequeño que sea el tirante, el vórtice llega a crearse. Por tanto, la hipótesis intuitiva *c*) de Birkhoff caería frente a la doble solución, que invalida el "buen planteamiento" del problema. Por otro lado, como en el instante inicial, cuando el fluido está todavía en reposo, hay una simetría perfecta con respecto al eje del recipiente, siendo simétricos la posición del orificio y el efecto de la gravedad, la hipótesis *b*) de Birkhoff implicaría que sólo la solución sin vórtice es legítima; ya que un remolino, por la alternativa existente entre tino y otro sentido de rotación, no puede estrictamente considerarse simétrico.

Los únicos modelos que permiten seguir el desarrollo del vórtice son aquellos que admiten su presencia desde el principio, ya sea suponiendo, según Lamb, un movimiento giratorio general, ya sea aceptando, según Goldstein, que el líquido se encuentre inicialmente en reposo, con excepción de un pequeño núcleo que gira en el centro, capaz de transmitir luego, por efecto viscoso, su revolución a toda la masa. Además, suponer que las rotaciones iniciales mencionadas sean casi inapreciables, siendo el movimiento vorticoso resultante muy considerable, nos pondría en contradicción con la hipótesis *a*) de Birkhoff. Así que existe una única salida: aceptar como condición inicial la influencia de la rotación terrestre; sin embargo, no se aviene ni con la demora en la aparición del vórtice, ni con la eventualidad de que éste gire en sentido anticiclónico. ¿Cómo nace pues el vórtice de desagüe? Parece que la explicación más verosímil es la siguiente. Un torbellino posee una estructura sumamente vigorosa y tenaz, difícil de destruir una vez originada. Por el contrario, el flujo de desagüe parece ser estable sólo con grandes tirantes, cuando una masa considerable de agua gravita sobre la corriente de fondo que converge hacia el orificio con velocidad relativamente alta; pero se haría más y más inestable a medida que el nivel de la superficie libre va bajando. Con tirante muy reducido, se llegaría a un estado crítico, en el cual cualquier perturbación aparentemente inocua resultaría suficiente para precipitar la formación del vórtice, estructura estabilizadora por excelencia. El sentido de éste dependería de las características de la perturbación mencionada. Respecto al modelo teórico, el proceso normal corresponde al desagüe carente de vórtice; pero, de hecho, el proceso más probable es aquel con vórtice, por lo menos en la fase final de la descarga. Por tanto, considerando el asunto bajo el punto de vista matemático, se tiene que llegar a una situación inestable, que puede mantenerse sin cambio, o precipitarse catastróficamente en la solución vorticosa. Una situación así parece extraña; pero no es rara en la hidráulica: piénsese, por ejemplo, en esos ríos de llanura que no pueden mantener su cauce recto, y sólo se estabilizan serpenteando en meandros.

Cómo el vórtice se sustenta

Allá por el año de 1964, en Wallingford, Habib Anwar había realizado un estudio de vórtices por medio de un dispositivo cilíndrico, con orificio en el fondo, alimentado por los chorros de ocho boquillas horizontales oblicuas, concordes en su dirección, que descargaban a través de la pared. Se producía así un vórtice, cuya intensidad se conservaba mientras duraba la inyección; pero, al suspender ésta, el vórtice decaía, hasta reducirse a un hoyuelo superficial. Si el piso del tanque se tornaba rugoso, el vórtice dejaba de producirse en las condiciones en que antes se desarrollaba normalmente. Esto se interpretó en el sentido de que la rugosidad mata el flujo radial de fondo, que sería —contrariamente a la opinión de Biésel— el que provee la energía necesaria para sustentar el vórtice.[55]

Un sencillo experimento para mostrar a los estudiantes la transformación de energía cinética en energía de presión, y viceversa, consiste en provocar la vibración de

[55] Anwar, 159.

una boquilla, forzándola a que desemboque en direccion vertical, pegada al piso de un tanque. Un día yo había pedido a mi ayudante, Gabriel Echávez, que preparara esta demostración. Echávez, joven dotado de una excepcional capacidad de observación, me hizo notar que si, en lugar de que la boquilla descargara verticalmente, lo hacía teniendo una inclinación aproximada de 45° con el piso, y en el tanque había agua estancada, frente a la salida de la boquilla aparecía un vórtice, como muestra la figura 138. En ella, *ABCD* representa un tramo del fondo del tanque; *EFGH*, la superficie del agua; *MO*, la boquilla alimentada por una manguera; *OPQ*, el chorro saliente que se expande sobre el piso en un abanico de algo más de 90° de abertura, y *V*, el vórtice.

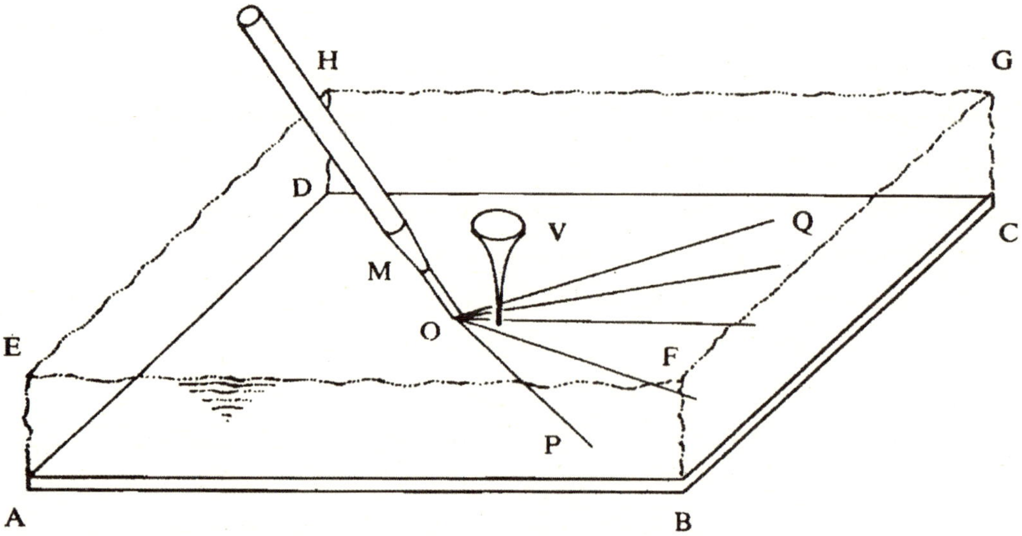

Figura 138

Si, deteniendo la boquilla, se abría la llave alimentadora, al principio no se notaban perturbaciones en la superficie. Luego, empezaban a aparecer sin orden unos vorticillos: unos giraban en sentido horario, otros, en antihorario; y se iban desplazando por impulso recíproco. Esta situación era inestable: o bien vorticillos de sentido opuesto se destruían mutuamente, o bien uno de ellos iba creciendo tanto, al absorber otros similares, que finalmente se quedaba solo. Inclinado, giraba como un trompo, dirigiendo siempre su extremo inferior hacia un punto determinado, frente a la boquilla, que parecía corresponder al sitio donde el chorro adquiría la máxima velocidad. Después, se enderezaba poco a poco, hasta quedar vertical. Entonces, si el agua no era demasiado profunda, el embudo del vórtice alcanzaba al chorro sumergido y empezaba a introducir aire en cantidad creciente, el cual, desintegrado por el chorro, se esparcía en forma de burbujas, a veces con tanta violencia que el vórtice acababa por destruirse. Luego, el agua se tranquilizaba de nuevo, nacían vorticillos y el proceso volvía a empezar.

Se efectuaron mediciones de velocidades radiales en el chorro divergente y tangenciales en el vórtice, y se halló que, con buena aproximación, ambas iban variando en proporción inversa con la distancia al eje del vórtice mismo. En cuanto al chorro, esto significa que su espesor es prácticamente uniforme. Repitiendo el ensayo en condiciones diferentes, se descubrió que, para una misma profundidad de agua en el tanque, la intensidad del vórtice aumenta con el gasto descargado; si se mantiene constante el gasto y se varía el tirante, la intensidad disminuye al crecer este último. La influencia del chorro sobre el vórtice era evidente: creaba en la masa fluida sobrepuesta una situación inestable, que sólo desaparecía al formarse y fortalecerse el vórtice. En estas condiciones, era el chorro divergente el que seguía sustentando de algún modo al vórtice.[56]

Se nos ocurrió que el vórtice de desagüe debe tener un desarrollo parecido, al asociarse con una corriente de fondo ahora convergente hacia el sumidero. En las condiciones más quietas posibles, introdujimos agua en un tanque rectangular de 5 × 4 metros, provisto en el centro de un orificio de dos pulgadas de diámetro. Una vez formado un vórtice estable, metimos en el agua una varita a la cual habíamos amarrado cortas hebras de seda, muy juntas. Apoyando la varita en el piso y manteniéndola vertical, se vio que, hasta cierta distancia del fondo, todas las hebras se dirigían hacia el orificio; más arriba se desviaban, hasta adquirir la dirección tangencial. Repitiendo el ensayo a diferentes distancias del sumidero, se pudo comprobar que el espesor del chorro, revelado por las hebras orientadas radialmente, se mantenía poco más o menos constante. Tenía razón Shapiro al señalar la presencia de una corriente de fondo bien definida, por debajo del vórtice.[57]

Sin embargo, no parecía sensata su hipótesis de que en esta capa la rotación terrestre induce una "vorticidad" que se contagia a la masa superior, y así da origen al vórtice. Lo que acontece es que el chorro convergente inferior ocasiona perturbaciones que dicha masa ahoga, mientras sea bastante alta; pero sí la vuelven inestable en cuanto se ha adelgazado lo suficiente y alcanza un espesor crítico. La situación favorece entonces una tendencia catastrófica hacia la formación de un torbellino estabilizador, siempre que aparezca un factor precipitante que determine el sentido de rotación; factor que, en condiciones de máxima calma, puede ser la rotación de la Tierra. Con mucha razón, Venturi afirmaba que el vórtice empieza desde abajo; no desde arriba, como juzgan

[56] Levi, *Experiments*, 540, 541.

[57] *Id.*, 542.

aquellos que identifican el vórtice con el embudo central que se ve nacer como hoyuelo superficial, y luego se estira hacia abajo.

Todo esto volvía a apuntar hacia el hecho de que la corriente profunda parece encargarse de mantener el vórtice e intensificarlo a medida que el tirante baja, suministrándole energía. De acuerdo con el principio de conservación de la cantidad de movimiento, una variación en ella se suele asociar con la aparición de una fuerza equivalente. En la corriente de fondo, debido a su aceleración, existe una variación $\dot{M}$ de cantidad de movimiento; además, dentro del vórtice superior actúa, por la rotación, una fuerza de tipo centrífugo F_c. Si hay transferencia de cantidad de movimiento desde la corriente al vórtice, debe existir una relación constante entre $\dot{M}$ y F_c.

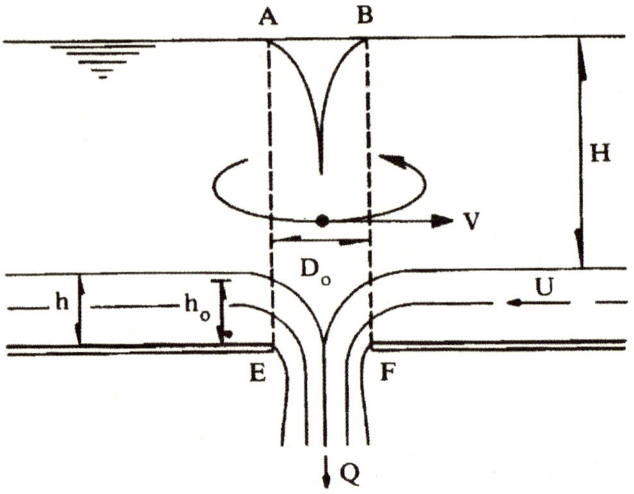

Figura 139

Sean (figura 139) H el espesor del vórtice, h el de la corriente profunda, U la velocidad radial de ésta, V la tangencial de remolino sobrepuesto, Q el gasto que sale por el orificio EF, D_o el diámetro de este último y h_o el espesor de la corriente al entrar en él. Supondremos que sólo la corriente profunda contribuya a Q; además, que —fuera de una zona central incluida en el cilindro $ABEF$— el remolino se comporte como vórtice libre; o sea, que posea una intensidad y constante tal que

$$V = \Gamma / \pi D \qquad (1)$$

donde D es el diámetro de la órbita de la partícula de velocidad V. La variación total de cantidad de movimiento de la corriente profunda fuera de $ABEF$ es

$$\Delta M = \left[\rho \frac{Q^2}{\pi D h} \right]_{Do}^{\infty} = \frac{\rho Q^2}{\pi D_o h_o} \qquad (2)$$

Tomando en cuenta la expresión 1, la fuerza Fe que actúa dentro del vórtice fuera de $ABEF$ se puede escribir

$$F_c = \rho \int_{Do}^{\infty} \frac{V^2}{D/2} (\pi D H) dD = \frac{\rho}{D^2} 2\Gamma^2 H \int_{Do}^{\infty} \frac{dD}{D^2} = \frac{\rho}{\pi} - \frac{2\Gamma^2 \mathrm{H}}{D_o} \qquad (3)$$

Dividiendo la expresión 2 entre la 3, resulta que

$$\frac{\Delta\dot{M}}{F_c} = \frac{Q^2}{2\Gamma^2 h_0 H} \tag{4}$$

Ensayos de laboratorio han comprobado que, en condiciones de flujo permanente y con vórtice estable, el segundo miembro de la relación 4 permanece constante al variar el tirante H y el gasto Q;[58] esto convalida la hipótesis de que la corriente convergente de fondo sustenta al vórtice.

Así, una corriente de fondo, convergente o divergente, puede fomentar la formación de un vórtice dentro de la masa fluida sobrepuesta, y luego mantenerlo por transferencia de cantidad de movimiento. Este mecanismo explica esos remolinos —viejos conocidos de los hidráulicos— que aparecen frente a bocatomas ahogadas, así como aquellos que se presentan, en condiciones parecidas, en las salidas de las mismas; por no hablar de los fastidiosos vórtices que meten aire en las bombas cuando baja el nivel del agua en el cárcamo alimentador.

Movimiento de vórtices

Ya hemos tenido ocasión de mencionar la célebre Memoria, de 1858, en la que Helmholtz analizaba lo que él denomina *Wirbelbewegung*; trabajo fundamental que cubría —en su esencia— toda la dinámica de los filamentos vorticosos. El corazón de esta teoría lo constituían las leyes de conservación: constancia de la intensidad del filamento con el tiempo —de la cual se infiere la imposibilidad de crear o destruir vórtices sin la intervención de nuevas fuerzas externas—, y constancia de la intensidad a lo largo del filamento mismo— de la cual se deduce que éste debe necesariamente o bien cerrarse, o terminar en las fronteras del fluido ambiente. Como por intensidad se entendía el producto del área de una sección del filamento por la vorticidad del fluido que allí estaba girando, la segunda ley implicaba que el giro es más lento donde el filamento se engrosa, y más rápido donde aquél se adelgaza.

En 1869, Sir William Thomson —que luego sería Lord Kelvin— introdujo el nuevo concepto *circulación*, Γ, alrededor de un circuito cerrado C trazado idealmente dentro del medio fluido, definiéndola como

[58] *Id.*, 550-555.

$$\Gamma = \int_C v_s \, ds \tag{1}$$

donde s es la coordenada curvilínea a lo largo del circuito y v_s la componente tangencial correspondiente de la velocidad. Como un muy conocido teorema de Stokes afirma la igualdad de la integral 1 con aquella del rotacional del vector velocidad en el área encerrada por la línea C, y esta última es precisamente la *intensidad* definida por Helmholtz, se concluye que *la intensidad de un filamento vorticoso es igual a la circulación alrededor del mismo*, siendo ésta también, en consecuencia, constante en el tiempo y en el espacio. Por tal motivo, para vórtices dotados de simetría axial, se suele llamar "intensidad" a

$$\Gamma = 2\pi r V \tag{2}$$

donde V es la velocidad tangencial medida a la distancia r del eje del vórtice.

Los filamentos vorticosos más fáciles de analizar son los infinitamente delgados, que pueden representarse con una línea; entre ellos, los más simples son los rectilíneos paralelos al eje z, cuyos movimientos se pueden seguir al observar los de sus "centros", intersecciones de sus ejes con el plano x, y. El problema fundamental relativo a tales vórtices es el siguiente: suponiendo que un grupo de ellos exista en un fluido ilimitado cuyos únicos movimientos son aquellos provocados por los vórtices mismos, ¿cómo se desplazarán los centros de éstos? A fin de entender el camino que Helmholtz siguió para resolverlo, consideremos el caso en que existan tan sólo dos vórtices, con centros en A_1, A_2, de intensidades respectivas Γ_1, Γ_2; y preguntémonos cuál será la velocidad con que A_2 se mueve, debido a la influencia del vórtice centrado en A_1. De acuerdo con la figura 140, se tiene que

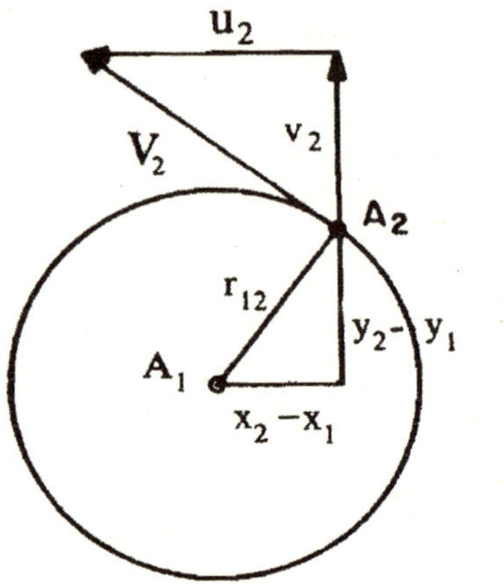

Figura 140

$$\frac{-u_2}{V_2} = \frac{y_2 - y_1}{x_2 - x_1} \tag{3}$$

Por otro lado, la fórmula 2 permite escribir que

$$\sqrt{u_2^2 + v_2^2} = \Gamma_1 / 2\pi r_{12} \tag{4}$$

Haciendo sistema de las ecuaciones 3 y 4, y considerando que

$$(x_2-x_1)^2+(y_2-y_1)^2 = r^2_{12}$$

se obtiene que

$$u_2 = \frac{\Gamma_1}{2\pi}\frac{y_1 - y_2}{r_{12}^2}, \quad v_2 = \frac{\Gamma_1}{2\pi}\frac{x_2 - x_1}{r_{12}^2} \tag{5}$$

Si hubiésemos calculado, en forma similar, la velocidad de A_1 por efecto del vórtice con centro en A_2, habríamos obtenido

$$u_1 = \frac{\Gamma_2}{2\pi}\frac{y_2 - y_1}{r_{12}^2}, \quad v_1 = \frac{\Gamma_2}{2\pi}\frac{x_1 - x_2}{r_{12}^2} \tag{6}$$

y, multiplicando las expresiones 5 por Γ_2, las 6 por Γ_1 y sumando,

$$\Gamma_1 u_2 + \Gamma_2 u_2 = 0, \ \Gamma_1 v_1 + \Gamma_2 v_2 = 0 \tag{7}$$

Ahora, suponiendo que A_1 posea una "masa" ficticia de magnitud Γ_1 y A_2 una de magnitud Γ_2, las ecuaciones

$$(\Gamma_1 + \Gamma_2)\, u_o = \Gamma_1 u_1 + \Gamma_2 u_2,$$
$$(\Gamma_1 + \Gamma_2)\, v_o = \Gamma_1 v_1 + \Gamma_2 v_2$$

expresan el principio de conservación de la cantidad de movimiento del conjunto, siempre que u_o, v_o representen las componentes de la velocidad del "centro de gravedad" de las masas Γ_1, Γ_2; luego las ecuaciones 7 manifiestan que dicho centro no se mueve. Si los vórtices presentes son más de dos, considerando la acción mutua de un par cualquiera de ellos, se obtienen para cada par dos ecuaciones como las 7; y, sumándolas, resulta para el conjunto

$$\Sigma(\Gamma_i u_i) = 0, \qquad \Sigma(\Gamma_i v_1) = 0$$

siendo las sumas extendidas a todos los vórtices presentes. Se concluye, por tanto, que

$$(\Sigma \Gamma_i)\, u_o = 0, \qquad (\Sigma \Gamma_i)\, v_o = 0$$

o sea que, en general, *el centro de gravedad de los filamentos vorticosos queda inmóvil mientras éstos se mueven por efecto mutuo.*

De aquí Helmholtz sacaba las conclusiones siguientes: "Si dos filamentos vorticosos de secciones infinitamente delgadas están dentro de un fluido ilimitado, cada uno hará que el otro se mueva en dirección perpendicular al segmento de recta que los une. Luego la longitud de dicho segmento no cambiará, y ellos girarán alrededor de su centro de gravedad a distancias constantes con respecto a él. Si la rotación es para ambos en el mismo sentido,... su centro de gravedad queda entre ellos; si es en sentidos opuestos,... queda sobre la prolongación de la recta que los une. Y si, además, [en este segundo caso] la intensidad de ambos es la misma, de modo que su centro de gravedad queda a distancia infinita, ellos avanzan con igual velocidad, en dirección perpendicular a la recta que los une (figura 141). A este caso se refiere también aquel de un filamento vorticoso de sección infinitamente pequeña [A_1], que se mueve cerca de un plano [*MN*]... al cual es paralelo; [porque] la condición en la frontera (o sea que el fluido debe de moverse paralelamente al plano) quedará satisfecha si, en lugar del plano, hay una masa infinita de fluido con otro filamento vorticoso [A_2] que sea la imagen [especular] del primero, con respecto al plano mismo. De aquí sigue que el filamento avanzará paralelamente al plano, en la dirección en que se mueven los elementos del fluido [que están] entre él y el plano, con una velocidad que es la cuarta parte de aquella de los elementos [*B*, que están] al pie de la perpendicular que baja desde el filamento al plano".[59]

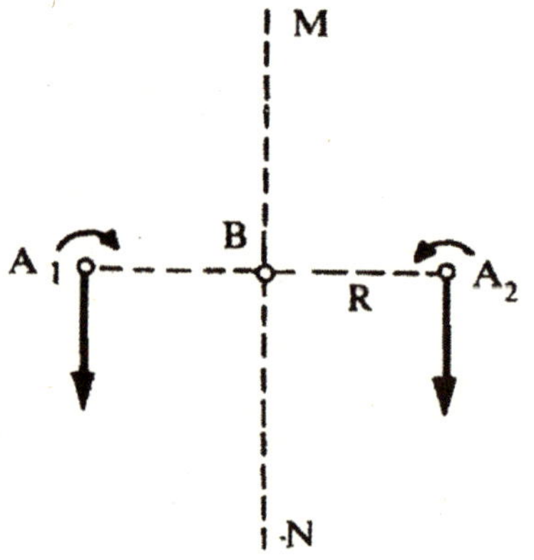

Figura 141

El análisis del movimiento de un sistema de más de dos vórtices por influencia mutua se complica y, si los vórtices son muchos, sólo se puede realizar con computadora. Haciéndolo así, se descubre que, de tres vórtices en adelante, los movimientos dejan de ser regulares o periódicos, y parecen volverse caóticos. Además, introduciendo en ellos perturbaciones iniciales muy pequeñas, se pueden provocar desarreglos grandes en el conjunto. Naturalmente, hay que recordar que la teoría de Helmholtz se apoya sobre la hipótesis básica de que el flujo sea incompresible y no viscoso; así que a veces, aunque el cálculo prediga que el sistema se va desbaratando siempre más, en la realidad surgen fuerzas viscosas que acaban por controlarlo. De acuerdo con la importancia de éstas, el sistema puede llegar al equilibrio o bien inestabilizarse, pero alcanzar finalmente una nueva configuración que sí es estable.

[59] Helmholtz, 504, 505.

Cabe señalar que el hecho de haber asimilado el sistema de vórtices a uno de puntos materiales provistos de masa no implica admitir que el comportamiento dinámico sea igual en los dos casos. En efecto, no es así: basta considerar, por ejemplo, que un vórtice aislado queda inmóvil, y se requiere la presencia de otro, con intensidad igual y contraria, o bien de una pared, para conferirle un movimiento rectilíneo; de modo que aquí no valdría el principio clásico de equivalencia del estado de reposo con el de movimiento uniforme. La segunda ley de Newton sufre una modificación más notable todavía, porque la presencia de un segundo vórtice no crea una fuerza atractiva —por tanto una aceleración— sino una velocidad y, si los vórtices son muchos, no es la aceleración del centro de masa la que se anula, sino su velocidad.

Después de examinar los filamentos vorticosos rectilíneos, Helmholtz estudia los circulares, modelo de aquellos anillos vorticosos que se forman cerca de un orificio, alrededor de un chorro sumergido que sale de él. La experiencia muestra que *un anillo vorticoso no puede quedar parado, sino que avanza perpendiculartnente a su eje, en la dirección con la cual el fluido atraviesa el anillo*. Helmholtz comprobó esta propiedad, que podemos justificar imaginando que en la figura 141, A_1, A_2 representen una sección transversal de un anillo normal al plano de la figura misma, con MN como eje; pero no determinó la velocidad V con que el anillo camina. El cálculo que hizo William Thomson[60] dio el valor teórico

$$V = \frac{\Gamma}{4\pi R}\left(1n\frac{8R}{a} - \frac{1}{4}\right)$$

donde R es el radio del anillo (figura 141) y a el de la sección transversal del filamento, supuesta como circular. Siendo 1n R mucho más pequeño que R, la fórmula anterior muestra que —con igual espesor del filamento— un anillo ancho camina más despacio que uno angosto.

"Ahora —anota Helmholtz— podemos ver en general cómo dos filamentos vorticosos anulares que tienen el mismo eje se afectarían mutuamente, pues cada uno, además de su movimiento propio, adquiere aquel inducido sobre sus elementos fluidos por el otro. Si ambos poseen la misma dirección de rotación, caminan en el mismo sentido; el delantero se ensancha y avanza más despacio; el perseguidor se estrecha y avanza más rápido, hasta que por fin, si sus velocidades no difieren mucho, alcanza al primero y penetra en él. Luego el mismo juego prosigue en el orden inverso, de manera que los anillos pasan uno a través del otro alternativamente.

[60] *Id.*, 517.

"Si ellos tienen radios iguales y velocidades angulares iguales y opuestas, se acercarán y se ensancharán mutuamente, de modo que al final, cuando están muy cerca uno del otro, sus velocidades de acercamiento se hacen siempre más pequeñas y su rapidez de ensanchamiento siempre más grande. Si son perfectamente simétricos, la velocidad paralela al eje de elementos fluidos que se encuentran a mitad de camino entre ellos es cero. Entonces, podemos imaginar que aquí se inserte un plano rígido, que no estorbaría el movimiento y obtendríamos así el caso de un anillo vorticoso que encuentra un plano fijo.

"Además, se puede notar que es fácil estudiar en la naturaleza estos movimientos de anillos vorticosos circulares, arrastrando rápidamente por un corto tramo a lo largo de la superficie de un fluido un disco circular semisumergido (o la punta casi semicircular de una cuchara), y [luego] sacándolo con rapidez. En el fluido quedarán medios anillos vorticosos, cuyo eje está en la superficie libre. Esta última constituye para el fluido un plano frontera axial; por tanto, no hay ningún cambio esencial en el movimiento. Estos anillos vorticosos avanzan; cuando llegan a una pared, se ensanchan; y otros anillos los ensanchan o contraen, exactamente como hemos deducido de la teoría".[61]

Fantasías atómicas

La Memoria de Helmholtz había sido ignorada por los ingleses durante casi una décadas; sin embargo, en 1867, cuando el profesor Tait publicó una traducción de ella, que había redactado desde hacía tiempo para su uso personal, la sorpresa y el entusiasmo fueron grandes. Muchos científicos "entendieron" los vórtices por primera vez ahora que estaban presentados en forma matemática, y su imaginación se puso en movimiento. Sir William Thomson ofreció ese mismo año a la Sociedad Real de Edimburgo una plática, *On vortex atoms* (*Acerca de los átomos vorticosos*), que es a la vez original y característica: "El admirable descubrimiento de Helmholtz... sugiere inevitablemente la idea de que los anillos de Helmholtz sean los únicos verdaderos átomos. Porque el único pretexto que parece justificar la conjetura monstruosa de pedazos de materia infinitamente fuertes y rígidos —cuya existencia es asumida como hipótesis probable por parte de algunos de los más grandes físicos modernos en sus aventuradas proposiciones introductorias— es aquel, estimulado por Lucrecio y adoptado por Newton, de que [ésta] parece (ser) necesaria para responder de las inalterables calidades características de diferentes tipos de materia. Pero Helmholtz ha "demostrado [la existencia de]

[61] *Id.*, 510.

una calidad absolutamente inalterable en el movimiento de toda porción de líquido perfecto, una vez que se haya creado en ella el movimiento peculiar que él denomina *Wirbelbewegung...*". Generación o destrucción de Wirbelbewegung en un líquido perfecto pueden sólo resultar de la acción de un poder creador. [La consideración de] el átomo de Lucrecio no explica ninguna de las propiedades de la materia sin atribuirla al átomo mismo; así, el 'choque de átomos' , como ha sido correctamente llamado, ha sido invocado por sus adeptos modernos para responder de la elasticidad de los gases, y toda otra propiedad de la materia ha requerido análogamente suponer fuerzas específicas pertenecientes al átomo. [Ahora,] es fácil... imaginar, en una porción de materia que posea *Wirbelbewegung*, todas las fuerzas específicas que se requieren, [exactamente] como en un pedazo de materia sólido e indivisible; por tanto, el átomo de Lucrecio no tiene, a primera vista, [ninguna] ventaja sobre aquél de Helmholtz".[62]

Tait había invitado a Thomson para que asistiera a las demostraciones experimentales acerca de los anillos vorticosos que él ofrecía a sus alumnos. Allí se veía a los anillos chocar oblicuamente y luego rebotar, sacudiéndose con violencia, como habrían hecho dos aros de hule; y se notaba que cada uno de ellos tenía, por su tamaño e intensidad, modos fundamentales de vibración perfectamente definidos. Thomson, profundamente impresionado, rememoraba todas las suposiciones que los estudiosos de la termodinámica de los gases habían tenido que hacer a propósito de las propiedades mecánicas de las moléculas, en lo que se refiere a las fuerzas actuantes entre ellas y la energía cinética adquirida en los choques, y se preguntaba si los análisis de aquéllos se habrían simplificado al suponer que las moléculas fueran anillos vorticosos. ¿Por qué no intentarlo? "Una investigación totalmente matemática de la acción mutua entre dos anillos vorticosos de cualquier tamaño y velocidad dados,... que no se acerquen más de un múltiplo grande del diámetro del uno o del otro, es un problema matemático perfectamente resoluble; y la novedad de las circunstancias consideradas presenta dificultades de carácter estimulante. Su solución se volverá el fundamento de la nueva teoría cinética de los gases propuesta. Es lógico prever la posiblidad de establecer una teoría de sólidos elásticos y líquidos sobre la dinámica de muchos átomos vorticosos agrupados estrechamente".[63]

Ya en 1861, James Clerk Maxwell había propuesto la presencia de vórtices para explicar las líneas de fuerza magnéticas. "Supongamos —decía— que los fenómenos del magnetismo dependan de la existencia de una tensión en la dirección de las líneas de fuerza, combinada con una presión hidrostática; o —en otros términos— de una

[62] Kelvin, 1, 2.
[63] *Id.*, 2, 3.

presión mayor en la dirección ecuatorial que en la axial. La pregunta siguiente es: ¿qué explicación mecánica podemos dar de esta desigualdad de presiones en un medio fluido o móvil? La que surge primero en la mente es que el exceso de presión en la dirección ecuatorial provenga de la fuerza centrífuga de vórtices o remolinos dentro del medio, ubicados con sus ejes en la dirección de las líneas de fuerza. Esta explicación de la causa de la desigualdad de presiones sugiere sin más los modelos para representar el carácter dipolar de la línea de fuerza: todo vórtice es esencialmente dipolar, distinguiéndose los dos extremos de su eje por la dirección de su rotación, así como se ve desde esos puntos".[64] Aunque en los años siguientes su imaginación tomó otro rumbo, y lo llevó a concebir la admirable teoría electromagnética de la luz que ya no necesita a los vórtices, quedó encariñado con ellos, y se alegró cuando Thomson —su colega, siete años mayor que él— los eligió como elementos de su teoría atómica. Invitado, en 1875, a redactar el artículo "Átomo" para la Enciclopedia Británica, escribió: "El anillo vorticoso de Helmholtz, concebido por Thomson como la verdadera forma del átomo, satisface más condiciones que todos los átomos imaginados hasta ahora. En primer lugar, es cuantitativamente permanente en lo que concierne a su volumen e intensidad, dos cantidades independientes. También es cualitativamente permanente en cuanto a su grado de complejidad, ya sea por anudamiento (*knottedness*) sobre sí mismo o por enlazamiento con otros anillos vorticosos. A la vez, es susceptible de infinitos cambios de forma, y puede ejecutar vibraciones con diferentes periodos, como sabemos que las moléculas lo hacen. Y el número de formas esencialmente diferentes de anillos vorticosos pueden ser muy grandes sin [necesidad de] suponer muy elevado el grado de complicación de cada uno de ellos. Pero la mayor recomendación de esta teoría, bajo un punto de vista filosófico, es que su éxito para explicar los fenómenos no depende de la inventiva con que sus autores 'salvan las apariencias', introduciendo primero una fuerza hipotética y luego otra. Una vez que el átomo vorticoso se ha puesto en movimiento, todas sus propiedades quedan absolutamente fijas y determinadas por las leyes del movimiento del fluido primitivo, que [a su vez] se encuentran expresadas enteramente por las ecuaciones fundamentales".[65]

Nadie recuerda hoy el *vortex atom* de Thomson. Pasó con él lo que ocurre con muchos modelos válidos, merecedores de ser adoptados, y que, sin embargo, al haberse dificultado su aplicación debido a inoportunas complicaciones matemáticas, son remplazados por otros más simples y fáciles de manejar, aunque de alcance menor.

[64] Maxwell, vol. I, 455.

[65] Maxwell, vol. II, 471.

7

Obstáculos y estelas

Velocidad y resistencia

El nadador avanza a fuerza de brazos, el bote a fuerza de remos; fuerzas evidentemente dirigidas a vencer la resistencia que el agua les opone. Acostumbrados a razonar así, nos sorprenderá saber que Galileo aseguraba que el agua no ofrece resistencia al hundimiento de un cuerpo. Sin embargo, escúchenlo y díganme si no tenía razón: "No hace falta —escribía— que acudamos a la tenacidad que une las partes del agua entre sí, por la cual se opondrían y contrastarían a la división, escisión y separación; porque tal coherencia y tal repugnancia a la división no existen... ¿Cuál es esta crasitud del agua, por la cual ella se resiste a ser dividida? ¿Cuál será... si nosotros, intentando con, toda diligencia controlar una materia de peso específico tan semejante al del agua [de modo] que, aun conformada en hoja anchísima, quede suspendida —como decimos— en el medio del agua, no lo podemos conseguir; aunque lleguemos a tanta semejanza de pesos que una cantidad de plomo igual a la cuarta parte de un grano de mijo, agregada a dicha hoja anchísima —que en el aire pesará cinco o seis libras— la baja al fondo, y, si la quitamos, ella sube a la superficie? No logro ver, si lo que digo es verdadero —y por cierto es indudable—, cuál mínima virtud y fuerza se pueda encontrar e imaginar que sea más grande que la resistencia del agua a que se la divida o parta; de lo que se concluye necesariamente que ella es nula. Porque, si tuviese algún poder sensible, se debería de hallar —o fabricar— alguna hoja ancha de un material semejante en peso específico al agua, la cual no sólo se detuviera en el medio del agua, sino que no pudiera bajar o subir sin [aplicarle una] fuerza notable. La misma verdad podríamos inferirla igualmente de otra experiencia, mostrando cómo el agua cede..., también al hendimiento transversal. En efecto, si colocamos, en agua quieta y estancada, una mole grandísima cualquiera que no se hunda, jalándola tan sólo con un cabello de mujer, la llevaremos de un lugar a otro sin ningún contraste; aunque su figura sea arbitraria de modo que abarque un gran espacio de agua, como lo haría una gran viga atravesada".[1]

Entonces, ¿por qué se requiere tanta fuerza para mover un barco? Galileo, que espera la pregunta, tiene preparada la respuesta: "Tal vez alguien podría oponerse a mí, diciendo que, si la resistencia del agua a ser hendida fuese nula —como afirmo—los navíos no deberían de tener necesidad de tanta fuerza de remos o velas para ser empujados de un lugar a otro, en mar tranquilo o lagos estancados. A quien adelantase tales objeciones, yo contestaría que el agua no contrasta o repugna simplemente a que se la parta, sino más bien a que se parta velozmente, y con resistencia tanto mayor cuanto más grande es la velocidad. Y la causa de esa resistencia no depende de crasitud u otra cosa que se oponga incondicionalmente a la división, sino del hecho de que las partes de agua separadas, al dar paso a ese sólido que se mueve en ella, también tienen que moverse localmente, parte hacia la derecha, parte hacia la izquierda, y parte hacia abajo; y lo tienen que hacer no sólo las aguas que están delante del navío u otro cuerpo que corre en el agua, sino también las subsiguientes, que están detrás. En efecto, al proceder el navío hacia adelante, hace falta que, para abrirse un lugar capaz de recibir su grosor, empuje con la proa —ya sea a la derecha o a la izquierda— las partes de agua próximas, y que la mueva transversalmente por un espacio igual a la mitad de su grosor; y que otro tanto viajen las aguas que, remplazando la popa, escurren desde las partes externas del navío hacia las del medio, para llenar sucesivamente los lugares que la nave, avanzando, deja vacíos. Ahora, los movimientos requieren tiempo, y los más largos requieren más; además, es indudable en esos cuerpos que cierta potencia desplaza a determinada distancia en cierto tiempo, no podrán recorrer el mismo espacio en tiempo más breve, a menos que los mueva una potencia mayor. Por consiguiente, los navíos más anchos se mueven más despacio que los angostos, si los empujan fuerzas iguales; y un mismo bajel requiere tanto más fuerza de viento o remos, cuanto más velozmente hay que empujarlo".[2]

En otros términos, Galileo concluye que, en principio, a un cuerpo no le cuesta ningún trabajo moverse en el agua; a no ser que tenga prisa, porque entonces sí le cuesta, tanto más cuanto más prisa tenga. La razón es que, en este caso, la resistencia que el medio opone a su avance crece con la velocidad. Pero, ¿con qué ley? Esto Galileo no

[1] Galilei, *Le ópere*, vol. IV, 103, 104.

[2] *Id.*, 104, 105.

lo decide. Newton, que dedica todo el segundo libro de sus *Principia* al estudio del movimiento de cuerpos a través de medios resistentes, prefiere comenzar, sin comprometerse, examinando dos opciones; primero, supone una resistencia proporcional a la velocidad; luego, una resistencia proporcional al cuadrado de la misma. Empero, al concluir el primer examen, anota: "Sin embargo, que la resistencia de cuerpos esté en proporción con la velocidad es una hipótesis más bien matemática que física. En medios carentes de toda tenacidad, las resistencias opuestas a los cuerpos están [entre sí] como los cuadrados de las velocidades. En efecto, por acción de un cuerpo más veloz, debido a la mayor velocidad, se comunica, a una igual masa de medio, un mayor movimiento en menos tiempo; y, si el tiempo es igual, debido a la mayor masa de medio afectada, el movimiento comunicado es más grande en proporción con el cuadrado de la razón; y la resistencia... es proporcional al movimiento inducido".[3]

Más adelante, Newton perfecciona su análisis. Pensando evidentemente en la materia sutil y las bolas de Descartes, imagina un medio fluido compresible, compuesto de partículas muy finas, dentro del cual se muevan porciones de materia de mayor tamaño. Se propone demostrar que *los cuerpos más grandes encuentran una resistencia [que está] en proporción compuesta con los cuadrados de sus velocidades, los cuadrados de sus diámetros, y la densidad del sistema.* "Ahora —dice él— la resistencia proviene, en parte, de las fuerzas centrípetas o centrífugas con las cuales las partículas del sistema actúan unas sobre otras; en parte, de las colisiones y reflexiones de las partículas y de los cuerpos mayores". Luego analiza por separado esas dos clases de resistencia. La primera ha de ser directamente proporcional a la aceleración centrípeta (y, por tanto, directamente al cuadrado de la velocidad e inversamente a las distancias entre partículas), y a las masas, o sea, a las densidades multiplicadas por los volúmenes de las partículas o cuerpos, que a su vez son proporcionales a los cubos de los diámetros respectivos. Por otro lado, "como las distancias entre partículas en un sistema son a las distancias correspondientes en el otro como el diámetro de una partícula o cuerpo en el primero es al diámetro de la correspondiente partícula o cuerpo en el otro", concluye que lo enunciado vale para la resistencia del primer tipo. "Las resistencias del segundo tipo son proporcionales juntamente a los números de las reflexiones correspondientes y a las fuerzas de dichas reflexiones; pero el número de reflexiones es directamente proporcional a las velocidades de las partículas correspondientes, e inversamente a los espacios entre sus reflexiones". Las "fuerzas

[3] Newton, 244.

de las reflexiones" son proporcionales a las velocidades y a las masas; por tanto, remplazando como antes las distancias por los diámetros, la proposición vale también para la otra clase de resistencia.[4]

De aquí, Newton infiere que "en un fluido dado, un proyectil que vuela rápido topa con una resistencia que es aproximadamente proporcional al cuadrado de su velocidad. Porque, si las fuerzas con las cuales partículas lejanas actúan una sobre otra se aumentaran en proporción con el cuadrado de la velocidad, al proyectil se le contrarrestaría justamente en la misma proporción; por tanto, en un medio cuyas partículas lejanas no actúan mutuamente con ninguna fuerza, la resistencia sería precisamente proporcional al cuadrado de la velocidad". Con argumentos similares, comprueba la proporcionalidad con el cuadrado del diámetro del proyectil y con la densidad del medio. Concluye diciendo: "Todo esto es así en fluidos cuya elasticidad nace de las fuerzas centrífugas de las partículas. Sin embargo, si dicha fuerza tiene un origen distinto, como sería la expansión de las partículas a modo de lana, o ramas de árboles, o cualquier otra causa que les impida moverse libremente entre sí, la menor fluidez del medio hará que la resistencia sea más grande que [lo expresado] en los corolarios anteriores".[5] Lo que Newton tiene en mente es el comportamiento distinto del aire y del agua: considera que el aire está constituido por partículas elásticas tales que si un cuerpo choca directamente con ellas, les transmite una velocidad doble de la suya; el agua se compone de partículas no elásticas que, en las mismas condiciones, sólo adquirirían una velocidad igual a la del cuerpo.

Cómo vuela la bola del cañón

"Una tablita y una bola, ambas de ébano, colocadas en el agua, se hunden; pero la bola más rápido y la tablita más despacio, tanto más despacio cuanto más ancha y delgada sea ella; y causa de tal lentitud es ciertamente la amplitud de la figura".[6] Esto escribía Galileo, consciente de la importancia de la forma de un cuerpo en relación con la resistencia que él encuentra en su avance dentro de un medio fluido. De acuerdo, pero ¿cómo cuantificar la diferencia de este efecto de un cuerpo a otro? ¿Qué ventaja hay —se pregunta Newton— es hacer esférica la bola de cañón? ¿Avanzaría más lentamente si fuese un cilindro? Cuando empieza sus cálculos, Newton se da cuenta de ciertas dificul-

[4] *Id.*, 328, 329.
[5] *Id.*, 330, 331.
[6] Galilei, *Le ópere*, vol. IV, 95.

tades que surgen al querer considerar el movimiento del proyectil; y piensa que es equivalente —y más cómodo— suponer a éste parado y al aire en movimiento: *"La acción del medio sobre el cuerpo es la misma, sea que el cuerpo se mueva dentro de un medio quieto,* o *bien que las partículas incidan sobre el cuerpo en reposo, con la misma velocidad"*.[7] Así Newton inmoviliza esfera y cilindro, lanza contra ellos una corriente rectilínea y uniforme de aire, e intenta determinar cómo difieren las fuerzas que el aire ejerce sobre ambos cuerpos.

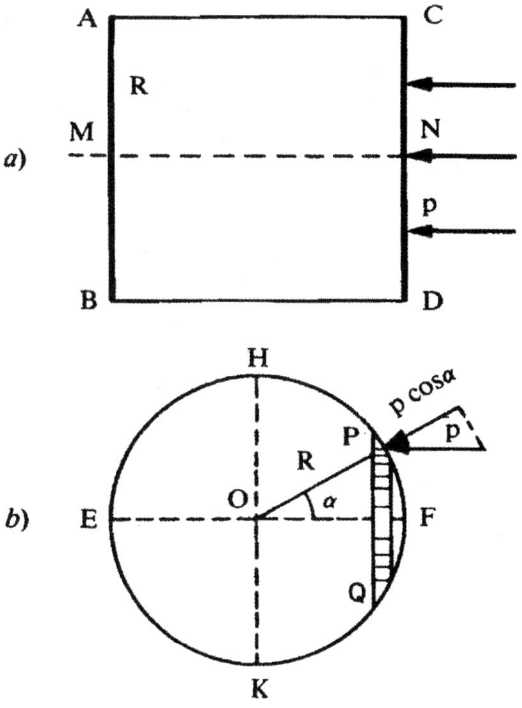

Figura 142

Llega a la solución del problema realizando una integración sintética, según el modo de Arquímedes. Nosotros lo haremos por medio del cálculo, como sigue. Supongamos que *ABCD* (figura 142*a*) represente un cilindro inmóvil de eje *MN* y radio *MA* = *R*, que enfrenta a la corriente la cara *CD*. Si el fluido lo empuja, ejerciendo una presión p sobre dicha cara, la fuerza total aplicada sobre el cuerpo resultará

$$F_1 = \pi R^2 p \qquad (1)$$

Igual será la resistencia que el cilindro debe vencer al avanzar en el fluido quieto. Consideremos ahora el globo esférico *EHFK*, en las mismas condiciones (figura 142*b*): en cada anillo infinitesimal *PQ*, de superficie πR^2 sen $\alpha d\alpha$, actuará una presión *p* cos α; con lo que resulta, sobre la semiesfera *HFK*, la fuerza

$$F^2 = \int_0^{\pi/2} p \ \cos\ \alpha.\pi R^2 \text{sen}\ \alpha\, d\alpha = \pi R^2 p \left[\frac{\text{sen}^2 \alpha}{2}\right]_0^{\pi/2} = \frac{1}{2}\pi R^2 p$$

De donde, comparando con la expresión 1, se concluye que $F_2 = F_1/2$; por tanto, "si en un medio poco denso, constituido por partículas idénticas, dispuestas libremente a distancias iguales una de otra, un globo y un cilindro, descritos con diámetros iguales, se mueven con las mismas velocidades en la dirección del eje del cilindro, la resistencia del globo será tan sólo mitad de aquélla del cilindro".[7]

[7] Newton, 331.

A continuación, Newton se propone obtener la expresión de la resistencia que el globo encuentra al avanzar en el aire. Resulta difícil precisar qué velocidad imparte el globo a partículas fluidas elásticas que chocan con él, pero este cálculo es fácil en el caso del cilindro, pues choca con ellas de frente; por tanto, si su velocidad es V, la velocidad impartida será $2V$. Entonces el cilindro, con sólo avanzar mitad de su longitud (es decir, una distancia R), imparte al aire una cantidad de movimiento igual a la resistencia que éste le opone. Sin embargo, dicha resistencia —que equivale a la fuerza necesaria para poner en movimiento un volumen de aire igual al del cilindro— es doble de la que se opone al avance del globo; luego, para producirla, el globo debería avanzar una distancia doble, o sea $2R$. De aquí se concluye que, siendo el volumen de la esfera igual a 2/3 del cilindro, la esfera, avanzando una distancia 4/3 R, impartirá al aire una cantidad de movimiento equivalente a la resistencia que éste opone a su avance. Ahora bien, dicha resistencia es igual a la masa 4/3 $\pi R^3 \rho$ de un volumen de aire igual al de la esfera, multiplicada por la aceleración V/T, donde

$$T = \frac{4}{3} R / V$$

es el tiempo que requiere el globo para recorrer la distancia 4/3 R. Por tanto, la resistencia buscada resulta ser

$$\frac{4}{3} \pi R^3 \rho \frac{V}{T} = \rho (\pi R^2) V^2$$

de donde Newton infiere que la resistencia del globo es proporcional a la densidad del aire, al área de la sección transversal del globo mismo, y al cuadrado de su velocidad.[8] Por otro lado, puesto que la fuerza necesaria para detener, o poner en movimiento, al globo tiene la misma expresión anterior, pero remplazando la densidad ρ del aire con la del globo, Newton concluye que esta fuerza es a la resistencia, como la densidad del globo a la del aire.

Un obstáculo al desagüe

Lo anterior se refiere a la resistencia del aire. ¿Qué se puede decir en el caso del agua? Newton escribe: “En esta proposición he presentado la resistencia y retardo de proyec-

[8] *Id.*, 334, 335.

tiles esféricos en medios que no son continuos; y he comprobado que esta resistencia es a la fuerza por la cual todo el movimiento del globo puede destruirse o crearse, en el tiempo en el cual el globo puede recorrer con velocidad uniformemente continua dos terceras partes de su diámetro, como la densidad del medio es a la del globo; siempre que el globo y las partículas del medio sean perfectamente elásticos y provistos de la máxima fuerza de reflexión... Pero en medios continuos, como son el agua, aceite caliente y mercurio, el globo, al pasar a través de ellos, no choca inmediatamente contra todas las partículas del fluido que engendran la resistencia que se le opone, sino que oprime sólo las partículas que le quedan cerca, y éstas oprimen las de atrás, que [a su vez] oprimen otras, y así sucesivamente; medios en los cuales la resistencia se reduce otra mitad. [Por tanto], en estos medios extremadamente fluidos, un globo topa con una resistencia que es a la fuerza por la cual todo su movimiento puede destruirse o engendrarse —en el tiempo en el cual puede describir, con ese movimiento uniformemente continuo, ocho terceras partes de su diámetro— como la densidad del medio es a la del globo".[9]

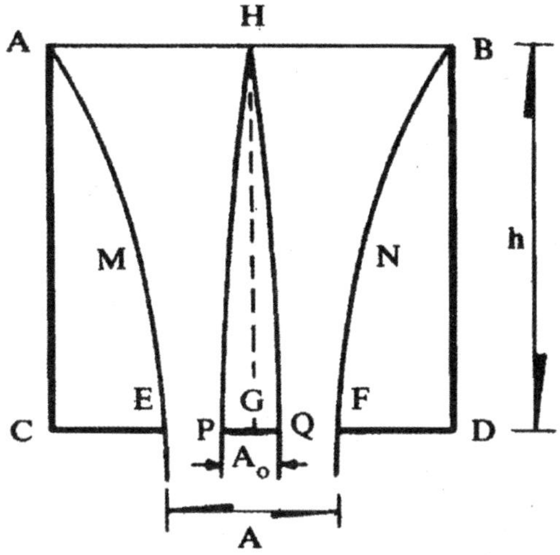

Figura 143

Al percibir que esta última parte del razonamiento no es rigurosa, Newton se propone llegar al mismo resultado por otro camino. Con tal objeto, introduce precisamente aquí las consideraciones —que ya conocemos— acerca del desagüe de un recipiente *ABCD* por un orificio *EF* del fondo, y su análisis mediante la catarata (figura 31). Luego prosigue: supongamos que en el centro del orificio *EF* se coloque un "circulito" —de hecho, un disquito sólido de espesor infinitesimal— *PQ* (figura 143); intentemos estimar el peso de agua que el disquito sostiene, mientras que el orificio está descargando. "Sea *ABNFEM* la catarata, o columna de agua cayente, cuyo eje es *GH*,.... y supóngase que toda el agua cuya fluidez no ser requiera para su fácil y rápido descenso esté congelada, tanto alrededor de la catarata, cuanto encima del circulito. Sea *PHQ* la columna de agua congelada sobre el circulito, con vértice en *H* y altura *GH*. Supongamos, además, que esta catarata cae con todo su peso, y no se apoya de ningún modo en *PHQ*, ni lo comprime; sino que resbala libremente sobre él, sin fricción, salvo, tal vez, justamente en el vértice mismo del hielo, donde la catarata, al

[9] *Id.*, 336.

empezar su caída, puede tender a [adquirir] una configuración cóncava. Y como el agua congelada *AMEC*, *BNFD*, que se encuentra alrededor de la catarata resulta convexa hacia la catarata en su superficie interior *AME*, *BNF*, así también la columna *PHQ* será convexa hacia la catarata y, por tanto, más ancha que un cono cuya base es ese circulito *PQ* y cuya altura es *GH*; o sea, mayor que una tercera parte del cilindro descrito con la misma base y altura. En consecuencia, el circulito sostiene el peso de esta columna, a saber, un peso mayor que el del cono, o bien que el de la tercera parte del cilindro".[10]

Por otro lado —Newton continúa diciendo— como el cuerpo *PHQ* es puntiagudo en H, debe caber dentro de un semielipsoide con base en el disquito *PQ* y altura *GH*, cuyo volumen es 2/3 $A_o h$, donde A_o es el área del disquito y $h = GH$. Siendo el volumen del cono con base en *PQ* y vértice *H*, 1/3 $A_o h$, de lo anterior resulta que

$$\frac{1}{3} A_0 h < \text{volumen PHO} < \frac{2}{3} A_0 h \qquad (1)$$

Puesto que el promedio aritmético entre 1/3 y 2/3 es 1/2, Newton concluye que "el peso del agua que el circulito *PQ*, cuando es muy pequeño, sostiene, es muy aproximadamente igual al peso de un cilindro de agua cuya base es ese circulito y la altura *GH*/2; porque su peso es el promedio aritmético entre los pesos del cono y del hemisferoide arriba mencionados. Pero ese circulito, si no fuese muy pequeño sino que, por el contrario, creciese hasta llenar el orificio *EF*, sostendría el peso de toda el agua que queda verticalmente sobre él, es decir, el peso de un cilindro de agua cuya base es el circulito, y su altura *GH*... Y —por cuanto puedo juzgar— el peso que este circulito sostiene es siempre, con buena aproximación, al peso de un cilindro de agua cuya base es el circulito y la altura *GH*/2, como EF^2 es a $EF^2–PQ^2/2$, o sea, como el círculo *EF* es al exceso de este círculo sobre esta mitad del circulito *PQ*". En efecto, si para el peso *P* sostenido por el disquito vale la relación

Figura 144

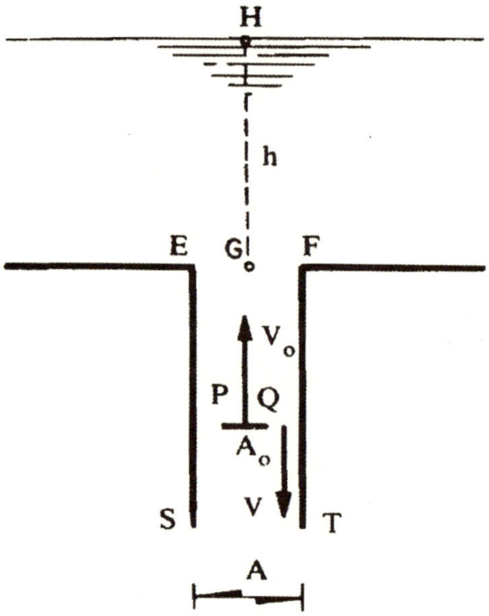

$$\frac{P}{\rho A_0 h/2} = \frac{A}{A - A_0/2} \qquad (2)$$

[10] *Id.*, 343, 344.

donde A representa el área del orificio EF, para A_0 muy pequeño con respecto a A resulta $P = \rho A_0 h/2$, peso de PHQ; mientras que para $A_0 = A$ se tiene $P = \rho A_0 h$, peso del cilindro.[11]

El paso siguiente de Newton es considerar un tubo vertical $EFST$, alimentado por un depósito en el cual el agua alcanza la altura h, y suponer el disquito PQ colocado horizontalmente, a cualquier nivel, en el centro del tubo (figura 144). Si el tubo estuviera cerrado en sus extremos EF y ST —razona Newton— y el disquito subiese con velocidad V_0, la velocidad V con que bajaría el agua a través del anillo circular que queda libre entre el disquito y la pared sería tal que

$$\frac{V_0}{V} = \frac{A - A_0}{A_0} \tag{3}$$

donde A representa ahora el área de la sección transversal del tubo. De la proporción 3 se obtiene, por suma de antecedentes y consecuentes, que

$$\frac{V_0}{V + V_0} = \frac{A - A_0}{A} \tag{4}$$

Ahora, imaginemos el tubo $EFST$ de nuevo destapado. El agua correrá en él con la velocidad con que desemboca por el orificio EF —es decir, que $V = \sqrt{2gh}$ — y el disquito resultará empujado hacia arriba con la velocidad V_0 dada por la expresión 3, donde este valor remplace a V. La velocidad relativa del agua que baja, para un observador: que sube con el disquito, será la suma $V + V$ o' cuyo valor se puede despejar de la relación 4. "Sea esa velocidad relativa igual a aquella con la cual arriba se había mostrado que el agua pasaría a través del espacio anular, si el circulito tuviese que quedar inmóvil; es decir, a la velocidad que el agua adquiriría al caer, recorriendo en su caída la altura HG. Entonces, la fuerza ejercida por el agua sobre el circulito que asciende será la misma de antes".[12]

Supongamos ahora que el tubo $EFST$ se vuelva infinitamente ancho. En tal caso, los segundos miembros de las ecuaciones 2 y 4 se vuelven iguales a la unidad, el agua deja de correr, el disquito sube con la velocidad $V_0 = \sqrt{2gh}$ y la resistencia que encuentra en su avance se hace igual a $\rho A_0 h/2$, que es el peso P de un cilindrito de agua con base en el circulito y altura mitad de aquella de la cual tendría que caer para adquirir la veloci-

[11] *Id.*, 344, 345.

[12] *Id.*, 345-347.

dad V_0. Pero, según había enseñado Galileo, avanzando con esa velocidad y movimiento uniforme, el cilindrito recorrería —en un tiempo igual al de su caída— una distancia 2h, es decir, cuatro veces su altura. Por otro lado, si este cilindrito fuese sólido, encontraría en su avance la misma resistencia que el disquito, porque "*si un cilindro avanza uniformemente en la dirección de su longitud, la resistencia que encuentra no cambia en nada al aumentar o bien disminuir dicha longitud; y, por tanto, es la misma que la resistencia de un círculo, descrito con el mismo diámetro, que avanza con la misma velocidad en la dirección de una recta perpendicular a su plano*", hecho que —según Newton— se justifica considerando que "los lados [del cilindro] no se oponen en lo absoluto al movimiento". Tampoco cambia —con el largo del cilindro— la fuerza con la cual se puede crear o detener su movimiento; ya que su cantidad de movimiento, por un lado, y el tiempo necesario para describir cuatro veces su longitud, por el otro, se modifican en la misma proporción. Por tanto, dicha fuerza es equivalente a la resistencia que se opone al movimiento del cilindro. Finalmente, suponiendo que la densidad del cilindro —hasta aquí considerada igual a la del agua— crezca o disminuya, su cantidad de movimiento, y con ella la fuerza necesaria para echarlo a andar o detenerlo en el tiempo mencionado, se incrementará o reducirá en la misma razón. "Por consiguiente —concluye Newton— la resistencia de cualquier cilindro será a la fuerza por la cual su movimiento total puede crearse o destruirse, en el tiempo durante el cual éste recorre una distancia de cuatro veces su longitud, aproximadamente como la densidad del medio es a la del cilindro".[12]

Si consideramos un globo, y el cilindro circunscrito cuyo volumen es 3/2 del de aquél, resulta de lo anterior que para detener el cilindro, mientras describe una longitud de cuatro diámetros, se requiere la misma fuerza que para detener el globo, mientras éste recorra los 2/3 de esa longitud, o sea los 8/3 de su diámetro. Ahora las resistencias son a estas fuerzas como la densidad del fluido es a la del sólido; de donde se concluye que "*si un globo avanza en un fluido comprimido, infinito y no elástico, su resistencia es a la fuerza con la cual todo su movimiento puede destruirse o crearse, en el tiempo en que el globo describe los ocho tercios de su diámetro, aproximadamente como la densidad del fluido es a la del globo*". En el caso de un globo que no avance en un medio ilimitado, sino dentro de un tubo cilíndrico, y A_0 sea la sección máxima del globo y A la del tubo, la consideración de las fórmulas 2 y 4 lleva a concluir, mediante un razonamiento similar al anterior, que la mencionada razón fuerza a resistencia es proporcional a las densidades y, además, a los cocientes

$$\frac{A}{A - A_0/2} \quad \text{y} \quad \left(\frac{A}{A - A_0}\right)^2$$

En un escolio final, Newton advierte que "en las últimas dos Proposiciones suponemos... que toda el agua que precede al globo, y cuya fluidez aumenta la resistencia del mismo, esté congelada. Ahora, si dicha agua se vuelve fluida, la resistencia se incrementará en algo. Sin embargo, en estas Proposiciones ese incremento es tan pequeño que puede despreciarse, porque la superficie convexa del globo produce casi exactamente el mismo efecto que la congelación del agua".[13]

El valor de la experimentación

Contrariamente a esos investigadores que —por la satisfacción de ver a la naturaleza cumpliendo con sus cálculos o, tan sólo, de haber "adivinado" las leyes de ésta— experimentan únicamente después de prever por vía teórica el resultado, Newton llevó a cabo ensayos para determinar resistencias antes de recabar las proposiciones arriba mencionadas. Sigamos su relato: "Para investigar las resistencias de los fluidos por medio de experimentos, me procuraré un tanque de madera cuadrado, de largo y ancho interno de 9 pulgadas inglesas, y profundidad de 9 1/2 pies; lo llené con agua de lluvia y, habiéndome provisto de bolas hechas de cera con plomo adentro, anoté los tiempos de descenso de esos globos, al bajar una altura de 122 pulgadas". El primer experimento se realizó con una bola de 156 1/4 granos de peso en el aire y 77 en el agua (el grano es 1/480 de la onza), y de 0.84 pulgadas de diámetro. El tiempo de caída fue de 4 segundos. El cálculo, supuesto el tanque muy ancho, dio que, teóricamente, el espacio recorrido por la bola en ese tiempo tendría que ser de 113.057 pulgadas; pero con la corrección propuesta más arriba por la angostura del tubo, se redujo a 112.08 pulgadas. El segundo experimento consistió en dejar caer, una después de otra, tres bolas iguales de 76 1/3 granos de peso en el aire y 5 1/16 en agua, que descendieron —las tres— en 15 segundos; el cálculo dio un recorrido teórico de 113.17 pulgadas. Finalmente, se experimentó con tres bolas de peso específico muy reducido, que pesaban 121 granos en el aire y tan sólo uno en el agua. Tardaron respectivamente 46, 47 y 50 segundos en caer, mientras que en teoría habrían tenido que descender en 40. "Ahora —comenta Newton— no sé a ciencia cierta si ese mayor retardo fuese ocasionado por el hecho

[13] *Id.*, 352, 353.

de que, en movimientos lentos, la resistencia que procede de la fuerza de inercia tiene que resultar, en proporción, menor que la resistencia que proviene de otras causas; o bien deba atribuirse a burbujitas que casualmente pudieron pegarse a las bolas, o a la rarefacción de la cera por el calor del clima o de la mano que las soltó; o, finalmente, que proceda de algún error inapreciable [que se hubiese cometido] al pesar las bolas en el agua".[14]

Después de haber establecido su teoría, Newton reanuda los ensayos en un tanque más hondo, de 15 1/3 pies de profundidad. "Luego hice cuatro bolas de cera, con plomo adentro, cada una de las cuales pesaba 130 1/4 granos en el aire, 7 1/8 granos en agua. Las dejé caer, midiendo los tiempos de sus caídas en el agua con un péndulo que oscilaba por medios segundos. Las bolas estaban frías, y así habían quedado algún tiempo, sea al pesarse, sea al dejarse caer; porque el calor enrarece la cera y, enrareciéndola, reduce el peso de la bola en agua; y la cera, una vez enrarecida, no puede ser devuelta instantáneamente a su densidad previa por enfriamiento. Antes de dejarlas caer, se las sumergía totalmente debajo de agua, para evitar que, debido al [mayor] peso de una parte de ellas que por azar pudiera estar por encima del agua, su descenso se acelerara en un principio. Luego, cuando —después de su inmersión— quedaban perfectamente en reposo, se las dejaba caer con el máximo cuidado, de modo que no recibieran ningún impulso por parte de la mano que las había soltado. Y cayeron sucesivamente en los tiempos de 47 1/2, 48 1/2, 50 y 51 oscilaciones, recorriendo una altura de 15 pies y dos pulgadas. Pero ahora el clima estaba algo más frío que cuando las bolas se habían pesado; y por eso repetí el experimento otro día; entonces los globos cayeron en los tiempos de 49, 49 1/2, 50, y 53 [oscilaciones]; y, en una tercera prueba, en los tiempos de 49 1/2, 50, 51 y 53 oscilaciones. Repitiendo varias veces los experimentos, hallé que las bolas caían más frecuentemente en tiempos de 49 1/2 y 50 oscilaciones. Cuando descendieron más despacio, sospecho que hayan sido retardadas por chocar contra los lados del tanque. El cálculo, realizado con todas las correcciones, dio que, en 50 oscilaciones, las bolas habrían debido de bajar 181.86 pulgadas, mientras que habían bajado 182".[15]

La aproximación era buena; sin embargo, a Newton le intrigaban esas diferencias en los tiempos de caída. "Investigando la causa que hacía que esas bolas de igual peso y tamaño cayeran unas más rápidas, otras más lentas, hallé lo siguiente: que las bolas, cuando primero se las suelta y comienzan a caer, oscilan alrededor de sus centros, y

[14] *Id.*, 355-357.
[15] *Id.*, 357-359.

baja antes ese lado que eventualmente sea más pesado, produciendo un movimiento oscilante. Ahora, oscilando así, la bola comunica al agua una cantidad de movimiento mayor que si descendiera sin oscilaciones; y por esta comunicación, pierde parte de la propia cantidad de movimiento con que debiera de descender; por consiguiente, según si sus oscilaciones son más grandes o más pequeñas, resultará más o menos retardada. Además, la bola se aleja siempre de esa su parte que está bajando en la oscilación y, al hacerlo así, se acerca más a los lados del tanque, tanto que a veces hasta choca con ellos. Y más pesadas son las bolas, más fuerte es la oscilación; y ésta, si es mayor, agita más el agua. En consecuencia, para reducir dicha oscilación de las bolas, hice otras nuevas de plomo y cera, introduciendo el plomo en un lado de la bola muy cercano a la superficie; y dejé caer la bola de modo tal que, hasta donde fuese posible, el lado más pesado fuera el más bajo al empezar el descenso".[16]

Con este cuidado, se realizaron cinco experimentos más, que revelaron otra anomalía: "cuando las bolas bajaban despacio,... la teoría preveía correctamente los tiempos de caída; pero, cuando bajaban más rápido,... a veces la resistencia era algo más grande que el cuadrado de la velocidad. Porque las bolas al caer oscilan un poco; y, en esas bolas que son ligeras y descienden despacio, esta oscilación cesa pronto por la debilidad del movimiento; pero, en bolas más grandes y pesadas, por ser fuerte el movimiento, aquélla continúa durante más tiempo, y el agua ambiente no logra controlarla sino después de varias oscilaciones. Además, más rápido se mueven las bolas, menos las oprime el fluido en sus partes traseras; y si la velocidad crece continuamente, al final dejarán tras ellas un espacio vacío, a no ser que la compresión del fluido se incremente al mismo tiempo. Porque la compresión del fluido debería aumentar... como el cuadrado de la velocidad, para que la resistencia se mantuviera en la misma razón cuadrática. Sin embargo, como esto no ocurre, las bolas que se mueven rápido no resultan oprimidas por detrás como las otras; y, al faltar esta presión, su resistencia viene a ser algo más grande que el cuadrado de su velocidad".[17]

Muchos, en la situación de Newton, habrían pasado por alto esas discrepancias entre el fenómeno y su previsión teórica —tan pequeñas, en resumidas cuentas—, achacándolas a errores experimentales; creo que yo también hubiera actuado así; pero Newton no. Los primeros ensayos parecen comprobar su teoría en forma razonable; sin embargo, él agrega otro que a nadie se le ocurriría: ver si bolas prácticamente idénticas se comportan igual. Entonces, aparecen anomalías que lo inducen a meditar. Examina

[16] *Id.*, 359, 360.
[17] *Id.*, 360, 361.

las causas posibles, una a una, y diseña un experimento capaz de provocarlas. Luego, realiza ensayos con bolas cuyo peso es bastante mayor que el de las anteriores: se presentan nuevas irregularidades, y nuevas conjeturas, resultado de observaciones más esmeradas. Así descubre y señala dos efectos importantes, que más adelante serán estudiados detalladamente por otros investigadores: la separación del fluido (el "espacio vacío") tras el cuerpo, y la oscilación de este último al bajar.

La separación

El "espacio vacío" que Newton vio formarse tras la bola en movimiento por supuesto no es tal si el cuerpo se mantiene sumergido: sólo velocidades elevadísimas, considerablemente mayores que las que se alcanzan con la caída libre, pueden producir cavitación. Se trata pues de una zona separada, que no conserva el reposo del fluido dentro del cual la bola se abre paso, porque en ella se manifiestan —como Newton dirá más adelante— "movimientos oblicuos y superfluos". Eso que pasa allí, Leonardo lo había entendido; pero la hidráulica formal tiene que esperar a Reynolds para reconocerlo. De todos modos, la conciencia de tal efecto hace que Newton mejore su concepción del flujo alrededor de un cilindro.

"Hemos investigado —confiesa— tan sólo la resistencia que proviene de la magnitud de la sección trasversal del cilindro, despreciando esa parte que puede resultar de movimientos oblicuos... Porque la oblicuidad de los movimientos con los cuales las porciones del agua —empujadas por la extremidad anterior del cilindro— ceden a la presión y divergen en todos los lados, retardan su paso hacia las partes traseras a través de los sitios que están alrededor de dicha extremidad, y obligan al fluido a desplazarse a una distancia mayor; lo cual aumenta la resistencia, y esto casi en la misma proporción con que se encoge el chorro del agua al salir del tanque, o sea aproximadamente en el cuadrado de la razón de 25 a 21. Como, en el Caso 1 de esa Proposición, hicimos que las partículas de agua crucen el orificio *EF* en sentido perpendicular y con el máximo caudal —suponiendo que toda el agua del vaso que queda alrededor de la catarata esté congelada— y que esa parte del agua cuyo movimiento es oblicuo e inútil permanezca quieta, así en esta Proposición, para eliminar tales movimientos oblicuos y conseguir que las partículas del agua puedan abrir al cilindro un paso más libre, cediendo ante él con el movimiento más directo y rápido posible —de modo tal que quede tan sólo tanta resistencia cuanto resulte del tamaño de la sección transversal, sin que pueda disminuir, a menos que se reduzca el diámetro del cilindro—, tenemos que imaginar que esas partículas de fluido cuyos movimientos son oblicuos e inútiles, y producen resistencia, queden en reposo relativo en ambos extremos del cilindro; y que allí se junten, y se adhieran al cilindro mismo". Luego de haber sugerido, de acuerdo con la figura 145, la manera de construir los tajamares *AEB*, *CFD*, Newton agrega: "Haciendo girar la figura alrededor del eje EF, engéndrese un sólido, cuya parte central *ABCD* es el cilindro del cual estamos hablando, y cuyos extremos *ABE* y *CDF* contienen las porciones de fluido en reposo relativo, solidificadas en cuerpos duros que se unen, como cabeza y cola, a ambos extremos del cilindro. Después, si el sólido *EACFDB* avanza, en la dirección de su eje *EF*, más allá de *E*, la resistencia resultará ser poco más o menos igual a aquella que hemos calculado".[18]

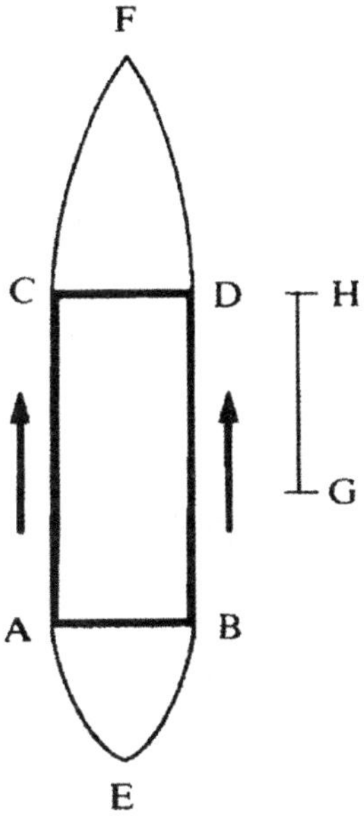

Figura 145

La forma perfilada de cabeza y cola (figura 145) no era una novedad; lo que parece nueva es la idea —que revela la capacidad de observación de Newton— de hacer más larga la cola que la cabeza. Particularmente curiosa es la receta que recomienda para construir los perfiles, *AE*, *BE*, *CF*, *DF* por medio de sendos segmentos parabólicos. Suponiendo obtener la parábola como sección normal de un cono de 90° de abertura, se solía llamar *latus rectum* al doble del segmento que une el vértice de la parábola con la intersección de] eje del cono con su plano. Ahora bien, Newton sugería lo siguiente: sea *HG* el espacio que debe recorrer el cilindro en su caída para alcanzar, a partir de la quietud, la velocidad con que se mueve. *AE* y *BE* tienen que ser dos arcos de parábola —con eje *AB*, y vértices en *A* y *B*, respectivamente— cuyo *latus rectum* sea a *HG* como *HG* es a *AB*/2. *CF* y *DF* son parábolas análogas, pero con *latus rectum* cuádruple del anterior.[18]

La separación de la corriente en *AEB* y *CFD* no será naturalmente una prerrogativa del cilindro, ya que tales cúspides se formarán también delante y detrás de otros cuerpos de revolución parecidos. "Si un cilindro, una esfera y un esferoide de anchos iguales se colocan sucesivamente en el centro de un conducto cilíndrico, de modo que sus ejes coincidan con el del conducto, esos cuerpos obstruirán por igual el escurrimiento del agua". Por tanto, "el agua que fluye en el conducto actúa igualmente sobre [todos] los cuerpos mencionados"; y, como conclusión, "si el agua del conducto está en reposo, y esos cuerpos avanzan con velocidades iguales..., sus resistencias serán iguales entre sí".[19]

[18] *Id.*, 349, 350.
[19] *Id.*, 350, 351.

"El caso es el mismo para todos los cuerpos convexos y redondos, cuyos ejes coinciden con el del conducto. Alguna diferencia podría resultar de mayor o menor fricción; pero en estos Lemas suponemos que los cuerpos sean perfectamente lisos, que el medio carezca de toda tenacidad y fricción, y que esas partes del fluido que podrían estorbar, impedir y retardar el flujo del agua por el canal, a causa de sus movimientos oblicuos e inútiles, estén congelados;... porque; en lo que sigue, consideramos la mínima resistencia que cuerpos de revolución descritos con las máximas secciones transversales pueden eventualmente encontrar. Cuerpos que flotan sobre fluidos, cuando avanzan en línea recta, obligan al fluido a que ascienda delante de ellos y baje por detrás, especialmente si su figura es obtusa; y, por tanto, pueden hallar una resistencia un tanto mayor en sus partes delanteras, y perderla en igual medida en las traseras... Pero en estos Lemas y Proposiciones no estamos tratando... cuerpos que flotan en la superficie del fluido, sino [cuerpos] sumergidos en él. Y, una vez conocida la resistencia de ellos dentro de fluidos no elásticos, podemos aumentar un poco esta resistencia en los elásticos, como es nuestro aire, y en la superficie de fluidos estancados, como lagos y mares".[20]

Esta última afirmación no concuerda con un resultado anterior, al cual de hecho contradice. Puesto que, en un fluido no elástico, cilindro y esfera —según se dijo— ofrecen la misma resistencia, la última aseveración haría prever que, en uno elástico, sus resistencias serán también más o menos iguales entre sí; sin embargo, en un principio se demostró que, en ese caso, la del cilindro duplica a la de la esfera. Esta inconsecuencia probablemente hizo que Daniel Bernoulli reconsiderara la cuestión en uno de sus primeros trabajos de San Petersburgo. Revisando la demostración newtoniana correspondiente al medio elástico, llegó a la conclusión de que —con las debidas modificaciones— dicha demostración puede repetirse para el caso no elástico, con el mismo resultado, a saber: que la resistencia del cilindro sería doble también en el agua. Por cierto, Newton solamente había experimentado con esferas. Bernoulli utilizó también cilindros; y, según dejó escrito, los resultados concordaron con su conclusión, siempre que se tome en cuenta el efecto de la viscosidad, "que a menudo contribuye a aumentar dicha resistencia, especialmente en los cuerpos cilíndricos".[21]

Con el tiempo, Bernoulli debió cambiar de opinión; porque en la *Hidrodinámica* escribe: "Habría que investigar, para toda partícula, cuánto el obstáculo —o la placa— colocado a través de su camino la fuerza a cambiar de dirección. Sin embargo, es difícil obtener con exactitud, en teoría, una determinación así; [y, por otro lado], la experiencia

[20] *Id.*, 351.

[21] D'Alembert, *Résistance*, 84.

no comprueba teoremas producidos en esta materia, como [por ejemplo, que] la fuerza de una corriente que incide directamente contra un disco es doble de [la que] la misma corriente [ejerce] contra una esfera de igual diámetro, y otros semejantes. Pero, el hecho de que la cantidad de presión que los autores acostumbran dar para la esfera concuerde bastante bien con experimentos hechos por Newton y otros,... luego de haber vuelto a pensarlo todo con cuidado, considero que debe de atribuirse a un caso fortuito". Por tanto, Daniel prefiere honrosamente omitir sus antiguas opiniones. En efecto, leemos en la *Hidrodinámica:* "En el volumen segundo y siguientes de los Comentarios de la Imperial Academia de Ciencias de San Petersburgo, propuse teoremas desarrollados para el movimiento en medios resistentes, considerados bajo el punto de vista teórico... Por consiguiente, no deseo repetirlos aquí, con todo y que corresponden a nuestro objetivo: no hay lugar para detenerse más detalladamente en tales meditaciones hidrodinámicas".[22]

La obra de un santo

Las extremidades perfiladas que aparecen en la figura 145 recuerdan ciertos tajamares en forma de proa de barco utilizados —a veces— para terminar las pilas de puente, con objeto de impedir la socavación. Cuando los romanos remplazaron las pilas primitivas, hechas de pilotes, con pilares de mampostería escuadrados, se dieron cuenta de que, durante las avenidas, la corriente iba erosionando el cauce alrededor de ellos, en especial delante y detrás. La causa original se encuentra en esos vórtices de eje horizontal —mencionados por Guglielmini— que el agua crea, enrollándose al chocar con la pared. A ellos se agregan a medida que la socavación se profundiza, remolinos verticales mucho más activos, que taladran el suelo, removiendo sus partes más finas. Todo esto a menudo lesiona el material que está por debajo del cimiento de la pila, y hace que ésta pierda su sostén y se incline, arrastrando consigo los arcos que en ella se apoyan.

El problema era especialmente grave en los puentes antiguos, que tenían pilas muy anchas, porque en esa época existía la teoría de que la pila debe de poder aguantar el empuje de un solo arco. Este principio se respetó hasta 1763, cuando Perronet sucedió a Hupeau como ingeniero en jefe de Puentes y Calzadas. Hupeau había iniciado, en 1757, la erección de un puente de tres claros, el central de 120 pies, en Mantes; y, de acuerdo con las reglas de entonces, el grueso de la pila era un quinto del claro, o sea 24 pies. En su primera inspección a la obra, Perronet halló dos arcos parcialmente cons-

[22] Bernoulli, 330.

truidos: el primero estaba casi terminado, mientras que el otro apenas se empezaba; y vio que la pila que los sostenía se había movido ligeramente hacia el segundo. Evidentemente, esto se debía al empuje del primer arco; lo cual comprobaba que la pila, a pesar de todo, no poseía una resistencia suficiente. ¿Qué hacer? ¿Reforzar las pilas? Pero ¿para qué, si todos los puentes proyectados con esa regla aguantaban perfectamente? Pensándolo bien, Perronet se dio cuenta de que la estabilidad de los arcos depende del empuje mutuo que, transmitido de claro en claro, recae finalmente en los estribos. La pila debe sostener tan sólo la carga vertical; y esto permite reducir sustancialmente su espesor, siempre que los claros sean todos iguales y los arcos se terminen de construir antes de remover la obra falsa que los sostiene. Perronet decidió reducir, en sus puentes, el grueso de la pila a un décimo del claro y aun menos; lo cual, adoptado para los de Pont-Sainte-Maxence, Neuilly y el muy discutido de la Concorde en París, no sólo contribuyó a bajar los costos y facilitar el paso del agua, sino que redujo notablemente el peligro de socavación.

Regresemos a la Edad Media. Los tiempos difíciles de las invasiones barbáricas acabaron con la construcción de puentes y ocasionaron la destrucción parcial o total de muchos que los romanos habían dejado en su vasto imperio; ya que, para quienes vivían con la amenaza constante de ataques armados, cortar un puente significaba asegurarse por ese lado. Además, en ese entonces las corrientes de agua actuaban como fronteras entre feudos, y los señores, siempre en guerra entre sí, se cuidaban de todo lo que podía hacer vulnerables a tan valiosas barreras naturales.

Cuando llegaron tiempos mejores, y la gente empezó a viajar y los comercios a florecer, se arreglaron los puentes que quedaban y nació el propósito de construir nuevos, tomando los romanos como modelo. Con esa finalidad, en Francia se formaron unas *Congrégations hospitalières de frères pontifes,* Congregaciones hospitalarias de hermanos pontífices (no hay que olvidar que "pontífice" significa originalmente "hacedor de puentes"), señalando con el término "hospitalario" su intención de establecer a orillas del río —cerca del puente mismo— albergues para recibir a viajeros y peregrinos, y cuidar a los menesterosos y enfermos que hubiese entre ellos. Y es en el primer gran puente edificado por una de estas congregaciones donde hallamos con sorpresa unos tajamares asombrosos, extraordinariamente largos y afilados como ningún puente romano había tenido.

Quien, asomándose desde la explanada del severo palacio papal de Aviñón, mire abajo hacia el Ródano, que la puesta del sol hace brillar, ve cómo se destaca sobre los reflejos plateados del agua el perfil de los tres primeros arcos de esa vieja estructura.

Los otros dieciocho ya no existen. Cuenta la leyenda que un pastorcillo, al que llamaban *petit Benoît* (pequeño Benito), bajó a Aviñón e, inspirado por el cielo, decidió que allí, a la altura del Rocher des Doms, donde el Ródano se parte en dos dejando en medio una isla, había que construir un puente. El río era profundo y rápido, con cerca de media milla de ancho, y sus crecidas eran tan violentas que parecía que nada podía resistirlas. Nunca se había pensado en un puente tan largo y temerario. Era cierto que cerca de la vecina ciudad de Nimes existía el *Pont du Gard*, prodigio de los acueductos romanos, con tres arcadas sobrepuestas, de las cuales la inferior se asentaba en el cauce del río Gardón. Pero el Gardón no era el Ródano. ¿Cómo podría ese jovencito realizar lo que los romanos ni siquiera habían intentado? La historia no dice cómo hizo Benoît para convencer a los incrédulos; pero el hecho es que, en el año de 1178, siendo jefe de la Congregación Hospitalaria local, está a punto de empezar la construcción del puente. Y el puente se inició, y se terminó en diez años, superando todos los obstáculos. Sus arcos, con longitud desigual de alrededor de cien pies, cubrían claros mayores que todos los entonces conocidos (salvo el gran arco central del puente de Narni, que era un poco más largo); y, en lugar de los altos y majestuosos semicírculos romanos, lucían la forma esbelta de dos segmentos terminales de elipse acoplados, con su arco de curvatura menor en el centro del claro. ¿Quién habrá inspirado a Benoît esta solución no sólo más graciosa, sino también más estable que las tradicionales?

Las pilas eran gruesas, de una anchura aproximadamente de un cuarto de claro, y tan largas, por los tajamares que hemos mencionado, que el extremo de una de ellas se adorna con una pequeña iglesia. El ancho total del puente es de unos cinco metros, pero frente a la capilla se reduce a dos, incluyendo los parapetos; así que no había lugar para carruajes: sólo peatones, caballos o bestias de carga podían pasar por allí. Sin embargo, la obra sirvió cumplidamente para enlazar Provenza con Languedoc, y aguantó durante siglos las peores embestidas del río. De hecho su primer daño no se debió a éstas, sino al papa Bonifacio IX, quien, doscientos años después, ordenó la demolición de dos de los arcos para protegerse de los ataque que provenían de la ribera opuesta. Aunque Benoit murió en 1183, cinco años antes de la terminación de la obra, ésta resultó tan asombrosa a los ojos de quienes la utilizaban, que la consideraron fruto de un milagro, y su autor fue santificado: *saint Bénézet*. Así Francia, que tendría entre sus santos a un rey y una guerrera, adoró también a un ingeniero. El puente ya no funciona, pero los niños franceses siguen cantando

Sur le pont d'A vignon
On y danse, on y danse

se baila, se baila sobre el puente de Aviñon.

Un premio se esfuma

Quien llegó a interesarse a fondo en el problema de la resistencia al movimiento, tanto que en 1752 le dedicó todo un tratado, el *Essai d'une nouvelle théorie de la résistance des fluides* (*Ensayo de una nueva teoría de la resistencia de los fluidos*), fue D'Alembert. El también parte de los *Principia*, que analiza con la vivacidad y brillantez que bien conocemos: "Newton supone que las partículas fluidas que, por sus movimientos oblicuos y superfluos, pueden retardar el escurrimiento del fluido en el conducto, se consideren como congeladas, en reposo, y adheridas a las superficies anterior y posterior del cuerpo; hipótesis que, sin lugar a dudas, es verdadera hasta cierto punto, pero que, presentada así de modo vago, parece destinada más bien a eludir la dificultad del problema que a salvarla.

"A pesar de todas estas observaciones, no debemos dejar de admirar los esfuerzos y la sagacidad de este gran filósofo, quien, luego de haber encontrado tan felizmente la verdad en un gran número de otras cuestiones, ha tenido la osadía de ser el primero en abrir un camino hacia la solución de un problema que nadie había intentado [resolver] antes. Así esta solución, aun siendo poco exacta, resplandece en todas partes por este genio inventor, por este espíritu fecundo en recursos, quien nadie ha poseído en grado más alto que él.

"Asistidos por el socorro que geometría y mecánica nos proporcionan hoy en día con la mayor abundancia, ¿sorprende que avancemos unos pasos más en un camino ancho y difícil que él nos ha abierto? Hasta los errores de los grandes hombres son instructivos, no solamente por las perspectivas que ordinariamente abren, sino también por los pasos inútiles que nos ahorran. Los métodos que los han desviado, bastante atractivos para ofuscarlos, nos habrían engañado a nosotros como a ellos: era necesario que ellos los intentaran para que nosotros apreciásemos sus escollos. La dificultad consiste en imaginar un método distinto; pero ésta a menudo estriba más en elegir correctamente el que se va a seguir que en seguirlo una vez que esté bien escogido. Entre los diferentes caminos que llevan a una verdad, algunos ofrecen una entrada fácil: son aquéllos en los cuales uno se adentra primero; y, si no se encuentran obstáculos sino luego de haber recorrido un cierto trecho, entonces, como apena admitir que se ha hecho un trabajo inútil, cuando no se pueden vencer se intenta por algún medio eludirlos. Otros caminos, por el contrario, sólo presentan obstáculos en su comienzo; el acceso puede ser pesado, pero, una vez superados éstos, el resto del viaje es fácil de recorrer".[23]

El origen del *Essai* hay que buscarlo en un concurso abierto en 1748 por la Real Academia de Ciencias de Berlín, la cual, para el premio de 1750, había escogido como tema justamente la teoría de la resistencia de los fluidos. Lleno de entusiasmo al ver propuesta una cuestión que en ese momento le interesaba sobremanera, D'Alembert se encerró en su cuarto y empezó a trabajar febrilmente acerca de esa teoría, cuyos principios creía haber descubierto. Reconocía la complejidad de la empresa: "Condenados como somos a ignorar las propiedades primordiales y la estructura interna de los cuerpos, el único recurso que queda a nuestra sagacidad es intentar por lo menos entender en cada materia la analogía de los fenómenos, y referirlos todos a un pequeño número de hechos primitivos y fundamentales... La naturaleza es una máquina inmensa, cuyos principales resortes se nos ocultan; incluso no vemos esta máquina sino a través de un velo, que nos hurta el juego de sus secciones más delicadas. Entre las partes más llamativas, y tal vez —atrevámonos a decirlo— más burdas, que este velo nos permite entrever o descubrir, hay varias que un mismo resorte pone en movimiento; y eso es fundamentalmente lo que debemos esforzarnos en aclarar".[24] En efecto, la interpretación teórica del fenómeno resultó erizada de dificultades: "Habiéndome propuesto, en este trabajo, demostrar todo con rigor, tropecé, hasta en la comprobación de las proposiciones más sencillas, con más dificultades de las que se habría tenido que sospechar normalmente; y no es sin trabajo que llegué a demostrar al respecto las verdades más generalmente reconocidas y hasta ahora menos exactamente comprobadas. Pero, luego de haber sacrificado la facilidad del cálculo a la seguridad de los principios, era natural que yo esperara que la aplicación del cálculo a estos mismos principios sería muy penosa; y es precisamente lo que me ocurrió. Hasta me parece muy probable que —al menos en ciertos casos— la solución del problema se negará enteramente al análisis".[25]

D'Alembert era un hombre a quien le gustaba el trabajo; y más, tener varias cosas entre manos a un mismo tiempo. En 1746, se había comprometido a colaborar en una empresa extraordinaria: la redacción de la que sería la *Encyclopédie, ou dictionnaire raisonné des sciences, des arts el des métiers* (*Enciclopedia, o diccionario razonado de las ciencias, artes y oficios*); obra prevista en cinco volúmenes, que acabaría por tener veintiocho. El año siguiente, por desacuerdo entre los promotores y el abad Gua de

[23] D'Alembert, *Résistance*, XX-XXIII.
[24] *Id.*, XXIX.
[25] *Id.*, XXXIII, XXXIV.

ESSAI
D'UNE
NOUVELLE THEORIE
DE LA
RÉSISTANCE DES FLUIDES.

Par M. D'ALEMBERT, de l'Académie Royale des Sciences de Paris, de celle de Prusse, & de la Société Royale de Londres.

A PARIS,

Chez DAVID l'aîné, Libraire, rue S. Jacques, à la Plume d'or.

MDCCLII.

AVEC APPROBATION ET PRIVILEGE DU ROI.

Malves, director de la obra, se rompió el contrato con éste, y D'Alembert y su amigo Denis Diderot asumieron con entusiasmo la dirección. Diderot se encargó de la parte más pesada, la relativa a artes y oficios, o sea de la sección tecnológica; D'Alembert, de la científica. Conseguir colaboradores, orientarlos, supervisarlos, redactar artículos: un trabajo ímprobo. Además, D'Alembert decidió escribir personalmente el *Discurso preliminar*, ensayo introductivo, que resumía el ideal de los enciclopedistas de que el progreso había que alcanzarlo unificando la erudición para servicio de la humanidad. "El objeto de una Enciclopedia —afirmaría Diderot en el artículo correspondiente a este último término— es reunir los conocimientos dispersos sobre la superficie de la Tierra; explicar su plan general a los hombres con los cuales vivimos, y transmitirlos a los que vendrán después de nosotros; para que las labores de siglos pasados no resulten vanas para los venideros; que nuestros descendientes, haciéndose mejor instruidos, puedan en consecuencia ser más virtuosos y felices; y que nosotros no podamos morir sin haber merecido bien de la raza humana".

A diferencia de tantas enciclopedias aburridas, que simplemente aglomeran, ordenándolas alfabéticamente, nociones de mayor o menor nivel, Diderot estaba convencido de que la obra en gestación debía poseer "la virtud de cambiar el modo general de pensar". Y, para cambiarlo, no se restringía a trabajar en ella. En junio de 1749 publicó su *Lettre sur les aveugles a l'usage de ceux qui voient* (*Carta sobre los ciegos, para el uso de los que ven*); y los que veían se quejaron con el rey, quien al mes siguiente lo mandó encerrar en la fortaleza de Vincennes. Era justamente en ese entonces cuando D'Alembert estaba trabajando para el premio de Berlín; y todo se le complicó; de modo que fue en diciembre, en el límite del término fijado para la presentación, cuando pudo despachar su Memoria. Mientras tanto, los libreros que patrocinaban la publicación de la Enciclopedia, viendo casi paralizarse la obra, habían ido con el conde de Argenson y el jefe de policía a rogar por la libertad de Diderot, el cual, después de unos cinco días de encierro, pudo salir de la cárcel. Al año siguiente, se distribuyó el prospecto de la Enciclopedia y empezó la venta de suscripciones, para diez volúmenes, al costo de 280 libras; se consiguieron aproximadamente cuatro mil abonos: una cantidad increíble para la época.

Por otra parte, los académicos de Berlín, después de revisar los trabajos recibidos, decidieron que les faltaba comparar los resultados teóricos con datos experimentales; y escribieron a los concursantes, pidiéndoles un suplemento que tratase ese aspecto. D'Alembert quedó disgustado: en primer lugar, en la convocatoria no se había mencionado ese requisito; además —decía él— "hubiese deseado poder comparar mi teoría de la resistencia de los fluidos con las experiencias que varios físicos célebres han realizado para determinarla. Sin embargo, luego de haber examinado tales experiencias, las he hallado tan poco concordes entre sí que, según parece, no existe todavía ningún hecho absolutamente comprobado acerca de este punto".[26] Hubiera tenido que experimentar él mismo: pero no era un Mariotte o un Poleni; no estaba hecho para eso: "no sintiendo en mí ni suficiente sagacidad, ni fuerza bastante, ni bastante valor para concluir en tan poco tiempo un trabajo tan delicado, largo y penoso, creí mi deber abstenerme de volver a concursar. Otras razones, en cuyo detalle es inútil entrar, me han confirmado esta resolución".[27] Razones que debían de relacionarse con sus compromisos con la Enciclopedia. Además agrega: "Esta materia bien podría ser de esas donde las experiencias realizadas en pequeño no tienen casi ninguna analogía con aquellas hechas en grande, y hasta a veces las contradicen".[28] Éstos son los que llamamos "efectos de escala", y a los cuales no siempre concedemos la importancia debida.

D'Alembert renuncia al premio, pero no a dar a conocer sus resultados, que considera buenos y válidos; y para eso publica el *Essai,* en cuya introducción leemos: "Habiendo percibido que la dificultad del cálculo me haría tal vez imposible la comparación de la teoría con la experiencia, que otros podrán realizar con mayor éxito, me he limitado... a señalar la concordancia de mis principios con los hechos más indudables y conocidos; en todo lo demás, dejo todavía mucho por hacer a quienes trabajarán en el futuro sobre el mismo plan... No presumo de haber llevado a la perfección una teoría que tantos grandes hombres apenas han iniciado: el título de 'ensayo' que doy a esta obra responde exactamente a la idea que tengo de ella; pero creo por lo menos que estoy en la buena pista, y, sin atreverme a apreciar el camino que puedo haber avanzado, aplaudiré con gusto los esfuerzos de aquellos que podrán llegar más lejos que yo; porque, en la búsqueda de la verdad, el primer deber es ser justo. Además, creo tener que dar, a quienes profundizarán este tema en el futuro, una advertencia de la cual empezaré a aprovecharme yo mismo; y es que no eleven con demasiada ligereza fórmulas de álgebra a verdades o proposiciones físicas".[29] Buena recomendación, que nunca pierde actualidad.

[26] *Id.,* XXXV.
[27] *Id.,* XXXIX.
[28] *Id.,* XXXVI.
[29] *Id.,* XLI.

La teoría de D'Alembert

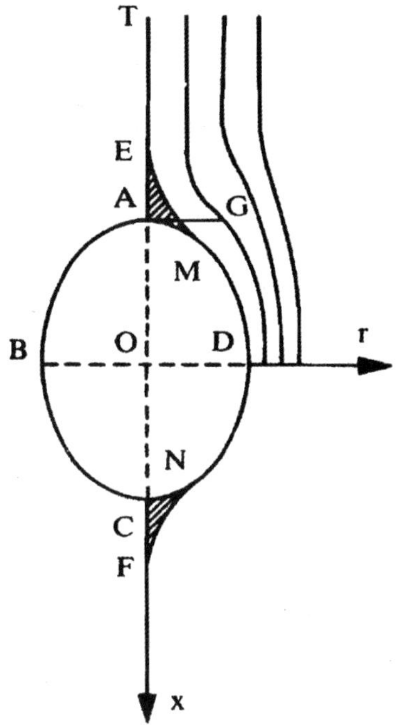

Figura 146

Luego de haber establecido las leyes fundamentales de la hidrostática y de Bernoulli, D'Alembert se propone en su *Essai* analizar la presión que un fluido en movimiento ejerce sobre un cuerpo de revolución, resultante de la rotación del óvalo *ABCD* alrededor de su eje *AC* (figura 146). Supone que, lejos del cuerpo, el movimiento de las partículas fluidas sea paralelo y permanente; y considera que el cuerpo desvía tanto más de la línea recta a las trayectorias, cuanto más las partículas se acercan a él. Además, estima que "las partículas que se mueven siguiendo el eje *TE* no llegan hasta el vértice *A* del cuerpo. Ya que, si alcanzasen *A*, entonces, por causa del ángulo recto *EAG*, su dirección *TA* debería de cambiarse instantáneamente por otra, que formaría con la primera un ángulo finito... De donde se desprende que, delante y detrás del sólido hay espacios *EAM*, *FCN*, en los cuales el fluido se encuentra necesariamente estancado".[30]

Luego D'Alembert comprueba que la presión del fluido sobre el obstáculo depende sólo de las velocidades que adquieren las partículas que recorren la trayectoria *EMDNF*; por tanto, para determinarla, "basta con conocer la velocidad del filete fluido que está inmediatamente contiguo a la superficie del cuerpo".[31] Siendo constante la presión en la zona muerta *EAM* (D'Alembert la toma igual a cero), lo mismo tiene que ocurrir en su frontera, o sea, sobre el tramo *EGM* de la trayectoria en cuestión. Los hidrodinámicos que estudien este problema considerando el fluido como perfecto, sacarán de esto la conclusión de que la velocidad de la partícula que recorre *EM* ha de ser constante sobre todo el tramo. D'Alembert va más allá, y afirma que "tal velocidad debe ser nula, o por lo menos tan pequeña que se pueda considerar como [si fuese] nula". Para ello, se apoya sobre el famoso principio leibniziano de que "en la naturaleza nada se hace por saltos" (principio que se ha tomado como base de la mecánica, hasta que vino René Thom con sus catástrofes); y concluye que, como en la *EAM* la velocidad es cero, ésta no puede subir sino a un valor "que sea pequeñísimo" en su frontera *EM*.[32]

A fin de determinar las velocidades en el tramo *MDN*, introducidas las coordenadas cilíndricas Ox, Or como en la figura, D'Alembert llama q, p a las componentes de la

[30] *Id.*, 30-32.
[31] *Id.*, 66.
[32] *Id.*, 54, 55.

velocidad relativas, y escribe

$$dq = Adx + Bdr \tag{1}$$

$$d(pr) = r\,(Bdx - Adr) \tag{2}$$

Por otro lado, a lo largo de la línea *MDN*, toma

$$\frac{dr}{dx} = \frac{p}{q} = n \tag{3}$$

de donde obtiene que $pr = qnr$. Luego diferencia esta expresión y la iguala a la 2; en la relación así obtenida, escribe

$$dn = \lambda\, dx + \omega dr \tag{4}$$

y finalmente iguala entre sí los coeficientes de dx, por un lado, y los de dr, por el otro. Con esto, obtiene el sistema

$$B = q\lambda + nA$$

$$-A = q\omega + nB + \frac{qn}{r}$$

despeja de aquí A y B, y los remplaza en la expresión 1. Con algunas simplificaciones, llega por fin a la ecuación, válida a lo largo de *MDN*,

$$\frac{dq}{q} = \frac{dr}{r} + \omega dx \tag{5}$$

Como ω se puede expresar en función de n, gracias a la relación 4, y n —a su vez— resulta, por la 3, de la ecuación $r = r\,(x)$ de la curva *MDN*, la 5 debe poderse integrar y sacar q; con q y n, se obtendría p de la relación 3, y finalmente, con p y q, aplicando el teorema de Bernoulli, se recabaría la presión a todo lo largo de la pared. Sin embargo, cuando llega a la ecuación 5, D'Alembert se detiene frente a una dificultad imaginaria de que, aun siendo dada la ecuación de la curva,... no por eso está dado n. En efecto, n debe ser igual a p/q; ahora, la razón dr/dx se puede expresar en una infinidad de maneras diferentes; y entre estas expresiones distintas, que, aun siendo iguales, no son idénticas, hay que hallar aquella que es igual a p/q", siendo dados p y q por las ecuaciones 1 y 2. He transcrito las palabras del autor, porque sinceramente no veo el obstáculo que él señala. De todos modos, D'Alembert logra darle la vuelta a la dificultad e, imponiendo que las diferenciales 1 y 2 sean exactas, integra sus ecuaciones, y resuelve —teóricamente al menos— el problema.[33]

Análoga, pero más sencilla, es la solución del caso donde el obstáculo sea del tipo que acostumbramos llamar "bidimensional", y que él denomina "plano": un cilindro que atraviese un canal rectangular. Entonces, la ecuación 2 se simplifica en

$$dp = Bdx - Adr$$

Haciendo sistema de esta ecuación con la 1, se obtienen las ecuaciones

$$A = -\frac{\partial p}{\partial r} = \frac{\partial q}{\partial x}, \quad B = \frac{\partial p}{\partial x} = +\frac{\partial q}{\partial r}$$

de las cuales se deduce la solución

$$p = i\,[\,\xi(x + ir) - \xi(x - ir)] + \zeta(x + ir) + \zeta(x - ir)$$
$$q = \xi(x + ir) + \xi(x - ir) - i\,[\zeta(x + ir) - \zeta(x - ir)]$$

donde ξ y ζ representan dos funciones cualesquiera de las variables indicadas. Sin embargo, D'Alembert no deja de señalar que "no será muy fácil aplicar esta fórmula a las diferentes figuras propuestas", porque la dificultad está en definir en cada caso las expresiones adecuadas para ξ y ζ.[34]

El mayor inconveniente parece resultar del hecho de que —como ya señalamos— D'Alembert admite en el fluido cierta viscosidad, que implica un refrenamiento, imposible de cuantificar, del filete *MDN* por parte de la pared del cuerpo. En efecto, llamando a la magnitud de la velocidad del fluido lejos de éste, escribe: "Algunos lectores imaginarán tal vez que la velocidad a lo largo del filete *MDN* tenga que ser más grande que a; hasta pueden deducir esto de la experiencia diaria, por lo cual parece indudable que, girando alrededor del cuerpo, el fluido se acelera". Sin embargo —agrega— hay el riesgo de que con nuestras fórmulas se halle lo contrario. En tal caso, "no habrá que precipitarse a concluir que nuestra teoría contradice a la experiencia. Porque en esta teoría no se considera sino el filete que está en contacto inmediato con el cuerpo; ahora, este filete se escapa a la observa-

[33] *Id.*, 66-68.
[34] *Id.*, 77, 78.

ción, y puede ser que filetes que están muy cerca de él posean una velocidad mucho mayor".[35]

La tenacidad del fluido

El origen de las dificultades de D'Alembert hay que buscarlo con toda probabilidad en el más completo y famoso tratado de física de la época, *Physices elementa mathematica experimentis confirmata, sive introductio ad philosophiam newtonianam* (*Elementos matemáticos de la física comprobados experimentalmente, o introducción a la filosofía newtoniana*), de Willem S'Gravesande. En su juventud, S'Gravesande, secretario en la embajada holandesa en Londres, había tenido contacto con el anciano Newton y sus teorías le entusiasmaron. Más tarde, siendo profesor de matemáticas y astronomía en la Universidad de Leyden, convirtió su cátedra en un centro de investigaciones y estudios orientados según el espíritu de la escuela newtoniana. S'Gravesande había muerto y su tratado tenía más de treinta años, cuando D'Alembert escribió su *Essai;* sin embargo, tal vez por contener la descripción de gran cantidad de experiencias, rehuyendo explícitamente acudir a hipótesis generales para explicar sus resultados, ese tratado, traducido al francés, seguía siendo el más conocido en su género.

Ahora bien, S'Gravesande consideraba, con base en sus experimentos, que es cierto que —de acuerdo con Newton— la resistencia al avance del fluido que el obstáculo ofrece es proporcional al cuadrado de la velocidad de la corriente y depende de la forma del obstáculo mismo; pero afirmaba que también existe otra clase de resistencia, debida a la "tenacidad" del fluido, que no depende de la forma del cuerpo y es proporcional a la velocidad simple. Se trata evidentemente del efecto de la fricción del fluido sobre la superficie del cuerpo, que —como hemos visto— D'Alembert tomaba en cuenta. Además, S'Gravesande, a pesar de ser partidario de Newton, había llegado a un resultado que contradecía el principio de equivalencia entre mover el fluido con un cuerpo en reposo y mover el cuerpo dentro de un fluido quieto. Según él, en este último caso debería de haber en la resistencia una parte constante proveniente de la tenacidad del fluido. La prueba de esto la veía en el hecho de que un cuerpo que avanza dentro de un fluido acaba por detenerse; mientras —pensaba él— si la resistencia variase sólo con la velocidad, al anularse la segunda se anularía la primera y el cuerpo no se pararía. Esto puede parecerse en algo al sofisma de Zenón acerca de la carrera de Aquiles con la tortuga; pero D'Alembert, en el fondo, acepta tal razonamiento.[36]

[35] *Id.*, 71.
[36] *Id.*, 110.

Uno de los efectos que, según D'Alembert, justifica la hipótesis de que la tenacidad produzca una resistencia constante es el de esos cuerpos que, aun siendo su peso específico mayor que el del agua, no se hunden. Son aquellos que —como el lector recordará— Galileo mencionaba: por ejemplo, láminas metálicas que quedan flotando en la superficie del agua. La explicación que Galileo ofrecía era física y razonable; sin embargo, la de D'Alembert, matemática, no lo es: "Siendo que lo único que impide este hundimiento es la tenacidad de las partículas del agua, sigue que la tenacidad está en una relación finita con la gravedad. En efecto, todo cuerpo aunque sea un poquito más pesado que el agua bajaría siempre en ella si la tenacidad fuese proporcional a alguna potencia de la velocidad; porque, haciendo la velocidad igual a cero, también la tenacidad resultaría igual a cero y, por tanto, no se opondría a que el cuerpo empiece a bajar". La clave del sofisma se encuentra evidentemente en incluir en la "tenacidad" dos propiedades diferentes del fluido: las que ahora denominamos "viscosidad" y "tensión superficial", respectivamente. La prueba de esto es que D'Alembert prosigue diciendo: "No hay nadie que no haya observado esta tenacidad en las gotas de agua; porque a menudo impide a estas gotas bajar, cuando se adhieren a la superficie interna de algún cuerpo". Y concluye: "Por tanto, esta tenacidad, sea que provenga de cierta fuerza de compresión, o bien de la atracción entre partículas, es una fuerza constante como la gravedad, aunque muy pequeña en comparación con aquélla". Luego agrega: "La única objeción que se puede hacer en contra de este razonamiento es que un péndulo un poquito más pesado que el agua, dentro del agua se mantiene siempre en posición vertical, y regresa a ella después de haber sido ligeramente desplazado; lo que no pasaría si la tenacidad fuese una fuerza constante". Porque —razona él— esta fuerza T, que se opone al avance del globo del péndulo, sumada con la fuerza P que aplica la gravedad, pararía el péndulo en una posición que forme un ángulo a no nulo con la vertical (figura 147). Esto nadie lo ha observado hasta la fecha —comenta D'Alembert— "pero, como el ángulo α es muy pequeño y, por consiguiente, no fácil de notar, y siendo además que el menor movimiento extraño por parte del aire o de los cuerpos circundantes puede afectar esta experiencia, no considero que la objeción mencionada sea de peso suficiente

Figura 147

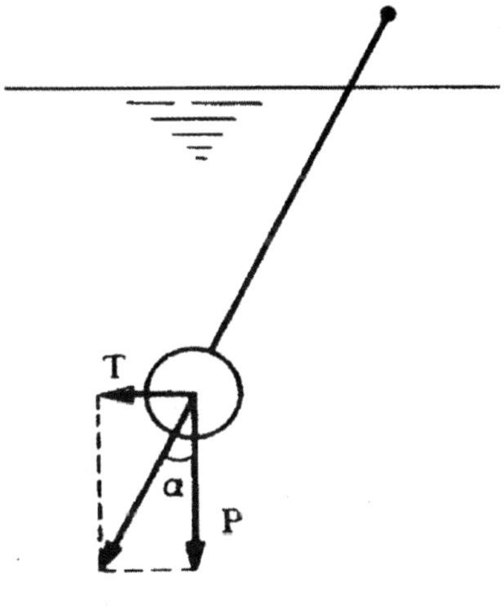

como para hacerme rechazar una verdad que me parece conforme a la razón, y que se halla apoyada en una infinidad de experimentos".[37]

En experiencias con cuerpo inmóvil y fluido en movimiento, S'Gravesande había observado que, cuando la velocidad de este último es muy baja, la resistencia de fricción es mayor que la que haría prever la teoría; "lo cual prueba, al parecer —comenta D'Alembert— que la presión resultante de la tenacidad del fluido no es rigurosamente proporcional a la velocidad". Asimismo, considera que la opinión de S'Gravesande acerca de la diferente resistencia en los casos donde se mueve el fluido o bien el cuerpo parece justificada "si se entiende por *tenacidad* la dificultad que tienen las partículas para ser separadas. En efecto, cuando un cuerpo se mueve, se ve claramente que la dificultad de apartar las partículas es para él un obstáculo que necesariamente tiene que reducir su velocidad. Pero, cuando el cuerpo está en reposo y el fluido viene a chocar con él, no se ve de buenas a primeras claramente cómo la tenacidad de las partículas aumente la presión; porque esta tenacidad parece una fuerza simplemente pasiva, más bien capaz de resistir que de actuar.

"Sin embargo, si examinamos con más cuidado esta cuestión, pronto nos damos cuenta de que la tenacidad debe aumentar la presión de un fluido que se mueve contra un cuerpo. Porque la tenacidad es una fuerza por la cual las partículas fluidas se resisten a su separación; de modo que si dichas partículas no tuviesen precisamente sino una velocidad muy pequeña, debido a esta velocidad, ellas se moverían —por no poderse apartar una de otra— como lo haría un cuerpo sólido, y el fluido se movería junto con el cuerpo, de manera que las partículas fluidas no tendrían ninguna velocidad con respecto al cuerpo mismo. Para aclarar más nuestro pensamiento, imaginemos dentro de un fluido en reposo a un cuerpo un poquito más pesado que éste, pero que queda suspendido dentro de él por la adherencia de las partículas fluidas: entonces, todo el sistema quedará en reposo. Ahora, imprimamos a este sistema una velocidad igual y contraria a aquella con que el cuerpo tiende a bajar: es evidente que fluido y cuerpo resultarán transportados con esta velocidad, igual que si el todo constituyese un cuerpo sólido, en sentido contrario a aquel según el cual el cuerpo tiende a moverse. Así se ve cómo la tenacidad de las partículas puede reducirse a la acción de una fuerza que tendería a transportar el cuerpo en un sentido contrario a aquel según el cual se mueve. También se puede reducir la tenacidad a una fuerza activa, considerando que, cuando

[37] *Id.*, 108, 109.

un cuerpo un poquito más pesado que un volumen igual de fluido queda suspendido en él a causa de la tenacidad del fluido, se encuentra en el mismo caso que si, hecha abstracción de la tenacidad, el peso del líquido se aumentara en una cantidad tal que fluido y cuerpo estuvieran en equilibrio. De donde se infiere también que puede considerarse que la tenacidad equivalga a una fuerza constante; porque el efecto de la tenacidad equivale a aquel que resultaría de aumentarse el peso del fluido.

"Me parece luego que con mucha razón hemos distinguido tres especies de resistencia: una constante, que proviene de la tenacidad de las partículas fluidas, es decir, de la resistencia que ofrecen estas partículas a ser separadas; la segunda, proporcional a la velocidad, que procede de la fricción que las partículas experimentan al resbalar sobre la superficie del cuerpo, debido a la velocidad respectiva; la tercera, proporcional al cuadrado de la velocidad, que dimana de la fuerza de inercia. La resistencia constante no depende ni de la figura del cuerpo, ni de su velocidad, ni tampoco de su ancho. En efecto, esta resistencia proviene sobre todo de las partículas fluidas que se encuentran sobre la prolongación, al lado de *A*, del eje *AC* (figura 146), partículas que el cuerpo se ve obligado a separar para moverse; ahora, el número de partículas por separar es proporcional al espacio recorrido; por tanto, la *fuerza viva* perdida es proporcional a este espacio. De hecho, se puede con bastante verosimilitud comparar esta resistencia con el efecto de la gravedad, o bien con la fuerza de un hilo elástico, que es siempre la misma".[38]

D'Alembert había acusado a S'Gravesande de querer apoyar sus conclusiones sobre "pruebas obscuras o insuficientes"; pero éstas no lo son menos. Es falso que un cuerpo sumergido, que sea un poquito más pesado que un volumen igual de agua, no se hunda; y además no es correcto presumir que, con velocidades más bajas, la viscosidad llegue al punto de impedir que una partícula se aparte de otra, forzando al fluido a moverse como cuerpo rígido; de hecho su efecto progresivo, tal como Newton lo suponía, es una hipótesis mucho más válida, por lo menos en lo que se refiere al agua y los fluidos más comunes. El mayor interés de la argumentación de D'Alembert, que hemos reproducido tan extensamente, es hacernos entender cuán poco evidentes e inmediatos son esos conceptos de resistencia y viscosidad, que nosotros acostumbramos aceptar como tales; y, por tanto, justificar los tropiezos que encontraron quienes primero se aventuraron en este campo.

[38] *Id.*, 112-114.

"Me sorprende que algunos autores —por otra parte muy hábiles— hayan pensado que, en un fluido infinitamente comprimido, la resistencia tendría que ser nula. He aquí su razonamiento: si un fluido —dicen ellos— está infinitamente comprimido, el espacio que el cuerpo en movimiento deja libre tras sí se llenará de inmediato con las partículas del fluido, que se precipitarán en él con velocidad infinita. Convengo en esto; pero afirmo que, por la misma razón, la resistencia [que se opone] a su parte anterior debe ser mucho mayor, porque es evidente que la compresión de frente es contraria al movimiento del cuerpo".[39] Esta toma de posición de D'Alembert justifica su angustia cuando él mismo se ve forzado a reconocer —por razones teóricas— que sí es cierto que la resistencia al avance de un cuerpo sea nula.

La herramienta preferida por D'Alembert es el principio de conservación de la cantidad de movimiento, que aplica de una manera muy peculiar: "La resistencia que un cuerpo experimenta cuando choca con otro —escribe— no es, hablando con propiedad, sino la cantidad de movimiento que él pierde. Al movimiento del cuerpo, cuando se altera, puede considerársele compuesto por aquel que el cuerpo tendrá en el instante siguiente y por otro, que se destruye. De donde no es difícil inferir que todas las leyes de la comunicación del movimiento entre cuerpos se reducen a las del equilibrio... Este principio se aplica naturalmente a la resistencia de un cuerpo dentro de un fluido; y yo convierto la búsqueda de esta resistencia en una cuestión también de equilibrio entre el fluido y el cuerpo".[40] Viéndolo simplemente, su razonamiento puede resumirse así. Sea (figura 148) *ABC* la mitad de un cuerpo cilíndrico, que se mueve en un fluido quieto, dentro de un conducto limitado por una pared *MN*, y cuyo eje de simetría es la recta *AC*, que tomaremos como eje x. Sea $y = y(x)$ la ecuación del perfil *ABC*. Supongamos que el cuerpo, avanzando con la velocidad V, paralela a dicho eje, llega a la nueva posición *A'B'C'*. En el movimiento, ha tenido que desplazar un volumen de fluido *ADA'*, lo que provoca el retroceso de un volumen equivalente *EE'FF'*, cuya velocidad es

Figura 148

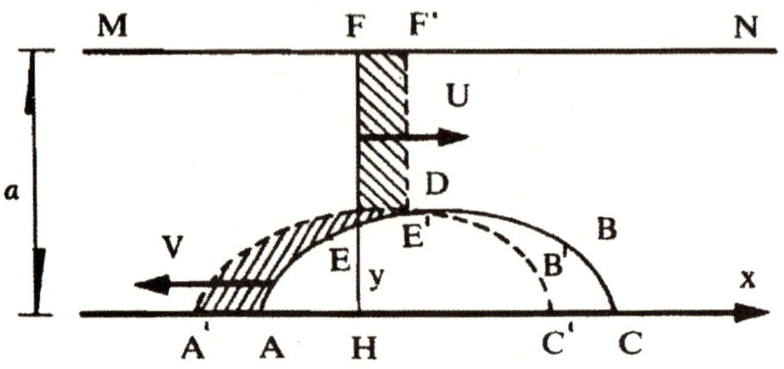

[39] *Id.*, 95, 96.
[40] *Id.*, XXVI, XXVII.

$$U = \frac{yV}{a-y}$$

siendo y el semiancho del cuerpo; a, el del conducto. Si el desplazamiento del cuerpo ha sido infinitesimal, se tiene que *FF' dx* y que el área de *EE'FF'* es $(a-y)\, dx$; por lo que la cantidad de movimiento del fluido que ella contiene es

$$\rho\int_{A}^{C} Uy\, dx \;=\; \rho\int_{A}^{C} \frac{Vy^2}{a-y}\, dx$$

La fuerza R con que el fluido dificulta el avance del cuerpo es la derivada con respecto al tiempo de esta cantidad de movimiento, o sea

$$R = \frac{d}{dt}\left(\rho\int_{A}^{C} \frac{Vy^2}{a-y} dx\right) = \rho\frac{dV}{dt}\int_{A}^{C} \frac{y^2}{a-y} dx \qquad (1)$$

En este punto, D'Alembert supone que el conducto sea muy ancho, tanto que prácticamente se pueda tomar $a = \infty$. Entonces, en la fórmula 1, el denominador de la función por integrar resulta infinitamente grande, de donde se concluye que $R = 0$.[41]

Al llegar D'Alembert a esta conclusión "muy contraria a la experiencia", le sobreviene la duda de que la resistencia nula haya procedido de considerar la velocidad U paralela al eje *AC*. Entonces repite el cálculo, "teniendo en cuenta la velocidad real de las partículas fluidas que son inmediatamente contiguas a la superficie del cuerpo", pero obtiene el mismo resultado. Felizmente, D'Alembert aclara que, si el conducto es angosto, no se llega a este absurdo: "La experiencia, que aquí tiene que ser nuestra guía, comprueba que, en este último caso, la hipótesis... da un resultado analítico muy conforme a la observación, mientras que en el primer caso el resultado del cálculo da la resistencia nula, lo que es absolutamente contrario a la experiencia".[42] En efecto, ¿quiere esto decir que un madero, puesto en el centro de un río ancho, no sería arrastrado, sino que quedaría inmóvil allí donde está?

Este es un consuelo, por supuesto; sin embargo, siempre queda la pregunta: ¿por qué, si el fluido es indefinido, la resistencia al avance del cuerpo desaparece? ¿Estaremos frente a un caso de incapacidad de las matemáticas para representar correctamente un fenómeno? D'Alembert, que en las matemáticas tiene tanta fe, queda con esa duda, y en diferentes oportunidades vuelve, sin éxito, a considerar este gran pro-

[41] *Id.*, 125-127.
[42] *Id.*, 127-129.

Figura 149

blema. Diecisiete años después, lo plantea a Lagrange, quien le comenta: "He meditado un poco sobre la paradoja que encierra la resistencia de los fluidos. Me parece que todo depende de la suposición de que las partículas fluidas tengan el mismo movimiento en la parte posterior que en la anterior; confieso que esta hipótesis es legítima analíticamente, pero puede no serlo físicamente. En efecto, si se considera un fluido homogéneo y carente de peso, que se mueve en un tubo infinitamente angosto, digamos, y ensanchado por arriba y por abajo, de modo que tenga la misma configuración a un lado y a otro de la sección de ancho mínimo, está claro que —analíticamente— se puede suponer que también el movimiento del fluido sea el mismo a ambos lados de la sección; sin embargo, es fácil entender que el fluido debe necesariamente abandonar las paredes del conducto, y moverse como una masa continua después de haber cruzado la sección angosta; y esto también Ud. lo ha señalado en su *Tratado de los fluidos*, y en otras partes. Ahora, el caso que daría resistencia nula puede reducirse, si no me equivoco, a aquel del cual acabo de hablar, por cuyo intermedio se podría explicar la paradoja propuesta".[43] Refiriéndonos a la figura 149, Lagrange señala que es posible prever una separación tras el obstáculo, en cuanto que, pasado el estrangulamiento *ABCD*, la corriente no volverá inmediatamente a ensancharse lo suficiente para ocupar todo el tubo, y se creará la zona de aguas muertas *M*, *N*.

En su *Mémoire sur l'écoulement des fluides*, de 1766, Borda, evidentemente interesado en el problema, sugiere que la misma paradoja podría resultar también de una aplicación indebida del principio de conservación de las fuerzas vivas. Con base en la figura 150, escribe: "Empleando sin restricciones dicho principio en esta teoría [de la

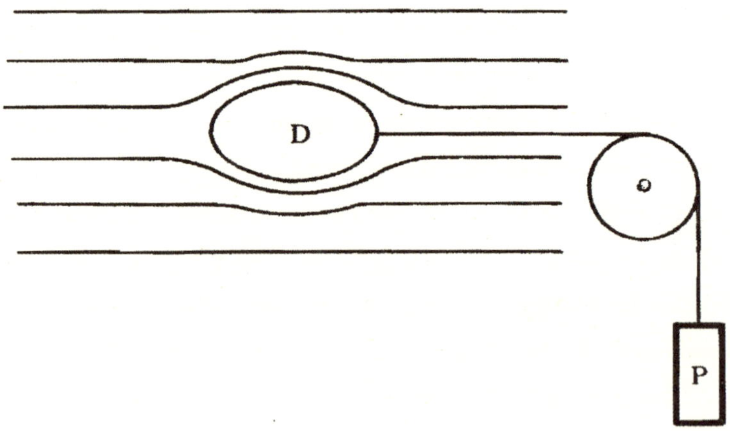

Figura 150

[43] Lagrange, *Oeuvres*, vol. XIII, 141.

resistencia de los fluidos], el resultado del cálculo tendrá que dar siempre una resistencia nula. Para demostrarlo, supongamos que el cuerpo D se mueva uniformemente en un fluido tranquilo, arrastrado por la acción del peso P. Se sabe que, de acuerdo con el principio, la diferencia de la fuerza viva del fluido deberá ser igual a la diferencia del descenso actual del peso P; pero, como se supone que el movimiento haya alcanzado la uniformidad, la diferencia de las fuerzas vivas es nula; por tanto, la diferencia del descenso actual sería también nula; lo cual no puede ser, a menos que el peso P sea igual a cero. Ahora, como el peso *P* denota la resistencia del fluido, suponer el principio en cuestión da siempre una resistencia nula".[44] D'Alembert no entiende muy bien los razonamientos, poco ortodoxos bajo el punto de vista de la mecánica, de Borda; así que tampoco éste, a pesar de confirmar su resultado, le convence; y comenta con Lagrange: "Creo que el peso de P debe de ser igual no a la diferencia de fuerzas vivas del fluido, sino a la presión que este último aplica contra el cuerpo sumergido; y esta presión puede no ser nula, aunque la diferencia entre fuerzas vivas sí lo sea. Es muy cierto que hay casos, como aquel del cual yo he hablado,... en que parece que la resistencia tenga que ser nula; pero esto es sólo cuando las partes anterior y posterior son semejantes, porque entonces no sólo la diferencia de fuerza viva, sino también la presión que de ella resulta, es igual a cero, como he comprobado. Confieso que esa es una gran paradoja; pero no sabría qué hacer. La objeción más fuerte es aquella que Ud. me hizo, hace algún tiempo, acerca de la separación de los filetes fluidos; sin embargo, después de haberla examinado, me parece que no tiene lugar cuando el fluido es *indefinido*, como se supone, por encima y por debajo del cuerpo flotante. En efecto, la experiencia muestra que, cuando un río, por ejemplo, se angosta en un sitio para luego ensancharse, no hay separación; lo cual la teoría puede, a mi parecer, explicar fácilmente por el principio de que si un canal, que supongo que sea en todas partes de ancho muy reducido, va primero ensanchándose en un tramo muy corto, y después queda del mismo ancho, siendo prolongado *indefinidamente* y estando lleno de fluido, y si se aplican, en cada sección de la *sola parte* que se va ensanchando, fuerzas π, constantes o variables, no resultará ningún movimiento en el fluido; poco más o menos por la misma razón de que si un cuerpo finito viene a chocar con una masa infinita, todo el conjunto quedará en reposo después del choque".[45]

Y Euler, ¿no argumentó algo sobre todo esto? Por supuesto que sí: ¿en dónde no se metía ese hombre? "Lo que el célebre D'Alembert ha dicho en relación con la resis-

[44] Borda, 605.

[45] Lagrange, *Oeuvres*, vol. XIII, 227.

tencia de los fluidos, en su tratado al respecto, más comprueba que explica la extrema dificultad de buscar la resistencia verdadera. Como de hecho ese hombre agudísimo, empleando toda su sagacidad, no ha sido capaz de aclarar adecuadamente toda esta cuestión,... existe para nosotros un fuerte motivo para creer que ella es tan difícil que las fuerzas humanas no la pueden vencer".[46] Sin embargo, esto, en lugar de disuadirlo, lo estimula a atacar el problema; obtiene elegantes resultados teóricos referentes al obstáculo dentro del conducto, y luego comenta: "Asimismo, entendemos fácilmente que, también cuando las formas del canal y del cuerpo fijo en él están dadas, el caso aún no se determina; porque el movimiento del fluido podría ser perturbado y alterado en una infinidad de maneras distintas, de modo tal que el fluido que toca las paredes del canal y del cuerpo fijo en él siga siempre, sin embargo, las direcciones de aquéllas... y esta sola reflexión es suficiente para convencernos de que las fórmulas que acabo de encontrar no son generales".[47]

He aquí a los tres grandes, con sus actitudes diferentes. D'Alembert sigue aferrado a su paradoja porque, a pesar de todo, la matemática lo ha llevado a ella. Lagrange y Euler, por su parte, sugieren razones de naturaleza física que permitirían evitarla: Lagrange, una estela tras el cuerpo; Euler, perturbaciones extrañas. De hecho, los tres estaban en lo cierto y, no obstante las apariencias, sus puntos de vista no eran mutuamente contradictorios: tan sólo se referían a regímenes de escurrimiento diferentes. La resistencia nula es prácticamente posible con flujos muy lentos, ajenos a la experiencia diaria; una estela bien configurada aparece en flujos laminares normales; finalmente, una agitación general de la corriente, capaz de afectar la resistencia, aparece cuando se alcanza el régimen turbulento.

Interviene el ingeniero

En 1775, el gobierno francés encargó a D'Alembert, al marqués de Condorcet y al abad Bossut que realizaran experimentos sobre la resistencia de los fluidos. El problema era demasiado importante en la práctica como para dejar pendiente su solución, en espera de herramientas matemáticas adecuadas. Bossut disponía de un gran tanque de agua en la escuela militar de Mézieres, y sobre éste se desplazaron barquitos de diferentes formas. Resultó que la resistencia que ellos encontraban en su movimiento

[46] Euler, *Commentationes*, CI.
[47] *Id.*, XCVII.

no era precisamente proporcional al cuadrado de su velocidad, sino que estaba en una razón algo mayor. Además, se presentaban otras anomalías en placas planas inclinadas con respecto a la dirección de la corriente. La sospecha de que no sólo la longitud del cuerpo, sino también la configuración de su parte trasera, influyeran sobre la resistencia, dio lugar a otras experiencias, realizadas ahora por Bossut y Condorcet en un viejo depósito de agua parisino. Entonces se pegaron a cascos prismáticos, proas y popas rectilíneas, perfiladas con diferentes ángulos, o bien curvilíneas; el resultado fue que, sin cambiar la proa, la resistencia disminuía al alargarse el cuerpo, o al agregar popas muy puntiagudas.[48]

Como consecuencia de estos experimentos, quedó claro que la vieja hipótesis práctica, utilizada por Newton, de un impacto frontal de la corriente con el obstáculo, tenía que ser abandonada definitivamente. Después de todo, ¿no hizo esto D'Alembert? También lo había subrayado Euler, al afirmar que dicha suposición es enteramente falsa, porque el fluido, "antes de alcanzar el cuerpo, cambia tanto su dirección como su velocidad; de modo tal que, al llegar a él, resbala a lo largo de su superficie, sobre la cual no ejerce ninguna fuerza, a no ser la presión que corresponde a los varios puntos de contacto. Por tanto, una conclusión derivada de un argumento tan torcido no puede en lo absoluto considerarse válida".[45]

Du Buat, hombre práctico, en el discurso preliminar a sus *Principes d'hydraulique*, a las quejas acerca de la hidráulica de su tiempo que ya conocemos agrega también esta: "Suponer, como se ha hecho ahora, que cada partícula elemental venga a su vez a chocar directamente con la superficie del cuerpo equivale a admitir la supresión de las moléculas después del choque, y a establecer la teoría sobre una hipótesis quimérica. Ahora, las consecuencias de principios imaginarios nunca pueden ser verdaderas, y las fórmulas analíticas que se sacan de ellos 'no pueden representar la imagen sensible del movimiento actual y físico de un fluido', para expresarlo con las palabras de abad Bossut... Corresponde, por tanto, tan sólo a la experiencia aclarar la dirección del movimiento de las partículas invisibles de los fluidos, de la cual nacen sus fuerzas de percusión; porque, como repugna a la razón [suponer] que cada partícula choque a su vez directamente con la superficie que se opone al movimiento general del fluido, así tal vez es cierto que ninguna lo hace: hipótesis mucho más probable que su contraria. Además, si el choque posee una energía que hace que la superficie, empujada desde adelante, se retire, la fuga del fluido en el lado trasero ¿no debería ocasionar una

[48] Du Buat, 136, 137.

reducción de presión, que aumenta la resistencia que la superficie debe oponer para quedar inmóvil?"[49]

Como en los países más poderosos de hoy en día, también en la Francia de entonces las investigaciones de mecánica de fluidos que más fácilmente conseguían patrocinio del gobierno eran aquellas relacionadas con actividades militares. El problema de la resistencia se ligaba estrechamente con el de la velocidad de los barcos; de modo que es natural que el mariscal de Ségur, ministro de guerra de Luis XVI, otorgara todo su apoyo a Du Buat, interesado en realizar estudios al respecto. Du Buat confiaba en los experimentos en modelo reducido, siempre que haya semejanza geométrica; en efecto, escribía: "Sea lo que sea, es inútil esforzarse en encontrar relaciones entre las resistencias que experimentan distintos cuerpos terminados por superficies planas o curvas, si tales cuerpos no son semejantes. Así, hay que comparar entre sí planos sin espesor, cubos, esferas, prismas y pirámides similares; y, en tal caso, siempre se encuentra que las resistencias son proporcionales a las superficies topadas y a los cuadrados de las velocidades. De donde resulta el procedimiento para conocer la resistencia de lo barcos, por medio de una sencilla experiencia en pequeño sobre un modelo semejante".[50] De hecho, más de cien fueron los modelos que Du Buat ensayó —prismáticos en su mayoría— midiendo directamente las presiones ejercidas por el agua en diferentes puntos de sus superficies, mediante piezómetros dispuestos en el interior; y no se limitó a estudiar la resistencia del agua, sino que también determinó la del aire, y hasta calculó que, para frenar el despeño de un hombre medio, se requiere un paracaídas de 18 pies de diámetro como mínimo.

Considerando cuerpos prismáticos terminados delante y detrás por caras planas, y despreciando el frotamiento del líquido con las paredes laterales, Du Buat observa que el impulso ejercido por la corriente se debe a la diferencia entre las presiones sobre las caras mencionadas; la delantera mayor y la trasera menor que las que resultarían dentro del fluido en los mismos sitios, si el cuerpo se quitara. Du Buat ha creado su propia nomenclatura: la presión dentro de la corriente en ausencia del cuerpo es *presión muerta;* una presión positiva es *presión viva;* una negativa o succión, es *no-presión.* Si p es la presión muerta, P_1 la presión media sobre la cara anterior, P_2 aquella sobre la posterior, siendo $P_1 > p > P_2$, $P_1 - P$ es la presión viva sobre la cara delantera, y $P - P_2$ la no-presión sobre la trasera. Si A es el área de dichas caras, supuestas iguales, la resistencia total R resulta

$$R = A(P_1 - P) + A(p - p_2) = A(P_1 - P_2) \tag{1}$$

[49] *Id.*, XXVI, XXVII.
[50] *Id.*, XXVII, XXVIII.

Si la velocidad de la corriente es V, Du Buat escribe

$$\frac{p_1 - p}{\rho} = m\,\frac{V^2}{2}, \quad \frac{p - p_2}{\rho} = n\frac{V^2}{2}$$

siendo m, n dos coeficientes convenientes; esto, remplazado en la expresión 1, da

$$R = K\rho p A\frac{V^2}{2} \tag{2}$$

con $K = m + n$. El cálculo de la resistencia depende pues de la determinación de los valores de los coeficientes m y n; Du Buat realiza esta última por medio de experimentos.[51]

Du Buat llena de perforaciones las caras extremas de sus cuerpos; tras estos agujeros, hay una cámara conectada con el piezómetro. Tapando alternadamente todos los orificios menos uno, determina la presión en cada uno de ellos. Empieza con la cara delantera, y se da cuenta inmediatamente de que la presión viva varía de un punto a otro. En el centro —curiosamente— encuentra que la presión es una y media veces la carga de velocidad; desplazándose hacia el contorno, el valor de m va reduciéndose hasta valores menores que la unidad. El valor medio de m sobre la superficie resulta ser 1.186, independientemente del largo del cuerpo, como es lógico esperar. También la no-presión en la cara trasera varía de un punto a otro, teniendo un mínimo en el centro. Pero ella sí depende de la longitud del cuerpo, siendo n tanto menor cuanto más largo es el prisma. Así, para una placa cuadrada delgada y con velocidad V de poco más o menos un metro por segundo, encuentra $n = 0.67$; para un cubo $n = 0.271$; para un prisma cuadrado cuyo largo es el triple del ancho, $n = 0.153$. Con esto, el "coeficiente de arrastre" K que aparece en la fórmula 2 es, respectivamente, 1.856, 1.457 y 1.339; lo cual invalida la hipótesis de Newton de que el largo del cuerpo no afecta a la resistencia.

Al variar la velocidad de la corriente, el coeficiente m casi no cambia (Du Buat lo halla un poquito mayor para velocidades muy bajas), pero sí se modifica el de no-presión n, que crece con la velocidad: prácticamente nulo con velocidades bajísimas, puede alcanzar el valor unitario con velocidades grandes. Du Buat no determina la ley de variación de n con V; sin embargo, precisa que la no-presión aumenta más rápido que el cuadrado de la velocidad mientras no se forme un vacío tras el obstáculo; luego que se ha formado, n se mantiene constante. Por tanto, el coeficiente K tampoco es invariable, sino que se incrementa con la velocidad; entonces, la resistencia R, expresada por la fórmula 2, crece más

[51] Flamant, 584, 585.

rápidamente que con el cuadrado de aquélla. Por otro lado, para un cuerpo esférico, con velocidades próximas a un metro por segundo, Du Buat encuentra que $K = 0.50$, mientras que, utilizando datos experimentales de Newton, se obtiene, $K = 0.523$ en promedio.[52]

Du Buat realiza los primeros ensayos con agua en movimiento y cuerpo en reposo; luego los repite moviendo el cuerpo con velocidad igual y contraria en agua quieta. Como S'Gravesande, Du Buat encuentra resistencias distintas en los dos casos. El resultado parece paradójico, y hay quienes lo impugnan. En su memoria *Résistance des fluides*, de 1887, de Saint-Venant declara que esta paradoja "tiene que deberse a alguna fuente de error en el modo de apreciación del impulso o de la resistencia, o bien a alguna causa extraña muy poderosa... En efecto, sería contrario a los principios fundamentales de la dinámica y a los hechos astronómicos y terrestres mejor averiguados pensar que, comunicando al cuerpo y al fluido una velocidad uniforme común, igual y contraria a aquella que poseen el uno o el otro, sólo por eso se cambie su acción mutua; lo cual haría depender la impulsión del agua de los ríos de la orientación de su curso, etc. Mientras no se hayan puesto completamente de acuerdo las experiencias del impulso de los fluidos en movimiento y aquellas de la resistencia de los fluidos en reposo, es inútil intentar atribuir valores definitivos a las cantidades indeterminadas" —o sea, los coeficientes— que aparecen en las fórmulas.[53] Sin embargo, tanta rigidez por parte de Saint-Venant no parece razonable: la "causa extraña muy poderosa" existe. El agua en movimiento, cuando su régimen es turbulento —que es el caso de la mayoría de las corrientes que interesan al hidráulico— posee precisamente esas perturbaciones de todo tipo que Euler señalaba, las cuales pueden conferirle características dinámicas muy distintas de aquellas que resultan de las agitaciones puramente locales que el cuerpo en movimiento induce en agua estancada. A pesar de esto, el principio de Newton de que las dos situaciones son equivalentes se siguió aceptando como válido en la hidrodinámica cuando, admitida la presencia de una estela tras el cuerpo, fue finalmente posible abandonar el atolladero en que la paradoja de D'Alembert había dejado a la teoría de la resistencia.

Una gran idea

La proposición de Lagrange, de que la resistencia que un cuerpo encuentra al avanzar puede deberse a la presencia de una masa trasera de agua estancada, y las compro-

[52] *Id.*, 585—589.
[53] *Id.*, 588.

baciones experimentales de Du Buat, que aclararon la influencia fundamental que la "no-presión" existente tras el cuerpo tiene sobre la resistencia misma, sugerían que, tomando en cuenta esta "estela" en el análisis matemático del fenómeno, debía ser posible llegar por vía teórica a fórmulas válidas para el cálculo de la resistencia. Desde luego, también D'Alembert había vislumbrado la existencia de una zona de agua muerta *CFN* (figura 146) tras el obstáculo; pero, como la consideraba equilibrada por otra igual frente al mismo (zona *AEM* en la figura), el efecto resultante era nulo. Además, según hemos visto, el razonamiento de D'Alembert incluye la consideración de que sobre las fronteras *EM* y *FN* que separan las zonas muertas de la corriente, la velocidad sea —por razones de continuidad— prácticamente nula; y este pequeño detalle fue la causa de que durante más de un siglo no se pudiera desarrollar una teoría válida. Quien salvó la situación fue Helmholtz, con su trabajo, de 1868, *Über discontinuirliche Flüssigkeitbewegungen* (*Sobre los movimientos fluidos discontinuos*), donde introduce —como sugiere el título— la hipótesis de una discontinuidad de velocidades en las fronteras del cuerpo y de la zona muerta; o sea, excluyendo toda influencia viscosa de estos últimos sobre la corriente exterior, la cual se deslizaría libremente sobre ellos. Por tanto, la zona muerta se vería limitada por *líneas de corriente libres*, es decir, no guiadas, a diferencia de aquellas que recorren la frontera de un cuerpo sólido. Lo que probablemente inspiró a Helmholtz fue la atractiva ventaja que resultaba, al adoptar tal hipótesis, de utilizar en la hidrodinámica la sencilla y entonces bien desarrollada teoría del movimiento de corrientes eléctricas en conductores planos; corrientes que justamente se comportan de la manera mencionada.

La idea de Helmholtz parece insignificante; sin embargo, fue un chispazo genial. El error de D'Alembert provenía de su preocupación excesiva por tener en cuenta la viscosidad. Ya hemos subrayado que no es propiamente el flujo viscoso el que interesa al hidráulico, sino el turbulento; y es característica de la turbulencia crear una agitación general, con un sinnúmero de movimientos desordenados, en todos sentidos, que impiden el control de una partícula sobre el movimiento de las contiguas. Así que, lejos de ser más próximo a la realidad, el modelo del flujo viscoso acaba por alejarse más de ella que aquel —mucho más sencillo— del perfecto. La alternativa de admitir una

Figura 151

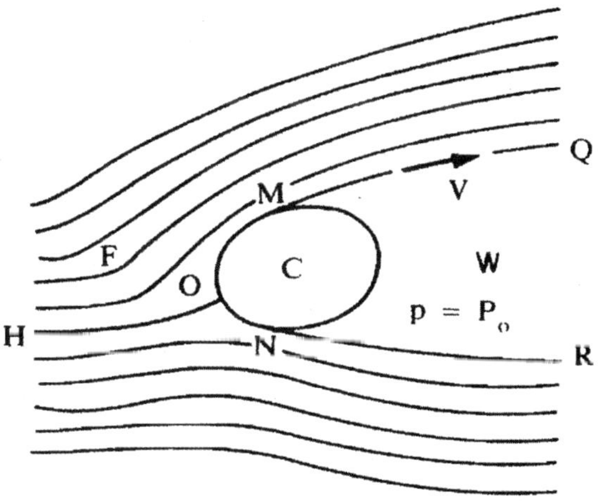

discontinuidad en las velocidades, lo cual implica que las líneas de corriente libres participen de la velocidad de la corriente exterior a la zona muerta, resulta entonces más válida que la hipótesis de D'Alembert, de que dichas líneas compartan el estancamiento de aquella zona. Desde este punto de vista, el problema de la resistencia en un flujo bidimensional se puede plantear como sigue. Sea C (figura 151) el cuerpo que se opone al avance (de izquierda a derecha) del fluido *F*, dividiendo la corriente en dos partes separadas por la estela *W*. Existirá una línea de corriente central *HO*, que se supone —contrariamente a la idea de D'Alembert— que choca efectivamente en *O* con el cuerpo; *O* resulta así un *punto muerto* donde la velocidad se anula. Sin embargo, se admite que, a los lados de *O*, nazcan dos líneas de corriente, *OMQ* y *ONR*, que rodean el cuerpo *C*, para luego abandonarlo en los *puntos de separación M* y *N*, respectivamente. *MQ* y *NR* son las *líneas libres*, que limitan la estela. Si el escurrimiento se supone irrotacional, o sea, se admite que exista un potencial de la velocidad, ϕ, en *F* vale —como sabemos— la ecuación de Laplace

$$\frac{\partial^2\phi}{\partial x^2}+\frac{\partial^2\phi}{\partial y^2}=0$$

Además, siendo las líneas equipotenciales perpendiculares al flujo, debe ser

$$\partial\phi/\partial n = 0 \text{ sobre } OM, ON$$

si n representa una coordenada normal al contorno de *C*. Finalmente, se supone que la estela sea una zona de presión constante, $p = p_0$; presión que también se extiende a las líneas libres. Por tanto, a lo largo de éstas se tiene que

Figura 152

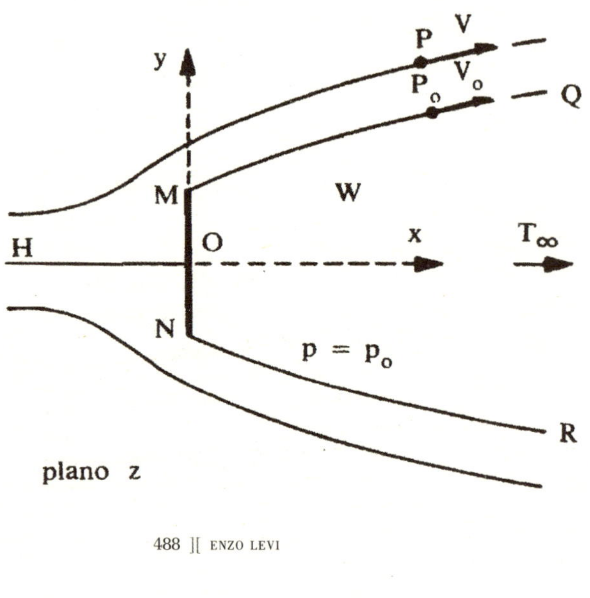

$$\frac{V^2}{2}+\frac{p_0}{\rho}=\text{constante,}$$

de donde se infiere que la velocidad V es constante sobre *MQ*, *NR*.

La primera aplicación de estas ideas se debe a Gustav Kirchhoff, en su trabajo *Zur Theorie freier Flüssigkeitsstrahlen* (*Sobre la teoría de las líneas de corriente libres*), aparecido el año siguiente de la publicación del de Helmholtz. Allí se trata el caso más simple posible: el de una lámina plana *MN* normal a la corriente (figura 152). Suponiendo que la energía total disponible sea la misma para todas las líneas de corriente, se puede aplicar el teorema de Bernoulli entre un punto P_0 de una línea libre y otro P, externo. Si en este último la presión es p y la velocidad, V, y suponemos que sea $V_0 = 1$ la velocidad, constante, sobre la línea libre, se obtiene que

$$p - p_0 = \frac{1}{2}\ \rho(1 - V^2)$$

La *fuerza de arrastre* R, por unidad de ancho, que la corriente aplica a la lámina resulta de la diferencia de presiones entre las caras delantera y trasera de la lámina misma; por tanto, la podemos calcular como

$$R = \int_M^N (p - p_0)\ dy = \rho \int_0^N (1 - V^2) dy \qquad (1)$$

siendo y la ordenada a lo largo de la cara delantera y O —centro de ésta— su origen.

A continuación tracemos también un eje x, como muestra la figura 152, e introduzcamos la *variable compleja* $z = x + iy$, para ubicar los puntos del plano de flujo. Además, consideremos otros dos planos: el del *potencial complejo* $f = \ \phi\ i\psi$, y el de la *velocidad compleja* ("plano de las hodógrafas")

$$w = u - iv = \frac{df}{dz} \qquad (2)$$

Figura 153

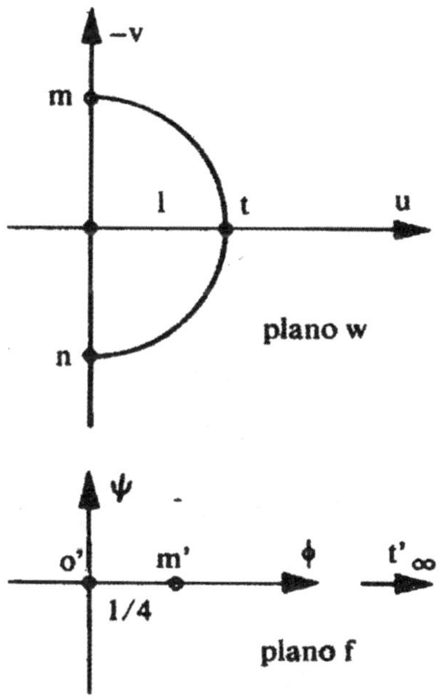

con ejes coordenados ϕ, ψ y u, v, respectivamente. Llamado T∞ m al punto donde se supone que la estela se cierre, a distancia infinita, realicemos la transformación conforme que cambia el segmento *MN* del plano z en *mn* del plano *W* (figura 153), y el contorno *MT∞N* de la estela, en el semicírculo de radio unitario mtn. Por otro lado, si consideramos la línea *HO*, con sus ramificaciones *OMQ* y *ONR*, como línea de corriente $\psi = 0$, podemos hacer corresponder el punto O con el origen O' del plano f, y ambas ramificaciones con el semieje positivo del eje ϕ, imponiendo por conveniencia que M y N vayan a los puntos m', n', donde $\phi = 1/4$. Puesto que la velocidad a lo largo de la lámina *MN* está dirigida como el eje y, y por tanto, allí $u = 0$, se puede introducir una variable auxiliar θ tal que, sobre MN, sea

$$w = -i \tan \theta \qquad (3)$$

Siendo
$$f = \frac{w^2}{(1-w^2)^2}$$

la ecuación de la transformación conforme que liga los planos f y w, haciendo que la semirrecta $o't'_\infty$ se cambie al contorno mnt, yendo m', n', t a m', n', t'_∞ respectivamente, por medio de la relación 2 resulta que, sobre MN,

$$dy = -idz = -1\frac{df}{w} = -\frac{i}{w}d\frac{w^2}{(1-w^2)^2} \qquad (4)$$

Sustituyendo w por su expresión 3 y realizando la diferenciación 4, se obtiene dy; al reemplazar luego dy en la ecuación 1 (donde se haya sustituido V^2 por $\tan^2\theta$) e integrar entre los límites $\theta = 0$ (punto O) y $\theta = \pi/4$ (punto N, donde por hipótesis $V = 1$), se obtiene finalmente sin dificultad que

$$R = \pi\rho/4 \qquad (5)$$

Por otro lado, si se integra la expresión 4 tomando en cuenta la 3, para la longitud del segmento MN resulta

$$L = MN = 2\int_0^{\pi/4} dy = 1 + \frac{\pi}{4} \qquad (6)$$

Por último si, análogamente a lo que se hizo para analizar los resultados de Du Buat, se supone

$$R = K\rho L\frac{V^2}{2} \qquad (7)$$

con $V = 1$, las expresiones 5 y 6 permiten concluir que el coeficiente de arrastre vale

$$K = \frac{2\pi}{4+\pi} = 0.88$$

mientras que la hipótesis newtoniana de un impacto donde se pierda toda la carga de velocidad disponible daría $K = 1$.

Helmholtz y Kirchhoff —el primero con sus líneas libres, el segundo con su método de transformación conforme— abrían el camino para el análisis de muchos otros casos; tarea que mantuvo ocupados a varios matemáticos en los años siguientes.

La fuerza del remo

En el caso de una lámina plana *MN* oblicua a la corriente (figura 154), que forme con

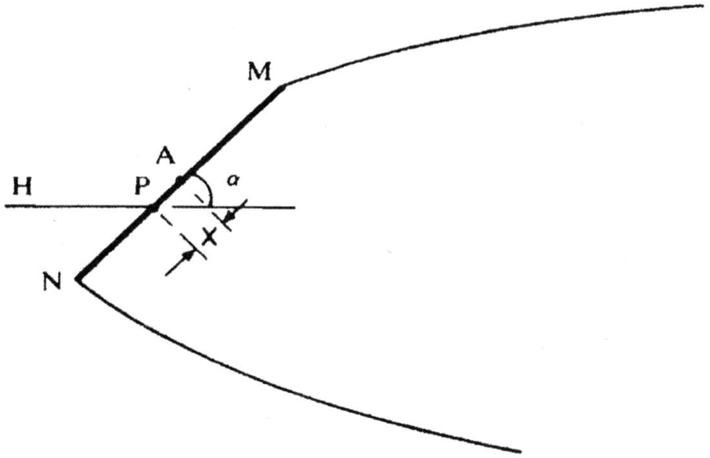

Figura 154

ésta un ángulo α, la hipótesis de Newton da que, si V_0 es la velocidad de llegada de la corriente, V_0 sen α sería su componente normal a la lámina, $\rho L(V_0^2 \text{ sen}^2\alpha)/2$ la fuerza en este sentido, y $R = \rho L(V_0^2 \text{ sen}^3\alpha)/2$ la fuerza de arraste en la dirección HP. Sin embargo, esta fórmula daría para R valores mínimos cuando α es pequeño, lo que parece alejado de la realidad.

William Froude, discutiendo un trabajo sobre hélices de barco, había escrito: "Cuando un barco se esfuerza [por avanzar] en contra del viento, inmediatamente después de haberse colocado en posición y antes de comenzar a moverse, se ve claramente —y todo marino lo sabe— que su arrastre por el viento es mucho más rápido que después de haberse puesto en movimiento. Más rápido se hace el avance, más lento resulta el empuje del viento; y esto no relativa, sino absolutamente. Una prueba decisiva de la existencia de este aumento de presión debido a la introducción de una componente trasversal del movimiento, cualquiera la puede obtener realizando el siguiente experimento sencillo. Si se encuentra en una lancha en marcha, agarre con su mano un remo, y sumerja verticalmente la pala en el agua al lado de la embarcación, presentando su cara normalmente a la dirección del avance; manteniéndola firme en esa posición, intente estimar la presión del agua sobre la pala por el esfuerzo muscular requerido para vencerla. Luego de haberlo apreciado a conciencia, empiece a hacer oscilar la pala en el sentido de su ancho, como péndulo; notará en seguida un sensible incremento en la presión. Y si el recorrido de la pala es considerable y rápido, la magnitud del aumento de presión dejará estupefacto a quien no se dé cuenta de su verdadero significado. Muchos remeros, utilizando este principio cuando empujan una lancha pesada con remos de pala angosta, tienen la costumbre de subir y bajar alternativamente la mano con movimiento ondulante, a modo de darle a la pala una inmersión oscilante durante cada golpe; y así obtienen del agua una reacción igual de recia, con un resbalamiento —o movimiento hacia popa— muy reducido de la pala".[54]

Estas consideraciones de Froude hicieron que Lord Rayleigh se interesara en el problema de la lámina plana oblicua con respecto a la corriente, y que le dedicara un trabajo: *On the resistance of fluids*, de 1876. En la introducción, el autor subraya la incertidumbre que aún existía acerca de tales asuntos: "No hay ninguna parte de la hidrodinámica que confunda tanto al estudioso como aquella que trata de la resistencia de los fluidos. De acuerdo con una escuela de autores, un cuerpo expuesto a una corriente de fluido perfecto no notaría en lo absoluto ninguna fuerza resultante, ya que todo aumento de la presión sobre su cara delantera, debido a la corriente, se compensaría con otro igual y contrario por detrás. Y, de hecho, una consecuencia rigurosa de las hipótesis acostumbradas acerca de la fluidez perfecta y de la continuidad del movimiento es que la resultante de las presiones fluidas se reduce a *un par*, que tiende a dirigir la cara más ancha del cuerpo hacia la corriente. Por otro lado, se sabe muy bien que en la práctica, un obstáculo sí experimenta una fuerza que tiende a arrastrarlo aguas abajo, cuya magnitud es demasiado grande para que sea consecuencia directa de la fricción; mientras que en muchos de los tratados se ofrecen cálculos de resistencia que llevan a resultados que dependen de la inercia del fluido, sin [hacer] ninguna referencia al frotamiento".[55] Analizando luego el problema de la figura 154 con el método sugerido por Helmholtz y Kirchhoff, Rayleigh obtiene que, en este caso, el coeficiente de arrastre resulta ser

$$K = \frac{2\pi \text{ sen } \alpha}{4 + \pi \text{ sen } \alpha}$$

[54] Rayleigh, vol. I, 290.

[55] *Id.*, 287.

por tanto, para α pequeño, varía con sen α, no con $\text{sen}^2\alpha$ como se creía antes. La resistencia en sentido transversal a la corriente, en lugar de ser proporcional a $\text{sen}^2\alpha\cos\alpha$, lo que daría un valor máximo para

$$\frac{d}{dx}\text{sen}^2\alpha \ \cos\alpha = \text{sen}\alpha(2\cos^2\alpha - \text{sen}^2\alpha) = 0$$

—o sea, para $\alpha = 55°$ aproximadamente—, sería entonces proporcional a $\text{sen}\alpha \cos\alpha / (4 + \pi\text{sen}\alpha)$, y alcanzaría su máximo para α próximo a los 39°, "que es considerablemente menos de lo que resultaría con la teoría antigua, debido al incremento de la presión normal con oblicuidades grandes".[56]

Notando que la presión no está distribuida de modo simétrico a lo largo de la lámina, pues evidentemente el punto de presión máxima, O, debe de hallarse más cerca de *N* que de *M* (figura 154), Rayleigh calcula después la distancia x entre el centro de presión P y el centro A de la lámina; obtiene que

$$x = \frac{3}{4}\frac{\cos\alpha}{4+\pi\text{sen}\alpha}L \qquad (1)$$

siendo *L* el ancho *MN*. Si $\alpha = 90°$ —que es el caso de la figura 152— resulta $x = 0$, por la simetría. Al disminuir α, x crece; tendiendo al valor máximo de 3L/16 cuando $\alpha = 0$; en esa circunstancia, se tendría que

$$PM{:}PN = 11{:}5$$

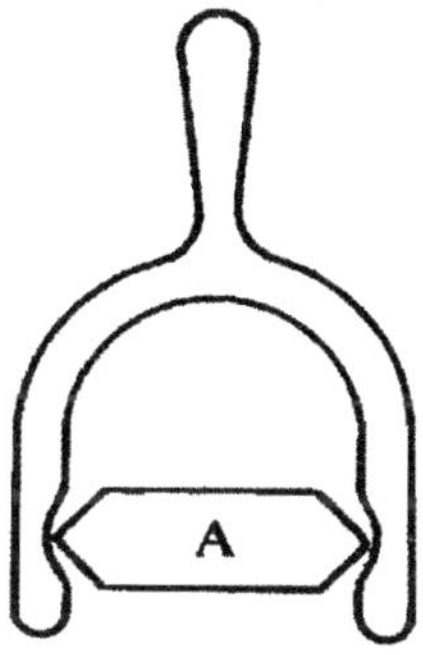

Figura 155

Suponiendo que la lámina pueda girar alrededor de uno de sus puntos, si éste la divide en una razón mayor que 11:5, existe sólo una posición de equilibrio estable: la paralela a la corriente. Ésta se vuelve inestable cuando la razón es menor; entonces, hay dos posiciones estables, que forman con la corriente ángulos agudos iguales, hasta que el centro de giro llega al punto A: en este caso, la única posición estable es la perpendicular al flujo. Como parecía paradójico que una lámina libre de girar alrededor de su centro tienda a colocarse transversalmente, Rayleigh cortó una tira A de lámina de latón delgada, y la sostuvo en una horquilla, según muestra la figura 155. Moviendo el dispositivo a través del agua, se vio que la lámina se ubicaba inmediatamente en sentido perpendicular a la corriente. "El mismo resultado puede observarse al exponer el aparato al viento;

[56] *Id.*, 291.

sin embargo, en este caso, a menudo un fenómeno imprevisto encubre la estabilidad de la posición transversal: consiste en que, una vez que la lámina empieza a girar, la fuerza del movimiento conserva o acelera dicho giro. Podría suponerse que este efecto provenga de falta de simetría, si no fuese que la rotación ocurre en ambas direcciones. Evidentemente, se relaciona con la perturbación del fluido debida a la rotación; y no está considerado en el cálculo que lleva a la fórmula 1, ya que ésta se refiere a las fuerzas experimentadas por la lámina, cuando ella se encuentra *en reposo* en cualquier posición".[57]

La teoría de la estela

Luego de los análisis de la lámina plana, se realizaron otros estudios análogos. Por ejemplo, Réthy (en 1879) y Bobyleff (en 1881) atacaron con éxito el problema de una lámina doblada en ángulo, colocada para repartir simétricamente la corriente. Evidentemente, se trataba de simular la proa de un barco. Sin embargo, estos exámenes de obstáculos de formas distintas perdieron interés de repente cuando, en 1907, con su trabajo *Scie e leggi di resistenza* (*Estelas y leyes de resistencia*), Tullio Levi-Cívita presentó la solución del difícil problema analítico más general posible, o sea, el de calcular la resistencia que se opone al avance de un cuerpo de forma cualquiera.

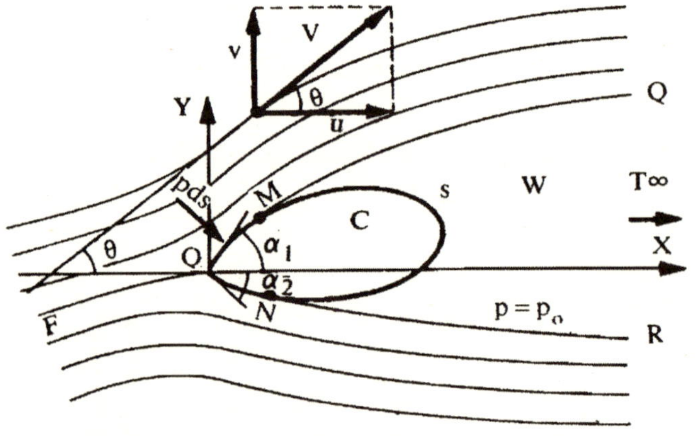

Figura 156

Levi-Cívita, considerando al plano de flujo como plano z (figura 156), coloca el origen O en la proa (punto de estancamiento) del cuerpo, y dirige el eje x paralelamente a la dirección asintótica de las líneas libres MQ, NR. Kirchhoff había logrado resolver el problema de la lámina normal al flujo (figura 152) por medio de una transformación conforme del plano $z = x + iy$ en el plano de las hodógrafas, que cambiaba la lámina MN, en el diámetro mn, y el contorno $MT_\infty N$ de la estela en el semicírculo unitario mtn (figura 153). Había podido hacer esto por el sencillo motivo de que $u = 0$ sobre MN; por otro lado, siendo la velocidad igual a 1 sobre las líneas libres MQ, NR, éstas correspon-

[57] *Id.*, 291, 292.

den precisamente al semicírculo mencionado del plano de las hodógrafas. En el caso general de la figura 156, mientras que el contorno de la estela seguiría correspondiendo a un semicírculo unitario, el tramo *MON* del cuerpo, lamido por el fluido, ya no se transformaría en una recta. Por tanto, Levi-Cívita introduce otra variable compleja $\zeta = \xi + i\eta$ (figura 157), así que el contorno *MON* del cuerpo corresponda en el plano ζ; al semicírculo unitario mon, y el contorno $MT_\infty N$ de la estela al segmento *mtn*. Además, incluye una *función auxiliar*, ω, ligada a la velocidad compleja w por la relación.

$$w = cos\ \omega - i\ sen\ \omega = e^{-i\omega} \tag{1}$$

Pero se tiene también que $u = V\cos\theta$, $v = V\text{sen}\theta$, si θ es el ángulo que la dirección de la velocidad V forma con el eje x (figura 156); por tanto,

$$W = V(cos\theta + i\ sen\theta) = Ve^{i\theta}$$

de donde, comparando con la fórmula 1, resulta que

$$\omega = -\theta + i\ ln\ V \tag{2}$$

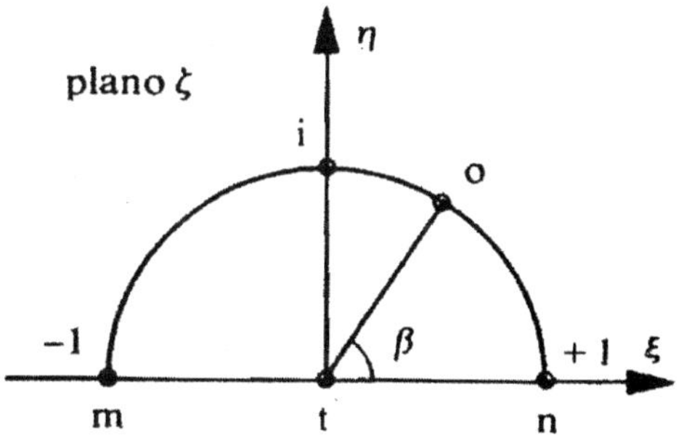

Figura 157

De la expresión 2 se desprende que ω es real (e igual a $-\theta$) sobre el contorno de la estela, donde $V = 1$, y que, si se la considera como función de la variable ζ, es real sobre el segmento $(-1, +1)$ del eje ξ. Además, el paralelismo del eje x con la dirección asintótica de las líneas libres implica que, en T_∞, $\theta = 0$ y $V = 1$; luego $\omega = 0$ para $\zeta = 0$. Finalmente, si la proa O del cuerpo termina en ángulo, como muestra la figura 156, la parte real de ω debe de presentar una discontinuidad en el punto o del plano ζ, tendiendo al valor $-\alpha_1$ si se recorre el arco *mo* del semicírculo *mon*, y al valor $-\alpha_2$ si se recorre el arco *no*. Estas condiciones permiten expresar ω en función de ζ, por medio de una fórmula algo complicada, que sintetizaremos así

$$\omega = F(\zeta) \tag{3}$$

Por otro lado, si se supone que el potencial de velocidad ϕ valga cero en la proa O e ∞ en el punto T_∞, y que la función de corriente ψ valga cero sobre el contorno

OMT_∞*NO*, se obtiene que $f = \phi + i\psi +$ es real sobre todo el contorno *omtno*, y vale ∞ en T y cero en O; condiciones que permiten expresar a su vez el potencial complejo f como función de ζ

$$f = G\,(\zeta) \qquad (4)$$

Entonces, remplazando en la fórmula

$$dz = \frac{df}{w} \qquad (5)$$

a f, expresado por medio de la 4, y a

$$w = e^{-iF(\zeta)} \qquad (6)$$

que resulta de combinar la 1 con la 3, se llega a una fórmula que da dz en función de ζ. Integrándola, se obtiene la relación que establece la correspondencia conforme entre el campo z del escurrimiento exterior a la estela con el interior del semicírculo *mon* del plano auxiliar C, y que, por tanto, permite encontrar las características del escurrimiento mismo: velocidades, presiones y geometría de las líneas libres.[58]

Para entender cómo Levi-Cívita pudo, con base en los resultados anteriores, calcular la resistencia encontrada por el cuerpo, vamos a utilizar una importante fórmula general (por cierto, Levi-Cívita no la conocía, pues fue obtenida en 1910 por Heinrich Blasius). Sea s el contorno de la sección del cuerpo cilíndrico C representada en el plano $z = x + iy$ (figura 156); sobre un tramo ds del mismo, que esté en contacto con la corriente, la presión p de ésta ejerce una fuerza efectiva

$$(p - p_0)ds = -\frac{1}{2}\rho(u^2 + v^2)ds$$

por unidad de ancho. La fuerza que actúa sobre todo el cuerpo tendrá como componentes

$$Ry = \frac{1}{2}\,\rho\int_s(u^2 + y^2)dx,\ Rx = \frac{1}{2}\,\rho\int_s(u^2 + v^2)dy$$

[58] *Id.*, Cisotti, 157-169.

Luego, si introducimos la "resultante compleja" $R = R_y - iR_X$, obtenemos que

$$R = \frac{1}{2}\rho\int_S (u^2 + v^2)(dx - idy)$$

Ahora, la expresión anterior no cambia si le agregamos la integral

$$_Q i \int_S (u - iv)\,(udy - vdx)$$

porque se trata de una cantidad nula, ya que —como sabemos— a lo largo de toda línea de corriente, $u{:}v = dx{:}dy$. Al realizar la suma y factorizar, encontramos

$$R = \frac{1}{2}\rho\int_S (u^2 + v^2 - 2iuv)(dx + idy) = \frac{1}{2}\rho\int_S w^2 dz$$

o bien, aprovechando la fórmula 5,

$$R = \frac{1}{2}\rho\int_S w df$$

que es la *fórmula de Blasius* mencionada.[59]

Esta última integral se puede expresar en función de ζ, utilizando las relaciones 4 y 6. Realizada así la integración y separadas en R las partes real e imaginaria, se obtienen finalmente las fórmulas

$$Rx = \frac{\pi a^2}{16} w'^2(o), \quad Rv = \frac{\pi a^2}{8} 2\omega'(o)\cos\beta - \frac{1}{2}\omega''(o) \qquad (7)$$

que dan las componentes de las fuerzas aplicadas por la corriente sobre el cuerpo. Aquí

$$a = \sqrt{\phi(M)} - \sqrt{\phi(N)}$$

donde $\phi(M)$, $\phi(N)$ son los valores que adquiere el potencial ϕ en los puntos de separación M y N, respectivamente; $\omega'(o)$, $\omega''(o)$ son las derivadas primera y segunda de la función auxiliar ω (O con respecto a la variable ζ, calculadas en el punto o del plano ζ; y β es el argumento de dicho punto (figura 157).[60] Por supuesto, la aplicación de las

[59] *Id.*, 169-171.
[60] *Id.*, 175.

fórmulas 7 a casos específicos rara vez es fácil; pero el hecho de que Levi-Cívita haya podido obtenerlas con tanta generalidad constituye uno de los grandes triunfos —tal vez, el último— de la hidrodinámica clásica.

Sorpresas de la visualización

Levi-Cívita se daba cuenta de que la naturaleza de la estela es mucho más compleja que lo que su idealización matemática supone. "De hecho —escribía— en la realidad, la región constituida por la estela no parece estar ocupada por un fluido 'solidario' con el cuerpo, y tampoco se extiende hasta el infinito. Además, dentro de ella ocurren movimientos vorticosos y turbulentos, que se van atenuando gradualmente —debido a la viscosidad y otros procesos disipativos eventuales— a medida que nos alejamos del cuerpo; así que, a cierta distancia, el estado de movimiento del fluido ya no presenta trazas de discontinuidad: casi toda influencia perceptible del sólido sobre el movimiento cesa, y las partículas fluidas se ven quietas". Sin embargo, como la parte de estela que afecta a la resistencia es la más próxima al cuerpo, y allí la situación "es sensiblemente la misma en los dos casos de la estela real y de la hipotética, se puede concluir con toda certeza que el valor de la resistencia proporcionado por el cálculo puede considerarse muy próximo al correcto, a pesar de la diferencia sustancial que puede existir entre la representación teórica y las condiciones reales".[61] La preocupación manifiesta en los renglones anteriores denuncia una inquietud que había nacido tiempo atrás entre los matemáticos que se ocupaban de ese tipo de problemas, frente a lo que nuevos métodos de visualización del flujo, aplicados a la estela, habían revelado.

El 2 de febrero de 1877, Osborne Reynolds, al empezar la plática que ese día le tocaba ofrecer en el *Royal Institute*, había soltado diciendo: "En esta sala, Uds. están acostumbrados a que se les expongan los triunfos más recientes de la mente sobre la materia: secretos recién arrancados a la naturaleza por esfuerzos gigantescos de la razón, la imaginación y la manipulación más ingeniosa. Sin embargo, esta noche, luego de haber visto lo que yo me esforzaré en mostrarles, opino que Uds. concederán fácilmente que, por una vez, la situación se ha invertido y que el triunfo queda con la naturaleza, por haber ocultado por un tiempo tan largo algo que ha sido buscado con mucha impaciencia, y que al fin se descubre que ha sido disimulado bajo una cubierta tan delgada". Y explicaba: "Si arrastramos frontalmente un disco por el agua, intuimos, debido a un

[61] Durand, vol. I, 353.

proceso de razonamiento geométrico inconsciente, que el agua tiene que moverse alrededor del disco; pero no hay método matemático conocido que nos permita averiguar el movimiento a partir de sus leyes. Si arrastramos una lámina oblicuamente a través del agua, notamos una presión mayor sobre un lado que sobre el otro. Este caso, que representa... el principio de la acción de] propulsor de hélice, tiene la máxima importancia; y con todo, por cuanto se haya investigado, no se ha descubierto ninguna ley por medio de la cual podamos, en un caso determinado, calcular la resistencia que resulta, o decirnos con certeza... de qué modo el agua se mueve para dejar paso a la lámina... Se podrían multiplicar los ejemplos, pero uno debe bastar: si lanzamos un chispa de un fluido en otro, sabemos que recorrerá una distancia considerable; pero de qué modo viaje y qué movimiento produzca en el fluido que la rodea, las matemáticas no lo han revelado.

"Ahora, las razones por las cuales los matemáticos hasta hoy se han visto confundidos por los movimientos internos de los fluidos parecen ser muy sencillas: de tales movimientos, ya sea en el agua o en el aire, no podemos ver nada. Al arrastrar el disco por el agua, no se manifiesta absolutamente ninguna evidencia de que el agua se mueva; de modo que quienes han intentado explicar estos resultados no han dispuesto de ningún indicio: han tenido que determinar no sólo la magnitud y dirección del movimiento, sino también su carácter. Sin embargo, aunque la falta de una indicación cercana de la naturaleza del movimiento puede explicar por qué se ha logrado tan poco, no es fácil entender el motivo de que no se hayan hecho intentos para obtener la indicación. Parecería que cierta sobreestimación de las matemáticas haya impedido a quienes estaban comprometidos en tales investigaciones utilizar métodos que podrían menoscabar la infalibilidad de razón".[62]

Hacía cuatro años que Reynolds se había apasionado por entender la acción de las hélices; y, "habiéndole llamado grandemente la atención la diferencia entre algunos de los resultados que él había hallado y lo que había sido inducido a esperar,... había hecho uso de colorante para comprobar y explicar tales anomalías; entonces encontró que el vórtice desempeñaba en el movimiento fluido un papel que él no hubiera nunca soñado, y que, de hecho, era la clave de casi todos los problemas de movimiento interno de los fluidos. Que esos resultados fuesen nuevos también para quienes habían meditado en el tema mucho más profundamente que él, no se le ocurrió hasta después de haber conversado con el señor Froude y Sir William Thomson".[63]

A Reynolds le gustaba dejar al auditorio en suspenso; por tanto, sólo después de una larga introducción, empezó a describir sus experiencias. El colorante inyectado en el

[62] Reynolds, *Vortex*, 272, 273.

[63] *Id.*, 275.

agua le había mostrado que, en el movimiento causado por una lámina inclinada, "una banda cilíndrica de vórtices se producía continuamente frente a ella, y desaparecía por detrás en dirección oblicua. El reconocimiento de la acción vorticosa inducida tras la lámina sugería que podrían existir vórtices similares tras un disco que avanza de frente a través del agua, como aquellos que se producen al mover una cucharita. Sin embargo, había una consideración que, en principio, parecía hacerlo improbable: era obvio que la resistencia del álabe oblicuo se suscita al producirse vórtices en su parte delantera; de modo que, en el caso de una lámina vertical, si se le formase un vórtice por detrás, como éste permanecería allí sin tenerse que estirar continuamente, la resistencia disminuiría una vez que la lámina se pusiera en movimiento; lo cual, al parecer, la experiencia mostraba no ser el caso en lo absoluto. Por tanto, era probable que, debido a alguna causa de perturbación, el vórtice no se formara —o se formara sólo imperfectamente— detrás de la lámina. Dicha opinión se reforzó cuando, al probar la resistencia de una lámina vertical, ésta no pareció disminuir luego de que la placa había empezado a moverse.

"Sin embargo, se descubrió en forma accidental que, si el flotador del cual la lámina colgaba se ponía en movimiento bruscamente y luego se soltaba, flotador y lámina seguían avanzando sin hallar aparentemente resistencia. Además, si el flotador se detenía y luego se soltaba de repente, reanudaba de nuevo su marcha, mostrando que lo que empujaba [al disco] era el agua de atrás. Por tanto, había evidencia de un vórtice tras el disco. Con la esperanza de visualizar este movimiento, se inyectó agua coloreada cerca del disco: entonces se vio que tras él se formaba un lindo anillo vorticoso, muy parecido al anillo de humo. Si luego el flotador se soltaba, este anillo seguía transportando consigo el disco; pero, si la velocidad del disco se mantenía uniforme, el anillo gradualmente quedaba atrás y se deshacía; he aquí otro papel desempeñado por el vórtice, que antes nadie lo hubiera soñado".[64]

Figura 158

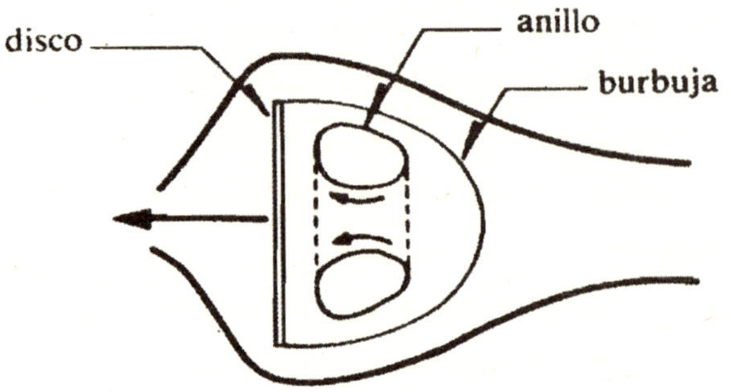

La ocurrencia de visualizar por colorante —natural y, sin embargo, tan novedosa— había puesto a Reynolds en una situación privilegiada: lo invisible se hacía visible, forzando a la naturaleza a revelar su secreto. "El modo de moverse del agua que constituía el anillo, y de aquella que lo rodeaba, se divisaba claramente. Se notaba desde luego que el anillo visible... era simplemente el eje central

[64] *Id.*, 275, 276.

del vórtice; que éste estaba rodeado por una masa de agua coloreada, que llevaba con respecto al anillo visible poco más o menos la misma proporción que una bola, hecha envolviendo cordón... alrededor de una argolla de cortina hasta llenar completamente su abertura [lleva con respecto a la argolla, figura 158]. El disco... constituía el frente de esta burbuja o esferoide de agua; pero el resto de la superficie no tenía nada que lo separase del agua circundante, fuera de su propia consistencia. Sin embargo, cuando el movimiento era muy regular, la superficie de la burbuja se mantenía estable, y el color hacía visible toda la masa en movimiento. El agua interna a la burbuja giraba en todas partes alrededor del anillo central, como si cada una de las espiras del cordón se remolinara teniendo la argolla de cortina como eje; moviéndose el agua hacia adelante, por la parte interna del anillo, y hacia atrás, por la externa, con una velocidad de rotación decreciente a medida que crecía la distancia con respecto al anillo central.

"Se puede visualizar también la manera con que el agua se mueve para dejar paso a la burbuja, ya sea estriando el agua con colorante, o bien suspendiendo bolitas en ella. Abriéndose para quitarse del paso y dejar que la burbuja transite, el agua circundante interviene como si continuara el movimiento rotatorio de aquella que está dentro de la burbuja, y sus partículas se mueven en herradura, de modo tal que, sobre la superficie de la burbuja, el movimiento del agua exterior es idéntico al de la interior; y no hay roce en la intercara, y, como consecuencia, tampoco fricción. La conservación de la forma de la masa de agua en movimiento, venciendo la presión desigual del agua circundante cuando ésta se desaloja, es lo que rinde el movimiento giratorio interno esencial para una masa fluida que avanza a través de un fluido. La fuerza centrífuga de esa rotación es la que equilibra en el agua circundante el exceso de la presión delante y detrás de la burbuja con respecto a la presión lateral. Es imposible tener un anillo en el cual el movimiento giratorio sea grande y la velocidad de avance pequeña. Cuando un movimiento se extingue, lo mismo hace el otro, y toda tentativa de aumentar la velocidad del anillo —apresurando el avance del disco— acaba siempre por destruirlo".[65]

Otro se habría contentado con descubrimientos tan novedosos, Reynolds no; su mente inquieta sigue trabajando, y no hay quien la detenga: "La asombrosa facilidad con que el anillo vorticoso —o el disco con el anillo detrás— se mueve a través del agua planteaba naturalmente la cuestión de por qué un sólido debe experimentar una resistencia. ¿No sería que hay algo en la forma esferoidal peculiar de estas burbujas de agua que les permite moverse libremente? Para probar esto, se construyó un sólido

[65] *Id.*, 277, 278.

con la misma forma de la burbuja fluida, y se le hizo flotar de la misma manera que el disco. Pero, una vez puesto en movimiento, se paró en seguida: no quería moverse por nada. ¿Cuál era la causa de esta resistencia? Había dos objetos, iguales en forma y peso, de los cuales uno se desplazaba libremente a través del agua, mientras que el otro enfrentaba una resistencia muy grande. La única diferencia estaba en la naturaleza de la superficie. Como ya hemos explicado, no hay frotamiento en la superficie del agua, mientras que sí debe existir entre el agua y el sólido; sin embargo, se podría mostrar fácilmente que la resistencia que se opone al sólido es mucho mayor que aquella que resulta de la fricción superficial... El otro único aspecto en que estas dos superficies difieren es que una es flexible, mientras que la otra es rígida; y parece que es justamente ésta la causa de las resistencias diferentes". En efecto, "si se pegan cintas en la orilla del disco, dichas cintas envolverían la burbuja de agua que lo sigue, presentando una superficie que puede ser mucho más grande que la del sólido; sin embargo, siendo ésta una superficie flexible, la resistencia del disco con el vórtice atrás no es mucho mayor que la que resultaría en ausencia de cintas —en nada comparable con la del sólido. Una coloración del agua tras el sólido muestra que no es cierto que éste pase a través del agua sin perturbarla; porque en su estela hay gran agitación. Una cuestión interesante es si esta agitación nace con el [inicio del] movimiento del sólido, o bien sólo con movimiento establecido. Esto se aclara coloreando el agua [que está] inmediatamente frente al sólido, antes del arranque. En cuanto empieza el movimiento, se ve que el colorante se extiende en una película que cubre toda la superficie del sólido; primero sin el mínimo disturbio, pero éste aparece casi de inmediato".[66]

Como siempre, los estudios de Reynolds, investigador solitario, tardaron muchos años en encontrar alguien que los continuara. Mientras tanto, se halló el modo de visualizar también la estela que se forma detrás de cuerpos cilíndricos; y ésto fue motivo de otros hallazgos importantes, que dieron al estudio de la estela una orientación totalmente nueva.

Filas de vórtices

La mayoría de los santos es legítima. Pero hay algunos que no lo son, por el simple hecho de que nunca existieron; naturalmente, cuando esto se descubre, los borran de la

[66] *Id.*, 278.

lista. Es lo que le pasó a San Cristóbal. Su desaparición no dejó de dolernos a quienes queríamos al buen gigante; al cual, por ser tan grande y no caber en su iglesia pequeñita, el pintor campesino acostumbraba representar fuera del templo, en la fachada misma, y todos lo veían de lejos y advertían la fuerza de su protección bondadosa.

Cristóbal, como todos saben, vivía a orillas de un río; un día que éste iba muy crecido, llegó un niño y le rogó que lo llevara a la otra ribera. Cristóbal respondió que lo haría: con sus piernotas, entraría en el río y lo cruzaría en cuatro zancadas. Dicho y hecho: Cristóbal sienta sobre su hombro a la criatura, sujetándola con su manota izquierda; con la derecha agarra el báculo, y se mete en la corriente. Sin embargo, al dar el primer paso, siente que el pequeño pesa como piedra; al dar el segundo, la parece plomo; al dar el tercero, lo agobia como sus pecados: el pobre gigante no aguanta más. Diluvia, la avenida crece y las aguas lo atormentan: troncos golpean sus piernas, piedras aplastan sus pies; con tanto peso, él ya no puede avanzar ni retroceder. El pequeño es el niño Jesús, que lo pone a prueba; Cristóbal triunfa y se vuelve santo.

En las desmesuradas pinturas que lo retratan, Cristóbal aparece siempre con la luenga barba, el báculo y el niño, y los pies metidos en el agua. Así, el pintor se ve obligado a representar la corriente; y al hidráulico le cautiva ver cómo lo hace. Por supuesto, en general no se ve que las piernas del santo afecten al movimiento; pero, de vez en cuando, un artista más atento y perspicaz se esfuerza en mostrar el efecto de esos dos macizos estorbos. En una vieja iglesia de Bolonia, el pie del santo sobresale algo del agua, y, tras él, aparecen en la superficie líquida vórtices dispuestos al tresbolillo.[67] La

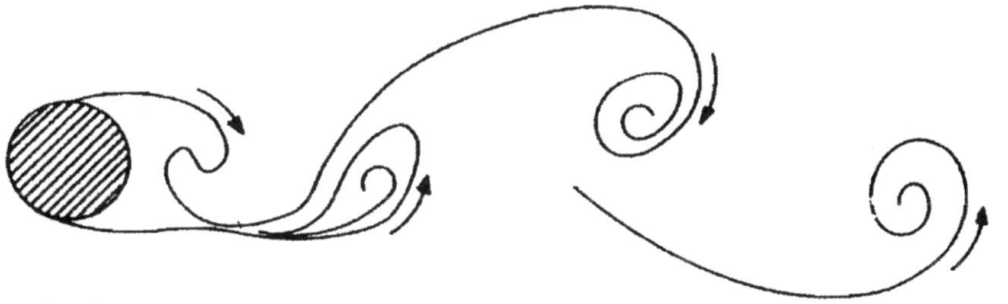

Figura 159

imagen es plausible; en efecto, es común observar —por ejemplo, tras un poste hincado en un río o tras una pila de puente en ocasión de una crecida— el desprendimiento de vórtices, a intervalos de tiempo bien definidos, alternativamente del lado derecho y del izquierdo del obstáculo, así como su arraste por la corriente (figura 159).

[67] Kármán, *Aerodynamics*, 68.

Se trata de una nueva característica de la estela, esta vez asociada con cuerpos cilíndricos, que ingresó oficialmente en la hidráulica a través de fotografías publicadas en 1907 por Henry Mallock, y de un trabajo del año siguiente, *Formation de centres de giration ii l'arriere d'un obstacle en mouvement* [*Formación de centros de giro tras* un obstáculo en movimiento] de Henri Bénard. En éste se describen los resultados de ensayos —realizados a partir de 1904 en un tanque de la universidad de Lyon— con agua y otros tres líquidos de viscosidades aproximativas mitad, doble y cuádruple, arrastrando en ellos con velocidad uniforme sólidos cilíndricos verticales simétricos, provistos de una proa más o menos aguda, casi totalmente sumergidos. El movimiento se analizaba por el "método cronofotográfico": en una fotografía de tiempo, pequeños flotadores brillantes (las *paillettes* de Camichel) aparecen como rayitas orientadas según la velocidad local, de largo inversamente proporcional a la misma. Al mover el cilindro, los vórtices sucesivamente producidos quedaban fijos, formando "una doble fila de hoyos estacionarios, los de la derecha dextrógiros, los de la izquierda levógiros, separados por intervalos iguales". "La superposición casi perfecta de los centros de rotación en las largas series de imágenes de una misma película —anotaba Bénard— muestra con qué exactitud estos centros se vuelven muy pronto estacionarios, siempre que se hayan podido evitar movimientos perturbadores. Además, en un instante determinado, los vórtices alineados sobre una misma fila, todos de diferentes edades, son tanto más próximos a disiparse cuanto más lejos están del obstáculo... Cuando las velocidades de rotación son débiles (baja velocidad del obstáculo o fuerte viscosidad del líquido, y, en todo caso, vórtices próximos a disiparse), los embudos son sensiblemente de revolución (figura 160*a*)... Cuando dichas velocidades son ma-

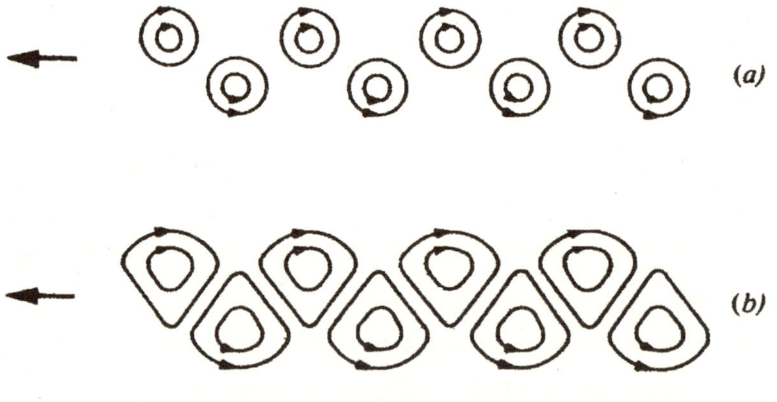

Figura 160

yores (gran velocidad del obstáculo o débil viscosidad del líquido), los embudos de ambas filas se deforman mutuamente: su contorno adquiere la forma de una raqueta, las cavidades son más abruptas por el lado interior y allí su bordo es rectilíneo (figura 160*b*)".[68]

Finalmente, Bénard enuncia su "ley de la equidistancia"; según él, el intervalo —prácticamente constante— entre vórtices sucesivos de la misma fila no depende de la velocidad (por lo menos, dentro del rango de velocidades ensayadas, entre 4 y 22 cm/s); en cuanto a las características del 'obstáculo, sólo depende de su ancho, creciendo aproximadamente como la raíz cuadrada de éste; por último, dicho intervalo se incrementa con la viscosidad, pero mucho más lentamente.[69]

Ludwig Prandtl no conocía este fenómeno cuando, en 1911, se dispuso a determinar experimentalmente la posición de los puntos de separación de la estela de un cilindro circular, posición que había calculado aplicando su teoría de la capa límite. Tenía entonces un candidato al doctorado, Karl Hiemenz, a quien encargó la construcción de un canal de sección rectangular, la colocación en él de un cilindro circular vertical y las mediciones necesarias en corriente de agua. Esperaba una estela apacible, como la acostumbraban representar los hidrodinámicos, y grande fue su sorpresa cuando Hiemenz vino a comunicarle que el flujo oscilaba en forma violenta. "Seguramente —le dijo al alumno— su cilindro no es circular". Hiemenz mandó perfeccionar el cepillado del cilindro, lo colocó nuevamente, y volvió a ensayar: el resultado fue el mismo de antes. "Entonces su canal no es perfectamente simétrico" —señaló el maestro; y el pobre Hiemenz intentó mejorarlo.[70]

La fama de Prandtl había atraído a muchos jóvenes de Alemania y otros países, interesados en la mecánica de los fluidos. Entre ellos estaba Theodore von Kármán, ingeniero mecánico egresado del Real Politécnico de Budapest, que se doctoró y entró como profesor ayudante en Gotinga. El problema de la estela del cilindro no le concernía directamente, pero había despertado su curiosidad; cada mañana, al llegar al laboratorio, preguntaba: "Herr Hiemenz, ¿ya está tranquilo el flujo?", y Hiemenz le contestaba angustiado: "Sigue oscilando".[70] Ya se veía claramente cuál era la causa de la agitación: esos vórtices que se iban desprendiendo alternadamente del cilindro, como las notas de un lento trino que surgen de la cuerda del violín. Hiemenz y Kármán intentaron perturbarlos, con la esperanza de hacerlos desaparecer; pero no fue posible: se trataba de un fenómeno natural, y muy estable.

Kármán era excelente en matemáticas; y decidió dedicar un fin de semana a atacar teóricamente el problema. Para simplificarlo, imaginó que las dos filas de vórtices se

[68] Bénard, 840, 841.
[69] *Id.*, 841, 842.
[70] Kármán, *Aerodynamics*, 70.

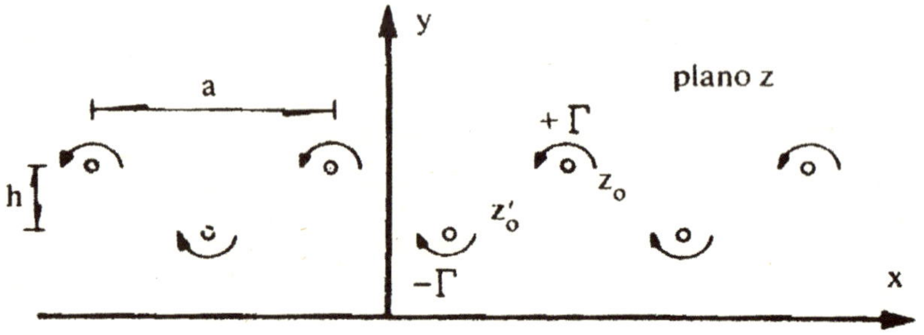

Figura 161

extendiesen indefinidamente a ambos lados (figura 161), e introdujo en su plano una coordenada compleja z = x + iy, con el eje x paralelo a ellas. Supuso que todos los vórtices tenían la misma intensidad: Γ los de la fila superior, -Γ los de la inferior, que giran en sentido contrario. Siendo a la equidistancia de vórtices sucesivos de una misma fila, obtuvo que el potencial complejo del movimiento resultante de la presencia de todos esos vórtices es

$$f = \frac{\Gamma}{2\pi i} \ln \frac{\operatorname{sen}\pi(z - z_0)/a}{\operatorname{sen}\pi(z - z')_0/2}$$

donde z_o y z'_o son las coordenadas complejas de los primeros vórtices a la derecha del eje y, como muestra la figura. Derivando f con respecto a z, obtuvo la velocidad compleja, y de ella dedujo que todos los vórtices avanzan, por efecto de los demás, hacia la derecha, con la velocidad

$$U = \frac{\Gamma}{2a} \tanh \pi \frac{h}{a} \qquad (1)$$

siendo h la distancia entre las filas.

El hecho de que la velocidad de todos los vórtices sea la misma implica que la configuración se mantiene inalterada al desplazarse; pero había que comprobar si también permanecería así al someterla a una perturbación. Entonces Kármán imaginó desplazar un poquito la posición de un vórtice sin mover a los demás, y calculó qué resultaba. Se produjo un desbarajuste general: al desalojamiento de uno de los vórtices seguía, con el tiempo, el de todos lo demás, y la configuración se deshacía, siempre que la razón h/a no tuviese el valor de 0.36, único que aseguraba la estabilidad. Aplicó el mismo método a una doble fila de vórtices que fuera simétrica, es decir, con los vórtices frente a frente; halló que en tal caso siempre hay inestabilidad, lo cual explica por qué, aunque a veces se vea que del obstáculo se desprenden dos vórtices a un mismo tiempo, nunca logra formarse una doble hilera de ese tipo.

El lunes, Kármán fue a ver a Prandtl; le explicó sus cálculos y resultados, y le pidió su opinión. "Tiene Ud. algo —contestó el maestro—. Redáctelo, y yo lo presentaré en la Academia". Kármán escribió rápidamente su trabajo, el cual fue publicado. Sin embargo, luego se le ocurrió una duda: tal vez, mantener fijos todos los vórtices menos uno es demasiado restrictivo; ¿por qué no suponerlos todos móviles? Esto requirió cálculos más complicados, que exigieron varias semanas de trabajo.[71] El resultado definitivo fue que, para que el sistema sea estable, debe ser

$$\mathrm{senh}\,\pi = \frac{h}{a} = 1 \tag{2}$$

ecuación que, resulta, da

$$h = 0.281\,a \tag{3}$$

o sea, la doble fila alterna, perturbada, regresa a su configuración inicial si —y sólo si— la relación entre separación de filas y separación de vórtices es 0.281. Demostración brillante, nueva y singular que, evitando explicar el mecanismo de emisión de los

Figura 162

vórtices, justifica la legitimidad de cierta estela al excluir por inestables configuraciones rivales; lo cual, por cierto, no deja de ser algo controvertible, pues la estabilidad, aceptada como requisito único e incontestable, sólo subsiste cuando la estela está totalmente desarrollada (con "infinitos" vórtices), y no mientras se está formando, que es el caso real. Por el mismo procedimiento, Kármán logró calcular la fuerza de arrastre R a la que un cilindro inmóvil está sujeto. Siendo (figura 162) V la velocidad de la corriente y U la de los vórtices (dada por la fórmula 1), obtuvo que

$$R = \frac{\gamma^2 \rho}{2\pi a} + \frac{\gamma\,\rho h}{a}(V - 2U) \tag{4}$$

[71] *Id.*, 70, 71.

Ahora, la condición 2 da que tanh $(\pi h / a) = 1\sqrt{2}$, de donde, remplazando en la ecuación 1, resulta que

$$\Gamma = 2\sqrt{2}\ a\ U \tag{5}$$

Si despejamos el coeficiente de arrastre K de la expresión

$$R = K\rho D \frac{V^2}{2} \tag{6}$$

donde D es el diámetro del cilindro, y tomamos en cuenta las relaciones 3, 4 y 5 obtenemos finalmente

$$K = \frac{a}{D}\left[1.59\frac{U}{V} - 0.63\left(\frac{U}{V}\right)^2\right]$$

fórmula que, remplazada en la 6, permite calcular fácilmente la fuerza de arrastre.[72]

Estos resultados sugerían un cambio radical en el enfoque del problema de la resistencia. Para Kármán, el punto fundamental de dicho problema consiste en determinar "hacia qué configuración límite tiende el escurrimiento de un fluido viscoso alrededor de un cuerpo sólido, cuando pasamos al caso extremo del fluido perfecto. El hecho de que, en este caso, se obtenga una resistencia poco más o menos independiente del coeficiente de viscosidad, nos autoriza a presumir que —en el caso límite— la resistencia estará determinada por tipos de flujo que pueden presentarse en un fluido perfecto". Y concluye: "Ahora es seguro que ni el flujo potencial llamado 'continuo', ni tampoco el 'discontinuo', descubierto por Kirchhoff y Von Helmholtz, pueden expresar propiamente este caso límite".[73] Además, la producción de vórtices demuestra que las líneas libres, fronteras de la estela, no son estables: "Cuando un cuerpo se pone en movimiento a partir del reposo,... empieza a formarse algún tipo de 'capa de separación' *(Trennungsschicht);* ésta se va enrollando poco a poco, primero simétricamente a ambos lados del cuerpo, hasta que alguna perturbación destruye su simetría, después de lo cual se inicia el movimiento periódico".[74]

¿Hasta qué punto los resultados teóricos de Kármán concuerdan con la realidad física? En primer lugar, hay que notar que el fenómeno no se manifiesta con cualquier

[72] Goldstein, 557-563.

[73] Durand, vol. I, 367, 368.

[74] *Id.*, 370.

velocidad V, o —para expresarnos más correctamente— con cualquier valor del "número de Reynolds" $\rho VD/\mu$. Con valores mínimos, no hay estela; luego, ésta empieza a aparecer en forma de un par de vórtices simétrico fijo, como el de la figura 158, considerada en dos dimensiones. Por encima de cierto valor crítico del número de Reynolds, el par de vórtices, una vez constituido, se alarga más y más en la dirección del flujo, se hace asimétrico y abandona el obstáculo; la asimetría altera la distribución de presiones alrededor del cuerpo y los vórtices alternados comienzan a desprenderse (figura 159). La frecuencia de emisión de éstos crece poco a poco —hasta cierto límite— con el número de Reynolds. La doble fila empieza a dividirse comúnmente a una distancia de cuatro a cinco diámetros tras el cilindro y, cuando la agitación general de la corriente no es excesiva, persiste durante un trecho considerable aguas abajo. Al alcanzar números de Reynolds mayores de algo así como 2 500, aunque siga produciéndose el desprendimiento alternado de vórtices, éstos se difunden muy rápidamente, y la doble fila deja de ser discernible.

Por otro lado, la separación entre vórtices no es tan regular como se podría deducir de las previsiones teóricas: el ancho de la pista aumenta con la distancia, y la razón h/a va cambiando. Kármán, que bajo una hipótesis había calculado h/a = 0.36 y bajo otra, h/a = 0.28, con celeridad llevó a cabo mediciones, que le dieron —para un número de Reynolds de 2 000, aproximadamente— una razón entre 0.28 y 0.30, confirmando así su último resultado. Años después, Tyler halló experimentalmente que h/a vale 0.308 cerca del obstáculo, pero crece gradualmente aguas abajo, porque el ensanchamiento de la pista no va acompañado de un aumento congruente de la separación entre vórtices consecutivos. Rosenhead y Schwabe obtuvieron h/a = 0.32, siempre que el canal sea muy ancho con respecto al diámetro del cilindro; sin embargo, se dieron cuenta de que este valor puede crecer mucho al reducirse dicha anchura. El mismo valor de 0.32 lo obtuvo Richards, tras un cilindro elíptico muy alargado.[75]

Discos, esferas y gotas

En Inglaterra, el recuerdo del experimento de Reynolds había mantenido vivo el interés en estudiar la estela tridimensional. Mientras Hiemenz en Gotinga batallaba con su canal, Eden, experimentando en el *National Physical Laboratory* de Teddington,

[75] Goldstein, 568, 569.

observó y fotografió la emisión de curiosos anillos vorticosos oblicuos tras una placa plana inclinada con respecto a la corriente. Lo primero que se les ocurrió a quienes, quince años más tarde, quisieron interpretar teóricamente el fenómeno fue considerarlo análogo al bidimensional, en el sentido de que la sección de los anillos mediante un plano trazado por el eje de la estela debía ser un sistema de vórtices alternos. Con tal motivo, se consideró inicialmente un modelo teórico que suponía la presencia, tras la placa, de una serie de anillos toroidales paralelos entre sí. Sin embargo, resultó que, si los anillos se presumían oblicuos, su conjunto no podría mantenerse centrado en el eje de la estela, sino que se iría desviando siempre más hacia un lado; mientras que anillos normales a la corriente constituirían una configuración inestable, que se desbarataría de inmediato.

Se concluyó que había que volver a observar el fenómeno con más cuidado. Eden realizó ensayos en un canal de tres pulgadas de ancho, cuatro de profundidad y diez pies de largo, cuyo funcionamiento no fue óptimo. Allá por el año de 1930, Dorothy Marshall y T. E. Stanton decidieron continuar los estudios utilizando un dispositivo totalmente nuevo. La evidencia de que es más fácil conseguir un flujo simétrico estable en un conducto vertical que en uno horizontal los llevó a la solución que muestra la figura 163: el tanque superior, cúbico, de 3 pies de lado, hecho de madera y con una cara de vidrio, alimentaba un tubo vertical AB también de madera, con sección cuadrada de 1.5 pulgadas de lado interior y de aproximadamente 10 pies de largo, provisto de una entrada A, en boca de campana, y caras de vidrio en su parte inferior. En la sección C, entre la linterna L y la cámara fotográfica F, se colocaba el disquito horizontal que funcionaba como obstáculo.

La visualización se realizaba inyectando en C agua coloreada proveniente del depósito D. En un principio, la inyección se efectuaba frente al centro de la boca A del tubo; sin embargo, la estela resultaba siempre asimétrica, lo cual se atribuyó a una desviación del filamento de color en el trayecto. Como el disco estaba sostenido desde abajo por un delgado vástago vertical, se decidió remplazar éste con un tubito e inyectar el colorante a través de él, para que saliera por el centro de la cara ubicada aguas arriba del disco mismo. La situación mejoró; pero todavía era difícil conseguir un flujo uniforme del colorante hacia el contorno. Finalmente, se salvó la dificultad sustituyendo el disquito por dos, muy delgados y cercanos entre sí, y haciendo que el colorante brotara en medio de ellos.[76]

[76] Marshall, 295-298.

La estela se caracterizó por la presencia del anillo vorticoso, que fue estable para números de Reynolds (referidos al diámetro del disco) entre 5 y 195. "En flujos que excedían el límite superior —anotaron los investigadores— se manifestó una perturbación oscilante en el anillo, con el resultado de que sucesivas porciones de su sustancia descargaban aguas abajo, a intervalos de tiempo regulares que dependían del gasto de la corriente y de las dimensiones del disco... El fenómeno no podría describirse como una efusión del anillo vorticoso en conjunto. La impresión que se deducía de la observación visual era que, en [correspondencia con] la velocidad crítica superior, el gradiente de presión hacia dentro, en el anillo, resultaba insuficiente para conservarlo; como consecuencia, porciones externas del anillo mismo, en contacto con fluido proveniente de aguas arriba, se desprendían".[77] Dichas porciones parecían ser anulares y separadas entre sí; pero los resultados negativos de la investigación teórica acerca de la estabilidad de una estela de anillos hicieron que al principio los observadores "viesen" un vórtice en espiral, que se desenrollaba saliendo de la arista del disco; interpretación que sugirieron en una nota preliminar remitida al *Aeronautical Research Committee*. La nota fue examinada por L. Rosenhead, quien, revisando las fotos que la ilustraban, llegó a la conclusión de que —para él— allí no había ninguna espiral, sino que de hecho se trataba de anillos vorticosos. Entonces se reanudaron los ensayos. Con el fin de visualizar la estela en el espacio, utilizando dos linternas y tres espejos, se halló el modo de recibir sobre la placa fotográfica, una al lado de otra, imágenes simultáneas tomadas según dos direcciones en ángulo recto entre sí. Y fue evidente que la estela era una secuencia de lazos vorticosos, estirados en el sentido del flujo.[78]

Figura 163

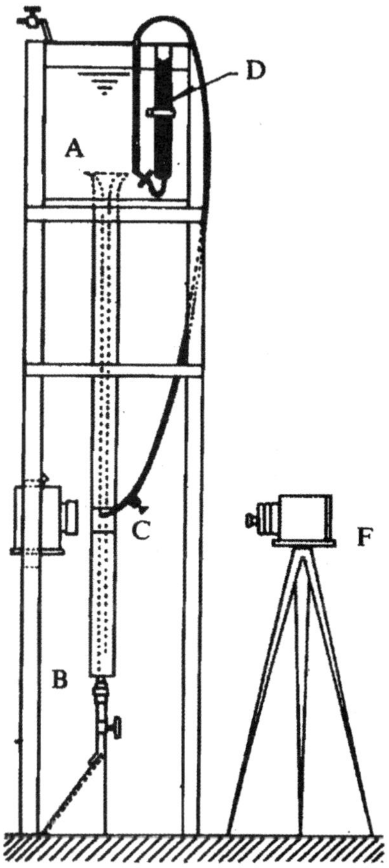

La estela de una esfera había sido objeto de observaciones desde 1915, por parte de D. H. Williams; pero los resultados, durante más de tres décadas, fueron confusos y a veces parecieron contradictorios. Según Williams, el anillo vorticoso estacionario solamente se forma tras la esfera con números de Reynolds $\text{Re} = \rho VD/\mu$ (siendo D el diámetro de la esfera) no menores de 720; sin embargo, en 1923, Nisi y Porter lograron fotografiar este efecto con Re = 8.14. En

[77] *Id.*, 298.
[78] *Id.*, 300.

1956, Taneda —empleando una técnica semejante, pero más perfeccionada— concluyó que el anillo comienza a parecer con Re = 24. Para números de Reynolds mucho más grandes, Foch y Chartier, en una Memoria de 1935, describen la estela como constituida por dos espirales simétricas entrelazadas, que nacen de lados opuestos de la esfera y se enrollan en el mismo sentido; tres años después, Möller la ve como una serie de anillos, eslabones de una cadena; en 1957, Cometta, sin comprometerse mayormente, niega que existan espirales. En 1959, Torobin y Gauvin, habiendo realizado, por encargo de un grupo de ingenieros químicos canadienses, una investigación documental sobre movimientos de partículas sólidas en el aire, afirman: "La observación de la estela de una esfera está sembrada de dificultades y, con mucha frecuencia, fenómenos que parecen establecidos claramente por un observador se verán contradichos por otro trabajo igualmente legítimo".[79] Y concluyen confesando que "una reseña de la literatura acerca de la estela de la esfera muestra que el conocimiento de esta compleja región lo obstaculiza la carencia de material experimental adecuado, combinada con las dificultades teóricas comunes a los estudios de sistemas de flujo donde los términos inerciales son significantes".[80] De hecho, en la parte que debería tratar acerca de la estela de la esfera, Torobin y Gauvin dedican sólo tres páginas a este tópico, y llenan otras cinco con información sobre la estela del cilindro, a la cual, por ser más fácil de estudiar, le correspondía una literatura mucho más abundante.

La situación seguía confusa cuando de repente, en 1961, se aclaró de la manera más curiosa. Dos investigadores de Nueva Escocia, R. H. Magarvey y Roy Bishop, querían estudiar el comportamiento de las gotas de un líquido al pasar a través de una masa quieta de otro, especialmente lo relativo al proceso de agregación de gotas pequeñas para formar una grande. Investigaciones meteorológicas acerca de la fusión de gotas de lluvia iguales entre sí habían revelado que ésta puede realizarse cuando la distancia entre los centros de las gotas es bastante mayor que su diámetro; lo cual hacía suponer que el contacto no se realizaba a través de las gotas mismas, sino de sus estelas. Era natural pensar que si esto sucedía en el aire, también ocurriría en un medio líquido; así que Magarvey y Bishop trataron de visualizar dichas estelas. Para ello, decidieron dejar caer a través de agua gotas de líquidos más pesados (tetracloruro de carbono y clorobenceno), coloreados con anilina, y fotografiarlas con sus estelas, visibles gracias a la coloración.

Puesto que —según la ley de la resistencia— luego de un breve recorrido acelerado las gotas adquieren una velocidad de caída constante proporcional al cuadrado de su

[79] Torobin, 167-169.
[80] *Id.*, 175.

diámetro, al variar el tamaño de éstas, se podían obtener estelas correspondientes a diferentes números de Reynolds. Se descubrió que, para Re comprendido entre 17 y 210, la estela consiste en una burbuja fluida A con su anillo toroidal adentro, tal como Reynolds lo había observado tras el disco; pero el globo se prolonga hacia atrás en un delgado filamento rectilíneo BC (figura 164*a*); esta etapa fue llamada "fase I". Al sobrepasar Re el valor 210, tiene lugar una transfiguración curiosa: el filamento trasero se desdobla en un par de hilos paralelos más delgados (figura 164*b*). Esta segunda fase es sorprendente, pues implica que, tras una gota dotada de simetría axial, existe una configuración que no posee dicha simetría, porque está contenida en un plano cuya orientación resulta ser casual. La "estela bífida" permanece así hasta Re = 270. Al crecer un poco el número de Reynolds, la estela pierde estabilidad y se ondula como muestra la figura 164*c*; sin embargo, se mantiene siempre doble (fase III); nótese que el segundo filamento no

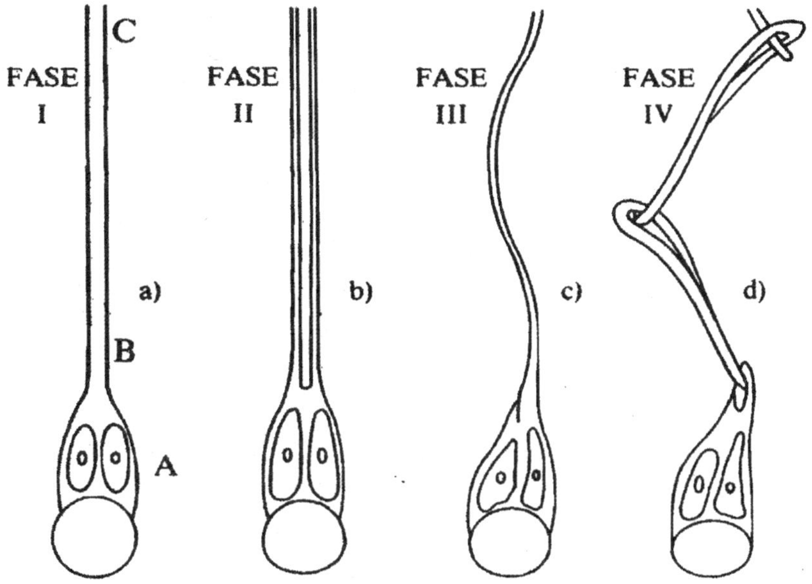

Figura 164

aparece en el dibujo, pues queda detrás del que se ve. En esta fase, la burbuja oscila perpendicularmente al que era el plano —y ahora se ha vuelto una superficie cilíndrica ondulada— que contiene ambos filamentos; y colea, de modo que a las ondulaciones emitidas se siguen agregando más y más, a medida que la gota va bajando.[81]

A partir de *Re* = 290, empieza una emisión periódica de lazos vorticosos, ligados el uno al otro como muestra la figura 164*d* (fase IV). Aquí la burbuja también oscila, y la

[81] Magarvey, 1418-1421.

inclinación alterna de los lazos se debe justamente al vaivén de la coleadura. Para Re = 410, la configuración vuelve a cambiar: los lazos se separan y se disponen en una doble fila de anillos transversales que la gota abandona en su camino, alternados como los vórtices de Bénard y ligados por un delgado filamento suelto que los atraviesa, pasando de un lado a otro. La simetría y periodicidad de estas configuraciones se pierden con números de Reynolds mayores de 700. Todavía existen entonces anillos vorticosos, pero sus centros ya no se acomodan en un plano, ni conservan equidistancias.[82]

Naturalmente, las gotas no son cuerpos sólidos: si con bajas velocidades de caída adquieren una forma casi esférica, esta configuración se va aplastando siempre más a medida que la velocidad aumenta (figura 164); asimismo, cuando avanzan, dejan detrás su estela inmóvil. ¿Produciría una corriente en movimiento configuraciones parecidas tras una esfera fija? ¿Y también tras otros cuerpos de revolución, por ejemplo, un disco o un cono?

¿Crisis o evolución?

Estas preguntas giraban dentro de mi cabeza después de que leí el trabajo *Transition ranges for three-dimensional wakes* (*Clases de transición para estelas tridimensionales*) de Magarvey y Bishop. Además, no estaba muy convencido de que —como la lectura podía dar a entender— el paso de una fase a otra implicara un brinco, un cambio radical, una crisis. ¿No podrían ser las fases el resultado de una evolución progresiva de estructuras vorticosas presentes desde el principio? Para aclarar el asunto había que repetir el experimento, utilizando no un conjunto discreto de cuerpos en caída libre, sino un obstáculo inmóvil dentro de una corriente, cuya velocidad se pudiera cambiar en forma progresiva a fin de que el número de Reynolds relativo variara con continuidad.

Para esto, se requería un dispositivo experimental de gran precisión capaz de producir flujos laminares regulables con exactitud e insensibles a perturbaciones externas. Me hallaba entonces (era el año de 1974) en Manchester, y se me ocurrió que no podía conseguir ningún aparato tan perfecto como el tanque de Reynolds que allí se conservaba. Con la debida autorización de Don McDowell, una vez que los estudiantes aprendieron a distinguir adecuadamente los regímenes laminar y turbulento, tuve el tanque a mi completa disposición. Mandé confeccionar un tubito de 0.8 mm de diámetro interior y 16

[82] *Id.*, 1421, 1422.

cm de largo, terminado en un cono O, con ángulo de abertura de 700 y diámetro final de 3 mm, y lo inserté como prolongación en la boquilla F del inyector de colorante, señalada en la figura 93. Así, el cono, que constituía el obstáculo, quedaba en una zona de flujo regular y establecida, y de su interior salía un líquido coloreado que hacía visible la estela (figura 165). Ensayos preliminares permitieron comprobar que, al variar la velocidad de la corriente (abriendo o cerrando la válvula de control *C*, figura 93) y con ella el número de Reynolds, aparecían las diferentes fases que Magarvey y Bishop habían observado. Por supuesto, al ser el obstáculo ahora cónico en vez de esférico, las velocidades críticas cambiaban: por ejemplo, la transición de la estela ondulada a la de lazos ocurría con $Re = 235$, en vez del $Re = 290$ registrado para las gotas.

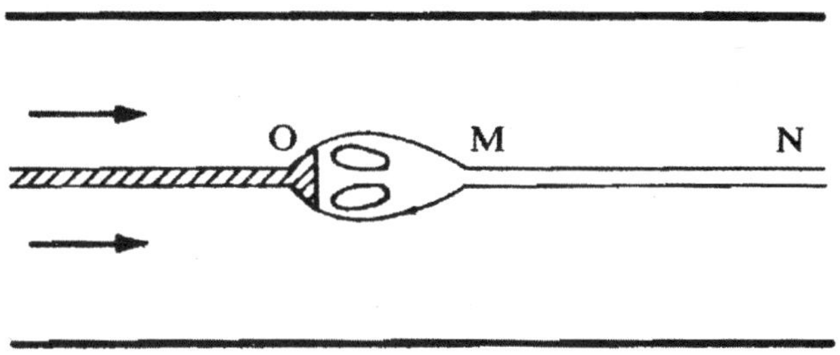

Figura 165

De las fotografías correspondientes a la fase 1, dos revelaron un rasgo curioso e imprevisto: la superficie del filamento trasero no aparecía lisa, sino estriada por dos y seis filetes helicoidales paralelos, cuyo paso era bastante menor en el segundo caso que en el primero. Esto permitía suponer que, al crecer la velocidad, nazcan dentro de la burbuja (de la cual la figura 166 muestra una sección transversal), entre el anillo vorticoso A y el pie del filamento F, unos vorticillos V que ruedan todos en el mismo sentido y, por tanto, se ven forzados a girar alrededor del filamento. En efecto, es fácil comprobar teóricamente que dos vórtices de igual intensidad y sentido de rotación actúan uno sobre otro, haciéndose girar sobre una circunferencia con centro en el punto medio entre ellos. Las estrías helicoidales se explicarían así por el hecho de que dichos vórtices serían arrastrados aguas abajo por la corriente, pero sin dejar de formarse dentro de la burbuja. La reducción del paso de las espirales al crecer su número correspondería a un aumento en la velocidad de giro de los vorticillos alrededor de F.[83]

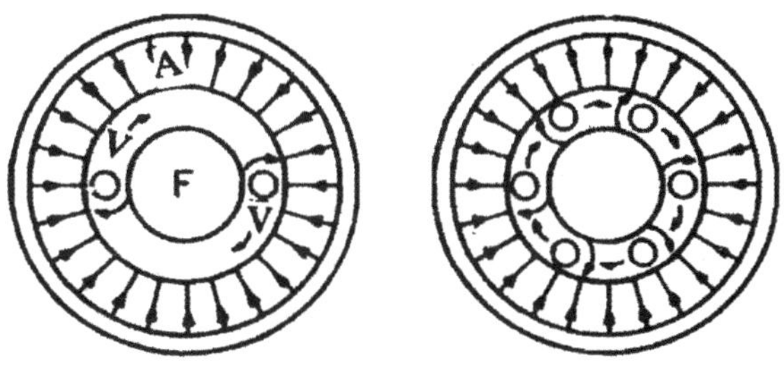

Figura 166

Con un número de Reynolds más grande, apareció la estela bífida; sin embargo, presentó una característica extraña: los dos filamentos no nacían del centro de la burbuja,

[83] Levi, *Wakes*, 661, 662.

Figura 167

sino de un lado. Este fenómeno puede considerarse como una comprobación de la hipótesis de que ellos sean vórtices de igual intensidad, pero que giran en sentido opuesto. Como sabemos, dos vórtices iguales y opuestos se ven obligados, por efecto mutuo, a caminar al mismo paso en sentido normal a la recta que los une; por tanto, los vórtices M, M', nacidos en el centro de la burbuja, se desplazarían de inmediato hasta topar con el anillo vorticoso, quedando así en posición excéntrica N, N' (figura 167).

Existen otras comprobaciones de que la estela bífida está constituida por filamentos vorticosos que giran en sentido opuesto. En un trabajo de 1949, Ross Gunn relata una experiencia curiosa. Interesado en medir carga eléctrica y velocidad de caída de gotas de lluvia de masas diferentes, se dedicó a controlar, con un aparato orientado verticalmente, la caída de tales gotas. Entonces se dio cuenta, con gran extrañeza, de que podía observar todas las gotas excepto aquellas cuyo peso era de medio miligramo aproximadamente, las cuales parecía que se perdían en el camino. Un reconocimiento del caso permitió descubrir que las gotas "extraviadas" se salían de la vertical, eludiendo así los controles del aparato. En la época en que se llevaban a cabo esos ensayos, aún no se sabía nada acerca de la estela de un cuerpo esférico; por tanto, se pensaba que ésta se comportaría como la de un cilindro, dando lugar a la emisión periódica de vórtices alternos. Por tal motivo, Gunn comparó la frecuencia propia de la oscilación de las gotas de lluvia con aquella que correspondería a un cilindro de igual diámetro; y encontró que, justamente para gotas de medio miligramo, las dos frecuencias coincidían. De esto concluyó que el comportamiento anómalo de tales gotas podía deberse a algún "efecto de resonancia". La explicación implicaría que dichas gotas realicen oscilaciones de gran amplitud y por eso salgan de la zona de medición. Es fácil darse cuenta de la falacia de este argumento: en efecto, el diámetro de tales gotas es de 1 mm y su velocidad de caída terminal de 4 m/s, aproximadamente. Si calculamos el número de Reynolds, lo hallamos dentro del intervalo, correspondiente a la fase II, o sea que la estela no es periódica, sino bífida y, por tanto, estable. La explicación más verosímil es la siguiente: siendo los dos filamentos de esta estela vórtices iguales y contrarios, tienen que desviarse mutuamente, comunicando a la gota el mismo desplazamiento; esto la obligaría a una caída oblicua que justifica plenamente el resultado de Gunn.[84]

Aceptemos pues que la estela bífida provenga de un par de vórtices iguales y contrarios. ¿Cómo se puede haber pasado de la fase I, del filamento simple, a ésta?

[84] *Id.*, 662, 663.

Parece que, al crecer el número de Reynolds, nacerían perturbaciones capaces de modificar las configuraciones simétricas de vorticillos delineados en la figura 166: un vórtice de igual sentido de rotación, pero intensidad diferente, caminaría con velocidad distinta y acabaría por fundirse con otros análogos en un vórtice mayor; uno de sentido opuesto los destruiría; y se alcanzaría un estado de equilibrio cuando quedaran dos vórtices iguales y opuestos, como los de la figura 167; sistema perfectamente estable que constituye la fase II.[85]

Luego surge la otra pregunta: ¿cómo se pasa de la fase II a la III? La clave de la mutación parece estar en el hecho, fácil de comprobar,[86] de que, al crecer *Re*, la intensidad de los vorticillos aumenta. Ahora, dos vórtices de suficiente intensidad, encerrados dentro de un contorno circular, no quedan quietos, sino que, por influencia mutua, empiezan a girar en órbitas (figura 168). Entonces, si la estela se observa desde la dirección *A*, se verá ondulada, como muestra la vista *A* de la figura 168 (que corresponde a la 164*c*). Por tanto, quien mirase la estela desde B tendría que verla con expansiones y contracciones sucesivas. ¿Será esto cierto? Revisé todas las fotografías de la fase III publicadas por Magarvey y Bishop; pero en ellas aparecía un solo filamento, o bien —si el segundo lograba asomarse— el sesgo de la estela con respecto a la cámara no había sido suficiente para permitir apreciar el efecto en cuestión. Una razón de lo anterior debía ser que la estela ondulada corresponde a un intervalo de velocidad demasiado reducido; y, en efecto, tampoco con el aparato de Reynolds era posible mantenerla estable. Para visualizarla, opté por filmar con películas de alta velocidad (mil cuadros por segundo) la transición de la fase II a la IV desde dos direcciones ortogonales entre sí, próximas a la *A*, *B*; digo "próximas" porque, como el plano de la estela bífida varía algo con el tiempo, no era posible garantizar de antemano su dirección. Las películas evidenciaron justamente oscilaciones parecidas a aquellas trazadas en la figura 168 vista *B*, tanto más amplias cuanto mayor era la velocidad de la corriente; lo cual puede considerarse como prueba fehaciente de la veracidad del mecanismo propuesto. De hecho, se consiguió una comprobación no sólo cualitativa, sino también cuantitativa, calculando

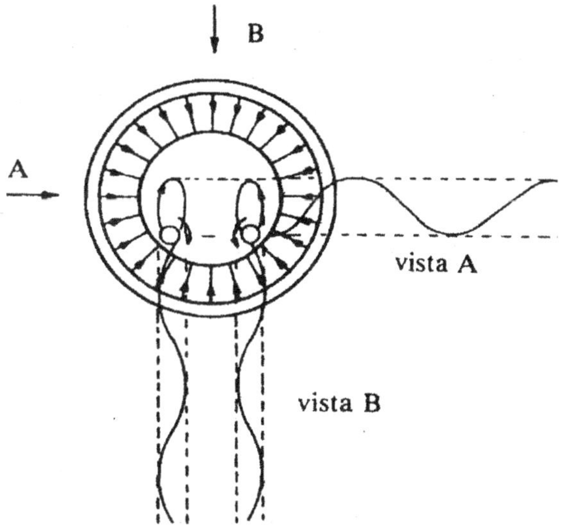

Figura 168

[85] *Id.*, 662.
[86] *Id.*, 667.

teóricamente las amplitudes de las oscilaciones y comparándolas con las medidas en las filmaciones.[87]

Para $Re = 235$ apareció en el extremo de la burbuja una ligera deformación, que se debía al asomo de la punta del primer lazo. Los siguientes cuadros de las películas mostraron el desarrollo paulatino de éste —su abrir y cerrar— y luego la formación parecida del segundo y el tercero, avanzando al mismo tiempo todo el sistema hacia aguas abajo. Un detalle interesante fue que los lazos no aparecieron en direcciones alternas, como en la figura 164*d*, sino paralelos; lo cual puede explicarse por la oscilación de la burbuja (efecto observado anteriormente por Newton en la caída de esferitas) en contraste con la inmovilidad del cono utilizado en este ensayo. Otro aspecto notable fue que el par de filamentos de las fases II y III permanecía al aparecer los lazos. Cerca de la punta del lazo, los filamentos —que salían en dirección normal a éste— se torcían en herradura como para abrazarla; prueba evidente de que, si lazo y filamento son estructuras vorticosas, el primero es mucho más intenso que el segundo. Al abrir más y más la válvula de control, la emisión de lazos era siempre más rápida; hasta que —tal vez debido a que la corriente circundante se había vuelto turbulenta— los lazos se desfiguraban por completo.

Quedaba por contestar la pregunta: ¿de dónde provienen los lazos? Todo parecía confirmar la observación de Marshall y Stanton, de que se trata de porciones externas del anillo vorticoso. Efectivamente, no olvidemos que a medida que la velocidad de la corriente aumenta, la intensidad de los vorticillos que dan origen al par de filamentos crece también, y sus órbitas se dilatan cada vez más. Vendrá un momento en que los filamentos ejerzan presión sobre el anillo y lo empujen hacia fuera, como muestra la figura 169. Se crearían dos protuberancias *B*, *B*', que la corriente externa arrastrará, formando un lazo; puesto que los vorticillos van girando, y las protuberancias caminan con ellos, desde *A* —donde nace la punta del lazo— hasta C, C', donde las órbitas se alejan del anillo, el contacto se pierde y el lazo termina. El regreso de los vorticillos a la posición central hará que empiece el lazo siguiente, el cual a su vez, a medida que se va formando, será arrastrado por la corriente. Esta explicación justifica la presencia simultánea de lazos y filamentos ondulados, así como la intensidad mucho mayor de los primeros, que provienen del vigoroso anillo central.[88]

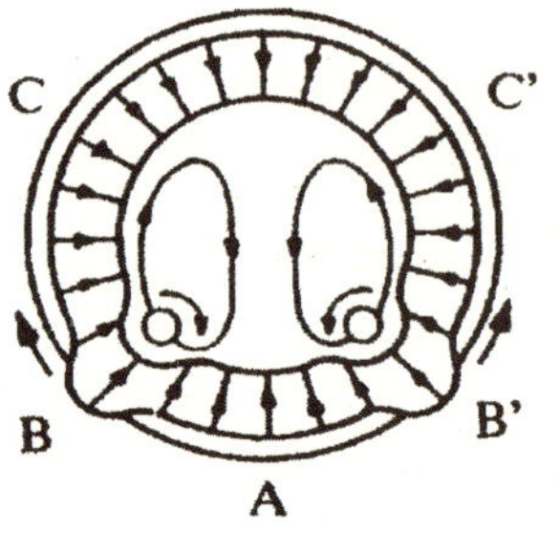

Figura 169

La ondulación de la estela bífida y, posteriormente, la emisión de lazos no serían —por tanto— cambios críticos, sino manifestaciones de una evolución gobernada por

[87] *Id.*, 664-672.
[88] *Id.*, 663, 664.

el movimiento de un par de vorticillos iguales y opuestos, presentes en el espacio interior del anillo toroidal que se forma tras el obstáculo.

Un encuentro afortunado

En una Memoria presentada en el Tercer Congreso Internacional de Matemáticos, que se llevó a cabo en Heidelberg en 1904, hallamos el dibujo que corresponde a la figura 170. Reproduce un aparato construido para estudiar experimentalmente la estela de una pila cilíndrica. Girando con movimiento uniforme la rueda de la derecha, se hacía circular al agua en el canal, y el flujo se visualizaba por medio de corpúsculos flotantes. Pero el trabajo mencionado, cuyo título era *Über Flüssigkeitbewegung bei sehr kleiner Reibung* (*Sobre el escurrimiento con fricción muy pequeña*), no se limitaba a esto. Como las características de la estela deben explicarse en relación con el comportamiento de

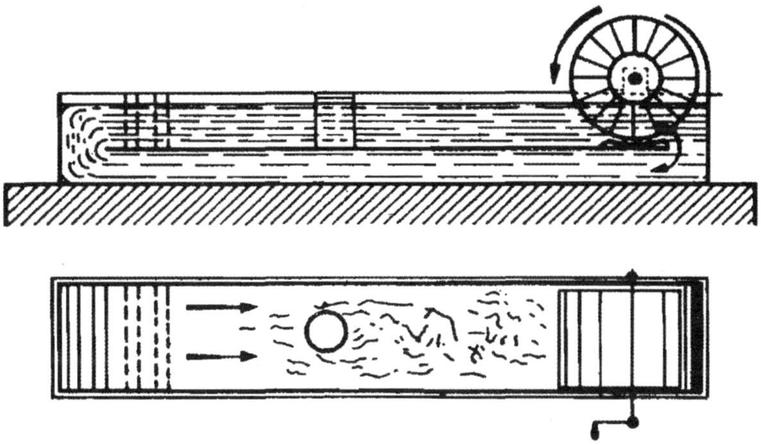

Figura 170

la corriente en la proximidad inmediata del obstáculo, quien quiera entender la estela tiene que estudiar inicialmente tal comportamiento; y para ello, el autor daba ciertas sugerencias. El autor era Ludwig Prandtl, y sus indicaciones iban a revolucionar la mecánica de los fluidos.

"La cuestión que es, con mucho, la más importante del problema —escribía— es la del comportamiento del flujo cerca de la pared de un cuerpo sólido. Se toma en cuenta de modo adecuado el proceso físico [que se realiza] en la capa límite entre la corriente y el sólido, cuando se supone que la corriente se adhiera a la pared, de manera que allí la velocidad resulte dondequiera nula, a saber, igual a la del cuerpo. Ahora, si la fricción es muy pequeña, y el recorrido de la corriente no cubre todo el largo de la pared, la velocidad tendrá que adquirir su valor normal. A pesar de las pequeñas constantes de fricción, las bruscas diferencias de velocidad en la angosta capa de transición producen entonces efectos apreciables.

"Este problema se trata de la mejor manera realizando aproximaciones sistemáticas en la ecuación diferencial general. Si μ se supone pequeño del segundo orden, el espesor de la capa de transición resulta pequeño del primer orden, y lo mismo la componente normal de la velocidad. La diferencia de presión [en sentido] transversal puede despreciarse, así como una eventual curvatura de las líneas de corriente. La distribución de presión de nuestra capa de transición resulta comunicada por el flujo libre. Para el problema plano, que es el único que he tratado hasta ahora, y bajo el punto de vista estacionario, se obtiene (siendo x la dirección tangencial, y la normal, u, v las componentes relativas de la velocidad)

$$p\left(u\frac{\partial u}{\partial x}+v\frac{\partial u}{\partial y}\right)+\frac{dp}{dx}=\mu\frac{\partial^2 u}{\partial y^2} \qquad (1)$$

y además

$$\frac{\partial u}{\partial x}+\frac{\partial v}{\partial y}=0$$

"Si, como es usual, dp/dx está dado con exactitud, y además [se conoce] el comportamiento de u en la sección inicial, todo problema de este tipo puede resolverse numéricamente, pues es posible obtener, por cuadraturas, para toda u la $\partial u/\partial x$ correspondiente. Así, con el auxilio de uno de los procesos de aproximación conocidos, se puede avanzar paso a paso en la dirección x".[89]

Podemos entender mejor la esencia de la propuesta de Prandtl como sigue. La ecuación de Navier-Stokes es la herramienta para el análisis del movimiento de los fluidos; sin embargo, su integración resulta —por lo general— irrealizable, debido a la complicación que el término viscoso introduce en ella. Además, según tuvimos oportunidad de observar, los fluidos usuales, fuera de la proximidad inmediata de paredes sólidas, pueden ser estudiados más fácilmente considerando el fluido como si fuera perfecto. Entonces, ¿por qué no dividir el escurrimiento en dos partes interdependientes, pero distintas en su interpretación matemática: "por un lado, el *flujo libre* que, de acuerdo con las leyes de vorticidad de Helmholtz, puede tratarse como no viscoso, y por otro, las

[89] Prandtl, 577, 578.

capas de transición a los contornos fijos, capas cuyo movimiento queda controlado por el flujo libre y que, sin embargo, proporcionan a dicho flujo un rasgo característico, por la emisión de superficies vorticosas"?[90] De este modo, sólo hay que integrar la ecuación de Navier-Stokes en la capa límite que va desde el cuerpo hasta la distancia donde la corriente deja de ser afectada por éste; pero, como dicha capa es sumamente delgada, allí la ecuación mencionada puede reducirse a la forma 1, e integrarse fácilmente según las sugerencias de Prandtl.

La contribución de Prandtl era —hay que reconocerlo— bastante insólita para un congreso de matemática, aun teniendo en cuenta que a tales reuniones acudían entonces muchos físicos, no sólo teóricos, sino también experimentales; en efecto, no había en ella desarrollos matemáticos importantes, ni resultados prácticos; sólo un programa, cuyo interés tal vez ninguno de los participantes podía apreciar. La suerte quiso que esa Memoria llamara la atención de Félix Klein. Conocido desde su juventud, porque —a los 23 años— propuso, en su "programa de Erlangen", un tratamiento general y conjunto de todas las geometrías, consideradas como el estudio de esas propiedades de las figuras que son invariables con respecto a un grupo de transformaciones, ahora —a los 54 años de edad— Klein era uno de los matemáticos más estimados en el mundo. Su inconcusa autoridad y su pragmatismo le permitían a veces hacer burla de los excesos de sus colegas, que inculcaban en los estudiantes el empleo casi exclusivo del método lógico abstracto: "Se propone a uno de ellos un problema —decía—, por ejemplo de máximo o mínimo, donde interviene una simple función algebraica. El cauto alumno empieza a preguntarse si la función dada es continua; luego de un largo trabajo, se encuentra en condición de comprobarlo. Ahora, hay que derivar esta función, pero ¿será derivable? Basta: ante la duda, será más prudente renunciar".[91] Sobre todo, Klein percibía que la matemática en manos de los matemáticos es como el dinero en las de los banqueros: sirve para producir más matemáticas. Son los individuos interesados en aplicarlas —como el industrial emprendedor que sabe incrementar al diez por uno el préstamo del banco— quienes sacan el mayor provecho de ellas.

Klein se interesó en el trabajo de Prandtl, y —por supuesto— en su autor, quien a los 29 años era ya profesor titular en el politécnico de Hannover. Se acercó a él y le invitó a dar un paseo: allí se dio cuenta fácilmente de la genialidad del joven colega. Caminaban juntos por las pintorescas calles de la vieja Heidelberg y bordeaban la apacible corriente del río Neckar que, saliendo de la garganta del Odenwald, iba a reunirse con

[90] *Id.*, 579.
[91] Enriques, 189, 190.

el Rin. Prandtl hablaba con animación acerca de sus experiencias y planes. Explicaba cómo y por qué la teoría de la estela, coronación de la hidrodinámica, también adolecía de limitaciones, pues era incapaz de predecir hasta dónde la corriente sigue el obstáculo y en qué punto se separa de él; y cómo la teoría de la capa límite que él proponía sí estaba en condición de resolver ese tipo de problemas y muchos más. Entraron en una taberna llena de alegres estudiantes, y allí, sentado frente a un tarro de cerveza, Klein le preguntó a Prandtl: "¿Quisiera Ud. venir conmigo a Gotinga?".

¿Ir a una universidad? Eso parecía imposible. Prandtl era ingeniero mecánico y los ingenieros no enseñaban en universidades, sino en politécnicos. Las universidades alemanas de entonces manifestaban la más fría reserva hacia todos los aspectos de la técnica, mientras que los politécnicos guardaban con celo el monopolio correspondiente. Sin embargo, a Klein nunca le había gustado esta división, que —manteniendo a las primeras demasiado abstractas y a los segundos demasiado prácticos— impedía el contacto con cuestiones técnicas a personas capaces de elevarse por encima del problema específico y hacer ciencia. Prandtl era un individuo así; pero, si permanecía en Hannover, quedaría atado a proyectos particulares que acabarían por ahogar su talento: ¿por qué pues no llevarlo a la vieja universidad de Gauss?

De hecho, hacía tiempo que Klein había empezado a actuar en contra de este distanciamiento. Cuando se perdió la esperanza de evitar la separación radical entre politécnicos y universidades, él propició que, al menos en su universidad, se pudiesen realizar aplicaciones técnicas de las ciencias exactas. Habló con industriales de la localidad a fin de obtener su apoyo. Uno de ellos especialmente, Henry Böttinger, director de una fábrica de pinturas, se entusiasmó con la idea, otros lo siguieron, y Klein pudo conseguir donativos para construir en la universidad un laboratorio de máquinas motrices. Como consecuencia del éxito de la empresa, se fundó, en 1898, la *Göttinger Vereinigung zur Förderung der angewandten Physik und Mathematik* (*Asociación gotinguense para el adelanto de física y matemáticas aplicadas*), asociación cuyo símbolo representaba a Mercurio y Minerva tomados de la mano frente al árbol que produce las manzanas de oro, teniendo como fondo la simpática ciudad de Gotinga. Aunque se pidió una cuota de ingreso de cinco mil marcos y una anual de quinientos a cada socio promotor, se reunieron más de cincuenta, a los cuales se sumaron otros treinta miembros científicos, catedráticos de la universidad. Böttinger y Klein fueron electos presidentes.

Klein le explicó a Prandtl todo esto. También le dijo que en Gotinga, por el momento, solamente se le podía ofrecer una cátedra de profesor extraordinario, lo cual implicaría una reducción de salario con respecto al de aquella que dejaría en Hannover; pero que la Asociación le compensaría con un sobresueldo. Si aceptaba, sería director del Instituto de Física Técnica. Prandtl aceptó, y se mudó ese mismo verano.

El efecto de la capa límite

Eran los años heroicos de la aeronáutica. Prandtl propuso una teoría que, extendiendo aquella establecida por Kutta para alas de largo infinito, permitía estudiar las de envergadura normal. Para comprobarla, se necesitaba un túnel de viento, y la posibilidad de obtenerlo se presentó en 1907. Su proyecto y construcción tardaron años, de modo que sólo en 1913 se pudo disponer de él.

La novedad del diseño de la instalación —de circuito cerrado— requería verificar el funcionamiento del túnel, comparándolo con el de otros, en particular con aquel de Alexandre Eiffel, creador de la famosa torre de 300 m de altura que, inaugurada para la Exposición Internacional de París de 1889, fue durante muchos años el edificio más elevado del mundo. Como Eiffel había determinado experimentalmente los coeficientes de resistencia de diferentes cuerpos sólidos, Prandtl quiso comprobar si, en iguales condiciones, su flamante dispositivo permitía obtener los mismos valores. Los resultados de todos los cuerpos ensayados concordaron, excepto el de la esfera: mientras que en Gotinga se halló para su coeficiente el valor de 0.44, Eiffel había encontrado 0.176. Se repitió el ensayo con esferas de diámetros diferentes, pero el resultado no cambió. Siendo el coeficiente de resistencia función del número de Reynolds, ¿cómo era posible que dos laboratorios obtuviesen resultados tan diferentes en correspondencia con el *mismo* valor de aquel? La discrepancia —anota Prandtl— "fue sumamente extraña, porque asestaba un fuerte golpe a la noción —hasta entonces considerada absolutamente válida— de la vigencia, con buena aproximación, de la ley cuadrática de la resistencia (o sea, de que ésta varía en proporción con el cuadrado de la velocidad). Pareció que todo el principio de la prueba sobre modelos, que está fundado sobre esta ley, se llegaría a tambalear. Por otro lado, no era posible dudar de que el resultado [de Gotinga] fuese correcto, ya que, poco tiempo antes, el centro de pruebas militar italiano en Roma había encontrado resultados perfectamente equivalentes con relación a la resistencia de esferas en agua...".[92] Prandtl notificó a Eiffel la discordancia entre sus resultados.

En su respuesta, Eiffel señaló que los dos valores del coeficiente sí eran posibles, pero para números de Reynolds diferentes, pues había observado una reducción brusca

[92] Prandtl, 598.

de dicho coeficiente, de 0.44 a 0.176, en correspondencia con Re = 130 000. Prandtl encargó a uno de sus ayudantes, Wieselberger, que determinara cuidadosamente la curva de variación del coeficiente de resistencia con Re; y éste comprobó el salto de valores, pero no alrededor de Re = 130 000 sino de 260 000, el doble del valor de Eiffel.

Eiffel opinaba que la causa del brinco era un cambio de régimen del flujo, de laminar a turbulento; y Prandtl lo aceptaba. Sin embargo —decía— "como el núumero de Reynolds mide el orden de magnitud de la proporción de las fuerzas de inercia con las de fricción dentro de la corriente que rodea al cuerpo, parece extraño que un cambio en la naturaleza del flujo —resultado del efecto mutuo de dichas fuerzas— sobrevenga para un valor de dicho número tan elevado que implicaría que las fuerzas viscosas jueguen un papel totalmente secundario".[92] Entonces, dejando de lado por un momento el desacuerdo con Eiffel, se dedicó a tratar de entender la razón del brinco.

De hecho —reflexionó— esos números de Reynolds valen para el "flujo libre" alrededor del cuerpo, pero no para la capa límite, que es donde debe presentarse el cambio de régimen; en efecto, dentro de ésta, en condiciones críticas, fuerzas de inercia y fuerzas de fricción tienen que equilibrarse. Ahora, supongamos que V sea la velocidad externa, D el diámetro de la esfera, considerado como longitud característica de la capa límite, y σ el espesor de esta última. La fuerza de inercia por unidad de volumen estará dada por el primer término de la ecuación 1 del subcapítulo anterior

$$\rho u \frac{\partial u}{\partial x} \simeq \rho \frac{V^2}{D}$$

y la de fricción, por el último término

$$\mu \frac{\partial^2 u}{\partial y^2} \simeq \mu \frac{V}{d^2}$$

Considerar que el brinco de valores del coeficiente de resistencia acontece cuando se equilibran los dos tipos de fuerza implicará que

$$\rho \frac{V^2}{D} = \mu \frac{V}{\delta_c^2}, \text{ o sea } \frac{\delta_c}{D} = \sqrt{\frac{\mu}{\rho V D}} = \frac{1}{\mathrm{Re}}$$

(siendo δ_c el espesor crítico); lo cual, con Re = 260 000, daría δ_c/D = 1/510. Como éste es un espesor adecuado para la capa límite, la verosimilitud de la hipótesis queda comprobada.

Prandtl imaginaba la separación según se muestra en la figura 171. La pared se ha representado como eje x, y se han señalado con rectas verticales varias secciones normales sucesivas, a las cuales se ha asociado el correspondiente perfil de las componentes u de la velocidad. Para cada sección, la capa límite abarca el tramo en que el perfil se mantiene curvilíneo; mientras que la zona exterior, donde el perfil se hace vertical, representa el flujo libre. Por supuesto, la escala vertical ha sido muy exagerada con respecto a la horizontal. Si la corriente se va frenando, por ejemplo debido a un incremento de la presión a lo largo de la pared, se llegará a una posición A en la cual la tangente al perfil es vertical: ése es el *punto de separación,* frente al cual la capa límite adquiere su espesor crítico δ_c. Más adelante, como en B, tendrá lugar una inversión de velocidades, quedando una zona —separada de la corriente por la frontera AC— en la que el fluido va recirculando. Esto nos permite ubicar el punto de separación A: es aquel donde, para y = 0, se tiene también $\partial u / \partial y = 0$.

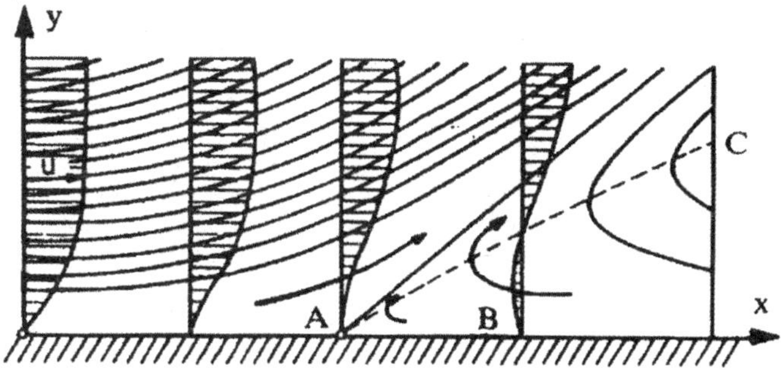

Figura 171

La explicación que Prandtl daba para la redacción de resistencia al cambiar el régimen de flujo dentro de la capa límite era que cuando ésta es laminar, la estela sería como muestra la figura 172*a*, pero al volverse turbulenta, dicha estela se angostaría bruscamente (figura 172*b*). He aquí el "experimento crucial" que Prandtl ideó para comprobarla: "En el lado de adelante (barlovento) de la esfera de 28 cm [de diámetro], a 15° del ecuador [*BB*], se colocó un arillo [*AA*] de alambre, de 1 mm de grueso. Como, de acuerdo con el cálculo arriba indicado, para todas las velocidades que se utilizaban en las pruebas el espesor de la capa límite resultó inferior a 1 mm, el arillo, que se había ubicado algo adelante de la línea de separación, debería —por un vórtice que nace tras él— volver turbulenta la capa límite, y así recorrer hacia atrás dicha línea. En efecto, las pruebas demostraron que, gracias al arillo, se rebajó, en todo el rango de velocidades, el coeficiente de resistencia [en una cantidad] entre 0.085 y 0.09... Por tanto, se puede suponer que, con velocidades muy pequeñas para las cuales la capa límite sea notablemente más gruesa que el arillo, el coeficiente de resistencia se volverá a elevar".[93]

Esto último se comprobó con "una segunda prueba en la que, a diferencia de la primera, el arillo estaba algo detrás del sitio de separación de la capa límite laminar,

[93] *Id.*, 603.

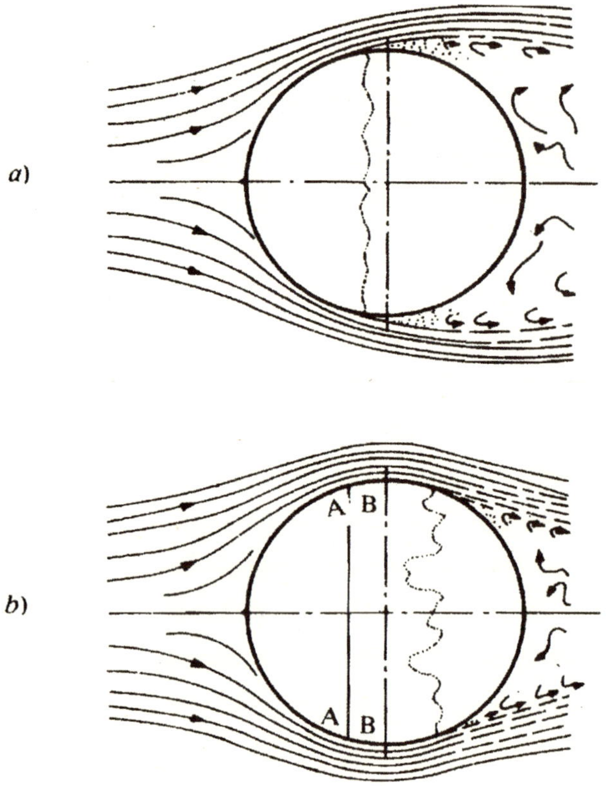

Figura 172

a saber: en el ecuador [*BB*] (figura 172b*)*. Para las velocidades más pequeñas, como el alambre quedaba dentro del ángulo muerto, no produciría efecto; por el contrario, para las más grandes, permanecería dentro de la corriente, y debería actuar de manera parecida a [lo que hacía en] la primera posición". Realmente, esto es lo que se encontró. Además se pudo observar un efecto de histéresis, síntoma de un fenómeno que hoy denominamos de catástrofe: "Como detalle interesante, hay que mencionar ahora que, entre 160 000 y 200 000, con el arillo [ubicado] en el ecuador, se observaron dos valores de la resistencia: el más elevado se obtuvo aumentando lentamente la velocidad, a partir de las velocidades pequeñas; el más bajo, reduciéndola paulatinamente a partir de las grandes. Asimismo, es fácil ofrecer una aclaración de esto: una vez que la corriente se ha pegado primero al arillo, por la vorticidad que éste produce, se pega también más allá; de modo que entonces la velocidad puede reducirse en algo, sin que la corriente se despegue. Si, por una mayor reducción de la velocidad, resulta luego la separación, el arillo se vuelve de inmediato totalmente ineficaz,... y se requiere otro incremento de la velocidad para hacerlo de nuevo efectivo. Naturalmente, las asperezas superficiales producen un efecto similar al de los arillos. Un ensayo preliminar con una esfera forrada mostró que, también es este caso, el brinco se desplazaba hacia las velocidades más pequeñas".[94]

Para visualizar lo que sucede dentro de la estela, Prandtl utilizó inyección de humo: "Se comprobó que a valores elevados de la resistencia —para los cuales la corriente se despegó desde 5 hasta 8° con respecto al ecuador de la esfera— les correspondió una corriente como la de la figura 172*a*. Cuando el humo [proveniente] de atrás penetró en la zona muerta, fue fácil reconocer la línea de separación, que exhibía lentos movimientos ondulatorios (línea punteada en dicha figura). Al valor más bajo de la resistencia le

[94] *Id.*, 603, 605.

correspondió un flujo como [se ve en] la figura 172b, con una línea de separación entre 10 y 25° tras el ecuador, la cual [se veía] muy inestable y oscilaba hacia adelante y hacia atrás (línea punteada en la figura 172*b*). Parece que el estado de separación llega a realizarse de manera que la porción desprendida golpea alternada e irregularmente como lengua sobre el ecuador. A esto corresponde una fluctuación muy fuerte de las resistencias, y además se manifiestan fuerzas laterales muy intensas que, cuando la esfera no está bien asegurada, la hacen oscilar transversalmente. En la región de vórtices, tras la esfera, los movimientos son sumamente irregulares: el humo inyectado allí se dispersaba tanto en todos los sentidos, que a duras penas podía reconocerse una dirección de la corriente. Las flechas dibujadas en la figura sólo indican la tendencia general del flujo.[95]

Y ¿cómo se explicó el desacuerdo con Eiffel? Del hecho de que una reducción considerable de resistencia se asocia con la aparición de turbulencia, Prandtl infirió que lo que debía ocurrir era que el túnel de viento (de circuito abierto) utilizado por dicho investigador introducía en la zona de prueba más turbulencia que el de Gotinga. Tal vez el responsable fuese un rectificador del flujo (rejilla constituida por tiras de lámina cruzadas en ángulo recto) colocado antes de la tobera de entrada del túnel de Eiffel. "Si esta fue la razón del brinco —reflexionó Prandtl— entonces un obstáculo similar, situado antes de la esfera, tendría que producir el mismo efecto. Por tanto, se armó un bastidor rectangular con cuerdas de 1 mm de grueso que formaban una rejilla de mallas de 5 cm. Al colocar éste frente a la boca de la tobera, se notó de inmediato una disminución de la resistencia, la cual en un intervalo considerable (entre 190 000 y 260 000) se redujo a menos de la mitad... Además, se puede mencionar que se ensayaron otros dispositivos para producir turbulencia; por ejemplo, delgados listones de madera. En todos los casos, el efecto fue análogo: la reducción de resistencia parecía intensificarse con la entidad del estorbo".[96] No sólo todo se había aclarado, sino que también se disponía de una comprobación palmar del acierto de Prandtl al dar tanta importancia al papel de la capa límite en los escurrimientos sobre paredes.

También un obstáculo fluido

En 1891, un joven de 22 años ensayaba aeromodelos en su jardín. De constitución fuerte, cabeza grande, pelo liso y corto bigote, rápido en sus movimientos, conservaba

[95] *Id.*, 605.
[96] *Id.*, 602.

en su apariencia el desgarbo de un muchacho; y como el de un muchacho era su entusiasmo. Frederick Lanchester se había apasionado por las máquinas voladoras y, observando el vuelo de sus pequeños aviones (o "aeródromos", como se decía entonces), se preguntaba: "¿Por qué, siendo más pesados que el aire, no se caen? ¿De dónde sacan su sustentación?". No de comprimir el aire debajo de sus alas, como dos siglos antes Giovanni Borelli había imaginado que se sostenían los pájaros; porque si bien es cierto que, al paso del ala, bajo ella puede resultar una ligera compresión del aire y por encima una rarefacción igualmente ligera, dada la continuidad de la masa atmosférica éstas son realmente mínimas. Lo que sí debe de ocurrir es que, al desplazarse, el ala crea una corriente hacia abajo, a la cual tendrá que dejar lugar otro aire, que se verá desplazado. Pero, ¿hacia dónde? Probablemente más allá del extremo del ala, donde deberá producirse un movimiento inverso, de abajo hacia arriba. La combinación de ambos movimientos crea un giro; el giro, un vórtice. Ahora, como Helmholtz había comprobado, un vórtice, no se puede interrumpir: por un lado, deberá extenderse sobre toda el ala; por el otro, prolongarse en dos filamentos dirigidos hacia atrás a partir de los extremos del ala misma (figura 173). Este mecanismo implica la composición de dos movimientos: el de abrir y cerrar del aire al paso del avión, y el vorticoso que este último lleva consigo. Se sabía muy bien —porque los artilleros ingleses lo habían conocido y estudiado desde 1761— que si a un proyectil se le proporciona una rotación, éste se desvía; manifestación evidente de una fuerza que lo empuja hacia un lado. Por tanto —pensaba Lanchester— la circulación creada por el vórtice alrededor del ala debe inducir una fuerza de abajo hacia arriba, la "de sustentación", que sostiene en el aire a la máquina voladora; sustentación tanto más intensa cuanto más rápida sea el avance de ésta. He aquí pues el secreto del vuelo de los pájaros; el que permitiría a cuerpos más pesados que el aire desplazarse dentro de él.

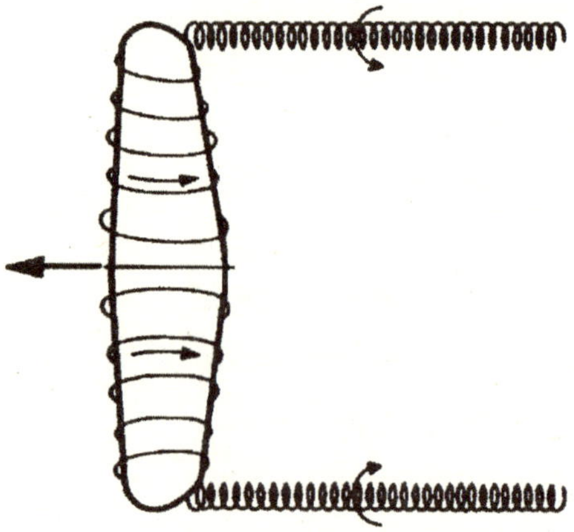

Figura 173

Años más tarde, Lanchester confió a Dugald Clerk su propósito de diseñar, con base en este principio, un motor mucho más ligero que todos los construidos hasta entonces para impulsar un avión. "Lanchester —le respondió Clerk, posándole amistosamente la mano sobre el hombro— déjame decirte algo: puede ser que estés en lo correcto; pero eres joven y tienes que considerar tu crédito. Si presentaras en serio una propuesta así, adquirirías la fama de inventor loco; y tu reputación como ingeniero quedaría por lo suelos".[97] El consejo hizo que Lanchester abandonara el proyecto, pero no que interrumpiera sus especulaciones. En 1894 expuso su teoría de la sustentación vorticosa, en una conferencia ofrecida a la *Natural History and Philosophical Society* de Birmingham. Redactó luego el texto de la plática, lo fue afinando y puliendo con todo esmero, y finalmente lo sometió al juicio de un ilustre miembro de la *Royal Society*, con la esperanza que ésta lo aceptara en sus *Proceedings*. Ese señor, después de leer el trabajo, lo devolvió al autor, sugiriendo que mejor lo enviase a la *Physical Society:* pero también ésta lo rechazó. Amargado, Lanchester renunció a publicarlo y lo archivó, limitándose a solicitar una patente, para proteger su invento.[97]

Muchas eran las patentes que Lanchester había conseguido desde que, a los 21 años, ocupó el puesto de gerente de fábrica de la Compañía Forward de Motores de Gas. Se trataba de inventos útiles, y las regalías, bastante jugosas, le permitieron obtener una buena independencia económica. Entonces entró en la industria automovilística para producir, en 1896, el primer "Lanchester", de dos cilindros; y durante una decena de años dejó los aviones a un lado. Mientras tanto la aeronáutica, si bien había progresado, no había salido del estado empírico a pesar de las importantes contribuciones teóricas de Kutta y Joukowski: una ciencia aeronáutica tenía que nacer. Lanchester se dedicó a escribir y publicó —entre 1907 y 1908— los dos tomos de un voluminoso tratado, *Aerial flight* (*Vuelo aéreo*), fruto de sus ideas y experimentos: el primer tomo contenía las teorías de la fricción superficial y de los vórtices; el segundo, la de la estabilidad. Muchos adquirieron el libro, pero pocos lo entendieron. "La exposición de Lanchester —comentaría Prandtl más tarde— es difícil de seguir, ya que pide mucho a las percepciones intuitivas del lector; y nosotros estuvimos en condición de captar en el acto su sentido sólo porque trabajamos en actividades parecidas".[98]

Efectivamente, en 1908 Prandtl encargó a uno de sus colaboradores la traducción al alemán de *Aerial flight;* y ésta se publicó en 1909. Lanchester fue invitado a Gotinga, donde sus modales cautivaron a la gente de allí. Ese hombre —escribiría luego la hija de Karl Runge— "presentaba un contraste singular con los científicos ingleses que Runge había conocido hasta entonces... Había frescura infantil y vigor en su disposición hacia todo lo que caía dentro de su particular esfera de interés. Pensaba clara e incisivamente y, si sentía que lo entendían, empezaba a hablar de modo jocoso, acompañándose a menudo de reflexiones paradójicas y rasgos de ingenio".[99] Cuando,

[97] *Engineering Heritage*, 155.
[98] Durand, 342.
[99] *Engineering Heritage*, 157.

en el túnel de viento de Gotinga, se visualizó con humo el comportamiento de alas de envergadura reducida, de inmediato aparecieron los dos filamentos vorticosos que Lanchester había predicho (figura 173).

Con el transcurso de los años, el hecho de que al aumentar la velocidad del avión crece su sustentación, y con ella la carga que puede llevar, instigó a los proyectistas a diseñar aviones siempre más rápidos. Esto ocasionó un acercamiento a la velocidad del sonido, peligrosa porque, al alcanzarla, el aparato topa con una *barrera sónica*, que entraña un súbito incremento extraordinario en la resistencia que se opone a su avance. Se descubrió que si las alas, en vez de quedar perpendiculares al fuselaje, se adelgazan y se retiran, haciendo que formen con éste ángulos del orden de 30° a 50° o más, no sólo se retarda el atascamiento mencionado, sino que, al producirse, su severidad se reduce. Naturalmente, esto requirió muchas pruebas en modelo, en las cuales se consideraba útil observar —en cada caso— los filamentos de Lanchester, porque su estructura proporciona cierta información acerca del escurrimiento alrededor del ala. No hubo mayores novedades hasta que, en abril de 1957, un informe publicado por el *Aeronautical Research Council* sorprendió a los investigadores británicos: en cierta circunstancia, el filamento, a corta distancia del ala, se había hinchado formando una bola impresionante.

El fenómeno se había observado al ensayar una nueva ala, en forma de delta: el filamento *AB*, como detenido de repente por un obstáculo hemisférico, colocado en su eje, al cual tenía que rodear, se ensanchaba en una burbuja C de fluido 'casi estacionario (figura 174). Por detrás de la burbuja, el filamento salía nuevamente, pero ahora en forma de un cordón fluido *DE* de aspecto mudable, que giraba lentamente. ¿Cuál podía ser la causa? Varios investigadores intentaron estudiar este efecto, que se llamó *vortex breakdown;* tal empresa no era nada fácil: la estructura se mostraba poco estable y sumamente sensible a disturbios, como el que podía causar la introducción de cualquier dispositivo medidor, por pequeño que fuese. Al examinar el movimiento en derredor, se

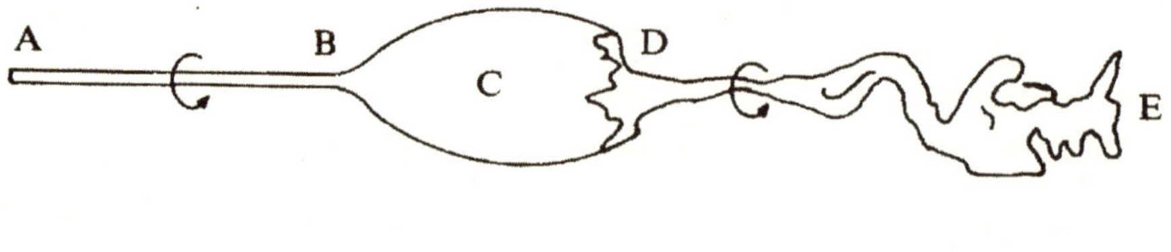

Figura 174

descubrió que también el aire próximo estaba girando alrededor de *AE*. El fenómeno se observó con detalle y se fotografió.

En el Imperial College de Londres, en 1960, había un dispositivo construido para estudiar vórtices turbulentos. Era, esencialmente, un tubo transparente de 3.5 pulgadas de diámetro, por el cual se hacía correr el aire, aspirándolo con un pequeño ventilador; la entrada, en forma de embudo, contenía un anillo de álabes de inclinación ajustable, a fin de dar al aire entrante un movimiento rotatorio. J. K. Harvey intentó producir el *breakdown* utilizando ese aparato y, con algunas mejoras, lo consiguió. Al inyectar humo por el eje del tubo visualizaba el filamento vorticoso central; luego cerraba poco a poco los álabes de entrada, aumentando así su sesgo. De repente el colapso apareció, muy abajo; y, con un ligero cierre ulterior de los álabes, fue posible subirlo a un sitio conveniente para su observación. El efecto de sesgar progresivamente los álabes era aumentar la velocidad tangencial del flujo en comparación con la longitudinal. Cuando la razón entre esas dos componentes era baja, se creaba en el eje del tubo un núcleo constituido por un filamento vorticoso normal; al aumentarla, se provocaba el colapso; con valores todavía mayores, en el núcleo la velocidad se invertía, y nacía una corriente central retrógrada. De esto, Harvey dedujo una conclusión importante: que el colapso es el fenómeno que funciona como puente entre dos tipos fundamentales de flujo rotatorio.

"La observación —agrega Harvey— permitía inferir una segunda conclusión: que el flujo, luego de sufrir el colapso, no degeneraba inmediatamente en un movimiento inestable aleatorio,... sino que, por el contrario, mantenía una constitución bien organizada, pues la burbuja se cerraba y restablecía el flujo vorticoso normal [tramo *DE*]. Ahora, si el colapso se hubiese debido esencialmente a la aparición de algún tipo de inestabilidad, esta observación habría sido difícil de explicar por dos motivos: en primer lugar, una inestabilidad implica un estado en el que una perturbación irá creciendo sin control, lo cual, en mecánica de fluidos, significa usualmente que el escurrimiento degenera en un movimiento transitorio. En este experimento, la suavidad con la cual se formó la burbuja, aun sin ofrecer una prueba [perentoria], parece sugerir que no se trata de una inestabilidad que implique un proceso divergente. En segundo lugar, el regreso al escurrimiento normal aguas abajo de la burbuja mostraba que el cambio de un régimen a otro es reversible, más característico de fenómenos 'críticos' que de inestabilidades".[100]

La singularidad del fenómeno constituía un reto para los investigadores, así que de inmediato surgieron muchas hipótesis acerca de su causa y esencia: alguien lo había considerado como resultante de inestabilidad —lo cual, según acabamos de leer, Harvey objetaba—; otro, como una separación centrífuga; otro más, como una onda estacionaria. Por último, T. Brooke Benjamin, de Cambridge, había sugerido que era

[100] Harvey, 587-589.

una transición entre dos estados fluidos conjugados dinámicamente, uno subcrítico y otro supercrítico, así como el salto hidráulico en canal abierto; y había corroborado, mediante un convincente análisis matemático, esta interpretación, que evidentemente Harvey compartía.

Por supuesto, el colapso del vórtice no es exclusivo del aire: también se puede producir en agua, cuando ésta avanza girando en un conducto. De esta manera, Turgut Sarpkaya logró estudiarlo en todas sus manifestaciones y lo visualizó con célebres fotografías de color que fueron publicadas por el *Journal of Fluid Mechanics* en 1971. El dispositivo de Sarpkaya, parecido al de Harvey, utilizaba un tubo transparente de dos pulgadas de diámetro, precedido por un tramo divergente; en total medía más de un metro de largo. Al reforzar poco a poco el remolino con un cierre progresivo de los álabes de entrada, se vio que el filamento vorticoso central se iba deformando: "En cuanto el ángulo de los álabes fue aumentado lentamente hasta 20°, hacia el final del tubo [de diámetro] uniforme se desarrollaron ondas en espiral, y el filamento se estiró en una banda que, luego de varias revoluciones en hélice, reventó en turbulencia. Cuando el ángulo de los álabes subió a 30°, el filamento se desaceleró rápidamente cerca de un punto [ubicado] más o menos a unos seis diámetros del principio del tubo divergente y, después de un quiebre abrupto, se deformó en una configuración espiral, que se mantuvo por unos cuantos giros y luego rompió en una turbulencia en gran escala... El sentido de rotación de la espiral era *idéntico* a aquel del fluido que rodeaba el filamento inicial. Un pequeño incremento de la abertura distorsionaba el filamento de modo tal que, luego de la primera vuelta, éste manifestaba una tendencia a regresar, girando hacia el quiebre... Mayores incrementos en la abertura daban lugar a... la expansión y repliegue del filamento, del quiebre en adelante, antes de concluir la primera vuelta.

"De ulteriores aumentos del gasto resultaron disposiciones casi simétricas, como muestra la figura 174. El filamento no se abrió de golpe para formar un 'tulipán', sino que más bien conservaba su integridad por una corta distancia,... y luego se expandía en una banda ondulada. Todo el arreglo era bastante inestable, y se lanzaba adelante y atrás a lo largo del eje, aunque abertura y gasto quedasen constantes. Para remolinos —o ángulos de los álabes— mayores, la estructura del colapso se movía progresivamente hacia aguas arriba; y, para una determinada combinación de abertura y gasto, la burbuja se convirtió en un cuerpo liso y casi simétrico... El filamento original daba vuelta en espiral alrededor de este cuerpo... y, cerca del extremo aguas abajo, se expandía en una banda triangular, parte de la cual entraba en espiral rápidamente en la burbuja, mientras que el resto giraba [también] en espiral alrededor de un filamento relativamente más ancho, desprendido de una porción del anillo vorticoso atrapado en el interior de la burbuja... El eje del anillo giraba con una frecuencia regular alrededor del eje del tubo. El fluido llenaba la burbuja por su lado más próximo a la porción aguas abajo del anillo y se vaciaba por la porción aguas arriba... Este proceso simultáneo de llenado y vaciado, posiblemente debido a inestabilidades en la estela de la burbuja, resultaba —aguas abajo de esta última— en un nuevo núcleo vorticoso, que se comportaba como un giroscopio, con movimiento de precesión alrededor del eje del tubo de periodo igual a aquél de la rotación del eje del anillo vorticoso".[101]

Mediciones de la componente longitudinal de la velocidad demostraron que, en una sección transversal del tubo, aquélla va creciendo rápidamente al alejarse de la pared, hasta alcanzar un valor máximo, para después decrecer hasta un mínimo en el eje. Esta velocidad mínima va bajando a su vez a lo largo del eje y llega a anularse allí donde empieza la burbuja. Las evidencias son claras: la burbuja, bola fluida estancada dentro de la cual gira un anillo vorticoso, se comporta exactamente como un obstáculo. La diferencia con el obstáculo sólido usual es que aquí todo gira alrededor del eje, y la estela se enrosca en espiral debido al movimiento giratorio general; pero, de hecho, podemos afirmar que el colapso del vórtice ofrece un ejemplo curioso en el cual la corriente, alcanzando —por su rotación— las condiciones de estancamiento sin que exista un cuerpo sólido que las provoque, crea para sí misma un obstáculo fluido equivalente.

[101] Sarpkaya, 551, 552.

8

Fenómenos periódicos

Cómo Galileo veía el agua oscilar

Si un recipiente lleno de agua hasta el nivel *AB* (figura 175) avanza con movimiento uniforme y de repente se frena o acelera, la superficie del agua se inclinará hacia atrás o adelante, adquiriendo las posiciones *A' B'* o *A'' B''*, respectivamente. ¿Qué ocurre cuando el recipiente recobra la velocidad inicial? Galileo contesta: "Cada vez que el agua, debido a una notable retardación o aceleración del movimiento del vaso que la contiene, se vea forzada a escurrir hacia uno u otro extremos, levantándose en uno y bajando en el otro, no quedará en esa situación cuando cese la causa primera; sino que, en virtud de su propio peso y tendencia natural a nivelarse y equilibrarse, regresará por sí misma velozmente hacia atrás y, por ser pesada y fluida, no sólo se moverá hacia el reposo, pues impulsada por su ímpetu, lo sobrepasará, elevándose por el lado donde antes estaba más baja; y tampoco aquí se detendrá, porque, volviendo nuevamente hacia atrás, con varias reiteradas alternaciones de escurrimiento evidenciará que no quiere reducirse de repente de la velocidad adquirida al estado de quietud, sino alcanzarlo lentamente con disminuciones sucesivas, justamente del modo como vemos un peso colgante de una cuerda, luego de haber sido alejado de su posición de descanso —a saber, la vertical— regresar a ella y aquietarse por sí solo, pero no antes de haberla traspasado muchas veces por un lado y otro, con un vaivén alternado.

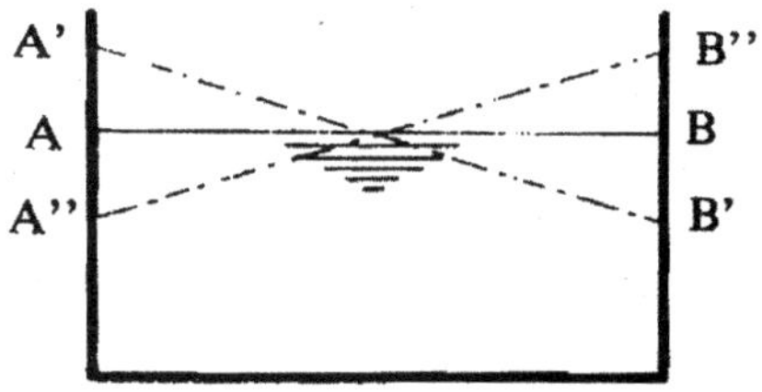

Figura 175

"Otra característica que hay que notar es que las alternaciones de movimiento que acabamos de describir se realizan y repiten con frecuencia mayor o menor —o sea, en tiempos más breves o largos— de acuerdo con las diferentes longitudes de los vasos que contienen las aguas; de modo que, en los espacios más reducidos, las alternaciones son más frecuentes, en los más largos, menos; exactamente como se ve en el mismo ejemplo de los cuerpos péndulos, donde las oscilaciones de los que cuelgan de cuerdas largas son menos frecuentes que las de aquellos colgantes de hilos más cortos.

"Además —tercer [detalle] notable— hay que advertir que el hecho de que el agua realice sus alternaciones en tiempos desiguales no es consecuencia únicamente del mayor o menor largo del vaso, ya que una profundidad mayor o menor produce el mismo resultado; y sucede que de aguas contenidas en depósitos de largos iguales y profundidades distintas, la más profunda oscilará en tiempos más cortos, mientras que la menos profunda lo hará con frecuencia menor.

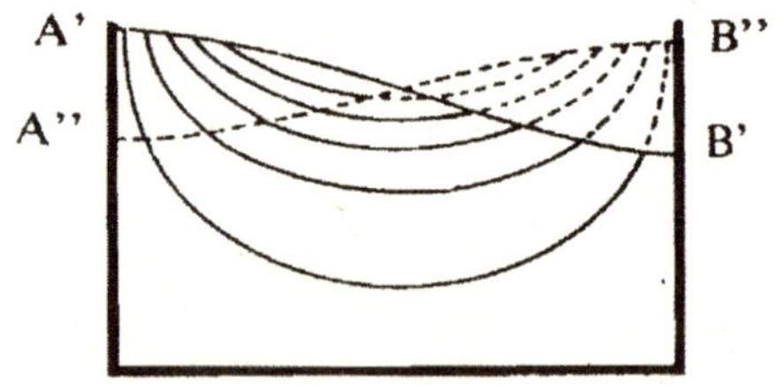

Figura 176

"Cuarto, hay en esas oscilaciones dos efectos del agua dignos de ser notados y observados diligentemente. Uno es el de levantarse y bajarse alternativamente hacia uno u otro extremos; otro, el de desplazarse y escurrir —poco más o menos horizontalmente— para adelante y para atrás; movimientos diferentes, que residen de manera desigual en distintas partes del agua. Así, son sus partes extremas aquellas que se levantan y bajan en exceso; las del medio no se mueven por nada hacia arriba o hacia abajo; y, en cuanto a las otras, a medida que se encuentran más cerca de los extremos, se levantan y bajan en proporción mayor que las más remotas; por su parte, las partículas del medio se desplazan mucho con el otro movimiento progresivo hacia adelante y atrás, en vaivén; movimiento que no comparten las aguas que se hallan en los extremos, que... tan sólo suben y bajan".[1]

En estos párrafos, tomados del *Diálogo dei mássimi sistemi del mondo* (*Diálogo acerca de los máximos sistemas del mundo*, a saber, el ptolemeico y el copernicano), Galileo ofrece una descripción luminosa y exhaustiva de las oscilaciones dentro del tanque, mismas que relaciona con las de un péndulo, especificando el influjo de las dimensiones del recipiente sobre la frecuencia. El último efecto mencionado se aclara con la figura 176; las líneas trazadas en ella contienen las trayectorias de las partículas, cada una de las cuales recorre un corto tramo con movimiento de vaivén, casi horizontal en el centro y vertical en los lados. Tema interesante e instructivo, del cual los tratados de hidráulica usuales acostumbran presentar sólo el aspecto más simple: el equilibrio relativo de la masa líquida con aceleración constante.

[1] Galilei, *Ópere*, 792, 793.

"El favor que me hace Vuestra Ilustrísima y Reverendísima Señoría al solicitar que le entregue detallado por escrito lo que le expliqué de palabra hace diez días es superior a mi merecimiento y a la liviandad de mis discursos; pero, como no se me ofrece otro modo de corresponderle —en parte, por lo menos— sino con obediencia inmediata, heme aquí dispuesto a servirle y cumplir con su orden, a saber: abarcar, del modo más conciso y resumido posible, ese problema tan admirable que es la búsqueda de la verdadera causa del flujo y reflujo del mar, tanto más recóndita y difícil todavía en cuanto vemos manifiestamente que todo lo que hasta ahora han escrito graves autores está muy lejos de aquietar la mente de quienes desean penetrar en la contemplación de la naturaleza más allá de la superficie".[2] Esto escribía Galileo el 8 de enero de 1616, en Roma, como introducción a un largo discurso sobre la marea dirigido al Cardenal Orsini. Se hallaba entonces en esa ciudad, donde había acudido para mover influencias luego de que le avisaron que un dominico lo había denunciado en secreto ante el Santo Oficio, acusándolo de recurrir a artimañas para sustentar la teoría de Copérnico.

Galileo disfrutaba esa primera visita a la Ciudad Eterna: huésped del embajador florentino, Piero Guicciardini, llevaba —según decía su anfitrión— una "vida loca" que costaba a la embajada "un ojo de la cara", y le hacía pasar apuros por su "genio obstinado en poder zancadilla a los frailes y lidiar con quien no puede salir sino perdiendo".[3] Sin embargo, su fama era grande y altos prelados, como Orsini, lo recibían en sus palacios y se deleitaban con su amena y aguda conversación; por su parte, Galileo aprovechaba toda oportunidad para traer sutilmente a colación tópicos y argumentos —como el de la marea— en los cuales creía ver una prueba indirecta de la rotación de la Tierra alrededor del Sol.

Para nosotros, la marea es más bien una evidencia de que la Luna gira alrededor de la Tierra, pues la consideramos como un resultado de la atracción lunar. También Kepler debía pensar de esta manera porque, en una carta suya de 1607, confiesa haber sido llevado a especular que "el mar queda atraído por la Luna, así como todos los cuerpos, incluyendo el mismo mar, son atraídos hacia la Tierra".[4] Sin embargo, Galileo desconocía dicha hipótesis; y cuando, en 1632, escribe acerca de las mareas en el *Diálogo dei mássimi sistemi*, sí menciona teorías que suponen en la Luna "una especial

[2] Galilei, *Le ópere*, vol. V, 377.

[3] Galilei, *Ópere*, XVIII.

[4] Aiton, 12.

autoridad sobre las aguas", pero descarta fácilmente la idea, entonces común, de que la Luna las calienta y así hace que se hinchen; y, refiriéndose a un trabajo de 1624 de Marcantonio de Dóminis, cautivo en Castel Sant'Angelo, en el cual se proponía la teoría atractiva, objeta: si "la Luna, vagando por el cielo, atrae y levanta hacia sí un cúmulo de agua que la va siguiendo continuamente, de modo que el mar alto se encuentra siempre en esa parte que está debajo de ella", ¿cómo es posible que el mismo efecto también se produzca siempre simultáneamente en el lado opuesto de la Tierra?[5]

Galileo comienza la carta al cardenal Orsini con una afirmación: "La experiencia sensata nos muestra que el flujo y reflujo de las aguas marinas no es un hincharse y encogerse de las partes de dicha materia, semejante al que vemos producirse en el agua sometida al calor del fuego..., sino que en los mares existe un verdadero movimiento local y —por así decir— progresivo, alternadamente hacia uno u otro términos extremos del seno marino, sin que ninguna alteración de tal elemento resulte de un accidente que no sea un movimiento local". Luego empieza a examinar las posibles causas de dicho movimiento. Podría deberse a la inclinación del lecho que contiene el líquido; pero, en tal caso, el agua escurriría siempre en el sentido del declive y no en el opuesto, y no tendría lugar el vaivén de la marea. El agua podría ser empujada por el viento; sin embargo, la acción de éste es irregular, mientras que la marea es periódica. Se puede producir un movimiento del agua al hacer que oscile el recipiente —en este caso, la cavidad marina— que la contiene; pero las libraciones de la Tierra poseen un periodo de millares de años, no de un día. Queda una última posibilidad: que el recipiente se acelere o retarde; y Galileo detecta este mecanismo en la combinación de la rotación diurna de la Tierra sobre sí misma y su revolución anual alrededor del Sol, suponiendo —naturalmente— que esta última sea cierta.[6]

En efecto, sean (figura 177) *ABCD* la Tierra, *E* uno de sus polos, *EFGH* su órbita, y realícense los movimientos uniformes que acabamos de mencionar en el sentido de las flechas. Entonces, "a la vez que el círculo *ABCD* gira sobre sí mismo en la dirección *ABC*, sobre su circunferencia se hallan dos movimientos contrarios entre sí pues, mientras que las partes próximas a *B* bajan, las opuestas *D* suben, y mientras que las partes cerca de *A* avanzan hacia la izquierda, las contrapuestas *C* lo hacen a la derecha. Por tanto, en una rotación completa el punto indicado con *A* empieza a moverse hacia la izquierda y a descender y, cuando llega cerca de *B*, baja al máximo y comienza a avanzar hacia la derecha; alcanzando *C*, ya no baja, sino que con fuerte desplazamiento

[5] Galilei, *Ópere*, 783.

[6] Galilei, *Le ópere*, vol. V, 378-381.

a la derecha, comienza a ascender, hasta que en *D*, subiendo mucho, empieza a avanzar lentamente hacia la izquierda y se eleva hasta *A*. Ahora, si combinamos estos movimientos particulares de las partes de la Tierra con el universal de todo el globo según la circunferencia *EFGH*, hallaremos que el movimiento absoluto de las partes superiores —cerca de *A*— es siempre velocísimo, en cuanto resulta de la composición de la revolución anual... con el desplazamiento propio de la parte *A*; movimientos que concuerdan, dirigiéndose hacia la izquierda; por el contrario, el movimiento absoluto de las partes inferiores —cerca de *C*— es siempre sumamente tardado, en cuanto el desplazamiento propio de la parte *C*, que aquí es velocísimo hacia la derecha, se resta del avance anual, realizado a lo largo de la circunferencia *EF*, hacia la izquierda. Por último, el movimiento absoluto —que también resulta de componer ambos movimientos, anual y diurno— en las partes de la Tierra próximas a los puntos *B*, *D*, es mediano e igual al simple movimiento anual...

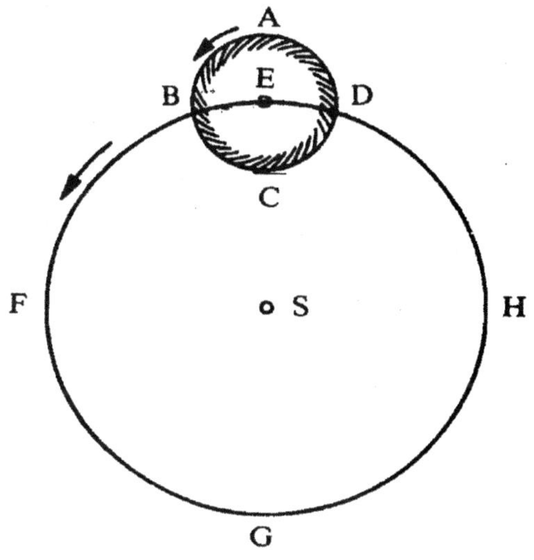

Figura 177

"Creo, por tanto, que hasta aquí está claro que cada parte de la superficie terrestre, aunque movida por dos movimientos absolutamente uniformes de por sí, dentro del espacio de 24 horas se mueve una vez con suma velocidad, otra lentamente y dos veces medianamente... De lo cual se desprende que todos los depósitos de aguas —sean ellos mares, estanques o lagunas— teniendo un movimiento continuo pero no uniforme —ya que en ciertos tiempos del día se atrasa mucho y en otros se acelera mucho— poseen principio y causa por los cuales las aguas contenidas..., siendo fluidas y no fijas rígidamente en sus contenedores, a veces tienen que escurrir, a veces se retiran hacia esta o aquella partes opuestas".[7]

A continuación, Galileo pasa al examen detallado de cómo, teniendo en cuenta las consideraciones del subcapítulo anterior, este modelo permite explicar los diferentes aspectos de la marea. Primero, las oscilaciones periódicas, ya que "el agua, toda vez que, debido a una notable retardación o aceleración del movimiento del vaso que la contiene, habrá adquirido una causa para escurrir hacia una u otra extremidades y se habrá levantado en una y bajado en otra, no quedará en ese estado, sino que, en virtud de su peso natural y tendencia a equilibrarse y nivelarse, retrocederá rápidamente"; y

[7] *Id.*, 381-383.

así, siguiendo "con muchas y reiteradas alternaciones adelante y atrás, nos manifestará no querer reducirse de repente de una velocidad adquirida... al estado de quietud, sino que quiere reducirse a él lenta y lánguidamente con un refrenamiento progresivo". Segundo, "las mencionadas inversiones de movimiento se hacen y repiten con frecuencia mayor o menor... de acuerdo con los distintos largos de los embalses". Tercero, que también "la mayor o menor profundidad del vaso" tiene el mismo efecto, "de modo que de aguas contenidas en depósitos de largos iguales y profundidades distintas, las más profundas realizarán sus oscilaciones en tiempos menores". Cuarto, que las extremidades del agua embalsada "son las que mayormente suben y bajan,... mientras que, por el contrario, las partes intermedias prefieren el otro movimiento progresivo de vaivén".[8]

En quinto lugar, Galileo subraya una diferencia esencial entre las oscilaciones en vasos pequeños y grandes: "En los vasos de nuestra hechura que movemos... más o menos rápido, todo el vaso y cada una de sus partes intervienen de la misma manera en la aceleración o desaceleración;... pero en los inmensos, como son los larguísimos lechos de los mares, con todo y que también ellos no sean sino cavidades hechas en la masa del globo terrestre, sucede de manera singular que sus extremidades no aumentan o reducen su movimiento junta, igual y simultáneamente; pues ocurre que, cuando un extremo tiene una velocidad muy retardada debido a la composición de los movimientos diurno y anual, el otro extremo se halla todavía afectado... por un movimiento velocísimo". Tomando como ejemplo un tramo de mar que abarque el arco *AB* de la figura 177, donde la velocidad en *B* es pequeña con respecto a aquella en *A*, concluye: "¿Qué debemos creer que tenga que suceder en un vaso ubicado de manera tan extraordinaria que retraso y aceleración se proporcionen a sus [diferentes] partes de manera muy desigual? Por cierto, todo lo que podemos decir es que en el agua deben de hallarse mayores y más admirables y raras causas de conmoción. Y aunque a muchos pueda parecer imposible que consigamos comprobar los efectos de semejante accidente en máquinas y vasos artificiales, eso no es del todo imposible; y yo tengo [concebida] —y a su debido tiempo la revelaré— la construcción de una máquina en la cual se pueden ver precisamente los efectos de estas asombrosas combinaciones de movimientos. Pero, en lo concerniente al presente asunto, basta con lo que cada uno puede comprender con su imaginación".[9]

Con base en la teoría anterior, Galileo pasa a examinar una serie de detalles. En primer lugar, por qué la marea no se nota "en lagunas, estanques y hasta mares pequeños"; esto lo atribuye, por un lado, a lo gradual de la aceleración o retardo en vasos

[8] *Id.*, 383-385.
[9] *Id.*, 385-387.

tan reducidos y, por otro, al desorden que crea la superposición de la frecuencia de la marea —dos veces al día— a aquella, muchísimo más alta, de las oscilaciones propias del depósito. Es cierto —observa luego— que existe la creencia de que las mareas son cada seis horas; pero ésta proviene del hecho de que ese es el periodo que el Mediterráneo —el mar más estudiado— posee debido a su longitud; en Lisboa, por ejemplo, el periodo es de doce. No se observa flujo y reflujo en el Mar Rojo, porque está orientado de norte a sur, dirección en la cual no se producen aceleraciones; en Venecia, que se encuentra en el extremo del mar Adriático, la marea es más notable que en la isla de Cerdeña, ubicada en el centro del Tirreno. La angostura del canal entre Sicilia y Calabria provoca corrientes de marea muy rápidas; y por lo mismo "deben de ser sumamente grandes e intensas las corrientes del estrecho de Magallanes que comunica los vastísimos océanos Etiópico y del Sur". Las diferencias de altura de marea en un mismo sitio se explican considerando que la 'causa primaria' de la oscilación —que se repite cada doce horas— y la 'secundaria' —cuya frecuencia depende de las características del vaso— pueden en determinados casos sobreponer sus efectos, o bien oponerlos; otras veces, un viento impetuoso en dirección este-oeste logra elevar las aguas en un extremo y bajarlas en el otro. Finalmente, la marea puede ser encubierta por "la gran copia de aguas de ríos que descargan en mares no muy grandes,... donde, en los canales... que comunican tales mares, se ve que el agua escurre siempre en el mismo sentido, como en el Bósforo Tracio bajo Constantinopla".[10]

Naturalmente Galileo reconoce que, para confirmar su hipótesis, se requieren más observaciones y datos cuantitativos; ya que su argumentación no es sino "un bosquejo cualquiera, apropiado —por lo menos— para estimular a los investigadores de las cosas naturales a que en el futuro reflexionen algo sobre esta nueva concepción mía, siempre que ella no se muestre y descubra patentemente tan vana, que —como un sueño— lleve consigo una escasa imagen de verdad [junto] con una certeza inmediata de falacia".[11] El problema de la marea debió preocuparle durante toda su vida. Ciego, a principios de 1638, Galileo dictó a Marco Ambrogetti una carta para Fulgenzio Micanzio (quien estaba en Venecia), en la cual decía: "Se observa que los flujos y reflujos son máximos en plenilunios y novilunios, y mínimos en las cuadraturas; de modo que aquí es usual el dicho: 'Siete, ocho y nueve, el agua no se mueve; veinte, veintiuno y veintidós, el agua ni sube ni baja', pues éstos son los tiempos de las cuadraturas. Ahora, como los flujos y reflujos pueden ser grandes de dos maneras, a saber, que el agua se levante mucho por encima del

[10] *Id.*, 387-393.
[11] *Id.*, 395.

nivel medio usual, o bien que descienda mucho por debajo de éste,... deseo se me informe si estas dos maneras diferentes ocurren indistintamente en el novilunio y en el plenilunio, o si en uno de estos tiempos —por ejemplo, en el plenilunio— los flujos y reflujos son grandes porque el agua sube mucho sobre lo normal, y en el otro tiempo —o sea, en el novilunio— la magnitud del flujo y reflujo depende no del elevarse tanto sobre dicho nivel, sino del descender por debajo de él. Además, deseo saber otra cosa; y esto es si, luego de entrar el mar por el corte de Malamacco... y difundirse para hinchar la laguna más allá de Venecia y Murano... hasta las últimas playas hacia Treviso, al presentarse el reflujo el agua... empieza a bajar primero en Venecia, Murano y las otras partes más remotas... Así, en mis tinieblas voy fantaseando ahora sobre este, ahora sobre aquel efecto de la naturaleza, sin poder —como quisiera— dar descanso a mi inquieto cerebro".[12]

Galileo se había dado cuenta de que no podía despreciar la influencia de la atracción de la Luna, la cual, de ser cierta, invalidaría sin remedio su teoría romana. Sin embargo, su planteamiento no deja de ser una linda y sugestiva especulación hidrodinámica.

El péndulo líquido

A la vista de quien visite el Museo Nacional de Historia de la Ciencia en Leyden, Holanda, se ofrece un antiguo reloj de características singulares: la péndola que lo mueve —una varilla de largo ajustable que sostiene un cuerpo en forma de globo— cuelga de una doble cadena, cuya oscilación se ve restringida por la presencia, a ambos lados, de dos láminas curvas simétricas, que terminan en cúspide en la parte de arriba, donde la cadena se suspende. Una plaquita sobre la esfera del reloj informa que su fabricante, Salomón Coster, había conseguido la exclusiva en 1657. Esto quiere decir que un inventor se la había otorgado; y dicho inventor era nada menos que Christian Huygens. ¿Cuál motivo había inducido al gran físico a idear una suspensión tan curiosa?

Todos conocemos la ley fundamental del péndulo —descubierta por Galileo— que afirma que sus oscilaciones pequeñas son isócronas, o sea que se efectúan en el mismo lapso de tiempo, independientemente de su amplitud. Pero esto es cierto sólo para las sumamente pequeñas; ya que, en los recorridos que realizan las usuales péndolas de reloj, el isocronismo se pierde. Huygens se había propuesto diseñar una péndola que fuese isócrona en cualquier amplitud de balanceo. Para ello, se basó en las propiedades de la cicloide.

[12] *Id.*, vol. XVII, 270, 271.

La cicloide es la curva *AB* que recorre un punto fijo *P* de una circunferencia de radio *OP* y centro en *O*, al rodar ésta —sin resbalar— apoyándose en una recta fija *HL* (figura 178). Cuando el arco $\theta = \widehat{SP}$ vale cero, P coincide con el punto *A*; cuando vale π, *P* coincide con *B*. Hacia la derecha, *P* recorre el tramo simétrico *AC* de la cicloide, de la cual A resulta ser la cúspide. Si llamamos r al radio *OP* de la circunferencia trazadora y consideramos que —por el procedimiento con que se dibuja la cicloide— $\theta = \widehat{SP} = SA$, es evidente que la ecuación de la cicloide se puede escribir en forma paramétrica

$$x = r\,(\theta - \text{sen}\ \theta),\ y = r\,(1 + \cos\theta)$$

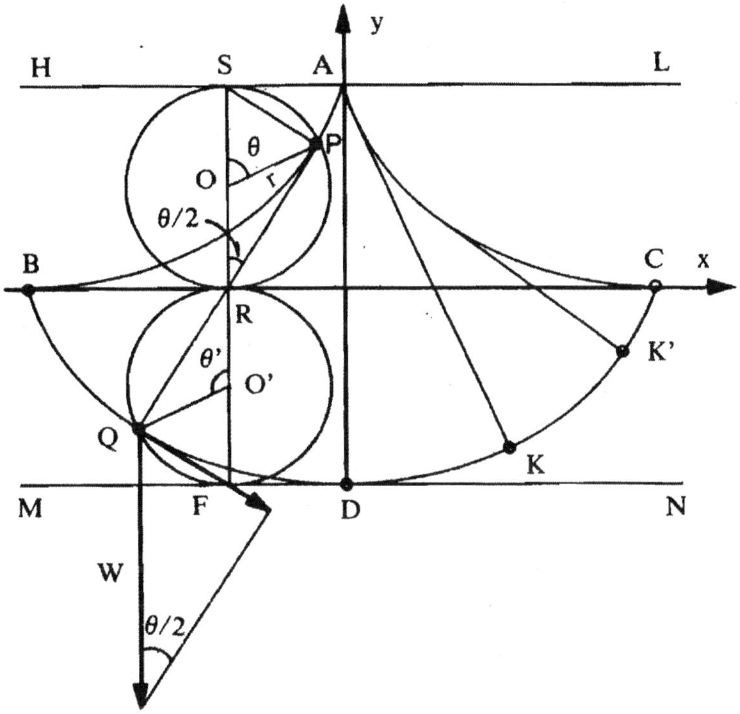

Figura 178

De aquí resulta que

$$dx = r\,(1 - \cos\theta)\,d\theta,\ \ dy = r\ \text{sen}\ \theta\,d\theta$$

por tanto,

$$ds = \sqrt{dx^2 + dy^2} = r\sqrt{2(1-\cos\theta)}\ d\theta = 2r\ sen\frac{\theta}{2}d\theta$$

Integrando entre los límites θ y π, se halla que la longitud s del arco BP de la cicloide es

$$\widehat{BP} = 4r\cos\frac{\theta}{2} \tag{1}$$

Hagamos ahora que el punto Q de la circunferencia de radio $Q'Q = r$ y centro en O' trace, apoyándose en la recta BC, otra cicloide igual a la anterior, pero desfasada en π: la curva BDC, con cúspides en B y C. Es fácil comprobar que la cicloide BAC es la evoluta de la BDC, siendo P el centro de la curvatura de esta última en Q; de modo que la recta PQ es tangente a la cicloide superior y normal a la inferior. Como el ángulo $S\hat{P}R$, inscrito en una semicircunferencia, es recto, y $O\hat{R}P = \theta / 2$, considerando el triángulo SPR obtenemos que $RP = 2r \cos \theta/2$; de donde, teniendo en cuenta la fórmula 1, se concluye que

$$PQ = 2RP = BP$$

Por tanto, la longitud del arco de cicloide APB es igual a la del segmento quebrado APQ, formado por el arco AP y el segmento de recta PQ, cualquiera que sea la posición de P; y luego es también igual a $AD = 4r$, segmento al que APQ se reduce cuando P coincide con A. De aquí se concluye que si AD es un péndulo, formado por un hilo flexible del cual cuelga un pequeño cuerpo D, y AB, AC son dos paredes rígidas, al oscilar el péndulo, apoyando en la pared la parte del hilo que la llega a tocar, el cuerpo colgante recorre precisamente el arco cicloidal BDC. Ahora estoy seguro de que el lector ha adivinado la función de las láminas curvas que delimitan las oscilaciones de la cadena del péndulo de Leiden: se trata justamente de dos arcos de cicloide.

Sigamos el resto del razonamiento de Huygens. Aplicando la fórmula 1 a la cicloide inferior, y teniendo en cuenta que $\theta' = \pi - \theta$, se obtiene

$$DQ = 4r\cos\frac{\theta'}{2} = 4r \text{ sen}\frac{\theta}{2} \tag{2}$$

Por otro lado, como muestra la figura 178, si W es el peso del cuerpo colgante, la fuerza que lo impulsa en su oscilación es

$$F = W \text{ sen}\frac{\theta}{2}$$

y —por la fórmula 2— resulta proporcional al arco de curva QD que dicho cuerpo debe recorrer para alcanzar el punto más bajo de su trayectoria. Supongamos ahora que dos péndulos se suelten simultáneamente de dos posiciones K' y K, tales que $DK' = 2DK$. Entonces, la aceleración inicial del primer péndulo será el doble de la del segundo, y se duplicará también el espacio que recorra en el primer instante; esta situación continuará en los instantes sucesivos, de modo que al final los dos péndulos llegarán simultáneamente a la posición D, y lo mismo ocurrirá en su ascenso de D hacia B. Un razonamiento análogo cambiando arbitrariamente la posición de K', nos convence de que el péndulo de Huygens requiere un mismo tiempo para ejecutar toda oscilación completa, cualquiera que sea su amplitud: es el auténtico péndulo isócrono.

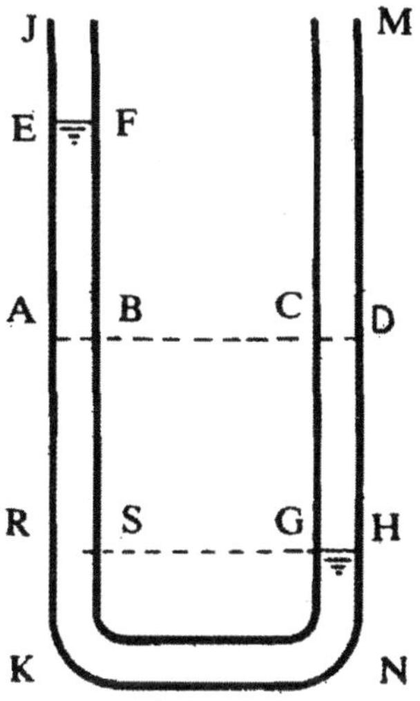

Figura 179

Hasta aquí, no hay nada de hidráulica. Quien utilizó estos antecedentes para una aplicación relacionada con los líquidos fue Newton. Se propuso determinar la ley de oscilación del agua dentro de un tubo en U colocado verticalmente, suponiendo que el movimiento se realice sin fricción. Sean —decía él— $JKNM$ el tubo y AB, CD las posiciones de la superficie del agua en reposo (figura 179). Supongamos que ésta suba a EF en el brazo JK y baje a GH en el otro brazo, siendo $AE = CG$. En tales condiciones, el agua desnivelada tiende a recuperar su posición original, pues recibe el empuje de una fuerza F' igual al peso de la columna líquida $EFRS$. Si llamamos W' al peso de toda el agua contenida en el tubo y $2L = AKND$ a su largo total, resulta que

$$F':W' = ER:2L = EA:L \qquad (3)$$

Consideremos ahora el péndulo de la figura 178, suponiendo que su largo $AD = BD$ sea igual a esta longitud L y que QD sea igual al desnivel EA. Para él se tiene que

$$F:W = QD:BD = EA:L$$

o sea, comparando con la relación 3.

$$F':W' = F:W$$

De aquí Newton deduce que "las fuerzas que actúan sobre el agua y el péndulo para hacer que recorran espacios iguales —AE, QD— están entre sí como los pesos que deben ser movidos; por consiguiente, si agua y péndulo se hallan en reposo al principio, dichas fuerzas los moverán en tiempos iguales, y harán que suban y bajen juntos, con movimiento alterno", y concluye que las oscilaciones del agua, al igual que las del péndulo, se realizarán todas en el mismo tiempo, cualquiera que sea su amplitud total.[13] Así, utilizando el agua, disponemos de un péndulo isócrono sin la complicación de las cicloides.

Daniel Bernoulli reconsideró el problema del péndulo líquido, suponiendo un tubo de forma cualquiera y sección variable (figura 180). La fórmula que expresa la velocidad —en toda sección— del agua oscilante revela que en esas condiciones ya no vale la ley del isocronismo para oscilaciones grandes. A fin de comprobar sus resultados, Daniel realizó experimentos. Como era muy importante determinar las áreas transversales, las midió "con la ayuda de una columna de mercurio que, mientras corría lentamente a todo lo largo del tubo, revelaba —por sus diferentes longitudes— las variaciones del área en todas partes"; método parecido al que, como sabemos, utilizaría Poiseuille un siglo después.

Figura 180

En el caso del usual tubo en U, Daniel hace una recomendación: no confiar en la uniformidad de sus secciones, sino verificar sus áreas. "Doblé un tubo de vidrio del tipo que se suele usar para hacer barómetros, bastante ancho y casi perfectamente cilíndrico, poco más o menos como muestra la figura 179; después de haber llenado con mercurio una gran porción de él, vi que las oscilaciones se realizaban mucho más lentamente de lo que yo esperaba, porque no me había fijado en el hecho de que, al doblarlo, el tubo se había estrangulado mucho en *KN*, especialmente allí donde se forman los ángulos. Por tanto, para tomar esto en cuenta, desde entonces he utilizado tubos de curvatura gradual,... y en ellos he determinado cuidadosamente las áreas después del doblado".[14]

Johann, padre de Daniel, plantea otro problema interesante. Supongamos que el tubo cilíndrico *AB* (figura 181), lleno de agua, se sumerge hasta el nivel *LR*, manteniendo cerrada con un dedo la boca *A*. Si de repente la destapamos, la columna descenderá por debajo de *LR*, hasta el nivel *P*, luego subirá hasta *E*, y seguirá bajando y subiendo. Se pide calcular el nivel de *P* y de *E*, haciendo caso omiso de la fricción. Johann propone dos soluciones del problema: una "directa", mediante la mecánica tradicional,

[13] Newton, 373, 374.

[14] Bernoulli, 138.

y otra, “indirecta”, por medio del teorema de las fuerzas vivas. La primera es como sigue: tomemos abscisas x a lo largo del tubo, a partir de A. Sean $AB = h$, $CB = k$. Cuando la superficie libre, bajando, ha llegado hasta E, el peso del tramo EC debe de acelerar toda la columna EB. Al suponer unitaria la sección de ésta, la aceleración resulta

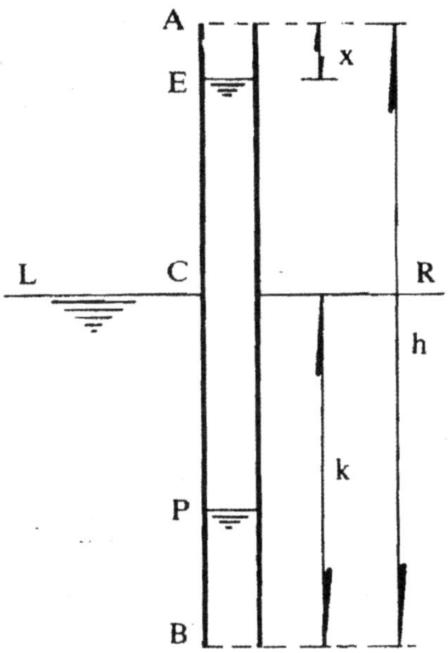

Figura 181

$$\frac{dV}{dt} = V\frac{dV}{dx} = g\frac{h-(x+h)}{h-x}$$

donde V es la velocidad de bajada, y t, el tiempo. De aquí,

$$V\ dV = g\left(1-\frac{k}{h-x}\right)dx$$

e integrando entre O y x,

$$\frac{V^2}{2g} = x + k\ln\frac{h-x}{h}$$

Cuando la columna ha alcanzado su nivel más bajo, P, la velocidad se anula. Por consiguiente, la abscisa de P es la raíz de la ecuación

$$x + k\ln\frac{h-x}{h} = 0$$

En cuanto al nivel E que el agua alcanza de regreso, el hecho de que se prescinda de la fricción nos asegura que $CE = CP$. Sin embargo, vale la pena seguir el razonamiento de Johann. “En primer lugar —escribe— hay que notar que el líquido habría subido hasta el punto más alto A si las mismas partículas que salieron del orificio B durante el descenso entrasen ahora de nuevo una a una por dicho orificio en orden invertido, conservando las velocidades adquiridas, y de este modo cada una de ellas junto con la que la precede fuese empujada hacia arriba por la presión del fluido exterior; justamente como ocurre en todo tipo de oscilación que, cuando se ha quitado la resistencia, realiza siempre el mismo vaivén. Pero como las partículas del fluido saliente caen en seguida dentro del ambiente líquido... y después se difunden,... está claro que esas mismas partículas ya no entran en el tubo..., sino que otras, que están quietas alrededor del orificio, son impulsadas hacia arriba sucesivamente en lugar de aquellas...

Por tanto, tales partículas, que carecen de movimiento cuando empiezan a entrar, y las que se agregan, hacen que dicha columna ascienda más despacio de lo que haría si las partículas se metieran con algo de velocidad que ayudase a la subida. Por consiguiente, el líquido no puede alcanzar *A*, sino sólo un punto *E* más bajo. Para conocer la altura *CE* del punto *E* sobre la horizontal *LR*, consideremos entre tanto que las partículas que, luego de haber caído desde el orificio *B* en el líquido ambiente en el cual no pesan, se dirigen hacia arriba, alcanzan, sin perder velocidad, la horizontal *LR*, a partir de la cual se elevan todo lo que permite la velocidad de cada una..." y de aquí, considerando que la subida resulta de la conservación de la fuerza viva, concluye que suben lo mismo que habían bajado.

Ondas y sonido

A fines de junio de 1640, Descartes contesta, en una carta a Mersenne, varias, de diferentes corresponsales, que éste le había remitido. A propósito de una consulta acerca de la propagación de perturbaciones como "círculos de agua", observa: "Es cierto que tales círculos se forman mucho más fácil, sensible y diferentemente en la superficie del agua que adentro. Porque en la superficie se producen cuando, al penetrar la piedra en el agua, ésta se levanta un poco alrededor de aquélla; luego, por ser el agua más pesada que el aire que la toca, vuelve a descender, parte en el hoyo hecho por la piedra y parte al otro lado y todo alrededor. Ahora, esta agua, al empujar la otra que está un poco más lejos, hace que se levante en un círculo más grande, y el agua de este último, al descender, produce otro mayor, y así el círculo sigue creciendo... Esto no ocurre en el fondo del agua, ni en el centro del aire; sino que allí se producen otros círculos, especialmente en el aire, provocados por la condensación y rarefacción; y son estos círculos [los] que causan el sonido. Porque cuando un cuerpo se mueve algo rápido en el agua o aire, la parte de este aire que él remplaza no puede ceder tan rápidamente sin condensarse un poco; en seguida se dilata para regresar a su [densidad] natural, con lo que empuja un poco todo el resto de aire que lo rodea, y se condensa en forma de esfera o esferoide que, al dilatarse luego de inmediato, comprime otro aire algo más lejos, y así sucesivamente. Y un cuerpo no necesita ir lejos, sino que basta con que mueva muy rápidamente en poquito de aire para causar tales círculos. De donde es fácil entender por qué el sonido no agita sensiblemente la llama de una vela, y por qué muchos movimientos de cuerpos grandes, pero que no comprimen el aire ni son muy rápidos, no producen sonidos".[15]

[15] Descartes, 1078, 1079.

El tema del movimiento ondulatorio en relación con la propagación del sonido interesó también a Newton; sin embargo, él —por su carácter— no se limitó a una descripción: quiso darse cuenta del porqué y establecer una teoría. Así, en la Proposición 46 del segundo libro de los *Principia*, plantea directamente el problema: *hallar la velocidad de las olas*. Transcribo su solución al pie de la letra: "Constrúyase un péndulo cuya longitud entre el punto de suspensión y el centro de oscilación sea igual al ancho de las olas: en el tiempo en que el péndulo realizará una sola oscilación, las olas avanzarán hacia adelante poco más o menos un espacio igual a su ancho.

"Lo que llamo ancho de las olas [*longitud de onda*, *L*, figura 182] es la medida transversal que queda entre las partes más profundas de las cavidades, o las cimas de las crestas. Sea *ABCDEF* la superficie de agua estancada que sube y baja en olas sucesivas: *A*, *C*, *E*, las crestas; *B*, *D*, *F*, las cavidades intermedias. Como el movimiento de las olas se realiza por ascensos y descensos del agua, sus partes como *A*, *C*, *E*, que son las más altas en cierto instante, se vuelven las más bajas inmediatamente después; y como la fuerza motriz por la cual las partes más altas descienden y las más bajas ascienden es el peso del agua levantada, las subidas y bajadas alternadas serán análogas al movimiento alterno del agua en el tubo (figura 179), y observarán las mismas leyes en [lo concerniente a] los tiempos de ascenso y descenso. Por consiguiente,... si las distancias entre las partes más altas —*A*, *C*, *E*— y las más bajas —*B*, *D*, *F*— de las olas son iguales al doble del largo de un péndulo, las partes más altas —*A*, *C*, *E*— se volverán las más bajas durante el tiempo de una oscilación, y en un tiempo igual otra oscilación las volverá a subir. Luego con el paso de cada ola transcurrirá el tiempo de dos oscilaciones; a saber, la ola describirá su ancho en el "tiempo en que el péndulo oscilará dos veces. Un péndulo de largo cuádruple —por tanto, igual al ancho de las olas— oscilará exactamente una vez en ese tiempo".[16]

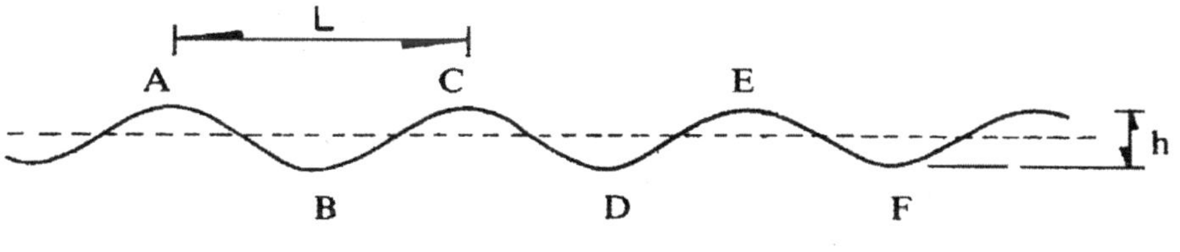

Figura 182

El razonamiento es confuso, porque después de haber convenido en medir el tiempo de oscilación con un péndulo de largo *L*, se introduce otro de largo $h/2$, siendo h (figura

[16]Newton, 374, 375.

182) la distancia entre cresta y valle (*amplitud*) de la ola, para concluir que el péndulo que da el periodo de la ola tiene largo cuádruple, o sea 2h; y al final se afirma que este largo es igual a la longitud de onda, es decir que

$$2h = L \tag{1}$$

Si así fuera, el resultado valdría solamente para un tipo de ola muy particular. De todos modos, como el periodo de un péndulo de largo *2h* es

$$T = 2\pi\sqrt{\frac{2h}{g}}$$

si en este tiempo la onda recorre una distancia L, la velocidad (o *celeridad*) c de avance de la ola misma sería

$$c = \frac{L}{T} = \frac{L}{2\pi}T = \sqrt{\frac{g}{2h}}$$

Por tanto, en el caso donde la relación 1 sea cierta,

$$c = \frac{\sqrt{gL}}{2\pi} \tag{2}$$

Newton debió de basarse en una expresión similar cuando afirma, en su Proposición 45, que *la velocidad de las olas varía como la raíz cuadrada de los anchos* [de ellas].

Como veremos, esta conclusión es válida para las olas que se producen en aguas muy profundas; pero el razonamiento anterior y la fórmula resultante no lo son. Lo que a Newton le faltaba era definir mejor el movimiento ondulatorio. Esto lo hizo en la Proposición 49, al introducir la condición de que la oscilación sea sinusoidal. Allí, tratando de resolver el problema: *dadas densidad y fuerza elástica de un medio, hallar la velocidad de las pulsaciones sónicas que se propagan a través de él*, demostró lo siguiente: "Supongamos que el medio esté comprimido por un peso sobrepuesto, como ocurre con nuestro aire, y sea A la altura de un medio homogéneo, de peso [total] igual al sobrepuesto y densidad igual a la del medio comprimido en el cual se propagan las pulsaciones; supongamos [además] que se construye un péndulo cuya longitud entre el punto de oscilación y el centro de suspensión es A: durante el tiempo en que el péndulo realiza una oscilación completa, compuesta de su ir y venir, la pulsación se propagará en línea recta por un espacio igual a la circunferencia del círculo descrito con el radio A".[17] En fórmulas, esto significa que la onda recorre el espacio $2\pi A$ en el tiempo $2\pi\sqrt{A/g}$ de donde resulta

$$c = \sqrt{gA} \tag{3}$$

o bien, considerando que la presión p producida por una columna de altura A de un fluido de densidad ρ es ρgA,

$$c = \sqrt{p/\rho} \tag{4}$$

Si adjudicamos a la presión atmosférica p el valor que corresponde a una columna de 760 mm de mercurio a 0 ℃, y g = 981 cm/s^2, la fórmula 4 da c = 280 m/s, aproximadamente, para la velocidad del sonido en el aire. En 1738, miembros de la Academia francesa realizaron cuidadosos experimentos para determinar dicha velocidad: dispararon cañones y analizaron las diferencias de tiempo entre la recepción visual del disparo y la auditiva del cañonazo, registradas por observadores ubicados en diversas distancias. Además, tomaron la precaución de invertir alternativamente la posición del observador, para eliminar la influencia eventual del viento. Con aire seco y 0 ℃ de temperatura, hallaron c = 337 m/s: la fórmula de Newton daba un error aproximado de 1/6 del valor real.

Durante años fueron vanos los intentos de descubrir la razón de la discrepancia. Finalmente, Pierre Laplace se dió cuenta de que la ley original de Boyle utilizada por Newton —misma que afirma que la densidad del aire es proporcional a la presión a la cual éste está sometido— no era la adecuada: habría que emplear su forma corregida, que hace intervenir también a la temperatura. En efecto, Laplace consideró que las condensaciones y rarefacciones que permiten la propagación del sonido se realizan tan rápidamente que el calor y frío producidos no tienen modo de eliminarse. En tales circunstancias, el cambio de presión correspondiente a una condensación o rarefacción dada resulta más grande que en la hipótesis de temperatura constante, y la velocidad del sonido crece en proporción.

Un error de Lagrange

El método que hoy utilizamos para estudiar la propagación del sonido y vibraciones análogas es el que Lagrange propuso en su Memoria *Recherches sur la nature et la*

[17] *Id.*, 379, 380.

propagation du son (*Investigaciones sobre la naturaleza y propagación del sonido*), publicada en 1759 por la Academia de Turín; Memoria que tanto había gustado a Euler. Partiendo de la consideración de una cuerda estirada, compuesta de un número finito de partículas del mismo peso e igualmente espaciadas, Lagrange analizó el movimiento del sistema, y logró comprobar la existencia de un número de frecuencias independientes igual al número de partículas. Al pasar al límite, haciendo que este número se vuelva infinitamente grande y, al mismo tiempo, las masas correspondientes sean infinitamente pequeñas, halló que tales frecuencias eran justamente las armónicas de la cuerda. En dicha Memoria, Lagrange criticaba los resultados de Newton, pues le parecía demasiado restrictivo suponer —como hacía éste— que la onda elástica asociada con la propagación del sonido sea sinusoidal.

En cuanto a las ondas de superficie, Lagrange anota en la *Mécanique Analytique*: "La teoría de las olas que Newton ofreció en la Proposición 46 de su Segundo Libro, basada en la hipótesis, precaria y poco natural, de que las oscilaciones verticales de las olas sean análogas a las del agua en un tubo encorvado, debe considerarse absolutamente insuficiente para explicar este problema". Entonces Lagrange, con sus propios medios, analiza la cuestión. Encuentra que, en el caso de un canal de fondo horizontal con un cuerpo de agua estancada de espesor h (figura 183), el potencial de velocidad satisface una ecuación diferencial lineal de segundo orden en las derivadas parciales, "del todo semejante a aquella que determina las pequeñas agitaciones del aire en la formación del sonido, siempre que uno se limite a considerar el movimiento horizontal de las partículas".[18]

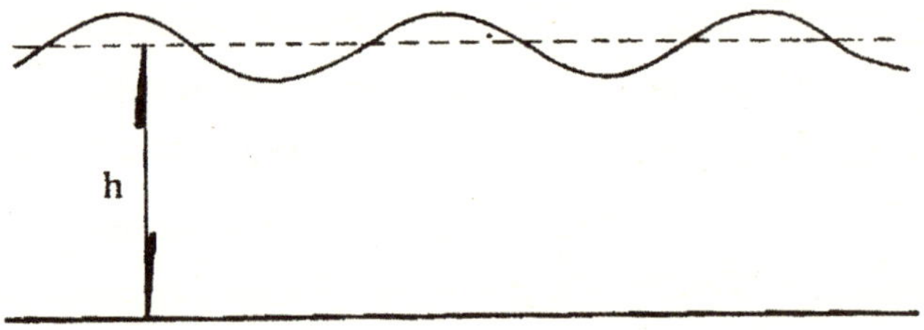

Figura 182

Si dos fenómenos se representan por el mismo modelo matemático, sus leyes son la mismas, siempre que se interpreten correctamente las variables y parámetros que en ellas aparecen. Así, regresando a la expresión $c = \sqrt{gA}$ de Newton, que puede interpretarse en el sentido de que la velocidad de propagación del sonido es igual a aquella que

[18] Lagrange, *Méc.An.*, vol. II, 295.

adquiriría un cuerpo grave al bajar de la altura *A/2* —es decir, de la mitad de la altura de la atmósfera, supuesta homogénea— Lagrange concluye sin más que "la velocidad de propagación de las olas será la misma que la que un cuerpo grave adquiriría al bajar de una altura igual a la mitad del tirante de agua en el canal"; o sea (figura 183),

$$c = \sqrt{gh} \tag{1}$$

"Por consiguiente, si esta profundidad mide un pie, la velocidad de las ondas será 5.495 pies por segundo; y si la profundidad del agua es más o menos grande, la velocidad de las olas variará en proporción de las raíces cuadradas de las profundidades, siempre que éstas no sean demasiado considerables. Por lo demás, con cualquier tirante de agua, siempre se podrá utilizar la teoría precedente, si se supone que —en la formación de las olas— el agua no se sacude y agita sino hasta una profundidad muy pequeña; hipótesis muy plausible en sí, por la tenacidad y adherencia mutua de las partículas del agua, y que encuentro confirmada por la experiencia, incluso en lo concerniente a las grandes olas marinas".[19]

Las consideraciones anteriores no eran una novedad cuando, en 1788, aparecieron en la *Mécanique Analytique*: ya Lagrange las había expuesto en un volumen de la Academia de Berlín fechado en 1781, pero que se editó en 1783. Lagrange envió la publicación, entre otros, a Laplace, en quien se había empezado a interesar diez años antes, desde que éste —siendo a los 23 años profesor de matemáticas en la Escuela Militar— había solicitado, sin obtenerla, una plaza de geómetra adjunto en la Academia de Ciencias francesa. En efecto, según lo que D'Alembert escribió entonces a Lagrange, Laplace "se vio desplazado muy injustamente —a pesar de los sufragios mío y de casi todos nuestros geómetras— por un sujeto inferior a él, quien, al ser profesor en el Colegio Real, recibió el apoyo de un gran número de académicos". Por tanto, D'Alembert lo recomendaba a Lagrange para ver si le conseguía trabajo en Berlín. En seguida Lagrange contestó que estaba dispuesto a presentar al rey de Prusia la propuesta, pero insistía en que Laplace lo pensase dos veces: "Es muy difícil —escribía— que alguien se expatríe sin conservar algo de deseo o veleidad de regresar pronto o tarde a su país; y me parece que los franceses, y los parisienses sobre todo, se encuentran en ese caso aún más que los de otras naciones. Así que hay que examinar si su amigo, al dejar la plaza que tiene en París, podría conservar alguna esperanza de obtener otra cuando quisiese

[19] *Id.*, 295, 296.

regresar".[20] Laplace tomó en cuenta las reflexiones "muy justas y sabias" de Lagrange: tuvo paciencia, pocos meses después entró en la Academia y permaneció en París por el resto de su vida.

Cuando Laplace, ya matemático famoso, recibió el volumen que Lagrange envió desde Berlín, le comentó: "La teoría de las olas que usted da al final me parece muy bella; sin embargo, no sé si la hipótesis de una profundidad del canal infinitamente pequeña, que usted utiliza y que vuelve muy sencilla la solución del problema, puede emplearse en la teoría de las ondas cuando el canal tiene una profundidad cualquiera. Usted cree que, como la adherencia de las partículas fluidas impide que el movimiento se transmita a una profundidad sensible, el canal puede suponerse en todos los casos muy poco profundo; pero la experiencia parece contraria a esta hipótesis, ya que la velocidad de las olas no es constante, sea cual fuere la manera como han sido creadas. Los académicos de Florencia ya lo habían notado, y yo lo he observado personalmente en varias veces. Es la razón por la cual, en las investigaciones que he llevado a cabo sobre la teoría de las ondas, he supuesto para el fluido una profundidad cualquiera; en este caso, no hay duda de que la velocidad de las ondas depende de su formación; pero entonces el problemas se vuelve muy complicado".[21]

No se sabe si Lagrange contestó esta carta, que es la última que se ha conservado de la correspondencia entre ambos matemáticos. Sin embargo, el hecho de que, en la *Mécanique Analytique*, volviera a publicar su razonamiento tal cual comprueba que Lagrange no tomó en cuenta las objeciones del colega. E hizo mal, porque Laplace tenía razón: la fórmula 1 es válida sólo para canales muy poco profundos. Poisson nos ha dejado una crítica sencilla y aguda del razonamiento de Lagrange.[22] Dicho autor —dice Poisson— considera que, en un canal de ancho constante, una ola se propaga con una velocidad uniforme que no depende de otra cosa sino del tirante, ya que las características del sacudimiento inicial que produjo la onda no aparecen en la fórmula. Para ello, se basa en la hipótesis de que el movimiento deja de apreciarse a cierta profundidad; es decir, que no hay agitación en dirección vertical. Pero "el movimiento en este sentido no se interrumpe bruscamente: las velocidades y oscilaciones de las moléculas disminuyen a medida que uno se sumerge por debajo de la superficie, y la distancia a la cual se pueden considerar inapreciables no es una cantidad determinada que pueda incluirse —como se supone— en la expresión de la velocidad superficial.

[20] Lagrange, *Oeuvres*, vol. XIII, 255, 259.

[21] *Id.*, vol. XIV, 129.

[22] Lagrange, *Méc.An.*, vol. II, 356, 357.

"Para fijar las ideas, supongamos que la profundidad y demás dimensiones del fluido sean infinitas, o suficientemente grandes como para que no puedan influir en la ley del movimiento; supongamos también que toda la masa no haya recibido, en un principio, ninguna velocidad, y que la sacudida se haya producido del modo siguiente, que es el de más fácil representación: se introduce en el agua —sumiéndolo muy poco— un cuerpo sólido de forma conocida; se da al fluido tiempo para que regrese al reposo, y luego se saca bruscamente el cuerpo sumergido. Alrededor del lugar que éste ocupaba, se producen olas, de las cuales se trata de determinar la propagación. Ahora, es evidente que, al hacer caso omiso de la profundidad del líquido, los únicos parámetros [*lignes*] incluidos en los datos del problema son las dimensiones del cuerpo sumergido y el espacio que un cuerpo grave recorre en un tiempo determinado; por consiguiente, el espacio recorrido por cada ola en la superficie del agua no puede sino ser una función de estos dos tipos de parámetro". Hemos supuesto que la celeridad de la ola no dependa de las condiciones que la excitaron; luego tendrá que depender de la velocidad de caída de un cuerpo pesado, y —por razones dimensionales— ser igual a dicha velocidad multiplicada por un coeficiente numérico. Pero, de ser así, la ola tendrá que avanzar con movimiento naturalmente acelerado, y no con velocidad constante, como la fórmula de Lagrange da a entender. Si, por otro lado, la ola avanza con velocidad uniforme, esta última debe depender del otro parámetro, o sea de las características geométricas del cuerpo que, al sumergirse, la ha creado; y éstas deberían aparecer en la fórmula de celeridad, lo que no ocurre. Así que de todos modos hay que concluir que la expresión propuesta por Lagrange, válida para aguas poco profundas, es impropia para el cálculo de la celeridad de la ola en profundidades mayores.

Modelos de olas

La crítica de Poisson a Lagrange constituía una justificación introductoria de su propio estudio de las olas, que planteaba el problema desde un punto de vista más general. De hecho, Poisson no era el único interesado en la cuestión, pues Cauchy también la estudiaba; además, coincidían en sus razonamientos, tanto que titularon del mismo modo, *Mémoire sur la théorie des ondes*, los trabajos que contenían sus resultados: el de Cauchy es dc 1815; el de Poisson, de 1816.

Quien observa un oleaje nota la presencia de una serie irregular de olas de distintos tamaños, de las cuales las largas alcanzan y sobrepasan a las cortas; esto hace que el movimiento se vuelva muy complicado. Cauchy y Poisson se limitaron a estudiar una serie de olas que se propaga con velocidad constante en la superficie de un líquido de profundidad uniforme; pero suponían que en el momento inicial, en la proximidad de un punto origen, la superficie estuviese levantada o hundida de alguna manera. Su bajada o subida subsiguiente, por gravedad, haría que las olas se produjeran y propagaran. Esto parece sencillo; sin embargo, resolver el problema así planteado no es nada fácil, y las Memorias de Cauchy y Poisson, en las que la solución se expresa como la suma de infinitas oscilaciones estacionarias de diferentes frecuencias, resultaron difíciles y abstrusas para muchos.

Una teoría simplificada, limitada a oleajes bidimensionales —o sea, a lo que resulta de cortar la superficie del agua con un plano vertical perpendicular a las crestas de las olas, supuestas paralelas entre sí— fue divulgada años más tarde por el astrónomo real George Airy, en un célebre artículo, *Tides and waves* (*Mareas y olas*), con el que contribuyó a la *Encyclopaedia Metropolitana*, publicada en 1845. La idea esencial es suponer que la velocidad V que el paso de la ola induce en las partículas fluidas varíe sinusoidalmente con la distancia $x - ct$, distancia medida sobre el eje x (nivel de agua quieta) por un observador que avance, durante el tiempo t, con una velocidad igual a la celeridad c de la ola; para dicho observador, la ola resulta inmóvil. Como el potencial de velocidad ϕ tendrá que variar con la misma ley, se puede escribir

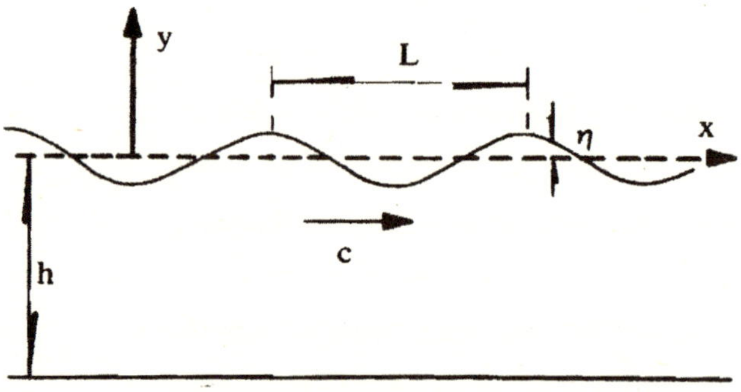

Figura 184

$$\phi = 2a \cos k(x - ct) \cos h\, k(y + h) \qquad (1)$$

donde a es un coeficiente constante. El otro coeficiente (*número de onda*)

$$k = \frac{2\pi}{L} \qquad (2)$$

garantiza que la ola repite su configuración en distancias iguales a la longitud de onda L (figura 184). El factor $\cos h\, k(y + h)$ representa la variación del potencial con la profundidad y. Su expresión se obtiene al imponer que ϕ sea una función armónica —es decir, que satisfaga la ecuación de Laplace— y que además la componente vertical de la velocidad, $\partial\phi/\partial y$, sea cero en el fondo, donde $y + h = 0$.

En el capítulo 5, vimos que el potencial satisface la ecuación

$$\frac{\partial\phi}{\partial t}+\frac{V^2}{2}+\frac{p}{\rho}+gy=0 \tag{3}$$

Suponiendo que los desplazamientos verticales η provocados por el paso de la ola sean pequeños y las velocidades sean también bastante reducidas, de modo que sus cuadrados resulten despreciables, y considerando nula la presión atmosférica que actúa sobre la superficie libre, la ecuación 3, en dicha superficie, se escribe

$$\frac{\partial\phi}{\partial t}=-g\eta \tag{4}$$

Como, por otro lado, allí se tiene que

$$\frac{\partial\phi}{\partial t}=\frac{\partial\eta}{\partial t} \tag{5}$$

siendo tales derivadas expresiones distintas de la componente vertical de la velocidad, podemos eliminar η combinando las ecuaciones 4 y 5. Entonces, sobre la superficie libre, vale la *ecuación de Poisson*

$$\frac{\partial^2\phi}{\partial t^2}+g\frac{\partial\phi}{\partial y}=0 \tag{6}$$

Ésta, si desarrollamos las derivadas con base en la fórmula 1, se transforma en

$$c^2\, k \cos h\; kh - g \operatorname{sen} h\; kh = 0$$

de donde se deduce la expresión de la celeridad

$$c=\sqrt{\frac{g}{k}\tanh kh} \tag{7}$$

Esta importante expresión en la actual Hidráulica Marítima se le conoce como *fórmula de Airy*, aunque Laplace ya había llegado a ella en 1776.[23] A pesar de las simplificaciones introducidas con el fin de obtenerla, dicha fórmula da resultados aceptables en la práctica. Para tirantes h muy pequeños, pudiéndose considerar con buena aproximación

[23] Euler, *Commentationes*, LXXXIII.

$$\tan h\, kh = kh$$

la fórmula 7 se reduce a la de Lagrange $c = \sqrt{gh}$; para grandes profundidades, en las cuales se puede tomar $\tan h\, kh = 1$, da $c = \sqrt{g / k}$. Utilizando la fórmula 2, esta última expresión se puede escribir

$$c = \sqrt{\frac{gL}{2\pi}} \qquad (8)$$

Si recordamos que Newton había obtenido $c = \sqrt{gL} / 2\pi$, estamos en condición de apreciar su error.

La expresión 8 de la celeridad de olas que se desplazan sobre aguas muy profundas había sido obtenida en 1804 —antes de que aparecieran los trabajos de Cauchy y Poisson— por Franz Josef Von Gerstner, fundador y director del Instituto Técnico de Praga. Pero su Memoria, muy original por cierto, se conoció más de medio siglo después, porque fue publicada en las actas de la ignorada Real Sociedad Científica Bohema. Para entender la idea de Gerstner, supongamos que la profundidad del agua sea infinitamente grande. Eliminando h en la fórmula 1 y aproximando el $\cos h\, ky$ con $e^{ky}/2$, dicha fórmula se transforma en

$$\phi = a\, e^{ky} \cos k(x - ct)$$

Derivando con respecto a x y y, resulta

$$u = -\, ka\, e^{ky} \operatorname{sen} k(x - ct),\; v = ka\, e^{ky} \cos k(x - ct)$$

Pero $u\ dx/dt$, $v = dy/dt$; por lo que, integrando con respecto a t, se obtiene

$$x = x_0 - \frac{a}{c} e^{ky} \cos k(x - ct) \qquad y = y_0 - \frac{a}{c} e^{ky} \operatorname{sen} k(x - ct) \qquad (9)$$

Del sistema 9 deducimos que

$$\left(x = x_0^2\right) + \left(y = y_0\right)^2 = \frac{a^2}{c^2} e^{2ky}$$

ecuación que se puede interpretar —algo burdamente— en el sentido de que las trayectorias que recorren las partículas fluidas al paso de la onda son órbitas circulares, cuyos centros están en los puntos de coordenadas x_0, y_0, y cuyos radios —iguales aproximadamente a $a/c\ e^{ky}$— decrecen exponencialmente con la profundidad. Si observamos el movimiento aparente de una partícula fluida superficial P que avanza con la onda, vemos que resulta de la rotación sobre una circunferencia α y la traslación según la

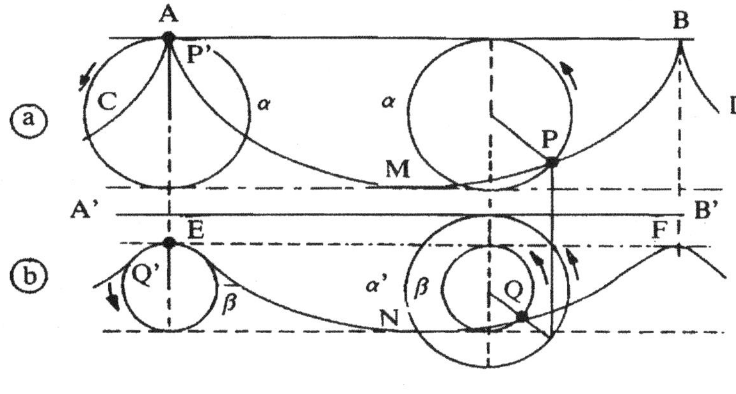

Figura 185

recta AB; y éstas se combinan en la cicloide AMB, recorrida por P al rodar α sobre AB (figura 185). La superficie libre $CAMBD$ estaría formada por una secuencia de arcos de cicloide, cuyas cúspides A, B representan las crestas de onda. A cierta profundidad, la órbita de una partícula Q será más pequeña: representémosla con la circunferencia β. Sin embargo, la longitud de onda deberá ser la misma que antes; esto se consigue haciendo que β gire ligada rígidamente a un círculo concéntrico α', que a su vez rueda sobre $A'B'$, paralela a AB. Curvas como la ENF que Q describe suelen llamarse "cicloides alargadas".

La figura 186 muestra las órbitas circulares —cuyo diámetro disminuye con ley exponencial— y las trayectorias ARM, $A'R'M'$, etcétera, a diferentes profundidades, que Gerstner trazó. Líneas como $RR'R''$ señalan las posiciones relativas de partículas que, bajo la cumbre A, se disponen según la recta vertical AA', y bajo el valle M, según la recta MM'. Solución ingeniosa, obtenida con medios sumamente elementales, pero no por eso menos válida en la práctica. Cuando la profundidad del agua es tal que no se puede despreciar la presencia del fondo, la resolución se complica. Cerca de aquél, las partículas no podrán moverse en círculo,

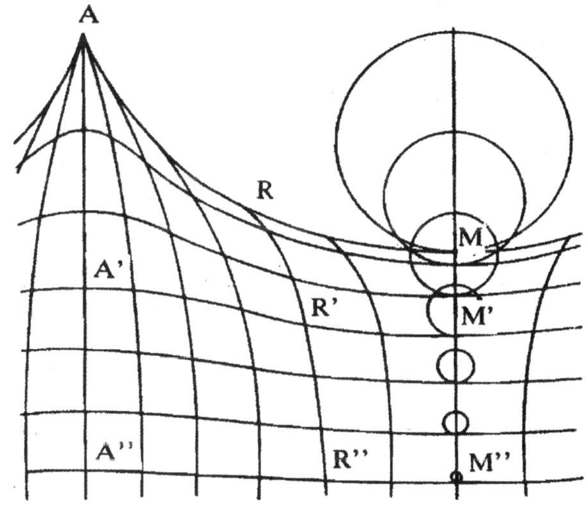

Figura 186

porque tendrán que realizar un movimiento de vaivén. Arriba, las órbitas serán óvalos, siempre más anchos y menos aplastados a medida que la partícula esté más cerca de la superficie.

Lucubraciones de un pescador

Quien se dedica a pescar con anzuelo y, solitario, permanece sentado tanto tiempo en espera de que el pez lo muerda, ha de ser un filósofo o un observador minucioso. William Thomson pertenecía a esta segunda categoría. Así, en una carta dirigida a Froude en 1871, pudo ofrecer una descripción detallada de "un fenómeno curioso que observamos en la superficie alrededor del sedal, cuando éste se deslizaba a través del agua en mar calmado... La velocidad —escribe— era tan baja que el plomo mantenía al sedal casi vertical hacia abajo; de modo que el dispositivo experimental consistía simplemente en un delgado y recto filamento casi vertical movido a través de agua quieta a velocidades desde cerca de un cuarto hasta tres cuartos de milla por hora...

"Lo primero que vimos fue una extremadamente fina y copiosa serie de olas cortas que precedían al sólido, unas olas mucho más largas que lo seguían justo atrás, y otras oblicuas que brotaban —como de costumbre— con un ángulo definido a ambos lados, con las cuales las olas del frente y de atrás se fundían para formar un lindo dibujo simétrico, cuya esencia aún no he sido capaz de analizar completamente. Siendo el diámetro del 'sólido' (o sea, del sedal) tan sólo de dos o tres milímetros, y la más larga de las olas observadas de cinco o seis centímetros, es claro que las olas, a distancias de más de 15 a 20 cm del sólido en todas las direcciones, sensiblemente no eran forzadas (es decir,... que cada una se movía como si fuese parte de una serie sin fin de olas uniformes paralelas, no estorbadas por el sólido). Así, las olas que se veían justo al frente y detrás, revelaban dos diferentes longitudes de onda con la misma velocidad de propagación... Cuando la velocidad del barco menguó, las olas tras el sedal se acortaron y las de adelante se alargaron, hasta alcanzar [todas] —por lo que pude apreciar— la misma longitud; y las líneas de olas oblicuas de la configuración intermedia se abrieron hasta [formar] un ángulo obtuso de aproximadamente dos rectos. Durante un tiempo muy corto, se vio un conjunto de olas paralelas —una delante y otras detrás del sedal— que avanzaban todas con la misma velocidad. Al reducirse más la velocidad, el sistema de olas desapareció completamente. Entonces pequeñas vibraciones del sedal (provocadas, por ejemplo, golpeándolo por encima del [nivel del] agua) producían anillos circulares que divergían en todas las direcciones, de modo tal que los del frente avanzaban —con respecto al agua— a una velocidad mayor que la del sedal... La velocidad del sólido, causante del sistema uniforme de olas paralelas delanteras y traseras, era claramente un mínimo absoluto de la celeridad de la onda, por ser la velocidad límite a la cual se reducía la velocidad común de las olas posteriores más largas y de las anteriores más cortas, al acortarse las primeras y alargarse las segundas hasta igualar sus longitudes...

"Cerca de tres semanas después, habiendo calma en el estrecho de Mull, tuve una excelente oportunidad para determinar por observación —con la ayuda del Prof. Helmholtz y mi hermano de Belfast— la celeridad de onda mínima con una precisión bastante aproximada. El sedal se colgaba a una distancia de dos o tres pies del costado del barco, a modo de cortar el agua en un punto no perturbado sensiblemente por el movimiento de la nave. La velocidad se determinaba echando al mar pedazos de papel previamente mojados, y observando sus tiempos de tránsito a través de planos paralelos distantes [entre sí] 912 cm, fijados con respecto al barco por marcas en el puente y la borda. Al observar cuidadosamente la configuración de rizos y olas que conectaba los rizos del frente con las olas de atrás, yo había visto que ella incluía una serie de olas paralelas que se sesgaban oblicuamente a ambos lados, cuya apariencia comprobaba que eran olas de longitud crítica y correspondientes a la velocidad de propagación mínima. Por tanto, la componente —normal al frente de esas olas— de la velocidad del sedal era la verdadera velocidad mínima. Para calcularla, bastaba con medir el ángulo entre las dos series de líneas paralelas de crestas y valles que se inclinaban a ambos lados de la estela, y determinar al mismo tiempo la velocidad con la que el sedal se arrastraba por el agua. El ángulo se medía con una regla articulada de dos pies, manteniendo —lo mejor posible, a simple vista— sus dos brazos paralelos a las dos series de líneas de crestas de onda. El ángulo buscado era aquel que correspondía a esta disposición de la regla. Colocándola [luego] sobre [una hoja de] papel, trazando dos rectas por sus brazos y completando una sencilla operación geométrica con una longitud introducida convenientemente para representar la velocidad medida del sólido en movimiento, resultaba fácil obtener la celeridad mínima requerida".[24]

Esta no era la primera vez que se hablaba de olas cortas (o *rizos*) —como las que Thomson notaba frente al sedal. En un trabajo de 1829, Poncelet y Lesbros habían mencionado que al sumir apenas en una corriente de agua la extremidad de una varilla delgada, aparece frente a ella una serie de rizos que la abrazan, encorvándose en forma de parábola. Además, en sus experimentos habían encontrado que, si la velocidad de la

[24] Kelvin, 86-88.

corriente es menor de 25 cm/s, los rizos prácticamente desaparecen. Scott Russel volvió a hablar de dichos rizos en 1844, y los llamó "ondas capilares", porque consideraba justamente que su origen se debía a la capilaridad o "tensión superficial" del agua. Con base en sus observaciones —realizadas al mover un pequeño cuerpo, en agua quieta, con velocidades variables entre 12 y 36 pulgadas por segundo— afirmó que los rizos tenían forma de hipérbolas que terminaban lateralmente en olas paralelas, oblicuas con respecto a la corriente, cuya celeridad estimó en 21.5 cm/s (8.5 pulgadas/s) aproximadamente.[25] Según Thomson, "Russel no señaló explícitamente que la velocidad crítica de 8.5 pulgadas por segundo era un mínimo absoluto de la velocidad de propagación; sin embargo, la idea de una velocidad mínima no puede haber estado alejada de su mente cuando fijó en 8.5 pulgadas/s el mínimo [de velocidad] del viento capaz de sostener los rizos".[26] Por su parte, los hermanos Thomson y Helmholtz, grato huésped veraniego, realizaron con su regla articulada seis mediciones, cuatro de las cuales (con velocidades del barco desde 24 hasta 51 cm/s) resultaron aceptables y dieron —con milímetros de diferencia— una velocidad mínima próxima a la de Russel: 23 cm/s.[27]

Se trataba de establecer una teoría que posibilitara la comprobación de este valor; para ello, era necesario examinar las ondas capilares, que hasta ese momento los hidráulicos habían preferido ignorar: "usted —escribía Thomson a William Froude— ha considerado la cohesión del agua (atracción capilar) como una fuerza que habría perturbado seriamente los experimentos que estaba realizando, si [éstos hubiesen sido] a una escala demasiado pequeña".[28] A continuación explicaremos cómo Thomson consideró dichas ondas en su razonamiento.

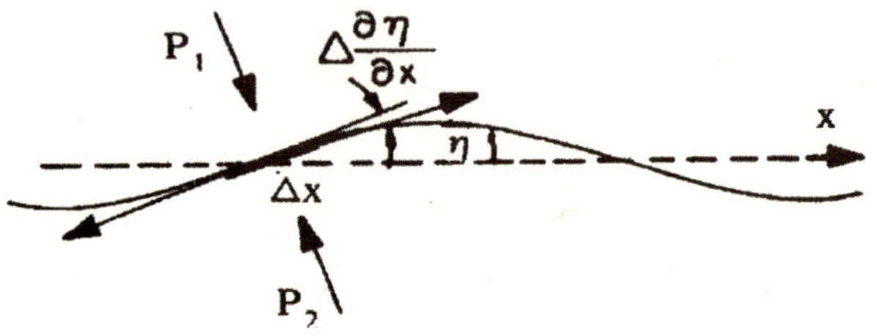

Figura 187

La superficie de separación entre dos fluidos —en nuestro caso, agua y aire— se comporta como si se hallase en un estado de tensión permanente que, similar a la que estira el cuero de un tambor, tiende a suprimir cualquier deformación que en ella se produzca, volviéndola a nivelar. Ahora, supongamos que en la superficie nazcan olas capilares (por tanto, muy pequeñas); la deformación resultante crea —entre aire y agua— una diferencia de presión

[25] *Id.*, 91.
[26] *Id.*, 83.
[27] *Id.*, 89.
[28] *Id.*, 86.

$$p_1 - p_2 = -p$$

que aplica al elemento de superficie Δx (figura 187) una fuerza igual a $(-p\Delta x)$. Esta última tiene que ser equilibrada por la que ejerce la tensión superficial, fuerza que se considera igual a la deformación $\Delta(\partial\eta/\partial x)$ sufrida por el elemento, multiplicada por un coeficiente conveniente T que, en el caso de la intercara agua-aire, a 20 °C, vale 74 dinas/cm. Escribiremos

$$-p\Delta x = T\Delta \frac{\partial\eta}{\partial x}$$

de donde, pasando al límite para Δx0, se obtiene

$$p = -T\frac{\partial^2\eta}{\partial x^2} \qquad (1)$$

Si la ondulación de la superficie se representa con la fórmula

$$\eta = a \text{ sen } k\ (x - c_c t)$$

siendo c_c la celeridad de la onda capilar, resulta que

$$\frac{\partial^2\eta}{\partial x^2} = k^2\eta$$

y esto, remplazado en la ecuación 1, da

$$p = Tk^2\eta \qquad (2)$$

Por otro lado, la fórmula 3 del subcapítulo anterior muestra que para ondas de este tipo, en cuyo análisis se pueden despreciar las velocidades de las partículas y el efecto de gravedad, sobre la superficie se tiene

$$\frac{\partial\phi}{\partial t} = -\frac{p}{\rho}$$

o sea, por la fórmula 2,

$$\frac{\partial\phi}{\partial t} = \frac{T}{\rho}k^2\eta \qquad (3)$$

Eliminando la variable η entre esta ecuación y

$$\frac{\partial \phi}{\partial y} = \frac{\partial \eta}{\partial t}$$

que —como se ha observado en otra ocasión— vale sobre la superficie libre, se obtiene por fin la ecuación de Poisson

$$\frac{\partial^2 \phi}{\partial t^2} + \frac{T}{\rho} k^2 \frac{\partial \phi}{\partial y} = 0$$

la cual, tomando para el potencial la expresión simplificada

$$\phi = a\, e^{ky} \cos k(x - c_c t)$$

da

$$c_c = \sqrt{\frac{T}{\rho}k} = \sqrt{\frac{2\pi T}{\rho L}} \qquad (4)$$

Vale la pena comparar esta expresión de la celeridad de las ondas capilares con la correspondiente a las de gravedad en aguas profundas

$$c_g = \frac{\sqrt{gL}}{2\pi} \qquad (5)$$

Se ve que, mientras c_g crece en proporción con la raíz cuadrada de la longitud de onda, c_c disminuye; así, las ondas capilares que se forman frente a un cilindro muy delgado sumergido verticalmente en el agua se verán tanto más apretadas cuanto más rápida es la corriente, y sucederá lo contrario con las ondas de gravedad que nacen detrás. Esto se advierte en la figura 188, donde se han trazado las curvas que dan c_c y c_g en función de la longitud de onda L. Sin embargo, dichas curvas muestran que c_c —para L grande— y c_g —para L pequeña— se aproximan al valor cero. ¿De dónde sacaron pues Poncelet y Lesbros, Russel y Thomson el resultado de que la celeridad de esas ondas no puede descender por debajo de cierto valor mínimo? Thomson lo explica considerando que, en ondas de longitud pequeña, un efecto de pura gravedad o uno de pura tensión superficial no pueden existir; ambos están presentes en mayor o menor cuantía: "En la bien conocida teoría de tales ondas [las de gravedad, ésta]... se estima que es la única causa de las fuerzas motrices. Cuando de algún modo se pensó en la cohesión (como, por ejemplo, hizo Froude en sus importantes experimentos náuticos sobre modelos arrastrados por el agua, o bien sometidos a oscilación para comprobar su comportamiento en relación con el balanceo de barcos en el mar), se había justamente estimado que ella no tiene influencia sensible en olas cuya longitud pasa de 5 o 10 cm. Ahora se hace patente que, en olas de cualquier longitud menor de 5 o 10 cm, la cohesión contribuye sensiblemente al sistema motor y que, cuando la longitud de éstas es una pequeña fracción de centímetro, la cohesión tiene mucha más influencia que la gravedad como 'motor' para las vibraciones".[29]

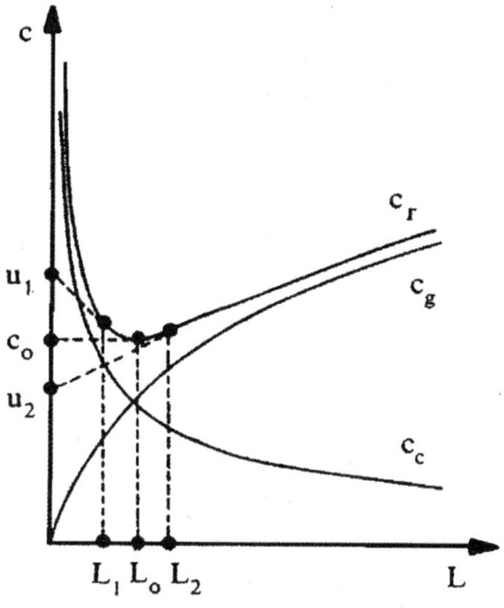

Figura 188

Ahora bien, si gravedad y "cohesión" actúan simultáneamente, hay que combinar la fórmula 4 del subcapítulo anterior con la 3 de éste, y escribir

$$\frac{\partial \phi}{\partial t} = -\left(g + \frac{T}{\rho}k^2\right)\eta$$

Partiendo de esta ecuación y siguiendo el procedimiento antes expuesto, se llega a la expresión que da la celeridad correspondiente

$$c_r = \sqrt{\frac{gL}{2\pi}} + \sqrt{\frac{2\pi T}{\rho L}} \quad (6)$$

De la representación gráfica de esta última (figura 188) se desprende que ella posee un valor mínimo C_o. Veamos cómo calcularlo. Derivando la expresión 6, resulta

$$\frac{d(c_r^2)}{dL} = \frac{g}{2\pi} - \frac{2\pi T}{\rho L^2}$$

y si esta derivada la igualamos a cero, obtenemos para la longitud de onda mínima L_o la expresión

$$L_o = 2\pi\sqrt{\frac{T}{\rho g}}$$

[29] *Id.*, 85.

Escribiendo luego $L = L_o$ en la fórmula 6, queda finalmente

$$C_o = \sqrt{2\sqrt{\frac{gT}{\rho}}}$$

Con $g = 981$ cm/s^2, T = 74 g/s^2, $\rho = 1$ g/cm^3, se llega a

$$L_o = 1.73 \text{ cm}, c_o = 23.2 \text{ cm/s}$$

Esto comprueba teóricamente el resultado experimental de Thomson, $c_o = 23$ cm/s, y explica por qué Poncelet y Lesbros habían visto desaparecer las ondas cuando la corriente, en la cual la punta de la varilla estaba sumida, fluía con una velocidad menor.[30]

Viento y oleaje

Scott Russel, en un informe acerca del movimiento undoso, presentado en York ante la British Association en 1844, describía lo que ve un observador que mire la superficie del mar o de un gran lago durante las fases sucesivas de crecimiento del viento, desde la calma hasta la tormenta. "Supongamos —decía— que él comience su observación en un momento de calma perfecta, cuando la superficie del agua es lisa y refleja como espejo las imágenes de los objetos circundantes. Este aspecto no se verá afectado ni siquiera por un ligero movimiento del aire; y una velocidad de menos de media milla por hora (8.5 pulgadas/s) no perturba sensiblemente la tersura de la superficie reflejante. A un suave céfiro que roce de punto en punto dicha superficie se le puede ver destruir momentáneamente la perfección del espejo; pero, cuando [este viento] se va, la superficie queda como antes. Si la velocidad del aire es poco más o menos una milla por hora, la superficie del agua se hace menos capaz para una reflexión clara y, si se la observa en esa condición, se nota que la disminución de su poder reflejante se debe a la presencia de esos menudos arrugamientos de la película superficial que forman olas del *tercer orden* [rizos capilares]. Tales arrugamientos hacen que la superficie del agua adquiera un aspecto muy semejante al de esas hojas de vidrio que han sido corrugadas con el propósito de destruir su transparencia; el efecto que producen es impedir que el ojo perciba formas a profundidad considerable, así como disminuir la perfección de las imágenes reflejadas por el agua. Quienes pescan con anzuelo saben muy bien que dicho

[30] *Id.*, 84.

aspecto reduce la facilidad con que el pez ve a sus acechadores. Esta primera fase de perturbación se caracteriza por la circunstancia de que los fenómenos de superficie desaparecen casi de inmediato al cesar la causa del disturbio; de modo que un sitio a resguardo del viento permanece liso, siendo las olas del tercer orden incapaces de viajar espontáneamente a cualquier distancia de consideración, excepto bajo la acción continuada de la fuerza perturbadora. Esta condición es indicio de la fuerza presente, no de la pasada. Mientras ella permanece, produce esa profunda lobreguez del agua que el marino acostumbra considerar como señal de la presencia de viento, ya menudo precursora de [una perturbación] más grande.

"La segunda condición de movimiento undoso se observa cuando la velocidad del viento que actúa sobre el agua tranquila ha crecido hasta dos millas por hora. Entonces, pequeñas olas empiezan a levantarse uniformemente sobre toda la superficie; esas son ondas del segundo orden y cubren el agua con regularidad considerable. Las ondas capilares desaparecen de las crestas de estas olas, pero se encuentran cobijadas en los valles entre ellas y sobre sus declives delanteros. La uniformidad de distribución de estas ondas secundarias sobre la superficie es notable: empiezan con amplitud de poco más o menos una pulgada y longitud de un par de pulgadas; se ensanchan al crecer la velocidad o la duración del viento; poco a poco ondas adyacentes se juntan, las crestas suben y —si el viento crece— las olas adquieren la forma de cúspide, normal para las del segundo orden. Sus dimensiones siguen aumentando y, como la profundidad en la cual producen agitación crece al mismo tiempo que su magnitud, la superficie se cubre extensamente de ondas de tamaño casi uniforme".[31]

"Thomson discute más a fondo la interacción de viento y olas: 'El experimento... comprueba que a veces la presión tras un sólido que se mueve en un fluido real como aire o agua, en vez de crecer, de hecho se reduce. El viento que sopla a través de crestas y valles de un sólido fijo (como los surcos de un campo) debe ejercer —por la viscosidad del aire— una presión mayor sobre los declives frente a él que sobre los resguardados. Por consiguiente, si una serie regular de olas marinas consistiera en un cuerpo sólido que se mueve con la velocidad real de aquellas, el viento realizaría un trabajo sobre él, o bien lo haría sobre el aire, según si la velocidad del viento es mayor o menor que la de las olas. Este ejemplo no suministra un paralelo exacto de la influencia del viento sobre las olas, pues las partículas de agua superficiales no avanzan con la velocidad de las olas del mismo modo que lo hacen las del sólido provisto de

[31] *Id.*, 81-83.

surcos. Con todo..., cuando la velocidad del viento sobrepasa la de propagación de las olas, habrá una presión mayor sobre los declives posteriores de éstas que sobre los anteriores; y viceversa, cuando la velocidad de las olas rebasa la del viento, o resulta en dirección opuesta a aquélla, la presión será mayor sobre los declives delanteros que sobre los traseros. En el primer caso, la tendencia será engrosar las olas; en el segundo, reducirlas. La cuestión de que si una serie de olas de una altura determinada crece gradualmente con cierta fuerza de viento, o bien se amortigua poco a poco por no ser el viento bastante fuerte para sostenerla no se puede decidir de antemano. Un elemento muy importante y sugestivo para aclararla lo da la investigación de Stokes acerca del trabajo en contra de la viscosidad del agua que se requiere para mantener una ola; pero no hay solución teórica —y [es] muy poca la investigación experimental— que pueda relacionarse a este respecto con el remolinar del aire, al cual, por producir una presión mayor en los declives traseros que en los delanteros, se debe principalmente —si no del todo— la influencia del viento en la sustentación y conservación de olas".[32]

Las olas que Russel clasificaba como del primer orden son las más grandes. Para éstas, la uniformidad de tamaño y separación —característica de las del segundo— se pierde: olas de diferentes magnitudes y frecuencias se sobreponen, viajando cada una con la velocidad propia de su longitud, de modo que la forma de la superficie libre se modifica continuamente. Una configuración simple bastante usual es la del "grupo de ondas", que Galileo señalaba a Arrighetti, recomendándole observar "lo que hacen las oleadas (*cavalloni*), y cómo se levantan y bajan mucho en espacios

Figura 189

brevísimos, así", y trazaba la figura 189.[33] Se trata de conjuntos aparentemente aislados de olas, todas poco más o menos de la misma longitud, que avanzan sobre aguas profundas. Su característica más notable es que el grupo camina más lentamente que las olas que lo componen; así, quien observa el movimiento de una de ellas, la ve nacer en el extremo trasero, avanzar dentro del grupo —primero creciendo en amplitud y luego amortiguándose—, llegar al extremo delantero y desaparecer, mientras que sus posiciones anteriores son ocupadas sucesivamente por otras olas sometidas a la misma vicisitud.

[32] *Id.*, 80, 81.

[33] Galilei, *Le ópere*, vol. VI, 625.

Parece que Stokes fue el primero que explicó este fenómeno, en 1876. La idea es sobreponer dos sistemas de olas de igual amplitud y casi la misma longitud de onda. Supongamos que sus elevaciones sean

$$\eta_1 = a\ sen\ (k_1 x - \sigma_1 t)$$
$$\eta_2 = a\ sen\ (k_2 x - \sigma_2 t)$$

donde $\sigma_1 = k_1 c_1$, $\sigma_2 = k_2 c_2$, siendo c_1, c_2 las celeridades relativas. La ecuación de la superficie libre de la onda combinada resulta

$$\eta = \text{a}\ [sen\ (k_1 x - \sigma_1 t) + sen\ (k_2 x - \sigma_2 t)]$$
$$= 2a \cos\frac{1}{2}[(\Delta K)x - (\Delta\sigma)] sen \frac{1}{2}[(\Sigma k)x - (\Sigma\sigma)t] \qquad (1)$$

donde se ha escrito

$$\Delta k = k_1 - k_2,\ \Delta\sigma = \sigma_1 - \sigma_2,\ \textstyle\sum \text{k} = k_1 + k_2,\ \partial\sigma = \sigma_1 + \sigma_2$$

Ahora, hemos supuesto que Δk sea muy pequeña; por tanto, en la expresión 1 el coseno varía muy lentamente con la abscisa x, de modo que el perfil de las olas posee en cada instante (o sea para un t dado) la forma de una sinusoide, cuya amplitud

$$A = 2a \cos\frac{1}{2}[(\Delta k)x - (\Delta\sigma)t]$$

fluctúa lenta y alternadamente entre los valores cero y 2a (figura 190). Por eso la superficie aparece como una serie de grupos de ondas separados por tramos de agua casi quieta; o sea, lo que hoy llamamos "ondas moduladas". Como la distancia entre los centros de grupos sucesivos es $2\pi/\Delta k$ y el tiempo necesario para recorrerla es $2\pi/\Delta\sigma = 2\pi/\Delta(kc)$, la velocidad del grupo resulta ser $U = \Delta(kc)/\Delta k$, o mejor

$$U = \frac{d(kc)}{dk} = c + k\frac{dc}{dk} = c - L\frac{dc}{dL} \qquad (2)$$

siendo c la celeridad de las olas, y $L = 2\pi/k$ su separación. La fórmula 2 se presta a una

Figura 190

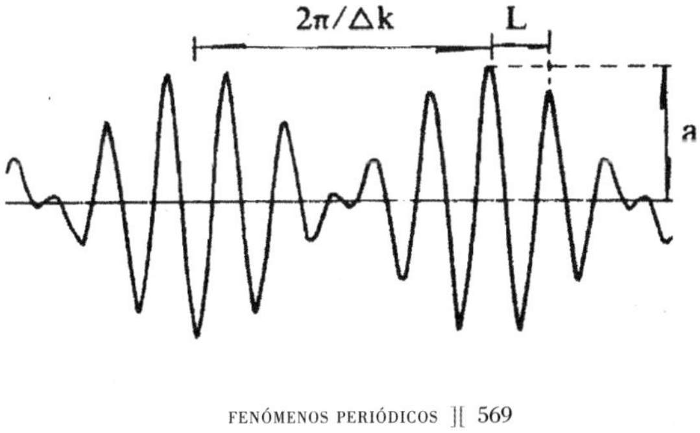

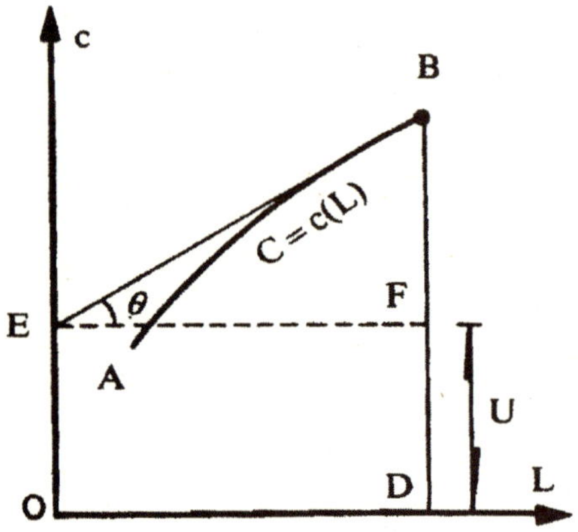

Figura 191

interpretación geométrica sugestiva. Sea AB la curva que representa la celeridad c en función de L (figura 191). Entonces, para el punto B,

$$DB = c,\ EF = L,$$

$$FB = L \tan\theta = L\frac{dc}{dL}$$

Por tanto, con base en la expresión 2, resulta que $OE = DF = DB - FB$ representa la velocidad de grupo U. Regresando a la figura 188, esto significa que, para los rizos capilares —que corresponden a longitudes de onda L_1 menores que la L_o de celeridad mínima— la velocidad U_1 con la cual avanza el grupo es mayor que aquella con la cual avanza cada ola; mientras que, para las olas de gravedad (longitud L_2, velocidad U_2), sucede lo contrario. Este es un buen criterio para decidir de qué tipo de onda se trata.

Hacia 1875, el fenómeno de los grupos de ondas estaba de moda entre los investigadores británicos. Tal vez Froude fue el primero en notarlo; sin embargo, como no se consideraba buen teórico, dejó el problema a Rayleigh, quien le había dado una solución parecida a la que Stokes publicó en 1876. Froude y Rayleigh discutieron también cuál podía ser la causa de las ondas laterales oblicuas que acompañan el rápido avance de una lancha de motor, y llegaron a la conclusión de que aquellas pueden considerarse como el resultado de la sobreposición de dos trenes de ondas. Reynolds, ingenioso como siempre, ideó un experimento sencillo —una serie de péndulos iguales, cuyos pesos había conectado entre sí ligándolos con un cordel— para explicar a los estudiantes la diferencia entre velocidades de onda y de grupo. Además, hizo una hermosa demostración del hecho de que —en aguas profundas— la velocidad del grupo es aproximadamente la mitad de la de cada onda, comprobando por el cálculo que el paso de un grupo de ondas a través de cierta sección produce mitad de la energía que requieren las ondas componentes para cruzarla durante el mismo periodo de tiempo; de lo cual se deduce que sólo pasando con velocidad mitad (o sea en tiempo doble) el grupo se halla en condiciones de suministrar energía suficiente para todas sus ondas.[34]

[34] Kelvin, 436.

Consecuencias de la fogosidad de un caballo

"La navegación en canal proporciona las ilustraciones más interesantes de la interferencia de la onda y [ofrece] las oportunidades más considerables para aplicar sus principios a un sistema de aprovechamiento perfeccionado. Una muy grande mejora introducida hace poco tiempo en el transporte por canales debe justamente su existencia a la reducción de la sección anterior de desplazamiento, que se consigue subiendo el barco —mediante un impulso súbito— a la cumbre de la ola progresiva. Por lo que puedo enterarme, el hecho en sí se descubrió accidentalmente en el canal menor entre Glasgow y Ardrossan. Un caballo fogoso del barco del Sr. William Houston —uno de los propietarios de las obras— se asustó y echó acorrer, arrastrando consigo la embarcación. Entonces se observó, con gran asombro del Sr. Houston, que la ola de espuma de popa, que acostumbraba arruinar las riberas, había desaparecido, y el barco era remolcado en agua relativamente lisa, con gran reducción de la resistencia. Mr. Houston tuvo la habilidad de percibir el valor comercial de ese hecho para la Compañía con la cual estaba relacionado, y se dedicó a utilizar en dicho canal embarcaciones que se movían con esa velocidad elevada. El resultado de esta mejora fue tan valioso desde el punto de vista mercantil, que proporcionó a los propietarios del canal un gran aumento de ingresos por el transporte a gran velocidad de los pasajeros. Viajeros y bagaje se llevan en botes livianos, de cerca de 60 pies de largo y seis de ancho, hechos de lámina de hierro delgada y arrastrados por un par de caballos. El bote arranca con baja velocidad tras la ola y, a una señal determinada, se levanta hasta la cumbre de la onda por un tirón repentino de los caballos; allí se mueve, con resistencia reducida, a la velocidad de 7, 8 o 9 millas por hora".[35]

En 1840, Scott Russel escribía tal comentario acerca de la última novedad: los "botes volantes" escoceses. Antes, las embarcaciones que llevaban al pasaje de Ardrossan a Glasgow y de allí a Edimburgo avanzaban lentamente, al paso sosegado de los caballos; ahora, arrastradas al galope, alcanzaban velocidades de 4 a 5 m/s y corrían más rápido que la onda. En 1886, al analizar el relato de Russel, Thomson consideró que la verdadera causa de la reducción de la resistencia al avance del barco estaba en esa desaparición de la ola que, saliendo de ambos lados de la popa con dirección oblicua, va a golpear las orillas del canal. Y ¿por qué esta ola no se forma? Simplemente, porque no se le da la oportunidad de hacerlo, pues el bote avanza con

[35] *Id.*, 283.

una velocidad mayor que aquella con la cual dicha ola se propagaría, a saber, $\sqrt{gD}$, si D es el tirante en el canal.[36]

Ahora —siguió pensando Thomson— el fenómeno mencionado se debe a un cuerpo (el barco) que se mueve en agua quieta. ¿Podría un cuerpo inmóvil —por ejemplo, una irregularidad del fondo del canal— provocar efectos semejantes en agua en movimiento? Y en tal caso, ¿cómo se notaría la diferencia entre velocidades de la corriente mayores o menores que la crítica $\sqrt{gD}$? Para contestar esas preguntas, Thomson razonó poco más o menos de la siguiente manera. Considérense (figura 192) dos secciones del canal —supuestas rectangulares— donde sean D_1, D_2 los tirantes, V_1, V_2, las velocidades y h el desnivel del fondo de las dos secciones .

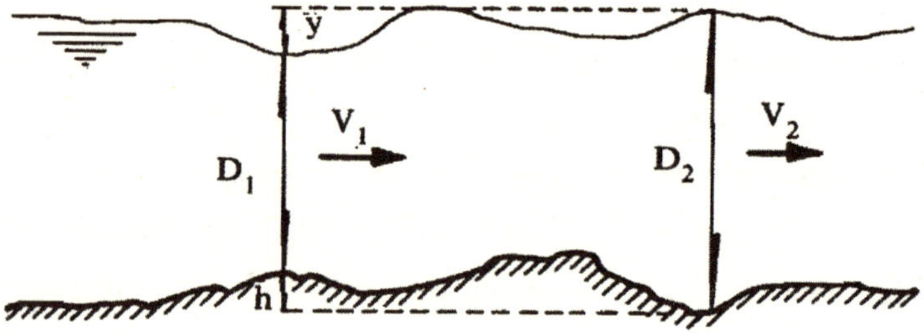

Figura 192

Entonces se tiene que

$$\frac{V_1^2}{2g}+(D_1+h)=\frac{V_2^2}{2g}+D_2$$

Tomando en cuenta que $V_1 D_1 = V_2 D_2 = q$, gasto unitario, esta ecuación se hace

$$\frac{q^2}{2g} \quad \frac{D_2^2-D_1^2}{D_1^2 D_2^2}=D_2-D_1-h$$

o sea, introduciendo un tirante medio D tal que

$$\frac{D_1+D_2}{2D_1^2 D_2^2}=\frac{1}{D^3},\ q=VD$$

y escribiendo $y = D_2 - D_1 - h$ (figura 192), resulta

$$y=\frac{V^2}{gD}\ h\Bigg/\left(1-\frac{V_2^2}{gD}\right) \qquad (1)$$

[36] *Id.*, 283, 284.

De aquí Thomson infiere que, si $V < \sqrt{gD}$, y y h son positivos o negativos al mismo tiempo; por tanto, la superficie del agua sube cuando el fondo baja, y viceversa. Por el contrario, con $V > \sqrt{gD}$ ocurre lo opuesto: "la superficie del agua sube, [haciéndose] convexa, sobre toda protuberancia del fondo, y baja [haciéndose] cóncava, sobre los huecos; y la subida y bajada del agua son ambas mayores que las del fondo; de modo que el agua resulta más profunda sobre elevaciones y menos sobre depresiones".[37]

Es interesante notar que en la ecuación 1 aparece el cuadrado de ese parámetro sin dimensiones $V\sqrt{gD}$, tan importante para la hidráulica, que todos llaman *número de Froude*. Moritz Weber, profesor berlinés, le dio tal nombre en 1919, pero realmente no se sabe por qué, pues parece que Froude nunca utilizó ese elemento. En fin, así se crea la historia. Sin embargo, tal denominación hace que sigamos recordando a ese eximio y original experimentador, quien empezó a estudiar el efecto de la forma de los barcos sobre su velocidad de desplazamiento, utilizando modelos reducidos —que arrastraba en un canal de casi 200 pies de largo, construido superando un sinnúmero de dificultades— e interpretando los resultados con un inequívoco dominio de las leyes de similitud.

El paso siguiente que realizó Thomson fue analizar el efecto que una protuberancia o hundimiento aislado importante del fondo del canal tiene sobre la corriente. En el primer caso (figura 193), sea P_0 un punto de la superficie en el cual el tirante es igual al normal medido muy lejos del estorbo, y sea U_0 la velocidad correspondiente. Consideremos también otro punto P, de tirante D, cuya velocidad tiene la componente horizontal U y la vertical v. Entonces,

$$\frac{U^2 + v^2}{2g} + D = \frac{U_0^2}{2g} + D_0$$

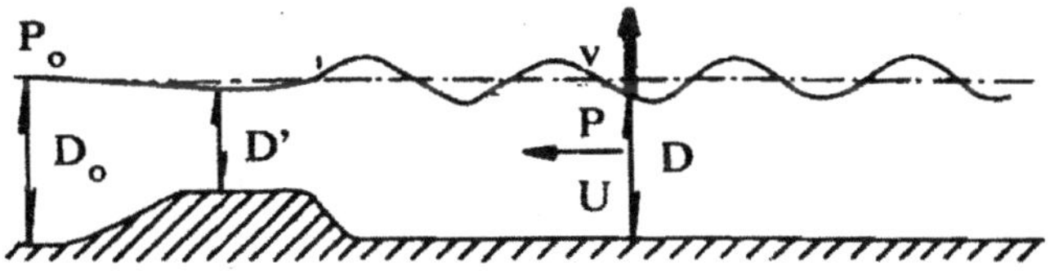

Figura 193

por tanto,

$$D_0 - D = (U^2 + V^2 - U_0^2)/2g$$

[37] *Id.*, 273, 274.

Si ahora remplazamos U_o con UD/D_o y factorizamos v^2, obtenemos

$$D_0 - D = \frac{v^2}{2g} \Big/ \left(1 - \frac{D_0 + D}{D_0^2} \frac{U^2}{2g}\right) \tag{2}$$

"No es difícil —comenta Thomson— entender la estabilidad permanente del movimiento que hemos analizado... Sin embargo, es muy interesante e instructivo considerar la iniciación de este estado de cosas a partir de una condición anterior de flujo uniforme sobre fondo plano. Supongamos como condición primaria que en el fondo exista una desigualdad —ya sea elevación o depresión— pero que sea arrastrada con el agua, de modo que el escurrimiento sea en todas partes uniforme y por líneas paralelas. Si la desigualdad es una elevación,... nuestra hipótesis es que toda la protuberancia, moviéndose con el agua, resbala sobre el fondo. Si la desigualdad fuese una depresión [figura 194];... se debe hacer la hipótesis más tosca de una plasticidad del fondo, y que la forma de la desigualdad se transporte mientras el fondo —antes y después de la depresión— se mantiene rígidamente plano.

"Supongamos ahora que la desigualdad se detiene, gradual o bruscamente: ¿cuál será el movimiento resultante del agua? La cuestión es idéntica a la de encontrar el movimiento del agua en un canal, cuando un barco se mueve poco a poco o de repente por medio de una fuerza externa, como [la que aplica] un cable de remolque; o mejor dicho, sería idéntica si el barco fuese una viga que llena todo el ancho transversal del canal, de modo que el movimiento del agua sea puramente bidimensional... Hay que considerar... la perturbación enviada aguas arriba por la irregularidad inicial. La ecuación 2 muestra que, sea la irregularidad una elevación, como en nuestro primer diagrama (figura 193), o una depresión, como en la figura 194, un ascenso de nivel debe avanzar hacia aguas arriba con una velocidad con respecto al agua que, según sabemos, tiene que ser $\sqrt{gD'_0}$, donde D'_0 es intermedio entre D_0 y el tirante más pequeño, que llamaremos D', en la corriente superior no perturbada. Pero, por gradual que haya sido el establecimiento de la irregularidad inicial, este avance de una turgencia hacia aguas arriba debe crear una ola, pues la velocidad de propagación es, en principio, diferente en partes distintas de pendiente: $\sqrt{gD'}$ al comienzo de ésta y, [pasando] por $\sqrt{gD'_0}$ alcanza el valor $\sqrt{gD_0}$ al subir el tirante desde D' hasta D_0; así que la cima de la superficie en su avance alcanza el talud, hasta que la pendiente se hace demasiado empinada para nuestra aproximación. La

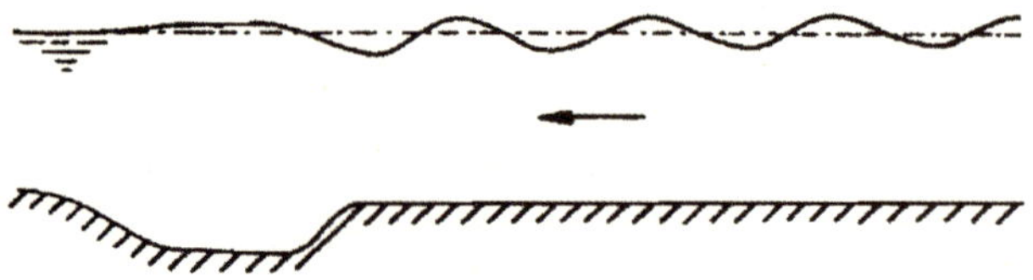

Figura 194

inevitable ondulación superficial (inevitable sin [la intervención de la] viscosidad del agua o alguna acción de superficie que prevenga una inclinación excesiva) modificaría la situación aguas abajo de una manera difícil de imaginar".[38]

Al llegar a este punto, Thomson se pregunta: ¿cómo podríamos evitar que nazcan esas ondas superficiales? Responde que hay dos formas de hacerlo: aumentando mucho la viscosidad del líquido, o bien introduciendo una mayor tensión superficial. Y sugiere un procedimiento para lograr este último efecto: cubrir la superficie libre —antes y después de la irregularidad— con una membrana flexible muy delgada, atiesada transversalmente —"como la vela de un junco chino"— por varillas rígidas ligeras cuyos extremos puedan bajar y subir en correderas verticales situadas a los lados del canal. La tensión aplicada por la membrana se incrementaría más y más mediante fuerzas que dificultasen el movimiento en las correderas; y así, sin afectar la deformación de la superficie encima de la irregularidad del fondo, podrían reducirse o eliminarse las ondas que de ella proceden.[39]

Rayado en la mar

"El 7 de agosto de 1927, cuando cruzaba el Atlántico hacia Inglaterra, a unas 600 millas de Nueva York advertí que había gran cantidad de plantas marinas flotantes, dispuestas en su mayoría en líneas paralelas, con espaciamiento algo irregular entre 1 100 y 200 metros". Esto proviene de los apuntes de viaje de Irving Langmuir, original científico americano y premio Nobel; hombre que se extasiaba ante las obras de la naturaleza en su manifestación diaria. Cosas que para nosotros son tan usuales que dejamos de observarlas —nubes, rizos sobre el agua, cristales de la nieve, el vuelo de un insecto o una fluctuación de temperatura— para él eran motivo de fascinación continua y un desafío a encontrarles una explicación con base en leyes científicas conocidas.[40] "Tales líneas —escribe Langmuir— paralelas a la dirección del viento, que llamaré 'estrías', alcanzaban a menudo longitudes hasta de 500 m. Entre estas estrías mayores, que contenían grandes cantidades de plantas en bandas de 2 a 6 metros de ancho, había otras menores, constituidas por masas vegetales separadas, dispuestas casi en líneas rectas. En ese momento el viento venía del norte, con una velocidad de 10 m/s aproximadamente, y las olas alcanzaban cerca de 4 m de altura. Al día siguiente, las olas eran más

[38] *Id.*, 277, 281.
[39] *Id.*, 281, 282.
[40] Langmuir, VIII.

grandes y las estrías vegetales todavía abundantes. En la tarde se produjo un cambio repentino, más o menos de 90°, en la dirección del viento: en 20 minutos, las plantas marinas se acomodaron en otras estrías, paralelas a la nueva orientación del viento, a pesar de que las olas continuaban su movimiento según la vieja.

"No existía evidentemente ninguna cohesión entre masas de plantas que las mantuviese juntas dentro de las estrías. En ese entonces, me pareció que la única hipótesis razonable era que los vegetales se acomodaban así a causa de corrientes de superficie transversales que convergían hacia las estrías. El agua de esas corrientes convergentes desciende por debajo de ellas; entre las estrías hay corrientes ascendentes que, alcanzada la superficie, se derraman lateralmente hacia las estrías mismas. La acción del viento sobre el agua forma corrientes de superficie longitudinales que llevan su misma dirección, cuyo efecto es crear en el agua una serie de vórtices helicoidales [que giran] alternativamente en sentido derecho e izquierdo, manteniendo sus ejes horizontales y paralelos al viento. Si miramos en la dirección hacia la cual el viento sopla, podemos observar que el agua entre dos estrías adyacentes forma un par de vórtices. El agua a la derecha del plano vertical [que está] a la mitad entre las estrías posee una rotación horaria (hélice derecha); aquella a la izquierda, una rotación antihoraria (hélice izquierda) [figura 195].[41]

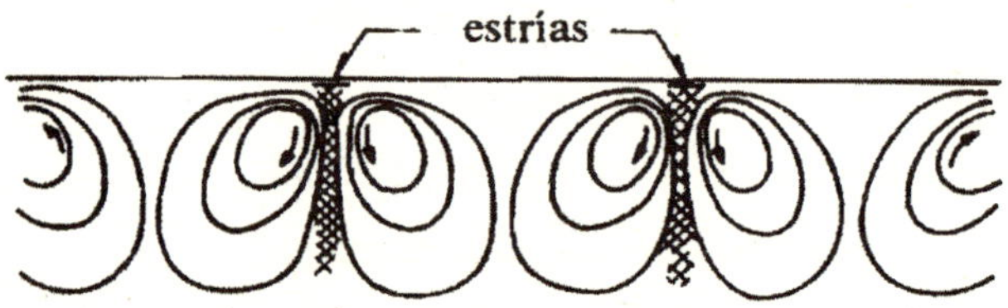

Figura 195

"En 1928 y 1929 realicé un gran número de experimentos en el Lago George, cerca de Bolton, Nueva York, para comprobar la hipótesis del movimiento helicoidal y hacer observaciones sobre otras corrientes de agua producidas por el viento. Este lago y la ubicación elegida ofrecían muchas ventajas para tales estudios. Tiene cerca de 50 m de fondo, y el agua es tan clara que se pueden divisar objetos blancos a 8 m de profundidad. Como el lago queda entre dos sierras paralelas que se levantan entre 300 y 700 m sobre la superficie, usualmente el viento se aplaca por completo en la noche, y durante el día sólo sopla en una de dos direcciones (sureste o noreste). La mayoría de los experimentos se realizó en un punto a 1 km poco más o menos de la tierra más próxima, con un trecho libre (*fetch*) de entre 4 y 7 km en la dirección de la cual el viento provenía.

"Con velocidades del viento de 4 m/s o más las estrías se manifestaban por la acumulación de rastros de aceite de lanchas de motor, hojas flotantes o burbujas. Las estrías en general se hacen mucho más evidentes en ríos contaminados por aceites

[41] *Id.*, 67.

industriales o materia orgánica de ciénagas... En el otoño, las hojas flotantes son especialmente útiles para mostrar el hundimiento del agua por debajo de las estrías, porque desde una lancha de motor que sigue una estría se puede ver que un gran número de hojas es sumergido poco a poco, y se pierde de vista por debajo de ella. La cantidad de tales hojas parece ser demasiado grande para poder atribuir [su sumersión] a que ellas se hayan vuelto gradualmente más densas que el agua. Algunas de las hojas colocadas sobre el agua a medio camino entre estrías, a una distancia de éstas entre 6 y 10 m, las alcanzaban en cerca de 5 minutos... En otros experimentos, un cordel blanco de 2 mm de diámetro, con pedacitos de corcho [fijos] a todo lo largo con intervalos de 10 cm, flotaba sobre la superficie del lago en línea recta, perpendicularmente a la dirección del viento. Después de 10 min, el cordel había desarrollado ondas bien definidas, siendo desplazado hacia adelante según la dirección del viento en las estrías y hacia atrás en los espacios intermedios. El agua que subía desde niveles inferiores tenía una velocidad de avance pequeña, pero ésta crecía constantemente por acción del viento, de modo que, cuando alcanzaba la estría, [dicha agua] poseía su velocidad máxima.

"Algunas mediciones de las componentes verticales del movimiento se realizaron por medio de una gran hoja cuadrada de aluminio, sostenida en posición horizontal por una pequeña bombilla eléctrica lastrada de modo que se mantenga flotando a cualquier nivel. Este dispositivo se calibró en agua quieta, para determinar su velocidad de subida o bajada cuando se le añadían o quitaban pequeños pesos. El aparato se hundió pocos metros por debajo de la superficie y se amarró con un ligero cordón horizontal, de 2 m de largo, a un peso de plomo suspendido —a la misma profundidad— de un bulbo que flotaba en la superficie. De esta manera, se pudo observar la tendencia de la lámina de aluminio a subir o bajar sin miedo de perder el aparato y sin sujetarlo a fuerzas horizontales o verticales apreciables. Así se descubrió que, en las estrías, existían —dos metros por debajo de la superficie— corrientes descendentes de 2 a 3 cm/s aproximadamente y, a mitad de camino entre estrías contiguas, corrientes ascendentes de 1 a 1.5 cm/s. Para medir las corrientes que el viento creaba en el lago entre 5 y 30 cm de profundidad, se inclinaron a 90° con respecto a su posición normal unas sombrillas de 60 cm de diámetro, y se suspendieron de pequeñas bombillas eléctricas flotantes en la superficie por medio de cordeles ligeros, con contrapesos convenientes para mantenerlas en esa posición. Un bulbo también de superficie, coloreado y ligado a un peso de plomo que descansaba en el fondo, servía como boya de referencia. La velocidad y dirección de las corrientes a diferentes niveles se pudieron calcular colocando sombrillas en dichas profundidades cerca de la boya y observando los movimientos de sus flotadores, cuyos desplazamientos se medían por el tiempo que una lancha de motor —la cual avanzaba a una velocidad determinada— requería para cubrir la distancia entre la boya de referencia y el flotador".[42] ¡Buena lección —entre otras cosas— para ciertos experimentadores de hoy en día, incapaces de iniciar una investigación si no disponen de costosos aparatos de medición patentados, cuya complejidad es a menudo innecesaria!

Con base en las mediciones realizadas, Langmuir concluyó que la circulación que estría la superficie marina debe tener el comportamiento sugerido esquemáticamente por la sección transversal de la figura 195: vórtices helicoidales contiguos que, girando en sentidos alternados, barren todo material flotante para juntarlo allí donde sus corrientes se sumergen. Quedaba por averiguar qué es lo que hace que los vórtices resulten todos más o menos del mismo tamaño y define sus dimensiones, las cuales varían según la época del año. Langmuir empezó a medir temperaturas del agua en toda la profundidad de la laguna, con un termómetro de resistencia eléctrica y realizó este trabajo durante varios años, en sus diferentes estaciones. "Al examinar las curvas de distribución de temperatura a profundidades distintas —escribió más tarde— se ve que entre mayo y noviembre unos cuantos días asoleados y tranquilos hacen que se desarrolle un gradiente de temperatura casi uniforme de 0.7 °C/m, aproximadamente, el cual puede alcanzar 10 o 15 cm de profundidad. Un día ventoso provoca la desaparición de dicho gradiente hasta cierta hondura, pero produce otro, muy marcado, como de 5 °C/m (termoclina), en el límite inferior de la capa isotérmica. Luego de periodos alternos de calor y viento, los 15 m más altos del agua pueden contener varias de esas capas isotérmicas (o epilimnios) con las termoclinas intermedias. Los gradientes más considerables se han observado siempre a profundidades entre 10 y 15 m. Creo que ésta es la máxima profundidad a la cual bajan los vórtices helicoidales con las velocidades de viento que se presentan comúnmente durante los meses de verano".[43]

De tales mediciones y otras más, Langmuir dedujo que la dimensión de los vórtices —y, por consiguiente, la de las estrías— es determinada por la profundidad de la termoclina: "Hay sobrada razón para creer que los vórtices helicoidales originados por el viento se extienden en [todo] el espesor del epilimnio, pero no atraviesan la termoclina. La superficie del lago es libre, en el sentido de que no hay allí ninguna fuerza de fricción capaz de refrenar un movimiento horizontal; sin embargo, la termoclina es una superficie prácticamente fija, como aquella del fondo de un lago, porque las capas superiores no la ponen en movimiento. Las velocidades longitudinales y transversales del agua dentro

[42] *Id.*, 67-69.
[43] *Id.*, 70.

de los vórtices alcanzan sus valores máximos en la superficie y decrecen gradualmente hasta cero en la termoclina. Luego los vórtices son asimétricos con respecto a la profundidad, y se difunden siempre más al crecer ésta... Las separaciones [de las estrías] son probablemente más o menos proporcionales a las profundidades en las cuales ellas penetran. Las mediciones cuantitativas de sus espaciamientos son difíciles [de obtener], porque entre estrías bien definidas hay muchas menores, que lo están menos; justamente como las olas grandes tienen encima otras menores, así parece que las superficies de los vórtices mayores contienen otros más pequeños y menos profundos". Por último, Langmuir hace una observación curiosa e interesante: si el epilimnio determina con su espesor el tamaño de los vórtices, éstos por su parte son los creadores del epilimnio, pues al mezclar el agua en sentido vertical uniforman su temperatura. He aquí la razón por la cual el viento produce a un mismo tiempo vórtices y epilimnios.[44]

Un artículo de Langmuir publicado en *Science*, en 1938, logró que los oceanógrafos se interesaran en este fenómeno, que nadie había notado antes. Para entenderlo, se realizaron expediciones en diversos mares. Se encontró que, al variar el rumbo del viento, el cambio rápido de dirección de las estrías es sólo superficial: flotadores colocados a uno o dos metros de profundidad conservaban la orientación anterior. Además, se observó que con lluvia —manteniéndose el viento— las estrías desaparecen, y reaparecen cuando ésta cesa. Con base en fotografías aéreas del fenómeno, visualizando el viento por medio de penachos de humo, hubo quien concluyó que la dirección de la estría no es la del viento, sino que se desvía hacia la derecha en ángulos entre 10 y 20°, unos 13° en promedio aproximado. Se pensó entonces en la presencia de una película superficial extremadamente sensible al viento, en la cual se manifestaría la traza superior de las estrías, mientras que la parte profunda de ellas —de mayor inercia— podría ser desviada por la rotación de la Tierra. Al fin, se demostró matemáticamente que una apariencia estriada puede nacer en la superficie de un líquido por la interacción de un par de ondas de gravedad adecuado. El límpido modelo que Langmuir sugirió fue puesto en tela de juicio, sin poderlo remplazar con otro convincente. Origen y rasgos de las estrías marinas siguen siendo un reto para el investigador.

Más estrías

No es preciso recorrer las fontanas de Roma para darse cuenta de que la superficie libre de una lámina de agua que cae no se ve lisa, sino estriada. Lo notamos en las fuentes,

[44] *Id.*, 73, 74.

en enormes cascadas y en modestas caídas de corriente; sin embargo, este fenómeno tan común es de esos que la hidráulica no suele ver. La única mención de él que conozco está en la *Hydraulique* de Flamant, allí donde se examina la depresión de las láminas vertientes. Se considera una pared vertedora vertical atravesada en un canal, y se supone que el tirante sobre la cresta sea pequeño. Entonces, el aire que se encuentra entre pared y vena será arrastrado poco a poco, y esta última se pegará siempre más a la cara aguas abajo del vertedor, hasta adherirse a ella por completo: "Al acercarse a la carga de 0.235 m, la eliminación del aire se acaba rápidamente, y la vena sufre de repente una modificación muy notable: su pie se retira hacia la presa hasta pasar tras el plano vertical correspondiente a su parte superior (figura 196*a*), y su superficie se vuelve vertical y se cubre de acanaladuras que imitan los pliegues de una cortina (figura 196*b*)".[45] Flamant se contenta con señalar el fenómeno, sin buscar su origen; otros autores ni siquiera lo mencionan. Se prefiere ocultar esta anomalía a los estudiantes, porque no es posible explicarla mediante las leyes tradicionales de la hidráulica.

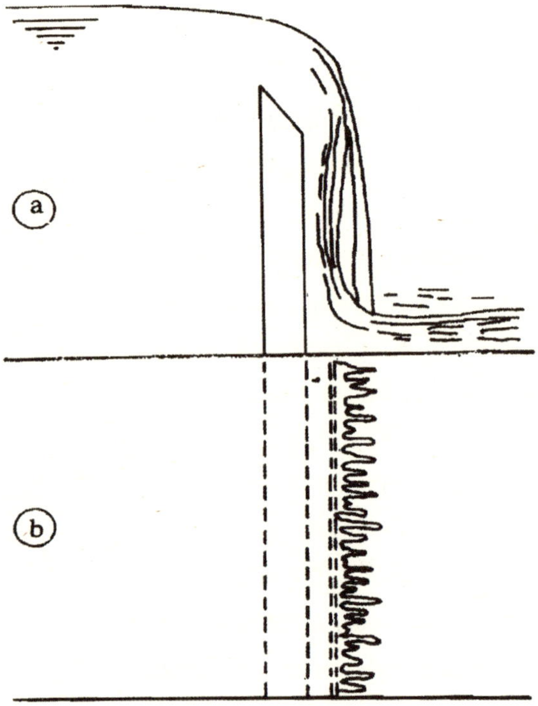

Figura 196

Hace años examinamos el comportamiento de una presa vertedora por medio de un modelo a escala reducida. Se trataba de una estructura rectilínea de 100 m de largo y poco más de 10 m de altura, que terminaba aguas abajo en una cubeta deflectora muy parada *C* (figura 197) cuyo funcionamiento queríamos conocer. Se esperaba que la cubeta deflectora lanzara hacia arriba un chorro uniforme; sin embargo, éste resultó por lo general aplastado (perfil *B*' de la figura), y presentó unas 22 crestas aisladas, más o menos igualmente repartidas (perfil *A*'). Dichas crestas no quedaban fijas, sino que se iban desplazando muy lentamente todas por igual, a uno u otro lados.[46]

Revisamos el modelo, acabado en concreto, para asegurarnos de que las superficies del paramento y el deflector no presentaran irregularidades, y comprobamos que todo estaba dentro de los límites de tolerancia admisibles. Al quitar un dispositivo tranquili-

[45] Flamant, 106. 21. *Id.*, 10.

[46] Levi, *Streakings*, 26, 27.

zador de barrotes verticales ubicado en la entrada del modelo, el fenómeno también se manifestó. Más tarde descubrimos una serie de tenues estrías longitudinales *MB*, distribuidas sobre la lámina vertiente *MA*, y nos dimos cuenta de que acababan exactamente en las bandas bajas *B'* del chorro terminal, y se movían con el mismo lento vaivén de las crestas. Concluimos que la subdivisión del chorro debía de estar ligada a la presencia de las estrías; por tanto, éstas producían un efecto no despreciable desde el punto de vista energético.

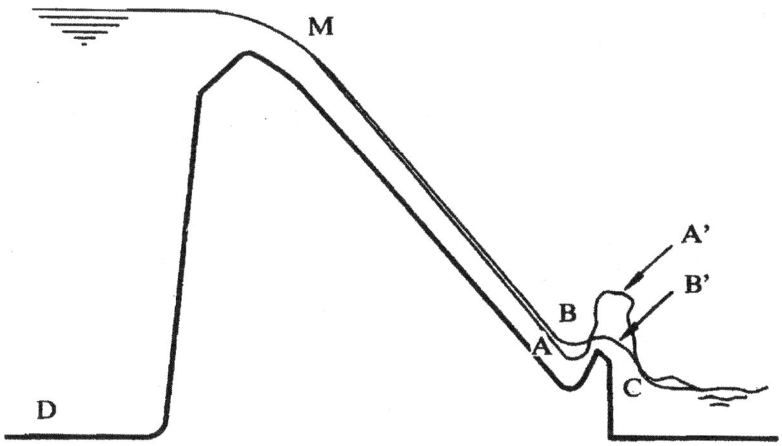

Figura 197

Había que empezar por averiguar la naturaleza de las estrías. Primero supusimos que las originaba la interferencia de ondas producidas en la entrada del vertedor, pero desechamos tal hipótesis cuando comprobamos que las estrías no se alteraban al modificar el encauzamiento, ni al acortar simétrica o asimétricamente la cresta. Por otro lado, al recorrer la lámina vertiente en sentido transversal con un tubo de Pitot, nos dimos cuenta de que la velocidad de la corriente disminuía en forma brusca cada vez que el tubo cruzaba una estría; hecho que desde luego concordaba con el aplastamiento del chorro al final de ésta.

Las estrías se revelaron muy estables y casi imposibles de destruir. Después de colocar cristales de permanganato de potasio en el piso antes del vertedor (zona *D* en la figura), notamos que los filetes coloreados que se desprendían de ellos tendían a difundirse en la corriente; sin embargo, al alcanzar la cresta, se volvían a juntar para meterse en las estrías, las cuales parecían ejercer un singular poder de atracción sobre las partículas suspendidas en el agua. Estabilidad, velocidad longitudinal reducida, succión de corpúsculos son propiedades típicas de los vórtices: todo hacía suponer que las estrías fuesen remolinos helicoidales, un poco como los de la figura 195. Ensayos realizados más tarde en un prototipo —vertedor de abanico de cresta libre— nos permitieron no sólo observar allí la estriación, sino también algo nuevo: la presencia de estrías intermedias más grandes, que —a cierta distancia de la cresta— absorbían de repente aire, adquiriendo una apariencia varicosa característica que nos remitía a colapso de vórtice.[47]

Las estrías se pueden formar en cualquier flujo con superficie libre. Para quien pinta, el aspecto rayado que presenta la superficie de una capa de color es a veces motivo de preocupación: cree que se debe a los pelos de la brocha, decide cambiar ésta por un rodillo, pero las rayas aparecen igualmente. Este efecto se manifiesta también cuando hay que laminar un líquido muy viscoso a fin de producir hojas o películas, y constituye un problema para las industrias fotográfica y papelera. Un técnico que se dedicó a extender lentamente capas de pintura sobre una mesa de vidrio, utilizando un cilindro no giratorio, "observó, que la película que salía estaba cubierta por líneas de crestas y valles espaciadas en forma regular, que corrían paralelas a la dirección de movimiento del cilindro... La separación entre líneas (longitud de onda) quedó prácticamente constante, cualquiera que fuese la velocidad de traslación del cilindro... Las configuraciones parecían depender muy poco del fluido usado, con tal que fuera bastante viscoso, aunque existía una pequeña variación sistemática con la viscosidad. Por el contrario, lo que sí tenía un efecto notable sobre la longitud de onda era alterar la separación mínima [entre el cilindro y la superficie de la mesa] o el radio del cilindro". Otros experimentaron con "un par de rodillos que giraban [en sentido opuesto], dejando un pequeño claro entre ellos, parcialmente sumergidos en un baño de fluido viscoso. En este arreglo, el fluido venía arrastrado fuera del baño entre los rodillos y luego se subdividía en una capa sobre cada rodillo, cuya rotación lo regresaba finalmente al baño. De este modo se podía conseguir un movimiento permanente. Hallaron que, para velocidades de rotación bastante bajas, se obtenía un flujo bidimensional uniforme y, si la velocidad aumentaba, se alcanzaba un valor crítico con el cual el escurrimiento se hacía inestable y aparecía una estructura estriada similar a la mencionada. Se halló que la longitud de onda... decrecía —aparentemente por una serie discreta de saltos— al aumentar más la velocidad de rotación".[48]

Un efecto de estriación en las corrientes fluviales fue señalado por Vito Vanoni en una conocida Memoria de 1946 acerca de los resultados de investigaciones sobre el transporte de sedimentos. Al realizar, en un canal de laboratorio, una serie de mediciones para determinar de qué modo la presencia de material en suspensión en la corriente

[47] *Id.*, 28, 29.

[48] Pearson, 482, 483.

afecta a la distribución de velocidades, Vanoni se dio cuenta de un efecto curioso: "El sedimento parecía ser transportado en nubes o filetes paralelos al flujo. Con gastos reducidos, cuando mucho material se movía a lo largo del fondo, esos filetes se mostraban como bandas de arena sobre aquél. Al alcanzar condiciones de escurrimiento convenientes, se espaciaban de manera simétrica con respecto al eje central y quedaban estables, sin depender del gasto. Tentativas de deshacerlos artificialmente lograron sólo un éxito parcial... Después de cortar el escurrimiento, se desaguó lentamente; [entonces] el material en suspensión se asentó en el fondo, revelando así cómo estaba distribuido a través de la corriente. En la porción central del canal se encontraban tres estrías principales, y otras dos —menos pronunciadas— cerca de las paredes. Esta configuración, simétrica, se mantuvo sobre toda la longitud del canal. Mediciones de material en suspensión a una distancia de 0.02 pies del fondo mostraron que el sedimento estaba repartido casi uniformemente sobre la mitad central del canal; luego bajaba en forma brusca a una concentración que era el 25 por ciento de la central... y finalmente subía casi al 50 por ciento cerca de las paredes. La concentración en las 6 pulgadas centrales era aproximadamente un 5 por ciento menor que aquella sobre las estrías de los lados. (El canal tiene 33 1/4 pulgadas de ancho y 12 de profundidad.)

"La causa de esas bandas longitudinales de sedimento no se conoce, aunque se crea [que son] consecuencia de circulación secundaria y perturbaciones debidas a la presencia del material en suspensión. Hasta la más pequeña desviación de la distribución uniforme del material provocaría gradientes de densidad horizontales que pueden originar flujos secundarios. Esta distribución muestra un gradiente de concentración a través de la corriente, de modo que se puede esperar una circulación con flujo hacia arriba en los puntos de baja concentración y hacia abajo [allí] donde la carga [sólida] es fuerte. Puesto que hay cuatro puntos de baja concentración, deberán esperarse cuatro pares de circulaciones. No se realizaron observaciones directas para tratar de comprobar dicha hipótesis, y es dudoso que [tal verificación] se pueda lograr sin mucho trabajo. Sin embargo, ésta es una posible explicación de cómo actúa el sedimento para producir circulaciones secundarias en la corriente. Ulteriores investigaciones mostrarán si esa idea es válida o no".[49]

Después, Vanoni pensó que si el transporte de sedimientos podía crear circulación en un canal rectangular, recto y uniforme, como el de su laboratorio en Pasadena, con mayor razón lo haría en los irregulares cauces de río. Mediciones realizadas en una

[49] Vanoni, 98, 100.

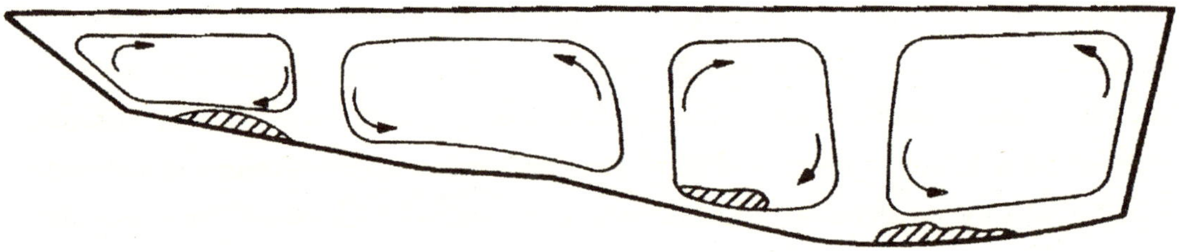

Figura 198

sección del río Po, representada en la figura 198, habían revelado una concentración máxima de material de arrastre en las zonas sombreadas, "aproximadamente en los puntos [correspondientes] a las cuartas partes de la sección". ¿Se podría inferir de esto una circulación cuádruple, como muestra la figura? "El autor —concluye Vanoni— no está en condición de determinar si esa distribución [del material] es típica de los ríos. Sin embargo, estas mediciones en el Po evidencian que el sedimento puede provocar una circulación. La circulación que será inducida es aquella que se utiliza para explicar la depresión de la velocidad máxima en las corrientes naturales. A pesar de que esta circulación justifica la distribución de la velocidad, no se ha hallado nunca una explicación satisfactoria de la circulación misma".[50]

Regresamos así a la hipótesis de vórtices longitudinales —en forma de circulaciones secundarias— para explicar las estrías, aunque no se posea una prueba conclusiva de la presencia de aquéllos. Más no hay que creer que éste es el único mecanismo posible. Binnie propuso considerar la estriación de una vena de superficie libre como efecto de tensión superficial.[51] La disposición del sedimento en bandas paralelas equidistantes también se podría deber a ondas transversales estacionarias. Sea (figura 199) *ABCD* una sección del canal, y supongamos que se creen en ella ondas estacionarias tales que la superficie oscile, subiendo de *M* a *N* y bajando de *M'* a *N'* , mientras que los nodos —*O*, *P* y *Q*— se mantienen fijos. Entonces, una onda ascendente —*MN*— levanta agua, una descendente la baja, de acuerdo con el movimiento indicado por las flechas curvas, y quedan zonas tranquilas —*B*, *E*, *F*, *C*— donde se puede realizar el depósito de sedimentos en forma de estrías longitudinales.

Figura 199

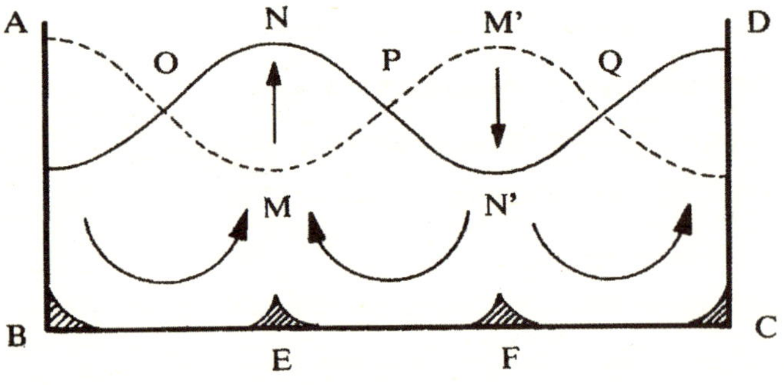

[50] *Id.*, 99, 100.

[51] Binnie, *Contribution*.

Para demostrar que esto sucede con facilidad, sugiero el experimento siguiente. En un canal *AB* que termina en una rampa *BC* (figura 200*a*), se introduce agua turbia hasta el nivel *OC*, y se espera el tiempo necesario para que el material en suspensión se asiente en el fondo. Luego, se hace correr un pequeño caudal hasta alcanzar el nivel *MN*, y a la vez se mezcla, en forma violenta y desordenada (por ejemplo, con una escoba), el agua del canal. Después de un rato, se verá que el sedimento del fondo se distribuye en bandas de material, dirigidas alternadamente en sentido transversal y longitudinal (figura 200*b*). Lo que ha ocurrido es que la agitación creada en la corriente se ha transformado de manera espontánea en una oscilación transversal estacionaria, como la que muestra la figura 199. En las primeras bandas —correspondientes a las zonas *B*, *E*, *F*, *C* de dicha figura— sólo se nota el vaivén ondulatorio, mientras que en las intermedias se ha establecido un movimiento longitudinal que va arrastrando poco a poco el sedimento depositado. Junto a las paredes habrá siempre bandas quietas; la cantidad de intermedias podrá variar según el procedimiento utilizado para agitar la corriente.

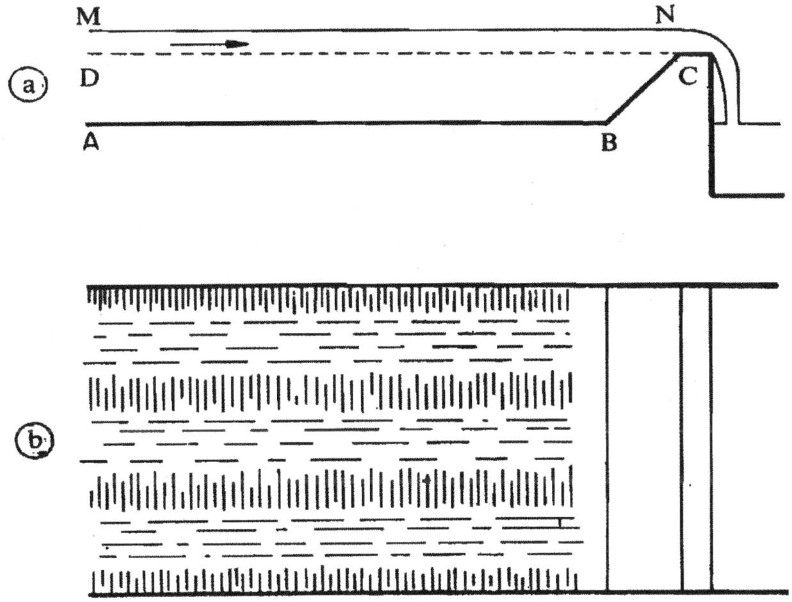

Figura 200

Sonidos del viento

Los antiguos se inspiraron en el silbido del aire a través de los árboles para crear el arpa eólica, aparato musical que colgaban en lo alto de la entrada de los templos a fin de que el viento lo tañese. Cuerdas de distinto grosor, tensadas de modo diferente, daban un mismo tono con una cantidad de armónicos que variaba según la presión del aire. No tocado por la mano del hombre, el misterioso instrumento suscitaba asombro, reverencia y temor. Los románticos alemanes del siglo pasado admiraron esta arpa: Möricke le escribió un poema, *Die Aeolsharfe*, que Brahms transformó en canto. La ciencia también se interesó en ella, y V. Strouhal presentó en 1878, ante la Sociedad Físico-Médica de Würzburg, un trabajo que contiene sus investigaciones al respecto: *Über eine besondere Art des Tonerregung* (*Acerca de un tipo particular de impulso sónico*); "un tipo —escribía— que, aunque no desconocido en principio, no ha sido sometido a investigación hasta ahora. Se sabe que rápidas vibraciones de una barra, una hoja, un látigo, etcétera, en el aire producen un sonido. No son menos conocidos los sonidos que alambres estirados, cuñas agudas, fisuras y análogos engendran por corrientes de aire. El objeto de la presente investigación lo constituyen sonidos de este tipo que, con base en argumentos que se expondrán más adelante, deben denominarse más adecuadamente 'sonidos de fricción' [*Reibungstöne*]".[52]

La idea fundamental de Strouhal era producir la vibración eólica de una cuerda y determinar su frecuencia, basándose en las características de la cuerda y el viento; sin embargo, ante la dificultad de variar la velocidad del aire, decidió fijar la cuerda en un armazón conveniente, y luego hacerlo girar con diferentes velocidades. Como "cuerdas" utilizó tubos, barras de vidrio y alambres de cobre y latón de diámetros diversos. Halló que en todos los casos se producía un sonido, en general sumamente tenue, y muy reforzado cuando su frecuencia coincidía con una de aquellas propias de la cuerda. Los primeros resultados fueron algo sorprendentes: ni el material, ni la tensión, ni el largo de la cuerda afectaban la altura del tono, o sea la frecuencia de vibración: ésta dependía sólo del diámetro de la cuerda misma y de la "velocidad del viento" , es decir, de la velocidad con la que la cuerda giraba. Por otro lado, la ley de dependencia resultó particularmente sencilla: proporcionalidad directa de la frecuencia f con la velocidad V, inversa con el diámetro D, siendo en promedio 0.185 el coeficiente de proporcionalidad:[53]

$$f = 0.185\, V/D \qquad (1)$$

En ese tiempo, el arpa eólica también atrajo el interés de alguien que llegaría a ser el especialista número uno en el campo del sonido: Lord Rayleigh, quien, según se desprende de sus *Acoustical observations* de 1879, no estaba de acuerdo con Strou-

[52] Strouhal, 216, 217.

[53] *Id.*, 230.

hal en lo referente a una característica fundamental del fenómeno. "Hasta donde yo sé —anota Rayleigh— los escritores que se refieren a este tema siempre han supuesto que las vibraciones de la cuerda se realizan en el plano paralelo a la dirección del viento; y, en efecto, es usual explicar la acción de éste para mantener el movimiento como resultado de fricción, análoga a aquella del arco del violín. Hace más de un año realicé algunos experimentos con el objeto de comprobar una sospecha de que tal opinión fuera incorrecta; y entonces llegué a la conclusión de que en verdad las vibraciones se realizan en el plano perpendicular a la dirección del viento... Recientemente he repetido dichos ensayos, mejorando el procedimiento, con resultados confirmatorios.

"El mejor tiro es el que se obtiene de una chimenea. En mi último experimento, un hogar fue provisto de una estructura de madera y papel que podía impedir el acceso del aire a la chimenea, excepto por una abertura horizontal alargada —[situada] en la pared (vertical) del frente— de 26 pulgadas de largo y 4 de ancho; en su centro se había tendido sobre puentes una cuerda de tripa. La fuerza del tiro se podía regular alejando un poco el armazón del hogar, para permitir la entrada de aire a la chimenea de otro modo que por la fisura. De un fragmento de una cuenta plateada, pegado con cera a una cuerda y alumbrado por una vela ubicada convenientemente, se obtuvo un pequeño punto luminoso que fue observado en la dirección del largo de la cuerda mediante un telescopio improvisado. De esta manera no era posible equivocarse acerca del verdadero plano de vibración, o dudar de la dirección del viento sobre la cuerda. Se vio que el recorrido del punto luminoso era casi rectilíneo y *vertical*, lo cual evidenció que la vibración es a través del viento".[54]

¿A qué se debía este curioso e imprevisto modo de vibrar? Rayleigh quedó intrigado y durante años no se quitó el problema de la mente. A principios de 1884, fue a bañarse en las aguas termales de Bath; inquieto como Arquímedes en condiciones similares, empezó a mover su mano en el agua. "Hallé —anotó luego— que si los dedos extendidos (mejor con la palma hacia adelante) se arrastran muy rápidamente a través del agua, vibran transversalmente y chocan uno con otro. Esto se parece a la cuerda eólica". Asimismo, un cepillo para frotarse después del baño pareció "vibrar transversalmente en su propio plano cuando se movía a través del agua, con su parte ancha por delante. Con un aparato adecuado —concluía— es casi seguro que estas vibraciones se podrían producir y observar".[55]

[54] Rayleigh, vol. I, 413, 414.
[55] *Id.*, vol. IV, 315.

Unos treinta años más tarde, Rayleigh construyó dicho aparato. Entonces ya había entendido el fenómeno, porque había leído los ensayos de Bénard y la teoría de Kármán acerca de la estela del cilindro. “Los torbellinos producidos con periodicidad —escribió el primero— se separan alternativamente a la derecha y a la izquierda de la estela trasera que sigue al sólido”. Por tanto, al desprenderse, tienen que empujar al obstáculo en dirección opuesta —hacia la izquierda y la derecha, respectivamente— y, si éste es flexible, lo hacen vibrar en sentido transversal, con la misma frecuencia con la que ellos son emitidos. Strouhal había ensayado con aire; Rayleigh, recordando las experiencias de Bath, decidió emplear agua. Mediante una varilla de latón *AB* lastrada con un peso de plomo P, construyó el péndulo delineado en la figura 201 y lo sumergió parcialmente en un depósito de agua rotativo, de 36 cm de diámetro, fijo sobre un torniquete de cuatro brazos. Puesto que los brazos sobresalían, con la mano se hacía girar al depósito a una velocidad uniforme, la cual podía modificarse tomando como guía el golpeteo de un metrónomo, y se calculaba considerando la distancia del péndulo al centro de rotación. Se comprobó que el péndulo no oscilaba cuando el eje *CD* estaba orientado en dirección radial, y sí lo hacía cuando *CD* era normal al radio del depósito; además, se podía ver muy bien la doble fila de vórtices, revelados por hoyuelos en la superficie del agua. Al cambiar los diámetros de la varilla *AB* y las velocidades, se halló para la frecuencia una expresión similar a la 1 de Strouhal.

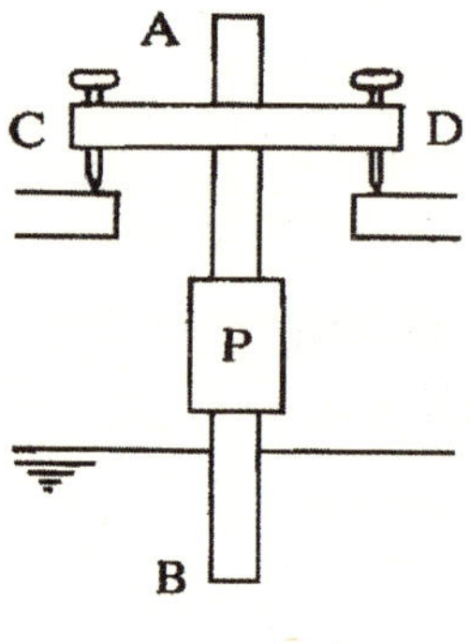

Figura 201

El coeficiente 0.185 que allí aparece representa el promedio aritmético de once valores (obtenidos con diámetros entre 8.5 y 0.4 mm) que variaban entre 0.167 y 0.199. Sin embargo, para diámetros más reducidos, del orden de 0.2 mm, el coeficiente resultaba mucho más bajo, hasta menos de 0.12; en este caso, Strouhal descubrió además que la temperatura ambiente puede afectar el valor del coeficiente. Se trataba de diferencias bastante pequeñas, pero Rayleigh les dio importancia, y consideró que la temperatura debía actuar a través de la viscosidad del medio; por tanto había que modificar la fórmula 1, haciendo aparecer el número de Reynolds $Re = \rho VD/\mu$.[56] Al reinterpretar desde este punto de vista las mediciones de Strouhal, Rayleigh halló que concordaban con la ecuación

$$\frac{fD}{V} = 0.195\left(1 - \frac{20.1}{\mathrm{Re}}\right)$$

[56] *Id.*, 317.

Nacían así el *número de Strouhal*, fD/V, y la *ley de Strouhal*

$$\frac{fD}{V} = a\left(1 - \frac{b}{\text{Re}}\right)$$

la cual, no queriendo tomar en cuenta números de Reynolds bajos (es decir, velocidades o diámetros muy pequeños, generalmente poco comunes en la práctica), se reduce a

$$fD/V = \text{constante} \tag{2}$$

Hacia 1925, los hidráulicos del grupo de Camichel empezaron a interesarse en esta ley, pues les permitía determinar la frecuencia con la que un cuerpo cilíndrico dentro de una corriente emite vórtices que pueden causar vibraciones de compuertas parcialmente abiertas o de otros elementos estructurales colocados aguas abajo. Se preguntaron cómo variaba la constante de la fórmula 2 al cambiar la sección del obstáculo, hasta entonces considerado circular. Los experimentos realizados mostraron que, manteniendo igual a D el ancho de la sección, fD/V adquiere los siguientes valores: 0.130 para el cuadrado, 0.200 para el círculo, 0.255 para un triángulo alargado, y 0.265 para un rectángulo redondeado en sus extremos. En el caso de una hilera de obstáculos cilíndricos iguales, se comprobó que el valor del número de Strouhal puede incrementarse mucho si la distancia entre ellos es pequeña.[57]

Esta última condición adquirió importancia por las repetidas rupturas de rejillas colocadas en la entrada de túneles para impedir el paso de cuerpos flotantes a las máquinas hidráulicas. Inicialmente, se pensó que el rompimiento de los barrotes se debía con toda probabilidad al hecho de que su frecuencia propia de vibración resultaba excitada por aquella con la cual los vórtices se formaban, de la misma manera como la cuerda de Strouhal daba un sonido más intenso en tales condiciones. Había pues que evitar la resonancia, cambiando la separación entre barrotes y la distancia de sus soportes; y para lograrlo, era indispensable conocer la ley de Strouhal correspondiente.[58]

Garrett Birkhoff, el más agudo analizador contemporáneo de los fundamentos de la mecánica de los fluidos, publicó en 1953 su trabajo *Formation of vortex streets* (*Formación de filas de vórtices*), en el cual se proponía —entre otras cosas— relacionar las características de los vórtices de Kármán con el número de Strouhal. El obstáculo

[57] Levin, 14, 15.
[58] *Id.*, 6-11.

—consideró Birkhoff— "sólo sirve para anclar el extremo delantero de la estela"; lo que define el comportamiento de ella es su propio ancho d, no el del cuerpo. Así, al tomar como número de Strouhal característico fd/V, en lugar de fD/V, podríamos disponer de un parámetro que ya no depende de la forma del obstáculo y, por tanto, debe resultar constante cualquiera que ésta sea. Si h, a, son las dimensiones de la estela; V, la velocidad de la corriente; U, la de los vórtices (figura 202), la frecuencia de emisión de un par de éstos será

$$f - (V - U)/a$$

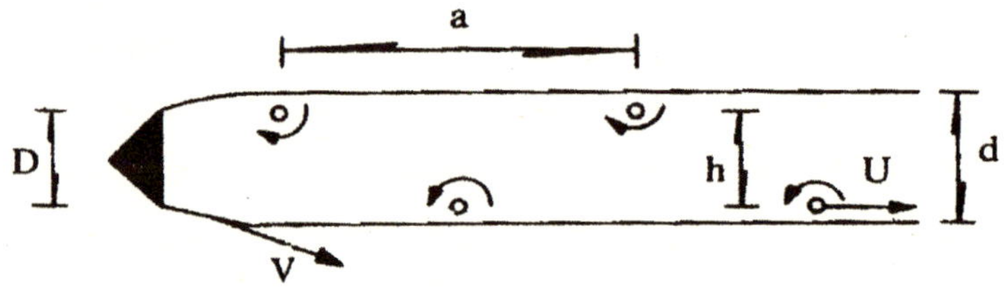

Figura 202

Denominando ε al cociente U/V, se tiene

$$\frac{fd}{V} = \frac{V-U}{a}\frac{d}{V} = (1-\varepsilon)\frac{d}{a} = (1-\varepsilon)\frac{h}{a}\frac{d}{h}$$

Ahora —dice Birkhoff— de acuerdo con Kármán, $h/a = 0.281$. Además se sabe "empíricamente" que ε vale 0.15 y $h = 1.2d$, aproximadamente. Por tanto,

$$\frac{fd}{V} = \frac{0.85 \times 0.281}{1.2} = 0.20$$

poco más o menos.[59]

La idea de Birkhoff fue buena, pero su resultado no, porque los valores "empíricos" probablemente habían sido forzados con el fin de que el número de Strouhal adquiriese el valor 0.20, que es incorrecto. En efecto, al año siguiente, en un Informe Técnico de NACA (*National Advisory Committee for Aeronautics*), Anatol Roshko dio para ese número valores que resultaron próximos a 0.16, siempre que se tome como V la velocidad a lo largo de la "línea libre" frontera de la estela (figura 202). Las mediciones de Roshko se llevaron a cabo con cilindros circulares, prismas triangulares que presentaban a la corriente un ángulo recto (figura 202) y placas planas rectangulares orientadas normal-

[59] Birkhoff, *Jets*, 283, 291.

mente a la dirección de aquélla. En los casos del cilindro y la placa, se analizó además el efecto de una "interferencia": una lámina plana vertical colocada a lo largo del eje de la estela, a cierta distancia aguas abajo. Para números de Reynolds $\rho VD/\mu$ entre 8 000 y 44 000 —y, en el caso de la cuña, entre 1 000 y 44 000— todas las mediciones dieron valores de fd/V entre 0.15 y 0.17, la mayoría de ellos próximos a 0.16.[60] Más tarde, se comprobó que el mismo resultado es válido cuando el obstáculo se encuentra confinarlo dentro de un canal, incluso si el ancho de éste es apenas el doble del de aquél.

La independencia de fd/V con respecto a la forma del obstáculo hizo que Roshko denominara a este parámetro "número de Strouhal universal". Lo cierto es que en la fórmula $fd/V = 0.16$ se halla sintetizado —como vamos a ver— algo aún más universal.

Una ley universal

Las observaciones de la producción de *kolks* en los ríos, o bien —cuando la turbiedad del agua impide verlos— de los borbollones que revelan la llegada de aquéllos a la superficie, han permitido concluir que en dicho proceso hay cierta periodicidad. Korchokha parece ser el primero que señaló claramente este hecho, en un comentario de 1968 sobre las observaciones que llevó a cabo en el río Polomet cuando estudiaba el movimiento de las dunas de fondo. Luego Roscoe Jackson realizó mediciones sistemáticas en la parte baja del río Wabash y, juntando sus resultados con los de Korchokha, halló que, en promedio,

$$TV/d = 7.6 \qquad (1)$$

siendo V la velocidad media en el río y T el periodo de aparición de los borbollones.[61]

La lectura de un artículo de Jackson, publicado en 1976, me hizo recordar que, al observar el paso del agua sobre un vertedor colocado a través de un canal de laboratorio, con frecuencia había notado la formación intermitente de un par de vórtices tras el vertedor (figura 203). Pensé que tal vez se trataba de un fenómeno parecido a los *kolks*; por tanto, resultaría interesante averiguar si era periódico y, en tal caso, determinar su frecuencia. En 1978, durante un año sabático, tuve la oportunidad de realizar algunos ensayos al respecto en el Laboratorio Hidráulico de la Universidad de Padua. Disponía

[60] Roshko, 28.
[61] Jackson, 541.

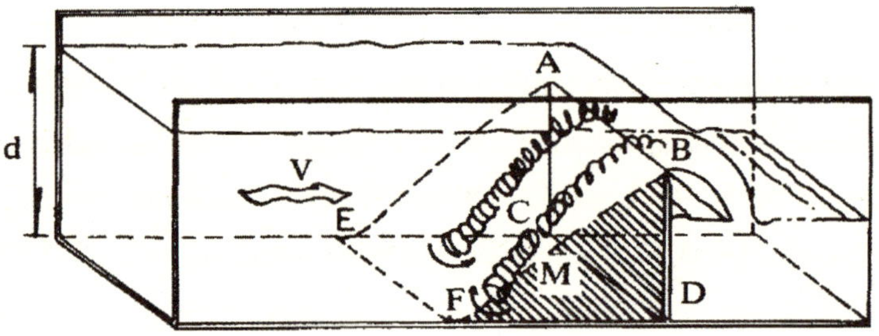

Figura 203

de un canal con paredes transparentes, de 30 cm de ancho y 50 de profundidad, cuya salida se podía cerrar por medio de una placa vertical *ABCD*. Experimentos preliminares efectuados con el auxilio de colorante confirmaron la presencia del fenómeno: en condiciones tranquilas, cerca del centro del piso (punto *M*, figura 203) empezaban a aparecer perturbaciones que frecuentemente se materializaban en dos diminutos remolinos verticales; luego, éstos se iban desplazando uno a la derecha y otro a la izquierda. En cuanto alcanzaban las paredes laterales del canal, se reforzaban; giraban todavía un poco, y finalmente se estabilizaban, como muestra la figura, en un par de vórtices erguidos, con rotación opuesta, que se estiraban hasta pasar por encima del vertedor. Después de un corto periodo de actividad, se debilitaban y desaparecían, para que empezara otro ciclo. Con diferentes tirantes *d* y velocidades *V* de la corriente, medí cuánto tardaban en producirse veinte vórtices, y obtuve su periodo de aparición *T*. Calculando *TV*/*d*, encontré valores parecidos al de la fórmula 1. La investigación prosiguió en México, donde observamos la formación de más de diez mil pares de vórtices, con alturas de pantalla y gastos diferentes. Los valores de *TV*/*d* variaron entre 5.9 y 7.1, con un promedio de

$$TV/d = 6.50 \tag{2}$$

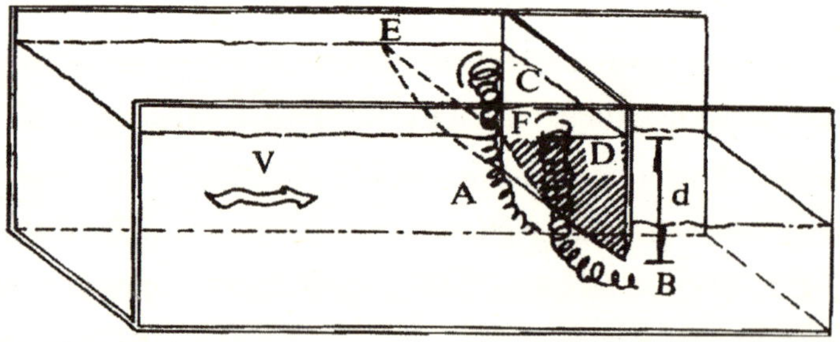

Figura 204

Jackson afirmaba que los *kolks* satisfacen la ley 1 por ser emisiones turbulentas de pared; pero, ¿era realmente necesaria la presencia de una pared para que esto se cumpliera? Años antes habíamos tenido la oportunidad de comprobar la casi periodicidad de remolinos de esquina, los cuales no nacen de pared, sino que se producen tras una pantalla al pasar la corriente por debajo (figura 204). Así que nos dedicamos a estudiar tales remolinos, variando la altura del orificio, y no sin sorpresa hallamos que, si ahora d representa la altura de agua sobre la arista inferior de la pantalla, en promedio

$$TV/d = 5.68 \tag{3}$$

¡Siempre volvíamos a encontrar poco más o menos la misma ley!

Al tratar de entender la razón de esta coincidencia, se me ocurrió algo que realmente no sé por qué no había pensado antes: como la frecuencia f es el inverso del periodo T, el parámetro TV/d es el inverso del número de Strouhal fd/V. Invertidas las expresiones 2 y 3, obtuve $fd/V = 0.154$ y 0.176, respectivamente, cifras bastante próximas al valor

$$fd/V = 0.16 \tag{4}$$

encontrado por Roshko para la estela, cuando tomó como d al ancho de ésta. Vórtices de estela, de vertedor y de pantalla —tan distintos en su naturaleza— parecían obedecer a una misma ley de Strouhal. ¿A qué se debía? Para contestar la pregunta, hacía falta analizar qué tienen en común las situaciones en las cuales dichos efectos se manifiestan. En los tres casos, los vórtices nacen en zonas que una barrera sólida protege de la corriente libre: en el primero, en la estela; en los otros dos, en ese cuerpo de agua/ relativamente quieto $ABCDEF$ que queda tras la pantalla (figuras 203, 204). Un vórtice se origina en agua tranquila: un disturbio, aún pequeño, puede destruirlo; luego una explicación de la periodicidad parecía encontrarse en el hecho de que, dentro de esas masas refrenadas, nazcan y mueran perturbaciones cuya frecuencia satisfaga la ley universal 4, donde d representa el espesor de la masa y V la velocidad de la corriente exterior. En otros términos, la frecuencia de la perturbación en la zona refrenada dependería de dos factores: uno geométrico, d, y otro cinemático, V. El primero sería el elemento pasivo que determina la frecuencia; el segundo, el excitador que proporciona la energía necesaria. Imaginemos pues la masa refrenada como si fuera un oscilador armónico simple, de desplazamiento d y frecuencia f. Su energía específica (o sea, por unidad de masa) es —según la física elemental—:

$$E = \frac{1}{2}(2\pi df)^2 \tag{5}$$

Puesto que en nuestro caso dicha energía corresponde a la de la corriente exterior, $V^2/2$, igualando ésta con la expresión 5 resulta que[62]

$$\frac{fd}{V} = \frac{1}{2\pi} \tag{6}$$

Pero $1/2\pi = 0.159$: he aquí el famoso 0.16. Nos hallamos frente a una ley de Strouhal que debiera de poderse aplicar a todos los casos donde la masa fluida refrenada, respondiendo a la excitación de la corriente externa, oscile prácticamente sin pérdidas de energía, y —por tanto— sea lícito adoptar como modelo el oscilador armónico simple.

En el caso donde las perturbaciones resulten arrastradas por el flujo con su velocidad V, un observador estacionario las verá como oscilaciones de longitud de onda

$$L = V/f = 2\pi d \tag{7}$$

Para relacionar la separación relativa de los vórtices de Kármán con su frecuencia de emisión, Birkhoff había supuesto que la estela "colea", como si a lo largo de su eje avanzara una onda progresiva de longitud a (figura 202).[63] Ya que la capa fluida comprendida entre una hilera de vórtices y el eje de la estela tiene espesor $h/2$, sustituyendo d con éste y L con a en la fórmula 7, se obtiene $h/a = 1/\pi = 0.318$. Tal valor se aleja bastante del 0.281 de Kármán, pero concuerda con los resultados experimentales que mencionamos en el capítulo 7.

Confortado por estas evidencias, me dediqué activamente a buscar en la literatura otros fenómenos que satisficiesen la ley de Strouhal 6, y encontré varios: oscilaciones de chorros ahogados; perturbaciones dentro de cavidades que están a los lados de una corriente; pulsaciones en burbujas de cavitación que nacen pegadas a cuerpos sumergidos, o bien en burbujas producidas por colapse de vórtices; autorrotación de hélices o de hojas en su caída. La fórmula 7 parece adecuada para determinar el largo de dunas, siempre que sea pequeño en comparación con el tirante d del río, y la longitud de ondas formadas en la frontera común de dos líquidos sobrepuestos que tengan densidades diferentes. Una observación curiosa es que la fórmula 7 permite pasar de la expresión $c = \sqrt{gd}$ —que representa la celeridad de onda con tirante pequeño— a la $c = \sqrt{gL/2\pi}$ que corresponde a aguas profundas.[64]

[62] Levi, *Strouhal Law*, 720.

[63] Birkhoff, *Jets*, 291.

[64] Levi, *Strouhal Law*, 720-724.

Para el hidráulico, una aplicación interesante de lo anterior se encuentra en el análisis de las vibraciones forzadas de elementos estructurales parcial o totalmente sumergidos, provocadas por la corriente. Ya mencionamos los daños que puede sufrir una rejilla cuyos barrotes entren en resonancia con la frecuencia de emisión de vórtices alternados. Antes se creía que esta emisión era la única posible causa de vibraciones semejantes, y para aclarar, por ejemplo, el hecho de que una compuerta vibrase, se investigaba —a menudo en vano— si ésta emitía vórtices alternados, o estaba dentro de una estela. Ahora disponemos de otras explicaciones. Una compuerta *C* que descarga libremente (figura 205*a*) tiende a vibrar —por las perturbaciones periódicas que nacen en la masa de agua que ella detiene— con una frecuencia que se puede predecir aplicando la ley de Strouhal universal 6 donde *d* sea el tirante aguas arriba; por el contrario, para una compuerta ahogada (figura 205*b*) hay que tomar como *d* su abertura. También se ha dado el caso de severas vibraciones de una compuerta totalmente abierta: la ley de Strouhal permitió confirmar —con base en la frecuencia de aquellas— que la causa era una cuña deflectora, colocada en el lecho del túnel (figura 205*c*) para evitar presiones negativas en el paso de una sección circular a una rectangular. Del mismo modo, podemos predecir frecuencias de vibración en tanques amortiguadores, y longitud de ondulaciones en venas de agua que caen libremente de una cresta vertedora.[65]

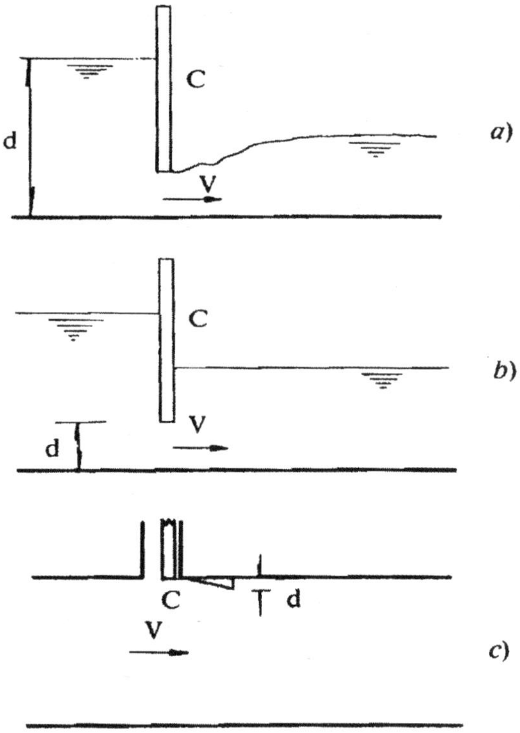

Figura 205

En el estuario del río San Lorenzo, en Canadá, se observó la formación periódica de remolinos tras la península de Gaspé con un intervalo muy largo: 240 horas; la velocidad de la corriente es de 0.60 mis, aproximadamente. Aplicando la ley de Strouhal, se obtuvo

$$d = \frac{(240 \times 3600) \times 0.60}{2\pi} \times 10^{-3} = 82.5 \text{ km}$$

Después, al examinar el mapa de la región, se vio que ese valor corresponde poco más o menos al ancho del brazo de estuario que está frente a la península. Por tanto, se pudo concluir que la causa del fenómeno es la inestabilidad de la corriente que, viniendo del cauce del río, desemboca en Golfo de San Lorenzo justamente aguas abajo de Gaspé.[66]

[65] *Id.*, *Closure*, 842-844.

[66] *Id.*, 842.

9

Turbulencia

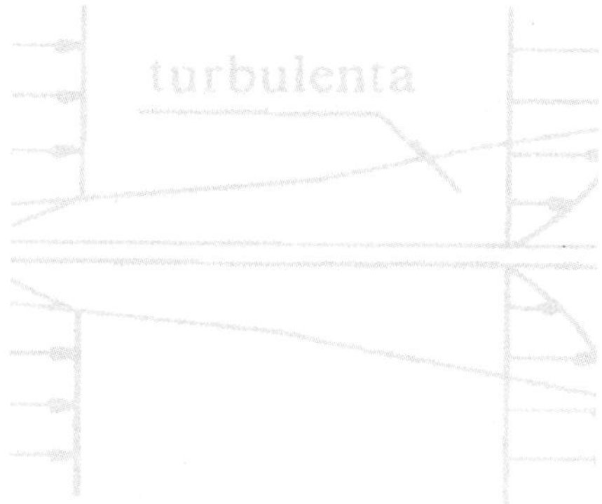

Cómo el flujo se desestabiliza

Los experimentos realizados por Reynolds en su célebre tanque habían mostrado que, en un conducto determinado, existe un valor crítico de la velocidad con el cual diversos síntomas de turbulencia empiezan a manifestarse en el escurrimiento laminar. Era natural que a alguien se le ocurriera buscar un criterio matemático capaz de revelar esta condición de "inestabilidad" que provoca alteraciones en la corriente. Y fue Lord Rayleigh quien se encargó del problema a partir de 1880. La idea básica de su análisis es la siguiente: supongamos (figura 206) que las velocidades U de una corriente laminar, limitada por dos paredes paralelas distantes $2a$, se perturban al agregarles una pequeña "fluctuación", de componentes u', v' variables con el tiempo. Si no se toman en cuenta las fuerzas viscosas que podrían amortiguarla, es posible que la perturbación se mantenga tal cual, o bien que vaya creciendo. Rayleigh se pregunta en qué condiciones se realiza dicho incremento.

Entonces, representa el escurrimiento por medio de las ecuaciones de Euler.

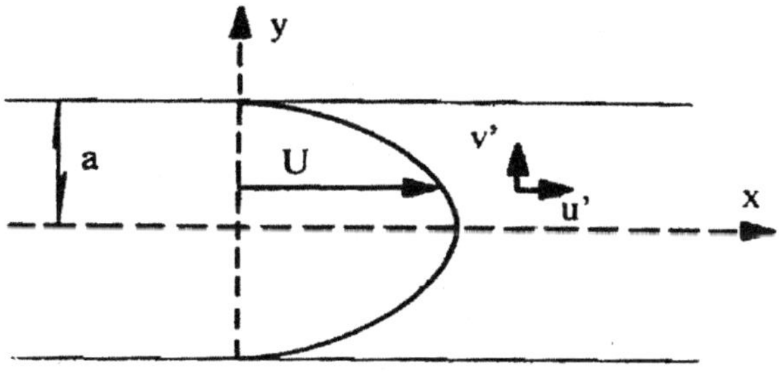

Figura 206

$$\frac{\partial}{\partial t}(U+u')+(U+u')\frac{\partial}{\partial x}(U+u')+v'\frac{\partial}{\partial y}(U+u')+\frac{1}{\rho}\frac{\partial p}{\partial x}=0$$

$$\frac{\partial v'}{\partial t}(U+u')+\frac{\partial v'}{\partial x}+v'\frac{\partial v'}{\partial y}+\frac{1}{\rho}\frac{\partial p}{\partial x}=0$$

Deriva la primera con respecto a y, la segunda con respecto a x, y resta, para hacer desaparecer los términos que contienen la presión. Despreciando los productos de cantidades pequeñas, el resultado es

$$\left(\frac{\partial}{\partial t}+U\frac{\partial}{\partial x}\right)\left(\frac{\partial u'}{\partial y}-\frac{\partial v'}{\partial x}\right)+\frac{d^2U}{dy^2}v'=0 \qquad (1)$$

Luego, al aplicar una técnica sugerida por William Thomson, Rayleigh supone que la perturbación sea oscilatoria en el espacio y en el tiempo, de modo que se pueda escribir.

$$v' = f(y)\cos\alpha(x-\mathrm{c}t) \qquad (2)$$

con α real, y una expresión análoga (cambiando la función f) para u'. Si se hace desaparecer la u' de la ecuación 1 mediante la relación de continuidad

$$\frac{\partial u'}{\partial x}+\frac{\partial v'}{\partial y}=0$$

y se sustituye v' con su expresión 2, la ecuación 1 se transforma en

$$(U-c)\left(\frac{d^2f}{dy^2}-\alpha^2 f\right)+\frac{d^2U}{dy^2}f=0 \qquad (3)$$

Si ahora se escribe

$$c = m + in, f(y) = r(y) + is(y)$$

(con n positivo o nulo), se sustituye en la ecuación 3, se desdobla ésta en sus partes real e imaginaria igualadas a cero, y se resta la segunda (multiplicada por r) de la primera (multiplicada por s), se obtiene

$$\frac{d}{dy}\left(r\frac{ds}{dy}-s\frac{dr}{dy}\right)=\frac{d^2U}{dy^2}\frac{n(r^2+s^2)}{(m+U)^2+n^2}$$

Integrando los dos miembros con respecto a y de una pared a otra, el primero se anula porque sobre las paredes $v' = 0$ (y luego $f = 0$), pues las partículas fluidas no pueden separarse de ellas. Por consiguiente, queda

$$\int_{-a}^{a}\frac{d^2U}{dy^2}\frac{n(r^2+s^2)}{(m+U)^2+n^2}\,dy=0$$

El segundo factor de la función integrada no puede ser negativo. Por tanto $n = 0$ o bien $d2U/dy2$ debe adquirir valores positivos y negativos. Como considera; que $c = m + in$ implica que la expresión 2 sea (limitándonos a la parte real)

$v' = f(y) \cos \alpha (x - \mathrm{mt}) \cosh \alpha \mathrm{nt}$

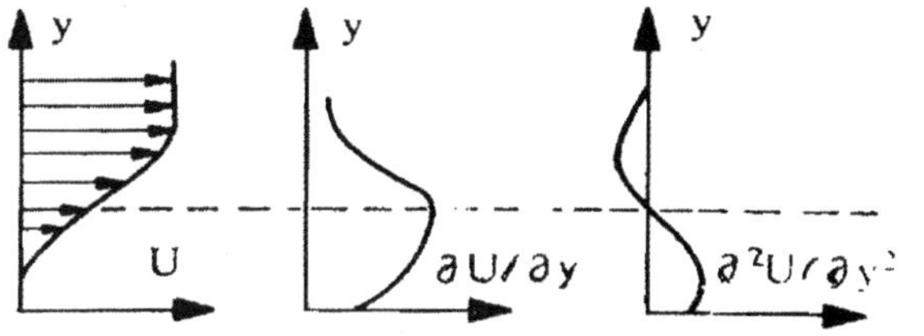

Figura 207

la primera alternativa ($n = 0$) significa que la perturbación v' es y será oscilatoria, sin modificar su amplitud. La segunda opción, donde realmente puede (y, como Tollmien demostró en 1935, debe) nacer una inestabilidad, exige la inflexión en el perfil de velocidades (figura 207).[1]

El hecho de que el perfil de velocidades —usualmente cóncavo— se deforme hasta adquirir una inflexión, revela una reducción progresiva de velocidad cerca de la pared y, por tanto, un incremento de presión: la inestabilidad se asocia con un gradiente de presión adverso al avance del flujo. Además, es interesante notar que allí donde $d2U/dy2 = 0$, dU/dy posee un máximo (figura 207). Como la presencia de la viscosidad no invalida el análisis de Rayleigh, la última observación permite concluir que el máximo del cortante $\tau = -\mu dU/dy$, normalmente pegado a la pared, se recorre hasta el punto de inflexión. Ahí, el avance de las partículas fluidas se enfrentará a la máxima resistencia, lo que facilitará la formación local de remolinos, evidencia física de la inestabilidad potencial.

Relacionar la teoría con la realidad no es fácil. "Para estimar el alcance de nuestros resultados acerca de la estabilidad, debemos recordar que se ha supuesto que

[1] Rayleigh, vol. VI, 197, 198.

la perturbación es y se mantiene infinitamente pequeña", escribe Rayleigh.[2] En esa misma época, Hopf y Von Mises habían comprobado que el escurrimiento de un fluido encerrado entre dos placas paralelas cuando una de ellas queda fija y la otra avanza con velocidad constante (que es el denominado "flujo de Couette") no puede ser desestabilizado por disturbios "infinitamente pequeños". Nöther demostró que ocurría lo mismo en cualquier flujo bidimensional entre paredes paralelas: aparentemente, no existía para ellos un número de Reynolds crítico. ¿Podrían estos resultados curiosos deberse a que, al despreciar la componente transversal w', las perturbaciones se suponían bidimensionales? A fin de contestar la pregunta, Squire llevó a cabo en 1933 el análisis con perturbaciones tridimensionales y llegó a una conclusión imprevista: si, debido a ellas, un flujo viscoso entre paredes paralelas es inestable con un determinado número de Reynolds, lo será con un número de Reynolds menor cuando las perturbaciones sean bidimensionales; por tanto, la bidimensionalidad del planteamiento no podía ser causante de dichas anomalías.

El problema del escurrimiento en una tubería cilíndrica también fue estudiado teóricamente. Luego de varios análisis parciales, en 1959 apareció uno exhaustivo de Corcos y Sellars, con el asombroso resultado de que el flujo laminar sería estable cualquiera que fuera el número de Reynolds. Como esto evidentemente contradice los experimentos de Reynolds, se concluyó que las perturbaciones "matemáticas" no representaban a las reales por diversas razones: en primer lugar, el análisis teórico implica una "linealización" de los fenómenos, y las oscilaciones perturbadoras, al crecer, pueden alcanzar una amplitud en la que tal simplificación ya no sea lícita. Por otro lado, Reynolds había señalado que cuando la corriente ingresa sin agitación, sólo se volverá turbulenta a cierta distancia de la boca de entrada; y se sabía que este cambio no es brusco, sino que empiezan a aparecer manchas turbulentas, de las cuales procede una contaminación progresiva; sin embargo, dicho mecanismo no está considerado en el modelo de Rayleigh.

El proceso de transición

En 1951, Emmons señaló la aparición de manchas y fue el primero en sugerir que ellas van creciendo y así difunden la turbulencia. Su idea tardó en ser aceptada; mediciones con anemómetros de hilo caliente daban resultados confusos, que no la comprobaban;

[2] *Id.*, 202.

tampoco se pudo demostrar con los métodos de visualización disponibles. Varios años antes, Schubauer, del National Bureau of Standards de Washington, había iniciado un estudio de la transición del flujo laminar al turbulento dentro de la capa límite que se forma a lo largo de una placa plana de arista afilada, colocada en un túnel de viento, en dirección paralela a la corriente. Para aclarar la idea de Emmons, se le ocurrió crear artificialmente una mancha en un sitio conocido: hizo saltar una chispa eléctrica entre la placa y una aguja situada a pocos milímetros de ella, y detectó el efecto con un anemómetro de hilo caliente. Así pudo comprobar que si *A* es el punto donde la chispa se dispara, de él nace una mancha en forma de cardioide que se agranda al avanzar con la corriente, pero conserva su configuración y se mantiene dentro de un ángulo $\alpha = 22.6°$ (figura 208). El ángulo θ que los lados de la mancha forman con su eje de simetría es de 15.3°.[3]

Había que comparar estas estructuras artificiales con las que se producen en una transición natural, la cual se observaría con facilidad sobre una placa paralela a la corriente, ya que la capa límite que se forma en contacto con ella es al principio laminar, y más adelante se vuelve turbulenta, siempre que el número de Reynolds sea suficientemente grande (figura 209). Elisha Fales había sido el primero en tratar de visualizar esa transición. En un tanque con agua tranquila, hizo correr una placa rectangular horizontal, que colgaba de un carro elevado movido eléctricamente. La placa estaba pintada de blanco; la capa límite se visualizaba al inyectar un colorante y fotografiar su distribución por medio de una cámara fija en el carro, dirigida hacia abajo.[4]

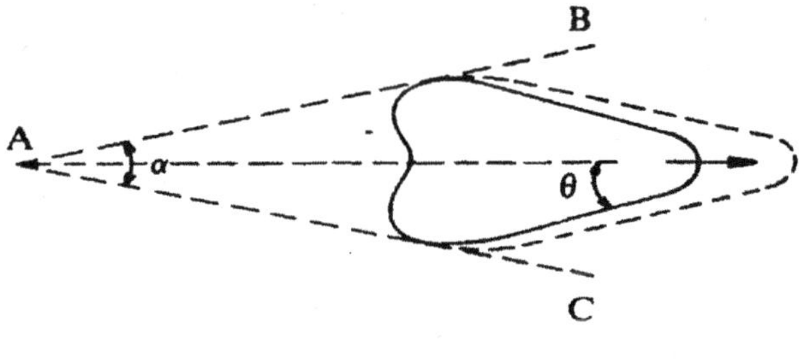

Figura 208

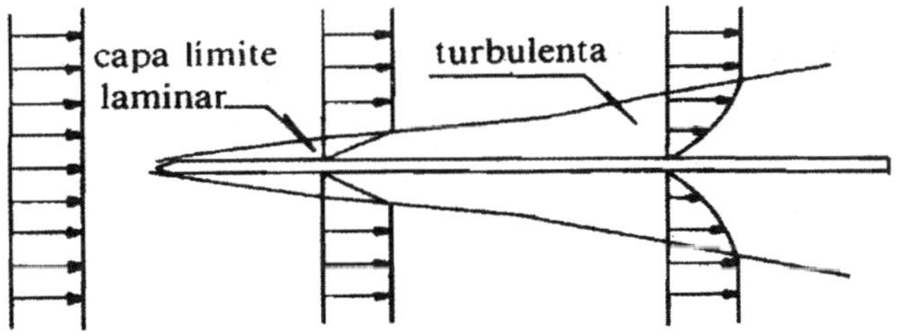

Figura 209

[3] Schubauer, 5.
[4] Fales, 492, 493.

Un primer ensayo mostró claramente que, con las velocidades que se podían dar a la placa, no había esperanza de que la capa límite se volviera turbulenta. Entonces se acudió al artificio del "alambre de tropiezo": se sujetó sobre la placa, en sentido transversal, un alambre delgado cuya presencia despegaba bruscamente la corriente de la pared, estimulando el brote de turbulencia aguas abajo. Se confiaba en que la turbulencia así engendrada adquiriese —a cierta distancia del alambre— las mismas características que tendría si resultara de una evolución natural.

Al mover a través del agua la lámina sobre la cual se había esparcido un velo de tinta, se vio que efectivamente tras el alambre la capa límite dejaba de ser laminar. "Pasado el tropiezo, la distribución uniforme de colorante se convierte en formaciones oscuras que se extienden en sentido transversal y se alternan con espacios claros carentes de tinta... La separación de las formaciones coloreadas crece a medida que ellas son arrastradas aguas abajo...; su velocidad aumenta y su configuración varía". Las fotos revelan allí "evidencia de un movimiento tridimensional dentro de las formaciones coloreadas,... que cambian de forma y manifiestan irregularidades en el sentido del ancho, semejantes a dientes de sierra: las partículas de colorante que en un principio se hallaban distribuidas uniformemente se han concentrado en los dientes durante su arrastre".[5] Ensayos subsiguientes en los que no se utilizó alambre de tropiezo, sino que se desaceleró bruscamente la lámina (imaginándola inmóvil dentro de un flujo, lo anterior equivaldría a una aceleración súbita de éste) mostraron efectos similares. Las estructuras en dientes de sierra sugerían —por su aspecto— alguna relación con las manchas turbulentas que Schubauer había producido. Esto se observó siempre más claramente en ensayos sucesivos realizados, como el de Fales, con transiciones forzadas por alambres fijos o vibrantes.

En la primavera de 1957, el profesor Brown de la Universidad de Notre Dame realizaba experimentos en túnel de viento con un modelo de proyectil en rotación. ¡Vieja lacra de la ciencia, hallar su patrocinio en los fabricantes de armas! "Arquímedes, pariente y amigo de Hierón —cuenta Plutarco— le escribió que con una potencia dada se puede mover un peso también dado; y jugando, como suele decirse, con la fuerza de la demostración, le aseguró que si le dieran otra Tierra, después de trasladarse a ella movería ésta". Luego de haber asistido a una prueba en menor escala, "pasmóse el rey y, convencido del poder del arte, encargó a Arquímedes que le construyera toda especie de máquinas de sitio, bien fuese para defenderse, o para atacar". Igualmente, ¿no

[5] *Id.*, 496-498.

ofreció Leonardo artificios militares a Ludovico el Moro, con el fin de obtener trabajo? Y en los estudios de Tartaglia y Galileo sobre la trayectoria de los proyectiles, ¿no habrá habido también un intento de demostrar a patrocinadores potenciales que las matemáticas sirven para algo tan útil como matar mejor o más gente? Bueno, regresando a Notre Dame, hay que mencionar que Brown introducía humo en el túnel de viento para visualizar, por medio de fotografías de alta velocidad, el efecto de su torpedo (colocado con la punta ojival dirigida hacia la corriente) sobre el aire circundante. Al revelar las fotos, le esperaba una sorpresa: en una de ellas apareció, a lo largo del proyectil, una banda de humo que de repente se abría en una configuración de estrías paralelas oblicuas, normales a la dirección que seguía el flujo giratorio cerca de la superficie. Lo que había ocurrido era que uno de los hilos de humo chocó por casualidad con la punta de la ojiva y penetró en la capa límite que rodeaba al modelo. Se repitió el experimento, utilizando un proyectil inmóvil: las ondas volvieron a manifestarse, pero ahora normales al eje de éste. Consciente de haber logrado fotografiar por primera vez una transición natural, Brown inició un programa de investigación que le permitió visualizar varias zonas sucesivas de transición, descubrir cuál era la naturaleza de la intermitencia observada por otros investigadores, y apreciar los efectos que un gradiente de presión adverso al flujo produce sobre la transición.[6]

En 1966, tres de sus colaboradores, Knapp, Roache y Mueller, publicaron los resultados obtenidos con base en el análisis de fotografías muy rápidas, de 20 microsegundos de exposición, y películas de 4 000 imágenes por segundo. Habían aparecido cuatro regiones distintas, con las características siguientes: R_1, formación de una serie de ondas bidimensionales; R_2, deformación tridimensional de ellas; R_3, aparición de "manojos (*trusses*) de vórtices"; R_4, colapso en turbulencia (figura 210, que muestra también su ubicación relativa). He aquí la descripción detallada: "Las primeras señales visibles de transición ocurren en la región R_1, donde aparece, alrededor del cilindro, un conjunto de ondas bidimensionales (es decir, con simetría axial). Este conjunto, al recorrer varias longitudes de onda a lo largo del cilindro, comienza a ensancharse, se vuelve tridimensionalmente inestable (región R_2) y se transforma en una banda de pequeños manojos cuatrapeados (región R_3), que finalmente se aceleran más abajo y revientan en turbulencia (región R_4). Es importante subrayar que dichas ondas estallan todas juntas, no de manera individual. Luego de este colapso acelerado del conjunto, nace una región en la cual el flujo es laminar. Sin embargo, en una

[6] Knapp, 6, 7.

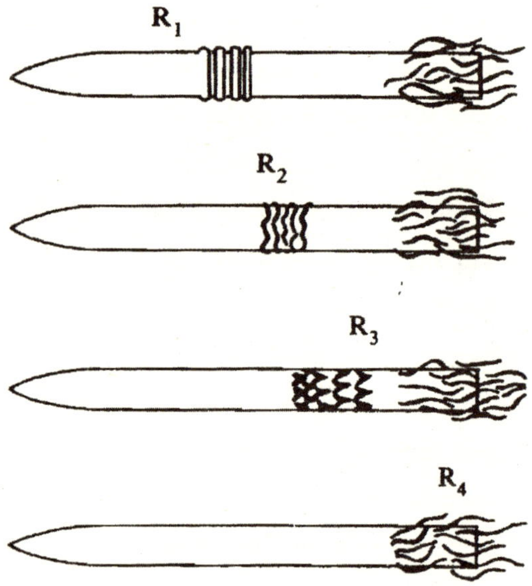

Figura 210

fracción de segundo, el conjunto reaparece aguas arriba como una nueva serie de ondas (región R_1), en la misma posición en la que se observó previamente. Luego, igual que antes, estas ondas bidimensionales empiezan a ampliarse, se vuelven tridimensionalmente inestables (región R_2),... etc. O sea que esta transición se compone de una serie de eventos sucesivos que ocurren de manera regular y periódica... Hay que notar también que la intermitencia implica que las regiones arriba definidas no quedan fijas sobre el cuerpo".[7]

Las regiones R_2 y R_3 merecen una descripción más minuciosa. En la R_2 "se ve a la onda deformarse en una serie de 'colinas' y 'valles'. A medida que las primeras suben [penetrando] en regiones de mayor velocidad, los valles se hacen más pronunciados... Las colinas de la región R_2 continúan elevándose siempre más con respecto a la superficie. Al hacerlo, la mayor velocidad de la corriente libre las 'estira' hacia aguas abajo y, en una fracción de longitud de onda, adquieren la forma de manojos": Al parecer, los manojos —que otros autores llamaron "horquillas" (*hairpins*)— son las manchas turbulentas de la figura 208. La transición del flujo laminar al turbulento se manifiesta, por tanto, como un proceso ordenado: empieza con la corrugación de la capa laminar en ondas (que suelen llamarse "ondas de Tollmien-Schlichting"), pasa por las fases de ondulación transversal, estiramiento y separación en manojos, y termina cuando éstos se desbaratan en turbulencia.

Esa incómoda turbulencia

En el poema *De rerum natura* (*De la naturaleza de las cosas*), Tito Lucrecio Caro escribe: "Esto es cierto: los cuerpos primarios no hallan ningún descanso a través del profundo vacío, sino que, perturbados más bien por un movimiento persistente e irregular, algunos —arrastrados— rebotan muy lejos; a otros, un golpe los lanza a corta distancia... Así verás, observador, toda vez que los rayos del Sol, penetrando en las sombras de las casas, derraman luz, que, en el vacío, alumbrados por los rayos, cantidad de cuerpos

[7] *Id.*, 17, 18.

diminutos se mezclan de muchas maneras y manifiestan —como luchas en eterno desafío— sus pugnas, peleando en tropel, sin nunca parar, ocupados en repetidas uniones y separaciones. Así —en la medida en que algo pequeño puede ofrecer modelo y guía para el conocimiento de objetos grandes— puedes inferir de esto cuál sea el origen de las cosas: siempre agitarse en un gran vacío. Justamente por ello es más conveniente que te fijes en estos cuerpos que parecen menearse bajo los rayos del Sol, porque tales turbulencias [*turbae*] revelan que existen también movimientos de la materia oculta e invisibles. Verás, pues, que muchos [de esos cuerpos], impulsados por choques invisibles, alteran [por completo] su trayectoria y regresan, empujados para atrás, ora aquí, ora allí, hacia todas y desde todas partes. En verdad, este divagar lo poseen desde los orígenes todas las cosas".[8] El término latino *turba*, que traduzco como "turbulencia", significa propiamente "tumulto, agitación, desorden"; de ahí el adjetivo *turbulentus*, en el sentido de "inquieto, desasosegado" y, eventualmente, "borrascoso".

La turbulencia del aire se hace visible por la agitación incansable de ese polvillo que brilla bajo el Sol, pero no ocurre lo mismo con la turbulencia del agua: al no distinguirla el ojo, tuvo que ser revelada por un instrumento de medición. Así, Pitot descubrió asombrado la oscilación de la columna que —en su aparato— señala la carga de velocidad: "Ocurre muy a menudo que, en un mismo sitio del río, la corriente de agua varíe más o menos; es decir, que la velocidad sea a veces más grande y otras más pequeña, especialmente en los lugares donde el agua es poco profunda o el fondo más escabroso. Entonces, la elevación del agua en el primer tubo se ve ora mayor, ora menor, y sujeta a balanceos casi continuos. En este caso, para obtener la velocidad media hay que tomar el promedio de estas oscilaciones, o bien de la máxima y la mínima".[9]

Bazin —quien, como sabemos, utilizaba con Darcy un aparato de medición más perfeccionado, pero del mismo tipo— volvió a señalar esta anomalía en 1865: "El movimiento del agua en un canal es mucho más complicado de lo que parece a primera vista. Si se observa la velocidad en un punto determinado, no tarda uno en darse cuenta de que varía en todo instante. Estas variaciones son repentinas: se realizan mediante saltos muy vivos y se acompañan con pequeños cambios de nivel en la superficie. Tales fluctuaciones continuas ya han sido señaladas por varios observadores, y Baumgarten las ha comprobado con un molinete en la Garona. Apreciables hasta para un instrumento como el molinete, que debe funcionar durante cierto número de segundos antes de proporcionar una indicación, lo son mucho más gracias a aparatos que —como el tubo

[8] Lucrecio, vol. II, versos 95-99, 114-132.

[9] Pitot, 368.

medidor de Darcy— detectan la velocidad por medio de un impulso brusco, ejercido en un tiempo muy corto. Se ve entonces que dichas fluctuaciones son casi instantáneas, y constituyen verdaderas rupturas de equilibrio que se reproducen periódicamente. Por consiguiente, la velocidad en un punto dado es una verdadera abstracción, una especie de promedio entre velocidades muy distintas que se suceden rápidamente. El escurrimiento no es un fenómeno continuo, y la hipótesis simplificadora del movimiento por filetes paralelos, imaginada con el objeto de someter los hechos al cálculo, se aleja mucho de la verdad. Un filete —es decir, una serie de moléculas que se suceden en una misma dirección con velocidades iguales— no puede subsistir sino durante un tiempo muy breve, y se ve destruido inevitablemente por los constantes intercambios de moléculas que deben realizarse entre él y sus vecinos, y por los movimientos oblicuos resultantes. Estos movimientos irregulares parecen producirse preferentemente en las secciones grandes; sin embargo, es sobre todo en la proximidad de la superficie donde las variaciones —o si se quiere, los desórdenes— de las velocidades son más notables". Luego de otras consideraciones, Bazin concluye: "El conocimiento de los movimientos complicados que tienen lugar cerca de la superficie resulta muy difícil de alcanzar; ese es —según nosotros— el escollo en el cual encallarán todas las teorías matemáticas del escurrimiento en un canal".[10]

Como Du Buat en su tiempo, he aquí nuevamente a los hidráulicos franceses con su incomparable capacidad para detectar la crisis y definir la situación. Joseph Boussinesq, profesor de liceo en Montpellier, emprendió seriamente la tarea de habilitar la hidrodinámica para salvar el escollo. No era un maestro brillante, porque su mente, en vez de concentrarse en la actividad didáctica, vagaba entre problemas técnicos que él mismo se planteaba; mas fue una mente excepcional, de esas que siempre son capaces de intuir cuál es la cuestión fundamental y, en ella, descubrir el detalle frecuentemente oculto que impide alcanzar la solución. A los 25 años de edad, Boussinesq se propuso el siguiente problema: la famosa ley de Darcy acerca del escurrimiento a través de medios porosos (de acuerdo con la cual el gasto, por cada unidad de superficie de un lecho filtrante homogéneo, es proporcional directamente a la presión que produce el flujo e inversamente al espesor del lecho), ¿podría deducirse de la ecuación general de Navier? Luego de haber demostrado que sí es posible, considerando que ese escurrimiento se realiza en régimen laminar, se preguntó por qué dicha ecuación no sirve para analizar el escurrimiento en un canal. No estaba en condición de dar razones, pero señaló lo

[10] Darcy, 22, 23, 25.

inadecuado de tal ecuación con un cálculo muy sencillo: en un canal semicircular de 1 metro de radio y pendiente de 1: 10 000, siendo válida la hipótesis de flujo laminar, el filete central de la corriente tendría la velocidad inaudita de 187 m/s. ¡Tal es la sima entre el flujo laminar y el turbulento!

Durante los años siguientes, Boussinesq no se apartó de la cuestión; publicó varios trabajos, que luego reunió y amplió en 1872, en una célebre y extraordinaria Memoria de 680 páginas, titulada modestamente *Essai sur la théorie des eaux courantes* (*Ensayo sobre la teoría de las aguas corrientes*), en la cual —entre otras cosas— da respuesta a la pregunta ¿por qué no es posible que en el canal antes mencionado se alcance la velocidad de 187 m/s?: "Mucho antes de que se puedan adquirir semejantes velocidades, los resbalamientos de unos filetes sobre otros, combinados con los movimientos oscilatorios o de agitación que una extensión *suficiente* de la sección hace posibles e inevitables, determinan en el fluido gran cantidad de rupturas. Estas se producen sobre todo cerca de las paredes, donde los resbalamientos alcanzan sus valores más grandes y donde tienen lugar choques continuos, debido a rugosidades más o menos visibles de la pared misma, o *principalmente,* como se acaba de decir, a consecuencia de las oscilaciones que —en las secciones grandes— animan constantemente toda la masa. Volúmenes finitos de fluido se desprenden sin cesar del fondo y de los bordos, arremolinándose bajo la doble acción de la pared y la traslación general, y se forman así cantidades de vórtices que, surcando en todo sentido el resto del fluido, resbalan sobre lo que los rodea con velocidades relativas finitas. Está claro que tales deslizamientos deben desarrollar resistencias incomparablemente mayores que las fricciones debidas a movimientos continuos, y poco a poco se establece un régimen de naturaleza muy distinta de aquel que se observa en los tubos capilares, con velocidades de traslación mucho menores. Por lo demás, esta producción de una *agitación turbulenta* [*tourbillonnaire*] en el seno de toda masa fluida que escurre a través de secciones de cierta extensión no es sólo muy verosímil *a priori:* ha sido observada desde hace tiempo, y advertida en particular por Poncelet, Saint-Venant, Boileau, Darcy y Bazin, quienes la señalaron como un medio poderoso empleado por la naturaleza para extinguir la fuerza viva (o mejor, para transformarla en *energía interna* o en *calor*)".[11]

De hecho, Boussinesq reconoce que, más de veinte años antes, Saint-Venant había expresado el concepto esencial de lo anterior, "notando que los filetes no avanzan

[11] Boussinesq, 5, 6.

paralelos, con velocidades escalonadas regularmente entre sí, y que las rupturas, remolinamientos y otros movimientos complicados u oblicuos —que deben de influir mucho sobre la magnitud de los frotamientos— se forman y desarrollan sobre todo en las secciones grandes"; de donde había inferido—la conveniencia de determinar el coeficiente de fricción interno considerando estos fenómenos, y eventualmente hacerlo variar de un punto a otro de la corriente. Sin embargo, Saint-Venant no progresó mucho por ese camino, y recientemente había declarado que la hidráulica había llegado a ser "un enigma desesperante". Otros científicos, más teóricos y conservadores, no quisieron abandonar el único modelo matemático disponible —la ecuación de Navier-Stokes— y lo complicaron más y más, agregándole términos en los cuales las primeras derivadas de las velocidades aparecían al cuadrado y al cubo, o bien introduciendo sus derivadas segundas y terceras. Complicaciones inútiles —comenta agudamente Boussinesq— "pues en la mayoría de los escurrimientos estudiados por Poiseuille todas estas derivadas alcanzan valores más grandes que en los movimientos de las aguas corrientes, si los suponemos poco más o menos laminares".[12]

En su memoria, Boussinesq explica cómo se podría tomar en cuenta analíticamente la agitación turbulenta: "primero, considerar que las velocidades reales dentro del fluido que escurre varían rápida y hasta bruscamente de un punto a otro, y son capaces —en pocas palabras— de producir frotamientos de un orden de magnitud mucho más elevado que en el caso de los movimientos laminares; segundo, hacer que las acciones medias ejercidas a través de un elemento plano fijo dependan no sólo de las velocidades medias locales, o de sus derivadas de primer orden que miden los deslizamientos medios relativos de las capas fluidas, sino también de la intensidad —en cada punto— de la agitación turbulenta que allí reina; tercero, investigar, por consiguiente, las causas de las cuales dicha agitación puede depender, en los diferentes puntos de una sección, y hacer variar con estas causas el coeficiente de los frotamientos internos; cuarto, no escoger como ecuaciones del movimiento a las relaciones que expresan el equilibrio dinámico de los diversos volúmenes elementales del fluido en un momento dado, sino a los promedios de estas relaciones en un tiempo muy corto, o sea, las que se pueden llamar ecuaciones del equilibrio dinámico medio de las partículas fluidas que pasan sucesivamente por un mismo punto".[12] Programa ambicioso y difícil de llevar a cabo, pero que Boussinesq supo desarrollar punto por punto con inigualable claridad y precisión.

[12] *Id.*, 6, 7.

Vicisitudes de un coeficiente

El criterio de Boussinesq fue muy sencillo: aceptar las ecuaciones fundamentales de Navier, pero dar una interpretación totalmente nueva al coeficiente ε que aparece en ellas. Navier lo había presentado como una constante relacionada con la "intensidad de adherencia" de las moléculas fluidas; luego, Stokes lo identificó con el coeficiente de viscosidad μ. Saint Venant, en su trabajo aparecido dos años antes que el de Stokes, le atribuyó una significación más expedita: es cierto que ε representa el factor de proporcionalidad entre gradientes de velocidad y esfuerzos cortantes, pero "esto no implica que ε sea el mismo en todos los puntos"; con ello, daba a entender que no lo identificaba necesariamente con el coeficiente de la fórmula de Newton. Boussinesq se da cuenta de las enormes ventajas que ofrece esta libertad de interpretación, y decide extender el sentido físico de ε, haciéndolo en todos los casos intérprete del estado del flujo: para flujo laminar, ε sería μ; para flujo turbulento, ε "dependería en todo punto no sólo de la temperatura y tal vez de la presión p, sino sobre todo de la intensidad media de la agitación que allí se produce... En efecto, esta agitación sustrae del movimiento de traslación general una energía tanto más grande cuanto más intensa es ella, y así se hace fuente de una resistencia pasiva incomparablemente mayor que la fricción desarrollada en un movimiento laminar. Como resultado, el coeficiente ε, casi nulo en un punto donde la agitación local es cero, crece proporcionalmente a la agitación misma y depende de todas las causas que pueden hacer variar a ésta". En otros términos, el flujo turbulento se comportaría como un fluido de viscosidad muy aumentada, con la diferencia de que tal aumento puede cambiar considerablemente de un lugar a otro.

Veintitrés años después, Reynolds dio una explicación de la naturaleza del coeficiente ε en su Memoria *On the dynamical theory of incompressible viscous fluids and the determination of the criterion* (*De la teoría dinámica de los fluidos viscosos incompresibles y la determinación del criterio*): el movimiento totalmente desordenado que se asociaba con la imagen de la turbulencia debía de parecerse a aquél —igualmente tumultuoso e imprevisible— de las moléculas de un gas en reposo. Para estudiar este último, la teoría cinética de los gases había acudido a la estadística. Se calculaban "promedios" $\overline{V}$ de las velocidades V de las partículas que pasan por cierto punto durante un periodo muy largo, y luego, en cada instante, se consideraba el "desvío" V' de la velocidad instantánea local con respecto a dicho promedio,

$$V' = V - \overline{V} \tag{1}$$

como "perturbación" instantánea de un movimiento medio regular ideal. De igual manera, se tomaban promedios temporales y desvíos de presiones, temperaturas, etcétera. Es natural que la familiaridad y pericia de Reynolds en el manejo de la mecánica estadística aplicada a los gases le sugirieran la conveniencia de analizar el flujo turbulento suponiendo válida "en promedio temporal" la ecuación de Navier-Stokes. Remplazando las variables u, v, w, p, de acuerdo con la descomposición 1, por $\bar{u} + u'$, $v + v'$, $w + w'$, $p + p'$, se obtiene una ecuación constituida por una parte que difiere de la expresión de Navier-Stokes tradicional en cuanto u, v, w, p se sustituyen con u, v, w, p, y por otra parte (la cual contiene las fluctuaciones de velocidad u', v', w'), que representa los esfuerzos efectivos que la agitación turbulenta introduce en el flujo medio, esfuerzos que se añaden a los que crean presión y viscosidad.

Estos esfuerzos adicionales, denominados "esfuerzos aparentes de Reynolds", poseen —en dos dimensiones— las componentes normales

$$2\varepsilon\frac{\partial\bar{u}}{\partial x} = -\rho\overline{u'^2},\quad 2\varepsilon\frac{\partial\bar{v}}{\partial y} = -\rho\overline{v'^2}$$

y la cortante

$$\varepsilon\left(\frac{\partial\bar{u}}{\partial y} + \frac{\partial\bar{v}}{\partial x}\right) = -\rho\overline{u'v'} \tag{2}$$

Tales expresiones parecen ofrecer esa interpretación del coeficiente ε de Saint-Venant que Boussinesq buscaba, siempre que se entienda bien el significado físico de los promedios de productos de fluctuaciones de velocidad que en ellas se encuentran.

Transcurre otro cuarto de siglo. Prandtl decide concentrar los esfuerzos de su grupo de investigadores en entender el mecanismo interno de la turbulencia. Se recurre a las técnicas de visualización disponibles —fotografía y cinematografía— y solamente se perciben agitaciones y giros "desesperadamente complicados", sin ton ni son. Se observan flujos siempre más lentos, con la esperanza de que la turbulencia disminuya y así sea factible entender algo; pero no se logra nada. Cinco años de laboriosas búsquedas concluyen con la melancólica confesión de que no se sabe más que antes: "No será pronto —reconoce Prandtl— cuando se resuelva este que yo llamaría el 'gran problema de la turbulencia totalmente desarrollada' *[ausgebildete Turbulenz]*, [o sea, alcanzar] un entendimiento íntimo y una apreciación cuantitativa de los procesos por los cuales nuevos remolinos siguen naciendo de los existentes, a pesar de que el frotamiento los va amortiguando, y un reconocimiento de las fuerzas de mezclado que —en cada caso— se regulan por el antagonismo de renacimiento y amortiguación". Sin embargo, algo se puede y debe hacer: "Aun renunciando a entender más a fondo el mecanismo de la turbulencia, siempre es posible estudiar teóricamente —siguiendo un camino 'fenomenológico' controlado— diferentes características regulares y, en particular, el movimiento medio que se produce en una corriente turbulenta dada; de hecho, la determinación de la velocidad media en cada punto es un problema de gran importancia para la técnica. Como primer paso en ese sentido, se pueden interpretar las fuerzas de fricción aparentes, suscitadas por las agitaciones de mezclado, en forma tal que se establezcan las ecuaciones diferenciales hidrodinámicas, y se obtengan así ecuaciones [válidas] para el movimiento medio de corrientes turbulentas".[13]

En la teoría cinética de los gases, se había utilizado un concepto importante: el de "camino libre medio" de una molécula; es decir, el trayecto que ella puede realizar sin chocar con otra. Análogamente, Prandtl introduce una longitud característica capaz de definir el estado de turbulencia, longitud que se podría interpretar como la distancia que una partícula fluida recorre sin perder su individualidad al mezclarse con sus vecinas, o bien como el diámetro de los agregados de partículas que avanzan juntas; distancia y diámetro que —cuando el número de Reynolds es bastante grande— tendrían que ser proporcionales entre sí, pues la energía cinética de la masa debe ser igual al trabajo realizado por las partículas para vencer la resistencia a su avance que las vecinas oponen. A esta longitud característica Prandtl la llama "longitud de mezcla" *(Mischungsweg)* y la representa con la letra l, basándose en la hipótesis de que, en un movimiento dirigido en promedio según el eje x (o sea con $v = 0$), las partículas fluidas tienden a abandonar la capa a la cual pertenecen y —luego de cruzar, paralelamente al eje y, la distancia l —alcanzan otra posición donde la velocidad media es distinta de la que la partícula poseía originalmente. Ahora, por ser l muy pequeña, la diferencia de velocidades u entre la capa de salida y la de llegada es $l\ \partial u/\partial y$; y esta expresión representaría —para Prandtl— la fluctuación de velocidad u'

$$u' = l\frac{\partial \bar{u}}{\partial y}$$

Como otras partículas se mueven de manera análoga en dirección opuesta, habrá choque de masas fluidas con valores contrarios de u'; por tanto, nacerán fluctuaciones v' (en sentido transversal) del mismo orden de magnitud que u'. En conclusión, el esfuerzo aparente - $\rho u'v'$ será proporcional a $\rho l^2(\partial \bar{u}/\partial y)$.[2]

[13] Prandtl, 736, 737.

Para que la magnitud de l no quede indefinida, Prandtl decide tomarla de modo tal que esa proporcionalidad resulte una igualdad; o sea, escribir, de acuerdo con la ecuación 2,

$$\tau = \varepsilon \frac{\partial \bar{u}}{\partial y} = \rho l^2 \left| \frac{\partial \bar{u}}{\partial y} \right| \frac{\partial \bar{u}}{\partial y} \tag{3}$$

donde el signo queda determinado por $\partial \bar{u}/\partial y$. Entonces se obtiene la expresión

$$\varepsilon = \rho l^2 \left| \frac{\partial \bar{u}}{\partial y} \right| \tag{4}$$

que, conociendo ε, permite calcular l.[14] Si recordamos que, en el caso del flujo laminar, ε representa el coeficiente de viscosidad μ, en esta expresión vemos interpretado el efecto de fricción —equivalente al viscoso— que la turbulencia crea. De la fórmula 3, resulta

$$l = \frac{\sqrt{\tau / \rho}}{\partial \bar{u} / \partial y}$$

expresión de la longitud de mezcla que permite calcularla en cada punto, por medición del esfuerzo cortante local τ y del gradiente transversal de la velocidad $\partial \bar{u}/\partial y$. Los argumentos utilizados para establecer la ecuación 3 implican esencialmente que, a pesar de la turbulencia, masas reducidas de fluido —en su conjunto— son capaces de conservar su velocidad, y por tanto su cantidad de movimiento, en la dirección de la corriente. En este sentido, se suele decir que la teoría de Prandtl presupone la *transferencia de la cantidad de movimiento.*

Tiempo después, se impugnó el planteamiento de Prandtl con el siguiente argumento: si la "viscosidad aparente" ε está dada por la expresión 4, dicha viscosidad se anula cuando $\partial \bar{u}/\partial y$ y es igual a cero, o sea donde la velocidad adquiere su valor máximo. Como esto ocurre en el centro del conducto, allí debería de desaparecer toda agitación turbulenta. Reichardt se dedicó a realizar mediciones cuidadosas de las fluctuaciones de velocidad y encontró que, si bien éstas se reducen en el centro, no por eso se anulan, sino que conservan valores medios bastante considerables. Esto hizo que Prandtl publicara en 1942 una breve nota, en la cual proponía una expresión de ε mucho más sencilla. En su teoría anterior, había supuesto que las dimensiones de las masas fluidas

[14] *Id.*, 738, 739.

que se desplazan en sentido transversal por el mezclado turbulento son pequeñas con respecto a las de la región de flujo; ahora, en vista de los resultados de Reichardt, Prandtl reconoce que tales dimensiones son del mismo orden de magnitud del ancho b de la región en la que el mezclado tiene lugar. Entonces, llamando $\Delta\bar{u}$ a la diferencia entre los valores máximo y mínimo que la velocidad $\bar{u}$ alcanza allí, propone escribir

$$\varepsilon = k\ b\ \rho\ \Delta\bar{u}$$

donde k es una constante experimental.[15] De acuerdo con esta última interpretación, ε conservaría el mismo valor en todo el ancho de cada sección transversal; hipótesis que resulta aceptable para el estudio de chorros y estelas.

A bordo del "Scotia"

En el inicio del siglo pasado, una de las cuestiones que preocupaba a los meteorólogos era explicar la transferencia a la superficie de la Tierra de todo el calor y cantidad de movimiento provenientes del Sol, pues la conductividad molecular y la viscosidad de la atmósfera no parecían suficientes para justificar dicha cesión. Resultaba evidente que el comportamiento del aire es mucho más complicado que lo supuesto por la teoría cinética de los gases. Esta teoría admitía que las fluctuaciones de velocidad de las partículas tienden a volverse isotrópicas; quedaba la duda de que, en la atmósfera, tal vez no ocurriera lo mismo. Geoffrey Taylor, joven matemático que en 1911 había ganado una beca para dedicarse a la meteorología dinámica, decidió atacar el problema experimentalmente. Mandó construir una veleta ligera, sostenida en su baricentro por una articulación universal que señalaba en todo instante la dirección real del movimiento del aire y la transmitía a una pluma trazadora. El diagrama de la figura 211 fue obtenido con ese aparato a unos 25 pies de altura sobre terreno herboso. El trazo revela

Figura 211

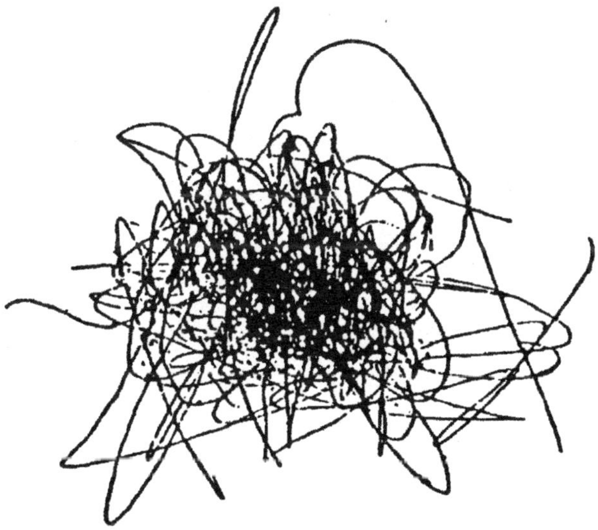

[15] *Id.*, 871.

una gran complejidad de relaciones entre fluctuaciones verticales y transversales de la velocidad; sin embargo, su conformación redondeada es síntoma de una tendencia hacia la isotropía. La situación cerca del suelo era distinta, ya que, al aproximarse a él, el trazo se iba aplastando más y más.[16]

El hundimiento, en abril de 1912, del trasatlántico *Titanic*, debido al choque con un iceberg, hizo que el gobierno y las compañías navieras de Inglaterra destinaran un barco a la búsqueda de esos macizos flotantes y la determinación de sus posiciones por medio del último invento: el telégrafo sin hilos de Marconi. Para este trabajo se eligió un viejo buque ballenero de velas, de 230 toneladas: el *Scotia*. "Estaba provisto de un motor auxiliar de vapor, tan ineficiente que —a pesar de que él, sus calderas y el carbón ocupaban alrededor de una tercera parte del espacio [disponible] bajo los puentes— apenas podía impulsarlo a 4 1/2 nudos. Con viento fuerte y velas, el buque avanzaba aproximadamente 9 nudos. Había sido arrumbado en Dundee, cuando el método antiguo de cazar ballenas —bajando la lancha, remando hacia la ballena y clavando en ella un arpón— había pasado de moda. Creo que Bruce, en su expedición de 1901 a las tierras antárticas, utilizó el buque por última vez. No poseía quillas de sentina, de modo que, atrapado en el hielo, tendría oportunidad de ser estrujado como un hueso de cereza entre el índice y el pulgar. La consecuencia de esto era que el barco se balanceaba muy fuerte: de hecho, sólo dos individuos a bordo no se mareaban nunca, el capitán Robertson y el Sr. J. D. Matthews, nuestro oceanográfo. El *Scotia* había sido fabricado muy pesadamente por constructores que, aun siendo sin duda artesanos excelentes, parecían no haber tenido mucha idea de cómo diseñar un barco con una estructura razonablemente rígida. Yo tenía unos cuantos libros en un estante sobre mi litera y, aún apretándolos muy juntos, nunca pude evitar que se aflojaran y cayeran en mi cabeza durante la noche".[17] El autor de la descripción anterior es Taylor, quien, como becario meteorólogo, fue destinado a formar parte de la tripulación del viejo velero.

Informado de su nuevo empleo, Taylor pensó que lo más interesante que podría hacer durante el crucero era repetir ciertas investigaciones, ya realizadas en tierra, acerca de cómo cambia la temperatura de una corriente de aire al pasar sobre suelos de temperaturas diferentes. Sería necesario utilizar cometas equipados con termómetros y barómetros. Mr. Cave había construido un torno especial para controlar la cuerda de tales aparatos, y Taylor logró que se lo prestara. Pero cuando habló del asunto con el capitán Robertson, este "declaró que bajo ninguna condición se habría hecho a la mar si alguien fuera a lanzar

[16] Taylor, *Papers*, 77, 78.

[17] *Id.*, *Ideas*, 5.

cometas desde cubierta". El comentario de Robertson —capitán del *Scotia* durante la expedición antártica— aludía al fracaso de Bruce con los cometas. En aquella ocasión, se acostumbraba bajar a sotavento una lancha con el cometa y, mientras el operador del buque estiraba la cuerda, el de la lancha lanzaba el cometa hacia arriba. Después de algunas volteretas, el artefacto invariablemente se zambullía. Taylor, convencido de que este percance se debía a la turbulencia creada por la multitud de mástiles y cordajes, siguió su plan y empezó a instalar el torno. El capitán lo observaba con recelo y le preguntó para qué servía ese aparato: "Para sondeo", contestó aquél, sin aclarar que sondearía el aire, no el agua. Más tarde, Taylor logró que se le permitiera ensayar su propio arreglo: mediante un bloque de agarre, se levantaba la cuerda hasta la punta del palo de mesana; después, un marinero sobre el puente lanzaba el cometa hacia arriba y, simultáneamente, Taylor soltaba el torno. El cometa "echó a volar, evitando las obstrucciones; al ser estirado hacia arriba, dio unas vueltas locas a causa de los remolinos producidos por el barco y, como yo había esperado, se sosegó cuando uno de sus giros lo elevó a una zona de aire más calmo, encima de los mástiles".[18] ¡El capitán se dio por vencido!

Durante esa expedición, que llegó hasta Terranova, Taylor únicamente recolectó datos y observaciones. Al regreso tenía que analizarlos, pero esto no era nada fácil: "Se podría hacer, aunque toscamente, al conseguir información acerca de la temperatura del mar en los lugares donde la masa de aire había estado en tiempos anteriores... Así, si en el momento de la subida de mi cometa el viento era —digamos— de 10 millas por hora y [provenía] del suroeste, el aire que yo estaba sondeando había estado cuatro horas antes en el suroeste, a 40 millas de distancia". Como "en ese entonces muchos barcos anotaban cada cuatro horas las temperaturas del agua y del aire y, además, el viento a nivel de cubierta,... para llegar más lejos en mi búsqueda tenía que encontrar un buque que hubiese anotado viento y temperatura del mar cerca de esa posición y de ese momento. Disponía de registros de la división marina del *British Meteorological Office*, el *Deutsch Seawarte* y las autoridades marítimas de los Estados Unidos; pero la probabilidad de que un barco registrador se hallase cerca de las posiciones requeridas en los tiempos precisos no era muy grande". Sin embargo, con base en algunas observaciones afortunadas, Taylor obtuvo un valor numérico aproximado para la conductividad debida a la turbulencia.[19]

Sus resultados aparecen en una publicación de 1915, en cuya introducción el autor da a conocer su concepto de turbulencia: "El análisis del movimiento de vorticillos *(eddies)* en fluidos —incompresibles o compresibles— por medio de las matemáticas ha sido con-

[18] *Id.*, 5, 6.
[19] *Id.*, 6, 7.

siderado siempre como un problema de gran dificultad; sin embargo, parece que esto se debe a que se ha dirigido la atención esencialmente al comportamiento de los torbellinos como individuos, en vez de tomar en cuenta el efecto medio de un conjunto de ellos. La diferencia entre estos dos aspectos de la cuestión es semejante a aquella entre considerar —en la teoría dinámica de los gases— la acción de una molécula sobre otra, o bien el efecto medio del movimiento de las moléculas sobre las propiedades del gas. Durante mucho tiempo se ha sabido que el hecho de que la superficie de la Tierra reduzca la velocidad del viento se debe de algún modo a la acción de vorticillos; pero parece que nadie ha investigado si algún tipo de movimiento de éstos conocido es capaz de producir la distribución de velocidad que los meteorólogos han observado en el viento; y no se ha hecho ningún cálculo para descubrir cuánta agitación vorticosa se requiere para justificarla".[20]

Taylor considera que los vorticillos, masas de fluido coherentes, son portadores de su propio calor cuando recorren verticalmente hacia arriba o hacia abajo cierta distancia, antes de perder su individualidad al mezclarse con el aire que los rodea. Además, parece natural suponer que los vorticillos transferirán a la capa con la cual se mezclan no sólo calor y vapor de agua, sino también la vorticidad de la capa donde se originaron.[21] Con base en estos principios, Taylor establece su teoría matemática. ¿No son éstas las mismas ideas sobre las cuales Prandtl asentará diez años después su concepto de longitud de mezcla? De hecho, hay una diferencia importante entre los dos puntos de vista, y Taylor la señaló claramente: "Al derivarse la expresión [de Prandtl], se supone que los gradientes de presión [que actúan] sobre el fluido que acompaña al movimiento vorticoso no afectan el resultado final, de modo que cada partícula continúa moviéndose con la cantidad de movimiento horizontal de la capa de la cual proviene, hasta que, en cierta fase, se mezcla con el fluido en el nivel en el cual penetra... yo [por el contrario] supuse que cada partícula de fluido conserva la vorticidad de la capa de la cual arranca, no su cantidad de movimiento. Fuera de esto, las teorías son idénticas, pues la longitud de mezcla tiene la misma finalidad en ambas. El objetivo de concentrar la atención sobre la transferencia de la vorticidad... era que —si se limita el movimiento a dos dimensiones— las diferencias de presión locales no afectan la vorticidad de un elemento; mientras que Prandtl debe despreciarlas, o bien suponer arbitrariamente que ellas no alteran la transferencia media de cantidad de movimiento, a pesar de que seguramente afectan la cantidad de movimiento de los elementos fluidos individuales".[22]

[20] *Id.*, Papers, 1.
[21] *Id.*, 10
[22] *Id.*, 254.

Después de todo, Taylor no estaba muy satisfecho con la teoría de la longitud de mezcla, pues "la idea de que una masa fluida recorra sin cambios cierta distancia, y luego ceda su propiedad transferible y se iguale con la condición media en ese punto, no es una imagen realista para un proceso físico". Supongamos —pensaba— que la masa en cuestión sea un cilindro de fluido que de repente se solidifica sin cambiar su densidad. Se puede demostrar que dicha masa se irá moviendo con velocidad constante con respecto al fluido en el cual penetra; de este modo sí podría transportar calor de una capa a otra, pero no cantidad de movimiento.[23] Finalmente, Taylor buscó otros caminos, y obtuvo los resultados que veremos más adelante.

La ayuda de la estadística

Aunque Reynolds había sido el primero en considerar la turbulencia desde un punto de vista estadístico, Taylor fue quien empezó a aplicar el método de análisis correspondiente, pues vio en él una alternativa más válida que la teoría de la longitud de mezcla. Allá por el año de 1920, Taylor se había interesado en representar el penacho de humo de una chimenea cuando el viento lo estira, y concluyó que su aspecto resulta muy distinto del previsto por la teoría clásica: mientras que ésta predice una forma paraboloidal, el perfil del penacho es puntiagudo. Tal vez el defecto estaba en el método de análisis utilizado, que era el siguiente: supongamos que un gran número de partículas salgan en cierto instante de un punto fijo (la boca de la chimenea) y recorran con cierta velocidad una distancia d; a continuación empiezan otro recorrido también de longitud d, con la misma velocidad, pero en una nueva dirección que no tiene nada que ver con la anterior, y así sucesivamente; o sea que al final de cada tramo se supone borrado todo lo precedente. ¿No es esto semejante a admitir que la masa fluida, después de recorrer la longitud de mezcla, se confunde con el derredor, perdiendo sus característica previas? Probablemente —señala Taylor— el error está en todas esas discontinuidades: una difusión real es continua, y en ningún momento la partícula puede "olvidar" su trayecto anterior.

Acudamos pues al análisis estadístico. Consideremos una turbulencia distribuida uniformemente en el fluido de modo que las condiciones medias sean las mismas en cada punto. Fijemos nuestra atención en la fluctuación de velocidad u' en un punto dado. Para pasar de la velocidad en cierto instante a aquella que se tendrá después de

[23] *Id.*, *Ideas*, 8.

cierto intervalo de tiempo ζ, la estadística enseña que conviene utilizar el "coeficiente de correlación temporal"

$$R_{\xi} = \frac{\overline{u'(t)\ u'(t-\xi)}}{\overline{u'(t)}} \tag{1}$$

donde t representa el tiempo. Taylor logra comprobar que —al menos en este caso sencillo— el conocimiento de dicho coeficiente basta para determinar la distancia recorrida por la partícula en un periodo de tiempo dado. Además, piensa que por este camino se puede definir la ley de difusión que gobierna la distribución media de partículas inicialmente concentradas en un punto, en todo instante sucesivo. En su trabajo *Diffusion by continuous movements*, de 1921, Taylor analiza el problema desde esa perspectiva, y propone un medio para calcular R con base en consideraciones estadísticas.[24]

En esa época, los procedimientos para medir directamente las cantidades consideradas en la teoría eran escasos; con el paso de los años, se crearon y perfeccionaron técnicas adecuadas para obtener más datos experimentales. En 1934, Fage y Townend comprobaron que los valores medios de las tres componentes de la velocidad, medidos en la región central de un tubo, son casi iguales entre sí, confirmando lo que registros relativamente toscos, como el que reproduce la figura 211, habían sugeridos para la atmósfera. Esto revelaba —según Taylor— la presencia de una *turbulencia isotrópica:* en pocas palabras, la presencia del más perfecto desorden; ahora, si se supone la turbulencia en esta condición, los análisis relativos se simplifican mucho. Esto lo podemos explicar recordando las palabras de Von Kármán, al ofrecer en mayo de 1937 una disertación sobre turbulencia en la Royal Aeronautical Society: "Podemos empezar la discusión con la definición de turbulencia que dio Taylor: *La turbulencia es un movimiento irregular que, por lo general, se manifiesta en fluidos —gaseosos o líquidos— cuando éstos escurren sobre superficies sólidas, o bien cuando corrientes contiguas del mismo fluido fluyen unas tras otra o una encima de otra*. El énfasis de esta definición radica en la palabra 'irregular'. Taylor dice además: *El movimiento real es usualmente tan irregular que se conoce muy poco acerca de sus detalles*. Luego surge la pregunta: ¿por qué nos interesamos en un fenómeno tan desordenado, y qué es lo que nos da esperanza de que su estudio lleve alguna vez a resultados prácticos? Bueno, la turbulencia está lejos de ser el único movimiento o fenómeno irregular que la física intenta analizar. De

[24] *Id.*, *Papers*, 180-183.

hecho, un movimiento regular es algo bastante excepcional en la naturaleza. Hasta el flujo laminar aparece como tal únicamente para el observador humano que, al mirar el mundo molecular desde tan lejos y con aparatos tan toscos, sólo puede ver el movimiento medio de la materia y medir los valores medios de las cantidades físicas. Entonces, a pesar del carácter irregular del movimiento real, encuentra relaciones sencillas entre las cantidades físicas medias, y leyes simples para el movimiento medio. Mejor, en vez de 'a pesar' del carácter irregular, deberíamos decir 'debido a'. En efecto, es el máximo grado de irregularidad —el carácter aleatorio del movimiento molecular— lo que nos permite aplicar métodos estadísticos y obtener relaciones simples que, sin ser estrictamente exactas, poseen un alto grado de aproximación, satisfactorio en todos los casos, salvo algunos excepcionales".[25]

En esos años, había gran interés por resolver el problema de la turbulencia en túneles de viento. En los de circuito abierto —y a veces también en los cerrados— se colocaban rejillas compuestas por un haz de tubos paralelos cuadrados o hexagonales (en "nido de abeja") con objeto de enderezar la corriente entrante; pero estas mismas, según vimos en el túnel de Eiffel, creaban una turbulencia adicional, definiendo también su "escala" (dimensión de las estructuras vorticosas producidas). Era importante prever de qué manera esta turbulencia extraña iba debilitándose y "decayendo" a medida que la corriente recorría el túnel, así como la distancia necesaria para que las "sombras" (huellas dejadas en la corriente por los elementos de la rejilla) desaparecieran, a fin de colocar allí la sección de pruebas. La teoría estadística de Taylor, expuesta en cinco trabajos publicados uno tras otro entre 1935 y 1936, demostró su capacidad para realizar estas previsiones, determinar la disipación de energía a diferentes distancias de las paredes, resolver problemas de difusión y calcular el número de Reynolds crítico con el que la estela de un obstáculo esférico se contrae, precisando en particular cómo dicho número depende de la escala de la turbulencia.

Más tarde Dryden y Kuethe desarrollaron el *anemómetro de hilo caliente*, que consiste esencialmente en un delgado alambre de platino estirado entre los brazos de una horquilla; expuesto a una corriente de aire, pierde calor por convección: baja su temperatura y, con ella, su resistencia eléctrica. Como consecuencia, esta última varía con la velocidad de dicha corriente; de modo que, si conocemos —por calibración— la ley de tal variación, de la medición de la resistencia deducimos la magnitud de la velocidad. Este dispositivo resulta sumamente útil no sólo porque puede reducirse a tamaños bas-

[25] Kármán, *Works*, vol. III, 245.

tante pequeños para registrar variaciones instantáneas en zonas muy restringidas, sino porque puede orientarse y así proporcionar la componente deseada de la velocidad; si dispone de dos hilos cruzados, el anemómetro registra al mismo tiempo la variación de dos componentes. De este modo, por fin se logró cuantificar experimentalmente el movimiento turbulento, y su apreciación realista fue la pauta para perfeccionar más y más la teoría.

Se reveló la coexistencia de vorticillos de muy distintos tamaños, y se descubrió que la frecuencia media de sus fluctuaciones de velocidad es tanto más alta cuanto menor es el tamaño del vorticillo; lo mismo sucede con los gradientes de velocidad dentro del vorticillo, tanto más considerables cuanto más pequeño es éste. Los *vorticillos grandes,* de vida bastante larga, contienen aproximadamente un 20 por ciento de la energía cinética total de la turbulencia isotrópica. Los *medianos* son los que contribuyen más; por eso se denominan "vorticillos portadores de energía" *(energy-containing eddies).* Los *pequeños,* que —debido a su alta velocidad de rotación— tienden a ser frenados por la fricción viscosa, a perder energía y finalmente destruirse, se conocen como "vorticillos disipadores de energía" *(energy-dissipating eddies):* ellos son los verdaderos responsables de la transformación de la energía mecánica en calor. Lo anterior sugirió relacionar frecuencia y energía de los vorticillos en "espectros", cuyo aspecto se bosqueja en la figura 212.

Evidencias experimentales aluden a la presencia de un "proceso en cascada": los vorticillos mayores se subdividen para formar otros más pequeños, los cuales a su vez se inestabilizan y fraccionan, y así sucesivamente.

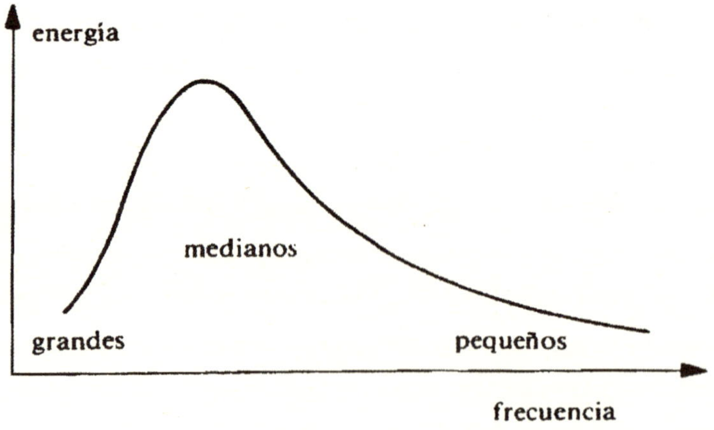

Figura 212

Para analizar la turbulencia, la estadística interpreta las intensidades de las fluctuaciones u', v', w', a través de sus valores medios cuadráticos

$$\sqrt{\overline{u'^2}},\ \sqrt{\overline{v'^2}},\ \sqrt{\overline{w'^2}},$$

y toma como "intensidad media" el promedio aritmético de éstos. Utiliza primordialmente los "coeficientes de correlación temporal" que permiten predecir, con base en las características del flujo en cierto instante y en determinado lugar, el comportamiento del fluido allí mismo después de un tiempo ζ; o bien los "coeficientes de correlación espacial" que ligan de manera análoga el comportamiento simultáneo en dos lugares distintos. Hay "coeficientes de autocorrelación" (como el de la fórmula 1), que se aplican a la misma componente, y "de correlación cruzada", para componentes distintas, como por ejemplo u' y v'. Cuando u' es función —en sentido determinístico— de v', este coeficiente vale 1; y vale cero si u' y v' varían de modo independiente.

Una crisis resuelta por la computadora

Toda teoría tiene sus limitaciones. Los éxitos del modelo isotrópico en el estudio de la turbulencia llevaron naturalmente a inquirir cómo se puede calcular la longitud de mezcla en caso de isotropía. El resultado fue decepcionante: según dicho modelo, la velocidad media no varía, por tanto, el gradiente $\partial u/\partial y$ es nulo; y si en la fórmula que da la longitud de mezcla escribimos $\partial u/\partial y = 0$, el valor de dicha longitud es infinitamente grande. Complicación seria, que indujo a Prandtl a revisar su teoría y proponer en 1945 otra, apoyada en la consideración de la *energía cinética específica de las fluctuaciones turbulentas*

$$E = \frac{1}{2}\left(\overline{u'^2} + \overline{v'^2} + \overline{w'^2}\right)$$

y de la variación de ésta con el tiempo.

Con anterioridad —precisamente en 1941— habían aparecido en las actas de la Academia de Ciencias de la URSS tres breves artículos —cuya importancia tardó algunos años en apreciarse— que ofrecían un planteamiento distinto, destinado a tener una influencia fundamental en la teoría de la turbulencia. Kolmogorov, autor de esos escritos, analizaba la estructura local de la turbulencia en flujos correspondientes a números de Reynolds muy grandes. Aquí —decía él— lo importante debe ser la *razón de disipación de la energía cinética por unidad de masa,* ε, que, en el caso de isotropía, tiene que poderse expresar como

$$\varepsilon = c\frac{\overline{u'^2}}{\Lambda} \tag{2}$$

donde Δ representa el tamaño medio de los vorticillos grandes y c es un factor constante del orden de magnitud de la unidad. Ahora —razonaba Kolmogorov— consideremos los vorticillos más pequeños, disipadores de energía. Por ser ellos de alta frecuencia, se puede suponer que su movimiento sea —desde un punto de vista estadístico— independiente de la relativamente lenta turbulencia de escala grande, así como del flujo medio. Además, si hay equilibrio, la razón de suministro de energía debería ser igual a la de disipación. Representando la primera como ε y la segunda con la viscosidad cinemática $\nu = \mu/\rho$, Kolmogorov llegó a postular que —para números de Reynolds suficientemente grandes— la turbulencia que caracterizaría los vorticillos pequeños resulta "localmente isotrópica" y determinada tan sólo por los parámetros ε y ν.

Con base en este principio, podemos determinar las longitudes η y las velocidades ν características de esos vorticillos, pues las dimensiones de ε (que se miden en m^2/s^3) y las de ν (que se miden en m^2/s) sugieren que

$$\eta = (\nu^3/\varepsilon)^{1/4}, \nu \quad v = (\nu\varepsilon)^{1/4} \tag{3}$$

Es interesante notar que el número de Reynolds formado mediante las variables 3 es $\eta v / \nu = 1$; esto comprueba que el movimiento en pequeña escala es muy viscoso, y justifica la hipótesis de que es necesario un equilibrio entre la energía suministrada y aquella de la viscosidad que tiende a disipar a la primera, para que se mantenga tal movimiento.

Acabamos de señalar cómo la interpretación matemática del comportamiento turbulento de un fluido viscoso, planteada inicialmente de acuerdo con el paradigma mecanicista, luego se intentó resolver —por analogía con la teoría cinética de los gases— mediante el análisis estadístico, y al final suponiendo la coexistencia de muchos movimientos periódicos simples, separables por análisis armónico. Multiplicidad de esfuerzos que revela el afán, y al mismo tiempo la desorientación, con que se buscaba un camino adecuado para representar este fenómeno caótico, tan diferente de los tradicionales de la física. Queda por explicar cómo el empleo de esta última técnica es lo que hoy parece permitir que la crisis se supere.

En 1933, Jan Burgers había decidido atacar el problema de la turbulencia por medio de una herramienta nueva: la mecánica estadística; sin embargo, reiterados fracasos lo forzaron a admitir que la turbulencia rehúye toda explicación mecanicista rigurosa. Conclusión que parecía contradecir el hecho —aceptado por Reynolds, y del cual no había motivo de duda— de que todo movimiento viscoso, y luego también el turbulento, debe de poderse representar mediante la ecuación de Navier-Stokes. Esta es una ecuación diferencial no lineal bastante complicada, que sólo sabemos integrar en contados casos muy elementales, y de la cual no tenemos la seguridad de que posea siempre soluciones, o bien de que éstas —en caso de existir— sean únicas. Varias tentativas de simplificar dicha ecuación volviéndola lineal habían fracasado; prueba de que su parte no lineal es justamente la que engloba las características capaces de explicar la turbulencia. Entonces, Burgers consideró una ecuación mucho más simple que la de Navier-Stokes, pero provista de un término no lineal análogo, con objeto de disponer así de un modelo más fácil de manejar, aunque conservase la misma complicación intrínseca. Por supuesto, este modelo carecía de todo sentido físico, pero era posible que su análisis permitiera descubrir —desde el punto de vista matemático— la naturaleza de la complejidad específica del fenómeno de la turbulencia.

La idea era prometedora; sin embargo, Burgers debía realizar sus cálculos a mano y no pudo llegar muy lejos; así que sus trabajos fueron prácticamente desconocidos durante décadas, hasta que el auxilio de poderosas computadoras hizo factible la integración de ecuaciones como la suya. En 1963, el meteorólogo Edward Lorenz, utilizando el modelo constituido por tres ecuaciones diferenciales no lineales producto de una simplificación realmente drástica de aquellas de la hidrodinámica, obtuvo trayectorias que recordaban el desorden del movimiento turbulento.

Nacía así una técnica absolutamente nueva, que se llamó —con terminología aparentemente contradictoria— "experimentación numérica": inventar ecuaciones diferenciales sencillas e integrarlas por medio de computadoras digitales, para ver hasta qué punto reproducen el fenómeno en estudio; luego mejorarlas, eventualmente aumentando su grado de complejidad, volverlas a integrar y comparar el resultado con la realidad, hasta obtener la mejor definición compatible con la capacidad de los aparatos utilizados.

Es importante notar que este procedimiento implica una inversión de la filosofía tradicional, una verdadera revolución en los métodos de la física. En efecto, desde Huygens hasta el inicio del presente siglo, para el físico la mecánica era el modelo ideal a cuyas leyes había que reducir todo fenómeno natural: la luz se interpretó como ondas; el átomo, como un minúsculo sistema planetario. Característica de esta perspectiva era la idea euleriana de imaginar el fluido compuesto por partículas elementales, establecer —con base en las propiedades del fluido mismo— sus ecuaciones constitutivas, y luego integrarlas tomando en cuenta las condiciones de frontera, para definir en cada caso las modalidades del movimiento. La turbulencia, reacia a este "paradigma reduccionista", precipitó una crisis que desembocó en la técnica de introducir *a priori* modelos matemáticos abstractos, carentes de sentido físico, pero capaces de reproducir las propiedades principales del fenómeno en estudio. Gracias a esta innovación, hoy se están consiguiendo avances reales en el análisis de las características y efectos de la turbulencia.

El efecto de la pared

Para la utilización práctica de la longitud de mezcla era preciso determinar su dependencia de la posición con respecto a eventuales obstáculos sólidos; en particular, de la distancia entre el punto considerado y la pared del conducto. Kármán se dedicó a buscar esta relación y dio a conocer sus resultados en 1930, en el trabajo *Mechanische Ähnlichkeit und Turbulenz* (*Similitud mecánica y turbulencia*). El título se debe a que el autor basa su investigación en la hipótesis de que las fluctuaciones turbulentas son semejantes en todos los puntos del campo de flujo; o sea que varían de un punto a otro tan sólo por factores de escala de longitud y tiempo. Kármán supone que si en un escurrimiento bidimensional consideramos el punto $P(x_o, y_o)$ donde la longitud de la mezcla es l, y dividimos entre l las coordenadas x, y de los puntos próximos, es decir que las cambiamos por

$$\xi = (x - x_o)/l, \ \eta = (y - y_o)/l \tag{1}$$

la función de corriente en esa zona resulta $\psi = A f(\xi, \eta)$, o sea que se descompone en el producto de un factor A —que depende de las características del flujo en P— y de otro factor f —que es función sólo de las coordinadas adimensionales expresadas por las fórmulas 1. Remplazando esta expresión en la ecuación de Navier-Stokes e imponiendo que la ecuación que resulta no dependa de A o l ni de ninguna otra característica en P (como por ejemplo la velocidad media local $\bar{u}$), se llega a la conclusión de que allí

$$l = k \frac{\partial \bar{u} / \partial y}{\partial^2 \bar{u} / \partial y^2} \tag{2}$$

donde k es una constante que la experiencia indica que es igual a 0.38.

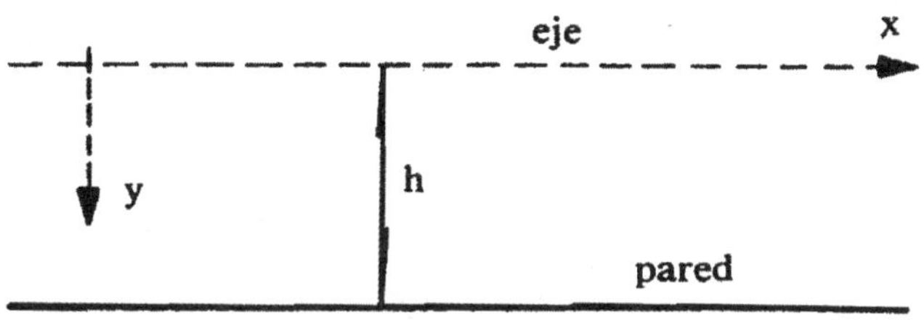

Figura 213

Tomemos ahora el eje del conducto como eje coordenado x y sea h el semiancho del conducto mismo (figura 213); después supongamos que el esfuerzo cortante τ en cada punto crezca en proporción con su distancia al eje, alcanzando el valor máximo τ_o en la pared,

$$\tau = \tau_0 \frac{y}{h} \qquad (3)$$

Si —despreciando el signo— escribimos la fórmula 3 del subcapítulo previo al anterior como

$$\tau = \rho l^2 \left(\frac{\partial \bar{u}}{\partial y} \right)^2 \qquad (4)$$

y remplazamos l con su expresión 2, obtenemos

$$\tau = \rho k^2 \frac{(\partial \bar{u} / \partial y)^4}{(\partial^2 \bar{u} / \partial y^2)^2}$$

ecuación diferencial de segundo orden en la variable u que, integrada dos veces tomando en cuenta la expresión 3, da

$$u = u_{\text{máx}} + \frac{1}{k} \sqrt{\frac{\tau_0}{Q}} [ln(1 - \sqrt{y / h}) + \sqrt{y / h}] \qquad (5)$$

Esta es una ley de distribución de velocidades "universal", en el sentido de que no depende de las dimensiones del conducto, ni del número de Reynolds.[26] El parámetro $\sqrt{\tau_0 / \rho}$ que aparece en la ecuación anterior tiene gran importancia en la mecánica de los fluidos. Prandtl lo introdujo en un trabajo contemporáneo a este de Kármán, indicándolo con un asterisco

$$u_* = \sqrt{\tau_0 / \rho} \qquad (6)$$

[26] *Id.*, vol. II, 328, 329.

Más tarde, por considerar que u_* tiene las dimensiones de una velocidad y es función del cortante en la pared, se le denominó *velocidad de fricción*, y se incluyó en la hidráulica de canales como $u_* = \sqrt{gRS}$ (R es el radio hidráulico y S la pendiente) y en las tuberías como $u_* = V\sqrt{f/8}$ (V es la velocidad media y f el coeficiente de Fanning).

La ecuación 5 expresa que la velocidad media en cualquier punto es función de la distancia y de éste al eje del conducto y de la velocidad máxima; por tanto, su utilización requiere el conocimiento de esta última. En 1945, Prandtl propuso otra cuya forma es más simple; sin embargo, como la estableció suponiendo que el esfuerzo cortante τ no varía con la ley 3, sino que es constante, solamente resulta válida en la zona próxima a la pared. Escribiendo $\tau = \tau_0$ y considerando la definición 6, la fórmula 4 se transforma en

$$u_* = l\frac{\partial \bar{u}}{\partial y} \tag{7}$$

Cerca de la pared —dice Prandtl— se puede admitir que la longitud de mezcla sea proporcional a la distancia a la pared misma, que él indica (a diferencia de Kármán) con la letra y

$$l = k\,y$$

Remplazando en la ecuación 7 e integrando con respecto a y, obtiene

$$\bar{u} = l\frac{\bar{u}_*}{k}\ln \mathrm{y} + \mathrm{const} \tag{8}$$

Una comparación de la ecuación 8 con la 5 muestra que, aunque y sea diferente, la constante k es la misma en ambas. Finalmente, si se escribe

$$u^+ = \frac{\bar{u}}{u_*}, \quad y^+ = y\frac{\mu u_*}{\rho} \tag{9}$$

La ecuación 8 se transforma en

$$u^+ = \frac{1}{k}\ln y^+ + C \tag{10}$$

donde C es otra constante. También los parámetros adimensionales 9 se deben a Prandtl, quien los denotaba con las letras ϕ, η.

Para asegurarse de la corrección de la ecuación 10, había que realizar mediciones, interpretarlas en función de u^+ y y^+ y graficarlas. Esto se hizo aprovechando los resultados de aquellas efectuadas por Nikuradse en tuberías lisas, con números de Reynolds desde 4×10^3 hasta 3×10^6; y se halló un buen acuerdo con dicha ecuación (siempre que en ella se tome $k = 0.4$ y $C = 5.5$), para distancias y^+ entre 30 y 400, aproximadamente.

Como $ln\ 0 = -\infty$, las fórmulas 5 y 8 predicen una velocidad infinitamente grande sobre la pared, lo que es absurdo. La incorrección está en que, para obtenerlas, se despreció la fricción molecular frente a la turbulenta, mientras que, muy cerca de la pared, la primera prevalece. Hoy se considera que, desde la pared ($y^+ = 0$) hasta $y^+ = 5$ aproximadamente, se tiene una *subcapa viscosa,* en la cual vale la ley de Newton $\tau_0 = \mu u / y$, o sea

$$u^+ = y^+ \tag{11}$$

A reserva de explicar más adelante cómo se llegó a él, conviene adelantar desde ahora un panorama completo de las demás zonas que se han descubierto dentro de la capa límite turbulenta (figura 214). Entre $y^+ = 5$ y 30 se tiene una capa intermedia —que al principio se llamó "almohadilla" *(buffer layer),* pero que ahora se prefiere denominar *capa de mezclado*— para la cual ha sido imposible establecer una ecuación representativa. Juntas, ambas subcapas —viscosa y de mezclado— constituyen la *capa de pared,* más allá de la cual está la región de *turbulencia totalmente desarrollada* (hasta $y^+ = 400$, aproximadamente), que es aquella donde vale la ecuación 10. La relación

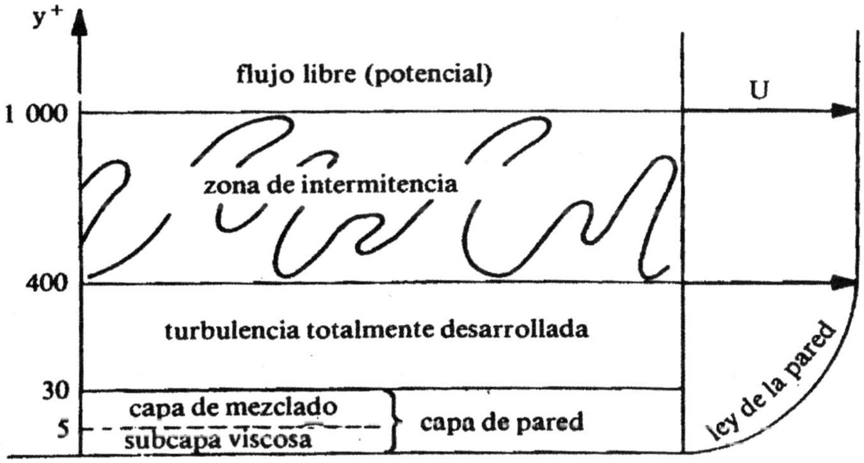

Figura 214

entre u^+ y y^+ en las zonas que acabamos de mencionar se llama *ley de la pared,* y se representa en forma de gráfica en la figura 215.

La figura 214, inspirada en una concepción que llegó a concretarse por el año 1960, muestra además que, entre la zona totalmente turbulenta y la del flujo libre, supuesto sin turbulencia, existe una zona intermedia (para y^+ entre 400 y 1 000, aproximadamente) que la turbulencia va contaminando de modo intermitente. Un sensor fijo colocado dentro de dicha zona señalaría una alternación de fases con y sin turbulencia, las primeras tanto más cortas cuanto más alejado de la pared esté el instrumento.

Todo lo anterior es el resultado de investigaciones sobre paredes lisas. El problema —tan importante para el hidráulico— del efecto de la rugosidad del contorno tardó mucho en ser analizado desde este nuevo punto de vista. Anthony Grass llevó a cabo ese análisis y sus conclusiones aparecieron en el trabajo *Structural features of turbulent flow over smooth and rough boundaries* (*Características estructurales del flujo turbulento sobre fronteras lisas y rugosas*), publicado en 1971 en el *Journal of Fluid Mechanics*. En el laboratorio, Grass hizo correr el agua en un canal con paredes de vidrio y plantilla lisa; luego recubrió ésta sucesivamente con arena de 2 mm de diámetro medio y gravilla de 9 mm. Con velocidades medias aproximadas de 14 cm/s, obtuvo para u_* los valores de 0.88, 1.05 y 1.22 cm/s, respectivamente. Esto significa que la velocidad de fricción aumenta (por tanto, y^+ crece y u^+ disminuye) con la rugosidad. Como consecuencia, el tramo de la curva de velocidades correspondiente a la región totalmente turbulenta —representado semilo-

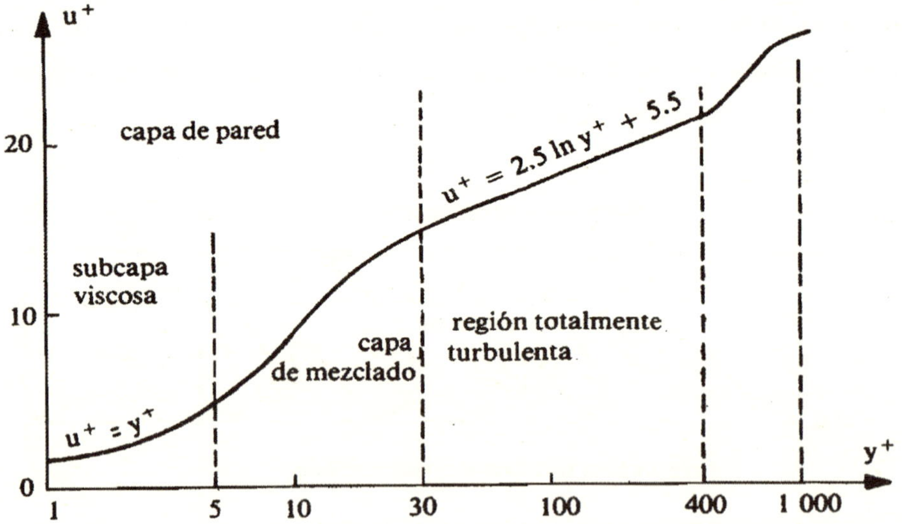

Figura 215

garítmicamente en la figura 215 por un segmento de recta— baja (acercándose cada vez más al eje y^+ a medida que la rugosidad crece) sin cambiar su inclinación.

Ultramicroscopia y coloración

La Estadística es una espada de dos filos: permite analizar fenómenos cuyas leyes son confusas y no se logran entender, y sacar pronósticos y conclusiones que con ningún otro modelo matemático se alcanzarían; sin embargo, el hecho mismo de utilizarla puede crear en quienes la usan el convencimiento de que el fenómeno que se estudia es tan complejo que hay que renunciar a la esperanza de entender su mecanismo. "La mente moderna —lamenta Eric Heller— se ha sometido al atractivo inferior de hechos, números, estadísticas, y de esa especie de empirismo que, en su pasión por lo concreto, paradójicamente reduce la experiencia a una noción puramente abstracta de datos mensurables, habiendo desestimado la inmensurable riqueza de auténticas experiencias del espíritu y la imaginación". Esto ocurría con el estudio de la turbulencia. "Sabemos, desde las investigaciones de Reynolds, que la 'turbulencia' es un fenómeno estadístico", escribía Kármán en 1937;[27] sin embargo, ¿se puede hablar verdaderamente de "fenómeno estadístico"? El "fenómeno" es algo cuya existencia es real, externa a nosotros; lo "estadístico" es uno de tantos modos de intentar entender el fenómeno; y es de esperarse que, el día que lo comprendamos mejor, podremos analizarlo de otra forma, tal vez determinística, sin que el fenómeno en sí haya cambiado en lo más mínimo. Además, en el caso específico de la turbulencia con el tiempo quedó claro que el modelo estadístico prácticamente sirve sólo donde se pueden suponer homogeneidad e isotropía.

El grupo de Taylor es el que sintió primero la necesidad —para poder progresar— de entender realmente lo que sucede muy cerca de la pared. Pero, ¿cómo "ver" dentro de una subcapa viscosa de menos de 1 mm de espesor? En 1931, Fage y Townend recurrieron a la última novedad: el ultramicroscopio, cuyo principio se basa en el hecho de que una iluminación intensa conveniente, sobre fondo obscuro, puede permitir al ojo ver partículas naturalmente presentes en un líquido, las cuales ni el microscopio más poderoso podría revelar con luz ordinaria. Construyeron un tubo de latón, de sección cuadrada de 2s = 2.26 cm de lado, e hicieron circular en su interior agua potable con una bomba especial, hecha de vidrio y hule para evitar toda contaminación de orín. Alumbrado y observación microscópica eran posibles a través de ventanillas ubicadas en sitios convenientes. Las minúsculas partículas presentes en suspensión resultaron trazadores excelentes, ya que avanzaban con la misma velocidad del fluido. Alumbradas, "aparecían como rayas rectilíneas brillantes, inclinadas en distintos ángulos con respecto a la

[27] *Id.*, vol. III, 246.

dirección media del flujo; y con altas velocidades, se veía esas rayas intersecarse unas con otras debido a la persistencia de la visión... La oblicuidad de una raya luminosa se medía utilizando un delgado hilo de platino montado en el plano focal del ocular. Este hilo, sostenido en púas, se podía hacer girar alrededor del eje del microscopio por medio de un índice móvil sobre una escala angular. La lectura de esta escala se había ajustado a cero cuando el hilo era paralelo a la pared del tubo". De este modo, se determinaba —con observaciones muy largas, de cerca de media hora cada una— la inclinación media θ de la trayectoria de las partículas con respecto al eje del conducto.[28] Al enfocar el microscopio sucesivamente a diferentes distancias y de la pared, se vio que θ iba creciendo a medida que la sección observada se acercaba a aquélla, alcanzando aproximadamente los 70° cuando y = 0.006s.

"En seguida surgió la pregunta de qué valor alcanzaría finalmente θ al aproximarse todavía más a la pared, y si en contacto con ésta caería a cero. Un examen más detallado del escurrimiento en proximidad inmediata de la pared era deseable, y para ello resultaba necesario localizar el plano de observación con más esmero que antes... A fin de examinar el flujo en la pared, se enfocó sobre su superficie un microscopio cuyo aumento era de 200 veces. Con esta amplificación, partículas dentro de una distancia de 0.001 pulgadas (0.0023s) de la pared quedaban enfocadas. La vista obtenida mostraba un gran número de partículas que se movían en trayectorias sinuosas, y otras cuantas muy lentas que, mientras el ocular carecía de hilo, parecían moverse en línea recta (figura 216). Por ser las trayectorias generalmente curvas, no fue posible llevar a cabo mediciones confiables de θ; y de hecho frecuentemente se notaron partículas que describían recorridos de varias longitudes de onda". Se observó con mayor atención las partículas más lentas: "Se notó que sus movimientos axiales eran a menudo repentinos..., y que a veces ellas casi llegaban a pararse. Insertado un hilo en el ocular de un microscopio, se vio que todas las partículas próximas al hilo por lo general lo cruzaban, y volvían a cruzarlo varias veces. Se gastó un tiempo considerable en observarlas, y quedó la impresión de nunca haber visto ninguna de la cual se pudiese afirmar con certeza que su movimiento era rectilíneo. Además de estas partículas sumamente lentas, fue posible observar al mismo tiempo otras más rápidas, gracias al espesor limitado de la capa fluida [que quedaba] en el foco del microscopio. A veces ocurría que un grupo de estas partículas realizaba unas correrías laterales excepcionalmente largas; y siempre se notó que, en tales ocasiones,

Figura 216

[28] Fage, 664.

las partículas lentas parecían dislocarse lateralmente hacia otros caminos ligeramente desplazados con respecto a los anteriores. Otras veces se veía que dos o más partículas lentas, frecuentemente muy separadas [una de otra], llevaban a cabo simultáneamente un brinco lateral, y toda apariencia sugería que el movimiento violento del fluido más rápido desplazaba a un lado y en bloque [toda] la capa de pared".[29] Se había descubierto el importante fenómeno que luego se denominaría de "eyección".

Con referencia al esquema de la figura 214, interesa preguntarse hasta qué capa Fage y Townend habían logrado penetrar. Según sus datos, la velocidad media en el conducto era $U_0 = 25.3$ cm/s, la temperatura del agua 15.6 ℃, el espesor de la faja en el foco de microscopio $y = 0.0025$ cm, el gradiente de velocidad —expresado adimensionalmente como $d(u/U_0)/d(y/s)$— de 14 poco más o menos.[30] Con estos datos, y recordando que $s = 1.13$ cm, resulta

$$\tau_0 = \mu \frac{du}{dy} = 14\mu \frac{U_0}{s} = 340.4 kgf / \text{cm}^2$$

$$u_* = \sqrt{\frac{\tau_0}{\rho}} = 1.88 \text{ cm/s}, \frac{\rho u_*}{\mu} = 167$$

Por tanto, la capa observada iba desde la pared hasta $y^+ = 0.0025 \times 167 = 0.4$: Fage y Townend habían logrado penetrar muy dentro de la subcapa viscosa; antes de que alguien pueda emularlos, pasarán muchos años.

En efecto, hay que esperar hasta mediados de la década de 1950 para que se vuelvan a intentar observaciones visuales de la capa de pared. Tenemos que cruzar el océano y llegar a Stanford, en California. Allí se estaban realizando experimentos sobre modelos de difusores de gran abertura; los ensayos habían revelado "la existencia de varios fenómenos que no pueden explicarse con base en la imagen bidimensional clásica de la capa cortante turbulenta", y esto había impulsado a Stephen Kline y P. W. Runstadler a investigarlos. Con tal fin, utilizaron un canal en el cual se hacía recircular el agua, y visualizaron la capa de pared inyectando con aguja hipodérmica, a través del piso, un líquido coloreado o bien introduciéndolo por una delgada fisura practicada en aquél. Los resultados fueron singulares: "Cuando se introduce colorante muy cerca de la pared y en una capa límite turbulenta, se descubre que las capas de pared ya no son bidimensionales, como por mucho tiempo se ha creído, sino que por el contrario consis-

[29] *Id.*, 668-670.
[30] *Id.*, 669.

ten en un patrón tridimensional repetido. Los detalles de este patrón no se han definido completamente y se siguen estudiando; pero se ha observado lo siguiente. El patrón o modelo de flujo parece constar de una serie de 'islas de hesitación' y vórtices longitudinales, que imparten al flujo un aspecto estriado, y se alternan con áreas de fluido más rápido. Las islas de hesitación [*H*, en la figura 217, donde δ es el espesor de la subcapa viscosa], se ven como largos filamentos —estirados en la dirección del flujo— que avanzan hacia aguas abajo más despacio que el fluido que los rodea". Aparentemente, los vórtices nacen como colapso o enrollamiento a lo largo de los bordes de las islas de hesitación. La orientación primaria de los elementos vorticosos es longitudinal, es decir, dirigida como el escurrimiento; sin embargo, cada vórtice se levanta formando con la pared un pequeño ángulo, de modo que su distancia a la pared crece a medida que él

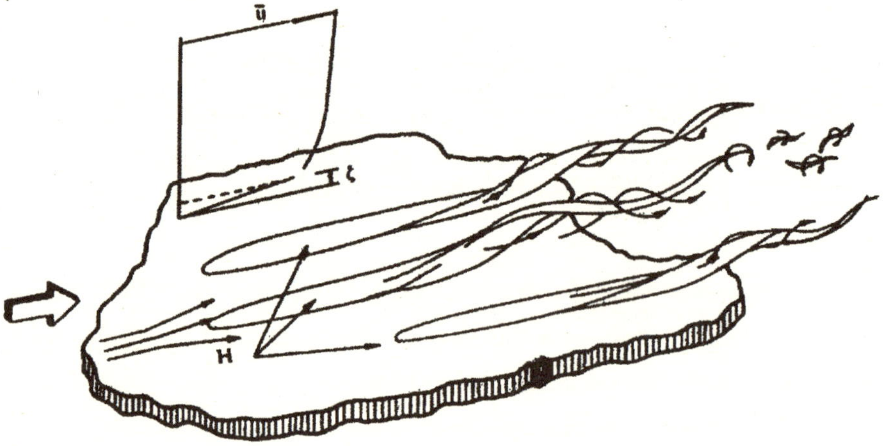

Figura 217

avanza aguas abajo. Luego de que el elemento vorticoso ha alcanzado cierta distancia crítica de la pared, que por ahora no puede definirse cuantitativamente, se desbarata en una disgregación turbulenta típica mediante un proceso demasiado rápido para que el ojo pueda seguirlo".[31]

Kline y Runstadler intentan conciliar sus observaciones con las de Fage y Townend: "Parece muy probable —escriben— que ellos se concentraran a menudo sobre una estría única o quizá, sobre una porción de estría de alta o baja velocidad; esto justificarla sus numerosas percepciones de partículas con trayectorias onduladas. Fage y Townend anotaron que las oscilaciones sinuosas ocurren pertinazmente primero en el plano paralelo a la pared; luego, inmediatamente antes y durante el acto de eyección,

[31] Kline, 166, 167.

el movimiento se hace más tridimensional. Debido al alto gradiente de velocidad [en sentido] normal a la pared en la región de flujo próximo a aquélla, partículas de colorante apartadas, al entrar en regiones de velocidad media más elevada, se ven arrastradas rápidamente hacia aguas abajo. Por consiguiente, la angularidad de los caminos de las partículas alejadas de la pared resulta apreciablemente menor que aquella de las cercanas a la pared; lo cual concuerda con lo observado por Fage y Townend".[32]

Explorando la capa límite

En abril de 1959, un informe de la Douglas Aircraft Corporation dio a conocer un nuevo método de visualización: las burbujas de hidrógeno. El principio que lo regía era simple e ingenioso: en lugar de introducir en la corriente —mediante un dispositivo inyector— un líquido coloreado que con su presencia siempre la perturba, producir por hidrólisis menudísimas burbujas que, iluminadas convenientemente, ofrecerían —por su blancura— un excelente contraste con la transparencia del agua. La técnica consiste en atravesar la corriente con un hilo de platino delgadísimo (una micra de diámetro), fijándolo en la dirección según la cual se quiere "seccionar" ésta; el hilo se utiliza como cátodo de un sistema de dos electrodos, mientras que el ánodo se coloca paralelo a dicho cátodo, dentro del agua pero fuera del campo de flujo que se estudia. Al aplicar una diferencia de voltaje conveniente entre ambos electrodos, el agua se electroliza y se producen —en contacto con el hilo— burbujas (cuyo diámetro es del orden de magnitud de aquel del hilo mismo), que luego la corriente lleva consigo. La extremada pequeñez de las burbujas hace que sigan fielmente el movimiento del fluido, pues el empuje que tiende a hacerlas flotar es despreciable en comparación con las fuerzas viscosas que las arrastran. Las trazas así obtenidas muestran claramente si el flujo es laminar (en cuyo caso las burbujas avanzan igualmente espaciadas, en líneas perpendiculares al hilo generador) o bien turbulento (revelando vorticillos). Por último, basta interrumpir periódicamente la corriente eléctrica entre cátodo y ánodo para poder medir —mediante el largo de las trazas entrecortadas— las velocidades locales.

Runstadler y Kline, así como William Reynolds —que se había asociado con ellos—, se propusieron explorar por medio de la nueva técnica las características de una capa límite turbulenta, empezando desde fuera de ella y terminando en la pared: investigación que sugeriría la subdivisión en capas que se ha esquematizado en la figura 214. Colocaron

[32] Runstadler, 72, 73.

el hilo a través del canal, primero a la distancia $y^+ = 860$ de la pared y luego acercándolo poco a poco a ésta. En cada posición, aplicaban un voltaje pulsante al hilo de platino, forzándolo a emitir hileras de burbujas que, en ausencia de turbulencia, lo abandonaban sucesivamente, dejando una traza de trayectorias prácticamente rectilíneas y paralelas. Para $y^+ = 860$ esta configuración revelaba un flujo prácticamente irrotacional; pero con $y^+ = 776$ empezaban a aparecer esporádicamente manchas turbulentas aisladas, indicio de haber penetrado en la zona de intermitencia: "A través de este flujo —por lo demás uniforme— se introducen grandes áreas de escurrimiento turbulento cuya magnitud es del orden del espesor de la capa límite; se trata de vorticillos grandes que avanzan con el flujo medio y son responsables de la intermitencia que se observa al medir la velocidad cuando el vorticillo alcanza el punto de medición. La intermitencia es mínima en el extremo de la capa límite y se va haciando mayor al acercarse a la pared; o sea que el número de vorticillos turbulentos en la corriente cerca de la frontera exterior de la capa es pequeño, pero más y más vorticillos aparecen en el flujo a medida que nos aproximamos a la frontera interior de la capa de mezclado". Estos vorticillos se ven alargados en la dirección del escurrimiento, y en su interior la estructura del movimiento turbulento fluctúa tanto más intensamente cuanto más la visualización se acerca a la pared.[33]

Al penetrar en la capa de turbulencia totalmente desarrollada, la situación cambia: "Aquí el flujo adquiere la apariencia de un movimiento enteramente turbulento, con vorticillos distribuidos de modo aleatorio. Se trata de un conjunto muy complicado de agitaciones casuales, que parecen tener poco o nada de patrón u orden; de hecho, la única deducción que se saca de un estudio de esta región es que las fluctuaciones fluidas se hacen más erráticas, es decir que se desvían más de la línea media de movimiento, con una intensidad que crece a medida que nos acercamos a la pared... Sólo cuando los métodos de visualización se utilizan muy cerca de ésta, por debajo del valor $y^+ = 40$, la imagen física de un conjunto aleatorio de vorticillos turbulentos empieza a cambiar lentamente a la tercera configuración estructural de flujo, la de la capa de pared, con su alto grado de regularidad y orden. Por debajo de $y^+ = 10$, dicha estructura resulta claramente representativa de la tercera región... En esta parte de la capa límite, el flujo es fuertemente tridimensional, con grandes fluctuaciones muy cerca de la pared (por lo menos hasta valores de y^+ algo menores que 0.5). [Allí] la configuración de flujo consiste principalmente en una estructura 'estriada' longitudinal predominante, aparentemente constituida por regiones de fluido de baja velocidad u, que se alternan

[33] *Id.*, 40-42.

en dirección transversal con otras de fluido de velocidad u mayor. Además, se observan grandes fluctuaciones, por las cuales las masas de fluido lento resultan frecuentemente arrojadas lejos de la pared con movimiento vorticoso arremolinado".[34] Se confirman así los fenómenos esquematizados en la figura 217.

Para entender mejor la naturaleza de esta tercera región, se regresó a la vieja técnica de visualización, inyectando colorante por una fisura practicada a través de la pared. Después de introducir una banda transversal de colorante, se descubren las estrías: se ve que "la traza originalmente uniforme se trasforma muy rápidamente en una configuración bastante regular", que parece consistir en zonas de fluido rápido y lento que se alternan en la dirección transversal. La prueba que justifica esta opinión es la siguiente: repetidas observaciones de la estructura de la capa de pared mediante inyecciones intermitentes de colorante... confirman que la mayor parte del tinte que se encuentra en zonas de baja concentración es barrida hacia aguas abajo más rápido que aquel que está en las de alta concentración... Un rastreo continuo del escurrimiento muestra que las regiones de colorante concentrado son mucho más alargadas en la dirección del flujo que en las direcciones transversal y lateral, y adquieren la apariencia de largas estrías; esta estructura estriada existe sumamente cerca de la pared y, aunque en las capas de pared haya un flujo parecido al laminar, dicha región es fuertemente tridimensional y variable con el tiempo".[35]

"Tal vez los aspectos más sorprendentes de esta estructura —afirmará Kline años después— son su fuerza y su universalidad. Está presente en toda observación a partir de la fase de manchas turbulentas... No hemos visto todavía ninguna excepción. De hecho, ahora consideramos la presencia de las estrías de la capa de pared como diagnóstico crítico para [determinar] si cierta zona o mancha de la capa es turbulenta. En muchas ocasiones, intentamos ver cuánto tardarían en establecerse las estrías después de haber distribuido uniformemente un trazador... En ningún caso pudimos detectar un tiempo de demora en el que los trazadores se mantuvieran uniformes en cierta distancia desde el sitio de su introducción para luego concentrarse en bandas: siempre se los ve pasar de inmediato a configuraciones estriadas".[36]

Es interesante mencionar que se había hablado de estriaciones en la capa de pared desde 1940. Entonces Görtler, uno de los colaboradores de Prandtl, con el fin de explicar el mecanismo de transición a la turbulencia dentro de la capa límite, había

[34] *Id.*, 42, 43.
[35] *Id.*, 53, 55.
[36] Smith, 11.

considerado que una inestabilidad podría dar lugar a la formación de rollos vorticosos longitudinales que alternan sus sentidos de rotación. Se trataba, sin embargo, de una especulación teórica; de hecho, la formación de tales estrías se podía comprobar matemáticamente sólo en el caso de que la pared fuera curva, con concavidad en sentido longitudinal y dirigida hacia el interior del canal. Pero en 1956, Stewart descubrió que la pintura que recubre la superficie sumergida del casco de los navíos por lo general aparece acanalada por surcos horizontales, cuyo aspecto claramente no depende de la forma del revestimiento o de la ubicación de sus remaches, ni tampoco de la manera en que la pintura se ha aplicado. Más recientemente, se observó un rayado similar por ablación en los misiles espaciales, una vez regresados a tierra: la velocidad con que cruzan la atmósfera es tan elevada que se calientan hasta el punto de que su superficie se ablanda y se estría en la dirección de su trayectoria.

Los últimos ensayos de Kline y su grupo no sólo identificaban las estrías de baja velocidad con las "islas de hesitación" de la figura 217, sino que confirmaban y aclaraban mejor sus características: formación inicial algo imprecisa, concentración subsiguiente en un filamento bastante bien definido y muy pegado a la pared, ondulación de éste en su extremo aguas abajo, levantamiento del bucle, y alejamiento de la pared con un movimiento giratorio, derecho o izquierdo sin preferencia evidente.

Columbus contra Stanford

En Stanford se había utilizado un canal rectangular, de paredes trasparentes y con un doble fondo que permitía introducir líquido coloreado a través de la fisura transversal. Los efectos de pared se filmaban desde afuera, manteniendo la visual al ras de ésta. El procedimiento no estaba libre de objeciones: la inyección de colorante agrega a la corriente un gasto que, aunque pequeño, puede modificar localmente las características del escurrimiento; el hilo catódico, por delgado que sea, es causa eventual de perturbación; la forma rectangular del canal induce flujos secundarios de los cuales pueden proceder disturbios extraños. Hubiera convenido utilizar un tubo circular y una corriente que llevara trazadores. Por supuesto, el tubo tendría que ser trasparente y la visualización tangencial; pero esto implicaba mirar a través de una pared curva de índice de refracción distinto de aquel del agua, y por tanto la visión del fenómeno resultaría deformada. Hacían falta químicos, y en efecto fue en el Departamento de Ingeniería Química de la Universidad de Ohio, en Columbus, donde se halló la solución.

Para la investigación doctoral de E.R. Corino, dirigida por Robert Brodkey, se hizo correr dentro de un tubo circular trasparente, de 2 pulgadas de diámetro, no agua, sino tricloroetileno, fluido cuyo índice de refracción era prácticamente igual al del material del tubo; y éste se sumergió en un tanque rectangular poco más grande, de paredes también trasparentes y fondo opaco, lleno del mismo líquido. En la corriente se suspendieron partículas de óxido de magnesio de tamaño coloidal, con una concentración bastante densa a fin de que en el campo de observación apareciera siempre un gran número de ellas; más no en exceso, para evitar —en lo posible— interacciones. Alumbradas desde un lado mediante una lámpara de luz muy intensa, las partículas aparecían —a quien mirara desde arriba— como puntos brillantes sobre el fondo obscuro del piso. Se filmaba por medio de una cámara rápida (de 650 a 1 000 cuadros por segundo) dirigida hacia abajo, con campo visual sumamente reducido, de 2.4 mm de ancho (en la dirección del flujo) por 1.7 de alto (normal a la pared); sin embargo, como con esto se podía alcanzar una distancia radial $y^+ = 40$, toda la capa de pared quedaba incluida. La cámara estaba fijada a un carro de torno, que un pistón hidráulico empujaba con velocidad constante en el sentido de la corriente. Así, en la imagen fílmica, las partículas que avanzaban con esa velocidad aparecían inmóviles, las más lentas caminaban hacia atrás y las más rápidas hacia adelante. Variando la velocidad de la cámara, era posible cuantificar de este modo todo el movimiento.

La tesis de Corino, aparecida en 1965, y un artículo suyo y de Brodkey, publicado cuatro años después en el *Journal of Fluid Mechanics,* informan acerca de los resultados de esta investigación. Tal vez el más notable fue la definición del mecanismo de desbaratamiento y expulsión de los filamentos vorticosos. Corino y Brodkey señalaron la sucesión de varios eventos, que se veía que acompañaban a la eyección según un orden muy definido. "El primero era una *desaceleración* de la velocidad axial del fluido dentro de una región localizada cerca de la pared... [cuya] dimensión radial era del orden de $0 \leq y^+ \leq 30$. El retardo consistía aparentemente en el remplazo gradual de fluido dotado de una velocidad próxima a la media normal con fluido de aguas arriba, de velocidad menor. La magnitud real del retardo variaba muchísimo, desde una diferencia apenas perceptible hasta casos en que todo el campo por encima de un determinado valor de y^+ se movía —prácticamente en bloque— con velocidad reducida... Las reducciones de velocidad con respecto a la media local observadas fueron hasta del 50 por ciento. Mientras el campo resultaba así retardado, se presentaba la fase siguiente, que llamaremos de *aceleración:* una masa de fluido de aguas arriba con una velocidad axial próxima a la media local penetraba en el campo retardado y empezaba —por interacción— a acelerar el [otro] fluido. Por lo general, esta corriente entraba en dirección casi paralela a la pared del tubo, o con un pequeño ángulo hacia ella, a una y^+ de 15 y, mientras cruzaba el campo, su efecto se desplazaba en dirección de la pared.[37]

"La *eyección* era un movimiento brusco del fluido [contenido] originalmente en el interior de esta región, desde el área de pared hacia fuera. Este evento, [que] se producía inmediatamente después del inicio del proceso de aceleración y se originaba dentro de la masa fluida que constituía el elemento desacelerado... [consistía en] una expulsión continua de fluido durante periodos variables, hasta que la eyección cesaba en modo gradual (figura 218)... Como aceleración y eyección ocurrían juntamente, las películas fueron examinadas con cuidado para ver si la corriente acelerada era un factor causante directo del efecto de eyección, por algún mecanismo de inestabilidad

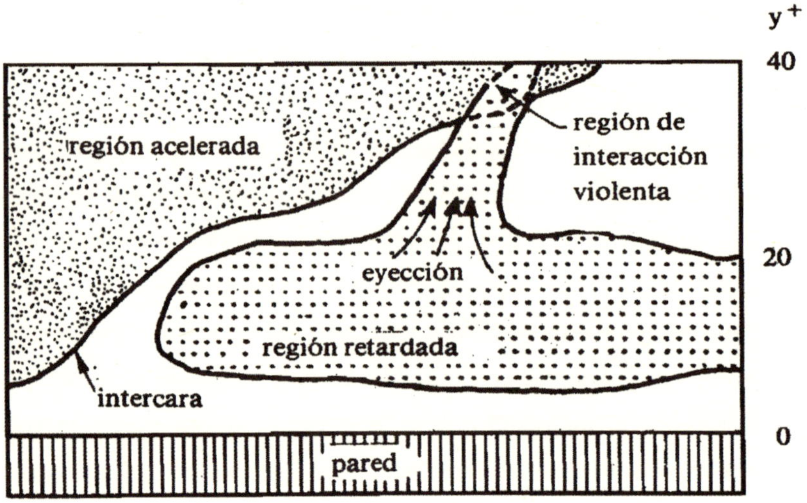

Figura 218

(es decir, por una oscilación en desarrollo); sin embargo, tal relación no fue hallada... La región —medida en el plano radial— donde nacía la mayoría de las eyecciones era aproximadamente $5 \leq y^+ \leq 15$, independientemente del número de Reynolds.[38]

"A medida que el fluido expulsado se movía hacia fuera, resultaba algo acelerado axialmente... En la intercara, [la eyección] encontraba de repente un fluido de velocidad axial mucho mayor, y sobrevenía una interacción violenta (figura 218). Dicha interacción creaba cantidad de turbulencia, y en su interior los movimientos de los elementos fluidos eran muy intensos, abruptos y caóticos..., con desplazamientos cortos, bruscos y cambios súbitos de dirección y velocidad. El escurrimiento general de toda la región era —por supuesto— hacia aguas abajo; sin embargo, los movimientos caóticos

[37] Corino, 12.
[38] *Id.*, 17, 18.

se extendían en todas las direcciones, y los más violentos alcanzaban incluso la subcapa y la pared... Algunos elementos volvían a salir, pero muchos quedaban atrapados en esta zona y persistían como disturbios menos violentos.[39]

"La fase de eyección terminaba con la entrada desde aguas arriba de una corriente dirigida esencialmente en dirección axial: se trata del evento de *barrido*. Esta corriente... aparecía por lo general en un momento en que las eyecciones se habían apaciguado, arrastraba los elementos de flujo retardado y volvía a establecer la semblanza de un perfil normal. En ciertos casos la corriente entrante no interactuaba [de inmediato] con las partículas,... sino que después de algún tiempo parecía ingresar en el campo fluido y finalmente interactuar. En ambos casos la interacción solía producir algo de movimiento caótico. Aunque esta acción concluía el ciclo de eventos, esto no quiere decir que todos los disturbios desapareciesen en la región de pared: siempre quedaban algunos menores".[40]

La eyección parece ser la misma cosa que la oscilación y levantamiento de estrías de baja velocidad señalados por Kline y Runstadler, y la interacción sería lo mismo que el desbaratamiento de éstas. Así, el cuadro presentado por Corino concuerda con el de Stanford mientras la zona desacelerada coincida con la estría de baja velocidad. Esta hipótesis se ve respaldada por el hecho de que Corino visualizó a veces una "velocidad doble", es decir, la sobreposición —en la imagen cinematográfica— de una masa fluida veloz y otra lenta, sin que las dos interactuaran en lo más mínimo; lo cual sólo se puede explicar por la alternación transversal de velocidades de una estría a otra de la subcapa viscosa.

Ohio se veía más fuerte que Stanford en el estudio de fenómenos de pared, mientras que Stanford dominaba en el de las zonas alejadas, gracias a las técnicas respectivas. Pero, ¿era el alcance de éstas tan limitado? Ninguna de las dos partes quiso admitirlo. Surgieron dos nuevos campeones: Kim para Stanford, Nychas para Ohio, ambos comprometidos en comprobar la suficiencia de sus propias herramientas para un examen completo de la capa límite. Sana y fructífera emulación, de la cual la ciencia tenía todo que ganar; en efecto, Kim y Nychas no sólo lograron su propósito, sino que al mismo tiempo penetraron más a fondo la estructura de la turbulencia.

[39] *Id.*, 19.
[40] *Id.*, 22.

El "bursting"

Los vorticillos turbulentos grandes se subdividen y trasforman en medianos, éstos en pequeños, y los mínimos se destruyen por efecto viscoso. De acuerdo con esta cadena, la turbulencia debería de ir disminuyendo a medida que la corriente avanza. Por lo contrario, se comprueba que no sólo se conserva, sino que aumenta, como lo evidencia el hecho de que la capa límite turbulenta se vaya ensanchando. Por otro lado, ya en 1954 Klebanoff, de *National Bureau of Standards* de Washington, había notado que algo así como la mitad de toda la turbulencia nace en la capa de pared: resulta pues natural identificarla con los vórtices que se desprenden de las "islas de hesitación" de Kline y Runstadler y la "eyección e interacción violenta" de Corino. Kim —con Kline y Reynolds— emprendió la investigación sistemática de cómo se produce la turbulencia de pared, efecto que ellos decidieron llamar *bursting* (reventazón). Con tal objeto, colocó el hilo catódico en dirección normal a la pared. Al quedar el hilo sumergido en una estría de baja velocidad, las hileras de burbujas emitidas por las pulsaciones de corriente eléctrica tendrían que visualizar —como "líneas de tiempo"— las modalidades del fenómeno. He aquí su conclusión: "La primera fase del *bursting* es el levantamiento... de una estría de baja velocidad. A medida que ésta avanza aguas abajo también se aleja gradualmente de la pared... ; sin embargo, una vez que ha alcanzado cierta distancia crítica de aquélla, se ve que se desvía hacia fuera mucho más bruscamente, sin dejar de avanzar... . A esta separación más rápida la llamamos 'levantamiento de una estría de baja velocidad' o bien, por brevedad, 'levantamiento de estría'... Cuando una estría se levanta, arrastra consigo desde la pared partículas fluidas de velocidad relativa muy baja; por tanto, el movimiento hacia fuera relativamente rápido crea una angosta zona de inflexión, la cual contiene dos inversiones del gradiente de la pendiente y un punto de inflexión del perfil de velocidad instantáneo (figura 219)".[41]

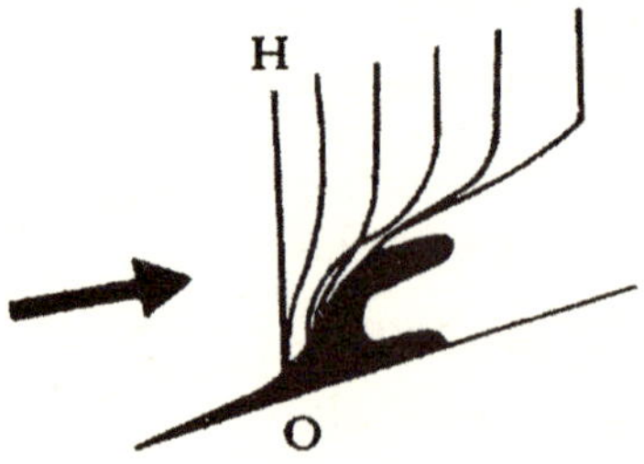

Figura 219

Para comprobar si el hilo *OH* normal a la pared estaba dentro de una estría de baja velocidad, Kim había colocado otro transversal, dentro de la capa de pared, a una distancia aguas arriba' 'tal que un máximo de estrías de baja velocidad hechas visibles [por él] se esté 'levantando' cerca del hilo normal". Ahora, "en cada instante hay dos posibilidades: que una estría de baja velocidad levantada cruce el hilo normal, o bien

[41] Kim, 140, 141.

que todas esas estrías salgan del plano de dicho hilo. En el primer caso... se observan perfiles de inflexión en las líneas de tiempo generadas por el hilo normal. En el segundo... los perfiles de velocidad instantánea que se ven aguas abajo del hilo normal poseen la forma general que es típica del perfil de velocidad medio: no contienen puntos de inflexión. Es especialmente digno de notar que se ve que los perfiles de velocidad inflexionales instantáneos observados provocan el desarrollo de una perturbación oscilatoria justo abajo de la zona de inflexión. El crecimiento [de esa perturbación] es muy rápido: al parecer alcanza una escala relativamente grande en uno o dos ciclos de oscilación.

"El movimiento oscilante es —en un principio— bastante regular, y —en conjunto— parece mantenerse bien 'organizado' durante 3 a 10 ciclos. Luego, en las líneas de tiempo, se manifiesta un movimiento más caótico y aleatorio. A éste lo llamamos aquí 'desbaratamiento' *(break up)*; es la tercera y última fase del proceso del *bursting*. Igual que en el paso de la [aparición de una] estría de baja velocidad al levantamiento, tampoco entre segunda y tercera fases hay una demarcación definida: las hemos separado sólo para claridad en la descripción. El inicio del desbaratamiento señala el regreso del perfil instantáneo a una forma cualitativamente similar a la del perfil medio, con la desaparición de la zona de inflexión. Trazas de colorante muestran frecuentemente —en vista lateral— que en esos momentos la estría de baja velocidad regresa hacia la pared; entonces el ciclo del proceso intermitente se acaba, para volver a empezar a su debido tiempo.

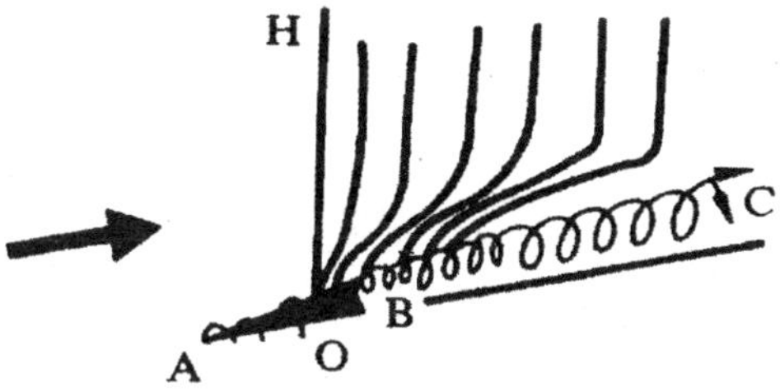

Figura 220

"Regresemos ahora a una descripción más completa del crecimiento oscilatorio —o segunda fase— del *bursting*. Parece que el modo dominante es un movimiento vorticoso dirigido como la corriente, en el cual el tamaño del vórtice crece y su intensidad aumenta a medida que el escurrimiento avanza aguas abajo: véase la figura 220 [donde *OH* es el hilo normal, *AB* una estría de baja velocidad levantada, con fuerte movimiento espiral, y *BC* un vórtice longitudinal, que acaba por desbaratarse en *C*]. Trazas de colorante muestran oscilación en este movimiento, ya sea que se observe desde arriba o de lado... Sin embargo, la visualización por colorante no revela la naturaleza fuertemente vorticosa del flujo: [sólo] la imagen de burbujas —cuyo 'grano' es más fino lo evidencia claramente... Los dos modos menos comunes de crecimiento oscilatorio implican respectivamente un 'vórtice trasversal', o bien una oscilación repetida que llamamos —a falta de un nombre mejor— 'movimiento ondulado'. El vórtice transversal (figura 221)... es relativamente raro; el movimiento ondulado, algo más común:

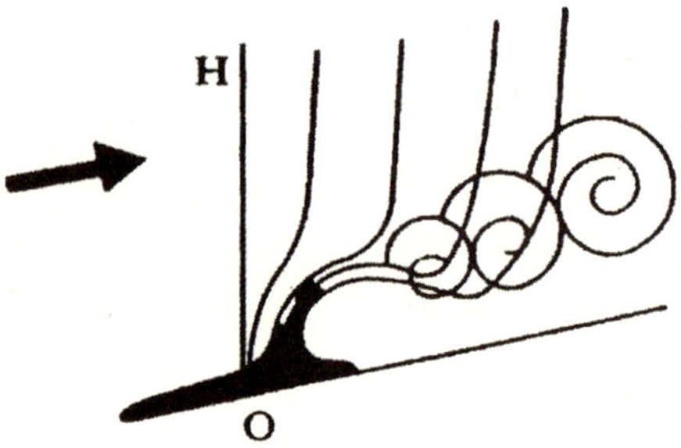

Figura 221

se ve mucho como si el proceso de activación y paso se repitiese varias veces muy rápidamente. No se han realizado conteos de la frecuencia de los tres modos; sin embargo, probablemente más de las dos terceras partes de los casos corresponde al vórtice longitudinal.

"En resumen, el modelo general del *bursting* puede describirse por las tres fases siguientes: primero, un levantamiento lento de una estría de baja velocidad continúa hasta que ocurre una desviación que implica un movimiento más rápido de la estría hacia fuera; en este momento, se observa un perfil de velocidad inflexional *instantáneo*. Segundo, aguas abajo de la zona de inflexión se ve desarrollarse rápidamente un movimiento oscilatorio, que continúa por pocos ciclos. Tercero, la oscilación termina con el estallido de la fluctuación más caótica, llamado 'desbaratamiento'. Esto completa el ciclo, y el perfil de velocidad regresa a una forma generalmente similar a la del perfil medio. Dichos procesos generales se observan en todos los casos estudiados; los detalles son uniformes hasta el final de la primera fase (levantamiento de la estría de baja velocidad); mas las fases segunda y tercera varían —en su detalle estructural— de un caso a otro".[42]

Queda pendiente explicar por qué las lenguas de baja velocidad se levantan. Es el turno de los de Ohio. Stavros Nychas, en su investigación doctoral de 1972. logra extender la visualización de Corino —que alcanzaba apenas $y^+ = 40$— hasta $y^+ = 600$, utilizando agua con menudas partículas de una sustancia en suspensión llamada "pliolita" (de peso específico casi igual al del agua). El hallazgo más interesante es que la serie de sucesos que parecía caracterizar la capa de pared llega también a la zona turbulenta externa. "El primer evento observado —escriben Nychas, Hershey y Brodkey— fue la aparición, dentro del campo de flujo, de una región desacelerada que se mueve en dirección de la corriente con velocidad menor que la media. La mayor parte del tiempo, el flujo retardado cubría un área [que iba] desde la pared hasta y^+ de 500 aproximadamente... El fluido más lento remplazaba gradualmente al más rápido; efecto más pronunciado en la región externa, donde parecía moverse en bloque... La desaparición en una región tan ancha, de todo gradiente de velocidad apreciable era una característica importante, y de aspecto muy llamativo, del flujo.

"Tras el fluido lento, y mientras este evento estaba todavía a la vista, entraba desde aguas arriba un movimiento en gran escala. La mayor parte del tiempo, el fluido

[42] *Id.*, 142-145.

avanzaba con una velocidad superior a la media local, y aparecía primero en el campo visual como un frente de alta velocidad que cubría aproximadamente la región de y^+ entre 150 y 400. Habría que subrayar que no existía una intercara bien definida entre la región retardada y el fluido sobreviniente de mayor velocidad; sin embargo, la línea de demarcación se precisaba mejor al acercarse a la pared... A medida que el fluido rápido avanza, se expande tanto hacia la pared como hacia la región externa. El sentido de 'se expande' se puede aclarar mejor haciendo referencia a la figura 222. En esta vista

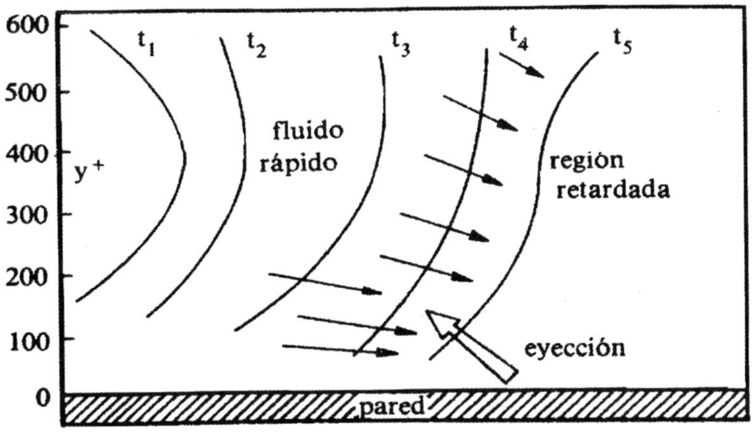

Figura 222

trasladada [t_1, t_2,... son representaciones del frente en instantes sucesivos], donde se ve que el fluido acelerado desplaza gradualmente al retardado, dicho efecto se muestra por el cambio de forma de la intercara al avanzar: el campo visual se cubre siempre más con corriente acelerada... El flujo dentro de [la región de] fluido rápido estaba dirigido a modo de formar con la pared un ángulo que decrecía, y se hacía casi cero en la parte acelerada muy próxima a aquélla...[43]

"El evento siguiente era una eyección en pequeña escala, que nacía en la región de baja velocidad ($0 \leq y^+ \leq 50$). El fluido lanzado hacia fuera por lo general interactuaba violentamente con el de baja velocidad que lo rodeaba —aunque a veces no había interacción—, y finalmente entraba en la región de alta velocidad. En ciertos casos se notó que partículas expulsadas alcanzaban dentro de dicha región una y^+ de 200 aproximadamente; [sin embargo], la mayor parte de las que se observaron llegó hasta un y^+ entre 80 y 100; luego, el fluido de alta velocidad que sobrevenía las arrastraba aguas abajo. La evolución del flujo rápido que avanza y el evento de eyección se esquematizan en la figura 222. Más allá de $y^+ = 100$, aproximadamente, los eventos perdían concentración

[43] Nychas, 520, 521.

y violencia: su naturaleza cambiaba y su tamaño crecía. En varias ocasiones, durante el tiempo de eyección, partículas provenientes de la región acelerada avanzaron formando un pequeño ángulo con la pared y pasaron muy cerca de las expulsadas sin interactuar con ellas. Aparentemente se hallaban en planos diferentes en dirección trasversal... Con menos frecuencia, el filamento fluido arrojado, luego de recorrer una distancia y^+ de unas 30 a 40 unidades, regresaba hacia la pared, completaba un giro y finalmente era barrido por el flujo rápido... La parte de fluido acelerado [que queda] dentro de la región de pared ($y^+ < 70$) tiene especial importancia. Como mencionamos antes, la línea de demarcación entre flujo rápido y lento aparecía mejor definida cerca de la pared que fuera. Cuando ocurría una eyección, la parte de la región acelerada próxima a la pared era la que interactuaba con las partículas fluidas expulsadas y las barría... Aunque el barrido fuese parte integral de la región acelerada, su papel preciso en el mecanismo de pared lo distinguía del resto del fluido rápido... [44]

"La característica singular más importante de la región externa era la existencia de vórtices transversales. En casi todos los casos, el vórtice transversal se formaba como

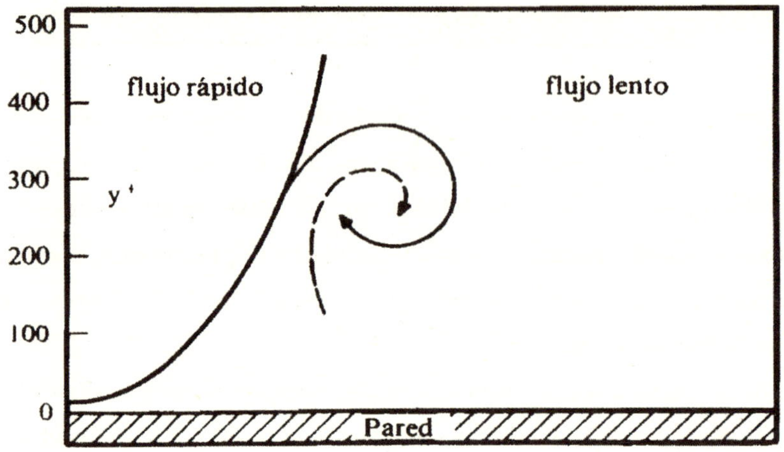

Figura 223

sigue. El frente del flujo rápido que llegaba formaba un ángulo [muy pequeño] con la pared... ; esto creaba una región donde dos grandes corrientes fluidas se movían casi paralelamente entre sí con velocidades diferentes. Inmediatamente después de haberse establecido esta configuración de flujo, se desarrollaba un movimiento rotatorio en gran escala", efecto de la inestabilidad creada por la intercara entre las regiones de flujo rápido y lento.

[44] *Id.*, 522, 523.

"La figura 223 muestra esquemáticamente un vórtice transversal frontal y su enlace con las regiones de fluido rápido y lento. Era transportado con una velocidad poco menor que la media local, formando un pequeño ángulo con la pared... Durante la mayor parte de su avance, el vórtice se iba alejando de la pared; sin embargo, había casos en que se acercaba a ella... Su tamaño [que] cambiaba ligeramente durante el avance... era equivalente poco más o menos a 200 unidades y^+ , y su centro de rotación se encontraba en un intervalo de y^+ entre 200 y 400. En algunas películas se veía incluso cinco vórtices transversales; en otras, ninguno... Es muy importante notar la estrecha asociación entre las eyecciones fluidas de pared y los vórtices transversales: tres de éstas ocurrieron al mismo tiempo que el vórtice.[45]

"Otro evento observado fue un flujo en gran escala dirigido hacia dentro, que normalmente dominaba toda la región externa y a veces además penetraba en el área de pared; la componente de su velocidad —en el sentido de la corriente— se acercaba a la media local. El movimiento se realizaba con continuidad desde una y^+ de aproximadamente 500 hasta $y^+ = 100$, y cubría una distancia longitudinal de $x^+ = 1\,500$ poco más o menos. Usualmente a una salida del fluido seguía una entrada o viceversa, o bien la primera ocurría luego de un vórtice transversal... Durante un evento de entrada en gran escala, el campo de flujo tenía un aspecto laminar y en su interior no se notaban interacciones violentas...: parecía ser una fase en la cual el escurrimiento recuperaba el perfil de velocidad medio. También se observaron salidas semejantes —en escala— a las entradas. Aparecían como una masa de fluido que se alejaba de la pared, formando con ella un ángulo pequeño, [y que era] transportada aguas abajo con una velocidad algo inferior a la media local... La mayor parte de las salidas divisadas nacía en una región dentro de $y^+ = 150 \sim 200$ y se extendía hasta $500 \sim 600$. A diferencia de las entradas, que alcanzaban la región de pared, se vio que las salidas ocurrían sólo en la externa".[46]

El panorama se aclara

Los resultados de Columbus y Stanford concordaban: las eyecciones de fluido retardado correspondían evidentemente al levantamiento de estrías de baja velocidad; la interacción violenta con fluido acelerado, al *bursting*. Ambos grupos de investigación

[45] *Id.*, 523, 526, 527.
[46] *Id.*, 532.

habían notado la fuerte inflexión en el perfil de velocidades: los de Ohio la atribuían al cortante entre las capas sobrepuestas de flujo lento y rápido; los de Stanford, a la perturbación creada por el levantamiento de la estría. La técnica de visualización utilizada en Columbus no permitía percibir la formación de vórtices longitudinales (figura 220) ni transversales (figura 221). Los vórtices de la figura 223, mucho más alejados de la pared, evidencian otro tipo de fenómeno.

Es interesante la observación de Nychas acerca de la asociación muy frecuente de estos últimos con el *bursting;* en efecto, el hecho de que tales vórtices normalmente se van alejando de la pared sugiere la posibilidad de que sean los promotores de la eyección, al crear una depresión y, por tanto, una succión sobre la capa de pared que, debido a su baja velocidad, debe poseer una presión más elevada que la masa de fluido rápido sobreviniente. A su vez, la eyección se asociaría con el "barrido", consistente en una masa fluida que llegará rápidamente a remplazar aquella que resulta expulsada.

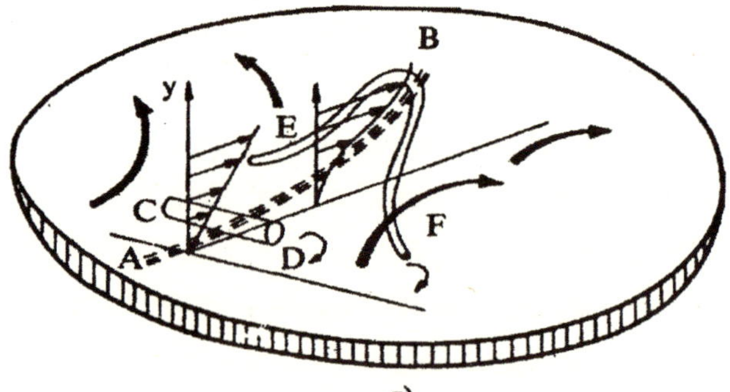

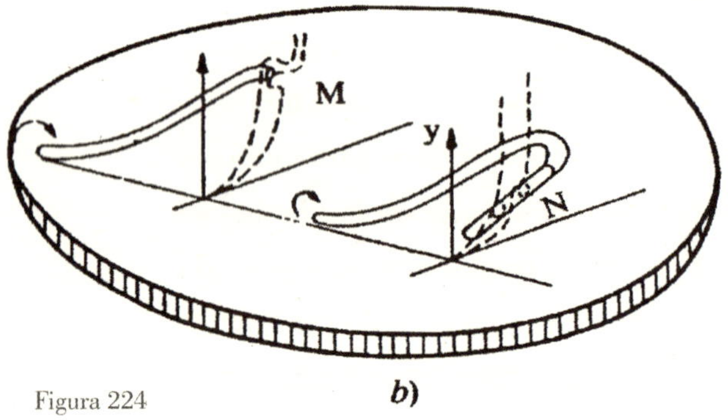

Figura 224

Kim había señalado tres tipos posibles de *bursting;* en 1974, Offen y Kline propusieron una explicación para esta multiplicidad: "Cuando un elemento de fluido [*AB*, figura 224*a*] se levanta y aleja de la pared, otro fluido debe introducirse en la región que deja libre esta eyección. Como el fluido expulsado... posee una extensión finita en sentido trasversal, el que lo remplaza proviene tanto de áreas próximas a la pared, adyacentes a aquel en dirección transversal, como de las de adelante. Además, como el fluido expulsado... se encuentra más lejos de la pared que el de remplazo que viene hacia ella, el efecto circulatorio resultante de esta combinación de movimientos rodea el fluido expulsado por tres lados, y gira en la dirección de la vorticidad debida al campo de flujo medio". Se formaría así un filamento vorticoso trasversal *CD*. De acuerdo con un mecanismo sugerido en 1957 por Hama, Long y Hegarty para explicar la fase R_2 (figura 210) de la transición, este filamento empezaría por desestabilizarse, adquiriendo una ondulación transversal. Las cumbres de las ondulaciones, al quedar más alejadas de la pared, se hallarían en una zona de mayor velocidad que los valles y, por tanto, avanzarían más rápido; el filamento se estiraría más y más y se partiría en fragmentos puntiagudos [R_3 en la figura 210, *EF* en la figura 224*a*]. "Recuérdese —siguen diciendo Offen y Kline— que las líneas de tiempo constituidas por burbujas de hidrógeno representan la estructura del flujo tan sólo en una superficie definida por el vector velocidad y el hilo que las produce. Por tanto, si este plano corta el centro —o punta— del vórtice estirado, las líneas de tiempo mostrarán un vórtice trasversal [*M*, figura *224b*]; mientras que si pasa por uno de los brazos, la imagen aparecerá como un vórtice longitudinal [*N*] dirigido hacia arriba. Desde este punto de vista, la descripción del crecimiento oscilatorio serviría para indicar la ubicación del plano de las burbujas, y no para distinguir tipos distintos de *burst*".[47]

Esta explicación, aun siendo ingeniosa, deja varios detalles sin explicar: por ejemplo, por qué no suele aparecer un vórtice transversal aislado, sino varios, dispuestos sobre una línea ascendente, como sugiere la figura 221. Además, no explica el "movimiento ondulado" que fotos publicadas por Kim, Kline y Reynolds muestran como un par de vórtices muy estirados, los cuales, saliendo al parecer de un origen común cerca de la pared, ondeando se alejan de ella y se separan a medida que avanzan aguas abajo.[48] Yo me inclino a otra interpretación, de acuerdo con las consideraciones que siguen.

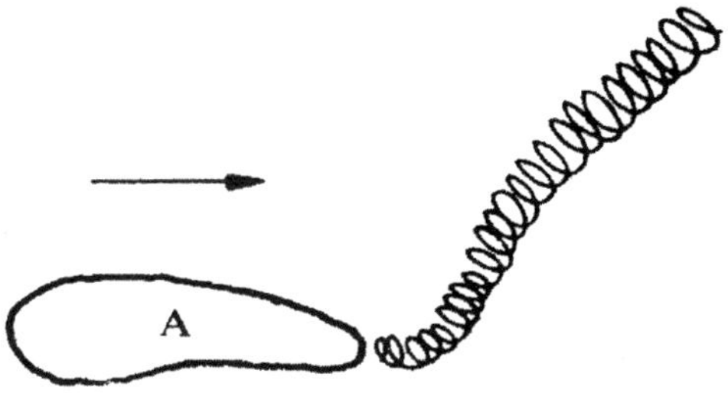

Figura 225

El informe de 1963 de Runstadler, Kline y Reynolds contiene una serie de cuatro fotos muy curiosas, que ofrecen imágenes sucesivas de una sección horizontal de la capa límite, visualizada por "líneas de tiempo" de burbujas de hidrógeno transversales, paralelas a la pared. En la primera de ellas se ve una mancha negra oblonga *A* (figura 225), alargada en el sentido de la corriente, rodeada por burbujas pero sin ninguna en su interior. Tras el extremo más angosto parece levantarse una estructura espiral característica, como un vórtice rectilíneo muy largo, cuyo ancho es menor que el de la mancha. Las demás fotos, tomadas 0.6, 2.6 y 3.8 segundos después, muestran que mancha y vórtice se ensanchan primero un poco y luego se van deformando, estirándose la primera y desbaratándose paulatinamente el segundo.[49] Al asociar estas imágenes con la figura 218, se me ocurre interpretar la mancha A como sección trasversal de una lengua de

[47] Offen, 214, 215.
[48] Kim, fig. 10d-10i.
[49] Runstadler, 264, 265.

baja velocidad que va subiendo. Tendríamos pues —igual que en el caso del colapso de vórtice— un obstáculo fluido que se opone al avance de la corriente: entonces, ¿no podría el vórtice trasero constituir la estela de aquél? Nos hallaríamos en la situación esquematizada por la figura 226*a*: la punta de la lengua, obstáculo tridimensional, daría origen a un filamento vorticoso del estilo del de la figura 164*a*. Como las fotos de Kim muestran que las tres modalidades de *bursting* —longitudinal, ondulado y trasversal—

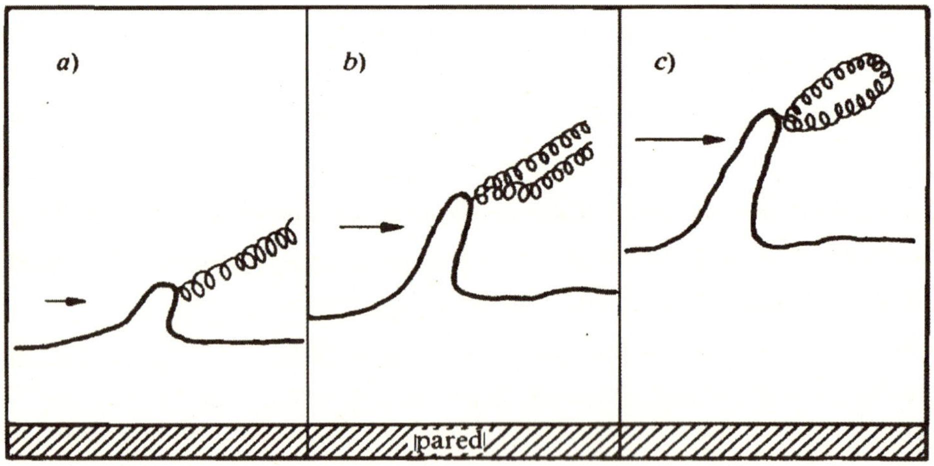

Figura 226

nacen a distancias crecientes de la pared, y a éstas corresponden velocidades también crecientes, es natural considerar que la diferencia entre las tres resulta de la distancia a la que la interacción tiene lugar. El ondulado, que las fotos muestran doble (figura 226*b)*, correspondería a la estela bífida (figuras 164*b* y *c);* el trasversal (figura 226*c*), a la de lazos (figura 164*d*), ya que esta última, cortada por un plano longitudinal normal a la pared, se manifestaría justamente por una serie de vórtices trasversales.[50]

Se sabe que los anillos vorticosos son mucho más estables que los filamentos: piénsese en los de humo, que superan largas distancias —aun sufriendo grandes distorsiones— sin destruirse. Por tanto, es de suponerse que los lazos de la figura 226*c* sean vórtices no sólo de mayor tamaño, sino más resistentes que los otros. Esto permite inferir que los *burstings* rectilíneos y ondulados producen vorticillos pequeños —de alta frecuencia—, y aquellos de lazo crean los medianos —detenedores de la mayor parte de la energía— que se consideran en la teoría de la turbulencia.

En un congreso sobre flujos "reductores de fricción" realizado en 1974, Kowalski y Brundrett comunicaron haber obtenido el espectro de energía de la turbulencia

[50] Levi, *Eddy Production*. 114, 115.

totalmente desarrollada dentro de una corriente de solución polimérica. Dicho espectro revelaba, con respecto al normal (figura 212), una reducción en la porción de vorticillos pequeños y un desplazamiento general de la curva acampanada hacia las frecuencias bajas. Esto sugiere una supresión de vorticillos menores —por tanto, un predominio de los medianos— que bien puede ofrecer la clave del comportamiento anómalo de tales soluciones; en efecto, el aumento general de velocidades que lo caracteriza no se debería a que la fricción "se ha reducido", sino a que se conserva más energía.

Luego de haber llegado —en 1976— a esta conclusión, encontré una comprobación inesperada: Achia y Thompson, de la Universidad de British Columbia, habían visualizado —por medio de interferometría holográfica con rayos láser— la capa de pared tanto en agua como en una solución polimérica; los *bursts* que, en igualdad de condiciones, aparecían en sus fotos tenían forma de filamento en el primer caso y, de anillo en el segundo.[51]

Aparece una periodicidad

Ya en la década que empieza en 1950 se sospechaba que la vieja idea de Prandtl y su escuela respecto a la existencia de una subcapa viscosa de comportamiento estrictamente laminar no era real, pues diversas observaciones habían revelado perturbaciones extrañas dentro de dicha subcapa. Incluso se tenían evidencias de que tales alteraciones se manifiestan de manera periódica. Quien decidió plantear teóricamente el problema fue Hans, hijo primogénito del gran Albert Einstein, hidráulico de notable ingenio que investigó temas arduos y enredados, como —por ejemplo— algunos relativos al régimen de los ríos. Acerca de la cuestión mencionada, publicó en 1956, con la colaboración de Huon Li, un artículo célebre, *The viscous sublayer along a smooth boundary* (*La subcapa viscosa a lo largo de una frontera lisa*) en el cual se anticipaban varios resultados que mencionamos en las páginas anteriores. El modelo propuesto por Einstein y Li suponía que la subcapa viscosa sufre crecimientos y disminuciones alternativas. "Actualmente —escribían— serios investigadores de la turbulencia aceptan la presencia de esta capa... , pero no concuerdan en la descripción física exacta de ella. Sin embargo, existe un consenso general de que, en la frontera, la viscosidad es la que transmite al fluido —por acción molecular— todo el esfuerzo cortante. Fuera de esa capa, la mayor parte

[51] *Id.*, 116-120.

de este esfuerzo se transfiere por remolinos, o —en otros términos— por intercambio de cantidad de movimiento entre masas fluidas de tamaño más grande que el molecular. Por lo general, no hay acuerdo acerca de cómo se efectúa la transición de unidades moleculares a molares, aunque se disponga de una cantidad siempre creciente de información, resultado de mediciones [realizadas] en la cercanía de la frontera". Y agregaban, anticipándose muchos años a las visualizaciones que conocemos, que no hay razón para excluir que también con una pared lisa pueda nacer turbulencia dentro de la subcapa viscosa. Lo deducían de un sencillo experimento que ellos mismos habían realizado: dentro de un tubo trasparente, al inyectar líquido coloreado en la subcapa habían visto que éste se difundía en la corriente —aunque no siempre de inmediato. Como "no se podía esperar que el colorante se mezclara con el flujo turbulento si la subcapa viscosa era tranquila", el fenómeno evidenciaba la presencia de un "mezclado esporádico" en el interior de aquella.[52]

"Para obtener un modelo práctico de este fenómeno, hay que imaginar que, en cierto instante, el flujo turbulento siga derecho hasta la frontera, con una velocidad dominante finita en la pared. El elevado gradiente de velocidad que allí se tiene requiere en ese punto un cortante viscoso sumamente elevado, que no se transmite al fluido libre debido a la falta de gradiente de velocidad a mayor distancia de la pared Este cortante desacelera el fluido adyacente a la frontera, creando una capa —o subcapa— controlada por la viscosidad, cuyo espesor crece con el tiempo. A medida que tal espesor aumenta, el cortante de pared disminuye y el crecimiento se retarda siempre más. Esta subcapa posee un flujo no permanente, laminar o casi, limitado de un lado por la pared rígida, y del otro —de un modo algo indeterminado— por el flujo turbulento. Se puede comparar la subcapa con un flujo cortante entre dos paredes sólidas [una de las cuales representa la intercara con este último] que tienen una diferencia de velocidad constante e incrementan continuamente su distancia mutua, gracias al suministro permanente —a través de la pared que representa el fluido turbulento— de un caudal fluido que satisface la condición de continuidad. En tales circunstancias, el número de Reynolds de la subcapa crece constantemente, lo que indica una tendencia a inestabilizarse siempre creciente. Es de esperarse que, bajo el efecto permanente de las perturbaciones del flujo turbulento externo, el flujo de la subcapa se volverá inestable, y tenderá a volverse él mismo turbulento en cuanto se alcance un número de Reynolds crítico. Entre el flujo ya turbulento y la turbulencia recién creada en la subcapa, ocurrirá un mezclado turbu-

[52] Einstein, 293-295.

lento. Como éste es mucho más eficaz que la viscosidad, el fluido de la subcapa resulta acelerado por el fluido turbulento exterior aproximadamente hasta su misma velocidad, en un tiempo mucho más breve que el que había requerido la formación de la subcapa viscosa. Entonces se cierra el ciclo y empieza otro nuevo".[52]

El paso de este esquema al modelo matemático se realiza con algunas simplificaciones: se abandona la hipótesis de la pared exterior imaginaria —por cierto, introducida

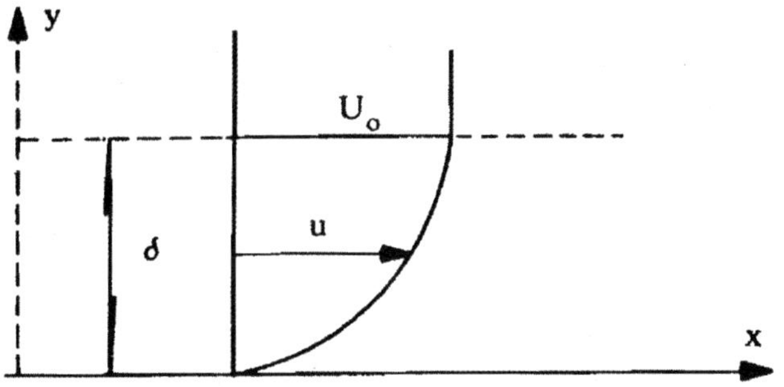

para limitar la subcapa viscosa—, se supone que el régimen de la subcapa sea estrictamente laminar, y finalmente se acepta que la generación y crecimiento de ésta puedan considerarse como fenómenos en dos dimensiones. Tomando el eje x a lo largo de la pared, en el sentido del flujo, y el eje y normal a ella (figura 227), la velocidad u dentro de la subcapa viscosa (cuyo espesor δ se presume que vaya creciendo con el tiempo t) se puede expresar por medio de la ecuación de Euler simplificada

$$\frac{\partial u}{\partial t} = \frac{\mu}{\rho} \frac{\partial^2 u}{\partial y^2} \tag{1}$$

Como condiciones de frontera, se supone que en el instante inicial ($t = 0$) la subcapa viscosa no exista todavía y que, por tanto, entonces sea $u = U_0$ para toda y; después, se tendrá $u = 0$ sobre la pared y $u = U_0$ a una distancia que por conveniencia se considerará siempre infinitamente grande. Realizando el cambio de variable

$$h = \frac{y}{2}\sqrt{\frac{\rho}{\mu t}} \tag{2}$$

se comprueba fácilmente que una solución de la ecuación 1 es

$$u = U_0 \frac{2}{\sqrt{\pi}} \int_0^h e^{-h^2}\, dh \tag{3}$$

o sea, U_0 multiplicada por la integral de los errores de Gauss. Como dicha integral vale 1 para $h = \infty$ y cero para $h = 0$, se ve que esta solución satisface también las condiciones de frontera.[53]

Después, combinando las expresiones 2 y 3, se obtiene que el cortante de pared es

$$\tau_0 = \mu\left(\frac{du}{dy}\right)_0 = U_0\sqrt{\frac{\mu\rho}{\pi t}}$$

y que, por tanto, se hace infinito para $t = 0$ y luego decrece rápidamente con el tiempo. Su valor medio en un periodo T es

$$\overline{\tau}_0 = \frac{1}{T}\int_0^T \tau_0 dt = 2U_0\sqrt{\frac{\mu\rho}{\pi t}}$$

De aquí, considerando que resulta $u_\bullet^2 = \tau_0 / \rho$

$$T = \frac{4}{\pi}\frac{\mu U_0^2}{\rho u_\bullet^4}$$

Éste sería el periodo de crecimiento de la subcapa viscosa, que podría predecirse conociendo las características físicas del fluido, la velocidad de fricción y aquella del flujo libre turbulento; periodo en cuyo final la subcapa alcanza un espesor máximo que es factible calcular. Luego sigue el encogimiento brusco, proceso inestable del cual Einstein y Li consideran imposible ofrecer una descripción matemática. Sin embargo, se puede determinar la condición de inestabilidad incipiente utilizando un número de Reynolds crítico convenientemente definido.[54]

El modelo permite predecir varias características interesantes del flujo, como la ley de la pared y la rapidez de disipación de energía en la subcapa. Naturalmente, "ningún modelo o teoría son mejores que las hipótesis sobre las cuales se basan", y no se les debe pedir más de lo que las simplificaciones implícitas consienten. Lo esencial es comprobar teóricamente la verosimilitud de que haya pulsaciones periódicas dentro de la subcapa viscosa; y Einstein y Li creen haberlo conseguido. Sin embargo, ¿es real esa intermitencia? Hasta entonces, ninguno entre los que habían investigado el flujo cerca de la pared se había percatado de la presencia de aquélla. De hecho, en

[53] *Id.*, 295, 296.
[54] *Id.*, 298, 299.

esa época (Einstein y Li habían empezado sus ensayos en 1953) la instrumentación disponible era todavía muy primitiva. Se podía colocar en la pared una celda capaz de detectar fluctuaciones de presión; pero ella recibía todas las alteraciones, inclusive los disturbios de gran amplitud provenientes de la turbulencia totalmente desarrollada que ahogaban efectos de pared más débiles. Einstein y Li decidieron registrar las señales de la celda en instantes sucesivos, y sacar el coeficiente de autocorrelación correspondiente a intervalos de tiempos Δt crecientes. Las oscilaciones de presión turbulentas, por su carácter aleatorio, no influirían sobre la regularidad de la curva que representa la variación del coeficiente al crecer Δt, mas la presencia de una periodicidad definida en la zona de pared sí tendría que reflejarse en una oscilación de la curva misma. Como todavía no se disponía de computadoras perfeccionadas, este análisis requería una labor ímproba; sin embargo, se pudieron sacar unas cuantas curvas de correlación, que en efecto resultaron onduladas.[55]

Naturalmente, Einstein y Li no consideraron que con esto habían comprobado incuestionablemente la validez de su modelo. Quedaban dudas, y mucho por hacer: "Se ha supuesto que toda la subcapa se vuelva parte del flujo turbulento: es posible que ello ocurra sólo en su parte externa... Puede ser que la descripción unidimensional del crecimiento de la subcapa sea insuficiente para predecir las condiciones reales si el aumento no tiene lugar simultáneamente sobre áreas grandes de la pared [pues] es concebible que de hecho el proceso cambie de fase sobre las varias partes de la frontera como [si fuese] un movimiento undoso... Es deseable hallar una descripción para el proceso de desintegración [de la subcapa], porque puede requerir un tiempo capaz de cambiar sustancialmente... el periodo T".[56]

Muchos años han de trascurrir antes de que la circunstancia —prevista por Einstein y Li— de que la actividad de la capa de la pared sea periódica halle una comprobación experimental. Primero, se descubre la periodicidad espacial —mucho más evidente— de las estrías longitudinales de baja y alta velocidad de la capa de pared. Visualizando las lentas con colorante, se descubre que su espaciamiento λ es poco más o menos constante para un número de Reynolds dado, y se concluye que ha de ser inversamente proporcional a la velocidad de fricción. En efecto, se encuentra que $\lambda^+ = \rho\lambda u_*/\mu$ vale entre 75 y 77; después, 80; finalmente se conviene en considerarlo aproximadamente igual a 100.

[55] *Id.*, 305.
[56] *Id.*, 308.

Para comprobar la periodicidad del *bursting*, Runstadler y sus compañeros intentan mediciones: "El procedimiento fue introducir en el flujo una capa de colorante de espesor conocido y contar el número de eyecciones... Como éstas se computaban con base en los levantamientos de estrías individuales de colorante de baja velocidad que aparecían a menudo en forma de uno o más lazos o filamentos,... el proceso de computación implicaba observar y contar grupos más o menos distintos y conexos de tales filamentos emergentes de la capa de pared. Esto se conseguía de la manera más sencilla, corriendo las películas al revés...: así, se podía ver con mucha claridad grupos de filamentos —que abandonaban de modo bastante coherente la pared— juntarse en movimiento invertido y —[proveniendo] desde las partes externas de la corriente— hundirse dentro de un área de la pared bastante bien definida... Una vez localizados —según se indica— los 'orígenes virtuales' de los filamentos expulsados y después de estudiar el escurrimiento durante un tiempo largo en comparación con el periodo de ocurrencia de la formación y levantamiento de las estrías, se encontró que los puntos de partida de los vorticillos expulsados se hallaban distribuidos uniformemente sobre la superficie de la pared".[57] Esto permitía delimitar sobre ésta un área y contar el número de emisiones correspondientes, con la confianza de obtener un resultado representativo de la actividad total. Así se obtenía una frecuencia de emisión por unidad de área F, que se intentó volver adimensional mediante la separación entre estrías λ, por ejemplo calculando el parámetro $F\lambda^3/u_*$; pero ni éste ni otros análogos resultaron independientes del número de Reynolds.[58]

En 1970, Narahari Rao, Narasimha y Badri Narayanan —del *Indian Institute of Science* de Bangalore— investigaron el mismo problema. Ellos medían fluctuaciones de velocidad en la capa de mezclado, dentro de un túnel de viento, por medio de un anemómetro de hilo caliente. Una vez filtradas las señales (eliminando frecuencias debidas a ruido y otros efectos aparentemente extraños), se manifestó la presencia de fases intermitentes de considerable actividad, que se interpretaron como *bursting*. Las señales filtradas se filmaban; sobre la película, se localizaban dichas fases, se contaban y se determinaba su periodo medio T, cuyos valores se intentó correlacionar con diferentes parámetros característicos del flujo. Así se encontró una buena correlación entre $T^+ = \rho\bar{T}u_\bullet^2 / \mu$ y el número de Reynolds Re $= \rho U\delta/\mu$, siendo U la velocidad exterior y δ el espesor de la capa límite. Dos años antes de que apareciesen los resultados de Nychas, ésta era realmente una sorpresa: era de esperarse que el *bursting*, fenómeno interno a la capa de pared, dependiera de variables también "internas", como el espesor de ésta y u_*, o bien —según se había supuesto en Stanford— de λ; no

[57] Runstadler, 63, 64.

[58] *Id.*, 63-66.

de variables "externas" como δ y U. Sin embargo, así era. Mediciones tomadas haciendo variar U todo lo que la instalación permitía comprobaron que el parámetro adimensional UT/δ se mantenía dentro de un intervalo de valores sumamente reducido (entre 3.2 y 6.8).[59] Esta investigación fue perfeccionada más tarde por Badri Narayanan y Marvin, quienes luego de una exploración sistemática de toda la capa límite concluyeron que

$$U\overline{T} / \delta = 6$$

con un intervalo de incertidumbre de ± 1.[60] Si —como hicimos en otra ocasión— invertimos la fórmula anterior introduciendo la frecuencia media $\overline{f} = 1/\overline{T}$, obtenemos

$$f\delta/U. \approx 0.16$$

o sea, la ley de Strouhal universal.[61]

Esto implicaría que el *bursting* es el resultado de oscilaciones de la capa límite excitadas por la corriente libre externa, que serían responsables de los levantamientos de las estrías de baja velocidad de la subcapa viscosa, y de la subsecuente interacción de las lenguas emitidas con capas externas más rápidas. El mecanismo básico es pues —en resumidas cuentas— aquel propuesto por Einstein y Li: en un campo de investigación que parecía haberse vuelto exclusivo de mecánicos y químicos, los hidráulicos nuevamente habían tomado la delantera.

El canal de aceite

Graduación de doctores en Gotinga. Frente al "Aula", enorme salón de imponente fachada neoclásica con seis columnas planas acanaladas y frontón en altorrelieve, se reúnen grupos animados de familiares, maestros y amigos, y los compañeros con las carretas. Se abre el portón de par en par y el exiguo grupo de los neodoctores —de traje y corbata— salen con sendos diplomas. Para cada uno de los graduados está listo un birrete, confeccionado en cartulina negra, cuyo diseño es diferente: el de una joven bióloga de largo cabello rubio sostiene algo que podría ser una manzana desmesurada; el de un químico industrial es tan alto que simula una chimenea. Coronado con el

[59] Narahari Rao, 347, 348.
[60] Smith, 383.
[61] Levi, *Oscillatory Model*, 729.

birrete y luego de recibir innumerables felicitaciones, cada graduado es encaramado y acomodado en su carreta.

Las carretas se parecen entre sí por tener cuatro ruedas, una plataforma, cuatro postes y —sobre éstos— un techo; sin embargo, cada una se ve distinta, pues sus implementos y adornos se han ajustado a lo que —según se piensa— es o será la actividad del laureado: pistones, alambiques, probetas, calculadoras, y además plantas en maceta, flores, globos y serpentinas de todo color. La carreta que le toca al propietario del birrete-chimenea tiene una perforación en el techo; antes de subir al joven, le quitan el sombrero, y luego se lo vuelven a acomodar, introduciéndolo desde arriba a través de aquélla.

Empieza la procesión: una carreta a la vez, arrastrada y empujada por los compañeros, rodeada y seguida por todos los demás, avanza por la *Barfüsserstrasse* —la calle de los descalzos— hasta llegar a la Plaza del Mercado. Allí, frente a la vieja alcaldía —toda de piedra, con techado rojo, esbelta torre de aguja, pórtico y almenas— está la *Gänselieselbrunnen,* la fuente de la niña de los gansos. En su centro, sobre un pedestal y bajo un baldaquín de hierro batido, todo flores y arabescos, se levanta la estatua de la muchacha que aferra su ave. Cuatro chorros, brotando del pedestal, caen en un pila historiada, cuya agua se derrama en otra exterior, encerrada por un brocal poligonal, asiento usual de paseantes y turistas. Las carretas entran en la plaza y se disponen, con toda la concurrencia, alrededor de la fuente. Comienza el ritual: uno a uno, los doctores bajan de su vehículo, suben los tres peldaños que rodean la fuente, se encaraman en el brocal, y desde allí —bajo miradas ansiosas y divertidas— tienen que alcanzar la pila central, apoyarse en el pedestal y —esquivando los chorros como puedan— estampar un beso en la mejilla de la niña. La maniobra no resulta fácil, porque la fuente es resbalosa y no se permite ayuda; y nunca faltan las zambullidas. Finalizada —entre nutridos aplausos de simpatizantes y curiosos— la empresa, cada héroe o heroína regresa más o menos mojado a su carreta, que ahora lo lleva a su propia institución para concluir la fiesta.

Así, como flamante doctor en física, Helmut Eckelmann fue devuelto un día de *1970 al Max-Planck-Institut für Strömungsforschung,* el mismo que —fundado en 1925 con otro nombre— había quedado durante 21 años bajo la dirección de Ludwig Prandtl. Simpático muchachote, Helmut era, además de físico, perito mecánico. Sus habilidades habían motivado que Hans Reichardt le propusiera como tema de tesis la puesta en marcha de su canal de aceite.

Desde hacía más de 30 años, Reichardt había logrado medir con hilo caliente las fluctuaciones de velocidad u', v' en la sección rectangular de un túnel de viento, y en 1938 había publicado curvas de sus valores cuadráticos medios y de los esfuerzos de Reynolds correspondientes a diferentes distancias de las paredes. Resultados de Laufer aparecidos en un informe del NACA en 1950 ampliaron considerablemente la información al respecto, agregando distribuciones espectrales de dichas fluctuaciones en proximidad de la pared, aunque no bastante cerca de ésta como para poder estudiar con detalle el interior de la capa viscosa. A Reichardt se le ocurrió una idea original: ¿por qué no trabajar con una corriente de aceite? La viscosidad cinemática μ/ρ de un aceite industrial de calidad superior es como seis veces la del agua; por tanto, siendo $y = \mu y^+/\rho u_*$, para igual u_* se alcanzaría una misma y^+ a una distancia de la pared y, seis veces mayor. El espesor de la capa de pared, de escasos milímetros en agua o aire, con aceite crecería a unos 2 cm, lo que permitiría realizar allí —por medio de una sonda de hilo caliente— una exploración minuciosa imposible con los dos fluidos mencionados.

Además, mientras que dicha sonda no se podía utilizar en agua pues, al pasar la corriente eléctrica, se produce la hidrólisis y diminutas burbujas de hidrógeno que se van pegando al hilo caliente impiden que éste haga buen contacto con el agua, y falsean así las mediciones, en aceite tal inconveniente parecía descartado. La dificultad que sí se presentaba, pero sin ser insuperable, era que el canal debía tener un gran tamaño. En efecto, el valor aumentado de μ/ρ implica que, para alcanzar con una corriente de aceite un número de Reynolds $\rho UL/\mu$ que garantice la turbulencia, se requieren dimensiones L mucho mayores que con agua: seis veces, si la velocidad U es la misma. El canal de Reichardt resultó muy grande: 8.5 m de largo, 0.5 m de ancho y 1 m de profundidad. Estaba dividido a la mitad —en sentido longitudinal— por una pared *a* de madera que separaba los tramos de ida y vuelta del líquido; en un extremo tenía una bomba rotatoria *b* de eje vertical (movida por un motor *m* de velocidad regulable); en el otro, álabes *c* para guiar el giro del líquido. Además se agregó un deflector en nido de abejas, *d*, para

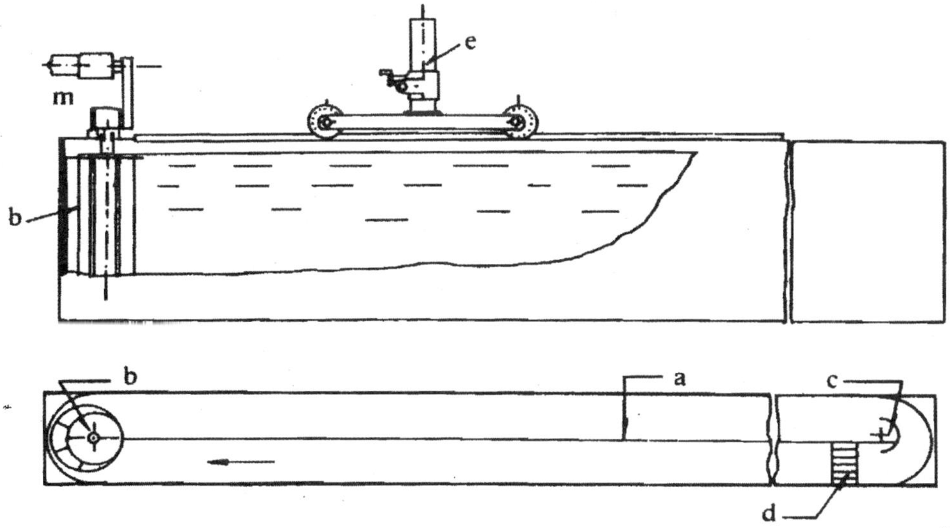

Figura 228

enderezar la corriente después de la curva (figura 228). Sensiblemente, el proyecto de Reichardt falló por una dificultad imprevista: al igual que en el agua, la señal de la sonda no era confiable; ya no se formaban burbujas, pero al parecer el platino del hilo reaccionaba de algún modo con el aceite, y las lecturas se hacían incoherentes.

Durante muchos años, el dispositivo quedó abandonado en espera de tiempos mejores, que felizmente llegaron. En 1968 ya era posible conseguir sondas comerciales con hilo recubierto de cuarzo, inatacable por los líquidos. Este hecho y la disponibilidad de un ayudante como Eckelmann convencieron a Reichardt de confiarle la rehabilitación del canal de aceite. Diestro y talentoso, esmerado y entusiasta en todo lo que emprendía, Helmut fue a quitar polvo y telarañas a ese armatoste allá donde lo habían arrumbado, hizo que lo transportaran a un lugar conveniente y empezó a ponerlo en condiciones de funcionar. Cuando el dispositivo estuvo listo, se pensó en el aceite: nada menos que 3.6 m^3, cuya adquisición no había sido fácil costear; además, hubo que someterlo a un proceso previo de filtrado, para eliminar toda partícula capaz de depositarse sobre el hilo de la sonda. El canal, acomodado en un cuarto cerrado y obscuro, fue limpiado perfectamente, llenado y tapado a fin de evitar toda contaminación. Manteniendo la temperatura ambiente a 25 ℃ con tolerancia de 0.1 ℃ en más o en menos para asegurar la constancia del coeficiente de viscosidad del líquido, se empezó la calibración mediante una serie larga y cansada de pruebas meticulosas. La extraordinaria potencialidad del dispositivo se reveló enseguida con la excelente correlación entre mediciones de características turbulentas, llevadas hasta la distancia inaudita de $y^+ = 1$. Se penetró profundamente la subcapa viscosa, cuyo comportamiento fue posible comprobar por primera vez desde un punto de vista cuantitativo.

Investigadores de otros países viajaron a Gotinga con el propósito de aprovechar ese dispositivo único en el mundo; primero llegaron los de Ohio: Robert Brodkey y James Wallace, en 1971, para estudiar la capa de pared con Eckelmann, quien —luego de tantas mediciones— ya dominaba a la perfección el manejo del canal. Las películas de Corino habían revelado cuatro tipos característicos de eventos que ocurren dentro de la capa mencionada: eyección, barrido e interacciones por movimiento hacia la pared o bien hacia fuera. Ahora se trataba de cuantificarlos. Pero, ¿cómo reconocerlos con sonda de hilo caliente? El procedimiento, genial en su sencillez, fue considerar los signos de las fluctuaciones u' y v'. En efecto, una eyección —emisión desde la pared de un chorro de fluido lento— implica que $v' > 0$ por ser el movimiento hacia fuera, y que $u' < 0$ por ser el fluido lento. Lo contrario sucede con el barrido, que implica un flujo de fluido rápido ($u' > 0$) hacia la red ($v' < 0$). Una interacción hacia fuera supone análogamente que $u' > 0, v' > 0$; una hacia adentro, que $u' < 0, v' < 0$. Así, utilizando una sonda doble, provista de dos hilos separados, cruzados en ángulo recto, uno de los cuales detectaba las variaciones de u' y el otro las de v', era posible obtener en cada punto dos registros simultáneos que, comparados, permitían definir localmente la sucesión de eventos con el trascurso del tiempo.

Se llegó a resultados importantes. Se cuantificó la contribución de cada uno de los cuatro eventos al esfuerzo de Reynolds local instantáneo —$\rho u'v'$ (positivo para eyección y barrido, negativo para ambas interacciones) en la zona de $3 < y^+ < 200$, y se descubrió que —en promedio— eyecciones y barridos son considerablemente más intensos que las interacciones. En la cercanía de la pared ($y^+ < 15$) se notó un predominio de los barridos sobre las eyecciones; más lejos de ella, lo opuesto. En cuanto a las interacciones, se vio que aquellas dirigidas hacia la pared prevalecen hasta la distancia $y^+ = 70$, aproximadamente. Las contribuciones al esfuerzo de Reynolds máximas en valor absoluto se producen —para los cuatro eventos— en la frontera entre la capa de mezclado y la de turbulencia totalmente desarrollada ($20 < y^+ < 40$); allí "el movimiento tipo eyección contribuye al esfuerzo de Reynolds total cerca del 25 por ciento más que aquel tipo barrido... Considerando la fracción de tiempo que el flujo que cruza la sonda permanece en cada categoría,... [se ve que] los movimientos tipo eyección contribuyen en promedio al esfuerzo de Reynolds un 25 por ciento más en un tiempo de aproximadamente 20 por ciento menos que los movimientos tipo barrido. En la región más pegada a la pared se ve que ocurre lo contrario".[62] El resultado de esta investigación logra por primera vez una apreciación cuantitativa de los esfuerzos de Reynolds, así como la definición de su proveniencia.

La oportunidad, que ofrecía el canal de aceite, de realizar mediciones dentro de la subcapa viscosa permitió más tarde a Eckelmann descubrir —entre la pared y $y^+ = 0.1$, más adentro de la zona observada por Fage y Townend— una capita verdaderamente laminar, en el interior de la cual la velocidad media u y las fluctuaciones u' decrecen linealmente, tendiendo a cero en la pared. Luego colocó sobre ésta una hoja de platino de 1 mm de largo por 0.2 de ancho para detectar los gradientes de velocidad en sentido normal a la pared $(\partial u'/\partial y)_0$, y fue registrándolos al mismo tiempo que la fluctuación u', medida con sonda a diferentes distancias de la pared: los dos registros resultaron extraordinariamente semejantes hasta $y^+ = 7$. Más allá, la semejanza

[62] Brodkey, 213-215.

se aminoraba, y desaparecía con distancias mayores. Un detalle curioso era que, para apreciar el parecido de los diagramas, había que recorrer el de gradientes tanto más hacia atrás cuanto más lejos de la pared se había colocado la sonda; es decir que existía un retardo cuyo valor medio Δt, nulo en la pared, crecía con y^+. "Esto significa —anota Eckelmann— que una perturbación observada a cierta distancia de la pared llega a ésta con cierto atraso, o —en otros términos— que perturbaciones nacidas en el campo de flujo se mueven hacia la pared con velocidad finita". Para $y^+ \leq 5$, Δt variaba linealmente con la distancia; o sea, la velocidad $\overline{c} = y\sqrt{\Delta t}$ con la que la perturbación se propagaba en dicha región era prácticamente constante; y no sólo esto, sino que al hacer cálculos, resultó algo sorprendente: allí c era poco más o menos igual a la velocidad de fricción u_*.[63]

El aparato experimental se suele subordinar a la investigación por realizar, y rara vez se considera ésta en función de aquél. Sin embargo, la disponibilidad de una nueva y poderosa herramienta de trabajo puede constituir una fuente de inspiración para nuevas búsquedas e incluso abrir —en ciertos casos— insospechadas perspectivas; basta recordar el anteojo de Galileo. Así sucedió con el canal de Reichardt, el cual ha permitido mediciones, de otro modo irrealizables, que han aclarado muchos misterios de la turbulencia de pared.

Estructuras coherentes

En una comunicación presentada en un congreso sobre turbulencia, en 1976, se leía: "Observaciones experimentales [realizadas] durante los últimos quince años demostraron que la región de pared de una capa límite turbulenta... posee un grado notable de estructura coherente... Es correcto reconocer que hay muchas preguntas no contestadas en relación con las causas y efectos de lo que se está observando, y queda claro que la dinámica de la capa límite no se entiende bien; por otro lado, lo que está emergiendo gradualmente de los experimentos es una indicación de que, mientras que las organizaciones de flujo observadas son complejas, puede haber muy poco acerca de la turbulencia de capa límite que sea realmente aleatorio. Esta es una perspectiva excitante porque, si esto llegara a confirmarse, se puede esperar en algún momento del futuro una teoría racional de la turbulencia...

"Actualmente, no hay ninguna teoría adecuada que explique aún remotamente qué origina las estrías o los *bursts*... En el presente nivel de tecnología no se puede

[63] Eckelmann, 499-451.

esperar que los experimentos por sí solos resuelvan todas las cuestiones que atañen a las capas límite turbulentas: una restricción importante de los métodos experimentales actuales es que las mediciones de velocidad se deben tomar en puntos aislados y que inferencias con relación a la totalidad del campo de flujo son extrapolaciones. Además, no está claro el sentido de los procedimientos usuales [empleados] para obtener promedios condicionales en un escurrimiento que sea cíclico mas no periódico, e hipótesis —que a veces se invocan— que presuponen una reproductividad completa, no parecen satisfactorias. La visualización del flujo es una técnica útil pero, si de hecho lo que lleva a las estrías y al *bursting* es el movimiento de estructuras vorticosas de gran escala dentro de la capa externa, la visualización en el marco del laboratorio puede ser engañosa, porque lo que es pertinente es el flujo relativo al vórtice mismo. A medida que las técnicas experimentales se perfeccionen, hay que esperar que aumente el entendimiento; sin embargo, al mismo tiempo es indispensable un acercamiento teórico al problema, si hay que traducir los fenómenos observados en métodos de predicción perfeccionados y realistas".[64]

Esto da una idea de cómo los especialistas de la capa límite turbulenta veían la situación a mediados de la década iniciada en 1970. Se hablaba de una "estructura coherente" de dicha capa, o bien de la presencia de *estructuras coherentes* en su interior, aún circunscribiéndose por lo general a las "básicas": las estrías longitudinales (que aparecen en la subcapa viscosa y —en fase de transición— debajo de las manchas turbulentas) y los vorticillos grandes; y se suspiraba por alcanzar una visión de conjunto "racional", que cierto orden evidente en las manifestaciones de dichas estructuras (equidistancia de las estrías, periodicidad del *bursting)* hacía entrever.

Había que empezar por el rastreo de tales estructuras, intentando reconocerlas dentro del desorden turbulento; sin embargo, esto era difícil mediante visualización y también midiendo con sonda: "Estábamos convencidos —escriben Wallace, Brodkey y Eckelmann en una de sus contribuciones— de que, si de hecho dentro del escurrimiento existen estructuras coherentes, su rúbrica *(signature)* debe poderse reconocer en las señales de velocidad emitidas por una sonda ubicada en un punto del flujo. ¿Por qué, entonces, éste ha sido un problema tan huidizo? Parte del motivo es la distribución de escalas que se ve en las señales de velocidad turbulentas. Una estructura de flujo que cruza una sonda resultará intersecada directamente a través de su centro tan sólo en ocasiones;

[64] Murthy, 132, 133.

a menudo lo será cerca de un extremo. Además, las estructuras pasarán por la sonda en diferentes fases de su vida. Por tales razones, las señales de velocidad mostrarán extensas distribuciones, tanto de amplitudes como de frecuencias. Una técnica provechosa para el reconocimiento de configuraciones debe ser capaz de detectar todo este rango de tamaños y de normalizarlos, con el fin de obtener un espécimen medio significativo".[65]

La detección de estructuras coherentes requería el perfeccionamiento de los viejos instrumentos de investigación y el invento de nuevos. Las correlaciones fueron una herramienta poderosa. Existe una correlación significativa entre las fluctuaciones de velocidad de dos puntos que pertenecen a una misma estructura; mientras que no hay correlación si son de estructuras distintas. Correlaciones espacio-temporales permiten análogamente seguir el desplazamiento de una estructura en el tiempo. En Columbus, la observación de los trazadores suspendidos en la corriente se perfeccionó, utilizando una cámara de cine estereográfica. Así se pudieron estudiar detalles tridimensionales que antes eludían la observación. En la Lehigh University, a Charles Smith se le ocurrió desplazar el hilo generador de burbujas de hidrógeno, con el fin de localizar rápidamente las estructuras, detectar su sección de mayor actividad y eventualmente acompañarlas en su movimiento.

En Gotinga, Emmerling, Dinkelacker y Meier estaban en condiciones de seguir los movimientos de estructuras turbulentas a lo largo de la pared de un túnel de viento, mediante un trasductor de presiones insertado en ella.

El singular dispositivo, constituido por centenares de membranas elásticas con elementos reflejantes de 2.5 mm de diámetro, remplazaba uno de los espejos de un interferómetro de Michelson. Como las fluctuaciones de presión causaban en las membranas deformaciones con desplazamientos equivalentes a varias longitudes de onda de luz, entre el recorrido de los haces luminosos reflejados y el del haz de control nacían diferencias de longitud que hacían que aparecieran franjas de interferencia en las membranas. Dichas franjas, filmadas con una cámara de alta velocidad, se interpretaban luego con series de mapas, al estilo de las cartas isobáricas de los meteorólogos.

Se obtuvieron o confirmaron interesantes resultados cuantitativos. Analizando teóricamente el comienzo de la transición en la capa límite laminar de una placa plana, Tollmien había concluido, en 1931, que la longitud de onda L de una perturbación senoidal capaz de crear inestabilidad no puede ser menor de 6 veces el espesor δ de la capa. Este valor mínimo se aproxima a $L = 2\pi\delta$, que obtuvimos al final del

[65] Wallace, 674.

capítulo VIII, aplicando la ley de Strouhal universal al cálculo de la longitud de las ondas internas que se producen dentro de una masa fluida refrenada del mismo espesor. Una huella de esta perturbación se puede observar físicamente en la deformación trasversal de las ondas longitudinales premonitorias (región R_2, figura 210), para la cual Schubauer midió una longitud $L = 5.6\ \delta$. Klebanoff, por otra parte, evaluó la frecuencia f de formación de las horquillas de la región R_3. Su resultado —expresado por medio de un número de Strouhal— corresponde con buena aproximación a $f\delta/U = 1/\pi$. Medidas similares se han obtenido más recientemente en las horquillas que aparecen en las manchas turbulentas.[66]

Las estrías longitudinales de la subcapa viscosa, que alternan fluido de alta y baja velocidad, corresponden a una separación trasversal más o menos 30 veces menor que aquella asociada con la longitud de onda de transición. Usualmente, ellas han sido atribuidas a la presencia de vórtices de eje longitudinal que giran alternativamente en sentido opuesto. Al estudiar este fenómeno en el canal de Gotinga, se llegó a la conclusión de que si dichos vórtices existen, su diámetro d ha de ser tal que $d^+ = 30$, aproximadamente; o sea, tienen que ocupar todo el ancho de la capa de pared. Si se interpretan las estrías como resultado de ondas estacionarias análogas a aquellas esquematizadas en la figura 199 —lo cual me parece más razonable— sus nodos quedarían a distancia $y^+ = 15$ de la pared; por tanto, la separación λ entre estrías semejantes resultaría igual a la longitud de dichas ondas que, siempre por la ley de Strouhal, sería

$$\lambda^+ = 2\,\pi \times 15 = 94$$

valor que se aproxima al de 100 usualmente aceptado.

Se sabe que el largo de dichas estrías está limitado y es bastante uniforme. Lo revelaron primero fotografías tomadas con colorante por Runstadler; luego, mediciones de Gotinga que sugerían largos Δx^+ mayores de 1 000. Aquí también la hipótesis de un control por parte de una onda —en este caso progresiva— parece admisible. En efecto, sea L la longitud de ésta y $\Delta x = L/2$, de modo que sería $L^+/2 > 1\ 000$; aplicando la relación $L^+ = 2\pi y^+$, obtenemos que la onda estaría ubicada en

$$y^+ > 2000/2\pi = 318$$

[66] Levi, *Oscillatory Model*, 729-731.

o sea, prácticamente en la frontera externa de la capa de turbulencia totalmente desarrollada.

Esto sugiere que, mientras el espesor de la capa de pared define el ancho de la estría, su largo lo determina el espesor de la capa de turbulencia totalmente desarrollada por oscilaciones inducidas en su interior.[67]

Éstos y otros detalles que se han venido precisando han fortalecido la convicción de que la turbulencia de pared contiene estructuras coherentes bien definidas, e incluso han llevado a suponer la presencia de ondas tridimensionales —producto de inestabilidad— que contribuirían a crear cierto orden espacial y temporal dentro de un flujo que antes se suponía totalmente desorganizado.[68]

Nuevos hallazgos

Antes de 1976, el estudio experimental de la turbulencia de pared se había circunscrito a escurrimientos con números de Reynolds bajos, con la idea de que las mediciones son tanto más fáciles de interpretar cuanto menor es la agitación. La investigación con números mayores reservaba sorpresas. En la Universidad de Cambridge, Promode Bandyopadhyay se propuso estudiar la capa límite en túnel de viento, utilizando al mismo tiempo visualización y sonda de hilo caliente. La visualización se conseguía introduciendo una neblina de vapor de aceite condensado y alumbrando desde arriba con un haz de rayos láser que al hacerlo pasar a través de un lente cilíndrico, se expandía en un plano. Con números de Reynolds bastante elevados, se notó la presencia frecuente de un efecto típico, que podía describirse como "una inclinación general de fisuras carentes de humo, o bien de filamentos llenos de aquél, que formaban con la pared un ángulo característico que parecía ser de alrededor de 40°. La evidencia visual sugería que este ángulo era una peculiaridad del flujo en la parte exterior de la capa, y parecía razonable suponer que no se extendería hasta la capa de pared". Se colocó una sonda de hilo caliente fuera de esta zona, en $y^+ = 40$ aproximadamente, y otra mucho más arriba, a medio espesor de la capa límite, pero desplazada con respecto a la primera de modo tal que la recta que unía las dos sondas formase un ángulo de 40° con la superficie. Registradas simultáneamente las señales de ambos hilos, se hallaron "regiones muy extensas... donde las señales eran virtualmente idénticas; lo cual llevaba

[67] *Id.*, 731-733.
[68] *Id.*, 734, 735.

a la especulación de que hileras de vórtices en horquilla, inclinadas en un ángulo de cerca de 40° con la superficie, llegaban a cruzar los hilos".[69] El aspecto que tendría una estructura turbulenta del tipo mencionado se ve en la figura 229. La razón por la cual las horquillas paralelas aparecen claramente sólo para números de Reynolds algo grandes podría ser que éstas resulten del estiramiento —al aumentar la velocidad de la corriente— de lazos que, para *Re* pequeño, serían gruesos, cortos y anchos, incapaces de organizarse en estructuras mejor definidas.

Esto lleva a una nueva imagen de la capa límite turbulenta propuesta por Bandyopadhyay en 1977: se trataría de un conjunto de elementos vorticosos que, en promedio, resultarán alineados y orientados, formando un ángulo bastante bien determinado con la pared. Así se explicarían las lenguas que aparecen en la zona de intermitencia, el

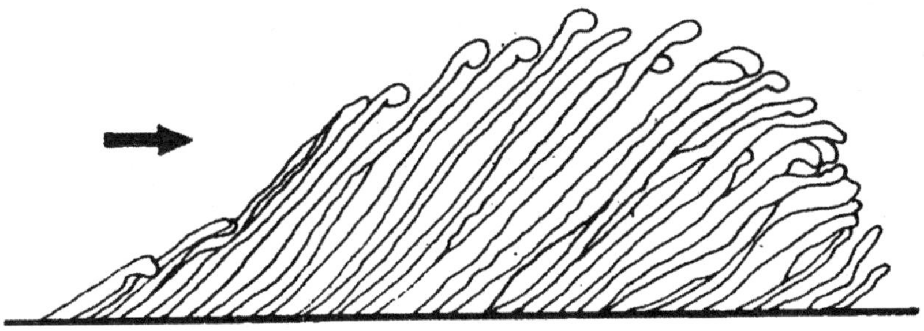

Figura 229

levantamiento de estrías de baja velocidad en la capa de pared y, más afuera, la alternación de masas de fluido rápido y lento y la presencia de vórtices trasversales observados por Nychas. Por supuesto, habría que renunciar a la idea de una "turbulencia totalmente desarrollada" caótica y en cierto sentido, a la concepción de una capa límite estratificada paralelamente a la pared (figura 214).

Lo anterior implica una revalorización de las ideas de Einstein y Li, así como de un modelo propuesto por Thomas Black en 1966 para explicar los primeros resultados experimentales de Kline y Runstadler. "Las últimas teorías estadísticas de la turbulencia de pared —escribía Black— conservaron la subdivisión tradicional en movimientos medios y fluctuantes, y adoptaron modelos matemáticos de la estructura de la turbulencia más elaborados en lugar de los tempraneros conceptos fenomenológicos que ahora se consideran defectuosos. Paralelamente a la tendencia a un planteamiento matemático más sofisticado, existía otra hacia una solución 'ingenieril' —puramente empírica— del problema, encaminada primordialmente a establecer técnicas de cálculo para

[69] Smith, 104.

predecir el comportamiento global de la capa límite. Entre esos dos planteamientos extremos, la carencia de datos precisos e inequívocos (particularmente de naturaleza visual) acerca de la variación de la estructura del flujo con el tiempo impidió por muchos años un progreso hacia una comprensión física de la mecánica del flujo cortante turbulento.

"El rápido avance de la dinámica de los fluidos y el desarrollo de nuevas técnicas experimentales ocurridos aproximadamente durante la última década han estimulado, sin embargo, la búsqueda de una teoría racional, determinística, de la turbulencia de pared, en dos aspectos principales. En primer lugar, la investigación aplicada ha enfocado la atención en varios fenómenos de la capa límite turbulenta que se pueden explicar y analizar satisfactoriamente tan sólo a través de un conocimiento detallado del movimiento inestable dentro de la capa cortante. Por ejemplo: el efecto de polímeros solubles diluidos sobre la fricción de pared turbulenta, aquel de superficies flexibles sobre el desarrollo de capas cortantes turbulentas, y la fluctuación de la presión de pared bajo flujos turbulentos. En segundo lugar, la investigación básica ha revelado, en el movimiento inestable turbulento, un grado de orden mucho mayor que lo que se había sospechado en un principio. En particular, recientes estudios visuales indican con claridad la presencia de una periodicidad relativamente bien ordenada en la estructura de gran escala que se llama 'de los vorticillos grandes'. Ahora existe no solamente la necesidad de una teoría que provea una descripción tanto del movimiento fluctuante como del medio, sino también de alguna evidencia concreta que sugiera que una teoría así es realizable, por lo menos con relación a las componentes turbulentas de gran escala".[70]

Con base en las consideraciones anteriores, Black descarta las viejas teorías que suponen una trasferencia directa y local de la cantidad de movimiento media, y propone otra que se apoya "esencialmente en la hipótesis básica de que el papel primordial de los elementos turbulentos en movimiento cortante... es excitar en la estructura de la subcapa [viscosa] una fuerte inestabilidad tridimensional del tipo observado por Kline y sus colaboradores. A su vez, esta inestabilidad provoca un rápido colapso *[breakdown]* del flujo de la subcapa, que se repite temporal y espacialmente sobre toda la superficie debajo de la capa turbulenta. Por sencillez, se supone que este fenómeno comprende una configuración rígida de colapsos altamente localizados, más o menos uniformemente distribuidos en el espacio, que avanzan hacia aguas abajo con una velocidad de convección característica igual a aquella de los elementos turbulentos excitadores de la capa (o sea, aproximadamente, al 80 por ciento de la del flujo libre).

[70] Black, 367, 368.

"En cada punto móvil de colapso, la energía se trasfiere del movimiento básico (lineal) a un modo rotacional, así que cada colapso se puede considerar simplemente como un generador de vórtice móvil, ubicado en algún sitio cerca de la frontera de la subcapa. La continua pérdida de energía cinética lineal [que ocurre] en ese punto requiere —por la condición de continuidad— una emisión local continua de fluido de la pared, de modo que cada colapso resulta acompañado por una enérgica erupción de fluido —en forma de chorro— a través de la capa... Este chorro coherente arrastra hacia fuera la vorticidad engendrada, para formar una lengua vorticosa continua orientada según cierto ángulo con la pared. Consideraciones bidimensionales muy sencillas indican que tal lengua... tenderá a establecer esencialmente una distribución [de velocidades según la ley] logarítmica a través de la capa, en [correspondencia con] la posición instantánea del colapso. Naturalmente, una distribución así es incompatible con las condiciones de frontera internas y externas; en particular, luego que el punto de colapso haya sobrepasado una estación fija dada, la condición de no-resbalamiento en la pared ocasionará un movimiento viscoso dependiente del tiempo, que se extenderá desde la pared hacia fuera para modificar la distribución originariamente logarítmica. Este movimiento continuará desarrollándose hasta que llegue el colapso siguiente, el cual hará que la distribución de velocidades regrese de nuevo a su forma logarítmica inicial. Además, como —según la hipótesis básica— la turbulencia circundante no contribuye a la trasferencia de cantidad de movimiento local, el escurrimiento —dependiente del tiempo— entre colapsos sucesivos será gobernado sólo por esfuerzos viscosos y por el gradiente de presión en el sentido de la corriente (siempre que éste exista).

"Así, el flujo cortante turbulento de pared se ve esencialmente como un movimiento viscoso dependiente del tiempo (al que se sobrepone una turbulencia que no interactúa con él), que se esfuerza continuamente en regresar a su estado laminar original,... pero se ve permanentemente contrarrestado por un colapso repetido, causado por una inestabilidad excitada por la turbulencia ambiente interna a la capa. Por tanto, la capa ya no resulta subdividida, como en el modelo clásico, en los regímenes espaciales de subcapa viscosa y flujo totalmente turbulento, sino en regímenes temporales de desarrollo viscoso lento y colapso no viscoso rápido. Durante el periodo de desarrollo, la subcapa sufre un déficit creciente en cantidad de movimiento, como resultado de la deceleración viscosa de la capa de pared; mientras que en el breve periodo de colapso, este déficit es trasportado a la región exterior por el fuerte chorro fluido que se asocia con aquél. El así llamado esfuerzo cortante turbulento, convencionalmente expresado por la cantidad — $\rho u'v'$, sólo está presente durante el colapso" y resulta físicamente de la coordinación de la velocidad del chorro saliente y de los cambios concomitantes (y altamente correlacionados) en la velocidad longitudinal, a través de la región de colapso.

"La producción efectiva de turbulencia (es decir, del movimiento casual en pequeña escala, distinto del movimiento organizado en gran escala) se atribuye al colapso de los chorros eruptivos. Estos chorros coherentes estarán sujetos a inestabilidad secundaria y colapso, en forma similar a aquella de los chorros libres, y proveerán así un suministro continuo de turbulencia para mantener cierto nivel de equilibrio en la región exterior de la capa. Este nivel tiene que ser tal que la inestabilidad y colapso de la subcapa resultante surtan una cantidad de turbulencia 'fresca' que sea justo lo suficiente para equilibrar proporcionalmente la mengua de turbulencia por disipación viscosa".[71]

En esencia, la teoría que Black desarrolla sobre estos principios "difiere de muchas otras teorías de la turbulencia de pared, pues considera el escurrimiento instantáneo no como suma de un movimiento medio y uno fluctuante aleatorio, sino como la de dos movimientos no permanentes. Uno de ellos (que puede llamarse primario) es un movimiento organizado de gran escala y baja frecuencia, que está 'pegado' a la pared y se describe en forma determinista (es decir, no estadística) por las ecuaciones del movimiento viscoso en función del tiempo. El otro movimiento (secundario) incluye los elementos turbulentos —o vórtices aleatorios— de alta frecuencia, que están 'separados' de la pared y se introducen a través del escurrimiento primario, mas no interactúan *directamente* con él; movimiento que sólo puede describirse sobre una base estadística".[72] Orientación sumamente interesante, que merece ser considerada y, al mismo tiempo, revisada y perfeccionada con base en los nuevos conocimientos acerca de la turbulencia de pared que se han ido adquiriendo desde que Black propuso su teoría.

[71] *Id.*, 368, 369.
[72] *Id.*, 370.

10

La hidráulica de Leonardo da Vinci

Leonardo y el agua

"En ese ingenio Dios había infundido tanta gracia y otorgado un intelecto y una memoria tan extraordinarios, y él sabía expresar tan bien su concepción con el dibujo de sus manos, que derrotaba con sus razonamientos y confundía con sus argumentos a todo gallardo ingenio. Cada día hacía modelos y proyectos para poder descargar con facilidad cerros y perforarlos a fin de pasar de un plano a otro, y mostraba cómo —por medio de palancas, árganas y tornillos— se pueden levantar y arrastrar pesos grandes; y maneras de dragar puertos, y bombas para sacar aguas de lugares bajos, que ese cerebro nunca dejaba de fantasear; de los cuales pensamientos y trabajos se ven diseminados por nuestro arte muchos diseños; y yo vi muchos de ellos". Esto escribía a mediados del siglo XVI Giorgio Vasari, a propósito de Leonardo da Vinci. Y añadía más adelante: "Era tan agradable en su conversación que se granjeaba las almas de la gente; y no teniendo —puede decirse— nada y trabajando poco, tuvo siempre criados y caballos, de los cuales deleitóse mucho, así como de todos los demás animales, que sustentaba con amor y paciencia grandísimos; y lo demostró, [ya] que, al pasear a menudo por los sitios donde se vendían pájaros, sacándolos de la jaula con su mano y pagando al vendedor el precio que se pedía, los soltaba al aire al vuelo, devolviéndoles la libertad perdida. Por lo que la naturaleza quiso favorecerlo tanto que, doquiera dirigió pensamiento, cerebro y alma, manifestó tanta divinidad en sus asuntos que ningún otro nunca lo igualó en presteza, vivacidad, bondad, hermosura y gracia para alcanzar la perfección".[1]

[1] Vasari, 130, 131.

En el año de 1517, el cardenal Luis de Aragón viajaba con su séquito por tierras de Francia. Los viajes en ese entonces eran insólitos y memorables; de modo que Antonio de Beatis, secretario del prelado, recibió el encargo de anotar todo lo que ocurriría; así lo hizo, y luego publicó el *Itinerario de Monsignor Reverendíssimo e Ilustríssimo il Cardinale de Aragonia*. Con referencia al día 10 de octubre, leemos lo siguiente: "En uno de los pueblos, el Señor fue con nosotros a ver a Leonardo da Vinci, florentino, anciano de más de 70 años, excelentísimo pintor de nuestra época, el cual mostró a su Señoría Ilustrísima tres cuadros: uno de cierta dama florentina, tomado del natural a petición del que fue el Magnífico Giuliano de Medici; el otro, de San Juan Bautista joven; y uno de la Virgen y de su Hijo, en las faldas de Santa Ana; todos perfectísimos. Es muy cierto que, por haberle sobrevenido cierta parálisis en la [mano] derecha, [ya] no se puede esperar de él algo bueno. Ha formado un discípulo milanés que trabaja bastante bien, y aunque el mencionado Leonardo ya no puede pintar con aquella dulzura que solía, todavía puede hacer dibujos y enseñar a los demás. Este gentil hombre se ha ocupado con todo detalle de la anatomía, mostrando con ilustraciones miembros como músculos, nervios, venas, articulaciones, intestinos, tanto de cuerpos de hombres como de mujeres, de una manera que aún no ha sido alcanzada por otra persona. Esto lo vimos por nuestros propios ojos... También ha compuesto escritos acerca de la naturaleza de las aguas, máquinas diversas y otros asuntos; lo cual ha expuesto en infinidad de volúmenes, todos en idioma vulgar, que —si se publican— serán útiles y agradables".[2]

En efecto, ¡qué provechosa hubiera sido la edición de esas obras!: basta con pensar que Leonardo vivió un siglo antes que Galileo, y dos antes que Newton. Sin embargo, los volúmenes no fueron publicados y aproximadamente la mitad de ellos se ha perdido. Quedaron en bibliotecas de soberanos o de ricos aficionados, esparcidos por varios países de Europa; así que pocos eran los afortunados que podían consultarlos, y menos quienes lo hacían con provecho, pues la presentación de los temas era a menudo desordenada y discontinua. En particular, ésta fue la condición de los escritos de Leonardo acerca del agua, a los cuales sin embargo él daba tanta importancia que, según hemos visto, al recibir al cardenal de Aragón, los mencionó en tercer lugar luego de haber conversado sobre los dos tópicos que más interesaban a los visitantes: pintura y anatomía.

Además, Leonardo era un solitario, exigentísimo hasta consigo mismo; como pintor tuvo pocos discípulos, y al parecer ninguno en los demás aspectos de sus actividades. Así, su influencia en el desarrollo de la hidráulica fue prácticamente nula; y esto nos ha

[2] Richter, 384.

impedido incluir sus aportaciones en los capítulos anteriores. Sin embargo, es forzoso hablar de ellos, tanto para señalar aquello en lo que Leonardo se adelantó a los investigadores de los siglos posteriores, como para dar a conocer problemas y planteamientos exclusivamente suyos, que no se incluyen en la hidráulica tradicional, muchos de los cuales no sólo ensanchan nuestra visión, sino que merecen ser propuestos de nuevo y analizados a fondo.

Apuntes y dibujos de Leonardo dan fe de su interés extremo por el agua. Leamos una descripción de los alrededores del Lago de Como, en Lombardía: "Frente al castillo de Bellagio está el río Latte que, [arrojándose] de una altura de más de cien brazas desde el manantial del cual brota, cae verticalmente en el lago con estruendo y ruido inconcebibles. Este venero escurre tan sólo en agosto y septiembre. Cerca de ocho millas arriba de Como se halla la [fuente] pliniana, que sube y baja cada seis horas: cuando sube, abastece de agua a dos molinos y todavía sobra; cuando baja, hace que la fuente se seque. Dos millas más arriba está Nesso, lugar donde el río se precipita con gran violencia por un soberbio despeñadero en la montaña. Estas excursiones se pueden realizar en el mes de mayo.

"Las peñas desnudas más grandes [que hay] en esas partes son los montes de Mandello, cerca de Lecco, y aquellos del valle de Chiavenna. Pero el [peñasco] de Mandello es el mayor de todos, y posee en su base, hacia el lago, una quebrada que desciende doscientos pasos; y aquí hay hielo y viento en toda estación. En Valsassina, entre Vimognio e Introbbio, a mano derecha, donde se alcanza el camino para Lecco, se topa con el río Troggia, que cae de una roca muy alta; y al caer se sume bajo tierra, de modo que termina allí... Sobre el lago de Como hacia Alemania está el valle de Chiavenna, donde el río Mera entra en el lago. Aquí hay montañas desnudas muy altas, con riscos desmesurados. En estas montañas se encuentran los pájaros de agua llamados cormoranes; crecen abetos, alerces y pinos; venados, cabras monteses, gamuzas y osos salvajes. No se puede subir [a ellas] más que con manos y pies. Los aldeanos van allí en tiempo de nieve con grandes ardides para hacer que los osos caigan sobre las peñas. Las montañas son cercanas entre sí y tienen el río en medio. Se prolongan así a la derecha y a la izquierda por una distancia de veinte millas. A cada milla se pueden hallar buenas posadas. Arriba del río hay cascadas de 400 brazas que ofrecen un espectáculo primoroso. Aquí se vive bien con un gasto de cuatro sueldos *[soldi]*. El río arrastra gran cantidad de madera".[3]

[3] *Id.*, 299, 300.

La noticia de una grave inundación induce a Leonardo a realizar un fatigoso viaje con el propósito de observar sus efectos, que luego describe: "Hay veneros que, debido a terremotos u otros accidentes, nacen súbitamente y de improviso desaparecen. Esto ocurre en una montaña en Saboya, donde ciertos bosques se hundieron y dejaron un abismo profundísimo; y a cerca de 4 millas de distancia el terreno se abrió en cierta playa cerril, y arrojó una súbita y desmedida inundación que barrió con todo un valle de tierras labrantías, viñedos y casas, y produjo un daño enorme en todo donde escurrió".[4]

Las nubes, agua suspensa en el aire, le embelesan: "En cierta ocasión, vi arriba de Milán, hacia el Lago Mayor, una nube en forma de montaña grandísima, llena de escollos abrasados porque los rayos del sol, que estaba en el horizonte que bermejeaba, la teñían con su color; y dicha nube atraía hacia sí todas las pequeñas que estaban en su derredor. La nube grande no se movía de su lugar; más bien, conservó en su cumbre la luz del sol durante una hora y media después del ocaso, tan inmenso era su tamaño; y a las dos horas engendró un viento tan grande que fue cosa estupenda, inaudita. Lo que hizo al apretarse fue esto: que el aire encerrado en ella, siendo comprimido por la condensación de la nube, rompía y se escapaba por las partes más débiles, escurriendo por el aire [exterior] con recio tumulto, actuando a semejanza de la esponja estrujada por la mano bajo el agua, de la cual el agua que la empapa huye entre los dedos de la mano que la aprieta, fugándose con ímpetu a través de la otra agua. Así hacía la nube, repelida y encogida por el frío que la envolvía, expulsando con violencia el aire de su interior y haciéndolo chocar contra el de afuera, hasta que el calor que —mezclado con la humedad de la nube— la ha elevado a altura tan grande viene a refugiarse en el centro de ella, rehuyendo el frío, su contrario; y, condensado allí, adquiere potencia; así se enciende, exhala súbitamente el vapor húmedo que lo rodea y se transforma en un viento furioso, movido por esa evaporación acrecentada. De tal modo, el viento que lo multiplica desde atrás despide el fuego de la nube como la llama [es arrojada] por la bombarda. Así sale de la nube una llamarada condensada tan grande, y recorre el aire con tanto más resplandor cuanto más concentrados y cálidos son los fuegos que la componen; éste es el rayo, que luego demuele y destroza todo lo que se opone a la trayectoria que le toca en suerte".[5]

De hecho, para Leonardo el vapor de agua es algo intermedio entre el agua y el aire: "Los elementos se convierten el uno en el otro, y cuando el aire se muda en agua por el contacto que tiene con su región fría, atrae hacia sí con furia todo el aire circundante, que se precipita furiosamente para llenar el lugar evacuado por el que se escapó; así

[4] *Códice Hammer*, f 11 v.

[5] *Id.*, f 28r.

una masa avanza sucesivamente tras otra, hasta que hayan compensado en parte el espacio del cual se ha quitado el aire: éste es el viento. Mas si el agua se convierte en aire, entonces el aire que antes ocupaba el espacio en el cual penetra la expansión mencionada debe ceder lugar en velocidad e ímpetu al aire que se ha producido; y éste es el viento.

"La nube o vapor que está en el viento la produce el calor y la vence y ahuyenta el frío que la lleva por delante; y donde ha sido desalojada, el calor se hace frío. Y como la nube que está siendo arrastrada no puede elevarse porque el frío la empuja hacia abajo, y no puede descender porque el calor la levanta, tiene necesariamente que avanzar de lado. Y creo que no posee movimiento propio porque, como las potencias mencionadas son iguales, confinan por igual la sustancia que está entre ellas; y si [ésta] logra escapar, lo que evade se dispersa y desparrama en todas las direcciones, justo como una esponja llena de agua que se estruja de modo tal que el agua se escapa en toda dirección desde el centro de ella".[6]

En síntesis, "el agua es el motor de la naturaleza... Nunca descansa hasta que se junta con el mar, donde si los vientos no la perturban, se asienta y queda con su superficie equidistante del centro del mundo. Si [es] calentada, se levanta fácilmente como vapor sutil a través del aire; el frío hace que se congele; el estancamiento, que se ensucie; es decir, el calor la pone en movimiento, el frío la hiela, la inmovilidad la contamina. Ella es la expansión y el humor de todos los cuerpos vitales. Sin ella, nada conserva su forma. Por su introducción, une y engruesa los cuerpos. Adquiere cualquier olor, color y sabor, pero en sí no tiene ninguno".[7]

Su poder es inmenso: "Desgasta y rebaja las altas cumbres de los montes; descubre y desplaza grandes rocas; remueve el mar de sus antiguas playas porque eleva su fondo con el material que aporta. En ella no se puede nunca percibir alguna estabilidad que su naturaleza no acabe sin demora. Con sus ríos, busca todo valle en declive, donde saca o deposita nueva tierra; por tanto, puede decirse que hay muchos ríos por los cuales todo este elemento ha pasado, devolviendo muchas veces el mar al mar. No hay parte de la tierra tan elevada que el mar no haya estado en sus fundamentos, ni abismo marino tan profundo que los montes más altos no tengan allí sus bases. Así, el agua es a veces mañosa, otras fuerte; a veces ácida, otras amarga; a veces dulce, otras espesa o delgada; a veces se la ve trayendo avería o pestilencia, otras salud, o bien —igualmente— veneno. Así podría decirse que adquiere otras tantas naturalezas cuantos son

[6] Richter, 39.

[7] *Id.*, 19, 20.

los sitios diferentes por los cuales pasa. Y como el espejo cambia con el color de sus objetos, así ésta varía con la naturaleza del lugar por el cual transita: saludable, nociva, laxante, astringente, sulfurosa, salina, sanguínea, deprimida, enfurecida, enfadada, roja, amarilla, verde, negra, azul, untuosa, espesa, delgada. A veces trae un incendio; otras lo extingue: es caliente y fría; ora arrastra, ora deposita; ora socava, ora levanta; ora demuele, ora asienta; ora rellena, ora vacía; ora eleva, ora profundiza; ora se apresura, ora queda quieta; ora es causa de vida, ora de muerte; ora de producción, ora de pérdida; ora nutre, ora hace lo contrario; ora es salada, ora sin sabor; y a veces con grandes inundaciones sumerge los anchos valles".[8]

Los códices vincianos

Las citas anteriores provienen de las anotaciones de Leonardo. Acostumbraba llevar consigo una libreta, donde asentaba por escrito o con dibujos, y sin orden previo, acontecimientos, observaciones, memorias, pensamientos, criterios y programas de trabajo e infinidad de otras cosas. Allí hallamos el relato de las pilladas de un niño, Giácomo Salaí, a quien Leonardo había acogido: "El día de Santa María Magdalena, 1490, Giácomo —que tenía diez años— vino a vivir conmigo. Ratero, mentiroso, testarudo, glotón. El segundo día mandé cortar para él dos camisas, un par de calzas y un jubón; y cuando aparté el dinero para pagar todo eso, lo robó de la bolsa; nunca ha sido posible hacerle confesar, aun estando yo totalmente seguro de eso —4 liras—. Al día siguiente fui a cenar con Giácomo Andrea, y el otro Giácomo comió por dos e hizo travesuras por cuatro, porque rompió tres frascos, derramó el vino, y luego llegó a comer donde yo...", el texto queda inconcluso.[9] Leemos nombres de posibles modelos: "Cristo —el joven conde, aquel [que está] con el cardenal Mortaro. Giovannina tiene una cara fantástica; vive en Santa Caterina, en el hospital. Alessandro Caríssimo de Parma, para la mano del Cristo".[10] Hasta encontramos la receta para volverse un rico industrial: "100 veces por hora y 400 agujas cada vez. Esto significa 40 000 agujas por hora y 480 000 durante doce horas. Digamos 4 000 000; redituaría 20 000 sueldos, a 5 sueldos por 1 000. Esto da un total de 1 000 liras por cada día trabajado; y, con veinte días hábiles cada mes, sumaría 60 000 ducados por año".[11]

[8] *Id.*, 21, 22.
[9] *Id.*, 311, 312.
[10] *Id.*, 321, 322.
[11] *Id.*, 325.

El papel era caro y no siempre fácil de conseguir; de modo que Leonardo utilizaba toda hoja que le llegaba a las manos, con tal que tuviese una cara en blanco. Así, las libretas leonardianas variaban en grosor y dimensiones. Su característica más célebre es que estaban escritas de derecha a izquierda. Mucho se ha discutido y fantaseado acerca de esto: si es efecto de extravagancia, síntoma psicopático asociado con la genialidad (esto sostenía Freud), o bien un ardid para dificultar a los demás la lectura. La realidad parece ser mucho más simple: Leonardo era zurdo; no sólo lo dejó escrito su amigo Luca Pacioli al presentar los admirables dibujos de poliedros regulares "conformados por esa inefable mano izquierda", sino que basta con observar sus sombreados, que siempre bajan de izquierda a derecha. Hoy se obliga a los zurdos a escribir como todos los demás —aunque tengan que torcer la mano de manera innatural para no tapar lo escrito—; pero en aquellos tiempos, más humanos, se les permitía hacerlo al revés. En el *Libro nuevo* de Giovambattista Palatino, "en el cual se enseña a escribir toda suerte de letra, antigua y moderna, de cualquier nación, con sus reglas, medidas y ejemplos", publicado en Venecia en 1540, no falta esa *lettera mancina* (letra zurda), con la recomendación anexa de no alarmarse por esa escritura ya que se lee mediante un espejo.

En el testamento de Leonardo está escrito: "El antedicho testador dona y lega a *Messer* Francesco de Melzi, noble milanés, en remuneración por servicios y favores que le hizo en el pasado, cada uno y todos los libros que el testador posee actualmente y los instrumentos y retratos pertinentes a su arte y profesión de pintura".[12] Así fue como Francesco Melzi heredó en 1519, entre otras cosas, todos los escritos incluidos en los "libros" del maestro. Al regresar a Italia. Melzi (que era el "discípulo milanés" mencionado por De Beatis) llevó los valiosísimos manuscritos a su villa en Vaprio, donde los conservó cuidadosamente; allí pudieron verlos algunos visitantes. La dispersión de estas obras se inició después de fallecido Melzi, en 1568, cuando su hijo Orazio decidió amontonarlas en el desván. No es de extrañar pues que el preceptor de la casa, Lelio Gavardi, se lleve trece de ellas. Sin embargo, cuando intenta sin éxito venderlas al duque de Toscana, Giovanni Mazenta, antiguo compañero de estudios en la universidad de Pisa, lo reconviene y convence de que hay que devolverlas a los Melzi. Gavardi no se atreve, y Mazenta lo hace por él. Pero a Orazio no le interesan esos papeles viejos y resuelve que Mazenta se quede con ellos; así hallamos los trece manuscritos repartidos entre los dos hermanos de éste: seis con Guido y siete con Alessandro. Con igual prodigalidad, los Melzi han donado a otros amigos un buen número de papeles y dibujos de la herencia del padre.

[12] *Id., 388.*

Felizmente, mientras los herederos desbaratan desatinadamente una colección que era tan necesario mantener unida, hay quien se interesa en juntar los fragmentos dispersos. Pompeo Leoni, escultor del rey de España, prometiendo a Orazio Melzi los favores del monarca y la dignidad de senador, consigue que Orazio convenza a Alessandro Mazenta de que ceda sus manuscritos. Con Guido la cosa resulta más difícil: después de quince años, Leoni logrará obtener sólo tres de ellos. Infatigable, adquiere muchos otros; y al fin los reúne, los coloca —según la costumbre de las bibliotecas de entonces— en orden de tamaño, y así los numera. Quedan 19 manuscritos, pero debieron de ser 46 por lo menos, porque éste es el número que corresponde a uno de los que conocemos. Además Leoni contraseña cada volumen con una letra y, como el alfabeto no alcanza, las duplica: *AA*, *BB*, etc. Tras la letra viene un número: el de las páginas que posee el manuscrito; indicación valiosa, que permite comprobar en muchos casos cuántas hojas le han sustraído.

Además de los volúmenes mencionados, Leoni reúne más de dos mil hojas sueltas escritas o dibujadas por Leonardo, y decide muy atinadamente encuadernarlas en dos álbumes. En el primero junta todas las artísticas y anatómicas, y lo titula "Dibujos de Leonardo da Vinci restaurados por P Leoni"; en el segundo, "Dibujos de máquinas y de las artes secretas y otras cosas de Leonardo da Vinci, recogidas por P Leoni", mete todo lo demás.

Para formar los álbumes, Pompeo consigue robustas hojas de tamaño uniforme y en ambos lados de ellas pega las de Leonardo, disponiéndolas de acuerdo con su sentido artístico, sin preocuparse del orden original, cronológico o de materia, que tal vez le es imposible averiguar. Un buen día se muda a Madrid, llevando consigo su invaluable tesoro.[13]

Al morir Leoni, en 1608, empieza una nueva dispersión. Thomas Howard, conde de Arundel, gran cazador de escritos vincianos, adquiere en España el códice que se conoce con su nombre y el primer álbum de Leoni; luego los traslada a Inglaterra. Más tarde, Howard —obligado por la Guerra Civil— tuvo que dejar el país, y se desconoce si llevó esas obras consigo. Lo más probable es que el álbum de dibujos ya lo hubiese cedido al rey Carlos I. Lo que se sabe con certeza es que dicho álbum, en 1690, se hallaba en posesión de la reina María II. Durante tres siglos, los 600 dibujos quedaron encerrados en un volumen y, como estaban trazados con carboncillo o lápiz rojo, se dañaron con el roce de las páginas; por tanto, a fines del siglo pasado se decidió separarlos y fijarlos

[13] Zammattio, 73-78.

sobre láminas de cartón. Tiempo después, se inició la labor de desprender las hojas ilustradas en ambas caras y encerrarlas entre láminas de plástico transparente. Como se ha comprobado que tal arreglo evita el decoloramiento, se está procediendo a acomodar de la misma manera todas las demás.[14] Esta obra —que forma parte de la famosa colección del Castillo de Windsor— y los códices Leicester, Arundel y los tres Forster (dos de los cuales fueron adquiridos en Viena por Lord Lytton en 1876), todos conservados en Inglaterra, han logrado despertar y mantener durante siglos, en ese país, un gran interés por Leonardo y formar una eminente escuela de investigadores vincianos.

El segundo álbum, que se conoce como códice Atlántico, por tener el tamaño de un atlas, siguió una trayectoria diferente. Llega, junto con otros volúmenes, a Milán, donde el dueño, necesitado de dinero, se propone venderlos. Le sugieren que lleve el Atlántico a Florencia y lo ofrezca al gran duque Cósimo II, nuestro viejo conocido: la tierra de Leonardo seguramente no lo rechazará. Así lo hace; pero el prudente Cósimo, cuidadoso con su dinero, pasa el torno a sus expertos para que lo valúen. Esos señores miran los dibujos, mezcla de cosas raras, de los cuales entienden poco o nada; intentan leer; consiguen un espejo y con dificultad descifran algo, pero el texto no les convence. Como sabios, buscan en él un tratamiento sistemático al estilo de Galileo, que no encuentran: la encuadernación arbitraria de Leoni ha destruido toda ordenación entre página y página. El responso final de los expertos es desfavorable: se trata —dicen textualmente— de "cosa muy trivial". El códice regresa a Milán. En 1622, el conde Galeazzo Arconati lo compra, agregándolo a una colección vinciana ya importante. Luego de quince años, el conde dona todos esos volúmenes a la Biblioteca Ambrosiana de esa ciudad, donde finalmente deberían descansar tranquilos. Sin embargo, les espera otro viaje: por orden del general Bonaparte —quien considera que "todos los hombres de genio, todos aquellos que alcanzaron un nivel distinguido en la república de las letras, son franceses, cualquiera que sea el país que los ha visto nacer"— el códice Atlántico y otros doce tomos de Leonardo son trasladados a París (allí los verá Venturi en 1786). En 1815, terminada la aventura napoleónica, el códice regresa a Milán: es el único que, mediante la gestión del gobierno austriaco, Francia restituye a la Ambrosiana.[15]

En 1894, el Atlántico se desencuaderna para una edición fotográfica, y luego se junta en fascículos. En 1962, se encarga a los monjes de Grottaferrata la restauración del códice. Cuando los papeles de Leonardo estaban escritos por ambos lados, Leoni había abierto una ventana en la hoja de soporte; pero si el reverso iba en blanco, o bien llevaba

[14] Pedretti, 15.

[15] Marinoni, *Restauro*, 9, 10.

textos de mano ajena, la ventana no se abría. Después de tres siglos y medio, al despegar las páginas, las caras ocultas reaparecen. Una de ellas trae la gran sensación: trazada por mano inexperta, casi seguramente de Salaí a sus 11 o 12 años, está una bicicleta. Con ruedas de madera, por cierto; pero no es como esas del siglo pasado, que se empujaban hincando los pies en el suelo o bien con unos pedales fijos en el eje de una de las ruedas; es una bicicleta como las de hoy, con dos ruedas iguales y entre ambas los pedales, unidos a una rueda dentada y cadena para transmitir el movimiento a la rueda trasera.[16]

El 14 de febrero de 1969 una noticia mucho más importante que la anterior se difunde en todo el mundo: un códice vinciano desconocido ha sido descubierto en la Biblioteca Nacional de Madrid. Circula la voz de que el profesor Piccus, de una universidad de Massachussetts, habiendo pedido por su número de catálogo ciertos libros medievales que *sólo* a él interesaban, recibió por equivocación dos volúmenes originales de Leonardo. Sea o no cierta la anécdota, el hecho es que una nueva obra, el *Códice de Madrid* —seguramente proveniente de las posesiones de Pompeo Leoni, cuya letra aparece en ciertas signaturas— resulta asequible, luego de haber permanecido oculta durante siglos. El camino que ha recorrido está lleno de dudas: se sabía que dos libros dibujados y escritos por Leonardo habían sido vistos, en 1628, en la casa de Juan de la Espina, y que Lord Arundel había intentado en vano adquirirlos. Un índice de la Biblioteca de Madrid, redactado en la década de 1820, registraba entre otras cosas dos "Tratados de fortificación, estática, mecánica y geometría; escritos al revés, en los años 1491 y 1493... ; Aa. 19-20". La signatura estaba equivocada: la verdadera era 119-120; y este trastrueque fue tal vez el responsable de la "desaparición" de tales volúmenes, ya que hay noticia de que a un investigador que —en el comienzo de este siglo— los había solicitado, se le contestó (como a veces se nos informa en las bibliotecas) que era imposible encontrarlos y que quizá habían sido robados.[17]

La emoción que el descubrimiento provocó entre los estudiosos fue enorme; y con razón: el primer volumen, *Madrid I*, dedicado a la mecánica (incluyendo la de fluidos) y mecanismos, es un ejemplar realmente excepcional entre los códices vincianos por su presentación gráfica y homogeneidad en su contenido; *Madrid II* consta de dos cuadernos, el primero de los cuales incluye una miscelánea de anotaciones relacionadas esencialmente con un viaje del autor a la isla de Elba, mientras que el segundo se refiere sobre todo a geometría.[18]

[16] Zammattio, 155-159.

[17] Marinoni, *Scoperta*, 1-3.

[18] *Id.*, 6, 7.

El tratado del agua

El códice Leicester —hoy llamado *códice Hammer* por haber sido adquirido a fines de 1980 por el mecenas californiano Armand Hammer— lleva una portada que dice: "Libro original [acerca] de la naturaleza, peso y movimiento de las aguas, compuesto, escrito e ilustrado con su propia letra a la zurda por el insigne pintor y geómetra Leonardo da Vinci en el tiempo de Ludovico el Moro, cuando éste llevó las aguas del Canal de la Martesana desde el [río] Adda hasta Milán... Adquirido por la gran fuerza del oro, para sublimar las fatigosas colecciones de su estudio, por Giuseppe Ghezzi pintor en Roma". Por cierto, el nombre del propietario —escrito al pie de la página— ha sido tachado, evidentemente por dueños posteriores.

Otro detalle que revela una parte de la historia del códice es que la frase "por la gran fuerza del oro" es una enmienda, escrita sobre algo que ha sido raspado. ¿A qué se debe esto? Ghezzi había encontrado el volumen en 1690, hurgando dentro de un viejo cofre perteneciente al escultor Guglielmo della Porta —autor del sepulcro del papa Paulo III— quien vivió en Roma desde 1537 hasta 1577; de modo que seguramente no había gastado mucho para adquirirlo, y a lo mejor lo que está borrado aludía a la extraordinaria suerte que le había llevado a descubrir ese códice. Al principio Ghezzi pensó que era un célebre tratado de Leonardo sobre las aguas, mencionado por la tradición popular; sin embargo, como el volumen tenía poco interés para su "fatigosa colección" y más bien le podía producir mucho dinero, Ghezzi decidió venderlo y, con el propósito de enfatizar su valor comercial, debió de realizar la corrección señalada.[19]

¿Quién podía estar interesado en la compra? La Biblioteca Ambrosiana, por supuesto. Así que Ghezzi de inmediato ofreció allí el códice, pidiendo tal vez una suma exorbitante. ¡Si hubiese sido un tratado de pintura o anatomía!; pero el Reverendo Padre director de la biblioteca debió de pensar que la hidráulica no merecía ese precio: "El RP —reza una nota que ha llegado hasta nosotros— bien codiciaría esta gloria; sin embargo... se halla escaso de fondos para adquirir un estudio de aguas. Así, hay que esperar que se hagan cuartos".[20] Los cuartos no aparecen; y vemos a Ghezzi afanarse en busca de otro cliente. Nadie se interesa; Ghezzi envejece y la venta del códice se vuelve su obsesión: averigua quiénes son los intelectuales adinerados que visitan Roma y les muestra su tesoro: ellos lo hojean, fijándose en las figuras trazadas en el margen. Algo de astronomía y mucha hidráulica; poco dibujo y mucho escrito con una letra

[19] *Códice Hammer*, XXV, XXVI.
[20] *Id.*, XXVI.

Libro Originale

Della Natura, peso, e moto delle Acque,
Composto, scritto, e figurato di proprio
Carattere alla mancina
Dall' Insigne Pittore, e Geometra
Leonardo da Vinci
In tempo di Ludovico il Moro, nel condur
che fece le Acque del Naviglio della
Martesana dall' Adda à Milano.

Si autentica con la precisa Mentione che ne fà
Raffaelle du fresne nella Vità di detto Leonardo,
descritta nel suo Libro stampato in Parigi
da Giacomo Longlois l'Anno 1651. intitolato
Trattato
Della Pittura
Di Leonardo da Vinci &.
Acquistato con la gran forza dell'Oro, per sublimare
le fatigose raccolte del suo Studio
da
[illegible].

indescifrable; apenas 72 páginas: nadie las compra. Transcurre casi un cuarto de siglo sin que la anhelada transacción pueda realizarse. Tiene que aparecer un jovencito inglés, Thomas Coke, que más tarde se volverá Lord Leicester. Un viaje a Italia se consideraba entonces esencial para la formación cultural de esos aristócratas; así que en 1713, a los 15 años de edad, Thomas llega a Roma, donde vive dos meses. Disponiendo de riquezas considerables, va en busca de cosas antiguas y raras; y conoce a Cavaceppi, escultor y restaurador, con quien recorre la ciudad y a quien encarga el hallazgo de más tesoros ocultos. Thomas vuelve a Roma, por periodos de unos tres meses, en 1714, 1716 y 1717; y durante una de estas visitas, Cavaceppi le presenta a Ghezzi y la venta del códice tiene lugar.[21] Leicester lleva la adquisición a su castillo de Holkham Hall en Norfolk; la obra permanece allí hasta 1980, fecha en que deja esa residencia para viajar a California con su nuevo propietario.

A pesar de ser uno de los escritos más congruentes y ordenados de Leonardo y de aludir principalmente al agua, el códice Hammer no puede de ningún modo considerarse como un tratado hidráulico. Leonardo no era un hombre sistemático: tenía demasiados intereses, su curiosidad lo distraía con frecuencia y la actividad de su mente era muy apresurada. En la cuarta página del códice, interrumpe bruscamente un largo discurso acerca de flotación y hundimiento de cuerpos para declarar: "Aquí dejaré a un lado las pruebas, que se ofrecerán luego en la obra ordenada, y me dedicaré únicamente a hallar casos e inventos, los dispondré uno tras otro según como se presenten, y luego pondré orden, reuniendo los de un mismo género. Así que no te reirás de mí, lector, si aquí se brinca tanto de un tema a otro".[22] Sin embargo, la "obra ordenada" no aparecerá. En esos tiempos (y durante dos siglos más, hasta Newton y más allá de él), un tratamiento científico debía desarrollarse por definiciones, temas, proposiciones y demostraciones; esto atraía a Leonardo, como imagen y símbolo de una teoría universitaria, pero al mismo tiempo le repugnaba, por ser lo más contrario a su manera natural de exponer sus raciocinios. Aunque creció en la época del humanismo, y fue coetáneo de Lorenzo el Magnífico y de dos de los grandes eruditos que lo rodean —Angelo Poliziano y Pico della Mirandola—, Leonardo, quien ni siquiera entendía el latín, no se siente apocado; porque tiene conciencia de poseer un estilo sencillo, pero claro y eficaz: "Sé bien que, por no ser yo letrado, a algún presuntuoso le parecerá razonable poderme censurar, alegando que soy hombre sin letras *[omo sanza léttere]*— ¡gente estulta! Tales personas no saben que, así como Mario contestó a los patricios romanos, yo podría responderles

[21] *Id.*, XXV.
[22] *Id.*, f 2v.

diciendo: aquellos que se adornan con las fatigas ajenas no quieren concederme a mí mismo las mías. Dirán que, por carecer de letras, no puedo expresar bien lo que quiero tratar. Ahora, éstos no saben que mis argumentos se han de sacar, más que de palabra ajena, de la experiencia, que ha sido maestra de quien ha escrito bien; y así por maestra la tomo, y aquélla en todos casos alegaré".[23]

Sin embargo, un tratado sobre las aguas está siempre en sus propósitos; y en los márgenes de las hojas del códice Hammer encontramos programas para redactarlo: "Antes harás un libro que trate [acerca] de los lugares ocupados por las aguas dulces; el segundo, por las aguas saladas, y el tercero, de cómo, debido a la salida de aquéllas, éstas nuestras partes se aligeran y por consiguiente se alejan más del centro del mundo".[24] Y más adelante: "División del libro: libro primero, de las aguas en sí; libro 2°, de la mar; libro 3°, de las venas; libro 4°, de los ríos; libro 5°, de la naturaleza de los fondos; libro 6°, de los obstáculos; libro 7°, de las gravas; libro 8°, de las superficies del agua; libro 9°, de las cosas que son movidas en aquéllas; libro 10°, de las riberas de los ríos; libro 11°, de los conductos; libro 12°, de los canales; libro 13°, de los instrumentos rodeados por las aguas; libro 14°, de [cómo] hacer que las aguas suban; libro 15°, de las cosas desgastadas por las aguas".[25]

El tratado de Hidráulica de Leonardo nunca existió; sin embargo, tanto se había hablado de él que, en los tiempos de Castelli —cuando la hidráulica volvió a estar de moda—, apareció alguien que quiso reconstruirlo. En la biblioteca del conde Arconati solía entrar, y encerrarse días y noches, un muchacho, su hijo Francesco, quien, loco por el estudio, decidió muy pronto ingresar en la orden dominica como fray Luigi María. Su pasión eran los manuscritos de Leonardo, perla de la colección paterna, y quiso transcribir todo lo que en ellos se refería al agua. Luego reordenó el material y lo reunió en un volumen que tituló *Leonardo da Vinci, Del moto e misura dell'acqua* (*Movimiento y medición del agua*), subdividido en los nueve capítulos siguientes: 1°, de la esfera del agua; 2°, del movimiento del agua; 3°, de la onda del agua; 4°, de los vórtices del agua; 5°, del agua que cae; 6°, de los daños producidos por el agua; 7°, de los objetos transportados por el agua; 8°, de la onza del agua y de los caños; 9°, de los molinos y otros mecanismos de agua. (Creo que el lector recordará —de los escritos de Castelli— que en aquella época la onza se tomaba —incorrectamente— como unidad para medir el gasto). El manuscrito de Francesco Arconati, que se conserva en la Biblioteca Vaticana,

[23] Zammattio, 130.
[24] *Códice Hammer*, f 9r.
[25] *Id.*, f 15v.

fue impreso por primera vez en 1826, en el décimo volumen de la *Raccolta d'autori che tráttano del moto dell'acque* (cuarta edición).

El temario de este compendio difiere bastante de aquel del códice Hammer, más orientado hacia los fenómenos naturales. De hecho, Arconati no conocía ese códice, el cual debería de estar entonces encerrado en el cofre de Della Porta. Las transcripciones realizadas por Francesco provienen en su mayor parte del Atlántico y de los volúmenes que están en París. Se piensa que las citas textuales no localizadas son de obras que se han perdido.

Un plan de investigaciones

En el códice Hammer, Leonardo propone un "orden del libro de las aguas" que abre un panorama inmenso: "Del elemento del agua. Si la esfera del agua es concéntrica con el centro del aire y del fuego, o no. Si el centro de gravedad del agua coincide con el de la Tierra. Cómo el centro de gravedad del agua y el de la Tierra no coinciden [entre sí], ni con los del aire y del fuego. Cómo, si el agua estuviese sola, sin la Tierra, su centro de gravedad coincidiría con aquellos del aire y del fuego; y lo mismo ocurriría con la Tierra si en el mundo no existiese el elemento agua. Cómo se entiende que la esfera del agua corresponde al océano, y no incluye los mares mediterráneos; porque el gran número de ríos que se echan en ellos mantienen su superficie más lejos del centro del mundo de lo que está la del océano, que es mayor, y —en comparación con su tamaño— recibe menos ríos. Si el flujo y reflujo provienen de la Luna o del Sol, o bien si se trata de la respiración de esta máquina terrestre. Cómo el flujo y reflujo son distintos en diferentes países y mares. Cómo las bocas de los mares mediterráneos —en sus flujos y reflujos— echan al océano más agua que el océano a dichos mares. Cómo la superficie del océano alejada de los litorales marinos es la parte más baja que tiene el conjunto de tierra y agua. Cómo la tierra arrastrada a los [mares] mediterráneos por los ríos que desembocan en ellos expulsa a dichos mares de su sitio. Cómo el movimiento de las aguas muda de su lugar el centro de la Tierra y de las aguas. Cómo las aguas acabarán por aplanar los montes, porque [éstas] lavan la tierra que los viste y descubren sus rocas, que se pudren y convierten continuamente en tierra, vencidas por el calor y el hielo; y las aguas consumen sus fundamentos, y los montes se derrumban poco a poco sobre los ríos, desgastando sus bases; y las aguas rebalsadas por tales derrumbes forman los piélagos.

"Cómo el centro de gravedad de agua y tierra en conjunto sea concéntrico con el centro de los elementos, que sube con su misma materia. Cómo las dichas del mar, en sus valles, no elevan las aguas saladas más arriba que en los tiempos de mar calmado. Cómo, durante las grandes borrascas, las olas arrojan a la tierra todo cuerpo liviano y arrastran a la mar mucho material térreo que durante largo tiempo enturbia las aguas marinas. Cómo las piedras sueltas al pie de valles escarpados, golpeadas por las olas se vuelven cuerpos redondos; y es parecido lo que ocurre con muchos objetos que dichas olas empujan y echan a la mar. Cómo las olas del mar, al chocar con sus riberas, se vuelcan girando sobre sí mismas, sin cambiarse por aguas nuevas. De la naturaleza de los fondos marinos y del movimiento del agua en aquellos. Cuál es la causa que empuja a las aguas desde los bajos fondos de los mares hasta las altísimas cumbres de los montes. Cuál tiene más potencia, si el aire bajo agua o bien el agua dentro del aire, y —a igual cantidad— cuál posee movimiento más veloz. Cómo los choques de las grandes olas marinas no tienen en ninguno de sus efectos, ni proporción, ni semejanza con los de las pequeñas. Cómo las ondas marinas rompen al revés que las de los ríos. Cómo las olas se calman y forman largas capas en el mar de agua quieta, inmóvil, cuando dos vientos contrarios chocan en ese sitio; y así, en tales colisiones, aparecen diversas configuraciones de mar tranquilo rodeadas por ondas pequeñas de mareta. Cómo la borrasca del mar tiene movimientos opuestos en la superficie y en el fondo. Cómo el choque de olas entre sí hace que el agua se vaporice en aire turbio, a modo de neblina tenue. Cómo las venas de las aguas del mundo nacen en las grandes profundidades marinas. Cómo en dichas profundidades las aguas no son saladas, porque las venas interpuestas entre el mar hondo y las cumbres de los altos montes no echan sus aguas más cómodamente al mar que a las playas de esos montes. Por qué, con aire uniformemente sereno, la superficie del mar se ve con varias claridades y oscuridades. Por qué las olas del mar se componen de cumbres y valles interrumpidos y desordenados. Por qué, cerca de la orilla, las olas son más altas allá donde el agua es más baja. Si la ola que comienza en una orilla del mar prosigue hasta la opuesta, o bien si el viento se lo permite".[26]

La lista se interrumpe al final del folio 17 *verso* (reverso de la hoja) para proseguir en el 20 *recto* (anverso de la hoja): "Si el movimiento del viento es curvo, siguiendo la curvatura de la esfera del agua, o bien recto. Si la ola creada por el viento tiene la misma velocidad que aquel. Si la ola prosigue su movimiento sola, luego del golpe del viento que la creó. Si el contacto de las aguas que por encima van hacia la orilla y por debajo huyen de ésta es causa de que dos aguas en su estregamiento se mezclen; es decir, si el agua que va y aquella que viene por debajo de la primera se mezclan en sus

[26] *Id.*, f 17v.

partes que se rozan mutuamente en la frontera. Si, apoyándose todo el mar sobre todo su fondo, parte del mar debe apoyarse sobre parte del fondo. Por qué los ríos penetran siempre turbios de limo fino en las aguas saladas, y el mar tiene siempre en sus orillas arena árida y tosca. Por qué los huesos de los grandes peces, ostras, corales y varias otras conchas y caracoles se... encuentran sobre las altas cumbres de los montes marítimos, del mismo modo que se hallan en los bajos mares. Cómo la superficie del agua topada por el movimiento del aire se conforma igual que aquella de los arenales topada por el movimiento de las aguas. Cómo la superficie del agua conserva la forma de cualquier ola en alguna distancia de recorrido, luego de que la ola se ha creado. Cómo la ola no pierde el ímpetu en la forma [que adquiere] por causa de otra ola que se interseque con ella. Cómo la ola no rebota del sitio donde choca formando ángulos iguales, según hacen los cuerpos rígidos y densos. Cómo la arena se descarga en la desembocadura de los ríos. Cómo, debido a los vientos, el bulto de los montes de arena cubierta por las aguas saladas muda de sitio, figura, número y magnitud. Cómo las orillas marinas ganan continuamente terreno hacia el centro del mar. Cómo los escollos y promontorios de los mares se desmoronan y consumen en forma constante. Cómo los [mares] mediterráneos descubrirán sus fondos al aire, y reservarán su lecho tan sólo al mayor río que se meta en él, el cual correrá hacia el océano para echar allí sus aguas junto con aquellas de todos los ríos que lo acompañan.

"Cómo la claridad del aire proviene del agua que se ha disuelto en él en forma de partículas imperceptibles, quienes, al recibir la luz del Sol del lado opuesto, producen la luminosidad que aparece en el aire; y el azul que se ve en él nace de las tinieblas que se ocultan detrás. Cómo el mar no forma sus olas del lado donde viene el viento; más bien, en ese sitio se muestra tranquilo y sereno, debido a la altura de las orillas que lo escudan de la llegada del viento. Además, hablaremos de los cuerpos que se mueven dentro de dicha agua, llevados por las olas. De los cuerpos que, movidos por el viento, son puestos sobre las aguas. De los cuerpos inmóviles topados por las aguas. Si el objeto movido por el agua posee la misma velocidad del agua que lo mueve, o no. Si alguna vez el movimiento reflejado del agua se eleva a la altura donde se inicia su movimiento incidente. Si la superficie del agua puede ser plana, o no. En la naturaleza es posible que el agua se encuentre mucho más sobre los labios del vaso que dentro de ellos; es decir [más] cerca del centro del mundo.

"Cuáles son los objetos que las agua de los ríos acarrean en los [diferentes] tramos de su cauce, o sea, dónde [arrastran] los cantos gruesos, dónde los medianos, los menudos, arena, limo y cosas semejantes. Por qué durante siete años el [río] Adige se levanta y [durante] siete baja, produciendo carestía o abundancia. Por qué, luego de las pestilencias, los ríos se ahondan y corren claros, mientras que antes eran anchos y poco profundos, y siempre turbios. Por qué los choques del agua son más poderosos en invierno que en verano. Cómo el agua turbia produce más golpes que la clara. Cómo el agua que corre rectamente mantiene su tirante mayor en el medio de su ancho; tirante bajo el cual estará su máxima profundidad. Cómo, en los ríos serpenteantes, la profundidad varía de una ribera a otra; es decir, [aumenta] allí donde ellos golpean la ribera de modo que su movimiento incidente se convierte en reflejado. Cómo las partes menos hondas del cauce de un río serpenteante se encuentran en el espacio donde el movimiento reflejando se convierte en incidente. Cómo, en tales ríos, será rarísimo hallar que la línea de mayor profundidad sea paralela a la de sus riberas. Cómo se mide la profundidad de un embalse en el sitio donde el agua que cae en él lo golpea. Si el agua, en sus revolvimientos, forma ángulos con el fondo. Cómo los ángulos de los lechos de los ríos son creados por la conjunción de dos aguas que chocan entre sí".[27]

Espléndido programa para un tratado de hidráulica natural que nunca se ha escrito —y mucho me temo que nunca se escribirá—, en el cual se incluyen hidrología y mecánica de los ríos y del mar, y tantas otras cosas, desde el color del aire hasta el ascenso capilar. Quien dijo que la hidráulica —como ciencia— es vieja y ya no tiene nada que descubrir, que intente interpretar todo esto, y verá cuán grande es todavía nuestra ignorancia.

La furia del agua

"Léeme, lector, si te deleitas en mí; porque rarísimas veces he renacido al mundo. Porque la paciencia para tal profesión se encuentra en pocos que quieran componer de nuevo semejantes cosas. ¡Y venid, hombres, a ver los milagros que por tales estudios se descubren en la naturaleza!".[28] Leonardo siempre está dispuesto a ser nuestro guía para mostrarnos un universo donde realidad y fantasía de pintor rivalizan y se confunden, quedando el agua como la eterna protagonista: "Preséntese primero la cumbre de una abrupta montaña con valles que rodean sus bases, y véase en sus laderas la superficie del suelo que resbala juntamente con las raicillas de pequeños matorrales, dejando descubierta una gran porción de las rocas circundantes. Bajando devastador desde esos

[27] *Id.*, f 20r, v.
[28] Zammattio, 4.

despeñaderos, siga [el deslave] su carrera precipitosa, descubriendo las raíces retorcidas y nudosas de los grandes árboles, volcándose en ruina; y revelen las peñas al desnudarse las profundas grietas que antiguos temblores crearon en ellas; y estén las bases de las montañas cubiertas y revestidas en gran parte por restos de arbustos que han caído de las laderas de los excelsos picos montanos; y estén mezclados con lodo, raíces, ramas de árbol con diferentes tipos de hojas hundidos entre lodo, tierra y piedras. Y bajen los fragmentos de algunos de los peñascos al fondo de los valles, y allí formen un dique a las aguas hinchadas de su río; el cual, habiendo ya reventado sus bordes, se precipita con olas enormes, topando y destruyendo los muros de las ciudades y granjas del valle. Y levanten las ruinas de los altos edificios de estas ciudades mucho polvo, que sube en forma de humo o enrosca nubes contra la lluvia que cae. Y cuando ingentes masas de escombros, que se precipitan de los altos montes o grandes edificios, chocan con las aguas de los extensos lagos, grandes cantidades de agua rebotan en el aire en dirección opuesta, porque el ángulo de reflexión será igual al de incidencia. De entre los objetos arrastrados por las corrientes, aparecerá a mayor distancia de la ribera opuesta aquel que es más pesado o de mayor volumen. Pero las aguas hinchadas irán revolviéndose en el lago que las confina, chocarán con torbellinos remolinantes contra los diferentes obstáculos y se lanzarán al aire como espuma turbulenta; luego caerán hacia atrás, forzando al agua golpeada a arrojarse de nuevo al aire. Y las ondas circulares que retroceden desde el lugar del impacto son impulsadas a través del curso de otras ondas circulares que avanzan en dirección opuesta y, luego de haber topado con aquéllas, se levantan en el aire sin separarse de su base.

"Donde el agua abandona el lago, se ve que las ondas producidas se expanden hacia la salida; así el agua que cae o desciende a través del aire adquiere peso e ímpetu y al chocar con la de abajo penetra en ella, la hiende y se sume con furia para alcanzar el fondo; luego, retrocediendo, vuelve a brincar hasta la superficie del lago, acompañada por el aire que se sumergió con ella; y este aire queda en la espuma, mezclado con leños y otras cosas más ligeras que el agua; alrededor de éstos se forman los principios de ondas que crecen en circunferencia a medida que alcanzan más movimiento; y este movimiento las hace más bajas en proporción con la mayor base que adquieran; y por tanto quedan poco evidentes al amortiguarse. Sin embargo, si las olas rebotan contra varios objetos, brincan hacia atrás al acercarse otras olas, observando en su curva la misma ley de desarrollo que ya mostraron en su movimiento original. La lluvia al caer de las nubes posee el mismo color que ellas en su lado en sombra, a menos naturalmente que los rayos del sol penetren allí, en cuyo caso la lluvia aparecerá menos oscura que la nube. Y si el gran peso de los escombros de las inmensas montañas o de grandes edificios golpea en su bajada los grandes charcos de agua, una gran cantidad de ésta rebotará en el aire, y su sentido será en la dirección opuesta a aquella de la sustancia que chocó con el agua; es decir, que el ángulo de reflexión será igual al de incidencia. De los objetos arrastrados por la corriente, el que es más pesado —de mayor mole— se mantendrá a mayor distancia de las dos riberas opuestas. El agua de los vórtices gira tanto más rápido cuanto más cerca está de su centro. Las crestas de las ondas del mar caen hacia adelante sobre sus bases, chocando con fricción contra las burbujas que cubren su cara y, por esta fricción, el agua que cae se pulveriza en partículas diminutas y se convierte en densa niebla, se mezcla con el vendaval como humo que se enrolla y nubes en espiral, y finalmente se levanta en el aire y se convierte en nublados. Pero la lluvia que cae por el aire, al ser golpeteada y sacudida por las corrientes de viento, se enrarece o condensa de acuerdo con la rarefacción o condensación de esos vientos; así se engendra en la atmósfera una efusión de nubes transparentes que dicha lluvia forma, y que se ve a través de las rayas trazadas por la lluvia cercana al ojo del espectador".[29]

Esta impresionante descripción se relaciona con otro tema que cautiva a Leonardo: el del diluvio. ¿Será cierto —como muchos afirman— que la presencia de fósiles marinos en sitios elevados es testimonio de una antigua inundación universal? "Y si tú quieres afirmar que dicho diluvio fue el que llevó esas conchas fuera de los mares por centenares de millas, esto no puede ser si el diluvio fue provocado por lluvias; porque las lluvias empujan naturalmente a los ríos, junto con los objetos que ellos arrastran, hacia el mar, y no tiran hacia los montes los cuerpos muertos de los litorales marítimos. Y si tú dijeras que luego el diluvio se levantó con sus aguas por encima de los montes, [yo objetaría que] el movimiento del mar fue tan tardado al caminar en contra del curso de los ríos, que no habría mantenido flotando sobre sí objetos más pesados que él y, aun habiéndolos sostenido, al bajar los habría dejado diseminados en diferentes lugares. Pero, ¿cómo justificaremos los corales carcomidos que allá por Monferrato, en Lombardía, se encuentran todos los días, pegados a los cantos desnudados por las corrientes de los ríos? Y dichas piedras están todas cubiertas de parentelas y familias de ostras, las cuales sabemos que no se mueven, sino que permanecen siempre adheridas a aquéllas mediante una de sus valvas y abren la otra para alimentarse de animalitos que nadan en las aguas, quienes, creyendo hallar buen pasto, se vuelven manjar de esas almejas. ¿No se encuentra que la arena se petrificó junto con el alga marina, luego de que esa planta

[29] Richter, 187-189.

—que estaba en medio de la arena— pereció? Y esto descubre el Po todos los días en los derrumbes de sus riberas. En Alejandría de Lombardía, que hoy se halla alejada del mar más de 200 millas, la única piedra disponible para hacer cal está mezclada con una infinidad de cosas nacidas en el mar".[30]

Agua en los montes y la luna

"El movimiento de los elementos proviene del Sol" —leemos en el códice Arundel—;[31] este principio tiene que valer para el agua, pero, ¿cómo explicar con él la presencia de manantiales a grandes alturas? "El agua que se encuentra en los montes más elevados no está allí porque el Sol la sube; porque el calor de aquél no penetra muy hondo, como se ve bajo la Vernia, donde el sol, con el mayor calor del verano, no tiene poder para disolver el hielo; más bien, éste se conserva en las cavernas, en las cuales queda al final del invierno. Y en las partes septentrionales de los Alpes donde el Sol no llega, el hielo no se disuelve nunca, porque el Sol no puede penetrar con su calor en el reducido espesor de las montañas; por tanto, tampoco podrá ese calor atravesar el grandísimo espacio que media entre las cumbres de los grandes montes y la depresión de la esfera del agua que pasa bajo la base de los mismos". Descartada la hipótesis de que el calor solar eleva el agua, Leonardo discute otras suposiciones: "Y si tú dijeras que la tierra actúa a semejanza de la esponja, que, si se sumerge parcialmente, el agua penetra en ella y pasa hasta su sumidad, aquí hay que responder que el agua, aunque suba de por sí hasta el vértice de tal esponja, no puede luego verter ninguna parte de sí desde dicha sumidad si no hay quien la exprima; mientras que en las sumidades de los montes se ve lo contrario, ya que sale siempre por sí sola, sin que nadie la apriete. Tal vez dirás que el agua se mueve sólo cuando baja; y que la superficie del mar está más arriba que las cumbres de las montañas más elevadas. A esto se contesta que es todo lo contrario, pues la parte más baja que se asoma al cielo es la superficie del mar, porque el agua de por sí no se mueve si no baja, y al moverse desciende; por tanto, los ríos que se extienden entre las cumbres de los montes y el mar se mueven siempre que bajen, y se detienen en el mar, terminando [allí] su movimiento; de donde se concluye que se estancan en el sitio más bajo del río. Y si tú afirmaras que el mar cuanto más se aleja de la orilla tanto más se eleva, hasta igualar la altura de los montes, aquí se demuestra que es más alto

[30] *Códice Hammer*, f 10v.

[31] Richter, 58.

lo que está más alejado del centro del mundo; y si el elemento del agua es esférico, la definición de los cuerpos esféricos es que toda parte de su superficie dista igualmente de su centro. He aquí pues que la orilla del mar es tan alta como el centro de éste; y que lo que se ve [de tierra] desde la orilla es más alto que toda parte del mar; y la distancia que hay entre las cumbres de los altos montes y el centro del mundo es mayor que la que media entre dicho centro y la orilla del mar. Y así hemos concluido".[32]

¡Cuánta amargura al resignarse a cerrar el análisis de un fenómeno fundamental sin haber hallado su explicación! Todavía se le ocurre a Leonardo otra alternativa, y la anota en el margen: "Y si tú dirás que el sol —como se ha dicho— absorbe y arranca el agua desde las raíces de los montes hasta sus cumbres, entonces, si el calor atrae lo húmedo, un calor más fuerte tendría que atraer una cantidad mayor de agua que el menos fuerte; por tanto, en el verano, con calores ardientes, las venas de agua tendrían que subir más a las cumbres de los montes... que en el invierno; y lo que vemos es lo opuesto, ya que los ríos, durante el verano, carecen de gran parte de sus aguas".

Leonardo se plantea otro curioso problema; esta vez, extraterrestre: ¿hay agua en la Luna? Claro que sí, contesta; y he aquí su razonamiento: "Digo que la Luna, siendo luminosa, sin tener luz propia, necesita que esa luz esté causada por otros. Por consiguiente, por su naturaleza es un espejo esférico; y, siendo esférica, toma la luz piramidal; a saber, si trazamos una pirámide [en realidad, un cono] que base en el sol y vértice... en el centro de la (una,... [ésta] adquiere [luz] tan sólo en lo que es la sección de dicha pirámide con su superficie,... [por lo que] la Luna aparecería a los ojos de los mortales únicamente con la magnitud de esa sección de pirámide". Esto —según Leonardo— es contrario a la experiencia, pues, al empezar la fase del cuarto creciente, la orilla de la Luna se alumbra en todo un arco de círculo. Luego la Luna no es "un cuerpo pulido como los espejos; y por eso nos vemos forzados a confesar... que la superficie de la Luna es rugosa, rugosidad que no puede resultar sino en los cuerpos líquidos movidos por el viento, como hemos visto en el mar, donde el Sol es reflejado por unas cuantas ondas próximas al ojo y poco a poco esas ondas alumbradas se extienden más de 40 millas. Por tanto, se concluye que la parte luminosa de la Luna es agua, la cual, si no se moviera, no se alumbraría tanto; pero tal agua, por su movimiento debido al impulso de los vientos, se llena de olas, y cada ola capta la luz del Sol; y la gran cantidad de olas refleja innumerables veces el cuerpo solar; este Sol reflejado sería claro como el Sol que se ve en el agua quieta, la cual lo transmite al ojo con el mismo resplandor que le es

[32] *Códice Hammer*, f 32v.

natural... Y cuando el mar de la Luna es atormentado por los vientos, las ondas se hacen mayores y las luces más escasas, y las olas crecidas confunden todavía más los pocos simulacros del Sol sobre ellas; por esto la Luna se hace menos brillante".[33]

Cuestiones fluviales

¿De dónde nace el río? "El cuerpo de la tierra, a semejanza de aquel de los animales, se entreteje con ramificaciones de venas, las cuales están todas unidas entre sí y constituidas para nutrición y vivificación de la misma tierra y de sus criaturas; éstas salen de las honduras del mar, a las cuales, luego de muchas vueltas, tienen que regresar los ríos creados por las elevadas rupturas de dichas venas".[34]

La corriente adquiere su velocidad por la pendiente del cauce: "La variedad... de las velocidades de las aguas en los ríos resulta de la oblicuidad del fondo; [por otro lado] la diversidad de oblicuidades del fondo de los ríos la produce la variedad de velocidades en la corriente". Aquí se presenta una dificultad: "El agua de por sí no se mueve si la pendiente del fondo no la atrae; luego ¿qué es lo que causó esa oblicuidad del fondo, modificando su nivel uniforme original? ¿Por qué me desespero en entender cómo los movimientos más o menos veloces de las aguas son provocados sólo por las mayores o menores pendientes de los fondos, como arriba propuse? Si el primer cauce del río fue creado con ancho, pendiente y rectitud uniformes, ¿cuál fue la causa de que esa disposición del fondo haya variado?; porque aquí se manifiesta que el agua que se mueve en dicho cauce tiene que seguir un curso uniforme". La explicación debe estar en el depósito de sedimentos: "La materia que enturbia el agua de los ríos es aquella que, luego de algún recorrido, se asienta en sus fondos, los levanta y modifica su pendiente,... y de esto se infiere que el agua es la causa de que el fondo varíe y de que luego éste necesariamente subdivida el curso del río en [tramos de] mayor y menor velocidad; tal variedad de movimientos es [a su vez] motivo indudable para que luego todo el fondo del río cambie. En conclusión, el fondo de los ríos es modificado por la materia que la corriente deja en él; y la variedad del curso de las aguas es provocada por la desigualdad del fondo del río".[35]

No hay sólo cambios de pendiente, sino también de dirección. "El río recto, de ancho, profundidad y pendiente uniformes y resistencia igual en las riberas que en el fondo, en

[33] *Id.*, f 30r.
[34] *Id.*, f 33v.
[35] *Id.*, f 33r.

poco tiempo se torcerá y adquirirá diferentes profundidades, aunque no entren en él otras aguas. Esto sucederá... [porque] los canales siempre son más hondos en el medio que en los lados, así que esa profundidad excava más en el centro, y porque a veces el viento que sopla a lo largo del canal remonta hacia atrás sus aguas, que tanto más se estancan cuanto más las vence el viento con su potencia. Y como el viento no es uniforme, apenas le falta potencia la onda lo supera y corre con ímpetu hasta que el viento nuevamente la aventaja y la detiene; por tanto, donde el agua se movió más, desgastó más su fondo porque se hizo más grave. Así el fondo deja de tener pendiente uniforme, y esta diversidad siempre va creciendo; y el agua, cuando comienza a acercarse a la orilla, empieza a serpentear y a romper el borde, y por consiguiente el serpenteo crece".[36]

Los meandros, una vez creados, avanzan aguas abajo: "Las ondas formadas en el serpenteo de los ríos van variando con movimiento lento y caminan en la dirección de la bajada del río; porque el agua que viene de *c* [figura 230; nótese que en las ilustraciones las letras están escritas al revés] golpea la ribera en *ab* y con el tiempo la desgasta; y algo semejante ocurre en *nm*; así cuanto saca de *ab* lo deposita en el lado opuesto *dn*, de modo que después de un tiempo la línea *ab* se encuentra en *dn*, y así sigue su movimiento.[37]

"La corriente es el concurso de las reflexiones que rebotan desde la orilla del río hacia su centro, en dicho concurso los dos flujos de agua devueltos por las riberas opuestas se topan; y tales aguas al chocar producen las más grandes ondas del río y éstas, al volver a caer en el agua, la atraviesan y golpean el fondo como si fuesen una sustancia más pesada que el resto del agua, y lo rozan socavándolo y consumiéndolo, y arrastran consigo el material que han desalojado. Por tanto, la máxima profundidad de agua de un río queda siempre bajo la corriente mayor".[38]

Figura 230

He aquí "23 proposiciones" de hidráulica fluvial: "Cuando los remolinos se producen con igual potencia en ambas riberas, esto significa que ese tramo de río es recto, y su máxima profundidad se encuentra en el centro de su ancho, es decir, debajo de la mayor corriente de sus aguas. La corriente principal de los ríos estará donde los movimientos reflejados de las aguas chocan entre sí. La máxima profundidad de los ríos estará debajo de la corriente que resulta de tales movimientos reflejados. La corriente rectilínea de los ríos será torcida por las de otros que chocan transversalmente con ella. Cuando las corrientes de los ríos menores entran en otros mayores

[36] *Id.*, f 19r.
[37] *Id.*, f 16v.
[38] Richter, 32.

son causa de que se rompan las riberas opuestas de estos últimos. Las islas de los ríos sufrirán mayores daños en la dirección de llegada de las aguas que en la parte opuestas. Dos corrientes que chocan para luego seguir juntas socavarán el fondo que esté debajo de su conjunción; mas en correspondencia con la conjunción de esos ríos que luego de chocar rebotan en lugares contrarios, se creará por debajo una concavidad en forma de barco. La socavación de fondo que se produce al chocar las corrientes será tanto más alargada cuanto más agudo sea el ángulo según el cual dichas corrientes se juntan; por el contrario, ella será tanto más corta y profunda cuanto más grande sea dicho ángulo. Sin embargo, si las dos corrientes al chocar meten sus aguas en una laguna, por debajo no habrá socavación, porque [allí] no hay choque. Las islas que se descubren al bajar las inundaciones de los ríos escurren con curso repentino sus aguas hacia las de alrededor, y allí lavan las gravas y las despojan y derrubian de sus arenas, que luego la corriente del río se lleva. Si, por el contrario, la isla fluvial que se descubre escurre sus aguas en charcos, la arena y tierra arrastradas se detendrán en dichos charcos y llenarán sus depresiones. Cuando dos corrientes chocan entre sí, si una de ellas golpeó previamente la ribera del río, la socavación producida por el choque quedará debajo del lado que no golpeó la ribera. Concepción: el agua que más corre es más potente y desgasta más su fondo. Concepción: el agua que es más lenta deposita más la materia que la enturbia...; [pero, como] el ramal más poderoso arrastra rápidamente consigo los objetos que se enfrentan a su curso, al pasar el río de tardo a veloz, se le excava una súbita depresión en el fondo. Concepción: el agua que corre erosiona su fondo y la perezosa lo rellena. Delante del obstáculo, el agua se refrena siempre y la arena del fondo se inunda. Cuando las ondas reflejadas por las riberas chocan en el medio de la corriente, producen un tercer movimiento reflejado, que rebota hacia arriba y, al caer, lo hace con un movimiento afectado por el ancho y el largo del río. Sin embargo, cuando los movimientos reflejados que rebotan de las riberas varían —como siempre sucede— de potencia mayor a menor, su tercer movimiento reflejado, que se produce en el medio del río, caerá ora a la derecha, ora a la izquierda, siempre hacia la reflexión anterior más débil. Cuando el agua de la corriente golpea el fondo y rebota hacia arriba por encima del curso del río ya no resulta empujada o transportada por el avance de éste, porque se halla en el aire; por tanto, al ser su base arrastrada por hallarse junto a la corriente, la onda que estaba en el aire cae hacia atrás. Un palito clavado en el fondo de la corriente hará que ella socave el río en un largo tramo".[39]

[39] *Códice Hammer*, f 16r.

El río inspira también pensamientos filosóficos: "El agua que tú tocas en los ríos es la última [parte] de aquella que ya ha pasado y la primera de la que está llegando: así ocurre con el tiempo presente. La vida, si se emplea bien, es larga".[40]

Ímpetu, arrastre y erosión

"Se ve que las cosas graves lanzadas sobre los ríos grandes y veloces, aun siendo de mayor peso que el agua, quedan algún tiempo sobre la corriente y no se dirigen al fondo mientras el agua no pierda su carrera. Por el contrario, el guijarro arrojado con movimiento veloz sobre agua quieta va botando sobre ella, saltándole finalmente encima; y nunca se dirige perpendicularmente al fondo mientras el ímpetu no lo abandone del todo. Habiendo concluido mucho por simples ejemplos, llegaremos a las pruebas, y diremos así: si el agua se mueve con potencia de 4 grados y el guijarro echado en ella quiere bajar también con potencia de 4 grados, este movimiento que él ejecutará en agua corriente estará, en relación con el que realizaría en agua quieta, como la oblicuidad de la diagonal del cuadrado a la rectitud de su lado; porque en el primer grado que el guijarro entre en el agua, ésta lo arrastra un grado de movimiento, por lo que [la piedrecilla] ha penetrado un grado y se ha separado un grado de la vertical; y así sucesivamente... Ahora,... digo que a los objetos más pesados que el agua ésta no los mueve mientras no se haga, gracias al ímpetu, más grave que el objeto sumergido en ella: ningún río arrastra objetos más graves que él si no se hacen menudos como las partículas insensibles del limo o del lodo que se sostiene en el agua casi inmóvil; con más movimiento [arrastra] la arena, y la grava y guijarros, con movimiento tanto más veloz cuanto más ellos pesan".[22]

A fin de entender correctamente lo anterior, tenemos que saber qué es el "ímpetu" para Leonardo. La explicación que Aristóteles daba del movimiento de un proyectil es que el aire, sacudido por el lanzamiento, sigue empujando el avance de aquél, aunque sea con una fuerza que decrece poco a poco. Naturalmente, de aquí seguiría que, donde no hay un medio fluido, no hay movimiento; y es por esto que —como vimos en otra ocasión— Aristóteles negaba categóricamente la existencia del vacío. En contraste con tal planteamiento, a principios del siglo XIV nació en París la teoría del ímpetu. Jean Buridan lo consideraba como una potencia que el motor transmite directamente al móvil que impulsa, y que es capaz de hacer que éste prosiga su movimiento en la dirección

[40] Richter, 274.

inicial, con la misma velocidad. Este ímpetu sería proporcional a la velocidad imprimida y al peso del móvil. Así, se conserva el concepto aristotélico de que hace falta una fuerza para mantener el movimiento, pero el asiento de ésta se transmite desde el aire al cuerpo mismo. Leonardo acepta el concepto parisiense y lo explica con detalle, como para convencerse a sí mismo: "ímpetu es una virtud transmitida del motor al móvil y mantenida por la onda de aire que ese motor engendra; y esto nace del vacío que se produciría, contrariamente a la ley natural, si el aire antecedente no llenase el hueco de donde se escapa aquel desplazado de su sitio por dicho motor. Y el aire antecedente no llenaría el espacio del cual este otro es quitado a no ser que otra cantidad de aire llene el espacio de donde ese antecedente se separó; y así tiene que seguir sucesivamente, y continuaría sin fin si el aire fuese infinitamente condensable".[41] Algo parecido pasa con el agua, aunque haya diferencias: "El ímpetu engendrado en agua quieta produce un efecto distinto de aquel que se crea en aire inmóvil. [Esto] se comprueba porque el agua de por sí nunca se condensa por movimientos efectuados bajo su superficie, como hace el aire en su interior al percutirlo el móvil. Pero las minucias de las cuales se llena el agua entre la superficie y el fondo —cuando el agua llena el vacío que el pez deja tras de sí al penetrar en ella— nos muestran bien con sus vueltas los movimientos con los que el agua golpea y empuja ese pez; porque dentro del agua pasa solamente esa agua que tiene movimiento, y ésta es causa fundamental de que aumente el movimiento de su motor".[42]

Al adoptar la teoría parisiense, Leonardo le agrega algo muy importante. Aquellos científicos sí suponían que la cantidad de ímpetu poseída inicialmente por el móvil se va reduciendo poco a poco, pero no explicaban la causa; Leonardo la señala claramente en el efecto de fuerzas externas que lo refrenan: "Ningún móvil podría agotar y consumir de inmediato su ímpetu si éste no fuese retenido por el cuerpo en el cual penetra", anota en el códice Hammer[43] y en el Atlántico, dice: "Esa condensación del aire es lo que disminuye el furor del antedicho ímpetu en el móvil".[44] No se trata todavía de una enunciación explícita del principio de inercia; pero la concepción leonardiana ofrece algo que se aproxima mucho a él.

Regresando al arrastre, es interesante notar cómo Leonardo lo relaciona con la distribución de las velocidades en el cauce, la cual analiza con detalle: "Se vuelve

[41] Giacomelli, 27.

[42] *Id.*, 37.

[43] *Códice Hammer*, f 29r.

[44] Giacomelli, 29.

más veloz esa parte del líquido que se encuentra más alejada del frotamiento con un cuerpo más denso; y resultará más lenta aquella parte que está más cerca de un cuerpo más denso. Además, será más veloz la parte del líquido que esté más próxima a un cuerpo más rarefacto; lo que se muestra en los tramos rectos de los ríos, donde se ve que las aguas de arriba corren más que las de abajo. La turbiedad de los ríos es más potente y menos veloz abajo que arriba; lo que resulta porque los objetos graves arrastrados por la corriente quedan más cerca del fondo de los ríos que los ligeros, por no poder subir mucho a flote". Naturalmente, dada la irregularidad de los cauces, esto no puede tomarse como regla general; en efecto, "las velocidades de los ríos se intercambian desde la parte inferior hasta la superior de las aguas, así como de una ribera a otra. A veces el agua de los ríos corre abajo y no arriba, y hasta se regresa; otras, corre arriba y no abajo. A veces, en medio, y no arriba o abajo; otras, arriba y abajo y no en medio. Otras veces baja por un lado del río y regresa por la ribera opuesta. A veces ambas riberas echan sus aguas hacia abajo, y [éstas] regresan por el centro; otras, las aguas bajan por el centro y regresan por las orillas, en la dirección del nacimiento del río". En cuanto a los depósitos, "en alguna parte el río deja guijarros y arena; en otras, guijarros pero no arena; en otras, arena y no guijarros; en otras, lodo y arena; en otras, sólo lodo; en otras, lodo y guijarros. En alguna deja tan sólo el fondo lavado y limpio; en otras abandona maderas, hojarasca y raíces. En algún sitio va erosionando y desgastando; en otras socava y derrumba. En unos produce honduras improvisas; en otros, improvisos bancos. En ciertos lugares se divide en ramales, en otros se reúne. Las piedras grandes están en los inicios de los ríos; las gravas, en el [primer] cuarto; las arenas, en medio del curso de éstos y al final, el lodo. El río muda más frecuentemente su lecho en localidades planas y de curso lento que en las cerriles, de curso veloz; y esto acontece porque el río deposita el material en la llanura, pues allí falta el ímpetu, y descarga la tierra; y al crear con ella un obstáculo, se le hace necesario cambiar de sitio; lo que no ocurre tan a menudo en las localidades montuosas".[45]

Figura 231

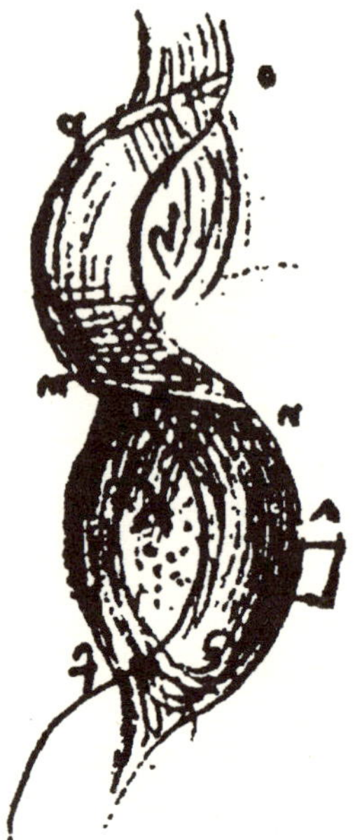

Leonardo no se contenta con una observación pasiva de los fenómenos. Su mentalidad pragmática lo lleva a proponer dispositivos que mo-

[45] *Códice Hammer*, f 19v.

difiquen el comportamiento de los ríos o prevengan daños. He aquí un problema: "Poseo una casa sobre la ribera de un río; el agua le quita el terreno de abajo, y [aquélla] está por derrumbarse; por tanto, quiero conseguir que el río rellene la socavación ya efectuada y refuerce dicha casa". Considerando que "el ímpetu de todo móvil continúa su recorrido siguiendo la línea por la cual fue creado,... construiremos una represa según la inclinación *nm* [figura 231]. Sin embargo, sería mejor tomarla más arriba, en *op*, porque toda la materia de tu lado de la curva descargaría en la concavidad de tu casa; y algo semejante haría luego la materia de la curva *h*, que realizaría la faena en la misma invernada. Y si el río fuese grande y fuerte, la represa antedicha debería constar de tres o cuatro diques [figura 232], el primero de los cuales [aguas arriba] tiene que sobresalir de la ribera la cuarta parte del ancho del río; luego constrúyase otro, aguas abajo, distante cuanto sea la altura del salto que hizo el agua que cae del primer dique, porque en ese salto el agua deja el colmo del cúmulo formado por la grava que fue excavada al chocar con el fondo el agua caída desde el primer dique. Extiéndase este segundo dique hasta la mitad del ancho del río; el tercero debe de seguir debajo de éste, saliendo de la misma orilla y con una distancia condicionada por el segundo igual como lo fue la del segundo con respecto al primero; y su largo siga hasta los 3/4 del ancho del río. Y así procederás con el cuarto dique, que cerrará todo el río atravesándolo; y de estas cuatro represas o diques resulta un poder mucho mayor que [el que se obtendría] si se hiciera con todo el material tan sólo uno, de grueso uniforme, que cortara todo el ancho del río".

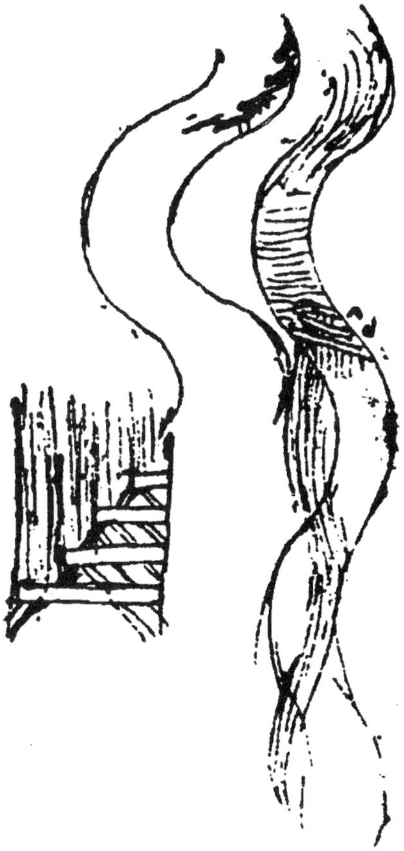

Figura 232

A continuación, Leonardo anota: "Encuentro que el agua que cae al pie de las represas de los ríos deposita material aguas arriba y quita al pie de éstas todo aquel con el cual choca al caer. Ahora, yo quisiera que ella deposite allá donde ella cae y recalzara y reforzara dicha represa; lo que haremos así", y traza la figura 233.[46]

Figura 233

[46] *Id.*, f 32r.

Figura 234

En otra parte, describe el efecto de una crecida sobre el material de fondo: "Cuando los ríos están llenos de sus diluvios de aguas, mucha arena se deposita en sus fondos. La vena que queda allí durante las grandes avenidas se descarga en los ángulos de unión de los ramales del río. Cuanto más recias sean las crecidas, tanto más agudos serán los ángulos formados en dichas conjunciones. Al disminuir la avenida, tales ángulos agudos se hacen más cortos en sus lados y más gruesos en sus vértices, así: sean [figura 234] *an* y *dn* las corrientes que se juntan en *n* cuando el río está en sus grandes crecidas; yo digo que, en tales condiciones, si *dn* antes de la riada estaba más bajo que *an*, durante la riada se llenará de arena y lodo que [el río], al decrecer la avenida, arrastrará, dejando el fondo bajo; y el canal *an*, siendo elevado, escurrirá sus aguas hacia el bajo *dn*, desgastando toda la punta del arenal *bcn*: así el ángulo *acd* quedará más grande que *and* y de lados más cortos, como dije antes".[47]

He aquí finalmente una preciosa descripción del movimiento de las dunas: "Los obstáculos creados por las aguas sobre el fondo, encima del cual [ellas] se mueven, caminan con movimiento lento tras el veloz curso de las aguas, porque el agua que choca con ellos desplaza la arena desde su playa hasta la cumbre de la cresta de ese obstáculo; luego las partículas más ligeras siguen la corriente con su misma velocidad, mientras que las más pesadas se despeñan rodando por la ladera trasera del montículo mencionado, que es mucho más escarpada que la de subida y, llegadas al pie del montículo, se detienen escudándose con él; allí quedan de inmediato recubiertas por otra arena que vuelve a caer por una causa semejante; y así la base del obstáculo camina integralmente..., hasta que se descubre al frente del obstáculo lo que se había recubierto detrás. De nuevo el agua lo golpea, [la arena] asciende el montículo y vuelve a derrumbarse; nuevamente el montículo le pasa por encima, y así sigue hasta que choca con una corriente mayor, donde tales obstáculos se desharán y se meterán en la corriente que de inmediato se enturbia con aquéllos. Así esa arena será transportada con el mismo curso de la corriente hasta que tal agua se expande, retrasa su avance y deja de tener la fuerza necesaria para sostener la arena; por lo que vuelven a formarse los antedichos obstáculos que van modificando continuamente su figura".[48]

[47] *Id.*, f 16v.
[48] *Id.*, f 20v.

Los canales de Lombardía

"Habiendo, Señor mío ilustrísimo, visto y considerado a suficiencia las aportaciones de todos aquellos que se consideran maestros y compositores de instrumentos bélicos, y que las invenciones y operación de dichos instrumentos no son en nada ajenas al uso corriente, me esforzaré, no derogando a ningún otro, en hacerme entender por Vuestra Excelencia manifestándole mis secretos, y luego ofreciéndole obrar con eficiencia, a todo placer vuestro [y] en tiempos oportunos, en todas aquellas cosas que por brevedad se anotarán, en parte, a continuación". Así empieza una carta que Leonardo, al viajar por primera vez a Milán en 1482, envía a Ludovico el Moro; y a este exordio sigue una lista de nueve "secretos" de carácter militar; hacer puentes, desaguar fosas, demoler fortalezas, construir bombardas ligeras y eficientísimas, atacar y defender navíos, excavar túneles, hacer carros blindados y armas de fuego de todo tipo. En el décimo ítem leemos: "En tiempo de paz, creo cumplir perfectamente, en comparación con cualquier otro, en arquitectura, composición de edificios públicos y privados y en llevar agua de un lugar a otro".[49] Por supuesto, Leonardo no había hecho nunca nada de todo esto, y el duque lo sabía. Lo cierto es que lo que más atrajo a Ludovico fue el último punto; así, mientras que todo lo de armería sólo se concretó en espectaculares dibujos, Leonardo, promovido a "ingeniero ducal", tuvo que vérselas primordialmente con problemas de conducción y distribución del agua.

Figura 235

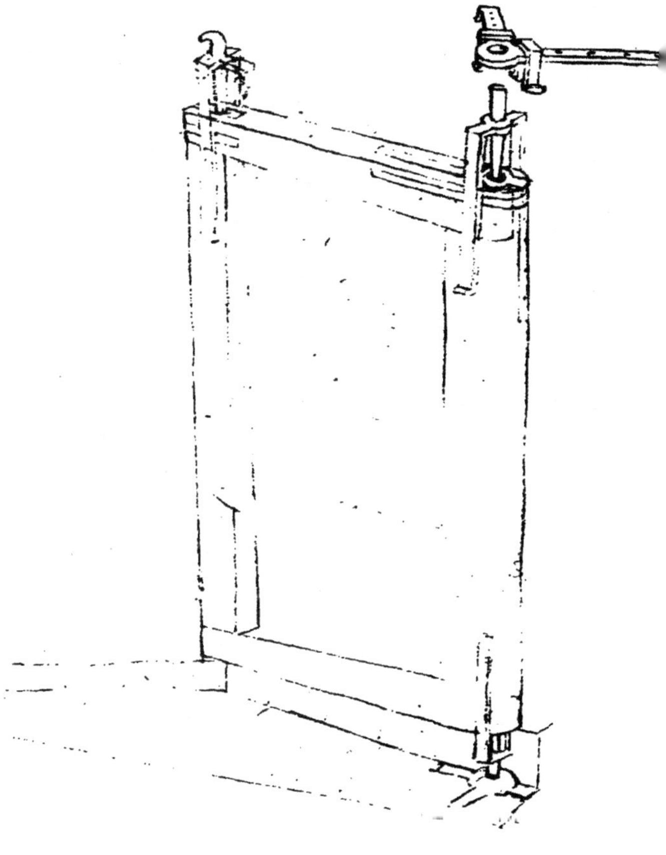

El ducado de Milán poseía una importante red de canales. Situada entre dos grandes ríos, Tesino y Adda, Milán se había ligado con ellos [y ellos entre sí] por medio de vías de agua que permitían la fácil comunicación y el transporte de mercancía a toda la región, y en particular el acceso al puerto fluvial de Pavía y al río Po, y de allí la salida, por Plasencia y Ferrara, al mar Adriático. Los canales (*navigli*) daban la vuelta alrededor

[49] Richter, 294, 295.

de la ciudad de Milán y la alimentaban; durante muchos siglos, trajeron mármol para la ornamentación de la inacabable catedral. A lo largo de los canales y en la ciudad misma podían verse —y se ven todavía— varias esclusas, ideadas no por Leonardo, según se creyó una vez, sino mucho antes por Filippo degli Organi y Aristótele Fioravanti: la primera instalada en Milán es de 1439. Lo que debemos al genio práctico de Leonardo es el perfeccionamiento de sus detalles, en particular de los goznes para facilitar el movimiento de las compuertas, como aparece en su dibujo que reproducimos en la figura 235. El códice Atlántico muestra también compuertas de eje horizontal y radiales, y la pavimentación de una esclusa.

Los canales plantean diversos problemas que Leonardo especifica: "Cómo hay que construir el dique de grava, [a fin de] que no se derrumbe en el agua que pasa a sus pies... Cómo hay que hacer para que un agua pase encima de otra en un canal. Cómo hay que hacer para que un canal pase por debajo de un río... Cómo hay que hacer para que el agua de un canal pase a través de un río... Cómo hay que construir las esclusas o tanques de agua para levantar los barcos a distintas alturas... Qué forma han de tener las pilas de los puentes para que el agua que choca con ellas no vaya a derribarlas. Cómo hay que construir los sostenes de las aguas en los canales navegables... Cómo deben quedar las compuertas y los fondos de las esclusas navegables".[50]

Hay que prever las erosiones: "No hay que colocar ningún obstáculo frente a la llegada del agua... Donde la corriente se dirige a golpear el dique, allí se apresta una ruina futura. Cuando el río pasa por encima del dique, la destrucción de ese dique está próxima".[25] Hay que proteger a las estructuras vertedoras contra la socavación trasera: "Delante de las ataguías fluviales, hechas de... postes, hay que construir siempre un muro bajo, un poco más alto que la superficie del agua, de modo que durante las riadas el agua, cayendo de él, viene a socavar el fondo, y al brincar lleva consigo lo que saca de ese fondo y lo deposita frente a la represa mayor y la protege con el material transportado; y el agua que surge de esa hondura golpea la cumbre de la represa de abajo hacia arriba oblicuamente, de modo que no hace percusión ni daño. Pero si la ataguía está [hecha] según la usanza común, el agua que choca contra ella se esparce hacia arriba y hacia abajo así como ambos lados; y esa parte que se dirige hacia abajo socava el terreno tras los postes, y luego los remueve y derriba, sumándose al ímpetu de la corriente".[51] Otra causa de erosión es el choque entre corrientes de direcciones distintas; esto se puede combatir introduciendo una tercera corriente, en sentido transversal:

[50] *Códice Hammer*, f 26r.

[51] *Id.*, f 28v.

"Cuando se quisiera apagar tal fuerza de socavación del fondo, habría que dirigir una corriente transversal en contra de ese choque de aguas; ésta las topará y separará, esparcirá y debilitará".[52]

Las bocatomas han de ser revestidas y los canales requieren aliviaderos: "Ningún canal que salga de ríos es perdurable si allí donde él nace el agua del río no está totalmente encauzada, como en el canal de la Martesana y aquél que sale del [río] Tesino. Los canales deben siempre tener sus aliviaderos, para que las crecidas excesivas no vayan a sobrepasar y derrumbar el borde, y que el agua conserve siempre el mismo tamaño".[53] Leonardo no deja de observar las ondas solitarias: "La onda del agua que la compuerta descarga de su embalse corre recta por su canal con velocidad mayor que la corriente que causa dicha onda. La onda que retrocede de la boca de un canal abierto por una compuerta tendrá la misma velocidad de aquella que corre delante de dicha boca, siempre que el canal que vierte el agua y el que la recibe sean semejantes e iguales".[54] Las caídas se han de hacer en escalinata: "Si la parte inferior del dique que se opone trasversalmente al curso de las aguas está hecha con gradas potentes y anchas, como de escalera, las aguas que, al bajar su curso, suelen caer verticalmente desde el extremo más bajo y socavar los fundamentos de dicho dique, ya no podrán precipitarse con fuerza excesiva. Pongo como ejemplo la escalera por la cual caía el agua de la Sforzesca de Vigévano [figura 236], que proporcionaba a la corriente un salto de 50 brazas".[55]

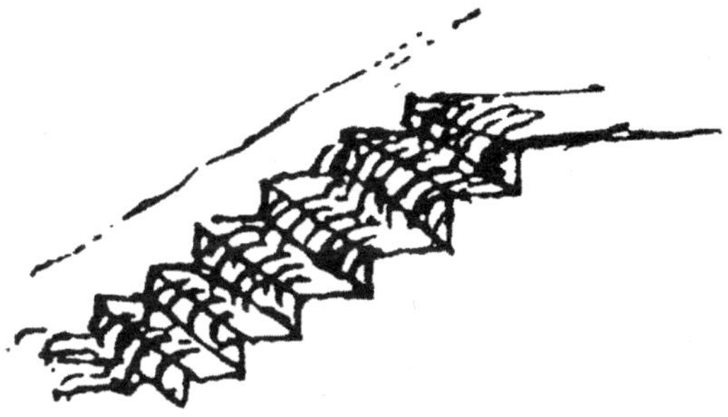

Figura 236

Los canales lombardos no eran por supuesto los únicos en Europa: Venecia y Flandes tenían los suyos; sin embargo, se distinguían por una característica importante: que el agua corría en ellos con una velocidad que permitió utilizarlos para navegación, riego y producción de energía; y esto, entre otras cosas, ayudaba a amortizar su costo. "Hay, señor mío —escribe Leonardo en 1493 al duque, quien se proponía volver navegable un tramo de la Martesana— muchos caballeros dispuestos a realizar un aprovechamiento privado de acceso a las aguas, molinos y paso de los barcos; y, cuando sus gastos sean resarcidos, ellos financiarán el canal de la Martesana".[56] El uso múltiple del agua

[52] *Id.*, f 13v.
[53] *Id.*, f 18r.
[54] *Id.*, f 12r.
[55] *Id.*, f 21r.
[56] Richter, 314.

canalizada ofrecía a Leonardo innumerables retos; así, hallamos en sus diseños sifones y dragas flotantes, bombas para pozo y ruedas hidráulicas perfeccionadas que pueden accionar dispositivos para el levantamiento del agua —como rosarios de cangilones— o bien hileras, sopladores u otra maquinaria industrial. Además, se le ocurrió invertir el tornillo de Arquímedes. Éste consiste en una espiral que, puesta en rotación, levanta el agua; Leonardo infirió que si a un tubo delgado le damos forma espiral y dejamos caer agua a través de él, tal dispositivo girará sobre su eje. El primer códice Forster ha conservado varios dibujos de sistemas de tubos de este tipo, dispuestos simétricamente alrededor de un mismo eje y unidos entre sí de modo que constituyen una especie de turbina. Frecuentemente ésta lleva aparejada otra coaxial, más larga y de diámetro mucho menor (figura 237). Al parecer, una es motora y la otra operadora: mientras que la primera aprovecha la caída disponible para girar y hacer que la segunda también gire, esta última eleva el agua a una gran altura.

Figura 237

Grandes proyectos

En sus tareas diarias de ingeniería, Leonardo trata esencialmente pormenores de conservación y mejoramiento de las obras existentes; anotaciones suyas que consignan incluso dimensiones y costo de las embarcaciones utilizadas para el transporte, así como la renta que los impuestos sobre molienda, riego y navegación proporcionaban al ducado, comprueban el empeño con que Leonardo se dedicó a la administración. Sin embargo, su mente no dejaba de pensar en grande. Los canales unían a Milán con el Po, pero no con el lago de Como ni —a través de él— con Suiza, ya que el canal de la Martesana salía del Adda, emisario del lago, demasiado abajo, dejando entre su bocatoma y el lago un tramo no navegable de ese río. De hecho, lo que impedía el paso de los lanchones era únicamente una angostura, llamada de los Tres Cuernos por tres esbeltos farallones que allí estrangulan el valle. Leonardo vislumbra la solución del problema: apoyándose en dichos peñascos, construir una presa de mampostería, de unos 30 m de altura, y formar un embalse. A un lado de éste se colocaría una esclusa, comunicada

con el río por un túnel abierto en el macizo de los Tres Cuernos, que permitiría a los barcos salvar el desnivel entre el embalse y el río y entrar en el canal. Este proyecto no llegó a realizarse; sin embargo, se conservan los planos. Un espléndido dibujo de la colección de Windsor, que reproducimos en la página anterior [*Ilus p 597*] muestra una panorámica de la angostura donde se aprecian el río Adda, encorvado hacia la derecha, los Tres Cuernos, sobresaliendo de las aguas y, en primer plano, escollos y rápidos que un lanchero intenta salvar; en el centro se ve un canal con su toma, cruzada por un pequeño puente, y a la izquierda está la peña sobre la cual quedan los restos del viejo fortín de Santa María que durante la Edad Media había protegido el paso. El códice Atlántico, por su parte, conserva la planimetría de un largo tramo del Adda, que incluye la zona de interés y la cortina (que Leonardo deja abierta en el centro, tal vez para una compuerta destinada a controlar las avenidas), y detalles del proyecto: una empalizada para el cierre de la boquilla, la cortina (apoyada en los Tres Cuernos) y —en su extremo derecho— la esclusa, el túnel y la compuerta deslizante contrapesada que iba a cerrarlo. Es interesante destacar que ésta fue la solución definitiva que Leonardo propuso, pero no la única: en el códice Atlántico podemos ver también otra solución evidentemente anterior, que consiste en un canal que uniría el lago de Como con el río Lambro, paralelo al Adda, cruzando dos pequeños lagos de la Brianza.[57]

El proyecto fue presentado a Luis XII, rey de Francia, después de que éste se adueñó del ducado de Milán, con una nota donde Leonardo detallaba las ventajas económicas que resultarían de la obra, tomando en cuenta la posibilidad adicional de sacar de la presa un canal de riego que correría paralelo al Adda por un largo tramo, y a la vez sugería cómo compensar a los propietarios de los terrenos cruzados por ese canal: "con renunciar a [cobrar] los impuestos durante un año". Sin embargo, el proyecto era demasiado grandioso para la época y no se llevó a cabo.

Aun viviendo en Lombardía, Leonardo no olvida su Toscana: ¿por qué no unir también a Florencia con el mar mediante una vía navegable? La solución más inmediata sería canalizar el Arno; pero esto era difícil de realizar, sobre todo por la garganta de Montelupo, donde el valle se encajona profundamente entre rocas cuyo corte —con los medios entonces disponibles— implicaría gastos enormes. Por otro lado, Leonardo sabe cuántas ventajas adicionales se pueden sacar de la disponibilidad de agua: un canal que, abandonando el Arno en Florencia, pase por Prato y Pistoia, describiendo un gran arco hacia el norte y retornando al río unos 20 km aguas arriba de Pisa, dominaría las

[57] Zammattio, 42-45.

tierras de cultivo y alcanzaría centros industriales interesados en aprovechar la fuerza motriz de la corriente, permitiendo así a la larga amortizar la inversión. Este proyecto presenta detalles interesantes, por ejemplo, el cruce de una loma cerca de Serravalle, y Leonardo muestra cómo realizar la excavación y dibuja un aparato topográfico que permitiría las nivelaciones relativas.[58] La dificultad principal consiste en la alimentación permanente del canal, ya que, en época de secas, *el* Arno no suministraría agua suficiente para mantener el nivel requerido por la navegación; y aquí es donde a Leonardo se le ocurre la idea —que ya mencionamos— de represar las aguas del río Chiana para crear un embalse regulador. Se trata de una laguna que no sólo cubriría los cenagales, sino que se elevaría hasta englobar el lago Trasimeno, el cual desaparecería dentro del enorme embalse.

Se conserva una espléndida perspectiva aérea en colores, que reproduce toda la región de las Chianas con poblados, ríos y lagos, evidentemente hecha para mostrarla a las autoridades porque, de modo excepcional, lleva todos los nombres escritos de izquierda a derecha. Un detalle interesante de ella consiste en un túnel —idea de Leonardo— que une el lago Trasimeno con el Tíber cerca de Perusa. Otra perspectiva muestra el embalse concluido, con su presa de contención cerca de Arezzo.[59] Y he aquí la presentación del proyecto: "En las Chianas de Arezzo colóquense compuertas tales que, al escasear el agua en el Arno durante el verano, el canal no quede en seco; y hágase dicho canal con 20 brazas de ancho [cerca de 12 m] en el fondo y 30 arriba, y siempre 2 brazas de [tirante de] agua, o [mejor] 4, para que dos de esas brazas sirvan para los molinos y las praderas. Esto mejorará el país; y Prato y Pistoia, juntamente con Florencia, obtendrán por año más de 200 000 ducados, y ayudarán con mano de obra y financiación; y los de Luca [harán] lo parecido, ya que [por medio de la obra] el lago de Sesto se volverá navegable. Se hace que [la traza] siga el recorrido de Prato y Pistoia, corte Serravalle y salga en el lago, porque así no se requieren esclusas, ni otros dispositivos que no son eternos, de los cuales habría que estar siempre ocupados en operación y mantenimiento". Se anexan además detalles de la construcción con sendos dibujos, y un presupuesto.[60]

En el año de 1502, Leonardo ha estado en la corte del Valentino, César Borgia, duque de Romaña, quien quiere emplearlo como arquitecto e ingeniero militar; allí ha hecho amistad con su paisano Maquiavelo, legado florentino ante el duque y gran

[58] *Id.*, 18, 19.
[59] *Id.*, 22, 23.
[60] *Leonardo*, 472.

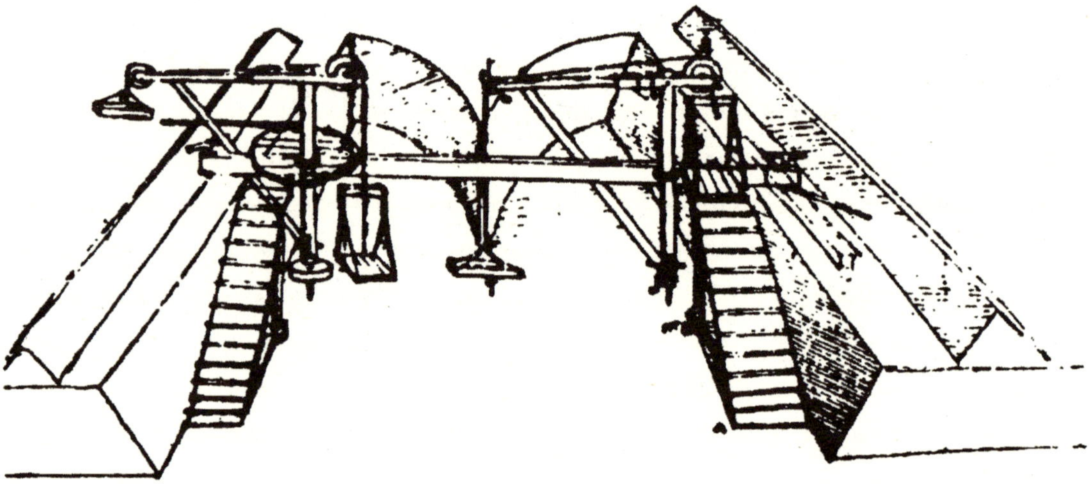

Figura 238

admirador de éste. Pero la fortuna del Valentino llega a su ocaso en 1503, al morir su padre, el papa Alejandro VI; y ambos, Leonardo y Maquiavelo, regresan a Florencia. Leonardo ha explicado al amigo su proyecto de canalización, y éste se entusiasma; pero Maquiavelo —como buen político— le sugiere que, al presentarlo ante la Señoría (el gobierno de la ciudad) no haga tanto énfasis en el riego y las industrias sino en el hecho de que una vía navegable directa entre Florencia, localidad mercante, y el mar libraría a dicha ciudad de su supeditación al puerto de Pisa, económicamente gravosa y causa de pleitos permanentes. La Señoría no deja de apreciar esta ventaja; una nota redactada en el campo dice: "Ayer llegaron aquí Alessandro degli Albizzi y Leonardo da Vinci, acompañados por un miembro de la Señoría; y, luego de haber examinado el plano y de muchas discusiones y dudas, se decidió que la empresa sería muy conveniente".[61]

Se examinan detalles prácticos relativos a la construcción, para la cual Leonardo diseña carros y grúas, bombas y sierras mecánicas, y propone maquinaria —como la que muestra la figura 238— para acelerar la excavación del canal. Contagiados todos por el mismo entusiasmo, se instalan campamentos y talleres, y en agosto de 1504 comienza la magna labor. Demasiado bello para ser real. Pisa sitiada por tropas de Florencia, contraataca y sus guerrilleros se dedican a entorpecer los trabajos, asaltando los talleres y destruyendo cuanto pueden. Los florentinos intentan en vano una protección eficaz. Los gastos crecen y la esperanza de terminar pronto la obra se esfuma. En octubre se abandona para siempre la empresa. "La máxima entre las grandes cosas que se hallan entre nosotros —anota Leonardo— es la existencia de la Nada. Ella mora en el tiempo y estira sus tentáculos hacia el pasado y el futuro, y con ellos agarra para sí

[61] Richter, 350.

todas las obras que han trascurrido y las que han de venir, sea de la naturaleza como de los animales; y no posee ninguna cosa del indivisible presente. Sin embargo, no afecta la esencia de nada".[62]

Experiencia y experimentación

"Considera ahora, lector, qué confianza podemos tener en los antiguos, quienes intentaban definir qué son el alma y la vida —que rebasan toda prueba— mientras que cosas que en todo tiempo pueden verse claramente y comprobarse mediante la experiencia quedaron por muchos siglos desconocidas o mal entendidas. Muchos pensarán que pueden reprocharme con razón, alegando que mis pruebas son contrarias a la autoridad de ciertos hombres tenidos en gran reverencia por sus inexperimentados juicios, sin considerar que mis obras son el resultado de simple y llana experiencia, que es la verdadera señora".[63] Esto escribe Leonardo, y añade: "La Experiencia nunca se equivoca; sólo es vuestro juicio el que falla al prometerse resultados distintos de lo que determina vuestro experimento. Porque dado un principio, lo que sigue de él debe ser su verdadera consecuencia, siempre que no haya impedimento. Y si hubiese impedimento, el resultado que tendría que seguir de dicha causa participará de tal impedimento en mayor o menor grado, en la proporción en la cual éste sea más o menos fuerte que el principio mencionado. La Experiencia no se equivoca; sólo vuestro juicio es el que se equivoca al esperar de ella lo que no está en su poder. Erróneamente los hombres se quejan de la Experiencia y la acusan, con amargos reproches, de descaminarlos. Dejad tranquila a la Experiencia, y más bien dirigid vuestras quejas a vuestra propia ignorancia, que os hace arrastrar por vuestros vanos y disparatados deseos de esperar de la Experiencia cosas que no están en su poder, diciendo que ella es engañosa. Sin razón los hombres se quejan de la inocente Experiencia, acusándola a menudo de engaños y demostraciones mentirosas".[64]

De aquí proviene el interés de Leonardo en la experimentación: "Antes de proceder más adelante, ensayaré por experimentos, porque mi intención es consultar primero la experiencia, y luego mostrar con mi razonamiento por qué tal experiencia se ve obligada a obrar de ese modo. Y ésta es la verdadera regla según la cual deben de proceder aquellos que analizan los efectos de la naturaleza; y aunque la naturaleza empieza con

[62] *Id.*, 276.
[63] *Id.*, 1.
[64] *Id.*, 4, 5.

la causa y termina con la experiencia, nosotros tenemos que seguir el camino opuesto, es decir, empezar con la experiencia y por su intermedio investigar la causa".[65] Precepto particularmente importante en el caso de la hidráulica, para la cual un planteamiento puramente abstracto no tendría sentido: "Cuando tú compones la ciencia de los movimientos del agua, recuerda anotar debajo de cada proposición sus provechos, a fin de que tal ciencia no sea inútil".[66]

El estudio del movimiento del agua se basa en una observación visual meticulosa e inteligente, pero Leonardo sabía muy bien que ésta también posee sus limitaciones: "Si te fijas en el movimiento del agua, tu ojo no se puede detener, sino que actúa a semejanza de las cosas que se ven en tu sombra cuando caminas; porque si el ojo atiende a contemplar los detalles de la sombra, las pajuelas y otras cosas que se hallen dentro de dicha sombra parecen en movimiento veloz, y parecerá que la velocidad con que ellas se escapan de dicha sombra sea mayor que aquella con la que la sombra camina".[67] "Donde el agua se hace rápida, su ímpetu no permite conocer las características de diferentes fondos. La razón de esto es que el movimiento del agua, por ser continuo, en cada instante difiere de como era inmediatamente antes; y por esto, apenas el ojo se detiene a observar algún movimiento en el fondo, éste se desvanece del sitio donde el ojo lo mira".[68]

Luego hay que aprovechar ciertos efectos secundarios: "Si quieres juzgar correctamente todas las configuraciones de los movimientos y de los cursos del agua, observa el agua clara [y] de poca profundidad bajo los rayos del Sol; y por intermedio de éste verás todas las sombras y luces de dichos movimientos y de los objetos transportados por ella". He aquí cómo medir velocidades por visualización: "Si deseas ver dónde [el agua], en algún lugar sobre la superficie y en alguno debajo de ella, es más veloz, echa agua coloreada junto con aceite sobre la corriente y observa al final del curso quién llega antes, a saber: si llega antes del aceite, el agua corre más arriba que abajo; si llega antes el agua coloreada, el río corre más abajo que arriba".[67]

La utilización de un canal de ensayo con paredes transparentes para reproducir y observar con calma ciertos efectos (dispositivo que no se introdujo en nuestros laboratorios hasta el inicio de este siglo) es un artificio que Leonardo recomienda. Por ejemplo, en el códice Hammer, donde describe cómo, al chocar una corriente lenta con un chorro rápido que penetra oblicuamente en ella, el chorro se tuerce y alcanza el fondo

[65] *Id.*, 6.
[66] *Id.*, 9.
[67] Arconati, 307.
[68] *Id.*, 302.

socavándolo, anota: "Esto se verá entre dos láminas de vidrio planas, entre las cuales pasan tales aguas".[69] En el canal de paredes transparentes se puede seguir el flujo del agua siempre que ésta arrastre partículas en suspensión, y a Leonardo le parece conveniente observar así el efecto de ondas de superficie sobre aguas profundas: "Para ver si la pequeña onda superficial hace que el agua alta se mueva en su fondo, prepara en tu hoyo agua mezclada con panizo; y con las láminas de vidrio verás lo necesario; pero intenta conseguir un canal de barro cocido, ancho y plano en el fondo, de 2 brazas de largo y media de ancho; mándalo hacer aquí con el jarrero".[70]

Para estudiar los choques alternados de una corriente oblicua con las riberas y las erosiones resultantes, Leonardo recomienda —pasando de horizontal a vertical— observar en un canal los rebotes sucesivos de un chorro dirigido oblicuamente hacia el fondo: "Un lado del canal hágase de vidrio, y el resto de madera; y el agua que allí golpea mézclese con mijo,... para que se perciba mejor el curso de las aguas por el movimiento de aquél, y una vez que haya hecho el ensayo de tales saltos, llena el fondo con arena mezclada con grava menuda; luego manda nivelar el fondo, haz que el agua salte sobre él, y mira dónde quita y dónde pone; luego observa... sus efectos a través del vidrio; y hazlo en agua continua [o sea, sumergiendo el chorro]: lo que ves que hace el agua subiendo y bajando, así hará golpeando de un lado a otro en las paredes".[71]

Un aspecto importante relativo a la representación de fenómenos hidráulicos a escala reducida consiste en apreciar los "efectos de escala", es decir, estimar hasta qué punto el modelo es confiable, pues hay características del prototipo que no pueden reproducirse correctamente o no se reproducen en absoluto. Leonardo se da cuenta del problema: "Las aguas grandes de las grandes crecidas realizan en sus casos las mismas revoluciones que las pequeñas en los suyos; pero en las pequeñas se utiliza poca agua, y ésta se mueve poco entre la cumbre de su onda y la parte inferior de ella; mientras que la misma cantidad de agua en la onda de gran tamaño hace un gran movimiento; así que ya no se observa, como antes, una clase de agua transparente, sino que ésta se convierte en humo, neblina o espuma por su gran rotación".[72]

En el códice Hammer se anticipa claramente el principio de Newton de que "la acción de un medio [fluido] sobre un cuerpo es la misma, ya sea que el cuerpo se mueva en un medio quieto o bien que las partículas del medio choquen con la misma velocidad

[69] *Códice Hammer*, f 13v.
[70] *Id.*, f 9v.
[71] Arconati, 373.
[72] *Códice Hammer*, f 24r.

contra el cuerpo quieto":[73] "Igual es mover el agua en contra del objeto parado que mover el objeto contra el agua parada".[74] Sin embargo, el enunciado leonardiano parece tener un sentido más amplio que el de Newton —el cual se limita a considerar el empuje ("acción")— pues su expresión "igual es" quiere seguramente abarcar también lo que a Leonardo más llamaba la atención: la configuración general del flujo alrededor del objeto. En el códice Atlántico hallamos una aplicación práctica de tal principio: "Cuando un pájaro se encuentra en el viento puede sostenerse encima de aquél sin agitar las alas, porque ese mismo oficio que hace el ala en contra del aire, al estar éste inmóvil, lo hace el aire en movimiento en contra de las alas cuando éstas no se mueven". Y de aquí se infiere la condición de equilibrio: "Cuando la potencia del movimiento del aire iguale la del descenso del pájaro, dicho pájaro quedará inmóvil en el aire".[75]

Frecuentemente Leonardo compara agua y aire en relación con los animales que en ellos se mueven: "Por qué el pez en el agua es más veloz que el pájaro en el aire, (mientras] que debiera ser lo contrario, siendo el agua más grave y densa que el aire, y el pez más grave y de menores alas que el pájaro. Por ello el pez no es removido de su lugar por las veloces corrientes del agua como lo es el pájaro por el furor de los vientos en el aire; y además se ve al pez correr hacia arriba, dirección opuesta a las rapidísimas caídas de agua, con movimiento velocísimo, como un rayo entre nubes espesas, lo que parece cosa admirable... y esto acontece porque el agua de por sí es más densa que el aire y, por consiguiente, más grave; por eso se vuelve más veloz en llenar de sí el vacío que el pez deja en el lugar del cual se salió; y además el agua que él empuja por delante no se condensa como hace el aire delante del pájaro; más bien, nace una onda que con su movimiento prepara e incrementa el del pez, que así se vuelve más veloz que el pájaro frente al cual el aire se recondensa".[76] Sin embargo, en algunos casos el comportamiento de agua y aire es similar; y esto lleva a Leonardo a sugerir el remplazo de un medio por otro como técnica de laboratorio, técnica cuyas ventajas serán reconocidas tan sólo en el presente siglo: "Si quieres ver qué movimiento realiza el aire penetrado por un móvil, toma como modelo capas profundas de agua que esté mezclada con panizo disperso, o con otra simiente diminuta que se sostenga en todo nivel. Luego mueve en su interior un móvil que flote y verás la revolución de dicha agua, siempre

[73] Newton, 331.
[74] *Códice Hammer*, f 29v.
[75] Giacomelli, 21, 22.
[76] *Id.*, 30.

que quede dentro de un vaso de vidrio escuadrado a guisa de cajita".[77]

Naturalmente, no basta con observar; también hay que medir. Para medir velocidades, Leonardo recomienda —entre otras opciones— determinar la distancia que un pequeño cuerpo transportado por el fluido recorre en un tiempo dado: "Modo de saber cuánto corre el agua por hora. Esto se hace con el tiempo armónico, y podríase hacer con el pulso si el tiempo de su latir fuese uniforme; pero en este caso es más seguro el tiempo musical, con el cual se notará cuánto espacio recorre un objeto transportado por el agua, durante 10 o 12 de dichos tiempos; y así se procederá, como regla general, en cualquier canal uniforme; pero no en los ríos que, cuando corren por debajo, por encima no parecen moverse".[69]

Para medir la intensidad del viento, Leonardo diseña el anemómetro que se ve en la figura 239: en él, una lámina rectangular vertical está fijada en una tabla horizontal con fulcro en el centro. El viento, que empuja la lámina, hace que la tabla gire, señalando sobre la graduación la intensidad de éste. La velocidad del viento se puede medir por medio de un reloj: "Aquí hace falta un reloj que muestre horas, puntos y minutos, para medir cuánto camino se recorre por hora con el curso de un viento".[78]

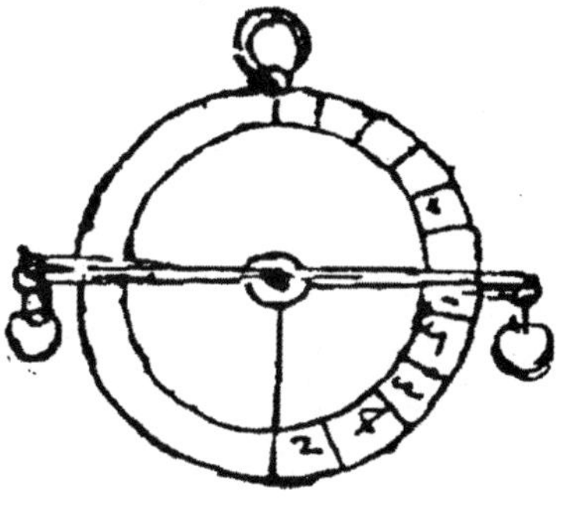

Figuras 239-240

La figura 240 ilustra un experimento para determinar cuánta "potencia" pierde un chorro al tener que cruzar una lámina de agua "más débil": "Esto se ve en los vasos donde se colectan dos aguas iguales, de las cuales una penetre a través de la más débil, y la otra brota simplemente de su caño; y nótese cuál llena primero su vaso, siendo ambos vasos de igual capacidad". La figura 241 sugiere cómo calcular la "potencia" de una caída: "Manera de pesar la potencia de cualquier chorro de agua al caer con un ángulo fijo sobre la extremidad de una tabla plana colocada en balanza; dispónganse el centro de la pesa opuesta y el de percusión a iguales distancias del fulcro de la balanza".[79]

[77] *Códice Hammer*, f 19v.
[78] Giacomelli, 49, 50.
[79] *Códice Hammer*, f 29v.

Sifones

Figura 242

El sifón es un aparato extraño: una vez cebado, no se vacía, pero a veces no se ceba. "Si el agua posee viscosidad y coligación, por qué, la que sale del sifón *[cicognola]*, mientras quede circundada por aire, no arrastra consigo la del sifón; además la experiencia nos muestra que si la salida del sifón no es más baja que su entrada en el caño, nunca el agua que sale de éste jalará la del vaso".[80] Esto, ¿a qué se debe? "Algunos han opinado que... la causa del arrastre del agua que se encuentra en el lado... del caño que está dentro del vaso consiste en que hay más peso de agua en la parte externa que en la interna del sifón, lo que cumpliría la función de los cuerpos colocados desigualmente en los brazos de la balanza; y han argumentado diciendo: el agua dentro del agua no pesa, porque ninguna parte de elemento es grave o liviana dentro del propio elemento; por tanto, hay que tomar en cuenta el agua que se halla dentro de la parte del sifón que está arriba de la superficie del agua, no aquella que se encuentra debajo, porque ésta no pesa entre la otra agua; y hay que considerar el agua que está en la parte del sifón que pende fuera del vaso, la cual, por ser más larga, contiene un peso mayor de agua, y así da principio y fin al movimiento del agua del vaso; y si ella es igual a la altura de la superficie, los pesos son iguales, y —como las cosas iguales no se superan una a otra— no hay movimiento". Pero todo esto no convence a Leonardo, quien construye el aparato de la figura 242, cuyo brazo interior *pn* "contiene 10 libras de agua", el exterior *pm*, que está abultado, "contiene 100"; y sin embargo el sifón no funciona.[81]

Figura 243

Con respecto a la figura 243, Leonardo escribe: "Todos los caños de igual sección que terminan igualmente bajos, sacarán en igual tiempo, igual [cantidad de] agua de un mismo vaso, aun variando al infinito sus longitudes". Y refiriéndose al dibujo de la izquierda en la figura 244: "En un sifón de ancho desigual, desfigurado uniformemente a guisa de cuerno, el agua no avanzará porque el aire entra para suplir y reponer el vacío que crece a lo largo de dicho sifón; de modo que el agua regresa al vaso desde la cumbre del

[80] *Id.*, f 27r.
[81] *Id.*, f 34r.

sifón y el aire corre tras ella para restaurar el vacío. Pero, cuando el ancho menor del sifón queda fuera del vaso [dibujo de la derecha] si [el sifón] está todo lleno de agua y la parte angosta queda por debajo [del nivel] de la superficie del agua en el vaso, es necesario que el agua que se halla en el sifón derrame por la boca menor, porque..." y aquí Leonardo se detiene, tal vez por no haber encontrado la explicación satisfactoria. Repite luego ambos ensayos remplazando el sifón por una tira de fieltro, también de ancho creciente de un extremo a otro, a la cual mantiene con un extremo sumergido y el otro fuera del vaso. Entonces el agua sale en ambos casos: "Si el fieltro se va angostando uniformemente a lo largo, el agua que baja por él adquiere grados de velocidad en cada grado de su longitud; es decir que el agua adquiere tanta velocidad cuanto el fieltro disminuye en ancho; y esto sucede porque el agua que se derrama por la parte más ancha del fieltro es la misma que antes se levantó por la parte más angosta; y ésta, debiéndose luego esparcir por ese ancho mayor, tendrá necesariamente que tardarse".

Figura 244

El sifón de la figura 245 presenta el mismo problema que aquel con forma de cuerno; "Si el sifón tiene tres caños de secciones iguales, de los cuales uno más corto está metido en el agua del vaso y los dos más largos están colocados afuera, de modo tal que sus extremidades queden más bajas que la superficie del agua en el vaso, dichos caños derramarán tan sólo el agua qué antes tenían adentro, y luego el movimiento del agua se parará. Lo que sucede es que toda la masa de agua que está en el caño [al lado] del vaso se reparte en los dos caños externos [y circula] en dos medios caños y las otras dos mitades Quedan llenas de aire, el cual luego corre tras el agua que regresa por el lado del vaso, con lo que el movimiento se acaba".[82]

Figura 245

La presión y sus efectos

¿Cuánto pesa el agua sobre sí misma? Esta pregunta fundamental para la hidrostática frecuentemente había sido planteada y Leonardo se propone contestarla. Nosotros,

[82] *Id.*, f 34v.

que aceptamos la explicación repetida en todos los libros de texto, no vemos ciertas dificultades conceptuales implícitas en esta cuestión; pero el siguiente razonamiento de Leonardo puede señalar una de ellas: "El agua quieta no pesa sobre su fondo, como revelan las delgadísimas hierbas [que están] sobre aquél, ondeando en el agua, y el levísimo lodo del piso de los pantanos, que casi comparte la ligereza del agua, [mientras] que se vendría a condensar y casi solidificar si el agua cargara encima de él. Como se muestra lo contrario, la experiencia permite inferir que el agua no pesa sobre "Su fondo; y por razonamiento se concluye que la parte más liviana de la tierra que enturbia el agua será la última en asentarse sobre aquél, y será la que baje más despacio; y, apenas tome contacto, se parará sobre la remanente tierra del piso sin agregarle ningún peso".[83]

La figura 246, tomada del primer códice de Madrid, sugiere cómo determinar por hidrostática el peso específico del plomo. El dispositivo consiste en un cubilete encogible lleno de agua, sobre el cual se apoya un cilindro de plomo. El cubilete, que está conectado a un caño vertical, es en realidad una especie de fuelle hecho con una gruesa tripa de buey sujeta por anillos de alambre colocados "a la distancia que te parezca". La idea es ver "cuántas [son las] medidas de agua [que] una medida de plomo empuja fuera de su nivel, subiéndolas [en el caño]". Leonardo acostumbra dar instrucciones detalladas al lector acerca de cómo realizar el experimento, sin aclarar casi nunca si él por su parte lo ha realizado: "Antes harás el cubilete, el plomo y el caño del mismo grueso, y notarás cuántas veces la altura del plomo cabe en la del agua que se elevó por encima del nivel de aquella del cubilete. Luego harás cubilete y plomo de igual grosor y el caño mitad. Luego el caño de un cuarto. Luego caño y cubilete iguales y el plomo mitad. Luego el plomo de un cuarto, aumentándole siempre en longitud lo que le falta de espesor. Además, haz el plomo más ancho que el cubilete y el caño. Y así, notando toda característica, podrás luego juzgar correctamente la potencia de todo instrumento acuátil". El ensayo parece programado por entero; pero hay mucho más: "Recuerda experimentar así el peso de toda calidad de metal, piedra y tierra, y también madera. Y harás lo mismo colocando en el cubilete mercurio y todo cuerpo líquido capaz de subir. Y además [estudiarás] qué diferencia resulta entre dejar aire entre el plomo y el agua y hacer que el agua haga contacto con el plomo que la oprime".[84] Colosal programa de investigación que daría envidia a un Poleni.

[83] *Id.*, f 6r.

[84] Bellone, 389.

Más adelante, utilizando el mismo principio, Leonardo sugiere el diseño de una novedosa balanza. En tal caso, "el caño ha de ser de vidrio y el cubilete debe llenarse de mercurio; en el caño marca libras, onzas, denarios y granos, como quieras".

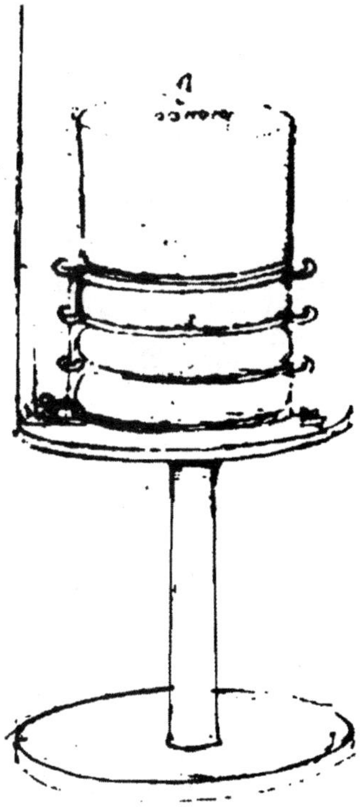

Figura 246

Luego se le ocurre otro experimento: ¿qué pasaría si la balanza se inclinara? "Ladea ese instrumento con la inclinación que quieras: el agua conservara en el caño siempre el mismo nivel. Esto sucede porque si al plomo —por bajar oblicuamente— le falta peso [pues sólo actúa una componente de éste], el agua que se eleva hace lo mismo, debido a la inclinación". La afirmación es sustancialmente aceptable; Enzo Macagno, quien se ha dedicado a verificar muchos de los experimentos que Leonardo propone, la comprobó con un cálculo sencillo que sugiero realice el lector.[85]

En el códice Hammer, Leonardo llega más lejos. Con base en una figura parecida a la 246, pero que representa al cilindro de plomo mucho más ancho que el cubilete, afirma lo siguiente: la sección *(bocea)* —que llamaremos A_o— "del caño que recibe el agua empujada tendrá, con respecto a todo el término del hueco de su vaso [o sea con la sección A del cubilete], la misma proporción que el peso [de esa parte] del agua del caño que está por encima de aquella que queda en el vaso tiene con el peso que oprime dicho vaso".[86] Llamemos P a este último peso (o sea, el del cilindro de plomo), y al peso específico del agua y h al desnivel entre las superficies libres del agua en el caño y en el cubilete. El peso de la columna de agua que está arriba del nivel de esta última superficie es $\gamma h A_o$; entonces, lo afirmado por Leonardo se puede escribir

$$\frac{A_o}{A} = \frac{\gamma h A_o}{P}$$

y de aquí resulta sin más la fórmula fundamental de la hidrostática

$$\frac{P}{A} = \gamma h$$

Sin embargo, al no intuir la importancia del concepto de "presión" como peso por unidad de sección, Leonardo pierde la oportunidad de introducir en su razonamiento un

[85] *Id.*, 389, 390.

[86] *Códice Hammer*, f 11r.

Figura 247

elemento clarificador que le sería de gran ayuda. De hecho, se diría que piensa en "presión" cuando habla de "potencia", pues escribe: "El agua dentro del vaso, comprimida a nivel de su superficie, posee una potencia igual a la que tiene esa parte del peso compresor que saca del vaso dicha cantidad de agua. El agua comprimida en el interior del vaso adquiere, en su contacto con éste, potencia uniforme. Entiendo que el agua alcanza esta potencia uniforme de compresión además de la potencia desigual que antes moraba en ella, pues se ve claramente que el agua de por sí... por cada grado de profundidad adquiere grados de peso. La prueba se ve en los recipientes donde se tiene el vino". Al lado de este párrafo aparece la figura 247, que repite en cierta forma la 246, con la diferencia de que el tubo piezométrico se remplaza por un pico del cual sale un chorro que golpea una placa móvil, cuyo desplazamiento debería ofrecer otra manera de medir el peso sobrepuesto al cubilete.[86]

Leonardo concibe claramente que otro efecto del peso puede ser el de crear un surtidor cuya altura depende de la presión. La figura 248 muestra dos cubiletes encogibles de secciones distintas, ambos cargados por discos que pesan 1 000 libras, y señala correctamente que el chorro que sale del orificio central sube más cuando el recipiente es más angosto. Asimismo, encontramos figuras —por ejemplo, la 249— que muestran

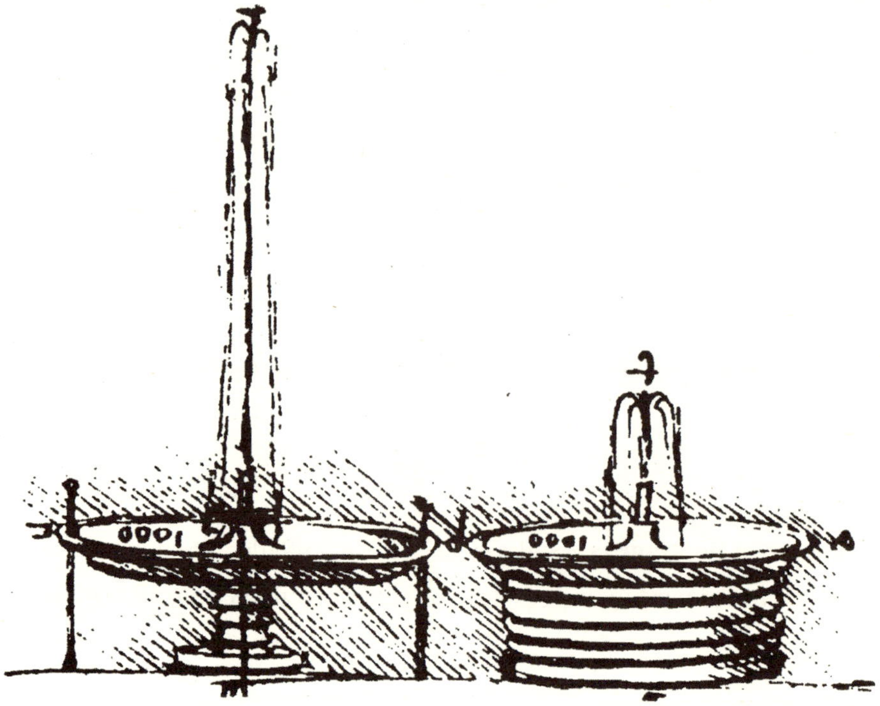

Figura 248

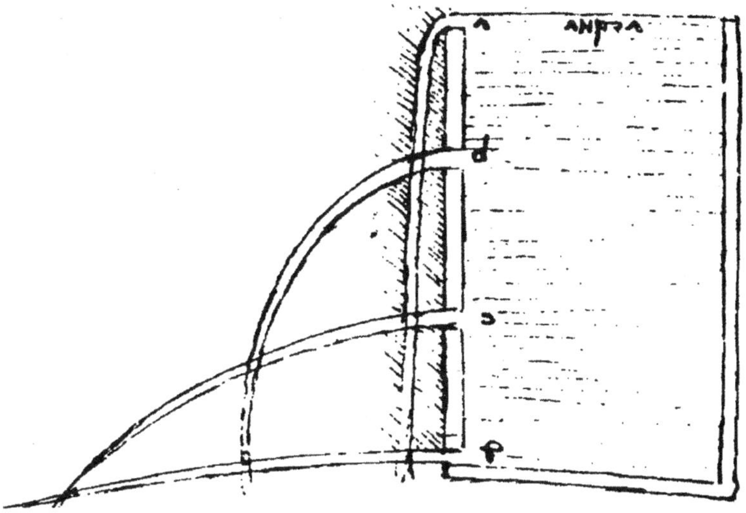

Figura 249

cómo, al perforar un depósito a diferentes alturas, el chorro llega tanto más lejos cuanto más abajo está el orificio; esto presenta otro aspecto de lo expresado anteriormente: que mayor carga estática produce el chorro más "potente". A veces la figura da lugar a discusiones acerca del efecto que resulta del choque entre dos chorros de velocidades diferentes. Una de las mayores sorpresas que produjo el descubrimiento de los códices de Madrid es que Leonardo fue capaz de considerar la transformación de la energía implícita en el fenómeno y de intuir el principio de conservación de la energía total.

En efecto, con referencia a la figura 249, anota: "Aquí se pregunta cuál de estas cuatro caídas de agua tiene mayor percusión y potencia para girar una rueda: la caída *a*, la *b*, la *c*, o la *d*. Me parece, aunque no lo haya experimentado todavía, que deben ser [todas] de igual potencia porque considero que si la caída *a* baja de gran altura, no tiene tras sí quien la arroje, como la *d* que tiene encima toda la altura de agua que la empuja. Ahora, si la caída *d* es de gran percusión, no tiene el peso que posee la *a*. Y así sucede en *b* y *c*, de modo que donde falta la fuerza de la percusión, allí la suple el peso de la caída del agua".[87] Intentemos explicar el sentido de este escrito. Para comprender lo que aquí se entiende por "peso", recordemos esta frase del códice Hammer: "Adquiere peso tan sólo esa parte del agua del vaso a la cual se le quita el fondo; porque entonces toca el aire, que no puede sostenerla".[81] Luego, "peso" representaría la energía potencial que el agua posee por encontrarse en cierta altura, siempre que de allí pueda caer. En cuanto a "percusión", leemos: "Si la percusión del agua tiene la potencia de alzar igual cantidad de agua [puesta] en balanza en el lado opuesto, al mismo nivel

[87] Zammattio, 26.

de donde cae el agua que percutió, o más, o menos";[88] y también: "El agua dentro de agua adquiere potencia según lo que adquiere en velocidad".[86] Luego el término "percusión" se refiere al efecto del choque del chorro; y en esencia no puede ser otra cosa que la energía cinética, porque aquí está escrito claramente que se trata de una energía (siendo energía la capacidad de elevar un peso a cierta altura), y que ésta se asocia con la velocidad. Utilizando nuestra terminología, lo que Leonardo afirma es que si se suman las dos energías, cinética y potencial, correspondientes a cada uno de los puntos *a, b, c, d*, para todos se hallará el mismo resultado ("igual potencia"); y esto es consecuencia de nuestro principio de conservación de la energía.

Lo anterior muestra cómo Leonardo se anticipó a Torricelli y Bernoulli. Admitiendo que un chorro vertical suba al mismo nivel de la superficie libre del agua quieta que lo produce, Torricelli establecerá la ley de transformación de la energía potencial en cinética. Leonardo no llega a tanto, desde el punto de vista cuantitativo; pero basta comparar la figura 248 con la 26 para darse cuenta de la mayor generalidad de su planteamiento, al considerar el efecto adicional de una presión aplicada sobre el agua quieta. En cuanto a los chorros laterales, su diversidad la notará bien Castelli, quien escribió: "Considérese... un tonel, que se mantenga lleno aunque salga continuamente agua de él; y que el agua desemboque por dos caños del mismo ancho, uno colocado en la parte inferior del vaso y otro en la superior: resulta claro que en el tiempo en que de la parte superior saldrá una medida de agua determinada, de la inferior saldrán cuatro, cinco, y muchas más de las mismas medidas cuanto mayor sea la diferencia de nivel entre los caños y la distancia entre el superior y la superficie... y si examinamos con más atención este asunto, hallaremos que el agua en el caño inferior escurre y pasa con velocidad mucho mayor que en el superior, sea cual fuere el motivo".[89] El motivo lo explicará Torricelli; pero ambos se limitarán a relacionar la velocidad de desagüe de los distintos caños con la carga estática relativa, no las de los caños entre sí —que sólo se puede hacer considerando, como un cierto sentido hace Leonardo, energías. Unos 250 años después, Daniel Bernoulli logra el planteamiento correcto del problema y la obtención de la ley general; pero, si Torricelli hubiese conocido el códice de Madrid, el desarrollo de la hidráulica probablemente se habría adelantado un siglo.

[88] *Códice Hammer*, f 12r.

[89] Castelli, 99.

CAÍDAS

Leonardo adora las cascadas, esas blancas masas que caen con estruendo continuo; y se pregunta si sobre su pie carga el peso de toda la columna de agua que las forma. "Yo digo que si, desde la altura de donde el agua cae, se precipitara de repente el total del agua que está entre el lugar que ella golpea y aquel de donde cae, el golpe sería grande; pero esto no sucede, porque... todas las partes de la caída, en cada grado de su descenso, adquieren grados de gravedad y de velocidad; por lo que [la cascada] se hace más delgada en el pie que en la cabeza; y todo el conjunto del agua no se sostiene sobre el sitio donde choca".[90] Es evidente que Leonardo, adelantándose a Galileo, se da cuenta de la aceleración que el agua sufre en la caída. En efecto, llamemos h al "descenso", distancia vertical medida hacia abajo, empezando en el principio de la caída, y V la velocidad; y en forma diferencial representemos con dh el "grado de descenso" y con dV el "grado de velocidad". Si t es el tiempo, resulta que $dh/dt = V$, $dV/dt = g$ (aceleración de gravedad); de donde

$$\frac{dV}{dh} = \frac{dV}{dt}\frac{dt}{dh} = \frac{g}{V}$$

Siendo g/V positivo, la derivada es positiva; y como V crece con h, el chorro se va adelgazando. La afirmación de que g es constante se suele considerar como un acierto de Galileo; pero, en cierto modo, ya la había adelantado Leonardo: "Por lo que tal relación entre grados de velocidad será una proporción continua aritmética, porque se proporcionan juntamente los excesos, o bien diferencias, de la velocidad; de donde concluyo que tales espacios fueron iguales, porque siempre se exceden y sobrepasan uno a otro con incrementos iguales".[91] Al aceptar esta constancia, inmediatamente se integra la ecuación diferencial anterior, que escribiremos $dh = VdV/g$, y se obtiene la fórmula

$$h = \frac{V^2}{2g}$$

implícita en las leyes de Galileo.

Galileo se refería naturalmente a la caída de pequeños cuerpos sólidos. Es interesante recordar que también Leonardo propone —para comprobar su razonamiento— una experiencia con bolitas: "Introduce en un caño veinticinco bolas de igual peso,

[90] *Códice Hammer*, f 8r.

[91] Arconati, 364.

de modo que queden verticalmente una encima de otra; colócalas en un lugar alto y destapa con un cordel". Al caer, las bolas tendrán que irse separando a distancias tanto más grandes cuanto más sus velocidades difieran entre sí por efecto de la aceleración de gravedad. Como el ojo no puede seguirlas en su descenso, Leonardo sugiere hacer que las bolitas caigan dentro del diedro formado por dos tablas unidas "como libro" mediante una bisagra vertical, de las cuales una "esté [cubierta] con tierra mezclada con borra muy comprimida". Al cerrar bruscamente las tablas, "las bolitas que caen se encajarán todas en esa tierra, y tú podrás medir la proporción de la variedad de sus intervalos. Y si quieres ver el descenso del agua, haz lo mismo con el mijo salido del almud; luego pésalo de braza en braza, y verás cuál braza encerró más".[92] Se trata de un experimento sin duda ingenioso, pero que no resultaría por no poderse prolongar lo suficiente el recorrido de las bolitas; dificultad que Galileo sabrá evitar retardando la caída mediante un plano inclinado. Por lo demás, también Torricelli aceptará una semejanza entre la caída del agua y la de una bola, al escribir: "Supongamos que las aguas que desembocan con violencia de un orificio posean en el punto de salida el mismo ímpetu que tendría cualquier cuerpo pesado, o también una gota de la misma agua, si cayera naturalmente desde la superficie libre hasta la boca de descarga".[93]

Sin embargo, conviene notar una diferencia importante entre Torricelli y Leonardo: mientras que Torricelli no distingue prácticamente entre el comportamiento de un chorro líquido y el de un proyectil, Leonardo prefiere comparar la caída del agua con aquella del mijo al vaciar el almud en la bolsa del parroquiano. Sin embargo, este símil tampoco le satisface, porque se da cuenta de que un líquido, "que tiene en sí viscosidad y coligación", no podrá nunca representarse fielmente por medio de un sistema discreto de partículas. Así, una corriente de agua que cae verticalmente bajará más rápido que una de arena, aun si agua y arena tienen el mismo peso específico: "Si se soltase continuamente en el aire una cantidad de arena y otra de agua (separada de la arena), siendo ésta del mismo peso que aquélla, no hay duda de que el movimiento de la arena sería más tardo que el del agua; y esto sucede porque la parte inferior del agua se lleva consigo aquella que se le añade por arriba, por lo cual se forma un cuerpo único que pesa todo junto sobre el aire que se abre abajo para darle paso; lo que no ocurre en la arena, por ser ella de por sí toda desligada y suelta, y todo su conjunto cae con la misma velocidad que correspondería a uno de sus granos, supuestos todos iguales; así podemos concluir que el continuo descenso del agua que cae en el aire se realiza con la misma

[92] *Id.*, 363, 364.

[93] Torricelli, vol. II, 185.

velocidad que requiere el peso [total] de ésta, por ser ella una masa unida y continua; mientras que la arena del mismo peso, que desciende del mismo sitio que el agua, sólo baja con la velocidad que requiere uno de sus granitos medios, porque los más gruesos que el mediano bajan más rápido que él, y los menores más despacio".[80] Y a propósito del movimiento undoso, Leonardo escribe: "Si el agua fuese una masa discreta en lugar de ser continua, el movimiento que realiza entre cumbres y valles de sus ondas sería desigual; porque aquella parte que subiese adquiriría un grado de retraso en cada grado de movimiento, de modo que en la suma altura tendría la máxima lentitud; luego, al bajar, adquiriría en cada grado de movimiento un grado de velocidad, así que en lo más bajo alcanzaría más velocidad... Pero si la masa es continua, como de hecho lo es, posee movimientos iguales... porque, siendo toda unida, es necesario que en cada fase de su movimiento toda parte tire y sea tirada, empuje y sea empujada, o bien saque y sea sacada; y todo esto debe realizarse con movimiento y potencia iguales, porque si así no fuera, el agua se amontonaría más donde tardase más y faltaría donde se moviese más", en contraste con el principio de continuidad.[94]

Leonardo considera pues justamente que la mecánica de un medio continuo es distinta de la de un sistema discreto de partículas; cosa que hoy nos parece casi obvia, pero que entonces tal vez nadie entendía. El lector recordará que dos siglos después Guglielmini, máxima autoridad en el campo de la hidráulica de esa época, aceptaba la equivalencia entre el movimiento de un líquido y el de una masa de diminutas partículas esféricas; además, en la segunda edición de *Della natura de'fiumi*, publicada 40 años más tarde, que incluye comentarios de Eustachio Manfredi, este último anota al respecto: "Hay que considerar también que semejantes experiencias pueden mostrar —según me parece— la correspondencia y analogía que existen entre la aceleración del agua y aquella de los cuerpos sólidos; pero no pueden probar ese intento si no se presupone que las partículas de agua al caer adquieran los mismos grados de velocidad justamente en los mismos tiempos en los cuales los adquieren los sólidos, [hecho] que, aun siendo razonable creerlo, también parece razonable dudar de él, máximamente al considerar la manera particular con que los fluidos caen a diferencia de los sólidos, conservando éstos siempre su figura, mientras que aquellos la cambian al estrecharse y adelgazarse a medida que se vuelven más veloces".[95] Tal párrafo demuestra que Manfredi, profesor de matemáticas, superintendente de las aguas y astrónomo en el Instituto de las Ciencias de Bolonia, en 1739 todavía no se sentía seguro acerca del asunto.

[94] Arconati, 330, 331.

[95] Guglielmini, *Fiumi*, 36.

Sin embargo, es justo recordar que Galileo, en su informe acerca de la inspección realizada en el río Bisenzio, comentaba que si en un canal horizontal se coloca una bola metálica, ésta queda inmóvil; "mas al agua no le sucederá así, porque si imaginamos que esa bola es una masa de agua, [ella] se disolverá y escurrirá a un lado u otro allanándose... Además la causa del movimiento es muy manifiesta, siendo que el agua que se extiende adquiere pendiente al acercarse más sus partes al centro; y ella misma en cierto modo se crea declive, sirviendo sus partes inferiores como lecho declinante para las superiores o —por así decir— resbalando las superiores sobre las inferiores". De todas maneras, aun remplazando la esfera de metal por una de arena suelta, hay que reconocer que este razonamiento es menos directo y adecuado que el de Leonardo para justificar la necesidad de representar al agua como sistema continuo.

En los *Principia,* Newton manejará correctamente los fluidos como medios continuos; pero cabe preguntarse si esto se debe a la confianza de disponer de una herramienta —el cálculo diferencial— que le permitía representar el comportamiento de partículas infinitamente próximas. Para Guglielmini este cálculo era todavía algo demasiado nuevo, y no apreciaba su alcance; así, deformaba sin querer su visión del fenómeno natural con tal de poder analizarlo mediante los modelos matemáticos en los que confiaba. Nada de eso había ocurrido con Leonardo, que sabía anteponer la experiencia a la razón.

Gasto, velocidades y turbulencia

El comentario de Castelli citado en el subcapítulo anterior se relaciona con la costumbre —que a él no convencía— de medir el gasto por "onzas" de diámetro del orificio, sin tomar en cuenta la carga que existe tras éste. Un siglo antes que Castelli, Leonardo, enfrentando como ingeniero ducal el problema de repartir correctamente el agua de riego, entiende lo inadecuado de ese sistema, y realiza ensayos para determinar cuáles son los factores que afectan la descarga de un orificio. Según su costumbre, se remite al origen: primero quiere entender perfectamente cómo se efectúa el desagüe. He aquí su experimento: "Para ver cuál agua del vaso es aquella que se mueve hacia la salida del fondo, toma dos láminas de vidrio cuadradas, de 1 /4 de braza, acércalas una a la otra a la distancia uniforme de dos lomos de cuchillo y junta con cera los bordos en tres lados; luego llena [ese recipiente] por el cuarto lado con agua clara en la cual se hayan esparcido pequeñas semillas que

Figura 250

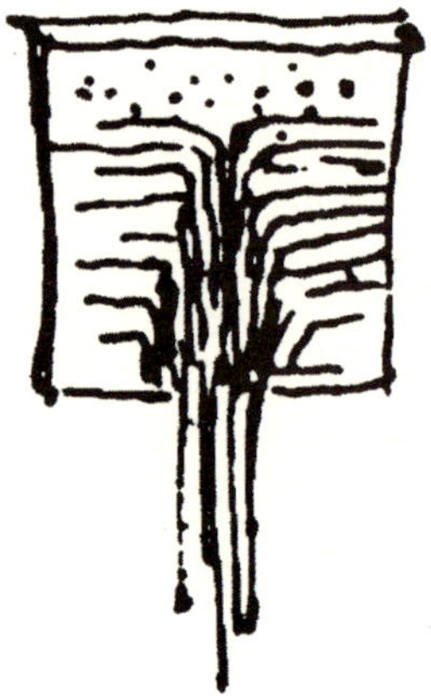

floten en toda la altura de dicha agua. Luego haz en el fondo un pequeño agujero y da salida a esta agua, manteniendo el ojo fijo en la cara del vaso: el movimiento de dichas simientes te informará cuál agua corre con más velocidad a la salida, y de qué sitio se mueve".[96] Lo observado se reproduce en la figura 250, cuyo interés extraordinario se capta al compararla con aquella —en apariencia mucho más "lógica"— de Bernoulli (figura 38); figura responsable no sólo de las incongruencias de Bossut acerca de la formación del vórtice, sino en especial de que se haya tardado tantos siglos en entender su mecanismo.

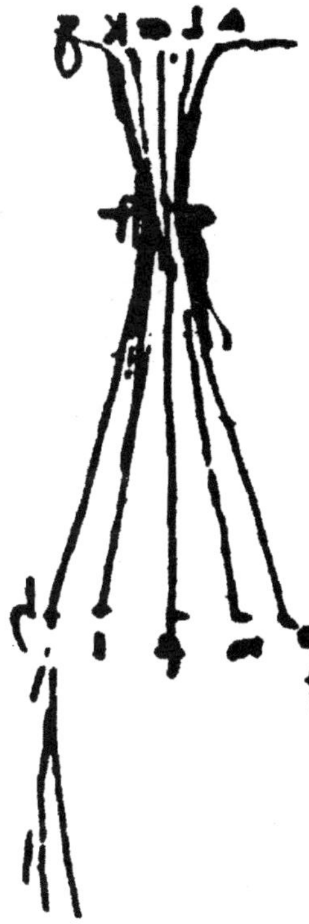

Figura 251

En efecto, para que un remolino de desagüe pueda nacer son indispensables dos cosas: una capa superior absolutamente tranquila y una corriente inferior, convergente hacia el orificio (figura 139); y el dibujo de Leonardo señala esto perfectamente. Pero una ilustración así no se encuentra en los tratados de hidráulica, donde sería vano buscar una explicación del fenómeno mencionado. Al lado del diseño anterior, Leonardo ha trazado la figura 251, que muestra la contracción del chorro (limitado por las líneas *ab*, *gh*) que baja del orificio *ag*, efecto al que Newton daría notoriedad, pero que no podía pasar desapercibido para un observador cuidadoso como Leonardo.

El examen del flujo a través de orificios llevó naturalmente a Leonardo a convencerse de que "las medidas en onzas que se dan para las bocas de agua son mayores o menores según si es mayor o menor la velocidad del agua que pasa por la boca: doble velocidad en un mismo tiempo dará doble cantidad de agua, y así sucesivamente", y además: "si se reduce a la mitad el tirante sobre las bocas de agua, entonces la abundancia de la boca disminuye en esa misma proporción, que es en la que se ha reducido el peso".[97] Esta última afirmación es evidentemente incorrecta, porque el gasto varía proporcionalmente a la raíz cuadrada de la carga; pero una ley así no se concebía en esa época, y a Leonardo le parecía tan obvia la proporción simple que no se le ocurrió comprobarla experimentalmente, aun estando en condición de hacerlo. La primera aseveración acerca de la relación entre gasto y velocidad media es correctísima, y se anticipa un siglo a la ley de Castelli, que afirmará exactamente lo mismo. Leonardo también expresa muy claramente el principio de continuidad: "En los ríos, cualesquiera que sean su ancho y profundidad, sucede por necesidad que, en todo grado de su longitud,

[96] Escobar, 21.
[97] *Id.*, 22.

en igual tiempo pasa igual cantidad de agua"; y explica: "esto consiente la necesidad porque, en esa sección en la cual pasase menos agua que en las otras, las aguas se secarían, pues la sección sucesiva no podría dar a la siguiente más agua que [la que recibió de] su anterior; análogamente, en las secciones en que pasara más agua, no habiendo quien se la desaloje adelante, [dicha agua] con el tiempo llegaría a levantarse hasta el cielo".[98] Razonamiento claro y sencillo, que valdría la pena ofrecer al estudiante cuando se le presenta el principio de continuidad por primera vez.

Contra quienes creen que un remanso, al refrenar la corriente, reduce el gasto, Leonardo afirma: "Ningún remanso podrá nunca afectar la dada cantidad de agua que baja de una caída determinada, si esa caída está cerrada" (o sea, si no hay en ella entrada o fuga de agua).[99] En cuanto a la velocidad, ésta puede modificarse por causa de la sección, la pendiente y la rugosidad del cauce: "Tanto se reduce la velocidad cuanto se incrementa el ancho del río, y tanto aumentarás la velocidad cuanto disminuirás el ancho del río".[100] "El movimiento más tardo o veloz del río está causado por tener tránsito más angosto o más ancho, mientras el fondo quede con la misma pendiente".[101] "Tanto aumenta la velocidad del agua cuanto mayor es su pendiente. Esto resulta de... que el agua no se mueve si no baja; por tanto, se moverá más allí donde descienda más".[102] "Es de curso más veloz ese río que tiene el fondo menos golpeado, mientras el fondo sea compacto y de ancho uniforme; y es refrenado y más tardo aquel río cuyo fondo es más golpeado. Esto se prueba porque con mayores percusiones en el fondo se causan mayores hervores en el agua, y éstos retrasan la corriente".[103]

La importancia del refrenamiento ocasionado por las paredes, que los hidráulicos tardarán siglos en reconocer, Leonardo la subraya en varias ocasiones: "El agua de los ríos rectos es tanto más veloz cuanto más está alejada de la orilla, su impedimento".[104] "Esa parte del líquido que está más alejada del frotamiento con un cuerpo más denso que él, se hace más veloz".[105] Leonardo se fija en la variedad de velocidades que pueden encontrarse en una misma sección de río. Normalmente "la corriente es más veloz arriba que abajo. Esto sucede porque el agua superior linda con el aire, que presenta

[98] *Códice Hammer*, f 6v.
[99] *Id.*, f 30v.
[100] Arconati, 311.
[101] *Códice Hammer*, f 24v.
[102] Arconati, 302.
[103] *Id.*, 303.
[104] *Id.*, 301.
[105] *Códice Hammer*, f 19v.

poca resistencia por ser más leve que el agua, y el agua inferior linda con el suelo, que ofrece gran resistencia por ser inmóvil y más grave que el agua".[106] Sin embargo, "los ríos que se mueven en contra de los cursos de los vientos serán de velocidad tanto mayor abajo que arriba cuanto su superficie, al ser empujada por los vientos, se hace más tarda que antes. La razón está en que... es necesario que el recalcitrar provocado por el viento sobre las corrientes en la superficie, haga que ésta retroceda; y no basta con que las ondas [producidas] se eleven, porque finalmente al caer penetran unas debajo de otras y se meten al fondo, donde, hallando la otra corriente, se acompañan con ella".[107] En general, Leonardo considera que "toda corriente posee tres líneas centrales, situadas en medio de su mayor potencia; una de ellas está en el contacto que el agua hace con el fondo que la recibe, la segunda en medio de su profundidad y anchura, y la tercera se forma en la superficie; pero la de en medio es la principal, la que guía todo el curso, parte todos los movimientos reflejados y los endereza hacia sus debidos fines".[108] Aquí aparece probablemente por primera vez el concepto de perfil de velocidades, limitado en este caso a tres de ellas: la velocidad de superficie, la máxima y la de fondo.

La turbulencia, que por siglos los hidráulicos no "verán", no se oculta a Leonardo, quien se extasía frente al fluir tumultuoso de las corrientes naturales y a la multitud de movimientos diversos que lo componen. "Toda la masa de agua, tanto en ancho como en profundidad, está llena de innumerables variedades de movimientos, como revela la superficie de las corrientes de mediana turbulencia, en la cual se ve que el agua más turbia del fondo, que rebota hacia la superficie, forma continuamente hervores y torbellinos, con distintas rotaciones".[109] La continua variabilidad de esta turbulencia se evidencia al observar un cuerpo transportado por el agua: "El agua corriente encierra en sí infinitos movimientos mayores y menores... Esto se comprueba por los cuerpos que flotan dentro del agua; y en las aguas claras se manifiestan bien los verdaderos movimientos del agua que los arrastra". En efecto, la corriente "va revolviendo ese móvil, que se agita en todo su trayecto. Y su movimiento es a veces veloz, otras tardo, ora se voltea a la derecha, ora a la izquierda, ora se revuelve hacia arriba, ora hacia abajo y gira sobre sí mismo, obedeciendo a todos sus motores ora en un sentido, ora en otro; y, al batallar tales motores entre sí, [el móvil] siempre resulta presa del vencedor".[110]

[106] Arconati, 304.
[107] *Id.*, 305.
[108] *Códice Hammer*, f 25v.
[109] *Id.*, f 23r.
[110] Arconati, 296, 297.

La interpretación de la turbulencia como movimiento caótico, característica de nuestros tiempos, es totalmente ajena al espíritu de Leonardo. El quiere discernir los "verdaderos movimientos"; esos movimientos, o "brincos del agua, son de dos naturalezas, es decir, compuestos por dos causas. Una estriba en la globosidad del fondo por donde pasa el agua; la otra será cuando las partes del agua que choca con las globosidades de la orilla rebotan desde la ribera opuesta. Estas masas de agua..., en la primera ola con la que topan, se aprietan y empujan, y, desinflándose, brincan hacia el cielo; cada una huye igualmente del lugar percutido hasta que otra ola la rechaza hacia atrás, luego otra hacia adelante, y así sucesivamente llenan la superficie de los ríos con una configuración cuadriculada, levantándose siempre en los lugares de dichos choques".[111] Esa "configuración cuadriculada" de la superficie es algo que interesa a Leonardo de modo muy especial: "¿Por qué las ondas de los ríos son curvas, sea en ancho o en largo, como la cáscara de una piña?".[112] Pero de esto hablaremos más adelante.

Remolinos

Los remolinos, grandes o pequeños, en agua o aire, impresionan extraordinariamente a Leonardo, quien hace bellísimos y muy preciosos dibujos y descripciones de ellos: "Muchas veces al chocar un viento con otro en ángulo obtuso, ambos se revuelven y encogen juntos en forma de grandísima columna [figura 252]; y el aire condensado adquiere peso; y yo vi una vez formarse un hoyo de la estatura de un hombre en la arena del mar, donde tales vientos rodaban juntos, y sacar de ese hoyo guijarros de buen grosor y llevar por el aire en una distancia de media milla arena y algas, y este mismo [remolino] correr por el agua, y hacerla girar y vaporar en forma de una espesa columna..., la cual en su extremo inferior se conformaba en nubes obscuras y espesas; y estas nubes, sobrepasadas las cumbres de los montes, se esparcían, y seguían el curso recto del viento [allá] donde dichas cumbres ya no lo estorbaban".[99] En otra parte de sus escritos regresa a esta experiencia, mencionando que ocurrió en la desembocadura del Arno, y describe el gran remolino diciendo que "aparecía en el aire en forma de un campanario grandísimo, y su cumbre crecía

Figura 252

[111] *Id.*, 372.
[112] *Códice Hammer*, f 12v.

como las ramas de un gran pino, y luego se doblaba al contacto con el viento que pasaba derecho encima de los montes". A continuación, intenta clasificar los vórtices: "De los remolinos anchísimos en su boca y estrechos en el fondo; de aquellos anchísimos en el fondo y angostos arriba; de los remolinos columnarios; de los remolinos que se crean entre dos aguas que friccionan entre sí, o sea en las intercaras".[113]

Típico de un remolino de desagüe es su corazón de aire: "Cuando las aguas concurren desde distintos lugares hacia un hoyo que se encuentra en el fondo del río, entonces su agua quedará horadada hasta alcanzar la salida del hoyo; y esta perforación estará llena de aire hasta el fondo del agua. De hecho, el movimiento vorticoso no puede mantenerse debajo del agua si el remolino no posee aire en su interior".[51] En un río, el vórtice más grande conserva por más tiempo su foramen: "A igual velocidad del agua, mantendrá más su concavidad vorticosa ese [remolino] que al moverse revuelve un volumen de agua mayor. Esto se afirma porque muchas veces los vórtices se engendran dentro de una corriente estrecha..., la cual se apoya en parte en el remolino... que gira entre ella y el aire del hueco y..., siendo muy pesada, empuja lateralmente el vórtice allí donde se apoya, y, al hallarlo débil, lo viene a cerrar; así [éste] conserva poco su hueco".[114] La pregunta crucial de Leonardo es ¿por qué, en condiciones normales, el agua del remolino no se precipita a rellenar el foramen central?: "Si el agua más alta del aire adquiere peso,... ¿qué es lo que motiva que el agua lateral de los remolinos se mantenga más elevada del fondo, cuando el remolino está lleno de aire hasta el fondo?". Se sabe que "todo navío pesa tan sólo en la dirección de su movimiento"; también en el caso del vórtice, "las orillas de agua pesan sólo según la línea de su movimiento, mientras disfruten de la potencia que les confiere su motor".[115] Los vórtices desprovistos de corazón de aire resultan más estables: "Los remolinos que están llenos de agua son más permanentes, y aquellos llenos de aire lo son poco. Esto sucede porque el agua dentro de agua no pesa, como el agua sobre aire; por esto los remolinos de agua alrededor de aire... mueren pronto".[116]

La observación ha revelado a Leonardo la ley del vórtice libre: "El movimiento helicoidal, o bien vorticoso, de todo líquido es tanto más veloz cuanto más cerca se encuentra del centro de su revolución. Este que proponemos es un hecho digno de admiración. Porque el movimiento circular de la rueda es tanto más lento cuanto más cerca está del

[113] *Id.*, f 22v.
[114] Arconati, 355.
[115] *Id.*, 353.
[116] *Id.*, 343.

centro de revolución. En el caso particular del agua sucede lo contrario; y [ocurre] el mismo movimiento, en velocidad y amplitud, en cada revolución entera del agua, ya sea en la circunferencia del círculo mayor o del menor... De ese modo, el agua [permanece] con igual movimiento en todo su recorrido circular; y si así no fuese, la concavidad se rompería enseguida. Pero, por ser doble el peso lateral de esa circulación vorticosa, dicha concavidad no posee movimiento permanente. Y esa duplicidad de los pesos proviene en parte del movimiento circular del agua; la otra parte se engendra en los lados de la concavidad, que se apoyan en el aire que llena de sí dicha cavidad y al fin se desploman en él".[114] Descripción excelente del vórtice libre, en el cual las velocidades en una órbita pequeña y en una grande están entre sí como el diámetro de la mayor al de la menor; exactamente lo opuesto de lo que sucede en el movimiento de la rueda —que Leonardo recuerda—, o bien en el vórtice forzado en un vaso en rápida rotación, cuyas partículas, inmóviles con respecto al vaso, avanzan con velocidad directamente proporcional a su distancia al eje de giro. Si el fluido no es aspirado fuertemente por la descarga, las partículas giran siempre en la misma órbita, con velocidad constante. El embudo central sólo se mantiene gracias a la fuerza centrífuga creada por la rotación, fuerza que se suma vectorialmente a la de la gravedad (esto sería la "duplicidad de pesos") para conservar el equilibrio. Al debilitarse el vórtice, la cavidad va rellenándose de agua poco a poco, hasta desaparecer. Con fuerte aspiración, el movimiento de las partículas se hace más bien helicoidal, y éstas bajan, arrastrando el aire consigo: "El remolino que es de rotación veloz lleva aire y agua a su fondo. Y la razón es que tales vórtices poseen, además de su movimiento circular, uno como de barreno hacia el fondo".[117]

Hay vórtices que nacen al pie de una cascada (figura 253). "Los remolinos producidos en las caídas de agua son tanto más potentes cuanto más cerca están del fondo, y por lo contrario, tanto más débiles cuanto más se aproximan a la superficie. Comprobación: es cierto que si el agua que cae con furia sobre otra agua no encuentra oposición suficiente al primer choque, prosigue con la misma furia hasta el fondo, donde, hallando gran resistencia, se revuelve en grandes círculos y vórtices que tanto más se reducen cuanto más se aproximan a la superficie;

Figura 253

[117] *Id.*, 352.

porque la onda del agua casi termina en el lugar donde también la otra agua tiene poco movimiento".[118] Si el chorro, cayendo en agua muerta, forma una corriente rápida, el efecto es distinto (figura 254): "El agua que vierte por una boca estrecha, avanzando con furia entre los tardos movimientos de las grandes charcas, produce grandísimos remolinos. Y esto sucede porque en mayor masa hay mayor potencia, y la potencia mayor vence a la menor. En este caso, el agua que penetra en la charca choca con su agua estancada, la cual, siendo sostenida por otra, no puede hacer lugar con presteza conveniente; y como la corriente que sobreviene no quiere retardar su carrera, una vez producido el choque regresa hacia atrás; y prosiguiendo el primer movimiento con órbitas vorticosas, consigue su deseo, porque en dichos remolinos no halla sino su propio movimiento con el cual se acompañan las vueltas una dentro de otra; y en esta revolución circular el camino se hace más largo y persistente, porque [dicha agua] tan sólo halla contraste en sí misma".[119]

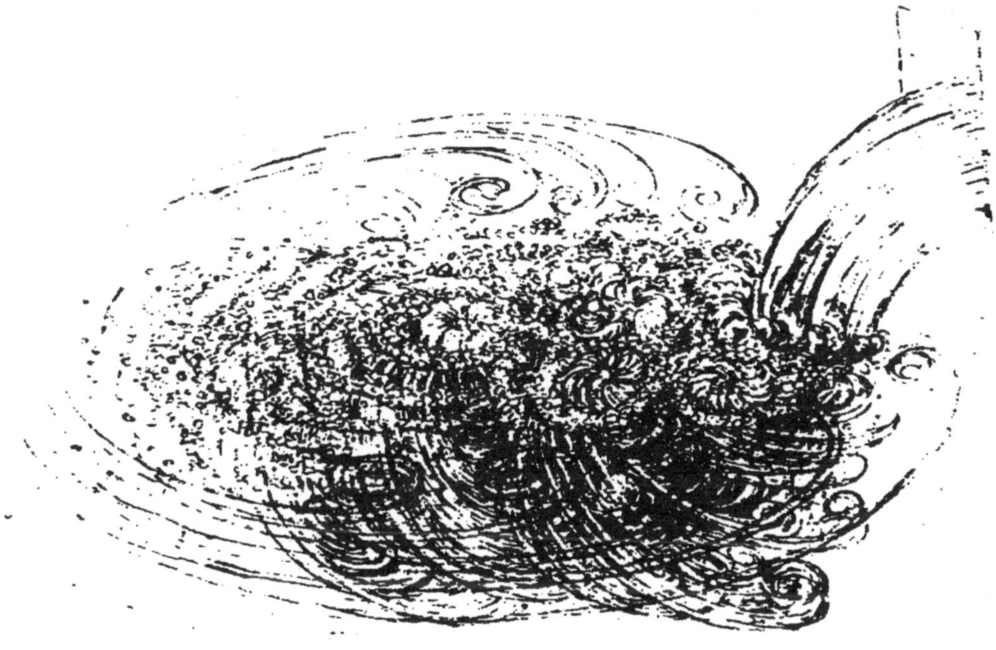

Figura 254

En los canales, cualquier obstáculo que sobresalga de la pared, así como todo estrechamiento súbito de ella, da origen a vórtices de eje vertical: "En todo impacto del agua con la pared estrechada o el obstáculo de la pared, se engendran remolinos desde la superficie hasta el fondo. Porque en el impacto el agua se levanta

[118] *Id.*, 344.
[119] *Id.*, 349.

siguiendo la línea de la altura de la pared o del obstáculo y, adquiriendo peso, baja hasta su pie; al encontrar a media bajada esa agua que primero se dirigió hacia el fondo es empujada nuevamente a la superficie, y aquí, alcanzada por más agua y devuelta al fondo, viene finalmente recogida y llevada tras la corriente". Asimismo, se forman vórtices detrás de una expansión: "La pared que se abre hacia afuera para dar mayor amplitud al canal será causa de que se engendre un súbito remolino. Compruébase porque si el cauce adquiere repentinamente anchura, también el agua se ensancha bruscamente; y con este ensanchamiento el tirante baja; así se produce una corriente que golpea la pared ensanchada al echarse tras ésta, y se divide en dos remolinos". Y cuando hay salientes: "Si se coloca un obstáculo lateral que ocupe gran parte del canal, los remolinos ya mencionados no estarán sólo en la pared correspondiente, porque también en la ribera opuesta habrá remolinos desde la superficie hasta el fondo... Si se colocan dos obstáculos laterales iguales [uno frente a otro], no solamente nacen las revoluciones a lo largo de las paredes, sino también remolinos que se revuelven en medio".[120]

Olas

Ningún problema es demasiado grande para Leonardo. He aquí el párrafo inicial del códice Hammer: "Recuerdo cómo en primer lugar tengo que mostrar la distancia entre el Sol y la Tierra, y hallar su verdadera medida pasando por una lumbrera uno de los rayos a un lugar oscuro; y además encontrar el tamaño de la Tierra por medio de la esfera del agua". Así que acomete el estudio de las olas con toda simplicidad: "Las ondas del agua provienen de tres causas distintas, la primera de las cuales es provocada por su propio movimiento natural, la segunda por medio del aire que con ella se junta, la tercera por la percusión de cualquier cosa que la golpee encima. La onda causada por su movimiento natural se divide en dos tipos: el primero tiene su longitud según el curso libre del agua; el segundo es transversal, por causa del rebalse del río, o por algún objeto que se opone a su curso".[83]

La onda posee velocidad propia: "El movimiento de la onda es más veloz que aquel del agua que la engendra. Esto se ve al echar un guijarro en agua muerta, lo que produce, alrededor del lugar de la percusión, un movimiento circular que es veloz; mientras que el agua que provoca tal ondeo circular no se mueve de su sitio, y tampoco las cosas

[120] *Id.*, 346-350.

que flotan encima".[121] Pero la velocidad de la onda depende del tirante: "El guijarro lanzado en agua muerta causará igual circulación de movimiento siempre que el agua sea de igual profundidad; porque en tal caso no se encuentra en ella ningún tipo de impedimento que haga que sus círculos no sean equidistantes del centro".[122] El lanzamiento simultáneo de dos piedras provoca un interesante efecto de interferencia: "Si echas al mismo tiempo dos pequeños guijarros —algo alejados uno de otro—o en un mar de agua inmóvil, verás nacer alrededor de ellos dos series separadas de círculos que, al ensancharse, chocan. Pregunto si cada círculo, al topar su expansión con la del otro, hace que su onda penetre en la del otro,... o bien si al topar rebotan hacia atrás, formando ángulos iguales. Ésta es una cuestión bellísima y sutil". Leonardo decide que no hay rebote; "y la razón es que, aunque allí aparezca alguna manifestación de movimiento, [de hecho] el agua no se parte de su sitio; porque las aberturas hechas por los guijarros se cerraron enseguida, y ese movimiento provocado por el súbito abrirse y cerrarse del agua produce en ella cierto sacudimiento, que puede llamarse más bien trepidación que movimiento". Por tanto, los círculos "no pueden topar rompiendo el uno al otro porque, siendo de una misma calidad todas las partes del agua, es necesario que las partes sufran dicha trepidación sin mudar de sitio; porque el agua, quedando en su lugar, puede tomar fácilmente de las partes vecinas ese temblor y pasarlo a otras próximas, disminuyendo siempre su potencia hasta el fin". A continuación, Leonardo entra en el terreno de la acústica: "Y como todos los casos de movimiento del agua tienen gran similitud con [los de] el aire, tomaré como ejemplo al aire, en el cual, aunque las voces que penetran en él abandonen sus fuentes con movimientos circulares, los círculos provenientes de orígenes distintos topan entre sí sin ningún impedimento, y penetran y traspasan uno a otro, conservando siempre a aquéllos como centros".[123]

Figura 255

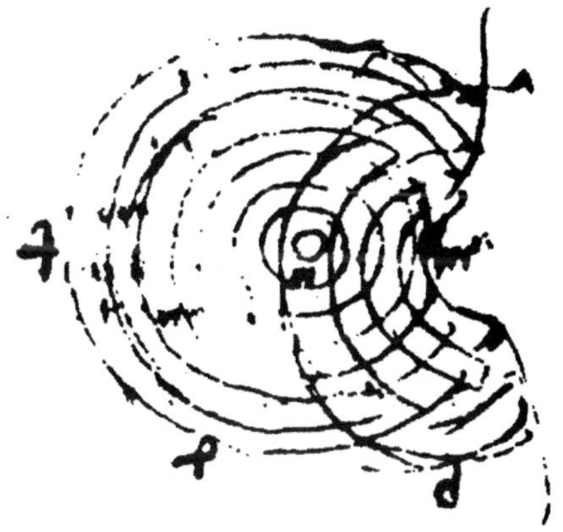

La onda que se refleja en la orilla crea otra ola: "Cómo, en los mares sin movimiento, las ondas del lugar topado caminan circularmente con igual distancia de aquél... Cómo la onda circular reflejada crece... como si hubiese corrido por el mar sin choque; es decir que, si en *nm* (ondas incidentes) y en *mn* (ondas reflejadas) hay ocho ondas [figura 255], y también en *nf* (simple movimiento inciden-

[121] *Códice Hammer*, f 14v.
[122] Arconati, 333.
[123] *Id.*, 320, 321.

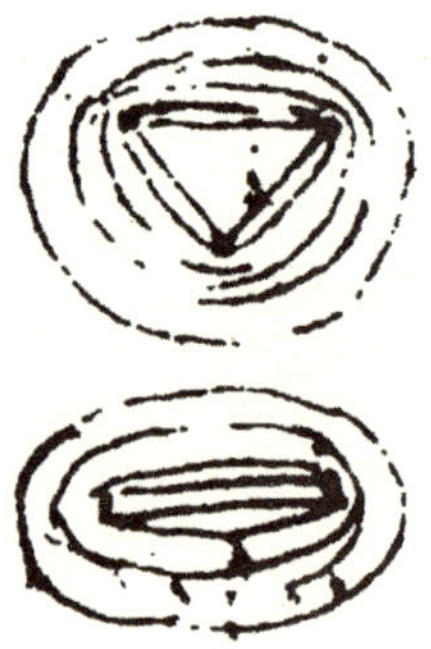

te) hay ocho ondas, yo digo que la curvatura de la última onda reflejada *anb* será igual y semejante a aquella de la última onda incidente *cfd*". La forma del cuerpo que, cayendo, produce las ondas, sólo afecta la forma de las más cercanas: "La figura triangular que caiga plana sobre las aguas producirá un movimiento casi circular; una alargada... causará ondeo circular en la superficie chocada [figura 256]".[121] En agua corriente, las ondas producidas por el guijarro serán alargadas, o sea "ondas ovales [resultantes de la combinación] de dos movimientos, a saber: rectilíneo y circular".[124]

Figura 256

"Habla del mar con los genoveses" reza un apunte que encabeza el folio 25 *verso* del códice Hammer. En efecto —salvo en ese viaje a la isla de Elba a fines de 1504, del cual habla en el códice *Madrid II*— Leonardo casi no tuvo oportunidad de observar el mar. Sin embargo, trata de él con frecuencia: "Cuanto más altas son las olas del mar con respecto al nivel normal de la superficie de su agua, tanto más bajos son los fondos de los valles interpuestos entre ellas... La ola máxima está recubierta de innumerables otras, que se mueven con diferentes apariencias,... pero tanto más o menos se hunden cuanto mayor o menor es la potencia con que nacen. Porque cuanto mayor sea el peso del agua de la ola máxima, tanto mayor será la potencia que empuja las ondas menores".[125] Las olas son efecto del viento, pero se conservan aunque éste se sosiegue: "Cómo la ola del mar no siempre resulta de aquella del viento ni siempre es movida por él; porque en cuanto, al elevarse el viento, le falta su empuje desde atrás, la ola del mar continúa el movimiento principiado por el ímpetu que le queda...".[86]

Observar la resaca en la playa es sumamente interesante: "La ola echada a la orilla por la fuerza del viento se voltea, dirigiendo su parte superior hacia el fondo; siguiéndolo, regresa hasta el lugar donde nuevamente choca con la ola siguiente que le llega por debajo, la voltea hacia atrás con giro invertido y nuevamente hace que golpee la orilla; y así continúa: ora regresa a la playa con el movimiento superior, ora huye de

Figuras 257-258

ella con el inferior [figura 257]... Cuando la ola, percutida en la playa, regresa por el

[124] *Id.*, 334.
[125] *Id.*, 327, 328.

fondo del mar luego de voltearse [y] choca con la siguiente que proviene de alta mar, rompe en ésta y se divide; parte de ella salta hacia el cielo y luego vuelve a caer y regresar; otra... va hacia el mar, llevando consigo la parte inferior del agua que la golpeó [figura 258]. Si no hiciere así, el alga y la turbulencia de las tormentas no podrían partir de una playa y descargarse en otra. Si el agua marina, luego de haber chocado con la orilla, regresa hacia el mar siguiendo su fondo, ¿cómo puede llevar consigo conchas, caracoles, ostras y mejillones y otras cosas nacidas en el fondo del mar, y echarlas a la playa? Este movimiento de los predichos objetos hacia la orilla nace cuando el golpe de la onda incidente divide la reflejada en las dos partes mencionadas, [así] que a menudo las cosas sacadas del fondo brincan en la onda que regresa a la playa y, por ser cuerpos sólidos, son empujadas hacia el vuelco, que luego las arrastra consigo hacia el mar; y así hace repetidamente, hasta que la tormenta se va aplacando; y de mano en mano las abandona donde llega la ola mayor... Las cosas abandonadas por el mar quedan en el espacio que está entre el primer rompimiento de la ola en la playa y aquel de la ola que proviene de alta mar".[126]

Figuras 259-260

En los ríos, la amplitud de la onda se relaciona con la velocidad de la corriente: "el agua que forma ondas de mayor altura será más lenta y, por el contrario, aquella que crea ondas de altura menor se tarda menos y, por consiguiente, es más veloz". La velocidad de la corriente afecta también el rompimiento de la onda (figura 259): "Se rompe la onda que cae y no la que recibe a aquélla, porque el movimiento de la onda topada es mayor y más veloz que el de la que la choca; y aunque la primera percusión se hundiera algo en la superficie del agua que la recibe, los segundos saltos, por tener potencia menor, no son ofensivos y no penetran en el agua donde caen". Un efecto curioso que llama fuertemente la atención de Leonardo es la curvatura de muchas ondas fluviales: "La figura lunada de la onda y del intervalo [entre ondas] resulta porque el agua que baja de la mayor altura de la onda antecedente primero golpea en la parte más baja de

[126] *Códice Hammer*, f 26v.

ese intervalo, rebota, pasa bajo la onda siguiente, y, como proviene de mayor altura, su descenso será mayor; y el movimiento reflejado será la parte más alta de la onda que sigue... Así, se comprueba por lo dicho que la figura lunada del intervalo entre las dos ondas se crea por necesidad porque... las ondas [figura 260], por tener que levantarse, gastan el tiempo de su movimiento [o sea, su velocidad] hacia el cielo y pierden lo que adquirieron de movimiento hacia aguas abajo. Y las ondas *fg*, que se elevan menos, se hunden menos; de donde sigue que el tiempo de su movimiento tiende a acercarlas [más] al final del río; y por tal motivo esas ondas se juntan en los dos conos lunados *fg*. Y todas las líneas de los movimientos que hace el agua que baja de la sumidad de la onda, concurren hacia el centro de la curvatura de la onda lunada, saliendo de la cumbre entre ángulos iguales".[127]

Leonardo no deja de notar las menudísimas ondas capilares que cubren la superficie de una corriente refrenada: "La piel arrugada y fruncida del agua demuestra que se le impide el tránsito en la dirección de su movimiento; la piel estirada revela que el agua es arrancada y jalada por la que, adherida a ella, baja por delante".[128]

Ondas de choque

Figura 261

Las ondas más curiosas y fascinantes para Leonardo son aquellas que él, en su clasificación, había caracterizado por tener "su longitud" dirigida como la corriente, y las denominó "ondas columnarias" *(onde colonnali).* De hecho, generalmente cruzan el canal en dirección oblicua. Para que nazca una de ellas, basta un pequeño saliente en una orilla; pero si el canal posee una curva o una expansión, brota una serie de tales ondas en cada lado y ambos conjuntos se cruzan formando bellas y vistosas redes (figura 261).

Quienes vinieron después de Leonardo ¿no las vieron? La literatura hidráulica permanece callada con respecto a ellas. Su señalamiento, a fines del siglo pasado, parece deberse a Ernst Mach, un físico vienés que dejó notables escritos acerca de los fundamentos de la mecánica y su filosofía. "Toda ciencia —decía Mach— tiene la misión de remplazar la experiencia. Por consiguiente debe, con esta finalidad, quedar siempre dentro del dominio de la experiencia, o bien salir de él, pero esperando constantemente de ésta una confirmación o una información. Donde no es

[127] *Id.*, f 4 v.
[128] *Id.*, f 14r.

posible confirmar o informar, la ciencia no tiene nada que hacer".[129] Criterio que sin duda Leonardo hubiera compartido. Ahora bien, Mach había notado la aparición de ondas de choque oblicuas en el aire tranquilo, al cruzarlo un proyectil a velocidad supersónica. Si, como es usual, el proyectil posee simetría axial, estas ondas tienen forma cónica, y nacen frente a él y en zonas donde su perfil se encorva. Mach encontró que el ángulo α que las generatrices de esos conos forman con la dirección del proyectil, es tal que sen $\alpha = a/V$, si V es la velocidad de éste y a la del sonido en el aire. El famoso "número de Mach" —que, al ser menor, igual o mayor que uno, define las velocidades subsónica, sónica y supersónica— es justamente el cociente V/a.

En 1907, Prandtl señala la presencia de series de ondas de este tipo en conductos que llevan gases o vapores a velocidad supersónica. Se trata evidentemente de una situación opuesta a la anterior: esta vez el aire se mueve y la pared —de la cual las ondas oblicuas se desprenden— queda fija. "Por tanto —anota Prandtl— ahora saldrá del obstáculo una onda sónica quieta en el espacio, inclinada en todas partes, según el mismo *ángulo* α = arcsen (a/V), en la dirección de la corriente, siendo V la velocidad de *ésta. Si el gas fluye entre dos paredes rugosas, los dos sistemas de ondas se cruzan.* Con la observación de estas ondas, se dispone de un medio para encontrar —a través del ángulo— la razón a/V, y además —partiendo el ángulo a la mitad— la dirección exacta de la corriente. En Gotinga utilizamos este procedimiento y hemos obtenido una concordancia excelente con la teoría".[130]

Las ondas de Mach son de aquellas que se suelen llamar "de choque", o sea, superficies inmóviles dentro de la corriente gaseosa que se reconocen porque, al cruzarlas, velocidades, presiones y otras propiedades del fluido sufren un salto brusco en sus valores; esto facilita la visualización de dichas ondas. Las de Leonardo, que son más bien corrugaciones estacionarias de la superficie del agua, tardaron todavía muchos años en ser consideradas.

Al observarlas, Robert Knapp, profesor del California Institute of Technology, reflexionó que, en este caso, si no existen velocidades supersónicas, sí hay velocidades supercríticas, pues el papel que juega el número de Mach en aerodinámica lo puede jugar el de Froude en la hidráulica. A un brillante alumno, Arthur Ippen, que pedía tema para tesis doctoral, le sugirió el cálculo de la oblicuidad y altura de tales ondas en la curva de un canal; cuestión que en el condado de Los Angeles había adquirido un interés práctico en cuanto a la determinación de la elevación mínima de los revestimientos en dichos tramos. La tesis de Ippen, de 1935, ofreció la primera solución del problema (una segunda la

[129] Rey, 82.
[130] Prandtl, 947.

daría Kármán en 1938), y las "ondas columnarias" ingresaron oficialmente en la hidráulica, sin que nadie —en ese entonces— se acordase de Leonardo.

Naturalmente, las ondas de choque no están asociadas sólo con quiebres o encorvamientos de los cauces, sino también con la presencia de protuberancias —aunque sean muy pequeñas— en sus laderas. Apoye el lector un palito en la pared de un canal, haciéndolo penetrar un poco en la corriente, y enseguida verá desprenderse una clara onda de choque. "Tantas son las ondas longitudinales del agua que se forman en los canales cuantas son las protuberancias que están en las paredes de éstos, porque tantos son los choques reflejados cuantos son los obstáculos y prominencias de la pared", escribe Leonardo, quien se esmera en reproducir este tipo de ondas (figura 262). Y, con más detalle, añade: "La simple onda semicolumnaria se engendra en cualquier objeto menudo pegado al encauzamiento; chocando en él, el agua crea una onda larga, en forma de media columna, que se dirige oblicuamente a la ribera opuesta, allí muere y vuelve a nacer". Su orientación oblicua queda determinada por la corriente "del agua que está en el canal, que choca con esa onda y la empuja continuamente en toda parte de su longitud, tanto que al final la endereza en [la dirección de] su curso ordinario".

De hecho; la curvatura de una onda de choque depende de la velocidad de la corriente: "Donde el agua del río tenga poco movimiento, la onda columnaria formará una intersección recta. Donde la corriente es más veloz, las ondas columnarias se encorvarán; y la razón de esto es que tales ondas son empujadas [aguas] abajo por el movimiento del agua incidente, que es más veloz". Y también: "Donde la velocidad de la corriente sea desigual, la curvatura de las ondas longitudinales irá variando hacia el río; y esto por el lado donde la corriente sea mayor; y el motivo es que, así como con corriente dirigida en el centro [las ondas) se encorvan cerca del centro, si la corriente queda en los lados, se encorvan en los lados".[131]

Figura 262

[131] Arconati, 335-337.

Una onda de choque no desvía la corriente: "Cuando el agua que corre en superficie cubre las ondas que le quedan por debajo, no se desvía de su camino recto aunque aquellas crucen su curso;... y esto se debe a que puede más su primer camino en la superficie —por colindar con el aire— que lo que se le contrapone, puesto debajo y encerrado. La prueba se ve con los objetos ligeros que corren sobre el agua".[132]

Como se ve en la figura 262, todo angostamiento crea una onda de choque: "Si el curso del río se estrecha en uno de sus lados, nacerá una onda columnaria que será veloz... Si las riberas se estrechan igualmente en ambos lados de la corriente, una frente a otra, las ondas columnarias entrechocan, y luego del choque se voltearán y reflejarán cada una hacia su ribera con mayor velocidad... Si los angostamientos de las riberas son uno más bajo que el otro, entonces la onda columnaria superior podrá penetrar debajo de la inferior". Algo parecido ocurre si los angostamientos de las riberas no están frente a frente: ambas ondas se van ensanchando pero "la mayor, que nació antes, se ha dilatado [más] cuando choca con la menor; y [esta última], no hallando un tope a su mismo nivel, primero golpea la mayor [que es] más baja y luego le escurre encima, cae por el lado opuesto y continúa [con] el ímpetu inicial".[133]

Finalmente, vale la pena señalar que lo que nosotros interpretamos como cruce de dos ondas de choque iguales y opuestas (abajo a la izquierda en la figura 262) Leonardo lo ve como tope y rebote, porque —según él— "nunca una onda penetra en otra, sino que sólo se reflejan desde el sitio de su percusión". Por tanto, "si dos ondas columnarias de igual magnitud y potencia chocan por completo, integralmente regresan hacia atrás sin ninguna penetración de una en otra".[134]

Obstáculos

"Cuando el agua reflejada por el choque con el fondo halle un obstáculo, ocasionará gran ruina en el primer obstáculo con el que choca... ; y su movimiento será siempre vorticoso y desgastador del medio en el cual se revuelve, porque en su furor arrastra cantidad de material, como arena y grava, que golpea, escarba y desgasta de continuo todo estorbo. Los remolinos de las aguas que se vuelven a juntar después del objeto que las partió, rebotarán con su rotación, luego del choque, en la parte opuesta del obstáculo [figura 263]; y así ese movimiento tortuoso, en forma de caracol, continuará hasta la

[132] *Id.*, 341.
[133] *Id.*, 340.
[134] *Id.*, 338.

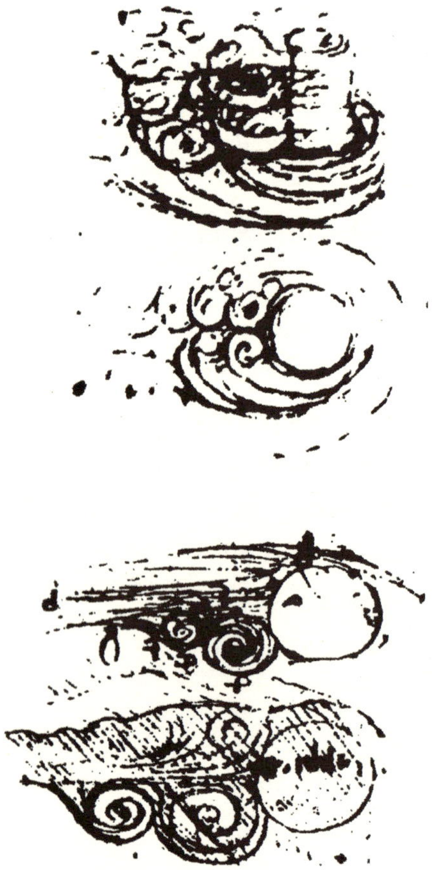

superficie del agua, decayendo siempre a lo largo de la corriente".[135] Si el obstáculo se coloca horizontalmente, el efecto es distinto: "Cuando [figura 264] la onda rotativa [viene] reflejada —por el objeto en que choca— hacia el fondo del río, y, en el proceso de su revolución, topa la onda incidente que le pasa encima, parte de ella continúa la rotación ya iniciada, y parte se lanza, girando en sentido contrario, y golpea la playa, en donde baja la arena del montón que la enfrenta. Supongamos que el agua que golpea el objeto venga por la línea *ba* y tope el objeto *a*: digo que enseguida se volteará hacia el fondo *d* y, golpeando aquél, girará hacia arriba con movimiento circular y chocará en *c*, con la corriente que le pasa encima; así en esa percusión se dividirá igual que como lo hizo en el obstáculo *a*; y parte torcerá hacia la corriente *fe* y seguirá su movimiento".[136]

El proceso resulta más sencillo si el obstáculo es plano (figura 265): "La línea central de la superficie de la corriente está siempre en la parte más elevada del agua, esa que rodea el objeto golpeado. Se trata de aquella línea que, luego de haber chocado con el obstáculo de frente plana, vuelve a caer sobre

Figuras 263-264

sí misma y se dirige hacia el centro del mundo; y se revuelve tanto, erosionando el fondo, que produce una concavidad capaz de [contener] la revolución correspondiente; y todas

Figura 265

las demás líneas laterales socavan el fondo oblicuamente".[137]

Unos dibujos de la colección de Windsor muestran lo que Leonardo observaba al introducir en la corriente una tabla y girarla con diferentes orientaciones. Las figuras 266 y 267 reproducen dos de ellos. La primera imagen de la 266 corresponde al obstáculo normal a la corriente; tras él se ven un par de vórtices estacionarios y la estela turbulenta. Otras veces Leonardo se divertía colocando piedras en el fondo arenoso de un arroyo y observando las erosiones que ellas provocaba. He aquí sus comentarios acerca de la serie de dibujos reunidos en la figura 268: "Cuando el

[135] Códice Hammer, f 22r.
[136] *Id.*, f 13r.
[137] *Id.*, f 25v.

Figura 266

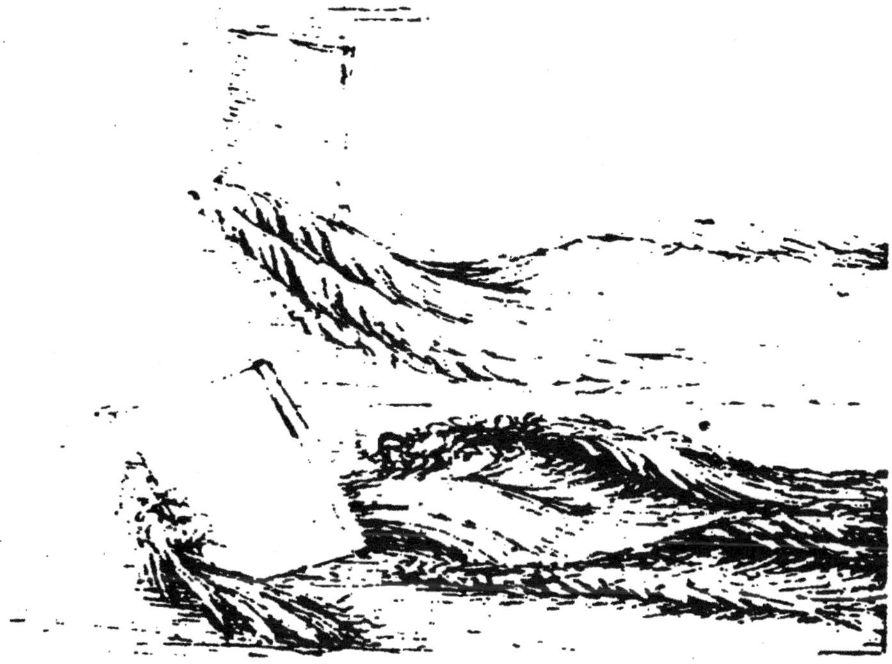

Figura 267

obstáculo sea muy recto y el agua lo sobrepase, entonces se le formará por delante una gran concavidad y poco terreno se ocultará tras él... Y si el obstáculo tiene a continuación otro cercano, el cúmulo de la arena se cortará enseguida y se profundizará con otra concavidad nueva. Pero si ese obstáculo tiene a su lado otro, y entre ellos puede pasar la corriente, entonces habrá una gran profundidad entre ambos. Y

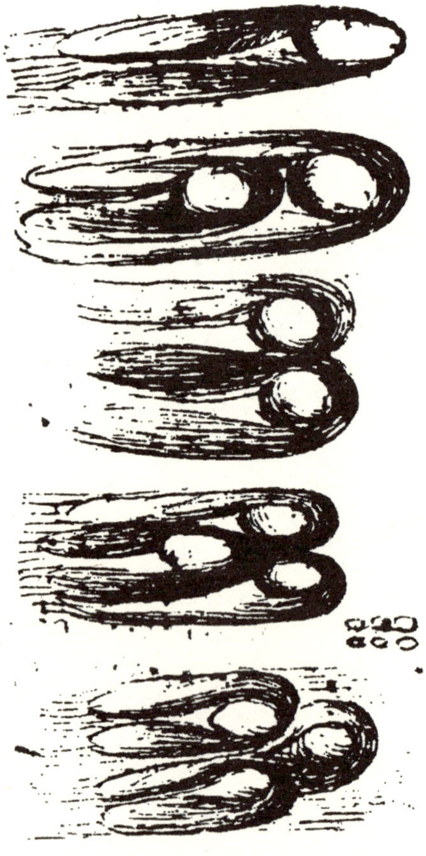

Figura 268

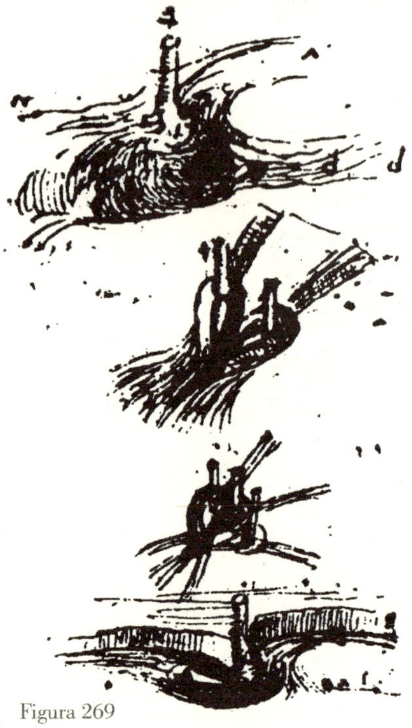

Figura 269

si se sitúan tres obstáculos de modo tal que sus intervalos sean iguales a cada uno de ellos y la corriente se meta entre los dos primeros y choque en el tercero, entonces la mayor profundidad quedará en medio de los tres obstáculos mencionados. Y si con tres obstáculos equidistantes el agua choca en el primero y luego pasa entre los dos siguientes, la máxima profundidad estará [también] entre los tres obstáculos".[72]

Este ensayo se repitió clavando estacas y multiplicando las corrientes (figura 269): "Cuando las dos corrientes chocan —luego de que una de ellas haya topado el objeto que sobresale del agua— se formará súbitamente una gran socavación, como acontece en la corriente *ac* que, después de que ha chocado con *f*,... cava en *p*; lugar donde la corriente *bd* golpea de inmediato y, hallando muy excavado el fondo del charco, aumenta todavía dicha concavidad. Pero si las dos corrientes chocan luego de haber topado [sendos] obstáculos que sobresalen del agua, nacerá una gran erosión, que será tanto más alargada cuanto más aguda sea la confluencia de las corrientes. Y si chocan tres corrientes después de haber topado tres de los objetos mencionados, las concavidades serán más profundas que con las dos corrientes anteriores. Y si el objeto que sobresale del agua está pegado a la ribera del río, el agua que lo golpea excavará mucho por delante y debajo de aquél, formará un remolino en la parte inferior y dejará un banco allí donde el remolino choca con la corriente, o sea en *a*; y esta concavidad será mayor a lo largo de la ribera que dentro del río, porque siempre donde las aguas adquieren el movimiento reflejado en la ribera, allí se crea concavidad; y el segundo accidente mencionado la profundiza más".[128]

Para terminar, observemos la, hoja de la colección de Windsor, reproducida en la página siguiente. A la derecha hay espléndidos dibujos de estelas, realizados en tinta; a la izquierda, la figura de un anciano pensativo. En el centro

está escrito: "Nota el movimiento del vellón del agua, el cual actúa a guisa de los cabellos, que poseen dos movimientos: uno responde al peso del vellón, el otro al lineamiento de sus bucles; así el agua tiene sus giros vorticosos, de los cuales una parte responde al ímpetu del curso principal, la otra al movimiento incidente y reflejado". En la figura del anciano se suele reconocer a Leonardo, quien —si consideramos su costumbre de llenar las hojas empezando por la derecha— debió de haber trazado su autorretrato después de dibujar las estelas. ¿Qué mayor prueba de la pasión de Leonardo por estos estudios que la de haber escogido exactamente la parte en blanco de esa página para dejarnos su imagen en actitud de meditación?

El vórtice beneficioso

"Y arrastrado por mi ansioso deseo, anhelando ver la gran copia de las variadas y extrañas formas que la artificiosa naturaleza crea, [luego de haber] rodeado un poco los umbrosos peñascos, vine a la entrada de una gran cueva, frente a la cual, algo asombrado e ignorante de [lo que fuese) tal cosa, doblados los riñones en arco y firme la mano izquierda sobre la rodilla, con la derecha hice tiniebla a mis cejas bajadas y cerradas, y doblándome frecuentemente a un lado y otro para ver si discernía adentro alguna cosa —lo que me era vedado por la gran oscuridad que allí reinaba— [luego de haber] pasado algún tiempo, de súbito percibí en mí dos cosas, miedo y deseo: miedo por la amenazante y obscura espelunca; deseo por ver si en su interior estuviese algo milagroso".[138]

Miedo y deseo de conocer: he aquí los dos factores que fomentan la ciencia. Porque la ciencia, después de todo, es un esfuerzo del hombre por dar respuesta a su natural curiosidad y desvanecer el temor que provocan fenómenos inexplicados. Así nacieron magos y adivinos, astrólogos y alquimistas, sacerdotes y profetas, sabios de toda especie, indispensables para cumplir con estas finalidades. Sin embargo, para Leonardo no se puede ser científico si se carece de una motivación pura y desinteresada y no se investiga la naturaleza con candidez: "Mis testigos serán los viejos alquimistas, que nunca —por suerte o experimento— han logrado producir el más pequeño elemento que la naturaleza puede crear; por el contrario, los creadores de compuestos merecen grandísima alabanza por la utilidad de las cosas inventadas para uso de los hombres, y la merecerían todavía más si no hubiesen sido inventores de cosas nocivas, como venenos y cosas semejantes, que destruyen la vida o la mente; por esto son dignos de reproche. Además, con mucho estudio y experimentación, intentan crear no los productos naturales más modestos, sino el más excelente, el oro, verdadero hijo del sol, pues de todas las cosas creadas es aquella que más se asemeja al Sol... Y si crasa codicia debe conducirnos a ese error, ¿por qué no vais a las minas donde la Naturaleza produce ese oro, para volveros allí sus discípulos? Por cierto os curará de vuestra locura, mostrándoos que nada de lo que usáis en vuestro horno se encuentra entre las cosas que ella utiliza para producir el oro. Aquí no hay mercurio, ni azufre de ningún tipo, ni fuego, ni otro calor que aquel de la Naturaleza al dar vida a nuestro mundo; y os exhibirá las venas de oro que se extienden por el azul lapislázuli, cuyo color no queda afectado por el poder del fuego".[139]

"De todos los juicios humanos, el más necio es aquel que cree en la nigromancia, hermana de la alquimia. Porque [aquélla] es más reprochable que la alquimia pues no procrea nada que no sean cosas semejantes a ella, es decir, mentiras... Y, por cierto, si esta nigromancia existiese —como creen los ingenios superficiales— nada en la

[138] *Leonardo*, 23.

[139] Richter, 10.

Tierra tendría igual importancia tanto para perjuicio como para servicio del hombre, si fuese verdad que en tal arte hay el poder de perturbar la tranquila serenidad del aire y convertirla en tiniebla, crear ráfagas y vientos con horrendos truenos y rayos que destellan en la obscuridad, y derribar con impetuosas tormentas altos edificios y desarraigar bosques; y con éstos sacudir ejércitos, derrotarlos y —lo que es todavía más importante— producir tempestades devastadoras y así privar a los campesinos del premio de sus labores... Así hemos explicado en parte el daño y la utilidad que corresponderían a este arte si fuese real. Y, si es real, ¿por qué no ha quedado entre los hombres que tanto lo desean, sin respetar ninguna divinidad? Porque yo sé que hay innumerables personas que, para satisfacer uno de sus apetitos, destruirían a Dios y todo el universo. Si este arte no ha permanecido entre los hombres, aun siendo para ellos tan necesario, nunca ha existido y nunca existirá".[140]

También está la ciencia medieval, fluctuante entre Aristóteles y Tomás de Aquino, que demasiadas veces es más una proyección de nuestro interior hacia afuera que del mundo externo dentro de nuestra mente, y —algo no menos grave— mezcla física con teología: "Me parece que son vanas y repletas de errores todas las ciencias que no nacen de la experiencia —madre de toda certeza— y que no se comprueban por ella; es decir, que en su inicio, centro o terminación no pasan a través de uno de los cinco sentidos. Porque si tenemos dudas acerca de la certidumbre de cosas que pasan por los sentidos, ¿cuanto más debiéramos de cuestionar las muchas contra quienes éstos se rebelan, como son la naturaleza de Dios, el alma, y semejantes, acerca de las cuales surgen disputas y controversias sin fin? Y por cierto sucede que donde no está la razón su lugar lo toma el griterío. Esto no acontece nunca cuando las cosas son seguras. Por tanto, allí donde hay pleitos no hay ciencia verdadera".[141]

La lógica no lleva a la ciencia; hasta puede resultar su peor enemiga. "Papá —pregunta el niño— ¿dónde está el viento cuando no sopla?". El padre que le contesta explicándole que su cuestión no tiene sentido porque el viento que no sopla deja de ser viento, dice lo correcto, pero ahoga la curiosidad "científica" que el hijo tiene y no sabe expresar: ¿cómo es posible que surja el viento?, ¿qué hace que una masa de aire inmóvil se ponga de repente en movimiento? Y, por cierto, Aristóteles contesta esta última pregunta explicando que el motor del viento es la rotación de los planetas alrededor de la Tierra, y Leonardo objeta: "Afirmaremos que el viento avanza en línea recta, y no en círculo como quiere Aristóteles; y esto lo evidencia el movimiento de la borrasca marina

[140] *Id.*, 11, 12.
[141] *Id.*, 5.

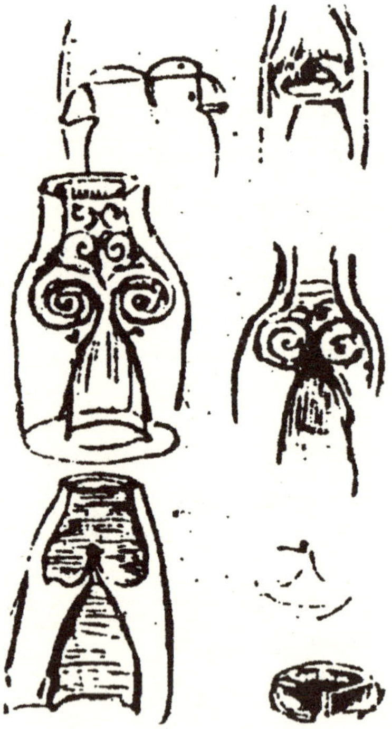

cuando no hay viento, ya que manifiesta que el viento sigue su camino recto, dejando debajo de sí la curvatura del mar".[142]

Libre de las limitaciones que nacen de una especialización, Leonardo está en condiciones de entender detalles de la circulación de líquidos en el cuerpo humano mucho mejor que médicos —como Guglielmini, Poiseuille y Daniel Bernoulli— que probablemente por el interés de explicarlos recurrieron a la hidráulica. Válganos el ejemplo de las válvulas del corazón. Uno de los problemas de la cardiología consiste en mejorar el funcionamiento de éstas que, cuando pierden el ajuste necesario, menoscaban la eficiencia cardiaca. El corazón —que no es sino una bomba— es capaz de mantener una buena circulación mediante una contracción más vigorosa de sus músculos, a pesar de serias fugas a través de una válvula, y hay drogas —como la digitalina— que pueden suministrarle la fuerza de bombeo necesaria; pero en caso de que la válvula falle completamente hay que remplazarla con una prótesis.

Figura 270

Lo lógico sería construir una válvula lo más parecida posible a la natural, que consiste en tres membranas adheridas por un lado a la extremidad de la arteria, y terminadas internamente por ángulos de cerca de 120° para cerrar completamente el paso de la sangre al hacer contacto sus bordes. Estas membranas, que suelen llamarse "cúspides", no poseen músculos; por tanto, no parecería difícil reproducirlas tal cual en la prótesis. Sin embargo, cuando se ensayó en un tubo un dispositivo semejante, la válvula se abrió pero las cúspides se pegaron inmediatamente a las paredes, y el líquido de regreso tardó mucho en despegarlas. Fue entonces cuando alguien se acordó de Leonardo y de su explicación de la estructura de la válvula y su funcionamiento.[143]

Fijémonos en sus dibujos; que reproduce la figura 270. Abajo a la derecha se ve la válvula con sus tres cúspides; a la izquierda se aprecia cómo, al concluir la sístole (es decir, la contracción ventricular), la válvula obstruye el paso entre la arteria y el atrio del ventrículo. El cierre valvular al empezar la diástole (o sea, la dilatación del ventrículo y el regreso de la corriente sanguínea) lo muestran los croquis superiores. En medio se explica el funcionamiento de las válvulas; en él son fundamentales unas cavidades de la pared arterial, de las cuales el corte muestra dos, pero que de hecho son

[142] Giacomelli, 73, 74.

[143] Bellhouse.

tres, una tras cada cúspide. Estas cavidades se suelen llamar "senos de Valsalva", ya que fue el profesor boloñés Antonio Valsalva quien, sin entender la finalidad de ellos, los señaló a los médicos dos siglos después de Leonardo.

El secreto del cierre está —según Leonardo— justamente en la presencia de estos senos, y en los vórtices que en ellos se forman: "Luego de haber verificado las velocidades de la sangre en su antepuerto [es decir, el cono en que termina la arteria], es necesario verificar la velocidad que nace al expandirse dicha sangre hacia las tres paredes de esos semiventrículos [o sea, los senos de Valsalva]. Ahora, al salir la sangre con su máxima velocidad de la angostura, choca con las puertas [es decir, las cúspides] y las abre, dilata y baja, favoreciendo la expansión de la sangre, la cual, conservando el ímpetu de su velocidad óptima, golpea la que está encima —percusión que sacude todas las arterias y pulsos que se hallan distribuidos en el hombre— y se precipita a chocar lateralmente con los hemiciclos de los ventrículos [es decir, las paredes externas de los senos]. Realizada la percusión, se voltea hacia abajo con movimiento rotatorio, mientras que otra parte se dirige hacia arriba, dividiendo el remolino superior del inferior [que se produce] en el extremo superior del hemiciclo; pero este remolino, que se voltea hacia abajo, percute la base del hemiciclo y regresa a la puerta por donde entró primero, golpea con movimiento compuesto las puertas, cuyas membranas extiende, levanta y cierra cada una contra las demás, empujándolas al mismo tiempo y de igual manera; y de inmediato los remolinos consumen su ímpetu hacia su centro de rotación y lo retrasan... El vórtice superior, que se mueve en sentido contrario, hace lo semejante, produciendo muchas más revoluciones sucesivas, una contraria a otra y una encima de otra, retardando siempre más la velocidad, hasta que el ímpetu se consume a sí mismo".[144]

El cierre resulta pues del empuje centrífugo que los vórtices reforzados en el interior de los senos ejercen sobre la pared externa de las cúspides. La veracidad de la explicación vinciana fue comprobada experimentalmente en Oxford, en 1968; y esto dio lugar a la construcción de un tipo de válvulas cardiacas artificiales diferente de aquel tradicional que utiliza el vaivén de una bola.[143] Por cierto, ya Leonardo había previsto elaborar un modelo hidráulico: "Haz una forma de vidrio, para ver a través [de ella] lo que hace la sangre cuando cierra las portezuelas del corazón".[145]

Pero en el descubrimiento de Leonardo hay algo de mayor trascendencia: la intuición de que un remolino puede realizar una acción provechosa; intuición cuya importancia se aprecia al considerar que los hidráulicos y mecánicos de fluidos posteriores

[144] *Leonardo*, 382.
[145] *Id.*, 383.

a él prestaron poca atención a los vórtices y —cuando lo hicieron— fue esencialmente por su efecto fastidioso o dañino. Hay que esperar hasta 1960 —cuando los Diamond Laboratories inventaron los primeros amplificadores fluídicos— para que se empiece a ponderar seriamente la posibilidad de utilizar la energía de un fluido a fin de hacer que éste cumpla con provecho ciertas funciones confiadas antes a dispositivos mecánicos; y las ventajas han resultado extraordinarias: respuesta rápida y eficiente, conservación fácil, automatización perfecta. El vórtice fisiológico de Leonardo, controlado por el vaivén de la corriente principal que lo va atenuando o reforzando alternativamente, ofrece —con cuatro siglos y medio de anticipación— la primera concepción de un verdadero mecanismo que fuerza a la corriente a actuar sobre sí misma.

Hemos llegado al punto en que el autor tiene que despedirse de sus lectores; y le parece que la mejor manera de hacerlo es proponiendo al estudioso y al enamorado del agua lo que Leonardo escribía a propósito de los pintores, un día que se enojó con ciertos individuos que lo criticaban por trabajar en domingo: "Éstos son los que reprochan a los pintores que en días de fiesta investiguen asuntos relacionados con el entendimiento verdadero de todas las configuraciones de las obras de la naturaleza, y se ingenien con solicitud en adquirir —en lo que les sea posible— el conocimiento de aquéllas. ¡Que callen tales represores!; porque éste es el modo de amar a un tan Grande Inventor. Porque en verdad el gran amor nace del conocimiento profundo del objeto que se quiere y, si tú no lo conoces, poco o nada podrás quererlo. Y si tú lo quieres por el bien que esperas de él y no por su suprema virtud, haces como el perro que agita la cola y hace fiesta, parándose hacia aquél que puede darle un hueso; pero si conociese la virtud de ese hombre, lo querría mucho más".[146]

[146] *Id.*, 33.

Bibliografía

Abbot, R.T., *American seashells*, Van Nostrand, Nueva York (1954).

Aiton, E.J., *The vortex theory of planetary motions*, Macdonald, Londres (1972).

Anwar, H.O., "Flow in a free vortex", *Water Power*, vol. 17, núm. 4 (1965), 153-16l.

Arconati, E., *Leonardo da Vinci; del moto e misura dell'acqua*, en: *Raccolta d'autori...*, vol. 10, Bolonia (1826).

Aristotle, *The works of Aristotle*, vol. I, Oreat Books of Western World, Encyclopedia Britannica, Inc., Chicago (1952).

Bakhmeteff, B.A., *Hydraulics of open channels*, Mc Graw-Hill, Nueva York (1932).

Barattieri, O.B., *Architettura d'acque*, 2a. ed., Bazachi, Plasencia (1969).

Barker, S.A. y Henderson, D., "The fluid phases of matter", *Scientific American*, vol. 245, núm. 5 (1981), 130.

Bellhouse, B.J. Y Bellhouse, F.H., "Mechanism of closure of the aortic valve"', *Nature*, vol. 217 (1968), 86, 87.

Bellone, E. y Rossi, P. (ed.), *Leonardo e l'età della ragione*, Scientia, Milán (1982).

Bénard, H., "Formation des centres de giration a l'arriere d'un obstacle en mouvement", *Comptes Rendus de l'Académie des Sciences*, vol. 147, núm. 19, París (1908), 839-842.

Bernoulli, D., *Hydrodynamics*; Bernoulli, J., *Hydraulics*, Dover, Nueva York (1968).

Bidone, O., "Expériences sur la propagation des remous", *Memorie della Reale Accademia delle Scienze di Torino*, vol. 30 (1826), 195-292.

Biésel, F., "Réflexions sur le vortex de vidange", *La Houille Blanche*, vol. 10 (1955), 497-505.

Binnie, A.M., "A contribution to the theory of striations on a nappe of water", *Journal of Hydraulic Rcsearch*, vol. 5 (1967), 119-126.

Binnie, A.M., "Sorne experiments on the bath-tub vortex", *Journal of Mechanical Engineering Science*, vol. 6, núm. 3 (1964), 256-257.

Birkhoff, O., *Hydrodynamics, o study in logic, fact and similitude*, Princeton University Press (1960).

Birkhoff, O. y Zarantonello, E.H., *Jets, wakes, and cavities*, Academic Press, Nueva York (1957).

Biswas, A.K.: *History of hydrology*, North Holland, Amsterdam (1970).

Black, T.J., "Sorne practical applications of a new theory of wall turbulence", *Proceedings 1966 Heat Transfer and Fluid Mechanics Institute*, Stanford University Press.

Borda, J. Ch., "Mémoire sur l'écoulement des fluides par les orifices des vases", *Mémoires de l'Académie Royale des Sciences*, París (1766), 579-607.

Bossut, Ch., *Traité élémentaire d'hydrodynamique,* vol: 2, Chardon, París (1771).

Boussinesq, J., "Essai sur la théorie des eaux courantes", *Mémoires présentées por divers savants a l'Académie des Sciences*, Imprimerie Nationale, París (1877).

Brodkey, R.S., Wallace, J.M. y Eckelmann, H., "Some properties of truncated turbulence signals in bounded shear flows", *Journal of Fluid Mechanics*, vol. 63 (1974), 209-224.

Bugge, T., *Science in France in the Revolutionary Era*, MIT Press, Cambridge, Mass. (1969).

Castelli, B., *Della misura delle acque correnti*, en: *Raccolta d'autori...*, vol. 1, Florencia (1765), 109.

Cisotti, U., *Idromeccanica piana*, Tamburini, Milán (1921).

Corino, E.R. y Brodkey; R.S., "A visual investigation of the wall region in turbulent flow", *Journal of Fluid Mechanics*, vol. 37 (1969), 1-30.

Cusa, N. da, *Opere filosoliche*, UTET, Turín (1972).

D'Alembert, J., *Essai d'une nouvelle théorie de la résistance des fluides*, David, París (1752).

D'Alembert, J., Oeuvres de D'Alembert, vol. 1, Slatkine Reprints, Ginebra (1967).

D'Alembert, J., *Traité de dynamique*, Gauthier-Villars, París (1921).

Darcy, H. y Bazin, H., *Recherches hydrauliques entreprises par H. Darcy, continuées par H. Bazin*, Imprimerie Impériale, París (1865).

D' Azeglio, M., *I miei ricordi*, Biblioteca Universale, Rizzoli, Milán (1956).

Descartes, R., *Oeuvres et* lettres, Bibliotheque de la Pléiade, Gallimard, París (1953).

Du Buat, P., *Principes d'hydraulique, vérifiés par un grand nombre d'expériences laites par ordre du gouvernement*, París (1786).

Durand, W.F. (Ed.), *Aerodynamic Theory*, Springer, Berlín (1934).

Durant, W., *La vida de Grecia*, vol. II, Sudamericana, Buenos Aires (1945).

Eckelmann, H., "The structure of the viscous sublayer and the adjacent wall region in a turbulent channel flow", *Journal of Fluid Mechanics*, vol. 65 (1974), 439-459.

Einstein, H.A. y Li, H., "The viscous sublayer along a smooth boundary" *Transactions, American Society of Civil Engineers*, vol. 123 (1958), 293-310.

Enciclopedia dell'ingegnere, vol. 3, parte 1, Vallardi, Milán (1895).

Engineering Heritage, vol. 2, Heinemann, Londres (1966).

Enriques, F., *Le matematiche nella storia e nella cultura*, Zanichelli, Bolonía (1938).

Escande, L., *Rêves et souvenirs*, Privat, Toulouse (1973).

Escobar, S. *et. al., Leonardo e le vie d'acqua*, Giunti Barbera, Florencia (1983).

Euler, L., Leonhardi Euleri commen tationes mechanicae ad theoriam corporum fluidorum pertinentes, vol. I (C.A. Truesdell, recopilador), Fuüssli, Lausana (1954).

Euler, L., "Principes généraux de l'état d'équilibre des fluides", "Principes généraux du mouvement des fluides", "Continuation des recherches sur la théorie du mouvement des fluides", *Mémoires de l'Académie des Sciences de Berlin*, 1755; reproducción parcial en: *La Houille Blanche*, núm. 4 (1967), 457-466.

Fage, A. y Townend, H.C.H., "An examination of turbulent flow with an ultramicroscope", *Proceedings of the Royal Society*, vol. A 135, Londres (1932), 656-677.

Fales, E.N., "A new laboratory technique for investigation of the origin of fluid turbulence", *Journal of the Franklin Institute*, vol. 259 (1955), 491-515.

Flamant, A., *Hydraulique*, segunda edición, Béranger, París (1900).

Frazier, A.H., "Dr. Santorio's water current meter, circa 1610", *Journal of the Hydraulics Division, ASCE*, vol. 95, núm. HY 1 (1969), 249-253.

Galilei, G., *Le opere di Galileo Galilei*, Barbera, Florencia (1932).

Galilei, G., *Lettera sopra il fiume Bisenzio a Raffaello Staccoli*, en: *Raccolta d'autori...*, vol. 1 (1765), 215.

Galilei, O., *Opere*, Ricciardi, Milán (1953).

Gentilini, B., "Gian Battista Venturi", *L'Energia Elettrica*, vol. 24, fasc. 4 y 5 (1947).

Geymonat, L., *Galileo Galilei*, Einaudi, Turín (1957).

Giacomelli, R., *Gli scritti di Leonardo da Vinci sul volo*, Bardi, Roma (1936).

Goldstein, S. (Ed.), *Modern developments influid dynamics*, Clarendon Press, Oxford (1938).

Guglielmini, D., *Della natura de'fiumi*. Nuova edizione con le annotazioni di Eustachio Manfredi, Bolonia (1739).

Guglielmini, D., *Lettera prima idrostática*, en: *Raccolta d'autori...* , vol. 4, Florencia (1765), 271-289.

Guglielmini, D., *Lettera terza idrostática*, en: *Raccolta d'autori...* , vol. 7, Florencia (1765), 221-232.

Guglielmini, D., *Misura delle acque corren ti ricercata con nuovo metodo*, en: *Raccolta d'autori...*, vol. 1. Florencia (1765), 315.

Gunn, R., "Mechanical resonance in freely falling raindrops", *Journal of Geophysical Research*, vol. 54 (1949), 383-385.

Harvey, J. K., "Sorne observations of the vortex breakdown phenomenon" , *Journal of Fluid Mechanics*, vol. 14 (1962), 585-592.

Heath, T.L., *The works of Archimedes y The method of Archimedes* (suplemento), Dover, Nueva York.

Helmholtz, H. von, "On integrals of the hydrodynamical equations which express vortex moton", *Philosophical Magazine*, Serie 4, vol. 33 (1867). 485-510.

Hero de Alexandria, *The pneumatics of Hero of Alexandria*, Macdonald, Londres (1971).

Hoyt, J. W., "The effects of additives on fluid friction" , *ASME Journal of Basic Engineering*. vol. 94 (1972), 258-285.

Il codice di Leonardo da Vinci della biblioteca di Lord Leicester in Holkam Hall ("*Cadice Hammer*"), Giunti Barbera, Florencia (1980).

Jackson, R.G., "Sedimentological and fluid-dynamic implications of the turbulent bursting phenomenon in geophysical flows", *Journal of Fluid Mechanics*, vol. 77 (1976), 531-560.

Kármán, Th. von, *Aerodynamics*, Me Graw-Hill (1963).

Kármán, Th. von, *Collected works of Theodore von Kármán*, Butterworths, Londres (1956).

Kelvin, Lord, Mathematical and physical papers, vol. 4, Cambridge University Press (1910).

Kepler, J., *Epitome of Copernican astronomy*, Great Books of Western World, vol. 16, Encyclopedia Britannica, Inc., Chicago (1980).

Kim, H.T., Kline, S.J. y Reynolds, W.C., "A visual study of turbulent shear flow", *Journal of Fluid Mechanics*, vol. 50 (1971), 133-160.

Kline, S.J. y Runstadler, P. W., "Some preliminary results of the visual studies of the flow model of the wall layers of the turbulent boundary layer", *Transactions, American Society of Mechanical Engineers* (junio, 1959), 166-170.

Knapp, C.E., Roache, P.J. y Mueller, T.J., "A combined visual and hot-wire anemometer investigation of boundary layer transition", *University of Notre Dame*, Report UNDAS-TR-866 CK (1966).

Koiré, A., *Estudios de historia del pensamiento científico*, Ed. Siglo XXI, México, D.F. (1977).

Kolupaila, S., *Bibliography of hydrometry*, University of Notre Dame Press, Notre Dame, Indiana (1961).

Kolupaila, S., "Early history of hydrometry in the United States", *Journal of the Hydraulics Division, ASCE*, vol. 86, núm. HY1 (1960), 1-51.

Kuhn, Th. S., *The structure of scientific revolutions*, The University of Chicago Press, EUA (1962).

Lagrange, J.L., *Mécanique Analytique*, tercera edición, París (1853).

Lagrange, J.L., *Oeuvres de Lagrange*, Gauthier-Villars, París (1882).

Langmuir, I., *The collected works of Irving Langmuir*, vol. 10, Pergamon Press, Nueva York (1961).

Leibniz, G.W., *Discurso de metafísica*, Alianza Editorial, Madrid (1982).

Leliavsky, S., *An introduction to fluvial hydraulics*, Constable, Londres (1955).

Leliavsky, S., *Irrigation and hydraulics design*, vol. 1, Chapman and Hall, Londres (1959).

Leonardo da Vinci, De Agostini, Novara (1956),

Levi, E., "A universal Strouhallaw", *Journal of Engineering Mechanics, ASCE*, vol. 109 (1983), 718-727; "Closure", vol. 110 (1984), 841-845.

Levi, E., "Eddy production inside wall layers", *Journal of Hydraulic Research*, vol. 16 (1978), 107-122.

Levi, E., "Experiments on unstable vortices", *Journal of the Engineering Mechanics Division, ASCE*, vol. 98, núm. EM3 (1972), 539-559.

Levi, E., "Longitudinal streakings in liquid currents", *Journal of Hydraulic Research*, vol. 3, núm. 2 (1965), 25-39.

Levi, E., "Oscillatory model for wall-bounded turbulence", *Journal of Engineering Mechanics, ASCE*, vol. 109 (1983),728-740.

Levi, E., "Théorie géornétrique des surfaces déversantes", *Comptes Rendus de l'Académie des Sciences*, Serie A, vol. 262, París (1966), 784-786.

Levi, E., "Three-dimensional wakes: origin and evolution", *Journal ofthe Engineering Mechanics Division, ASCE*, vol. 106 (1980) 659-676.

Levin, L., "Etude hydraulique des grilles de prise d'eau", *Transactions VII General Meeting International Association for Hydraulic Research (IAHR)*, vol. I, Lisboa (1957).

Lombardini, E., *Intorno al sistema idráulico del Po, ai principali cangiamenti che ha subito ed alle piú importan ti opere eseguite o proposte pel suo regolamento*, Pirola, Milán (1811).

Lucrecio, *De la natura de las cosas*, Universidad Nacional Autónoma de México (1984).

Macagno, E.O., "Hacia una reformulación de la hidráulica", *Memorias del X Congreso Latinoamericano de Hidráulica*, vol. I, México, D.F. (1982), 473-484.

Magarvey, R.H. y Bishop, R., "Transitional ranges for three-dimensional wakes", *Canadian Journal of Physics*, vol. 39 (1961), 1418-1422.

Manning, R., "On the flow of water in open channels and pipes", *Trans. Institution of Civil Engineers of Ireland*, vol. 20 (1891), 161-207.

Manual de la fórmulas de los juramentos, Universidad Nacional Autónoma de México (1967).

Marinoni, A., "Sulla scoperta dei codici vinciani di Madrid", en: *Raccolta Vinciana*, vol. 21 (1982), 1-8.

Marinoni, A., "Sul restauro del codice Atlántico", en: *Raccolta Vinciana*, vol. 21 (1982), 9-20.

Mariotte, E., *The motion of water and other fluids*, traducido por J. T. Desaguliers, Senex y Taylor, Londres (1718).

Mariotte, E., *Discours de la nature de l'air, de la végétation des plantes; nouvelle découverte touchant la vue*, Les Maîtres de la Pensée Scientifique, Gauthier-Villars, París (1923).

Marshall, D. y Stanton, T.E., "On the eddy system in the wake of flat circular plates in three-dimensional flow", *Proceedings of the Royal Society*, vol. 130 (1930), 295-301.

Matthes, O.H.; "Macroturbulence in natural stream flow", *Transactions, American Geophysical Union*, vol. 28, núm. 2 (1947), 255-261.

Maxwell, J.C., *The scientific papers of James Clerk Maxwell*, Cambridge University Press (1890).

Mc Dowell, D.M. y Jackson, J.D. (Ed.), *Osborne Reynolds and the engineering science today*, Manchester University Press (1970).

Mieli, A., *Panorama general de historia de las ciencias. La ciencia del Renacimiento: matemática y ciencias naturales*, Espasa-Calpe, Buenos Aires (1952).

More, L.T., *Isaac Newton*, Dover, Nueva York (1962).

Mouret, M.C., "Antoine Chézy; histoire d'une formule d'hydraulique", *Annales des Ponts et Chaussées*, vol. 2 (1921), 165-269.

Murthy, S.N.B. (Ed.), *Turbulence in internal flows; turbomachinery and other engineering applications*, SQUID Workshop, Airlie House, Warrenton (1976).

Narahari Rao, K., Narashirnha, R. y Badri Narayanan, M.A., "The bursting phenomenon in a turbulent boundary layer", *Journal of Fluid Mechanics*, vol. 48 (1971), 339-352.

Narducci, T., *La quantità di moto, o sia laforza dell'acque correnti*, Marescandoli, Luca (1733).

Navier, L., "Sur les loís des mouvements des fluides, en ayant égard à l'adhésion des molécules" , *Annales de Chemie et Physique*, vol. 19 (1821), 244-260; reproducción parcial en: *La Houille Blanche*, núm. 6 (1967), 673-677.

Newrnan, J.R., *The world of mathematics*, Simon and Schuster, Nueva York (1956).

Newton, I., *Mathematical principies of natural philosophy*, University of California Press, Berkeley, Cal. (1962).

Nychas, S.O., Hershey, H.C. y Brodkey, R.S., "A visual study of turbulent shear flow", *Journal of Fluid Mechanics*, vol. 61 (1973), 513-540.

Offen, O.R. y Kline, S.J., "A proposed nlodel of the bursting process in turbulent boundary layers", *Journal of Fluid Mechanics*, vol. 70(1975), 209-228.

Pascal, B., *Oeuvres completes*, Bibliothèque de la Pléiade, Oallimard, París (1960).

Pearson, J.R.A., "The instability of uniform viscous flow under rollers and spreaders", *Journal of Fluid Mechanics*, vol. 7 (1960), 481-500.

Pedretti, C., *Leonardo da Vinci; studi di natura della Biblioteca Reale nel Castello di Windsor*, OiuntiBarbera, Florencia (1982).

Pepys, S., *Diario*, Espasa-Calpe, Buenos Aires (1954).

Pitot, H. de, "Description d'une machiñe pour mesurer la vitesse des eaux courantes et le sillage des vaisseaux", *Mémoires de l'Académie Royale des Sciences* (1732), 363-376.

Platón, *Diálogos*, Porrúa, México, D.F. (1962).

Poiseuille, J., "Recherches cxpérimentales sur le mouvement des liquides dans les tubes de tres petits diametres", *Comptes Rendus de rAcadémie Royale des Sciences*, vol. 9 (1841), 433.

Poleni, O., *De motu aquae mixto*, Padua (1717).

Poleni, O., *De castellis per quae derivantur fluviorum aquae habentibus latera convergentia*, Padua (1718).

Prandtl, L., *Gesammelte Äbhandlungen*, Springer, Berlín (1961).

Raccolta d'autori che trattano del moto dell'acque, segunda edición, Florencia (1765); cuarta edición, Bolonia (1826).

Rayleigh, Lord, *Scientific papers*, Dover, Nueva York (1964).

Rey, A., *La théorie de la physique chez les physicifns contemporains*, Alcan, París (1930).

Reynolds, O., "An experimental investigation of the circumstances which determine whether the motion of water shall be direct or sinuous, and of the law of resistance in parallel channels", *Philosophical Transactions of the Royal Society*, vol. 174 (1883), 935.

Reynolds, O., "Vortex motion", *Proceedings of the Royall Institute*, vol. 8 (1877), 272-279.

Richter, J.A., *Selections from the notebooks of Leonardo da Vinci*, Oxford University Press (1952).

Riva, L., *Annotazioni al trallato del moto e della misura delle acque correnti*, Bolonia (1739).

Roshko, A., "On the drag and shedding frequency of two-dimensional bluff bodies", *Technical Note 3169, NACA* (1954).

Runstadler, P. W ., Kline, S. J. Y Reynolds, W. C., "An experimental investigation on the flow structure of the turbulent boundary layer" , *Department of Mechanical Engineering*, Report MD-8, Stanford University (1963).

Saint-Venant, J.C. Barré de, "Sur des formules et des tables nouvelles por la solution des problèmes rélatifs aux eaux courantes", *Annales des Mines*, Serie 4, vol. 20 (1851), 183r

Sarpi, P., *Istoria del Concilio Tridentino*, Einaudi, Turín (1974).

Sarpkaya, T., "On the stationary and travelling vortex breakdowns", *Journal of Fluid Mechanics*, vol. 45 (1971), 545-559.

Schubauer, O.B. y Klebanoff, P.S., "Contributions on the mechanics of boundarylayer transition", *NACA*, Report núm. 1289 (1956).

Shapiro, A.H., "Bath-tub vortex", *Nature*, vol. 196 (1962), 1080, 1081.

Sibulkin, M., "A note on the bathtub vortex", *Journal of Fluid Mechanics*, vol. 14 (1962), 21-24.

Smith, C.R. y Abbot, D.E. (Ed.), *Coherent structure of turbulent boundary layers*, Department of Mechanical Engineering and Mechanics, Lehig University, Betlehem, Pensilvania (1978).

Stein, R., *The great inventions*, The Ridge Press (1976).

Stokes, G.O., *Papers*, vol. 1, Johnson Reprint, Nueva York (1966).

Stokes, G.O., "On the theories of the internal friction of fluids in "motion, and of the equilibrium and motion of elastic solids", *Transactions of the Cambrige Philosophical Society*, 1845; reproducción parcial en: La Houille Blanche, núm. 7 (1967) 765-772.

Strouhal, V., "Über eine besondere Art der Tonerregung", *Annalen der Physik und Chemie*, vol. 5 (1878), 216-251.

Tacite, *Annales*, Garnier-Flammarion, París (1965).

Tadini, A., *Dell'esito di una memoria idraulica alla Società delle Scienze di Verona; ragguaglio matemático*, Milán (1815).

Tadini, A., *Di varie cose all'idraulica scienza appartenenti*, Bérgamo (1830).

Tassoni, A., *La secchia rapita*, Biblioteca Universale, Rizzoli, Milán (1950).

Taylor, G.I., "Sorne early ideas about turbulence", *Journal of Fluid Mechanics*, vol. 41 (1970), 3-11.

Taylor, G.I., *The scientific papers of Sir Geoffrey Ingram Taylor*, vol. 2, Cambridge University Press (1960).

Thomson, J.J., *Recollections and reflections*, Bell and Soos, Londres (1936).

Toms, B.A., "Opening address", *Proceedings ofthe International Conference on Drag Reduction*, Cambridge (1974), VIII-X.

Torobin, L.B. Y Gauvin, W.H., "Fundamental aspects of solid-gas flow. Part II", *The Canadian Journal of Chemical Engineering*, vol. 37 (1959), 167-176.

Torricelli, E., *Opere di Evangelista Torricelli*, vol. I-III, Montanari, Faenza (1919); vol. IV, Lega, Faenza (1944).

Townsend, A.A., *The structure of turbulent shear flow*, Cambridge University Press (1956).

Tyndall, J., "On the action of sonorous vibrations on gaseous and liquid jets", *Philosophical Magazine*, Series 4, vol. 33 (1867), 375-391.

Van der Waerden, B.L., *Science awakening*, vol. 1, Noordhoff, Groningen. Vanoni, V.A., "Transportation of suspended sediment by water", *Transactions of the ASCE*, vol. 111 (1946), 67-102.

Varignon, P., *Trottoto del moto e dello misuro del/e ocque correnti*, Bolonia (1736).

Vasari, O., *Vite*, Fabbri, Milán (1970).

Venturi, J.B., *Recherches expérimentales sur le principe de la communication latérole du mouvement dans les fluides*, Houel et Ducros, París (1797).

Voltaire, F., *Oeuvres historiques*, Bibliotèque de la Pléiade, Gallimard, París (1957).

Wallace, J.M., Brodkey" R.S. y Eckelmann, H., "Pattern-recognized structures in bounded turbulent shear flows", *Journal of Fluid Mechanics*, vol. 83 (1977), 673-693.

Williams, O.P., "Manning formula; a misnomer?", *Journal of the Hydraulics Division, ASCE*, vol. 96, núm. HY 1 (1970), 193-200.

Zammattio, C., *et al.*, *Leonordo scienziato*, Giunti Barbera, Florencia (1980).

Zendrini, B., *Leggi e fenomeni, regolazioni ed usi delle ocque correnti*, en: *Raccolta d'outori...*, vol. VIII (1765).

Índice onomástico

A

B ••

C ••

D ..

E ••

F ••

G ..

H ..

I ••

J ••

K ••

L ••

M ••

N ••

O ••

P ••

Q ..

R ..

S ..

T ..

U ••

V ••

W ••

X ··

Y ··

Z ··

Índice temático

A ..

B ..

C ..

D ..

E ..

F ..

G ..

H ..

I ••

K ••

L ••

M ••

N ..

O ..

P ..

R ••

S ••

T ••

U ••

V ••

Z ••

Índice general

2 *Chorros*